KB081124

# 무장친위대 전사록

하르코프와 쿠르스크

"적에게 등을 보이지 않았던
모든 수컷들에게 이 책을 바친다"

# 목차

# 일러두기

필자의 독단과 편견에 의한 몇 가지 단어 및 용어 사용상의 전제조건들을 짚고 넘어가면 다음과 같다.

우선 국내에서 일반적으로 표기하고 있는 외국어의 번역이나 용어와는 약간의 차이가 있음을 먼저 알리고자 한다. 예컨대 독일의 경우는 Panzer라는 어원을 살려 '장갑'으로 표기하고 소련은 이름 그대로 전차여단, 전차군단으로 칭하는 방식을 택했다. 실은 모두 기갑사단, 기갑군단처럼 용어를 통일할 수도 있으나 글의 서술 상 상대편 제대를 아예 구분하여 표기함으로써 오해나 혼돈을 회피할 수 있는 이점도 있기 때문이다. 또한, 최근 영어권에서 독일의 보병사단을 infantry division으로 번역하지 않고 아예 독일어로 Infanterie-Division으로 쓰는 것이 하나의 추세로 정착한 것과 마찬가지 이치로 생각해 주면 좋겠다. 이미 주지하는 바와 같이 영미에서는 오래전부터 독일 장갑사단을 armoured division으로 번역 표기하는 대신 Panzer-Division으로 표기해 왔다. 심지어 분견군도 army detachment라고 하지 않고 Armeeabteilung이라는 독어를 그대로 쓰기도 하는데 이건 좀 지나친 것 같다.

다음으로 외국어의 국어 표기로서 현재 통용되고 있는 맞춤법 표기를 일부러 무시하고 가급적 원어 발음에 충실한 방식으로 새로 정리했다. 아울러 최근에 한글학회가 아예 무시해버린 유럽어의 특수 자음 표기와 외국어의 장음표현을 다시 살려내 현행 방식과는 좀 다르게 썼다. 예컨대 빌헬름(Wilhelm)은 독어의 w가 영어의 v로 발음되는 점을 반영하여 '뷜헬름'으로 고쳐 썼다. 문제는 f 발음을 '프' 또는 '흐' 가운데 어느 쪽으로 처리할 것인가 하는 선택인데 이는 단어의 맨 앞에 올 때와 중간에 올 때의 어감이 워낙 다르므로 일관성 없이 그때마다 서로 다르게 표기한 점도 이해해 주면 좋겠다. 예를 들어 Franz와 같은 이름은 '흐란쯔'로 쓰게 되면 너무나 생경한 느낌을 주게 되므로 종전과 같이 '프란쯔'로 표기하고, Jakob Fick와 같은 이름에서 성 Fick는 '휙크'라 표기해도 크게 이상하지 않으며 '픽크'라고 쓰는 것보다는 '휙크'가 더 원어 발음에 가깝기 때문에 f를 h에 가깝게 표기하는 방식을 취했다. 한편, l과 r의 발음을 구분해서 표기하면 '다스 라이히'가 아니라 '다스 롸이히'라 써야 하며, 파울 하우서(Paul Hausser) 장군 성의 독일어 표기 ss는 '쓰'로 발음하므로 '하우써'로 쓰는 것이 정확하지만 이미 너무 잘 알려진 부대와 인명들의 표기를 지나치게 바꾸게 되면 그 또한 혼돈을 초래하게 될 것 같아 그대로 두었다.

그러나 독어보다는 러시아어 표기가 더 큰 골칫덩이였다. 심지어 영어권에서조차 표기가 통일되어 있지 않으며 특히 하나의 도시나 마을 이름이 2~3개의 다른 방식으로 표기되고 있음은 물론, 동일 저자의 다른 문헌에서 같은 이름을 서로 다르게 표현하는 등의 복잡한 문제가 있어 이 역시 일관된 통일성을 부여하기가 어려운 상황에 놓여 있다. 아니 심하게 말하면 저자 또는 개별 출판물마다 러시아 지명표기는 전부 다르게 나타나 있다고 해도 과언이 아니다. 한편, 올호봐트카나 오룔 등과 같은 지명은 쿠르스크 북부와 남부 양쪽에 공히 존재하고 있어 이 역시 독자들을 헷갈리게 할 우려가 있는 것에 주의할 필요가 있다. 필자는 러시아 키릴 문자의 발음에 정통하지 않기 때문에 인용한 문헌에서 나온 영어식 표기를 그대로 따르도록 하였다. 따라서 이 부분에 있어서도 과히 일관성이 없음을 미리 양해해 줄 것을 당부하고 싶다.

독일군 사단에는 사단명과 동일한 연대가 포함되어 있어 이를 일일이 표기하기가 여간 번거로운 게 아니다. 예컨대 토텐코프 사단에는 토텐코프 장갑척탄병연대가 있으며 그로스도이췰란트 사단에도 그로스도이췰란트 장갑척탄병연대와 정찰대대가 같은 이름을 쓰고 있다. 여기서는 사단 이하의 연대나 대대를 표기할 경우에는 명칭에 따옴표를 붙여 서로 구분이 되도록 표기하였다. 즉 단순히 토텐코프라 표기하면 사단을 뜻하며, '토텐코프'라고 함은 사단 아래 연대를 지칭하는 것으로 구분지었다. 다만 특정 고유명사가 최초에 등장할 경우에는 사단이나 연대의 구분 없이 따옴표를 추가하여 여타 일반명사와 혼선이 생기지 않도록 배려하였다.

이 책은 주로 독일 무장친위대의 활약에 주안점을 두고 있다. 따라서 3차 하르코프전의 경우, 여타 국방군, 육군 사단들의 이동보다는 SS부대들의 전역을 중점적으로 편향되게 서술되었다는 점을 미리 알리고자 하며, 쿠르스크전의 경우에는 제2SS장갑군단이 엮어낸 남방집단군의 전황과 제4장갑군의 남부전선을 좀 더 세밀히 묘사하도록 하였다. 대신 중앙집단군이 관할한 북부전선은 그보다는 좀 더 간결하게 주요 요점만 나열하도록 하였다. 사실 하르코프전의 경우는 대부분의 제대들이 서로 중첩되는 작전구역을 담당하여 상호 자리 이동을 빈번히 진행했던 관계로 한 사단이나 군단만을 뽑아 서술하기에는 상당한 무리가 따른다. 그러나 성채작전의 경우는 중앙집단군과 남방집단군이 전혀 다른 작전구역에서 따로 기동하다 쿠르스크에서 서로 연결되는 시점만을 고대하고 있었기에 굳이 SS부대가 전혀 없었던 중앙집단군을 언급하지 않더라도 큰 문제는 없다. 더욱이 모델의 제9군이 구성하는 북부전선의 전투는 1주일 동안 크게 달라질 것이 없는 좁은 전선을 마주 보고 밀고 당기는 시소게임이 대부분이어서 과히 재미도 없는 편이며 극적인 장면이나 긴장감과 박진감은 대단히 결여되어 있다. 그러나 북부전선을 아예 제외할 경우 쿠르스크전 전체의 윤곽을 잡아내기는 난감한 부분이 다수 존재하고 있으므로 일단 날짜별 전투 상황을 서로 비교할 수 있도록 하나로 묶어 서술하는 형식을 취했다. 따라서 북부전선은 소련군의 쿠투조프작전이 시작되는 7월 12일 이전인 7월 5일~11일까지만 다루고, 남부전선은 만슈타인의 롤란트 작전이 불발로 끝나는 15일까지, 즉 7월 5일~15일까지의 기간만을 언급하는 것으로 정리했다. 소련군의 쿠르스크전 제2기 국면이라고 할 수 있는 쿠투조프와 루미얀체프 작전은 이 글에서 전혀 다루지 않았다.[01]

글의 시기를 위와 같이 한정하는 것은 이 전사의 기록이 철저히 독일군의 입장에서 서술되고 있음을 뜻한다. 따라서 개별 전투의 지극히 세부적인 측면, 즉 소대나 중대 규모 전투에서의 무용담

01 각국의 관련 문헌에서는 쿠르스크전이라 하면 단순히 성채작전(Zitadelle)만을 지칭하는 수가 많음을 알 수 있다. 그러나 7월 13일 이후 소련군이 남북 전선에서 개시한 쿠투조프와 루미얀체프 반격작전도 광의의 쿠르스크전에 포함하는 것이 타당하므로 '---쿠르스크에서 독소 전차가 몇 대 파괴되었다---'는 등속의 표현은 그것이 성채작전인지, 아니면 오룔과 하르코프의 수복까지를 포함하는 보다 장기간의 전투결과를 뜻하는 것인지는 면밀히 살펴볼 필요가 있다. 예컨대 쿠르스크전에서 파괴된 소련 전차의 수를 1,500대 정도로 밝힌 문헌이 있는가 하면, 10,000대라고 기록한 출간물(Restayn : 2007)도 있다. 전자는 성채작전 기간, 또는 그중에서도 남부전선만을 뜻하는 것일 확률이 높으며, 후자는 루미얀체프가 끝난 후 소련군의 드니에프르 도하 직전 전투 또는 그보다 더 긴 시점까지의 장기간을 염두에 두고 집계한 표현의 차이임에 주의할 필요가 있다.

이나 장교와 장병 개인의 활약상은 전적으로 독일군에 국한되고 있음을 미리 알려 두고자 한다. 소련군의 이야기가 전혀 없을 수는 없지만, 이 나라는 사실과 프로파간다와의 구분이 안 되는 경우가 너무나 많아 개인적인 전과에 관한 부분은 여전히 철저한 비교연구와 상세한 검증을 받아야 할 것으로 판단되기에 여기서는 아예 제외하기로 하였다. 한편, 사진 자료 역시 독일 쪽에 편중되어 있다. 이유는 많지만 가장 중요한 배경은 대전 당시 독일은 종군기자들이 직접 전투에 참여하여 기록 사진들을 남겼는데 반해 소련군은 종군기자의 개념이 없었다는 점에 기인한다. 따라서 소련군을 묘사한 장면들은 극히 일부 사진들을 제외하면 전투 종료 후에 프로파간다용으로 각색하여 만든 것에 불과하다. 그런 점에서 100% 다는 아니지만 각색되지 않은 독일군 자료들로부터 월등히 높은 수준의 현실감을 느낄 수 있을 것이다.

여기에 게재된 사진들은 독일의 Bundesarchiv와 미국의 National Archive에서 뽑아낸 것들이 대부분을 차지하고 있다. 전자는 비용을 지불하고 획득한 사진이며 후자는 출처를 밝히는 조건으로 게재를 허가받았다. 다만 출처를 확인하지 못하고 사용한 사진들이 더러 있어 만약 거기에 대한 저작권이나 소유권 문제가 있다면 저자에게 연락해 줄 것을 당부드린다. (jhur87@mofa.go.kr)

# 추천사

저자인 허대사와는 주 독일대사관에서 2년간 같이 일하면서 인연을 맺었고, 저는 정직하고 성실한 허대사로부터 많은 도움을 받았습니다. 허대사와 저는 축구와 전쟁사라는 취미를 공유하였기에 많은 대화를 나누었으며 지금도 그 때의 대화를 좋은 추억으로 간직하고 있습니다. 그와 함께 독일 공군박물관과 유보트 잠수함 전시장소를 방문했던 기억도 여전히 새롭습니다. 허대사가 오랫동안 기울여온 정성과 노력이 이번 출판으로 결실을 맺게 된 것을 진심으로 기쁘게 생각합니다.

히틀러의 침략과 유대인 학살이 독일의 현대사에 크나큰 오점을 남긴 것은 사실이지만 그럼에도 불구하고 2차 세계대전은 여전히 독일 역사의 중요한 부분으로 존재하고 있습니다. 정치윤리적인 측면을 떠나 당시 독일군의 전략, 전술과 선진적인 무기체계는 세계적으로 그 어느 국가의 군대보다 많은 관심과 다양한 연구의 대상이 되어 왔습니다. 공군과 기갑부대의 제병합동 공조를 통한 전격전, 임무형 전술원칙에 따라 고강도의 훈련을 받은 병원들의 질적 유연성과 파괴력, 특히 잘 알려진 V-1, V-2 로켓 이외에도 Me 262(세계최초의 실전배치 제트전투기), 타이거 전차, Type 21 잠수함 등 독일군의 무기체계는 연합국보다 월등히 우수했으며 이는 대전 후에도 동, 서 양 진영 무기체계의 기초가 되기에 부족함이 없었습니다. 예컨대 6.25 전쟁 당시 미국의 F-80과 소련의 MIG-15 전투기가 모두 독일의 제트전투기 기술을 이용하여 개발된 것은 주지하는 바와 같습니다.

이처럼 2차 세계대전 당시의 독일군은 우리나라에서도 군사 마니아들을 중심으로 매우 높은 관심의 대상입니다만, 지금까지 발간된 서적이나 간행물은 외국서적의 번역서가 거의 대부분임을 숨길 수 없습니다. 허대사는 오래 전부터 여러 나라의 다양한 자료를 꾸준히 수집하고 정리해 왔으며 그간 수십 년에 걸친 방대한 독서를 토대로 이번에는 직접 저술하는 데까지 뛰어 들었습니다. 이러한 자료의 수집과 독해에는 영어는 물론 저자의 독일어와 일본어 능력이 큰 도움이 되었다고 생각됩니다.

이 책은 독소전이 가장 치열했던 스탈린그라드공방전 이후에 전개된 1943년 3차 하르코프 공방전과 역사상 최대 규모의 전차전으로 알려진 쿠르스크 전투를 다루고 있으며, 특히 독일군내에서 가장 강력한 전투력을 발휘했던 무장친위대(Waffen-SS) 3개 SS사단의 전투기록에 초점을 맞추고 있습니다. 3차 하르코프 공방전과 쿠르스크 전투로 대표되는 1943년 상반기는 독소 전쟁의 분기점이 된 가장 결정적인 시기로서 군사전문가나 마니아들의 상상력을 만개시키기에 끝이 없을 정도로 넓은 지평을 제공하고 있습니다. 저자는 기존의 문헌들이 답습한 사단과 군단 수준에서의 서술을 넘어 대대와 중대, 심지어 소대 단위의 전투까지도 자세히 기록하고 있습니다. 또한 세밀한 평주와 방대한 양의 1, 2차 자료의 소개는 이 시기 전사에 대한 추가적인 논쟁을 추동할 수 있는 다양한 근거와 모멘텀을 제공할 것으로 믿습니다.

과거의 전사에 대한 연구는 크게 보아 결국 오늘 우리들의 안보문제를 어떻게 조명하고 어떤 방식으로 대처할 것인가를 위한 사전작업에 다름 아닐 것입니다. 한반도 주변정세가 급변하는 가운데 북한의 핵과 미사일을 비롯한 직접적인 군사적 위협에 직면해 있는 우리에게는 군사안보문제가 대단히 중요한 과제이지만, 아직 이러한 사안에 대한 대중적인 관심이나 전문가, 전문 간행물의 존재는 서양이나 일본에 비해 다소 부족한 게 현실입니다. 군사안보문제에 대한 관심과 연구를 제고하고 지속적으로 전문가를 양성해 나가는 것은 보다 균형되고 효과적인 정책수립에 기여할 것으로 기대되며, 그와 관련된 감시기능을 강화함으로써 한편으로는 끊임없이 제기되어 온 방산비리근절에도 기여할 것으로 생각합니다. 그러한 점에서 현직 외교관이 집필한 이 책이 많은 도움이 되기를 기대합니다.

前 주 인도, 주 독일 대사

최정일

# 서(Introduction)

스탈린그라드에서 25만 명의 독일군이 포위되고 9만 명이 포로가 된 사실은 2차 세계대전의 전환점으로 불릴 만한 충분한 이유가 있었다. 연전연승, 무패신화, 전 세계에서 가장 효율적이었던, 유사 이래 최강의 군대로 알려진 독일군이 최초의 대참패를 기록했기 때문이다. 하지만 독일군이 그것으로 간단히 죽은 것은 물론 아니었다. 기동방어의 교과서적 사례로 불리는 에리히 폰 만슈타인(Erich von Manstein) 원수의 제3차 하르코프 공방전이 그 다음에 이어졌기 때문이다. 소위 '만슈타인의 기적'으로 알려진 이 전투에서 독일군은 25개 전차여단을 포함한 52개 사단 및 여단병력을 순식간에 격멸하고 사실상 4개 군 규모의 소련군 병력을 지도상에서 지워버리는 전과를 달성했다. 이 전투의 결과는 스탈린그라드 이후 독일군 최대의 위기를 일거에 해소하고 러시아 전선 전체에 일단의 휴지기를 가져오면서 독일군의 방어전선을 안정화시키는 데 기여했다. 군사전문가나 마니아가 아닌 일반 사가들은 이 전투를 거의 알지조차 못하는데, 대부분의 경우 스탈린그라드에서 쿠르스크 전투로 바로 이어지는 문헌이나 동영상만을 기억하기 때문일 것이다. 따라서 비군사적인 역사서에서는 스탈린그라드에서 곧바로 쿠르스크로 넘어가거나, 심지어 온갖 전투를 건너뛰고 1945년의 베를린공방전으로 직행하는 희한한 요점정리식 서적도 존재한다. 러시아 전선에서 독일군의 마지막 승리가 되었던 3차 하르코프 공방전의 의미가 일반인들에게 그다지 인지도가 높지 않은 이유는, 만약 소련군이 아니라 독일군 4개 군 규모가 괴멸되었다면 그 자리에서 주저앉았을 것이지만 덩치가 큰 소련의 경우는 겨우 복싱의 다운 한 번 정도의 충격이었을 것이기 때문이다. 마찬가지로 만약 소련이 스탈린그라드와 같은 패배를 같은 시기에 경험했다 하더라도 독일군이 겪은 충격의 반의반도 안 될 정도의 결과로 나타났을 것이다. 항상 양적으로 우월한 적과 싸워 이기는데 이력이 났던 독일군이 1942~43 동계전선에서 처음으로 한계를 드러내기 시작했다. 독일 제6군과 추축국들이 스탈린그라드에서 당한 패배는 독소전 바르바로싸를 통해 장병 4백만의 피해와 각각 2만대 이상의 전차와 항공기를 상실했던 소련의 그로기 직전의 상태보다 월등히 충격적이었다.

1941년 바르바로싸 작전 개시 이후 소련군은 불과 5주간 만에 150만의 장교와 장병을 상실했고 그해 8월 말까지 무려 3백만을 전투서열표에서 삭제 당했다. 독일군은 개전 후 6개월간 335만의 소련군 포로를 잡았으나[02] 소련은 무너지지 않았으며, 6개월 간 소련공군기 10,000대 이상을 격추시켰는데도(손실률 34.4%) 12월 말까지 19,900대가 남아 있을 정도로 엄청난 생산력을 가동시키고 있었다.[03] 인류 전쟁사상 3대 포위전의 하나로 거론되는 키에프전(1941.9.14)에서 소련군은 4개 군, 50개 사단이 포위되어 667,000명이 포로가 되었고 884대의 전차, 3,718문의 야포가 격파되었다. 뒤이은 브야지마-브리얀스크 이중포위전(1941.10.17)에서는 663,000명의 포로가 발생했으며, 1,242

02 Fowler(2003) p.60, Stahel(2013) p.32
소련군은 1941년 12월 중순까지 무려 246만 5천 명의 병사들이 14개의 크고 작은 포위망에 갇혀 포로가 되었다.

03 ヨーロッパ航空戦大全(2004) p.99

대의 전차 및 5,412문의 야포가 박살났다. 각각 66만 이상의 포로를 발생시킨 키예프, 브야지마-브리얀스크 포위섬멸전이 연이어 터졌는데도 소련은 TKO패 처리되지 않았다.[04] 1942년 말까지 독소전 개전 이래 소련 야전군 병력 총 1,100만 명이 전사하고도 소련은 살아남았다. 단순히 국력이라고 말하기는 어렵지만 이건 기본적으로 동원가능한 인적, 물적 자원의 근원적 차이에서 비롯된 엄청난 힘의 격차였다. 소련이 슈퍼헤비급의 복서였다면 아무리 원투 스트레이트가 현란하다 하더라도 독일은 웰터급이나 미들급 정도의 복서였으며, 폰 클라우제비츠가 설파한 것처럼 러시아 같은 나라는 내부 스스로의 문제로 인해 붕괴되지 않은 한 외부로부터의 침공에 의해 결코 사라질 존재가 아니었는지도 모른다. 따라서 만약 제3차 하르코프전에서 소련이 독일에 대해 역으로 그 정도의 재앙적 타격을 주었다면 아마도 전쟁 전체 기간이 반 년 이상 덜 걸렸을 것으로 짐작되기도 한다. 하지만 소련은 4개월 정도의 휴지기를 가진 뒤 1943년 7월의 쿠르스크 기갑전에서 다시 한 번 가공할 만한 맷집을 발휘했다. 그 이후 소련은 자신의 영토를 적국에 의해 빼앗기는 일은 더 이상 없었다. 그리고 동부전선에 있어 전략적 이니시어티브가 일시적이나마 다시 독일군에게 돌아오는 일도 없었다.

1941년 6월 22일에 개시된 바르바로싸는 독일군의 일방적인 공세에 의해 모스크바 문턱까지 갔다가 좌절되는 스토리이기 때문에 사실은 밀고 당기는 그런 아기자기한 맛은 없다. 축구로 치면 레알 마드리드가 90분 내내 상대 진영을 유린하다가 페널티 킥 실축으로 경기를 어이없게 무승부로 만드는 그런 결과였기 때문이다. 하나 스탈린그라드에서 승기를 잡은 소련군이 아예 전쟁을 끝낼 정도의 각오로 달려들었다가 만슈타인의 크로스 카운터에 나가떨어지고, 다시 쿠르스크에서 양군의 기갑전력 전체가 총력전을 전개하게 되는 1942~43년 동계전역과 43년 하계 대공세 시기의 국면은 2차 세계대전의 진정한 전환점이자 가장 흥미진진한 부분이 아닐 수 없다.

이 글은 스탈린그라드에서 패배한 독일군이 하르코프에서 설욕하는 그 순간과 쿠르스크 대전차전으로 이어지는 과정에서 독일군의 가장 가공할 만한 기동전력으로 등장하는 Waffen-SS, 무장친위대 사단들의 형성과 발전을 중심으로 1943년 1월부터 1943년 7월 간 독소전 양상을 조명하는 것을 주된 목적으로 준비되었다. 실제로 이 시기 전투들은 우리말로 된 무수히 많은 글과 번역문, 개인적인 소감 등이 인터넷에 도배되어 있어, 생각하고 말 할 수 있는 거의 모든 내용들이 충분히 논의되었다고 해도 크게 이상하지 않다. 영어나 독어로 된 자료들까지 다 망라하면 더더욱 그러하다. 솔직히 말해 이 글은 거기에 나온 내용들을 뒤엎거나 전혀 새로운 사료에 의거한 재발굴 작업을 시도한 것이 아니다. 다만 여기저기 산재하는 자료와 정보들을 하나로 묶어 나가는 과정을 통해 그 동안 약간 석연치 않았던 자료 및 정보들의 상충관계와 기록사진들의 해석 및 고증에서 비롯되는 여러 오류들을 재점검함으로써 관련 전투들에 대한 분석과 종합을 온전히 이루자는 데 본래의 뜻이 있음을 알려 두고자 한다. 간단히 말해 이 분야에 있어서만큼은 국내에 번역서만 난무하는 가운데 자체적으로 기술한 단행본이 적어 나름대로의 모험적 작업을 시도했다는 고백이 선행되어야 할 것 같다.

04 バルバロッサ作戦の 情景(1977) pp.28-9, Mitcham(1990) pp. 54-5

# 1. 청색 작전에 대한 회고

# 1 전격전 교리의 원칙과 수정

스탈린그라드 이후를 주된 설명의 장으로 삼았기에 스탈린그라드전의 원죄가 되는 1942년의 하계 공세인 청색작전(Fall Blau: Case/Operation Blue)을 굳이 심층적으로 다루지는 않겠다. 하나 청색작전의 초기 준비와 결정단계에서 나타난 독일군 수뇌부, 아니 보다 정확히는 히틀러의 개인적 취향이 어떠한 결과를 초래하게 되었는지 살펴보는 것은 그 이후에 치러진 전투의 주요 문제와 요체들을 해부하는데 중요한 열쇠가 될 수 있기에 일단은 풍경화적으로나마 묘사하고 지나가도록 하자.

1941년의 바르바로싸가 실패로 끝난 시점에서 히틀러는 소련과의 전쟁이 그리 간단히 종료될 것으로는 생각하지 않았던 것 같다. 서부전선 전역과 달리 전쟁이 장기화된다면 장기화에 따른 물자비축과 석유 등의 전략적 자원을 확보하는 것이 중차대한 전제조건이 될 것으로 판단한 히틀러는 전쟁경제와 지하자원의 의미를 잘 이해하지 못한 국방군 장성들을 못마땅해했다. 따라서 청색작전은 바르바로싸의 기본 구도와는 달리 우선 경제적 거점을 확보하기 위한 프로젝트로 준비되었다. 사실은 이미 바르바로싸에서도 모두가 다 수도 모스크바가 가장 중요한 목표점이 될 것으로 생각했으나 중간에 우크라이나 방면으로 주공의 방향을 바꾸다가 다시 원위치하는 등, 소련 침공작전은 이상하리만큼 잦은 중점의 변화를 경험했다. 즉 청색작전 이전의 바르바로싸에서조차 개별 전개 국면마다 중점(Schwerpunkt)이 사뭇 다르게 설정되면서 전략적 목표가 급격하게 수정되는 측면이 있었음을 숨길 수는 없다. 이러한 점만 보아도 정무적으로나 군사전략적으로나 모스크바와 레닌그라드를 치는 것보다 궁극적으로는 자원을 보유한 남부 우크라이나의 곡창지대와 돈바스 지구를 선점하는 것이 더 유리하다는 판단을 히틀러는 꾸준히 가지고 있었던 것 같다. 그럼에도 불구하고 한 가지 의문스러운 점은 그렇다면 왜 1941년 6월 중앙집단군에 헤르만 호트(Hermann Hoth)와 하인츠 구데리안(Heinz Guderian)의 2개 장갑집단을 배치하고 북방집단군과 남방집단군에는 각각 1개의 장갑집단만 남겨 두었는가 하는 부분이다. 폰 보크(Fedor von Bock)의 중앙집단군에는 약 2,000대의 전차가 320km 구역을 커버하고 있었다. 반면, 폰 룬트슈테트(Gerd von Rundstedt)의 남방집단군은 겨우 600대의 전차로 그 배가 훨씬 넘는 725km 구간을 담당하고 있었다. 즉 이와 같은 전투서열표에서는 장갑부대의 중점은 당연히 모스크바를 향한 중앙집단군이 된다. 따라서 히틀러는 최초 작전의 입안단계에서는 군 관료들의 설계에 의존하다가, 시간이 갈수록 중간에 간섭하기 시작했다는 것으로 이해하는 것 외에 달리 그럴듯한 원인을 찾아내기는 어렵다. 작전 중점과 전략적 목표가 개별 국면에 따라 그리 쉽게 바뀐다면, 그것은 작전계획의 설정순간 당초부터 중대한 결함이 있었다고 해석해야만 하기 때문일 것이다.

1941년 러시아전선의 가장 중요한 중점의 변경은 키에프에서 중앙집단군의 구데리안이 이끄는 제2장갑집단과 남방집단군의 폰 클라이스트(Ewald von Kleist)가 이끄는 제1장갑집단이 협공으로 66만 명 이상의 소련군 포로를 잡는 희대의 포위전(사가들은 이를 세계 전사 상 3대 포위전의 하나로 규정)이었다. 당시 전격전의 원칙에 부합되게 가장 중요한 전략적 목표인 모스크바로 직행할 것인가, 아니면 소련 야전군의 중핵을 타격함으로써 소련의 전쟁 의지를 꺾을 것인가에 관한 격렬한 논쟁이 야기되었다는 것은 주지하는 바와 같다. 이때도 히틀러는 모스크바보다 야전군의 격멸이 더 중요하다고 판단했기에 결국은 이 대승리가 모스크바로의 진격속도를 늦춤으로써 러시아의 가장 위대한 장군, 동장군의 방문을 더 앞당기는 꼴이 되었음도 잘 알려진 사실이다.

독일 장갑부대의 아버지, 하인츠 구데리안 상급대장. 1941년 모스크바를 앞두고 임의로 병력을 철수시킨 구데리안의 결정에 격노한 히틀러가 급거 경질한 후, 1년 이상 칩거하다 1943년 봄에 장갑군총감으로 군에 복귀했다.

그런 측면에서 히틀러가 청색작전의 목표점을 러시아 전선 중앙이 아닌 남방으로 설정한 것이 그리 놀랄 일은 아니다. 하지만 바르바로싸나 청색작전이나 실은 소련군도 크게 잘못 판단한 측면이 있었다. 스탈린은 1941년 독일군이 전략적 중점을 남부지역에 둘 것으로 예측하고 거기에 보다 많은 병력을 배치한 바 있었다.[01] 그러나 2개 장갑집단이 속한 중앙집단군에 방점이 찍힌 상태에서 모스크바 정면이 당장 위태롭게 되는 처지에 처하고 만다. 만약 급거 이동된 시베리아 사단들이 없었다면 1941년 12월 모스크바 정면에서 소련군의 대반격은 사실상 불가능했을지도 모른다. 반대로 1942년에 소련은 독일군이 다시 모스크바 점령을 위해 이전처럼 중앙 방면으로 돌진해 들어올 것으로 예측했다. 하지만 아시다시피 히틀러는 남방집단군이 선봉을 몰아 스탈린그라드와 코카사스로 향하도록 하는 바람에 이 또한 소련군 수비부대의 병력배치에 균열이 생기게 되는 주요 원인으로 작용하게 된다. 결국 소련군은 두 번에 걸쳐 독일 주공의 방향을 오판한 셈이었다. 병력배치가 어떻게 되었건 간에 독일군은 당시로서는 여전히 지구상에서 가장 강한 지상군을 보유하고 있었다. 초기 단계에서의 승전 결과를 보면, 남쪽의 독일 제6군은 하르코프에서 티모셴코(S. K. Timoshenko) 원수의 병력 총 20만 이상을 괴멸시켰다.[02] 하지만 소련군병력이 더 많이 집중되었던 중앙전선에서 쥬코프(G. K. Zhukov)의 병력은 총 335,000명이 전사하는 결과를 나타낸다. 많이 배치했으니까 많이 당한다는 우스꽝스러운 논리가 탄생하는 순간이었다. 이 당시 소련군은 총 150만 전사, 150만 포로, 계 300만의 희생을 감수해야 했다. 하지만 1년 전에 비하면 명백히 적은 수였다. 이기고도 독일군은 서서히 불안해하기 시작했다.

1942년 4월 5일에 히틀러가 내린 총통지령 제41호에 따르면 동년 하계 공세 청색작전은 소련이 보유중인 전력을 철저하게 파괴할 것과, 소련이 지닌 가장 중요한 전쟁경제상의 자원을 가능한 한 무력화시키는 것 두 가지로 요약할 수 있다. 여기에 따르면 보로네즈, 스탈린그라드, 돈 강과 볼가 강, 그리고 바쿠를 중심으로 한 코카사스의 유전지대는 이상과 같은 양대 목표를 달성하기 위한

01 Stahel(2013) pp.67-9, Glantz(2010) p.21
02 Porter(2009) p.73

'바르바로싸', '블라우' 당시에 익숙했던 모습. 전쟁 초기에는 단 한 번의 포위전에 수십만의 소련군 포로가 발생하는 경우가 다반사였으나, 스탈린그라드를 전후해 이와 같은 광경은 더 이상 찾아 볼 수가 없게 되었다.

지리적 좌표에 불과할 뿐, 특정한 지리적 목표를 점령하는 것이 청색작전의 목적이 아니라는 판단이 서게 된다. 6월 28일에 개시된 청색작전은 이처럼 애매한 전략적 목표를 설정한 위해 불과 작전 개시 한 달이 안 되어 국지적인 전술적 승리를 위해 전략적 목표가 수시로 수정되는 구조적 문제점을 안고 출발했다. 조금 단순화시켜 이야기하자면 2차 세계대전 전 기간을 통해 1942년의 청색작전만큼이나 전략적 일관성을 상실한 계획은 없었다고 해도 과언이 아니다. 그 결과는 스탈린그라드 제6군의 괴멸이라는 형태의 참담한 패배로 나타났다.

독일군은 청색작전 개시 전에 약간의 워밍업을 가졌다. 이른바 제2차 하르코프 공방전이었다. 5월 12일 남서방면군에 의한 섣부른 하르코프 공략은 소련군의 비참한 실패로 종결되었다. 65만의 병력과 1,200대의 전차는 불과 1주일 만에 괴멸적 타격을 입었다. 반격을 전개했던 제1장갑군은 24만 명의 포로를 획득하고 동원된 전차 1,200대 총량을 모조리 격파하였으며 2,000문에 달하는 야포를 파괴하거나 노획했다. 독일군의 피해는 2만 명 정도였다. 모스크바에서 퇴각한 이후에도 이러한 일방적인 전과를 올릴 수 있다는 독일군의 자부심은 이때부터 서서히 스포일되기 시작하고 있었다. 게다가 이 전투에 쏟은 에너지의 낭비로 청색작전 자체의 시발이 점점 늦어지고 있다는 문제도 명백하게 나타났다. 러시아의 겨울이 오기 전에 전쟁을 끝내야 한다는 조건에서 한 달이란 시간은 엄청난 자산이기 때문이었다. 또한 크림반도의 세바스토폴 요새를 석권한 만슈타인의 제11군은 당초 청색작전의 작전술적 예비로 지정되었으나 7월 3일 요새 함락 후에는 다시 레닌그라드 전구로 돌려지는 운명에 처했다. 청색작전에는 마땅한 예비병력도 준비되지 못했으며 플랜 B도 존재하지 않았다.

남방집단군의 1단계 공세는 제4장갑군과 제6군, 그리고 제1장갑군과 제17군, 두 개의 병력집단에 의해 돈 강 상, 하류에 진격하는 것으로 시작된다. 이로써 소련군 대부대를 돈 강 서쪽으로 몰아 포위섬멸한 다음, 그 배후에 펼쳐진 광야를 따라 코카사스로 진격해 들어가는 구도였다.[03] 그러

03 Dupont(2012) p.40

나 돈 강 서쪽에서 전개된 소련군의 후퇴속도는 독일, 소련 양군 수뇌부의 예상을 뛰어넘을 정도로 빠르게 진행된다. 소련은 이제 더 이상의 후퇴를 용서하지 않겠다며 7월 28일 국방인민위원회를 통해 철저한 군기엄수와 퇴각 엄금을 요구하는 명령 제27호를 하달했다. 그러나 바르바로싸 이후 1년이 지났지만 여전히 전투능력이나 화력의 집중, 병력의 밀도 면에 있어 독일군의 상대가 되지 않았던 소련군은 후퇴에 후퇴를 거듭하면서 1년 전과 같은 무모한 정면도전을 피해 나갔다. 일선에서 소련 정치위원들에 의한 가혹한 협박이 있었음에도 불구하고 전멸을 면하기 위해 후퇴하겠다는 야전군 지도자와 일반 병사들의 도주행각을 저지하기는 어려웠다. 실제로 바르바로싸 기간 중 군과 끊임없는 갈등을 야기한 정치위원들은 알게 모르게 뒤에서 사살되는 경우가 많았으며 그러한 등 뒤로부터의 비수를 겁낸 정치위원들이 청색작전 중에는 상부의 명령을 강요하기 어려웠다는 배경요인도 일부 작용했다. 한데 우습게도 이 빠른 후퇴속도를 히틀러는 소련 야전군의 조직적 붕괴가 시작된 것으로 오판한다. 포로의 수가 직전 연도보다 월등히 떨어진다는 사실을 소련군 와해의 징조로 잘못 판단한 것이었다. 히틀러는 작전 개시 후 겨우 3주가 지난 시점에서 총통지령 45호를 통해 당초에 목표로 했던 소련 야전군의 소탕은 거의 달성한 것으로 파악하고, 남방집단군을 A, B 두 개의 소규모 집단군으로 다시 나누되, A군 집단은 코카사스로, B군 집단은 스탈린그라드로 향하게 하면서 병력의 밀도를 지나치게 떨어트리는 치명적인 우를 범하게 된다.[04]

A군 집단은 돈 강 유역 적 병력을 포위섬멸한 다음, 흑해 동부연안을 완전히 석권하고 흑해함대와 연안 항구들의 기능을 무력화시킨 뒤 코카사스의 그로즈니(Grozny) 지역을 점령한 위에 카스피해로 진격하여 바쿠를 점령하도록 한다는 엄청난 지시를 하달받았다.

B군 집단은 돈 강 유역에 방위선을 구축하여 스탈린그라드로 진출, 주변 지역으로 집결중인 적 병력을 섬멸하여 시를 장악한 다음, 별도의 쾌속부대를 편성한 후 아스트라칸으로 진격하여 볼가강의 해운을 봉쇄하는 것으로 결정되었다.

이렇게 되면 최초에 4개 군으로 공략하던 것을 두 개로 나누게 되어 돈 강 유역의 포위작전은 제6군과 제4장갑군만 담당하게 되며, 그 넓은 코카사스로의 진출은 제1장갑군과 제17군, 두 개 군만이 감당해야 하는 상황이 된다. 코카사스로의 관문이라고 할 수 있는 로스토프 시에서 최종 도달목표점인 바쿠까지는 직선거리로 1,100km 이상이나 되며 이는 바르바로싸가 개시될 당시 폴란드 국경에서 모스크바까지의 직선거리보다 무려 250km나 더 긴 거리가 된다. 더욱이 흑해와 카스피 사이의 폭은 500km나 벌어져 있었다. 1941년 당시 1개 집단군 이상의 병력으로도 돈좌된 공세를 그보다 길고 넓은 지형에서 약체화된 2개 군만으로 장악한다는 것은 지나친 낙관이자 소련군의 동원능력을 너무나 과소평가한 것이었다. 구체적으로 말해 가장 치명적인 실수는 1942년 7월 13일, 스탈린그라드 전구에서 제4장갑군을 차출해 돈강 저지대로 이동시키는 결정이었다. 제4장갑군은 이 지역에서 아무 것도 얻을 수가 없었으며 에발트 폰 클라이스트 제1장갑군 사령관은 제4장갑군의 개입이 남쪽으로의 이동에 있어 도로상의 교통체증만 야기했다고 불평을 늘어놓기까지 했다.[05]

04 Bishop(2008) German Panzers, p.97
독일 국방군 최고사령부가 너무나 빈약한 자원으로 너무나 많은 것을 성취하려고 했던 오만함을 코카사스 진군의 예에서 극명하게 확인할 수 있다. Cooper(1992) p.421

05 Cooper(1992) pp.416-8

공세정면의 부대밀도가 희박해지는 것은 화력집중의 원칙에 입각한 전격전의 가장 중요한 전제 조건들을 충족하지 못하게 되며, 그로 인해 지난해에 비해 주력부대의 전진속도는 더 떨어지게 될 것이 분명했다. 간단히 말하자면 이건 전격전이 아니었다. 청색작전 기간 중에는 소련군이 독일군을 대응하는 방식이 사뭇 다르게 나타나고 있었다. 제1장갑군 사령관 폰 클라이스트의 유명한 진술을 보면 '내 앞에는 적군이 없고 내 뒤에는 아무 것도 남겨진 것이 없다'라고 기록되어 있으며, 이전처럼 소련군이 무모하게 반격작전을 시도하지 않는 상황에서 바르바로싸와 같은 막대한 전과를 기대하기는 점점 어려워지는 애매한 여건이 조성되어 갔다.[06] 만약 그렇다면 히틀러가 '거의 다 달성했다'는 소련 야전군의 격멸 여부도 의문시되는 것이 당연했다. 여하간 독일군은 42년 7월 23일 코카사스의 관문인 로스토프를 공략하고 쿠반반도를 지나 그로즈니와 바쿠까지 도달하면서 실제로 지리적인 위치의 아시아에 발을 디디는 위업을 이루기도 했다.[07] 그러나 결국은 22,000명의 전사자를 포함한 70,000명의 피해를 입고 반년 만에 다시 로스토프로 되돌아오는 고달픈 여정을 꾸리게 되었다.

이상과 같은 분석에 기초한다면 청색작전은 A와 B, 두 개의 군 집단으로 쪼개지는 순간 스탈린그라드의 비극적 운명을 자초하게 되었다는 결과론으로부터 결코 자유로울 수는 없다. 나치와 히틀러가 아무리 러시아를 유대 볼셰비키들의 숙주로 규정하고 하등인간(Untermensch)으로 다룬다 하더라도, 군사작전의 적에 대해서는 최후의 순간까지 존경의 염을 품지 않으면 안 되었다. 단순히 실력 차가 나는 축구경기에서조차 그러한 섭리가 작용하는 법인데 히틀러는 1차 대전 때 경험했던 일개 하사관으로서의 조야한 식견을 독소전이라는 미증유의 사건에 너무나 쉽게 적용하고 말았다. 소련군을 결코 과소평가해선 안 된다며 끝까지 대항했던 프란쯔 할더(Franz Halder) 육군참모총장은 그해 9월에 결국 해임되면서 다시는 콜백되는 일이 없었다.[08] 바르바로싸의 좌절 이후 육군총사령관과 국방군 최고사령관을 겸하게 된 히틀러를 누가 막을 것인가? 독일군은 이제 소련의 적군과 마찬가지로 독일군 내의 이상한 적 한 사람과 싸워야 되는 기구한 운명에 직면했다.

06 Schaulen(2001) p.5
07 石井元章(2013) p. 89
08 할더와 폰 클라이스트는 소련군의 인적, 물적 자원 동원능력은 물론, 집요한 투쟁정신이 서부전선의 연합국들과는 비교가 안 된다며 결코 소련군을 경시하지 말 것을 주문했다. Ｂ．Ｈ．リデルハート(1982) p.210
할더의 전투일지(KTB 3:170)에는 "----- 우리가 12개 사단을 전멸시키면, 러시아는 그 자리에 새로운 12개 사단을 투입했다 -----" 라고 기록되어 있다. / 메가기(2009) p.295

# 2 독소전의 전화(轉化)

청색작전의 개시와 스탈린그라드로 종결된 1942년의 전황은 대략 다음과 같은 문제와 과제를 남겼다.

첫째, 1941년과 1942년 두 번에 걸친 하계 공세가 실패로 끝났다는 것은 과연 독일이 이전처럼 다시 대규모 공세를 기획할 수 있는가 하는 의문을 제기하게 된다. 독일군은 바르바로싸에서 80만, 청색작전에서 100만 명의 장병을 잃었으며, 소련군은 바르바로싸에서 400만을, 청색작전에서는 222만 명을 상실했다. 이 단순한 통계의 비교만 보면, 이제 해가 갈수록 소련군의 전력이 결코 녹록하지 않다는 것을 증명해 준다. 대전 초기 전선에서 독일군 보병 한 명이 전사할 때마다 소련군 20명이 쓰러졌다. 하지만 이 비율은 날, 달, 해가 갈수록 줄어들게 되어 2년차에는 전사한 장병의 수가 이전의 반으로 줄었다. 물론 여기에는 스탈린그라드에서의 독일군의 패배가 크게 작용한 면이 있지만, 소련군도 이제는 초기 단계처럼 무모한 반격이나 아집에 가까운 진지 사수에 미련을 두지 않는다는 사실을 암시하고 있었다. 게다가 소련은 거의 무제한에 가까운 인적 자원을 전선에 쏟아낼 수 있는 충분한 저력이 있었다. 영미 민주주의 국가 같으면 어림도 없겠지만 전체주의 체제인 소련은 병사나 주민의 목숨 같은 것에 크게 연연하지 않는 터라 끝도 없이 많은 사람을 총알받이로 내보낼 준비가 되어 있었으며, 아래도 죽고 저래도 죽는 상황이면 그나마 조국을 위해서 쓰러져 죽자고 나서는 다수의 소련군이 여전히 존재하고 있었다. 독일도 병력을 마음대로 동원할 수 있는 전체주의 국가이기는 마찬가지지만 스탈린그라드 이후 엄청난 인적 자원 난에 시달리고 있었다. 전쟁을 시작한지 3년 반 이상의 세월이 흘렀다. 그러다 보니 나중 이야기지만 아리안의 인종적 우월주의에 근거한 무장친위대가 비 아리안계, 심지어 회교도와 아시아계까지 끌어들여 부대를 증가시키게 되는 웃지 못 할 사태까지 생기게 된다. 야전에서의 무기와 장비의 부족문제는 고사하고 독일군은 이때부터 심각한 인적난에 고심하게 되었다.

전차생산의 추이도 소련에 비해 점차 격차가 벌어지는 문제점을 잉태하기 시작했다. 소련은 1942년 한 해 동안 2만 500대의 전차를 상실하였으나 자체적으로 24,231대를 생산하고 미국의 랜드리스를 통해 지원된 전차만 10,500대에 달했다. 20,000대를 잃고도 1943년 초가 되면 무려 14,000대의 전차 수가 순증으로 나타나는 현상을 맞이하게 된 것이었다. 반면 독일군은 1942년 동부전선에서 2,480대, 북아프리카에서 563대를 상실하였고 독일 내 자체생산은 겨우 4,168대에 머무르는 수준에 불과했다. 이 상태라면 전선에서 아무리 신기에 가까운 테크닉과 택틱으로 소련 전차를 격파해 나간다 하더라도 물량전에 의한 정면돌파는 불가능하다는 것이 자명했다.

둘째, 독일군이 폴란드와 서부전선에서 연전 연승했던 이유 중 하나는 히틀러의 쓸데없는 간섭이 없었다는데 기인한다. 독일군 지휘체계의 가장 뛰어난 점은 지시형 작전이 아니라 임무형 작전 내지 전술(Auftragstaktik), 즉 단위부대 지휘관 스스로가 야전에서의 가장 정확한 상황파악과 정밀한 계측 하에 주어진 조건을 최대한 이용하면서 전투를 신축적으로 전개한다는 유연한 자율성에 근

스탈린그라드로 진입중인 소련군의 소총병부대

거했다. 이에 반해 상부 보고체계가 긴 소련군이나 여타 연합군은 그와 같은 기민한 독일군의 유연성에 비해 경직되고 느려터진데다 소속이 다른 제대 간의 공조도 상대적으로 빈약함을 숨길 수 없었다. 독일군이 전쟁 끝자락까지 줄곧 운용해 온 전투단(Kampfgruppe)으로 불리는 TF와 같은 편제는 영미권 국가나 다른 어떤 나라에서도 실질적 효과를 보기 어려운 조직형태이나 독일군은 이를 매우 신축적이며 효과적으로 활용해 왔다.

그러나 청색작전으로 오면서 독일은 그와 같은 그들 고유의 장점을 점점 상실해 가게 되고 그간 적들이 열등하다고 생각해 왔던 부분을 역으로 답습하는 습관이 생기기 시작했다.[01] 문제는 히틀러였다. 만약 그가 개별 전투의 국면적 전개에 지나치게 간섭만 하지 않는다면 늘 상 전술적 우위를 점하고 있는 독일군의 역량을 충분히 끌어 올릴 수 있는 여지는 얼마든지 존재했다. 이는 스탈린그라드 직후 전개된 3차 하르코프 공방전에서 여실히 입증되었으며 1943년 후반기부터 1944년 전반기까지 그나마 기동방어를 통해 수적으로 열세인 독일군이 국지적인 승리를 거둘 수 있었던 것도 그와 같은 유연한 지휘체계와 일선 지휘관의 판단을 우선적으로 존중하는 상황에서만 가능했다. 바로 앞 절에서 본 것처럼 이제 독일군은 1941, 1942년처럼 수백 개의 사단을 일시에 동원할 수 있는 산업능력에 한계를 느끼기 시작한다. 본국으로부터 수천km나 떨어진 곳에서 항상적인 보급의 결함문제를 안고 싸워야 하는 입장에서는 기동방어만이 독일군의 명줄을 연장시킬 수가 있었다. 기동방어는 3차 하르코프전 하나로만 끝나는 승리의 공식이 아니라 1943년 봄의 시점부터는 그것만이 살 길이라는 점을 깊이 인식했어야 했다. 하지만 이때부터 히틀러는 막연하게 아군을 과대평가하고 소련군을 과소평가하는 심리적 동맥경화현상을 배태했다. 1943년 이 시점부터

01 글랜츠 & 하우스(2010) p.206

이제 소련군에게도 스탈린의 진지사수 명령이 더 이상 통하지 않게 되었으며, 스탈린그라드 포위를 만든 천왕성 작전에서 보듯이 소련군도 기동타격을 선점할 수 있는 역량들을 갖추기 시작했다는 데 주목할 필요가 있었다. 그럼에도 불구하고 독일군은 그간 그들만의 장점으로 통해 온 요소들을 하나하나 삭제해 가면서 오히려 소련군의 구조적 단점을 닮아가는 현상이 발견되기 시작했고, 반대로 소련군은 그간 독일군에게 당해 온 교전경험을 바탕으로 그들의 약점을 보완하면서 적(독일군)으로부터 많은 교범 수칙들을 학습해 나가는데 진력하였다. 소련군은 그야말로 온 몸과 국토를 피로 씻어가면서 새로운 교리와 교범들을 경험적으로 체득해 나가고 있었다. 궁극적인 승리의 공식은 이제 어디로 향하는가?[02]

셋째, 독일군에게 있어 어쩌면 가장 중요한 보급과 장비의 문제. 독일군이 소련 진영 깊숙이 들어오면 들어올수록 자신들의 보급선은 길어지고 소련군의 병참조건은 더 호전되는 현상이 발생했다. 게다가 독일군은 소련군의 보급루트와 산업공단의 재배치 상황을 제대로 파악하고 있지 못했다. 소련은 1941년 가을부터 무기생산 공장들을 독일공군의 공습범위 밖으로 옮기면서 1,000~1,200만 명의 노동자들을 강제 이동시키는 대규모의 산업 콤비나트 재조정과정을 거치게 된다. 그 중 667개 공장이 우랄산맥 방면으로, 322개의 공장이 시베리아로, 308개는 중앙아시아로 옮겨졌다. 이로써 소련은 독일공군의 공습에 노출되는 위험 없이 안정적으로 군수산업을 유지하면서 끝도 없는 장비와 물자들을 서쪽으로 배송할 수 있게 되었다.[03]

독일공군은 스페인 내전 시 참전했던 상황을 근거로 전략폭격(SB)은 의미가 없다고 판단, 공군을 지상군의 근접항공지원(CAS)으로만 동원했는데 소련 진영 깊숙한 곳에서 시시각각으로 변하는 전황에 맞춰 그때마다 기지를 이동하는 것은 용이하지 않았다. 독일은 개전 초기 헝가리와 루마니아의 유전지대에 크게 의존하고 있었으며 소련이 급유시설을 파괴하면서 후퇴한데다 이미 상당량의 전략물자 저장시설은 모스크바 훨씬 후방으로 이동시킨 상황이라 공군의 근접항공지원 체제관리 또한 결코 쉽지 않았다.

보급문제와 아울러 러시아의 혹한은 독일군의 무기체계에도 영향을 미쳤다. 소련제 PPSh-41 기관단총은 급격한 날씨변화나 진흙, 먼지 등의 장애에도 별 문제가 없었으나 독일의 MP40은 그런 외부요인에 민감했으며 대전 후 소련의 칼라쉬니코프 AK-47과 미국의 M-16이 가지고 있던 미소 자동소총의 장, 단점이 그때에도 독소 개인화기의 속성에 고스란히 반영되고 있는 형편이었다. 소련 T-34 중전차는 영하 28도의 혹한에서도 기동이 가능했으며 광궤도의 장점은 눈 위를 평지와 다름없이 지나갈 수 있다는 전천후 기능을 담보하고 있었다. 독일 티거 전차에 사용되는 합성고무는 러시아의 혹한에 쉽게 망가지는 결함이 있었으며 독일이 양질의 천연고무를 다량으로 확보하지 못한 탓에 자체적으로 만든 합성고무를 각종 장갑차량 제조에 투입함에 따라 혹한기의 장비관리에는 상당한 애로가 노정되었다. 독일 공군기는 수랭식인데 반해 소련은 공랭식을 사용한 바, 이 역시 기름마저 얼어붙게 만드는 혹한의 기후조건하에서 독일공군기들은 장기적 전술비행 운용에 장애를 초래하는 구조적인 문제점들을 처음부터 안고 있었다.

T-34의 쇼크는 너무나 유명한 이야기지만 소련이 동종의 전차를 범용전차(MBT= Main Battle Tank)

02 Fowler(2003) p.91
03 Porter(2009) p.53

로 광범위하게 활용하면서도 끊임없이 개량형을 전선에 끌어들인데 반해 독일 전차들의 개선은 답보상태였다. 이미 3, 4호 전차가 T-34의 장갑과 화력에 뒤처지고 있다는 사실은 잘 알고 있었으나 5호 전차 판터는 1943년 7월에나 기용될 상황이었고, 6호 전차 티거 I형은 1942년 8월 29일 레닌그라드 전구에서 처녀 출전한 이래 아직 대량생산체제로 돌입하지는 못한 상태였다.[04] 대전 전체를 통해 티거 I형은 겨우 1,354대만 제작되었지만 소련의 T-34가 무려 35,000대이니 이 두 전차를 양적으로 비교하는 것은 무리다. 티거 전차가 매력적인 무기이기는 하나 워낙 복잡한 구조로 인한 매인티넌스와 고장수리의 어려움, 너무나 육중한 중량으로 인한 연비의 문제 등등 티거 I형을 MBT로 활용하는 것은 여러모로 불가능했다. 티거와 판터가 충분한 양으로 배치되지 못하는 상황에서 화력지원전차인 4호 전차가 75mm 장포신 포를 장착했을 경우는 상대해 볼만했지만 기존 3호 전차나 50mm 단포신 4호 전차로는 소련의 중전차, 구축전차들을 쳐내기에는 역부족이었다.[05] 그나마 그때까지 독일군은 소련군을 월등히 능가하는 전차 운용기술과 병사 개개인의 기량, 개별 전차에 장착된 무전 시스템 등 기술적인 우위를 바탕으로 소련군 전차와의 상호 격파 교환비율을 압도적으로 유리하게 유지했을 뿐이었다. 따라서 만약 조만간 소련 전차병들의 기량이 향상된다면 5:1, 10:1 등의 기적적인 우세 비율을 유지할 수 있을지는 불확실했다. 그러나 이와 같은 전차 운용의 격차는 쿠르스크 대전차전 직후까지 이어져, 독일군이 무려 10:1의 양적 열세 속에서 소련군 전차를 8:1, 10:1의 격파 비율로 이기는 경우는 다반사였다.

이러한 무기체계의 문제점 타결을 위해 1943년 3월 히틀러는 1941년 12월에 경질했던 하인츠 구데리안을 다시 불러들이게 된다. 새로운 보직은 장갑군총감. 단순히 무기체계에만 문제가 있었던 것은 아니었다. 1943년 2월쯤이면 스탈린그라드 이후 독일군 전체가 깊은 좌절감을 맛보고 있을 때였고, 특히 장갑부대는 사기나 장비 면에 있어 극도로 위험한 수준에 처해 있었다. 작전수립 자체부터 참모본부와 군수성의 의견이 대립하는 경우가 허다하였으며 이로 인해 일선 부대 지휘관의 사령부에 대한 신뢰가 심각한 수준으로 떨어져 있었고 훈련과 장비를 일원화하기 위한 조치를 강구하기 위해서라도 장갑군총감직의 신설은 시급히 필요한 상황이었다. 구데리안은 알베르트 슈페어(Albert Speer) 군수장관과 긴밀한 관계를 유지하면서 전시경제 하 독일의 군수산업 전반과 장갑군의 병참 및 보급문제를 끊임없이 연구하고 고민해야 할 임무를 떠맡게 된다.

넷째, 소련군 스스로가 변모하기 시작했다. 바르바로싸 이후 1년 반 동안 당하기만 하던 소련군은 독일군이 그간에 가르쳐 준 교훈들을 하나하나 습득하여 소련군에 부합하는 방식으로 체화해 나가기 시작했다. 정치위원들의 야전군 작전에 대한 비전문적 간섭, 히틀러처럼 전략문제에 관여하고 싶어 했던 스탈린의 아마추어적 개입, 전투보다 정치 이데올로기를 앞세웠던 전투교리의 소아병적 유치함, 이러한 소련군의 기존 결함들이 상당부분 해소되는 전기를 맞이했다. 스탈린그라드전의 승리는 소련의 승리이자 소련 군부의 승리이기도 했다. 결국 전장에서의 전투는 군인들이 하는 것이지 정치위원 동무들이 하는 것은 아니며, 군사교육을 받지 않은 스탈린이 트로츠키를 제거하고 레닌으로부터 정권을 인수할 때와 같은 단순한 정치적 센스나 동물적 감각으로 조정할 수 있는 사안들이 아니었다. 마찬가지로 독일군이 실전만큼 강도 높은 훈련을 쌓으면서 전투에 투입되는

04 ドイツ装甲部隊全史 2(2000) pp.28-9
05 하르코프전에 사용되었던 4호 전차 G형은 소련 전차에 대한 화력의 열세를 감안하여 장포신 75mm 주포를 장착, T-34와는 무난히 대적할 수 있는 체제를 갖추게 되었다. Scheibert(1990) p.40

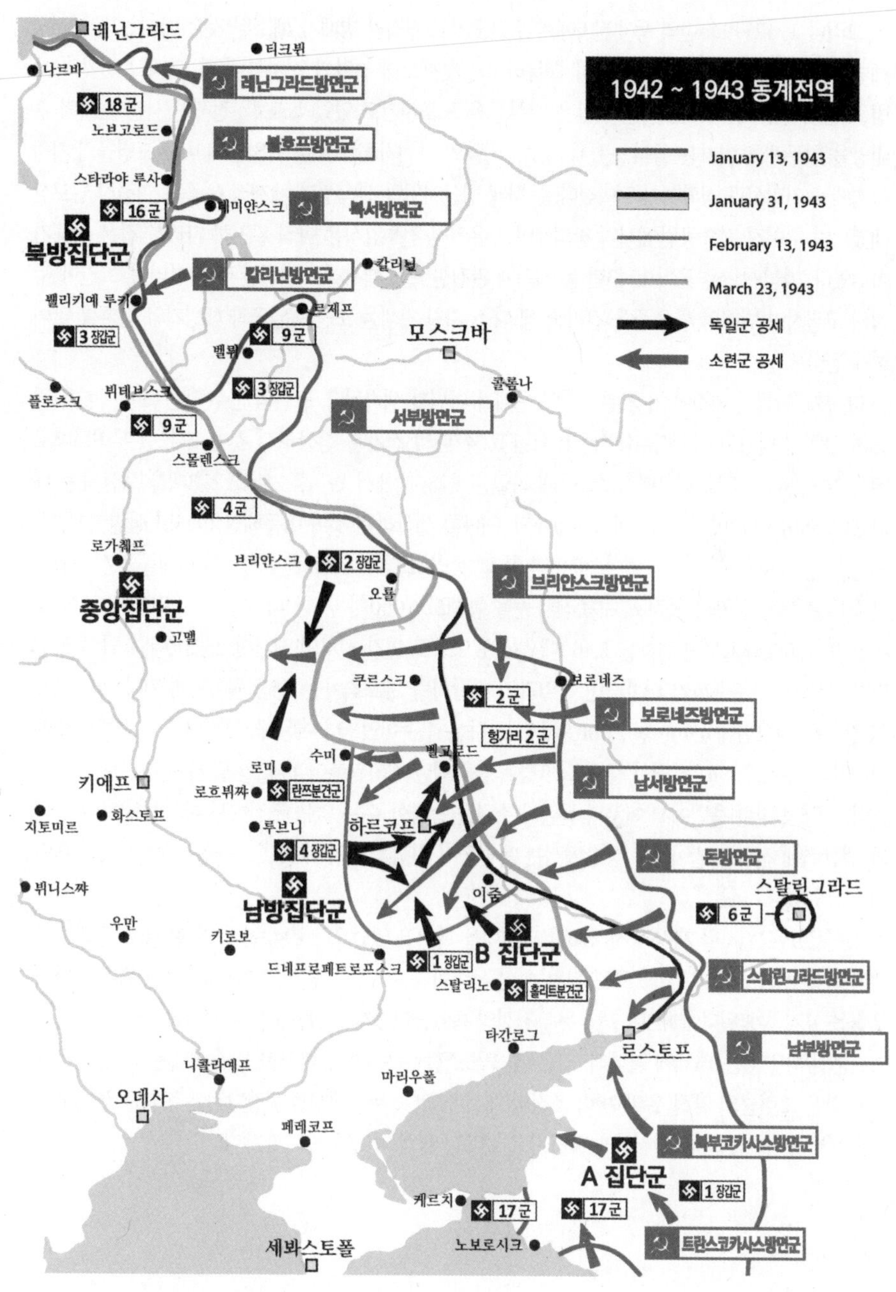


동안 정치국 동무들이 정치학습과 당성강화 교육에 수십, 수백, 수천 시간을 할애하던 멍청한 짓들이 많이 교정되고 있었다. 죽을 때까지 진지에 웅크리고 앉아 독일군과 싸우던 그 무작스러운 용기에 만약 좀 더 세련된 교리전수와 전술적 기교를 체득하게 된다면, 지금까지 아마추어와 프로의 싸움으로 보이던 독소전의 양상이 많이 바뀌게 될 것이라는 상상은 곧 현실로 나타나게 된다.

그러나 1942~1943년의 동계전역에서 소련군의 고질적인 병폐가 해소된 것은 아니었다. 여전히 제병협동작전의 노하우들을 충분히 습득하지는 못했으며 전차와 전차부대 간, 그리고 전차와 보병들 간의 전술적 제휴는 여전히 많은 결함들을 노출시키고 있었다. 또한, 정해진 시간에 적의 수비망을 침투해 들어가는 돌파능력에도 수준미달의 사례가 많았으며 독일군에 비해 포병들의 지원사격에도 기민성과 정확성이 떨어졌다. 동시에 병참지원의 신속성과 체계적 운용은 여전히 답보상태였으며 주어진 전술공간에서의 창의적이고 유연한 전투양식은 아직 완전히 자리를 잡은 상태가 아니었다. 따라서 소련군이 1943년 봄 시기에 완전한 프로페셔널로 변신한 것은 아니며, 그간에 누적된 고질적인 병폐의 후유증을 간직한 채 다소 지친 기색을 보인 독일군과 해빙기의 전투를 맞이하게 된다.

다섯째, 어쩌면 이것이 가장 본질적인 문제가 아닌가 생각된다. 소련의 군수 생산력이 독일을 월등히 앞질러 나가고 있었다. 소련은 1941년 6,247대의 전차를 생산하던 것이 1942년 무려 4배로 뛰어 24,639대를 만들었으며, 그에 반해 독일은 3,256대에서 1년 후 겨우 4,278대를 생산하는 데 그쳤다. 이미 1942년 1~3월중에 1,600대의 T-34를 생산하던 것이 이듬해인 1943년 상반기에만 3배나 많은 대수를 생산하게 된다. 1943년 한 해 동안 소련은 T-34 전차만 12,500대를 생산하였으나 독일은 모든 전차와 돌격포, 구축전차들을 합해도 6,000대에 그쳤다. 게다가 소련은 같은 해 경전차 10,600대와 KV 중전차를 2,400대 생산했으므로 연간 전차의 생산만 25,500대에 달하고 있었다. 더욱이 자주포까지 더한다면 독일과의 장갑차량 제조격차는 한참 벌어지게 된다. 대전차포의 경우는 1941년에 45mm형 2,000문을 제조하는 수준이었으나 이듬해는 몇 배로 급증했으며 개인화기의 경우도 1941년 당시 중대 당 9정에 불과했던 경기관총이 1942년 말에는 12정으로 늘어났다.[06] 양적 병력 측면에서 어차피 독일이 소련을 능가할 수는 없는 조건에서 이처럼 전차와 장비의 생산력에 격차가 벌어지는 상황에서는 독일군이 전쟁을 이길 수 있으리라는 기대는 점점 희박해지고 있었다.

소련은 1941년 6월 개전 당시 290만의 병력을 가지고 있었으나 1942년 11월에는 610만의 정규병력을 확보함으로써 그 이후로는 인원 손실을 충원할 수 없는 독일에 비해 압도적인 병력의 양적 우월을 유지하게 된다. 1943년 2월, 동부전선의 독일군이 3개의 집단군을 유지하고 있었는데 반해 소련군의 방면군은 13개에 달했다. 같은 해 1월 스탈린은 5개 전차군을 만들어내는 데 성공했다. 이와 같은 소련군의 양적 우위, 병력 조직의 개선과 확대, 무기체계의 성장발전은 독일군을 대하는 이들의 태도가 이전과는 현저하게 달라지고 있다는 질적 차이를 느끼게 했다.

06 Dunn(2008) p.32

# II. 스탈린그라드 직후의 긴급한 상황

# 1 스탈린그라드 공방전의 유산

소련군 최고사령부 스타프카(Stavka)는 스탈린그라드 포위를 위한 천왕성 작전 직후 소위 토성(saturn)작전을 거의 동시적으로 구상하여 로스토프를 장악함으로써 코카사스로 뻗어 있는 A집단군을 고립시키고자 했다. 남서방면군의 좌익과 제2근위군으로 하여금 비교적 약체로 보이는 이탈리아군 방어선을 돌파하여 코카사스로의 관문에 해당하는 로스토프를 탈환해 아예 남문을 닫아 버리겠다는 심산이었다. 그러나 이즈음 만슈타인의 겨울폭풍작전(Operation Wintergewitter)이 개시되어 스탈린그라드에 갇힌 제6군을 구출하려는 결사적인 노력이 감행되었다. 따라서 토성작전을 예정대로 진행시키기에는 만슈타인의 움직임에 먼저 대응해야 했고, 그로 인해 다소 복잡한 독소 양군 제대 간 세력비교가 우선적으로 선행되어야 했다. 바꿔 말하면 스탈린그라드의 포위망을 좁히는 것을 우선할 것인가, 아니면 포위망을 해제하기 위해 공세를 취한 만슈타인의 부대들에 대응할 것인가의 택일에 관한 문제였다. 스타프카 대표 봐실레프스키(A.M. Vasilevsky)는 치르(Chir)강 변에서 제5전차군이 독일군에게 심하게 유린당한 데다 만슈타인의 구원군이 신속하게 이동하고 있는 것에 심각한 우려를 표명하고, 원래 12월 13일로 예정되었던 '고리'작전(Operation Koltso = Operation Ring)을 연기하는 대신 제2근위군이 남쪽으로 이동해 독일 제57장갑군단의 위협을 받고 있는 제51군과 52군을 지원하도록 조치했다. 이에 남서방면군은 밀레로보(Millerovo)와 로스토프를 향한다는 당초 목표를 수정하여 모로조프스키(Morozovsky)와 토르모신(Tormosin) 방면을 향해 남동쪽으로 공격방향을 재설정하게 되었다. 즉 만슈타인 돈집단군의 스탈린그라드 진격을 막는 것이 당장 급한 것이었기에 소련군은 일단 토성작전을 일부 수정, 이른바 소(小)토성작전(Operation Little Saturn)으로 변경하면서 돈강과 치르강 이남에 위치한 이탈리아 제8군과 칼-아돌프 홀리트(Karl-Adolf Hollidt) 장군의 홀리트 분견군을 포위섬멸하는 것으로 방향을 전환하게 된다.[01] 이 작전은 남서방면군 홀로 추진해야 했으며 공조하기로 했던 스탈린그라드방면군의 작전중점은 만슈타인의 구출작전을 저지하는 것으로 급거 변경되었다. 즉 추축국 2개 군을 박멸하는 것이 최대치 목표라면 스탈린그라드의 제6군을 구하기 위한 독일군의 구원병력을 축출하는 것이 최소한의 당면 과제였다. 약 1,000대의 전차와 5,000문의 야포와 박격포가 동원되었으며 총 36개의 소총병사단들이 추축진영의 취약한 2개 군을 노리고 있었다.

## 돈집단군의 탄생

스탈린그라드에 포위된 제6군을 구출하기 위해 11월 말 급거 남부전선으로 달려온 만슈타인은 임시방편으로 조직한 돈집단군을 맡기는 했으나 이는 실제로 전력에 도움이 안 되는 루마니아군을 제외하면 제57장갑군단 단 1개 군단으로만 이루어진 초가집 집단군이었다. 제57장갑군단은 제6, 23장갑사단과 제15공군지상사단으로 구성되었으며 제23장갑사단이 보유한 전차는 69대에 불

01 Glantz(1991) pp.7-8

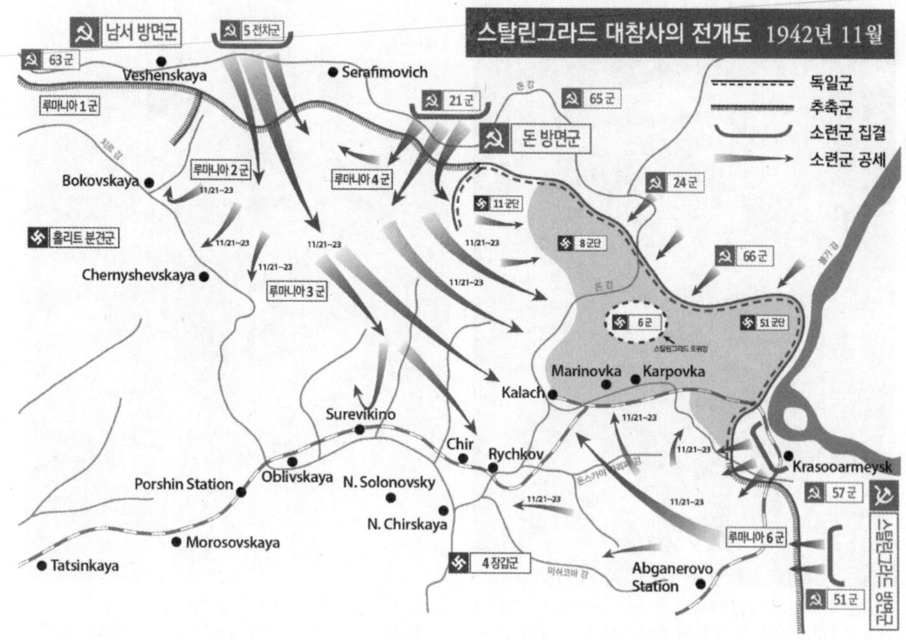


과했다. 이에 만슈타인의 요청에 의해 추가로 제3산악사단, 제306보병사단 및 제17장갑사단이 지원될 예정이었다. 다만 후자는 전선에 너무 늦게 도착하여 전혀 도움이 되질 못했다. 제3산악사단은 국지적인 소요를 막기 위해 A, B집단군 전구에 나뉘고 말았으며 11월 21일에 약속된 제306보병사단은 프랑스에서 이송되는 와중에 우여곡절을 겪어 12월 6일에야 도착했다. 제17장갑사단 역시 12월 3일까지 오률 지구에서 OKH(독일육군총사령부)의 예비로 있다 12월 17일에 당도했다.[02] 이 시점에 이미 소련군은 돈강 변에만 34개 사단들을 동원, 배치한 상태였으며 소련군이 기동전략의 주도권을 장악한 상태에서 독일군은 소련군의 움직임에 수동적으로 반응만 해야 할 운명에 처해 있었다. 당장 시급한 것은 치르강 남서쪽 유역이었다. 우선 되는대로 제336보병사단과 제11장갑사단, 그리고 취약하기는 하지만 없는 것보다는 나은 제7공군지상사단을 12월 4일까지 끌어 모았다. 이 군단(제48장갑군단) 규모의 병력을 제4장갑군으로 지칭하고 있었으므로 당시 독일군의 전력고갈 상태가 어느 정도로 심각했던지를 시사하는 대목이다. 여하간 그 상태에서 투입될 자산이라고는 동쪽의 홀리트 분견군과 서쪽의 돈강 부근에 포진한 제4장갑군이 전부였다. 따라서 만슈타인에게는 제4장갑군이 돈강 동쪽의 코테이니코보(Koteinikovo)에서 스탈린그라드를 향해 북동쪽으로 진입하고, 홀리트 분견군은 치르강에서 칼라취(Kalach) 방면으로 협격해 들어가는 방안 이외에 달리 방도가 없었다. 제4장갑군과 제57장갑군단은 홀리트 분견군보다 스탈린그라드로부터 더 떨어져 있었으나 구출작전의 주력으로 사용하는 데는 이보다 나은 대안이 없었다. 왜냐하면 만슈타인의 구원군이 진입할 코테이니코보와 독일 제6군 사이에는 지형적, 인공적인 장애물이 상대적으로 적어 전차의 기동에는 적합한 것으로 판단되었으며, 홀리트 분견군 쪽을 막고 있는 소련군은 15개 사단

02 Kirchubel(2016) p.130

국방군 최고의 두뇌인 에리히 폰 만슈타인 원수. 스탈린그라드 위기에 대응하기 위해 남부전선으로 전출되어 돈집단군을 맡았다. 가장 뛰어난 적임자라는 평가를 받았지만 포위망에 갇힌 제6군을 구해낼 수는 없었다.

칼-아돌프 홀리트 보병대장. 홀리트 분견군을 지휘하며 소련 남서방면군의 위협에 지능적으로 대처했다. 강직한 성격의 소유자로, 제6군 괴멸 이후 재창설된 새로운 제6군 사령관직을 역임했다.

인데 반해 제4장갑군의 공세정면에는 5개 사단밖에 배치되어 있지 않았다.

만슈타인 돈집단군의 겨울폭풍작전은 형식상 12월 1일 개시되는 것으로 되어 있었다. 그러나 구출작전에 필요한 최소한도의 병력을 집결시키는 데만 1주일이 넘는 시간을 소비했다. 다시 3일로 예정된 것이 8일로 늦춰지다가 12일에도 제대로 규합되지 못하는 상황에 처했다. 그러는 동안 소련군은 끈기가 약한 루마니아 제6군단과 7군단 사이로 파고들어 코테이니코보까지 밀고 내려왔으며 12월 7일에 소련군은 코테이니코보 북동쪽부터 악사이(Aksay) 주변에 제13전차군단을 집결시키면서 대규모 공세의 전조를 나타내고 있었다. 코테이니코보는 최전선에 가장 가까운 철도거점으로 활용할 수 있는 교통의 요충지로서 부다르카(Budarka)로부터 남동쪽으로 뻗어 나가 북동쪽으로 도르가노프(Dorganov)까지 큰 원호를 그리는 형태로 독일군과 소련군의 경계를 이루고 있었다. 제6군 구출작전은 바로 이 코테이니코보가 지형상의 기본적 초점을 이루게 된다.

## 소련군의 소토성작전 개시

4일 만에 돈강 남쪽의 추축국 병력들을 일소한다는 계획 아래 전개된 소토성작전은 140km 너비와 210km의 깊이에 해당하는 구역을 치는 것으로 되어 있었다. 이 구역은 북쪽의 돈강, 남쪽의 북부 도네츠강, 동쪽의 치르강, 그리고 서쪽의 데르쿨(Derkul)강 가운데 놓인 지역에 해당했다. 4개의 주요 하천 사이에 수없이 많은 지류들이 어지럽게 흩어져 있었으며 대부분은 얕고 말라붙은 강들이어서 전차의 기동에는 큰 문제가 없었다. 소련 제6군과 제1, 3근위군, 제5전차군 4개 군이 동원된 이 작전에는 36개 사단, 425,476명의 병력과 1,030대의 전차, 5,000문의 야포와 박격포가 빈

제4장갑군 사령관 헤르만 호트. 바르바로싸 초기에 활약한 장갑군 지휘관으로, 주관이 매우 강해 상관이나 동료들과 끊임없는 갈등을 빚었다. 사진은 바르바로싸 당시 장갑집단의 투톱인 하인츠 구데리안과 담소를 나누는 장면.

약한 이탈리아 제8군과 홀리트 분견군 앞에 포진되었다.

소토성작전은 공식적으로는 12월 13일에 계획이 완료되어 16일에 개시되나 실은 이미 그 이전인 12월 7일에 시작된 제5전차군의 기동에 의해 점화되고 있었다. 제5전차군의 2개 군단은 각각 서로 다른 작전목표를 가지고 있었는데, 동진하는 제26전차군단은 칼라취(Kalatsch)에서 돈강을 넘어 포위망을 좁히는 것으로 하고, 서진하는 제1전차군단은 치르강 남쪽으로 진출해 있는 적 전선을 가능한 한 스탈린그라드로부터 격리시키는 임무를 할당받았다. 치르강 남안에 교두보를 확보한 소련군은 수일 동안의 준비 끝에 12월 7일 치르강 유역 남부로의 돌파공격을 개시했다. 이 공격이 성공한다면 독일군은 스탈린그라드 포위망에 가까운 니지네취르스카야(Nizhne.Chirskaja)를 포기해야만 하며 서쪽으로부터의 스탈린그라드 구출작전의 발기점은 완전히 상실되는 위기에 처하게 되었다. 50~70대의 전차를 동원한 소련 제1전차군단은 공격 개시 하루만에 20km 이상을 돌파하고 지원부대인 제333소총병사단은 출발지점으로부터 6km 정도의 진격을 달성했다. 그러나 같은 날 간발의 차로 소련전구에 돌입한 독일 제11장갑사단은 12월 8일 남쪽 측면에서 소련군 제1전차군단 돌파병력에 반격을 가해 불과 하루만에 50대 이상의 T-34를 파괴하자 소련군은 일단 12월 12일까지 치르강 교두보로 후퇴해 버렸다.[03] 그 후 소련군은 계속해서 동 지역에서의 돌파를 시도하였으나 그때마다 복잡한 지형을 이용한 독일군의 역습에 혼비백산한 소련 제1전차군단은 혼란 상태 속에서 치르강 유역을 전면 포기할 수밖에 없는 상태에 빠진다.

03 Clark(1985) p.261, スターリングラード攻防戦(2005) p.23 당시 58대의 3호 전차와 6대의 4호 전차를 보유했던 제11장갑사단은 치르강 유역에서 기동할 수 있었던 유일한 병력이었다.

전차전의 명수, 제11장갑사단장 헤르만 발크. 반 나치 장성이었으나 히틀러는 발크를 끝까지 중용했다.

소련 남서방면군은 주공을 담당할 군단을 변경해 제5전차군의 제5기계화군단과 제321소총병사단으로 12월 18일까지 1주일 동안 치르강 변에 다시 한 번 압박을 가하면서 달네포드고로프스키(Dal'nepodgorovskii) 부근에서 너비 15km 깊이 5km 정도의 교두보를 확보하였다. 그러나 더 이상 독일군의 방어진을 돌파할 수는 없었다. 독일군 제336보병사단은 제11장갑사단과 공조, 현란한 기동방어에 의해 12월 하순까지 이 지역을 어렵게 지켜내는데 성공했다. 소련군이 치르강 변 구간을 손에 넣지 못함으로써 독일군은 스탈린그라드에 포위된 제6군의 명줄을 조금 연장시킨 측면도 있으며 그보다는 로스토프로 가는 길목을 지킴으로써 독일군 남익이 두 개로 양분되는 것을 원천적으로 제거하는 작전술적 차원의 귀중한 소득을 얻었다.

이때 독일의 두 개 기동군단, 즉 제48, 57장갑군단은 스탈린그라드 남서쪽에 배치되어 있어 이탈리아 제8군이 지키고 있는 북서쪽과는 상당한 거리를 두고 있었다. 따라서 기동전력이 엷게 배열된 치르강 유역의 소련군 침공지역에서는 제11장갑사단의 솔로 액션에 의한 초인적인 분전에도 불구하고, 12월 18일 이탈리아군에 의해 지탱되던 치르강 전선 일부가 소련 제5전차군 소속 제1전차군단과 제5기계화군단에 의해 장악되는 심각한 사태가 발생하게 되었다. 그럼에도 불구하고 코카사스의 제1장갑군을 빼내기 위해서는 우선 로스토프 동쪽의 안전을 확보하는 것이 초미의 과제로, 제11장갑사단은 제16차량화보병사단이 소련 제2근위군의 접근을 로스토프 남서쪽에서 틀어막고 있는 단순한 방어전을 넘어 좀 더 과감한 반격작전의 필요성을 절감하고 있었다. 실제로 제11장갑사단은 12월 8일~22일에 걸쳐 소련 제5전차군을 사실상 거의 빈사상태로 몰아가고 있었다.[04] 12월 25일에는 로스토프 동쪽 마니취스카야(Manychskaja)의 소련 제2근위군 교두보에 대해 공세를 개시, 소련 전차대를 북쪽으로 유인한 뒤 방어밀도가 떨어진 남쪽을 제15장갑연대가 치고 들어가 소련군 병력을 북쪽으로 몰아붙이면서 로스토프에 대한 위협을 최종적으로 제거했다. 이 양동작전에서 독일군은 겨우 전사 1명, 부상 14명을 기록했으나 소련군은 전차 20대를 파괴당하고 600명의 병력을 상실하는 피해를 입었다. 제15장갑연대를 보유한 제11장갑사단장은 당시 전차전의 명수로 알려진 헤르만 발크(Hermann Balck) 육군 장갑병 대장이었다. 발크의 제11장갑사단은 청색작전과 1942~43년 동계전역 기간 중 치르강 유역에서만 소련군 전차 700대를 격파하는 진기록을 남긴 독일 육군 굴지의 장갑사단이었다.[05] 이때의 피해로 인해 소련 제5전차군은 갤롭작전 준비 당시 전차

04 Showalter(2009) p.215
05 Schaulen(2001) p.28, Rosado & Bishop(2005) p.112

를 전혀 갖지 못한 이름뿐인 전차군으로 존속하게 되었다.

## 만슈타인의 사투

한편, 12월 12일 에리히 폰 만슈타인 원수가 이끄는 독일군 돈집단군의 겨울폭풍작전이 전격 발동되어 반격의 제1단계가 개시된다. 스탈린그라드까지의 거리는 약 120km. 제57장갑군단의 2개 장갑사단이 코테이니코보(Koteinikovo)로부터 포위망을 향해 돌파작전을 감행하는 것과 동시에 제48장갑군단은 포위망의 서쪽에서 지원공격을 실시했다. 이러한 구출기동에 부응하기 위해서는 포위망 내의 제51군단이 남서쪽으로 퇴로를 확보하고, 동시에 포위망 외부의 제4군단이 돈스카야 짜리짜(Donskaja Tsarytsa) 강까지 진출하여 제6군의 탈출부대들과 합류하는 것이 절대적으로 요구되었다. 최초 단계에서 정중앙의 독일 제6장갑사단은 하루 동안 무려 65km나 되는 거리를 주파하면서 과거의 영광을 재현하는 듯한 쾌조의 스타트를 끊었다. 생각보다 순조로운 진격을 성취한 제6장갑사단은 작전 이틀째인 12월 13일에는 악사이(Aksay) 강을 건너 붸르흐네 쿰스키(Verkhne Kumski)라고 하는 마을까지 접근했다.[06] 붸르흐네 쿰스키는 악사이강 변 살리붸스키(Salivesky)로부터 10km 이상 떨어진 계곡에 위치한 곳으로서 독일군이 부근에 접근하자 소련군 제4기계화군단이 막아섰다. 그런데 소련군이 독일군을 덮쳐야 정상인 상황에서 희한한 역전현상이 나타났다. 소련 제4기계화군단은 147고지 남쪽으로부터 다가오는 독일군 종대의 측면을 때릴 준비를 했으나 오히려 독일군은 147고지의 낮은 언덕 배후에서 소련군 전차들을 먼저 강타했다. 삽시간에 12대의 소련 전차들이 불길에 휩싸였다. 독일 제6장갑사단은 2개 그룹으로 나뉘어 일부는 패주하는 소련군을 추격해 포위망에 가두고, 다른 그룹은 붸르흐네 쿰스키로 들어가 일시적이기는 하지만 마을 내부를 점령하기도 했다.

제6장갑사단은 다시 증강된 소련군 기계화여단과 맞붙어 서로 측면을 돌아 포위하려는 공방전을 되풀이하다가 무리하게 독일군 주력을 포위하려던 소련군이 역으로 포위당할 위험에 처하자 소련군의 후미를 강타하고 적군을 북동쪽으로 쫓아내 버렸다. 이때 다시 기계화여단을 구하기 위해 서쪽과 동쪽에서 각각 들어온 소련군은 제6장갑사단의 배후를 치기 위한 공격을 개시했다. 사단의 휘너르스도르프(Hünersdorff) 11장갑연대는 재빠른 척후를 통해 1~2시간의 여유가 있음을 확인하고 동쪽에서 접근하는 소련군 기계화여단 종대의 좌익을 강타했다. 소련군 주력이 여기에 대응하려는 순간, 휘너르스도르프 연대 제2파가 낮은 언덕에서 올라와 소련군을 뒤에서 때리는 협공을 실시했다. 이에 소련군 소총병들은 남은 전차들과 함께 북서쪽으로 퇴각해 버렸다. 소련군의 신규 병력은 얼마 후 다시 붸르흐네 쿰스키를 공략하면서 일부 제대는 소련군을 추격 중이던 독일군 단위그룹을 뒤에서 치도록 기도했다. 연대장 휘너르스도르프(Walter von Hünersdorff)는 붸르흐네 쿰스키가 위기에 몰린 것을 인지하고는 급거 180도 회전하여 마을로 돌아가 독일군 수비대와 교전 중이던 소련군 전차들을 격파하고 서쪽에서부터 진입한 소련군 병력의 측면을 절단 내면서 안정을 되찾았다. 그러나 쉴 틈이 없었다. 소련군 소총병들은 북동쪽에서 다시 공세를 취했고 일부 소련 T-34 전차들이 마을로 침투해 대전차포 진지를 유리하는 등 위기가 끊일 세가 없었으나 이 역시 집중적인 화포사격으로 격퇴시키고 말았다. 동시에 정찰에 나섰던 전차 1대를 통해 서쪽에서 상당

06 スターリングラード攻防戦(2005) p.36

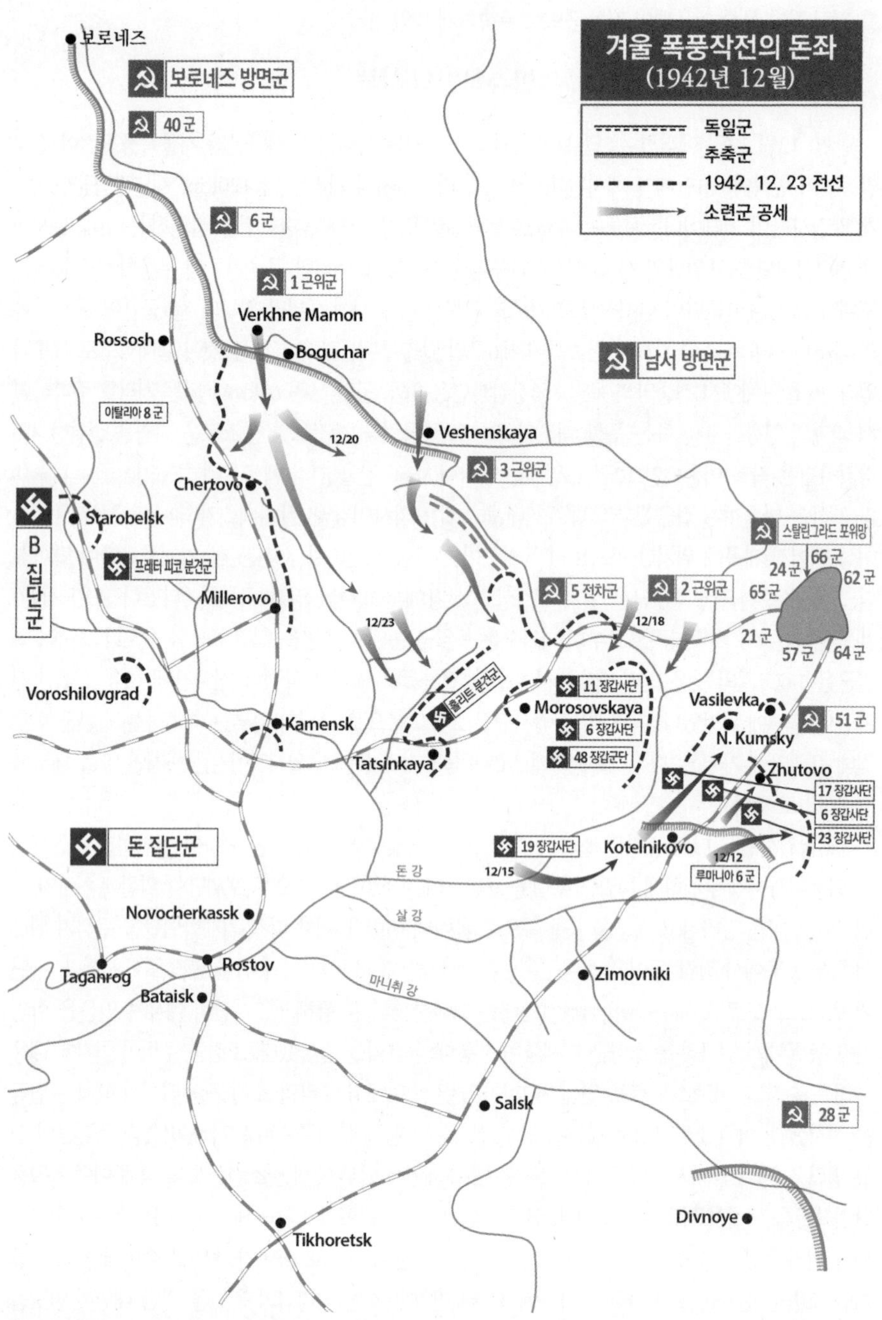


량의 전차들이 밀집하고 있다는 보고가 들어와 휘너르스도르프는 다시 한 번 180도 역방향으로 서진, 예비 병력까지 총동원해 소련군 전차들과 격렬한 접전을 벌인 후 마을로의 접근을 저지시키는데 성공했다. 문제는 장갑부대가 마을을 이탈해 전투를 벌이면 붸르흐네 쿰스키가 이내 포위되

는 형국에 처했다는 사실이었다. 휘너르스도르프는 13일 하루에만 두 번이나 마을에 포위된 수비대를 구출하는 작전을 전개했다. 작전 개시 이틀 만에 잡아낸 마을의 교두보적 지위 때문인지 소련군은 신경질적으로 이 마을에 집착하고 있었다. 제6장갑사단 11장갑연대는 소련군 3개 전차여단과 2개 기계화여단을 지치게 만들면서 무려 100대 이상의 소련군 전차들을 격파했다. 그러나 계속되는 포위 압박으로 인해 사단은 마을을 포기하고 살리뷔스키 교두보로 후퇴해야만 했다. 추격하던 소련군은 악사이 강을 넘지는 못하고 강 건너편에서 포사격을 실시하는 가운데 보병 2개 대대를 보내 강둑을 넘게 했다. 이 공격은 독일군들이 경화기만으로 비교적 손쉽게 처리했다. 8~10대 가량의 소련 전차들이 동쪽 강둑을 타고 들어와 독일 교두보를 기습하여 일시 혼란에 빠졌으나 보병이 전혀 없는 전차 단독으로의 공격이었던 탓에 소련 전차들은 빠른 시간 내 각개 격파되고 말았다.[07]

이후 소련군은 12월 14~15일 양일에 걸쳐 살리뷔스키를 공격했다. 독일군들은 개인호와 참호에 틀어박혀 있다 전차들이 마을 입구로 진입하면 전차격파 특공조가 달려들어 육박공격으로 하나하나 파괴해 나갔다. 그러나 이러한 소극적인 방식으로는 제6군 구출작전의 의미가 없다고 판단한 라우스(Erhard Raus) 제6장갑사단장은 15일 붸르흐네 쿰스키 주변의 소련군을 완전히 격멸할 것을 명령했다. 프란쯔 배케(Franz Bäke) 소령이 이끄는 장갑연대 2대대는 남쪽으로 돌아 붸르흐네 쿰스키와 사고츠코트(Sagotskot) 사이에 포진한 소련군을 없애기 위해 최선봉에서 진군했다. 우군인 제23장갑사단으로 추정되는 전차들이 시야에 잡혔으나 가까이 다가간 결과 40대의 전차를 앞세운 소련군 병력임을 확인하고 즉각 포사격을 실시하여 선두의 2대를 격파했다. 선방을 맞아 당황한 소련 전차들이 혼란을 맞이한 순간, 배케의 전차들은 나머지 38대의 전차들을 향해 무차별 사격을 가해 그 중 32대를 화염에 휩싸이게 만들었다. 지휘관이었던 배케 스스로도 2대를 격파하는 기록을 세웠다. 배케의 대대는 다시 북쪽으로 더 진격해 들어가는 도중, 사고츠코트로 피신하여 여타 제대와 합세한 소련 전차들의 반격을 받았다. 그러나 일련의 공방 끝에 배케의 대대는 소련 전차들을 사고츠코트로부터 몰아내고 더 깊이 추격해 들어가 이날 총 42대의 소련 전차들을 격멸했다. 배케는 추격전에서 2대 격파를 추가하여 하루에 4대를 없애 버린 것을 포함해 제6장갑사단은 하루 동안의 전과로서는 최다 격파기록을 수립했다.[08]

12월 16일 제6장갑사단은 붸르흐네 쿰스키 남쪽 고지에 포진한 소련군 병력을 몰아내기 위해 고지 점령을 시도하여 마을 퇴각 이후 소련군의 공격에 탄력을 주지 않기 위해 노력했으나 고지를 지키는 소련군의 완강한 저항 앞에 목적을 달성할 수가 없었다. 휘너르스도르프의 장갑연대는 붸르흐네 쿰스키 남쪽으로부터 살리뷔스키로 돌아와 전열을 재정비했다. 이때의 독소 전차전은 거의 호각세를 나타냈다. 독일군은 소련 전차 23대를 격파했으며 소련군도 19대에 달하는 독일 전차들을 파괴했다.[09]

17일에는 좀 더 다른 방식으로 작전을 전개했다. 오전 8시에 화포사격을 실시한 다음 돌격부대가 전초기지를 점령하고 슈투카들이 공중에서 소련군 야포진지를 잠재운 뒤 진지 내부로 들어가는 돌파구를 마련했다. 이어 6모터싸이클대대가 12시경 진지를 석권하고 114보병대대도 일정 구역

07 Sadarananda(2009) pp.37-8
08 Kurowski(2004) Panzer Aces, pp.32-3
09 Kurowski(2004) Panzer Aces, p.34

뵈르흐네 쿰스키에서 격파된 T-34를 점검하는 제6장갑사단 소속 병사들

을 확보했다. 이로써 약 3km 정도의 갭을 만들었고 이를 근거로 뵈르흐네 쿰스키의 재탈환을 계획했다. 항공정찰에 따르면 이미 수십 대의 대전차포와 '닥인'(Duck-in)전차들이 포진하고 있었으며 서쪽에서부터 추가로 마을로 진입하는 소련 전차들이 발견되고 있었다. 문제는 마을과 마을 남쪽의 고지 사이에는 아무런 지형지물이 없어 대낮의 공격은 위험하다고 판단한 독일군은 야습을 감행하기로 했다. 일단 야포사격과 공습으로 소련군 진지 구성요소들을 사전에 파악한 다음, 제6장갑사단은 그날 밤에 3개 방면으로부터 진격해 들어가 마을을 재점령하고 잔여 병력들을 북쪽으로 몰아냈다.[10] 뵈르흐네 쿰스키는 5일 동안 주인이 3번 바뀐 격전지로 탈바꿈하고 있었다. 18일 밤까지 사단의 수중에는 이제 51대의 전차와 주포가 설치되지 않은 6대의 지휘차량만이 남아 있었다.

제6장갑사단은 12월 19일에는 스탈린그라드 30km 이내까지 접근, 제2근위군이 지키고 있던 미쉬코바(Mishkova) 강 너머에 교두보까지 확보했다. 제23장갑사단은 제6장갑사단의 우측에서 네뷔코보(Nebykovo)를 지나 크루그야코보(Krugyakovo)로 공격해 들어갔다. 그러나 소련군이 방대한 예비 병력을 속속 집결시키는 통에 독일군의 진격속도는 급격하게 둔화되고 만다. 이에 독일군은 제11장갑연대의 2개 장갑대대를 주축으로 하는 휘너르스도르프 전투단(Kampfgruppe Hünersdorff)을 재결성, 북쪽과 북동쪽으로부터 쇄도하는 소련 제235전차여단, 제87소총병사단의 1개 연대, 제234독립전차연대 및 제20독립대전차여단을 맞아 결사적인 항전을 전개했다. 그때까지 무려 180대 전후에 달하는 소련 전차들을 파괴하는 것까지는 좋았으나 탄약과 포탄이 바닥이 난 전투단은 결국 뵈르흐네 쿰스키를 포기하고 후방으로 밀려났다.[11]

10 Sadarananda(2009) p.39
11 スターリングラード攻防戦(2005) p.86

제6장갑사단 11장갑연대장 봘터 폰 휘너르스도르프. 이후 사단장 에르하르트 라우스가 제51군단 사령관으로 영전하자 휘너르스도르프가 사단장직을 승계했고, 대대장인 오펠른-브로니코프스키가 공석이 된 폰 휘너르스도르프의 장갑연대장직을 승계했다.

제6장갑사단의 진격이 무산된 것을 직감한 만슈타인은 돈강 서안의 제48장갑군단으로부터 제11장갑사단을 뽑아내 돈강 동쪽 니지네취르스카야에서부터 방어망 측면에 구멍을 내는 구상을 실현시키고자 했다. 니지네취르스카야는 복잡한 강 지류와 황무지가 얽혀 있어 신속한 기동은 불가능하지만 소련군 병력의 일부를 이쪽으로 끌어냄으로써 제57장갑군단 정면으로 밀려들어오는 소련군의 파상공격을 약화시킬 수 있을 것으로 기대하고 있었다.

겨울폭풍작전의 2단계 기간인 12월 15일~19일 기간 중인 12월 16일에는 훨씬 북쪽의 남서방면군이 보로네즈방면군의 제6군과 함께 돈강을 넘어 이탈리아 제8군과 홀리트분견군에 대한 공세를 시작했다. 소토성 작전에 의한 동 공세에 따라 소련 4개 전차군단과 1개 근위기계화군단이 이탈리아 제8군의 진지를 허물고 거센 속도로 추축군 방어진을 몰아붙이는 위기가 닥쳐왔다. 이탈리아군은 예상대로 손쉽게 와해되면서 소련 제24, 25전차군단, 제1근위기계화군단이 파죽지세로 치고 들어와 스탈린그라드 보급기지들을 공략하고 반격에 나선 제48장갑군단을 수비모드로 전환케 하는데 성공했다. 깊이 3km, 폭 5km의 갭이 생겨났으며 제3근위군은 16km를 돌파해 들어갔다. 이로 인해 당초 제11장갑사단이 측면에서 제57장갑군단을 지원하는 방안은 포기되었으며, 17일 새로이 전장으로 달려온 제17장갑사단이 구원부대에 합류, 제6장갑사단의 좌익에서 북진하도록 하는 대안을 추진했다.[12] 12월 19일 제17장갑사단의 일부 병력은 미쉬코봐에 도달하였고 20일에는 제6장갑사단이 붸실뤼프카(Vesilyvka)에서 교두보를 확보했다. 이에 소련군은 독일군 장갑사단들의 추가 전진을 막기 위해 북쪽, 북동쪽, 북서쪽에서 제6차량화군단을 포함한 신규 병력들을 마

12 Dupont(2012) p.76

구 집어넣었으며 남쪽의 제23장갑사단에 대해서는 예사울로프스키(Jeasaulovsky)-악사이(Aksay) 구간을 침투하지 못하도록 필사적인 노력을 기울이고 있었다. 독일군도 여기서 역으로 밀리면 제6군의 구출은 영원히 불가능한 것으로 판단하여 소련군의 역습에 다시 반격을 가하고, 그 중 상대적으로 약한 연결고리들을 발견함으로써 돌파구를 마련하기 위한 안간힘을 쓰고 있었다.

그러나 이 역시 속속 진입해 들어오는 소련군의 신규병력에 대해 도저히 전력상의 우위를 확보할 수 없었다. 겨울폭풍작전의 당초 계획에 따르면 제6군의 남쪽에서 구출작전에 투입되어야 할 부대는 반드시 돈스카야 짜리짜강까지 전진배치 되어야 했다. 그러나 이즈음(12월 19일) 제57장갑군단은 포위망으로부터 48km나 떨어져 있었으며 시시각각 제6군의 보급물자가 고갈되어 가는 시점에서 포위망 속의 제6군이 스스로 움직이지 않는 한 구출은 불가능한 것으로 판단되었다. 제4장갑군의 호트도 북쪽 측면을 지키는 루마니아 제4군이 붕괴직전에 도달했음을 보고하면서 어느 때든 독일군의 방어선이나 공격대형이 한꺼번에 무너질 위험이 임박해 왔음을 토로했다. 이 상태라면 설혹 제6군이 탈출을 시도하여 부분적으로 포위망을 빠져나온다 하더라도 외부의 독일군과 합류할 가능성은 희박했으며 잘못하면 구원군으로 나선 제4장갑군까지 포위될 우려마저 있었다.

소련군 제3근위소총병사단은 12월 21일 붸실뤼프카(Vesilyvka) 북동쪽으로 30대의 전차를 동원해 제6장갑사단 전구에 구멍을 낼 의도를 드러냈다. 독일 제6군이 포위망을 탈출하려면 이 제6장갑사단과 연결되어야 했기에 소련군이 이쪽에 치중하는 것은 당연했다. 배케 대대는 배케 스스로 1대를 격파한 것을 포함 총 8대의 전차를 파괴하자 소련군은 물러나기 시작했다. 당시 소련 전차들은 휘너르스도르프 지휘본부 건물 불과 15m 지점까지 도달할 정도로 근접전을 시도했다.

22일 오전 6시 소련군은 다시 15대의 전차를 몰아 공세를 취했다. 이번에도 배케 대대가 출동해 600m에서 첫 번째 전차를 격파하고 배케 스스로 1대, 그의 부하들이 4대를 격파하자 남은 전차들은 달아났으며 그 중 도주하던 한 대의 T-34는 4호 전차 75mm 주포에 의해 1,400m에서 뒤통수를 맞아 산화했다.[13] 그러나 현장을 시찰한 군단장과 사단장은 불과 24대의 전차만을 보유한 제6장갑사단과 제6군 사이에 소련의 1개 군(제2근위군)이 가로막고 있다는 사실을 육안으로 확인하고 즉각 공세를 중단했다. 그것으로 제6군의 운명은 더 이상 기대할 것이 없었다.

## 구출작전의 실패

소련군은 만슈타인의 겨울폭풍작전 개시 이래 19개 사단, 15만의 병력, 635대의 전차, 1,500문의 야포를 동원하여 제4장갑군의 진격을 막아냈으며, 4개 소총병사단, 5~7개 차량화여단, 4개 전차여단이 제57장갑군단을 막아 세우는 막강한 전력을 끌어 모을 수 있었다. 이에 반해 독일군은 더 이상의 병력충원이 불가한 상황이었으며 보유하고 있는 자원도 고갈 직전에 달했다. 12월 24일까지 제17, 23장갑사단은 두 개 사단이 합쳐 35대의 전차만을 보유하고 있었으며 보병은 2,000명에 불과했다. 스탈린그라드와는 여전히 48km나 되는 거리가 있었다.

12월 21일 만슈타인은 마지막으로 히틀러에게 자신의 생각을 전달했다. 즉 스탈린그라드를 포기하고 제6군을 아예 남서쪽 방향으로 철수시키기 위한 '뇌명'(雷鳴 = Thunderclap)작전의 발동을 요청했다. 그러나 히틀러는 이에 응하지 않았으며, 만슈타인은 12월 23일 폰 파울루스 제6군 사령관

13 Kurowski(2004) Panzer Aces, pp.36-7

에게 통화, 히틀러의 명령과 관계없이 포위망을 탈출하라는 명령 아닌 명령을 내리기도 했으나 이 역시 실천되지 못한 채 제6군의 포위구출작전은 무산되는 운명에 처했다.[14] 만슈타인이 말하던 '죽음의 레이스'가 종결되는 순간이었다. 더욱이 치르강 유역에서 소련군의 돌파가 종국적으로 성공함에 따라 북쪽과 남쪽에서 동시에 위기를 맞게 된 만슈타인은 결국 크리스마스를 기점으로 겨울폭풍작전을 중단하기에 이르렀다. 제6군의 구출작전을 계속 진행할 경우 소련군 병력의 규모와 진격속도로 보아 자칫 잘못하면 돈집단군 전체와 A집단군을 포함한 독일군 남익 전체가 붕괴될 우려가 더 컸다. 독일군은 작전 12일 동안 50km 이상을 돌파했으나 말리노프스키(Rodion Yakovlevich Malinovsky) 휘하의 제2근위군과 제51군 및 제5충격군의 강력한 반격으로 작전개시 시점보다 더 뒤로 밀려나는 처지에 놓였다. 2근위군은 악사이 강을 따라 급조되어 버티던 독일군 수비진을 유린하고 호트의 공세를 완전히 수세로 뒤집어 놓았으며 제7전차군단은 독일군 구출작전의 발진기지였던 코테이니코보(Koteinikovo) 내부까지 침투했다. 제2근위전차군단은 스탈린그라드와 가장 가까운 토르모신(Tormosin)과 부다린(Budarin)의 두 공항들을 위협하고 12월 30일 전까지 토르모신을 장악했다. 북쪽의 제51군과 남쪽의 제28군은 호트의 구원부대들을 살(Sal) 강과 마니취(Manych)강 변으로 계속해서 몰아넣고 있었다.

독일 장갑부대 굴지의 명 지휘관 프란쯔 배케. 매 전투마다 화려한 전과를 거두었으며, 특히 1944년 초 러시아 발라보노프카 지구에서 진행된 5일에 걸친 포위전에서 티거 1대와 판터 5대만을 잃고 소련 전차 268대, 장갑차량 156대를 격파하는 대기록을 수립했다.

소련군은 1942년 12월 스탈린그라드 내의 독일군을 먼저 칠 것인지 아니면 구원병력을 먼저 제거할 것인지를 두고 상당한 작전술적 차원의 고민을 한 것으로 알려져 있다. 만슈타인의 구출작전이 궁극적으로 실패로 돌아간 것은 소련군이 12월 13일 당초 스탈린그라드를 공격키로 했던 제2근위군을 스탈린그라드방면군 전구 방면으로 돌려 구원부대를 먼저 봉쇄하기로 했던 결정에 기인한다. 소련 제51군이 증강된 병력을 바탕으로 우익에서 독일 제57장갑군단을 밀어내고 제2근위군이 좌익을 위협하는 과정에서 제17, 23장갑사단이 새로운 포위망에 갇힐 우려가 생겨났었다. 따라

14 Sadarananda(2009) p.43
히틀러가 결코 승인하지 못할 아이디어이기는 하나 만슈타인은 겨울폭풍작전 직후에 거의 동시적으로 뇌명작전이 발동되는 것을 상정했다. Clark(1985) p.272
당시 독일 제6군은 수중에 100대 정도의 전차들을 보유하고 있었으나 30km를 전진할 수 있는 연료밖에 없었으며 폰 파울루스와 히틀러는 이를 핑계 삼아 만슈타인의 뇌명작전 요청을 거절했다. Cooper(1992) p.431

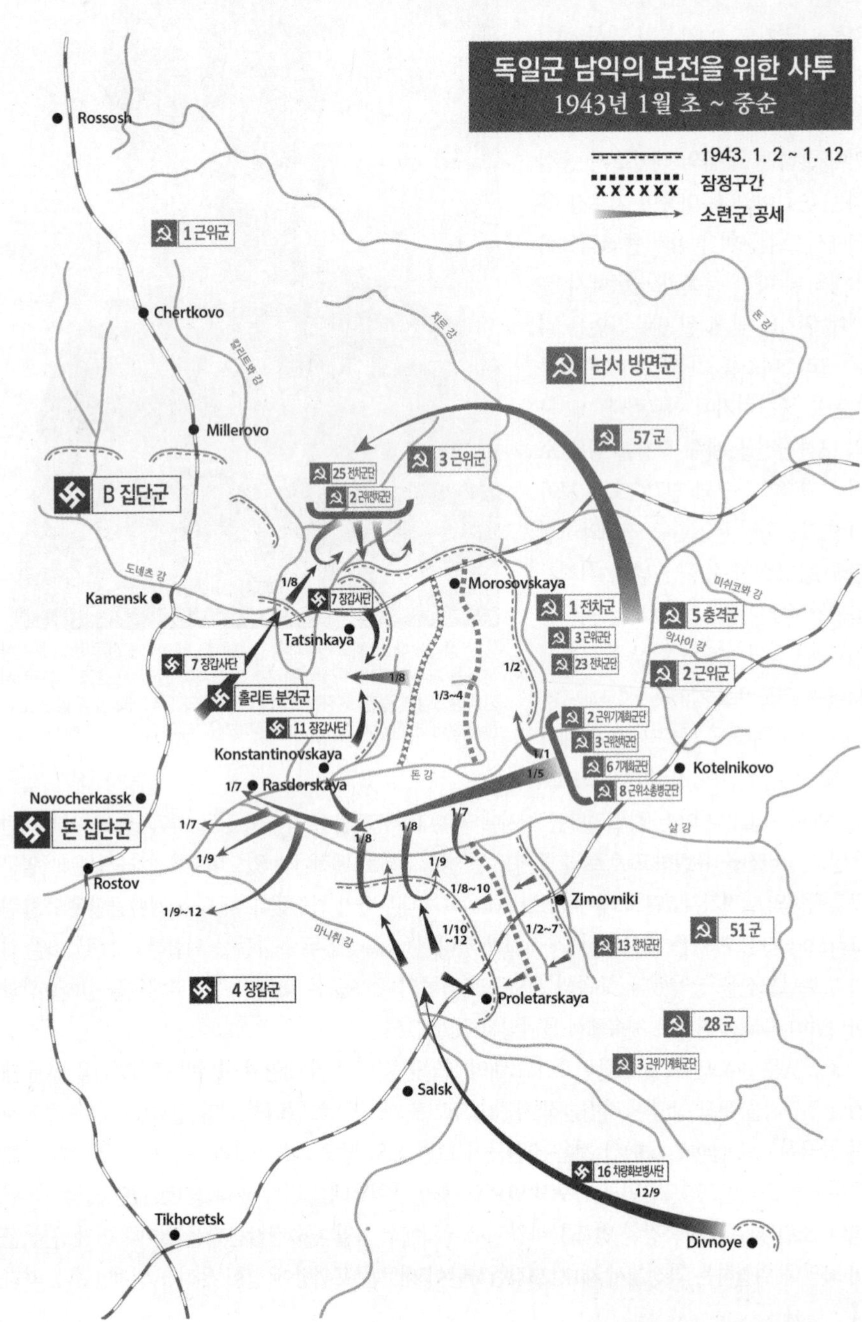

독일군 남익의 보전을 위한 사투
1943년 1월 초 ~ 중순
1943. 1. 2 ~ 1. 12
잠정구간
소련군 공세
Rossosh
1 근위군
Chertkovo
Millerovo
남서 방면군
57군
3 근위군
25 전차군단
2 근위전차군단
B 집단군
Morosovskaya
Kamensk
7 장갑사단
Tatsinkaya
1 전차군
3 근위군단
23 전차군단
5 충격군
2 근위군
7 장갑사단
홀리트 분견군
11 장갑사단
2 근위기계화군단
3 근위전차군단
6 기계화군단
8 근위소총병군단
Konstantinovskaya
Rasdorskaya
Kotelnikovo
Novocherkassk
돈 집단군
Rostov
Zimovniki
51군
13 전차군단
4 장갑군
Proletarskaya
28군
3 근위기계화군단
Salsk
16 차량화보병사단
12/9
Tikhoretsk
Divnoye

서 제57장갑군단은 더 이상의 공세가 무의미한 것으로 판단하고 미쉬코바로부터 철수하면서 구출 작전은 사실상 막을 내린 것으로 간주되었다. 만슈타인은 그럼에도 불구하고 제6군이 궁극적인 탈출을 시도할 지도 모른다는 실낱같은 기대감 속에 24일까지 제57장갑군단을 미쉬코바 부근에 주둔시켰으나 결국 크리스마스를 전후하여 모든 희망을 접고 이제는 제6군의 구출이 아니라 동부전선 독일군 남익 전체의 운명을 책임져야 할 순간에 직면해 있었다.

12월 25일 호트의 제4장갑군은 총퇴각의 길로 접어들었다. 부득이한 후퇴였으나 독일군 장갑사단들이 괴멸적 타격을 입은 것은 아니었으며 다만 중과부적의 상태에서 광활한 면적을 유지, 사수해야 된다는 부담으로 인해 수중의 전력은 경향적으로 고갈되어 가고 있었다. 소련군의 피해도 적지 않았다. 예컨대 소토성 작전의 주역을 담당한 제25전차군단과 제1근위기계화군단은 작전 개시 시점에 각각 159, 168대의 전차로 시작했으나 1942년 12월 11일~1943년 1월 31일 동안 총 병력의 80~90%를 잃을 정도로 전력이 소모되었다. 특히 12월 말까지 제24, 25전차군단, 제1근위기계화군단 등 3개 군단은 다 합쳐 1개 여단 규모만 남은 형편이었다. 특히 제24전차군단은 너무 의욕적으로 침투하는 바람에 부다린 공항 서쪽의 타찐스카야(Tatsinskaja) 공항 부근에서 포위되는 사태에 빠졌으나 겨우 탈출해 빠져나가기도 했다. 그러나 소련군은 이탈리아 제8군을 궤멸시키면서 스탈린그라드의 제6군을 구출하려는 독일군의 기도를 원천적으로 좌절시켰다는 점에서 소토성 작전을 전략적 승리로 기록할 수는 있었다.[15] 독일군은 겨울폭풍작전 종료 후 겨우 로소이(Rossosh)-밀레로보(Millerovo)-모로조프스크(Morozovsk) 축선을 지탱하면서 북쪽에서 남동쪽으로 길게 뻗은 불안한 방어망을 구축하고 있었다. 이 구간을 지키는 제대는 당분간 극도로 쇠약해진 임시편제의 프레터-피코(Fretter-Pico) 홀리트 분견군만으로 버텨야 했다. 제6군 구출작전이 무산된 직후 1943년 1월 당시 독일 B집단군과 만슈타인의 돈집단군 사이에는 최소 160km, 최대 300km에 가까운 갭이 발생하고 있었다. 이 공간을 소련군이 그대로 놔 둘 리가 없었다.

1월 2일 소토성 작전의 피로감이 소련군 진영을 지배하고 있었음에도 불구하고 소련군은 홀리트 분견군에게 타격을 가해 북쪽 구역의 췌르니쉬코프(Chernyshkov)와 스카쉬르스카야(Skassyrskaya)를 점령했다. 1월 5일 소련 차량화 병력들이 콘스탄티노프카(Konstantinovka)에 주둔하고 있던 제11장갑사단을 치면서 일부 전력은 살(Sal) 강과 돈(Don) 강 사이 지점을 향해 서진하는 움직임을 나타냈다. 또한, 100대를 넘는 소련 전차들이 비스트라야(Bystraya)와 칼리트바(Kalitva) 가운데를 자르고 들어와 벨로칼리트벤스카야(Belokalitvenskaya)의 독일 교두보를 확보하려는 기동이 확인되고 있었다. 이 때 만슈타인의 돈집단군은 무려 189개에 달하는 소련군 제대와 대치하고 있었다. 우선 스탈린그라드 지구의 80개 그룹과 12개 독립전차연대, 그리고 홀리트 분견군 및 제4장갑군과 교전 중인 집단은 109개 그룹과 11개의 독립전차연대에 달했다. 이에 대해 돈집단군과 홀리트 분견군은 다 끌어 모아보아야 10개 사단 및 3분의 1 전력을 가진 1개 사단으로 버티고 있었다. 그 대부분은 급조된 사단이거나 여기저기서 흩어져 있던 병력들을 모아 임시방편으로 만든 전투단 규모에 불과한 것도 있어 엄밀히 말하면 완편전력을 갖춘 사단은 단 하나도 존재하지 않았다.

1월 7일 소련 남부방면군 소속 제2근위군은 만슈타인의 사령부가 있는 지점에서 겨우 20km 떨어진 곳에 전차들을 집결시키고 있었다. 코카사스에서 퇴각 중인 제1장갑군은 로스토프까지 아

15 Glantz(1991) pp.74-5

직도 600km나 떨어진 곳에 있었으며 예레멘코의 남부방면군 3개 군은 그보다 100km 뒤쳐져 있었다. 만슈타인은 제1장갑군과 접선도 하기 전에 집단군의 사령부를 잃어 마니취 강과 돈강 사이의 공간을 헌납하는 위험을 제거하기 위해 수리 중인 전차와 차량들까지 총동원하여 선제공격을 가했다. 고트프리드 아누스(Gottfried Annus) 대위가 급거 임시로 조직한 전투단은 소련군의 선봉대를 돈강 너머로 격퇴시켜 당장의 위기는 해소하는 데 성공했다.[16] 홀리트 분견군은 소련군이 돌파한 3개 지점(Kagalnik, Krylov, Bystraja-Kalitva)의 위기를 어느 정도 막아내면서 전선을 유지하고는 있었으나 분견군 역시 보병전력이 약해 가장 위험한 비스트라야와 칼리트봐를 지속적으로 지켜낼 수는 없었으며 만슈타인 역시 1월 8일 이후에는 사단급 병력을 해당 구역에 주둔시킬 의사가 없었다. 어떤 형태로든 질서 있는 후퇴기동이 필요한 시점이었다. 한곳에 오래 머무르는 것이 전술적으로나 기술적으로나 곤란한 상황에서 만슈타인은 제7장갑사단이 홀리트 분견군 좌익에서 비스트라야와 칼리트봐를 돌파하여 소련군에게 역공을 가하는 방안을 채택하기로 했다. 제7장갑사단은 홀리트 분견군의 제대와 함께 북동쪽을 공격하고 휘너르스도르프 전투단은 크루텐스키(Krutensky) 서쪽에서부터 드야딘(Dyadin) 남쪽으로 치고 들어갔다. 제7장갑사단은 노보췌르카스크(Novocherkassk) 주변의 강고한 대전차 진지에 의해 돈좌되었고, 휘너르스도르프 전투단은 드야딘(Dyadin) 700m 이내로 접근했으나 강력한 소련 전차부대의 저항으로 마을을 석권하지는 못했다. 소련 전차 15대가 격파당했으며 독일 전차도 8대가 파괴되는 상당한 피해를 입었다. 일단 당장의 위기는 이것으로 해소되었으나 더 이상의 진전을 이룩할 수는 없었으며 홀리트 분견군의 나머지 제대와 제6, 7장갑사단은 제1장갑군의 탈출만 확보되면 도네츠 지역으로 철수하는 길을 택하려고 했다.

이 시기 히틀러는 1개 사단의 이동에도 일일이 간섭함으로써 돈집단군의 유연한 기동을 저해하고 있었다. 제4장갑군은 프롤레타르스카야(Proletarskaja) 교두보로 퇴각하여 제7장갑사단과 연결함으로써 전선을 축소시켜 나가야 했으나 제7장갑사단은 1주일이 넘게 돈강 남쪽에서 히틀러의 명령만 기다리고 있는 신세였다. 대신 히틀러는 1월 12일 제7장갑사단이 돈강 북쪽에서 프레터-피코 분견군과 접선할 것을 주문했다. 제17, 23장갑사단은 프롤레타르스카야도 지키지 못할 정도로 쇠약해져 있었으며 제16차량화사단의 긴급지원이 없는 한 공세로의 전환 자체가 불가능한 상황이었다. 제16차량화사단은 우선 소련군이 돈강 저지대와 마니취로 밀려오는 것을 막아야 했으며 그 때문에 만슈타인은 제4장갑군이 프롤레타르스카야의 좁은 교두보 구역에 집중해 줄 것을 지시했다. 16일 소련군은 제57장갑군단의 북익을 공략하면서 마니취를 도하하려는 시도를 감행해 왔다. 제16차량화사단이 그나마 돌파의 위험을 막을 수 있었기에 소련군은 막대한 피해를 입은 뒤에는 스포르니(Sporny) 서쪽 지역에서 마니취를 넘어가기 위해 북서쪽으로 이동해 버렸다. 소련군은 다시 17일 공세를 재개하여 제57장갑군단을 우회, 마니취 저지대를 통과하여 제4장갑군의 측면과 배후를 위협하려고 했다. 18일 소련군은 스보보다(Svoboda), 투슬루코프(Tuslukov), 크라스니 마니취스카야(Krasny Manytschskaya), 알리투브(Alitub), 푸스토흐킨(Pustochkin)의 독일군을 차례로 밀어붙이면서 로스토프 방면으로 진군해 들어갔다. 또한, 그와 동시에 얼어붙은 돈강을 건너 악사이스카야(Akayskaya)를 치기 위한 기동을 감행했다. 1월 20일에는 소련군의 로스토프 접근이 위험수위에 달하고 있었다. 제28군은 프롤레타르스카야를 뚫고 살스크(Salsk)로 나아가려 했으며 제51군은 프롤레타르스

16 Restayn(2000) p.1

카야 북서쪽의 넓은 전구를 향해 마니취 강을 도하하려고 했다. 그리고 제2근위군은 붸셀뤼(Vesely) 북동쪽 지점으로부터 마니취 입구로 진격하면서 15대의 전차들로 바타이스크(Bataisk)를 치고 있었다. 로스토프가 초미의 관심사로 대두되는 가운데 철수 중인 제1장갑군과 제4장갑군은 여전히 150km 정도로 떨어져 있었다. 당시 살 강, 돈강, 마니취 강을 중심으로 위기가 고조되고 있다고는 하지만 독일군의 얼마 안 되는 기동전력을 여기에만 묶어 두는 것은 대단히 위험한 발상이었다. 소련군은 마니취 저지대를 건너 남동쪽으로 이동하면서 제4장갑군이 로스토프에서 제1장갑군의 도착을 기다리는 희망사항을 언제든지 여지없이 무너뜨릴 수 있는 수많은 병력들을 동원시키고 있었다.[17]

홀리트 장군은 이 위기상황에서 제4장갑군을 분견군의 좌익에 놓고 1개 사단만이 로스토프 입구를 지키도록 하되, 제1장갑군 스스로가 제4장갑군의 서쪽으로의 후퇴를 지원하는 형태로 북쪽 측면을 관리하자는 방안을 제시했다. 원래 만슈타인은 장갑사단을 돈강 남부에서 집중 사용하려 했으나 당시의 급박한 상황전개는 만슈타인의 세부계획을 수정치 않고는 곤란한 국면으로 치닫고 있었다. 홀리트의 요청대로 로스토프 북쪽의 위기가 극히 심각한 상황이었기에, 장갑사단을 돈강 남쪽이 아닌 북쪽으로 집결시키는 것이 불가피했다. 다만 제4장갑군 정면의 소련군 병력도 만만치 않은 상대였으므로 만슈타인은 제11장갑사단을 로스토프에 주둔시켜 상황에 따라 돈강 북쪽 또는 남쪽으로 신축적으로 기동할 수 있다는 전제를 깔고 급변하는 주변상황에 대처하고자 했다.

21일 만슈타인은 제4장갑군의 2개 사단을 빼 홀리트 분견군을 지원하기 위해 보로쉴로프그라드(Voroshilovgrad)로 파견키로 결정했다. 이는 소련군이 아조프해로 직행하는 것을 막기 위함이며, B 집단군의 우익에 위치한 카멘스크(Kamensk) 북쪽의 제23전차군단도 보로쉴로프그라드를 치기 위해 급거 이동 중인 데 대한 반응으로 나타났다.

## 제6군의 몰락

소련군은 1월 10일 천왕성 작전에 이은 '고리'작전(Operation Koltso = Operation Ring)으로 스탈린그라드에 포위된 제6군에 마지막 철퇴를 가함에 따라 1942~43 동계전역의 본격적인 끝장내기 수순에 들어갔다. 7개 군을 동원한 돈 방면군 사령관 로코솝스키(Konstantin Rokossovsky)가 손수 지휘하는 가운데 가벼운 펀치 몇 방으로 독일 제6군을 제압할 수 있을 것으로 보았으나 빈사 직전의 독일군이 그리 호락호락하지는 않았다. 작전 3일 만에 소련군은 26,000명이 전사하고 동원한 전차의 절반을 상실했다.[18] 1월 12일에 북쪽 포위구역에서는 제3, 29 차량화보병사단이 영웅적인 항전으로 소련군 전차 100대를 격파했다. 그러나 소련 전차들은 그래도 50대가 거뜬히 살아남아 있었다. 남쪽 구역에서는 제297보병사단이 100대 이상의 전차들을 상대로 분전, 그 중 40대를 파괴하는 마지막 사투를 펼쳤다. 1월 17~18일 작전 개시 1주일이 지난 시점에는 다시 제24, 57, 66군이 포위공격에 가세했다. 소련군은 남쪽이 힘들어지자 대신 서쪽을 강타해 피톰니크(Pitomnik) 공항을 탈취함으로써 제6군에 대한 하늘로부터의 지원을 무산시키게 되었다. 독일 제6군은 마지막 그날까지 무

17 Sadarananda(2009) pp.65-6
18 スターリングラード攻防戦(2005) p.89

프리드리히 폰 파울루스 제6군 사령관. 독일 전사상 최악의 지휘관으로 기록될 인물. 작전참모로서는 뛰어났으나 야전지휘관에게 필요한 배짱은 물론 자살할 용기도 없었다.
(Bild 183-B24575)

려 90개를 넘는 소련군 제대들을 스탈린그라드 한곳에 묶어 놓고 치열한 공방전을 펼치면서 지옥을 경험하고 있었다. 그들은 결코 추위와 배고픔에 떨다 항복한 것이 아니었다.

로코솝스키는 1월 22일 제57군이 포위망의 남서쪽으로부터 진입하는 것을 시발로 2차 공세에 들어갔다. 23일 마지막 남은 굼락(Gumrak) 공항이 떨어졌으며 25일에는 그 유명한 피의 능선 마마이(Mamai) 언덕을 소련군이 장악함으로써 소련 제2과 제62군은 포위망 자체를 북과 남으로 다시 갈라버렸다.[19] 한 달 동안 바람 빠진 풍선처럼 서서히 좁혀지는 포위망에 갇혔던 제6군은 2월 2일 소련군에 공식적으로 항복함으로써 그 말도 많았던 청색작전의 비참한 종지부가 찍혔다. 15만 명이 전사하고 9만 명이 포로가 되었다. 소련군은 독일군이 볼가 강에 도달하여 스탈린그라드의 서전을 시작할 무렵부터 1941년 11월 19일 포위망 완성일까지 무려 50만 이상의 병력이 전사하였으며 1941년 11월 19일~1943년 2월 2일 기간 중에는 또다시 50만이 사망, 합계 110만 명의 병력이 사라지는 엄청난 피해를 입었다. 소련군이 스탈린그라드 전투 전체 기간을 통해 독일군과 마찬가지의 치명적인 인명손실을 경험한 것은 분명한 사실이었다. 하지만 독일군보다 더 많은 인명피해를 입었음에도 불구하고 소련군은 전장에서 최초로 전략적 이니셔티브를 쥐게 되는 전환점을 확보하게 되었으며, 스탈린그라드의 제6군 전체를 괴멸시켰다는 심리적 우월감을 갖게 되는, 단순한 통계치 이상의 그 무엇을 확보하게 되었다. 소련군은 이제 1942~43 동계전역을 전략적인 승리의 전환기로 삼기 위한 원대한 계획을 실행에 옮기고 있는 중이었다.

19 Kirchubel(2016) p.131

## 2 스탈린그라드에 이은 공세의 확대전환

스탈린그라드에서의 대승리에 미리 도취되어 있던 소련군은 1943년 1월 중순부터 대규모 반격을 준비하면서 하르코프와 쿠르스크, 로스토프를 일시에 탈환, 브리얀스크방면군과 보로네즈방면군, 남서방면군으로 하여금 전방위적으로 독일군을 몰아내는 계획을 상정했다. 2월 2일에 스탈린그라드의 제6군이 항복한 상태에서 이제 자칫 잘못하면 코카사스에 진출해 있는 A군 집단의 퇴로가 차단되어 2개 군이 괴멸당함은 물론, 기존의 잔여 B군 집단 병력, 만슈타인의 돈집단군까지 포위섬멸의 위기에 노출되면서 급기야 동부전선에 진출한 독일군의 남익 전체가 붕괴될 조짐마저 있었다. 그야말로 독일군 100만 명의 위기상황이었다. 다행히 만슈타인은 제6군을 더 이상 구출할 수 없다는 판단을 내린 뒤에는 코카사스의 A집단군, 제1장갑군을 구원하기 위한 작전에 총력을 기울임으로써 동부전선의 붕괴 위기를 일시적으로 해소할 수는 있었다. 스탈린그라드에서 소련군이 본 독일군은 과연 그들이 폴란드와 프랑스를 제압하고 유럽의 거의 모든 나라들을 점령한 그 군대가 맞는지 의심이 들 정도로 처참한 몰골을 하고 있었다. 온갖 천으로 전신을 감고 초췌한 모습으로 항복한 이들이 과연 한 번의 포위공격으로 수십만의 소련군을 포로로 삼던 그 독일군이 맞는지 소련군조차 믿기지 않았던 것이다. 때때로 이기고 있는 순간의 정책결정자들은 보이지 않는 객관적 실체를 파악해서 계획을 세우기보다 단순히 눈에 보이는 현상을 주관적으로 해석하면서 미래의 승리를 쉽게 상상하기도 했다. 소련군 수뇌부는 스탈린그라드에서의 대승리가 어쩌면 독일군에 대한 결정타가 아니었을까 라고 생각했던 것 같다. 사실 스탈린그라드 포위망 형성을 위해 천왕성 작전을 발동한 지 4일 만에 독일군 25만을 자루 속에 가두었으며, 1942년 11월 22일 포위망을 완성한 이래 3개월이 안되어 독일군은 괴멸되었다. 이쯤 되면 아예 남부에 몰린 독일군 전체를 일소하자는 생각이 들 만도 하다. 고리(Koltso)작전은 단순히 스탈린그라드 포위를 끝내는 것을 넘어, 1943년 초 동계공세의 범위를 최대한 확장하려는 의도를 포함하고 있었다. 이를 좀 과장되게 단순화하자면, 소련군은 1943년 안에 전쟁을 끝내려 했다. 의욕 하나는 높이 살 만했다. 하지만 독일군은 단위부대간의 전투에서 만은 전 세계에서 여전히 가장 뛰어난 전술적 테크닉을 보유하고 있는 상태였다. 감독이 히틀러만 아니라면 언제든지 레알 마드리드와 바르셀로나 수준의 실력을 발휘할 수 있는 분위기였다.[01]

스타프카는 스탈린그라드 전역이 종료된 시점에 심지어 중앙집단군에 대한 전면적 공세까지도 구상하고 있었다. 이는 아마도 1942년 11~12월 화성작전에 의한 르제프 전구에서의 소련군의 참패(33만 격멸, 전차 1,600대 파괴)를 만회하기 위한 쥬코프의 개인적 욕심도 작용했을 소지가 컸다.[02] 이를

01 돈집단군 사령관 만슈타인은 1942~43 동계전역을 4가지 국면으로 나누었다.
- 제1국면 : 모든 자원과 방법을 동원한 제6군의 구출 시도(실패)
- 제2국면 : 코카사스 전선으로부터 후퇴한 A집단군의 배후를 안전하게 관리하여 돈집단군과 단절시키려는 소련군의 공세를 저지(성공)
- 제3국면 : 동부전선 독일군의 남익을 보전하기 위한 연결망과 병참선의 확보(성공)
- 제4국면 : 반격작전에 의한 하르코프로의 진격(성공)

02 Showalter(2013)는 르제프 전투(화성작전)에서 동원된 총 2,000대의 소련 전차 중 1,800대가 격파된 것으로 기록하고 Kirchubel(2016)은 1,800~1,900대로 추정하고 있다.

스탈린그라드 전투 당시 고리 작전을 지휘 중인 콘스탄틴 로코숍스키 돈 방면군 사령관

위해 중앙방면군 사령관 로코숍스키 상장은 2월 5일~2월 15일 동안 병력을 스탈린그라드로부터 독일군 중앙집단군 전구로 급히 이동시켜야 했다. 그러나 아무리 출중한 소련 적군의 '떠오르는 스타' 로코숍스키라 하더라도 단 한 개의 철도선에 의지하여 200km나 되는 구간에 5개 군을 태워 보낼 수는 없었다. 추가로 10일 동안의 준비를 마친 로코숍스키 부대는 2월 25~26일 작전을 개시해 제11전차군단과 기병부대, 파르티잔 부대 등을 앞세워 무려 160km나 진격해 들어가면서 독일군 수비진 배후를 흔들어 놓는 데는 성공했다. 이곳은 이름뿐인 장갑군인 제2장갑군 소속 46장갑군단 하나가 용케 막아내고 있었다. 3월 7일에는 데스나(Desna)강 변에까지 도달했으나 거기까지였다. 3월 7일에는 이미 갤롭과 스타작전에 의한 소련 남서방면군과 보로네즈방면군의 춘계공세가 실패로 끝나 다시 퇴각길에 접어든 상황이었으므로 다시 한 번 길게 늘어난 로코숍스키 중앙방면군의 주력도 독일군의 역습에 노출되어 있어 더 이상의 의욕을 발휘하기는 불가능했다. 3월 9일 소련 제2전차군은 독일 제45, 72보병사단의 방어에 막혀 더 이상의 현상타개는 곤란해졌다.[03] 로코숍스키의 진격은 3차 하르코프 전투에 직접적인 영향을 미치지는 못했다. 하지만 그보다 빨리 시작된 소련군의 두 반격작전은 바로 그 졸속의 준비로 인해 야심찬 소련군의 전방위적 공세에 치명적인 약점들을 노출시키고 있었다.

03 Piekalkiewicz(19??) p.760, Kirchubel(2016) p.140

# 3 동부전선 독일군 남익의 운명

스탈린그라드를 전후하여 독일군의 사활이 걸렸던 가장 시급한 문제는 만슈타인이 구분한 제2국면기에 해당하는 A집단군(제1장갑군)의 코카서스 탈출이었다. 만약 소련군이 아조프해를 향해 수직으로 돌진해 두 집단군을 두 동강 낸다면 독일군의 남익이 자동 붕괴될 위험에 처한다는 것은 자명했다. 그 아래 좀 더 세밀한 고민거리도 존재했다. 당시 기동전력이 고갈시점에 도달한 것을 인식한 만슈타인 원수는 제1장갑군 소속 제3, 40장갑군단과 제52보병군단을 무사히 빼내기 위해 수중에 있는 모든 화력과 기동력을 끌어 모아 로스토프 회랑부에 집결시켜야만 했다. 명목상 만슈타인은 제4장갑군과 홀리트 분견군이라는 두 개의 상급사령부를 지니고 있었으나 연일 계속되는 전투로 인해 실제로는 루마니아 제3군의 잔존병력, 격전으로 인해 지칠 대로 지친 제48장갑군단 및 억지로 끌어 모은 '경계대대' 정도를 보유하고 있는데 지나지 않는 임시사령부였다. 따라서 군(Armee)이라 하더라도 사실상 완편전력의 절반 정도 밖에 안 되는 군 병력이었다. 그 때문에 제1장갑군의 합류는 어떻게든 돈집단군을 회생시키는 절대적인 가치를 지니고 있었다. 만슈타인은 이러한 정황 속에서 제1장갑군을 코카사스로부터 급거 철수시켜 병력의 연쇄붕괴를 막음은 물론, 남부전선에서의 기동전력을 보충하기 위해서라도 코카사스 A집단군에 남겨진 장갑부대의 확보는 사활이 걸린 것으로 판단했다. 반대로 히틀러는 무리하게도 나중에 코카사스 유전지대에 대한 대규모 공세를 취할 경우, 쿠반반도가 아조프해의 유일한 교두보가 될 것으로 생각하고 제1장갑군의 후퇴를 주저해 왔으나, 스탈린그라드는 물론 남부전선 전체의 붕괴조짐을 우려한 탓인지 결국 12월 29일 부하 장군들의 간청을 마지못해 받아들인 바 있었다.[01]

한편, 제4장갑군은 겨울폭풍작전도 작전이지만 제1장갑군을 코카사스로부터 빼내기 위해 코테이니코보(Koteinikovo)를 중심으로 돈강과 로스토프 남쪽의 마니취강 변까지 지켜내면서 복잡다기한 임무를 정신없이 수행하고 있었다. 호트의 부대들은 늘어질 대로 늘어난 전선에 부적절한 저항을 산발적으로 할 것이 아니라 되던 안 되던 가용한 병력을 하나로 묶어 응집력을 지탱해야만 했다. 제4장갑군은 한 지역에 오래 머물지 않으면서 적의 공격에 노출 당하지 않는 기민함을 유지하고 있었으며, 소련군의 날카로운 잽을 지능적으로 회피하고, 측면이 취약한 경우에는 얼마 안 되는 병력을 교묘하게 동원하여 신용카드 돌려 막기 하듯 살림을 꾸려가고 있었다. 하지만 제7, 23장갑사단 2개 단위병력의 60대 남짓한 전차로는 기동방어전이 거의 아슬아슬한 줄타기와 같은 곡예처럼 유지되고 있어 시급히 추가 병력지원이 요구되는 상태였다. 다행히 12월 말에 제5SS장갑척탄병사단 '뷔킹'(Wiking, Viking) 사단을 제1장갑군으로부터 떼 내어 당장 급한 소방수로 활용하고, 제11장

01 당시 제1장갑군을 포함한 A집단군은 로스토프로부터 650km나 떨어져 있었으며 소련군은 로스토프 동쪽 불과 70km 지점에 도달해 있었는데도 히틀러는 독일군이 코카사스에 계속 머물 것을 명령했다. 그대로 사수명령을 이행했다면 제6군과 마찬가지로 A집단군 역시 자루 속에 갇힐 운명에 처할 것이 뻔했다. B．H．リデルハート(1982) p.201
한편, 만슈타인은 후퇴 중의 A집단군과 돈집단군이 유기적으로 연결되기 위해서 A집단군이 자신의 집단군의 지휘를 받을 수 있도록 해 줄 것을 히틀러에게 건의하였으나 기각되었다. '잃어버린 승리'에서 만슈타인은 같은 급의 사령부 하나가 다른 사령부의 명령을 받게 하는 것은 이치에 맞지 않으나 당시 종(縱)으로 긴 퇴각의 길을 걷고 있던 폰 클라이스트의 집단군이 자력으로 모든 상황을 판단하기에는 사정이 매우 심각했다는 점을 술회하고 있다. Manstein(1994) p.381, Clark(1985) p.280

갑사단은 돈강 북쪽의 제48장갑군단으로부터 빌려와 기동력을 보강하도록 조치하기에 이르렀다. 제16차량화보병사단도 옐리짜(Yelitsa)의 수비진에서 차출되어 홀리트 분견군과 나누어 쓰도록 양해받았다. 2월에는 사단 전체가 제4장갑군 휘하로 편입될 예정이었다.[02]

제1장갑군은 1943년 1월 2일 오후 5시부터 사실상 철수작전에 들어갔다. 히틀러는 1943년 1월 전까지는 당장 급한 병력만 뽑아내고 나머지는 쿠반 반도 일대에 계속 주둔시키기를 원하고 있었으나 사태의 심각성을 인지한 다음에는 1월 24일 제1장갑군의 부분이 아니라 전체를 철수시키도록 결정했다.[03] 제1장갑군의 철수에 맞춰 홀리트 분견군도 1월 24일 도네츠강 남서쪽에서 미우스강 서쪽으로 후퇴해 2월 17일까지 불안한 수비벽을 강화하고 있었다.

소련군은 1943년 1월 초부터 코카사스 남방의 북부코카사스방면군 소속 제44군과 제4, 5근위기병군단, 남부방면군의 제28군을 동원해 A집단군의 퇴로를 차단하려고 했으나 제1장갑군은 초기 단계에서 돈집단군 제4장갑군의 교묘한 방해와 체계적인 후퇴기동을 통해 소련군의 추격공세를 따돌리는데 성공했다.[04] 이즈음 보로네즈방면군의 제6, 40군, 제3전차군은 1월 13일을 기점으로 돈강 상류에 포진하고 있던 이탈리아 제8군 전구와, 그보다 더 북쪽에 위치한 헝가리 제2군의 정면에 대해 새로운 공세를 시작, 전선배후에 있는 두 개의 마을 이름을 딴 오스트로고시즈크-로소이(Ostrogozhsk-Rossosh) 작전을 발동했다(1943년 1월 13일~27일). 구스타프 야니(Gusztáv Jány) 대장 휘하의 헝가리 제2군의 9개 사단과 이탈리아 제8군의 잔존병력 알피니 군단(Alpini Corps)은 겨우 1주일 만에 붕괴되면서 돈강 유역에 대한 소련군의 공세는 확장일로의 세를 과시하게 된다. 이 공세는 보로네즈와 카르테미로프카(Kartemirovka) 사이에 무려 200km의 갭을 만들어버리고 말았다. 이어 소련군 보로네즈방면군은 1월 24일 보로네즈를 수복하기 위한 보로네즈-카스토르넨스크 공세(Voronezh-Kastornensk Offensive)를 개시, B집단군의 마지막 제대라 할 수 있는 독일 제2군과 오스트로고시즈크-로소이 작전으로 후퇴해 온 헝가리 제2군의 잔존병력을 서쪽으로 쳐 나갔다(1943년 1월 24일~2월 2일). 또한, 북쪽의 브리얀스크방면군 소속 제13군이 방면군 좌익에서부터 카스트로노예(Kastronoje)를 향해 남진하고 주력은 독일군을 서쪽으로 밀어붙였으며, 보로네즈방면군의 38, 40, 69군이 각각 오보얀, 벨고로드, 쿠르스크를 향해 진격을 개시하여 돈강과 오스콜강 서쪽 구역을 장악했다. 두 방면군은 평균 영하 20~22도의 혹한과 안개, 눈보라와 같은 장애요인에도 불구하고 1월 28일 드디어 서로 연결되는 데 성공했다. 이로써 소련군은 보로쉴로프그라드와 보로네즈 사이 구간에서 거의 완전한 행동의 자유를 얻게 되었으며 만슈타인의 돈집단군은 치명적인 위협에 노출되고 있었다.

한편, 만슈타인은 돈강 하류에 포진한 제11장갑사단과 제16차량화보병사단, 제5SS'뷔킹', 그리고 신형 티거 I형 전차를 장착한 503중전차대대(실질적으로는 겨우 중대 규모)를 증강시켜 로스토프의 문앞을 공고하게 만드는 데는 일단 성공했다. 특히 1월 15~19일간 제5SS'뷔킹' 장갑척탄병사단과 제17장갑사단은 프롤레타르스카야(Proletarskaja)에서 제1장갑군의 퇴로를 확보하기 위해 기가 막힌 지연전술을 구사함으로써 로스토프로 가는 마지막 장애를 제거했다. 이에 소련군도 돈강 하류를 진

02 Edwards(1989) p.181, Clark(1985) p.281
03 Manstein(1994) p.397
04 1942년 7월~1943년 1월 코카사스 전투에서 독일군은 22,000명의 전사자와 행방불명을 포함 총 72,000명의 피해를 입었으며, 소련군은 247,000명의 전사와 행방불명을 포함, 계 511,000명의 희생을 감수하면서 독일군을 코카사스로부터 패주시켰다.
B. H. リデル ハート(1982) p.202 참조

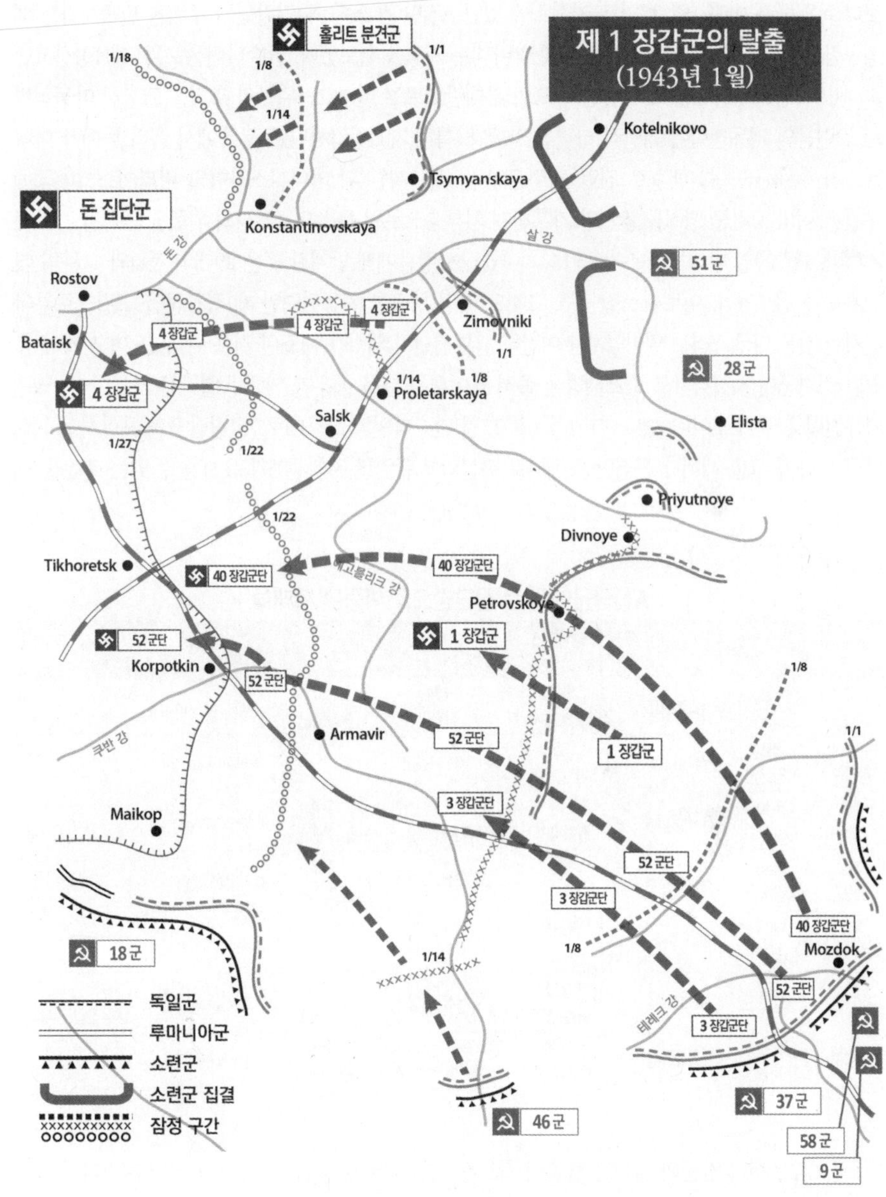


격중인 제2근위군과 제51군에 제2, 3근위기계화군단 및 제3근위전차군단을 증강시켜 퇴각중인 제1장갑군을 필사적으로 추격하게 된다. 그러나 독일군보다 한발 앞서 로스토프에 도착하지는 못한 채 2월 6일 밤, 제1장갑군의 가장 끄트머리에서 이동하던 퇴각부대인 제111보병사단이 돈강을 도하하고 끝까지 남겨 두었던 마지막 교량을 파괴함으로써 철수작전은 안전하게 종결되었다.[05] 그

05 Mitcham(1990) p.98

보다 독일군은 이미 1월 27일 코카사스에 있던 A집단군 소속 제1장갑군의 주력을 탈출시키는 데 성공함으로써 남부전선의 붕괴를 용케 막아내는 기점을 확보했다. 만슈타인은 겨우 제11장갑사단과 제16차량화보병사단, 2개 사단 규모의 부대만으로 소련 제2근위군의 추격을 교묘히 따돌리면서 소련군의 기동전력에 괴멸적 타격을 가했다. 특히 제11장갑사단은 북쪽에서 흘러 들어가 마니취스카야(Manychskaja) 배후로 진입, 소련군의 의표를 찌른 뒤 마니취스카야와 바타이스크(Bataisk) 구간 사이의 소련군 병력을 짧지만 가혹하게 쳐부숨으로써 동쪽으로부터의 위협을 근원적으로 제거했다. 1월 29일 말리노프스키(R.Y.Malinovsky) 군사령관에게 남겨진 것은 29대의 전차와 11문의 대전차포가 전부였다. 이로써 A집단군, 그것도 가장 중요한 기동전력인 제1장갑군을 고립으로부터 건져낸 것은 다행스러운 일이었지만 여전히 남부전선의 위기가 해소된 것은 아니었으며 사기가 충천한 소련군이 시시각각으로 포위망을 좁혀 들어오는 틈을 메우기 위해 독일군은 가능한 한 모든 기동전력을 끌어 모아야 했다. 다행히 1월 27일 만슈타인의 요구대로 제1장갑군을 포함하는 A집단군의 북쪽 그룹 제대가 돈집단군 예하로 편성되어 단일한 지휘체계가 유지될 수 있는 조건을 마련했다.[06]

**A집단군에서 돈 집단군으로 이동한 제대들**

| A 집단군 | 군단 | 군단 사령관 | 이동 사단 | 돈 집단군 | 군단 | 이동사단 사령관 | 비고 |
|---|---|---|---|---|---|---|---|
| 제1 장갑군 | 제3 장갑군단 | H.Breith | 제16 차량화보병사단 | 제4 장갑군 | 제57 장갑군단 | G.v.Schwerin | |
| 제1 장갑군 | 제3 장갑군단 | H.Breith | 그로스 도이칠란트 | 란쯔 분견군 | - | W.Hörnlein | |
| 제1 장갑군 | 제40 장갑군단 | S.Heinrici | 제3 장갑사단 | 홀리트 분견군 제4장갑군 | 제48 장갑군단 | F. Westhoven | 2월에 한해 제4장갑군 배속 |
| 제1 장갑군 | 제40 장갑군단 | S.Heinrici | 제23 장갑사단 | 제4장갑군 | 제57 장갑군단 | N.v.Vormann | |
| 제1 장갑군 | 제57 장갑군단 | F.Kirchner | 제5SS '뷔킹' | 제4장갑군 | 제57 장갑군단 | F.Steiner | 3월 복귀 |
| 제17군 | 제52군단 | E.Ott | 제111 보병사단 | 제4장갑군 | 제57 장갑군단 | H.Recknagel | 2월에 한해 제4장갑군 배속 |
| 제17군 | 제49 산악군단 | R.Konrad | 제298 보병사단 | 란쯔 분견군 홀리트 분견군 | 제29군단 (홀리트) | H.Michälis | 2개 분견군에 분산 배치 |

1월 27일, 제1장갑군의 포위망 탈출이 확보된 시점 이전에 돈집단군은 1월 12일부터 타간로그(Taganrog)에서 스탈리노(Stalino)로 사령부를 이전시키기 위한 계획을 추진, 1월 29일에 완전한 전입을 마쳤다. 제6군의 운명이 끝장난 것이 이미 예견된 이상, 이제는 돈강이 아니라 위태로운 독일군의 남익을 보전하기 위해 도네츠 주변을 여하히 유지할 것인가가 초미의 관심사로 대두되었다. 이 구간은 아조프해와 돈강 입구 및 도네츠강 중부와 하류 사이에 놓인 지역으로 서쪽으로는 대략

06 히틀러는 제1장갑군을 무사히 포위망으로부터 빠져 나오게 한 공로로 폰 클라이스트를 원수로 승진시켰다. B．H．リデル ハート (1982) p.201
북방집단군이나 중앙집단군으로부터 아무런 지원을 받을 수 없었던 만슈타인은 그나마 가까스로 빠져나온 제1장갑군의 사단들을 빌려 쓸 수밖에 없었다. 그러나 영구히 전속시킨 것, 특정 기간만 임대한 것, 여기저기로 떠돌아다니다 사라진 것 등 이 시기 제대배치나 이동은 매우 혼란스럽다.

마리우폴-크라스노아르메이스코예-이줌 축선과 경계를 이루고 있었다. 1월 19일부터 주요 거점인 동쪽의 보로쉴로프그라드와 서쪽의 보로네즈까지의 긴 거리에는 독일군이 마치 점조직처럼 흩어져 있어 기존의 잔존병력으로는 밀도 높은 방어가 거의 힘든 상황이었다. 당장 모자라는 병력을 북방집단군이나 중앙집단군으로부터 빌려와야 되나 당시로서는 전혀 불가능한 상태에서 만슈타인은 차제에 도네츠 분지를 포기하고 서쪽으로 축선을 옮겨야 한다는 점을 누차 강조했다. 그렇지 않다면 하르코프로부터 새로운 신규 병력이 신속히 도착해 갭을 메웠어야 되나 기대하던 SS사단들은 1월 말부터 이동이 가능했던 탓에 1월 초, 중순의 시급한 시기의 구원군으로 활용하는 것이 전혀 가능하지 않았다. 그보다 당장 위기에 몰린 남익을 온전히 지탱하기 위해서는 제4장갑군을 돈강 하류나 도네츠의 발코니에 장기간 주둔시켜서는 안 되며, 이줌-슬라뷔얀스크로 침투해 들어오는 소련군이 드니에프르 도하지점까지 장악하지 않도록 재빨리 서쪽으로 이동시켜야만 했다. 즉 빠른 시일 내 전선을 축소하지 않는 한 이 지역 독일군의 3개 군 병력(제1, 4장갑군, 홀리트 분견군)과 잔여 제대들은 서로 차단당할 위기일발의 상황으로 몰릴 우려가 있었다.

1943년 1월 23일 당시 동부전선 전체에 존재하던 독일 전차의 총 대수는 495대에 불과한 처지였다.[07] 스탈린그라드 전투가 끝난 직후는 더 극심한 전차병력의 고갈을 경험하고 있었다. 동부전선에서 장갑병력을 찾아내기는 더 이상 불가능했다. 서부전선에서 휴식 중인 그 어떤 전력을 뽑아내지 않고는 달리 방도가 없었다. 그것도 단순한 보병이 아닌 완편전력의 기동전력이어야 했다.

07 Barr & Hart(2007) p.108, Cooper(1992) p.452
1943년 1월 중순부터 말까지 돈강 남쪽과 도네츠강 유역에 주둔 중이던 독일 사단들의 전차대수는 다음과 같다. 제6장갑사단은 전차 60대와 돌격포 10대, 제7장갑사단은 전차 30대와 돌격포 11대, 제11장갑사단은 전차 28대, '뷔킹' SS사단은 15대, 제17장갑사단은 전차 11대, 제16차량화보병사단은 전차 10대, 19장갑사단은 전차 8대와 돌격포 7대, 제23장갑사단은 전차 8대(T-313, roll 272). 이 수치는 과히 정확치 않다고 생각되는 것이 거의 비슷한 시기에 작성된 전투일지(T-313 돈집단군)에도 롤(roll)의 종류에 따라 서로 다른 통계가 주어져 있기 때문이다. 다른 기록(T-313, roll 270)에는 제6장갑사단이 30대, 제7장갑사단이 42대로 등재되어 있다. 같은 시기에 제6장갑사단의 전차대수가 50%나 차이가 나는 것은 이해하기 어렵다.

## 4 독일군 방어진의 재편성 과정

소련군의 쌍둥이 공세가 시작되기 직전, 제4장갑군과 제1장갑군의 일부는 이제 겨우 로스토프를 넘어 서쪽으로 이동하고 있었고 란쯔(Lanz) 분견군은 하르코프 주변에 포진하면서 무려 200km의 거리를 제168, 298, 320보병사단으로 다 막아야하는 과중한 부담을 안고 있었다. 란쯔(Karl Hubert Lanz)는 당장 기동전력이 급해 1월 21일 중앙집단군으로부터 '그로스도이췰란트'(Großdeutschland) 차량화보병사단을 긴급히 요청하여 방어진을 다지기로 했다. 1월 19일부터 흩어져 있던 그로스도이췰란트의 제대들이 쿠퍈스크(Kupyansk)와 오스쿨(Oskul), 벨고로드 동쪽으로 집결하기 시작했고 1월 21일에는 남서쪽으로 돌진해 오는 소련군과 최초의 교전을 갖게 되었다. 그로스도이췰란트는 르제프에서의 대전투와 겨울폭풍작전 등으로 무척이나 피곤한 동계시즌을 보내고 있어 중대 병력은 40명 선까지 떨어지고 있었으며 기동전력이라고 해봐야 1942년 12월 말부터 합류한 '휘질리어'(Füsilier) 총통호위대대 소속 몇 대의 전차에 지나지 않았다. 1월 29일에 겨우 총통호위대대가 기존 '그로스도이췰란트'장갑연대에 합세함으로써 13대 정도의 전차와 수리 중인 20대의 전차를 보유하게 되었다. 사단은 아직은 재편성 중이라 단일한 조직을 구성하고 있지 못했으며 척탄병연대를 주축으로 구성된 카스니츠 전투단(Kampfgruppe Kassnitz)과 휘질리어 연대를 근간으로 한 로렌쯔 전투단(Kampfgruppe Lorenz)으로 분리, 운영되고 있었다.[01] 이렇다고 해 봐야 약 5만 명의 병력에 50대의 전차였다. 란쯔 분견군을 상대해 올 소련군은 약 20만 명 병력에 300대의 전차 전력이었다.

그러한 상태에서 동부전선을 구원해 낼 신규 병력은 서부로 이동해 재충전하고 있던 SS장갑척탄병 3개 사단 외에는 기존 전투서열표 상에서 찾을 길이 없었다. 그나마 이들은 스탈린그라드 전투에 휘말릴 일 없이 쉬고 있었기에 전차와 장갑차량 등을 포함해 거의 완편전력에 가까운 병력을 확보하고 있었으며 당시 그로스도이췰란트가 단 한 대도 갖지 못하고 있던 티거 중전차도 보유하고 있었다.[02] 하지만 하르코프 지구에 대한 이 병력의 이동조차 히틀러(육군최고사령부)의 최종 허가가 있어야 했으며, 동부전선은 시시각각으로 위기에 몰려 있었는데도 이들 병력을 한꺼번에 뽑아 올리기에는 무려 2주간의 이동기간을 필요로 했다. 만슈타인은 나중에 밝히게 되지만 공식명령이 떨어지기 전에 제2SS장갑척탄병사단 다스 라이히는 이미 교전에 들어가고 있는 상태였으므로 베를린의 공식 허가 자체는 결과적으로 별 의미가 없었다는 해석을 내리게 된다.[03]

당초 계획에 따르면 1월 27일부터 3개 SS장갑척탄병사단이 서유럽으로부터 전선에 곧 도착할 예정이었다. SS사단들은 '다스 라이히'(Das Reich), '라이프슈탄다르테'(Leibstandarte Adolf Hitler), '토텐코프'(Totenkopf) 순으로 전선에 도착했다. 그러나 영국공군의 공습과 러시아 구간을 통과하고 나서부

01 Naud(2012) pp.14-5
02 Restayn(2000) pp.203-5
03 Weidinger(2002) Das Reich III, p.430 제2SS장갑군단은 1943년 1월 25일~28일에 걸쳐 B집단군 구역에서 육군총사령부의 예비로 남아 있으면서 OKH의 직접적인 명령을 받게 되었다.

터 격화된 파르티잔들의 방해공작으로 하르코프 지구로의 도착은 그리 쉽지가 않았다. 여전히 병력 재편 및 훈련과정을 겪고 있던 토텐코프는 이미 전투가 치열한 국면으로 발전할 무렵인 1월 31일이 다 되어서야 출발하여 2월 6일에 현지에 도착했다. 그러나 당초 72대의 열차가 절반밖에 제공되지 않아 이미 하르코프 시가 소련군에게 떨어지게 된 기점으로부터 10일 후에 가장 마지막으로 도착했으며,[04] 다스 라이히는 가장 먼저 왔음에도 불구하고 사단의 돌격포대대는 2월 말이나 되어서야 전선에 투입되는 문제들이 있었다.

칼 후베르트 란쯔 산악병대장. 하르코프 함락의 책임을 지고 히틀러의 희생양이 되었으며, 뒤를 이은 붸르너 켐프 역시 1943년 여름 동일한 운명을 맞이했다.

전투를 장갑부대만으로는 할 수 없기에 측면을 보호할 보병사단의 지원도 신규 기동전력만큼이나 절실했다. 제15보병사단은 토텐코프와 함께 3월에 제4장갑군에 편성되었고 제106, 167보병사단은 켐프(Kempf) 분견군(란쯔 분견군의 후신)에 보내 소련군의 하르코프 공격에 대비시켰다. 만슈타인의 반격은 재충전을 마친 9개 사단과 새로 편성된 10개 사단, 합해 19개 사단이 프랑스 등으로부터 건너와 장갑군을 지원하는 형태로 배치되기 시작했다.

3차 하르코프전을 치르게 될 만슈타인 휘하 돈집단군, 나중에 남방집단군으로 개칭될 독일군의 편제는 아래와 같다. 서류상의 전투서열에 포함된 이탈리아, 루마니아 등의 추축국 제대는 핵심적인 전투에 투입되지 못했기에 여기서는 생략했다. 소련군에 밀리고 있던 독일군의 전투서열은 월별로 조금 복잡하다. '갤롭작전'이 개시되고 난 직후 '스타작전' 바로 전날인 2월 1일에는 제4장갑군이 미우스강 동편에 위치하고 있어 하르코프 구역에는 란쯔 분견군과 한스 크라머(Hans Cramer) 장군의 크라머 군단 하나가 주둔하고 있었다. 불과 3주간 존속했음에도 불구하고 역사에 영원히 이름을 남기게 될 란쯔 분견군 역시 형식적으로는 2월 1일 창설된 것으로 기록된다. 이름은 군과 군단의 사이에 해당한다는 분견군이나 병력은 3만 정도에 불과했다.[05] 헝가리 제2군의 잔존병력을 제하면 그로스도이췰란트를 포함해 겨우 3개 보병사단으로 버티던 임시 편제의 크라머 군단은 2월 13일 라우스(Raus) 군단으로 대체되었고, 란쯔 분견군의 지휘를 받아 전투 중이던 SS사단들은 2월 22일을 기점으로 헤르만 호트의 제4장갑군에 편입되었다. 제4장갑군은 3월 4일을 기준으로 홀리트 분견군에 있던 제48장갑군단과 제1장갑군에 배속되어 있던 제57장갑군단을 예하에 두게 되어 하르코프 재탈환 작전의 가장 중추적인 역할을 담당하게 된다. 또한, 2월 초에 란쯔 분견군에

04 高橋慶史(2010) p.30
05 NA : T-314 ; roll 489, frame 554-565

3차 하르코프 공방전 전야 1943년 1월 말 ~ 2월 초

포함되어 있던 제320보병사단은 3월 4일부로 라우스 군단으로 편입되었다. 이로써 총 2개 군과 2개의 분견군만이 스탈린그라드 이후의 남부전선을 유지해야 할 사정인데, 도식적으로 보면 홀리트 분견군 하나가 소련 남부방면군의 위협에 대처하여 남방집단군의 우익을 지켜내고, 제1장갑군이 도네츠강 남부 아르테모프스크(Artemovsk)와 슬라뷔얀스크(Slavyansk) 사이 구간에서 남서방면군을 상대하는 구도로 잡혔다. 또한, 하르코프 남쪽과 남서쪽에서는 란쯔(켐프) 분견군과 SS장갑군단(제4장갑군)이 소련군의 스타작전을 방어하는 형세로 보로네즈방면군을 상대하고 있다고 포착하면 이해하는데 무리가 없을 것이다.

만슈타인은 오스트로고시즈크-로소이(Ostrogozhsk-Rossosh) 작전이 끝나가는 대신 소련군들이 홀리트 분견군과 프레터-피코(Fretter-Pico) 분견군을 포위하려는 심상치 않은 움직임을 포착하고 있었다. 즉 돈강 남쪽 측면 구역으로부터 로스토프를 향하는 집단과 카멘스크-보로쉴로프그라드로부터 북쪽 측면을 공격하는 집단, 그리고 스타로벨스크(Starobelsk)로부터 리시챤스크(Lisichansk)로 향해 나아가는 3개 노선상의 대규모 병력 이동이 관찰된 시점으로, 만슈타인은 빠른 시간 내 제4장갑군의 장갑병력을 풀 수 있도록 1월 31일부터 병력 재배치 시간표를 짜기에 정신이 없었다. 1월 27일 제1장갑군이 돈집단군의 지휘를 받게 된 것에 이어 제1장갑군은 2월 3일 프레터-피코 분견군을 예하로 두게 되었으며 제7, 19장갑사단을 보유한 제3장갑군단도 제1장갑군에 포함하게 되었다.[06] 여기에 더해 제3장갑사단이 2월 4일에 췌르노취노(Tschernochino)-그레코 티모훼예프스키(Greko

06 프레터 피코(Fretter-Pico) 분견군은 사실 군과 군단 사이의 제대라고도 볼 수 없을 정도로 빈약한 2개 사단을 보유하고 있었으며 이래저래 가장 애매한 단위병력이었다. 원래 B집단군 소속으로 그 자체가 제30군단이었으나 12월 말 스탈린그라드 제6군의 지원을 위해 분리되어 나왔다가 1943년 1월 23일에야 만슈타인의 돈집단군으로 정식 편입되었으며 제6군이 항복한 바로 다음날인 2월 3일에는 제30군단의 이름을 회복하여 제1장갑군 예하로 들어갔다.

Timofeyevsky) 구역에 도착해 2월까지만 한시적으로 제4장갑군에 편입되었으며, 이튿날 5일에는 제11장갑사단을 보유한 제40장갑군단이 마케예프카(Makeyevka)-일로봐이스키(Illovaysky)-챠르쯔키(Chartsky) 구간에 당도했다. 2월 6일에는 1개 차량화보병사단이 제3장갑사단과 같은 구역에 포진할 수 있게 되었다. 제1장갑군은 이미 1월 29일부터 소련 5개 군의 공격을 받고 있던 프레터-피코 분견군의 304보병사단 구역으로 침투하는 적군의 돌파를 차단하고, 보로쉴로프그라드로부터 리시찬스크 북서쪽에 이르는 도네츠강 수비라인을 지키는 임무를 감당해야 했다. 또한, 일차 방어가 먹힌 다음 기회가 주어진다면 적군을 도네츠강 서편으로 몰아내도록 반격을 가하는 공세전환도 예비하고 있었다. 역시 나중에 3월부터 제1장갑군에 포함될 뷔킹 SS사단과 홀리트 분견군의 제16차량화보병사단은 돈강 입구와 노보췌르카스크(Novocherkassk) 사이 구역으로 이동하여 겨우 임시방편으로 만든 취약한 독일군 전투단을 커버하기로 되어 있었다. 두 사단은 호트가 제4장갑군에 편입시켜 로스토프의 좁은 회랑지대와 바타이스크 교두보 방어에 할당해 줄 것을 요청했으나 만슈타인은 얼마 안되는 기동전력을 수비로만 쓸 수 없다며 더 시급한 노보췌르카스크로 보내 기동작전을 수행하도록 조치했다.

이로써 소련군의 갤롭과 스타 작전이 시작되는 시점을 전후하여 독일군의 방어태세가 어느 정도 윤곽이 드러나게 되었다. 제3, 11, 17, 23장갑사단, 4개 사단이 2월 4일까지 로스토프 북쪽과 북동쪽에 집결하여 코카사스 철수 이후의 A집단군과 돈집단군간 연결을 유지하고, 제1장갑군은 프레터-피코 분견군이 힘겹게 견뎌내고 있던 도네츠강 일대를 방어하는 것으로 정리되어 갔다. 도네츠강을 따라 움직이던 제6, 7장갑사단은 벨로칼리트붼스카야(Belokalitvenskaya) 주변과 보로쉴로프그라드 및 리시찬스크 사이 구간에서 땜질을 맡고 있었으나 만슈타인은 이 사단들에게 진지전을 구사하지 말고 치고 빠지는 '히트-앤-런'(hit-and-run) 작전으로 철저한 기동방어전을 펼칠 것을 주문했다. 1943년 1월 내내 제6장갑사단은 겨우 30대, 제7장갑사단은 42대의 전차로 지탱하고 있었기에 단독공세의 추진은 당연히 불가능했다.[07] 게다가 어차피 보병전력이 부족해 적군을 포위할 수 있는 인적 자원도 없었다. 전선은 넓고 길며 소련군들은 마음만 먹으면 어느 쪽이든 독일 방어선을 넘나들 수 있었다. 따라서 제6, 7장갑사단은 가장 시급한 국지적 위기상황에 대응해 그때그때 수비와 반격을 번갈아 가면서 아웃 복싱을 구사하고, 적진을 찔러 들어가 교란을 일으킨 다음에는 재빨리 다른 전구로 자리를 바꾸어 역포위를 당하지 않도록 하는 기동성을 유지해야 했다. 제19, 22장갑사단도 기동예비로 존속은 하고 있었으나 워낙 쇠약해진 탓에 이들 사단을 주요 공세와 방어작전에 동원하기는 쉽지 않았다. 만슈타인은 제1장갑군을 무사히 뽑아낸 이상 로스토프에만 필요 이상으로 기동전력을 묶어 둘 생각은 없었다. 즉 경우에 따라서는 로스토프를 포기하고 방어전선을 훨씬 서쪽으로 이동시키는 것을 염두에 두고 있었다.

3차 하르코프 공방전에 동원된 독일군 제대는 다음과 같다. 다만 거의 보름 간격으로 복잡한 제대 편제이동이 이루어져 시기적으로 정확한 병력의 규모와 전차 대수를 표기하기는 어렵다. 1943년 2월 3일 당시 기준으로는 란쯔 분견군에 5만, 제1장갑군에 4만, 홀리트 분견군에 10만, 제4장갑군에 7만, 계 26만 명으로 시작되었다.

07 Sadarananda(2009) pp.80-1

## 돈(남방)집단군 (에리히 폰 만슈타인 / Erich von Manstein)

### 제4장갑군(헤르만 호트 / Hermann Hoth)

**SS 장갑군단(파울 하우서 / Paul Hausser)**

제1 SS 장갑척탄병사단 '라이프슈탄다르테 아돌프 히틀러' (제프 디트리히 / Sepp Dietrich)

제2 SS 장갑척탄병사단 '다스 라이히' (게오르크 케플러 ; Georg Keppler / 헤르베르트-에른스트 화알 ; Herbert-Ernst Vahl)

제3 SS 장갑척탄병사단 '토텐코프' (테오도르 아익케 ; Theodor Eicke / 헤르만 프리스 ; Hermann Prieß)

**제48장갑군단(오토 폰 크노벨스도르프 / Otto von Knobelsdorff) : 1943년 2월 말까지 홀리트 분견군 소속**

제6장갑사단 (봘터 폰 휘너르스도르프 / Walter von Hünersdorff)

제11장갑사단 (헤르만 발크 ; Hermann Balck / 디트리히 폰 홀티츠 ; Dietrich von Choltitz)

-1943년 3월 이후 배속

제17장갑사단 (프리돌린 폰 젠거 & 에테를린 / Fridolin von Senger und Etterlin)

-1943년 2월 18~21, 2월 23~3월 4일에 한해 제48장갑군단 배속

**제57장갑군단(프리드리히 키르흐너 / Friedrich Kirchner)**

제17장갑사단(프리돌린 폰 젠거 & 에테를린 / Fridolin von Senger und Etterlin)

-1943년 2월 18~21일, 2월 23일~3월 4일에 한해 제48장갑군단 배속

제23장갑사단(니콜라우스 폰 포르만 / Nikolaus von Vormann)

제5SS장갑척탄병사단 '뷔킹'(휄릭스 슈타이너 / Felix Steiner)

-1943년 2월까지 배속

제16차량화보병사단(1/2) (게르하르트 폰 슈붸린 / Gerhardt von Schwerin)

### 란쯔 분견군(후베르트 란쯔 / Hubert Lanz)

**켐프 분견군(붸르너 켐프 / Werner Kempf)**

제298보병사단(헤르베르트 미핼리스 / Herbert Michälis)

제320보병사단(게오르크-뷜헬름 포스텔 / Georg-Wilhelm Postel)

-1943년 2월까지 배속

제387보병사단(쿠르트 게로크 / Kurt Gerok)

-1943년 5월부터 제1장갑군으로 편입

**제51 라우스 군단(에어하르트 라우스 / Erhard Raus)**

제167보병사단(볼프 트리런베르크 / Wolf Trierenberg)

제168보병사단(봘터 샤를르 드 뷸리우 / Walter Charles de Beaulieu)

제320보병사단(게오르크-뷜헬름 포스텔 / Georg-Wilhelm Postel)

-1943년 3월부터 배속

### 제1장갑군(에버하르트 폰 막켄젠 / Eberhard von Mackensen)

**제3장갑군단(헤르만 브라이트 / Hermann Breith)**

제3장갑사단(프란쯔 붸스트호휀 / Franz Westhoven)

-1943년 2월 중 한시적으로 제4장갑군에 주둔배치

제13장갑사단(뷜헬름 크리솔리 / Wilhelm Crisolli)

-1943년 1월까지 배속

제19장갑사단(구스타프 리햐르트 에른스트 슈미트 / Gustav Richard Ernst Schmidt)

제99산악연대(칼 폰 르 쉬르 / Karl von Le Suire)

**제40장갑군단(지그프리드 하인리키 / Sigfrid Heinrici)**

제7장갑사단(한스 프라이헤어 폰 풍크 / Hans Freiherr von Funk)

제11장갑사단(헤르만 발크 ; Hermann Balck / 디트리히 폰 홀티츠 ; Dietrich von Choltitz)

-1943년 2월까지 배속

제5SS장갑척탄병사단 '뷔킹'(휄릭스 슈타이너 / Felix Steiner)

-1943년 3월부터 배속

**제30군단(막시밀리안 프레터-피코 / Maximilian Fretter-Pico) : 프레터-피코 분견군의 후신**

제3산악사단(한스 크라이싱 / Hans Kreysing)

제304보병사단(에른스트 지일러 : Ernst Sieler ; 1942.11.16~1943.2.1 / 알프레드 필립피 : Alfred Philippi ; 43.2.1~3.1)

**제40군단(레오 프라이헤어 가이어 폰 슈붸펜부르크 / Leo Freiherr Geyr von Schweppenburg)**

제46보병사단(칼 폰 르 쉬르 ; Karl von le Suire / 아르투어 하우풰 ; Arthur Hauffe)

제257보병사단(칼 퓌흘러 ; Carl Püchler / 에버하르트 폰 슉크만 ; Eberhard von Schuckmann)

제333보병사단(게르하르트 그라스만 / Gerhard Graßmann)

**제52군단(오이겐 오트 / Eugen Ott)**

제13장갑사단(빌헬름 크리솔리 / Wilhelm Crisolli)
-1943년 2월

제50보병사단(프리드리히 슈미트 / Friedrich Schmidt)

제111보병사단(헤르만 렉크나겔 / Hermann Recknagel)

제370보병사단(에리히 폰 보겐 : Erich von Bogen ; 1942.12.15~1943.1.20 / 프릿츠 벡커 : Fritz Becker ; 43.1.20~5.1)

**제24장갑군단(봘터 쿠르트 요제프 네링 / Walter Kurt Joseph Nehring)**

제5SS장갑척탄병사단 '뷔킹'(휄릭스 슈타이너 / Felix Steiner)

제23장갑사단(니콜라우스 폰 포르만 / Nikolaus von Vormann)

**홀리트 분견군(칼 아돌프 홀리트 / Karl Adolf Hollidt)**

**제17군단(디트리히 폰 콜팃츠 : Dietrich von Choltitz ; 1942.12.7~1943.3.5 / 빌헬름 슈넥켄부르거 : Wilhelm Schneckenburger ; 1943.3.5~8.1)**

제22장갑사단(에버하르트 로트 / Eberhard Rodt)
-1943년 2월중 제48장갑군단에 배속

제62보병사단(1/2) (에리히 그루너 : Erich Gruner ; 1942.12.22~1943.1.31/헬무트 후프만 : Helmuth Huffmann ; 1943.1.31~11.14)
-1942.11.23~1942.12월말

제294보병사단(요하네스 블록 / Johannes Block)

제306보병사단(게오르크 화이훠 / Georg Pfeiffer)
-1943년 2월 말부터

제8공군지상사단(한스 하이데마이어 : Hans Heidemeyer ; 1942.10.1~1943.2.1 / 쿠르트 해흘링 : Kurt Haehling ; 1943. 2.1~2.15 / 빌리발트 슈팡 : Willibald Spang ; 1943.2.15~3월)

**제29군단(한스 폰 오브스트휄더 / hans von Obstfelder)**

제62보병사단(1/2)(에리히 그루너 : Erich Gruner ; 1942.12.22~1943.1.31 / 헬무트 후프만 : Helmuth Huffmann ; 1943.1.31~11.14)

제298보병사단(일부 병력)

제16차량화보병사단(1/2)(게르하르트 폰 슈붸린 / Gerhardt von Schwerin)
-1943년 2월 9일, 제4장갑군에서 배속

**미에트(Mieth) 독립군단(프리드리히 미에트 / Friedrich Mieth)**

제336보병사단(봘터 루흐트 / Walther Lucht)

제7공군지상사단(아우구스트 클레쓰만 : August Kleßmann ; 1942.11.28~1943.1.3 / 빌리발트 슈팡 : Willibald Spang ; 1943.1.3~2월)

**제57군단(프리드리히 키르흐너 / Friedrich Kirchner)**

제15보병사단(에리히 부쉔하겐 / Erich Buschenhagen)

제198보병사단(한스-요아힘 폰 호른 / Hans-Joachim von Horn)

제328보병사단(요아힘 폰 트레쇼 / Joachim von Treschow)

# 5 갤롭(Gallop)과 스타(Star)

스탈린과 스타프카는 스탈린그라드 포위전의 결과에 고무되어 소토성 작전을 입안한 것과 같이 소토성작전이 상당한 성과를 나타내자 이번에는 좀 더 야심찬 2개의 대규모 반격작전을 구상하고 나섰다. 소련군은 기본적으로 남서방면군과 남부방면군을 동원해 나중에 남방집단군으로 전환될 만슈타인 원수의 돈집단군과 후퇴 중이던 더 남쪽의 A집단군을 두 동강으로 낼 심산이었다. 더 나아가 남서방면군 사령관 봐투틴(N.F.Vatutin)은 돈집단군 배후로 침입, 로스토프 서쪽 160km 지점의 타간로그(Taganrog) 만까지 진격함으로써 이 기회에 제1, 4장갑군과 프레터-피코(Fretter-Pico) 및 홀리트(Hollidt) 분견군을 서로 갈라놓겠다는 야심적인 제안을 내놓게 된다. 그렇게 될 경우 소련군은 독일군을 드네프르 강 서쪽으로 몰아내고 돈바스 지역을 완전히 탈환하는 효과를 얻을 수 있었다. 동 작전은 갤롭(Gallop = 러시아어로는 스카쵸크 Skachok)작전으로 명명되었으며 다음으로는 쿠르스크와 벨고로드, 하르코프를 북쪽에서부터 공략해 들어가 독일군 주력을 서쪽으로 내몰면서 러시아 남부를 완전히 장악하고, 이어 중앙집단군의 전진을 정지시킨다는 스타(Star = 러시아어로는 즈베즈다 Zvezda)작전이 계획되었다. 이 두 작전은 사실상 소련군의 1942~43 동계전역의 마지막 정지작업이 될 것으로 예상되었다.

갤롭작전은 도네츠강 변의 이줌(Izyum) 지구로부터 돈바스를 지나 드니에프르강까지 최단거리를 돌파하여 좌익에 위치한 포포프(M.M.Popov) 기동집단이 남쪽을 우회해 마리우폴(Mariupol)에서 아조프해 연안에 도달함으로써 미우스강을 지키고 있는 독일군의 배후를 차단한다는 구상에 입각했다. 주요 거점으로는 일차적으로 북쪽의 보로쉴로프그라드, 스탈리노와 남쪽의 자포로제(Zaporozshe)를 점령하여 독일군 남익을 동서로 나누거나 서쪽의 드니에프르강 쪽으로 몰아붙인다는 결과를 예상하고 있었다. 봐투틴은 당초 가장 기본적으로 보로쉴로프그라드를 장악함으로써 돈바스 지구를 탈환한다는 대단히 제한된 목표만을 설정했다. 그러나 남서방면군이 보다 서쪽의 아이다르(Aidar) 강의 스타로벨스크(Starobel'sk)와 북부 도네츠강의 주요 지역들을 짧은 시간 내에 석권하자 갑자기 자신감이 붙은 나머지 인근 방면군과의 연계작전으로 드니에프르 동쪽의 독일군을 아예 없애 버리거나 여의치 않을 경우 강 서쪽으로 몰아낸다는 다소 황당하기까지 한 거대한 청사진을 제출하기에 이르렀다. 스탈린은 1월 20일 이 수정 계획안을 허락했다.[01] 그러나 이는 스탈린그라드 전투 때부터 수개월을 쉬지 않고 뛰어온 소련군의 실질적인 전력을 지나치게 상회하는 계획이었던 것으로 판명된다.

스타작전은 스타로벨스크(Starobel'sk) 지역으로부터 서진하여 벨고로드와 하르코프를 탈환하고 B집단군 잔존병력을 일소한 다음, 크레멘츄그(Kremenchug)와 드네프로페트로프스크(Dnepropetrovsk) 축선을 따라 드니에프르강을 향해 전진하는 구도를 잡고 있었다. 기본적으로는 독일군을 드니에프르강 서쪽으로 내몬다는 것이 작전의 주된 목표점이나, 이를 통해 중앙집단군과 남방집단군 사

01 Glantz(2011) p.117

니콜라이 봐투틴 남서방면군 사령관. 1942년 1월 스탈린그라드 공격 이후 돈바스에서 독일군의 운명에 종지부를 찍으려 했으나 뜻대로 되지 않았다. 1944년 3월 우크라이나에서 반공 게릴라에 의해 살해되었다.

이에 쐐기를 박아 더 이상의 유기적인 대규모 기동이 불가능하도록 저지하게 된다는 이중적인 효과도 기대할 수 있었다. 소련군 최고사령관 제1대리 쥬코프는 스타작전의 워밍업이라 할 수 있었던 보로네즈-카스토르넨스크 공세(Voronezh-Kastornensk Offensive)의 성공에 고무되어 보로네즈방면군의 우익인 제38군과 60군이 쿠르스크까지 따 낼 것도 염두에 두게 된다.[02] 쿠르스크까지의 진격로 상에는 나중에 세상을 경악시키게 될 프로호로프카(Prochorovka)가 위치해 있었다.

소련군은 이 두 작전을 각각 1월 29일과 2월 2일에 3일의 시간차를 두어 동시 전개키로 하였기에 두 작전은 사실상 별도의 전략적 목표를 설정했다기보다 스탈린그라드 이후의 대공세를 지탱할 양대 축이자 쌍둥이 작전으로 간주하는 것이 타당하다. 두 작전은 시간적으로 1주일 내로 독일 남방집단군의 서쪽 축과 남동쪽 축을 단절시켜 두 조각 낸 다음, 대략 2월 11일까지 주요 거점들을 확보함으로써 동부전선 독일군의 남익을 붕괴시킨다는 구상에 기초하고 있었다. 소련군은 1주 안에 독일군을 가로와 세로로 두어 차례 난도질한 다음, 길어야 2주안에 괴멸시키거나 축출할 수 있을 것으로 내다보았다. 실제로 보로네즈방면군의 쾌속 진격에 의해 2월 8일 쿠르스크, 2월 9일에 벨고로드가 떨어졌고 2주 만에 하르코프가 수복됨으로써 소련군의 공세가 절정에 달한 바 있었다. 남서방면군도 북부 도네츠강을 도하하여 돈바스 지역 깊숙이 침투해 들어가 2월 14일 보로쉴로프그라드를 따 내고 18일에는 집단군 사령부가 있는 드니에프르강 자포로제 부근까지의 진격을 달성했다. '갤롭'과 '스타'는 소련군의 1942~43년 동계공세 중 스탈린그라드 공방전 이후 러시아 전선의 추후 판도를 결정하는 주요 원인을 제공했다. 그리고 다음에 볼 만슈타인과 SS무장친위대 사단들의 반격에 의한 제3차 하르코프 공방전은 이 두 작전의 실질적인 결과에 해당하는 것으로 보면 된다. 당시 독일군이 대항해야 할 소련군의 방면군 제대 편성은 다음과 같다.[03]

02 Glantz(2011) p.19
03 Glantz(1991)와 Nipe(2000) 참조

**보로네즈방면군(스타 작전) : F.I. 골리코프 / Filipp Ivanovich Golikov**
**제38, 40, 60, 69군, 제3전차군(병력 19만 명, 전차 315대, 예비 전차 최소 325대 이상)**

1942년 9월까지는 브리얀스크방면군의 왼쪽에 배치되어 있었으나, 9월 이후에는 보다 남쪽의 보로네즈방면군으로 편입되어 1943년 6월까지 큰 변동 없이 보로네즈방면군에 배속되어 있었다. 스타 작전까지는 보로네즈 서부방면의 독일 제2군과 교전하고, 스타 작전 이후에는 데스나(Desna)강 방면에 주둔하다 훨씬 남쪽의 수미(Sumy) 지역 서쪽 편을 공략하는 임무를 부여받았다.

**제40군(키릴 모스칼렌코 / Kirill S. Moskalenko)**
제25근위, 100, 107, 183, 303, 305, 309, 340 등 총 8개 소총병사단, 제4전차군단(6개 전차여단과 3개 독립전차연대 편성), 제10포병사단, 제4다연장로케트(카츄샤)사단, 제5대공포병사단, 3개 스키여단(제 4, 6, 8), 기타 지원 기갑병력의 일부를 포함한 9만 명의 병력과 100대의 전차를 보유했다.

**제60군(I.D. 체르냐코프스키 / Ivan Danilovich Chernyakhovsky)**
1941년 12월 5일, 모스크바 전구에서 편성된 군. 스타 작전 당시 방면군의 좌익으로 독일 란쯔 분견군 정면의 벨고로드시 공략에 투입되었다. 제12, 141, 322 등 총 3개 소총병사단, 제129소총병여단, 제104 및 248독립소총병여단, 제150전차여단, 제8, 14대전차여단 등으로 구성되었다.

**제69군(M.I. 카자코프 / M.I.Kazakov)**
제161,180, 219, 270, 총 4개 소총병사단, 제37소총병여단, 1개 전차여단, 1개 전차연대, 병력 4만 명 및 전차 50대.

**제3전차군(P.S. 리발코 / Pavel Semjonovich Rybalko)**
제3전차군은 전차전력만 본다면 가장 강력한 집단이었다. 군은 제12, 15전차군단 및 제6근위기병군단, 제62, 248근위소총병사단, 제160, 184소총병사단 등 총 4개 소총병사단으로 구성되었다. 여기에 보병지원을 위해 제179독립전차여단과 1개 전차연대가 추가 편성되었다. 제3전차군의 소총병사단은 평균 5~6,000명으로 구성되어 있었으며, 전체 전력은 57,500명, 전차 223대에 달했다. 또 방면군의 예비로 제2, 3근위전차군단 소속 전차 300대가 대기중이었다. 전투가 격화되자 제3전차군에는 다음과 같은 추가 병력이 지원되었다.

- 제25근위소총병사단 (2.19)
- 제253소총병사단 (2.23)
- 제219소총병사단 (2.25)
- 제1체코슬로바키아 의용여단 (3.1)
- 제19소총병사단 (3.1)
- 제86전차여단 (3.1)
- 제17NKVD 소총병여단 (3.1)
- 제113소총병사단 (3.10)
- 제1근위기병군단 (3.13)

방면군 예비 : 제86전차여단, 제150전차여단, 제2, 3근위전차군단, 제10포병사단

한편, 제21군과 64군(나중에 제7근위군으로 개편)은 상기 군 병력 후방에 예비로 남았다. 또한, 하르코프전에 직접 투입은 되지 않았으나 제24, 66군 및 제1전차군이 경우에 따라 보로네즈방면군에 배속될 예정이었으며, 만약 스탈린그라드 전투가 실제보다 훨씬 이전에 종료되었다면 처음부터 드니에프르 서쪽의 독일군을 치기 위한 타격의 중심에 포함될 수도 있었을 전력이었다.[04]

- 제21군(A.I. 다닐로프 / A.I.Danilov)
- 제24군(I.V. 갈라닌 / I.V.Galanin)
- 제64군(M.S. 슈밀로프 / M.S. Shumilov)

**남서방면군(갤롭 작전) : N.F. 봐투틴 / Nikolai Fyodorovich Vatutin**
**제6군, 제1, 3근위군, 포포프 기동집단, 제5전차군**
**(병력 32만 명, 전차 362대, 예비 전차 267~300대)**

**제6군(F.M. 하리토노프 / F.M.Kharitonov)**
제15소총병군단, 제6, 72, 267, 350, 총 4개 소총병사단, 1개 소총병여단, 1개 전차여단, 1개 전차연대, 3개 포병연대, 도합 4만 명, 전차 40대

**제1근위군(V.I. 쿠즈네쪼프 / Vasily Ivanovich Kuznetsov)**
제4근위, 제6근위소총병군단, 7개 소총병사단으로 구성. 도합 7만 명.

**제 3근위군(D.D. 렐류쉔코 / Dmitry Danilovich Lelyushenko)**
제14근위, 제18근위소총병군단, 9개 소총병사단, 제2근위, 제2, 23전차군단, 1개 기계화군단, 1개 기병군단 등 총 10만 명, 전차 110대.

**포포프 기동집단(M.M. 포포프 / Markian Mikhaylovich Popov)**
제4근위, 제3, 10, 18전차군단, 제38근위, 제57근위, 제52소총병사단, 제9, 11전차여단, 제5,7,10 스키여단 등 55,000명, 전차 212대.

**제5전차군(I.T. 쉘민 / I.T.Shelmin)**
5개 소총병사단 기준 4만 병력. 2월 16일에 제23전차군단 증원 및 필요에 따라 229독립소총병여단 합류 협의.

04 Porter(2009) p.92

남서방면군은 이와는 별도로 20,000명 정도의 병력으로 구성된 예비대인 제62군을 보유하고 있었으며 2개 전차군단(1 & 25근위전차군단)과 1개 기병군단(1근위기병군단)의 전차 300대 정도가 후방에서 대기 중이었다. 하지만 이는 서류상의 정수 병력이었으며 실제 전투에 투입되지는 못했다. 기타 4개 대전차연대와 1개 대공포병사단, 그리고 제1근위군 4근위소총병군단도 방면군의 예비병력으로 등록되었다.

**남부방면군 : 안드레이 예레멘코(Andrey Yeryomenko) / 로디온 말리노프스키(Rodion Ia. Malinovsky)**

**제2근위군, 제5충격군, 제28군, 제44군, 제51군**

남부방면군은 1943년 1월 내내 제2근위군과 제28, 51군으로만 구성되어 있었으나 북부코카사스방면군의 제44군과 남서방면군의 제5충격군을 끌어 모아 5개 군으로 팽창했다. 그러나 갤롭과 스타작전의 주역은 보로네즈방면군과 남서방면군으로서, 남부방면군의 각 제대는 미우스강 건너편에 위치한 홀리트 분견군 하나를 상대하고 있는 형세를 취하는데 불과했다. 독일군도 제1장갑군이 로스토프를 지나 홀리트 분견군 배후에 진을 치긴 했으나 남부방면군의 제대에 대해 이렇다 할 대규모 반격이나 역습을 준비하고 있는 것은 아니었다. 따라서 갤롭과 스타 두 작전의 핵이 남서방면군과 보로네즈방면군이라면 남부방면군의 존재나 기동은 큰 의미가 없었기에 여기서는 특별히 언급치 않고자 한다. 다만 봐투틴 남서방면군 사령관은 돈바스 지역에서의 공세가 재빠른 효과를 보려면 남부방면군이 로스토프로 진격하는 속도를 올릴 필요가 있음을 여러 번 강조한 바 있어, 우선 로스토프 바로 밑의 바타이스크를 점령하여 독일 A집단군을 잘라내야 한다는 구상은 이 지역 공세의 핵심요소 중 하나였다. 이후 2월 14일에는 제28군이 로스토프를 탈환함으로써 필요 최소한도의 임무는 달성했다.[05] 한편, 독일군 입장에서는 남부방면군과 연결된 전구에 위치한 제1장갑군이 배후에서 잘려 들어가는 위기로부터 무사히 빠져나와 남부전선의 남익을 지탱해 주고 있다는 심리적 안정감만은 무시할 수 없는 성과였다. 그러한 측면에서 주역은 아니지만 홀리트 분견군과 프레터-리코 분견군은 열악한 장비에도 불구하고 예상 외로 선전했다.

남서방면군에 의한 갤롭작전의 사전 개요를 보면 다음과 같다.

05 Glantz(2011) pp.122, 203

## 6 갤롭작전의 개요(1943년 1월 29일-2월 18일)

갤롭작전은 로스토프가 소련군의 손에 장악된 이후 독일군들이 서쪽으로 200km 떨어진 드니에프르로 최종 퇴각할 것으로 내다보고 북부 도네츠강과 연결된 슬라뷔얀스크를 장악한 뒤 남쪽의 아조프해로 진격해 들어감으로써 독일 제1, 4장갑군을 모두 포위섬멸한다는 계획을 담고 있었다. 즉 단순화시켜 보자면 만슈타인의 겨울폭풍작전으로 일시중단 내지 변경되었던 기존의 토성작전을 부활시킨다는 구상이었다. 하지만 스탈린그라드 이후 독일군 남익의 붕괴속도가 빨라짐에 따라 봐투틴과 스타프카는 계속해서 작전목표들을 확대시켜 나갔다. 당초 이 공세는 스타로벨스크에서 시작해 마리우폴 방면으로 향해 나가되 돈집단군의 배후를 침으로써 스탈린그라드 포위망을 점점 줄여 나간다는 구상에 기초했다. 즉 제목은 '돈바스 공세'였음에도 불구하고 스탈린그라드에 갇힌 독일 제6군의 괴멸을 촉진하기 위한 일견 보조적인 작전으로만 출발했다. 그러나 스타프카는 잘만 하면 동부전선의 독일군 모두를 드니에프르강 서쪽으로 몰아붙여 돈바스는 물론 러시아 남부 전체를 수복할 수도 있다는 희망에 들뜬 나머지 소련군의 실제 전력을 훨씬 상회하는 마스터플랜을 작성하기에 이르렀다. 소련군이 스탈린그라드 포위전 시기를 전후해 얼마나 대승리에 굶주려 있는가를 암시하는 대목이다.

제6군은 작전 개시 1월 29일에 소총병사단들을 투입시켜 방면군의 주력부대가 전담할 주공의 보조적인 역할을 담당케 했다. 제6군의 주력은 3개 소총병사단으로 하여금 크라스나야(Krassnaja)강 북익을 지키고 있는 독일 제298, 320보병사단을 격파하고 독일군 방어선을 돌파한 다음에는 발라클레야(Balakleya)와 크라스노그라드(Krasnograd)로 진공할 예정이었으며 1주일 내로 100km 이상을 질주하여 발라클레야의 북쪽과 동쪽을 연결하는 축선을 확보하기로 되어 있었다. 이때 포포프 기동집단의 제3전차군단이 제6군의 좌측면을 방호하는 형세로 남서쪽 및 남쪽방면으로 진군할 계획이었다. 반면 보로네즈방면군의 제3전차군(제3전차군단과의 구별에 유의)이 제6군의 북익(동쪽)을 커버하는 형태로 제대간 경계구역의 응집력을 강화하려고 했다. 제6군 사령관 하리토노프(F.M.Kharitonov)는 우선 3개 소총병사단으로 쿠퍈스크를 지키는 남쪽의 제298보병사단을 치고 북부 도네츠강 변에서 제298, 320보병사단의 포위섬멸을 기도하고 있었다.

제1근위군은 거의 모든 소총병사단들의 전력 감소에도 불구하고 제6군보다는 나은 전력과 화력을 보유하고 있었다. 그 중 제4근위소총병군단은 크라스나야(Krassnaja) 강을 따라 진격하여 리시찬스크(Lisichansk) 북부의 강을 따라 조성된 독일 방어선을 공격하도록 되어 있었다. 동 지역은 독일 제19장갑사단이 지키고 있었으나 주요 거점 간의 거리가 너무 길어 효과적으로 대응하기에는 곤란한 지형적 구조를 안고 있었다. 제1근위군의 좌측과 남쪽 측면에서는 제6근위소총병군단이 공격을 전개해 도네츠강 북쪽을 따라 들어가 리시찬스크 시를 점령한다는 구상이 잡혔다. 이 지역은 제19장갑사단 이외에 제27장갑사단의 잔존 병력이 대기하고 있었으나 큰 문제는 되지 않았던 것으로 관측되었다. 단 제1근위군의 실제 작전 중점은 포포프 기동집단에게 길을 열어주는 임무를 담

당할, 앞서 언급한 제4근위소총병군단이 맡은 전구였다. 즉 제4근위소총병군단은 포포프 기동집단이 남쪽으로 침투하기 위한 충분한 갭을 만들어주면서 종심 깊숙이 전진할 수 있는 진격로를 확보하는 임무를 완수해야 했다. 동시에 독일 방어선을 절단 낸 뒤에는 남쪽으로 방향을 틀어 슬라뷔얀스크(Slavyansk) 시 점령을 목표로 설정했다.[01]

제1근위군의 남방은 9개 소총병사단으로 구성된 2개의 군단병력을 보유한 제3근위군이 포진했다. 휘하에 3개 전차군단이 있었지만 유지중인 가용전차는 불과 100대에 불과해 군단으로 보기 어려운 상황이었다. 거기에 기계화군단과 기병군단이 각각 1개씩 존재했고 다수의 소총병사단이 있다고는 하지만 1942년의 전투 이래 매우 지치고 약화된 상태여서 전투서열상의 편제 이상의 아무런 인상을 남길 수 없었던 형편이었다. 제3근위군은 보로쉴로프그라드-카멘스크(Voroshilovgrad-Kamensk) 지구의 도네츠강 북부를 건너 넓은 적 정면을 돌파하는 것이었는데 일단 보로쉴로프그라드-카멘스크를 점령하고 난 다음에는 스탈리노 남서쪽으로 진격을 계속하는 것으로 준비되었다. 그렇게 진행시킴으로써 제3근위군은 홀리트 분견군의 배후로 침입해 스탈리노 지구에 주둔하고 있는 독일군의 모든 연결망에 쐐기를 박고자 했던 것으로, 동시에 마리우폴로 진격할 포포프 기동집단을 동쪽 측면에서 지원하는 형세를 취해야만 했다. 제3근위군은 5개 소총병사단과 1개 전차군단 및 1개 기계화군단으로 제1파를 형성하여 군 우익의 20km 전구에서부터 작전을 개시할 예정이었다. 또한, 좌익의 2개 소총병사단은 북부 도네츠강 좌우편을 지탱하면서 카멘스크 부근의 독일군 병력을 몰아내고 스탈리노에서 제1근위군과 합류하는 것을 최종 목표로 잡고 있었다.[02]

포포프 기동집단은 봐투틴의 공세에 있어 가장 중요한 역할을 감당해야 했다. 그러나 작전 개

01 Nipe(2000) p.60, Glantz(2011) pp.120-1, Glantz(1991) pp.92-3
02 Glantz(2011) p.118

시 당시 휘하의 4개 전차군단들은 각 50대가 조금 넘는 전차를 보유했을 뿐으로 서류상에 훨씬 못 미치는 전력미달의 부대였다. 우선 공세의 선봉을 맡은 제3전차군단은 남서쪽으로 나가 슬라뷔얀스크를 제압하고 제4근위전차군단과 연결하여 도네츠 강 도하지점을 선점한 다음, 북동쪽에서부터 크라마토르스크(Kramatorsk)로 진격하기로 했다. 제4근위전차군단은 제38근위소총병사단과의 공조 하에 제3전차군단과 마찬가지로 북부 도네츠강에 교두보를 확보하여 북동쪽에서부터 크라마토르스크로 진격할 예정이었다. 제4근위전차군단의 모자라는 전차병력은 제14근위전차여단의 지원을 받기로 되었다. 이 모든 과정은 2월 4일까지 종료되어야 했다. 제10전차군단의 주목표는 리시찬스크 서편에 위치한 도네츠 북방을 지나 스탈리노(Stalino) 지역 남부를 강타하는 것이었다. 군단은 이틀째 아르테모프스크를 점령하고 북쪽에서부터 독일 남방집단군 사령부가 있는 스탈리노를 치기로 했다. 그 다음은 선봉부대로 하여금 아조프해 연안에 위치한 마리우폴(Mariupol)로 치고 들어가 스탈리노 동쪽의 독일군 병참선을 차단할 계획이었다. 기동집단의 마지막 전차군단인 제18전차군단은 리시찬스크 반대쪽 북부 도네츠강 쪽을 밀고 들어가 제41근위소총병사단이 리시찬스크을 탈환하는 것을 지원한 뒤, 보다 남서쪽에서 다른 전차군단들과 합류할 계획이었다.

포포프 기동집단에는 필요시 측면을 엄호할 보병 병력으로서 소총병여단을 포함시키고 있었다. 또한, 방면군의 예비로서는 제1근위전차군단, 제25전차군단 및 제1근위기병군단까지 편입시킬 수 있었다.

제5전차군은 이름뿐인 전차군으로 당시 아무런 장갑차량을 보유하고 있지 않은, 남서방면군 가운데서도 가장 약체에 속했다. 2월 8일까지는 방면군의 좌익을 엄호하기 위해 북부 도네츠강을 따라 수비에만 전념하다가 독일군이 강변을 포기할 경우에만 공세로 전이할 예정이었다. 제5전차군은 단지 5개의 소총병사단들이 제3근위군을 도와 카멘스크를 탈환하는데 주력하고, 그 다음은 도네츠강 북부에서 남진하여 프레터-피코 분견군과 카멘스크 전구의 대부분을 지키고 있는 홀리트 분견군을 격파하는 임무를 부여받았다. 만약 카멘스크를 점령하는 것이 가능하다면 그 다음에는 서쪽으로 보로쉴로프그라드-카멘스크 사이의 도네츠강 변을 따라 수평적으로 이동할 예정이었다. 잠정적인 최종 목표는 타간로그(Taganrog)였다.[03]

소련 남서방면군의 이러한 기도는 편성부대의 실질적 내용을 간과한 지나치게 모험적인 전략이었다. 개별 제대들은 스탈린그라드 전투 이후 거의 쉴 새 없이 독일군을 모는 전투에 투입되어 극도로 약체화된 기동전력을 보유하고 있었으며, 앞서 살펴보았듯이 전차군단의 전차 보유대수로는 도저히 군단으로 불리기 어려운 상황이었다. 더욱이 지칠 대로 지친 소총병사단들이 전차부대가 전선을 돌파하기도 전에 독일군 방어진을 부수고 들어가 교두보를 확보하는 방식으로 기본 작전계획이 수립되어 있어 처음부터 보병들의 엄청난 소모전과 출혈을 예정하고 있던 터였다. 어떤 경우에는 보병부대들이 전차들의 속도를 따라잡지 못해 제병협동이 불가능한 상태가 자주 발생하고 있었다. 소련군이 당장 보급과 병참의 문제를 해결도 하지 않은 상태에서 막연히 독일군이 총체적인 패주모드로 접어들었다고 낙관적인 평가를 내린 것은 갤롭작전의 구조적 문제를 잉태하게 되는 기본적인 원천을 제공했다. 또한, 갤롭작전은 스탈린그라드의 천왕성이나 고리작전과는 달리 예비병력이 없이 거의 전 병력을 공세 제1파에 동원하는 무리수를 두고 있었다.

03 Glantz(1991) pp.91-5

갤롭작전 개시일인 1월 29일의 3일전인 1월 26일 스타프카는 다음과 같은 일반명령을 남서방면군에게 하달한다.

> *"보로네즈방면군이 실시한 일련의 공세작전의 대성공에 의해 적의 저항은 완전히 분쇄되었다. 적의 방위선은 광범위에 걸쳐 붕괴되어 가고 있으며 충분한 예비대를 갖지 못한 그들은 각지에서 분산된 상태로 고립되어 있는 것으로 판명된다. 더욱이 거의 무인지대가 된 구역도 많으며 남은 지역에서도 조직적인 통일성 없이 소수의 병력에 의해 견뎌내고 있는 실정이다. 현재 남서방면군의 우익은 돈바스 지구의 북쪽으로 길게 신장되어 있으므로 이는 돈바스와 코카사스 및 흑해연안에 남아 있는 적 병력을 포위섬멸할 수 있는 절호의 기회라고 생각된다."*[04]

적어도 이 명령이 하달될 시점에 있어서는 소련군 수뇌부의 그 누구도 새로운 공세의 성공을 의심치 않았던 것으로 보이는데, 일부 조심스러운 반응을 보인 장군들이 있었다고는 하지만 스탈린그라드 이후 전체적으로 만연되어 있는 낙관주의 경향은 극복하기가 힘든 상황이었던 것으로 추측된다. 가뜩이나 남서방면군의 사령관은 낙관주의적 모험주의자로 잘 알려진 장성으로 나중에 전개될 사태의 악화를 더욱 부채질하는 원인을 제공하게 된다.

04 Glantz(1991) p.85

# 스타작전의 개요(1943년 2월 2일-3월 3일)

스타작전을 보자. 골리코프(F.I.Golikov) 보로네즈방면군 사령관도 졸속으로 공세를 준비한 것은 마찬가지였다. 휘하 스텝들은 불과 1주일 남짓한 시간 내에 모든 보급을 완료하고 전선에 투입되어야 할 처지였다. 공격 개시는 2월 2일인데 골리코프의 작전계획안은 1월 23일에 제출되었다. 원래는 2월 1일이었으나 도로망의 제반 사정과 악천후로 인해 하루가 더 연기된다. 당시만 해도 독일공군이 제공권을 향유하고 있을 때여서 소련군은 가급적 야간에 이동하려 하였으며, 강추위 뒤에 갑작스러운 해빙이 오게 될 경우 더더욱 문제가 되는 것이 도로면의 진창과 불규칙적으로 얼어붙은 눈이 해빙시기 직후의 밤이 되면 이전보다 더 견고해져 이동하는 전차와 각종 차량에 막대한 지장을 초래했기 때문이다.

여기에 한술 더 떠 그토록 신중하던 쥬코프조차 신규 공세에 거대한 희망을 건 스탈린의 취향을 받들어, 내친 김에 쿠르스크까지 점령하라는 명령이 추가되었다. 당시 쥬코프 스스로도 동부전선에서 이미 전략적 이니셔티브는 자신들이 획득한 것으로 판단하고 일시적인 착시효과에 현혹되었던 것으로 보인다. 남서방면군의 봐투틴 사령관과 소련 군첩보부 역시 예비병력이 고갈된 독일군은 드니에프르강 동쪽에 방어진을 칠 능력이 없어 드니에프르강 서쪽으로 철수할 계획인 것으로 판단된다는 보고를 계속해서 모스크바에 날려 대는 상황이었다.

보로네즈방면군은 하르코프로부터 120km에 가까운 넓은 정면에 펼쳐졌다. 이 지역에서 방면군의 정면은 오스콜(Oskol) 강 북단을 따라 형성된 한 개 지점에서 남쪽으로 굽어 있었으며 하르코프 동쪽에 바로 근접한 강변의 서쪽을 따라 남쪽 방향으로 길게 뻗치게 되는 모양새를 취했다. 방면군 제대 중 제40군은 보로네즈 북쪽 측면에서 하르코프를 향했으며, 제69군은 중앙을, 제3전차군은 남쪽 측면을 방호했다. 제3전차군과 제69군은 오스콜강을 건너 비교적 빈약한 독일군 방어막이 쳐진 하르코프 동부 쪽의 넓은 공세정면을 향해 서쪽으로 돌진했다. 하르코프 전구를 맡은 소련 3개 군의 내역을 조금 자세히 살펴보면 다음과 같다.[01]

제38군은 2월 5일 취비소프(N.E.Chibisov)가 사령관으로 취임하여 2월 18일 오보얀에 도달하는 것을 목표로 하고 보로네즈방면군의 가장 서쪽을 맡도록 되었으나 2월 중순부터 개시된 독일군의 반격작전으로 예정된 계획은 거의 달성하지 못하게 되었다. 따라서 수미 쪽으로 진군하여 데스나강에 도달하는 것은 전투 기간 내내 시도할 여지가 없는 처지에 놓이게 된다. 제60군은 카스트로노예(Kastronoje) 서쪽에 포위되어 있던 독일군 병력을 일소하기 위해 수일을 소비한 다음, 2월 4일부터 쿠르스크를 향해 진격했다. 독일군은 오룔 방면으로부터 제82, 340보병사단과 제4장갑사단을 동원해 이를 저지하려 했으나 소련 제60군은 2월 8일 쿠르스크 점령을 완료하게 된다.

제40군의 1차 목표는 하르코프 북쪽에서 70km 떨어진 요충지 벨고로드를 선점하는 것이었다. 도시 정면을 막고 있는 독일 제168보병사단 앞에 서쪽에서 동쪽 순으로 제309, 340, 305소총병사

01 Glantz(1991) pp.158-60

보로네즈방면군에서 가장 중요한 역할을 담당했던 제3전차군 사령관 리발코 중장. 1943년까지는 다소 부진했으나 전쟁 후반에는 전차부대 상급지휘관으로서의 확고한 지위를 유지했다.

단을 배치하였으며 가장 우편의 제100소총병사단은 제69군과 경계를 이루고 있었다. 벨고로드가 떨어지면 하르코프 서쪽과 북서쪽의 언저리를 장악하기 위해 남서 방향으로 진격, 제3전차군과 류보틴(Ljubotin)에서 조우할 계획이었다. 류보틴은 하르코프 서쪽에 있는 소도시로서 시의 남서쪽에 위치한 폴타봐(Poltava)-발키(Valki)-메레화(Merefa) 3개 지역을 연결하는 교통의 요충지인 바, 이곳이 장악되면 독일군은 하르코프 서쪽과 남쪽을 모두 차단당하는 포위효과를 맞이하게 될 참이었다. 그 후 제40군 주력이 하르코프로 직행하는 동안 2개 소총병사단은 서쪽의 그라이보론(Graivoron)과 보고두코프(Bogodukhov)를 점령함으로써 제40군의 우익에 안전판을 마련한다는 구상을 가지고 있었다.

그보다 우편은 제3전차군과 제40군의 중간에서 오스콜강을 따라 주둔한 제69군이 맡아 북동쪽으로부터 하르코프 시를 공략해 들어가도록 준비되었다. 제69군은 노뷔 오스콜리(Novyi Oskoli)로부터 서쪽으로 진격해 쉐베키노(Shebekino)와 볼찬스크(Bolchansk)를 잡아내고 2월 5일까지 북부 도네츠강 도하지점들을 확보해야 했다. 북쪽의 그로스도이췰란트 사단 전구에는 제161, 219소총병사단을 배치하고 그 앞에 제37소총병여단을 선봉으로 내세웠다. 또한, 볼찬스크 바로 남쪽에 위치한 다스 라이히 정면에는 제180, 270소총병사단을 밀어 넣었으나 군 전체에 배정된 전차가 겨우 1개 전차여단 규모인 50대에 불과해 도네츠강 너머 하르코프를 향해 남서쪽으로 직행하는 데는 기동력이 절대적으로 부족한 형편이었다. 즉 공세 제1파에 4개 소총병사단을 놓고 제2파는 겨우 1개 소총병여단이 배치된 구도였다.[02]

02 공세 1파에 모든 병력을 집중시킨 것은 기동력 부족의 이유도 있지만 기본적으로 독일군이 북부 도네츠에 강고한 수비진을 치기 전에 서둘러 전선을 장악해야 한다는 골리코프 방면군사령관의 조급증이 반영된 조치였다. Glantz(1991) p.156

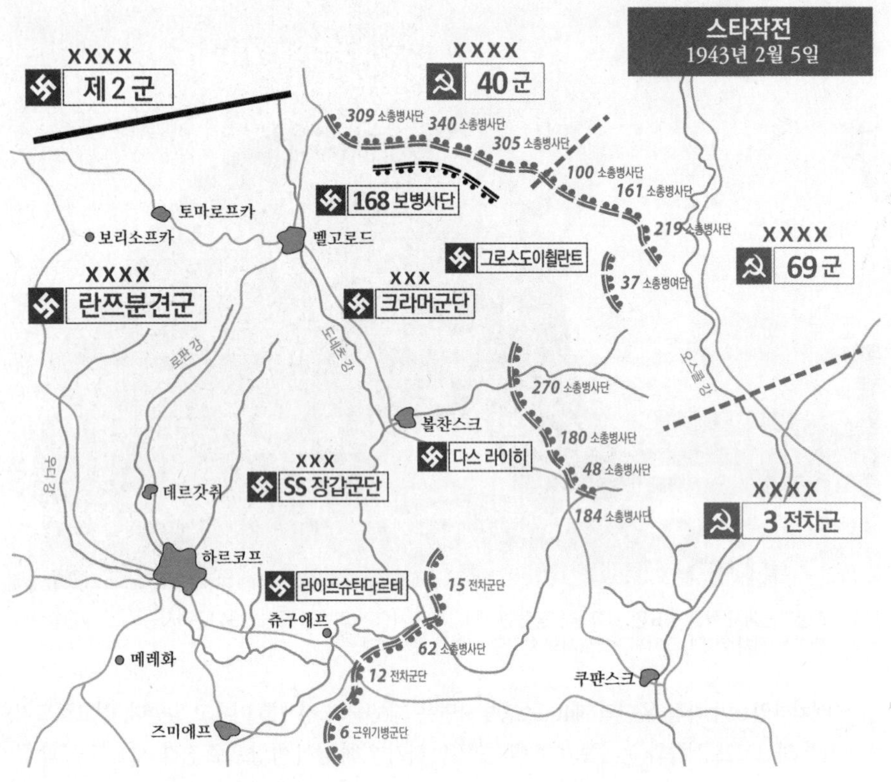


제3전차군은 제12, 15전차군단의 합류가 늦어 소총병사단과 기병군단만으로 작전을 개시하고 전차군단들은 2월 5일부터 선봉으로 나설 계획이었다. 군사령관 리발코(P.S.Rybalko) 중장은 츄구에프를 지키고 있는 라이프슈탄다르테를 향해 제12, 15전차군단을 포진시키고 그 사이에 제62근위소총병사단으로 측면을 엄호하도록 하되, 가장 남쪽에서 제6근위기병군단이 즈미에프(Zmiev) 방면을 공략하는 구도를 형성했다. 또한, 제48근위소총병사단과 제184소총병사단을 제69군과의 경계면에 배치하여 다스 라이히를 향한 제69군의 진공을 지원하도록 조정했다. 가장 강력한 기동전력인 제3전차군은 오스콜강을 따라 주둔하고 있는 독일군 수비진을 쳐 낸 다음, 쿠퍈스크의 독일 수비대를 우회하여 하르코프 남동쪽의 도네츠강 북단을 횡단할 예정이었다. 북부 도네츠 페췌네기(Petschenegi)에 교두보를 확보한 뒤에는 츄구예프, 메레화와 류보틴을 장악하면서 하르코프 시 남쪽의 끄트머리를 돌파하고 하르코프 서쪽에서 남진할 제40군과 합류하여 시를 포위하는 공세를 준비했다. 초기에는 무서운 속도를 내면서 독일군 진지를 유린했으나 츄구예프 부근에서 독일군의 조직적 방어벽에 돈좌되어 진격은 이내 정체되고 말았다.[03]

간단히 말하면 보로네즈방면군은 제38군과 제60군이 북쪽의 쿠르스크를, 제3전차군과 제40, 69군이 하르코프를 친다는 두 가지 과제를 동시에 수행하고 있었다. 편제가 어떻게 되었건 문제는 병력의 정수 문제였다. 독일군과 마찬가지로 소련군 역시 수개월 동안 쉬지 않고 격전을 치른 탓

03 Naud(2012) p.24

에 제40군 소속 사단들의 병력은 3,500~4,000명으로 줄어들었으며 제69군의 경우에는 더 심해 1,000~1,500명으로 유지되는 사단도 있었다. 어떤 사단은 박격포가 겨우 20~50문에 불과한 상태에 있었으며 당시 서류상의 정수로는 1개 소총병사단이 9,500명과 170문의 박격포를 보유하고 있어야 했다. 봐투틴 방면군사령관은 당장 19,000명의 병력과 전차 300대의 병력증강을 요구했으나 1943년 초 겨우 1,600명만 충원되는 결과를 안았다.[04]

04 Porter(2009) p.92

# III. 무장친위대 사단조직의 형성

독일군은 1942년 말부터 1943년 초까지 극도로 기동전력이 빈약한 상태에서 당시 처음으로 군단 편성 과정을 추진 중이었던 무장친위대 SS장갑사단들을 기대하는 것 외에 달리 묘안이 없었다. 제1SS장갑척탄병사단 '라이프슈탄다르테 아돌프 히틀러'(Leibstandarte Adolf Hitler), 제2SS장갑척탄병사단 '다스 라이히'(Das Reich), 제3SS장갑척탄병사단 '토텐코프'(Totenkopf) 3개 SS사단은 무장친위대 최초 결성 당시에 가장 근간이 되었던 3개 사단으로서 다행히 스탈린그라드 전투에 휘말리는 일이 없이 서부전선에서 재충전하고 있던 시기에 만슈타인의 요청에 의해 급거 동부전선으로 이동하게 된다. 세 엘리트 사단이 사상 처음으로 SS장갑군단으로 재편되어 제3차 하르코프 공방전의 주연으로 데뷔하는 순간은 어쩌면 히틀러에게 있어서나 하인리히 히믈러에게 있어서나 대단히 흥분됨과 동시에 아울러 일말의 조바심마저 느끼게 했을 대목이다. 히틀러는 오래 전부터 SS만으로 구성된 야전군 부대의 창설을 구상해 왔고 히믈러는 나치당 내 경쟁자들을 물리치고 자신의 입지를 굳힘과 동시에 군경험이 없지만 야전군을 휘하에 직속으로 둘 수 있다는 오랜 염원 하에 무장친위대를 사단 규모로 확장시키려는 끊임없는 욕구를 분출시키고 있었다. 여기서 무장친위대가 야전군으로 성장 발전하는 배경을 잠시 되돌아보기로 한다.

# 1 무장친위대의 맹아와 성장발전

히틀러는 자신의 명령에만 복종하는 친위대 설립을 위해 1933년 3월 17일 전국의 SS로부터 선발된 117명의 대원을 기반으로 'SS사령부 베를린 위병반'(SS-Stabswache Berlin)을 결성한다. 물론 히틀러의 신변경호를 위해 시작된 소규모의 SS는 1923년에 이미 창설된 바 있었다. 지휘관은 히틀러와 각별한 친분관계에 있었던 제프 디트리히(Josef 'SEPP' Dietrich) SS중장으로, 설립 당시는 단순히 히틀러의 개인경호대에 다름 아니었다. 1933년 9월 뉘른베르크 나치당 당 대회(승리의 당 대회)를 계기로 동 부대는 '아돌프 히틀러 연대'(Adolf Hitler Standarte)로 개칭되어 히틀러 자신의 손에 의해 연대기가 수여되었다. 1934년 4월 3일에는 'SS아돌프 히틀러 친위연대'(Leibstandarte-SS Adolf Hitler)로 다시 명칭이 바뀐 다음, 이후로는 LAH, LSSAH의 약칭 등으로 불리게 된다(이하 '라이프슈탄다르테'로 표기). 대원의 선발기준은 25세 이하, 건강 양호, 신장 180cm 이상, 그리고 1933년 1월 30일 이전부터 SS대원이어야 한다는 조건을 충족시켜야 했다. 그리고 무엇보다 당연히 히틀러 개인에 대한 절대적 충성서약을 해야만 하는 의무규정이 있었다. 대원들은 베를린의 리히터휄데(Lichterfelde : 프로이센 시대의 사관학교)에 주둔하면서 봐이마르 체제하 공화국군과 동일한 군사훈련을 받았다.[01] 이처럼 LSSAH 라이프슈탄다르테는 나치의 정권수립 시기 최초 단계부터 무장된 기동력을 갖춘 부대조직으로 출범하면서 히틀러가 자유롭게 활용할 수 있는 군 조직으로 발전할 수 있는 기틀을 마련하게 된다.

히틀러가 기존의 친위대를 야전군 수준으로 변모시키기 위한 기본 결정을 내릴 무렵, 라이프슈탄다르테는 새로이 '무장된 친위대'의 핵을 형성했다. 1934년 4월 기존 대대 규모에서 연대로 확대개편된 이래, 같은 해 12월에는 종래의 경찰호위업무로부터 보다 전통적인 군사조직으로 진화해 나가기 시작했다. 1936년 3월에는 라인란트로의 진주에 가담하였으며, 1938년 3월 제프 디트리히 휘하의 차량화대대가 오스트리아 병합을 위한 침공에 참여하면서 야전부대로서의 확고한 위상을 획득해 나갔다.

한편, 이와는 별도로 무장친위대의 직접적인 전신이라고 할 수 있는 SS특무부대(SS-Verfügungstruppe)의 창설이 공식적으로 인정된 것은 1935년 3월 16일 히틀러의 재군비 선언과 같은 시기에 이루어졌다. 이 SS특무부대는 기본 편성과 장비에 있어 처음부터 완전한 군대조직으로 출발하였으며, 장차 독일 국방군과 더불어 군사작전, 야전전투임무를 전개하게 될 SS특무사단으로 형성될 경우 그 중핵을 형성할 근간으로 준비되었다. 1936년 10월에는 SS특무부대의 통일적 관리와 부대훈련의 실시를 위한 통일사령부가 설치되어 파울 하우서(Paul Hausser) SS소장이 총감에 취임하게 된다.[02] 부대는 동 사령부의 감독 하에 제프 디트리히가 지휘하는 LSSAH 라이프슈탄다르테(당시는 친위연대 수준), 휄릭스 슈타이너(Felix Steiner)가 지휘하는 SS연대 '도이췰란트'(Deutschland), 칼 데멜후버(Karl Demelhuber)가 지휘하는 SS연대 '게르마니아'(Germania)의 3개 연대와 바트 퇼쯔(Bad Tölz) 및

01 武裝SS 全史 1(2001) p.8
02 Deutscher Verlagsgesellschaft(1996) p.27

브라운슈봐이크(Braunschweig) 사관학교, 2개 사관학교로 구성되었다. 당시 각 연대는 중화기를 보유하고 있지 않았으며 국방군의 평균적 보병연대보다 다소 열세의 경보병연대 정도로 인식되었던 것으로 추정된다. 여하간 극소수에 지나지 않았던 SS 전투병력들을 2개의 사관학교를 동원해 장교훈련을 실시하게 된 데에는 파울 하우서의 주도면밀한 계획과 준비에 힘입어 가능했던 것으로 보인다. 다만 하우서는 나치의 인종철학 등의 정치적 선전에는 관심을 두지 않은 채 SS를 국방군에 뒤지지 않는, 아니 오히려 능가할 수 있는 군 조직으로 육성하기 위해 사력을 다했던 것으로 알려져 있다. 나중에는 하우서가 무장친위대를 나치 이데올로기와는 일정 부분 거리를 둔 순수한 군사집단으로 만들어가는 과정에 있어 히틀러의 반감까지 사게 되는 미묘한 국면들이 있었다. 그러나 하우서는 이상하게도 하인리히 히믈러와 깊은 교분이 있어 인사처분의 위기를 교묘하게 넘어가는 경우가 적지 않았다.

라이프슈탄다르테의 상징이자 'Mr. SS'라 불리던 초대 사단장 제프 디트리히. 제대로 된 군사훈련을 받은 바가 없는 1차대전 유경험자에 불과했다. 작전지시는 그저 대충 어떻게 하라는 식이었지만 워낙 똑똑한 대대장들을 두었던 덕에 엄청난 지능의 야전사령관이라는 오해를 받기도 했다. 자신의 정치적 신념을 별개로 둔다면 부하들에게 변함없는 존경을 받던 전형적인 보스 체질이었다.

무장친위대 장교를 육성하는 SS사관학교는 전전에서 전시 중에 이르기까지 바트 퇼쯔, 브라운슈봐이크, 클라겐푸르트와 프라하의 4개교가 설립되었다. 그 중 바트 퇼쯔는 1934년 4월에 국방군 뮌헨육군사관학교를 모델로 하여 100명의 SS사관후보생을 입교시켜 정규 훈육과정을 시작한 가장 오래된 학교로 알려진 바 있다. 1935년 봄에는 SS특무부대(SS-VT)가 공식적으로 발족한 것을 기화로 두 번째로 설립된 브라운슈봐이크교와 함께 정식으로 SS사관학교(SS Junkerschlue)로 명명되었다. 대전 중인 1939년 10월에는 바트 퇼쯔 동쪽에 건설된 새로운 교사로 이전하여 보다 근대적인 설비를 갖춘 전문적인 장교양성학교로 성장 발전하게 된다.[03]

03 武裝SS 全史 1(2001) p.10

## 2 실전경험과 공식 전투집단으로의 발족

라이프슈탄다르테가 비록 총 한 방 쏘지는 않았지만 오스트리아를 병합할 무렵에 야전군 조직으로서의 맛을 처음으로 들였던 것과 마찬가지로 사실상 다스 라이히의 전신이 되었던 SS특무부대 역시 1938년 3월에 실질적인 군사작전에 최초로 동원되었다. 파울 하우서는 뒤이어 오스트리아에 근간을 둔 '슈탄다르테 데어 휘러'(SS-Standarte Der Führer)와 2개의 모터싸이클 보병대대를 조직함으로써 SS특무부대를 팽창시키는 기틀을 마련하였다. 1938년 10월에는 독일군의 주데텐란트(Sudetenland) 진주에 참가하여 국방군 사단의 단위부대로 편성되면서 또 한 번의 중요한 실전경험을 축적하였다. 또한, 그해 12월에는 총 3개 연대 규모의 병력 7,762명의 병력을 확보하여 사단으로 확대될 수 있는 실질적인 분기점에 도달하고 있었다. 1939년 상반기에는 두 개의 모터싸이클대대를 해체하고 1개 포병연대와 1개 정찰대대를 육성하게 되었다. 이 정도면 상급기관의 명령여부에 따라 당장 사단으로 거듭날 수 있는 객관적인 지표와 조건들이 갖춰진 상태였다.[01]

그럼에도 불구하고 이 SS특무부대는 대전 발발 시점까지도 사단편성이 되지 않아 폴란드전에서는 독일 육군총사령부(OKH)의 지휘를 받는 연대 규모의 독립 전투부대로 출발했다. 1939년 9월 폴란드 침공 직후 당시에는 3개 SS연대('도이칠란트Deutschland', '데어 휘러Der Führer', '게르마니아Germania')가 동 특무부대의 근간으로 구성되어 있었다. 10월 폴란드전이 종료된 후에는 SS의 각 단위부대들이 원래 주둔지로 귀환하였고 라이프슈탄다르테를 제외한 SS특무부대의 각 부대는 1940년 4월 국방군최고사령부(OKW)와 SS사령부의 합의를 거쳐 본격적으로 주력부대의 하나로 인정받으면서 대망의 사단편성을 이루게 된다.[02] 이때 가장 먼저 출범한 LSSAH 라이프슈탄다르테는 여전히 연대 규모로 잔존했으나 두 번째 SS부대, 즉 SS특무부대는 '도이칠란트' 연대, '게르마니아' 연대와 비인에서 창설된 '데어 휘러'(Der Führer) 연대가 포병연대 및 일련의 지원부대와 합쳐 SS특무사단으로 편성된 것은 전술한 바와 같다. 또한, 거기에 앞서 1939년 10월 친위대 본부는 3개의 해골연대(髑髏聯隊), '튜링겐', '브란덴부르크', '오버바이에른'을 모아 별도 부대를 창설하고 테오도르 아익케(Theodor Eicke)를 사단장으로 하는 '토텐코프' 사단을 조직하였다. 사단의 포병연대는 12해골대대의 대원들로 편성되었다. 같은 해 11월 1일 군부대 조직으로 정식 인정을 받은 토텐코프는 정치범 수용소가 있는 다하우(Dahau)를 훈련 지역으로 삼고 본격적인 정규 군사교련의 강화에 진력했다. 그 외 마우트하우젠(Mauthausen), 작센하우젠(Sachsenhausen), 부켄발트(Buchenwald), 프랑켄베르크(Frankenberg)의 수용소 경비병력들도 단계적으로 차출되었다.

여기에 약간의 복잡한 재편과정이 있었다. SS특무사단 중 게르마니아 SS연대는 SS노르틀란트 연대(SS-Standarte Nordland), SS붸스틀란트 연대(SS-Standarte Westland)와 함께 제5SS차량화(motorized)보병사단 '뷔킹'(Wiking)의 편성을 위해 차출되어 결국 동 뷔킹 사단의 기간부대로 변형되었고, 게르마

01 Porter(2011) p.9
02 武裝SS 全史 1(2001) p.18

1939년 5월 20일 뮌스터 군사교련장. 펠릭스 슈타이너 SS대령은 자신이 교육한 '도이칠란트' SS연대의 공격시범을 실시하여 참석한 국방군 수뇌부에게 SS특무부대의 실력을 확고하게 각인시켰다. 히틀러도 이 훈련에 깊은 감명을 받아 SS특무부대의 사단화, 즉 무장친위대의 편성을 공식적으로 인정하게 된다.

니아의 차출을 메우기 위해 제1SS보병연대로 개편된 SS토텐코프 병력이 SS-VT에 재배치되는 수순을 밟았다. 따라서 토텐코프로부터 차출된 동 병력이 사실상 다스 라이히의 세 번째 연대가 되는 셈이다. 이어 SS-VT는 차량화사단에 걸맞는 장비들을 보충한 뒤 일시적으로 사단명을 '도이칠란트'(Deutschland)로 변경하게 되었다. 이로써 드디어 고대하던 SS특무사단이 정식으로 탄생하게 되었으며 초대 사단장에는 파울 하우서가 취임했다.[03] 이 사단은 동년 1940년 12월(또는 1941년 1월)에 SS사단 '라이히'(Reich)로 개칭된다. 1942년 11월 사단은 장갑척탄병사단으로 승격되면서 명칭 또한 제2SS장갑척탄병 사단 '다스 라이히'로 변경되었으며, 1943년 2SS장갑대대가 제2SS장갑연대로 개칭되어 실질적인 장갑사단의 규모로 개편되기에 이르렀다. 그러나 장갑척탄병사단 시기에 이미 완편된 장갑연대 병력과 장비를 보유하고 있었기에 사실상 '개칭'에 지나지 않는다고 볼 수 있으나, 여하간 그 결과 제2SS장갑사단 '다스 라이히'가 정식으로 탄생하게 되었다. 따라서 사단은 1941~1942년 말까지는 '라이히'란 이름으로만 유지되었지만 통상 그 이전 시기의 전투를 논할 경우에도 편의상 '다스 라이히'라 칭하는 것이 일반화되어 있다. 본고에서도 다스 라이히로 통칭했다.[04]

한편, 폴란드전 이후 육군의 차량화보병사단은 이름에도 불구하고 차량이 부족해 3개가 아닌 2개 연대체제로 개편되었으나 SS의 2개 사단은 3개 연대편제를 그대로 유지하게 되었다. SS가 육군보다 혜택을 많이 본다는 편견은 아마 이때부터 태동된 것으로 보인다. 또한, 이 시기에 그

03 Cooper(1992) pp.43-4, 武裝SS 全史 1(2001) p.14
04 Bishop(2007) p.29

무장친위대를 역사상 최강의 전투집단으로 발전시키는 원동력을 제공한 파울 하우서. 원래 국방군 출신이었으며 무장친위대를 완전한 군사조직으로 만들기 위해 나치에 의해 고용되었던 다스 라이히의 초대사령관. (Bild 146-1973-122-16)

때까지 비공식적으로 사용되었던 '무장 친위대'(Waffen-SS)라는 명칭이 공식적으로 문서에 기록되게 되어 라이프슈탄다르테, SS특무사단 및 SS사단 '토텐코프'는 일반 친위대와는 다른 독특한 '전투부대'로서의 확고한 위상을 정립했다. 이처럼 서방전격전이 개시되기 직전에 '무장친위대'(Wafen-SS)라는 정식 명칭을 얻게 된 SS부대들은 폴란드에서 최초의 실전을 경험하고 본격적인 전투부대로서 발전해 나가기 위한 토대를 닦은 것으로 평가되며, 폴란드에서의 데뷔를 거치면서 장비나 인력 면에 있어 좀 더 체계적이고 강력한 조직을 구성하게 되었다.[05]

기타 1939년 10월에 수용소 경비조직으로 구성된 SS'토텐코프' 사단과 아울러 같은 시기에 SS경찰사단(SS Polizei-Panzergrenadier Division)이 편성된 바 있었다. 다만 경찰사단에 정식 SS의 지위가 부여된 것은 1942년 2월이나 되어서야 가능했다. 경찰사단은 나중에 제4SS장갑척탄병사단으로 불리게 되었다. 또한, 여기에 더해 앞서 언급한 것처럼 1940년 11월에는 외국인들로 구성된 '노르틀란트'(Nordland) 사단이 편성되어 나중에 제5SS뷔킹(Wiking) 사단으로 발전하게 되었다. 흔히 노르딕 국가 의용병들로 구성된 외국인이 다수를 차지한 것처럼 오해되기도 하나 대부분은 순수 국내 거주 독일인들이며 해외 거주 독일인들이 일부 가담하기도 했다. 이처럼 무장친위대는 사단편성 시점에 이미 보충부대와 훈련부대 편성도 인정받게 되어 조직구성이 종료된 시점부터 곧바로 전투에 투입할 수 있는 엘리트 야전군으로서의 역량을 빠른 시간 내에 획득해 나갔다.

가장 먼저 창설된 '라이프슈탄다르테'는 후에 '다스 라이히', '토텐코프'가 되는 2, 3번째 부대보다 사단편성이 늦어 공식문건에 가장 먼저 사단으로 표기되는 것은 1941년 5월 15일로 알려져 있다. 라이프슈탄다르테 사단의 기록으로는 그 직전 히믈러가 5월 9일에 라이프슈탄다르테 사령부를 방문한 것을 계기로 5월 9일부로 사단으로 정식 승격되었다고 주장되기도 하나 여하간 정확한 일자는 불분명하다. 그러나 문제는 바르바로싸가 개시되는 6월 22일 이전까지도 라이프슈탄다르테는 사단으로 불리기에는 한참 전력부족으로서, 겨우 최초단계에서는 베를린경호대의 병력을 차출해 만든 1개 차량화보병대대와 대공포대대, 보급부대 등이 증강되었을 뿐이었다. 그 직후 단포신의 3호 돌격포 1개 중대와 88mm 중대공포 1개 중대가 각각 중화기대대와 포병연대에 포함되었다. 사단은 이로서 차량화보병 4개 대대, 중화기, 대공포, 정찰, 공병 각 1개 대대, 포병 1개 연대로 편

05 Deutscher Verlagsgesellschaft(1996) p.29

제되었으며 규모만으로 보자면 '전차를 갖지 않은 장갑사단' 정도로 불러도 크게 지장이 없을 정도로 발전되었다. 특히 돌격포 1개 중대는 전차전과 보병 엄호 등 다목적으로 사용할 수 있는 기동전력으로, 나중에 전대미문의 신화를 창출할 미햐엘 뷔트만(Michael Wittmann)이 여기에 소속되어 있었다.

흔히 SS사단들이 무기편제상 국방군 사단들보다 더 많은 혜택을 받아왔던 것으로 알려져 있다. 실제 히틀러와 히믈러가 원하던 바가 그것이었기 때문이다. 그러나 반드시 그랬던 것은 아니며 어떤 경우에는 SS사단들의 전차 정수가 부족해 육군의 장갑사단들과 상당한 차이를 두고 유지되었던 적도 있었다. 오히려 SS사단들과 육군 사단과의 가장 큰 차이는 장갑척탄병(보병)들의 양적 규모로서 SS는 육군보다 거의 두 배나 많은 병력을 보유했던 것은 숨길 수 없는 사실이었다.[06] 즉 SS가 사단 당 약 30개 중대를 보유한데 비해 육군은 16개 중대였으며 이는 육군의 장갑척탄병대대가 4개 중대로 편성된데 반해 SS는 5개 중대로 편성된데 따른 격차로 이해하면 될 것 같다. 그로 인해 SS사단들은 인명손실을 메워 나가는데 육군 사단들보다는 좀 더 유리한 입장에 있었으며 병력의 수가 상대적으로 많았던 탓에 전투 초기단계에서 그러한 편제상의 이득을 충분히 향유할 수는 있었다. SS는 또한 육군의 장갑사단과는 달리 대단히 다목적으로 활용가능한 돌격포대대를 한 개씩 유지하고 있었던 것이 큰 특징이었다. 돌격포대대는 2개 중대로 편성되어 중대 당 11대가 배치되었기에 대대 총량은 33대(본부중대 포함)에 달했다. 따라서 장갑전력은 같은 사단 규모라 하더라도 SS들이 육군을 상회했던 것으로 파악된다.[07] 다만 육군은 SS에 앞서 대전차자주포대대를 보유, 당초 중대 당 6대의 정수로 편제되어 있던 것이 1943년부터는 중대 당 14대, 3개 중대 계 42대의 마르더(Marder) 자주포구축전차를 보유하게 되었다. 물론 이 구축전차들은 장갑이 허약해 돌격포처럼 적진 침투용으로는 불가능하나 대신 대전차 수비와 진지방어에 있어서는 대단히 효과적이었던 것으로 판명되었다.

1942년 가을 3개 SS사단에게 티거 중전차중대를 배정하는 결정이 내려졌다. 즉 SS장갑군단 전체에 1개 중전차대대를 배속시킨다는 결정으로서 당초 군단 직할로 운영하는 방안을 검토하다가 그해 11월 각 사단에 분할하는 것으로 낙착되었다.

06 武裝SS 全史 2(2001) p.107
07 Agte(2007) p.20, 武裝SS 全史 2(2001) p.106

# 3 SS사단, SS군단으로의 성장전화

무장친위대 사단들은 폴란드와 서방전격전, 그리고 바르바로싸 작전에서 집단군 사령관의 지휘를 받는 체제로 전투에 임했다. 이는 무장친위대를 사단으로 편성하는데 극력 반대해 온 국방군 장성들과 SS부대조직을 아예 국방군과는 다른, 별도의 완벽히 독립된 야전군으로 확보하려는 히믈러 사이에 벌어진 갈등과 분규를 조정하는 과정에서 빚어진 절충안이었다. 국방군 장성들을 원천적으로 신뢰하지 않았던 히틀러는 히믈러와 사실상 같은 생각이었으나 이미 폴란드와의 서전에서 혁혁한 공을 세운 국방군의 수뇌부들과 지나친 대립각을 세우는 것은 별 이득이 없다고 판단한 때문인지 집단군 사령관 예하로 편성되는 것을 절충안으로 결정함으로써 직업장교들과 장성들의 반대의견을 완화시키고자 했다. 특히 히믈러는 아무런 군사훈련이나 교육을 받은 바가 없어 스스로 이들 제대들을 돌볼 능력은 전혀 없었기에 부득이 국방군 장성들의 지휘 하에 놓이게 되는 것은 불가피한 것으로 받아들이는 분위기였다.

폴란드, 프랑스와 베네룩스, 러시아전을 거치면서 SS의 실력이 고도화되어 간 것은 틀림이 없다. 러시아전에서는 총 5개 사단, 2개 여단 및 1개 연대가 전투에 투입되었으며 육군에 비해 차량화부대의 비율이 높은 관계로 위기가 발생할 때마다 장거리를 이동해 일종의 소방수 역할을 담당하고 있었다. 즉 견고한 요새에 대한 공격, 하천 도하작전, 선봉 돌격부대에 대한 적의 반격을 저지하기 위한 측면 엄호 등 실로 가혹한 업무에 동원되면서 육군에 비해 손색이 없는 전투력과, 일면 육군을 능가하는 불굴의 의지를 발휘한 것으로 인정받았다. 또한, 이들은 앞서 나가는 장갑부대와 뒤따르는 보병사단 간에 괴리가 발생할 경우, 이를 긴급하게 메우기 위한 기동 예비전력으로 투입됨으로써 거의 쉴 날이 없는 격전의 연속을 경험하고 있었다. 특히 초기 단계에서 검증된 라이프슈탄다르테의 전투력은 국방군 장성들 모두가 인정하는 바였으며 누구든 이 SS 1번 사단을 휘하에 두고 싶어 했다.

그러나 육군과 무장친위대의 파벌싸움에는 결코 간과할 수 없는 중요한 측면이 도사리고 있었다. 폴란드 개전 후 제8군 사령관 블라스코비츠(Johannes Blaskowitz)는 토텐코프의 비인도적 행위에 대해 히틀러와 히믈러에게 서한을 보내 무장친위대들이 군기를 지키지 않는다고 불만을 제기하였으며, 육군 여러 부대에서 SS들을 '되먹지 않은 집단'으로 비판하는 일은 비일비재했다. 예컨대 다스 라이히의 오만 방자함은 널리 알려진 바 있었는데, 병력 주둔 시 길을 가로막아 육군의 진로를 방해하여 거의 충돌 직전의 몸싸움과 총격전 직전까지 간 사례도 확인되고 있었다.[01] 그러나 SS는 통상적인 군법회의가 아닌 SS군법회의에 의해 처벌된다는 명령에 의해 육군이 SS의 폭력행위를 통제할 수 없게 되는 문제가 발생했다. 이렇게 되면 형식상 육군 집단군 사령관의 지시에 따르도록 되어 있더라도 군기문란시 처벌을 할 수가 없는 사태가 발생하였다.

01 Bishop(2007) pp.32-3

## 제1SS장갑척탄병사단 '라이프슈탄다르테'(Leibstandarte Adolf Hitler)

미하엘 뷔트만(Michael Wittmann), 쿠르트 마이어(Kurt Meyer), 요아힘 파이퍼(Joachim Peiper), 막스 뷘셰(Max Wünsche), 후고 크라스(Hugo Kraas), 막스 한젠(Max Hansen), 프릿츠 뷔트(Fritz Witt), 테오도르 뷔슈(Theodor Wisch), 제프 디트리히(Josef 'Sepp' Dietrich)... 이 모든 저명한 무장친위대 전사들이 바로 이 제1SS장갑(척탄병)사단 라이프슈탄다르테 아돌프 히틀러(LSSAH)의 멤버들이다. 다스 라이히와 마찬가지로 LSSAH는 1944년이 되어서야 정식 장갑사단(Panzer Division)으로 승격되었지만 사실상 그 이전 장갑척탄병사단(Panzergrenadier Division) 시기에도 여타 국방군의 완편 장갑사단과 유사한 장비 및 병력을 확보한 것으로 확인된다. 따라서 1942~43 대전이 최고조에 달했을 그 무렵에도 사단은 소련군의 2개 군단과 가볍게 대적할 수 있을 정도의 수준으로 확장된 전력을 보유하고 있었다.

라이프슈탄다르테는 1939년 9월 1일 개전 당시 게르트 폰 룬트슈테트(Gerd von Rundstedt)의 남방집단군 예하에 놓이게 되었으며 초기에는 제8군 13군단 소속의 SS차량화보병연대로 출발했다. 이 연대는 3개 대대편제의 차량화보병에 SS장갑정찰소대 및 육군의 포병 1개 대대를 배치한 증강연대병력이었다. LSSAH는 동 집단군 선봉대의 측면을 보호하는 임무를 부여받았으며 집단군 중앙 제10군의 북익을 엄호하면서 동시에 적군의 정면을 구속하는 분진협격(分進挾擊)의 대형을 구성하고 있었다. 당시 라이프슈탄다르테 연대는 쾌속 돌파작전의 성격상 아무런 전차를 동원하지 않았으며 프로나스강에서 교두보를 확보한 다음에는 뒤따라오는 제10, 17보병사단과 연결되는 것이 개전 첫날의 과제였다. 연대는 1차 목표를 제대로 달성할 수는 없었으나 제17보병사단과의 연결은 무난히 이루어졌으며 9월 7일경에 바르샤바 서쪽의 우지(Lozd) 시를 포위하기 위해 주변 고지대를 공략하였다. 몇 대의 장갑차량이 완파되는 등 격렬한 전투 끝에 연대는 8일 우지 시를 장악했다. 이후 연대는 부스라 강으로 이동하여 단찌히 회랑지대로부터 철수 중인 폴란드군의 퇴로를 차단하기 위해 극렬 나치주의자로 자타가 공인하는 발터 폰 라이헤나우(Walter von Reichenau)가 지휘하는 제10군의 제4장갑사단에 배속되었다. 폴란드군은 9월 9일부터 9월 11일에 걸쳐 독일 제8군의 전구를 공격했으나 여의치 않자 12일에는 다시 제10군을 향해 공세의 방향을 전환했다. 이 전투는 1주일이나 지속되어 양측의 피해가 막심했으며 라이프슈탄다르테도 저지선을 3~5차례 돌파당하기도 했으나 불굴의 투혼으로 모두 격퇴해 내면서 후퇴병력이 바르샤바 시 수비대와 연결되지 않도록 필사적인 노력을 기울였다. 당시 장갑전의 명수 중 하나인 한스 게오르크 라인하르트(Hans Georg Reinhardt) 제4장갑사단장은 병력이 부족할 경우에는 정지방어보다 기동방어가 월등히 유효하다면서 라이프슈탄다르테가 보여준 후퇴와 반격이 반복되는 연속적인 기동전술을 높이 평가했다. 라이프슈탄다르테의 작전행동은 차후에 독일 장갑부대가 취하는 기동방어전 방침에도 비공식적으로 반영되었다.[02] 그 후 연대는 수차례에 걸쳐 폴란드 기병대와 접전, 파비아니췌(Pabianice) 지역에서는 폴란드 제28보병사단 및 볼린스카(Wolynska) 기병여단과 격돌하였고 동 전투에서의 승리 이후에는 수도 바르샤바 진입작전에 투입되었다. 21일 모들린 요새를 남쪽에서부터 협격하는 작전에 투입된 다음에는 폴란드가 항복하는 27일까지 전투를 계속했다.

서방전격전에서 라이프슈탄다르테는 훼도르 폰 보크(Fedor von Bock) 원수의 B집단군 예하 227보

02 武裝SS 全史 1(2001) p.44

위장복을 입은 뷔킹의 전사. 뷔킹은 스칸디나비아계를 포함한 외국인 구성원이 가장 많은 사단으로 알려져 있으나, 기본적으로는 순수 독일인이 다수였다.

병사단의 우측면을 호위하는 임무를 맡았다. 폰 보크는 나중에 다스 라이히 사단으로 승격할 SS-VT도 자신의 통제 하에 두었다. 라이프슈탄다르테는 1940년 5월 9일 새벽 네덜란드 국경을 돌파하는 임무를 부여받고 최초 작전에 투입되어 3개 그룹으로 나뉘어 하천과 운하지대의 진격로를 확보하는 과제를 맡았다. 그 중 2개 전단이 아른헴 북동쪽에서 아이셀 강 부근의 교두보를 확보하는 데 성공했다. 그 직후 공병들이 달려와 후속하는 부대의 전진을 돕기 위해 시급히 교량을 설치하였고 그날 오후 늦게 서쪽으로 들어가 아른헴을 점령했다. 라이프슈탄다르테는 5월 13일 제39장갑군단 예하로 들어가 제9장갑사단을 따라 로테르담을 공략, 로테르담 시에서 공수부대와 조우하도록 합동작전을 전개했다. 연대는 쿠르트 마이어(Kurt Meyer)의 제15모터싸이클중대를 필두로 네덜란드 중부 우트레흐트를 경유하여 14일 오후에는 로테르담에 당도했다. 라이프슈탄다르테는 이처럼 쾌속진격부대로서의 출중한 기동력을 과시하여 네덜란드 진공작전을 성공적으로 마무리하였다. 그때까지 전차를 보유하지 못했던 연대는 이처럼 장갑차량을 보유한 정찰대대의 기동전력에 크게 의존하고 있었다.

다음 프랑스 전역에서 사단은 아르덴느 돌파와 같은 중추적 역할을 담당하지는 못했으나 불로뉴(Boulogne) 해역으로 빠지는 길목의 북부지역 공략을 맡은 제1장갑사단에 편성되었다. 덩케르크 이후에는 에발트 폰 클라이스트(Ewald von Kleist) 제1장갑집단의 제19장갑군단(구데리안)에 소속해 마르느(Marne) 지역으로의 진공에 가담하였으며, 5월 22일을 전후하여 덩케르크 운하지대로 진입했다. 히틀러의 갑작스러운 진격중단 명령에 의해 당혹스러운 순간에 직면하던 중 5월 25일 연대는 독단으로 봐뗑(Watten)을 점령하기 위해 시 동쪽의 봐뗑베르크(Wattenberg) 고지를 따냈다. 26일에는 영군의 반격을 격퇴하고 27일에는 운하의 동쪽을 유지하면서 수일 동안 영군의 포병대와 격전을 치렀다. 이때 공을 세운 요아힘 파이퍼는 5월 31일 2급 철십자장의 수여와 함께 SS대위로 승진하였고 곧바로 11중대장직을 맡게 되었다. 파이퍼는 후에 6월 13일에도 놀라운 용맹을 발휘, 1급 철십자장을 수여받았다.[03] 라이프슈탄다르테는 6월 8일 Soissons를 거쳐 Aisne 방면으로 진출, 6월 20일에는 프랑스 정중앙부의 끌레르몽 훼랑(Clermont-Ferrand)을 점령한다. 라이프슈탄다르테는 끌레르몽 훼랑 부근의 공항을 유린하여 직전 연도에 서방으로 옮긴 폴란드 공군의 기계장비와 함께 수백 대의 항공기를 노획하였고 6월 24일 상 에띠엥(St Etienne)에서 작전을 완료했다. 파리는 6월 14일

03 Agte(2008) pp.42-3

에 함락되었으며 프랑스가 22일에 정식으로 항복하면서 프랑스 전역은 종료되었다.

1940년 8월에 기계화여단 규모(6,500명)로 팽창된 라이프슈탄다르테는 1941년 2월 프랑스 멧쯔(Metz) 동계본부로부터 이동하여 불가리아의 수도 소피아로 진군했다. 여기서 빌헬름 리스트(Wilhelm List) 원수의 제12군에 합류하여 1941년 4월 유고슬라비아 남부를 침공하는 공세 제1파에 가담했다(Operation Marita). 제12군의 주력은 불가리아 남부로부터 남쪽을 향해 그리스 방면으로 진군한 반면, 라이프슈탄다르테는 코소보와 마케도니아 지역으로의 진출을 위해 서쪽으로 침공하는 경로의 최선봉을 담당했다. 라이프슈탄다르테는 제9장갑사단과 함께 슈툼메(Georg Stumme) 장군의 제40장갑군단을 형성하여 서쪽으로 진격, 마케도니아를 거쳐 현재 몬테네그로에 속하는 주요 거점도시 스프코폐(Spkopje)를 겨냥하게 되었다. 이 병력들은 모나스티르(Monastir)에 최종 도달하기 위해 그리스군이 어떠한 경우에도 유고군을 지원하지 못하도록 4월 10일에 그리스 국경까지 치고 들어가면서 남부 유고슬라비아 지역 일대를 장악하게 된다. 라이프슈탄다르테의 전설적인 전사 쿠르트 마이어(Kurt Meyer)는 정찰대대를 이끌고 클리수라(Klissura) 회랑지대의 그리스 제21사단을 격퇴하면서 코린트만을 기습적으로 횡단하여 영군 제4기병연대에 충격을 가했다. 마이어는 같은 도하방식에 의해 대대의 주력부대를 펠로폰네소스 반도로 이동시키는 결단을 강행하여 1중대는 파토라스를 점령한 뒤 남하를 계속하고, 2중대는 제2강하엽병연대(공수연대)와 합류함으로써 작전을 완료했다.[04] 영군은 펠로폰네소스까지 후퇴를 계속했으나 결국 칼라마타(Kalamata)의 마지막 거점을 지켜 내지 못한 채 7,000명의 병력이 무기를 내려놓았다. 동 그리스 전역에서 라이프슈탄다르테는 과거처럼 단순히 무모한 돌격에 의해 용맹을 발휘한 것도 빛을 발했지만 상황에 부합하는 영민한 전술과 계략

히믈러의 부관으로 재직하다 서방전격전에 참가한 요헨 파이퍼. 외모와 달리 냉혹한 돌격형의 SS장교로, 이때부터 비범한 야전지휘관으로서의 이름을 날렸다.

04 Meyer(2005) pp.46-62, 武裝SS 全史 1(2001) pp.24-5
당시 독일군은 제12군의 단 1개 군단만이 유고슬라비아를 직접 침공하였으며 나머지 군단은 마케도니아를 거쳐 그리스 수비진을 정면으로 뚫거나 우회하여 진격하는 모양새를 취했다. 제30, 48군단은 그리스 수비진을 깔끔하게 돌파하여 곧바로 에게해로 향했으며 이에 북쪽에 포진했던 영군의 기계화여단 병력은 다시 동부 해안 쪽으로 밀려났다. 여기서 라이프슈탄다르테와 제9장갑사단은 알바니아 국경 북방에서 그리스군을 위협하는 잽을 계속 날리다가 터키 국경 부근의 그리스 제도들도 하나씩 점거하기 시작했다. 4월 11일에는 북쪽으로 이동한 호주 및 뉴질랜드 부대와 육박전을 전개하면서 Monastir 방면으로 좁혀 들어갔으며 14일에는 그리스 21사단이 처절하게 사수하고 있는 Klissura 회랑지대에 도착했다. 고지를 지키고 있는 그리스군의 저항이 워낙 거세어 장갑정찰대대의 장병들이 도저히 전진을 못하게 되자 '판쩌' 마이어('Panzer' Meyer)란 이명을 가진 쿠르트 마이어 대대장이 염소들이나 통과할 만한 산길에 정찰중대를 파견하여 전세를 역전시키는데 성공한다. 이때 쿠르트 마이어는 엎드려 진격을 멈춘 병사들을 독려하기 위해 뒤에서 수류탄을 폭발시키면서 돌격을 강행했던 것으로 유명했다. 그 후 쿠르트 마이어는 코린트 만에 도달, 2척의 그리스 어선을 나포하여 1척에는 사이드카 5대와 장병 15명, 또 한 척에는 대전차포 1문과 몇 대의 모터싸이클을 탑재시킨 후 코린트 만을 강행 횡단하였다. 마이어가 이러한 방식으로 수역을 건너오리라고는 상상도 못했던 영군 제4기병연대는 코린트 만을 건너온 마이어 부대와 조우했으나 불과 3~4분 만에 장교 3명을 포함한 40명 이상의 병사가 포로 신세로 전락했다. 마이어의 기상천외한 발상과 대담무쌍한 정신력이 보여준 한편의 영화같은 작전이었다.

을 능란하게 전개한 것으로도 높은 평가를 받았다. 수도 아테네에서의 승전 퍼레이드를 마친 다음, 부대는 체코슬로바키아로 이동했다.

1941년 6월 남방집단군 사령관 게르트 폰 룬트슈테트는 라이프슈탄다르테와 제5SS뷔킹사단을 에발트 폰 클라이스트가 이끄는 제1장갑집단 제3장갑군단에 편성했다. 그러나 22일 시점에서도 라이프슈탄다르테는 사단에 걸 맞는 충분한 전력을 보유한 것은 아니었으며 충원된 병력은 주로 베를린 경호대에서 추출된 인원으로 구성된 1개 차량화보병대대와 대공포대대, 소규모 보급부대 정도에 지나지 않았다. 또한, 단포신 3호 돌격포 1개 중대와 88mm 대공포 1개 중대가 각각의 중화기대대로서 포병연대에 포함되어 있었다. 당시의 전투력은 차량화보병 4개 대대, 중화기, 대공포, 정찰, 공병 각 1개 대대 및 포병 1개 연대로 구성되었으며 전차가 없는 대신 돌격포 1개 중대가 귀중한 장갑전력으로 간주되고 있었다.

사단은 지토미르(Zhitomir)를 거쳐 드니에프르강으로 진출, 켐프 장군의 제48장갑군단에 배속되어 7월 말 우만 포위전에 참가했다. 사단은 독일군이 이 전투에서 적 전차 300대, 화포 850문, 포로 10만 명을 획득하는 전과를 올리는데 중추적인 역할을 감당했다. 전차격파왕 미하엘 뷔트만은 동 전투에서 회전포탑이 없는 돌격포만으로 불과 30분 만에 소련 전차 7대를 격파시키는 신기록을 남겼다. 라이프슈탄다르테는 그해 7월부터 11월까지 폴란드 국경으로부터 흑해 부근의 헤르손(Kherson)까지, 그리고 아조프해를 따라 돈강 유역의 로스토프까지 쉴 새 없는 전투를 전개했다.

8월 사단은 드니에프르강 하류를 따라 크림반도로 진격하는 과정에서 교통 요충지 니콜라예프 공략에 참가하고 9월에는 크림반도로 직행했다. 만슈타인 제11군 사령관은 페레코프(Perekov) 지협의 돌파구를 확보한 다음 라이프슈탄다르테를 투입하여 크림반도의 최종 석권을 지시했다. 이때도 쿠르트 마이어의 정찰대대가 순식간에 소련군을 세봐스토폴(Sevastopol) 요새 쪽으로 밀어붙이면서 소련군 잔여 수비병력이 케르취 해협 후방으로 쫓겨나도록 신속한 기동을 과시했다.

10월 20일, 제1산악사단이 스탈리노를 따 낸데 이어 22일 남방집단군은 로스토프를 향한 공격을 시작했다. 소련군과의 계속되는 공방전 속에 일진일퇴를 거듭하여 단기간에 승부가 날 것으로 보이지 않는 가운데 11월 13일 동장군의 시기가 도래함에 따라 독일군의 늘어난 측면을 때리기 위한 티모셴코 장군의 반격이 전개되었다. 이에 11월 17일 제3, 14장갑군단이 역공을 취해 소련군의 공격라인을 부수고 들어가 사태는 다시 혼전을 거듭하게 되었다. 제14장갑군단이 소련 제37군의 반격에 대응하기 위해 스붸르들로프스크(Sverdlovsk) 방면으로 북상함에 따라 로스토프 공략은 막켄젠(Eberhard von Mackensen)의 제3장갑군단 하나에만 의존하게 되었다. 11월 중순부터 제3장갑군단이 선봉부대의 대부분과 합류함에 따라 로스토프를 향한 공격이 본격적으로 개시되었으며 이때도 마이어의 정찰대대가 최선봉에 서 11월 20일 시가로의 강행 돌입을 시도해 교량을 장악함으로써 주요 교두보를 확보하는 데 성공했다. 드디어 히틀러가 그토록 바라던 코카사스로 향하는 관문을 독일군이 장악하게 되었으며 그 선봉을 히틀러 호위대 출신의 라이프슈탄다르테가 맡았다는 사실에는 충분한 정치적 함의가 작용하고 있었다.

사단은 돈강 교두보를 확보하기 위한 로스토프의 철교 전투에서도 결정적인 공헌을 했다. 당시 라이프슈탄다르테는 돈강의 교두보가 되는 철교 하나를 온전히 확보하는 임무를 맡았다. 소련군 공병들은 철교에 미리 폭약을 장착한 다음 증기기관차를 풀 스피드로 움직이는 가운데 교량을 동시에 폭파하여 주력 부대의 진공을 저지하려 했다. 이때 SS장갑척탄병연대 3중대장 하인리히 슈프링거(Heinrich Springer) SS대위는 폭약의 신관을 제거하기 위해 중대원 전원으로 하여금 기관차의 굴뚝과 엔진부분에 대해 일제 사격을 명한 바, 수십 개의 탄환 구멍으로부터 압축된 증기가 새어 나오면서 적군의 시야를 가리는 동안 슈프링거는 교량으로 신속히 이동, 영화의 한 장면처럼 신관을 제거하는데 성공한다. 그는 돈강의 사활적인 교두보를 확보한 이때의 공로로 기사철십자장(1942년 1월)을 수여받았다.[05]

1941년 4월 그리스 전역에서 부하들을 독려하는 쿠르트 마이어의 너무나 유명한 사진. Illustierierter Beobachter를 위시한 여러 잡지에 게제되면서 무장친위대 장교의 강인한 기질을 나타내는 프로파간다용 자료로도 빈번히 사용되었다.

이어 1941년 11월 25일 소련 남부 로스토프 전선 돈강 방어전에서 라이프슈탄다르테는 제3장갑군단에 대한 소련 제56군의 공세를 홀로 막게 되었다. 오전 5시 20분 3개 소총병사단과 1개 기병사단이 쿠르트 마이어의 정찰대대 300명이 지키는 8km 전구에 들이닥쳤다. 불과 몇 대의 T-34만으로 얼어붙은 강 위를 엄호도 없이 건너오던 소련군들은 독일군 수비대에 비해 압도적인 병력이었음에도 불구하고 무자비하게 당할 수밖에 없었다. 그 중 소련군 제4파의 공격이 1, 2중대 방어선을 돌파하는 일시적인 위기가 발생했으나 돌격포들이 거칠게 대응하여 반격을 전개했다. 여기서 마이어의 부하들은 300명의 소련군을 사살하고 400명을 포로로 잡았으며, 우군의 피해는 불과 2명 전사, 7명의 부상자로 끝났다는 또다른 경이적인 기록을 남겼다.[06] 이와 같은 승리에도 불구하고 독일군 남방집단군은 다시 미우스강 변으로 밀려나 로스토프를 재탈환하는 것은 1942년 여름에나 가능하게 되었다.

## 제2SS장갑척탄병사단 '다스 라이히'(Das Reich)

다스 라이히는 라이프슈탄다르테와 함께 무장친위대 소속 38개 사단 중 가장 뛰어난 전투력을 자랑했던 장갑사단으로, 국방군 전체를 통틀어 가장 치열한 전장에 배치되어 가장 많은 무공을 세웠음은 물론, 가장 많은 피해를 본 사단이기도 하다. 동시에 지금까지 군사 사가들에 의해 가장 깊이 있게 연구되어 온 사단이었다. 무장친위대를 정통의 군사조직으로 만드는데 공헌한 파울 하우서 장군이 동 사단의 초대 사단장이었다. 이 사단을 가장 뚜렷하게 특징짓는 무훈은 소련 전차와 연합군 전차 및 장갑차량 총 4,800대(480대가 아니다)를 격파한 기록으로, 이는 독일군 전체, 아니 동서고금을 막론하고 사단급의 부대가 세운 전차격파 기록으로서는 전무후무하며 앞으로도 도저

05 Bishop(2007) p.19
06 Kirchubel(2013) pp.332-3

돈강의 철교를 폭파 직전에 장악해 기사철십자장을 받은 하인리히 슈프링거 SS대위

히 깰 수 없는 영원한 기록으로 남을 것으로 믿는다. 또한, 1943년 쿠르스크 방어전 기간인 8월 27일까지 약 35일 동안 다스 라이히는 1,000대의 소련 전차를 격파하는 대위업을 달성, 최단 기간 내 최대 격파 기록을 갱신하는 초인적인 전과를 남겼다. 그 외에 믿기지 않는 전과나 희한한 전투기록은 부지기수로 남아 있다. 훈장 서훈자도 엄청 많이 나왔다. 독일군 최고의 영예라 할 수 있는 기사철십자장 73명, 독일황금십자장 151명, 명예기장 29명이 기록되어 있으며, 백엽기사철십자장 10명, 검부백엽기사철십자장 서훈자도 3명이나 된다. 기사철십자장만 따진다면 무장친위대 전체가 받은 465명 중 다스 라이히 한 개 사단이 73명이므로 서훈 비율은 무려 16%에 달하게 된다. 다스 라이히는 당연히 무장친위대 내 가장 많은 기사철십자장 서훈자를 배출하였으며 이는 저돌적인 공격성향으로 유명한 제1SS장갑사단 라이프슈탄다르테를 능가하는 기록을 나타냈다.

1939년 폴란드전에서 사단은 이미 가공할 만한 전력을 지닌 전투집단으로 인정받았다. '도이칠란트'연대는 모들린(Modlin)-자크로쥠(Zakrozym) 방어선을 지키던 수비대의 저항을 분쇄하는데 상당수준의 전술과 테크닉을 구사하였고, '게르마니아'연대도 크라코프에서 바르샤바로 들어가는 북쪽과 동쪽 전선에서 강한 결단력과 추진력으로 깊은 인상을 남겼다.[07] 특히 '도이칠란트'연대는 모들린 요새에 잠입한 폴란드 잔존 병력과의 전투를 9월 28일까지 전개하면서 폴란드전역에서 가장 완강하게 저항했던 적을 제압하는데 성공했다. 다스 라이히는 폴란드전에서 육군 조직체계의 한 부분으로 편성되었다. 즉 그 자체가 독자적인 단위부대라고는 하나 자체적인 명령체계와 작전행동의 자유를 누리지 못하는 어중간한 상태로 남아 있었다. 이에 히믈러는 크게 반발하면서 SS부대는 기본적으로 국방군의 직접적인 통제를 받는다 하더라도 SS 자체적으로 독자적인 조직체계를 갖춘 독립성을 인정해 줄 것을 요망하여 최종적으로는 육군의 양해를 얻어냈다.

다스 라이히는 1940년 서방전격전에서 네덜란드와 벨기에, 프랑스 전역에서 활동했으며 네덜란드 로테르담 작전에서는 주공역할을 맡기도 했다. 다스 라이히는 동 지역에 주둔해 있던 프랑스군을 제엘란트(Zeeland)와 앙베르(안트웨르펜)로 몰아내고 장갑부대가 지나간 다음 고립된 병력을 제거하기 위한 소탕작전을 담당했으며, 프랑스 본토에서는 견고하게 방어된 운하지역 돌파와 파리로의 진군에 참가했다. 사단은 6월 5일 솜 강 남쪽으로 진격하여 19일 동안 프랑스 남서쪽 방면으로 밀고 내려가면서 수많은 교전을 수행, 불과 35명의 전사자를 내는 동안 프랑스군 30,000명을 포로로

07 Porter(2011) pp.10-11

단 11명의 특공대로 베오그라드를 점령한 프릿츠 클링엔베르크 SS대위

잡는 괴력을 발휘했다.

프랑스 함락 이후에 사단은 그때까지 사실상 준차량화 전투집단으로 존속했으나 11월에는 완전한 보병(차량화)사단으로 정착되는 단계를 밟았다. 3개 대대로 구성된 3개 연대가 주축인 것에는 변함이 없으나 연대 전체의 중대병력은 기존 13개에서 16개로 증설되었다. 또한, 6대의 돌격포로 무장한 돌격포중대를 보유하게 되었으며 포병연대가 4번째 대대를 새로 발족시킴은 물론, 모터싸이클 정찰대대도 3개 중대에서 4개 중대로 늘어났다. 다스 라이히의 재편작업은 최종적으로 3개 중대로 된 대전차대대, 2개 중대로 이루어진 통신대대까지 흡수하여 거의 모든 병과에 해당하는 단위조직들을 갖추게 되면서 일단락을 짓게 되었다. 이로써 통상 2개 차량화보병연대와 3개 대대로 편성된 포병연대를 보유한 국방군 사단보다 더 많은 전력을 보유하게 되었고 완편전력 장부상의 총 병력은 19,000으로 증가되었다.

사단은 1941년 3월 28일 프랑스로부터 유고와 그리스와의 교전을 위해 루마니아로 이동하였으며 유고의 베오그라드 점령 이후에는 바르바로싸 작전 준비를 위해 일단 폴란드로 이동하였다. 사단의 주력은 1941년 4월 11일 수도 베오그라드를 향해 남서쪽으로 전진하던 중 뷔아섹키(Viasecki) 운하지대로 둘러싸인 예르메노뷔치(Jermenovici)와 마르기타(Margita) 부근에서 늪지대의 특수지형으로 인해 쾌속 진격이 좌절되었다. 그러나 다행히 모터싸이클대대는 그날 오후에 알리부나르(Alibunar)-베오그라드 국도에 도달하여 4시간 만에 알리부나르를 점령했다. 이후 사단은 판췌보(Panchevo)를 관통해 다뉴브 강 북쪽 강둑에 도착하여 1일째의 작전을 종료시켰다. 다음 날 1941년 4월 12일 다스 라이히 사단의 프릿츠 클링엔베르크(Fritz Klingenberg) SS대위는 모터싸이클중대 소속 장병 불과 10명을 이끌고 다뉴브 강 기슭에 도착, 그 중 단 6명의 특공대만으로 수도 베오그라

1941년 바르바로싸 당시, 소련군의 포격으로 발생한 파편에 오른쪽 눈을 잃은 파울 하우서 사단장

드로 진입하는 기가 막힌 작전을 전개했다. 클링엔베르크의 특공대는 시청을 지키는 20명의 유고군을 총 한방 쏘지 않고 무장해제 시킨 뒤 시장의 항복을 받아내 수도를 점령하는 공훈을 세웠다. 몇 시간 후 제11장갑사단은 다스 라이히의 11명이 맨 손으로 점령한 베오그라드에 무혈 입성했다. 결과적으로 유고슬라비아 전투는 단 12일 만에 종식되었다.[08]

바르바로싸에서는 중앙집단군 제2장갑집단 46장갑군단 예하로 들어가 6월 28일에는 두코라(Dukora) 강을 도하해 군단의 북쪽 측면을 엄호하는 임무를 감당했다. 구데리안의 장갑집단이 민스크를 뚫고 지나가는 동안 사단은 프리페트(Pripet) 늪지대 북쪽을 따라 일련의 격렬한 전투를 전개하고, 7월 1일부터 19일까지 모스크바로 진공하는 길에 스몰렌스크에서 소련군 30만을 포위망에 가두는 작업에 동참했다. 사단은 이때 스몰렌스크 근교 옐나(Yelna) 전투(7월 18일~8월 8일)에 참가하였으며 포위망을 뚫으려는 소련군의 기도를 저지하기 위해 무려 37km에 해당하는 돌출부의 전구를 다스 라이히 홀로 10일간이나 버텨내는 격전을 치렀다. 이때 보여준 광신도적인 전투상은 국방군이 혀를 내두를 지경이었다. 사단의 공병대대는 대전차포가 먹히지 않자 소련 전차를 향해 돌진, 가솔린을 전차에 뿌리면서 미친 듯이 격파해 나가는 투혼을 과시했다. 비난도 만만치 않았다. 사단은 같이 전투한 제10장갑사단보다 3배나 많은 병력 피해(1,663명)를 입었기 때문이었다. 쥬코프의 적군은 이 전투에서 동원한 병력의 3분의 1에 해당하는 31,853명을 잃었다.[09]

다음 8월 22일부터 9월 15일에 걸쳐 전개된 키에프 포위전에서 사단은 제14차량화군단의 서쪽 측면을 호위하는 형세로 로흐비짜(Lokhvitsa)를 향해 396km를 남진, 소련군 수비진의 배후로 들어

08 Bishop(2007) p.32
09 Stahel(2013) p.157, Glantz(2010) p.180

SS장갑군단의 참모장 붸르너 오스텐도르프 SS대령. 훗날 다스 라이히의 사단장을 역임했다.

다스 라이히 굴지의 야전지휘관 오토 쿰 '데어 휘러' SS 연대장. 오토 쿰의 연대는 1942년 1~2월 르제프에서 부대원 가운데 35명만이 살아남는 격전을 치렀다.

갔다. 66만 명 이상의 포로를 잡고 종료된 역사적인 포위전 이후 9월 중순에 사단은 다시 모스크바 진공을 위해 7월 말의 주둔지역이었던 스몰렌스크로 되돌아가 재편과정을 거쳤다. 모스크바 침공을 위한 타이푼(폭풍)작전에서는 사단이 최선두에 배치되게 되어 다시 한 번 상당한 출혈을 감내해야 했다. 10월 11일 폭풍작전의 발동을 통해 중앙집단군이 키에프에 이어 브야지마-브리얀스크에서 다시 한 번 66만 이상을 포위망에 가두면서 모스크바로 향하는 길목을 정리하고, 14일에는 나폴레옹의 전장이기도 했던 보로디노 고지대에서 한 바탕 격전을 경험했다. 이 전투는 소련군 제32소총병사단의 2개 연대와 제18, 19전차여단이 다스 라이히와 10장갑사단의 진격을 저지하기 위해 싸움을 걸어온 것으로 시작되었다. 이때 사단장 파울 하우서는 한쪽 눈을 잃는 부상을 당했다. 다스 라이히는 11월 4일에 다시 제46장갑군단의 일원으로 최선봉을 지휘, 11월 9일에는 그쟈츠크(Gzhatsk)에 도착했다. 임박한 모스크바의 위기에 즈음하여 시베리아에서 급거 이동해 온 소련군은 모자이스크(Mozhaisk)와 푸쉬킨(Pushkin)으로부터 반격을 전개, 다스 라이히는 또 한 번 치열한 백병전을 경험하면서 혹독한 러시아의 동계전역을 어렵게 넘기고 있었다.

11월 15일 땅이 얼어붙자 폭풍작전의 재가동이 지시되어 사단은 얼마 남지 않은 전력을 끌어 모아 모스크바 정면으로 향해 나아갔다. 다스 라이히는 역시 이전과 마찬가지로 제46장갑군단의 최선봉으로 12일간을 행군해 이스트라(Istra)를 점령하였으며, 모스크바 남쪽으로 18km 지점에 위치한 레니노(Lenino)를 석권하는데 엄청난 희생을 치르면서 모스크바 진공을 위한 발진지점을 어렵게나마 확보했다.[10]

사단은 1941년 12월, 수도 모스크바에서 불과 수 km 떨어진 지점까지 진격했으나 러시아의 혹

10 Weidinger(2002) Das Reich III, pp.208, 224

1940년 5월 21일, 프랑스 아라스에서 88mm 수평사격으로 영국 전차를 격파중인 제7장갑사단 23중고사포대대

한과 시베리아 지역으로부터 이동된 지원병력에 힘입은 소련군의 대규모 공세에 후퇴를 강요당한 다. 12월 6일부터 3주 동안 계속된 소련군의 대반격으로 인해 사단은 이스크라강에서 철수해 루사(Rusa)강 변까지 밀려났다. 동 전투에서 총 전력의 60% 가까운 막대한 손실을 입은 사단은 당연히 재충전을 위해 후방으로 돌려져야 했으나 모스크바 주변에서의 소련군 공세가 끊임없이 전개됨에 따라 1942년의 절반은 이래저래 방어전을 펼치는 쪽으로 굳어갔다.

사단은 1942년 1월 16일, 그쟈츠크로 돌아가 새로운 수비진을 구축하고 1월 하순 르제프(Rzhev) 지역으로 치고 들어오는 소련 제29, 39군 2개 군의 공세에 대응해 일련의 역 포위전을 펼치기도 했다. 특히 르제프 북쪽에서 소련군의 돌파가 성공해 독일 제9군의 몇 개 사단이 포위될 우려가 생기자 오토 쿰(Otto Kuhm)의 '데어 휘러' SS연대가 단독으로 적군의 공세를 정지시켜 독일군 제대들을 위기로부터 구해내는 투혼을 발휘했다. 2월 17일까지 소련군은 70대의 전차를 상실하였으며 그 중 오토 쿰의 부하들이 24대를 파괴했다. 소련군의 병력 손실은 15,000명을 초과했다.[11] 2월 말까지 전개된 이 공방전에서 사단은 4,000명의 병력손실을 경험했으며 대활약을 펼친 '데어 휘러' 연대는 1개 중대병력 수준으로 떨어지는 사태에 직면했다. 다시 3,000명의 증원을 받은 사단은 3월에 전선으로 복귀, 볼가 강을 따라 형성된 수비진을 구축하여 소련군의 추가 공세를 막는 방어작전에 투입되었다.

다스 라이히는 바르바로싸의 가장 핵심적인 작전을 수행했던 구데리안의 제2장갑집단에 속해 두 번에 걸친 세기적인 포위전과 격렬한 모스크바 공방전을 치르면서 독일군 굴지의 침공부대로 혁혁한 전공을 세웠고, 적에게는 공포감을, 우군에게는 두려움과 경탄에 찬 찬사를 받는 전투집단

11 Deutscher Verlagsgesellschaft(1996) p.162

으로서 위상을 확고히 닦았다. 다스 라이히는 1942년 7~8월에 프랑스로 이동하여 재충전을 취했으며 붸르너 오스텐도르프(Werner Ostendorff) SS대령의 이름을 딴 오스텐도르프 전투단(Kampfgruppe Ostendorff)은 계속 동부에 남아 있다가 1942년 6월 동 사단에 다시 합류했다. 프랑스 주둔 시기 중에는 1942년 11월 툴롱(Toulon)에서 벌어진 프랑스 함대의 자침을 막기 위해 사단병력의 일부가 동원되었던 것을 제외하면 특별한 변화는 없었으며, 1943년 1월 만슈타인 원수의 하르코프 재탈환을 위한 겨울전투에 투입되기 위해 다시 동부전선으로 급거 이동하게 된다. 다스 라이히는 SS 3개 사단 중 하르코프 전구에 가장 먼저 투입되어 역사에 남을 만한 방어전을 치르게 된다. 소련 보로네즈 방면군의 초기 공세가 시간표를 제대로 이행하지 못하게 된 것은 다스 라이히의 집요하고도 능란한 공세방어 전술에 기인했다.

홀로 100여명의 소련군을 사살하고 전차 13대를 격파한 독일형 람보, 프릿츠 크리스텐 SS하사

## 제3SS장갑척탄병사단 '토텐코프'(Totenkopf)

히믈러는 3개의 해골연대(髑髏聯隊), 즉 '튜링겐', '브란덴부르크', '오버바이에른' 연대를 폴란드전에 투입하도록 하였으며 그에 따라 '튜링겐'과 '오버바이에른'은 제10군 전구에, '브란덴부르크'는 제8군의 후방에 배치되었다. 동 3개 연대는 폴란드군과의 직접적인 교전은 없었으며 점령지 후방의 치안유지에만 할당되었다.

1940년 서방전격전에서 토텐코프는 롬멜 장군의 제7장갑사단과 제5장갑사단이 포함된 헤르만 호트(Hermann Hoth)의 제15장갑군단에 배속되었다. 일단 예비 전력으로 배치되었으나 5월 16일 벨기에 전선에 투입되어 광신도적인 전투를 벌인 결과 적, 우군 모두에 상당한 피해를 초래했다. 20일에는 제39군단에 배속되어 북쪽에서 진격해 들어가는 롬멜 사단에 맞춰 남쪽으로부터 아라스(Arras) 남부를 향해 공략해 들어갔다. 아라스에는 영불 연합군 5개 사단이 포진되어 당시 최신예 전차 마틸다 II형 16대를 포함한 74대의 마틸다 보병전차를 배치, 압도적인 화력우위에 의해 일시적으로 독일군을 남쪽으로 패주시켰다. 독일군의 37mm 대전차포로는 연합군 전차의 장갑을 도저히 관통할 수 없어 제78포병연대의 105mm 경유탄포와 86고사포대대의 88mm 고사포의 수평사격으로 영군 전차들을 격퇴시키게 되었다. 1940년 5월 21일 오후 3시부터 6시까지 3시간 동안 전개된 이 포격전에서 독일군은 토텐코프 이외에 105mm 야포 36문을 보유한 3개 포병대대, 20mm 경고사포 8문의 2개 중대, 12문의 88mm 고사포를 지닌 1개 대대가 영군 5개 사단에 대해 집중적인 화포사격을 전개했다. 또한, 제25장갑연대가 이어서 반격을 개시하고 오후 7시에 전개된 영불 연합군의 역습을 아그네스 방면으로부터 측면공격으로 물리치자 독일군은 프랑스 전역 최대의 위기로부터 벗어날 수 있었다. 독일군의 37mm 포가 시원찮은 것은 잘 알려져 있음에도 불구하고 SS

토텐코프 최고의 스타 에르빈 마이어드레스 SS대위. 제 1, 2 SS사단에 비해 명성이 뒤쳐지던 토텐코프의 위상을 끌어올린 최상급 전차지휘관이었다.

장갑엽병대대는 5월 21일 하루에만 37mm 대전차포로 적 전차 37대를 격파하는 기록을 남기기도 했다. 한편, 전차중대가 없었던 토텐코프에는 대신 제3중화기중대에 체코제 스코다 38(T) 전차 6대로 조직된 2개 장갑소대가 있었다. 이 6대의 전차들은 몇 대의 영군 전차를 기동불능으로 만들었으나 토텐코프의 전차도 그 중 2대가 파괴되어 현장에 유기되었다.

토텐코프는 연합군의 덩케르크 철수가 완료된 1940년 후반에도 클라이스트 장갑집단(Panzergruppe Kleist)에 편입되어 디종(Dijon)으로 진격, 알자스 지역의 퇴로를 차단하기 위한 전투에 참가했다. 한편, 따따흐(Tatare) 지역에서는 프랑스 식민지 부대를 상대로 6,000명의 포로를 잡아 일단 일선 야전부대로서의 제 기량을 무난히 확보했다.[12]

1941년 토텐코프는 북방집단군 에리히 회프너(Erich Höpner) 장군의 제4장갑집단에 소속되어 레닌그라드로 향하는 선봉에 속했다. 이 당시 그때까지 기계화보병연대 수준에 머물렀던 토텐코프는 150mm(5.9인치) 야포를 보유한 중포병대대를 확보함으로써 토텐코프 포병연대 규모로까지 발전했으며 사실상 독자적인 작전수행이 가능한 전투단(Kampfgruppe) 수준으로 격상되었다. 토텐코프는 회프너 장갑집단과 제16군 사이의 갭을 메워 나가면서 7월 6일에는 소련이 자신만만하게 기대하고 있던 '스탈린 라인'을 돌파, 벨리카야(Velikaya) 강 부근에서 교두보를 확보하는데 성공한다. 지시된 작전은 성공했지만 토텐코프 특유의 저돌적인 공격으로 인해 이때도 상당한 출혈을 경험했다. 전사 50명, 부상자가 60명에 달했다. 7월 8일에는 제290보병사단과 함께 세베즈(Sebezh)를 공략하고 10일에는 교통 요충지인 오포취카(Opochka)를 점령했다. 토텐코프는 7월 21일 공격을 재개, 일멘(Ilmen) 호수 서부지역으로 진출하였고, 8월 14일 스타라야 루사(Staraya Rusa) 부근 소련 제34군의 공세를 맞이해서는 익일 15일 제3차량화보병사단과 함께 반격을 전개, 특히 토텐코프 정찰대대는 선봉에 나서 적의 예봉을 저지하는 수훈을 발휘했다.[13] 이 전투에서 포로 160명을 획득했으며 전차 1대, 장갑차 3대, 150mm 중유탄포 1문, 대전차포 3문 등을 격파했다. 이어 16일에는 두 사단의 주력이 드노(Dno) 부근에서 소련 제34군 측면을 강타, 전차 275대, 화포 498문, 대전차포 29문, 박격포 209문, 기관총 1,231정, 군용차량 930대를 격파 또는 노획하였으며 33,140명을 포로로 잡았다. 이 전투의 선봉에 나섰던 토텐코프 'T' 정찰대대의 지휘관 발터 베스트만(Walter Bestmann) SS소령은 1941년 9월 28일 토텐코프 최초의 기사철십자장을 수여받았다. 사단은 여세를 몰아 8월 22일에는 폴리스트(Polist) 강을 지나 로봐르(Lovar)와 폴라(Pola)

12 高橋慶史(2010) p.12
13 Kirchubel(2013) pp.238-9

를 공략하였다.

1941년 9월 24일 소련군은 새로 편성된 부대를 토텐코프 전구에 투입, 역습을 감행했으나 SS장갑엽병대대 2중대의 프릿츠 크리스텐(Fritz Christen) SS하사는 루쉬노(Lushno) 방면에서 50mm 대전차포로 적 전차 6대를 격파, 이튿날 새벽에는 추가로 7대를 격파하여 총 13대를 파괴하였고, 거의 혼자서 소련군 소총병 100명 이상을 사살하는 놀라운 전공을 수립했다. 크리스텐은 이 영화와 같은 무훈으로 무장친위대 하사관으로서는 최초로 기사철십자장을 수여(1941년 10월 20일)받았으며 훈장은 히틀러로부터 직접 하사받았다.

토텐코프는 이와 같은 중소규모의 잦은 교전을 통해 국지적인 승리를 거두었으나 거듭되는 소련군의 반격작전으로 예정된 진격목표에 도달하지는 못했다. 더욱이 9월 12일부터 시작된 소련군의 맹반격으로 인해 토텐코프는 일단 수비모드로 전환됨에 따라 이후 연말까지는 별다른 진격을 이루지 못한 채 전선이 교착상태에 빠지면서 첫 번째 러시아의 겨울을 맞이했다. 10월 10일에는 50cm의 첫눈이 내렸다. 토텐코프는 10월 중 제290보병사단과 함께 제10군단을 구성하여 빨다이(Valdai) 고지 방어전을 맡았으며 여기서 76mm 야포 5문, 대전차포 4문, 중박격포 5문, 중기관총 15정, 화염방사기 33대를 분쇄하고 적군의 토치카를 무려 50개나 격멸했다. 포로는 220명에 불과했다.

1942년 1월 8일, 소련군 19개 소총병사단과 9개 소총병여단, 다수의 전차부대로 구성된 제11, 34군의 대규모 공세가 제10군단에 가해지는 위기가 발생했다. 상상을 초월하는 압도적인 병력차로 인해 독일군은 스타라야 루사 서쪽 전선을 돌파당하고 말았다. 또한, 소련 제53군이 세엘리게르(Seeliger) 호수 방면으로부터 공격하여 2월 8일 몰로뷔찌(Molovitcy) 부근에서 독일군 제대의 남쪽 퇴로를 차단하게 된다. 이때 토텐코프는 1942년 2월 8일 독일 제2군단 6개 사단 96,000명과 함께 소위 '데미얀스크 포켓'(Demjansk Pocket)으로 알려진 소련군의 포위망에 갇혀 장기간 고립되는 운명에 처한다. 동 포위전에서 엄청난 피해를 입은 토텐코프는 일시적으로 '아익케 전투단'으로 개편되어 소련군의 집요한 공격에 저항하였으며, 그나마 사단의 스타 에르뷘 마이어드레스(Erwin Meyerdress) SS대위가 돌격포부대를 중심으로 120명으로 구성된 긴급 전투단을 형성하여 브야코보(Bjakowo) 시를 적의 공격으로부터 지켜냈다.[14] 그러나 브야코보 역시 3월 1일부터 소련군에 의해 완전 포위됨에 따라 마이어드레스의 부하들도 공중보급에 의존해야 할 상황에 처했으며 무려 10배에 달하는 소련군의 공격에 1주일을 견디며 악마와 같은 사투를 전개했다. 후에 구원부대가 도착하였을 때는 부상자 56명을 포함한 85명의 병사가 진지를 사수하고 있었다고 기록되어 있다. 마이어드레스는 3월 13일부로 기사철십자장을 수여받았다.

데미얀스크의 독일군은 무려 두 달 반, 72일간을 버텨냈다. 1개 군단 규모의 부대를 공중보급만으로 지탱한 것은 데미얀스크가 거의 유일한 예로 알려져 있으며, 당시 독일공군은 2월 20부터 5월 18일까지 24,303톤의 병기와 탄약, 식량 등을 투입하였고, 총 17개 단위로 구성된 특수 항공지원임무를 수행했다. 특히 피크를 이루었던 2월 22일에는 총 110회의 비행으로 182톤의 물자를, 23일에는 159회 비행에 286톤을 떨어트렸다. 그럼에도 불구하고 일일 300톤의 필요 보급품 전달은 도저히 불가능함에 따라 포위망 속의 독일군들은 일일 100톤으로 견뎌야 하는 가혹한 조건에 놓

14 Bishop(2007) p.49

여 있었다. 공군 수송기의 손실은 소련군의 응사에 의한 것보다 혹한의 기후조건으로 인한 사고와 고장에 기인한 것이 더 많았다. 나중에 스탈린그라드에 제6군이 포위되었을 당시 헤르만 괴링 공군총사령관은 바로 이 데미얀스크 공수작전의 성공을 들어 스탈린그라드에 고립된 독일군을 항공지원만으로 구조할 수 있다는 망상에 사로잡혔으나, 사실 데미얀스크는 그나마 군단 규모였으며 스탈린그라드는 무려 25만의 대군이 갇힌 상태였다.[15]

데미얀스크 포위 기간 중 뷜프리트 리히터(Wilfried Richter) SS중령은 1942년 4월 5일 로비야(Robja) 강둑에 위치한 칼리트키노(Kalitkino) 방면으로부터 T-34 전차 16대를 앞세운 소련군 병력이 급습했을 당시 거의 특공대에 가까운 소규모의 전투단으로 적을 괴멸시키는 전과를 올렸다. 뷜프리트 리히터 SS중령은 계속되는 적의 공격을 수동적으로 막기보다는 적을 깜짝 놀라게 할 치명적인 기습을 가할 필요가 있다고 판단, 적 전차 6대를 순식간에 해치우고 난 뒤 대전차 지뢰로 연이어 5대를 격파하여 전차의 기동을 무력화시켰으며, 이어 독일 포병대의 지원으로 적과 근접한 지역에 집중포사격을 감행할 것을 지시했다. 휘하 토텐코프 장병들은 혼비백산한 소련군의 정중앙으로 돌진하여 거의 만화와 다름없는 백병전을 전개, 대부분을 사살하고 나머지는 후방으로 도주시키는 놀라운 전과를 올렸다. 압도적으로 많은 소련군을 상대로 우군 전차 한 대도 없이 T-34 11대를 격파, 이어 소련군 소총병을 각개격파로 제압하는 믿기 어려운 무공을 세운 공로로 리히터 SS중령은 4월 21일 영예의 기사철십자 훈장을 수여받았다. 리히터 SS중령은 나중에 제38 SS니벨룽겐 사단의 대대장을 역임하였다.

1942년 4월 사단은 기어코 포위망을 뚫고 아군 진지로 합류하는 데 성공했다. 3월 20일 자이들리츠(Walther von Seydlitz-Kurzbach) 대장의 제10군단이 6개 사단을 동원해 스타라야 루사 동쪽에서 출격하여 데미얀스크로 접근해 들어갔다. 여기에 부응해 포위망 속의 독일군은 토텐코프 보병연대의 1개 중대, SS정찰대대 'T', 1개 장갑엽병중대, 돌격포소대 및 사단 호위부대 등이 전투단을 결성, 게오르크 보흐만(Georg Bochmann) SS대위의 지휘 하에 4월 14일 포위망 서쪽을 치고 나갔다. 상기 뷜프리트 리히터의 분전은 소련군이 포위망 속의 토텐코프를 잠재우기 위한 일련의 공세 중에 생긴 접전의 하나였으며, 독일군은 자이들리츠의 구원군과 접속하기 위한 기동을 준비함과 동시에 그와 같은 소련군의 집요한 공격을 전방위적으로 수비해야만 하는 동시적 과제를 안고 있었다. 보흐만 전투단은 적군 포위부대를 정면으로 상대하지 않고 4월 20일 라무쉐보(Ramuschevo) 부근으로 질주, 4월 22일에 로봐트(Lovat) 강을 전격적으로 도하하였다. 동 지점에서 견고한 교두를 확보한 전투단은 드디어 독일 제8보병사단과 합류함으로써 기나긴 포위를 극복하는데 성공했다. 보흐만은 5월 3일 기사철십자장을 수여받았으며[16] 아익케 사단장은 전군 88번째로 백엽기사철십자장을 받았다.

토텐코프가 데미얀스크에 갇혀 기동을 하지 못한 것은 사실이나 오로지 공중지원에만 의존하면서 쉽게 항복하지 않고 동 지역을 지켜내어 소련군 18개 사단과 6개 여단으로 구성된 총 5개 군을 똑같이 기동불능으로 묶어 놓는 역할을 감당했다. 토텐코프는 총 6,674명의 사상자를 낸데 비해 소련군은 동 사단과의 교전에서만 22,000명이 전사하는 피해를 입었다. 소련군의 전차 피해는

15 ヨーロッパ地上戦大全(2003) pp.70-71
16 Deutscher Verlagsgesellschaft(1996) p.237

423대에 달했다. 토텐코프가 이 포위망에서 완전히 빠져나왔을 때는 사단 전력의 80%가 상실된 상태였다. 1942년 9월에는 일단 프랑스로 이동해 휴지기를 지낸 다음 11월 비쉬 정부를 접수하기 위한 '안톤 작전'에 투입되었다. 이때 사단은 11월 9일 비로소 1개 장갑연대를 배속받음에 따라 제3SS장갑척탄병사단으로 개칭되기에 이르렀다. 그로 인해 사단은 3개 척탄병연대, 1개 장갑연대, 1개 포병연대, 1개 돌격포대대, 1개 장갑정찰대대, 1개 장갑엽병대대, 1개 고사포대대, 1개 공병대대 및 1개 야전보충대대 등을 보유한 막강 전력을 거느리게 되었다. 즉 사실상(de facto)의 장갑사단과 큰 차이가 없었다.

데미얀스크 포위전에서 우군 전차의 지원없이 적 전차 16대 가운데 11대를 격파하며 소련군의 침입을 저지한 토텐코프의 빌프리트 리히터 SS중령

## 제5SS장갑척탄병사단 '뷔킹'(Wiking)

뷔킹(Wiking = Viking)은 제1, 2, 3SS장갑사단 다음으로 명성이 높은 무장친위대 굴지의 사단으로, 가장 특징적인 것은 독일 이외에 덴마크를 포함한 노르웨이, 스웨덴, 핀란드 등 스칸디나비아 국가들의 의용병들이 다수 참가한 다국적 부대라는 점이다. 이 사단의 초대 사단장을 지낸 휄릭스 슈타이너(Felix Steiner)는 종전 후 냉전 시기를 맞아 나토군과 같은 다국적 군대를 여하히 조직하고 운용할 것인가에 대해 가장 영향력 있는 자문을 행사한 것으로 알려지고 있다. 또한, 그의 전투경험에서 이론화시킨 소위 '행동적 작전' 개념은 나토군의 중추적인 작전전략의 핵심내용을 이루는 것으로 정착되었다.

뷔킹은 1941년 6월 소련 침공을 앞두고 대대적인 확장을 기도한 무장친위대의 팽창시기 가운데 제대로 된 야전군 조직의 모습을 갖추면서 탄생한 부대로서 주로 나치의 인종철학에 동조하는 북구 아리안 인종 출신들과 서유럽의 외국인들이 다수 포함되었다. 그러나 이 사단은 그 이전에 이미 1940년 말경부터 다스 라이히 제2SS사단의 모태가 되었던 SS-VT 사단의 경험 많은 '게르마니아' 연대를 주축으로 편성되어 서서히, 그러나 꾸준히 발전해 오고 있었다. 즉 다스 라이히의 전신에서 비롯된 가장 중추를 이루는 부분이 뷔킹의 골간으로 형성됨과 동시에 동 게르마니아를 포함한 세 개의 차량화보병연대가 사단의 기본 구조를 이루게 되었다. 세 개의 연대는 대부분 순수 독일인으로 구성된 '게르마니아'(Germania), 그리고 네덜란드와 벨기에의 훌라망어(화란어와 거의 동일)를 쓰는 서유럽 출신들로 만들어진 '붸스틀란트'(Westland), 덴마크, 노르웨이 및 스웨덴 출신들로 소집된 '노르틀란트'(Nordland)로서 동 3개 연대로 구성된 뷔킹 여단은 나중에 초대 사단장으로 승격될 휄릭스 슈타이너를 맞아 국방군에 손색이 없는 철저한 야전군사훈련을 받게 되었다. 휄릭스 슈타이너는 다스 라이히 사단의 전신 중 하나인 '도이췰란트'(Deutschland) 연대장을 맡으면서 파울 하우서와 함께 무장친위대가 궁극적으로 독일 국방군과 어깨를 겨루는 또 하나의 군사조직으로 만들어지는데 지대한 공헌을 한 인물이었다. 뷔킹이라는 명칭은 1940년 12월 20일 히틀러가 독일인과 가장 혈통이 가까운 노르딕 국가들의 전사들을 이 사단이 다수 흡수했다는 점에 착안하여 뷔킹이라고 부르는 것이 좋겠다고 언급한 데 따른 것으로 정식명칭은 1941년 1월에 부여되었다. 그러나 순수 독일인들이 주로 지휘계통의 주요 보직을 장악하였으며 전체 인구 면에서나 계급서열 면에서나 독일인들이 지배하는 사단이었다는 데 대해서는 의문의 여지가 없다.[17]

1941년 4월까지 독일의 호이베르크(Heuberg)에서 강도 높은 훈련을 마친 사단은 바르바로싸 작전 당시 우크라이나로 향하는 남방집단군 사령부의 지휘를 받게 된다. 사단은 6월 29일 갈리시아(Galicia)의 타르노폴(Tarnopol) 지구에서 처음으로 소련군과 교전하게 되었으며 두브노(Dubno)로부터 지토미르 외곽까지 연결된 이동노선에서 후방에 남겨진 고립된 소련군 부대와 게릴라들을 소탕하는 임무를 감당했다. 비교적 수월한 작전을 맡으면서 르보프(Lvov) 포위전을 승리로 이끈 사단은 전차가 진격하는 후열에 셀 수 없이 많은 소련군 포로와 파괴된 전차, 장갑차량 및 야포들을 제쳐 두고 순조롭게 진군을 계속했다. 그러나 러시아 전선은 프랑스와 달리 스피드에 의한 강습을 모토로 하는 전형적인 전격전을 펼칠 수 있는 조건이 아니었다. 상상을 초월할 정도의 광활한 영토에 끝도 없이 펼쳐진 평원과 초원지대가 장갑부대의 기동에 적합할지는 몰라도 단기간에 적진의 종심을 뚫어 적을 패닉 상태로 만들기에는 너무나 땅이 넓었다. 러시아 전선은 전통적인 전격전보다는 훈련이 잘 된 독일군들이 조직상태가 엉망인 소련군을 포위섬멸하는 방식으로 진행되었다고 보는 것이 옳다. 특히 곡창지대가 많은 남부전선은 더더욱 그러했다.

1941년 8월 사단은 드니에프르강에 교두보를 확보하기 위한 최선봉 부대로 나섰으며 주요 도시 드네프로페트로프스크를 지나 로스토프로 가는 길목을 여는 데 성공했다. 사단은 일단 로스토프에 진입하여 소련 스탈린 체제에 반대하는 다수의 주민들로부터 환영을 받는 것까지는 좋았다. 그러나 로스토프는 광신적인 공산당 간부들로 주축이 된 부대들이 온갖 바리케이트와 지뢰, 부비트랩으로 독일군을 교란시키면서 한 치의 양보도 없는 처절한 시가전을 전개했고, 그 결과 뷔킹은 로스토프 시에서 처음으로 철수, 미우스강 쪽으로 후퇴하여 동계 기간 동안 새로운 전열을 가다듬게 된다. 로스토프에서 실시된 소련군의 반격은 바르바로싸 전체를 통해 소련군의 가장 성공적인 최초의 대반격으로 기록된다. 그러나 동시에 잘 알려지지 않았던 뷔킹 사단의 전투력은 러시아에서의 데뷔전을 통해 가공할 만한 전과를 나타내게 되는데, 이는 소련측의 내부 보고자료에서도 드러나듯이 그로부터 뷔킹사단과 정면으로 대결하는 것은 엄청난 출혈을 감내해야 한다는 공포감을 적군에게 심어주게 된다.

청색작전(Fall Balu)이 발동되는 1942년 하계 시즌, 사단은 핀란드가 전력에서 이탈함에 따라 노르틀란트 연대 내 핀란드 대대가 빠지게 되면서 발틱해의 에스토니아 장병들로 구성된 '나르바'(Narwa) 연대를 흡수하게 된다.[18] 동시에 노르틀란트의 기존 주축은 다시 별도의 SS노르틀란트 사단을 창설하는데 붙여졌다. 주지하다시피 청색작전에서는 B집단군으로 명칭이 바뀌게 된 남방집단군의 일부가 스탈린그라드 방면으로 진군하게 되고 나머지는 A집단군으로 개칭되어 코카사스 유전지대 장악을 위해 남진을 시도한다. 뷔킹 사단은 제1장갑군의 선도부대로서 쿠반(Kuban) 초

17 Bishop(2007) p.73
18 Bishop(2007) p.75

사고프쉰(Sagopshin) 시를 공략하는 '뷔킹' 사단의 붸스틀란트 SS연대

원지대를 거치게 되어 대낮의 기온이 40도까지 올라가는 등 전차의 기동에는 지독한 악조건에서 진군을 계속했다. 간선도로조차 제대로 관리가 되어 있지 않은데다 진군을 가로막는 수많은 강의 존재, 특히 강폭이 넓은데다 물살이 예측불허라 진군의 속도는 답보상태를 면치 못하게 되어 이를 두고 독일군의 전형적인 속도전이 진행되고 있다고는 도저히 말하기 어려운 환경이 조성되고 있었다. 이처럼 진지구축과 보급이 어려운 여건에도 불구하고 사단은 8월 초 쿠반 강가에서 소련군의 강력한 저항을 분쇄하는데 성공한다. 8월 9일 제1장갑군은 코카사스 산록에 위치한 피아티고르스크(Pyatigorsk)에 도달하여 지난 해 바르바로싸의 당초 목표였던 남방한계 지역 근처 아스트라칸(Astrakhan)으로 수색대를 보내는 데까지 이르렀다. 독일군이 드디어 아시아에 도달한 것이다.[19]

이어 사단은 9월에 그로즈니(Grozny) 시 점령을 위해 제13장갑사단과 함께 공격을 개시했다. 테레크(Terek) 강까지는 도달했으나 소련군의 저항이 워낙 거세지자 휄릭스 슈타이너는 자신의 사단을 4개의 단위부대로 쪼개어 별도의 공격을 전개하도록 하면서 궁극적으로는 카스피해로 이어지는 통로를 확보하는데 주된 목표점을 두었다. 즉 노르틀란트 연대는 쿠르프(Kurp) 강에서 말고베크(Malgobek)까지, 게르마니아 연대를 중심으로 한 사단 주축은 적의 중앙을 돌파하여 가장 중요한 교두보를 확보하는데 주력하고, 붸스틀란트 연대는 사고프쉰(Sagopshin) 시의 점령, 그리고 사단의 공병부대는 게르마니아 연대의 잔존병력과 함께 쿠르프(Kurp)를 따라 진군하는 것으로 계획되었다.

9월 25~26일 양일간 노르틀란트 연대는 압도적으로 많은 소련군 수비대를 만나 불과 30분간의 교전 끝에 연대원의 반 수 가까이를 상실하게 되는 격전에 휘말리게 되나 여하간 고지를 점령하는 데는 성공했다. 전투 초기에 연대는 3중대장과 소대장 2명이 전사, 2중대는 중대장을 비롯한 수명의 장교가 전사하는 피해가 나왔다. 그 이후 유명한 요하네스 뮬렌캄프(Johannes Mühlenkamp) SS소

19 バルバロッサ作戦の 情景(1977) pp.72-3, Bishop(2007) p.77

령이 이끄는 SS장갑대대가 뷔스틀란트 연대와 함께 쿠르프 협곡전구를 때렸으나 저녁 무렵까지도 더 이상의 진전이 이루어지지 않았다. 뮬렌캄프는 SS 최초의 장갑대대 창설의 주요 책임자 중 일인이기도 했다.[20] 이에 뒤늦게 도착한 게르마니아 연대가 합류, 국방군 제70보병연대와 함께 '융커스 Ju 87 슈투카' 급강하폭격기의 항공지원을 받아 공격을 재개함으로써 말고베크(Malgobek)의 시가를 점령함은 물론, 인근의 유전지대까지 장악하는데 성공했다.

게르마니아 연대가 시 점령작전을 결정적으로 지원하기는 했으나 노르틀란트의 연대장 프릿츠 폰 숄츠(Fritz von Scholz)가 이 공로로 기사철십자장을 수여받았다. 사단은 10월 6일 기어코 말고베크 일대를 완전히 점령함으로써 보다 남부에 위치한 그로즈니 방면으로의 최대 관문을 확보하는데 성공하였으며,[21] 소련군의 집요한 저항을 이겨낸 노르틀란트 연대의 핀란드 의용대대도 그로즈니 시의 701고지를 확보하는 데까지 이르렀다. 하지만 그 시점까지 카스피해로의 길은 여전히 열리지 못한 상태였다. 이 전투에서 사단은 1,500명의 장병들을 잃게 되었으며 일부 단위부대는 겨우 수십 명까지 줄어드는 상당한 출혈을 경험했다. 그러나 여하간 뷔킹 사단은 터키 국경 근처에까지 도달함으로써 모든 무장친위대 사단 중 가장 동쪽 끝까지 진격한 사단으로 역사에 이름을 남기게 된다.[22] 제대로 되었다면 이 사단이 최초로 아시아 대륙을 정복한 독일 사단이 될 수도 있었다.

11월에는 그로즈니 시를 우회하여 오르드조니키드제(Ordzhonikidze) 방면으로 진격하기 위해 사단은 테레크강 변으로부터 우루크-알라기르(Urukh-Alagir) 지구로 이동되었다. 사단은 기젤(Gisel) 부근에서 소련군에게 포위된 제13장갑사단을 무사히 구출하고 휘아그돈(Fiagdon) 강 뒤쪽에 방어진을 구축했다. 이 시기 스탈린그라드에 포위된 제6군을 구원하기 위해 제23장갑사단이 이탈하게 된 다음에 사단은 동 23장갑사단의 공백을 메우게 되었으나 제6군의 전멸이 확실시되자 동쪽으로 길게 뻗은 제1장갑군의 위치도 위협을 받게 되는 긴급한 상황이 발생했다. 이때 뷔킹 사단은 제57장갑군단의 우측면에 배치되어 있던 루마니아 군단이 괴멸함에 따라 그 공백을 메워가면서 A 집단군이 코카사스에서 빠져나올 수 있도록 퇴각을 지원하는 형태의 작전을 전개하게 된다. 사단은 지모브니키(Zimovniki), 쿠베를레(Kuberle)와 마니취(Manych) 교량 전방에 위치한 프롤레타르스카야(Proletarskaya), 그리고 젤리나(Zelina)와 바타이스크(Bataisk) 및 로스토프 방면에 위치한 예고를리크스카야(Yegorlykskaya)를 차례로 지나 퇴각의 길을 걸었다. 사단은 1943년 2월 4일, 직전 연도 7월에 점령했던 로스토프를 지나 궁극적인 탈출에 성공했다.[23]

사단은 1942년 11월 말경 차량화보병사단에서 장갑척탄병사단으로 개칭되었다. 두 번의 러시아 전선 전투에서 이름을 떨친 뷔킹은 이제 명실공히 엘리트 사단으로 인식되기에 충분한 군조직과 장비, 병력을 보유하게 되었다.

20 石井元章(2013) p.192
21 Forczyk(2015) p.80, Deutscher Verlagsgesellschaft(1996) p.45
22 Bishop(2008) German Infantry, p.99
23 Forczyk(2015) p.89

# 4 초유의 SS장갑군단 결성

이들 SS 부대들은 서방전격전과 바르바로싸 전역에서 맹위를 떨쳤음에도 불구하고 각 제대별로 흩어져 싸웠기에 하나의 단일전력으로 통합된 적은 없었으며, 사단은 사단대로, 여단은 여단대로 각 집단군과 군의 독립적인 부대로 동분서주하고 있었던 탓에 존재감은 상당했을지 몰라도 독자적인 위치를 확보했다고 말하기는 어렵다. 그 때문에 히믈러는 이제 사단이 아니라 군단을 만들어야 한다고 생각을 굳히게 되었을 것으로도 짐작된다.[01] 원래 SS장갑군단은 1942년 여름, 사단들이 프랑스로 이동하기 전부터 독일 내에 존재하고는 있었다. 다만 이때는 군단사령부가 체제를 갖추기 위한 과도기의 시기로서 수천 명의 간부와 전문기술인력들을 양성하고, 라디오 송수신을 통한 군단과 사단, 군단과 상위지휘부와의 연락망을 구성하는 업무에만 주력하고 있었다. 한편, 각 사단의 포병연대들을 군단 차원에서 조율하는 방안도 함께 연구, 검토되고 있었다. SS사단의 중추라 할 수 있는 장갑척탄병연대는 공격과 방어에 있어 가장 핵심적인 기능을 수행하고 있던 단위전력으로서 1942년 말까지 자체적인 화력을 확보할 수 있는 여러 단계적 조치들을 단행해 오고 있었다. 우선 최소한 한 개 대대가 하프트랙으로 무장하여 장갑대대와 공조할 수 있는 기동력을 확보하게 했고, 120mm 박격포, 20mm 기관포, 75mm 대전차포, 그리고 150mm 경곡사포를 장착하게 되었으며 이들은 대부분 하프트랙에 탑재하여 자주포 방식으로 활용될 수 있었다. 또한, 포병연대 역시 105mm 자주포를 탑재한 붸스페(Wespe)와 150mm포를 장착한 훔멜(Hummel) 자주포를 보유해 일층 화력을 보강하는 수순을 밟아왔다. 장갑척탄병연대는 1942년 말까지 완편전력일 경우 3,200명의 병력을 갖게 되어 이제 장비나 인력 면에 있어 육군의 어느 사단보다 막강한 자산을 보유하게 되었다.

1942년 겨울 동부전선의 독일군이 사상 초유의 위기에 직면해 있을 무렵, 만슈타인은 1942년 12월 31일부로 SS 3개 사단을 남방집단군에 배속한다는 육군총사령부의 명령을 접수했다. 히틀러는 스탈린그라드가 심각한 상태로 곤두박질칠 당시 제1, 2, 3SS사단들을 제6군을 구출하기 위한 구원부대의 핵으로 지정하려 했으며, 만슈타인도 시간만 맞으면 이 사단들을 겨울폭풍작전의 중추세력으로 활용할 의도를 가지고 있었다. 그러나 토텐코프는 서부에서 여전히 재편성중이었고, 라이프슈탄다르테와 다스 라이히는 철도 차량 부족으로 프랑스에서 이동해 오는데 상당한 시일을 필요로 했다. 프랑스에서의 이동은 1943년 1월 9일부터 진행되었다. 라이프슈탄다르테와 다스 라이히는 500량의 수송열차에 병력을 싣고 무려 12일이나 걸려 전선에 도착했으며 1월 29일부로 SS 장갑군단과 란쯔 분견군 예하로 정식 편입되었다. 120량만 배정된 토텐코프는 그보다 늦어 2월 6일에야 겨우 폴타봐에서 하차하여 곧바로 전선에 투입될 수 있었다. 그러나 사단 병력 전체가 실질

01 武装SS 全史 1(2001) p.64
히믈러와 달리 히틀러는 초기에 SS 전투부대를 무작정 팽창시킬 의도는 없었으며 평시의 경우 무장친위대는 국방군 전력의 5~10% 정도로 유지되어야 한다는 기본적인 생각을 가지고 있었다. 이는 히틀러가 SS의 팽창에 우려를 표명하고 있던 국방군에 대해 형식적인 배려 차원에서 언급한 제스춰였을 수는 있다. Cooper(1992) p.450

적인 전투에 가담한 것은 그로부터 또 2주 정도가 지난 다음에나 가능했다.[02]

그 와중에 이미 스탈린그라드가 적의 손에 넘어가는 것이 기정사실화되자 히틀러는 다시 위기에 처한 하르코프를 사수하는 쪽으로 임무를 변경했다. 당시 3개 SS사단은 독일군이 동부전선에서 기동전력으로 활용할 수 있는 유일한 부대로 사실상 거의 완편전력에 가까운 상태였다. 전차 보유만 300대 수준으로 아무리 소련군의 규모와 편제가 크다 하더라도 4~5개 군단 정도와는 한판 붙어볼 만한 충분한 전력을 확보하고 있었다. 게다가 프랑스에서 쉬고 온 쿠르트 마이어 같은 전쟁광은 몸이 근질근질하던 참이어서 이들 무장친위대 3개 사단의 투입은 동부전선 극장의 새로운 막을 여는 긴장된 순간이기도 했다. 이 3개 사단은 지금까지 서로 다른 집단군 소속으로 서로 다른 전역에서 싸우다 사상 처음으로 파울 하우서 장군의 지휘 하에 단일 전력으로 SS장갑군단을 형성하게 된다.

하르코프전을 준비하던 2월 초 3개 SS사단의 전차 보유 규모는 아래 표와 같다. SS사단에 티거 I형 전차가 배치되어 실전에 참가하게 된 것은 이때가 처음이었으며 쿠르스크전으로 이어지던 기간 중에도 이와 같은 편제는 계속 유지되고 있었다.

### 하르코프전 SS사단들의 전차병력 조견표

| SS사단명 | 2호 전차 | 3호 장포신 (60구경 50㎜ 주포 탑재형) | 3호 N형 (24구경 75㎜ 주포 탑재형) | 4호 전차 (장포신) | 6호 티거 I형 | 지휘전차 | 계 |
|---|---|---|---|---|---|---|---|
| 라이프슈탄다르테 | 12 | 10 | 0 | 52 | 9 | 9 | 92 |
| 다스 라이히 | 10 | 81 | 0 | 21 | 10 | 9 | 131 |
| 토텐코프 | 0 | 71 | 10 | 22 | 9 | 9 | 121 |
| 계 | 22 | 162 | 10 | 95 | 28 | 27 | 344 |

하지만 3개 SS사단의 도착 시점이 일치하지 않은데다, 먼저 다급한 구역에 되는대로 단위 병력들을 투입할 수밖에 없는 처지여서 실제로 이들 SS사단은 2월 15일 하르코프 시를 철수하고 난 다음부터 군단 단위의 유기적인 전투기동을 개시하게 된다. 따라서 연대, 대대병력들은 구멍 난 전선을 땜질하기 위해 축차적으로 편성, 재조직, 투입되는 과정을 거치는 것이 불가피했다. 소련군의 갤롭작전은 1월 29일부터, 스타작전은 2월 2일부터 개시되나 이미 그 이전부터 SS사단들과 남진, 서진해 오는 소련군과의 소규모 전투는 불이 붙고 있었다. 가장 먼저 전선에 도착한 병력은 다스 라이히의 '데어 휘러' SS장갑척탄병연대 1대대로 이들은 안드레예프카에 도착한 후 영하 38도의 한파 속에서 265km 거리를 차량으로 이동하여 1월 22일 알렉산드로프카-사보프카 구역의 전투에 할당되었다. 화력이라고는 겨우 포병 2개 중대밖에 없어 때마침 구원군으로 달려온 육군의 제6장갑사단과 함께 1월 24일 165.7 및 168.1고지를 공격했다. 소련군 전초기지를 지키던 부대는 1대대(오피휘시우스 전투단 = Kampfgruppe Opificius)의 공격으로 12km 뒤로 물러서고 말았다. 그러나 극한의 강추위로 인해 수많은 동상 피해자가 속출했으며 불과 수일 만에 대대의 전투가능 능력은 절반으로 줄어드는 참사를 경험했다.[03]

02 Ripley(2015) p.41
03 Weidinger(2002) Das Reich III, pp.426-7

'뷔킹' 사단의 대표 스타, 요하네스 뮬렌캄프. 무장친위대 장갑부대 창설 초기부터 깊이 관여한 주요 인물로, 1944년에는 일시적으로 사단장직을 맡기도 했다.

보로네즈방면군의 공식 작전개시일은 2월 2일이나 이미 연대급 규모까지의 하위 단위부대들간의 전투는 1월 31일, 2월 1일 사이에서부터 점화되고 있었다. 1월 30일 '데어 휘러' 1대대는 슐트 전투단(Kampfgruppe Schuldt)으로 편입되어 국방군 육군의 소규모 단위부대들과 같은 조직에 들어가게 되었다. 소련군은 31일 밤부터 기동을 시작, 1일 새벽 3시에 대대의 주력이 있는 보로쉴로프그라드와 여타 병력 및 14중대 1개 소대가 임시로 배치된 페트로브카(Petrowka)를 때리고 들어왔다. '데어 휘러'는 대전차포와 20mm 대공기관포의 수평사격만으로 적 전차를 막아내야 했다. SS병장 하이더(Heider)는 50mm 대전차포로 5대의 소련 전차들을 파괴하였으며 SS상사 제프 카머레르(Sepp Kammerer)는 원반형(Teller) 지뢰를 안고 육박으로 접근, 진지 내부로 침투해 온 T-34를 격파했다. 2월 1~2일 밤 사이 대대는 보드야노이(Wodjanoi)로 퇴각해 진지를 정비하였으며 막강한 화포사격과 박격포, 전차, 대지공격기의 지원 하에 힘으로 밀어붙이는 소련군 병력을 어렵게 물리칠 수 있었다. 독일군들은 버려진 가옥과 개인호, 참호를 가능한대로 이용, 소련군 연대 병력의 집요한 공세를 막아내면서 제6장갑사단과 슈투카 편대들이 몰려와 지원할 때까지 사력을 다했다.[04]

1월 말까지 다스 라이히의 주력과 라이프슈탄다르테의 전투가능한 단위부대들을 규합해 SS장갑군단 사령부가 하르코프에 설치되었다. 라이프슈탄다르테는 츄구예프 양쪽의 도네츠강 수비를 위해 재조직되었으며 다스 라이히는 하르코프의 서쪽을 방어하는 것으로 정해졌다. 츄구예프는 도네츠 북쪽 강둑 서편에 위치한 도시로 모든 교통체계 연결의 요충지였다. 당시 소련군의 진격 속도가 너무 빨라 SS사단들이 도착하는 대로 반격에 나선다는 구상은 실현 불가능한 조건에 있었

04 Weidinger(2002) Das Reich III, p.428

다. 가장 먼저 도착한 다스 라이히의 '데어 휘러' 연대조차 전술한 것처럼 이미 동부전선에 오자 마자 보로쉴로프그라드 전투에 말려들어갔기에 조직적인 반격작전의 추진은 사실상 불가능했다. 따라서 우선은 오스콜 동쪽으로 후퇴해 오는 이탈리아 제8군의 잔존 병력 및 제298, 320보병사단과 연결되는 동안 주변 지역을 강행정찰하는 정도로만 머물고 있었다. 소련군은 1월 30~31일 양일간에 걸쳐 보르키(Borki)와 코신카(Kosinka)에 강한 펀치를 날려 독일군 진지를 시험해 보았으나 '도이췰란트' 연대에 의해 이내 격퇴되었다. '도이췰란트' 연대는 카멘카 남서쪽의 숲지대-보르키 서쪽 언덕-코신카-올호봐트카 축선을 중심으로 방어에 전념하면서 특히 보르키 방면과 코신카 동쪽 야지에 대해 정찰대를 파견하는 등 분주한 시간을 보냈다. '데어 휘러' 연대는 벨리 콜로데스-볼찬스크-벨리키 부를루크 구역으로 이동하였으며 그 중 2대대는 오스콜 구역에 집중 배치되는 일련의 과정을 거쳤다.

SS장갑군단 최초의 군단사령관직을 맡은 파울 하우서. 무장친위대를 국방군 육군을 능가하는 전투집단으로 육성시킨 하우서는 가장 결정적인 시기에 동부전선의 구원부대 지휘관으로 투입되었다.

1월 말까지 소련군은 대략 도네츠 유역의 보로쉴로프그라드-스타로벨스크-봘루키-상부 오스콜 지역까지 도달해 있었다.

2월 1일 리발코의 제3전차군의 선견대는 오스콜 강을 건너 익일 공세의 발진지점을 확보하였으며 이 선견대는 이미 당일 봘루키 서쪽으로 수 km를 침투해 들어간 상태였다. 반면 남쪽 구역의 제대는 다스 라이히에 막혀 겨우 300~400m를 들어온 정도에 그쳤으며 제298보병사단이 쿠퍈스크 북쪽을 막으면서 수비라인을 정돈시키고 있었다. 제69군 역시 오스콜강의 우측 강둑변을 장악하여 모든 교두보를 확보하였으며 1일 저녁까지 완전한 공격모드를 갖추게 되었다. 제40군은 주력을 하르코프로 진격케 하는 동안 2개 사단을 그라이보론과 보고두코프 석권을 위해 서진하도록 분담하면서 주력의 우익을 엄호하고, 제40군이 하르코프를 얻어낸 뒤에는 더 서쪽으로 공세를 확대하기 위한 일종의 선봉대 역할을 수행하는 임무를 맡게 되었다. 그러나 그 시점까지 오스트로고시즈크-로소이(Ostrogozhsk-Rossosh) 작전이 아직 완료되지 않았으며 2월 24일에 맞춰 독일 제2군을 향한 보로네즈-카스트로노예(Voronezh-Kastronoje) 작전이 준비 중이었던 관계로 보로네즈방면군 전체가 재편성을 끝내는 과정은 그리 단기간에 마칠 수가 없었다. 따라서 제38, 40군은 제3전차군이나 제69군에 비해 공세시점이 지연되었다.[05]

05 Glantz(1991) pp.159-60

# IV. 제3차 하르코프 공방전

# 1 갤롭과 스타, 동시작전의 전개

## 갤롭작전

소련 제6군과 제1근위군은 공세 직전 시점까지 아이다르(Aydar)강을 건너 스타로비엘스크(Starobielsk)를 탈환하고 크라스나야(Krasnaja) 강을 따라 남북으로 형성된 독일군의 느슨한 방어진으로 접근하면서 북부 도네츠강 서쪽 강둑을 따라 전진해 들어갔다. 독일 제298보병사단은 주력의 대부분이 서편으로 30km 떨어진 쿠퍈스크를 지키고 있었기 때문에 한 줌의 선봉대로 이 공세를 막기는 벅찬 상황이었다. 그보다 남쪽에서는 제320보병사단이 크라스나야강 서쪽 강둑의 스봐토보(Svatovo)를 방어하고 제19장갑사단은 동쪽 강둑의 남부 전선을 관리하면서 카반예(Kabanje)와 크레멘나야(Kremennaja)를 교두보로 삼고 있었다. 한편, 제27장갑사단은 크라스나야와 북부 도네츠 연결지점 근처에서 리시찬스크로 들어가는 동쪽 입구를 커버하는데 주력했다. 이 지역의 방어선은 30km 당 독일군 1개 사단이 지키고 있는 밀도를 보이고 있었다. 리시찬스크 남쪽과 보로쉴로프그라드 구역은 제335보병사단과 제3산악사단이 북부 도네츠 서편 강둑에 비교적 공고한 방어진을 구축한 상태였다. 제30군단으로 복원된 프레터-피코 분견군은 카반예 남쪽의 가냘픈 수비라인을 맡으면서 지원이 오기까지는 북부 도네츠 전체를 사수하는 임무를 수행해야 했다. 즉 제1장갑군이 로스토프를 거쳐 안전하게 코카사스를 빠져나오는 동안 제4장갑군이 이 후퇴기동을 지원하고 제30군단은 사실상 시간을 벌기 위한 희생양에 지나지 않았으나 이 빈약한 병력이 용케 잘 버텨내는 수훈을 발휘하게 된다.

1월 29일 아침, 하리토노프(F.M.Kharitonov) 중장 휘하 소련 제6군의 전구에서 대규모 지원포사격이 개시되면서 돈바스 지방의 탈환을 목적으로 하는 소련군의 돈-도네츠강 유역의 대공세, 갤롭작전이 시작되었다. 해당 구역은 동쪽 도네츠와 돈강이 만나는 지점에서부터 서쪽으로 하르코프 바로 밑의 즈미에프까지 걸쳐 있었다. 소련 제6군의 당면목표는 쿠퍈스크를 친 다음 이줌으로 진격하는 것이었다. 같은 날 독일 남방집단군은 당초 1월 12일부터 사령부를 두고 있었던 타간로그(Taganrog)에서 철수해 스탈리노(Stalino)로 사령부를 옮겼다. 이제는 돈강이 문제가 아니라 도네츠강 지역의 처리가 주된 전략적 목적으로 등장했다. 제6군의 공격은 북서쪽의 스타로비엘스크에서 발진했다. 최소 3개 소총병사단과 1개 소총병여단 병력이 동원된 공격 제1파는 처음부터 독일군 방어진의 좌측면을 가장 심하게 강타하기 시작했다. 제6군은 제15소총병군단이 쿠퍈스크를 공격하는 것으로 시작하여 제3전차군과 제172소총병사단이 시를 포위하는 형세를 취하게 되면서 시를 지키던 독일 제298보병사단은 후퇴를 결정할 수밖에 없었다. 한편, 동일한 처지에 놓였던 독일 제320보병사단도 이줌으로 사단사령부를 이동했고 2월 5일까지 3일 동안 소련 제6, 72소총병사단과 치열한 접전을 펼쳤다. 또한, 소련 제267소총병사단과 제106소총병여단도 이줌 일대에서 포위망을 좁혀 들어가면서 비록 일주일 정도나 고전하기는 했지만 제72소총병사단의 발라클레야 점령과 때를 맞춰 이줌을 독일군의 손아귀로부터 탈환했다.

작전 개시 익일 1월 30일에는 제6군의 좌측면에 근접한 제1근위군 전구에도 공세가 개시되어 2월 3일에는 남서방면군 포포프 기동집단의 4개 전차군단(제3, 10, 18전차군단 및 제4근위전차군단)이 도네츠강을 건너 남방으로 돌진했다. 최종 목표지점은 마리우폴이었다. 소련군 제35, 57근위소총병사단은 카반예(Kabanye)를, 195소총병사단은 크레멘나야(Kremennaja)를 각각 공략하고, 크라스나야강을 도하한 다음에는 북부 도네츠강의 중요 철도교차점인 크라스니 리만(Krasnyi Liman)으로 밀고 들어갔다.[01] 동 전구는 란쯔 분견군의 제298, 320 2개 보병사단과 당시까지 돈집단군에 배속되어 있던 제19장갑사단이 지키고 있었으나 란쯔 분견군 제대가 삽시간에 붕괴되면서 제19장갑사단 역시 막대한 손실을 입은 탓에 도리 없이 도네츠강 남쪽으로 후퇴할 수밖에 없었다. 리시찬스크 일대에 방어진을 구축한 제19장갑사단은 도네츠강 북쪽을 도하하여 슬라뷔얀스크로 진격하는 소련 제4근위소총병군단의 공세에 대비하고 있었던 바, 다행히 지원역할을 맡은 제7장갑사단과 제3장갑사단이 슬라뷔얀스크 방면으로 도착해 길어진 방어선을 어느 정도 메울 수는 있었다. 크라스니 리만은 31일에 소련군 수중에 떨어졌다. 제35근위소총병사단은 여세를 몰아 하르코프에서 이줌과 슬라뷔얀스크로 연결되는 주도로를 차단했다.

몇 개의 분할된 제대로 방어전투를 계속하고 있던 독일군 제320보병사단은 소련 제6, 172소총병사단 및 제106소총병여단의 공세를 맞아 치열한 접전을 벌였으며, 최초 단계에서는 소련군 사단들이 독일군의 역습을 염려해 다소 조심스러운 공세로 나오다가 독일군의 저항이 워낙 거세지자 다시 제350소총병사단을 지원군으로 투입하면서 전세를 호전시켰다. 독일 제320보병사단은 수천 명의 사상자를 내면서 결국 발라클레야 부근의 방어선을 포기하고 퇴각하였다.

한편, 2월 2일 소련 제57근위소총병사단과 제195소총병사단은 슬라뷔얀스크 일대로 진격해 들어와 북쪽과 동쪽에서 시를 공략해 들어갔다. 하지만 이곳은 이미 35대의 전차를 보유한 제7장갑사단이 미리 도착해 있었으며, 오히려 소련군 제195소총병사단에 대해 역습을 전개했다. 슬라뷔얀스크 북쪽에서 집중적으로 전개된 이 공세는 제195소총병사단을 제자리에 묶어 두면서 시 주변의 주요 거점들이 조기에 탈취되지 않도록 하는 충격효과를 내고 있었다.[02] 이에 당황한 제4근위소총병군단은 제57소총병사단과 제3전차군단을 긴급히 투입하는 조치를 취했다. 소련군이 초기 공세에서 그다지 재빠른 속공을 보여주지 못한 것은 전차와 야포가 기존 전투서열상의 표준병력에 비해 충분히 보급되지 못한 데 기인했다. 갤롭과 스타작전이 개시될 무렵에도 대부분의 기동전력과 중화기들은 스탈린그라드 전구에 배치되어 있었으며 공세전야에 맞춰 제때에 교체되지도 못했다. 또한, 이미 지급하기로 예정되어 있던 전차 및 장갑차량과 야포, 대전차포들도 충분한 재정비의 시간적 여유 없이 진행된 조급한 작전일자로 인해 적기에 전선으로 공급되지 못했다. 이와 같이 화력 집중의 원칙이 제대로 수행되지 않은 전투개시는 나중에 독일군에게 대역습의 빌미를 제공하는 원인 중 하나로 작용한다.

제4근위소총병군단의 1단계 최종 목표였던 슬라뷔얀스크는 그리 간단치가 않은 소모전으로 돌변했다. 독일군도 지금까지 주요 방어선들이 돌파 당한 터라 이곳마저 빼앗기게 되면 제1장갑군 전

01 Glantz(2011) p.121
02 NA : T-313 ; roll 46, frame 7.279.426

제19장갑사단 901돌격포 교도중대의 3호 돌격포 F8. 노보-스트렐조브카(Nowo-Strelzowka)에서 정비중인 모습

체가 응집력을 상실할 우려가 있어 쉽게 퇴각할 수 없는 상황이었고, 소련군은 어느 정도의 장기전을 각오한 상태에서 독일군의 측면을 벌릴 계산으로 병력과 장비의 증강을 요구하고 있었다. 이즈음 제6근위소총병군단은 리시찬스크 시 주변에서 독일군 제30군단과 격돌하고 있었으며 제41, 44, 78근위소총병사단 및 제18전차군단은 도네츠강 북측에 만들어진 독일군 방어선을 돌파하기 위해 사력을 다하고 있었다. 독일군은 제18전차군단의 지원을 받는 제41소총병사단의 저돌적인 공격에 일시적으로 코너에 몰리기는 했으나 제7장갑사단과 제19장갑사단의 일부 병력이 합세함에 따라 리시찬스크로 진입을 시도하는 소련 선봉부대를 격퇴하는 데까지는 성공했다.

이와는 별도로 제38소총병사단은 리시찬스크의 서쪽에 위치한 야마(Yama)를 공격하였고 벨라야 고라(Belaja Gora) 근처의 소련군 교두보로부터 10km 떨어진 지점에서 돌파를 시도했다. 벨라야 고라로부터 공격이 시작된 것은 제4근위소총병군단 소속 제41근위전차여단이 크라마토르스크(Kramatorsk)로 향하고, 제52소총병사단과 제10전차군단이 제19장갑사단의 왼편을 우회하여 제7장갑사단과의 연결고리를 절단시키려는 소련군의 기동으로 볼 때, 결국 리시찬스크시를 서쪽과 남쪽에서 동시에 포위하겠다는 기도에 다름 아니었다.[03] 왜냐하면 그 즈음 소련 제78소총병사단과 제44근위소총병사단이 도네츠강 북쪽을 건너 시의 남쪽에서 진격해 들어오고 있기 때문이었다. 독일 제19장갑사단은 2월 2일 제38근위소총병사단을 제압하고, 제78소총병사단의 교두보 확보를 위한 기도를 능란하게 저지하면서 소련군의 작전기동을 계속해서 지연시키고 있었다. 이로 인해 독일군은 소련군의 거센 공세에도 불구하고 2월 6일까지도 시를 지켜내고 있었다. 또한, 독일 제335보병사단은 제44근위소총병사단을 맞아 치열한 접전을 전개하고 있었으며 양군 모두 전차와 장갑차량 수효가 극도로 격감한 상태에서 어느 쪽도 승기를 잡지 못한 채 혼전이 계속되고 있었다.

그러나 앞서 언급한 바와 같이 2월 2일부터 공세를 시작한 소련 제6근위소총병군단은 제41근위소총병사단과 제78근위소총병사단의 일부 병력이 2월 4일부터 5일까지 리시찬스크에서 격렬한

03 NA : T-313 ; roll 46, frame 7.279.433-7.279.434

시가전을 전개하는 동안 여기에 제44근위소총병사단을 증원하자 제19장갑사단은 2월 6일 시를 포기하고 시가지 남서쪽에 새로운 방어선을 구축하였다. 이후 3일 동안 제19장갑사단과 제335보병사단은 소련군 제6근위소총병군단의 계속되는 압박을 막아내면서 전선을 교착상태로 끌고 갔다. 쿠즈네쪼프(V.I. Kuznetsov) 제1근위군 사령관은 슬라뷔얀스크 주변에서의 공세가 지지부진하게 전개되자 제41근위소총병사단을 빼 제57근위소총병사단 및 제195소총병사단과 합류시켜 북부 도네츠강 남쪽 강둑을 공고히 지키는 것으로 전환했다. 이로써 제19장갑사단은 제335보병사단과 함께 리시찬스크 남서쪽 구역을 안정화시키는 데는 일단 성공했다.[04]

그러나 그 당시 만슈타인을 가장 긴장시킨 것은 4개 전차군단을 거느린 포포프 기동집단이 쿠퍈스크 남쪽에서 도네츠강을 도하하여 남방으로 공격을 전개하고 있다는 소식이었다. 포포프 기동집단은 쿠즈네쪼프의 제1근위군의 공격 루트를 통과해 1월 30일에는 제1장갑군의 좌측면을 찔러 대기 시작했다. 포포프 기동집단은 제4및 제6근위소총병군단을 지원하는 것을 필두로, 슬라뷔얀스크와 리시찬스크 일대의 독일군을 소탕하여 남방집단군 사령부가 있는 스탈리노를 향해 진격하는 임무를 맡았다. 포포프 기동집단의 제3전차군단은 38근위소총병사단을 따라 진격하여 2월 4일까지 슬라뷔얀스크 북동쪽 지역에 도착했다. 2월 4일 전투가 본격화되면서 제3전차군단은 슬라뷔얀스크 북동쪽으로 전진하여 제4근위전차군단을 지원하는 형태로 크라마토르스크 방면을 향하고 있었다. 제4근위전차군단은 2월 1일부터 도네츠강 북단을 건너 제3전차군단과 마찬가지로 크라마토르스크로 진격했으나 독일 제7장갑사단이 크라마토르스크 지역 일대에서 역습을 감행하자 수세로 돌아서면서 제3전차군단의 지원을 기다리는 상황으로 돌변했다. 2월 5일 크라마토르스크에 도착한 제3전차군단은 37대의 전차로 버티고 있던 제4근위전차군단과 가세해 일단 전차 보유량을 60대로 늘렸다. 포포프는 그 중 제14근위전차여단이 가지고 있던 17대의 전차를 제12근위전차여단에게 이양하고 제4근위전차군단의 지원보병이 부족한 점을 보충하기 위해 제9전차여단과 제7스키여단을 배속시켰다. 그러나 제13근위전차여단은 여전히 전차가 1대도 없는 전차여단으로 남았다.[05] 이상과 같은 초기 단계의 속공은 도네츠강 남쪽에 다다르자 교착상태에 빠지면서 소련군은 새로운 활력을 필요로 하고 있었다.

## 스타작전

이어 보로네즈 전구에서는 2월 2일 제3전차군과 제69군의 2개 군에 의해 스타작전이 개시되어 하르코프 시 전방에 편성 중이었던 무장친위대 장갑군단과 긴급히 투입되어 만들어진 한스 크라머(Hans Cramer) 군단[06] 소속 5개 사단 정도의 병력에 대해 소련군의 맹공이 전개되었다. 다만 야포와 포탄이 부족해 공세 직전의 대규모 화포사격은 실시하지 못했으며 전날 강행정찰 정도의 잽을 날린 뒤 본격적인 독일군 진지 돌파를 개시했다. 선봉을 맡은 제3전차군은 새벽 일찍 우라조보(Urazovo) 교두보로부터 발진해 오스콜(Oskol) 강을 건너 올호봐트카(Olkhovatka)와 쿠퍈스크 중앙의

04 NA : T-313 ; roll 46, frame 7.279.425
05 Glantz(1991) p.105
06 크라머 군단은 1943년 2월 3일 당시 전역에 별 도움이 안 되는 약체화된 추축국 5개 사단을 빼면 그로스도이췰란트 등 3개 보병사단으로 이루어진 집단으로, 나중에는 란쯔 분견군으로 흡수된다. 일부 출간물 중에는 란쯔 분견군 자체가 크라머 군단과 완전히 동일시되는 것처럼 기록한 것도 있으나 엄밀히 말하면 두 개가 공존하다가 란쯔 분견군으로 합쳐졌다고 보는 것이 타당하다. 란쯔 분견군은 2월 1일 공식적으로 출범하였으며 한스 크라머는 북아프리카로 전출되었다.

연락선을 장악하고, 하르코프를 향해 서쪽으로 진격하는 루트를 잡았다. 그 중에서도 선봉인 제6근위기병군단은 쿠판스크 북쪽에서 오스콜강을 건너 강변을 지키고 있는 제298보병사단의 뒤로 돌아가는 진격을 택했다. 제6근위기병군단의 북쪽에서는 제48, 62근위소총병사단과 제160소총병사단이 발루키 근처의 교두보로부터 뛰쳐나와 올호봐트카 방면 국도를 점거하기 위한 공격을 서둘렀다. 이로 인해 독일 제298보병사단은 오스콜강을 따라 형성된 방어선을 유지하지 못하고 밀려날 형국에 처하게 된다. 제320보병사단 역시 이미 발루키 전구에서 하루 전날부터 진행된 제3전차군의 자리이동으로 인해 오스콜강으로 밀려나고 있었다.

소련 제40군은 독일 제168보병사단을 돌아 벨고로드의 북쪽과 남쪽으로 진격해 들어갔다. 제5근위전차군단은 벨고로드의 북쪽 끄트머리를 향해 돌진했다. 크라브첸코(A.G.Kravchenko) 소장이 이끄는 제5근위전차군단은 원래 제4전차군단이었으나 스탈린그라드 전투에서의 용맹을 치하해 2월 7일부로 '제5근위 '스탈린그라드스키'(Stalingradski) 전차군단'으로 개칭되었다. 제40군은 3일 동안 70km를 돌파할 계획이었으며 첫날 15~20km를 주파하는 등 쾌조의 스타트를 끊었다.

다급해진 란쯔 대장은 오스콜이 더 이상 지탱되지 못할 것으로 판단하고 SS장갑군단으로 하여금 하르코프로 전진하는 소련군 병력을 저지하기 위해 쿠판스크와 볼찬스크를 따라 도네츠 북부의 동쪽 강둑을 사수하라고 지시했다. 소련 제69군은 오스콜 서쪽에서 공세를 전개하여 볼찬스크로 밀고 들어갔다. 제69군의 161, 219소총병사단이 50대의 전차를 앞세워 전진했으나 하필이면 독일 최정예 사단인 '그로스도이췰란트'(Grossdeutschland) 장갑척탄병사단을 맞아 상당한 고전을 경험했다. 소련군 소총병사단들이 그로스도이췰란트가 지키던 벨리코-미하일로프카(Veliko-Mikhailovka)를 탈취하는 데는 그로부터 3일이 소요되었기 때문이었다. 남쪽으로 진격한 제180, 270소총병사단은 상대적으로 양호한 성적을 내 독일군 일부 병력들을 포위하기도 했다. 그로스도이췰란트는 제69군의 진격을 더디게 할 수는 있었으나 워낙 광대한 구역을 커버해야 하는 조건으로 인해 완전히 저지시킬 수는 없었으며 제40군이 사단의 뒤로 파고들어가는 형세를 취했기 때문에 결국 후퇴해야만 했다. 제69군은 2월 4일 우선 목표로 삼았던 볼찬스크에 도착해 하르코프 시 남쪽을 공략할 수 있는 단계에 돌입했다. 이튿날 5일 카자코프(M.I.Kazakov) 제69군 사령관은 예비로 있던 제37소총병여단까지 공세에 가담시켰다.[07]

공세 이튿날인 2월 3일 보로네즈방면군은 올호봐트카로 통하는 길목을 막고 있는 다스 라이히를 때리기 위해 방면군 직할로 보유하고 있던 제12, 15전차군단을 하루 일찍 풀어 제3전차군에 인계한 다음, 2개 전차군단을 북부 도네츠강 변에 위치한 츄구예프로 이동시키게 되었다. 하르코프전에 가장 먼저 투입된 다스 라이히는 제3전차군의 진격을 최대한 지연시키면서 현란한 방어전을 펼치고 있었다. 올호봐트카를 통과하려는 제48근위소총병사단과 벨리키 부를루크(Veliky Burluk)를 따 내려는 제184소총병사단의 침투도 좌절시켰으며, 사단의 배후 침입을 기도했던 제69군 180소총병사단의 공세도 실패로 돌아갔다. 다스 라이히는 이처럼 제3전차군과 제69군의 교차지점으로 삐쳐 나온 돌출부를 견고하게 지키면서 소련 2개 군의 공세 시간표상의 계획에 상당한 차질을 초래했다. 또한, 다스 라이히는 이 돌출부를 방어거점으로 활용함과 동시에 제3전차군에 대한 반격

07 Glantz(1991) p.163

스타로벨스크에서의 교전을 마친 후 정비 중인 제19장갑사단의 4호 전차.

의 발진지점으로 활용하려는 시도를 통해 보로네즈방면군을 당혹스럽게 만들고 있었다.[08] 그러나 문제는 육군총사령부(OKH)가 SS사단들을 반격에 동원하기 위해서는 너무 잘게 흩어져서는 안 된다는 방침 하에 가급적이면 사단 주력들이 한 곳에 집결하여 응집력을 유지하기를 요구했다는 점이었다. 한편, 육군총사령부는 SS장갑군단을 OKH의 지휘통제 하에 두는 것으로 이미 결정을 내린 상태여서 하르코프 지구로부터 여타 구역으로의 이동은 철저하게 OKH의 허가를 통해서만 가능하도록 지정된 바 있었다. 그로 인해 당장 급한 쿠퍈스크-볼로코노프카 구간은 가능한대로 최소 병력만으로 지탱해야 한다는 고민거리가 있었다.

2월 3일부터 SS사단들의 여타 단위부대들도 속속 전선에 도착하고 있었으며 라이프슈탄다르테가 하르코프 동쪽의 북부 도네츠강 변에 도착하고 있었고, 다스 라이히의 '데어 휘러' SS연대는 쿠퍈스크 북쪽 벨리키 부를루크로 나아가 '도이칠란트' SS연대와 연결할 계획을 추진하고 있었다. 파울 하우서 군단장은 나중의 반격을 감안해 처음부터 전차를 동원하는 방안을 자제하고 우선 장갑척탄병들이 돌격포를 방패삼아 임기응변적으로 전선을 관리해 주기를 당부했다. 라이프슈탄다르테는 2월 4일 처음으로 MG34를 대체할 신형 MG42 기관총을 제공받아 소련군의 인해전술에 대

08 Weidinger(2002) Das Reich III, p.438, Fey(2003) pp.4-6
44년 노르망디에서 진정한 스타로 등극하게 될 다스 라이히 장갑연대 소속 에른스트 바르크만(Ernst Barkmann) SS병장은 2월 4일 올호봐트카로 진격해 소련군 대전차포 진지와 격렬한 전투를 전개했다. 하루 밤에만 두 번에 걸친 출격으로 자신이 끌던 221 전차는 결국 회수를 하지 못한 채 5중대가 와서 구출해 줄 때까지 적군 대전차포 진지의 맹렬한 포사격을 경험했다.
1944년 7월 에른스트 바르크만 SS중사는 생 로(St. Lo)에서 미 제9군과 제30보병사단 및 제3기갑사단을 저지하는 임무를 맡게 되는데 7월 8일 바르크만의 중대는 동 공격의 최선봉에 위치했다. 바르크만은 7월 8일부터 14일까지 총 9대의 미군 M4 셔먼 전차를 격파하였고(10대째는 반파시켜 작동불능), 7월 27일에는 후퇴하는 독일군의 측면을 보호하기 위해 Le Lorey 지역을 순찰하던 도중 미군의 전차부대를 발견, 참나무 바로 뒤에서 기도비닉을 유지하다가 셔먼 전차를 차례로 급습, 순식간에 총 9대를 파괴하고 다수의 차량들을 격파했다. 이 전투를 두고 군사사가들은 '바르크만의 코너'(Barkmann's Corner)라는 표현을 남겼다.

응하려 했다.[09]

## 제3전차군의 쾌속 진격

하르코프 시 동쪽에서 전개된 제3전차군의 진격 속도로 보건대 자칫 잘못하면 SS장갑사단들이 편제를 갖추기 전에 주요 지역들을 선점당할 가능성이 높았다. 제3전차군은 기본적으로 도네츠 북쪽으로 행군하여 하르코프 남동부로부터 시를 공략해 들어가는 형세를 취했다. 특히 제3전차군 소속 제12전차군단은 쿠퍈스크 북쪽의 오스콜강을 도하하여 독일 제298보병사단의 배후로 치고 들어가 츄구예프(Chugujev)를 위협하기 시작했다. 다행히 제1SS사단 라이프슈탄다르테가 2월 3일 하르코프 동쪽 북부 도네츠에 도착하여 강둑 동쪽에 위치한 마르토봐야(Martovaja)와 쵸토믈야(Chotomlja) 마을에서 방어진을 구축하는데 성공했다. 제3전차군의 선봉부대는 소련군 정찰부대가 라이프슈탄다르테를 떠보기 위해 강 쪽 수비진에 대해 시험적인 공격을 전개하는 동안, 동쪽으로부터 전진해 페췌네기(Petscheneghi) 마을에 도착했다. 동 전구는 쿠르트 마이어(Kurt 'Panzer' Meyer) SS정찰대대가 지키고 있던 곳으로 마이어 SS소령은 제298보병사단에 포함된 전투단 일부를 안전하게 후퇴시키기 위해 발라바예프카(Balabajevka)와 봐실리엔코보(Wassilenkovo)의 교두보를 확보하는데 혈안이 되어 있었다. 쿠르트 마이어의 부대들은 라이프슈탄다르테가 맡아야 할 도네츠강 변 전체 약 90km에 달하는 구역 중 1개 정찰대대로 10km의 광역을 막아야 했다.[10] 그러나 동 전투단을 부를루크(Burluk) 강 너머로 이동시키기 위한 기도는 이미 소련군 부대가 부를루크 강 건너편에 도달해 있음으로 해서 크게 위협을 받게 된다. 한편, 제298보병사단의 주력은 포위될 위험을 회피하기 위해 그때까지 사수 중이던 쿠퍈스크로부터 철수해 서쪽으로 이동하려 했으며, 소련군이 이미 사단의 배후로 잠입해 있음을 확인한 독일군은 마이어 휘하의 정찰대대 소속 구스타프 크니텔(Gustav Knittel) SS대위로 하여금 제298보병사단의 철수를 지원케 했다. 정찰대대는 또한 게르하르트 마우레르(Gerhard Maurer) SS소위의 소규모 부대가 쿠퍈스크 서쪽, 츄구예프 방면 도로에서 크니텔의 부대와 연결하여 소련군이 후퇴하는 병력과 지원부대를 절단하지 않도록 안간힘을 쓰고 있었다. 제298보병사단은 2월 3~4일간 부를루크 강 건너편 교량의 남쪽에 위치한 쉐브첸코보(Schevtschenkovo)에서 새로운 방어진을 구축하려 했으나 제3전차군 12전차군단이 이미 이 지역을 점령한 상태였고 제15전차군단은 쿠퍈스크와 제2SS사단 다스 라이히 소속 '도이췰란트' SS연대 사이의 갭을 뚫고 들어오는 형세를 취했다. 이로 인해 새로운 교두보 확보는 불가능해졌다. 다행히 소련 제15전차군단은 독일의 급강하폭격기 슈투카(Junkers Ju 87 Stuka)의 강습에 의해 상당한 피해를 입었다.[11] 하지만 문제는 이와 같은 피해에도 불구하고 소련군의 진격속도가 전혀 저하되지 않고 독일군 진영 깊숙이 치고 들어왔다는 사실이었다. 독일군은 몇 년 전 그들이 트레이드마크로 했던 속도전의 테크닉을 소련군이 흉내 내고 있다는 점에 당황하고 있었다. 하지만 바로 이 지나친 속도로 인해 소련군 역시 나중에 스스로 약점을 노출시키게 된다. 당장 제3전차군과 그 뒤를 이동하는

09 독일과 영미권 문헌에는 MG42를 경기관총으로 규정하는 한편, 삼각대를 붙이면 중기관총으로 명명하는 수가 많은데 총기 자체가 바뀌는 것이 아니기 때문에 이러한 구분이 실질적인 의미가 있는 것인지 애매하다. Buchner(1991) p.286

10 Meyer(2005) p.160

11 Bishop & Warner(2001) pp.23-4 전격적의 상징 슈투카는 서부전선에서 이미 수명을 다한 전폭기로 간주되었으나 동부전선에서는 독일공군이 1943년까지 제공권을 누리는 바람에 주요한 역할을 담당했다. 이 기종으로 전차 519대를 격파한 한스-울리히 루델은 쿠르스크전을 앞두고 그의 제안에 의해 37mm 대전차포를 장착하여 전차공격용으로 특화시키는 등, 전쟁 말기까지 다목적으로 활용되었다.

소총병사단들의 갭이 벌어지고 있었다.

쫓기는 입장의 독일군도 피곤하기는 마찬가지여서 란쯔 대장은 우선 모든 SS 기동전력을 후퇴하는 독일군 병력의 지원 작전에 투입했다. 제298, 320보병사단 모두 극심한 차량난에 시달리고 있어 주로 말을 이용해 이동 중이었으며, 그나마 추위와 굶주림으로 인해 제대로 기동하지 못하여 많은 차량과 장비를 자폭시키거나 방기한 채 도주해야 했다. 한편 란쯔는 '도이췰란트' SS연대를 볼찬스크로 돌려 다스 라이히 사단의 모든 병력을 거기에 집결시키도록 기도했으며 그러자면 '그로스도이췰란트' 사단을 하르코프 북동쪽의 올호봐트카 지역으로 이동시켜야 했다. 그러나 바로 제3전차군의 남쪽 전구에서 공격중인 소련 제69군의 압박이 워낙 거세 다스 라이히 전구로 병력을 모으는 것 자체가 불가능해 보였다. '도이췰란트' SS연대조차도 계속되는 소련군의 맹공에 허덕이고 있던 터라 예정된 후퇴기동은 엄두를 내지 못하고 있는 상황이었다. 2월 4일 다스 라이히의 정찰대대 3중대는 볼찬스크로부터 북동쪽으로 이어진 도로를 따라 예프레모프카 북쪽을 공격해 온 소련군을 일단 쳐내기는 했다. 또한, 정찰대대 2중대는 모터싸이클대대 3중대와 합세하여 예프레모프카 마을 입구에 매복해 있다가 접근해 오는 소련군 선도부대를 향해 폭우와 같은 일제 기관총 사격을 전개했다. 동시에 하프트랙들이 집게발 형식의 포위 공격을 속개하여 대대병력 전체를 격멸하는 전과를 달성했다. 이후 정찰대대 2중대는 모터싸이클대대 3중대의 전구를 이어받아 수비망을 구성하고 3중대는 병참선 남쪽 구역의 숲 지대에 은닉했다.[12]

이와 같은 국지적 전투는 소련군에 적잖은 타격을 주었음에도 상황을 호전시키지 못했다. 그렇다고 해서 소련군이 양적 우위를 앞세워 무작정 독일 수비진으로 치고 들어오는 것은 너무나 많은 인명피해를 수반하게 되어 예정된 시간표대로 작전을 진행시키기도 곤란한 애매한 상황에 처해 있었다. 여하튼 SS연대의 각 3개 대대병력은 개별적으로 맡은 구간을 지켜내지 못하고 결국 올호봐트카 서쪽으로 후퇴해야만 했다. 대신 동 구역에서 제3전차군 우익의 진격을 며칠 동안 묶어 놓으면서 상황을 유지하는 데 성공했다.[13] 제3전차군은 이보다 남쪽에서 더 높은 진격속도를 나타냈다. 제6근위기병군단의 전차부대 지원을 받는 제111소총병사단이 서쪽을 치고 들어왔으며 동 사단 선봉부대가 제201전차여단의 지원을 받아 페췌네기(Petscheneghi) 북쪽 도네츠강 북부방면을 밀어붙였다. 이 돌파는 제298보병사단 사이에 쐐기를 박는 효과가 있었으며 '도이췰란트' SS연대가 지키던 돌출부의 남쪽에 틈을 낸은 물론, 츄구예프와 페췌네기에서 도네츠강 북쪽으로 접근하는 독일군의 기도를 위협하였다. 2월 5일 SS장갑척탄병들의 분전에 안달이 난 제3전차군 사령관 리발코 중장은 제201전차여단과 제111소총병사단이 츄구예프를 점령하기 위해 진격하는 동안, 휘하의 제12, 15전차군단으로 페췌네기를 공격했다. 제3전차군의 오른쪽 측면은 제48근위소총병사단과 제160소총병사단이 올호봐트카로 이동한 '도이췰란트' SS연대를 공격하고, 올호봐트카 북쪽에서는 도네츠강 북쪽으로 흐르는 플로트봐(Plotva) 강을 도하할 계획이었다.

## 제40, 69군의 공세

리발코의 부대가 제6근위기병군단 전구에서 진전을 이루어 내는 동안, 소련 제40, 69군 역시 예

12 Weidinger(2002) Das Reich III, pp.438-9, Nipe(2000) p.81
13 NA : T-314 ; roll 118, frame 3.751.523, 3.751.525

정된 공격을 계속하고 있었다. 제40군은 공격 개시 이튿날 두 개의 기동집단을 구성해 하나는 벨고로드 북쪽의 독일군 방어진을 돌파하도록 하고, 다른 하나는 벨고로드 북단의 끝자락으로부터 수 km가량 떨어진 고스티쉬체보(Gostischchevo)를 장악하도록 조치했다. 제116전차여단과 제183소총병사단의 일부로 구성된 제1집단은 제309소총병사단의 진격로를 따라 남쪽으로 치고 들어가 2월 4일 벨고로드의 서편에 도착했으며, 제192전차여단과 제309소총병사단으로 구성된 제2집단은 2월 6일 고스티쉬체보를 점령했다. 한편, 제4전차군단도 후방의 독일군 병력들을 솎아내는데 성공하면서 제40군 전체의 움직임은 측면이 노출되지 않은 상태로 비교적 양호한 페이스가 조절되고 있었다. 당초 전력이 상대적으로 약했던 제40군의 역할은 부차적인 것으로 간주되었으나 3일 동안 70km를 주파해 내면서 독일 제168보병사단을 압박해 들어갔다. 제40군은 2월 5일 저녁까지 20km에 달하는 전구를 커버하고 좌익에서 제69군과 무사히 연결되었다.

제40군의 측면 공격을 라우스 군단의 제168보병사단 홀로 지켜내기는 어려웠다. 벨고로드가 소련군의 손에 떨어지기 직전에 처하자 B집단군은 '그로스도이췰란트' 정찰부대(겨우 대대 규모)를 급파하게 되나 악천후와 도로사정으로 2월 4일에도 벨고로드에 도착하기가 곤란한 지경이었다. 2월 5일에 겨우 도달하자마자 '그로스도이췰란트' 지원부대들은 제168보병사단의 후방을 방어하는데 안간힘을 써야 했다. 벨고로드를 지키는 독일 방어선은 군데군데 균열이 생겨나 소련 제40군은 수비가 약한 지점을 찾아 여러 군데 구멍을 내기 시작했다. 게다가 제116 및 192전차여단과 소련 제69군이 벨고로드로 진격해 오자 상황은 더욱 악화일로로 치달았다. 제219 및 161소총병사단이 벨고로드 방면으로 진격하고 제270소총병사단은 남쪽 방면에서 헝가리군이 지키고 있던 바르수크(Barsuk) 마을을 함락시키면서 그로스도이췰란트와 다스 라이히 사이의 간극을 더욱 벌려 놓았다. 제69군은 제161, 180, 219 및 270, 4개의 소총병사단을 횡으로 벌려 그로스도이췰란트를 압박해 들어갔다. 그 중 제219 및 161소총병사단은 그로스도이췰란트 휘질리어(Füsilier)연대의 집요한 저항에 잠깐 정지되었으며 제270 및 제180소총병사단은 판코프(Pankov)와 벨리 콜로데스(Belyi Kolodes)에서 정지될 때까지 지속적으로 진격해 들어갔다.[14] 그로스도이췰란트는 4개 소총병사단들을 지원하는 제173전차여단의 존재로 인해 매우 신경이 쓰이기는 했으나 그럭저럭 진격속도를 늦추는 작업만큼은 제대로 하고 있었다. 이즈음 유일하게 저지되는 일 없이 독일군 방어진을 돌파중인 부대가 위치한 곳은 제6근위기병군단이 기동중인 하르코프 남동쪽의 제40군 전구였다. 이때 소련 제40군이 자의 반 타의 반 사단의 배후로 진격해 들어가고 있어 그로스도이췰란트는 제69군만을 상대할 수 없다고 판단, 수비자리를 내주고 퇴각했다.

제69군의 진격이 늦어짐과 동시에 제3전차군이 속도는 유지하고 있지만 주요 거점을 잡아내지 못하자 다소 초조해진 보로네즈방면군 사령부는 2월 3일 제3전차군이 남쪽 측면에서 공세를 강화해 줄 것을 주문했다. 그리고 예정보다 하루 일찍 제12, 15전차군단을 풀어 제3전차군에 배속하도록 하여 올호봐트카 도로를 막고 있는 다스 라이히 정면의 파상공격을 지원하도록 조치했다. 제12전차군단은 제13기계화소총병여단과 함께 츄구예프를 공략하고 제15전차군단은 츄구예프 바로 북쪽의 페췌네기를 향했으나 두 군단 모두 SS병력들에 의해 한번 호되게 당하게 된다. 보로네즈방면군은 휘하의 제15전차군단과 제160소총병사단으로 하여금 북부 도네츠강을 도하하려는

14 Nipe(2000) p.83

라이프슈탄다르테 정찰대대 쿠르트 마이어 대대장과 장갑연대 6중대장 한스 화이훠. 하르코프 방어전 당시 사진 (Bild 101III-Roth-174-27)

최초의 시도를 감행했다. 도네츠강 서편 7km 거리를 방어하던 제1SS사단 라이프슈탄다르테 제1장갑척탄병연대 소속 2개 중대는 제160소총병사단이 얼어붙은 도네츠강 위를 아무런 엄호 없이 정면으로 돌격해 오자 겨우 몇 정의 MG42 기관총으로 삽시간에 수백구의 소련군 시체들을 만들어 냈다. 또한 소련군 제15전차군단 195전차여단도 보병지원을 위해 강으로 다가갔으나 88mm 대전차포에 9대의 T-34를 격파 당했다.[15] 이후 3번에 걸친 연쇄공격이 좌절되자 제15전차군단은 지원병력이 올 때까지 라이프슈탄다르테 앞을 지키고 있어야 할 상황이었다. 한편, 제12전차군단과 제62근위소총병사단 보병들은 제15전차군단의 남쪽을 돌아 츄구예프로 접근했다. 동시에 리발코 중장은 2월 4일 제6근위기병군단이 제3전차군 바로 아래에 위치한 남서방면군 소속 제6군 350소총병사단과 함께 츄구예프 남쪽 강변을 공격할 것을 요청했다. 이들의 공격루트에는 라이프슈탄다르테 주력이 위치해 있었으며 라이프슈탄다르테는 소련군의 공세정면을 막으랴 독일 제320, 298보병사단의 퇴로를 확보하랴 정신이 없는 형편이었다. 게다가 곧 다가올 반격작전의 주역으로서 역습을 위한 재편성 작업까지 겸하고 있는 상황이었다.

제3전차군의 목표는 뚜렷했다. 올호봐트카와 츄구예프에 위치한 동 전차군의 두 개 기동집단은 도네츠강을 건너 하르코프 남동부의 독일보병사단들을 절단하여 제2방어선 구축을 좌절시키려 하고 있었다. 또한, 북쪽에서 소련 제40군이 벨고로드를 향해 진격 중이었으므로 하르코프 이전에 벨고로드가 먼저 떨어지는 것은 시간문제였다. 독일군 사령부는 이 시기까지 소련군의 움직임으로 보아 소련 스타작전의 최종 목표가 하르코프시의 탈환과 연계지역 독일 수비대의 섬멸이라는 사실이 여실히 드러나게 된 점을 확인했다. 하르코프를 방어하던 제대는 SS장갑군단의 일부 병

15 Naud(2012) p.23

독일군이 '아흐트, 아흐트'(88)라 불렀던 88mm 대전차포. 당초 고사포로 개발되었으나 서방전격전에서 롬멜장군이 수평사격기능을 응용해 대전차포로 사용한 이후 대전차포로 더 널리 사용된 명품 병기로, 북아프리카 전선에서도 광범위하게 사용되어 그 진가를 발휘했다. 사진의 88mm는 하르코프가 아닌 르제프 전구에서 촬영되었다.

력과 라우스 군단이 전부였으므로 이들이 밀리면 시는 끝장이라는 우려가 당연히 예상되었다.

란쯔 분견군의 란쯔 대장은 2월 5일 제320 및 298보병사단으로 하여금 라이프슈탄다르테의 남쪽 측면을 엄호하기 위해 안드레예프카(Andrejevka)에서 연결하여 새로운 진지를 구축할 것을 명령했다.[16] 하지만 이때는 누가 누구를 엄호하는 것이 문제가 아니라 각 개별 제대가 자칫 잘못하면 소련군의 먹이가 될 정도로 자기 앞가림을 못한 채 분산된 전력을 유지하고 있었다. 예컨대 제320보병사단은 3개의 연대규모로 나뉘어 이동 중이었고 중화기 부족과 부상자의 속출로 후퇴기동마저 어려운 형편이었다. 대신 라이프슈탄다르테가 아군과의 접촉을 위해 몇 개의 중대병력이 곳곳에서 정찰수색을 감행하고 있었다.

쿠르트 마이어의 라이프슈탄다르테 정찰대대 1중대는 게르하르트 브레머(Gerhard Bremer) SS대위의 지휘 하에 보병사단과의 연결을 탐색하기 위해 도네츠강 남쪽에서 활동하면서 방어에 유리한 고지를 선점하는 작업에 착수했다. 브레머의 1중대는 츄구예프로부터 안노프카(Annovka) 방면으로 들어가 소련군 제12전차군단을 감제하기 좋은 위치를 잡아 88mm 대전차포로 일부 전차병력을 격퇴시키기도 했다. 한편, 제2SS장갑척탄병연대의 후고 크라스 1대대는 페췌네기에서 이줌으로 나아가 제320보병사단과의 접촉을 시도하려는 도중에 소련군 제201전차여단 및 제6근위기병군단과 조우하게 되었다. 기병군단 병력의 추격을 받아 포위의 위험에 빠지게 된 후고 크라스의 전위부대는 재빨리 도주로를 확보하고, 뒤에 처져 있던 대대의 다른 병력들이 대전차포와 보병 1개 중대를 끌어들여 소련군의 공격에 대응하도록 했다. 세 번째 정찰부대는 마이어 정찰대대 소속 구스타프 크니텔(Gustav Knittel)의 3중대로서 쉐브첸코보(Schevchenkovo)를 점령하고 있던 소련군 기병군단 병력들을 기습한 뒤 마을 내부로 진입하는 과정에서 다시 소련군 전차공격을 받아 이내 흩어지게 되었

16 NA : T-354 ; roll 120, frame 3.753.552

다. 마을 근처에서 야영한 크니텔의 부대는 다음 날 츄구예프 남동쪽 도네츠 동쪽 강둑에 위치한 말리노프카(Malinovka)로 향하는 도로를 따라 소련군을 압박키로 시도했다. 그러나 도로를 봉쇄하고 있던 소련군 중화기들의 맹렬한 공격에 상당량의 차량들이 파괴되어 중대원들은 한동안 패닉 상태에 빠지게 되었다. 이때 일부 병사들이 장갑차량으로부터 뛰어내려 각개전투로 소련군 대전차포와 기관총 진지들을 때리면서 동료들의 우회기동과 퇴각을 엄호하는 형세를 취했다. 이때 대부분이 전사하고 중상을 입는 치명적인 피해를 입기는 했으나 이들 소수 병력의 헌신 덕택에 나머지 중대 주력들은 말리노프카로 들어가 게르하르트 브레머의 중대와 연결되기에 이르렀다.[17]

한편, 츄구예프 북쪽에서는 '도이췰란트' SS연대가 리발코 제3전차군의 공격을 끈질기게 물고 늘어지는 통에 소련군의 진격은 최초 단계처럼 가속도가 붙질 못했다. 2월 5일 T-34를 앞세운 소련군의 보병공격이 속개되었으나 '도이췰란트' SS연대는 10대의 전차를 격파하고 보병들에게도 상당한 피해를 입혔다. 소련 포로들의 심문에 따르면 자체 병력의 50% 이상이 사라졌으며 대대급의 모든 장교들이 전사했다는 소식을 접하게 된다. 일단 독일 수비진이 극도로 열악한 상태에서 교전 중이라는 것은 분명했지만 금세 쓰러질 것 같았던 독일군들이 끈질기게 버팀에 따라 하르코프 동쪽과 츄구예프 북쪽에는 상당 규모의 소련군 소총병들이 붙들려 매이는 효과가 있었다. 이로서 제3전차군은 올호봐트카에서 벨리키 부를루크(Veliky Burluk)로 이동하여 포진한 '도이췰란트' SS연대 하나를 이기지 못해 계속되는 좌절을 맛보아야 했다.[18]

다스 라이히의 연대들은 독일군 2개 보병사단들이 포위되는 것을 막기 위해 같은 날 현 위치에서 반격작전을 개시했다. '도이췰란트' SS연대는 '데어 휘러'(Der Führer) SS연대와 함께 양동작전을 실시, 소련군 예비대가 독일군의 주공이 어디로 향할지를 모르게 혼란을 가중시키기 위해 벨리키 부를루크 남쪽에 포진한 소련군 병력을 급습했다. 이는 동시에 소련 제69군이 제3전차군의 우익과 연결되지 못하도록 저지하는 효과가 있었다. 또한, '데어 휘러' SS연대는 올호봐트카 서쪽에 위치한 제48근위소총병사단의 측면을 때리면서 10km 정도를 돌파하고, 전차를 앞세운 또다른 그룹은 동 사단 소속 제146소총병연대를 절단하여 나머지 소련군 병력을 더 남쪽으로 쫓아버리려는 압박을 시도했다. 이에 소련군은 1개 소총병대대와 제179전차여단 및 1245대전차연대 병력을 긴급히 투입하여 SS연대가 올호봐트카로 직행하지 않도록 사력을 다했다.

한편, '데어 휘러' SS연대 빈센츠 카이저(Vincenz Kaiser)의 3대대와 헤르베르트 쿨만(Herbert Kuhlmann)의 제2SS장갑연대 1SS장갑대대는 2월 5일 처음으로 장갑전력을 이용한 공세를 시도했다. 올호봐트카 북쪽을 치기 위한 이 작전은 공자에게 대단히 불리한 지형과 깊게 쌓인 눈구덩이로 인해 엄청난 시간이 소요되었으나 잘만 하면 사단의 주력과 정찰대대 사이 구간으로 침투하는 소련군을 저지할 수 있음은 물론, 제298보병사단 잔여병력이 전선을 통과해 나올 수도 있는 여지가 있었다. 이 기동은 다음 날인 6일까지 이어졌으며 사단 포병연대의 지원 하에 충분한 종심작전이 가능할 것으로 예상되었다. 이처럼 다스 라이히의 두 대대는 소련군을 추격해 기습효과를 노리려 했으나 소련군은 쿠퍈스크 남쪽 벨리키 부를루크에서 교묘한 위장과 엄폐효과로 다스 라이히 제대를 역으로 반격해 치명적인 손실을 입혔다. 10대 이상의 전차를 잃은 쿨만은 공세를 중단하고 해

17 Lehmann(1993) pp.42-7
18 NA : T-314 ; roll 118, frame 3.751.512

가 뜨기를 기다리게 된다. 다스 라이히 1장갑대대는 더 큰 피해를 볼 수도 있었지만 해가 떨어지자 겨우 위기를 모면한 면도 적지 않았다.[19]

란쯔 분견군은 이 상태에서 쿠퍈스크를 되찾기 위한 추가공격은 예비병력 부족에 따라 어려운 것으로 판단하고 그나마 플로트봐(Plotwa) 계곡의 적 병력을 소탕한 것을 위안으로 삼되, 페췌네기와 츄구예프선을 지키는 라이프슈탄다르테를 실질적으로 지원하기 위한 공세만 전념하도록 했다. 2월 5일 쿠퍈스크는 계속해서 소련군의 수중에 있었다.

이날 라이프슈탄다르테는 도네츠강을 따라 주둔한 제3전차군의 강행정찰 병력과 끊임없이 교전을 벌이고 있었고 그로스도이췰란트는 하르코프시 북쪽과 동쪽에서 소련 제69 및 40군, 2개 군의 진격을 막기 위해 처절한 방어를 펼치고 있었다. 다스 라이히는 개별 연대들의 반격이 돈좌되고 난 후에는 벨리 콜로데스-벨리키 부를루크 구역의 제3전차군의 진격을 막기 위해 별의별 기동을 다하고 있었으며, 그와 같은 필사적인 노력 끝에 독일 제298보병사단의 일부 병력들은 2월 6일 드디어 독일군 라이프슈탄다르테 진지에 합류할 수 있었다.[20]

하지만 보병사단들이 휴식을 취하는 동안 라이프슈탄다르테의 각 제대들은 쉴새 없는 소련군의 파상공격에 대비해야 했다. 요제프 디휀탈(Josef Diefenthal) SS중위가 급조한 전투단은 일시적으로 독일 방어선을 뚫고 들어와 그닐리자(Gniliza) 마을을 점거한 소련군 침투부대를 소탕했고, 쿠르트 마이어는 츄구예프 동쪽으로 함부로 들어온 소련군 대대병력을 매복 기습으로 전멸시켰다. 독일군은 전사 4명, 부상과 행방불명 13명으로 확인되었는데 반해 소련군은 250명이 사살되고 200필의 말을 포함한 대전차포와 각종 중화기들을 노획당했다.[21] 쿠르트 마이어는 시간이 허용한다면 적군이 버리고 간 무기들은 반드시 노획하여 아군의 것으로 쓰는데 주저하지 않았다. 이 정도 당했음에도 불구하고 소련군은 늪지대와 같이 독일군의 방어가 약한 지점을 찾아 끊임없이 침투를 계속하고 있었으며 마르토봐야(Martovaja) 부근에서는 소대 규모 병력이 라이프슈탄다르테 1SS장갑척탄병대대 수비구역으로 파고드는 일이 발생했다.[22]

제3전차군은 2월 6일이 다 가도록 하르코프 동쪽을 향한 지점의 도네츠강 북단을 넘어서지 못하고 있었다. 특히 라이프슈탄다르테의 매서운 수비력은 도저히 이 구역을 정면으로 돌파하는 것이 불가능한 것처럼 보이게 만들었다. 6일에는 제12전차군단의 지원을 받는 제62소총병사단이 츄구예프 남쪽 스크리파이(Skripai)에서 돌파를 시도했으나 돌격포와 20mm 기관포를 장착한 하프트랙부대의 역습을 받아 엄청난 피해를 입고 물러나는 일도 있었다. 이에 리발코는 골리코프 및 봐실리에프스키와 협의한 끝에 제201전차여단의 지원을 받는 제6기병군단을 남쪽으로 투입하여 제6군 구역을 통과해 라이프슈탄다르테의 수비진을 우회하는 기동을 택했다. 제6기병군단은 즈미에프(Zmiev) 마을 아래쪽 강을 건너 하르코프 남쪽에 독일 수비진이 없는 갭을 지나 류보틴(Ljubotin)으로 침투했다. 이쪽은 지칠 대로 지친 제298보병사단만이 지키고 있어 소련군에 의한 돌파의 위험이 점증하고 있었다. 소련군은 남쪽으로부터 하르코프로 연결되는 철도망을 차단하기 위해 도네츠강을 건너 즈미에프 사이의 갭을 노리게 되는데 다스 라이히의 '도이췰란트' SS연대와 '데어 휘

19 NA : T-354 ; roll 120, frame 3.753.555
20 NA : T-354 ; roll 120, frame 3.753.559
21 Meyer(2005) pp.162-3
22 NA : T-354 ; roll 120, frame 3.753.561

러' SS연대는 제3전차군이 하르코프 동쪽 강을 건너지 못하도록 집요한 저항을 진행시킴에 따라 리발코는 일단 쿠퍈스크 지역의 남서방면군 소속 제6군의 지원을 기다리기 위해 즈미에프 동쪽에서 제6근위기병군단을 재편성했다.[23] 란쯔 분견군은 독일 제320보병사단의 잔존병력 역시 각지로 흩어져 기동하고 있어 이들을 규합해 질서정연한 퇴각을 희망하고 있었으나 소련군 제172소총병사단과 제6소총병사단이 연대 이하 단위로 분산되어 움직이고 있는 독일군 보병들을 소탕하기 위해 분주히 뛰고 있어 도무지 소재를 파악하기 힘든 상황이었다. 소련군은 리발코 중장의 요청대로 제6군이 지원으로 나섰으나 독일 제320보병사단의 중소 규모 부대들에게 질질 끌려 다니는 형세가 계속되자 다시 제6, 172, 350근위소총병사단까지 투입해 잔존부대가 독일진영으로 합류하는 것을 필사적으로 저지하려 했다. 기본적으로 하리토노프(F.M.Kharitonov) 제6군 사령관은 도네츠강을 향해 사력을 다하는 독일 보병 전투단을 일제히 소탕하고, 제6근위기병군단이 위치한 전구의 남쪽을 지나 도네츠강을 도하하려고 했다. 제6군 소속 사단들은 그 후 서쪽으로 방향을 틀어 하르코프로부터 남쪽으로 뻗어 있는 하르코프-로조봐야 철도선을 절단할 작정이었다. 이처럼 제3전차군과 다소 기동지역이 겹치게 된 소련 제6군은 갤롭작전을 위한 남서방면군에 속해 있었지만 전투가 복잡하게 엉키게 되면서 스타작전 구역으로 접어 들어오는 경향이 많았다.

마이어 정찰대대장이 총애하던 1중대장 게르하르트(애칭 게르트) 브레머. 독소전 개전 직후에 기사철십자장을 수여받은 저돌적인 장교로, 하르코프 전 이후 마이어를 따라 '히틀러 유겐트' 제12 SS장갑사단으로 전출되었다.

한편, '도이췰란트' SS연대에 대한 소련군의 계속되는 압박은 '데어 휘러' SS연대와의 병참선이 단절될 수 있는 위기를 안고 있었기에 히틀러는 그로스도이췰란트 사단이 올호봐트카 위의 SS장갑군단 북쪽 측면을 엄호하고 SS전력들의 반격작전을 지원하라는 명령을 하달한다.[24] 즉 히틀러는 그로스도이췰란트 사단이 현 위치에서 남서쪽으로 진격하고, 우측면의 단위부대들은 라이프슈탄다르테 주력이 대기하고 있는 페췌네기 근처, 도네츠 북쪽으로부터 수 km가량 떨어진 지점의 아트레모브카(Atremovka)로 전진하도록 지시했다. 아트레모브카까지의 공격이 성공한다면 SS부대들에 대한 소련군의 압박공세를 상당부분 덜어내는 효과를 예상할 수 있었다.

23 Nipe(2000) p.88
24 Naud(2012) p.24

# 2 위기국면의 독일군 남익

## 작전상 후퇴와 현 위치 사수 사이에서

2월 6일, 긴급한 사태현안을 협의하기 위해 만슈타인은 히틀러와 만나게 되는데 만슈타인은 우선 도네츠강 동쪽을 포기하지 않는 한 야전군의 몰락은 촌각을 다투는 문제가 되었음을 주지시키면서 작전상 철수가 불가피하다는 점을 각인 시키려 했다.[01] 또 하나는 스탈린그라드의 비극은 히틀러가 국방군 총사령관과 육군 총사령관직을 무리하게 겸하고 있음으로 해서 빚어진 대참사인 점을 암시하면서, 이 기회에 자신이 최소한 동부전선만을 전담하던가 아니면 가능한대로 군 통수권을 전적으로 이양 받기를 요망하는 간청을 올리고자 했다. 실제로 히틀러가 비록 소련군에 항복하기는 했지만 제6군의 장병들이 자신의 진지사수 명령을 이행하기 위해 엄청난 희생을 치르면서 전선을 지켜낸 것을 심히 안타깝게 생각한 점은 별로 폄하할 필요는 없을 것 같다. 그가 결코 자신의 실수로 치부하지는 않았지만 최소한 그가 믿었던 독일군 장병들이 상상을 초월하는 고통을 감내하면서 죽어가고 있었다는 사실을 히틀러가 뼈저리게 슬픈 고통으로 간직했다는 증거들은 분명히 산견된다.[02] 따라서 군 통수권과 지휘권 변경의 문제가 완전히 터부시되었던 것은 아니라는 분위기가 감지되고 있었기에 만슈타인은 이 목숨을 건 진언이 어느 정도 가능하다고 생각했던 것 같다. 히틀러를 만난 만슈타인은 말하기 어려운 두 번째 문제부터 먼저 조심스럽게 제시했으나 아무래도 당장 답을 얻기는 어려울 것으로 판단하고, 만약 현존하는 지휘체계에 변화를 줄 생각이 없다면 그나마 가장 프로페셔널하게 히틀러를 보좌할 수 있는 참모총장을 새로이 선임할 것을 제안했다. 다음, 첫 번째 간청은 매우 강한 톤으로 히틀러를 설득하려 한 것으로 전해진다. 즉 도네츠강 동쪽을 포기하거나, 아니면 독일 야전군의 몰락을 받아들이든지 양자택일하라는 주문이었다.[03] 히틀러는 돈바스 탄전지대는 소련 군수산업상 절대적으로 필요한 부분으로 소련군 전차생산에 있어 불가결한 지위에 있는 만큼 이 지역을 포기할 수는 없다고 단언하고, 바로 눈앞의 이익이 아니라 중장기적인 전쟁경제의 요체를 반드시 이해해야 한다는 식으로 만슈타인을 다독였다. 또한, 히틀러는 하르코프 사수가 그토록 곤란한 것이라면 일단 제2SS장갑척탄병사단 다스 라이히를 긴급 투입하여 발 등의 불부터 끄고 보자는 역제안을 하게 된다. 당시 제1SS장갑척탄병사단 라이프슈탄다르테는 준비가 덜 된 상태였고 제3SS장갑척탄병사단 토텐코프는 여전히 이동 중이었다. 따라서 장차 SS장갑군단을 형성할 이 3개 사단은 아직도 편성 중인 상태라 당장 준비된 다스 라이히부

01 Manstein(1994) pp.406-7

02 "스탈린그라드에 대한 책임은 전적으로 나에게 있다. 괴링이 루프트봐훼의 능력에 관해 나에게 잘못된 구도를 알려 주었기에 어쩌면 책임의 일부를 그에게 부과할 수도 있을 것이다. 그러나 그는 내 스스로 나의 후계자로 임명한 인물이기에 스탈린그라드의 책임을 그에게 물을 수는 없다(1943년 2월 5일)"
마이어는 백엽기사철십자장을 히틀러로부터 직접 수여받기 위해 2월 25일 볼타봐행 기차에서 내려 뷔니짜(Vinitsa)에 위치한 총통의 임시관저를 방문, 개인면담을 나눈 뒤 오찬까지 한 것으로 기록되어 있다. 마이어도 당시 히틀러가 스탈린그라드의 비극을 부하들에게 전가하지 않았다고 기억하고 있다. Meyer(2005) pp.181-2

03 Manstein(1994) p.404

터 축차적으로 투입하여 빈 공백을 틀어막자는 심산이었다. 만슈타인은 동 3개 사단으로 다음 회전을 준비한다는 구상은 당연히 가지고 있었으나 만약 다스 라이히부터 투입할 경우 이 사단 앞에는 소련군 6개 사단이 버티고 있는 점을 감안할 때 단독 행동은 도저히 상정하기가 힘들다고 판단했다. 이 시기 독일군의 방어선은 지나칠 정도로 확대되어 있어 소련군은 별다른 화력의 집중 없이도 어느 쪽이든 방어선을 쉽게 뚫을 수 있는 유리한 위치를 점하고 있었다. 만약 공자의 전방위적 침투에 대해 방자가 별도의 예비병력을 갖추고 있지 못한다면 전선 전체의 구조가 붕괴될 가능성은 역력하다는 논리가 성립되었다.

따라서 만슈타인에게 있어 이와 같은 상황에서 가장 유리한 판단은 도네츠강 서쪽으로 이동하여 야전군의 괴멸을 막고, 일단 전선을 축소함으로써 반격작전의 타이밍을 조절할 수 있는 기회를 확보하는 것을 의미했다. 2보 전진을 위한 1보 후퇴라는, 당시의 긴급한 상황에서는 어쩌면 지극히 당연한 논리였다. 그 순간 이미 제1장갑군은 가까스로 코카사스 전선에서 빠져나와 위기를 모면한 상태였기 때문에 동부전선 야전군 전체 병력을 서쪽으로 더 이동시켜도 크게 문제가 될 것은 없었다. 따라서 만슈타인은 '지역'과 '군 병력'의 상대적 가치를 놓고 히틀러로 하여금 저울질하게 하고, 자신은 이미 지역포기, 야전군의 온전한 보전이라는 답을 준비하면서 히틀러의 반응을 기다렸다. 그러나 이 시기 히틀러는 도네츠강 동부를 포기할 의사가 전혀 없었던 것으로 보인다. 그럼에도 불구하고 만슈타인은 미우스강 동쪽의 석탄은 증기기관의 동력으로는 부적합하다는, 따라서 해당 지역이 소련 전시경제에 하등의 중요한 부분이 아니라는 점을 강조하기 위해 독일 석탄 카르텔인 제국석탄연합(Reichsvereinigung Kohle) 총재 파울 플라이거(Paul Pleiger)의 전문적 자문까지 획득하여 히틀러와 경제학적 논쟁까지 벌였다. 그러자 히틀러는 심지어 이번에는 기상청 전문가처럼 나서면서 돈강 방면의 넓은 계곡은 얼마 지나지 않아 해빙기가 도래하면 소련군 병력이 이 지대를 도저히 통과할 수 없게 될 자연조건이 형성되므로 그저 조금만 더 버티면 소련군이 다음 여름 전까지는 적극적인 기동을 할 수 없으리라는 예상까지 제시한다. 그러나 반대로 만약 이 해빙기의 영향이 더욱 서쪽으로 전이된다면 제4장갑군도 진흙에 갇히게 될 신세가 되며 이 예측불허의 기상변화에 의지한 채 집단군의 운명을 맡길 수는 없다고 만슈타인도 맞받아쳤다. 논쟁은 장시간 계속되었다. 그러나 매우 다행히도 히틀러는 결국 집단군의 동편 전선을 미우스강 쪽으로 후퇴하는 것을 용인한다는 결정을 내렸다.[04]

이 한 가지 의사결정을 위해 무려 4시간의 토론이 진행되었다. 이로써 만슈타인은 도네츠 분지를 이탈하여 제4장갑군을 집단군의 서쪽 방면으로 투입할 수 있는 여유를 갖게 된다. 그러나 이즈음 이미 집단군의 남익은 거의 붕괴되어 제대간 응집력은 극도로 약화되어 있는 상황이었다. 제4장갑군을 동쪽에서 서쪽으로 이동시키는 데는 거리나 도로사정으로 보아 약 2주가 소요되며 더욱이 홀리트 분견군의 경우 그 옆구리에 해당하는 보로쉴로프그라드(Voroshilovgrad) 근방은 이미 소련군 병력이 침투하여 도네츠 남방을 위협하고 있었으므로 홀리트 분견군이 안전하게 미우스강으로 도달할지 여부는 매우 불확실했다.[05] 동시에 제1장갑군이 도네츠 중앙전선을 지켜낼 수 있을지도 우려되는 상황에서 하르코프 지역의 B집단군 잔존 병력의 운명도 점점 어두워지는 불안한 전망이

04 Manstein(1994) p.414
05 NA : T-313 ; roll 365, frame 8.650.821-822

었다. 소련군은 드네프로페트로프스크와 자포로제(Zaporozsche)에서 드니에프르강을 건너 돈집단군의 연락망을 단절시킬 수가 있었으며 오히려 강 상류로 거슬러 올라가 서쪽에서부터 차단할 수도 있는 위치에 있었다. 제4장갑군을 집단군의 서쪽 날개 너머로 이동시키는 것 외에도 이미 붕괴 직전에 있는 B집단군의 추축국 병력들을 대신할 새로운 병력 재편이 절실히 필요한 시점이었다.

## 벨고로드가 떨어지다

B집단군이 놓인 하르코프 부근은 란쯔(Lanz) 분견군이 새로이 구성되어 이때까지도 편성, 이동중이었던 SS장갑군단을 예하에 두는 것으로 정리되고 있었다. 가장 먼저 완편전력을 갖춘 다스 라이히는 이줌(Izyum)을 향한 돌파구 확보의 예비단계로서 볼찬스크(Volchansk)에 포진한 적을 분쇄하도록 되어 있었으나 여전히 예정된 지점에 도달하고 있지 못했다. 아니 반대로 다스 라이히는 그 시각 일부 연대급 제대를 제외하고 도네츠 지역 뒤편으로 일시 퇴각한 상태였기 때문에 서쪽 측면을 노리고 있는 소련군의 공세를 틀어막을 수 있는 유일한 전력이었음에도 불구하고 히틀러가 지시한 돌파명령을 이행할 수 없는 조건에 처해 있었다. 특히 SS장갑군단 제1참모장인 붸르너 오스텐도르프(Werner Ostendorff) SS대령은 수중에 있는 전차 대수로는 도저히 대거 공세를 취할 수가 없으며 하르코프 동쪽, 도네츠 북부로 진격하는 소련군 병력조차 방어하기가 벅차다는 견해를 제출했다. 란쯔는 히틀러의 명령이니 도리 없다고 했지만 상황악화는 란쯔나 히틀러 개인의 판단을 훨씬 넘어설 정도로 진행되고 있었다.

2월 7일 란쯔 분견군은 소련군 각 제대들이 북쪽, 동쪽 및 남쪽 사방에서 전방위적으로 진격해 들어옴에 따라 점차 위기가 증폭되는 상황에 처했다. 제320보병사단은 소련 제172소총병사단에게 쫓기고 있었으며 라이프슈탄다르테가 광정면을 지키고 있는 도네츠강 일대에는 제201전차여단과 제6근위기병군단이 접근하는 것과 아울러 제350소총병사단도 강 북쪽으로 진격하여 독일군의 교두보를 격퇴시키고 있는 중이었다. 라이프슈탄다르테 요아힘 파이퍼(Joachim Peiper)의 하프트랙대대 소속 2개 중대는 이 날 벌써 안드레예브카(Andrejewka)에서 소련군과 최초의 근접전투를 치르는 등 사태는 점점 심각한 수준으로 떨어지고 있었다.[06] 즉 소련군의 진격속도가 워낙 빨라 특정 전구에 병력을 파견하기만 하면 이내 전투에 말려들 정도로 양군 사이의 간격이 극도로 줄어들어가고 있다는 증표였다. 그로스도이췰란트는 제168보병사단의 지원을 위해 벨리키 부를루크 북쪽 수비구역을 포기해야 했으며 '도이췰란트' SS연대도 초인적인 능력을 과시하고는 있었지만 시간이 갈수록 초조해지는 것은 당연했다. 그로스도이췰란트 사단의 장갑척탄병연대는 적의 하르코프 진공속도가 빨라지자 황급히 북쪽에서부터 시내로 접어드는 지점을 보강하기 시작했다.

그 날 오후 4시에는 소련 제40군이 독일 제168보병사단을 밀어내고 벨고로드 방어진을 돌파해 들어오고 있는 위급한 상황이 전개되고 있었다. 제40군이 북쪽에서 벨고로드를 압박하는 동안 제69군은 벨고로드 동쪽에서 그로스도이췰란트 사단과 '도이췰란트' SS연대에 대해 엄청난 출혈을 요구하는 정면공격을 감행하면서도 착실히 자리를 잡아가고 있었다. 소련의 3개 사단, 제161, 219, 279소총병사단은 제37소총병여단과 제73전차여단과의 공조 속에 벨고로드와 볼찬스크 사이의 도로를 사수하고 있던 그로스도이췰란트 사단을 우회하여 사단병력 전체를 포위하려는 기

06 Agte(2008) p.79

동을 보였다. 특히 선봉으로 나온 제73전차여단이 북동쪽에서부터 볼찬스크에 근접했으나 볼찬스크 동쪽에서부터 20km 지점으로 삐져나와 있었던 다스 라이히의 제대들은 소련군 전차공격을 모두 격퇴했다.[07] 다만 소련군 제161소총병사단 하나가 '도이췰란트' SS연대 정면이 너무 방어가 강하다는 것을 확인하고는 볼찬스크 북쪽으로 우회해 들어가 그로스도이췰란트 전구를 지키던 카스니츠 전투단(Kampfgruppe Kassnitz) 배후의 마을을 점령하는 일이 있었다. 그 직후 카스니츠 전투단은 포위를 우려해 철수하고 말았다.

그날 늦은 오후 소련 제3전차군과 제69군은 '도이췰란트' SS연대가 지키고 있던 돌출부에 대해 맹공을 퍼부었다. 리발코의 제184소총병사단은 T-34 전차부대에 의지하여 독일 방어진에 대해 하루에만 3번의 파상공격을 전개했으나 변변치 않은 대전차화기나 중화기도 없이 MG42에 의존한 독일 기관총좌와 보병의 각개전투에 의해 여지없이 당하고 말았다.[08]

파울 하우서는 돌출부의 남쪽이 위험하다고 보고 동 지구의 병참선을 안전하게 유지하기 위해 벨리키 부를루크로부터 공격해 들어오는 소련군에 대해 '데어 휘러' SS연대가 야콥 휙크(Jakob Fick) SS소령의 모터싸이클대대와 함께 반격을 전개하라고 지시했다. 아울러 다스 라이히의 나머지 제대들도 벨리키 부를루크 부근의 소련군 병력에 대해 역습을 시도하였으나 소련군의 대전차 화기에 극심한 피해를 입어 전차 8대를 상실했다.[09] 소련군과의 대결에서 상식적으로 잘 알려진 압도적인 상호 전차 격파비율에 비해서는 독일군이 상당한 피해를 입은 것으로서 이는 차후에 준비될 대반격에도 적잖은 차질을 초래했다. 한편, 2월 8일 라이프슈탄다르테는 페췌네기 남서쪽에서 오히려 수비로 몰리고 있었으며 그런 와중에서도 소련군 연대병력이 숲 지대에서 참호를 파고 있는 것을 확인, 돌격포와 장갑척탄병들이 숲으로 직접 침투하여 350명에 달하는 소련군 소총병들을 사살했다. 이들 SS병력들은 만슈타인의 반격에 대비하면서 자체 전력을 보강해야 할 필요가 있었으나 이와 같은 소모적인 전투에 매일같이 휘말리고 있어 반격의 시점을 정확히 잡는 것도 쉽지 않아 보였다. 당시 도네츠강 남부는 그럭저럭 버텨 나가고 있는 것으로 평가되었지만 북부 쪽은 소련군이 다시 한 번 풀 스케일로 공세를 취할 조짐들이 관측되는 가운데, 그나마 그로스도이췰란트와 다스 라이히, 라이프슈탄다르테만이 제자리를 사수하고 있었으며, 란쯔 분견군의 다른 제대들은 거의 포위되어 괴멸당하거나 더 이상 대규모 전투에 동원될 수가 없는 위급한 상황에 처해 있었다.

2월 7일 돈집단군 사령부로 돌아온 만슈타인은 다음과 같은 명령을 발동했다. 우선 도네츠강변을 지키고 있는 홀리트 분견군을 미우스강쪽으로 후퇴시켰다. 소위 '마울부르프'(Maulwurf) 라인이라고 불린 이 방어선은 타간로그 부근의 아조프해 연안으로부터 미우스강을 따라 북쪽으로 뻗어 나가 크라스니 룻취(Krasny Lutsh)를 거쳐 보로쉴로프그라드가 접한 도네츠강까지 해당하였다. 홀리트 분견군은 2월 18~19일까지 퇴각을 완료하는 것으로 예정되었다.[10] 만슈타인이 스탈리노의 사령부로 귀환했을 때 바타이스크(Bataisk)가 소련군 수중에 떨어지면서 돈집단군의 전반적인 상황은 악화일로로 치달았다. 소련 제40군은 독일 제168보병사단을 공격하여 2월 7일에는 벨고로드 시 안쪽으로 밀어붙이고 있었다. 만슈타인은 황급히 돈강 뒤편으로 집단군을 후퇴시키고 제4장갑군

07 NA : T-314 ; roll 489, frame 597
08 NA : T-354 ; roll 120, frame 3.753.567-568
09 NA : T-314 ; roll 118, 1943.2.7 Fernschreiben an Armeeabteilung Lanz
10 NA : T-313 ; roll 42, frame 7.280.799-800
NA : T-313 ; roll 365, frame 8.650.820-822

의 사령부와 가능한 한 모든 사단병력을 서쪽 방면으로 철수하도록 지시했다. 한편, 홀리트 분견군도 상기 마울부르프 라인에 최종 도착할 때까지 우선 중간에 놓인 5줄 방어선상의 노보체르카스크-카멘스크(Novocherkask-Kamensk) 라인으로 당장 이동하도록 명령받았다.

2월 7~8일 양일간에 걸쳐 소련 제40군은 휘하 3개 소총병사단을 발판으로 벨고로드를 향한 최종 공격에 나섰다. 제183소총병사단과 제116전차여단은 벨고로드 서쪽 외곽으로 진입하고 제309소총병사단과 제192전차여단은 시 북동쪽에 자리를 잡으면서 시가전을 준비했다. 헝가리 제1기갑사단은 제168보병사단의 후퇴를 지원하기 위해 대대규모의 소련군 공격을 격퇴하는 등 예상외의 파이팅을 보여주었으나 결국 소련군 주력이 도착하여 거의 전멸당하는 수모를 당했으며 이에 제168보병사단은 벨고로드에서 토마로프카(Tomarovka) 방면을 향해 서쪽으로 철수키로 결정했다. 이때 전차 몇 대와 돌격포로 무장한 총통호위대대(Führer-Begleit-Bataillon)와 그로스도이췰란트의 정찰대대가 주요 도로를 점거하고 소련군의 주력을 저지하기 위해 안간힘을 썼으나 벨고로드의 함락을 막을 수는 없었다. 그로스도이췰란트의 도착은 너무 늦은데다 제40군의 맹공을 막기에는 터무니없이 빈약한 전력이었다. 그로스도이췰란트는 안개가 자욱해 시계가 악화된 상황에서 T-34 8대를 격파한 것으로 주장했으나 실은 KV 중전차나 미국제 M3L일 가능성이 높았다. 선전했음에도 불구하고 두 대대는 점점 포위되어 가는 하르코프로 쫓겨나다시피 이동했다. 2월 8일 쿠르스크 역시 소련 제60군에 의해 점령당하는 일이 발생했다. 제38군은 서쪽의 수미 방면으로 더 깊이 진격해 들어가고 있었다.

2월 9일 벨고로드를 접수한 소련군은 이제 남쪽의 하르코프로 향할 태세를 갖추고 제3전차군이 제40군과 연결되기 위해 시의 남쪽에서부터 진격해 들어와 시를 포위하는 일만 남게 된 것으로 비쳐졌다. 제3전차군과 제69군은 1주가 넘어서야 벨고로드-하르코프 축선에 닿았으며 그나마 제40군만이 예정된 시간표대로 공세를 추진하여 독일군을 시 방면으로 몰아낼 수 있었다. 따라서 제40군만으로 하르코프 시를 공략하게 된다면 독일군이 질서 있는 후퇴행동을 가능케 할 것으로 우려되어 보로네즈방면군으로서는 가능한 한 3개 군을 총동원하여 결정타를 날릴 작정이었다. 이로써 하우서 SS장갑군단의 두 개 정예 사단이 하르코프에 포위당하는 형세가 만들어졌는데 문제는 란쯔 분견군이 시를 사수하려고 하면 할수록 군 병력의 측면이 남북으로 길게 노출되는 위험만 증폭되고 있었다는 점이었다. 이 두 개 사단을 주축으로 토텐코프까지 합세해 대반격을 실시하겠다는 만슈타인의 구도가 시작되기도 전에 적에 의해 포위섬멸 당할 위기가 찾아왔다.[11]

## 갤롭작전의 부분적 변화와 소련군의 오판

2월 7일은 남서방면군 전구에서 소련군 공세에 약간의 변화가 초래된 시점으로 여기서부터 갤롭과 스타작전은 두 번째 국면으로 전환된다. 남서방면군의 봐투틴은 제1근위군과 제3근위군이 독일군을 도네츠강 북쪽의 서편 강둑으로 몰아내기는 했으나 슬라뷔얀스크가 여전히 독일군의 수중에 있다는 사실을 찜찜해했다. 게다가 슬라뷔얀스크-보로쉴로프그라드-카멘스크를 연결하는 선상은 돌파가 되지 않은 채 답보상태에 머물러 있었고 제6군이 로조봐야-메레화-하르코프 철도선

11 NA : T-354 ; roll 120, frame 3.751.540, 3.751.594, 3.752.015

에 도달하기는 했지만 결정적인 돌파를 못하고 있는 상황이었다. 독일군으로서는 슬라뷔얀스크 정면의 소련군의 정체가 길어지면 길어질수록 유리했다. 차량화보병사단에서 장갑척탄병사단으로 승격된 제5SS'뷔킹'이 곧 전선에 도착할 예정이기 때문이었다.[12] 원래대로라면 남서방면군의 3개 군이 도네츠 북쪽의 독일 수비진을 뒤흔든 뒤 1주일 내에 결정적인 돌파를 달성하여 교두보를 확보했어야 했다. 봐투틴은 슬라뷔얀스크에서의 공격이 돈좌된 이후에 새로운 국면전환을 위해 제1근위군과 포포프 기동집단이 슬라뷔얀스크, 콘스탄티노프카(Konstantinovka) 및 아르테모프스크(Artemovsk)를 빠른 시간 내 점령하기를 명령했다. 이에 따라 5개 전차군단과 3개 소총병군단, 계 8개 군단 병력이 바르벤코보, 로조봐야, 파블로그라드를 거쳐 드네프로페트로프스크와 자포로제를 겨냥하고 있었다.

그 중 가장 핵심은 제1근위군의 제4근위소총병군단이 로조봐야를 치고 남방으로 내려가 크라스노아르메이스코예(Krasnoarmeiskoye)에 도달하라는 지시였다. 포포프 기동집단은 제3전차군단과 제4근위전차군단이 슬라뷔얀스크와 콘스탄티노프카의 독일군 수비진을 분쇄하고 제10, 18전차군단은 제6근위소총병사단이 슬라뷔얀스크를 치는 것을 지원하면서 아르테모프스크에 진입할 것을 목표로 설정했다. 그 다음 제3전차군단, 제4근위전차군단이 제1근위군과의 연결을 위해 크라스노아르메이스코예로 진격한 후 남방집단군 사령부가 있는 스탈리노를 완전 포위하려는 기도를 실현시키고자 했다. 또한, 제6근위소총병군단은 제3근위군과 함께 보로쉴로프그라드 북쪽과 동쪽에서 진격해 들어가도록 조치했다. 제1근위군은 야심찬 공세를 전개하기는 했으나 슬라뷔얀스크의 독일 수비대가 어지간히 질긴 인내심을 발휘한 결과, 2월 10일까지도 별다른 효과는 나오지 못했다. 특히 부르코프(V.G.Burkov)의 제10전차군단은 제41근위소총병사단과 함께 2월 10~11일까지나 이 구역에서 발이 묶여 있었다.[13]

봐투틴의 여기까지의 구상은 그리 비현실적인 것이 아니었던 것으로 보인다. 2월 7일의 공세 결정은 남서방면군의 공세 제2단계의 첫 번째 국면전환에 해당한다. 그리고 남서방면군의 행동변화는 갤롭 뿐만 아니라 스타작전에도 영향을 미쳐 이 단계부터는 두 개의 작전을 따로 분리하여 관찰하는 것보다는 서로 융합된 단계에 진입한 것으로 이해하는 것이 타당하다. 소련군의 두 방면군 지휘관들은 이제 전구만 다를 뿐 독일군 남익의 전멸이라는 공통의 목표를 향해 일말의 조바심을 내기 시작했다.

이에 2월 8일 남서방면군 전구에서는 소련군이 이미 확보한 로스토프와 보로쉴로프그라드 부근의 교두보를 돌파하여 독일방어진으로 정면 돌진해오는 추가적인 위기가 발생했다. 도네츠 중앙에서 교전상태에 빠진 제1장갑군은 리시찬스크(Lisichansk)와 슬라뷔얀스크(Slavyansk) 사이의 강을 따라 전진해 오는 적을 막아내야 할 상황이었으나 독소 양쪽 모두 예상 되는대로 진척되지 않는 취약한 전황에 직면하고 있었다.[14] 즉 남부방면군 전구는 홀리트 분견군이 막고 있으므로 큰 차질은

12 NA : T-313 ; roll 42, frame 7.280.873, 7.280.88

13 NA : T-313 ; roll 46, frame 7.279.434, Glantz(1991) pp.148-9
소련 제10전차군단이 슬라뷔얀스크와 리시찬스크 사이를 도하해 왔을 때 독일 제3장갑사단은 제52소총병사단과 제10전차군단을 동시에 막아야 할 형편이라 더 이상의 진격이 불가능한 상태에 있었다. 제10전차군단이 해빙기에 진장으로 변한 도로에서 전전긍긍하는 동안 독일 제3장갑군단(3장갑사단)은 이 지역의 방어선을 보강하는 시간을 확보할 수 있었다. 그 중 제3장갑사단은 로스토프를 빠져나온 제1장갑군의 마지막 후방경계 병력이었다.' Rosado & Bishop(2005) p.40

14 NA : T-313 ; roll 42, frame 7.280.852, 7.280.873, 7.280.891-897, Bishop(2008) German Infantry, p.102

없었으나 슬라뷔얀스크와 크라마토르스크 사이의 갭은 제40장갑군단의 제7, 11장갑사단만으로 살림을 꾸려 나가야 한다는 어려움이 있었다. 제40장갑군단은 소련군 제4근위전차군단, 제3전차군단 및 제4근위소총병군단과 격렬한 교전을 지속시켜야 했으며 콘스탄티노프카에서 발진해 크라마토르스크를 따기 위한 제11장갑사단의 시도가 실패로 끝나는 등, 2월 6일부터 11월까지 독일군도 소련군도 서로 돌파구를 마련하지 못하고 지겨운 교전만을 거듭하고 있었다. 양쪽 다 전차 대수가 모자랐다. 소련군 2~3개 군단이 50~60대 정도의 전차를 나누어 쓰고 있었으며 제11장갑사단의 경우는 2월 5일 기준으로 불과 16대에 지나지 않는 전차로 사단을 유지하고 있었다. 제11장갑사단은 그럼에도 불구하고 일련의 시리즈 공격에서 45대의 적 전차를 격파함에 따라 제4근위전차군단은 사실상 수중의 전차를 거의 다 잃어가는 상태로 있었다. 1942년 12월 치르강 유역에서 놀라운 전력을 과시했던 제11장갑사단은 유령마크를 사단의 심벌로 달고 있었다. 중과부적의 상태에서도 한 치의 밀림이 없이 작전을 수행했던 제11장갑사단은 적군에게나 우군에게나 그야말로 유령 그 자체였다.

그러나 봐투틴은 이때 군정보부를 통해 홀리트 분견군이 미우스강으로 후퇴하고 있다는 소식을 접했다. 게다가 이는 호트의 제4장갑군이 동쪽에서 서쪽으로 이동하는 것과 궤를 같이 한다는 것이었다. 그러자 소련 스타프카는 2개 군의 퇴각이 반격을 위한 재결집이 아니라 독일군이 전선을 버리고 대규모의 후퇴가 시작된 것으로 오판하고, 제1장갑군의 장갑사단들이 남서방면군 전구에 나타난 것은 독일군의 드니에프르강을 향한 후퇴기동을 엄호하기 위한 것으로 생각하게 된다. 특히 슬라뷔얀스크에서 독일군들이 예상 외로 선전하고 있었던 사실은 그러한 퇴각작전의 일환으로 추진되었던 위장전술로까지 여기고 있었다. 봐투틴은 여기에 고무되어 동 시점이 슬라뷔얀스크에서의 교착상태를 타개하기 위한 절호의 기회로 보고 제4근위전차군단에게 슬라뷔얀스크 서쪽의 갭으로 쾌속 전진할 것을 명령했다. 또한, 제2근위군은 포포프 기동집단과 연계하여 당장 슬라뷔얀스크, 콘스탄티노프카 및 아르테모프스크를 차례로 석권할 것을 요구했다. 봐투틴은 2개의 목표점을 상정했다.

우선 첫째로 드니에프르강에서 동쪽으로 연결되어 있는 철도망을 차단하는 것. 이를 위해 포포프 기동집단이 크라스노아르메이스코에를 점령해 주요 병참선을 끊어버리려 했다. 두 번째는 제1근위군이 현 위치에서 서쪽으로 진격해 드네프로페트로프스크와 자포로제에서 독일군의 드니에프르강 도하를 완전히 막아버리자는 기도였다. 이를 위해 제6군이 로조봐야-하르코프 철도선을 접수한 뒤 크라스노그라드-메레화-하르코프 라인을 잘라낸 다음, 하르코프 남쪽으로부터 연장되어 있는 철도연계망을 장악하게 했다. 또한, 보로네즈 전구에 위치한 리발코의 제3전차군 소속 제6근위기병군단과 제40군에게는 서쪽으로 이동하여 하르코프로 진입하는 잔여 철도선을 잘라버리는 임무를 부여했다. 스타프카도 봐투틴의 생각에 따라 춤추면서 2월 10일 명령을 발동, 차제에 전 독일군 병력을 크림반도 쪽으로 몰아 남부 우크라이나에 포진한 독일군 주력과 완전 차단시키면서 남방집단군 전체를 괴멸시킨다는 구상을 실천에 옮기기로 작심한다. 스탈린그라드에서 1개 군을 몰살시킨 데 이어 이제는 집단군 전체를 없애버리겠다는 야심만만한 계획을 입안하게 된다. 소련군이 독일군 남익을 전면적으로 강타하기 위한 클라이맥스로 점화되기 직전의 순간이었다.

소련군 제6군은 도네츠강 북부의 서편 강둑과 하르코프-메레화-로조봐야-파블로그라드 철도

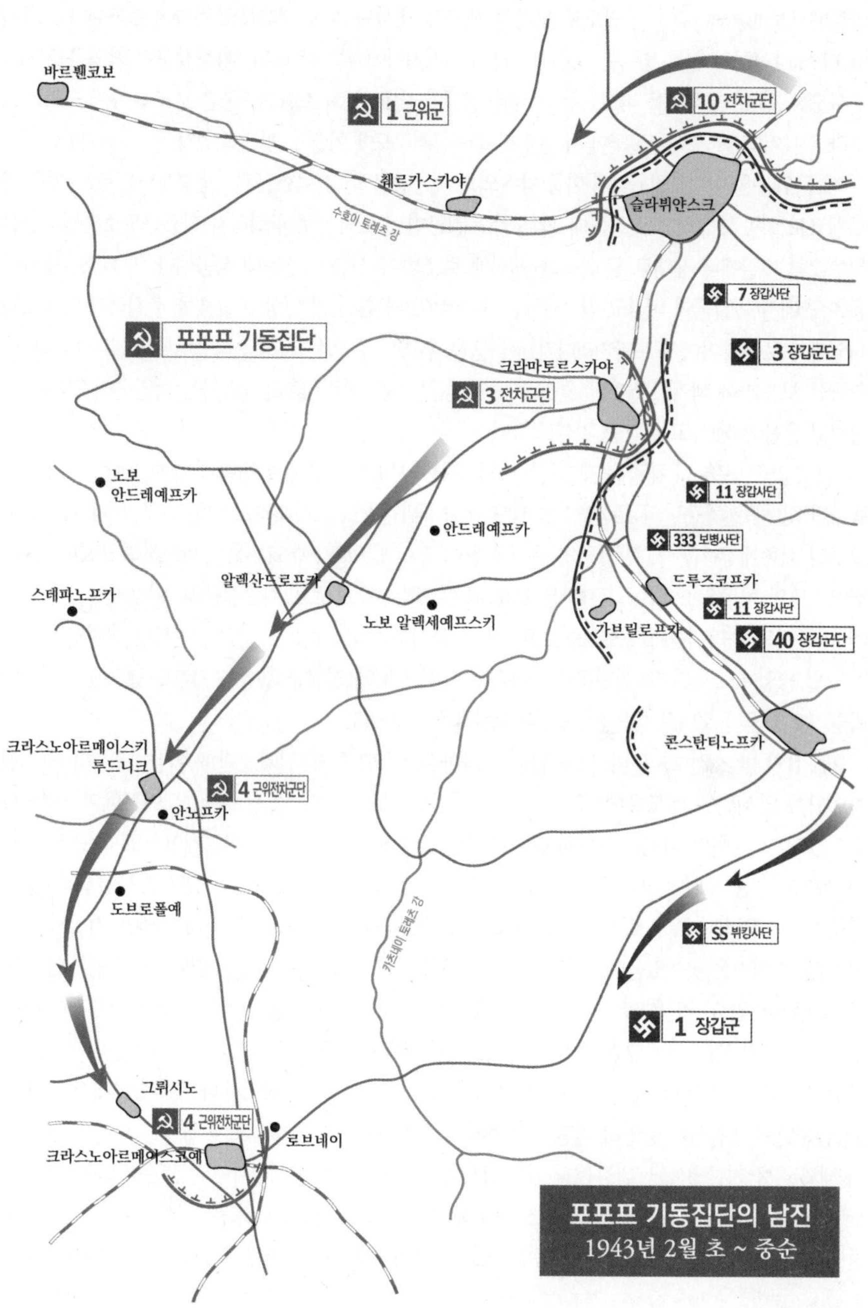


포포프 기동집단의 남진
1943년 2월 초 ~ 중순

선 사이에 위치한 하르코프 남부의 커다란 갭으로 돌진했고, 제6, 172, 267소총병사단들은 도네츠 서쪽 15km 지점을 향해 진격해 들어가 로조봐야 근처에 당도했다. 이 지역을 맡고 있던 독일군은 바르붼코보(Barvenkovo)에 막 철도로 도착한 제333보병사단 소속 대대규모 전력에 불과했다.[15] 그러나 다스 라이히의 일부 병력은 소련 제6군이 접경지역에 위치한 독일 제1장갑군의 좌익을 쳐내지 못하도록 제6군의 우익을 파고드는 공세를 취했다. 이로 인해 소련 제6군은 로조봐야와 크라스노그라드 사이의 갭으로 굴절되어 사전에 계획된 공격구도에 차질을 빚게 되었다.[16]

제1근위군은 이미 2월 6일에 이줌 남쪽의 도네츠강을 건너 제35근위소총병사단으로 하여금 바르붼코보를 공격케 하고 있었는데 2월 7일 독일군이 로조봐야로 후퇴하자 제35근위소총병사단은 겨우 2월 10일에나 제대로 된 공격을 개시해 로조봐야 시를 따내는데 성공했다. 제35소총병사단은 이곳에서 독일군이 버리고 간 보급품(술을 포함해서)에 취해 더 이상 독일군을 추격하지 않고 2월 14일까지 로조봐야에서 노닥거리다가 독일군을 추격할 수 있는 시기를 다 놓쳐 버리고 말았다. 항간에는 보드카에 빠지면 일어날 줄 모르는 소련군의 군기문란 행태를 잘 아는 독일군이 일부러 보급창고 문을 열어 놓고 갔다는 일설도 있다.

제1장갑군으로부터 차출된 제7장갑사단은 제333보병사단의 일부 병력과 함께 소련군 2개 소총병사단 및 제3전차군단의 공격을 막아내면서 슬라뷔얀스크를 사수하고 있었으며[17] 이때 봐투틴은 그보다 서쪽에 위치한 제1장갑군의 측면을 돌아 드니에프르강에 교두보를 확보하려고 했다. 슬라뷔얀스크와 하르코프 사이의 간격은 100km 정도였는데 포포프 기동집단의 기동이 시원찮은 탓에 그 중간의 슬라뷔얀스크-보로쉴로프그라드 사이를 돌파하려는 소련군의 기도는 실현되지 못했다. 2월 12일에도 소련 제8기병군단이 홀리트 분견군과 제1장갑군 후방을 치기도 했으나 후퇴중인 독일의 2개 군을 코너로 모는 일은 아직 요원하게만 보였다.

2월 11일 밤 소련 제4근위전차군단이 크라마토르스크를 제3전차군단에 이양하고 제14근위전차여단을 앞세워 드네프로페트로프스크-스탈리노 철도선상에 있는 크라스노아르메이스코예로 진격했다. 그 북쪽에 위치한 그뤼시노(Grishino)는 익일 새벽에, 크라스노아르메이스코예는 아침 9시에 소련군 수중에 떨어졌다. 두 도시가 하룻밤 새 함락되었다는 소식은 돈집단군 사령부와 제1장갑군에게는 엄청난 쇼크로 다가왔다. 크라스노아르메이스코예 북쪽과 동쪽 지역은 전차의 기동이 대단한 어려운 곳이었음에도 불구하고 T-34와 T-60전차는 광궤도로 인해 이 지형을 쉽게 뚫고 들어왔다. 만슈타인은 황급히 슬라뷔얀스크-보로쉴로프그라드를 지키고 있던 장갑부대를 뽑아 크라스노아르메이스코예를 되찾아 철도보급선을 회복하라고 다그쳤다. 그때 독일군이 드니에프르강 건너편으로 연결될 수 있는 철도선은 수중에 단 하나만이 존재했기 때문이며 이게 없다면 제3장갑군단의 병참선은 당연히 차단될 위기에 놓인 상태였다.[18] 스탈리노에 집결한 후 황급히 도착한 제5SS장갑척탄병사단 '뷔킹'(Wiking)은 당시 후퇴 중이던 제333보병사단의 잔존병력과 함께 2월 12일 반격을 개시, 크라스노아르메이스코예 동쪽 외곽과 그뤼시노(Grishino)를 향해 북쪽으로 치고 들어갔다. 이곳을 지키던 포포프 기동집단의 제4근위전차군단은 군단이라고 해봐야 20대 정도의

15 NA : T-313 ; roll 42, frame 7.280.735-737, 7.280.743
16 NA : T-313 ; roll 42, frame 7.281.134
NA : T-314 ; roll 118, frame 3.752.015
17 NA : T-313 ; roll 42, frame 7.280.827, 7.280.891-892
18 NA : T-313 ; roll 42, frame 7.280.968

전차로 버티고 있어 방어전투는 결국 보병에 의해 진행되었으며, 뷔킹 SS사단의 기동 또한 전차의 태부족으로 보병의 지원에만 의존하는 것이 불가피하여 속도감 있는 공세를 펼칠 수가 없어 이내 무위로 돌아갔다.

제1장갑군은 그와는 별도로 제7, 11장갑사단으로 하여금 크라스노아르메이스코예 주변의 제4근위전차군단을 처리하도록 요구했다. 제11장갑사단의 헤르만 발크는 전투단을 구성, 그 스스로의 지휘 하에 슬라뷔얀스크 서쪽의 소련군 수비진을 뚫고 나와 췌르카스카야(Cherkaskaya)까지 진출하고, 슬라뷔얀스크 동쪽으로부터 이동해 온 제10전차군단과 격렬한 전투에 휘말렸다. 이때 뷔킹 사단의 일부가 로브네이(Rovney)로부터 공격해 들어가 크라스노아르메이스코예 북동쪽에 발판을 마련하였으며, 다른 제대는 남쪽으로부터 파고들어가 시 4km 지점까지 도달하고 있었다. 뷔킹사단의 세 번째 공격그룹은 서쪽으로 들어가 슬라뷔얀스크-그뤼시노 도로를 통제하여 제4근위전차군단의 연락선을 차단시켜 버렸다. 동시에 제333보병사단은 북동쪽에서부터 시 중심부를 공략하려는 기도를 드러냈다. 이로 인해 크라스노아르메이스코예에 대한 포위망이 대충 형성되었으며 2월 13일, 발크 전투단이 결국 췌르카스카야로부터 제10전차군단을 몰아내고 크라마토르스크로 진군했다. 발크 전투단은 그 특유의 스타일로 23대의 적 전차와 6문의 대전차포를 파괴하면서 크라마토르스크 북단을 점령하는데 성공했다. 그러나 이내 소련군의 저항이 공고해지면서 시 내부로 진입하는 일은 힘들게만 보이기 시작했다.[19]

14일 제40장갑군단은 뷔킹과 제11장갑사단이 소모전을 중단하고 크라마토르스크와 크라스노아르메이스코예 축선을 방어하는 쪽으로 전환시켰다. 이로 인해 미우스강을 지키는 배후에는 SS 뷔킹사단 단 하나가 스탈리노 부근을 방어하면서 돈바스 지구 남부전선을 다 커버하는 구도로 잡혀 가고 있었다.[20] 시의 탈환은 좌절되었으나 일정 부분 효과는 있었다. 제4근위전차군단 대부분의 병력은 슬라뷔얀스크 주변에만 묶이게 되었으며 겨우 1개 사단만을 시넬니코보로 이동시키는데 불과한 상태를 나타냈기 때문이었다.

한편, 크라스노아르메이스코예에 대한 긴급한 병력이동으로 인해 슬라뷔얀스크-보로쉴로프그라드 축선에 구멍이 나기 시작했다. 1월 30일부터 보로쉴로프그라드를 향해 집요한 공세를 전개해 온 제3근위군이 2월 5일 이후 보로쉴로프그라드 남부에 위치한 북부 도네츠의 교두보에서 나와 독일군의 강력한 방어선을 타격하면서 흠집을 내고 있었다. 봐투틴은 이때 단순히 보로쉴로프그라드를 점령하는 것 이상의 목표를 설정하면서 별도의 전투그룹 형성을 지시했다. 즉 시 남쪽에서 전투 중이던 보리소프(M.D.Borisov)의 제8기병군단을 선봉으로 제2근위전차군단, 제1근위기계화군단 및 제14소총병군단으로 구성된 기동전단을 중앙에 배치하고, 제2전차군단의 지원을 받는 제18소총병군단이 시의 북쪽과 동쪽, 남동쪽으로부터 들어가게 했다. 시의 최종 탈환은 제3근위군의 소총병사단들이 맡게 하는 대신, 제8기병군단을 선봉으로 하는 기동전단은 서쪽으로 더 진격하여 포포프 기동집단과 스탈리노에서 합류, 아르테모프스크와 보로쉴로프그라드 사이에 놓인 독일군 병력을 섬멸한다는 구상이었다.[21]

봐투틴은 작전 진행 중에도 조금만 진도가 나가는 소식이 오면 공세를 확대하려는 습관이 있었

19 Sadarananda(2009) p.112
20 NA : T-313 ; roll 365, frame 8.650.900-902, Kirchubel(2016) p.142
21 Glantz(2011) p.137

유령 마크를 사단의 심벌로 삼은 제11장갑사단의 3호 전차들. 국방군 장갑사단 중 가장 경험 많은 고수급 무공에 달한 사단이었다.

다. 제8기병군단은 제18소총병군단과 제279소총병사단의 지원 하에 2월 7~8일에는 보로쉴로프그라드 남쪽의 수비라인을 돌파하는데 성공했다. 9~10일에는 보로쉴로프그라드 남쪽 주도로를 따라 진군하다가 남서쪽으로 방향을 옮겨 데발쩨보-보로쉴로프그라드 철도선 남쪽을 따라 형성된 개활지로 돌진해 들어갔다. 2월 12일 보로쉴로프그라드시의 동쪽 외곽에 도달한 제8기병군단은 그대로 정 서쪽 방면으로 진격하여 몇몇 작은 마을들을 점령하면서 2월 13일에는 데발쩨보 동쪽 외곽지대에 당도했다.[22] 이 진격은 눈부신 성과를 나타냈으나 다른 제대들과의 조율이 문제였다. 제14근위소총병군단을 지원하기로 되어 있던 제14, 50근위소총병사단은 한참 뒤쳐져 제8기병군단과는 60km나 간격이 벌어졌고, 제2근위전차군단과 제1근위기계화군단도 50km나 쳐져 있었다. 게다가 포위기동에 합세하기로 되어 있던 제3근위군의 다른 병력들과 제5전차군은 여전히 북부 도네츠강 남쪽에서 속도를 올리지 못하고 있는 상태였다. 따라서 봐투틴이 애초에 기대했던 포위섬멸은 가능하지가 않았다. 목표는 보로쉴로프그라드 하나로 자동 축소되었다. 제8기병군단은 여타 군단을 기다릴 수가 없어 14일 단독으로 데발쩨보를 때리고 들어갔으나 일시적으로 시를 장악했다가 이내 독일군의 반격을 받고 물러났다. 같은 날 제2근위전차군단과 제2전차군단, 제59, 243, 279소총병사단은 보로쉴로프그라드에서 독일군 잔존 병력을 몰아내면서 우크라이나 지역에서 수복된 최초의 도시를 장악하게 된다. 시의 수복은 다른 제대가 완수했지만 제8기병군단의 쾌속 진격이 없었다면 독일군의 연락선을 조기에 차단하는 것은 불가능했을 것으로 판단되었다. 결과적으로는 데발쩨보를 위기에 빠트림으로써 독일군이 곧바로 보로쉴로프그라드를 포기하고 방어선을 훨씬 서쪽으로 이동하게 만드는 효과가 있었다. 또한, 같은 날 남부방면군이 로스토프를 점령함으로써 독일 집단군의 동쪽 교두보를 장악하였으며 이제 하르코프를 탈환하면 동계작전의 윤곽은 거의 완성된 듯이 보일 시점에 도달했다. 이때 만슈타인의 최대 관심사는 남서방면군의 다른 제대가 스탈리노에 도착하기 전에 크라스노아르메이스코예와 데발쩨보를 향한 소련군의 쌍둥이 공격을 어떻게 막을 것인가 하는 문제였다.

22 Glantz(2011) p.139

제8기병군단의 신속한 기동은 제1장갑군과 홀리트 분견군 사이의 수비망을 교란시키고 있어 만슈타인으로서는 병력 재편성이 쉽지 않았다. 우선 제1장갑군은 제17장갑사단의 일부 병력과 335자전거대대를 토대로 긴급 전투단을 구성, 데발쩨보 서쪽 고를로프카(Gorlovka)로 배치했다. 충분한 병력은 아니지만 15일경에 데발쩨보로부터 시작될 기병군단의 공세를 저지한다는 조치였다.

철도망 장악을 둘러싼 이 시기 보급 문제는 독일뿐만 아니라 소련군에게도 큰 난제로 작용하기 시작했다. 후퇴하는 독일군은 급유시설이나 비행장까지 교묘히 파손시키며 도주하고 있었기에 쫓아오는 소련군도 연료가 부족한데다 춥고 굶주리기는 마찬가지였다. 그럼에도 불구하고 스탈린이나 스타프카의 고위 장성들, 심지어 일선의 야전 지휘관들도 그들의 보급문제가 악화되어 가는 것을 별로 인정하려 들지 않았다. 여하간 잘못되건 어찌되었건 간에 독일군이 돈바스 지구를 포기하고 도주하고 있다는 사실 하나만으로 고무된 소련군은 돈집단군만 괴멸시킬 수 있다면 독일군은 러시아 남부전선뿐만 아니라 전쟁 그 자체에서 손을 뗄 수밖에 없으리라는 즐거운 상상만으로도 싸울 맛이 나는 시점에 놓여 있었다. 예비군이 전혀 없는 독일에 비해 봐투틴은 제1근위전차군단, 제25전차군단, 제1근위기병군단을 예비제대로 두고 있었고 골리코프 방면군사령관도 수중의 제1근위군 기갑병력을 상시 예비대로 지니고 있었다. 따라서 남서방면군은 독일군이 만약 완편전력의 새로운 사단들을 일부 끼워 넣는다 하더라도 전세를 뒤바꿀 수 없으리라는 또 하나의 유쾌한 상상을 즐기고 있었다.

수 주 동안 쉴 새 없이 도주와 반격을 되풀이해 온 독일군도 병력과 장비 모두가 고갈되어 가고 있었다. 장갑부대의 전차들을 각 수비구역에 방어용 무기로 쓸 수밖에 없는 상황에서 화력의 집중을 통한 효과적인 역습은 거의 불가능했으며, 각 제대별로 겨우 20~30대 미만의 전차만으로 부족한 보병전력을 보충해 나가고 있는 상황이었다. 제5SS장갑척탄병사단 '뷔킹'(Wiking)은 2월 첫 주에 겨우 5대의 전차로 버티고 있었으며 장갑척탄병사단의 각 중대들은 고작 25~40명의 인원으로 버텨 나가고 있는 실정이었다. 게다가 히틀러는 여전히 홀리트 분견군이 퇴각해서도 안 되고 슬라뷔얀스크-보로쉴로프그라드 사이의 도네츠 북부지역도 포기할 수 없다는 입장을 고수하고 있어 만슈타인은 계속되는 깊은 고민에 빠지기 마련이었다. 더욱이 2월 11일부터 새로 편입된 제3SS장갑척탄병사단 토텐코프가 크라스노그라드의 철도요충지로 진격하는 소련 제6군을 우선 대적하도록 되어 있어, 만슈타인이 구상 중이던 토텐코프를 포함한 SS장갑군단을 토대로 한 대반격은 계속해서 차질을 빚을 수밖에 없었다.

## 벨고로드에서 하르코프까지(스타작전의 2단계)

소련군은 벨고로드의 함락 직후에도 고삐를 늦추지 않으면서 제69군 휘하 116전차여단과 제183소총병사단의 일부 병력을 동원하여 벨고로드에서 더 남쪽 아래를 치고 들어왔다. 한편, 제40군은 시 동쪽으로부터 제161 및 219소총병사단을 끌고 와 엄청난 피해를 입으면서도 그로스도이췰란트 사단 구역을 압박하기 시작했다. 또한, 라이프슈탄다르테가 맡고 있는 광정면과 제320보병사단이 후퇴해 온 길목은 무려 40km나 벌어져 있어 소련군 제6근위기병군단과 복수의 소총병사단들은 이 갭으로 거의 모든 병력들을 쏟아 부으면서 서쪽으로 진격해 들어갔다. 소련군의 이 기동은 메레화에 위치한 SS장갑군단의 남익을 위태롭게 하고 있었다. 게다가 그로스도이췰란트는 소련군 제161, 270소총병사단의 전진을 더 이상 막아 내기가 힘든 상황인데다 다스 라이히의 전차는 24대로 줄어든 상태라 기존의 반격은 보다 현실적이고 적절한 수준의 공격목표를 향하도록 교정한다는 육군총사령부의 긴급한 전갈이 도착했다. 하지만 그마저도 별로 독일군의 상태를 안정시키지는 못했다.

소련 전차군은 2월 8일과 9일 각각 쿠르스크와 벨고로드를 점령한 다음 우크라이나 지역의 최대 거점도시이자 당시 소연방의 4번째 도시인 하르코프 시를 포위했다. 소련군은 이를 통해 시넬니코보(Sinelnikovo) 철도교차점을 확보하고 도네츠강 서편의 미우스강에 위치한 독일군 병력의 보급라인을 절단하려는 형세를 취했다. 하르코프 시의 포위는 한 때 스탈린그라드를 구출하려고 했던 만슈타인의 돈집단군마저 포위당하게 할 여지가 있었는데 이때 이미 소련 제5충격군은 아조프해로부터 불과 160km 안으로 치고 들어온 상태였다. 독일군 스스로도 놀란 것은 스탈린그라드 이후 불과 2주 만에 소련군은 쿠르스크, 로스토프, 데미얀스크의 독일군을 제압하고 하르코프를 위협할 정도의 놀라운 기동력을 발휘한 점이었다. 이 기동력은 후에 쿠르스크 대전차전, 바그라티온 작전을 거치면서 일층 가속이 붙게 된다.

2월 9일부로 SS장갑군단이 하르코프 시 외곽의 수비를 전담케 된다. 그 중 라이프슈탄다르테는 너무나 많은 과제를 한꺼번에 안고 고민 중이었는데 소련군 제6근위기병군단이 제12전차군단을 의지하여 도네츠강을 건너 메레화로 진격, 거기서 제40군과 연결되어 하르코프 시를 포위하려 하자, 파울 하우서는 메레화에 전투단을 모두 결집시켜 전선을 축소시켜 나가면서 제320보병사단이 합류할 때까지 버틸 심산이었다. 우선 라이프슈탄다르테 제2SS장갑척탄병연대는 제320보병사단과 연결될 수 있는 교두보를 확보하기 위해 안드레예프카를 재탈환하기로 했다. 제320보병사단은 안드레예프카로부터 30km 지점에서 후퇴 중이었다.[23] 라이프슈탄다르테 장갑척탄병들이 도네츠강 동쪽 말리노프카(Malinovka), 페췌네기(Petschenegi), 스크리파이(Skripai) 마을 모두에 전진 배치되어 있는 상황에서 소련군 제160소총병사단은 페췌네기에서 제15전차군단의 지원을 받아 연대급 규모의 공격을 개시했다. 그러나 공격과 거의 동시에 장갑척탄병들은 강변 서쪽으로 안전하게 이동하였고, 말리노프카에서는 88mm 대전차포를 동원, 소련 중전차들의 진격을 격퇴하는데 성공했다.[24] 라이프슈탄다르테는 후퇴와 반격을 변화무쌍하게 반복하면서 소련군의 추격을 따돌렸으며 라이프슈탄다르테의 측면 엄호를 받은 다스 라이히도 당초 준비했던 반격작전을 중지하고 도네츠강 북편 뒤쪽으로 후퇴했다. 이는 란쯔 분견군 사령관이 히틀러나 육군총사령부의 허가없이 단독으로 결정한 것이었으며 기본적으로는 소련군의 공격에 따라 자연스럽게 뒤로 밀려난 것이어서 나중에 있을 하르코프 시 철수결정 때와 같은 논란은 야기되지 않았다. 이 후퇴기동은 2월 9~10일 동안 전개되어 2월 10일에는 메레화에 최종 집결한 다음 반격에 나설 것으로 예정되었으나 메레화에 가장 먼저 도착한 쿠르트 마이어의 정찰대대 이외에는 도무지 시간을 맞추지 못해 2월 10일 당일에는 그 어떠한 반격작전도 개시할 수가 없었다. 너무나 많은 눈 더미로 인해 집결 중인 제대들이 뒤섞이는 일도 예사롭지 않았으며 그로 인한 도로체증은 병력이동을 더더욱 더디게 할 수밖에 없었다. 결국 10일은 하루 종일 메레화로 집결하는 데만 할애하는 상황에 처해 있었다. 게다가 하필

23 Lehmann(1993) pp.54-5
24 Nipe(2000) p.98

이면 소련군 제201전차여단을 앞세운 제6근위기병군단이 같은 날 10일 노봐야 보돌라가를 점령하고 하르코프에서 남서쪽 메레화로 연결되는 로조봐야-하르코프 철도선에 다다르게 되어 메레화에 집결된 병력들이 포위되지 않도록 하는 것이 더 시급한 문제로 대두됨에 따라 800명의 부상자를 안고 후퇴 중인 제320보병사단을 구원할 지원병력을 당장 차출하기는 불가능하였다. 제320보병사단은 영하 30도의 강추위에 무릎까지 올라온 눈길을 헤쳐 나가면서 우군이 위치한 안드레예프카까지 처절한 후퇴기동을 계속했다. 제320보병사단은 이 지옥과도 같은 후퇴 길에서도 추격하는 소련군을 따돌리기 위해 가장 마지막 행렬에 위치한 제대가 5~6대의 돌격포로 소련 T-34 전차 3대와 6문의 대전차포를 격파하고 상당량의 적 사상자를 속출시키면서 전진을 계속하고 있었다.

메레화에 집결한 라이프슈탄다르테와 다스 라이히는 오토 쿰(Otto Kumm)의 '데어 휘러' SS연대를 중앙에, 쿠르트 마이어의 정찰대대를 우측에, 프릿츠 뷔트(Fritz Witt)의 장갑척탄병연대를 좌측에 포진하여 하르코프로 들어오는 소련군을 맞이할 준비를 완료했다. 란쯔 대장은 우선 선봉에 선 제6근위기병군단의 진격을 봉쇄하는 것이 급선무라 보고 하르코프 주변에서부터 동 병력의 진군을 차단키로 하였다.[25] 란쯔는 SS장갑군단이 즈미에프 남쪽에서부터 기병군단을 공격하는 동안 그로스도이췰란트 사단이 제40군의 진공만 제대로 지연시켜 주기를 기대하고 있었는데, 토마로프카를 지키고 있는 취약해진 제168보병사단이 소련군 제107소총병사단의 공격만 잘 견뎌주면 그다지 무리가 따르는 구도는 아니었다. 토마로프카로 진격중인 소련군 소총병은 전차의 지원이 없는 상태였기 때문이었다. 하지만 토마로프카는 예상외로 오래 지탱되지 못한 채 소련군에 유린당해 하르코프 서쪽으로의 갭만 넓혀주게 되었으며, 제40군의 3개 사단들은 하르코프와 토마로프카 사이의 갭으로 병력을 밀어 넣기 시작했다. 토마로프카를 친 제107소총병사단은 다시 기갑병력과 합세하여 남쪽으로 향했고, 제303소총병사단은 우측면에서 수평적으로 전진하였으며, 제305소총병사단은 제107소총병사단 진격로 남쪽에서 로판(Lopan) 강 계곡 서편으로 침투해 들어갔다. 2월 10일 현재 소련군은 하르코프 북서쪽 25km 지점까지 접근하는데 이르렀다. 3개 방면으로부터 포위당해 좁혀져 들어갔던 즈미에프는 이날 소련군에 의해 함락되었다.

이 숨 가쁜 와중에 다스 라이히 본부에서는 중요한 인사이동이 있었다. 게오르크 케플러(Georg Keppler) 사단장이 건강악화를 이유로 물러나게 되자 2월 10일 헤르베르트 화알(Herbert Vahl) 상급대령이 후임으로 임명되었다. 또한, 티거중대장 롤프 그라더(Rolf Grader) SS대위가 2월 8일 전사함에

25 Weidinger(2002) Das Reich III, pp.445-6, Meyer(2005) p.165
이때 뷔트만의 티거는 포수 발타자르 볼(Balthasar Woll), 장전수 쿠르트 베르게스(Kurt Berges), 조종수 구스틀 키르쉬너(Gustl Kirschner)와 무전수 헤르베르트 폴만(Herbert Pollmann) 5인조로 구성되어 있었다.
뷔트만이 속한 티거 4중대에는 소대장 한스 회플링거(Hans Höflinger)를 포함, 가장 경험이 많고 티거에 대한 모든 것을 통달했다하여 '전차 장군'(Panzer-General)으로 불리는 게오르크 룃취(Georg Lötzsch), 칼-하인츠 봐름브룬(Karl-Heinz Warmbrunn), 쿠르트 클레버(Kurt Kleber)의 티거 5대가 1개 소대를 구성하였다. 2월 10일 티거중대는 쿠르트 마이어 정찰대대가 메레화로 합류하는 것을 기다리고 있었으며 사전에 주변 구역을 강행정찰 해야 하는 임무를 수행하고 있었다. 뷔트만은 척후에 나섰다가 소련군 대전차포 진지가 있는 것을 발견하고 이들 동료들의 전차들이 모여 있는 곳으로 돌아와 작전을 모의한 다음 도로 양 옆으로 나뉘어 접근해 들어갔다. 소련군이 먼저 사격했으나 포탄은 티거의 포탑 위로 지나갔고 뷔트만의 티거가 정조준하여 첫 번째 대전차포를 날려버렸다. 이어 곧바로 티거들의 고폭탄 사격이 개시되면서 진지가 축성된 마을은 금세 불에 타기 시작했다. 5대의 티거들이 일제히 사격을 전개하는 가운데 마을 가옥의 창문 쪽에서 대전차총 사격이 가해졌다. 뷔트만이 동료 전차들에게 신호를 보내 주의하도록 하는 사이 게오르크 룃취의 티거가 두 번째 포대를 박살냈다. 그러나 그게 전부가 아니었다. 자주포와 전차를 내세운 소련군 소총병과 전차부대의 종대가 다가오자 뷔트만이 라디오를 통해 휘파람을 불어 소련군의 접근을 알렸다. 5대의 티거들은 마을의 가옥 뒤로 몸을 숨겨 이동하려는 찰라 소련군 전차가 봐름브룬의 티거를 겨냥하고 있었다. 뷔트만의 포수 발타자르 볼은 그보다 한 발 앞서 철갑탄을 발사, T-34의 포탑을 공중에 날려버렸다. 그와 동시에 5대의 티거들이 주포와 기관총을 일제히 사격하면서 소련군 종대를 패닉상태로 몰고 갔고 소련군 전차들이 연이어 파괴되면서 보병들도 사방으로 흩어지기 시작했다. 그 중 도로 바깥으로 빠져나가려 했던 차량들은 깊은 눈 속에 빠져버려 기동을 하지 못한 채 티거들의 손쉬운 먹이가 되고 있었다. 이후 수일 동안 뷔트만의 티거는 하르코프 철수작전에 동원되어 적 전차의 파괴보다는 우군 병력에 대한 엄호와 적 추격부대를 분쇄하는 일에 진력했다. Kurowski(2004) Panzer Aces, pp.299-301

라이프슈탄다르테 제1SS장갑척탄병연대장 프릿츠 뷔트 SS대령. 불필요한 자만과 만용을 자제한 채 우군의 피해를 최소화하며 최대의 효과를 내기 위해 노력한 합리적인 야전지휘관이었다. 노르망디 전투 당시 '히틀러 유겐트' 사단장을 맡았으나 함포 사격을 받고 그 후유증으로 전사한 뒤 쿠르트 마이어가 역사상 최연소 장군 중 하나로 후임 사단장에 취임했다.

따라 급거 헤르베르트 쿨만(Herbert Kuhlmann) SS대위가 제8중전차중대를 맡게 되었으며 나중에 2월 17일에는 다시 프릿츠 헤르찌크(Fritz Herzig) SS대위가 하르코프전 마지막까지 티거중대를 이끌게 되었다.

2월 10~11일간 여러 개로 쪼개진 그로스도이췰란트의 연대병력들이 소련 2개 연대규모의 침공부대들과 교전을 벌이다 제대 재구성을 되풀이하는 동안, 소련 제40군의 107, 309, 305소총병사단들은 2월 11일 벨고로드에서 하르코프로 이어지는 도로와 남북으로 흐르는 강 쪽 계곡을 따라 수평적으로 진격해 들어갔다. 또한, 제183, 340소총병사단도 그로스도이췰란트 장갑척탄병연대를 우회하여 하르코프 부근 계곡의 수심이 얕은 구역을 따라 내려가고 있었다. 한편, 보다 남쪽에서는 리발코의 제3전차군이 도네츠강 북부의 라이프슈탄다르테 수비구역으로 진격해 후퇴하는 SS병력들을 일소하려고 달려들었다. 제15전차군단과 제12전차군단은 2월 10일 독일군이 방어를 포기하고 후퇴한 페췌네기와 츄구예프를 각각 접수하였으며, 두 개의 군단은 SS장갑척탄병들의 퇴각경로를 추격해 수평적으로 하르코프 방면을 겨냥하고 있었다. 제12전차군단의 선봉부대는 하르코프 시로부터 불과 10km 이내 지점까지 도달했다. 이에 위기감을 느낀 SS들은 후방 경계부대가 돌격포와 88mm 대전차포를 이용해 소련군의 선도부대들에게 막대한 피해를 입히면서 교묘한 역습과 반전을 되풀이하고 있었다. SS공병대는 10일 밤 로간의 교량을 폭파시켜 소련군의 진격속도를 일층 떨어트렸으며 제1SS장갑척탄병연대의 일부 병력들은 로간 구역의 서편으로 이동하여 강을 도하하는 소련군의 공세를 방어할 태세를 갖추었다.[26]

이때 다스 라이히와 라이프슈탄다르테의 여타 제대는 하르코프 동쪽에서 소련 제69군 선봉사단들과 끈질긴 접전을 겨루고 있었다. 리발코는 엄청난 피해를 자초하는 정면돌격을 계속해서 감행하고 있었고 하르코프 남쪽에 위치한 SS장갑척탄병 부대들은 제69군의 3개 소총병사단과 제3전차군 보병들의 공격을 받아 거의 그로기까지 몰리기 시작했다. 제69군의 우익은 제180소총병사단이 스타리 살토프(Stary Saltov) 강을 건너 페췌네기의 북쪽으로 전진해 들어갔다. 그럼에도 불구하고 로간(Rogan) 지역을 방어하는 라이프슈탄다르테의 테오도르 뷔슈(Theodor Wisch) SS장갑척탄병연대는 소련 제12, 15전차군단의 지원을 받는 제62, 160소총병사단들과 리발코 중장의 다른 사단병력들이 합동으로 전개한 공세를 요령껏 막아내고는 있었다.

26 Lehmann(1993) pp.58-9

소련군이 지나친 출혈을 강요하는 중앙돌파를 계속 시도하는 것도 문제였지만 최초 돌파 후 야포 등 지원화력들을 제때에 이동시키지 못해 엄청난 수의 보병 사상자들을 발생시키고 있었다. 소련군 소총병사단들은 서류상의 수효만 많았지 공세 초기부터 정수 부족을 겪었는데 사단별로 1,000~3,500명 등 일정치가 않았으며, 당시 보병 수에 있어 소련이 독일보다 3.5배 이상이 많았다고는 하지만 노련한 독일군들이 잘 엄폐된 수비진을 치고 소련군을 기다릴 경우에는 소련군 소총병의 엄청난 피해가 불가피했다. 따라서 2월 9일에 벨고로드를 함락시킨 것은 좋았으나 2월 10일 하루 종일 전투를 통해 독일 방어진에 구멍을 낸 것은 겨우 두 군데에 불과했다.[27]

여하간 스타작전의 개시 이래 독일군 란쯔 분견군 수비진은 제168보병사단이 분산되어 서쪽으로 밀려나는 통에 특히 그로스도이췰란트와 다스 라이히의 각 제대들이 너무나 넓은 구역을 커버해야 된다는 부담을 항시 안고 있었으며, 그 때문에 특정 구역을 뚫고 들어온 소련군 선봉부대에 대해 적기에 반격을 가하는 것이 거의 불가능했다. 특히 제6근위기병군단이 하르코프 시 남쪽에서 돌파해 들어오는 순간 SS장갑군단은 바짝 긴장할 수밖에 없었는데 이쪽이 뚫리면 바로 시 정면이 노출된다는 점과, 예비병력의 부족으로 방어진을 돌파한 제대에 대해 섣불리 역습을 시도하는 것도 너무나 무모한 발상이기 때문이었다. 독일수비진은 각 전구에 너무 가늘게 포진한 위에 예비병력이 전무한 상태였기에 방어벽의 측면은 언제라도 뚫릴 위험이 있었다. 따라서 측면을 다 커버할 병력이 없으므로 경우에 따라서는 어느 한 쪽을 포기하고 전선을 수시로 축소시켜 나가야 한다는 유연성이 요구되었다. 소련군의 공격이 그 정도로 빠르지 않았다면 다스 라이히는 다른 두 SS사단과 함께 하르코프 남쪽의 위협을 제거 내지 완화시키기 위해 로조봐야 방면으로 뚫고 들어갔어야 하지만, 당시의 순간은 당장 들어오는 적 병력을 그 자리에서 막는 것이 더 급했다.[28] 하지만 부족한 병력, 그것도 본격적인 반격을 위해 재편 중인 부대들을 다시 수비모드로 수시 전환해 가면서 넓은 전선을 관리해 나가야 한다는 엄청난 부담을 안고 있었다. 그럼에도 불구하고 벨리키 부를리크 돌출부를 사수하고 있던 다스 라이히의 '도이췰란트' SS연대는 소련군 4개 소총병사단의 공격을 끈덕지게 막아내고 있었고, 국방군 그로스도이췰란트 사단의 분전은 소련군 제69군 주력부대 전체와 제40군의 일부 제대들의 전면적 공세를 일주일이 넘게 막아내고 있었다. 마찬가지로 라이프슈탄다르테 역시 제3전차군을 붙들어 매고 도네츠강 북쪽을 철통같이 지키고 있었다. 늘 공격만 하던 독일군이 이 겨울에 제대로 한번 수비전투의 집중학습을 치르고 있는 셈이었다. 독일군은 도시로 진군하는 T-34들을 돌격포와 88mm 대전차포로 대응하면서, 여타 장갑차량이나 중화기의 지원이 없는 경우에는 수류탄과 대전차지뢰, 심지어는 몰로토프 칵테일로 소련 전차들을 상대했다. 보병의 진격과 간격을 맞추지 못한 소련군 T-34는 독일 보병들의 각개격파술에 의해 손쉬운 먹이가 되고 있었다.

대부분의 소련군 제대들이 독일군들의 필사적인 항전으로 예정된 시간을 못 맞추고 있었지만 하르코프 시 북동쪽에서는 소련군 제161, 180, 270소총병사단들이 시내 중심으로부터 20km 이내로 접근해 들어오기 시작했다. 2월 11일 제40군은 제5근위전차군단(제4전차군단의 후신)을 투입해 독일 수비대가 비교적 약한 하르코프 북쪽에서 속도를 높일 것을 주문했다. 제5근위전차군단은

27 NA : T-314 ; roll 118, frame 8.650.861
28 NA : T-314 ; roll 118, frame 3.751.689

화포사격이 작열하는 적진을 향한 3호 돌격포. 하켄크로이쯔를 달고 있는 것은 독일공군이 제공권을 쥐고 있다는 것으로, 우군의 오폭을 막기 위한 배려

열악한 지형과 도로사정에도 불구하고 쾌속 전진을 통해 우디 계곡 남쪽 모서리에 포진한 독일수비진을 압박했다. 그로스도이칠란트 사단의 왼쪽 측면이 되는 이 지역은 거의 수비병력이 없어 소련군의 돌파에 취약하기 짝이 없었으며, 그 때문에 크라브첸코(A.G.Kravchenko)의 전차군단은 하르코프 서쪽으로 바로 연결된 류보틴 방면 사이의 갭을 패스해 들어오면서 가능하면 제6근위기병군단 및 제201전차여단과 연결되어 하르코프 시를 완전히 포위하기를 기대했다.

그러나 메레화 남쪽에서 새로 몸을 만든 SS장갑군단이 2월 11일 반격을 개시, 제6근위기병군단 선봉대를 위협하기 시작했다. 쿠르트 마이어의 정찰대대는 제6근위기병군단이 형성한 포위망 선상에서 가장 약한 고리로 예상되었던 노봐야 보돌라가(Novaya Vodolga)를 치고 들어가 알렉세예프카 동쪽 끝까지 진출해 프릿츠 뷔트의 제1SS장갑척탄병연대와 연결되는 것이 주된 과제였다. 단기 속전을 계산했던 탓에 속도가 더딘 티거 중대는 후방에 예비로 남게 되었고 저돌적이기로 소문난 루돌프 폰 립벤트로프(Rudolf von Ribbentrop)의 7중대(4호 전차 주축)가 선두에 섰다. 중앙에서는 다스 라이히의 '데어 휘러' SS연대와 라이프슈탄다르테 제1SS장갑연대가 보르키(Borki) 마을 동쪽의 주요 철도선을 점령했으며, 우측의 마이어 정찰대대는 당일 낮 12시 30분까지 노봐야 보돌라가 북쪽에 접근했다. 오후 2시 30분까지 하르코프-로조봐야 철도선도 점령했다. 다만 좌편 알베르트 프라이(Albert Frey) SS중령이 이끄는 라이프슈탄다르테 제1SS장갑척탄병대대는 소련 제62근위소총병군단과 제12전차군단의 선제공격을 받아 정해진 시간에 반격을 가할 수가 없었다.

서부전선에서 얻은 '슈넬러(schneller/재빠른) 마이어'의 별명처럼 마이어와 폰 립벤트로프의 부대는 쾌속으로 적진을 돌파, 소련군 선봉과 40km나 떨어진 지점까지 파고드는 템포를 보였다. 날이 저물자 마이어 부대는 알렉세예프카로부터 멀지 않은 그날의 목표점인 에프레모프카에 당도했다.

일단 담배 한 대 빨고… 전투준비에 나서는 요헨 파이퍼. 바로 좌측의 쌍안경을 사용중인 장교가 군의관 로베르트 브뤼스테 SS대위, 그 뒤로 게오르크 보르만 SS대위, 파이퍼 오른쪽이 루돌프 뫼를린 SS소위, 가장 우측이 에르하르트 귀어스 SS대위

마이어는 그날 독일군들이 언덕 너머로 적의 동태를 신중히 살피기라도 할 참이면 이내 주먹을 쥐고 "가자 이놈들아, 더 빨리!"라고 재촉하면서 사기를 북돋우는 일을 마다하지 않았다. 목표지점에 도착한 다음에는 너무 깊게 들어와 소련군에게 포위당한 것 같다며 껄껄 웃었다는 얘기는 마이어가 얼마나 낙천적인 전사인가를 보여주는 일화이기도 하다.[29]

그 후 막스 뷘셰(Max Wünsche)의 제1SS장갑연대 1대대와 마이어의 정찰대대는 늪지대가 많은 보르키로 치고 들어갔으나 소련군의 강고한 대전차포진에 걸려 상당한 피해를 입었고 오토 쿰의 '데어 휘러' SS연대도 소련군의 질긴 저항을 극복하지 못하고 결국 중앙돌파는 어렵다는 판단 하에 보르키 동쪽으로 잠시 이동했다.[30]

SS병력의 반격이 돈좌된 것과 마찬가지로 하르코프 동쪽 로간(Rogan)과 테르노보(Ternovo) 지구의 라이프슈탄다르테 방어선도 취약하기는 매한가지였다. 소련군이 전차를 앞세워 사단급, 대대급 규모로 공격을 해 온 정면을 일부 중대규모만이 지켜내기에는 너무나 예비병력이 부족했다. 제1SS장갑척탄병연대 하인리히 슈프링거(Heinrich Springer) 1중대는 소련군 소총병 2개 대대와 전차 병

29 이때 폰 립벤트로프는 야간정찰을 나가 좌, 우측에 전차 각 2대씩을 포진하고 은밀히 적진을 탐색했다. 어두워 앞이 잘 안 보이는 상황에서 마차 하나가 가까이 오자 폰 립벤트로프는 근처에 사는 농부로 오인하고 권총 하나도 없이 접근하였다가 완전무장한 10명의 소련군 병사인 것을 확인하고는 기겁을 하게 된다. 그는 맨주먹으로 수레를 모는 병사의 얼굴을 반사적으로 힘껏 가격한 뒤 맨몸으로 육박전을 벌이다 어떻게 현장을 이탈하게 되었고 여타 우군 전차병들이 튀어나와 합세하려하자 소련군들은 도주하기 시작했다. 폰 립벤트로프는 적군과 같이 있다가는 우군의 전차포 사격에 당할 것 같아 포사격을 피해 곧장 전차로 달려오다 등 뒤에서 기관단총에게 당하고 말았다. 중상을 입은 폰 립벤트로프는 잠시 눈 위에 누워 있다가 대대본부로 송치되었다. 마차에는 소련군에게 포로로 잡힌 제320보병사단 소속 병사 2명이 남겨져 있었는데 이와 같은 희한한 에피소드로 인해 우군으로부터 구출되는 행운을 누렸다. Kurowski(2004) Panzer Aces, p.146
2월 15일 폰 립벤트로프는 중상자들을 후방으로 이송시킨다는 군의관의 말에 마지막 부상자를 다 실어 나를 때까지 기다리겠다며 고집을 피우면서 자신의 부친이 외교장관이라는 것 때문에 남보다 혜택을 받기는 싫다고 항의했다고 한다. 그 후 군의관과 상급 지휘관은 그에게 외교장관의 아들인지 따위는 별 관심이 없고 부상의 정도에 따라 철수 대상자를 구분했을 따름이라고 해명했다고 한다. Kurowski(2004) Panzer Aces, pp.148, 301

30 Nipe(2000) p.104, Restayn(2000) p.84

력을 맞아 사력을 다하고 있었으나 부족한 중화기로 인해 전전긍긍하고 있었다. 그나마 20mm 기관포로 돌격해 오는 보병들을 거의 몰살 수준으로 격멸시켰고 야포부대의 고폭탄 공격으로 두 대의 T-34를 격파하자 한 숨을 돌릴 수는 있었다. 그러나 소련군이 다시 로간의 동쪽에서 재집결하여 새로운 공세를 준비하게 되자 슈프링거 SS대위는 오후 1시경 중대의 절망적인 사정을 설명하면서 병력증강을 요구했다.[31]

란쯔 분견군은 공수 양쪽에 있어 안간힘을 다하기는 했으나 SS장갑군단의 기동전력들이 모두 대반격을 위해 하르코프 남쪽으로 이동한 상태라 하르코프의 남쪽과 북쪽에서 치고 들어오는 소련군 병력은 물론, 동쪽과 북동쪽에서 진공하는 소련군을 저지시킬 가능성은 극히 희박했다. 즉 당시의 빈약한 병력으로는 공격과 수비를 모두 감내하기란 거의 불가능에 가까운 상황이었으며 란쯔 스스로는 어느 한 방향을 포기해야 하는 것이 아닌가 하는 의구심마저 가지고 있었다. 란쯔 분견군은 이제 시의 사수가 아니라 분견군 자체가 포위당하는 위협을 감지하기 시작했다.

## 파이퍼 부대의 제320보병사단 구출작전

2월 11일 소련군 제6근위기병군단 350소총병사단이 도네츠 북쪽 즈미에프 남서편에 교두보를 확보함에 따라 거의 빈사상태로 후퇴중인 독일 제320보병사단이 또다시 위기에 빠지게 된다. 단 한 명의 보병마저도 필요했던 독일군은 요아힘 파이퍼 SS소령의 하프트랙대대를 구원부대로 지정했다. 구원부대는 즈미에프에 포진한 소련군 수비대를 제치고 우디와 므샤(Mscha) 강 두 곳에 교두보를 확보한 다음, 이미 적진의 배후에서 행군 중인 제320보병사단과 연결, 그들을 다시 소련군 진영 한가운데로 통과시켜 아군 진영으로 빼내야 하는 지극히 험난한 임무를 수행해야 했다. 적진 가운데를 왕복 48km나 주파해야 하는 죽음의 경기였다.[32] 스피드도 문제지만 이러한 작전은 대담무쌍한 기개와 얼음장 같은 침착함이 요구되었던 것인데 파이퍼가 하르코프 전역에서 가장 처음으로 맡은 작전이 하필 이처럼 불가능해 보이는 적진 깊숙이 들어가 있는 우군의 구출 작전이었다.

2월 12일 새벽 4시 30분에 발진한 파이퍼 대대는 새벽에 우디강 쪽으로 파고들어 크라스나야 폴야나(Krassnaya Polyana) 건너편 교량을 지키고 있던 소련군 병력을 급습했다. 1시간 뒤인 오전 6시 40분에는 즈미에프에 도달해 북부 도네츠강을 도하하고 정찰대를 보내 제320보병사단의 소재를 파악한 바, 이들은 즈미에프 남동쪽에서 파이퍼 부대와 합류하기 위해 사력을 다해 후퇴하는 중이었다. 오후 2시 파이퍼 부대와 제320보병사단은 가까스로 연결되는 데 성공했다. 파이퍼는 사단의 후미를 정리하면서 마지막으로 퇴각 중이던 제585척탄병연대를 기다리기 위해 2월 13일까지 즈미에프 부근에 주둔해야만 했다. 파이퍼는 나중에 이들 후퇴중인 우군은 마치 나폴레옹 군대의 퇴각을 연상시킬 정도로 비참했다고 술회했다. 문제는 교량 통과 후 뒤에 두고 온 소규모의 독일병력이 소련 연대 병력의 반격에 의해 마지막 한 명까지 사살당해 파이퍼는 사실상 퇴로가 차단되는 위기에 처했다. 다른 퇴로가 없었던 파이퍼는 다시 마을을 급습, 크라스나야 폴야나 교량 쪽으로 되돌아가 독일 의무병들까지 사살한 소련군에 대해 잔인한 보복을 휘둘렀다. 그때 소련 스키부대가 지원으로 나섰으나 절반 정도를 격퇴시키면서 결국은 북쪽 강변으로 제320보병사단의 병력을 안

31 Lehmann(1993) pp.60-5
32 Ripley(2015) pp.48-9

전하게 빠져나오게 하는데 성공하고 만다.

우군의 후퇴가 안전하게 확보된 다음 파이퍼는 자신들이 왔던 즈미에프로 되돌아가 소련군 대기 병력을 소탕하고 다시 서쪽으로 방향을 전환하여 므샤강 북쪽 강둑에 도달했다. 그 다음은 시드키(Sidki)와 미로고드(Mirogod)를 지나 소련군과의 교전을 회피기동으로 따돌린 후, 메레화에 자신의 대대를 재집결시킴으로써 구출작전은 최종적으로 종료되었다. 제320보병사단 10,000명의 장병과 1,500명의 부상자들이 무사히 구출되어 후방으로 이송되었다. 제320보병사단은 15일에 완전히 우군 진지에 합류하여 안전을 확보했으며 SS장갑군단의 모든 의무반이 동원되어 부상자를 치료하고 수일 동안 끼니를 굶은 장병들에게는 간만에 짬밥이 제공되었다.

파이퍼는 그간 다른 전역에서 보여준 전광석화와 같은 공격스타일을 바탕으로, 그 특유의 대담무쌍한 과단성과 번개같은 속공에 의해 하르코프전 최초의 임무를 경이적으로 달성하는 전과를 세웠다. 파이퍼의 구원부대는 2개의 강을 건너 제6근위기병군단이 지키던 폭 30km에 달하는 소련군 진지를 20km 깊이로 파고들어 그와 같은 난제를 해결해 내는 전설을 만들어냈다.[33] 파이퍼는 이때의 전공으로 3월 9일 기사철십자장을 수여받았다. 그의 부하들은 반년 후 쿠르스크 고지에서 다시 한 번 전설적인 신화를 쓰게 된다. 파이퍼가 정착한 메레화는 하르코프 남서쪽 15km 지점에 위치하고 있었던 바, 이제 본격적으로 하르코프가 전투의 중심으로 전개되는 시기가 도래했다.

파이퍼가 구출작전에 나설 무렵 로간 지구에서 리발코 제3전차군의 제12, 15전차군단이 라이프슈탄다르테 SS연대들에 대해 파상공격을 실시했다. 딱히 많은 병력을 집결시키지 못했던 라이프슈탄다르테는 겨우 제2SS장갑척탄병연대 소속 2개 중대만 보내 적군의 돌파가 예상되는 지점만 골라 중점적으로 방어하기에 급급했다. 기습과 반격, 돌진과 퇴각이 2월 12일 주야로 펼쳐지는 가운데 소련군은 배후에서 역습을 개시한 독일군 장갑척탄병들을 피해 보로보예(Borovoje) 마을에 숨어들었으며 마을로 숨어든 소련군 병력이 노련한 솜씨로 위장과 엄폐를 강화, 소규모 시가전 형태의 전투가 지속되었다. 집집마다 찾아다니면서 근접전투를 벌여야 하는 부담에 독일군도 많은 병력을 투입하지 못하고 있었으며, 결국 이 마을은 제12전차군단이 독일 방어선을 침투해 들어오기 위한 자연스러운 교두보가 되어 버렸다. 저녁 늦어서도 소련 제111소총병사단이 테르노보에서 로간 남쪽을 공격하기 시작했고 독일군이 이를 격퇴하자 적군들은 마을 남쪽의 숲 지대로 도주해 버렸다. 독일군은 소련군들이 참호를 파기 전에 없애버려야 한다는 계산 아래 야포와 박격포 사격으로 겁을 준 다음 곧바로 숲으로 들어가 남은 병력들을 소탕하기 시작했다. 이와 같은 기민한 대응에 소련군의 재침투는 당분간 막을 수 있게 되었으나 도주한 보병들을 완전히 격멸시키지는 못했다.[34]

밤 10시경에는 제15전차군단이 로간 철도역을 장악하기 위해 보병들의 엄호를 받아 라이프슈탄다르테를 괴롭히기 시작했다. 막스 한젠(Max Hansen)과 후베르트 마이어(Hubert Meyer)의 대대는 재빨리 반격을 시도했으나 여의치 않아 좀 더 수비하기가 좋은 곳으로 이동하여 방어전을 펼치고 있었다. 소련 전차들이 시내로 돌입하자 독일군들은 더더욱 어려운 시가전을 펼쳐야 했는데 당시는

33 Agte(2008) pp.82-3
34 NA : T-354 ; roll 120, frame 3.753.575

부하들에게 작전을 지시하는 요헨 파이퍼 SS중령. 왼쪽은 게오르크 보르만 SS대위와 파울 구울 SS대위

판쩌화우스트(Panzerfaust)나 판쩌슈렉(Panzerschreck)과 같은 개인용 대전차화기가 널리 지급되지 않았다. 부수고 부수어도 계속 밀고 들어오는 소련군 전차부대로 인해 독일군 각 대대들은 마을을 포기하고 하르코프-로간-츄구예프 도로 선상으로 밀려나 별도의 수비진을 구축했다.

소련 제3전차군과 제69군은 수적으로 독일군을 월등히 능가했음에도 불구하고 2개 군이 라이프슈탄다르테 3개 연대를 뚫지 못한 채 인력과 장비 모두에 있어 엄청난 피해를 입고 있었다. 독일군은 적 전차의 자유로운 기동을 방해하기 위해 기술적인 후퇴행동을 통해 소련군을 의도적으로 좁은 회랑지대로 유인했기 때문에 우회기동보다는 습관적으로 정면공격을 선호하는 리발코의 병력들은 수많은 사상자를 양산시키고 있었다. 독일군은 설혹 하르코프를 빼앗기는 일이 있더라도 그때까지는 최대한 제3전차군의 에너지를 소모시켜 놓겠다는 계산으로 조직적인 저항을 계속하고 있었다.

대신 제40군은 독일 제168보병사단이 퇴각한 벨고로드 서쪽의 갭을 이용해 비교적 무난한 전진을 계속하고 있었다. 모스칼렌코(IK.S.Moskalenko) 사령관은 제25근위 및 183, 305, 340소총병사단과 제5근위전차군단을 동원, 하르코프를 서쪽에서부터 포위해 들어가기 위해 벨고로드-하르코프 국도와 철도선의 주요지점을 공격하도록 조치했다. 동시에 제107, 303, 309소총병사단은 제40군의 북쪽 측면을 엄호하기 위해 오보얀, 그라이보론 및 보고두코프를 따라 남진하도록 명령했다.[35] 2월 12일 그로스도이췰란트 사단은 늘어난 측면노출의 위험을 감지하고 하르코프 북서쪽의 졸로췌프(Zolochev)와 올샤니(Olschanny)로 후퇴했으나 이마저도 소련군의 공격에 저항하지 못하고 다

35 Glantz(1991) p.177

시 퇴각길에 들어섰다. 하르코프 북쪽으로 수 km 떨어진 데르갓치(Dergatschi)에서도 그로스도이췰란트의 제대들이 밀려나기 시작했다. 하지만 동 사단의 정찰대대와 총통호위대대의 분전으로 그나마 데르갓치 남쪽 어귀는 힘들게 확보한 상태에서 전진하는 소련군 전차들을 보강된 대전차화기로 어렵사리 떨쳐내고 있었다. 그로스도이췰란트 정찰대대는 다시 소련 제5근위전차군단의 돌진을 막기 위해 하르코프 시내로 철수하고, 소련 제25근위소총병사단이 데르갓치에 대한 야간공격을 속개하는 동안 소련군 전차부대의 주력은 데르갓치를 지나쳐 곧바로 하르코프로 향했다. 소련 제5근위전차군단이 우디강을 향해 진격해 오고 있는 상태에서 란쯔 분견군은 겨우 정찰대대 하나로 막아야 한다는 우스운 꼴을 감내하고 있었다. 하지만 당일 그로스도이췰란트 장갑척탄병들과 장갑엽병(Panzerjäger = 대전차포병)들이 하르코프 북쪽 입구로 침투하는 소련군 전차 5대를 격파하고 맆지(Lipzy) 시에 위치한 휘질리어(Füsilier)연대도 적의 선봉부대를 격퇴하는 것 까지는 숨통을 틀 수 있는 기회를 마련했다.

2월 12~13일간 소련군은 맆지에 대한 연차공격을 시도했으나 휘질리어(Füsilier)연대의 침착한 방어로 소련군은 수많은 사상자를 속출시키고 있었다.[36] 하지만 소련군 제25근위소총병사단, 183, 309, 340소총병사단 4개 사단의 각 제대들이 하르코프를 향해 대규모로 남진하는 가운데 그로스도이췰란트 사단 홀로 그 넓은 구역을 다 커버할 수는 없었고 결국 2월 13일 아침 하르코프 북쪽 입구로 후퇴했다. 후퇴기동 속에서도 동 사단의 마지막 후미 부대원들은 교묘한 테크닉과 집중력으로 9대의 T-34 전차와 1대의 KV-1 중전차를 격파하고 달아났다. 이때 소련 제3전차군과 제69군 병력들이 도이췰란트 사단 우측면의 다스 라이히 SS포대들을 집중공격하자 제2SS포병연대 소속 공병중대 하인쯔 마허(Heinz Macher) SS소위는 불과 3정의 MG42 기관총을 각각 보유한 2개 소대 규모의 전투단을 급조하여 연대 병력의 소련군 소총병 진지들을 수차례 급습, SS포병대대를 위기로부터 구해냈다.

소련 제40군의 막판 스퍼트는 효과를 보고 있었다. 제107소총병사단은 보리소프카를 점령하고 그라이보론으로 향했으며, 제309소총병사단은 보고두코프로 쾌속 진격해 들어갔다. 또한, 13일 밤에는 제340소총병사단의 호위를 받는 제5근위전차군단이 하르코프의 독일 방어진 북쪽 언저리에 도달했다. 제40군은 이제 하르코프 시 공략만을 남겨두고 있었다.[37]

## 도시인가 야전군인가

만슈타인은 2월 12일 육군총사령부에 남부전선의 전황에 대해 두 가지 요점을 제시했다. 우선 독소 양군의 병력비로서 소련군이 무려 3개월 동안 지속적으로 전투를 벌여 왔음에도 불구하고 B 집단군 전구에서의 상호 비율은 적어도 1:8로 여전히 압도적인 소련군의 우세가 점철되고 있으며, 중앙집단군과 북방집단군의 경우 1:4에 불과하다는 점을 강조했다. 물론 육군총사령부가 1942년 12월 남은 전력을 끌어 모아 돈집단군에 보낸 형편에 실제적인 전투 잠재력은 북쪽과 중앙의 양 집단군보다 돈집단군에 더 집중된 까닭으로 인해 추가 병력을 다른 집단군으로부터 빼기가 용이하지 않다는 점은 만슈타인도 인정했다. 그러나 스탈린그라드 이후 모든 주요 전투는 남부전선에

36 NA : T-314 ; roll 489, frame 655-658
37 Glantz(1991) p.177

75mm 포를 장착한 하프트랙 SdKfz 251/9. 뒤에 보이는 2대의 야포는 105mm LeFH 18M 경곡사포.

서 전개되고 있었으며, 북부와 동부는 상대적으로 평온하다는 것과 삼림지대가 많은 북부와 중부에서는 진지를 축성하기가 용이한 데 비해 남부전선은 광활하게 트인 초원과 평원지대라는 점으로 인해 수적으로 우세한 적을 상대하기에는 지형적으로 너무 불리하다는 점도 인식시켰다.

둘째, 그러한 차이에도 불구하고 소련군은 전 화력을 남익에 쏟아 붓고 있는 절박한 상황이며, 설사 독일군이 드니에프르강을 두고 격리, 차단되는 추가적 위기를 봉쇄할 수 있다 하더라도 소련군은 단순히 하르코프를 노리는 것 이상으로 거대한 전략적 공세를 추진하고 있음을 각인시키고자 했다. 따라서 현재와 같은 병력 열세 구도가 반드시 개선되어야 동부전선 전체의 운명을 바꿀 수 있다는 결론을 제출했다.[38]

2월 13일 새로운 병력이 폴타봐(Poltava)-드네프로페트로프스크(Dnepropetrovk)와 제2군의 남익 배후에 포진되도록 조치한다는 육군총사령부의 지령이 도착했다. 폴타봐-드네프로페트로프스크 라인에 파견될 병력은 이미 예견된 대로 전혀 새로울 것이 없는 란쯔 분견군이었고 제2군도 지원병력을 받기는 하였으나 실은 남방집단군에 배속키로 되었던 병력을 대신 받은 데 지나지 않았다.[39] 이로써 란쯔 분견군은 정식으로 남방집단군 휘하에 배속되었고 제2군은 중앙집단군으로 편입되었으며 B집단군은 전투서열상에서 사라졌다. B집단군의 분할된 일부 제대들은 사실 통합전력으로서는 열악한 조건에 놓여 있었지만 중앙집단군과 남방집단군의 연결고리들을 지탱하고 있었다는 점에서는 상당한 의미가 있었다. 따라서 이 민감한 시기에 B집단군 지휘체계를 없애 버리는 것은 심히 불안한 전황을 더욱 악화시킬 여지는 충분히 있었다. 그러나 만슈타인은 란쯔 분견군이 2월 14일에 공식적으로 남방집단군에 포함됨으로써 결정적인 장소에서 결정적인 시간에 독자적인 작전을 수행할 수 있게 된 것을 무엇보다 큰 소득으로 간주하고 육군총사령부의 결정을 더 이상 비

38 Manstein(1994) pp.419-20
39 Manstein(1994) p.420

판하지는 않았다. 2월 14일 기존의 B집단군과 만슈타인의 돈집단군은 남방집단군으로 부활하게 된다. 이 어수선한 시기, 러시아 남부전선에서 통일된 단일 사령부를 갖는다는 것은 독일군의 남익을 유지할 수 있는 가장 중요한 전제조건 중 하나였다. 같은 날 크라머 군단은 에르하르트 라우스(Erhard Raus) 장갑병장군이 인수하게 되어 라우스 군단으로 재지정되었다. 이와 더불어 란쯔 분견군은 나중에 2월 21일부로 켐프(Kempf) 분견군으로 개칭되게 된다. 산악병 출신인 란쯔(Karl Hubert Lanz)가 해임되고 후임에는 장갑부대를 운용한 경험이 있는 켐프(Werner Kempf)가 등장했다.

하지만 바로 이날 13일 히틀러는 다시 란쯔 분견군에게 어떤 경우에도 하르코프 시를 지켜낼 것을 재차 명령한다.[40] 만슈타인은 다시 한 번 열 받게 되는데 도시 사수는 고사하고 중앙집단군으로부터의 지원이나 협동작전도 불가하다는 판정을 받게 된데다, 육군총사령부가 약속한 지원병력 수송열차도 제때 도착하지 않아 사태는 더욱 긴장되기 시작했다. 당초 열차차량은 일일 37량이 도착해야 하지만 2월 14일 현지에 도착한 것은 불과 6량에 지나지 않았다. 대개 야전군은 목전의 사태에 매달려 근시안이 되기 마련인 것을 본부사령부가 보다 중장기적인 안목에서 교정하고 지시해야 정상이지만, 이 당시 독일 육군총사령부는 겨우 3일 앞의 정황만 바라다볼 뿐 만슈타인처럼 4~8주 앞을 내다보는 거시적인 전략분석이 결여되어 있었다. 본부와 야전의 인식이 전도되어 있는 상태에서 전황을 호전시키기에는 어지간히 힘든 구조적 역경이 가로놓여 있었다.

## 소련 제6근위기병군단과의 격투

SS장갑군단의 마지막 척탄병사단인 토텐코프가 2월 12~13일 하르코프에 도착했다. 막 후퇴를 끝낸 제320보병사단은 죽음의 행진에서 겨우 벗어난 데다 사기가 떨어질 때로 떨어져 일단 예비로 돌리고, 토텐코프가 바로 전투에 투입되기에는 아직 준비가 되지 않아 다스 라이히의 '데어 휘러' SS연대와 라이프슈탄다르테 SS장갑연대가 우선 반격에 나서기로 했다. 이들은 류보틴으로 접근하는 소련군 제6근위기병군단의 공격을 저지하고 동 군단 병력을 잘게 썰어 놓는데 성공했다. 군단의 주력은 노봐야 보돌라가(Novaya Vodolaga)로 후퇴해 대전차포 화기로 전열을 가다듬었다. 다스 라이히의 야콥 획크 2SS모터싸이클대대는 소련 제1기병사단을 주축으로 수비태세를 갖춘 시 주변 언덕을 공략하여 어렵게 점령한 뒤 다시 시내를 공격했으나 강고한 소련군의 저항에 더 이상의 돌파를 감행할 수 없었다. 2월 13일 야콥 획크 대대는 '데어 휘러' SS연대와 라이프슈탄다르테의 전차를 몰아 소련군을 시 바깥쪽으로 격퇴시키는 과정에서 3대의 전차가 파괴되는 피해를 입었다.[41]

소련군 제6근위기병군단은 일단 격퇴되기는 했으나 전력의 대부분은 아직 살아 있었으며 제11기병사단은 우디강을 건너 오코차예(Ochotschaje)에 도달했고 제210전차여단은 더 동쪽으로 이동해 베레카(Bereka) 마을에 당도했다. 야콥 획크의 대대는 2월 14일 새벽 '데어 휘러' SS연대와 함께 소련군의 진격을 막기 위해 급강하폭격기의 항공지원 아래 공세를 재개했다. 독일군은 오코차예에 근접한 르야부키노(Rjabuchino)와 스타로붸로프카(Starowerovka)를 따 내기는 했으나 눈 위를 마음대로 기동하는 소련 T-34 전차들을 일일이 격멸하기는 어려운 상황이었다.[42]

한편, 중앙공격을 맡은 라이프슈탄다르테의 쿠르트 마이어 정찰대대는 13일 오코차예 근처의

40 NA : T-314 ; roll 118, frame 3.751.635
41 NA : T-354 ; roll 118, 1943.2.13 Fernschreiben an SS-Panzer-Korps
42 NA : T-354 ; roll 118, 1943.2.13 Fernschreiben an SS-Panzer-Korps

이겼으니 또 담배 한 대 빨고… 전령장교 루돌프 뫼를린 SS소위와 파이퍼의 부관 오토 딘제 SS중위

알렉세예프카(Alexejevka)로 진격하여 가장 선두에 섰던 2대대 3소대가 점령을 완료했다. 그러나 역시 점거한 뒤에도 연료 부족으로 더 이상 진격하지 못하고 동 마을에서 수비모드로 전환했다. 마이어의 부대는 소련 제6근위기병군단의 한 가운데에 놓여 있어 사실상 포위망에 갇힌 것이나 다름없었으며 당시로서는 하르코프를 기점으로 가장 동쪽까지 진출한 SS병력이었다. 알베르트 프라이의 제1SS장갑척탄병연대 1대대 병력은 그나마 순조롭게 진격을 계속해 베레카 외곽에 당도했다. 프릿츠 뷔트 제1SS장갑척탄병연대장은 베레카 점령을 위해 시 내부와 외곽에서 동시 공격을 전개했으나 소련군 제6근위기병군단은 지난번 독일군의 공격으로 인해 여러 개로 쪼개졌음에도 불구하고 강력한 전투력을 발휘, 양쪽 부대는 모두 상당한 피해를 입었다. 여하간 독일군은 2월 14일까지 제6근위기병군단이 목표로 했던 류보틴과 주변의 중요한 철도선을 확보함으로써 SS장갑군단 전체가 단절되는 위험은 회피할 수 있었다. 왜냐 하면 2월 13일 이때 소련군 제5근위전차군단이 하르코프로부터 겨우 10km 떨어진 류보틴(Ljubotin)-보고두코프(Bogodukhov) 도로에 도달하여 하르코프로 통하는 마지막 철도선을 탈취하려는 기도를 나타냈기 때문이었다. 당시 소련 제3전차군의 하르코프 남쪽에서의 공세가 돈좌되고 제6근위기병군단이 독일군의 반격에 직면해 있었다고는 하지만 북쪽에서 제40군의 진격이 예정대로 진행되고 있었으며 제6근위기병군단 각 제대들의 끈질긴 노력으로 말미암아 라이프슈탄다르테는 해당 구역의 적을 차단하고 난 이후에도 당장 위협이 가중되고 있는 시의 북쪽과 동쪽으로 급하게 이동할 수가 없는 처지였다.

반격을 위해 재결집시킨 SS장갑군단이 전 병력을 하르코프 시의 사수에 매달리게 된 초조한 시점에서 란쯔 분견군의 란쯔는 다시 두 개의 목표를 설정했다. 첫째 제6근위기병군단의 분산된 병력들을 완전 소탕할 것, 그 후에는 주력을 남쪽으로 돌려 하르코프-로조봐야 사이의 드네프로페트로프스크-파블로그라드-하르코프 철도선으로부터 소련군을 이격시킨다는 것이었다. 소련군 제

83기병사단이 점령하고 있는 타라노프카와 제201전차여단이 장악하고 있는 베레카에서 며칠 동안 독일군의 전력을 소모시키는 처절한 전투가 계속되고 있었기에 이러한 시가전을 오래 끌 수 없다는 판단에서 나온 결정이었다.[43] 두 번째는 하르코프 남동쪽에서 들어오는 소련군의 진격을 막는 일이었다. 란쯔는 제320보병사단의 주력이 SS장갑군단의 예비대로서 하르코프 남동쪽에서 집결하도록 명령하고, 라우스 군단은 소련군 제12전차군단과 제62근위소총병사단의 공격을 막기 위해 시 남쪽에 방어진을 구축하도록 지시했다. 또한, 제320보병사단의 잔여 병력은 우디강을 건너 시 서쪽에서 침투하는 소련군의 측면을 공략하도록 주문했다.[44] 라우스 군단은 시의 북서쪽에서 들어오는 소련군이 남쪽으로 침투해 시를 완전히 포위하지 못하도록 올샤니(Olschanny)에서 강력한 수비진을 구축하려고 했다. 또한, 제168보병사단도 보고두코프에서 연대병력을 포진시켜 라우스 군단의 서편 측면을 엄호하도록 조치했다. 2월 13~14일 양일은 독일군의 하르코프 시 사수를 위한 방어선 구축에 있어 가장 민감하고도 혼란스러운 시기였다. 만슈타인은 남방집단군의 재지정을 통해 보다 확고한 명령체계가 잡힌 시기가 바로 이날이었다는 점을 들어 긍정적인 평가를 내리기는 했지만, 각 제대 별 인력사정이 제대로 파악이 안 된 시점에서 수비와 역습을 반복하라고 지시하는 사태는 최전방의 지휘관들을 당황하게 만들기에 충분했다. 2월 13일 밤 예비병력들을 최전선에서 후방으로 빼면서 방어선은 리소구보프카(Lisogubovka)-볼샤야 다닐로프카(Bolshaja Danilovka)로 교정되었다. 문제는 이 방어선조차 하루를 넘기기 힘들 것으로 예견되는 가운데 실제로 2월 14일까지도 만슈타인은 히틀러의 시 사수명령을 떨쳐버리지 못하고 사실상 그대로 이행하고 있는 실정이었다. 그러나 바로 이때 파울 하우서 SS장갑군단장은 시의 포기를 염두에 두고 주요 교량과 도로의 파괴를 지시하고 있었던 상황이라 일선의 각 제대들은 사령관들의 상호 배치되는 명령에 어쩔 줄 몰라 했다.

43 NA : T-354 ; roll 120, frame 3.753.591
44 NA : T-314 ; roll 489, frame 683

# 3 하르코프로부터의 퇴각

## 하르코프시 사수를 둘러싼 혼돈의 시간

2월 13일 보로네즈방면군은 사방에서 하르코프 시를 압박해 들어가고 있었다. 제40군은 북쪽에서, 제69군은 북동쪽에서, 그리고 제3전차군은 남동쪽과 동쪽에서 막바지 힘을 다하고 있었으며 제6근위기병군단은 서쪽에서 제40군의 선봉대와 연결하여 완벽한 포위망을 구성하기 위해 사력을 다하고 있었다. 그 중 제6근위기병군단의 진격이 가장 위험스러운 국면을 만들어내고 있었으나 하우서는 SS사단들을 빼 기병군단을 저지하자니 제3전차군이 호시탐탐 노리고 있는 로간의 방어가 약화될 우려가 있어 이도 저도 하기 힘든 진퇴양난에 놓인 상황이 되었다. 다스 라이히는 이제 1941년 유고슬라비아와 러시아의 옐나 지역에서 같이 싸웠던 그로스도이췰란트 사단과 어깨를 나란히 하여 하르코프 서쪽의 전선을 지켜내야 했다. 연고가 많은 국방군과 무장친위대의 두 엘리트 사단이 같이 싸우게 된 것은 깊은 동료애가 작용할 수도 있었지만 전선의 상황은 그런 감성에 젖어 있을 만한 간발의 여유조차 허용하지 않았다. 여하간 독일군은 필사적으로 전선을 유지하려고 했으나 2월 14일에는 소련 제3전차군과 제40군이 하르코프 시의 목전에 다다르는 사태에까지 이르게 되었다. 2월 14일 골리코프 보로네즈방면군 사령관은 3개 군에 대해 하르코프 시 총공격을 명령했다. 큰 줄기에서는 13일까지의 진격방향에 차이가 없었으며 다만 독일군이 시의 서편 방어선을 확대하는 과정을 통해 소련군 제대간 간격유지상에 약간씩의 오차범위가 발생했다. 제40군은 서쪽과 북쪽에서, 제69군은 북동쪽에서, 제3전차군 15전차군단과 160소총병사단은 동쪽에서 진격해 가고 있었으며 제62근위소총병사단과 제179전차여단은 남쪽에서부터 치고 올라갔다. 걱정하던 대로 소련 제3전차군은 14일 아침 40대의 전차를 동원, 로간 철도역 북쪽의 느슨한 독일 수비진을 돌파하여 로세보(Lossewo) 트랙터 공장지대로 진입하고 있었다. 또한, 그로스도이췰란트가 지키는 시 북서쪽 구역에도 틈새를 발견하여 치고 들어왔으며 시 북서쪽의 숲 지대를 장악하여 숨통을 조여 가는 형세를 만들어 나갔다. 하르코프 서편에 위치한 독일군의 보급기지 폴타봐는 14일 중에 소련군에게 장악되었다. 제5근위전차군단은 이미 시의 북쪽 방어구역에 도달했고 제107, 309소총병사단은 보리소프카에 이어 그라이보론(Graiboron)과 보고두코프(Bogodukhov)를 위협하면서 하르코프 시의 북서쪽에 다다르고 있었다.

란쯔는 만약의 경우 시를 비우더라도 소련군의 침투를 막기 위한 반격은 동시에 진행되어야 한다고 판단하고 라이프슈탄다르테가 시의 남쪽과 동쪽 수비를 맡으면서 소련군 제179전차여단의 측면에 대해 공격을 개시하도록 명령했다. 이 전차여단의 지원을 받는 제62근위소총병사단이 가파른 속도로 오소노보(Ossonovo)에 접근하였다. 오소노보는 하르코프 시 남동쪽으로 불과 5km 떨어진 지점에 소재하는 마을로 이곳을 점령당하게 되면 로간 서편을 방어하고 있는 라이프슈탄다르테는 물론 그로스도이췰란트 사단과 다스 라이히의 '도이췰란트' SS연대도 치명적인 위험에 노

75mm 장포신을 탑재한 3호 돌격포. 하르코프 방어전 당시 독일군의 차량화보병사단 이상의 제대는 대부분 돌격포 그룹을 보유하고 있었다.

출될 수 있었다. 라이프슈탄다르테는 우선 방어를 위해 알렉세예프카 쪽으로 쏠려 있던 포병연대의 중화기들을 북서쪽의 예프레모프카로 이동시켰으며 수비와 동시에 반격도 구사해야 되는 정신없는 하루를 보내고 있었다.[01] 테오도르 뷔슈 제2SS장갑척탄병연대의 과감한 반격은 소련군의 진공을 일시적으로 멈추게 하는데 성공하기는 했으나 소련군 제3전차군이 공세에 가담하게 되면서 병력과 장비가 부족한 라이프슈탄다르테는 더 이상의 역습을 감행하기가 불가능해졌다. 소련군은 동시에 제12전차군단이 로간 남쪽을 치면서 린덴 전투단(Kampfgruppe Linden)을 위협했으나 독일군들이 소련군 제1파의 공격을 대전차포로 대응해 4대의 T-34를 파괴하자 잠시 소강상태를 맞이했다. 그보다 남쪽 오코챠예(Ochotschaje)에서는 소련군 제6근위기병군단의 잔여 병력이 독일군에게 포위된 와중에도 제111소총병사단과의 연결을 위해 끊임없이 돌파를 시도하고 있었으며, 다스 라이히의 '데어 휘러' SS연대가 라이프슈탄다르테의 전차를 앞세워 여러 차례의 공격을 시도했음에도 불구하고 잘 위장된 방어벽을 구축하여 필사적으로 항전하는 소련군의 반격에 엄청난 피해를 입었다. 30대의 소련 전차들은 '닥인' 상태는 아니지만 부서진 가옥을 방패삼아 교묘하게 틀어 앉아 있었다. '데어 휘러' SS연대 9중대는 병력이 21명으로 감소할 정도로 오코차예에서의 혈투는 처절한 기억으로 남았다. 오토 쿰 '데어 휘러' SS연대장은 다시 질붸스터 슈타들레(Sylvester Stadler) 2SS대대장과 프리드리히 홀쩌(Friedrich Holzer) SS대위에게 공격을 재개하도록 하여 밤까지 이어진 몇 시간 동안의 전투 끝에 결국 오코챠예 마을을 탈환하는 데는 성공했다.[02]

## 쿠르트 마이어와 막스 뷘셰

01 Restayn(2000) p.123
02 Weidinger(2002) Das Reich III, p.452, Nipe(2000) p.125

오코챠예 마을을 방어하고 있던 제11기병사단은 제201전차여단이 베레카와 예프레모프카 사이의 회랑지대를 지키고 있었음에도 불구하고 독일군이 베레카를 장악한다면 동 사단을 포함한 소련군 제6근위기병군단 여타 제대의 퇴로가 차단되는 위험에 처해 있음을 파악하고 일단 작전상 후퇴하기로 했다. 결정적으로 소련군이 이곳을 다소 쉽게 포기한 이유는 오래 끌 경우 쿠르트 마이어의 정찰대대와 시 남동쪽에서 들어오는 프릿츠 뷔트 제1SS장갑척탄병연대에게 완전히 포위될 것을 우려했기 때문이었다. 제3전차군의 리발코 중장이 우군들을 함정에 빠지지 않도록 제184소총병사단과 제111소총병사단으로 하여금 쿠르트 마이어의 정찰대대에게 강력한 화력을 퍼붓게 했던 것도 그러한 우려에 기인한 것이었다. 하지만 시간이 갈수록 포위하려던 쿠르트 마이어의 부대가 알렉세예프카(Alexejevka) 방면을 향한 소련군 소총병사단의 진격으로 오히려 포위당할 수도 있는 미묘한 사태가 발생했다. 마을 밖의 소련군들과 힘겨운 야간전투까지 벌여가며 진지를 사수하던 마이어 부대는 중화기도 없이 탄약과 연료가 바닥난 상태에서 거의 전멸과 옥쇄를 각오하고 있었다. 마이어는 포위망 속에 갇힌 지 5일째가 되는 날 절박한 심정으로 막스 뷘셰에게 구출작전을 요청했다. 부상당한 병사들이 소련군에게 포로로 넘겨지느니 차라리 죽여 달라는 부탁을 하자 쿠르트 마이어는 그야말로 이판사판, 소련군의 정면을 뚫고 마지막 공세를 퍼붓는 최후의 작전, 아니 무모하기 짝이 없는 자살 공격을 구상했다.[03] 마이어는 모든 차량과 장비를 동원, 소련군 진지로 향하는 마을 입구에서부터 초고속으로 돌진을 감행했다. 어차피 전차나 야포가 없어 압도적으로 병력이 딸리는 경우라면 초강도의 스피드로 승부하는 도리밖에 없었다. 소련군의 박격포 사격이 하늘을 뒤덮은 가운데 마이어의 운전병이 중상을 입는 등의 긴급한 사태가 발생했으나 죽음을 무릅쓴 이 공격은 소련군의 핵심부분을 강타하여 뿔뿔이 흩어지게 하는 데 성공했다. 마이어 자신, 이 전투가 마지막이 될지도 모른다는 생각을 했던 것으로 기록되어 있으며 아무리 월등히 많은 적군을 상대하더라도 사기를 떨어트리지 않는 무장친위대 장병들의 미친 듯한 용기가 대대를 전멸에서 구하는 순간이었다. 게다가 또 하나 선물이 도착했다. 알렉세예프카 서쪽에서 라이프슈탄다르테의 막스 뷘셰가 이끄는 장갑대대가 다가오는 엔진 소리였다.[04] 막스 뷘셰가 속한 제1SS장갑연대는 마이어가 포위망에 갇혔다는 보고를 받고 3대의 3호 전차, 3대의 4호 전차 및 12대의 하프트랙으로 긴급 전투단을 구성, 소련군 진지들을 헤쳐 버렸으며 방해를 놓는 소련군 병력들을 쓸어버리면서 성공적인 구출작전을 전개했다. 막스 뷘셰는 알렉세예프카가 눈앞에 나타나자 그대로 마을로 돌진하여 절친한 친구 쿠르트 마이어와 반가운 재회를 맞이했다.

저돌적이기로 소문난 둘은 무기와 탄약을 인수인계한 다음, 다시 알렉세예프카로부터 수 km가량 이격된 곳에서 모습을 나타낸 소련군에 대해 곧바로 공세를 취했다. 저돌적이라면 뒤지지 않는 루돌프 폰 립벤트로프(Rudolf von Ribbentrop) 7장갑중대장도 부상당한 몸을 이끌고 교전에 참여했다. 마이어의 하프트랙과 여타 장갑차량들은 37mm 대전차포까지 동원해 정면으로 돌진하여 적들을 온 사방으로 흩어버린 뒤, 소련군 병력들이 재정비할 틈을 주지 않으면서 신속한 작전기동을 발휘했다. 여기에 뷘셰의 전차들이 와해된 소련군의 측면을 때리면서 결정타를 날렸고 공자는 별로 피해를 입지 않은 상태에서 하얀 눈 위에 검게 그을린 소련군의 시체들이 붉은 피와 함께 드러누운

03 Meyer(2005) pp.170-1
04 Meyer(2005) pp.171-2

라이프슈탄다르테 장갑연대 1대대 6중대의 4호 전차. 2월 13일 촬영 (Bild 101III-Roth-173-06)

묵시록적 장면들이 연출되고 있었다. 이후 마이어의 부대는 뷘셰가 가져온 지원물자도 부족해 하인켈(He 111) 폭격기로부터 공중보급을 받았으며 짧은 시간 내 재정비를 마친 부대는 프릿츠 뷔트의 연대병력과 합류하기 위해 베레카 방면으로 치고 들어갔다.[05] 마이어의 부대는 박격포의 지원사격에 따라 이전처럼 마을의 주도로를 지키던 소련군을 쑥대밭으로 만들면서 베레카 남단까지 도달했다. 이와 동시에 프릿츠 뷔트의 척탄병연대도 마이어와의 연결을 위해 양동작전을 전개하면서 적절한 찬스를 노렸다. 그러나 프릿츠 뷔트의 부대는 눈이 가슴까지 차오는 자연환경을 극복할 수 없어 마이어와의 접선을 포기할 수밖에 없었고, 마이어도 연료부족으로 인해 원래 대기하고 있던 알렉세예프카로 되돌아갔다.

한편, 알렉세예프카 주변의 고지에는 소수의 독일 수비대가 소련군의 빈번한 공세를 막아내고 있어 전력보강이 절실한 상황이었다. 이때 마이어의 부대처럼 적진 한 가운데에 고립되어 있다 막스 뷘셰의 전차들과 합류하여 구출작전에 참가했던 폰 립벤트로프의 7중대가 지원에 나섰다. 폰 립벤트로프는 불과 3대의 전차로 노봐야 보돌라가 동쪽으로 진격하여 가장 강력한 소련군 병력에 대해 공격을 감행했다. 고폭탄 세례로 진지를 쓸어버린 7중대의 전차들은 도주하는 적을 향해 기관총으로 가격하면서 소련군을 완전히 격멸시키는데 성공했다. 이와 같은 국지적이고 단기적인 전투는 이 지역에서 끊일 틈이 없었으며 독일군이 얼마 안 되는 병력으로 집요한 공방전을 전개함에 따라 소련군들은 좀처럼 돌파구를 마련하지 못하고 있었다. 전반적인 공세의 레버리지는 소련군이 쥐고 있었음에도 불구하고 그들 역시 결정적인 한곳에 집중시킬 수 있는 병력이 부족한 것으로 드

05 Lehmann(1993) p.95, Ripley(2015) p.50
37mm 대전차포는 러시아 전선에서는 아무런 역할을 못할 정도로 혹평을 받은 종류였으나 하프트랙에 장착하여 대보병 전투에 동원될 경우에는 상당한 위력을 발휘했다.

러났다.[06]

제프 디트리히 라이프슈탄다르테 사단장은 베레카에서 고전하는 프릿츠 뷔트를 지원하기 위해 타라노프카의 1SS공병대대를 급파했다. 이 전투는 결과적으로 제6근위기병군단이 하르코프 시를 남쪽에서부터 완전 포위하려는 기도의 궁극적 실패를 초래했다. 독일군 역시 치고 받는 공방전에서 상당한 피해를 입었으나 시시각각으로 시에 근접하는 소련군 주력을 잠시나마 패퇴시키는 데는 성공했다. 베레카 부근 독일군의 공세에 따라 제6근위기병군단의 7,000명에 달하는 병력들이 사방으로 흩어져 버렸고 3,000명의 부상자와 400명의 포로가 발생했다. 16대의 소련 전차 중 10대가 격파되었으며 기타 다수의 야포와 중화기가 파괴 또는 노획되었다.

## 고조되는 위기

하지만 이 일시적인 독일군의 승리는 서로 상반되는 효과를 배태했다. 물론 소련군 제3전차군이 하르코프 시 서쪽의 제40군과 연결하여 포위망을 형성하려는 시도는 좌절되었으나, 이로 인해 그토록 중요한 시기에 파울 하우서의 핵심 기동전력 거의 전체를 제6근위기병군단의 침투에만 할당하는 결과를 초래했다. 소련군도 엄청난 피해를 입기는 했으나 제201전차여단이 SS장갑대대와 '데어 휘러' SS연대에게 입힌 상처도 만만치 않았으며, 오코챠예에 있던 소련군 전차 25대 중 독일군에 의해 완전 격파된 것은 5~10대에 지나지 않아 15~20대의 소련군 전차가 무사히 독일군의 예봉을 피해 뒤로 후퇴했다는 것은 찝찝한 여운을 남겼다. 만약 SS장갑군단의 라이프슈탄다르테와 다스 라이히가 하르코프 동쪽의 적을 몰아내는데 더 치중했다면 소련군의 진격은 더 큰 장애를 안았을 수도 있었다. 반면, 제6근위기병군단이 로조봐야-하르코프 철도선을 차단하고 강한 기세로 남쪽을 침공했기 때문에 란쯔로서도 당장 시급한 남쪽에 SS 병력을 배치할 수밖에 없었을 것이라는 판단도 틀리지는 않았다. 만약 기병군단 제대가 남쪽 저지선을 통과한 후 류보틴에 도달하여 제5근위전차군단과 접촉했다면 이미 2월 10~11일경에 하르코프 시가 완전히 포위되는 결과로 이어질 수도 있었다는 분석이 제기되었기 때문이었다.

한편, 독일 제320보병사단은 파이퍼 부대에 의해 구출된 이후 바로 반격에 나서도록 되어 있었으나 기진맥진한 상태에서 사기도 떨어져 의미 있는 전력으로 활용될 수가 없었다. 다만 길고 긴 후퇴 과정 속에서 소련군 1개 군을 묶어두는 효과는 얻을 수 있었다. 대신 제168보병사단은 호된 비판을 받아 마땅했다. 소련 제40군의 공세에 너무 빨리 도주한 까닭에 하르코프 시 방어를 위한 응집력을 저해하는 결과를 나타냈기 때문이었다. 후퇴기동 속에서도 수차례 반격을 가했어야 하지만 너무 급속한 속도로 보르스클라(Vorskla)강 계곡 쪽으로 밀려나는 바람에 가뜩이나 길게 뻗은 그로스도이췰란트 사단의 왼쪽 측면이 위험에 노출되었다. 그로 인해 로판과 우디강 쪽은 거의 독일 수비대가 없었던 관계로 제40군이 돌파할 수 있는 엄청난 갭을 만들어 주었다. 특히 이쪽을 치고 들어온 제5근위전차군단은 하르코프 시 북서쪽을 취약하게 만들었기 때문에 그로스도이췰란트는 점점 자신의 방어선을 서쪽으로 길게 늘어뜨리게 됨에 따라 언제라도 깨질지 모르는 거의 박막형(薄膜形) 구조의 방어선으로 버텨야 했다. 그로스도이췰란트 사단은 2월 14일까지의 계속되는 전투 끝에 각 중대병력 인원이 경우 20~30명에 불과한 수준까지 떨어졌다.

06 Kurowski(2004) Panzer Aces, pp.150-1

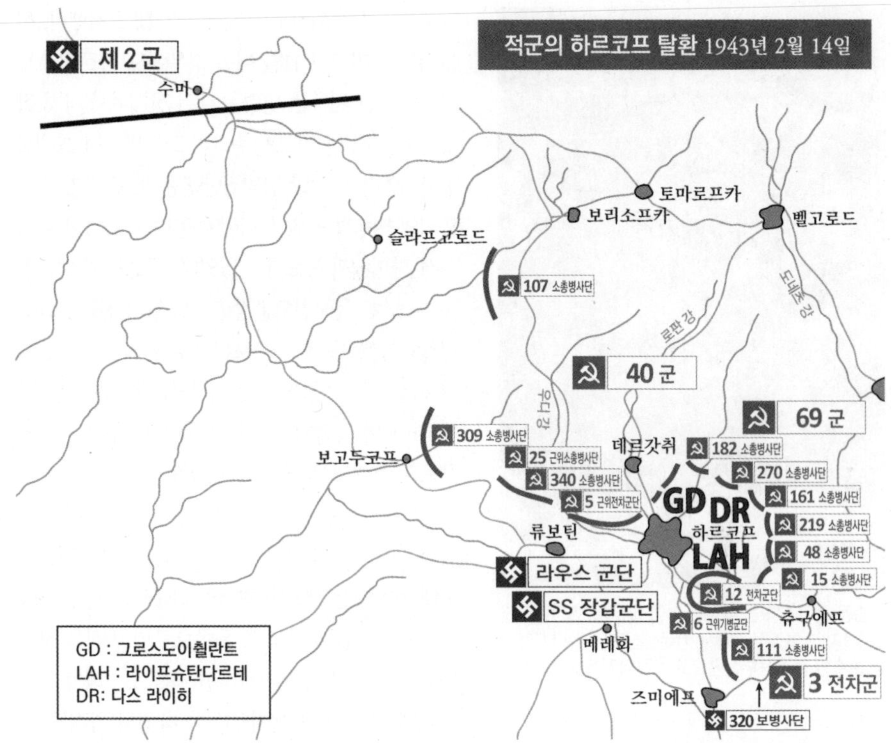


이튿날 2월 15일에는 돌파구를 노린 소련군이 오스노보(Ossnovo) 부근에서 보병과 기갑전력을 증강시키면서 점점 긴장이 고조되어 갔다. 제62근위소총병사단은 새벽부터 하르코프로 향하는 두 개의 도로 양 측면에 버티고 있는 독일군 수비대를 몰아붙이기 시작했다. 오후 4시경에는 로간(Rogan) 북쪽과 서쪽에 위치한 SS전력에 대해 막강한 전차부대를 앞세운 소련군 소총병의 공격이 재개되었다. 보다 북쪽에서는 제69군이 다스 라이히와 그로스도이췰란트 사단에 대해 작심한 공세를 전개하였으며 그 다음날 새벽까지 밤새도록 제69군의 161, 219, 270 3개 소총병사단의 맹렬한 돌진이 전개되었다. 또한, 소련 제5근위전차군단의 지원을 받는 제40군 소속 183소총병사단은 하르코프 시의 서쪽 외곽을 계속해서 때리고 있었다.[07] 거기에 제340소총병사단까지 가세하여 보다 강하게 밀어붙여 보려고 했으나 시 서쪽 주변지역의 숲 지대와 깊게 쌓인 눈으로 인해 마음먹은 대로의 진격은 이루어지지 않고 있었다. 그와 동시에 하르코프 동쪽에서는 제3전차군의 제15전차군단과 제160소총병사단이 다스 라이히와 붙어 격렬한 시가전을 전개하고 있었다. 파이퍼 대대는 다스 라이히의 요청에 의해 같은 날 15일 하르코프로 올라가 북쪽에서부터 오소노보를 공략하도록 지시받았다. 정오 경 5개 중대 병력 전체가 하르코프 남쪽을 치고 들어갔으나 1대의 전차가 격파되는 등 피해가 만만치 않았다. 오소노보를 위요한 작전은 치명적인 인명피해를 동반한 백병전으로 치러졌다.

란쯔 분견군의 란쯔는 만슈타인에게 탄약과 연료가 고갈되어 가는 데다 예비병력도 없어 시의

07 Nipe(2000) p.129

목숨을 걸고 부하들을 살린 파울 하우서 SS장갑군단장. 나치에 협조적이었지만 무장친위대가 나치보다는 순수한 전문전투집단으로 조직되기를 원했다.

남서쪽으로 후퇴하도록 긴급 허가를 요청했다. 히틀러는 이미 2월 11일 어떤 경우에도 하르코프를 사수해야만 된다는 명령을 내린 상태여서 자칫 잘못하면 다시 한 번 스탈린그라드의 비극이 초래될 형국이었다. 하지만 남방집단군은 이 순간까지 히틀러의 명령과 포위를 피해야 한다는 절박한 현지 사정 사이에서 동요하고 있었다. 쿠르트 짜이츨러(Kurt Zeitzler) 육군참모총장도 란쯔와의 전화통화에서 SS사단들은 반드시 포위로부터 구출해야 된다며 히틀러의 명령과 사뭇 배치되는 견해를 제시함에 따라 이 국면에 있어서의 독일군의 의사결정은 극도의 혼란과 혼돈을 빚고 있었다. 즉 하르코프는 사수함과 동시에 남방집단군 좌익의 위협을 덜어주기 위해 SS장갑군단이 로조봐야 방면으로 진출해야 한다는 생각이 최선의 기대치였지만, 시 방어에 매달리면 하르코프 동쪽으로의 반격은 불가능하게 되며, 반격을 가하자면 시를 포기해야 된다는 모순적 상황이 생겨났다.[08] 다행히 가장 늦게 도착한 토텐코프 사단이 완편전력을 바탕으로 위기를 구할 가능성은 없지 않았으나 1개 사단이 하르코프 시 전체를 에워싸고 있는 소련 3개 군을 상대할 수는 없었다. 토텐코프는 실제로 '투울레'(Thule) SS연대만이 바로 투입될 수 있는 상태에 있었고 나머지 병력들은 철도차량으로 하르코프 시 곳곳에 흩어져 있는 철도역에서 하차 중이었다. 소련군 공세정면을 담당한 토텐코프는 병력 열세로 인해 여러 개의 단위부대로 찢긴 상태로 전투를 계속함에 따라 이와 같은 병력밀도의 결여는 이웃에 배치된 다스 라이히와 라이프슈탄다르테에게도 치명적인 위협을 초래하고 있었다. 여기에 소련 제6군이 크라스노그라드를 위협하는 형세로 돌진해 오면서 장차 SS장갑군단의 반격이 개시될 이 도시마저 소련군의 수중에 떨어질 위기가 닥쳐왔다. 소련군 제106소총병여단이 시 동쪽 도로변에 모습을 나타내기 시작했으며 라우스 군단장은 더 이상 시의 북서쪽을 지켜내기가 곤란하며 그날 밤까지 소련군의 시내 진입은 불가피하다고 토로했다.

만슈타인은 황급히 세 가지 명령을 발동했다. 첫째 토텐코프는 하르코프 시 남쪽 40km 지점의 발키(Valki) 근처에 집결, 시의 서쪽을 강타하고 크라스노그라드의 소련군 수비진을 향해 남쪽으로 공세를 취할 것. 둘째, 란쯔 분견군은 만약의 포위 사태를 미연에 막기 위해 하르코프에서 폴타봐로 사령부를 이동시킬 것. 그리고 마지막은 SS장갑군단이 하인리히 히믈러가 지휘하는 베를린의 친위대 본부(SS Führungshauptmat)로 직접 보고하지 못하도록 지시했다.[09] 만슈타인은 어차피 SS장갑군단은 히틀러와 히믈러의 최종 지시를 수용할 수밖에 없을 것이라는 전제하에, 자신의 반격작전

08 NA : T-314 ; roll 118, frame 3.751.689 실제로 SS장갑군단의 로조봐야 진격이 공식적으로 결정된 것은 2월 17일로 기록된다.
09 Nipe(2000) p.122

을 실행에 옮길 유일한 군단병력을 세이브하려면 현장의 SS가 친위대 본부에 불리한 보고를 하지 않도록 하는 것이 긴요했다. 이때까지도 만슈타인은 파울 하우서가 단지 SS이기 때문에 히틀러의 진지사수 명령을 정면으로 어길 것이라고는 생각하지 않았다. 그 때문에 이 세 번째 지시는 그 무엇보다 중요한 만슈타인 개인의 단속이었다. 하지만 이 시각까지도 히틀러는 계속해서 SS사단들이 쪼개져서는 안 되나 시는 무조건 사수해야 된다는 모순적인 명령만 발동했다.

## 하르코프 시 철수작전

이 순간 파울 하우서는 제3제국 친위부대 탄생 이래 가장 경천동지할 결정을 내리게 되는데, 이는 아마도 히틀러의 명령을 정면으로 거부한, 그것도 히틀러에게 개인적 충성을 서약한 무장친위대 부대의 수장급 장성이 독단으로 시를 철수하는 목숨을 건 결정이 내려지게 된다. 파울 하우서의 결정은 스탈린그라드의 재현을 막기 위해 일생일대의 개인적 모험을 감행한 것과 다를 바 없었다. 그의 철수 결정은 나치라는 전대미문의 전체주의 국가체제에서 볼 때 자살행위와 다름없는 행위로 간주되는 것이 당연했으나 군사적으로는 완벽히 정당화되고도 남음이 있었다. 하우서는 2월 15일 당일 오후 1시 SS장갑군단 전체가 시를 철수하도록 긴급명령을 하달했다. 이미 그 전날인 2월 14일 하우서는 SS장갑군단을 포함, 국방군의 최정예 엘리트 사단인 그로스도이췰란트와 제320보병사단을 우디(Udy)강변으로 철수시키기로 단단히 작정한 것으로 보인다.[10] 하우서는 2월 14일 헤르베르트 화알 다스 라이히 사령관으로부터 시의 사수는 더 이상 불가능하며, 만약 퇴각명령이 저녁까지 도착하지 않는다면 다스 라이히는 끝장난 운명이라는 보고를 받았다. 하우서는 란쯔 대장에게 연락, 퇴각명령은 SS장갑군단 전체에 대해 이날 오후 4시 반에 내려질 예정이며 란쯔 분견군이 명령을 직접 내리지 않을 경우, 자신이 모든 책임을 지고 스스로 후퇴를 진행시키겠다고 거의 협박에 가까운 전문을 보냈다. 란쯔는 오후 5시 25분 하우서에게 최후의 일인까지 하르코프 시를 사수하라는 총통의 명령을 엄수할 것을 거듭 촉구하나[11] 하우서는 이미 후퇴명령을 내린 상태에서 지금 번복하는 지시를 내려 봐야 일선에 전달이 안 된다며 난색을 표명했다. 그러나 어떻게 된 셈인지 하우서는 그 날 오후 6시 10분에 번복지시를 다시 접수하고 바로 5분 뒤인 15분께 다스 라이히에게 시의 사수명령을 발동했다.[12] 이번에는 화알 사령관이 난색을 표했다. 어느 나라의 군대든 공격명령에는 느리게 적응하나 후퇴명령에는 지극히 능동적으로 반응하기 마련이다. 화알은 이미 각 제대들이 퇴각 길에 들어선 상태에서 다시 하르코프로 복귀하여 재정비하라는 지시는 말도 안 되며 가뜩이나 차량들의 후퇴행렬이 도로를 메운 상태여서 최초 명령의 번복은 현실적으로

10 NA : T-354 ; roll 120, frame 3.753.593
파울 하우서는 하르코프 철수 결정을 자신의 참모장교인 게오르크 베르거(Georg Berger)에게 처음으로 발설하면서 곧바로 각 사단본부에 연락할 것을 지시했다. 베르거는 총통의 명령은 어떡하느냐고 난처해하자 하우서는 "내 머리가 중요한 게 아니다. 저 바깥에는 지금도 싸우고 있는 내 새끼들이 있다. 나는 그들을 죽게 할 수는 없다."라고 하면서 명령을 이행할 것을 거듭 강조했다. 이에 놀란 오스텐도르프 참모장도 뛰어와 사수명령을 이행해야 되지 않느냐고 반문하자 그래도 하우서는 자신의 생각을 바꾸지 않았다. 후에 하르코프를 재탈환했을 때 하인리히 히믈러가 인종적 우수성을 가진 SS사단들이 저등인간 슬라브족을 멸했다는 요지의 연설을 행하자 하우서는 그 자리에서 격노하여 히믈러에게 대들면서 "하르코프를 따 낸 것은 '젊은 내 새끼'들이 피로 따 낸 것이지 그 따위 인종 이데올로기가 아니다"라고 항의했다고 한다. 그 광경을 직접 목격한 SS본부 소속 고틀로프 베르거(Gottlob Berger) SS장군은 베를린으로 복귀하여 히틀러에게 하우서의 해임을 건의하였으나 히틀러는 이를 묵살하였다고 한다. 하우서가 이처럼 휘하의 장병들을 감싸는 일만큼은 목숨을 걸고 있었다는 것을 증명하는 에피소드이다. 지금도 하우서를 증언하는 그의 부하들은 그의 이름 앞에 '파파(papa)'라는 말을 붙이는 것을 주저하지 않는다. 롬멜, 구데리안, 만슈타인, 독일 국방군 중에서 가장 뛰어났다는 그 누구도 '파파'라고 불리지는 않았다.

11 NA : T-314 ; roll 118, frame 3.751.657

12 NA : T-354 ; roll 120, frame 3.753.595

완전히 불가능하다고 항변했다.[13] 이 시점에서는 하우서가 한 발짝 물러나 총통의 부하로서 란쯔의 충고를 따르려 했던 것으로 판단하는 도리밖에 없을 것이다. 만약 이와 같이 분 단위 간격으로 변하는 독일군의 전문내용이 정말 맞다고 한다면. 그러나 여기서 이런 추측을 정당화해 볼 수 있을 것이다. 란쯔는 하우서가 오후 4시 반에 철수예정이라고 보고했는데도 이미 그 시점으로부터 40분이나 지나 하우서에게 총통의 지시를 따르라고 명한다. 하지만 란쯔 역시 총통의 명령을 어기건, 자신의 분견군을 구하지 못하게 되건, 어차피 책임은 자신에게 있다는 사실은 명백하므로 하르코프에서 군을 빼는 것은 군사적으로 지극히 타당한 결정이라는 사실에 암묵적으로 동의했다는 가정도 가능할 것이다. 란쯔와 하우서, 하우서와 화알이 구체적으로 어떤 대화를 나누었는지에 대해서는 어떠한 종류의 서면 자료도 남아 있지 않다는 점을 본다면, 란쯔와 하우서가 미리 짠 것은 아니지만 최소한 시를 포기해야 한다는 점에서는 의견의 일치를 보았을 것이라는 추측은 결코 부정하기 어려운 측면이 있다. 그 절박한 상황에서 란쯔가 만약 하르코프를 제2의 스탈린그라드로 만들려 했다면 전문을 받자 마자 하우서에게 시를 사수하라고 난리를 피웠어야 했다. 하지만 그는 그러지를 않았다. 40분 동안이나 그저 고민만 했을까? 좀 더 상상력을 동원하자면 란쯔와 하우서는 일단 문서기록상으로 두 사람이 총통의 지시를 지키려 했다는 흔적은 남겨두되 최종적으로는 부하들을 살리자는 데 오랜 무인들의 직감으로 암묵의 타협을 보았을 것이라는 시나리오도 떠올릴 수 있을 것이다.

만슈타인이 언젠가 기회를 보아 소련군에 대한 대반격 작전을 준비하고 있는 것은 이미 이 시점에서는 널리 유포되고 있었던 형편이라 만약 하우서가 사수명령에만 의지했다면 SS장갑군단이 최소한 괴멸되지는 않는다 하더라도 만슈타인 반격계획의 주축이 될 수는 없었을 것이다. SS장갑군단을 예하에 두고 있던 란쯔 대장이 만슈타인에게 하르코프 시 철수 건을 보고한 순간, 만슈타인은 하우서의 일생일대의 결정을 정당화하고 퇴각기동에 필요한 조치를 취할 것을 승인했다. 하르코프 철수는 이로써 공식화되었으며 이 시기 가장 귀중한 자산이었던 SS장갑군단은 괴멸 직전에서 살아남는 결과를 얻었다.[14] 1943년 봄 이 순간, 어쩌면 이 시기 독일 동부전선의 가장 중대한 결정이 내려짐과 동시에 전장의 전환점을 만드는 기묘한 역사가 만들어지게 된다.

만약 국방군 사령관이 그러한 결정을 내렸다면 곧바로 즉결 처분되었을 것이나 결정을 내린 장본인이 무장친위대 창설자의 한 사람인 파울 하우서였기에 잔인한 처형이나 즉각적인 인사조치를 행할 수가 없는 형편이었다. 하우서는 당연히 목숨 걸고 내린 결정이라 덤덤했고, 란쯔 대장도 만슈타인도 이 상황에서는 이미 해임을 각오하고 있었던 것으로 추측되나, 의외로 히틀러는 후퇴 소식에 길길이 날뛰면서도 하우서를 그대로 두었다. 사기 문제도 있거니와 SS군단장을 히틀러 스스로 처단하는 것은 너무 위험부담이 큰데다 생생한 완편 기동전력이라고는 SS장갑척탄병사단들 밖에 없어 이전처럼 모스크바 침공 실패시 구데리안 제2장갑집단 사령관을 자르듯이 과격한 의사결정을 할 분위기는 아니었던 것 같다. 다만 란쯔는 나중에 해임되어 란쯔 분견군은 켐프 분견군으로 개칭되게 된다. 란쯔는 그때까지 잘 버텼으나 하르코프 함락의 책임을 지고 희생양이 되는 신세를 졌다.

13 NA : T-354 ; roll 120, frame 3.753.595
14 NA : T-314 ; roll 118, frame 3.751.678

전직 히틀러의 부관인 라이프슈탄다르테 1장갑대대장 막스 뷘셰. 마이어와 죽이 잘 맞아 장갑부대와 장갑척탄병들의 현란한 콤비플레이로 수많은 전과를 올렸다. 나치의 기록영화 가운데 1940년 프랑스 함락 당시 베를린 총통집무실 발코니에서 히틀러와 괴링이 환호하는 군중들에게 답하는 장면에서 뒤편에서 있던 장교가 바로 막스 뷘셰다. (Bild 146-1976-096-007)

다만 철수 그 자체가 그리 간단하지는 않았다. 퇴각로는 소련군이 3면을 모두 에워싼 상태에서 남서쪽 하나밖에 존재하지 않았다. 더욱이 시를 철수하려는 순간 시민들의 봉기가 발생하여 민간인들이 등 뒤에서 독일군을 저격하는 일이 발생해 시는 온통 아수라장이 되어 갔다. 파울 하우서의 군단 주력은 전차들이 앞장서 장갑척탄병들의 길을 터주고 포병대, 대공포 병력 및 장갑공병들이 측면을 엄호하면서 소련군 추격부대를 따돌린 뒤 우디강 변으로 선회하였다. 다스 라이히의 후방 경계부대가 불타는 시가를 뚫고 마지막으로 빠져나온 것은 그로부터 24시간이 지난 후였다. 시의 북서쪽을 지키던 그로스도이췰란트도 돌격포가 맹활약하는 가운데 마지막 후방 경계부대의 합류를 기다려 다시 시 중앙을 통과해 기민한 퇴각기동을 구사했다. 이때의 독일 장병들은 총통의 명령이나 지시가 아니라 최전선에서의 경험과 감각에 의지해 본능적으로 움직이고 있었다. 이날 오후 1시 30분 라우스 군단은 시를 더 이상 지탱하기가 힘들다고 판단하고 군단본부를 이미 시 남쪽 메레화(Merefa)로 옮겼음을 보고한 바 있었다. 다스 라이히의 '도이췰란트' SS연대도 소련군의 정면공격으로 인해 질서정연한 후퇴가 불가능한 상황이었고 하루 동안 3번에 달하는 적의 연쇄공격을 받아 총 인원이 겨우 36명으로 줄어들었다. SS공병중대가 겨우 박격포와 기관총 사격으로 소련군을 격퇴시키면서 진지를 사수하기는 했으나 이미 너무 깊숙이 들어온 소련군 주력을 솎아내기는 불가능하였다.

프릿츠 뷔트 제1SS장갑척탄병연대는 베레카에서 다시 한 번 쿠르트 마이어 정찰대대와의 연결을 위해 2월 15일 새벽에 기습을 감행하고 헤르만 달케(Herman Dalke) SS상사가 마을 정면돌파를 시도했으나 베레카의 소련군도 필사적으로 저항함에 따라 양군의 피해가 공히 막심한 사태를 드러냈다. 베레카의 소련군이 강고한 방어진지를 구축하고 타라노브카의 병력도 동쪽으로부터 독일군을 압박해 오자 2월 16일 재개키로 했던 공격은 중지되었다. 대신 독일군은 돌격포를 이용해 타라노브카를 공격하였으며 마을의 남쪽 구역은 대충 점령했음에도 불구하고 소련군 수비병력을 일소하지는 못했다.[15]

이 숨 가쁜 시기, 다스 라이히의 주력은 일찌감치 하르코프 시로부터 철수 중이었으며 라이프슈탄다르테는 여전히 남동쪽에서 혈전을 벌이고 있었고, 그로스도이췰란트는 시 북쪽과 북서쪽에서

15 Lehmann(1993) p.99, pp.103-4, Nipe(2000) pp.132-3

로조봐야로 진입하는 소련군 제6근위기병군단 소속 소총병들

압도적으로 많은 소련군 침공부대와의 접전에서 사력을 다하고 있었다. 2월 14~15일간 소련군은 우디강 계곡을 통과한 뒤 철도선을 따라 시내로의 진입을 시도하고, 2월 15일 오전 11시에는 제40군 183소총병사단이 데르갓치의 독일 수비진을 돌파하여 시의 북쪽 끄트머리를 장악하기에 이르렀다. 그로스도이췰란트는 오후 2시 우디강 서쪽으로 후퇴하도록 결정되었으며, 이는 다스 라이히의 하르코프 시 철수와 거의 비슷한 시점에 동시적으로 이루어지게 된다.

소련군은 이제 거의 전방위적으로 독일수비진의 빈틈을 찾아 시 안으로 치고 들어오는 형세를 취했으며, 제62근위소총병사단과 제179전차여단은 오소노보 서쪽, 즉 시의 남동부에서 주도로를 따라 시내로 들어왔고, 다스 라이히 '도이췰란트' SS연대가 자리를 비운 틈을 타 소련군 제15전차군단 및 제160소총병사단이 큰 전투 없이 빈 공간을 장악했다. 어차피 시의 철수가 기정사실화 된 상태에서 문제는 여하히 독일군 전체가 무사히 남쪽으로 퇴각하도록 교란행동을 강화시킬 수 있는가 하는 과제에 달려 있었다. 이 숙제는 가장 전방에 놓인 다스 라이히의 몫이었다. 독일군이 하르코프를 떠날 무렵 소련군은 시내로 물밀 듯이 진입하기 시작했다. 16일 새벽 제40군 340소총병사단은 하르코프 서쪽에서부터 공략해 들어왔고, 제183소총병사단은 북쪽으로부터 진격해 들어와 그로스도이췰란트가 지키고 있던 자리를 장악했다. 제40군과 공조한 제5근위전차군단은 독일군의 역습을 의식해서인지 서쪽으로부터 주도로를 따라 시 북쪽에 위치한 큰 광장을 향해 다소 조심스럽게 전진했다. 제5근위전차군단의 25근위소총병사단과 1개 차량화소총병여단은 제340소총병사단의 우익에서 접근해 들어갔다. 리발코 제3전차군 62근위소총병사단과 160소총병사단은 시의 남쪽과 동쪽에서부터 침투해 들어갔다. 더 남쪽에 있었던 제184소총병사단의 일부 병력은 제111소총병사단을 지원하여 오코차에에서 포위되어 빈사상태로 있던 제6근위기병군단을 구출하는 일에 착수했다.

하르코프 후퇴과정에서 후방경계임무를 맡았던 그로스도이췰란트 사단의 오토 에른스트 레머 소령. 전쟁 말기에 사단 규모로 팽창한 '총통경호여단'(FBB) 사단장을 맡았다.

15~16일 양일간 다스 라이히는 무려 3개 군의 제대와 혈투를 전개하면서 시 외곽 방어와 내부 시가전에 몰입해 있었다. 제69군의 제대는 15일 다스 라이히 사단이 최초로 방어하던 구역을 접수하였으며 제3전차군 15전차군단과 제160소총병사단은 같은 날 시내로 진입하여 다스 라이히와 일시적으로 스탈린그라드를 방불케 하는 격렬한 전투를 경험하고 있었다. 16일 오전 10시 제3전차군은 마침내 제르진스키(Dzerzhinsky) 광장으로 진입하여 제40군 184소총병사단과 합류하는데 성공했다. 다스 라이히는 시 내부에서 단위병력들이 갈가리 찢긴 채 도저히 시의 사수가 불가능한 시점을 포착, 소련군 선봉부대들에게 적절히 잽을 구사하면서 정오 경에 철수를 완료했다. 다만 다스 라이히는 그냥 도주만 한 것은 아니며 마지막 퇴로의 뒷정돈을 맡은 부대가 은밀하게 매복하여 추격하는 소련군 병력을 가격, 무려 15대의 소련군 전차를 파괴함으로써 추격의지를 떨어트리고자 노력했다. 한편, 라이프슈탄다르테 13중전차중대 소속 티거들은 독일군의 철수작전을 지원하기 위한 후방 경계역할에 투입되었다. 티거들은 원거리에서 소련군의 접근을 차단시키면서 철수부대의 주력이 피해를 입지 않도록 만전을 기했으며 그나마 티거의 장거리 주포 사격 덕에 소련군의 추격의지를 떨어트린 것은 다행이었다.[16]

란쯔는 이날 오후 5시 파울 하우서와 라우스 군단장과의 협의를 끝낸 다음 만슈타인에게 우디강 변으로 퇴각하는 것은 현 상황에서 보아 탈출을 위한 유일한 길이며, 란쯔 분견군에게 시의 사수와 대반격의 준비를 동시에 하라는 모순되는 두 가지 과제를 도저히 이행할 수 없어 하우서 휘하 SS장갑군단의 후퇴를 최종 동의한다고 보고하였다. 아울러 다스 라이히의 일파가 후퇴 중이라는 소식을 듣고 놀란 육군총사령부의 서면보고 요구에 대해서는 동일한 시각에서 상황의 전개를 보고하면서도 란쯔는 시의 포기를 두고 하우서에게 책임을 전가시키지 않는 군인다운 담대함을 보였다. 란쯔는 다스 라이히, 라이프슈탄다르테 및 그로스도이췰란트 3개 사단이 막아야 할 병력이 소련군 20개 소총병사단, 10개 전차여단, 그리고 2개 전차연대와 2개 기병사단이라는 점을 새삼 주지시키면서 동 후퇴를 군사적으로 정당화시키는 결론을 도출했다. 결국 다음 차례 반격을 준비해야 한다면 이들 3개 SS사단 이외에 다른 병력이 없다는 점을 자신의 목숨을 걸고 강조한 것이었다.

전면적 후퇴가 기정사실화된 시점에서 남방집단군은 아래와 같이 부대를 재편성할 것을 요구했다. 어차피 란쯔는 소련 제6군, 제3전차군 및 제69군과 40군, 도합 4개 군을 상대해야 했으며,

16 Kurowski(2004) Panzer Aces, p.302

그로스도이췰란트 돌격포대대 소속 페터 프란쯔 소령. 사진은 1943년 4월 14일, 백엽기사철십자장 서훈식 후 부하들의 무등을 탄 장면.

라이프슈탄다르테는 하르코프 남쪽의 현 위치를 사수하고, 다스 라이히, 그로스도이췰란트 및 제320보병사단은 서쪽의 류보틴과 동쪽의 보로보예(Borowoje) 사이의 우디강을 따라 새로운 방어진을 구축하도록 지시했다. 지칠 대로 지친 제168보병사단은 보르스클라강 계곡 쪽으로 들어오는 소련군을 저지하도록 주문했다. 다스 라이히가 다 빠져 나간 뒤 16일 늦게까지 하르코프를 가장 마지막으로 지키고 있었던 것은 그로스도이췰란트의 장갑척탄병들이었다. 이제 그들이 도주할 차례였다. 이 시점은 하필이면 밤이라 소련군도 독일군도 앞이 안 보이는 상황에서 서로 조심할 수밖에 없었는데 그로스도이칠란트는 후미에서 사단 주력의 퇴각을 안전하게 엄호하기 위해 오토 레머(Otto Remer) 소령의 장갑척탄병대대를 남겨 두었으며 이 마지막 부대를 지원하기 위해 페터 프란쯔(Peter Frantz)의 돌격포대대가 레머 부대와 합류하도록 지시했다. 3호 돌격포 20대로 무장한 프란쯔의 대대는 레머의 부대가 보이지 않자 초조한 나머지 우선 돌격포 1대를 정찰 보냈으며 워낙 어두운 밤이라 적과 아군이 구분되지 않는 상태에서 독일 돌격포가 우군에게 사격을 가해 피해를 입히는 등, 당시의 상황은 극도의 긴장과 초조감이 전선을 휘감고 있었다. 다행히 정찰에 나섰던 돌격포 1대가 레머를 발견하여 프란쯔 대대는 레머 대대 주력과 최종적으로 합류, 마지막까지 뒷정리를 하던 소대원들까지 모두 무사히 구출해 냈으며 소련군의 추격을 따돌리기 위해 최후의 교량을 폭파한 공병대원들까지 구해내어 사단이 후퇴한 하르코프 시 서쪽 지점까지 안전하게 후퇴작전을 종료했다. 오토 레머 부대가 시를 빠져나갈 무렵, 미리 시 내부로 진입해 들어왔던 소련군들이 건물 창문과 폐허로부터 집중 사격을 가해 온 것은 당연했다. 소나기 같은 사격에도 불구하고 레머의 후방경계부대는 큰 피해 없이 무사히 빠져나오는 행운을 누렸다.[17]

17 Weidinger(2002) Das Reich III, p.462

프란쯔 대대는 쉴 틈이 없었다. 그로스도이췰란트 사단의 휘질리어 연대가 류보틴에서 소련군 제5근위전차군단의 습격을 받아 콤무나(Kommuna) 마을 근처에서 고립되자 프란쯔 돌격포대대는 소련군의 예상을 뒤엎는 기습을 전개, 적군의 측면을 돌파하여 길바닥에 깔린 보병들을 연쇄적으로 사살하면서 휘질리어 연대가 그대로 류보틴으로 진격하여 그로스도이췰란트 정찰대대와 합류하도록 지원했다.[18] 2월 16일 하르코프 시는 한 마디로 북새통이 되었다. 소련 3개 군이 한꺼번에 하르코프 시내로 진입해 교통체증이 증가하는 가운데 질서를 잡기 위한 인원도 배치되지 않은 상태에서 개별 군에 소속된 제대의 소재파악도 곤란한 상황이었다. 게다가 3개 군의 병사들이 3일씩이나 시내에 머물면서 아까운 시간을 다 낭비하고 있었다. 독일군의 보급품 창고에서 음식과 술을 빼내 흥청거리기 시작하자 장교들의 통제는 거의 불가능한 지경에 이르렀다. 이전에 로조봐야를 탈환했던 소련군들이 보였던 똑같은 행태였다. 덕분에 후퇴하는 독일군은 다소의 숨통을 고를 여유는 가질 수 있었다.

란쯔 분견군 대부분이 하르코프 남서쪽으로 후퇴하여 새로운 수비진을 구축하고 있을 무렵 제168보병사단은 보르스클라강 변의 좁은 계곡지대에서 사실상 고립되어 있었다. 제5근위전차군단의 진격에 의해 그로스도이췰란트와도 단절되었던 제168보병사단은 2월 16일 소련군의 밀어붙이기에 눌려 당시 위치보다 더 서쪽으로 쫓겨났다. 엎친 데 덮친 격으로 제40군이 하르코프 시 함락 이후 병력을 재편성한 뒤 서쪽으로 진격하여 사단의 위치를 지속적으로 위협하는 상황이 발생했다. 그러나 란쯔는 장차 반격을 준비할 SS장갑군단이 재정비중인 하르코프 남동쪽의 수비를 강화하는 것이 급선무여서 제168보병사단의 구원에는 여력도 관심도 없었던 것으로 보인다. 여기에 남방집단군 사령부는 독일 제1장갑군의 측면 깊숙이 진격하려고 하는 소련 제6군을 막아야 한다며 란쯔 분견군이 지키고 있는 구역에 심각한 우려를 표명했다. 소련 제3전차군은 란쯔 분견군과 제6군 사이에 포진되어 있어 란쯔 분견군이 제6군의 기동까지 커버하기는 힘들게만 보였던 시점이었다. 2월 11일 크라스노아르메이스코예가 소련 제6군의 수중에 떨어진 이래 독일군의 고민은 더 깊어져 가고 있었으며 제1장갑군의 서쪽 측면과 하르코프 사이의 광범한 구역이 빈 공간으로 남게 되어 이곳은 소련군이 행동의 자유를 만끽할 수 있는 환경이 조성되고 있었다.[19] 2월 17일 하우서 군단장은 정찰기를 타고 라이프슈탄다르테의 상황을 점검한 뒤 란쯔 분견군 사령부로 날아가 새로운 지시를 수령했다. 당초 우디강 서편으로 후퇴하기로 결정한 데 이어 SS장갑군단 병력은 보다 남서쪽의 므샤강 뒤편까지 물러난다는 수정된 결정이었다. 란쯔는 만슈타인의 반격작전이 가동되기 위해서는 보다 안전하게 뒤로 물러난 다음 하르코프 남서쪽의 크라스노그라드에서 병력을 재편성하는 것이 타당하다는 생각을 가지고 있었다.

만슈타인은 하르코프가 함락될 경우 소련 제6군은 파블로그라드와 드네프로페트로프스크로 향할 것으로 한동안 예상하고 있었다. 그의 우려는 만약 소련군이 로조봐야 철도교차점이나 파블로그라드, 아니면 시넬니코보 철도역에 도달한다면 당연히 폴타봐로 연결되는 철도선을 단절시킬 것이라는 시나리오에 의거해 있었다. 그 와중에 제6군 우측의 3개 소총병사단들이 북부 도네

오토 레머는 1944년 7월 히틀러 암살사건 당시 히틀러로부터 직접 전화를 받은 후 거사를 모의한 주동자들을 잡아들인 인물이다. 이 사건에 대한 레머의 처신에 대해서는 엄청난 역사적 논란이 계속되어 왔으나 정치적 파문과는 별개로 전장에서는 용감하고 강직했던 군인으로 알려져 있다.

18 McGuirl & Spezzano(2007) p.102, Nipe(2000) pp.136-7

19 Glantz(2011) pp.131-2

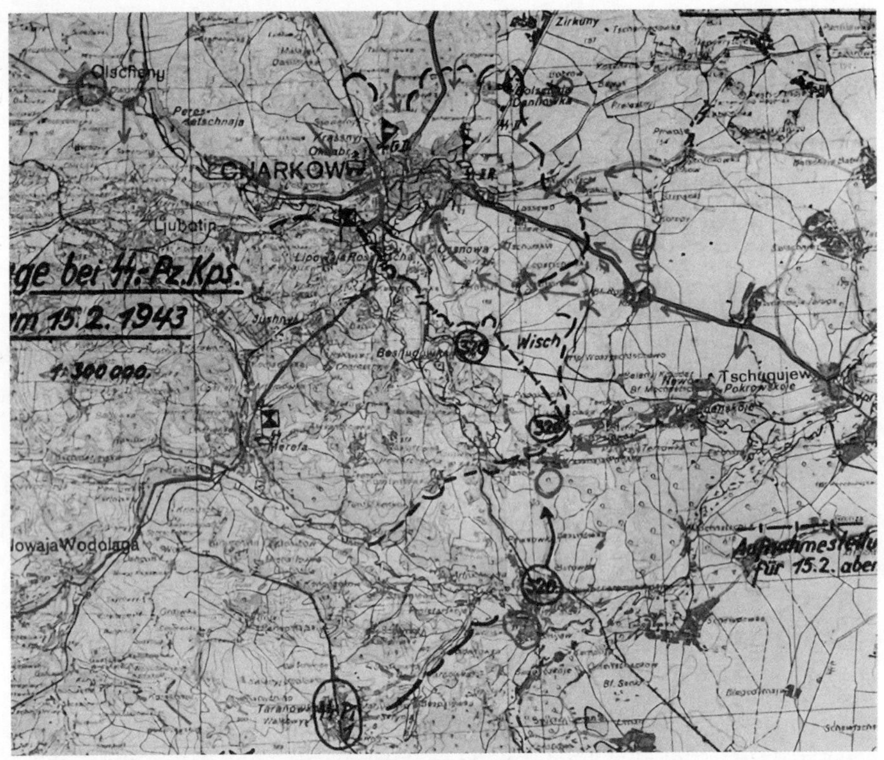

1943년 2월 15일, 하르코프 함락 직전 독일군 상황도

츠의 서편으로 진격해 나가면서 드네프로페트로프스크-크라스노그라드-하르코프 철도연결선을 겨냥했다. 그 중 소련 제6소총병사단은 같은 날 크라스노그라드에서 25km 떨어진 지점까지 도달했으며 더 남쪽에서는 제106소총병여단과 267소총병사단이 같은 철도선을 따라 페레쉬쉐피노(Pereschschepino)로 진격해 들어가고 있었다. 게다가 제6군의 왼쪽 측면에서 남진하는 제1근위군의 소총병사단들이 크라스노아르메이스코예-그리쉬노 지점에서 제4근위전차군단에 의해 이미 차단당한 드네프로페트로프스크-파블로그라드-크라스노아르메이스코예 철도거점들을 장악하게 될 위험이 불거져 나왔다. 드네프로페트로프스크-크라스노그라드-하르코프 철도연결선이 소련군에 의해 점령당한다면 하르코프 시내로 연결가능한 라인은 오로지 폴타바-류보틴 선이 유일하게 잔존하게 되는 셈인데, 이 역시 2월 16일에 류보틴-하르코프 구간이 소련군에 의해 차단된 상태였기 때문에 병참과 기동방어 계획수립 상에 있어 란쯔 분견군과 제1장갑군 모두에게 심각한 위협요인으로 작용하고 있었다.

# 4 만용과 현실감각의 차이

## 소련군의 공격 재개

봐투틴의 남서방면군은 포포프 기동집단과 제3근위군의 기동전단(제8기병군단, 제2근위전차군단, 제1근위기계화군단), 그리고 제1근위군의 기동전단(제1근위전차군단, 제25전차군단)을 총동원, 북쪽에서 돈바스 지역으로 진입했다. 로스토프를 따낸 소련 남부방면군 제2근위군은 동쪽에서부터 돈바스를 향해 서진하여 집단군의 동쪽 측면을 공략할 예정이었다.[01] 그간 북부 도네츠강 도하작전(1월 30일~2월 14일)에서 가장 뚜렷한 전과를 낸 제3근위군에게는 18일까지 데발쩨보, 22일까지 스탈리노를 점령하도록 지시했다. 제8기병군단 휘하 21, 35, 112기병사단은 그간의 공적을 치하하여 모두 '근위'(guards) 명칭을 부여하여 각각 제14, 15, 16근위기병사단으로 개칭되었으며 제8기병군단도 제7근위기병군단으로 이름이 바뀌게 되었으나 봐투틴은 여타 제대에 대해서는 의욕부족이라는 죄명(?)으로 심하게 질타했다. 2월 15~16일까지 소련군이 서쪽의 하르코프와 동쪽의 도네츠강 유역에서 작전의 중간목표들을 달성하는 데는 큰 문제가 없어 보이기까지 했다. 그 때문에 봐투틴은 2월 17일 단순히 돈바스 지역을 장악하는 것뿐만 아니라 모든 독일군 병력을 드니에프르강 서쪽으로 내몬다는, 즉 드니에프르강 동쪽의 독일군을 완전히 격멸하겠다는 의지를 담은 전문까지 모스크바에 보고할 정도였다.

그러나 독일군은 봐투틴이 차기 목표로 옮겨 가기 전인 같은 날 17일 반격을 개시했다. 독일군 제17장갑사단에서 차출된 1개 전투단은 40대의 전차를 동원, 17일 저녁까지 14근위기병사단이 지키고 있던 바론스키(Baronskii) 철도역, 뎀첸코(Demchenko) 국영농장 및 소휘에프카(Sofievka) 마을을 점령하고, 제6장갑사단의 별도 전투단은 고로디쉬췌(Gorodishche)를 장악한 뒤 북쪽으로 올라가 익일에는 제17장갑사단의 전투단과 연결되었다. 18일, 봐투틴은 데발쩨보를 점령하기로 된 날짜에 오히려 7근위기병군단이 포위망에 갇혀 생존을 위한 저항을 하고 있음을 깨닫게 된다.

한편, 서쪽의 제1장갑군은 2월 15일을 기점으로 그동안 결정을 미뤄오던 슬라뷔얀스크를 포기했다. 제40장갑군단을 포함한 제1장갑군 제대는 슬라뷔얀스크에서 거의 2주 동안 격전을 치르면서 소련군을 봉쇄했으나 만슈타인의 반격에 합류하기 위해 시를 포기하고 2월 18일에는 로조봐야를 거쳐 바르붼코보에서 행군해 온 제333보병사단과 접촉했다.[02] 이는 사실상 만슈타인의 반격준비를 위해 서쪽으로 이동하기 위한 전술적 기동이었는데, 제7장갑사단이 마지막으로 슬라뷔얀스크를 떠나자 소련 제4근위소총병군단의 제38, 57근위소총병사단 및 제195소총병사단이 시내로 밀어닥쳤다. 독일 제3장갑사단은 일단 소련군의 추가 진격을 방해하기 위해 시 남쪽에 잠정적으로 수비라인을 형성하기 시작했다. 제4근위소총병군단의 제38, 57근위소총병사단, 그리고 제195소총

01 NA : T-313 ; roll 42, frame 7.281.250
02 NA : T-313 ; roll 42, frame 7.281.289-291

하르코프 방어전에서 파괴당한 독일 4호 전차. 라이프슈탄다르테 장갑연대 5중대 소속 528호 전차로 확인되었다.
(Bild 101I-330-3021-21A)

병사단은 자신들이 시에서 독일 제7장갑사단을 쫓아낸 것으로 착각할 수도 있었으며, 제7장갑사단의 도주는 아무래도 독일군이 드니에프르 서쪽으로 퇴각할 것 같다는 봐투틴의 기존 추측을 더욱 강화하는 요인으로 작용했을 가능성이 높았다. 한편, 제10전차군단은 크라스노아르메이스코예의 제4근위전차군단과 접선, 그리쉬노의 방어진을 공고히 다졌다.[03]

2월 16일 소련군 제111, 184소총병사단은 하르코프 시의 함락에 이어 곧바로 제6근위기병군단을 지원하기 위해 공세로 전환했다. 제6근위기병군단은 제201전차여단 및 37소총병여단과 함께 즈미예프 서쪽의 므샤강에 집결하여 제184소총병사단의 도착을 기다리면서 재편성 작업에 착수했다. 제15전차군단은 하르코프를 관통해 류보틴 서쪽 도로상의 독일군 병력과 교전상태에 들어갔고, 제12전차군단은 우디강 서쪽으로 밀려난 독일군을 봐시쉬췌보(Vasishichevo)에서 가격하기 시작했다. 2월 17일에는 제40군의 제107, 309소총병사단이 아무런 독일군의 저항을 받지 않은 채 그라이보론과 보고두코프(Bogodukhov)를 따냈다. 크라스노그라드 남쪽에서는 제35근위소총병사단이 파블로그라드를 장악하고 이탈리아군 잔존 병력을 소탕하기 시작했다.[04] 파블로그라드가 탈환됨에 따라 보로네즈방면군은 드니에프르까지 겨우 48km를 남겨놓고 있었다.

17일 이 날은 비교적 전투가 상대적으로 적었던 날로서 다스 라이히가 후퇴 뒤의 반격을 위해 크라스노그라드에서 재정돈, 재충전의 기회를 가지고, 장거리를 뛴 제7장갑사단도 크라스노아르메이스코예 북동쪽 크라스노예(Krasnoye)에서 휴식의 시간을 가졌다. 여하간 제7장갑사단의 후퇴는 소련군으로 하여금 독일군이 정말로 드니에프르강 건너편으로 이동하는 게 분명하다고 잘못된 확

03 NA : T-313 ; roll 42, frame 7.281.175, 7.281.214-215
04 Glantz(1991) p.114

신을 갖게 하는 무언의 소득이 있었다. 이 시기의 소련군은 그야말로 파괴적인 속도로 스탈린그라드, 쿠르스크, 벨고로드, 하르코프를 차례로 무너뜨리면서 맹목적으로 승리에 도취되어 있었다.

더욱이 히틀러에게 개인적 충성을 맹세한 SS부대들이 총퇴각의 명령이 내려지기도 전에 시를 포기하고 빠져나갔다는 것은 소련군 지도부로 하여금 이제 독일군이 물리적으로나 정신적으로나 한계에 도달했을 것 같다는 잘못된 믿음을 갖게 했다. 이 착각이 엄청난 재난을 초래하게 되는 것은 조만간 증명이 될 것이나 서쪽의 하르코프와 동쪽의 슬라뷔얀스크가 소련군의 수중에 떨어지면서 무려 130Km에 달하는 동서 구간의 갭이 갑자기 발생하자 당시에 그러한 재앙이 소련군에게 이내 다가올 것이라고는 아무도 생각하지 못했다.

하르코프 시를 점령했던 소련군은 시내에서 3일을 노닥거리더니 2월 18일 공격을 속개했다. 우선 제3전차군은 라우스 군단이 포진한 하르코프 남서쪽을 향해 진격, 제15전차군단이 류보틴에서 피곤에 지친 그로스도이칠란트를 밀어붙이고 코로티쉬(Korotisch) 돌출부를 지키고 있던 그로스도이칠란트 제3장갑척탄병연대 소속 2개 중대를 전멸시켰다. 또한, 제12전차군단은 제111소총병사단과 함께 라우스 군단 수비축선을 뒤흔들기 위해 코로티쉬(Korotisch) 돌출부 남쪽에 위치한 메레화를 공략, 처절한 시가전 끝에 드디어 메레화를 장악하게 되었다. 다만 메레화 공략에 선봉을 담당했던 제12전차군단은 독일 제320보병사단이 거의 모든 구역에서 완강히 버티는 통에 시에서 남북으로 펼쳐진 므샤강은 도하하지 못했다. 그러나 여하간 소련군은 하르코프 함락 이후 공격재개 24시간 만에 우디강을 넘어 독일군을 므샤강 변으로 밀어붙였으며 하르코프의 남문에 해당하는 메레화를 따내는 탄력을 과시하고 있었다.[05]

그로스도이칠란트는 류보틴에서 제15전차군단과 맞붙어 완강히 저항함으로써 결국 제160소총병사단과 제15전차군단 195전차여단이 류보틴을 우회하여 스타리 메르치크로 향하도록 유도해냈다. 이처럼 라우스 군단은 소련 제3전차군이 본격적으로 하르코프 남부지역으로 남하해 오는 전반적인 공세확대를 지능적으로 막아내면서 SS장갑군단의 반격공세를 위한 시간을 벌게 해 주었다. 그로스도이칠란트와 제320보병사단의 그와 같은 아웃복싱은 제3전차군 전력을 경향적으로 소모하게끔 만들어 가고 있었다. 18일 제3전차군이 가진 전차는 110대로 떨어져 있었다.

그로스도이칠란트는 몇 개의 전투단을 구성, 정찰대와 공병, 돌격포 및 포병중대로 편성된 1개 전투단을 코프야기 정면에 배치하여 소련군의 추가적인 돌파를 막아냈고, 다른 소규모 전투단은 소련군의 예비병력이 별로 없다는 점을 간파하여 적절한 역습을 통해 전선을 안정시켜 나갔다.[06]

한편, 돈바스 전구에서는 독일군이 슬라뷔얀스크를 빠져나감과 동시에 2월 16~17일 포포프 기동집단의 제4근위전차군단이 공세를 재개했다. 궁극적인 진격방향은 파블로그라드와 노보-모스코프스크(Novo-Moskovsk)를 경유해 드니에프르로 맞춰져 있었으며 선봉대는 벌써 드네프로페트로프스크와 자포로제 방면을 압박해 나가고 있었다. 심각한 문제는 이 구역에 독일군의 아무런 수비대가 존재하지 않는다는 사실이었다. 그저 할 수 있는 것이라고는 온갖 잡동사니 단위부대들의 잔존병력으로 끌어 모은 슈타인바우어 그룹(Gruppe Steinbauer)을 동원해 드네프로페트로프스크로부터 노보-모스코프스크 사이의 갭을 방어하도록 조치하고, 제15보병사단이 황급히 드네프로페트로

05 Kirchubel(2016) p.144
06 NA : T-314 ; roll 490, frame 98-108

하르코프 시가지로 진입중인 T-34

프스크에서 하차해 1개 연대병력을 시넬니코보로 급파하는 정도였다. 소련 제6군의 좌익은 라이프슈탄다르테와 힘겨루기를 하게 될 상황이었음을 감안해 SS장갑군단의 주력이 집중해 있는 지역을 우회해 남쪽으로 돌아들어가는 형세를 취했다. 곤란한 것은 이미 그 중 일부 사단들이 서쪽의 크라스노그라드-노보 모스코프스크 도로를 넘어섰으며 일부 제대가 북서쪽으로 방향을 틀었다는 첩보였다. 또한, 18일에는 제1근위군의 6근위소총병군단이 제195소총병사단의 지원을 받아 슬라뷔얀스크에서 바르뷘코보를 지나 로조봐야로 향하는 진군을 지시하였으며, 제44, 58근위소총병사단도 해당 전구를 제3근위군에게 인계하고 독일군의 퇴각로를 따라 서쪽으로 진격하도록 조정되었다. 제1근위군의 제35근위소총병사단은 휘하의 1개 연대를 노보-모스코프스크로 보내어 드네프로페트로프스크에서 크라스노그라드로 연결되는 철도선을 차단하려 했으며, 2개의 연대는 시넬니코보로 향하게 했다. 노보-모스코프스크를 점령한 1개 연대는 연료가 떨어져 그 자리에서 '닥인'(dug-in) 상태로 정지하고 말았으며 나머지 2개 연대는 제1근위기병군단 41근위소총병사단과 합류하였다. 시넬니코보에서 합쳐진 소련군 병력은 새로 도착한 독일군 제15보병사단이 지키고 있던 마을을 공략하였으나 실패로 끝나고 말았다. 2월 19일에는 제6군이 제6, 172소총병사단을 앞세워 크라스노그라드 15km 지점 안으로 진입하였으며 페레쉬쉐피노(Pereschschepino)는 제267소총병사단에 의해 점거 당했다. 한편, 제6군이 드니에프르강으로 접근한 것에 맞춰 봐투틴 남서방면군 사령관은 제25전차군단과 제1근위기병군단을 제6군에 배속시키고 제1근위전차군단을 예비로 돌렸다. 그 가운데 제35, 41근위소총병사단과 제244소총병사단으로 구성된 제1근위군 4근위소총병군단을 역시 제6군의 통제 하에 두도록 하였으며, 제41근위소총병사단과 제244소총병사단은 파블로그라드 주변을 공고히 장악하도록 조치하였다. 제25전차군단은 2월 19일 그 날 시넬니코보를 우회, 드니에프르강변 드네프로페트로프스크 남쪽에 위치한 자포로제로 접근하여 남방집단군 사령부가 있는 쪽을 강하게 밀어붙였다.[07] 사령부에서 불과 20~25km 지점까지 근접함에 따라 당시 만슈타인과의 마라톤 회의 중 불안해하던 장교들이 히틀러의 이석을 강하게 권유하자 히틀러는 결국 자리를 떴다. 히틀러가 직접 소련군의 포성을 들었다는 일설도 있다. 이 순간 뭔가 하지 않으면 독일 남방집단군의 운명은 기로에 설 수도 있을 것이라는 예감들이 전선을 배회하고 있었다.

## 만슈타인의 묘수

2월 16일 독일군은 하르코프를 완전히 비웠다. 이 명백한 명령위반에 당연히 격노한 히틀러는 2월 17일 자포로제에 있는 만슈타인의 남방집단군(2월 11일부로 돈집단군에서 남방집단군으로 개칭) 사령부를 직접 찾아가 하르코프시를 당장 탈환하라고 으름장을 놓았다. 사전 예고가 없는 방문이었다. 그러나 만슈타인은 현 상황에서 독일군의 목표는 하르코프 시 자체가 아니라 하르코프 남방에서 드니에프르강 쪽을 목전에 두고 전진하는 소련군 병력을 향해야 한다는 점을 정확히 지적했다. 만슈타인은 다음과 같이 자신의 '로직'을 히틀러에게 주지시켰다.

"적은 드네프로페트로프스크와 자포로제를 누른 뒤 남방집단군의 퇴로를 차단, 폰 파울루스 제6군의 운명을 뒤따르도록 할 계획입니다. 따라서 우리 군이 취해야 할 길은 우선 SS장갑군단을 하르코프 방면의 전선으로부터 이탈시켜 그보다 남방에 돌출해 있는 적 병력의 북쪽 측면을, 즉 크라스노그라드로부터 파블로그라드를 향해 공격해 들어가야 하는 것으로 요약됩니다"

그리고는 각 제대들의 현황을 다음과 같이 설명했다.[08]

- *우선 홀리트 분견군은 미우스강에 다다랐으며 2월 17일 같은 날 소련군의 추격이 개시되었다*
- *제1장갑군은 적군을 그리쉬노(Grishino)에서 저지했으나 아직 완전히 격멸 당한 상태는 아니다. 마찬가지로 크라마토르스카야(Kramatorskaya) 지역은 리시찬스크(Lisichansk)와 슬라뷔얀스크(Slavyansk) 라인을 따라 전진하는 소련군과 교전중이나 이것 역시 아직 종료된 것은 아니다*
- *란쯔 분견군은 하르코프에서 철수, 모쉬(Mosh) 지구 남서방면으로 퇴각하였다*

이어 만슈타인은 기본적으로 SS장갑군단이 파블로그라드 방면을 향해 크라스노그라드 남동쪽으로 진격해 나가되 제1장갑군과 란쯔 분견군 사이를 치고 들어오는 적 병력을 분쇄하는 것이 가장 큰 과제라고 설명하였다. 헤르만 호트의 제4장갑군이 동 간극을 막기 위해 이동 중이었으나 아직 재구성 중에 있는 상태였다. 만약 이것이 성공한다면 홀리트 분견군과 제1장갑군이 고립되는 것을 방지하면서 그 여세를 몰아 하르코프로 돌진할 수 있다는 수순을 말한 것인데 히틀러는 제1장갑군과 란쯔 분견군 사이에 그토록 많은 소련군 병력이 동원되고 있다는 사실을 믿으려 하지 않았다. 그저 하루라도 빨리 자신의 위신이 걸려 있는 하르코프를 되찾고 싶다는 조급증에 불과한 반응만 나타냈다. 물론 하르코프를 탈환한다는 것은 궁극적으로 적이 드니에프르강을 도하하는 중기적인 위험을 근원적으로 해소한다는 일말의 중요한 의미는 없지 않았다. 그러나 반격작전

07 Weidinger(2002) Das Reich III, p.12, Glantz(2011) p.172
08 Manstein(1994) p.424

의 중핵을 형성할 SS장갑군단은 2월 19일이나 되어서야 완전편성이 가능하며, 아울러 제4장갑군도 마찬가지로 2월 19일 이전에는 도저히 공격태세를 갖출 수 없는 상황에 있었다는 점을 히틀러는 제대로 이해하지 못했다. 따라서 소련군의 현재 진행속도로 보아 독일군 주력이 준비도 되지 않은 상태에서 하르코프로 진격한다면 소련군의 남하를 막을 수 없게 되며, 최악의 경우 드니에프르강을 건너는 마지막 철도선을 잃게 되면서 홀리트 분견군, 호트의 제4장갑군 및 막켄젠의 제1장갑군 모두의 병참선이 동시에 단절되는 초유의 사태가 초래될 판이었다.

2월 18일 히틀러의 자포로제 방문 이튿날 만슈타인은 다시 한 번 히틀러를 설득했다. 소련군이 홀리트 분견군 방면으로 여러 군데 구멍을 내면서 돌진해 들어온 상황에서 재빨리 기동전력을 서쪽으로 이동시키지 않으면 적의 파도타기 공격에 각개격파 당할 수 있다는 우려를 표명하고, 그뤼시노의 제1장갑군도 측면 깊숙이 들어온 기계화군단을 완전히 소탕하지 못한 만큼, 현 상태로 진지를 고수한 상태에서는 예정된 반격작전이 불가능하다는 점을 제시했다.[09] 또한, 적이 란쯔 분견군과 제1장갑군 사이를 통과해 드니에프르강 쪽을 향하고 있음이 명백한 위기로 전화되고 있다는 점을 다시 한 번 강조했다. 소련 제267소총병사단이 크라스노그라드 남쪽에 모습을 드러냈으며 전차대대(제25전차군단 소속)를 보유한 제35근위소총병사단과 함께 이미 파블로그라드를 점령한 것으로 확인되었다.[10] 이 지역을 수비하고 있던 이탈리아군은 당연한 일이지만 소련군의 진격에 이미 꼬리를 말고 도주 중이었다. 게다가 잠시 후 제267소총병사단이 더 서쪽으로 진격해 노보-모스코프스크(Novo-Moskovsk)에 도달했다는 소식이 들어온 바, 이 지점은 드네프로페트로프스크-크라스노그라드-하르코프 철도선상에 있어 병참선 전체가 단절될 우려가 있었으므로 독일군의 온갖 신경을 곤두서게 하는 달갑지 않은 진전이었다.

여기서 중요한 것은 SS장갑군단 중 토텐코프 사단이 키에프와 폴타봐 중간 지점에서 해빙기의 진창으로부터 헤어나지 못하고 있어 군단 차원의 집중공세가 여전히 불가능한 상황을 우선 인식하는 것이며, 이러한 준비가 덜 된 상태에서는 하르코프시를 수복하는 것보다 란쯔 분견군과 제1장갑군 사이를 침투해 들어오는 소련군 병력을 치기 위해 남동쪽으로 진격해 들어가는 것이 가장 절실하다는 것이었다. 그러기 위해서는 가장 먼저 도착해 완편전력을 구성한 다스 라이히가 파블로그라드로 돌진해야만 했다. 이 점은 히틀러도 동의했다. 다음 라이프슈탄다르테는 하르코프 시에서 남쪽으로 돌진중인 소련군을 저지하여 제4장갑군의 기동을 커버하는 임무를 부여받는 일이었다.

만슈타인은 해빙기 진창에 대해서도 다음과 같이 히틀러를 설득했다. 즉 진창이 본격화되면 소련군의 진격이 둔화될 거라는 예상은 지금의 소련군 기동속도를 보아 결코 믿고 의지할 만한 조건이 못되며, 어느 정도 시간을 벌어준다고 하더라도 불과 수 주간에 불과하다는 점이었다. 그 수 주간 동안 적은 무려 150만 대군을 동원하여 본격적인 공세준비를 단단히 하게 된다는 사실을 히틀러는 인정하려 들지를 않았다. 동방 세력들이 무진장한 인적 자원으로 서방을 침략해 온다는 전설은 징기스칸 시절부터 지긋지긋하게 들어왔다며 소련군의 동원 능력을 필요 이상으로 폄하하는 것이 히틀러의 오랜 습관이었다. 만슈타인은 다시 아무리 시간을 번다 하더라도 그 사이 남방집단군

09 NA : T-313 ; roll 42, frame 7.281.250
10 NA : T-313 ; roll 367, frame 8.652.999

은 거의 750km에 달하는 전선을 32개 사단으로 방어해야 하는데 이 긴 거리와 면적을 32개 사단으로 가늘고 엷게 수비진을 칠 경우 적은 어떤 경로를 통해서나 방어진을 돌파할 수 있다는 결론이 나온다는 점을 설명했다. 이 상황에서 해빙기가 끝나면 적은 남방집단군의 남익을 잘라내는 일에 혈안이 될 것이며 결국 흑해주변에 독일군 전체를 몰아넣는 거대한 포위망을 형성할 것이라는 우려가 예상될 수 있었다.

상기 드네프로페트로프스크-크라스노그라드-하르코프 철도선의 위협에 더하여, 2월 17~18일 동안 소련군의 공세확대는 아래와 같이 나타났다. 소련 제6군은 제1근위군의 우측에서 서쪽으로 공격을 확대해 오룔(Orel) 지구를 위협하는 형세로 발전했다. 제6군의 북쪽 측면에서는 제6, 172, 350소총병사단들이 거의 나란히 서쪽으로 진격해 크라스노그라드에서 집결할 태세였다. 그 중 제6소총병사단은 크라스노그라드에서 동쪽으로 겨우 30km 떨어진 마을에 도착했고, 남쪽의 제267소총병사단은 오룔강 변에 위치한 페레쉬쉐피노(Pereschschepino)에 거의 근접했다. 또한, 제25전차군단이 드네프로페트로프스크 동쪽에서 25km 내에 위치한 시넬니코보(Sinel'nikovo)에 도달하고 있었는데 이곳과 남방집단군 본부가 있는 자포로제 사이에는 최소한도의 독일군 경계, 헌병부대만이 존재하고 있어 히틀러의 생명까지 위협받을 수 있는 거리까지 진격한 것으로 보였다. 또한, 2월 18일 소련 제8기병군단(제7근위기병군단)이 홀리트 분견군 배후로 침투하여 미우스강 곳곳으로 도하하기 시작했다. 그 가운데 가장 깊숙이 돌파해 들어온 제3근위기계화군단의 선봉부대는 직전 남방집단군 본부가 있었던 스탈리노를 점거하기 직전의 초읽기 상황으로 치달았다.

만슈타인은 히틀러에게 그냥 하르코프 시를 영원히 포기하는 것이 아니라 우선 가장 시급한 과제로 떠오른 드니에프르 쪽을 향한 소련군의 진격을 막는 것이 최선이라고 단정하면서, 그 다음에 슬라뷔얀스크와 하르코프 사이에 놓인 적 병력의 측면을 파괴하되, 하르코프 시로의 진격은 마지막 수순에 해당한다는 점을 거듭 강조했다.[11] 만슈타인은 궁극적으로 시를 사수할 수가 없었던 SS장갑군단에게 지금 당장 시를 탈환하라는 것은 말이 안 되며, 아군의 재정비가 어느 정도 진척되고 적의 보급문제가 심각한 수준에 다다랐을 때 최종적인 타격을 가하는 것이야말로 남부전선의 독일군을 회생시키는 일이라고 결론 지웠다. 만슈타인은 지금은 약간 수세로 지탱하더라도 토텐코프까지 합세한 SS장갑군단 전 병력을 동원해 하르코프 일대를 석권할 수 있다는 소위 만슈타인 특유의 '대담한'(bold) 비전을 제시했다. 히틀러는 자신이 기른 SS장갑군단이 시 탈환의 선봉에 선다는 작전계획에는 어린애처럼 좋아하기도 했지만, 기본적으로는 '전면적인 대담한' 공세가 아니라 '국지적으로 제한된' 공격을 전개하는 것을 희망하고, 하르코프 시를 따 낸 다음에 소련 제6군의 측면에 대한 공격을 전개할 것을 고집했다. 만슈타인은 다시금 각 제대 별 이동경로와 임무부여를 포함한 디테일한 측면까지 설명하면서 재차 히틀러를 설득했다. 이 대담한 구상은 다음 수순으로 설명되었다.[12]

*- 우선 모든 기동전력을 소련군의 주력 측면에 배치한다*

*- 가장 강력한 기동전력인 SS장갑군단은 드니에프르로 진격하는 소련군을 봉쇄하고 란쯔 분견군은 SS장갑군단 진격의 북쪽 측면을 엄호하면서 소련군 제40군과 제3전차군의 독일 병참선 공격을 저지한다*

11 Sadarananda(2009) p.109
12 Nipe(2000) p.142

자포로제를 예고 없이 방문한 히틀러를 영접하는 만슈타인 남방집단군 사령관. 이후 3일간 너무나 다른 두 인물 간의 치열한 논쟁이 펼쳐졌다. (Bild 146-1995-041-23A)

- 라우스 군단은 그로스도이칠란트 장갑척탄병사단, 제168보병사단, 다스 라이히의 '투울레' SS연대 및 제320보병사단의 일부와 함께 하르코프 남서쪽에서 병력을 재집결중인 SS장갑군단 구역으로 들어오는 소련군의 침투를 막기 위해 하르코프 시의 서쪽에서 방어작전을 개시한다
- SS장갑군단이 드니에프르의 안전을 확보한 뒤에는 북쪽으로 방향을 틀어 하르코프로 향하는 철도선상의 소련군 병력을 격멸한다
- 헤르만 호트 상급대장의 제48장갑군단은 SS장갑군단의 오른쪽 또는 동쪽 측면을 엄호하여 하르코프 시 진격을 지원한다
- 란쯔 분견군은 제167보병사단을 증원 받아 하르코프를 서쪽으로부터 공략하여 SS장갑군단과 호트의 국방군 장갑사단들이 하르코프 남쪽의 적을 분쇄하는 동안 하르코프 주변의 소련군 병력을 일소한다
- 이 모든 작전이 종료되면 남방집단군은 하르코프 시 탈환을 위해 시 방면으로 진격한다

히틀러는 이 천재적 원수의 정치(精緻)한 설명을 납득하지 않은 채 그럼에도 불구하고 무조건 하르코프부터 회복하자는 주장만 고집했다. 2월 17~18일 이틀 동안 히틀러와 만슈타인은 5번이나 똑같은 주제를 두고 격론을 벌였다. 2월 19일 폰 클라이스트까지 참여한 마지막 회의에서도 히틀러는 만슈타인의 전체 구상에 대해 승인을 하지 않고 있었다. 폰 클라이스트는 남방집단군을 구하기 위해 자신의 A집단군을 전략적 예비로 활용해도 좋다는 제안까지는 제공했다. 그러나 제25전차군단으로 보이는 소련군 전차부대가 자포로제로부터 불과 30km 떨어진 지점까지 도달했다는 보고가 있자 당일 날 오후 히틀러는 황급히 남방집단군 사령부를 떠났다. 그와 같은 위기상황 속에서 히틀러는 결론적으로 만슈타인의 '후수로부터의 일격' 구상에 대해 찬성도 반대도 하지 않

은 애매한 상태로 비행장을 이탈했다.[13] 만슈타인으로서는 천우신조의 기회. 그야말로 작전행동의 자유를 얻은 절호의 기회를 포착했다. 체스를 좋아한 만슈타인은 이 후수로부터의 타격을 '로샤데'(Rochade : 성장城將과 왕을 바꾸어 수비하는 체스의 기법)라고 부르면서 테니스의 백핸드(그는 테니스와 승마도 즐겼다)와 같은 묘미가 있음을 주지시키곤 했는데 이제 드디어 만슈타인은 히틀러와의 마라톤 설전 끝에 일시적으로 행동의 자유를 얻게 되었다. 이 행동의 자유는 소련군에게 있어 곧 재앙으로 돌변한다.

만슈타인은 2월 20일부터 향후 1주일간 대략 다음과 같은 세부 이동 및 타격에 관한 계획을 지시했다. 제4장갑군에게는 이미 19일에 소련군이 진격해 온 페레쉬쉐피노-파블로그라드-그리쉬노 노선을 역순으로 반격해 들어갈 것을 지시한 상태였다.[14]

- *공세의 좌익에는 SS장갑군단이, 우익에는 슬라뷔얀스크 부근의 제3장갑군단이 핵심전구의 아웃라인을 구성한다*
- *SS장갑군단은 크라스노그라드 남쪽에서 페레쉬쉐피노를 거쳐 드니에프르 도하지점으로 달려가는 소련군 병력을 단절시킨다*
- *제40장갑군단은 제333보병사단이 크라스노아르메이스코예를 소탕하는 동안 포포프 기동집단의 4개 군단을 포위한다*
- *제6, 17장갑사단은 2월 23일부터 SS장갑군단과 제40장갑군단 사이를 통과해 북쪽으로 진격, 도네츠강에 도달하기까지 여타 기동전력과의 속도를 조율한다*

만슈타인은 2월 16일 하르코프 시를 떠난 독일군들이 상기와 같은 공세전이를 위해 발진지점으로 이동하여 재편성하는데 수일이 걸릴 것을 예상하고 우선 되는대로 가장 빨리 준비를 마친 제대는 18일부터라도 공격을 개시하도록 요구하고 있었다.

## 소련군의 딜레마

하르코프가 소련군에 의해 점령당하고 하르코프 서쪽과 남쪽 모두에서 독일군을 드니에프르강 서쪽으로 몰아내려는 소련군의 공세가 개시되자 전반적인 상황은 악화일로로 치달은 것으로 보였다. 소련군은 미우스강으로 몰린 홀리트 분견군을 밀어붙이면서 세 군데 구간에 구멍을 내기 시작하고 있었다. 또한, 3개 소총병사단과 2개 전차군단 및 일부 기병부대들로 구성된 1개 군 규모를 동원한 소련군은 그뤼시노와 크라마토르스카야(Kramatorskaja) 정면에 포진한 자체 병력을 더하여 드니에프르강 건너 독일군의 연락선 전체를 붕괴시키고자 기도했다.

만슈타인이 대반격을 준비하기 위해 거의 벼랑 끝까지 버텨내고 있는 것이 무척 불안한 것은 사실이었다. 그러나 소련군의 의욕적인 공세의 연장은 점점 알게 모르게 심각한 보급의 결함문제를

13 Manstein(1994) p.428
만슈타인은 히틀러를 다음과 같이 평가했다.
"그는 작전상의 가능성에 대해 특정한 비전을 가지고 있었지만 특정 작전개념을 집행하는데 필요한 필수적 전제조건들에 대해서는 전혀 이해하지 못했다. 그는 하나의 작전목표와 그 작전에 필요한 시간과 전력 수요 사이에 어떤 상관관계를 맺고 있는지 이해하지 못했고 군수의 중요성에 대해 전혀 신경쓰지 않았다" / 메가기(2009) p.281

14 NA : T-313; roll 41, frame 7.280.921, 7.280.944

자포로제에서 실시된 작전회의. 만슈타인과 히틀러의 뒤에 서 있는 장군은 테오도르 부세 남방집단군 참모장, 히틀러의 좌측은 쿠르트 짜이츨러 육군참모총장.

야기하고 있었다. 맨 먼저 포포프 기동집단의 전차군단들이 지독한 연료부족에 직면하면서 거의 기동 불가능한 시점까지 도달하고 있었다. 게다가 2월 17일 기준으로 오랜 전투 끝에 수중의 전차가 17대까지 줄어든 제4근위전차군단은 더 이상 군단이 아니었으며 연료가 없어 일시적으로 후퇴할 생각이 굴뚝같은 상황에서 스타프카는 그리쉬노 부근의 독일군을 모두 포위섬멸하고 한 명도 살려 두지 마라는 비현실적인 명령까지 내려 보내자 소련군 제대 야전지휘관들이 드디어 아연실색해하기 시작했다. 제4근위전차군단은 크라스노아르메이스코예를 점령한 다음 사실상 연료가 없어 기동할 수 없는 지경에 처해 있었다. 제10전차군단은 엄살인지는 모르지만 연료가 없어 전차의 어느 바퀴도 돌아가지 않는다고 전문을 보냈다.[15] 연료도 연료지만 있어도 현지까지 실어 나를 차량도 태부족이었다. 즉 소련군 전차군단이 독일군의 배후로 침투해 들어가면 갈수록 소련군의 병참조건은 점점 악화되고 있었다. 소련군 수뇌부가 이러한 병참의 고질적인 문제점을 도외시한 채 계속해서 후퇴하는 독일군에 대한 낙관 일변도의 관찰과 평가를 남발하는 것은 더더욱 문제였다. 특히 남서방면군의 참모장 이봐노프(S.P.Ivanov) 중장은 독일군의 기동전력이 군 병력의 측면에 집결하는 것은 남부 우크라이나로부터의 최종적인 철수를 단행하기 위한 커버링으로 판단하고, 모든 종류의 정보들이 확인해 주는 바와 같이 돈 분지로부터 이동해 돈바스 지역에 있는 모든 독일군 병력을 드니에프르강 건너로 철수시킬 것으로 보인다는 결론을 제출했다. 2월 20일까지도 이봐노프는 독일 제48장갑군단을 제1장갑군의 왼쪽 측면에 해당하는 동편으로 재배치하는 것은 돈바스로부터의 전면적 철수를 엄호하기 위한 것으로 생각했다.[16] 봐투틴은 항공정찰을 통해 독일군의 이동상황을 예의주시했음에도 당시의 기동은 철수를 전제로 한 것이라고 철석같이 믿고 있었다. 봐투틴은 이러한 견해를 보로네즈방면군의 골리코프와도 공유했고 골리코프도 독일군 주력이 하르코프 시를 소개한 것으로 보아 란쯔 분견군은 더 이상 싸울 의지가 없다는 것으로 쉽게 판단해 버렸다. 심지어 소련군 야전지휘관들과 스타프카 공히 독일군이 반격에 본격적으로 나섰을 때도 이는

15 Glantz (1991) p.117
16 Glantz (2011) pp.158-9

철수작전을 커버하기 위한 조치의 일환으로 간주했을 정도였다. 즉 소련군은 독일군의 본격적인 반격이 무르익어 가고 있는 시점에서조차 드니에프르로의 전면적인 철수를 위해 연막을 치는 것으로 착각하고 있었다.

포포프 기동집단은 가장 먼저 사태의 심각함을 감지하고 바투틴에게 제대로 된 상황파악을 호소했으나 바투틴은 이에 아랑곳없이 예비로 두고 있었던 제1근위전차군단과 제1근위기병군단까지 동원해 서쪽으로 진격, 드니에프르의 독일군을 박멸하라는 어이없는 지시까지 하달했다. 제4근위전차군단의 폴루보야로프(P.P.Poluboyarov) 사령관이 크라스노아르메이스코예에서의 철수를 건의했는데도 기각되었으며[17] 제1근위군 사령관 쿠즈네쪼프(V.I.Kuznetsov)가 열악한 병력상태와 심각한 보급문제를 수차례 지적했음에도 바투틴은 진격명령을 당장 이행하라고 다그쳤다.

소련군이 만슈타인의 덫으로 들어가는 과정을 보자. 2월 20일까지 소련 제6군의 선봉부대는 슬라뷔얀스크 서쪽으로 160km나 진격해 들어갔다. 제25전차군단의 선견대(先遣隊) 역시 크라스노아르메이스코예 서쪽과 남서쪽으로부터 100km나 되는 지점인 자포로제 부근까지 도달했으며 제1근위전차군단도 서진을 계속, 크라마토르스크-슬라뷔얀스크 철도 라인 서쪽에서 80~90km이나 떨어진 로조봐야의 서편에 해당하는 지점에 근접했다. 소련군은 결국 북으로는 메레화로부터 남으로는 슬라뷔얀스크까지 무려 130km나 길게 펼쳐진 갭을 스스로 만들면서 연료와 탄약, 병력이 고갈되어 가는 거의 마지막 시점까지 의욕에 찬 진격을 계속함에 따라 상상도 못했던 만슈타인의 거대한 함정 속으로 목을 내밀고 있었다. 만슈타인은 소련군이 가지고 있던 모든 자산들을 고갈시점까지 몰고 가도록 드니에프르 깊숙이 끌어들이고 있었고, 소련군 기동전력은 스타프카의 망연자실할 명령을 수행하면서도 한편으로는 독일군이 제발 그로기 상태로 접어 들어가 빨리 들어 눕기를 희망하는 도리밖에 없었다. 이 모든 현상과 경향들은 만슈타인이 고대하고 희망하던 바 그대로 들어맞아가고 있었다.

2월 21일 만슈타인이 예상하던 첫 번째 조짐이 포착되었다. 홀리트 분견군은 예상외로 잘 버텨 압도적으로 강한 소련군의 예봉을 막으면서 데발쩨보(Debaltsevo)에서 포위되어 있던 기병군단이 항복하는 사태가 발생했다.[18] 격전이 계속된 2월 22~23일 동안 보리소프(M.D.Borisov) 소장의 제7근위기병군단 15,000 병력은 절반 이상을 상실하는 막대한 피해를 입었다. 보리소프 사령관 자신도 참모장교들을 포함한 다수의 장병들과 함께 포로 신세가 되었다. 제16근위기병사단장과 기병군단의 부사령관, 참모장, 정치국원 등의 간부급 장교들은 교전 중에 모두 전사했다. 또한, 마트붸예프쿠르간(Matveyevkurgan)에서 미우스강 전구를 뚫고 침투한 전차군단도 독일군에게 포위당해 고사 직전에 다다르고 있다는 보고가 들어오고 있었다. 그리쉬노와 크라마토르스카야(Kramatorskaja)의 제1장갑군을 치기 위해 의욕적으로 들어왔던 소련군 병력들도 열악한 보급문제로 지쳐가고 있었다. 홀리트 분견군은 소련 제3근위군이 제7근위기병군단을 구해내기 전에 이를 정확히 차단함으로써 보로쉴로프그라드 서쪽과 남쪽으로부터 시작해 미우스강 변까지 이어지는 구간을 재차 확보할 수 있게 되었다. 제1장갑군과 홀리트 분견군은 보로쉴로프그라드를 잃고 데발쩨보에서 소련군의 맹공에 직면하는 등 위기국면에 처했던 것은 사실이나 전체적으로 만슈타인의 반격계획에 순응하면

17 Glantz(2011) pp.163
18 Manstein (1994) p.431

서 공세로 나온 제7근위기병군단을 오히려 포위망으로 유인하여 사실상 괴멸상태로 몰아가는 등, 미우스강 주변을 안정적으로 관리해 나가고 있는 것으로 판단되었다. 즉 만슈타인의 지시대로 제1장갑군은 슬라뷔얀스크로부터 동쪽으로 보로쉴로프그라드까지의 구간을 방어하고, 홀리트 분견군은 보로쉴로프그라드로부터 남쪽으로 향해 미우스강을 따라 아조프해까지 장악하도록 하는데 성공했다.

이제 동쪽 구간이 안정되어 가고 있는 시점에 하르코프 서쪽과 남서쪽에 집중할 차례가 되었다. 그 직전에 처리해야 될 첫 번째 과제는 크라스노아르메이스코예에서 포포프 기동집단을 전멸시키는 일이었다. 만슈타인은 반격작전의 무게중심이 동쪽으로 이동함에 따라 일정한 균형을 유지하기 위해 하르코프 진격에 맞춘 3월에는 제48장갑군단을 제4장갑군 예하로 두게 되었으며 일부 사단들도 홀리트 분견군과 제1장갑군으로부터 떼어내 서부로 이동시키는 조치를 취하게 되었다.

## 독일군의 찬스 메이킹(Chance making)

하지만 만슈타인의 이 계획은 모든 게 다 완벽했던 것은 아니었다. 만슈타인의 구상 역시 상당한 도박의 위험을 안고 있었던 것은 마찬가지였다. 소련군이 지치기 시작한 것은 당연하지만 독일군도 일부 병력을 제외한다면(아마도 토텐코프 SS장갑척탄병사단과 프랑스에서 급파된 제15보병사단 정도) 모두가 지칠 대로 지쳐 과연 그와 같은 대반격이 효과를 거둘 수 있을 것인지 야전에서 확신을 가진 사람은 그리 많지 않았다. 제168, 298보병사단은 조각조각 분산되어 도저히 통합전력으로서 운용할 수 없었다. 영하 2030도의 강추위 속에서 빵과 소시지를 도끼로 잘라가며 끼니를 때우면서 막 후퇴를 끝낸 제320보병사단처럼 도저히 서류상의 전력을 기대하기는 힘든 제대들이 있었으며, SS장갑군단을 몰아 선봉에 세운다고는 하지만 다스 라이히나 라이프슈탄다르테가 그냥 워밍업만 하고 있었던 것은 결코 아니었기 때문이다. 다스 라이히는 그간 하르코프 동쪽에서의 시가전 양상을 띤 치열한 접전으로 인해 상당한 손실을 입어 2월 17일 현재 불과 20대의 전차만 보유한 상태였다. 사단은 병력과 장비 모두에 있어 거의 50% 정도의 전력이 상실된 상태였다. 게다가 1개 장갑대대는 키에프로 옮겨 재충전에 들어갔기 때문에 오로지 크리스티안 튀크젠(Christian Tychsen)의 1개 대대만으로 사단의 장갑병력을 굴려야 되는 험난한 조건에 처해 있었다. 라이프슈탄다르테는 비교적 트인 공간에서 독일군에게 유리한 기동전을 전개하였기에 다스 라이히보다는 피해가 적었다고는 하지만 그 역시 각 중대, 대대, 연대별로 무수히 많은 격전을 치렀기에 다른 병력들과 마찬가지로 그저 쉬고 쉽기는 마찬가지였다.

만슈타인은 핵심지역과 그렇지 않은 구역을 구분해 대반격에 차질을 초래하지 않는 전구는 지원병력도 보내지 않으면서 과감하게 잘라 버리는 용단을 서슴지 않았다. 만슈타인에게 있어 가장 중요한 지점은 도네츠강 북부의 철도연결망과 반격준비를 위한 하르코프 남서쪽의 집결지였다.[19] 히틀러는 전혀 전략적 사고의 체계가 잡히지 않은 상태에서 당장 하르코프 시를 탈환하는데 집중하고 서서히 동진하여 소련군으로부터 잃어버린 주요 거점들을 잡아내자는 편이었으나 만슈타인은 오히려 하르코프 주변에는 주변적인 관심만 기울이고 있는 상태였다. 소련군의 진격방향이 북동쪽에서부터 시작해 남서쪽으로 향하고 있는 만큼, 우선은 소련군 종대의 병참선이 늘어지는 타

19 NA: T-313, roll 365, frame 8.650.902

이밍을 예의주시하면서 제1장갑군과 제4장갑군의 주요 연결고리만을 확보해 나간다면 하르코프는 나중에 처리해도 되는 것으로 간주하고 있었다. 만슈타인의 시선은 히틀러와는 정 반대방향인 동쪽에서 서쪽으로 정리해 나가는 구도에 입각하고 있었다. 따라서 도네츠 북부는 홀리트 분견군과 제4장갑군이 후퇴기동을 완료할 때까지 철저히 방어해야 했으며, SS장갑군단이 반격을 위해 재집결할 수 있도록 폴타봐-크라스노그라드 철도선상의 하르코프 남서쪽도 사수해야만 했다.[20] 나머지 지역은 사실상 부차적인 의미만 있었을 뿐이었다. 만약 하르코프와 슬라뷔얀스크 사이의 간극으로 소련군 주력부대가 침투하여 드니에프르에 도달한다면, 설사 하르코프를 재탈환한다 하더라도 다시 독일군의 배후가 차단당하는 효과가 발생하기 때문에 대반격은 당초의 의미를 상실하게 되었음이 분명했다. 만슈타인이 그걸 모를 리는 없었겠지만 연료와 탄약이 부족한 소련군의 이동속도를 정밀히 계산한 위에 드니에프르로 접근하는 소련군의 기동전력을 제4장갑군으로 하여금 박살냄으로써 자신의 도박을 최종적인 승리로 귀결시키고자 했던 것도 명백한 사실이었다.

하르코프의 주역은 아니지만 프레터-피코(Fretter-Pico) 분견군이 도네츠강 북부 하르코프-슬라뷔얀스크 사이를 제대로 방어하지 못하고 물러났다면 독일군에게 있어 또 하나의 작은 재앙이 발생할 수도 있었다. 프레터-피코 분견군은 병력이나 장비에 있어서나 압도적인 소련군 병력을 맞아 1943년 1월 내내 밀레로보(Millerovo)-도네츠-보로쉴로프그라드 축선을 강고하게 유지했던 탓에 만슈타인은 자신의 반격준비를 차질 없이 수행할 수 있었다. 이어 막켄젠의 제1장갑군도 프레터-피코 분견군에 이어 1월 말부터 반격이 개시되는 2월 20~21일까지 슬라뷔얀스크-보로쉴로프그라드-카멘스크 구역을 초인적으로 사수했다.[21] 특히 도네츠 북부 슬라뷔얀스크와 보로쉴로프그라드 사이로 침투해 들어오는 소련군을 저지하지 못했을 경우에는 독일군 반격부대의 주력과 후방에 남은 제대가 서로 이격되면서 각개격파 당할 수도 있는 위험이 도사리고 있었다. 특히 소련 제35근위소총병사단이 노보-모스코프스크와 시넬니코보 양쪽에 교두보를 확보함에 따라 독일군은 폴타봐(남북)-자포로제(동서)를 연결하는 유일한 철도선 하나에만 의존해야 하는 위기가 발생했다. 이 위기를 타개하기 위해 프랑스로부터 제15보병사단이 현지로 급파되어 2월 19일 드네프로페트로프스크에 도착하자마자 2개 연대는 노보-모스코프스크로, 1개 연대는 시넬니코보로 진격하여 익일 2월 20일 야간 기습을 전개, 자고 있던 소련군 병력을 제거하고 독일군 병참선을 확보하는데 성공했다.[22] 만약 이와 같은 신속하고도 대담한 공격이 없었다면 소련군이 드네프로페트로프스크의 교량을 장악하게 될 경우의 암울하고도 위험스러운 상황을 맞이해야 했었을 것이다. 소련군은 다시 제15보병사단에 대해 반격을 가했으나 75mm 대전차포로 무장한 사단의 장갑엽병대대에 의해 격퇴되어 일단의 대반격 직전의 안전은 유지되었다.

이처럼 만슈타인의 계획은 주역이 아닌 조연들에 의해 결정적인 위기를 그때그때 막아주는 행운이 따랐다. 따라서 제3차 하르코프 공방전의 구조를 단순히 만슈타인의 천재적인 제대간 조율능력과 전략, 전술적인 능력의 우위로만 채색할 것이 아니라 이러한 일선 지휘관들의 냉철한 판단력과 과단성 있는 의사결정만이 독일군의 승리를 가능케 했다는 점에 주의할 필요가 있다. 독일군에게는 자칫 잘못하면 소련군의 협공에 괴멸될 수도 있는 위기가 여러 번 있었으며, 누가 누구를

20 NA: T-313, roll 365, frame 8.650.902-8.650.952
21 Nipe(2000) p.147
22 Glantz(2011) p.155

라이프슈탄다르테 제1장갑엽병대대의 마르더 75mm Pak 40/3 대전차자주포. 잘 위장된 매복지점만 확보하면 소련군 중전차들에게 재앙과도 같은 존재였다.

먼저 포위할지도 모르는 일촉즉발의 상황에서 누가 먼저 카운터블로를 먹이느냐고 하는 벼랑 끝 싸움으로 전개되고 있었다. 바꿔 말하면 그러한 초긴장 속의 접전 속에서 창의적으로 클라이맥스를 만들어 갈 줄 아는 만슈타인의 천재성이 더 돋보일 수 있다는 이야기도 역설적으로 가능하다. 그러나 독일군 전투일지의 면면을 보면 하르코프에서의 대승리는 하나의 기적이라고 일컬을 수 있을 정도로 위기와 위기의 연속으로 이어져 온 것이 사실이었다. 만슈타인이 아무리 적군을 기만하는 교묘한 기동을 전개했다 하더라도 만약 소련군이 조금만 더 일찍 야전사령관들의 보고와 건의를 신중하게 검토했더라면 쫓는 자와 쫓기는 자의 그토록 드라마틱한 반전은 초래되기 힘들었을 것이다.[23]

그럼에도 불구하고 소련군의 과욕은 독일군의 아슬아슬한 줄타기와도 같은 도박을 이래저래 도와주고 있었다. 둘 다 지치고 힘들기는 마찬가지인데 한쪽의 적이 다른 쪽 상대를 무의식적으로 도와주고 있다면 승리의 추는 서서히 한쪽으로 기울어지기 마련이다. 독일군은 마지막 한 장의 에이스 카드를 끈질기게 기다리고 있었다.

23 Piekalkiewicz(19??) p.760

# 5 대반격의 시작, 끝의 시작

## 워밍업

라우스 군단이 제3전차군의 공세를 일시적으로 저지한 것은 SS장갑군단의 반격준비를 위해 시간을 벌어주는 효과가 있었다. 2월 18일부터 전개되었던 코로티쉬 부근에서의 소련군의 공세가 좌절되자 리발코 중장은 방어선 정면돌파가 너무 많은 출혈을 강요하므로 기동력을 살린 다각적이고 입체적인 공격라인을 구성하여 라우스 군단을 헤쳐 놓으려는 궁리를 하고 있었다. 2월 20일 리발코의 제3전차군은 다시금 메레화에서 코로티쉬까지 남쪽으로 이어진 독일방어선을 치기 위해 제12전차군단을 코로티쉬와 메레화 사이로 들어가게 하고, 제15전차군단은 북쪽으로 쳐들어가 두 개의 커다란 집게발로 코로티쉬를 양 측면에서 포위하는 형국을 만들어 갔다. 남쪽 집게발을 맡은 제12전차군단에는 제48근위소총병사단과 제25근위소총병사단이 보병지원세력으로 배속되었다. 만약 두 전차군단이 류보틴-코로티쉬에서 연결된다면 그로스도이췰란트 사단은 류보틴 돌출부에서 포위당할 판이었다. 제12전차군단이 므샤강을 건너 류보틴 남서쪽으로 진입하고 제15전차군단의 제195전차여단이 어렵지 않게 독일 수비진을 돌파하기는 했으나 하필이면 토텐코프 사단의 '투울레' SS연대와 맞닥뜨려 한 차례 치열한 접전을 치렀다. '투울레' SS연대는 이때 사단 본대와 떨어져 있었으며 2월 22일에야 토텐코프 사령부에 합류했다. 그로스도이췰란트의 보병들은 '투울레' 못지 않게 선전했다. 제12전차군단의 전차들을 육박공격으로 대응, 그 중 KV 중전차가 파괴되는 등 기세를 올렸으며 탈진 상태의 제320보병사단 방어선이 무너지지 않게 사력을 다해 나갔다. 그러나 익일 소련군의 추가공세의 강도는 매우 높아 그로스도이췰란트는 포위를 우려해 일단 퇴각하고 '투울레'와 라이프슈탄다르테가 후퇴기동을 엄호하였다. 결과적으로는 류보틴 서쪽 지역을 독일군이 상당 기간 사수함으로써 한참 반격을 준비 중인 SS장갑군단의 병참선을 살려내는 데는 성공했다.

그러나 독일 제320보병사단이 라우스 군단으로 편입되는 과정에서 SS와의 원활한 연락이 되지 않아 보르키(Borki) 마을 부근을 둘러싼 지역에 갑작스러운 공백이 발생하여 라이프슈탄다르테의 측면이 적에게 노출되는 위험이 일시적으로 생겨났다. 라이프슈탄다르테는 제320보병사단과의 제휴 하에 당장 위험요소를 제거하기로 하고 보르키를 급습, 소련 제184소총병사단 소속 적 병력을 다 사살하지는 못했지만 일단 마을을 소개했다. 이처럼 라이프슈탄다르테는 라우스 군단을 지원하면서도 만슈타인의 반격준비도 병행했어야 했으며 하우서의 디테일한 간섭이 없어도 현장 상황 변화에 맞춰 기민한 공수병행 행동을 발휘하고 있었다.

제프 디트리히(Josef 'Sepp' Dietrich) 라이프슈탄다르테 사단장은 막 시작될 반격에 거추장스러운 장애물을 제거하기 위해 제2SS장갑척탄병연대 포진구역 바로 동쪽에 위치한 예프레모프카(Jefremovka)와 오코차예(Ochotaschaje)를 다시 점령키로 하였다. 2월 19일 요아힘 파이퍼 SS소령의 하프트랙 부대가 예프레모프카를 공격하고 알베르트 프라이 1연대 1대대가 북쪽에서 돌격포와 SS 공병대의 지원을 받아 보르키 철도역을 공격했다. 파이퍼는 자신의 대대를 두 개의 전투부대로 나누어 남북 양쪽으로 협공해 들어가도록 지시했다. 파이퍼의 남쪽 진공부대는 지글레로프카(Ziglerovka) 마을 근처의 소련군 대대급 보병들을 사살하고 몇 문의 야포와 박격포대 및 3대의 전차를 격파했다. 2월 20일 파이퍼는 예프레모프카를 점령하고 SS장갑군단의 본격적 진공을 위한 사전조치들을 완료했다. 예프레모프카를 위요한 전투에서 파이퍼의 부대원들은 2대의 T-34 및 경전차를 격파, 1대의 T-34, 7.62cm 야포 6문과 300필의 군마를 노획하였고, 소련군의 사상자는 800~900명으로 추산되었다. 병력에 비해 소련군의 장갑차량과 중화기가 턱없이 부족하다는 내용을 접수한 순간, 독일군들은 그 다음에 예상되는 적군 반격의 결과를 대충 짐작은 할 수 있었다. 요아힘 파이퍼는 몇 개 대대병력, 즉 1개 연대 병력을 일련의 전투에서 몰살시킨 공로로 독일황금십자장을 수여받았다.[01]

이처럼 라이프슈탄다르테가 대규모 반격을 준비하면서도 크고 작은 전투에 대대급 제대가 전투에 휘말리게 되자 제168보병사단이 2월 20일부터 라우스 군단의 측면을 엄호하기 위한 지원군으로 도착했다. 2월 17일 20대의 전차밖에 없었던 다스 라이히는 33대의 3호 전차, 7대의 4호 전차, 10대의 티거를 확보하였으며, 35문의 50mm와 75mm 대전차포, 여타 소련군으로부터 노획한 7.62cm 대전차포 및 7.5cm 자주포를 포함한 37대의 대전차화기, 48대의 88mm 대전차포와 15대의 3호 돌격포를 장착하게 되었다. 라이프슈탄다르테는 45대의 4호 전차, 10대의 3호 전차와 21대의 지휘전차를 보유했으며 별 쓸모는 없지만 정찰과 척후용으로 12대의 2호 전차도 지급받았다. 게다가 19문의 37mm 대전차포, 32대의 75mm Pak 40 자주포와 45대의 50mm Pak 38 자주포, 22대의 3호 돌격포를 손에 넣게 됨에 따라 장비면에서는 다스 라이히를 앞섰다. 사단에 배속된 전차의 수는 아무래도 모자라는 형편이지만 이 정도면 테크닉에서 한 수 떨어지는 소련군과 한판 붙어 볼만 한 완편전력에 가까운 규모를 가지게 되었다. 이제 SS 주력들은 만슈타인의 최종 공격명령만을 기다리게 되었다.[02]

## 다스 라이히의 1차 목표

SS장갑군단의 다스 라이히는 시로부터의 철수 후 곧바로 반격작전준비에 착수했다. 하인츠 하멜(Heinz Hamel)이 이끄는 '도이칠란트' SS연대가 선봉에 서고 '데어 휘러'를 마지막으로 합세시킨 뒤 사단은 2월 17일 오후 4시 50분에 크라스노그라드 지구에 집결했다. 제1과제는 당연히 드니에프르로 접근하는 소련군을 격퇴하는 것이며 2월 19일에 소련군 제41근위소총병군단 전구에 도착할 제15보병사단을 지원하는 것이었다. 19일, 사단은 최소한 3호 전차 33대 정도는 당장 투입될 수 있는 여건에 있었다.[03] 다스 라이히는 2월 19일 아침에 하멜 전투단의 프릿츠 에어라트(Fritz Erhart)가

01 Agte(2008) pp.87-8

02 3차 하르코프전 당시 SS장갑군단의 3개 사단에는 총 28대의 티거 중전차가 지급되었다. 라이프슈탄다르테는 제4장갑중대에 9대, 다스 라이히는 제8중전차중대에 10대, 토텐코프는 장갑연대 직할 중전차중대에 9대가 각각 배치되었다. 켐프 분견군 예하에 있었던 그로스도이칠란트는 13중대에 9대가 지원되었으며 사단이 티거를 받은 것은 이때가 처음이었다. 하르코프전에서는 티거들의 피해가 거의 없었다. 라이프슈탄다르테와 다스 라이히는 전투 종료 시점까지 각각 2대만을 상실했으며 토텐코프는 3대, 그로스도이칠란트는 단 한 대의 티거도 격파된 적이 없었다.
Restayn(2000) p.132, 203, 204

03 NA : T-354 ; roll 118, frame 3.751.740, Fey(2003) p.344
당시 다스 라이히 장갑연대 2대대가 보유한 여타 전차 병력으로는 4호 전차 7대와 티거 1대가 있었으며 돌격포대대가 15대의 3호 돌

하인츠 하멜 '도이췰란트' SS연대장. 상관과 부하들에게 모두 신뢰받던 인물로, 동부전선에서 처절한 전투를 경험한 뒤 노르망디 상륙 이후의 서부전선에서 활약하며 제10 SS장갑사단 '프룬츠베르크' 사단장까지 진급했다.

이끄는 '도이칠란트' SS 연대 1대대와 크리스티안 튀크젠(Christian Tychsen) 휘하의 제2SS장갑연대 2대대를 앞세워 오트라다(Otrada) 마을을 공격, 북쪽에서는 페레쉬쉐피노를 향하게 하고, 한스 비싱거(Hans Bissinger) SS소령이 지휘하는 2대대 병력은 서쪽에서 공략해 들어갔다. 나탈리노(Natalino)에 도착하여 소련군 제6소총병사단의 공급루트를 차단한 '도이췰란트' SS연대 1대대는 곧바로 반격을 받았으나 중화기와 장갑차량이 없는 적을 향해 무자비하게 살상을 자행하였으며, 1대대는 베세카(Beseka)에서 소련군의 극렬한 저항에 직면하자 제4항공군 슈투카 급강하폭격기의 지원을 받아 오후 4시경에 베세카를 접수했다. 2월 19일 자정께는 목표점이었던 페레쉬쉐피노 북단에 연대의 주력과 예비로 두었던 균터-에버하르트 뷔즐리체니(Günther-Eberhardt Wisliceny) SS소령의 3대대까지 도착을 완료했다. 문제는 시 중간에 오룔강 건너편으로 연결되는 교량이 있어 소련군이 폭파시키기 전에 이를 어떻게 공략할 것인가를 두고 약간의 고민이 생겼다. 크리스티안 튀크젠과 균터-에버하르트 뷔즐리체니는 사전 포격없이 야간에 소련군을 습격한다는 대담한 계획을 세운 뒤 총성 한방 울리지 않고 초고속으로 시 내부로 돌진했다. 밤이라 무슨 일이 일어나는지도 모르고 있던 소련군은 독일군의 전차와 차량을 우군의 것으로 착각하고 아무런 조치를 취하지 않았다. 교량에 도착하자마자 장갑차량에서 뛰어내린 독일군들은 무방비상태의 소련군을 사살하고 교량 외곽으로 쫓아냈다. 워낙 말도 안 되는 대담무쌍한 작전이라 소련군은 어떻게 손 한번 쓸 여가도 없이 교량을 내주고 마는 드라마가 만들어졌다. 후에 뷔즐리체니는 전쟁 전체기간을 통해 자신이 경험한 가장 모험적인 작전이었다고 술회했다. 이로써 다스 라이히는 본격적인 대반격 작전이 개시되기 3일 전에 남쪽으로 이동이 가능하게 되었으며 남부로부터 치고 올라오는 제4장갑군과 연결되는 안전판을 마련하게 되었다.[04]

하인츠 하멜 연대장은 다시 공격을 재개할 것을 주문하고 제15보병사단과 합류하기 위해 튀크젠의 장갑부대와 뷔즐리체니의 병력은 노보 모스코프스크로 향했다. 2월 20일 '데어 휘러' SS연대 3대대는 노보 모스코프스크 북쪽의 구비니챠(Gubinicha) 마을을 속공으로 점령하고 다시 대대급 반격을 전개한 소련군 소총병들을 격멸하는 과정에서 2대의 T-34를 격파하였으며 다수의 전차, 장갑차, 군용차량들을 기동불능으로 만들었다. 한편, 뷔즐리체니의 대대가 오후 2시경 노보 모스코

격포를 갖추고 있었다.

04 Berger(2007) p.554, Weidinger(2008) Das Reich IV, pp.13-4

브스크에 도착한 데 이어 분산되어 공격해 왔던 다스 라이히의 제대들이 속속 집결했다. 다스 라이히는 이로써 20일 오룔강 너머 페레쉬쉐피노에 교두보를 온전히 확보하였으며, 제15보병사단의 지원을 위해 노보 모스코프스크로 진격하는 동안 하루에 무려 80km 거리를 주파하는 스피드를 보였다.[05] 이 맹렬한 속도전을 통해 다스 라이히는 드니에프르에서 크레멘츄크로 공격해 들어오는 소련 제267소총병사단 및 제106소총병여단의 공급선을 단절시키는 결과를 초래했다. 소련군 제267소총병사단은 20일 오후에 페레쉬쉐피노 안팎으로 배치되어 있던 '도이췰란트' SS연대에 반격을 시도하여 시의 남쪽 도로를 봉쇄하는 수준까지 도달했다. 독일군은 다수의 대전차포와 중화기들을 노획한 것을 포함, 소련군의 반격을 최종적으로 저지시킴에 따라 노보 모스코프스크와 드네프로페트로프스크 북쪽 및 동쪽의 안전을 확보하는 성과를 달성했다. 다스 라이히는 20일 제15보병사단과 확실한 연결점을 확보, 다음 목표인 파블로그라드를 겨냥했다. 이에 소련 제35근위소총병사단은 노보 모스코프스크에서 발을 빼 사마라(Samar)강을 따라 퇴각하고 시넬니코보 북동쪽에 자리를 틀었다.[06]

## 다스 라이히의 2차 목표, 토텐코프의 가세

다스 라이히의 다음 목표는 드네프로페트로프스크와 파블로그라드 사이의 철도망을 확보하는 것으로서 페레쉬쉐피노 점령 후 예정된 2월 20일까지 파블로그라드로의 진입을 위한 준비를 마쳤다.[07] 다스 라이히는 21일 노보 모스코프스크와 사넬니코보간 철도 사이의 분절된 부분을 복구하여 제15보병사단과의 연결을 지속적으로 공고히 하면서 소련군을 시넬니코보로부터 축출해 파블로그라드로 진격하는 구체계획을 수립했다. 소련군은 즉각 반응했다. 소련 제6군은 제35, 41근위소총병사단이 지키는 파블로그라드로 제1근위전차군단을 급파하여 다스 라이히의 공세에 준비했다. 다스 라이히보다 재빨리 액션을 취하기는 했으나 바로 이 때 크라스노그라드와 페레쉬쉐피노 사이를 헤쳐 나오고 있던 토텐코프가 공격개시를 준비하고 있었다.

2월 21일 토텐코프의 주력이 파블로그라드 방면으로 진격중인 순간 오후 3시 소련군 소총병대대의 습격이 발생했다. 토텐코프는 곡사포와 20mm 기관포 4문이 하나로 묶어진 형태의 대공포(Flakvierling) 2대 등을 동원, 소련군 중앙을 집중포격하여 100명이 넘는 보병들을 사살했다.[08] 토텐코프는 제3SS장갑척탄병연대의 일부와 3장갑엽병대대 전체를 폴타바로부터 크라스노그라드로 이동하고, SS장갑연대는 다스 라이히의 경로를 따라 크라스노그라드에서 페레쉬쉐피노 서쪽으로 진격하게 한 다음, 페레쉬쉐피노에 도착하는 대로 다스 라이히를 지원하기 위해 파블로그라드를 북쪽에서 치는 명령을 하달했다. 2월 21일 저녁 페레쉬쉐피노에서 다스 라이히와 처음으로 접선한 부대는 에른스트 호이슬러(Ernst Häußler)의 '토텐코프' SS장갑척탄병연대 3대대였다. 에른스트 호이슬러는 '투울레' SS연대의 프란쯔 클레프너(Franz Kleffner) SS소령이 전사하자 2월 22일부터는 '투울레'의 2대대를 맡게 되었다.

05 NA : T-314 ; roll 118, frame 3.731.712
06 NA : T-354 ; roll 120, frame 3.757.749
07 NA : T-313 ; roll 367, frame 8.653.008-009
08 Bishop & Warner(2001) p.134 정식 명칭은 20mm Flakvierung 38 SdKfz 7/1로서 주로 8톤 하프트랙에 장착하여 사용하였다. 영화 '라이안 일병 구하기'에서 티거를 파괴하려는 미군에 대해 집중적으로 사격하여 다수의 병사를 비참하게 사살하는 그 중화기가 20mm 기관포인데 그걸 4정이나 묶은 무기이니 화력 하나는 살벌했을 것으로 짐작된다. 원래는 대공화기이나 수평사격에 의한 보병살상용으로도 병용되었다.

'도이췰란트' SS연대 3대대장 귄터 뷔즐리체니 SS소령. 전군을 통틀어 98명 뿐인 기사철십자장과 육박전투기장 황금장을 함께 받은 에이스 중의 에이스
(Bild 101III-Zschaeckel-210-08)

한편, 토텐코프는 라이프슈탄다르테와 다스 라이히보다 더 많은 전차를 할당받았음에도 불구하고 크라스노그라드로부터의 전진에 애를 먹고 있었다. 얼어버린 진창 위로 전차를 기동시키는 과정에서 무려 6대가 고장을 일으켰으며 그로 인해 도로 위를 통제하기 위한 여분의 시간이 소요되어 예정된 시간보다 훨씬 지연되는 결과로 이어졌다. 특히 크라스노그라드에 접근한 구역의 경우, 경사가 가파른 구릉지대를 통과하는 순간에는 엄청난 교통체증이 발생했다. 경우에 따라서는 장갑척탄병들이 전차보다 더 앞서나갔다.

2월 20일 밤에서 21일 새벽에 걸쳐 다스 라이히의 '데어 휘러' SS연대는 사마라강을 따라 노보 모스코프스크를 공격했다. 질붸스터 슈타들레 SS중령 휘하의 2대대는 봘터 크나이프(Walter Kneip)의 3호 돌격포대대의 지원을 받아 사마라강에 설치된 3개의 교량을 강습했다. 소련군이 폭파시키기 전에 교량의 안전을 확보해야 한다는 조건으로 인해 작전은 초스피드로 진행되어 첫 번째 교량은 큰 어려움 없이 점거하는 데 성공했다. 다음 두 번째 교량은 소련군의 완강한 포사격으로 인해 일시 정체되었으나 에른스트 크라그(Ernst Krag) SS대위의 2돌격포중대가 교량의 정면을 통과하여 집중적인 사격으로 소련군 수비진을 강타, 3문의 대전차포와 다수의 기관총좌를 파괴하면서 다리를 건넜다. 마지막은 장갑척탄병들이 소련군 수비대 배후로 진입하여 기습을 전개, 결국 3개의 교량 모두 손상되지 않은 채로 독일군의 손에 넘어왔다.[09]

이들은 공격성공 후 2시간도 채 안되어 강 동쪽에서 수 km가량 떨어진 페트샨카(Petschanka)를 가격했다. 이때도 독일공군의 슈투카가 선제공격을 개시, 6대의 T-34를 파괴하고 장갑척탄병들이 마을 입구로부터 진격해 들어갔다. 전차를 상실한 소련 제35근위소총병사단은 제1근위전차군단의 잔존병력과 함께 마을을 비웠다. 다스 라이히 슈타들레 대대를 포함한 3개의 종대는 다시 전열을 가다듬어 파블로그라드로 진격, 2월 21일 새벽에는 시의 동쪽 끝자락에 도달했다.

시 공략을 앞두고 오토 쿰 '데어 휘러' SS연대장은 다시 슈투카의 항공지원을 요청하고 전차와 돌격포의 인정사정없는 포사격 직후에 시내로 진입했다.[10] 슈투카의 3차례에 연이은 핀포인트 타격과 함께 연대의 모든 화기들이 동시 화포사격을 전개하면서 튀크젠의 장갑대대도 여타 자주포들과 함께 진지를 두들겼다. 슈타들레가 이끄는 2대대는 하프트랙에 탄 장갑척탄병들이 공습에 맞춰 소련군 진지를 맹공, 귀를 찢는 듯한 기관총, 기관단총의 집중사격에 의해 소련군을 밀고 들어갔으나

09 Weidinger(2008) Das Reich IV, pp.16-7, Deutscher Verlagsgesellschaft(1996) p.181, Nipe(2000) p.166
10 NA : T-354 ; roll 118, frame 3.751.749

교묘히 숨겨진 대전차포들의 역습으로 인해 시내 중심부 공격은 일시적으로 둔화되었다. 오후 4시까지 시의 남부는 독일군에 의해 장악되었으며 북부의 절반은 계속 전투가 이어졌다. 이즈음에서 토텐코프 사단이 '데어 휘러'를 지원하기 위해 도착했어야 하지만 도로사정으로 지연됨에 따라 다스 라이히의 각 종대는 페레쉬쉐피노, 노보 모스코프스크, 그리고 다시 파블로그라드로 이어지는 주도로에서의 공세에 애를 먹고 있었다.[11] 2월 21일 밤 하우서가 '데어 휘러' 슈타들레의 대대본부를 방문하여 추가적인 지시를 내렸다. 다스 라이히는 그날 밤에 도착한 토텐코프 사단의 일부 병력과 함께 2월 22일 새벽 영하 20도의 추위 속에서 추가 공세를 개시했다. 다스 라이히는 오전 5시경 사마라강을 건너 소련군 제35근위소총병사단의 저항을 극복하면서 파블로그라드를 향해 가파른 속도로 치고 들어갔지만, 독일군의 공격이 시작되기 전에 다스 라이히의 진격으로 인해 고립된 소련군 제106소총병여단이 토텐코프 사단 쪽으로 정면공격해 들어오는 일이 발생했다. 이에 토텐코프의 요아힘 슈바흐(Joachim Schubach)가 이끄는 제1SS장갑척탄병연대 3대대는 돌격포, 대전차포와 기관총좌 모두를 정면에 쏟아 부어 소련군 150명 이상을 사살하고 60명을 포로로 잡았다.[12]

한편, 다스 라이히의 칼 클로스코프스키(Karl Kloskowski) SS원사는 자신의 3호 전차(431호)를 몰아 22일 아침 9시 15분경 하르코프에서 150km 떨어진 지점에 도달, 파블로그라드 외곽 서편에 위치한 자그마한 볼티쉬아(Woltischia)강을 건너 교두보를 확보하는데 성공했다. 자리를 잡는 도중 3대의 T-34와 몇 문의 대전차포를 격파했다. 이어 파울 에거(Paul Egger) SS중위의 2소대 티거가 달려와 지원에 가세, 두 전차는 사단의 장갑척탄병들이 올 때까지 교두보를 지탱하였으며 2시간 채 못 되어 우군이 도착, 파블로그라드를 장악하는 결정적인 기점을 마련했다. 클로스코프스키 SS원사는 우군의 피해를 최소한도로 커버하면서 사실상 소련 여단 규모의 병력을 격퇴시키는 용맹을 발휘했으며 여단 사령부까지 통째로 박살내는 파괴력을 과시했다. 파블로그라드 장악의 실질적인 계기를 선점했던 클로스코프스키 SS원사는 이 공로로 그해 7월에 기사철십자장을 수여받았다. 소련군은 오후 2시에 다시 대대규모로 공격해 들어왔으나 거의 동일한 방식으로 잔인하게 살해당했으며 나머지가 시 외곽으로 후퇴하자 오토 바움(Otto Baum)의 '토텐코프' 제1SS장갑척탄병연대 1대대가 전차와 돌격포로 추격, 눈 위에 수많은 소련군 시체들을 덮으면서 거의 일방적으로 학살에 가까운 전투가 전개되었다.[13]

토텐코프 사단의 주력, 특히 장갑부대들은 아직도 진창과 얼어붙은 눈길에서 엄청난 에너지를 낭비하고 있었다. 이동 중에 전차끼리 충돌하여 고장을 일으켜 4대가 기동불능 상태가 되는 등 이동노선은 완전히 아수라장이 되어가고 있었다. 그나마 사단의 '토텐코프' 장갑척탄병연대만이 공격을 재개할 수 있었는데 그것도 장갑부대의 엄호 없이 감당해야만 하는 위험한 처지에 놓여 있었다. '토텐코프'는 두 가지 과제를 하달 받았다. 우선 다스 라이히가 제35근위소총병사단 및 소련군 전차부대와 교전중인 파블로그라드로 진격해 다스 라이히의 주력을 지원할 것, 둘째, 판유티나(Panjutina)의 철도 센터와 오렐카(Orelka)의 주요 철도역들을 장악하는 것이었다. 이 두 지점은 하르코프-로조봐야-파블로그라드 철도선상에 위치하고 있었으며 특히 판유티나는 하르코프 남부 철도망 연결의 허브와 같은 대단히 중요한 교통교차점의 요충지였다. 여기를 장악한다면 하르코프

11 NA : T-354 ; roll 120, frame 3.753.627
12 NA : T-354 ; roll 120, frame 3.753.625
13 Fey(2003) pp.344-5, NA : T-354 ; roll 118, frame 3.751.768

남부의 독일군에 대한 핵심적인 병참 발진기지로 삼을 수 있을 정도였다.

한편, 하인츠 하멜의 '도이췰란트' SS연대는 파블로그라드에서 남서쪽으로 진격하여 시넬니코보에서 제15보병사단과 맞닥뜨리고 있는 소련군 병력을 일소하기 위해 소련군의 배후를 치기로 하고, 제15보병사단은 그와 동시에 정면을 때리기로 계획했다. 시넬니코보의 소련군 잔존 병력을 제거한다면 드네프로페트로프스크에서 파블로그라드를 거쳐 스탈리노에 이르는 철도선을 완전히 장악하게 됨에 따라 SS장갑군단의 배후가 안전하게 확보된 상태에서 북쪽의 하르코프로 진격할 수 있는 조건이 마련될 수 있었다. 그 후 제15보병사단은 SS장갑군단의 뒤를 따라 중간에 차단되거나 고립된 소련군을 솎아내면서 호트의 제4장갑군 전체의 북진을 안전하게 관리해 나가기 위해 후방 지원을 맡도록 지정되었다. 특히 러시아 겨울의 열악한 도로사정을 감안한다면 철도선을 확보한다는 것은 제대간 병참지원의 사활이 되었던 부분으로서 사실상 하르코프 전역 전체는 철도선과 철도역을 중심으로 한 보급선 확보의 공방전에 다름 아니었다고 할 수 있다. 거기에 만약 제1장갑군이 브라벤코보의 소련군을 완전히 제거하여 슬라뷔얀스크로부터 이격시키게 된다면 독일군은 다시 드니에프르 동쪽에서부터 도네츠 북쪽까지의 지역 일대를 수중에 넣을 수 있는 유리한 기회를 확보할 수 있었다.

하인츠 하멜의 '도이췰란트' SS연대는 시넬니코보로 가는 길목에서 3대의 소련군 T-34를 만나 잠시 혼란에 빠졌으나 몇 대의 급강하폭격기가 지원으로 나서 단숨에 전차 3대를 모두 파괴하였다. 하멜은 오후 2시 반경 일단 길목의 사이제보(Saizevo) 마을을 장악하고 두 개의 중대로 양쪽으로 흩어져 독일군에게 대항해 오던 소련군 병력을 소탕해 나갔다. 10분 후에는 사단의 임시(ad hoc) 장갑대대가 시넬니코보에서 제15보병사단과 연결되는데 성공했다. 이 무렵 토텐코프의 헬무트 벡커(Hellmuth Becker) SS대령 휘하 '테오도르 아익케' SS장갑척탄병연대가 크라스노그라드에 최종 도착하였고 눈으로 얼어붙은 진창에서 고전하던 토텐코프가 2월 22~23일경에는 보유하고 있는 전력을 모두 재편성하는 단계를 마쳤다. 이로써 다스 라이히는 토텐코프의 완편전력을 바탕으로 가공할 만한 콤비 플레이를 전개할 수 있는 기틀을 만들게 되었다.

소련군 제35근위소총병사단은 제6군과 연결하기 위해 다스 라이히에 의해 잘게 잘려 나가면서도 국지적인 저항을 계속했다. 다스 라이히는 시넬니코보에서 드네프로페트로프스크를 향한 제35근위소총병사단의 위험을 제거하였고, 파블로그라드와 시넬니코보 사이의 제41근위소총병사단에 대해 제15보병사단과 합동으로 치명적인 타격을 가했다. 또한, 소련군 제267소총병사단과 제106소총병여단은 다스 라이히에 의해 병참선을 차단당했으며 뒤이어 달려온 토텐코프에게도 수차례 두들겨 맞는 운명에 처했다.[14] 이처럼 노보 모스코프스크와 시넬니코보에서의 소련군이 독일군의 역습에 고전하고 있음에도 불구하고 남서방면군 사령관 봐투틴은 아직도 사태의 심각성을 파악하지 못한 채 낙관적인 상상에 잠겨 있었다. 봐투틴은 제6군으로 하여금 제25전차군단과 제1근위전차군단이 드니에프르로 향해 독일군을 전멸시키라는 지시를 하달했다. 현장의 위협을 다소 감지한 하리토노프 제6군 사령관은 군단을 모두 투입하지 않고 2개 전차여단을 빼 파블로그라드에 대한 독일군의 공격과 페레쉬쉐피노 동쪽을 향한 토텐코프의 진격에 대응하도록 하면서 독일군의 반격 강도와 밀도를 점검하기로 했다. 그러나 드네프로페트로프스크와 파블로그라드

14 NA : T-313 ; roll 367, frame 8.653.008-009, 8.653.024

구간도로를 향한 소련 전차부대의 공세는 88mm 대전차포와 육군의 272대공포대대가 긴밀한 공조를 통해 격퇴시키면서 소련군은 18대의 전차와 2대의 장갑차량을 상실했다.

보로네즈방면군도 마찬가지로 여전히 낙관론에 휩싸여 있었다. 골리코프 사령관은 독일군이 하르코프를 비운 이후 그로스도이췰란트도 서쪽과 남서쪽으로 패주하면서 기력을 상실했고 제168보병사단도 소련 제40군의 공세에 지리멸렬해진 상태로 파악하고 자신의 병력 주력을 보르스클라강과 보고두코프 방면으로 몰아붙이도록 명령했다. 사실 이 방향으로의 진격이 전혀 아무것도 아닌 것은 아니었다. 제69군의 우익에 포진한 사단병력들이 북쪽 측면에 위치한 켐프 분견군 너머로 공간을 확보하고 보고두코프 지역에 있던 라우스 군단을 우회해 버리면 보고두코프와 류보틴 사이에 큰 갭이 생겨날 판이었다. 그러나 다행히 독일군은 토텐코프의 '투울레' SS연대가 쾌속으로 이 갭을 메우는데 성공했다. 라우스 군단은 하르코프 철수 이후 곧바로 반격작전의 준비를 위해 폴타봐-크라스노그라드의 철도 허브를 장악하여 SS장갑군단이 포함된 제4장갑군의 보급선을 확보해야 하는 중요한 기능을 맡고 있었다. 이로써 하르코프 북쪽으로 연결된 철도망을 따라 SS장갑군단의 진격이 차질을 받지 않게 될 수 있었다.

'데어 휘러' SS연대 2대대장 질붸스터 슈타들레. 인자하고 부드러운 성품과 번개같은 판단력, 돌격정신을 겸비한 군인의 모범상. 이후 '데어 휘러' 연대장에 임명되었을 때 자신이 연대장으로는 너무 젊다며 사양하자 하우서 군단장이 '나폴레옹은 자네보다 젊을 때 장군이 되었다네!'라며 좌중을 폭소케 했다는 일화가 있다. (Bild 101III-Zschaeckel-192-24A)

그동안 상당한 전과를 올리고 있던 소련 제40군은 이 시기 매우 민감한 상황에 놓였다. 쾌속전진을 달성한 것은 좋았으나 수중에 있던 6개 사단과 1개 전차군단이 쇠약일로를 걷고 있었고 모든 제대가 1선에 배치되어 공격의 제2파를 형성할 예비대가 전혀 없었다. 그럼에도 제40군은 폴타봐와 수미라는 전혀 축선이 다른 지점을 향해 동시 공격을 전개해야 한다는 임무를 부여받았다. 크라브췐코의 제5근위전차군단은 그간의 격전으로 가용한 전차가 한 대도 확보되지 못한 이름뿐인 전차군단이었다. 게다가 독일 중앙집단군의 제2군이 다소 약해지기는 했지만 제4장갑사단을 제40군 정면에 배치한 상태에서 소련군의 수미로의 진공은 간단하지가 않았다. 다만 2월 22일, 수미 남쪽의 아흐튀르카(Akhtyrka)가 소련군의 수중에 떨어져 중앙집단군과 경계를 이루는 구간의 붸프리크(Veprik)가 위험에 처하게 된 것은 다소 우려가 되고 있는 상황이었다.[15]

2월 23일, 오토 쿰의 '데어 휘러' SS연대는 파블로그라드에서, 하인츠 하멜의 '도이췰란트' SS연

15 NA : T-354 ; roll 118, frame 3.751.689

대는 시넬니코보에서 소련군의 공세를 막아내고 있었다. 특히 하멜의 부대는 소련 제124근위소총병사단의 일부 연대가 다스 라이히와 제15보병사단에게 격퇴당한 다음 다른 1개 연대와 합세하여 라즈도리(Razdory)와 마리에프카(Marievka) 마을로 숨어들자 슈투카 급강하폭격기의 항공지원을 받아 몇 시간 동안의 교전 끝에 2개 연대를 물리치고 마을을 점거했다.[16] 이와 같은 전투는 궁극적으로 다스 라이히가 사마라강을 넘어 반격으로 선회하기 위한 공조작전의 일환이었으며, 다스 라이히의 모터싸이클대대 또한 파블로그라드와 노보-모스코프스크 간 도로를 확보하는 임무를 맡고 있었다. 23일 당일 몇 대의 전차를 가진 소련군 중대 규모 병력이 SS부대의 보급을 위협하는 사태가 발생하였다. 헤르만 부흐(Hermann Buch) 모터싸이클대대 중대장은 두 개의 서로 다른 병력으로 시간차를 두어 소련군 진지를 급습, 슈빔바겐(Schwimmwagen)으로 중앙을 돌파하자 별다른 중화기를 갖지 않았음에도 불구하고 심리적으로 공황상태에 빠진 소련군 중대는 무기와 전차를 버리고 도주해 버리고 말았다. 나중에 확인해 본 결과 소련군은 공격해 들어온 독일 중대보다 훨씬 더 큰 규모의 부대였음이 드러났다. 독일군은 단 한 대의 차량 피해도 입지 않았다.

'데어 휘러' SS연대는 소련군 제16근위전차여단의 지원을 받는 제35근위소총병사단이 파블로그라드의 북쪽과 북동쪽에서 교두보를 확보함에 따라 토텐코프의 추가지원을 요청했다. 토텐코프에게는 서쪽에서부터 침투해 들어와 사마라강 북쪽 마을들을 따내고 브야소포크(Wjasovok) 주변의 소련군 수비대를 몰아내야 하는 과제가 주어졌다. 그렇게 함으로써 사단은 붸르비키(Werbiki) 주변의 사마라 구역을 개방하면서 오렐카(Orelka)와 그 남쪽의 철도교차지점을 점령하여 로조봐야로 진격할 수 있는 돌파구를 만드는 작업이 가능할 수 있었다. 이를 위해 토텐코프의 장갑척탄병연대는 2월 23일, 페레쉬췌피노를 떠나 파블로그라드의 제16근위전차여단과 제35근위소총병사단의 연대가 점령한 브야소포크와 붸르비키에서 소련군을 몰아내고 다스 라이히의 북쪽 진군에 차질이 발생하지 않도록 조치할 것을 요구받았다. 소련군은 이처럼 파블로그라드 바로 북쪽에서 강력한 저항을 보이고 있었으며, 토텐코프는 일단 돌격포대대로 하여금 소련군 진지들을 분열시키도록 하고 토텐코프의 여타 제대와 다스 라이히가 원활히 북진할 수 있는 기반을 마련했다. 토텐코프는 파블로그라드 일대에서 몇 대의 T-34들을 격파하였는데 모두 최신의 신형 모델임이 확인되었다.[17] 그때까지도 한 참 이동 중이었던 오토 바움 휘하 '토텐코프' 연대 1대대가 두 마을로 진격을 계속하는 동안, 독일 정찰부대는 브야소포크 외곽의 소련군 모터싸이클 부대를 만나 즉각 격퇴시키는데 성공했다. 한편, 마을 도착이 다소 늦어진 '토텐코프' 장갑척탄병연대 3대대 요아힘 슈바흐 SS소령도 당일 오후 6시 마을의 끝자락에 도착하여 공세에 합류했다. 브야소포크에는 소련군의 지원병력이 급파되어 제267소총병사단과 제1근위전차군단 소속의 제19전차여단이 합세하여 만만치 않은 저항을 보여주고 있었다. 장시간의 교전 후, 요아힘 슈바흐 3대대의 공격에 의해 5대의 T-34를 격파하고 2대는 기동불능 상태로 만들자 소련군은 퇴각하기 시작했으며 이어 밤새도록 국지적인 반격이 계속되었다. 한편, 소련군은 붸르비키에도 전차 30대로 버티고 있어 이 마을의 점령 또한 쉽지가 않음이 예상되었다.

'토텐코프' 장갑척탄병연대의 1, 3대대가 브야소포크 일대를 공략하고 있을 무렵, 빌헬름 슐쩨

16 NA : T-313 ; roll 367, frame 8.650.323-324
NA : T-354 ; roll 118, frame 3.751.793
17 Restayn(2000) p.147

(Wilhelm Schulze)의 2대대는 로조봐야 철도중심지 부근의 오렐카로 진격하고 있었으며 대대의 북쪽은 봘터 베스트만(Walter Bestmann) SS소령의 3SS정찰대대가 2대대의 측면을 엄호했다. 3SS정찰대대의 선봉대는 체르노글라소프카(Tschernoglasovka)를 점령하고 부근에서 성가시게 구는 오렐카 남서쪽의 소련군 병력을 완전히 격멸했다. 정찰대대는 별 것 아닌 병력임에도 불구하고 20mm 기관포를 장착한 SPW 하프트랙으로 소련군 전차와 각종 중화기들을 노획하는 전과를 올렸다.[18]

2월 24일 새벽 1시, 15~20대의 전차를 앞세운 소련군이 파블로그라드 시내로 들어와 일시적인 위기가 발생하자 '도이췰란트' SS연대 공병대 하인츠 마허는 불과 40명 남짓한 공병부대원들을 동원, 88mm 대전차포로 대응하려 했으나 전차의 기동에 눌려 포를 버리고 일단 자리를 이탈했다. 그 중 한 명은 다시 소련 전차 10m까지 접근해 대전차지뢰로 파괴하려 했으며 소련군 병력의 열화와 같은 사격으로 인해 결국 육박 기도를 접고 그 역시 위치를 이탈해 버렸다. 그 사이 두 명의 공병대원이 버려진 88mm 대전차포 위치로 돌아가 4대의 T-34, 1대의 KV 전차 및 크리스티 경전차 등으로 구성된 소련군 전차 종대를 향해 포사격을 실시했지만 모두 실패로 돌아갔다. 두 공병대원은 포를 제대로 쏴 본적이 없는 병력이었기에 다시 포병 출신 한 명이 88mm 대전차포 위치로 돌아가 T-34 1대를 정확히 격파했다. 동시에 1명의 장갑척탄병이 홀로 T-34 전차에 접근, 대전차지뢰로 육박공격을 전개하여 연이어 2대가 폭발하자 소련군의 나머지 전차들은 어둠 속으로 사라지기 시작했다. 그 후 새벽 4시 15분 전차 10대를 동원한 소련군 제2파가 공격해 들어왔으나 하인츠 마허는 다시 놀라운 테크닉을 발휘, 자신의 부대원들은 별다른 피해를 입지 않은 채 적 41명을 사살하여 보병들의 돌파를 저지했다. 이와 연계하여 에른스트 크라그 SS대위의 돌격포중대가 '데어 휘러' SS연대의 장갑척탄병들과 함께 소련군 진지를 역습, 1대의 대전차포와 6문의 기관총좌를 해치우고 소련군의 교두보 확보를 저지했다.[19]

2월 24일 파블로그라드에서 한차례 소요가 있은 다음 다스 라이히는 붸르비키에 포진한 소련군 병력을 향해 공격을 개시했다. '토텐코프' SS연대는 다스 라이히를 직접 지원하지는 못하고 여전히 완강한 저항을 계속하고 있는 브야소포크에 묶여 있었다. '토텐코프' 장갑척탄병연대 3대대는 브야소포크 공세를 준비하다 코췌레쉬키(Kotschereshki)에서 예상치 않은 소련군(제35근위소총병사단과 제1근위전차군단의 일부)의 기습을 받았으나 경미한 피해만을 입은 데 불과했으며, 오히려 소련군이 수백 명의 사상자와 68명의 포로를 남긴 채 격퇴당하고 말았다. 오토 바움의 '토텐코프' 장갑척탄병연대는 이날 아침 겨우 코췌레쉬키로부터 10km 떨어진 봐실예프카(Wassiljevka)에 도착하여 공격전열을 가다듬었다. 3대대는 북쪽에서, 2대대는 남쪽에서 브야소포크로 진격하되 하프트랙 부대가 적의 진지 배후로 급습하도록 조율되었다. 소련군 제244소총병사단과 제17전차여단 병력이 지키고 있던 브야소포크는 양측이 상당한 피해를 입으면서 격전을 치렀고, 독일군은 중화기에 의한 집중 포사격 뒤에 장갑척탄병들의 돌진이라는 이중 형태의 돌파를 지속, 결국 소련군을 마을로부터 쫓아내는데 성공했다. 브야소포크는 이날 오후 2시 전에 불타는 3대의 T-34와 함께 독일군의 수중에 떨어졌다. 2대대는 도주하는 소련군을 추격해 다음 목표인 붸르비키의 서쪽 외곽으로 진격해

18 Sd.Kfz.251 중장갑차량은 1939년부터 군 부대에 지급된 이래 총 22개의 바리에이션이 존재했다. 단순히 MG34, MG42 기관총만으로 무장한 것이 기본이나 경우에 따라서는 20mm 기관포나 37mm, 75mm 대전차화기를 탑재한 파생형도 있었다. Sd.Kfz.250은 경장갑차량으로 251형에 비해 전장이나 중량이 모자라 37mm 중화기 이상을 올리기는 어려웠다. 250형과 251형 모두 각 22,000대가 양산되었다. Lüdeke(2008) Weapons of World War II, pp.64-5, Schneider(2005) p.269

19 Weidinger(2008) Das Reich IV, p.35

파블로그라드 교두보 확보의 수훈갑 다스 라이히 장갑연대 2대대의 소대장 칼 클로스코프스키 SS원사. 사진은 쿠르스크전 당시의 모습
(Bild 101III-Zschaeckel-209-21)

들어갔다. 이 때 붸르뷔키는 다스 라이히 소속 오토 쿰의 '데어 휘러' SS연대와 '도이췰란트' SS연대 2대대에 의해 이미 점령당한 상태였다. '토텐코프' 2대대는 '데어 휘러'의 전차에 대고 전차포 사격을 실시하려 하다가 뒤늦게 아군임을 확인하여 가까스로 오폭을 면할 수 있었다. 당시 두 사단은 동계에 맞춘 흰색의 위장복을 두르고 있어 서로 적군으로 오인할 수도 있었다. 다스 라이히의 전차병이 우군이니 쏘지 말라고 라디오로 송신하자 토텐코프로부터 답신이 왔다. "우리는 때릴 만한 가치가 있는 목표물만 사격한다."[20] 이로써 다스 라이히와 토텐코프 두 사단병력이 붸르비키에서 합류하여 하르코프를 향해 북쪽으로 계속 진군할 수 있는 안전판이 마련되었다. 2월 24일 내내 독일군 기동전력은 과히 공고한 연결선은 아니지만 파블로그라드에서 크라마토르스크까지 퍼져 있는 형세를 취하고 있었다. 이 시점까지 사마라강변을 위요한 각각의 전투에서 소련 제175전차여단, 제60기계화여단, 제35, 41근위소총병사단이 전투서열표에서 사라졌다.

## 반격을 위한 또 하나의 공방전

SS장갑군단이 속속 자리를 잡아가기 위해서는 하르코프 서쪽과 남서쪽의 켐프 분견군 소속 라우스 군단의 견고한 수비가 절대적으로 필요했다. 만슈타인의 반격은 소련군이 지쳐 후퇴할 때를 기다리는 것이 아니라 멋도 모르고 독일 진영 깊숙이 치고 들어온 의욕 넘치는 적을 넘어뜨리는 것이었기에 소련군이나 독일군이나 스스로 공세를 취하고 있다는 생각으로 전투에 임하게 되는 약간 애매한 상황이 만들어지기 마련이었다. 쫓고 쫓기는 자의 위치가 순식간에 바뀔 수 있다는 치명적인 위험이 도사리고 있기 때문이었다. 게다가 보로네즈방면군은 하르코프 시를 점거한 다음 남쪽이 아닌 서쪽으로 주력을 이동해 독일군을 드니에프르강 도하 전에 끝장내겠다는 각오로 달려들고 있었기에 그로스도이췰란트, '투울레' SS연대와 제320보병사단이 소속된 라우스 군단이 서쪽 측면을 강고하게 버텨 내지 않는 한 SS장갑군단의 반격은 제한적인 의미밖에 가질 수 없었다. 소련 제3전차군은 제160, 25근위소총병사단을 몰아 하르코프 서쪽의 메르치크(Merchik)강에 도달, 궁극적으로는 폴타봐-류보틴-하르코프 철도선상의 독일군 병력에 괴멸적 타격을 가하려고 했다. 리발코는 제12전차군단과 제25근위소총병사단이 발키로 진격케 하는 대신, 제160소총병사단과 제15전차군단 195전차여단이 류보틴을 그냥 지나쳐 스타리 메르치크를 점령하도록 하는 기동을

20 Weidinger(2008) Das Reich IV, p.36, Naud(2012) p.45

나타냈다.[21] 만약 여기에 SS장갑군단으로 방어하려 했다면 토텐코프 사단까지 합류시켜 반격을 준비하려는 만슈타인의 계획은 지연되는 것이 불가피하게 되고 그러는 동안 소련군이 독일군의 진의를 간파하게 될 우려도 있었다. 그러나 당시 독일보병사단은 기동전력을 전혀 가지고 있지 못해 대신 라이프슈탄다르테가 그로스도이칠란트 및 '투울레' SS연대와 함께 크라스노그라드 일대에서 방어작전을 전개해야만 했다. 그 정도 시간을 버는 수준만 확보된다면 토텐코프가 다스 라이히와 최종적으로 합류하여 전열을 가다듬는 데는 큰 차질이 없을 것으로 예상되었기 때문이다. 다만 여기서 한 가지 위험은 토텐코프의 도착을 기다리기 이전에 매우 지친 상태의 다스 라이히 홀로 공세를 개시해야 한다는 부담이었다. 그런 측면에서는 이것도 만슈타인의 자그마한 도박 중 하나였다.

2월 19~23일 동안 라우스 군단은 하르코프 서쪽의 15~20km 거리를 두고 홍수처럼 밀려오는 소련군을 맞이해야 했고 '투울레' SS연대는 올샤니 서쪽 수비진을 맡되, 그로스도이칠란트는 류보틴 부근의 진지를 사수하는 배치로 지탱되었다. '투울레' SS연대의 우측은 그로스도이칠란트 사단의 휘질리어 연대의 좌측과 연결된 상태로 최소한의 안전을 유지했으나 문제는 '투울레' SS연대의 좌측 바이라크(Bairak) 마을 건너 쪽에 아무런 방비가 없다는 것이었다. 거의 그로기 상태의 제168보병사단과는 서쪽에서 연결이 가능했으나 이 사단 역시 60km에 달하는 아흐튀르카(Akhtyrka)와 보고두코프 사이의 커다란 지역을 분산된 구조로 막아내고 있었다.[22]

2월 19일 새벽, 소련군은 라우스 군단 수비진을 서쪽 측면으로 돌려 바이라크를 관통하는 폴타봐-류보틴-하르코프 철도선을 차단하려고 했다. 이어 19~20일 밤에 전개된 공세에서 소련군은 독일군이 예상하던 대로 그로스도이칠란트 장갑척탄병연대의 우익을 때리고 나왔다. 이 공격은 격퇴되었으나 리발코의 제3전차군은 류보틴 지구 일대에 감당하기 힘든 출혈을 무릅쓰면서도 끊임없는 공격을 계속했고 골리코프의 보로네즈방면군은 제3전차군의 후방에서 병력과 물자를 한정 없이 대고 있었다. 한편, 하인츠 라메르딩(Heinz Lammerding) 휘하 '투울레' SS연대 2대대는 3개 중대를 동원해 바이라크의 서쪽을 맡고 '토텐코프' 제1장갑척탄병연대 2대대는 전차와 장갑차량을 보강, 빌헬름 슐쩨(Wilhelm Schulze) 전투단을 구성하여 동쪽을 방어하면서 류보틴의 '그로스도이칠란트' 연대와 어떻게든 연결될 수 있는 여지를 남겨두고 있었다.

2월 19일 새벽, 소련군 제160소총병사단이 게오르크 보흐만(Georg Bochmann) SS소령이 지휘하는 '투울레' SS연대 2대대 정면을 급습했다. T-34를 앞세운 제195전차여단이 선봉을 맡아 좁은 도로를 따라 독일군 진지로 공격해 들어왔으며, 이는 소련 제12전차군단이 류보틴 돌출부 남서쪽의 독일 제320보병사단 정면을 치기 위한 공격과 동시에 전개되었다. 한편, 소련군 제15전차군단도 제195전차여단이 진격해 들어간 코프야기(Kovjagi)에 진입해 그로스도이칠란트 사단을 포위하여 류보틴을 따 내고자 하는 의도가 드러났다. 제160소총병사단의 기습을 받은 '투울레' SS연대는 진지를 사수하려 했으나 배후를 차단당할 위험이 있어 일단 남쪽으로 후퇴했다. 한편, 소련군은 바이라크 남쪽 코프야기-류보틴의 철도선을 차단하려는 속셈을 나타냈는데 코프야기는 켐프 분견군의 가장 핵심적인 병참선인 폴타봐-류보틴-하르코프 선상의 철도역으로, 여기를 점령당하면 SS장갑군

21 Glantz(1991) p.185
제320보병사단은 므샤강을 따라 방어신을 구축, 소련 제12전차군단의 진격을 저지하고 동 병력을 부디(Budy) 남서쪽으로 패주시켜 남쪽과 남서쪽에서부터 류보틴을 포위하는 형세를 만들어 갔다.

22 Glantz(1991) p.182

단의 재편성과 보급을 지탱할 켐프 분견군의 위치가 심각하게 위협당할 우려가 있었다.

메르치크강 변의 노뷔 메르치크(Novyi Merchik) 등 주요 도하지점을 수비하고 있던 '투울레' SS연대의 7중대가 소련군의 공격으로 밀려나고 루돌프 조우메니흐트(Rudolf Säumenicht) SS대위의 지원 병력도 붕괴되어 '투울레' SS연대의 좌익은 완전히 무너졌으며, 연대의 중앙도 당일 9시부터 극심한 공세에 시달리게 되었다. 하인츠 라메르딩은 류보틴과 연결선상에 있는 스타리 메르치크(Stary Merchik)마저 잃게 되면 매우 심각하다고 판단, 1개 중대를 보내 남쪽에서 우익을 노리는 소련군 병력을 치게 했다. 동시에 정찰대대를 포함한 그로스도이췰란트의 쪼개진 전투단들은 돌격포와 자주포로 무장, 코프야기로부터 진격해 철도연결선이 차단당하지 않도록 소련군 침투병력을 저지하는 임무에 파견되었다. 그로 인해 소련군이 그로스도이췰란트 사단의 정면을 집중 공격함에 따라 독일군은 일단 작전상 자리를 내주고 '투울레' SS연대의 일부 종대들과 합세하여 노뷔 메르치크와 스타리 메르치크 사이를 치고 들어오는 소련군을 어렵게 막기는 막았다.[23] 그 후 뷜헬름 슐쩨 전투단의 일부가 스타리 메르치크에서 공세에 가담해 오후 3시 30분경에는 시에서 소련군을 모두 몰아냈으며 오후 내내 나머지 잔존병력을 솎아내는데 소비했다. 일단 독일군은 노뷔 메르치크와 스타리 메르치크 구간의 안전을 확보함으로써 이제는 라우스 군단의 주력이 바이라크에 전념할 수 있게 되는 조그만 성과를 달성했다.

이어서 그로스도이췰란트의 정찰대대가 합류하여 바이라크 남쪽 부근의 소련군을 제거하고 209.5고지를 점령함으로써 나머지 하인츠 라메르딩의 중대들과 연결되었다. 그러나 소련군 연대병력이 라메르딩 부대들을 공격해 다시 두 도시 사이의 교두보를 확보하자 라메르딩은 2월 20일 밤 바이라크 남쪽으로 후퇴하여 새로운 방어선을 구축했다. 잠시 후 소련군 대대병력은 그로스도이췰란트와 제320보병사단 사이의 갭을 확인하고 유쉬니(Jushny) 마을 북서쪽의 독일 수비라인을 돌파해 들어왔다. 그 즈음 '투울레' SS연대 1대대가 스타리 메르치크로 이동함에 따라 남쪽으로 이동 중이던 뷜헬름 슐쩨 전투단은 이 갭을 다시 메우라는 명령을 받고 류보틴으로 이어지는 철길을 따라 공격하는 소련군과 대치했다. 뷜헬름 슐쩨 전투단은 상당한 피해를 입었으나 그로스도이췰란트가 간극을 메우기 위해 출동하는 동안 동 지역을 사수하는 데는 성공했다.

2월 21일 '투울레' SS연대와 그로스도이췰란트는 메르치크강 변의 러시아 교두보에 역습을 가했다. 그로스도이췰란트 사단 소속 전투단 하나가 노뷔 메르치크와 크라스노폴예(Krasnopolye)로 진격하고 곡사포 지원을 받는 사단의 정찰대대가 크라스노폴예를 치는 동안 사단의 주력은 노뷔 메르치크로 직접 향했다. 오전 10시 30분부터 시작된 격렬한 시가전 끝에 소련군은 노뷔 메르치크로부터 철수했다. 한편, 중상을 입은 게오르크 보흐만을 대신해 '투울레' SS연대 2대대를 떠맡은 뷜헬름 데에게(Wilhelm Deege) SS대위는 메르치크 남쪽의 소련군 교두보에 해당하는 도브로폴예(Dobropolye)를 공략하고 그로스도이췰란트 사단의 정찰대대도 동쪽으로부터 마을을 공격해 들어갔다. 다수의 야포진지들을 격멸하는 데까지는 좋았으나 문제는 소련군의 주력이 도브로폴예나 노뷔 메르치크가 아닌 코프야기로 진격 중이었다는 사실이었다. 독일군 양 부대가 역습을 취하는 동안 소련군의 주력은 그 사이를 지나 독일군 병참 요충지인 코프야기로 향하는 새로운 사태가 발

23 NA : T-314 ; roll 490, Tagesmeldung Korps Raus 1943.2.21

그로스도이췰란트 장갑연대 3대대 9중대 2소대 소속 티거 A23호차가 우군 전폭기의 공습을 피하기 위해 하켄크로이쯔 깃발을 포탑 위에 두르는 모습. 그로스도이췰란트는 번호 앞에 알파벳을 붙이는 독특한 전술번호를 채택했는데, A는 장갑연대 3대대 9중대를, B는 3대대 10중대를 의미했다.

생하고 있었다.[24]

2월 19일부터 소련 제69군이 서쪽으로 진군하는 동안 제3전차군은 류보틴을 지키는 그로스도이췰란트와 교전하고 있었고, 류보틴의 남쪽에서는 제12전차군단이 그로스도이췰란트의 우익과 제320보병사단의 좌익 사이의 갭이 더 벌어지도록 공세를 일층 강화하고 있었다. 갭 사이를 비집고 들어온 소련군에 대해 빌헬름 슐쩨의 '토텐코프' SS연대 2대대는 그로스도이췰란트 정찰대대가 소련군의 측면을 헤쳐 버리는데 성공하는 순간 전차를 앞세운 소련군 대대병력을 괴멸시켰다.[25] 소련군은 다시 2월 20일에도 류보틴 돌출부에 대해 공세를 강화했다. 소련군은 9대의 전차로 류보틴 북쪽의 카사로프스카(Kasarovska) 북단을 공격해 들어왔으며 이 지역을 지키는 휘질리어 연대가 초기 반격으로 2대의 전차를 격파하여 대오를 흩트렸으나 소련군 소총병들은 잔여 전차와 함께 참호를 파고 완강한 저항을 펼쳤다. 잠시 후 독일군은 대전차화기로 총 6대의 전차를 격파하여 일단 더 이상 소련군이 섣부른 공격을 감행할 수는 없도록 만들었다.[26]

2월 20~21일 사이 류보틴 남부의 상황은 제12전차군단의 종심 깊은 돌진으로 더욱 악화되기 시작했다. 이 돌파는 류보틴과 메레화 사이의 2km가 되는 폭에 종심 1.5km나 되는 공간을 만들어버렸다. 만슈타인은 다른 제대들을 반격작전에 흡수하기 위해 재편성중이라 그쪽으로 예비병력을 파견할 여력이 없음을 알리면서 아쉬운 대로 제168보병사단에게 보르스클라 계곡 쪽을 공격해 숨통을 트라고 지시했다. 만슈타인은 이 시기 우선은 하르코프 남쪽의 제6군과 제1근위군의 위협을 제거하는 것이 가장 긴요하며 하르코프 북쪽과 서쪽은 그 다음의 수순이라는 점을 분명히 하고 있었다. 따라서 이 지역은 되던 안 되던 분견군 전체와 아직 본대에 합류하지 않은 SS전력의 일부 병력들과 제휴하여 상황을 관리해 나갈 수밖에 없는 형편이었다. 이 시기 포포프 기동집단은

24 Nipe(2000) p.183
25 NA : T-314 ; roll 490, frame 80
26 NA : T-314 ; roll 490, frame 80

제1장갑군의 능란한 반격으로 거의 힘을 쓸 수 없는 상태여서 큰 걱정거리는 아니었다. 그러나 제1근위군은 여전히 정신없이 재편중인 제4장갑군에 대해 5개 군단 병력을 투입하고 있었다. 아무리 약체화된 전력이라 하더라도 5개 군단은 좀 부담스러운 병력이었다.

2월 22일, 그로스도이췰란트 사단은 류보틴에서 빠져 폴타봐를 향해 남으로 철수했고 동 사단과 계속 협력해 온 '투울레' SS연대도 메르치크강 변으로부터 퇴각해 코프야기 북쪽에 방어진을 새로이 구축했다. 만약 이 날 그로스도이췰란트가 적기에 퇴각하지 않았더라면 제3전차군에 의해 끊임없는 위협을 받고 있던 단 하나 남은 퇴로가 차단될 우려가 있었다. 그러나 이로 인해 소련군 제15전차군단과 제12전차군단이 합류하여 오굴치의 독일군을 소탕하도록 만드는 구실을 제공하게 된다. 그로스도이췰란트의 휘질리어 연대도 시의 남서쪽으로 이동하여 연대의 서쪽 측면이 '투울레' SS연대의 우익과 연결되도록 수비대형을 조율했다. '투울레' SS연대 1대대는 '토텐코프' SS연대 2대대가 지키던 스타리 메르치크에 포진했다. 대대는 2월 22일, 미리 점령한 코프야기 서쪽의 뷔소코폴예(Vysokopol'ye)에서 코프야기로부터 공격을 준비 중인 소련군에게 선방을 먹이기 위해 메르치크강 북쪽 도하지점으로 돌진했다. 그러나 깊게 쌓인 눈과 열악한 도로사정으로 진격은 더디게 진행되었으며 조그마한 마을마다 엄폐해 있던 소련군이 공격해 오면서 잦은 교전이 신경질적으로 이루어졌다.

소련 제69군은 제161, 180, 219소총병사단을 몰아 메르치크강 북쪽으로 진격하고 제40군 309소총병사단은 아흐튀르카(Akhtyrka)로 접근해 들어갔다. 만슈타인의 지시로 여차지차 메르치크강 변으로 이동한 제168보병사단은 1943년 1월 15일~2월 18일 간의 전투에서 4,465명의 장병을 상실하여 거의 기진맥진한 상태였으나 달리 다른 병력이 없어 좀 더 북쪽에 위치한 중앙집단군 예하의 제2군과 전구를 나누어 가지면서 수비벽을 강화해야만 하는 상황이었다.[27]

## 백엽기사철십자장의 쿠르트 마이어

2월 22일, SS사단들은 기존의 켐프 분견군으로부터 이탈되어 정식으로 SS장갑군단을 형성, 헤르만 호트의 제4장갑군으로 편입된다.[28] 22일 새벽, 라이프슈탄다르테 막스 뷘셰의 제1SS장갑연대 1대대는 쿠르트 마이어의 정찰대대와 함께 크라스노그라드에서 케기췌프카(Kegitschevka)와 파이퍼 부대가 공략했던 지글레로프카(Ziglerovka) 마을 근처의 소련군 병력에 대해 공세를 감행했다. 두 대대가 예레메예프카(Jeremejevka)를 지날 무렵 아무런 측면 엄호를 하지 않은 소련군 대대 병력이 전진해 오다 독일군의 매복 기습을 받았다. 마이어는 직접 선두에서 부대를 지휘, 모든 화력을 적진 한가운데로 집중하게 하는 한편, 막스 뷘셰의 전차들은 소련군 종대의 끄트머리에 대해 근거리사격을 가해 대오를 분열시킨 다음, 1차 공격을 받은 소련군이 재정비하기 전에 마이어 부대가 중앙을 가로질러 그 특유의 대담성을 과시하면서 소련군 종대를 두 쪽으로 갈라놓았다. 하지만 이 대단한 작전은 상당한 혼전 속에서 진행되었다. 소련군의 포사격에 선두의 슈뷤봐겐이 공중에 날아오르면서 타고 있던 장병들은 갈비뼈가 망가진 채 바닥에 드러누웠고 두 번째 차량도 즉각 격파되었다. 또 한 명의 병사는 경상을 입었으나 분대장은 두 다리를 모두 잃었다. 마이어의 부대원들은 지뢰가

27 NA : T-314 ; roll 490, frame 51, 77
28 Edwards(1989) p.158

무한한 상상력과 끝을 알 수 없는 낙천주의를 겸비한 전사, 쿠르트 마이어. 죽음의 공포 속에서도 미소를 잃지 않았다. (Bild 101III-Ludwig-006-19)

있는데도 흥분을 감추지 못하고 돌진, 적진 가운데를 화살처럼 날아 진지들을 뭉갰다. 독일군들은 미친 듯이 날뛰기 시작했다. 혼비백산한 소련군은 사방으로 도주하여 마을의 주택가로 숨어들어 시가전을 펼칠 기세였으나 장갑척탄병들은 장갑차량으로 쾌속전진, 가가호호마다 수류탄을 투척하면서 잔당들을 소탕하였고, 눈 덮인 개활지로 도주한 소련군들은 추격해 온 독일군들의 기관총 사격에 의해 모조리 사살당하는 운명에 처했다. 막스 뷘셰는 소련군 종대의 후미 절반을 잘라내면서 적이 재포진하기도 전에 전차기동으로 일거에 휩쓸어버렸다.[29] 마이어와 뷘셰의 부대는 수많은 사상자를 낸 소련군 소총병대대를 거의 전멸시키면서 19문의 대전차포를 파괴했다.

그 다음 인근 마을은 예광탄(曳光彈) 공격으로 곳곳에 화염이 번지는 순간을 노려 소련군들을 공격하자 살아남은 보병들은 중화기들을 모두 남겨 놓은 채 이웃 마을로 도주했고 독일군의 추격은 날이 질 때까지 이어졌다. 이로써 대대와 사단의 남익을 향한 소련군의 위협은 일시적으로 제거되었으며 마이어의 부대는 발진지점으로 되돌아갔다. 두 번째 마을에 대한 공격에서도 독일군은 기습의 효과를 100%를 발휘하여 소련군이 감각적인 반응을 보이기도 전에 무자비한 살육을 가했다. 이 놀라운 전투에서 마이어의 부하들 가운데 사상자는 단 두 명뿐이었으며 반면 소련군의 시체는 셀 수 없을 정도로 마을 구석마다 늘어져 있었다.[30]

소련군이 예프레모프카 동쪽 니쉬니 오룔(Nishny Orel)에서 공격지점을 찾고 있다는 척후보고가 들어왔다. 마이어는 그들이 오기 전에 먼저 친다는 구상으로 기동하되 이번에는 극도의 기도비닉을 유지하기로 하였다. 우선 막스 뷘셰의 장갑대대와 하프트랙중대를 나란히 놓고 전차와 차량에 2개 중대 보병들을 탑승시킨 뒤 북쪽으로 향하게 했다. 대신 소련군의 눈을 속이기 위해 온갖 차량과 예비 인원들을 끌어 모아 서쪽으로 주력부대가 이동하는 것처럼 페인트 모션을 취하도록 했다. 마이어의 부대는 소련군의 관심이 서편으로 향할 즈음 북쪽에서 동쪽으로 틀어 소련군의 배후로 들어갈 계산이었다. 적군에 들키지 않게 야간에 출발, 마치 고양이가 먹이에 접근하듯 최대한 소음을 억제하면서 소련군 진지로 다가갔다.[31] 마이어는 밤새 진지 쪽으로 다가가 동이 틀 무렵 적 진지 위치를 정확히 확인한 후 가격하기로 했으나 진군속도가 너무 빨라 현장에 조기도착하는 문제가 발생했다. 그러나 포사격이 실시되면 진지의 실루엣이 보일 것으로 예상하고 예레메예프카의 포병들에게 화포사격을 지시한 다음, 전차와 장갑차량의 예광탄으로 타격지점을 재확인했다. 독일

29 Meyer(2005) p.177
30 Meyer(2005) p.178
31 Meyer(2005) p.179

격전의 와중이지만 막스 뷘셰와 쿠르트 마이어의 다정한 한 때. 94년 미국월드컵 브라질 대표팀의 호마리우와 베베토 같았던 존재 (Bild 101III-Ludwig-006-09)

곡사포들이 용케 소련군 진지를 강타하자 모든 병력이 일제히 사격을 개시하여 소련군을 몰아내기 시작했다. 소련군은 서쪽으로의 페인트에 집중해 대부분의 대전차포들을 서쪽으로만 포진했으나 주공이 북쪽을 돌아 동쪽에서부터 치고 들어오는 것을 전혀 예상하지 못했다. 소련군은 이전 마을처럼 미처 손쓸 틈도 확보하지 못한 채 근접전투에서 각개격파 당했으며 잔존병력이 과수원으로 숨어들어 가는 동안 도주하던 소련군 사단장은 전사한 것으로 추정되었다.[32] 독일 전차들이 동쪽으로 들어오는 과정에서 소련군 포병대대가 일시적으로 반격을 취했으나 이내 장갑공병들이 침투해 포대를 날려버리면서 일시적인 위기도 해소할 수 있었다. 니쉬니 오룔(Nishny Orel)은 전투 개시 반시간 만에 독일군의 수중에 떨어졌다. 독일군들은 2km를 더 진격하면서 패주하는 적들을 사살했고 막스 뷘셰의 전차들은 대전차포와 야포 포대들을 찍어 누르면서 중화기들을 박살냈다. 전선은 안정되었고 이내 정적이 찾아왔다. 마이어와 뷘셰, 독일군의 투톱은 1,000명의 소련군을 섬멸하고 19문의 대전차포를 포함한 30문에 달하는 야포와 중화기들을 격파하는 전과를 남겼다. 쿠르트 마이어는 과감하기 짝이 없는 동 작전을 포함하여 바로 직전부터 예레메예프카에서 전개된 일련의 전격전을 통한 공로를 인정받아 전군 195번째로 백엽기사철십자장을 수여받았다.[33]

소련군은 이날 내내 프릿츠 뷔트와 테오도르 뷔슈의 두 SS장갑척탄병연대 사이의 간극을 이용해 공격해 들어왔으며 주력은 전차를 앞세워 오코챠예(Ochotaschaje)로 쳐들어왔다. 이 공격은 독일군에 의해 엄청난 피해를 입으면서 격퇴되었고, 그 이후 국지적으로 전개된 소련군 소규모 단위부대의 침투도 안전하게 소탕되었다.

## 반격과 측면지원 사이에서

32 Meyer92005) p.180
33 Meyer(2005) p.181, Lehmann(1993) pp.115-6

그러나 22일 오후 5시에 류보틴 서쪽 60km 지점, 메를라(Merla)강 변에 위치한 크라스노쿠츠크(Krasnokutzk)가 소련군의 수중에 떨어졌다는 소식이 날아들었다. 이 지역에는 독일군 수비대가 거의 없었으며 새로 편입된 제167보병사단의 제315척탄병연대 2대대만이 소련군의 진격을 막아야 할 판이었다. 붸르너 켐프 대장(란쯔 대장의 후임)은 1개 대대로 이 지역을 막기는 불가능하다고 판단, 그로스도이칠란트 사단의 총통경호대대와 정찰대가 크라스노쿠츠크로 급히 이동하도록 지시했다. 그리고 여전히 후퇴 중이었던 제168보병사단의 제242 및 442척탄병연대가 메를라와 메르치크강 계곡 방면으로 이동하고 또 하나의 전투단은 크라스노쿠츠크 북쪽의 파르호모프카(Parchomovka)에 새로운 진지를 구축했다.[34] 그 정도로는 여전히 불안했던 켐프는 만슈타인에게 지원을 요청하나 만슈타인은 켐프의 걱정을 충분히 이해하면서도 다음과 같은 논지로 거절하고 무슨 수를 쓰던 간에 소련군의 진격을 지연시킬 수 있는 방도를 구하라고 당부했다. 켐프는 파울 하우서의 SS장갑군단이 공세에 나서기 전에 소련군이 분견군을 우회하여 서쪽을 친 뒤 다시 남진하여 폴타봐를 점령함으로써 병참선을 절단당하는 사태의 가능성에 대해 깊은 우려를 표명했다. 만슈타인은 켐프가 직면하고 있는 위험이 아무리 심각한 것이라 하더라도 이는 '군'과 '군단' 사이의 분견군의 규모에 해당하는 것이며, 하르코프 남쪽은 사실상 1개 집단군의 운명이 걸린 더더욱 엄중한 현실이라는 점을 강조했다. 그리고 켐프가 조금만 더 견뎌 준다면 SS장갑군단의 반격이 성공할 경우, 켐프 분견군 정면에 놓여 있는 소련군의 병참선이 차단되면서 켐프에 대한 압박도 해소될 것이라는 전망을 제시했다. 켐프가 지키고 있는 하르코프 서쪽이 붕괴되면 사실 반격작전 자체의 효과가 희석되는 것은 어쩔 도리가 없으나, 당시 만슈타인은 반격작전과 켐프 분견군 지원작전을 동시에 실현시킬 수 있는 여력이 전혀 없었다. 대신 제332보병사단을 켐프 분견군과 중앙집단군 제2군 사이에 배치하도록 하겠다는 제한적인 조치만을 제공했다. 이 사단은 완편전력이라고 하나 서부전선에 배치되어 있던 관계로 경험이 부족해 실제 전력으로서의 가치는 의문시되는 병력이었다. 다행히 동부전선에서 오랜 전투경험을 보유한 제167보병사단 주력의 대대병력이 크라스노쿠츠크 서쪽의 루블레프카(Rublevka)에 도착했다. 거기에 루프트봐훼(Luftwaffe)가 1,000명 정도로 구성된 소련군 진격부대를 강타하여 소련군 주력의 진공을 일시적으로나마 지연시키는데 성공했으며 그로스도이췰란트의 정찰대대가 다행히 크라스노쿠츠크 근처 콜론타예프(Kolontajev) 남쪽에 집결했다.[35]

한편, 22일 새벽 라이프슈탄다르테 전구에 대한 소련군의 공격과 독일군의 공방은 일진일퇴를 거듭하고 있었다. 프릿츠 뷔트 제1SS장갑척탄병연대는 보르키 서쪽으로부터 소련군의 공세에 시달렸으나 1944년 12월 발지전투에서 이름을 날리게 되는 막스 한젠(Max Hansen) 2대대가 소련군을 구축했으며 알프레드 프라이의 1대대는 소련군의 강행정찰을 막아냈고 이로서 프라이의 대대는 남쪽을, 한젠은 북쪽을, 중앙수비의 후방에는 후베르트 마이어(Hubert Meyer) SS대위의 3대대가 연대의 예비병력으로 포진하게 되었다. 테오도르 뷔슈의 제2SS장갑척탄병연대는 토텐코프 사단의 전구와 맞닿은 남쪽을 맡고 있었으며 중장비로 무장한 소련군 병력이 다가오자 또다시 쿠르트 마이어와 막스 뷘셰의 부대가 반격을 가하도록 조정되었다.

2월 23일, 그로스도이췰란트의 장갑척탄병연대가 포진한 좌익에는 동 사단의 휘질리어 연대와

34 NA : T-314 ; roll 490, frame 108
35 NA : T-314 ; roll 490, frame 108

'투울레' SS연대가 지키고 있었다. 휘질리어의 좌익과 '투울레'의 우익은 별로 견고하지 못했던 관계로 기가 막히게 독일군 수비진의 취약한 고리부분을 찾아내는 소련군은 독일군의 배후와 측면을 강타하기 시작했다. 두 연대는 중과부적의 소련군 소총병에 밀려 남쪽으로 퇴각했고 데르갓치(Dergatsvhi)에 갇혔던 1개 중대는 용케 빠져나와 '투울레' SS연대가 이동한 뷔소코폴예(Vysokopolye)에 도착하는 등 계속되는 위기를 맞이했다. 휘질리어 연대에 대한 소련군의 공격은 독일군의 각 중대가 100명씩을 사살함으로써 일단 격퇴시키기는 했으나 엄청난 사상자를 내면서도 소련군은 다시 이 전구로 병력을 집어넣는데 여념이 없었다.

켐프 분견군은 이때 거의 모든 병력들이 대대단위로 쪼개져 소련군에 의해 돌파된 각 방어선 곳곳을 소방수처럼 뛰어다니면서 정지시켜야 하는 숨 가쁜 상황이었다. 심지어는 25km나 되는 구역을 소대단위가 정찰과 수비를 동시에 행하는 열악한 구간이 속출하고 있었으며 돌파를 달성한 소련군 병력에 대해 재편성을 못하도록 다시 제때에 역습을 가해야 하는 등 제대간 긴밀한 연락과 조율, 합동작전이 그 어느 때보다 시급히 요구되는 시기였다. '투울레' SS연대의 1대대는 라우스군단으로부터 뷔소코폴예와 쉘레스토보(Schelestovo) 사이의 라인을 유지하라는 새로운 방어작전 명령을 받게 된다.[36] '투울레' SS연대 서쪽의 공간이 갈수록 확대됨에 따라 그로스도이췰란트 정찰대대와 '투울레' SS연대의 1대대 예비병력은 소련군이 SS연대를 우회하여 분견군의 좌익을 공격하지 않도록 소련군 종대가 이동 중인 전구 깊숙이 침투하여 콜론타예프(Kolotajev)까지 순조로운 속도를 보이고 있었다. '투울레' SS연대의 1대대는 그로스도이췰란트 정찰대대를 지원하기 위해 메를라강 북쪽을 건너 쿠스타레프카(Kustarevka)를 점령하고 카트샬로프카(Katschalovka)로 진격했다. 그러나 1대대는 슈투카 항공지원을 받아 카트샬로프카를 공격하기 직전, 원래 출발지였던 알렉세예프카(Alexejevka)로 되돌아가 휘질리어 연대와 '투울레' SS연대 2대대 사이를 뚫고 들어오는 소련군 병력을 저지하라는 급전을 받게 된다. 몇 시간 후 1대대는 알렉세예프카로 가는 길목에서 소련군과 조우, 돌격포를 앞세워 소련군 기관총좌들을 쓸어버리고 투항해 오는 소련군도 사정없이 학살하기 시작했다. 알렉세예프카로 회군하는 도중 의무병 차량이 소련군에 습격당해 부상자와 모든 의무병들이 당했다는 소식을 접하고 난 이후의 보복이었다. 1대대는 당시 독일군이 점령하고 있던 폴타봐-류보틴 철도선상의 쉘레스토보(Schelestovo)로부터 가까운 수르도프카(Surdovka) 마을을 소련군 연대병력이 접수했다는 소식에 따라 다시 이동을 재개, 쉘레스토보 방면으로 향했다. 수륙양용전투차량 '슈뷤봐겐'(Schwimmwagen)을 보유한 '투울레' SS연대 1대대 2중대가 격렬한 전투 끝에 수르도프카 시내를 장악했다.

'투울레' SS연대는 정신이 없었다. 수르도프카 공략 이후 쉘레스토보 남서쪽 폴타봐-류보틴 철도선상의 이스크로프카(Iskrovka) 부근에 소련군이 침투했다는 소식에 따라 이번에는 그로스도이췰란트와 보조를 맞춰 반격에 나서기로 했다. '투울레' SS연대 1대대가 도착하는 순간 숲속에 포진한 소련군이 먼저 가격해 오자 독일군도 이내 맞받아쳤고 그로스도이췰란트는 남쪽에서부터 마을을 공격하기 시작했다. 1대대는 돌격포를 용의주도하게 운용, 3대의 곡사포 포대를 파괴하고 60명을 사살하자 나머지는 도주했으며 오후 5시 반경에는 그로스도이췰란트 병력들과 합류하는데 성공했다. 두 부대는 이스크로프카 시내로 진격, 몇 시간 동안의 접전 끝에 소련군을 격퇴하고 거의 폐

36 NA : T-314 ; roll 490, frame 144

불타는 러시아 가옥 옆에 서 있는 3호 돌격포 75mm Sturmkanone 40 Ausf F/8(SdKfz 141/1). 선회포탑이 없어 적 전차와의 정면 대결은 불리했지만, 차체가 낮아 피탄면적이 작다는 이점을 토대로 75mm 주포 사격에 의해 다수의 T-34를 격파했다.

허가 되다시피 한 마을을 장악했다. '투울레' SS연대와 그로스도이췰란트의 쉴 새 없는 분전 끝에 쉘레스토보와 이스크로프카를 노린 소련군의 공격은 돈좌되어 일시적인 평온을 되찾았으며, 라우스 군단은 2월 24일부터 전선을 축소시켜 좀 더 콤팩트한 수비태세를 갖추기 위해 그로스도이췰란트 사단의 병력들을 크라스노그라드 주변으로 후퇴시켰다. 그로스도이췰란트 사단의 각 제대가 크라스노드라드에 재집결한 것은 3일이 지난 2월 27일에나 가능했으며 이는 SS장갑군단이 하르코프 남부를 칠 때 제4장갑군의 기동을 전반적으로 지원하기 위해 취해진 필수적인 조치였다.

켐프 분견군, 그 안의 라우스 군단이 가진 잘게 쪼개진 독일군 제대가 이토록 초인적인 투혼을 발휘한 결과, 켐프 대장이 당초 우려한 바와 같은 분견군의 괴멸적 사태는 초래되지 않았다. 하르코프와 보고두코프 사이에 놓인 소련 제40, 69군과 제3전차군은 빈약하기 짝이 없는 전력을 가진 독일군의 분전으로 인해 하르코프 서쪽으로의 쾌속 진격이 좌절되었으며, 특히 하르코프와 슬라뷔얀스크 사이의 북단을 공고하게 지킨 결과, 다스 라이히와 토텐코프 사단이 적기에 공세를 취할 수 있는 충분한 시간을 벌 수 있게 했다.[37] 한편, 동쪽으로는 프레터-피코 분견군과 제1장갑군이 슬라뷔얀스크와 보로쉴로프그라드 라인을 굳게 방어한 탓에 소련군이 하르코프 남쪽과 로스토프 방면보다는 슬라뷔얀스크 훨씬 서쪽으로 병력을 치우치게 배치하도록 유도함으로써 적 병력의 효과적인 집중을 교란하는 효과를 발휘했다. 이는 나중에 증명될 것이지만 소련군이 초기에 아흐튀르카와 드니에프르에서 나타낸 전과가 소련군의 큰 승리로 간주되기 마련이었음에도 불구하고 결과적으로는 그러한 승리가 대참패의 전주곡이 되고 마는, 대단히 희화적인 상황이 곧 연출되기 직전에 도달하고 있었다.

2월 25일, 제167보병사단의 공병대대가 크라스노쿠츠크 근처 신키프(Sinkiw)에 전차를 동원한 소련군 병력이 나타났음을 확인하고 지원을 요청했다. 이 지역은 제168보병사단 구역이었으나 지칠

37 NA : T-314 ; roll 490, frame 184

대로 지친 이 사단이 광범위한 영역을 커버할 수는 없어 결국 제167보병사단 전체가 크라스노쿠츠크의 갭을 보강하기 위해 동원되었고 그로스도이췰란트 사단은 티거 중전차대대를 신키프로 급파했다. 공병대대는 신키프를 지키기 위해 지원을 요망했으나 겨우 3, 4호 전차 각 2대를 지급받는데 그쳤기에 티거의 화력이 절실히 필요한 시점이었다. 그러나 도로사정이 열악한 데다 중간에 설치된 교량이 티거의 무게를 지탱할 수 없는 형편이라 원하는 시간에 도착하지 못했다. 그럼에도 불구하고 신키프는 지친 제168보병사단에 의해 그럭저럭 유지되고는 있었다.[38]

이 시기, 즉 라우스 군단이 자리를 옮겨 전선을 축소해 가며 새로운 진지를 구축했던 2월 23~24일경에는 소련군의 공세가 이전에 비해 극도로 줄어드는 현상이 감지되었다. 2월 24일, 제4장갑군은 파블로그라드 북쪽의 SS장갑군단을 저지하던 소련군 병력은 이미 소멸한 것으로 판단하고 있었다.[39] 게다가 소규모로 공격해 들어오는 소련군의 전투력이 거의 아마추어 수준이라는 것은 별로 이상할 것이 없시만 공세의 빈도나 강도가 눈에 뜨이게 악화된 것으로 관찰되었다. 소련군은 전쟁 전 기간을 통해 여자를 포함, 16세에서 60세까지의 남성은 아무렇게나 징집하여 극히 기초적인 훈련만 마치게 한 뒤 전선에 내보내는 형편이어서 독일군 정면을 향해 거의 무의식적으로 자살공격을 해대는 병력들은 대개 이 징집병들이었다. 물론 제대로 된 전투력을 갖춘 소련군 제111소총병사단과 같은 집단이 독일 제31보병사단과 붙었을 경우에는 양상이 사뭇 달라지지만, 스타라야 보돌라가(Staraja Bodolga) 부근 전투에서 제111소총병사단은 불과 몇 대의 T-34가 격파되었을 뿐인데도 후퇴하기에 급급했으며 인근 노봐야 보돌라가(Novaya Vodolaga)를 제외한 다른 구역에서도 소련군의 압박은 이상하리만큼 저조하다는 보고가 속속 들어오기 시작했다.

이는 소련군이 드디어 보급문제에 직면하고 있다는 객관적인 증거로 나타나기 시작했다. 심지어 2월 25일에는 독일군 제168보병사단 일부 병력에 대해 소련군 소총병 2개 중대가 전차의 호위도 없이 덤벼들었다 아무런 소득도 없이 사상자만 남긴 채 철수했다는 등의 에피소드가 확인되고 있었다. 같은 날 제320보병사단에 대해 전차와 야포의 지원을 받는 소련군 소총병이 우측면을 노리며 침입해 들어왔고 이 역시 2문 정도의 대전차포를 가진 제320보병사단 병력에 의해 손쉽게 격퇴되었다. 2월 25일까지 제3전차군은 겨우 50~60대의 기동 가능한 전차를 보유하고 있었으며 그 중 1/3이 T-34가 아닌 T-70이나 T-60이었다는 점도 소련군의 극심한 병참문제가 현재화되기 시작한 것으로 판단해 마땅하였다. 하르코프 시 탈환 이후 소련군은 그저 패주하는 독일군을 몰아붙이면 되는 것으로 착각하고 단 한 번도 기동전력을 효과적으로 적재적소에 집중시키지 못하는 실수를 범했다. 그저 보병의 지원세력으로만 축차적으로 광범위하게 흩어 배치한 결과, 나중에 만슈타인의 본격적인 반격이 시작되었을 때는 제대로 된 역습이나 조직적인 저항을 할 수 없을 정도로 느슨하게 연결되고 있을 뿐이었다. 소련 제40, 69군은 서서히 그들의 보급이 심각한 국면에 다다르고 있음을 감지하기 시작한다.[40] 이제 최소한 하르코프 서쪽 지역에서의 소련군의 공세는 김이 빠지기 시작했다는 징조가 여러 곳에서 발견되기 시작했다.

한편, 반격준비에 여념이 없던 라이프슈탄다르테는 토텐코프 구역과 연결되기 위해 스타로붸로프카(Staroverovka) 부근에서 몇 차례 진지를 이동하여 방어라인을 구축하였고, 막스 뷘셰의 전차부

38 Nipe(2000) p.195
39 NA : T-313 ; roll 367, frame 8.650.342-343
40 NA : T-314 ; roll 490, frame 184

대와 요아힘 파이퍼의 하프트랙 대대가 주변 지역을 강행정찰하고 있었다. 소련 제350소총병사단이 보가타야(Bogataya)강 서쪽에서 진지를 구축하고 있다는 정찰보고를 접수한 라이프슈탄다르테는 소련군이 자리를 틀기 전에 해치워야 된다고 판단, 막스 뷘셰의 제1SS장갑연대 1대대 병력을 동원해 소련군 진지를 급습했다. 뷘셰는 자주포와 장갑척탄병대대를 총괄 지휘하면서 소련군 소총병들의 전진기지를 집중 포격에 의해 겁을 준 다음, 전차를 몰아 단 한 대의 전차 손실도 없이 소련군 방어선을 전광석화와 같이 돌파하여 교두보를 확보했다. 소련군 야포진지는 전진기지 약 5km 배후에 배치되어 있었던 바, 뷘셰는 적의 야포진지를 우선적으로 격파해야 한다는 목표 하에 장갑척탄병들을 적진 깊숙이 침투시켜 소련군들의 초기대응을 차단하는 성과를 만들었다. 야포진지를 제압한 뷘셰의 장갑대대는 다시 전진기지로부터 철수하는 보병들을 격멸하기 위해 배후에서 진입하고, 여타 전차들과 SS모터싸이클 부대는 적진의 정면을 돌파하여 도주하는 소련군 소총병들을 몰살했다. 소련군 시체는 800구가 넘었고 58문의 야포들을 파괴하였으나 포로는 단 한 명도 없었다.[41] 이 전투의 공로로 막스 뷘셰는 기사철십자장을 수여받았다.[42]

## 독일 수비진 재정비

보가타야(Bogataya)강 변에서 소련군 진지를 격파함에 따라 일단은 크라스노그라드 동쪽과 남동쪽에서의 소련군의 공세는 지연시킬 수 있었다. '투울레' SS연대와 그로스도이칠란트 전구를 계속 괴롭혀 온 소련 제69군은 서쪽으로의 진군을 다소 늦추고 소총병사단들을 보다 남쪽 메를라강 변으로 이동시켜 독일 제167보병사단의 방어선으로 진격하도록 했다. 대신 제40군이 제69군의 자리를 채우는 식으로 재정비되었다. 제3전차군은 SS장갑군단이 제6군의 배후를 돌파해 북쪽으로 진격하게 되자 크라스노그라드를 점령해 하우서의 전차들을 막기 위해 다시금 재편작업을 실시했다. 이로써 서쪽을 공략하려 했던 소련군의 주력은 아무래도 SS장갑군단의 진격을 저지하기 위해 큰 규모의 병력재배치가 불가피하게 되어 진격속도를 떨어뜨릴 수밖에 없었는데 이는 만슈타인이 정확히 바라고 예상하던 바였다. 소련군 병력의 재구성에 따라 2월 26일 켐프 분견군 역시 므샤강 지역에서 후퇴, 빨키와 노봐야 보달라가를 포기하고 전선을 축소함으로써 크라스노그라드 전구를 향한 제3전차군의 공세에 대비했다. 즉 켐프의 수비진은 폴타봐 북쪽에서 남서쪽 방면으로 뻗어 크라스노그라드의 주요 철도망 주변의 방어진 남쪽으로 연결된 빨키 마을에까지 이어지도록 짜였다. 제168보병사단은 동 방어선의 서쪽에 위치하여 보르스클라강 계곡을 관통하는 유일한 간선도로를 막을 수 있는 신키프를 사수해야 했다. 이 사단은 폴타봐 북쪽과 40km나 떨어져 있어 신키프와 폴타봐-쉘레스토보-뷔소코폴에 라인 30km를 방어하는 쉽지 않은 임무를 떠맡게 되었다. '투울레' SS연대는 제167보병사단의 우익과 제320보병사단의 좌익 사이에 포진했다. '투울레' SS연대 방어지점에서 무려 50km에 달하는 거리를 제320보병사단과 라이프슈탄다르테가 지켜야 했으며, 라이프슈탄다르테는 크라스노그라드로 향하는 동쪽과 남동쪽 모두를 막아야 할 판으로 그 중 2개 장갑척탄병연대가 30km 이상이나 되는 거리를 커버하게 되었다. 이로써 토텐코프와 잠시

41 Lehmann(1993) p.129, Naud(2012) p.55
42 Deutscher Verlagsgesellschaft(1996) p.95
보가타야강 변(예프레모프카)에서 막스 뷘셰의 부대에게 당한 소련 제350근위소총병사단은 다음과 같은 피해를 입었다. 76.2mm 대전차포 37문, 45mm 자주포 10대, 122mm 자주포 6대, 군마 400필, 병력 800명 전사

연결되는 좁은 구간을 제외하고는 남쪽 측면이 조밀하지 못하게 편성되어 불안한 감이 없지 않았으며, 여하간 라이프슈탄다르테는 제3전차군, 제6근위기병군단, 제6, 172, 184 및 350소총병사단 병력과 대치하는 과중한 부담을 떠안고 있었다.

2월 26일, 독일군이 수비막을 거의 완성시켜 갈 무렵, 불과 50대의 전차만을 보유했던 제3전차군은 제6군에 대한 SS장갑군단의 압박을 해소하기 위해 크라스노그라드를 점령하고 더 남쪽으로 진군할 것을 지시받았다. 이에 제12전차군단의 제106전차여단은 류보틴 지역에 남고 나머지 주력이 남진하게 되었다. 2월 25~26일, 제12, 15전차군단이 크라스노그라드 북동쪽 도로를 따라 남쪽으로 진격하자 라이프슈탄다르테 제1장갑척탄병 연대는 4대의 돌격포를 보강, 소련 전차를 파괴하기 위해 선봉대를 급파했으나 소련군의 위치를 잡지는 못했다. 바로 이어 정찰대의 새로운 보고를 확보한 프릿츠 뷔트 연대장은 다시 야콥 한라이히(Jakob Hanreich) SS소령이 지휘하는 장갑엽병중대를 동원, 민코프카(Minkovka) 동쪽 지점에서 이동 중인 소련군에 대해 공격을 퍼부을 것을 명령했다. 장갑엽병중대는 소련군 몰래 배후로 침입, 11대의 T-34와 KV 중전차 1대를 격파하고 장갑척탄병들이 마을로 진입해 소련군들을 일제히 소탕했다.[43]

## 국방군 장갑군단의 기지개

SS장갑군단이 파블로그라드 일대를 청소하는 동안, 제4장갑군 48장갑군단 소속 6, 17장갑사단은 SS장갑군단과 거의 평행하게 북쪽으로 진격 중이었다. 두 장갑사단은 서쪽의 로조봐야에서 동쪽의 리시찬스크 남쪽 지점에까지 이르는 140km 전구를 커버하고 있던 제1근위군의 선봉부대와 로조봐야 동쪽으로부터 바르붼코보 사이의 40km 거리를 지키고 있던 제195소총병사단에 대해 공격을 전개했다. 이 사단은 슬라뷔얀스크를 둘러싼 오랜 전투로 인해 거의 탈진상태로서 제3전차군단이 해당 지역의 예비로 지키고 있었으나 전차는 극소수에 불과했다.[44]

제1근위군은 남부전선을 향해 동서로 긴 구간을 커버하고 있었으나 제1장갑군 40장갑군단에 의해 타격을 받아 당초 소련군이 점령하고 있었던 크라스노아르메이스코예에서도 밀려나 있었다. 제4근위소총병사단은 바르붼코보에 주둔한 제10전차군단의 지원 아래 바르붼코보와 크라마토르스크 사이의 전구 25km 간격을 점령하고 있었다. 나머지 2개 소총병사단은 여전히 슬라뷔얀스크에 남아 있었으며, 제52, 78소총병사단은 제1근위군 측면의 동쪽 끝자락을 맡고 있었다. 봐투틴 휘하의 병력들은 점점 연료와 탄약이 떨어지는 데다 병력은 물론 전차와 장갑차량들의 양이 극도로 소모된 상황에서 서서히 기지개를 켜는 독일군 장갑부대와 맞닥뜨려야 하는 상황에 놓이기 시작했다. 특히 독일 제48장갑군단이 하르코프 서쪽으로 진격하는 제6군의 남익을 위협하고 있는 가운데 제1근위군과 제6군의 간격은 거의 직각형태로 벌어지면서 병력, 제대간 응집력이 서서히 와해되어 가는 양태를 나타냈다.

제48장갑군단의 동쪽 측면은 제17장갑사단이 북진을 계속하여 파블로그라드 동쪽에서 25km 떨어진 사마라강 변 지점에 도달하고 있었다. 동 사단은 2월 23일까지 페트로파블로프카(Petropawlovka)에 도달, 강 건너편에 2개의 교두보를 확보했다. 또한, 제6장갑사단도 사마라강 변에

43 Lehmann(1993) pp.130-32, Naud(2012) p.58
44 NA : T-313 ; roll 367, frame 8.650.323-324, 8.650.365-366

도착, 파블로그라드에서 10km 이내에 위치한 보구슬라프(Boguslav)를 지나 주변의 소련군 병력들과 교전에 들어갔다.[45]

한편, 이보다 동쪽에서는 막켄젠의 제1장갑군이 2월 22일 스탈리노 북쪽에 집결하여 병력을 재편성한 뒤 제4장갑군의 진격 템포에 맞춰 제40장갑군단 3개 사단을 북쪽으로 진격해 들어가게 했다. 즉 SS뷔킹, 제7, 11장갑사단이 마치 열병식이라도 하듯 평행하게 슬라뷔얀스크 동쪽을 통과해 나갔다.[46] 한편, 제3장갑군단과 프레터-피코 분견군의 제30군단은 슬라뷔얀스크 부근에서 보로쉴로프그라드 서쪽 사이의 100km 구간을 담당하고 있었으며, 더 동쪽에서는 한스 크라이싱(Hans Kreysing) 장군의 크라이싱 전투단(Gruppe Kreysing)과 '데어 휘러' SS연대 1대대가 보로쉴로프그라드 서쪽에서 남쪽으로 굽어진 구역을 지켜내고 있었다. 크라이싱 전투단의 서쪽은 제335보병사단이 소련 제60근위소총병사단과 대치하는 형세를 취했다. 제1장갑군의 서쪽은 제333보병사단의 일부가 크라마토르스크를 지키고 있었고 제3장갑사단과 제19장갑사단은 슬라뷔얀스크에서 동쪽으로 70km 떨어진 페르보마이스크(Pervomaisk)까지의 잔여 구간을 방어하고 있었다. 보로쉴로프그라드 남쪽의 홀리트 분견군은 미우스강 배후의 수비라인을 지키고 있었으며 보로쉴로프그라드 서쪽 제30군단의 동쪽 측면과는 대칭을 이루는 형세로 유지되고 있었다.

제1장갑군 사령관 에버하르트 폰 막켄젠 상급대장

이로써 독일군은 SS장갑군단의 공세에 맞춰 2월 24일까지 켐프 분견군의 남동쪽 측면과 제1장갑군의 서쪽 측면 사이의 갭을 견고하게 방어할 수 있는 수비벽을 축성하였으며 바로 일주일 전에 비해 전선의 축소과정은 매우 효율적으로 진행되고 있었다. 이 일주일 동안 만슈타인의 부대들은 180대의 전차와 370문의 야포들을 격파하고 15,000명의 소련군들을 제거했다.[47] 제1장갑군은 이름에 걸맞지 않게 취약한 전차병력을 유지하고 있었으나 긴요한 구역은 홀리트 분견군이 담당하고 있어 이제는 제4장갑군을 도와 공세로 전환할 수 있는 기틀을 마련하였다. 남서방면군 전구에서 독일군이 획기적인 전기를 이룩하고 있었던 것은 역시 보로네즈방면군 전구에서 켐프 분견군이 전력을 투구해 전선에 구멍을 내지 않고 버틴 덕이었다.

## 포포프 기동집단의 운명

이즈음 소련 제6군과 제1근위군은 자신들이 독일군을 쫓는 위치가 아니라 잘못하면 당하는 신세가 될 수 있다는 사실을 조금씩 깨닫고 있었다. 독일군의 반격에 대한 우려는 로조봐야와 슬라

45 NA : T-313 ; roll 367, frame 8.653.042
46 NA : T-313 ; roll 42, frame 7.281.288, 7.281.289-291
47 Naud(2012) p.49

뷔얀스크 사이의 철도선을 지키고 있던 포포프 기동집단도 마찬가지여서 4개 전차군단을 보유했다고는 하지만 이 시기 불과 군단 당 15~20대의 전차를 굴리고 있는 상태라 도저히 군단이라고 부를 수는 없는 처지였다.[48] 독일군은 장갑부대와 더불어 보병들의 진격과 방어에 다목적으로 쓰이던 돌격포를 포함, 자주포, 대전차포 및 하프트랙과 기타 다양한 전투차량의 사용을 능란하게 조율하고 협력해 나간데 반해, 그와 같은 효율적인 무기체계를 갖지 못한 소련군은 전차와 보병만으로 구성된 매우 단순한 편성체제를 유지하고 있었다. 포포프 기동집단도 예외는 아니어서 독일 제40장갑군단은 병력이 격감한 소련군 소총병들의 방어막을 손쉽게 제거하면서 기갑병력과 일반 병력들을 이격시키기 시작했다. 이래저래 연료가 부족한 소련 전차들은 지난 수 주간처럼 마음대로 기동할 형편도 아니었다. 더더욱 기가 막히는 것은 전선 사령관들이 연료와 탄약의 부족, 병력과 전차, 야포의 격감, 독일군 반격의 조짐 등을 감지하고 있었던데 반해, 방면군사령관들과 스타프카는 이러한 전선의 이상한 기류들을 전혀 받아들이지 못하고 그저 독일군이 패주하고 있으니 서둘러 쫓아가 숨통을 끊으라는 지시만 내보냈다. 심지어 포포프가 후퇴를 허가해 달라고 하자 봐투틴은 만약 북쪽으로 후퇴하면 독일군이 드니에프르 서쪽으로 다 빠져나갈 수 있다며 황당한 돌격명령만을 고집했다. 2월 18일 포포프 기동집단은 연료가 거의 고갈상태에 빠져 있었다.[49]

18일 오전 8시 30분, 슬라뷔얀스크에서 도주한 것으로 보였던 독일 제7장갑사단이 크라스노아르메이스코예 외곽에 위치한 제4근위전차군단에 대해 맹공격을 퍼부었다. 제4근위전차군단 14근위전차여단과의 최초 접전에서 독일군은 11대의 T-34를 파괴할 정도로 공방전은 치열하게 전개되었다.[50] 정오경에는 뷔킹 사단이 서쪽에서부터 제12근위전차여단을 가격하고 제333보병사단이 시의 북서쪽에서부터 동시공격을 전개했으나 소련군은 전차여단의 여단장이 부상을 입을 정도로 강인한 저항정신을 발휘하고 있었다. 포포프는 전 병력을 크라스노아르메이스코예에 집결시키고자 했다. 우선 제18전차군단이 시 북서쪽으로 20km 강행군을 한 다음 그리쉬노에서 제10전차군단과 함께 독일군의 배후를 치도록 준비했다. 또한, 제3전차군단은 크라마토르스크를 소련군 소총병에게 인계하면서 제10전차군단에 가세하도록 하고, 제5, 10스키여단도 제4근위전차군단을 지원하도록 조치했다. 한편, 제4근위전차군단의 폴루보야로프 사령관도 휘하의 병력을 재구성하여 시 공략에 동원하였으며 여기에는 제9, 11, 183전차여단, 제12근위전차여단, 제14차량화소총병여단 및 제7근위스키여단이 포함되어 제183소총병사단이 지휘하는 것으로 정리되었다. 이 엄청난 병력은 2월 19일 작심하고 크라스노아르메이스코예 주변의 독일군 장갑부대를 쳤으나 독일군 사단들의 주력은 이미 시를 우회하여 제333보병사단에게 설거지를 맡긴 다음, 소련군의 의표를 찌르는 역공을 준비하고 있었다.[51] 제7장갑사단은 북쪽에서 시를 공략하고 뷔킹과 제333보병사단은 시 중심으로 돌진해 들어가 소련군 제대를 조각 내고 그리쉬노까지 낚아채는 성과를 획득했다. 거의 동시에 독일 제11장갑사단은 드루즈코프카(Druzhkovka)에서 서쪽으로 치고 들어가 노보 알렉세예프스키(Novo Alexeyevsky)와 알렉산드로프카(Aleksandrovka)를 장악하면서 제3전차군단이 제4근위전

48 포포프 기동집단의 전차보유 변화추이는 다음과 같다. 서류상의 완편전력일 경우에는 총 600대의 전차가 있어야 했다. Dunn(2008) p.14 (1월 25일 212대, 1월 30일 180대, 2월 7일 140대, 2월 16일 145대, 2월 21일 25대, 2월 26일 50대)

49 Restayn(2000) p.2

50 Sadarananda(2009) p.114

51 Ripley(2015) p.57

차군단과 합류하는 길목을 차단시켜 버렸다.[52] 소련군은 여전히 그들이 이니시어티브를 쥐고 있다고 느끼고 있는 순간, 독일군들은 북쪽의 바르뷘코보로부터 남쪽의 크라스노아르메이스코예, 동쪽의 슬라뷔얀스크와 콘스탄티노프카 사이에 소련군 기동전력들을 포위하는 형세를 만들어갔다. 우선 뷔킹 사단이 크라스노아르메이스코예 주변을 단단히 지키는 한편, 제40장갑군단은 동쪽에서 서쪽으로 압박을 가하고, 제48장갑군단은 서편 끝자락에서 포위망을 좁혀 들어가고 있었다. 그 가운데 소련군 제3, 10, 18전차군단과 제4근위전차군단이 갇혀 있었다. 독일군은 그와 같은 호기를 잡았음에도 불구하고 포위섬멸할 수 있는 충분한 병력은 갖지 못했다. 때문에 갇힌 소련군 제대들을 잘게 토막 내어 각개격파하면서 북쪽으로 패주시키는 방식으로 반격작전을 전개하는 것이 불가피했다.

포포프 기동집단은 2월 20일 다스 라이히가 페레쉬쉐피노를 점령한 것과 거의 동시에 국방군 장갑사단들의 마지막 공격을 받게 된다. 같은 날 가장 기량이 뛰어났던 것으로 알려졌던 제4근위전차군단은 제333보병사단과 제7장갑사단에게 양 팔을 잡힌 상태에서 뷔킹 SS사단이 군단의 정면에 철퇴를 가하는 폭행을 당했다. 20~21일, 이틀 동안의 격투에서 독일 제7장갑사단은 도브로폴예 부근에서 제10, 18전차군단을 뭉개 버렸으며 뷔킹 사단은 크리보로제(Krivorozhye)에서 서쪽과 북쪽으로 크게 원호를 그리며 노보 페트로프카(Novo Petrovka)를 돌아 제3전차군단을 강타했다. 그것으로 제4근위전차군단은 중추가 파괴되었고 잔존병력은 사방으로 흩어져 버렸다.[53] 포위망에 갇혀 마지막까지 12대의 전차로 버티던 제4근위전차군단은 연료가 바닥나 잔존 병력들이 장비를 버린 채 브라뷘코보로 도주해 버렸다. 그 후 제333보병사단이 크라스노아르메이스코예를 소탕하는 동안 제7장갑사단과 합류한 뷔킹은 도브로폴예(Dobropolye)를 향해 북진하기 시작했다. 이어 독일 제40장갑군단은 제7및 제11장갑사단으로 하여금 포포프 기동집단의 제3, 18전차군단의 잔존병력을 때리도록 명령하고 SS 뷔킹사단은 제10전차군단을 끝까지 잡으라는 지시를 하달받았다. 이 전차군단의 패잔병들은 제44근위소총병사단이 새로이 축성한 남부 바르뷘코보의 수비진으로 퇴각하고 있었다. 롬멜이 지휘한 바 있던 한때 유령사단으로 불리던 제7장갑사단은 크라스노아르메이스코예를 스쳐지나 도브로폴예(Dobropolye) 남쪽에 주둔한 제18전차군단 및 제10전차군단의 일부 소련군 병력을 공격했다.[54] 포포프는 도브로폴예에서 빠져나와 스테파노프카(Stepanovka) 남서쪽으로 옮겨 제3전차군단과 연결을 시도하려 했으나 제3전차군단은 제11장갑사단의 맹공에 이미 한참 시달리고 있는 상황이었다. 헤르만 발크의 제11장갑사단은 포포프의 생각과 마찬가지로 두 전차군단이 연결되지 않도록 철저히 차단하라는 명을 받은 상태였다.[55] 이때 제7장갑사단은 SS뷔킹과 함께 브라뷘코보 남쪽과 남동쪽의 소련군 방어선을 돌파하여 소련군이 페트로파블로프카(Petropawlovka)에서 사마라강을 건너 독일군 제1장갑군의 배후를 치지 않도록 단도리를 단단히 하기 위한 세심한 사전조치를 강구했다. 2월 23일, 제40군단의 3개 사단이 평행선을 그으면서 진격하는 동안 제333보병사단은 바로 뒤에서 크라스노아르메이스코예 부근 소련군의 마지막 잔존병력을 하나하나 격퇴시키고 있었다.[56]

52 Glantz(1991) pp.118-9
53 NA : T-313 ; roll 42, frame 7.281.282, 7.281.285-286, 7.281.321
54 NA : T-313 ; roll 42, frame 7.281.315, 7.281.346-347, 7.281.351
55 NA : T-313 ; roll 42, frame 7.279.499
56 NA : T-313 ; roll 42, frame 7.281.316-317, 7.281.433-434,

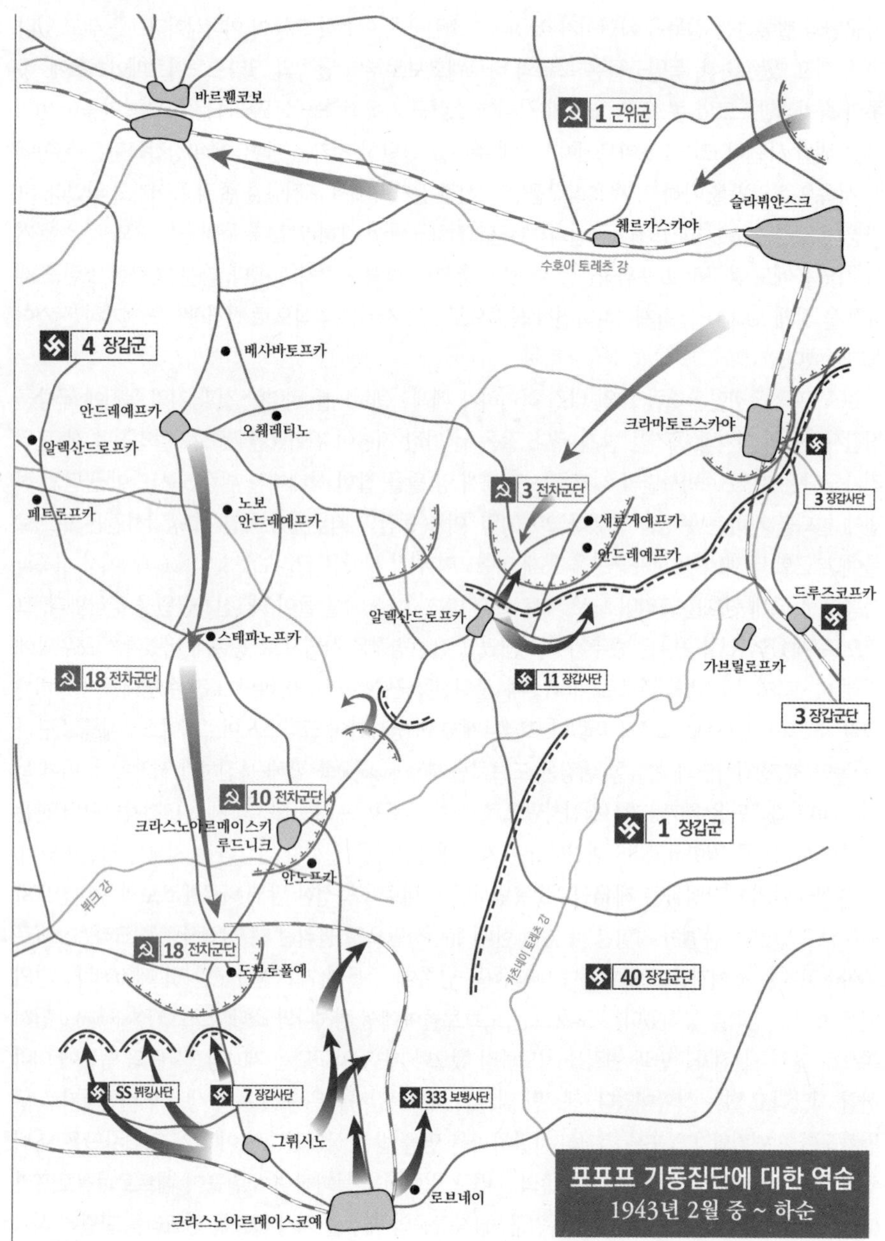


2월 22~23일 밤, 발크의 제11장갑사단은 스테파노프카를 북쪽에서 치고 들어가면서 제2전차

NA : T-313 ; roll 365, frame 8.650.950
2월 24일, 독일군의 반격이 확장국면에 돌입하기 바로 직전에 제4장갑군의 SS장갑군단과 제1장갑군의 40장갑군단은 나란히 하르코프를 향해 진격하는 기하학적 구도를 나타냈다. 남서방면군 사령관 봐투틴은 방면군의 우익이 붕괴될 우려를 감지한 뒤 제6근위소총병군단의 사단들을 제1근위군의 좌익으로부터 우익으로 급거 이동하도록 지시하고, 최선을 다해 제대간 응집력을 유지하도록 명령했다. 또한, 제40장갑군단보다는 당장 다스 라이히와 토텐코프의 진격이 초읽기에 들어간 것을 캐치한 봐투틴은 제4근위소총병군단의 후방경계부대, 제1근위기병군단의 일부 병력, 제1근위전차군단 17근위전차여단을 로조봐야 방면으로 집결시키게 하였다. 또한, 제35근위소총병사단은 노보 모스코프스크로부터 파블로그라드 철도선 북쪽 구역으로 이동시켜 토텐코프의 기동에 대비하도록 했다.

군단의 퇴로를 차단하려고 했다. 동시에 SS뷔킹과 제7장갑사단이 서쪽과 남서쪽 및 남쪽에서 각각 스테파노프카를 향한 도로들을 점거하기 시작했다. 스테파노프카에는 제18전차군단, 기계화소총병여단, 대전차포와 스키부대 및 제57근위소총병사단이 틀어박혀 있었으며, 제11장갑사단은 북쪽으로 진격해 바르벤코보를 향하고 나머지 두 사단은 스테파노프카를 포위하여 소련군 병력을 섬멸하려고 했다. 뷔킹 사단은 몇 시간 동안의 접전 끝에 시 남서쪽에서 침투해 들어갔으나 시 외곽에 포진한 소련군은 완강히 저항하면서 때에 따라 반격을 가하는 등, 전투는 24일 내내 이어졌다.[57] 그 날 오후 늦게 제7장갑사단은 소련군 제3근위전차군단이 포위망에 빠질 우려가 있는 소련군 병력을 구원하기 위해 개시한 반격을 어렵게 처냈다.[58] 발크의 제11장갑사단은 스테파노프카를 스쳐지나 바르벤코보로 직행, 도중에 만난 소련군 전차부대를 측면 기습으로 괴멸시켰으며 이어 곧바로 시내로 진입하려 하였으나 이미 자리를 틀고 견고한 방어진을 구축한 소련군의 인내심은 결국 그 날을 넘기게 만들었다. 발크는 미리 은폐, 엄폐한 상태로 자리를 지키는 소련군을 향해 정면으로 진입하는 것은 출혈이 과할 것이라고 판단, 공격 재개를 다음 날 2월 25일로 연기했다.

이즈음 독일군은 소련군의 무전을 거의 모조리 도청하여 소련군의 작전목표와 이동경로를 소상히 파악하고 있었다. 포포프 기동집단은 모든 병력을 바르벤코보로 집중시켜 제40장갑군단의 진격을 막기로 하고, 봐투틴의 소련군은 바르벤코보-슬라뷔얀스크-이줌 구역을 어떤 희생이 따르더라도 막는다는 각오를 다지고 있었다. 그때서야 스타프카도 하르코프-슬라뷔얀스크 일대의 공세는 중단될 수밖에 없으며 제6군과 제1근위군 잔존 병력을 후퇴시키기 위해 방어로 전이해야 된다는 점을 깨닫기 시작했다. 이 시점에서 쫓는 자와 쫓기는 자의 구분이 명백해졌다. 만슈타인 반격이 점화되어 서서히 진행될 무렵만 해도 소련군은 독일군이 조직적으로 질서 있는 후퇴기동을 하는 것으로 착각했으나 이제는 공격하려 진입했다가 역으로 포위망에 갇히게 될 수 있다는 현실적인 판단을 갖게 된다.

2월 24일, 제7장갑사단은 제11장갑사단을 대신해 장갑척탄병들의 특공작전으로 스테파노프카의 소련군 병력들을 일소하였다. SS뷔킹은 시 외곽 전투를 종료시킨 다음 사마라 계곡으로 직행해 선견대가 페트로파블로프카강 변에서 제17장갑사단의 일부 병력들과 합류했다. 포포프 기동집단은 더 이상 공세를 취할 수 있는 전력이 아닌 관계로 전원 수비모드로 전환하기 시작했다.[59] 제40장갑군단은 지난 3주 동안의 전투에서 제1장갑군의 서쪽 돌출부를 지탱하고 소련군 5개 전차군단들을 와해시키면서 만슈타인 반격의 전제조건들을 만들어냈다. 제40장갑군단은 2월 3일부터 2월 24일까지 소련군 전차 215대, 장갑차량 17대, 야포 73문, 대전차포 135문을 격파하고 기타 475개에 달하는 중화기와 차량들을 파괴하거나 노획하였다. 소련군 사살은 3,000명, 포로는 569명에 불과했다. 같은 기간 제40장갑군단을 포함한 제1장갑군 전체는 적 전차 300대 파괴, 전사 6,000명, 포로 1,700명의 기록을 낚았다.[60]

SS장갑군단과 제48장갑군단이 북쪽으로 진군하여 하르코프를 석권하는 것에 맞춰 제40장갑군단은 소련군의 예비병력이 재편성되기 전에 바르벤코보 남쪽의 소련군 잔여 병력을 치고 이줌과

57 NA : T-313 ; roll 42, frame 7.281.440
58 NA : T-313 ; roll 46, frame 7.279.502
59 NA : T-313 ; roll 46, frame 7.279.509
60 NA : T-313 ; roll 42, frame 7.281.440

도네츠 북부로 진격하려고 했다. 이 시기 제40장갑군단은 바르벤코보 남쪽, 제48장갑군단은 로조봐야 남동쪽, SS장갑군단은 파블로그라드를 거점으로 3개 군단 모두가 하르코프로 진격하는 모멘텀을 동시에 잡아내는 데 성공했다. 이로써 동쪽 측면의 안전을 확보한 SS장갑군단은 마음 놓고 판유티나와 로조봐야를 겨냥할 수 있게 되었다. 소련군은 특히 로조봐야 주변에 두터운 수비벽을 형성하고 있었으며 다스 라이히는 로조봐야의 남쪽 구역으로 찔러 들어갔고 토텐코프의 장갑연대는 오렐카로부터 동쪽과 북동쪽으로 침투하기 시작했다.[61] 2월 25일 독일군의 대규모 반격이 초읽기에 들어간 시점, 러시아 남부전선은 SS장갑군단을 포함한 제4장갑군이 서쪽의 파블로그라드에서 메트쉐빌로프카(Metshebilovka)-크라스노파블로프카(Krasnopavlovka) 축선을 따라 북동쪽을 친 뒤 다시 북쪽으로 진격하고, 제1장갑군이 동쪽의 슬라뷔얀스크에서 북쪽으로 치고 들어가는 구도로 잡혀 가기 시작했다.[62] 만슈타인은 이때 소련군이 제6군을 지원하기 위해 신규 병력들을 리시찬스크로부터 이줌을 거쳐 서쪽으로 투입하고 있는 것을 발견하고는 새로운 지령을 하달했다. 즉 도네츠강 남부의 적을 집중 타격하여 섬멸하고 하르코프 남익의 적군 병력을 찌르기 위한 작전행동의 자유를 확보하라는 것이었다.[63]

61 Fey(2003) p.15
62 NA : T-313 ; roll 42, frame 7.281.461
만슈타인 남방집단군 사령부가 있던 자포로제로 접근하여 히틀러를 잠시 놀라게 했던 소련군 제25전차군단은 20km 지점에서 연료가 떨어져 각개격파당하면서 슬라뷔얀스크와 자포로제 사이의 구간은 신경 쓸 필요가 없게 되었다. 그럼에도 불구하고 만슈타인은 가능한대로 추가적인 보병사단을 원하고 있었으나 육군총사령부(OKH)는 신규로 배치된 제332보병사단을 파블로그라드로 이동시킨 뒤 엉뚱하게도 중앙집단군의 우익에 박는 지시를 내렸다. 물론 당시 소련군이 키에프로 향하는 기동을 개시한 것은 사실이지만 남부전선에 당장 해결해야 할 일이 태산같이 많은데 1개 사단을 중앙집단군 쪽으로 편성하는 것은 도무지 이해하기 힘든 처사였다.
63 NA : T-313 ; roll 42, frame 7.281.460

# 6 하르코프로 가는 길

## 토텐코프 초기 공세의 문제

2월 25일, 파블로그라드에서 발진한 SS장갑군단의 북진을 시작으로 만슈타인의 대반격이 점화되었다. 다스 라이히는 판유티나와 로조봐야를 남쪽에서부터, 토텐코프의 장갑연대는 남서쪽에서 두 도시를 협공해 들어갔다. 토텐코프 사단 헬무트 벡커의 제3SS장갑척탄병연대는 오렐카에서 재정비하여 로조봐야에 대한 공세를 지원하기 위해 서쪽으로부터 판유티나를 치기로 했다. 또한, 제15보병사단은 두 SS사단의 배후를 엄호하는 형세를 취했다. 벡커의 제3SS장갑척탄병연대는 3SS정찰대대를 앞세워 판유티나로부터 10km 떨어진 지점의 낮은 능선으로 접근하다가 전차를 앞세운 소련군과 조우, 격전 끝에 일단은 소련군 병력을 후퇴시켰다. 벡커 부대의 피해도 만만치 않아 일단 휴식을 취한 뒤 오후 3시경 발터 베스트만의 정찰대대가 훼도로프카(Fedorovka)를 점령하고 2개 중대를 동쪽으로 이동시켜 바르바셰프카(Barbaschevka)로 향하게 했다.

한편, 제3SS장갑연대의 칼 라이너(Karl Reiner) SS소령은 오토 바움의 대대병력 지원을 받아 브야소포크에서 북쪽으로 향발, 콘드라체프카(Kondratjevka)에 도달했다. 오후 2시 이후, 장갑연대의 선견대가 알렉세예프카 남쪽에 진입하자 소련군 대전차포와 중화기들이 독일 전차들을 열렬히 반기면서 극렬한 저항을 나타냈다. 얼마 후에는 선두에 섰던 하프트랙은 뒤로 빠지고 독일군과 소련군의 전차전으로 진행되었으며 장갑척탄병들이 적 진지를 향해 백병전을 전개하려 했으나 차량의 연료가 바닥나 재충전할 때까지 공격을 지연했다. 독일군이 지체한 틈을 타 소련군 T-34가 야간에 공격해 들어왔으며 토텐코프 장병들이 그 중 한 대의 전차장을 사살하고 전차의 해치를 열어 폭파시키자 여타 병력들은 갑자기 어둠 속으로 자취를 감추었다. 칼 라이너는 휘하의 전차들을 몰아 알렉세예프카로부터 불과 수 km가량 떨어진 오렐카와 로조봐야 사이의 철도선들을 차단하라고 지시했다. 이에 프릿츠 비어마이어(Fritz Biermeier) SS대위의 6중대는 로조봐야 방면으로 진격했으며 이때 칼 라이너는 사전 정찰도 없이 보병과 견인가능한 야포도 지원하지 않은 채 전차들만을 내보내는 실수를 저질렀다. 어둠 속에서 방향을 잃은 비어마이어의 전차들은 우왕좌왕한데다 주포에 대한 탄약 보급이나 수리점검이 제대로 이루어지지 않아 소련군 T-34들이 나타나지 마자 독일군은 패닉 상태에 빠지기 직전상황에 처했다. 이에 비어마이어는 불과 500~600m에서 T-34들을 발견, 우선 1대를 파괴하고 연이어 두 번째 전차도 격파, 피격당한 소련 전차병들은 밖으로 빠져나와 도주하였으며 세 번째도 정확히 명중시키기는 했으나 불이 탄 채로 도주하게 되자 여타 소련군 전차들도 다시 퇴각하기 시작했다. 이처럼 절체절명의 위기에서 간신히 벗어나기는 했으나 다시 숲속으로부터 소련 기병대의 기습을 받아 항전하는 과정에서 극심한 피해를 입었다. 소련 기병들도 독일 전차병들의 응사에 많이 당하는 한편, 전차병들도 일부는 전사하고 나머지는 여러 군데로 흩어져 도주하는 사태가 벌어졌으며 비어마이어의 전차만 간신히 빠져나오는데 성공했다. 이 전투에서 토

전선으로 향하는 토텐코프의 3호 돌격포 G형. 낮은 차체에 75mm포를 장착한 G형은 전차 이상의 위력을 발휘했다.

텐코프는 쓸데없는 자만심과 부주의한 기동으로 25명의 전차병과 지원병력들을 잃는 손해를 보았다.[01]

테오도르 아익케 토텐코프 사단장은 후방에 남겨진 소련군 패잔병들이 진격을 방해하는데다 상당 규모의 소련군 병력이 파블로그라드 서쪽 사마라강을 건너 토텐코프의 본대를 위협하자 제1SS장갑척탄병연대가 주도로를 확보하고 정찰대대와 벡커의 제3SS장갑척탄병연대가 판유티나-로조봐야 북쪽 철도선상의 크라스노파블로프카(Krasnopawlovka)로 진격하도록 명령했다. 제1SS장갑척탄병연대 '토텐코프'는 봐실예프카로 침입하던 소련군 종대를 만나 2대대가 일부 포로를 잡으며 해당 구역을 소탕했다. 요아힘 슈바흐의 3대대는 약 1,000명 정도의 병력과 교전하게 되자 지원을 요청, SS장갑부대가 오렐카 남쪽의 소련군 병력을 없애면서 헬무트 벡커의 연대와 오렐카 부근에 있었던 칼 라이너의 장갑연대의 연결고리를 유지하는데 기여했다.[02] 이처럼 주로 사마라와 브야소포크 북쪽 지역을 따라 후방에 처진 소련군의 크고 작은 전투집단들이 토텐코프의 진격에 장애를 초래하였고, 독일 전차들의 상당 부분이 보급과 충전으로 여러 군데 흩어져 있었던 관계로 다스 라이히의 진공을 지원하는 당초 목표에도 상당한 영향을 끼치게 되었다.

## 다스 라이히의 로조봐야 진입

2월 25일, 다스 라이히는 파블로그라드에서 로조봐야를 향해 국도와 철도변을 따라 진격하면서 중간에 놓인 소련군 단위병력들은 무시하고 나아갔다. 따라서 전투는 간헐적으로 전개되었으며 다만 예측하기 힘든 적군의 기습에 약간의 고충이 따랐다. 다스 라이히의 '데어 휘러' SS연대는 '도이췰란트' SS연대 바로 앞에서 파블로그라드로부터 북쪽으로 이동해 로조봐야 외곽에 도달, 소

01 Nipe(2000) pp.215-7
02 NA : T-354 ; roll 120, frame 3.753.643

토텐코프의 가장 뛰어난 인재 중 하나였던 '토텐코프' 장갑척탄연대장 오토 바움. 우측은 테오도르 아익케 사단장

련군 제58근위소총병사단, 제1근위전차군단 및 제41근위소총병사단이 포진한 소련군 병력과 격렬한 접전을 개시했다. 질붸스터 슈타들레가 이끄는 '데어 휘러' SS연대 2대대는 로조봐야의 남쪽에 위치한 공장지대로 진입하고 뷘센츠 카이저의 3대대는 서쪽에서 파고들어갔으나 소련군의 극렬한 항쟁으로 초기 진입은 실패로 끝났다.[03] 이에 독일군은 SS포병연대 2대대의 고폭탄 공격으로 적 지지를 두들겨 팬 뒤 장갑척탄병들이 두 대의 T-34를 육박공격으로 파괴하고 돌격포를 앞세워 소련군의 응사를 분쇄했다. 독일군은 포병대대의 지원에 힘입어 두 개의 SS대대들을 겨우 위기에서 구해내면서 그날 저녁에야 시의 남쪽과 서쪽을 장악할 수 있었다. 다스 라이히는 반격이 개시된 19일부터 25일까지 220km를 진격하여 적 전차 20대, 2대의 장갑차량, 16문의 야포와 71문의 대전차포를 파괴했다. 이 시점 다스 라이히는 3호 전차 14대, 4호 전차 5대, 3호 지휘전차 3대 및 16대의 3호 돌격포로 무장하고 있었다.[04]

2월 26일, 소련군의 반격이 이어지면서 이날도 치열한 접전이 계속되었다. 야콥 훽크의 모터싸이클대대와 에른스트 크라그의 돌격포 부대는 로조봐야의 남쪽과 동쪽에서 소련군 수비진을 우회하려 했으나 전차를 앞세운 소련군의 거센 압박으로 인해 시로부터 물러났다. 야콥 훽크의 모터싸이클대대가 소련 전차의 공격을 받아 뒤로 물러날 즈음, 질붸스터 슈타들레의 '데어 휘러' SS연대 2대대는 소련군 소총병중대를 동반한 T-34 3대의 공격을 받아 측면을 노출당하는 위기를 맞았다. 이때 크라그의 돌격포가 소련군의 눈에 띄지 않게 접근, 2대의 T-34를 불길에 휩싸이게 만들자 전세가 역전되면서 장갑척탄병들이 소련군 잔여 병력을 격퇴할 수 있었다. 크라그의 돌격포는 우군의 포사격 지원을 받아 소련군 기관총좌를 차례로 격파, 적 진지를 아수라장으로 만들면서 슈타

03 Berger(2007) p.229 뷘센츠 카이저 SS소령은 계급에 어울리지 않게 4대의 적 전차를 육박전으로 부순 희귀경력의 소유자이다. 1943년 4월 6일, 기사철십자장 수여식에도 4개의 전파격파기장을 오른쪽 소매에 달고 있는 것으로 보아 하르코프전까지 4대를 다 파괴한 것으로 확인된다. 아마도 영관급으로서는 가장 높은 기록인 것으로 추정된다.
Deutscher Verlagsgesellschaft(1996) p.232

04 Restayn(2000) pp.189, 198, Weidinger(2008) Das Reich IV, p.39-40

다스 라이히의 돌격포대대에서 가장 혁혁한 전과를 올렸던 에른스트 크라그 돌격포 2중대장. 하르코프의 공훈으로 독일황금십자장을, 이어서 1944년 10월 23일 기사철십자장, 1945년 2월 28일 백엽기사철십자장을 받았다.

다스 라이히 정찰대대장 한스 봐이스 SS대위. 2월 26일 로조봐야 중앙의 철도교차점에 대한 '데어 휘러' 연대의 공세를 지원했다.

들레의 부대가 그날 오후 시 남쪽을 접수할 수 있게 했다. 다만 3대대는 시의 서쪽구역에서 고전을 면치 못하고 있었다.

'데어 휘러' SS연대의 바로 뒤에서 다스 라이히 공세의 제2파로 들어온 '도이칠란트' SS연대는 시의 동쪽과 북서쪽에서 전차와 함께 진입을 시도했다. 1대대와 2대대는 시내로 침투했으나 파괴된 건물의 틈을 이용해 교묘히 몸을 숨긴 소련 전차를 찾아내기는 쉽지 않았다. 따라서 독일군은 우선 전차를 보호하고 있는 소련군 소총병들을 제거하고 대전차지뢰로 전차를 격파하는 방식으로 전환, 힘겨운 육박전 끝에 오후 4시경 두 SS대대는 안전하게 자리를 틀었다. 다스 라이히는 이틀 동안 로조봐야에서 모두 14대의 소련 전차들을 격파하였다.[05] 그러나 그날 저녁 7시 제1근위전차군단의 전차와 보병들이 '데어 휘러' SS연대와 야콥 휙크의 모터싸이클대대 전구에 공격을 가했다. 이에 '도이칠란트' SS연대의 신속한 가세로 독일군의 전차와 돌격포들은 그 자리에서 6대의 T-34를 격파하여 소련군을 서서히 격퇴시켰고 밤이 되어서야 '데어 휘러' SS연대 각 대대와 선봉부대간 일정 간격을 유지할 수 있었다. 다스 라이히는 이처럼 로조봐야를 강습하여 소련군 병력을 섬멸함과 동시에 포위망을 좁혀 나가야 한다는 이중의 과제를 함께 수행하고 있었다.

같은 시기 토텐코프는 여전히 신속한 공격모드로 바꾸지 못하고 있었다. 크고 작은 소련군 단위부대가 오룔과 사마라강 사이로 침투해 들어오면서 일부 제대들은 여전히 국지적으로 수비하는데 여념이 없었다. '토텐코프' 제3장갑척탄병연대의 프릿츠 크뇌흘라인(Fritz Knöchlein) SS소령 휘하 1대대는 오룔강을 건너 북동쪽의 적 병력과 연결하려는 소련군과 싸우고 있었고, 막스 제엘라(Max Seela)의 SS공병대대도 파

05 NA: T-354; roll 118, frame 3.751.876

블로그라드 동쪽 주도로에서 연속적인 전투를 경험하고 있었다. 제1SS장갑척탄병연대 2대대는 제15보병사단과의 연결을 유지하면서 브야소포크 남쪽에서 숲속에 포진한 소련군들과 대치 중이었는데 빌헬름 슐쩨 대대의 1개 중대는 돌연 소련군 보급대대와 조우, 급작스러운 전투를 치렀으나 대령을 포함한 병력 92명을 포로로 잡음으로써 일방적으로 승부가 갈리고 말았다. 한편, 칼 라이너의 전차연대는 겨우 기동을 속개해 판유티나 서쪽과 로조봐야 북서쪽에 위치한 자레다로프카(Zaredarovka)에 도달하여 체면을 세웠다. 이와 더불어 헬무트 벡커 제3SS장갑척탄병연대의 척후대가 판유티나 북쪽 도로로 연결되는 177고지에 도달함으로써 두 마을을 위요한 본격적인 전투가 개시되기 직전 순간에 도달했다.[06]

## 테오도르 아익케의 전사

칼 라이너의 장갑연대가 무전기 고장으로 위치파악이 불가능해지자 토텐코프의 사단장 테오도르 아익케는 2월 26일, 현장을 스스로 파악하기 위해 휘젤러 '슈토르흐'(Fieseler Storch) 정찰기로 인근 지역 수 곳을 직접 시찰했다. 그러던 중 아르텔노예(Artelnoje)와 판유티나 사이 지역에서 소련군의 고사포 사격에 의해 격추당하는 일이 발생했다. 정찰기가 추락된 지점으로 아르젤리노 마사리(Arzelino Masarie) SS대위가 이끄는 몇 대의 정찰부대 하프트랙과 한스 엔트게스(Hans Jendges) SS장갑엽병 소위가 1대의 전차에 탑승하여 현장으로 달려갔다. 27일, 오전 6시 30분 이미 사단장을 포함한 전원이 사망한 상태임을 확인하였으나 주변에 위치한 소련군의 사격이 극심하여 도저히 시체를 수거하지는 못하고 일단 후퇴했다. 단지 상황을 확인키 위해 달려갔던 한스 엔트게스와 그의 부하들은 비록 전차가 적에게 피탄되었음에도 불구하고 아군 진지로 무사히 돌아왔지만 강철 파편에 의해 치명적인 부상을 입었다. 그 후 아르젤리노 마사리 SS대위는 2대의 3호 돌격포와 3대의 SPW 하프트랙 및 모터싸이클 2개 소대를 편성해 아르텔노예로 달려가 소련군 대전차포 진지를 파괴하고 아익케의 시체와 그의 백엽기사철십자 훈장도 수거해 왔다. 3월 1일, 아익케의 시체는 군 규정에 따른 엄중한 장례 후 인근 마을에 묻어졌다. 그의 무덤은 나중에 소련군의 진격에 따라 우크라이나로부터 독일군이 철수할 때 지토미르(Zhitomir)로 이장되었다. 아익케의 어느 사진을 보아도 악랄한 정치범 수용소 소장처럼 보이는 것은 어쩔 도리가 없다. 자국의 국방군을 유대인이나 마르크스주의자들만큼 혐오했던 아익케는, 그러나 자신의 부하들에게는 매우 친숙했던 존재로서 항상 몸을 아끼지 않고 최전선을 시찰한다든지 남자다운 단호한 기질로 부하들의 존경을 받았던 것은 숨길 필요가 없는 사실이기도 했다.

아익케의 전사에 따라 막스 지몬(Max Simon) '토텐코프' 제1SS장갑척탄병 연대장이 사단장으로 승격하고 오토 바움 제1SS하프트랙 대대장이 신임 연대장으로 들어왔다.[07] 오토 바움의 자리는 발터 레더(Walter Reder) SS대위가 맡았다. 그에 앞서 2월 26일, 제1SS장갑척탄병연대 '토텐코프'의 2대대와 3대대는 SS공병대대와 함께 사마라 북쪽과 브야소포크 서쪽의 사단 연결라인을 차단하려는 소련군 병력을 괴멸시켰으며, 막스 제엘라의 SS공병대대도 나게쉬도프카(Nageshdovka)의 소련군을 섬멸했다. SS공병대대는 헬무트 벡커의 전투단을 따라 오렐카에 도착해 새로운 진지를 구축하여 사단의 전면적 공세를 위한 1차 정지작업을 완료했다.

토텐코프 사단은 2월 27일, 드디어 로조봐야 서쪽에서 본격적인 공세를 개시했다. 다스 라이히도 그와 동시에 로조봐야-판유티나 구간의 소련군 병력을 제거하고 도주하는 잔여 병력을 북쪽으

06 NA : T-354 ; roll 118, frame 3.751.866-869

07 아익케의 사고사에 따라 막스 지몬이 사단장직을 승계한 것은 사실이나 사단사에는 이를 정식으로 사단장에 취임한 것으로 기록하지 않고 있다. 대신 1943년 2월 26일을 기점으로 아익케에서 헤르만 프리스로 바뀐 것으로 되어 있는데 지몬이 공식 절차가 완료되기 전까지 단지 임시직으로 토텐코프를 지휘했다는 것인지는 명확하지가 않다. 막스 지몬은 그 이전 1942년 6월 20일, 아익케 사단장이 베를린으로 보고차 떠난 뒤 곧바로 돌아오지 않자 그때도 역시 사단장직을 임시로 맡은 바 있었다.

로 몰아 토텐코프가 있는 구역으로 빠져 들게 할 생각이었다. 그 다음에 두 사단은 나란히 북쪽을 향해 크라스노파블로프카로 진격해 들어가도록 되어 있었다. 또한, 제15보병사단이 뒤를 따라 들어가 패잔병 소탕과 병참선 유지를 강화하려고 했으며 별도의 소규모 전투단인 슈타인바우어 그룹(Gruppe Steinbauer)은 노보모스코프스크 북동쪽 숲 지대에 숨어든 소련군을 솎아 낼 계획을 수행했다.[08]

제프 디트리히처럼 정식 고등군사훈련을 이수하지 않았던 테오도르 아익케 토텐코프 사단장. 휘젤러 단엽기로 정찰 중 지나친 저공비행으로 불의의 사고를 당했다.
(Bild 146-1974-160-13A)

칼 라이너의 토텐코프 장갑연대는 이날 아침에 로조봐야 북쪽을 따라가 자레다로프카(Zaredarovka)를 급습, 순식간에 소련군의 저항을 제거했다. 이어 정오 못 미쳐 칼 라이너의 장갑연대는 서쪽과 북쪽에서 2개 종대로 나누어 판유티나 인근지역을 공격해 들어갔다. 사단의 야포들도 지원사격을 위해 전진배치되었으며 장갑공병중대가 판유티나 북쪽 구역으로 연결되는 철도지점의 소련군을 청소하고 '토텐코프' 제3장갑척탄병연대 1대대도 도착해 판유티나 북단의 소련군 진지에 대한 공격태세를 완료했다. 파울 하우서가 막스 지몬에게 추가 공격을 다그치자 이날 오후 1시 30분 공격을 재개한 토텐코프는 제3장갑척탄병연대 1대대가 2대대의 지원을 받아 오후 4시 넘어 판유티나 외곽을 쑤시기 시작했다. 토텐코프의 전차와 돌격포들이 소련 대전차포진지를 근접사격에 의해 차례로 격파하고 장갑척탄병들이 집집마다 돌아다니면서 시가전을 밤늦게 전개한 결과, 그날 자정까지 시의 절반은 독일군의 수중에 떨어졌다.

판유티나를 지키던 소련군 제15소총병군단은 시 절반에 연대 병력만을 남겨둔 채 2개 사단이 크라스노파블로프카로 후퇴해 SS장갑군단의 진격을 저지하기 위한 새로운 방어진을 치도록 조치했다. 파울 하우서는 소련군이 진지를 견고히 축성하기 전해 파괴할 것을 명령, 제3SS장갑척탄병연대가 2월 28일 아르텔노예를 떠나 크라스노파블로프카로 진격했다. 선봉을 맡은 막스 퀴인(Max Kühn) 제3SS장갑척탄병연대 3대대는 오후 4시경 두 마을 사이의 절반 거리에 도달했다.[09] 헬무트 벡커의 연대는 막스 퀴인 부대의 돌진을 시발로 시의 서쪽 모서리에 대해 공격을 개시하여 오후 8시경에는 소련군을 시 내부로부터 축출하고 시의 동쪽 끝자락에 당도했다.

한편, 다스 라이히는 2월 27일 하루 종일 로조봐야 석권과 시 내부 소련군 병력의 소탕에 전력을 투구했다. 다스 라이히의 '도이칠란트' SS연대는 로조봐야 동쪽 끝자락으로 뻗은 철길을 따라 측면공격을 감행했다. 소련군의 집요한 저항이 전개되어 도저히 머리를 들 수 없을 정도로 집중사격이 계속되자 독일군은 돌격포를 동원, 소련군 진지에 대해 포격을 가하고 슈투카의 지원으로 적

08 NA : T-354 ; roll 118, Nipe(2000) p.226에서 재인용
09 NA : T-313 ; roll 367, frame 8.650.366, 8.650.386
NA : T-354 ; roll 118, frame 3.751.861

진지를 공중에서 정확히 때리는데 성공했다. 공중폭격을 피해 달아나는 소련군 병력들은 다시 하인쯔 마허의 공병중대가 추적하여 금세 눈 위에 붉은 피투성이의 검은 시체들을 나뒹굴게 만들었다.[10] 이어 마허의 공병중대가 소속된 프릿츠 에어라트의 제3SS장갑척탄병 '도이췰란트' 연대 1대대는 미하일로프카(Michailovka) 마을 근처 로조봐야 북동쪽 입구에 진입하였고 토텐코프가 북쪽과 북서쪽에서 찔러 들어가면서 다스 라이히가 동쪽에서 시를 포위하자 58소총병사단 소속의 소련군들이 드디어 퇴각하기 시작했다. 에른스트 크라그의 돌격포중대를 앞세운 질붸스터 슈타들레의 '데어 휘러' 2대대는 로조봐야의 북쪽구역을 부수고 들어왔으며 볼프강 뢰더(Wolfgang Röder) SS중위의 돌격포중대의 지원을 받는 '데어 휘러' 3대대와 2정찰대대가 시 서쪽 끄트머리의 공장지대에 포진한 소련군 병력들을 쫓아내기 시작했다. 다스 라이히는 이날 오후 2시경 로조봐야의 대부분을 장악하고 있었다. 오후 3시경 슈타들레 대대는 '도이췰란트' SS연대 구역에 도착하여 완성된 포위망을 확인하고 남은 소련군 병력들을 소탕하자 오후 4시경 극히 일부의 저격병들과 패잔병들을 제외하곤 시가 전체의 안정을 되찾았다. 다스 라이히의 손실은 녹록치 않았다. 27일 밤까지 2대의 지휘전차를 제외하면 겨우 11대의 기동가능한 전차를 보유하고 있었으며 그나마 12대의 3호 돌격포가 손상되지 않아 나름대로 의지가 되고 있는 상황이었다.[11]

토텐코프는 여전히 76대의 전차를 보유, SS사단 중에는 가장 막강한 화력의 기동전력을 유지하고 있었다.[12] 이는 물론 처음부터 토텐코프가 보다 많은 전차를 가지고 출발한 데 기인하지만 2월 말에 이르기까지 다스 라이히의 전투가 월등히 격렬했음을 증명한다.

다스 라이히의 장갑연대는 2월 27~28일 동안의 야간전투 이후 '데어 휘러' SS연대 및 '도이췰란트' SS연대와 함께 로조봐야 북쪽에서 이튿날 아침 공격 재개를 위한 재정비 작업을 마쳤다. 두 SS사단의 주력들은 크라스노파블로프카를 향해 동쪽은 다스 라이히가, 서쪽은 토텐코프가 북쪽으로 난 철길을 따라 평행하게 진격해 들어갔다.[13] 크라스노파블로프카는 알렉세예프카 남쪽으로부터 10km 떨어진 지점에 소재하고 있었으며 알렉세예프카는 하르코프 남단으로부터 30km 정도의 거리를 두고 있었다. 독일군은 하르코프가 시야에 들어오기만을 기다리게 되었다. 작전은 예정된 시간표대로 맞아 들어가고 있었다.

2월 28일, '데어 휘러' SS연대는 크라스노파블로프카를 돌아 라스돌예(Rasdolje)에 당도하여 매복해 있던 소련군 T-34전차들과 조우했다. 이때도 에른스트 크라그의 3호 돌격포가 장갑척탄병들의 수호신으로 활약, 소련군 진지 측면에서 단숨에 2대의 T-34를 격파하고 다른 한 대는 찰과상을 입고 마을 밖으로 빠져나갔다. 크라그의 돌격포들은 오후 늦게 다시 4대의 T-34를 추가로 격파하였으며 3문의 대전차포와 다수의 보병진지들을 쑥대밭으로 만들었다. '데어 휘러' SS연대는 저녁즈음에 거의 모든 잔존병력들을 일소하고 마을을 장악했다.

'도이췰란트' SS연대는 사단의 동쪽 측면에서 비교적 적의 저항을 받지 않는 가운데 순조롭게 북진을 계속, 오후 4시경 연대의 선봉대가 오트라다봐(Otradava)에 도착하고 연대의 우익에서

10 Berger(2007) p.317 하인츠 마허는 다스 라이히 최고의 공병장교로서 극소수의 인원으로 특공대를 조직하여 상상을 불허하는 기습을 가하는 것도 전매특허이지만 돌격포와 공조하여 난맥상을 타개하는데 탁월한 실력을 발휘한 것으로 알려져 있다. 1943년 4월 3일에 기사철십자장을 받았다.
11 NA : T-354 ; roll 118, frame 3.751.901
12 NA : T-354 ; roll 118, frame 3.752.002
13 NA : T-313 ; roll 367, frame 8.653.095
NA : T-354 ; roll 118, frame 3.751.882, 3.752.006

진격하여 미리 고지를 선점했던 제6장갑사단 병력과도 조우했다. 다소 지체되었던 '토텐코프' 오토 바움의 장갑척탄병연대는 칼 라이너 장갑연대의 도움 없이 오률강과 수평되게 진격, 리고브카(Ligowka)와 리소뷔노프카(Lissowinovka) 마을의 소련군 병력을 만나 슈투카의 지원을 얻어 가볍게 제압하고 정오 무렵 선봉대가 오률강을 도하했다.

한편, 헬무트 벡커의 제3SS장갑척탄병연대는 아익케의 사후 '아익케' 연대라는 별칭을 얻어 크라스노파블로프카의 소련군들을 처리하고 사단의 우익을 맡아 북쪽으로 진격, 도중에 놓인 작은 마을들을 일제히 소탕했다. 또한, 막스 제엘라의 공병대대는 토텐코프 사단사령부의 보안책임을 맡고 있다가 제15보병사단에게 배후관리를 인계하고 크라스노파블로프카로 진격, SS장갑군단의 예비 기동전력으로서의 역할을 수행했다.

## 제40, 48장갑군단의 공세전이

폰 크노벨스도르프 장군의 제48장갑군단은 2월 25일, SS장갑군단의 공세에 맞춰 사마라강 건너편에 교두보를 확보하고 북으로 진격해 들어갔다. 제6, 17 등 2개 장갑사단은 로조봐야에서 15km 떨어진 스타리 블리스네지(Stary Blisnezy)에 도달했다. 로조봐야-판유티나 구간 동쪽의 소련군은 전의를 상실, 하루에만 약 1,000명이 항복하고 25문의 야포와 대전차포가 노획되거나 파괴되었다. 군단의 우익을 맡은 제17장갑사단은 소련군 제195소총병사단이 수비하고 있던 도브로폴예와 접한 사마라강 변으로 도하, 아침 무렵 소련군 병력을 간단히 제압하고 마을을 장악했다.[14] 실제로 제17장갑사단이 가진 전차는 보잘 것 없었는데도 불구하고 약간의 대전차자주포, 포병대대와의 협력에 의해 소련군 병력들을 거의 몰살시키고 있었다. 사단은 로조봐야 25km 지점의 낮은 능선까지 도달하여 로조봐야를 공격중인 다스 라이히의 포성을 들을 수 있었다. 제17장갑사단은 로조봐야 동쪽의 봐투틴 방어라인을 찌르고 들어감으로써 소련군이 북동쪽으로부터 로조봐야로 연결되는 국도로 접근하는 것을 차단시키는 효과를 가져왔다.

2월 26일, 제17장갑사단은 SS장갑군단의 진격방향과 동일하게 북서쪽으로 방향을 틀어 이동하는 가운데 소규모의 소련군 병력들을 소탕하면서 나아갔다. 제6장갑사단 역시 로조봐야와 스타리 블리스네지 사이의 철도선에 접근, 해당 구역에서 꽤 강력하게 버티던 소련군(41근위소총병사단 및 244소총병사단)과 대치했으나 몇 시간 후 다시 북서쪽으로 진격해 들어갈 수 있었다.

두 사단이 일단은 보조를 맞춰 북서쪽으로 평행되게 진격은 하고 있었으나 사실 이 두 사단은 장갑사단으로 부를 수 없었다. 2월 26일까지 제6장갑사단은 불과 6대의 전차를, 제17장갑사단은 겨우 2대의 가용 전차를 보유중이었으므로, 이 2개 사단을 장갑군단이라 부르기에는 민망한 기동전력이었다. 더욱이 소련군 제197, 245소총병사단이 북쪽에서 내려와 제48장갑군단을 성가시게 하고 있는 상황에서 진격속도가 그리 빠를 수는 없었다. 그럼에도 불구하고 소련군을 물리치고 북상이 가능했다고 하는 것은 소련군의 기동전력 역시 극도로 빈약한 수준에 머무르고 있었다는 것을 암시한다. 여기에 만약 슈투카의 항공지원이 없었다면 이 사단들의 진격이나 전투결과는 쉽게 상상할 수 없었을 것으로 짐작된다.[15] 독일공군의 근접항공지원은 하르코프 일대의 소련군 병력을

14 NA : T-313 ; roll 367, frame 8.650.365
NA : T-354 ; roll 118, frame 3.751.861

15 NA : T-313 ; roll 367, frame 8.653.095

섬멸하는데 없어서는 안 될 결정적인 역할을 했던 것으로 평가되었다. 그러나 이것도 독일군이 러시아 전선에서 제공권을 향유하게 되는 거의 마지막 기회가 되었던 것으로 기억된다.

2월 26~27일, 소련군은 스타리 블리스네지의 북쪽과 바르붼코보의 동쪽 사이에 진을 치고 두 장갑사단에게 싸움을 걸게 되는데 이미 소련군 병력들이 너무 엷게 전선에 퍼져 있어 독일군의 진격을 골고루 막을 수 있는 여력은 없었다. 2월 27일, 제17장갑사단은 제195소총병사단을 스타리 블리스네지 철도 북쪽으로 밀어붙였다. 사단의 침투는 바르붼코보 서쪽의 소련군 수비라인을 위협하기 시작했고 이줌 근처의 북부 도네츠까지 진출했으나 제6장갑사단과는 간격을 좁히지 못했다. 제6장갑사단은 제17장갑사단을 따라잡기 위해 사력을 다하고 있었으나 독일군이 소련군 수비진을 여러 군데에 걸쳐 뚫고 들어옴으로써 독일군 구역 후방에 남겨지게 된 소련군 잔존병력들과 교전하게 됨에 따라 진격속도를 맞추기는 결코 쉽지 않았다. 27일, 제17장갑사단은 조직화되지 못한 소련군의 반격을 격퇴, 300명의 포로와 12문의 야포, 80대의 차량 및 200필의 군마를 전리품으로 획득했다.[16]

제17장갑사단의 동쪽에서 작전 중이던 제40장갑군단이 바르붼코보로 향하자 소련 제1근위군은 제38, 44 및 52근위소총병사단을 바르붼코보 남쪽과 서쪽에 포진했다. 제1근위군은 수중의 전차군단과 제6군의 잔여 소총병사단들의 퇴로를 확보하기 위해 동 구역을 사력을 다해 지켜낼 것을 요구했다. 제40장갑군단은 2월 26일, SS뷔킹을 좌익에, 중앙에는 제11장갑사단을, 제7장갑사단은 우익에 배치하여 바르붼코보 남쪽의 소련군 진지를 공격했다. 제7장갑사단은 바르붼코보의 동쪽으로 이동하여 소련군 제10, 18전차군단 소속 병력들이 틀고 앉은 진지들을 공격했다. 소련군은 그날 오후에 반격을 시도하였으나 2대의 T-34 전차와 KV-1 전차 1대를 상실했다. 독일군 제7장갑척탄병연대는 병력이 500명으로 감소되어 그나마 슈투카의 항공지원을 받아 소련군을 공략했으나 그도 여의치 않아 무척 고전하였고, 겨우 그날 밤늦게 노보 알렉산드로프카(Novo Alexandrovka)에 조그만 교두보를 확보하는 데 그쳤다. 제11장갑사단 역시 대전차포로 포진한 소련군의 수비를 뚫는데 고생하다 저녁 즈음에는 수비로 전환해야 할 만큼 소련군의 거센 저항에 직면했다. 다행히 브라붼코보의 서쪽을 맡았던 SS뷔킹은 수호이 토레즈(Suchoj Torez)강 변에 교두보를 만들었고 바르붼코보 북서쪽 10km 지점의 소련군 진지를 강타했다. 제40장갑군단은 바르붼코보와 스타리 블리스네지 지구에서 모두 21대의 소련군 전차들을 격파하였으나 이튿날까지도 실질적인 진전은 이루지 못했다.[17]

그러나 3개 사단에 의한 계속되는 공격에 소련군 진지의 응집력도 점진적으로 약화되기 시작하였으며, 15~20대의 전차를 앞세워 제11장갑사단 정면에 대한 역습을 시도한 소련군은 6대의 T-34 전차가 격파되자 김이 빠지기 시작했다. 남은 11대의 소련군 전차들이 바르붼코보-이줌 도로로 도주하다가 제11장갑사단에 걸려 대부분의 전차가 파괴되고 나머지는 마을 밖으로 완전히 빠져나가 버렸다. 제40장갑군단은 2월 27일, 총 45대의 소련군 전차를 격파한 것으로 보고되었다. 2월 말 소련군 제4근위군, 제10, 18전차군단의 전차들은 거의 파괴된 것으로 집계되었으며 남아 있는 전차들도 연료부족으로 인해 참호 속에 대전차포처럼 웅크리고 앉은 상태의 것들을 제외하면 포포

16 NA : T-313 ; roll 367, frame 8.653.085
17 NA : T-313 ; roll 46, frame 514

프 기동집단의 전차전력은 모두 소진된 것으로 파악되었다. 특히 SS뷔킹과 제7장갑사단에 대한 소련군의 반격은 전차가 거의 없는 공격으로 무시해도 될 정도였던 점 등을 감안, 제1장갑군은 바르붼코보를 정면으로 칠 것이 아니라 포위하고 기다리기로 결정했다. 제11장갑사단은 바르붼코보를 남쪽으로부터 협공해 들어갔고 나머지 두 사단은 측면노출을 염려할 필요 없이 북부 도네츠와 이줌으로 진격을 계속했다. 제7장갑사단은 북서쪽으로 진격해 2월 27~28일 양일간 이줌과 바르붼코보 중간 지점에 도달했으며[18] SS뷔킹은 더 북쪽으로 행군, 2,000명의 병력 및 6대의 전차와 돌격포로 간신히 버텨오던 제17장갑사단과 연결되었다. SS경계지대(支隊) 정도 되는 병력이 이른 아침 그루쉐봐챠(Gruschevacha) 마을 부근 북쪽의 베레카강 도하지점에서 제11장갑사단을 대신하여 해당 구역을 관리하고, 뷔킹은 밤이 되어 북부 도네츠강 남쪽 제방 근처에 당도했다.[19] 이어 제6장갑사단은 오펠른-브로니코프스키(Hermann von Oppeln-Bronikowski) 대령이 지휘하는 제11장갑연대를 선봉으로 3월 1일 베레카 서쪽에 도달함으로써 란쯔 분견군 남익과 연결되었다. 이로 인해 돈강과 드니에프르강 사이를 최고 속도로 주파한 제6장갑사단은 포포프 기동집단의 잔여 제대들을 완전히 고립시킴으로써 임무를 성공적으로 수행했다.[20]

제40장갑군단을 대신해 바르붼코보 정리를 맡은 제11장갑사단은 마을의 남쪽과 동쪽으로부터 전진, 동쪽을 친 전투단이 몇 대의 전차들을 격파하여 마을의 북단을 점거하였으나 남쪽 구역은 소련군이 후퇴할 생각 없이 결사의 각오로 버텨내고 있었다. 겨우 공병대원들이 소련군이 교두보로 쓰고 있던 교량 하나를 안전하게 접수하고 숨어서 사력을 다하던 소련군 병력들을 하나하나 솎아내자 전투는 진정국면으로 접어들기 시작했다. 2월 28일 밤, 소련군 잔여병력이 마을을 버리고 도주하기 시작했고 제40장갑군단은 북쪽으로 진군, 도네츠강 서쪽 강둑에 도달하여 소련군이 바르붼코보 북쪽으로부터 북부도네츠로 도망치지 못하게 막으려 했다. 이 지점은 이줌 서쪽에서 20km 떨어져 있는 곳으로 이쪽을 봉쇄하면 SS뷔킹과 제7장갑사단이 통제하는 구역 사이의 구간도 막을 수 있는 이점이 있었다. 제7장갑사단은 2월 28일, 노보 드미트리프카(Nowo Dmytrivka)에서 20대의 소련 전차를 격파한 것을 포함, 2월 20~28간 47대 이상의 전차를 없애버린 것으로 집계되었다. 같은 시기 제11장갑사단은 겨우 10대의 전차를 보유한 제3전차군단을 맞아 초전에 9대를 격파시켰다. 그와 거의 동시에 제3장갑군단 3장갑사단은 제333보병사단과 함께 슬라뷔얀스크를 공략하여 소련군들을 도네츠강 건너편으로 몰아내는데 성공했다. 이때 소련 남서방면군은 이줌에서 북부 도네츠강 교두보를 유지하면서 남쪽으로부터 후퇴하는 소련군 단위 부대들을 지원하고 있었다. 뷔킹과 제6, 7장갑사단이 도네츠강 남쪽강 변을 세차게 밀어붙이고 있는 와중에 소련군은 그나마 이줌 남쪽의 고지대에 교두보 하나를 확보하고는 있는 상태였다. 이줌 서쪽에서 도네츠강 변을

18 NA : T-313 ; roll 42, frame 7.281.498, 7.281.500, 7.281.526

19 NA : T-313 ; roll 46, frame 521

20 Kurowski(2004) Panzer Aces, p.46
헤르만 폰 오펠른-브로니코프스키는 1936년 베를린올림픽 마장마술에서 금메달을 획득한 이색 경력의 소유자로 제22장갑사단의 204장갑연대장을 역임했다. 1942년 동계전역에서 제48장갑군단의 중추를 형성했던 제22장갑사단은 1942년 12월 6일~1943년 1월 5일에 걸쳐 소련군 12개 소총병사단 및 5개 기병사단, 10개 전차여단과 16개 기계화여단을 격멸하였다. 또한, 적 전차 451대를 격파하고 209문의 야포와 752대의 중화기들을 파괴하거나 노획한 것으로 집계되어 있으며 전차 파괴의 대부분은 오펠른 장갑그룹(Armoured Group von Oppeln)에 의한 것으로 확인된 바 있다. 오펠른-브로니코프스키의 204장갑연대는 1943년 2월 25일까지 12배나 많은 적과 대적하였으며 2월 20일 미우스강 유역에 대한 소련군의 마지막 공세를 저지시켰다. 전투가 끝난 후 제22장갑사단이 가진 전차는 불과 단 한 대에 지나지 않았는바 그야말로 마지막 순간까지 투쟁한 명확한 증거로 기록되어 있다. 제22장갑사단은 그것으로 존속이 중단되었으며 오펠른-브로니코프스키는 곧바로 제6장갑사단의 장갑연대를 맡게 되었다. Kurowski(2004) Panzer Aces II, p.474

공격 중인 제6, 17장갑사단은 제1근위기병군단이 간신히 막아내고 있었다.[21] 이 지역의 소련군은 재수가 없었다. 만슈타인의 계략에 걸려 넘어 간 것은 둘째 치고 독일 국방군의 기동전력을 대표하는, 롬멜의 정기를 받은 제7장갑사단과, 7사단처럼 동부전선 또 하나의 '유령사단'으로 알려진 제11장갑사단에게 현란한 더블 펀치를 맞고 다녔으니 일단 기술적으로 당해낼 재간이 없어 보였다. 제3전차군은 2월 28일, 보로네즈방면군으로부터 남서방면군으로 전출되어 전반적인 후퇴기동을 지원하는 것으로 재지정되었다.

2월 말, 모든 전세가 역전되고 있음이 분명해졌다. 소련 제6군은 만슈타인의 역습에 의해 파편화되어 여러 개의 제대로 쪼개져 이동하고 있었고 독일군 제15보병사단과 토텐코프 사단에 의해 단순한 사냥감으로 전락하고 있었다. 소련 제1근위군은 이제 도저히 어떤 형태로든 공세를 취할 수 있는 입장이 아니었다. 제6군과 제1근위군은 독일군의 선봉에 밀려 점점 고립되기 시작했으며 포포프 기동집단이 이미 전멸한 상태에서 그나마 남아 있는 기동전력인 제25전차군단은 엉뚱하게 드니에프르에 위치하고 있어 아무런 도움이 되지 못했다. 실은 2월 23일 밤 봐투틴 남서방면군 사령관은 처음으로 그의 부대가 위험에 빠지고 있음을 감지하기 시작했던 것으로 추측된다. 봐투틴은 고육지책으로 제6근위기병군단으로부터 일부 사단을 뽑아 땜질하듯 전선의 빈 곳을 채워나가면서 보로네즈방면군의 지원을 요청했다. 그때까지 황당한 지시만을 반복하고 있던 스타프카는 겨우 사태의 심각성을 인지하고 제6군과 제1근위군을 북부 도네츠 쪽으로 후퇴하도록 지시한 뒤 제3전차군이 제69군과 함께 2개 군을 엄호하도록 명령했다. 그러나 이 결정은 한편으로 제3전차군과 제69군이 진격을 멈추고 수비 태세로 돌아서라는 뜻으로도 들리지만 사실은 또 반드시 그렇지마는 않은 상황이었다. 스타프카의 지시는 일단 진격을 중단하되 제6군과 제1근위군의 생존을 위해 독일군에게 역습을 가하라는 의도의 다른 표현이었기 때문이다. 이 시기 제3전차군도 실은 하우서의 SS장갑사단들을 수세적으로 상대해야 하나 그럴 여력이 없는 상태에서 또다시 우군 2개 군을 살려 내기 위해 SS장갑군단에게 반격을 가하라는 절망적인 명령을 받았다. SS장갑군단, 제48, 40장갑군단의 진격 정면은 무려 50km나 되는 폭을 두고 있었지만 그로기 상태로 몰린 소련 3~4개 군을 대항하는 것은 별 문제가 없는 것으로 보인 것이 2월 마지막 날의 전황이었다. 그 중 3개 전차여단 및 1개 기계화여단으로 구성된 제25전차군단, 제35근위소총병사단, 제41, 244, 267소총병사단, 그리고 제106소총병여단은 거의 괴멸상태에 직면해 있었으며 사실상 존재하지 않는 것과 다를 바 없었다. 또한, 제1근위전차군단, 제1근위기병군단 및 제4근위소총병군단의 잔여 전력은 2월 말로서는 정확히 파악하기가 어려웠으나 이 역시 거의 전력이탈에 가까운 처참한 지경에 빠져 있었다. 제4장갑군은 2월 21일부터 28일까지 8일 동안 너비 100km 종심 120km의 영역을 복구하였으며 적 전차 156대, 178문의 야포, 284문의 대전차포를 파괴하고 11,000명 사살, 4,643명의 포로를 잡아내는 전과를 기록했다.[22]

그러나 아직 승부가 결정 나기까지는 여전히 많은 단계를 더 필요로 하고 있었다. 1943년 3월,

21 NA : T-354 ; roll 118, frame 3.752.009-010
NA : T-313 ; roll 42, frame 7.281.543-544
NA : T-313 ; roll 367, frame 8.653.112

22 NA : T-313 ; roll 367, frame 8.653.111
2월 말경 독일군 주요 장갑병력의 전차 현황은 다음과 같다. 제3장갑사단 35대, 제6장갑사단 17대, 제7장갑사단 19대, 제11장갑사단 52대, 제17장갑사단 6대, 그로스도이췰란트 103대(4 티거), 라이프슈탄다르테 37대(3 티거), 다스 라이히 66대(7 티거), 토텐코프 76대(9 티거), 뷔킹 10대

독일군은 아조프해에서 하르코프 북쪽까지의 700km에 달하는 거리를 단 32개의 단위부대로 지키고 있었으며, 소련군은 이를 공격하기 위해 여단(brigade)이상의 부대만 341개에 달하는 단위부대 병력을 집결시키고 있었다. 단순 비교로는 10:1이며 일부 소련군 사단들의 병력이 정수 부족이라는 점을 고려하더라도 8:1, 7:1에 달하는 격차는 여전히 메워지지 않고 있었다. 만슈타인은 도네츠강 남부에서 성취한 것처럼 전광석화와 같은 반격작전을 하르코프에서 반복하게 되기를 갈망하고 있었다. 그전에 가장 먼저 처치해야 될 것은 보로네즈에서 남서방면군으로 넘어온 제3전차군의 존재였다.

# 7 제3전차군의 격멸

## 크로스 카운터

2월 28일, 켐프 분견군은 그 이전부터 전선을 축소시키는데 성공하면서 크라스노그라드 돌출부를 견고하게 유지함에 따라 SS장갑군단이 소련군의 압박을 해소하는데도 일조하였으며, 동시에 능란한 공격과 수비를 혼합하여 전개함으로써 소련군을 지치게 만들고 있었다. 2월 마지막 날인 28일, 소련군 제5근위전차군단은 아흐튀르카 서쪽에 근접한 붸르프리크(Verprik)를 따내면서 중앙집단군과 켐프 분견군 사이에 쐐기를 박는 효과를 나타냈다. 그러나 당시 붸르프리크의 점령은 소련군에게 아무런 이득을 줄 수가 없었다.[01] 어차피 소련 제40군의 서진은 독일 제4장갑사단에 의해 저지되어 있는 형편이었으며 전투의 핵심지역은 하르코프 남쪽이었기에 켐프 분견군은 이 집단군 사이의 경계구역을 과감히 포기하고 SS장갑군단과의 조율에만 집중하고 있었기 때문이었다. 이와 같은 전선의 축소로 인해 독일군은 처음으로 예비병력을 확보할 수 있었으며 그를 위해 그로스도이췰란트 사단이 폴타봐로 이동해 충분한 보급을 지원받으면서 재편성 중에 있었다. 그로스도이췰란트 사단은 티거 중전차중대를 포함해 2번째로 배속된 장갑대대를 받음으로써 강력한 '그로스도이췰란트' 장갑연대를 보유하게 된다. 이로써 사단은 사상 처음으로 티거를 확보하게 되었다. 이 장갑연대의 사령관은 전군에 27명밖에 수여하지 않았던 다이아몬드 검부백엽기사철십자장을 받게 되는 그라프 폰 슈트라흐뷔츠(Graf von Strachwitz) 대령으로 실제 귀족출신이기도 한 그의 지위를 따 '전차의 백작'이라고 불리기도 했다.[02] 이 장갑연대는 폴타봐-콜로마크-하르코프 철도선으로 침투하는 소련군 병력을 막아내는 가장 중요한 기동전력이었다.

2월 25~28일간 소련 제40군은 빈약하기 이를 데 없는 신키프 주둔 독일 제168보병사단의 주력과 대치 중이었으나 결국 이를 제거하지 못했고 제69군은 슈투카의 빈번한 공격에 상당량의 차량들을 잃어가면서 끊임없는 소모전에 휘말리고 있었다. 그로스도이췰란트 사단의 정찰대대와 돌격포대대는 소련군 선봉의 전진을 콜로마크 부근 폴타봐-류보틴 철도선상으로 몰아내고 제167보병사단의 우익과 제320보병사단 사이의 갭을 확보하였다. 한편, 토텐코프의 '투울레' SS연대는 이때까지도 제320보병사단의 크라스노그라드 저지선상에서 사단병력에 대한 지원을 다하고 있었다. 가장 위협적인 공격은 류보틴 서쪽 30km 지점의 쉘레스토보(Scheletovo)에서 소련 제69군이 제320보병사단과 측면의 그로스도이췰란트 일부 제대구역 사이의 구간을 치고 들어왔을 때였다. 이때도 '투울레' SS연대가 소방수로 등장, 제320보병사단 구역을 커버하고 소련군에 대한 반격을 전개하여 제320보병사단이 재편성할 시간을 벌어 주었으며 콜로마크 근처의 그로스도이췰란트 사

01 Kirchubel(2016) p.144
02 Schaulen(2002) p.158, 高荷義之(1994) p.20
슈트라흐뷔츠가 '전차의 백작'이라는 별칭을 갖게 된 것은 1942년 6월 제18장갑사단 소속 18장갑대대장으로 재직 중일 때였다. 그 후 제16장갑사단의 연대장으로 승진된 다음 1943년 1월 말 그로스도이췰란트장갑연대를 맡게 된다. Rosado & Bishop(2005) p.148

그로스도이칠란트 사단 장갑연대장 그라프 폰 슈트라흐뷔츠 대령(1893~1968). 46세라는 너무 늦은 나이에 참전하여 별다른 전과를 세울 것 같지 않았으나, 곧 출중한 전차 운용능력을 드러내 하르코프에서 자신의 기량을 만개시켰다. 다만 쿠르스크에서는 가장 골치 아픈 문제를 남긴 장교이기도 하다. 전후 자신의 회고록을 남겼으나 사실과 다른 점이 너무 많은데다 기억력도 분명치 않아 현재는 아무도 참고하지 않는 문헌이 되고 말았다.
(Bild 183-J22216)

단의 정찰대대도 지원하는 등 동분서주했다.[03] 2월 26일, 제320보병사단이 빨키 구역에서 행군을 계속하고 있을 무렵, '투울레' SS연대의 후방 척후대는 두 대의 T-34 전차를 격파하여 소련군의 추적을 따돌리고 사단의 안전을 확보했다. 당시 제320보병사단은 이래저래 버려진 전차들과 돌격포들을 긁어모아 제62장갑소대라는 것을 가지고 있었는데 3, 4호 전차를 합해 8대, 3호 돌격포 1대과 여러 가지 경장갑차량들을 돌리면서 소련군 전차들과 아웃 복싱을 하고 있었다. 소련 제12전차군단은 독일군이 빠진 틈을 타 빨키 주변을 정리하고 있었으며 보다 동쪽에서 소련군 공세의 국지적인 진전이 있었다. 제111소총병사단의 지원을 받는 제15전차군단이 노봐야 보돌라가를 공격하여 점령하였고 슈투카의 공습이 여러 차례 있었는데도 병력의 손실을 최소화시키면서 자리를 지켜냈다.[04]

리발코의 제3전차군은 빨키로부터 크라스노그라드 사이의 구간을 커버하고 있는 동안 휘하의 몇 개 소총병사단들이 크라스노그라드를 따내고 자신의 기동전력 주력은 빨키를 점령한다는 사실상 거의 마지막에 해당하는 공격을 준비하고 있었다. 2월 28일, 제3전차군은 류보틴과 빨키의 중간 지점에 주둔하면서 2개 전차군단과 3개 소총병사단으로 라이프슈탄다르테의 우익을 치기 위한 채비를 서두르고 있었다. 그러나 SS장갑군단 전체를 막으라는 스타프카의 지시에 따라 보다 남쪽으로 선회함으로써 초기에 2~3대의 T-34로 강행정찰을 지속시키던 정도의 공세도 약화되기 시작했다. 제320보병사단은 상당량의 대전차화기를 확보, '투울레' SS연대 소속 장갑엽병중대의 대전차자주포 등을 동원, 소련군 전차의 주력이 함부로 접근하지 못하도록 적절한 견제구를 날리고

03 NA : T-314 ; roll 490, frame 184
04 NA : T-314 ; roll 490, frame 185

있었다.

2월 28일, 스타프카의 가장 큰 관심은 제1근위군과 제6군의 생존이었다. 모든 부대가 북부 도네츠 쪽으로 이동하도록 하고 제3전차군은 이 날부터 보로네즈방면군으로부터 남서방면군으로 전속, 두 개 군의 퇴각을 지원하는데 전력을 투구하는 것으로 조정되고 있었다. 제3전차군은 제160 및 350, 2개 소총병사단을 제69군에 인계하고 라이프슈탄다르테가 집결하고 있던 케기췌프카(Kegitschevka)와 예프레모프카 사이 구간에 자신의 전차군단을 밀어 넣었다.[05] 제15전차군단은 2월 28일 야간행군을 통해 케기췌프카에 도착하고 있었으며, 제12전차군단도 3월 1일 같은 구역으로 집결하기 시작했다. 제6근위기병군단은 두 전차군단의 집결을 엄호하기 위해 예프레모프카에 병력을 집중했다. 또한, 수비하는 데는 꽤 이력이 난 소련군 제111, 184, 219소총병사단들이 마을 주변에 방어진을 쳤고 그 뒤에 불과 30대 정도의 전차를 포진한 뒤 3월 2일 공격개시에 대비하고 있었다. 이는 바르벤코보 전구에서 독일 제40군단과 대치하고 있던 소련 제6군이 보유한 50대의 전차보다 못한 규모였다. 독일군은 오룔강 주변에서 대규모의 소련군 소총병들이 라이프슈탄다르테 구역 동쪽을 통과해 남방으로 이동 중인 것을 확인하고 공습을 통해 소련군의 각 종대들을 흩어지게 하면서 정연한 집결을 방해하였으며, 뒤이어 라이프슈탄다르테도 공격에 가담함에 따라 가뜩이나 연료가 없던 제3전차군은 이런저런 병력 피해도 있고 하여 공격을 3월 2일로 연기하게 된다.

2월 28일, 쿠르트 마이어의 정찰대대는 제1SS장갑척탄병연대 1대대 및 자주포대대와 함께 케기췌프카 서쪽에 집결했다. 크라스노그라드 북동쪽으로는 돌격포중대의 지원을 받는 제2SS장갑척탄병연대 3대대가 마이어 대대의 좌익을 엄호하고 있었다. 그러나 재편중인 상태에서 소련군이 올호봐트카(Olkhovatka) 마을 근처 크라스노그라드 북서쪽에 돌파구를 마련하자 제프 디트리히 라이프슈탄다르테 사단장은 프릿츠 뷔트 제1SS장갑척탄병연대로 하여금 적 병력을 치고 올호봐트카를 점령하라고 지시한다.[06] 3월 1일, SS장갑연대의 랄프 티이만(Ralf Tiemann) SS중위는 전차를 몰아 올호봐트카 남쪽으로 진격, 정찰대를 2개로 나눠어 적진을 탐색케 했다. 이 과정에서 독소 상호 전차 1대가 각각 격파당했으며, 알베르트 프라이의 제1SS장갑척탄병연대 1대대 소속 전차와 돌격포가 올호봐트카 동쪽으로부터 공세를 취하고 랄프 티이만의 부대는 남쪽과 서쪽에서 침공하는 것으로 마을을 협격해 들어갔다. 최초 단계에서는 근접전투를 통해 상호 거의 동등한 피해를 입으면서 정체상태가 지속되었으나 프릿츠 뷔트 연대장의 리더쉽 발휘에 의해 소련군 대전차포 진지를 두들겨 패고 150mm 유탄포로 적진을 유린하자 틈이 생기기 시작했다. 소련군도 결사적으로 항전하여 독일군 3호 돌격포 2대와 전차 1대를 파괴하는 등의 용맹을 과시했음에도 불구하고 장갑척탄병들이 백병전을 할 각오로 진지들을 하나하나 처리하자 갑자기 소련군들은 마을을 비우고 도주하기 시작했다. 하필 도주한 지역이 늪지대라 소련군 전차 2대가 기동불능으로 좌초되고 도망가는 소련군들을 독일군이 추격하여 상당수를 사살하기는 했으나 소련 전차 4대는 안전한 곳으로 피신할 수 있었다.[07]

2월 28일~3월 1일 사이 라이프슈탄다르테는 SS장갑군단의 2개 사단 정면에서 교전중인 소련

05 Meyer(2005) p.183
06 Lehmann(1993) p.134
07 Lehmann(1993) pp.137~8

제3전차군의 측면을 강타하기 위해 크라스노그라드 주변 집결지역에서 동쪽으로 진격할 것을 요구받았다. 이 기동은 하우서가 직접 지시한 것으로서 제3전차군이 보다 남쪽으로 들어가게 하여 다른 두 SS사단들이 만든 포위망으로 몰기 위한 페인트 동작이었다. 오전 10시경 라이프슈탄다르테의 주력은 예프레모프카로 진격하고 일부 전투단은 여타 제대들과 제3전차군의 연결라인을 차단시키기 위해 케기췌프카 북쪽으로 향했다. 동시에 같은 방향으로 강력한 정찰병력을 뽑아 만약 소련군이 후퇴길로 접어들었을 경우 소련군 종대 후방의 호위부대를 잘라 내기 위해 강한 압박을 가하도록 주문했다. 라이프슈탄다르테의 이와 같은 노력은 다스 라이히와 토텐코프가 역시 같은 케기췌프카 북쪽으로 이동하는 과정에서 제3전차군을 SS장갑군단으로부터 이격시키도록 하기 위함이었다. 프릿츠 뷔트의 연대는 야로틴(Jarotin) 마을로부터 북서쪽으로 공격해 들어가 나고르나야-올호봐트카 부근 소련군 병력의 직접적인 병참요충지가 되는 크루타야 발카(Krutaja Balka)를 목표로 설정했다. 알베르트 프라이 1대대는 3월 1일 오후에 목적지에 도착하여 제320보병사단의 우익과 연결되는데 성공했다.[08] 이로써 베레카와 예프레모프카 사이의 고지대 돌출부에서 켐프 분견군과의 연결을 모색하던 라이프슈탄다르테는 소기의 1차 목표를 달성했다.

그러나 라이프슈탄다르테가 공격을 개시하려고 할 무렵 해빙기의 도래에 따른 진창과 열악하기 짝이 없는 도로사정이 예정된 시일의 공격을 곤란하게 만들고 있었다. 만슈타인은 3월 1일 켐프 대장과의 통화를 통해 조속한 기동을 요구했으나, 제프 디트리히 사단장은 소련군이 요소요소마다 자리를 틀고 앉아 그들의 특기인 방어전을 펼칠 경우 장갑부대의 화력지원이 없는 보병들의 전진은 상상할 수 없다고 결정하면서 며칠 동안 장갑과 보병이 합세하기 위한 재편성을 마칠 때까지 기다려야 한다는 판단을 개진하였다. 이에 켐프 분견군은 그로스도이췰란트 사단의 조기 출정을 기대해 보는 방법을 취했다. 그로스도이췰란트는 지난 2월 24일부터 병력보강을 시작, 몇 개 보병대대와 장포신 4호 전차 신품으로 구성된 장갑대대, 3호 화염방사전차부대, 그리고 9대의 티거로 무장한 제13중전차중대를 지원받아 거의 완전히 새로운 전력을 갖춘 '그로스도이췰란트'장갑연대를 조직하면서 복수의 칼을 갈고 있었다.

## 라우스 군단의 수비전술

그토록 고생했던 독일 제320보병사단은 라이프슈탄다르테의 북익과 연결되면서 장갑차량과 중화기를 보급 받아 이전과는 다른 상당한 규모의 볼륨감을 갖게 되었다. 39문의 대전차포, 6대의 3호 돌격포와 8대의 전차를 가진 62장갑소대를 보강한 사단은 '투울레' SS연대, '그로스도이췰란트' 장갑척탄병연대 2대대, 그리고 역시 그로스도이췰란트의 장갑엽병중대의 지원을 받아 공세의 날을 기다리고 있었다. 그러나 그로스도이췰란트의 지원 제대가 본 사단의 공세 전면을 보강하기 위해 너무나 자주 재배치되었던 탓에 소련군이 측면을 치고 빠지는 등의 반격을 지속할 경우에는 제320보병사단 자력으로 측면을 커버하기가 곤란했다. 이때도 믿을 것은 '투울레' SS연대뿐이어서 소련군이 제310보병사단과 제167보병사단 사이에 침투했을 때 '투울레' SS연대 2대대 6중대는 두 대의 돌격포와 1개 공병소대를 끌고 제167보병사단으로부터 차출된 제331보병연대 2대대와 함께 스케비프카(Skebivka) 마을 부근의 소련군 병력들을 공격했다. 전투단 종대의 측면에 대고 집중적

08 Nipe(2000) p.240

1942~1943년 동계전역 중 제6장갑사단장직을 마치고 2월 10일부터 자신의 이름을 딴 독자적인 군단을 맡았던 에르하르트 라우스 소장. 자신은 장갑부대 지휘관에서 보병사단만을 이끄는 군단장으로의 승진을 내심 물먹은 것으로 간주했다. 2월 14일 독일 황금십자장을 받았다. 아직 하르코프전의 와중이어서 라우스는 이 서훈을 단지 자신을 달래기 위한 선물로 생각했다. 1941년 브야지마 포위전 때 장갑부대 지휘관으로서의 탁월한 능력을 인정받은 바 있으나 하르코프와 쿠르스크에서는 모두 보병만을 맡았다.

인 박격포 사격을 전개한 소련군은 돌격포 1대를 파괴하는 등 강한 저항을 과시했으나 가가호호 돌아다니며 각개전투를 펼친 SS부대원들이 공병소대와 합류하게 되자 마을은 독일군 수중에 떨어지게 되었다. 단 독일군의 피해도 만만치 않아 돌격포 2대가 격파되었고 전투단 병력은 20명으로 줄어들었다. 다시 보급을 받은 전투단은 이웃 토텐코프 사단의 야포지원을 받으면서 소련군의 추가 공격에 대비했으며, 당시 부상으로부터 복귀한 '투울레' SS연대 2대대장 게오르크 보흐만은 국방군 병력이 해당구역을 수비하지 않고 자리를 옮김에 따라 상당한 피해를 입은 전투단을 스케비프카로부터 빼 내도록 명령했다. 소련군은 31명이 전사, 47mm 대전차포를 포함한 다수의 기관총 진지를 격파당하는 수준에 머물렀으며, 독일군은 돌격포와 같은 요긴한 장비를 상실하는 손해를 입었다.

한편, 독일 제167, 168보병사단 전구에서는 소련군이 겨우 1~2대의 전차를 앞세워 강행정찰하는 수준에 머무르고 있었고 독일군 역시 그 정도 소규모로 잘게 나누어진 부대들로 소련군의 동향을 관찰하는 정도의 간을 보고 있었다. 그러나 SS장갑군단의 진격이 본격적으로 가시화되고 소련 제40군과 제69군의 연결라인이 위협받는 형세가 두드러지게 나타나자 소련군은 규모가 작은 마을들을 모두 소개하고 철수하는 방향으로 내몰렸다. 독일군도 피곤하고 지치기는 마찬가지여서 신키프를 지키던 제168보병사단은 1,500명 미만의 병력으로 줄어들어 그로스도이칠란트 사단으로부터 전차를 배정받기는 하였으나 더 이상의 공세를 취할 기력은 없었다. 라우스 군단이 동 사단을 3월 2일까지 후방으로 철수시키는 동안 SS장갑군단은 라이프슈탄다르테가 진창에서 빠져나오지 못해 도움을 주지 못하는 상황에도 불구하고 북진을 계속했다.[09] 호트의 제4장갑군은 크라스노그라드 동쪽에 위치한 알렉세예프카로 진격하도록 하고, 토텐코프는 예프레모프카로 이어지는 오룔강을 따라 공세를 취하되, 다스 라이히는 크라스노파블로프카로 연결되는 철도선상의 소련군을 섬멸하기 위해 토텐코프와 평행되게 진격하고 있었다.

토텐코프는 케기췌프카 동쪽으로부터 소련 제3전차군 가운데를 잘라버린 뒤 서쪽으로 선회하여 북쪽 구역으로 연결되는 도로를 차단하는 임무를 맡았다. 그렇게 되면 제3전차군은 서쪽에 라이프슈탄다르테, 동쪽에 토텐코프를 끼고 협공 당하게 되며, 다스 라이히와 라이프슈탄다르테가 케기췌프카 북쪽으로 진군하여 스타로붸로프카(Staroverovka)에 도달하게 될 경우, 제3전차군의 제12, 15전차군단은 조그만 포위망 자루 속에 갇히는 꼴이 될 수 있었다. 이와 아울러 제48장갑군

09 NA : T-314 ; roll 490, frame 279

단은 제11장갑사단을 영입, 하르코프 남쪽과 남서쪽에 해당하는 므샤강 하류의 소련군 병력들을 때리기로 예정되었다. 므샤강을 도하하면 제48장갑군단은 메레화 지구를 청소하고 SS장갑군단의 동쪽 측면에 대한 소련군의 공격을 사전에 차단시킬 수 있는 이점이 있었다. 이것이 성공할 경우, 북부 도네츠강 변의 교두보는 확고해질 것으로 예상되었다.

3월 1일, 독일 3개 SS사단들이 제3전차군을 덮쳤다. 3이라는 숫자가 교묘히 집결하게 된 이 순간, 제3전차군의 격렬한 전투는 거의 3일 동안이나 끌게 된다. 호트와 하우서는 소련군 병력의 연결고리가 가장 약한 스타로붸로프카-오코차예 사이의 철도라인을 따라 북쪽으로 진격하기를 명령했다.[10] 같은 날 공격을 재개한 다스 라이히는 우익에 '도이췰란트' SS연대를 선두로 알렉세예프카를 향해 얼음으로 덮인 눈길을 헤쳐 나갔다. '도이췰란트' SS연대는 지뢰제거를 위한 각종 장비 동원과 부교 설치를 위해 프란쯔 마허의 공병부대까지 용의주도하게 배치하여 적진을 가로질러 나갔다. 다스 라이히 장갑연대로부터는 4대의 전차를 지원받아 선봉에 배치했다. 독일군의 전차 행진에 겁을 먹은 일단의 소련군들은 별다른 저항없이 항복하는 광경이 연출되었으며 알렉세예프카 마을도 측면에 대한 엄호도 없이 수문의 대전차포로 포진한 소련군 병력의 가벼운 저항이 있었을 뿐이었다. 하인츠 하멜 연대장은 마허의 공병대와 함께 배후에서 마을을 통과하고 나머지 종대는 동쪽과 서쪽 외곽으로부터 침투해 들어갔다. 공병대가 배후에서 기습으로 진지를 공격하자 소련군들은 급거 도주하였고 북쪽에서 차고 들어온 공병대는 곧바로 시내 중심으로 진입했다. 독일군은 도주하는 병력들도 추격 후 일일이 사살하였으며 정오 직전에 알렉세예프카를 따냈다. 독일군은 겨우 4명의 부상자(그 중 둘은 나중에 사망)만 발생했으나 소련군은 240명 전사, 포로 12명, 몇 개소의 기관총좌와 박격포 포대를 잃는 패배를 기록했다. 야포사격과 같은 사전 통보 없는 기습에 의한 놀라운 전과였다.

하멜의 부대는 다시 서쪽으로 진격, 비교적 양호한 도로를 따라 북쪽 베레카 방면으로 뻗은 교차점까지 올라갔다. 연대의 주력은 북진을 계속하는 가운데 마허 공병중대와 4대의 전차는 알렉세예프카 북서쪽에서 소련군과 조우, 소련군을 일제 소탕하고 도주하는 병력들까지 추격해 몰살하려 했으나 숲 지대에서 교착상태에 빠져 일단 추격을 중단했다.

좌익의 '데어 휘러' SS연대는 라스돌예에서 집결한 다음 '도이췰란트' SS연대와 평행하게 진격하다 페르보마이스키(Pervomaisky)에서 제6근위기병군단의 제대와 붙었으며 격한 저항을 제압하고 난 뒤에는 또다시 강력한 소련군의 진지가 만들어지고 있던 봐실코프스키(Wassilkovsky)에까지 도달했다. 그러나 오토 쿰은 봐실코프스키를 직접 치지 않고 오후 5시경 예프레모프카 외곽에 도착했다. '데어 휘러' SS연대는 예프레모프카의 남쪽에 포진한 소련군을 쳤으며 소련군은 상당수의 T-34전차와 중박격포, 대전차포를 가지고 있었음에도 불구하고 도주하기 시작했다. 불과 30분 정도의 짧지만 가열찬 쌍방의 접전이 있은 뒤 예프레모프카의 남쪽 구역은 '데어 휘러'가 장악한 것으로 보고되었다.[11]

이처럼 초기 진격 시에는 소규모의 소련군과 짧게 교전하고 후퇴하면서 다시 방향을 틀어 추격하거나 하르코프 방면으로 올라가는 수순이 반복되었으며, 군단의 좌익 또는 서쪽 측면에 위치한

10 NA : T-354 ; roll 118, frame 3.752.054
11 NA : T-354 ; roll 120, frame 3.753.660

토텐코프도 그와 유사한 교전 형태를 경험하고 있었다. 토텐코프는 오룔강을 관통해 북진한 뒤 제3전차군 병력과 일시적으로 대치하는 상황이 발생하기도 했으나 진격 자체에 지장을 초래하지는 않았다. 다만 토텐코프의 진격로는 열악한 도로사정과 아울러 설치된 교량들이 전차의 무게를 지탱하지 못해 일일이 공병부대가 수리해 가면서 나가야 한다는 문제가 있었고, 독일군이 이미 점령한 알렉세예프카 부근에서도 매복하고 있는 소련군의 저항이 종료되지 않아 생각보다는 원활한 진전을 이루기가 어려운 조건이었다. 토텐코프 소속 전차 몇 대의 지원을 받는 막스 제엘라의 공병대대 3중대는 알렉세예프카로 나란히 들어가는 철길 북쪽을 따라 정찰에 들어갔으며 적군의 위치를 파악한 다음에는 크라스노파블로프카로 회귀했다.[12]

토텐코프의 '아익케' 연대는 크라스노파블로프카 북쪽에서 발진하여 예프레모프카와 알렉세예프카 사이의 교차로 쪽으로 북진을 계속했다. 토텐코프 장갑척탄병연대는 부근에 노보 블라디미로프카(Novo Vladimirovka)가 위치한 오룔강 계곡의 소련군 진지를 공격했다. 그중 3대대는 강변을 따라 진격을 계속하고 봘터 레더(Walter Reder) SS대위는 1대대의 SPW 하프트랙들을 이끌고 정오 직전까지 올레이니키(Oleiniki) 마을에 도달, 소련군을 북쪽으로 몰아내면서 후방 척후대가 리소뷔노프카(Lissowinovka)에서 발진하여 도주하는 소련군을 따라 북쪽으로 진격했다. 독일군은 돌격포와 20mm 기관포로 도주하는 소련군 종대를 습격하자 전의를 상실한 소련군들은 온 사방으로 탈출하고 일부는 투항해 왔으나 북진하기 바쁜 독일군이 포로를 잡아 둘 시간적 여유는 없었다. 오토바움의 장갑척탄병연대는 북쪽으로 수 km를 더 진격, 그날 저녁 목적지인 니쉬니 오룔(Nishnjy Orel)에 당도했다. 이날 저녁까지 '토텐코프' 연대는 알렉세예프카 구역에, '아익케' 연대는 예프레모프카 남쪽에 진을 쳤고, 봘터 레더의 1대대는 케기췌프카 북쪽 지점의 크라스노그라드-판유티나 철도선 분기점에 도달했다. 이 지점은 소련 제3전차군의 중요한 병참선으로 3월 2일 새벽에 몇 대의 T-34를 동원한 소련군이 대대를 공격해 왔으나 독일군은 전차 3대를 모두 격파 내지 기능불능으로 만듦에 따라 케기췌프카 북쪽에 안전판을 형성하는 성과를 이뤄냈다. 이로서 제3전차군의 제12, 15전차군단을 자루 속에 가두는 첫 번째 단계가 완성되었다.[13]

이처럼 다스 라이히와 토텐코프가 공세로 전환할 무렵 라이프슈탄다르테는 여전히 진창 속에서 헤매고 있었는데, 그나마 요아힘 파이퍼의 하프트랙대대가 돌격포중대를 보강받아 케기췌프카 서쪽에서 방어라인을 유지하고 있었다. 파이퍼 대대는 소련 제15전차군단의 계속되는 공격에 약간 뒤로 물러나 수비진을 새로이 구축했다. 제3전차군도 비록 다스 라이히와 토텐코프의 진격으로 인해 전면과 동쪽 측면을 거의 포기하다시피 했지만 케기췌프카 구역, 즉 오룔과 베레스토봐야(Berestovaja) 사이의 라이프슈탄다르테 정면에 포진한 리발코 중장의 제대는 나름대로 견고한 방어진을 축성하고 있었다. 게다가 케기췌프카 북쪽으로부터는 제12전차군단이 내려오고 있었다. 하지만 이들의 이동은 결국 제3전차군의 제대가 라이프슈탄다르테의 동진으로 인해 SS부대들을 막으려 하다 점점 포위망으로 빠져 들어가는 모양새를 나타내고 있었다. 3월 2일, 켐프 분견군에는 발키로부터 남쪽의 케기췌프카 방향으로 소련군의 상당한 교통량이 발견되었다는 첩보가 들어왔으며, 약 2,000명의 병력과 수백 대의 차량들로 구성된 또 다른 종대는 예프레모프카 구역에서 포위

12 NA : T-354 ; roll 118, frame 3.752.055
13 Weidinger(2008) Das Reich IV, p.47, Meyer(2005) p.184

망 속으로 들어가고 있다는 정찰도 확인되었다.

3월 2일, 하르코프 남방의 전투는 새로운 국면을 맞이했다. SS장갑군단의 두 SS장갑척탄병연대는 오룔강으로 평행되게 진격하는 과정에서 크라스노그라드 동쪽 제3전차군의 우측면을 관통하는 결과를 나타냈다. 다스 라이히의 선봉부대는 케기췌프카 북쪽 제3전차군 기동전력의 주력과 맞닿아 있었고 토텐코프의 제1SS장갑척탄병연대 1대대를 선봉으로 한 종대는 동쪽으로부터 압박해 들어가 케기췌프카 북쪽의 소련군 연결라인을 이미 차단하고 있는 상태였다. 이로 인해 제3전차군의 2개 전차군단과 3개 소총병사단은 자연스럽게 포위되었으며 겨우 케기췌프카 북쪽으로 열린 좁은 회랑지대만이 퇴로라고 할 수 있는 영역으로 남아 있었다. 이때 국방군 전력의 대부분은 예프레모프카와 케기췌프카 사이에 집결하고 있었으며 호트의 제4장갑군은 쿠르트 마이어의 정찰대대 및 '토텐코프' 장갑척탄병연대와의 공조 속에 제3전차군의 여타 전차병력 및 소총병 제대들과 한판 제대로 붙을 작정이었다.

다스 라이히 최고의 공병장교 하인츠 마허 SS소위. 마허는 건설공병이 아닌, 적진이 막혔을 때 숨통을 트는 전투공병의 역할을 담당했다. 하인츠 하멜 '도이칠란트'SS연대장도 마허의 능력을 존중, 직접 마허와 함께 정찰을 나가곤 했다.

3월 1~2일 다스 라이히 '데어 휘러' SS연대 2, 3대대는 예프레모프카에서 야간을 이용해 조직적인 수비와 반격을 되풀이하는 노련한 소련군들을 만나 밤새도록 승패를 알 수 없는 전투에 휘말리고 있었다. 근처에 위치했던 '토텐코프' 제1SS장갑척탄병연대의 주력은 예레메예프카-케기췌프카(Jeremejevka-Kegitschevka) 포위망 속의 소련군을 섬멸하기 위해 준비 중이었으므로 예프레모프카에 별도 지원병력을 보낼 수는 없었다. 따라서 헤르만 호트는 케기췌프카 북쪽으로 열린 좁은 회랑지대로 소련군이 빠져나가지 못하도록 라이프슈탄다르테가 재빨리 기동전력을 규합하도록 지시했다.

3월 2~3일 라이프슈탄다르테는 다시 SS장갑군단에 재편성되었고 이를 계기로 3개 SS사단들이 제3전차군을 동시에 파괴시킬 것을 요구받았다. 라이프슈탄다르테는 토텐코프와의 공조 하에 제12, 15전차군단과 소총병사단들의 잔존병력을 모두 거세할 것, 그리고 토텐코프 '아익케' SS연대 전투단의 지원을 받는 다스 라이히는 노봐야 보돌라가를 점령한 후 라이프슈탄다르테의 선봉부대와 연결하도록 되어 있었다.[14] 다스 라이히는 그 전에 예프레모프카로부터 북서쪽으로 진격해 베레스토봐야강 너머에 교두보를 확보하고, 강 북단에서 재집결한 뒤 노봐야 보돌라가로 최종 진군하기 위해 스타로붸로프카의 소련군 병참기지를 장악하도록 되어 있었다.

## 케기췌프카 포위망(반격작전의 1단계)

14 NA : T-354 ; roll 118, frame 3.752.058

3월 2일, 갑작스러운 기온상승으로 도로사정은 엉망이 되었지만 SS사단들의 공세가 본격적으로 전개되었다. 토텐코프 장갑척탄병연대는 쿠르트 마이어의 정찰대대의 지원을 받아 예레메예프카-케기췌프카 사이의 제3전차군에 대한 공격을 개시했고, 라이프슈탄다르테는 베레스토봐야강 양쪽에서 공격을 전개, 여타 SS사단들과 평행되게 북쪽으로 진격했다. 라이프슈탄다르테 제1SS장갑척탄병연대는 베레스토봐야강 남동쪽 강둑을 따라 진격하였으며, 여기에 파이퍼 대대의 SPW와 장갑중대의 전차지원이 부가되었다. 오전 10시 넘어 제1SS장갑척탄병연대는 베레스토봐야 마을을 점령했으며 이어 보병과 야포의 지원을 전혀 받지 않는 소련군 T-34들의 공격을 받았다. 전차만으로 구성된 공격은 독일군에게 별 어려움이 없어 2대의 T-34를 격파, 4대는 반파되어 기동불능 상태가 되었고 나머지는 파라스코붸야(Paraskoveja) 쪽으로 패주했다.[15] 2월 마지막 주 제3전차군의 전차는 30대 남짓했던 것으로 보아 이 정도의 손실도 전차군으로서는 엄청난 피해였던 것으로 추정되었다. 전차가 30대 이하 수준인 것도 문제지만 소련군은 제병협동의 원칙을 전혀 고수하지 않은 자살에 가까운 공격형태를 유지하고 있어 병력이 절대적으로 약화되었다는 증거들을 속속 노출시키고 있었다. 라이프슈탄다르테 병력은 그날 오후 5시 전에 스타로붸로프카(Staroverovka) 북동쪽에서부터 공격해 들어가 로조봐야 서쪽에서 다스 라이히의 정찰대와 접선했다. 라이프슈탄다르테는 다스 라이히와 연결되기까지 9대의 소련군 전차와 15문의 대전차포들을 격파했다.[16]

요아힘 파이퍼 대대는 베레스토봐야강 북단을 따라 공격하다 파라스코붸야 서쪽으로부터 후퇴 중이던 소련군 기계화 부대를 만나 이를 격퇴시키면서 추격을 계속, 오후 4시에는 멜레쵸프카(Melechovka) 마을에 당도했다. 이곳은 예프레모프카 근처에서 주둔 중이던 토텐코프 주력부대와 불과 수 km가량 떨어진 지점에 있었다. 한편, 루돌프 잔디히(Rudolf Sandig) SS소령이 이끄는 제2SS장갑척탄병연대 2대대는 베레스토봐야강 변을 따라가다가 북서쪽으로 방향을 틀어 스타로붸로프카로 향했다. 이곳에서 소련군 T-34 한 대를 격파하고 또 한 대는 전차병들이 전차를 버리고 도주함에 따라 노획할 수 있었으며 그 직후에는 스타로붸로프카를 떠나 동쪽으로 진격하여 파이퍼 대대가 있는 멜레쵸프카에 도착했다.

쿠르트 마이어의 정찰대대가 예프레모프카로 이동하는 소련군 대규모 병력을 정찰하는 동안 라이프슈탄다르테는 다스 라이히와 확고한 연결고리를 만들어가면서 소련군을 포위하는 작전을 단계단계 밟아가고 있었다. 이즈음 오토 쿰의 다스 라이히 '데어 휘러' SS연대는 제6근위기병군단과 치열한 접전을 벌이면서 예프레모프카 남쪽 지점에 도달하였다. 질붸스터 슈타들레 2대대장은 대낮에 우군의 포사격에 의지해 공격을 취할 것인지, 아니면 야간기습을 감행할 것인지를 두고 고민하다가 우선 동서로 길고 넓게 뻗은 예프레모프카 주변의 지형조사부터 착수했다. 이곳은 소련군이 작심하고 상당히 견고한 수비진을 축성한 터라 대낮에 평평한 지형의 예프레모프카를 치는 것은 출혈이 과다할 것으로 판단한 질붸스터 슈타들레 2대대장은 야간에 서쪽지구에서부터 공략해 들어가기로 하고 3개의 공격그룹으로 분리, 각각의 그룹에 에른스트 크라그의 돌격포 2대를 붙였다. 2대대의 각 중대들은 그간 야간공격에 대한 강도 높은 훈련을 받은 터라 일단 작전의 노하우에 대해서는 별도의 지시가 필요 없을 정도로 숙련되어 있었다. 다행히 독일군을 도왔던 것은 눈

15 NA : T-313 ; roll 365, frame 8.651.180
16 Ripley(2015) pp.60-1

보라가 몰아쳐 마을로 들어오는 독일군에 대해 소련군이 정확한 조준사격을 가할 수 없었다는 것과, 12대에 달하는 T-34, T-70 전차들이 연료가 바닥나 참호를 파고 들어앉은 형태여서 기동방어를 할 수 없었다는 점이었다. 말하자면 어둠 속에 웅크린 눈먼 전차들이었다. 크라그의 돌격포들은 이들 배후와 측면으로 파고 들어가 다수의 전차와 대전차포들을 파괴하였고 SS장갑척탄병들은 MP40 기관단총과 수류탄으로 전 진지의 소련군과 육박전을 치렀다. 독일군의 공격에 무력화된 소련군 소총병들이 도주하자 소련군 전차들은 SS장갑척탄병들의 손쉬운 먹이가 되었다. 해치를 열어 수류탄을 투척하여 내부를 파손시켰으며 전차를 버리고 도주하는 전차병들은 모두 뒤에서 사살되었다. '데어 휘러' 2대대는 소련군 1개 연대병력을 괴멸시켰으며 13대의 전차들을 격파시키는 전공을 세웠다. 포로만 해도 수백 명에 달했다.[17] 예프레모프카는 3월 3일 오전 8시경에 독일군에 의해 거의 대부분의 지역이 장악되었다. 다만 주변지역이 워낙 광활했던 관계로 독일군이 이 지역을 완전히 통제 하에 두게 된 것은 3월 4일 오전 10시가 되어서였다.

예프레모프카가 떨어지기 직전 '데어 휘러' 3대대는 파라스코붸야로 향하는 도로를 따라 서쪽으로 이동 중이었고, 남쪽에서는 토텐코프 연대의 전차와 장갑차량들이 동일한 방향으로 운행 중이었다. '데어 휘러' 3대대는 오후 2시에 파라스코붸야를 석권하며 진격 속도를 끌어올렸다. 이에 다스 라이히는 동쪽으로 이동하는 제2SS장갑척탄병연대 1대대와 연결되었으며 3월 2일 오후 4시경 파라스코붸야 북서쪽의 베레스토봐야 서쪽 강둑에서 두 개의 종대가 완전히 합류하게 되었다. 이로써 SS사단들은 시간이 갈수록 케기췌프카로 향하는 병목을 점점 좁혀가는 형세를 구축하고 있었다.

다스 라이히의 '도이췰란트' SS연대는 '데어 휘러' SS연대가 예프레모프카를 공략하고 있을 즈음 동 연대의 남쪽을 지나 베레카로부터 서쪽으로 향하고 있었다. 3월 2일 오후 2시 반, 2 SS모터싸이클대대는 로소봐예(Losowaje)에 진입, 소련군 수비대를 마을 남쪽으로 내쫓았으며 약간의 후방정지를 위한 수비병력만 남겨둔 채 다시 서쪽으로 진군해 베레스토봐야로 향했다.[18]

3월 2일 아침 공세를 개시한 토텐코프는 2개의 연대병력을 동원, 케기췌프카 북쪽의 절반을 가로질러 가고 있었다. 좌익의 '아익케' 연대는 메드붸도프카(Medwedovka) 근처 베레스토봐야강 변에 도달하기 위해 북서쪽으로 진격해 들어갔다. 예정대로 된다면 '아익케' 연대는 케기췌프카 포위망의 절반을 차단하고 해당 구역 남쪽 절반을 지키고 있던 소련군 병력을 치도록 되어 있었다. 그러나 이날 이상기온 상승으로 인해 하천이 범람하여 교량을 부수는 등 이미 진창으로 변한 도로사정이나 연료보급 문제로 인해 고생하는 토텐코프의 진격속도를 더 늦추는 요인들이 발생했다. 때문에 이날 오전은 거의 대부분 교량 보수작업과 차량이동에 모든 시간을 할애해야만 했다. '아익케' 연대는 서쪽으로 진격, 베레스토봐야강 변 계곡 방면으로 향하는 작은 도로에 도달하여 오후 2시 반 경에는 연대의 1대대와 3대대가 강변 동쪽에서 합류하는데 성공했다. 이로서 케기췌프카-예프레모프카 포위망으로부터 북쪽으로 뻗은 회랑은 차단되었으며 케기췌프카에서 북쪽으로 향하는 주도로는 완전히 봉쇄된 셈이었다.

'토텐코프' 제1SS장갑척탄병연대의 3개 대대는 오룔 서쪽 강둑으로부터 좁은 도로를 따라 공격

17 NA : T-354 ; roll 120, frame 3.753.664
18 NA : T-354 ; roll 120, frame 3.753.666

다스 라이히 '데어 휘러' 연대장 오토 쿰 SS중령. 토텐코프 제대와 함께 케기췌프카 포위망에 갇힌 소련 제3전차군을 각개격파했다.

해 들어갔다. 제1SS장갑척탄병연대의 요아힘 슈바흐가 이끄는 3대대는 치열한 전투 끝에 피싸레프카(Pissarevka)를 점령하고 나머지 2개 대대는 포위망을 헤치고 나오려는 제3전차군 병력과 격돌했다. 포위망에 갇히면 죽는다는 생각에 소련군의 돌파는 처절하게 이루어졌으며 독일군은 이를 막으려 거의 하루 종일을 소비하게 된다. 독일군은 T-34 6대를 파괴하고 오후 2시 반경에 예레메예프카(Jeremejevka)로 좁혀 들어갔다. 쿠르트 마이어의 정찰대대는 예레메예프카 남서쪽에서 치고 들어갔다. 반면 '토텐코프' 1대대는 얕고 평편한 계곡을 따라 예레메예프카 동쪽을 공략했고 소련 제3전차군은 포위망을 벗어나기 위해 북쪽으로의 퇴로확보에 안간힘을 쓰고 있었다. 소련군 진지를 지키는 병력은 상당히 노련하고 침착한 부대로서 독일군이 100m 이내로 접근했을 때만 정확한 집중사격을 실시, 선봉 돌격부대에 상당한 피해를 입혔으며, 이에 독일군은 돌격포와 자주포, 곡사포 등 모든 화기를 동원해 마을을 강타하였다. 결국 전투는 SS장갑척탄병들에 의해 육박전과 백병전 형식으로 치열하게 전개되었으며 집 하나하나마다 근접전투가 전개되어 상호 출혈은 엄청난 수준에 이르렀다. 작열하는 포격과 기관총좌의 굉음, 검게 치솟아 오르는 화염 연기는 온 마을을 뒤덮었으며 비명을 지르는 병사들과 연속되는 총기류 사격은 그야말로 아비규환을 이룬 상태였다. 제3전차군의 일부는 오률강을 넘어 동쪽으로 빠져나가기 시작했고 이를 저지하기 위해 달려온 쿠르트 마이어의 정찰대대는 마을의 남쪽 외곽으로부터 공격해 들어와 도주하는 소련군들을 인정사정없이 학살하기 시작했다. 이날 오후 마이어 부대는 포위망의 남쪽 절반에 해당하는 지역의 서쪽 모서리를 밀어붙이면서 토텐코프 연대와 확실하게 연결되었다.[19]

소련 제12, 15전차군단이 포위망에 갇혀 아사직전에 이른 것은 분명했다. 리발코 중장은 전군에 질서 있는 후퇴기동을 지시했고 케기췌프카 수비진을 포기한다는 결심을 굳히게 되었다. 일부 병력은 SS제대 사이를 통과해 빠져나가기도 하고 일부는 SS병력과 바로 부딪혀 격렬한 각개전투에 휘말렸으나 소련군은 이 상태에서는 어떤 형태의 효과적인 반격도 전개할 수 있는 위치에 있지 못했다.[20] 진코뷔치(M.I.Zinkovich) 휘하의 제12전차군단은 3월 3일 밤에 그나마 질서정연한 퇴각을 실시할 수 있었으며, 대다수 전차들은 연료부족으로 뒤에 버려둔 채 전차병들은 개인화기만을 들고 도주해야만 했다.[21] 3월 3일 불과 17대의 전차만을 보유하고 있던 제15전차군단은 사정이 달랐다.

19 NA : T-313 ; roll 367, frame 8.653.215, 8.653.226
20 NA : T-313 ; roll 367, frame 8.653.226, 8.653.228
21 NA : T-313 ; roll 367, frame 8.653.238, 8.643.255-256

제대간 공조가 이루어지지 않아 엄청난 피해를 입고 패주해야만 했다. 결과적으로 한 사단 당 탈출에 성공한 병력은 한 개 연대 미만에 지나지 않았다. 퇴각 중 제15전차군단의 군단장은 SS장갑군단 사령부로부터 불과 수백 미터 떨어진 지점에서 전사한 것으로 발견되었다. 제6근위기병군단 13기병사단 사단장도 전사한 것으로 알려졌다. 소련군 2개 전차군단과 3개 소총병사단은 거의 섬멸되거나 일부 병력이 도주했다 하더라도 단위부대로서의 기능을 도저히 수행할 수 없는 지경까지 전락한 것으로 보였다. 제3전차군의 잔존 병력들은 아직은 기동은 하고 있지만 병세로 치면 거의 말기 암 환자 수준에 처해 있었다. 이 포위전에서 소련군 전사 3,000명, 47대의 전차와 159문의 야포가 주요 전과로 잡혔으며 이것만 보아도 소련군 병력이 어느 정도까지 피폐했는지 여실히 확인할 수 있었다. 라이프슈탄다르테는 얼마 안 되는 포로들을 잡아 심문한 결과 무려 소련군 4개 소총병사단과 1개 전차여단 소속 병력들이 뒤섞여 있는 것을 발견했다. 제4, 12, 15전차군단의 전차들은 거의 남은 게 없어 사실상 격멸 된 것과 다름없는 실정으로 간주되었다.[22]

케기췌프카-예레메예프카 포위망 속의 소련군 격멸은 파울 하우서 반격작전의 첫 단계를 장식했다. 토텐코프 연대는 케기췌프카-예레메예프카 포위망 가운데 베레스토봐야와 오률강 사이에 놓인 소련군 병력들을 소탕하고 있었고, 라이프슈탄다르테와 다스 라이히는 노봐야 보돌라가에서 북진하여 므샤강을 따라 하르코프 남서쪽에 새로운 진지를 구축한 제3전차군과 제6군 병력을 타격하려 했다. 제3전차군은 3월 2~3일을 기점으로 더 이상 전차군이라 부를 수 없는 단계에 도달했다. 거의 모든 전차와 장갑차량들을 상실했으며 불과 몇 대의 전차로 버티는 패잔병 집단으로 변해가고 있었다. 스타프카는 장기간의 전투로 인한 탈진 상태의 2개 전차여단, 1개 소총병사단, 1개 소총병여단을 지원하면서 제3전차군이 하르코프 남부에 새로운 방어진을 구축하도록 명령했다. 그중 제179전차여단의 전차라 해봐야 24대의 T-34와 T-70에 불과했다. 다만 여타 소총병사단은 아직 포위망에 갇힌 것은 아니어서 약간의 전력은 된다고 판단할 수 있었다. 리발코는 3월 3~5일간 므샤강 변에 그런대로 응집력 있는 수비진을 포진시킬 수 있었다.

제3전차군이 방어라인을 형성하고 있을 무렵, 독일 제48장갑군단의 제6장갑사단은 예프레모프카 북서쪽에 집결하여 제17장갑사단과 함께 소련군의 동쪽 측면을 향해 진격하고 있었다. 두 장갑사단은 SS장갑군단의 서쪽 회랑지역과 북부 도네츠강 동쪽을 따라 나란히 공격해 들어갔다.[23] 군단의 선봉대와 므샤강 변과는 불과 30km 거리밖에 남지 않았으며 제40장갑군단은 제48장갑군단의 우익에 접근하여 간격을 유지해 나갔다. SS뷔킹과 제7장갑사단은 이줌 서편 커다란 강둑의 여러 지점을 통과하여 소련군을 밀어붙였고 이줌 지역으로부터 소련군의 반격이 전개되지 못하도록 주요 지점들을 확고하게 지켜 나갔다. 이로써 두 사단은 북부 도네츠의 교두보를 지탱하면서 SS장갑군단의 우익을 공고히 다지는 구조를 만들어갔다. 즉 뷔킹 사단과 제40장갑군단의 제7, 11장갑사단을 동쪽에 두고 제6, 17장갑사단으로 구성된 제48장갑군단은 하리토노프의 제6군과 제4근위소총병군단, 그리고 제1근위군의 좌익을 맡은 포포프 기동집단의 잔존병력들을 처리해 나가는 구도였다. 그리고는 3월 3일까지 안드레프카와 이줌 사이의 북부 도네츠강 남쪽 강둑에 도달하여 잠깐 동안 재정비 과정을 거친 수일 후 제3전차군을 아예 없애 버리려는 계획을 입안하고 있었

22 NA : T-354 ; roll 118, frame 3.752.084
NA : T-313 ; roll 367, frame 8.653.226

23 Kurowski(2004), Panzer Aces II, p.474

다. 만슈타인은 막켄젠의 제1장갑군에서 제11장갑사단을 뽑아 호트의 제4장갑군에게 이양, 제48장갑군단의 세 번째 사단으로 편입시켰다.[24]

한편, 제1장갑군 소속 제3장갑군단의 3, 19장갑사단은 이줌으로부터 동쪽을 향해 보로쉴로프그라드로 뻗은 구역에서 소련 제1근위군의 제6근위소총병군단을 슬라뷔얀스크로부터 북부 도네츠강으로 몰아내고 있었다. 또한, 집단군의 최우익에서는 제1장갑군의 제30군단과 홀리트 분견군 제대들이 남서방면군의 제3근위군과 제5전차군을 붙잡아 두었고, 말리노프스키의 남부방면군도 미우스강 변 남쪽으로부터 아조프해에 이르는 구간을 뚫고 들어오지 못하도록 족쇄를 채우게 되어 있는 상태였다. 즉 만슈타인 집단군의 우익은 공고하게 안전이 확보된 상태였다. 거의 같은 날 3월 3일 독일군은 하르코프를 향한 진격을 채비하고 있었다.

## 공수전환의 드라마

불과 수주전만 해도 러시아 전역의 독일군 남익 전체가 잘려 나간다는 위기가 닥쳐왔었다. 스탈린그라드 항복 이후 남방집단군은 도처에서 밀려나 겨우 포위섬멸되는 위기를 그럭저럭 극복해 나가고 있었고 2월 셋째 주에는 하르코프을 상실, 란쯔 분견군은 수비지역에서 밀려나가 소련 제6군이 하르코프 남부 주요 철도망을 장악하는 사태가 발생했다. 또한, 소련군은 미우스강을 넘어 제4근위기계화군단이 홀리트 분견군 전선을 돌파했고, 포포프 기동집단은 홀리트 분견군과 제1장갑군으로 연결되는 주요 병참선을 장악했다. 하르코프와 슬라뷔얀스크 사이에 벌어진 간극으로 2개군 규모의 소련군이 노도와 같이 들어왔으며 하르코프 서쪽에 위치한 소련 제40군이 제3전차군 6근위기병군단과 연결해 란쯔 분견군을 포위하는 일만 남게 된 절체절명의 순간도 맞이했다.

그러나 3월 3일이 도래한 시점에서 기이한 역전현상이 발생했다. 2월 중순 이후 헤르만 호트의 제4장갑군이 소련 제3전차군을 분쇄해 하르코프 서쪽 끝자락으로 진군하고 제1장갑군은 북부 도네츠 전구를 확고하게 방어, 강 남부로부터 침투하는 소련군 병력을 철저히 저지하고 있었다. 포포프 기동집단은 전멸 직전에 봉착했으며 드니에프르와 도네츠 사이의 주요 철도지점은 독일군의 통제 하에 들어왔다. 홀리트 분견군은 미우스강을 도하하려는 소련군의 돌파를 막아내면서 배후에 위치한 소련군 병력은 포위섬멸되는 운명에 처했다. 소련 제1근위군과 제6군은 독일군의 현란한 기동방어에 막대한 피해를 입고 있었으며 총체적인 퇴각국면에 접어들고 있었다. 그후 2월 19~20일에 개시된 SS장갑군단의 반격작전은 다스 라이히와 토텐코프가 드니에프르를 향한 소련군의 진격을 봉쇄한 것을 시발로 소련 제6군의 정면을 난도질해 나가면서 가속도를 올리기 시작했다. 두 SS사단은 다시 방향을 북쪽으로 틀어 케기췌프카에서 마지막 공세를 준비하던 제3전차군에게 괴멸적 타격을 입히는데 성공했다.[25]

만슈타인은 호트 제4장갑군이 길게 뻗어 나간 소련군 진영 남익의 병참선을 잘라 내기 위해 하르코프-슬라뷔얀스크 사이의 구간에 대규모 소련군 병력이 들어오도록 절묘하게 유도한 셈이었다. SS장갑군단은 길길이 날뛰면서 소련군 진지를 유린했고 그 과정에서 잔인한 보복과 살육이 잇달았다. 작전도 작전이지만 거의 빈사상태에 놓였던 독일군이 순식간에 되살아나 소련군을 뒤집어

24 Nipe(2000) pp.251-2
25 Restayn(2000) p.2

놓는 역전극은 한편으로 소련군의 사기를 여지없이 꺾는 데 충분했다. 스탈린그라드 때와 같은 의기양양한 모습은 온데간데없고 오로지 도주하는 길만이 살 수 있다는 초조감에 휩싸이기 시작했다. 소련 제3전차군은 제4, 12전차군단과 제6근위기병군단, 3개 소총병사단이 해체되거나 부분적으로 크라스노그라드 포위망 속에 갇혀 포획되는 운명에 처했다. 제3전차군은 12,000명이 전사하고 61대의 전차, 225문의 야포, 400대의 군용차량들이 파괴되었으며 600대의 차량들을 노획당했다.[26] 제3전차군이 완전히 와해되어 전력상에서 제외된 것은 3월 5일경으로 확인되었다. 괴멸된 제3전차군은 일시적으로 제57군이라는 이름으로 유지되다가 1943년 5월 제3근위전차군으로 부활하게 된다.

26 Weidinger(2008) Das Reich IV, p.61, Deutscher Verlagsgesellschaft(1996) p.171

# 8 하르코프 진격

## 쫓는 자와 쫓기는 자

1943년 3월 첫째 주는 만슈타인이 준비했던 1942~43 동계 전역의 마지막 단계 중에서도 가장 막바지에 달하는 국면에 도달하고 있었다. 도네츠와 드니에프르 구간의 복잡했던 양군의 대치와 공방전이 독일군의 반격으로 총정리 단계에 돌입하고 있었으며 여전히 수십 개의 군단, 사단, 여단 등의 소련군 단위부대들이 존속은 하고 있었으나 더 이상 독일군에게 위해를 가할 만한 전력이 되지 못했다. 제25전차군단과 3개 소총병사단은 지도상에서 사라졌으며 제3, 10전차군단, 제4근위기계화군단, 1개 독립기갑여단, 1개 기계화여단, 1개 소총병사단 및 1개 스키여단은 심하게 난타당해 사실상 TKO 결정이 난 상태였고, 제1근위전차군단과 제18전차군단 및 6개 소총병사단, 2개 스키여단은 거의 완전한 그로기에 몰려 있었다.

3월 3일을 기점으로 전선의 이니시어티브는 독일군에게 되돌아왔다. 켐프 분견군은 제3전차군과 잇닿아 있는 접경구역의 제69군에 대한 공세를 취했으며 호트의 제4장갑군이 하르코프 시 남쪽으로부터 측면과 배후를 치는 동안 시 서쪽의 소련군 병력에 대한 정면돌격을 시도했다. 그로스도이췰란트 사단이 선봉을 맡는 가운데 이전처럼 '투울레' SS연대가 핵심적인 역할을 담당하게 되었다. 라우스 군단은 이들 기동전력의 공격을 지원하는 임무를 맡게 되었다. 독일군의 전투교리에 의하면 예비전력은 항상 공세정면을 담당하는 최선봉부대의 위치에 근접하게 포진시키도록 되어 있었다. 이는 상당히 정밀한 계산에 의해 포진되어야 하는데 너무 가까이 놓이게 되면 적의 공습에 의해 쉽게 타깃이 될 우려가 있어 예비전력으로서의 역할을 상실할 수가 있으며, 너무 원거리에 주둔시킬 경우에는 선봉부대의 위기시 곧바로 투입하기가 어려운 문제로 인해 예비전력으로서의 순발력과 기동력에 차질을 초래할 수가 있기 때문이었다. 이러한 측면에서 라우스 군단은 그로스도이췰란트와 '투울레' 기동전력의 안전을 확보하고 제320보병사단에게는 기동화력을 지원하는 복합적인 역할을 수행하고 있었다.

폴타봐-크라스노그라드 구간은 SS장갑사단들이 떠나고 난 다음에도 약화되어 가는 소련군의 전력사정으로 인해 별다른 위해가 없이 독일군의 수중에 놓여 있었다. SS장갑군단과 제48장갑군단이 긴밀한 공조 하에 하르코프로 향하게 됨에 따라 다수 소련군 병력이 이를 저지하기 위해 자리를 이탈했고, 그로 인해 켐프 분견군과 대치하고 있는 대부분의 소련군은 전차와 야포 등 중화기들을 보유하고 있지 못한 상태였다.

또한, 켐프 분견군 소속 독일군은 철저한 내선작전(內線作戰)의 원칙 아래 소련군의 움직임에 대해 비교적 유연한 전선축소 작업을 용이하게 구사하면서 필요하면 전술적 후퇴를, 경우에 따라서는 빠른 시간 내 적에게 역습을 가할 수 있는 유리한 지평을 확보하고 있었다. 따라서 켐프 분견군은 자신들의 피해는 최소한도로 유지하면서 외선작전(外線作戰)을 수행하는 소련군에게는 끊임없는 소모전을 강요하고 있었다.[01] 특히 기동전력이 빈약한 소총병사단들은 치고 빠지기를 반복하는 독일군의 공수전환에 이미 지쳐가기 시작했다.

이와 같은 이유로 인해 라우스 군단은 SS사단들에 의해 제3전차군이 괴멸당한 시점으로부터 측면을 위협당하는 일 없이 소련 제69군의 옆구리를 칠 수 있게 되었다. 위험을 감지하기 시작한 제69군은 모든 기동전력과 대전차포들을 남쪽 측면으로 재배치했고 소총병사단들도 후방으로 빼면서 준비된 모든 공세를 접고 수비모드로 전환하게 되었다. 이러한 압박의 완화는 결국 폴타봐-류보틴-하르코프 철도선 북쪽, 메르치크와 메를라강 사이에서 제69군을 상대하고 있던 독일 제167, 320보병사단의 숨통을 트는 계기로 작용했다.

보로네즈방면군 또한 전 전선에 적색경보가 울리고 있다는 사실을 감지하고 SS장갑군단의 진격에 대비해 제40군으로부터 3개 소총병사단을 빼 아흐튀르카(Akhtyrka)로 이동시켜 필요시 제69군을 지원하도록 하였다. 이로 인해 모스칼렌코(K.S.Moskalenko)의 제40군은 겨우 몇 대의 전차와 3개의 소총병사단만 갖게 되었으며 이 약체화된 병력이 아흐튀르카 서쪽으로부터 프숄(Psel)강을 따라 무려 70~80km 구간의 거리를 방어해야만 하는 모순이 발생했다.[02] 제3전차군은 케기췌프카에서 살아남은 사단들의 잔존병력을 중앙에 배치하고 신규 지원병력들은 측면을 보강하는 쪽으로 돌려졌다. 제3전차군의 서쪽 측면, 즉 제69군과 접하는 구역에는 제48근위소총병사단이 노봐야 보돌라가 부근을 지키고 있었다. 제253소총병여단과 제195전차여단의 전차 몇 대는 노봐야 보돌라가 마을 가운데에 포진시키고 제2근위소총병사단은 노봐야 보돌라가와 오코챠예 사이에 방어라인을 설정했다. 제3전차군의 우익은 즈미에프 동쪽의 오코챠예로부터 이어진 수비라인을 따라 제25근위소총병사단과 179전차여단에 의해 지탱되고 있었다. 더불어 오코챠예에는 900명으로 이루어진 체코슬로바키아 의용대대도 포진하고 있었다.

## 토텐코프의 케기췌프카 대청소 작업

3월 2~3일 케기췌프카 포위망을 탈출하기 위한 소련군 병력의 기도에 대해 토텐코프와 쿠르트 마이어 정찰대대는 사력을 다해 이를 저지시키려고 했다. 2~3일 밤, 소련 제12전차군단은 포위망의 북동쪽으로 빠져 나와 파라스코붸예프스키(Paraskovejewsky) 주둔 독일군에 대해 역습을 가했다. 주둔하고 있던 독일 토텐코프의 공병대와 장갑연대 1개 중대의 전차들은 급하게 응전하기는 했으나 소련군은 포위망을 뚫고 파라스코붸예프스키 숲 지대로 숨어들어버렸다. 독일군은 황급히 임시 전투단을 구성, 소련군을 추격하여 좁은 도로와 숲으로 흩어지는 소련군들을 사살하기 시작하자 소련군들은 차량을 버린 채 도주하기 시작했다.

제15전차군단은 3월 2~3일, 로조봐야 근처 예프레모프카-파라스코붸야 도로선상의 독일군 진지를 때리면서 돌파를 시도했다. 그러나 이미 토텐코프의 정찰에 의해 미리 대기 중이던 독일군들은 로조봐야와 메드붸도프카 쪽으로 치고 들어온 소련군에 대해 88mm 대전차포와 곡사포 포격을 통해 전차와 소총병 제대의 병력들을 분쇄하였으며 가장 큰 제대는 코틸랴로프카(Kotiljarovka) 마을로 들어갔으나 '아익케' 연대 2대대와 맞닥뜨렸다.[03] 소련군은 필사적으로 달려들면서 시가전

01 ヨーロッパ地上戦大全(2003) p.52
02 Nipe(2000) p.254
03 NA : T-354 ; roll 120, frame 3.753.671

토텐코프 공병대장 막스 제엘라 SS소령. 전차 격파 전문가로 1942년 데미얀스크 포위전 당시 단독 육박전투로 전차를 격파하는 기록을 남겼다. (Bild 101III-Gottschmann-012-24A)

을 전개했고 쿠르트 라우너(Kurt Launer) 2대대장은 지원을 요청, 다스 라이히 '데어 휘러' SS연대의 빈센츠 카이저 SS대위가 이끄는 3대대가 로조봐야로부터 반격을 시도했다. 카이저 대대가 도착하자 소련군은 공세를 중단하고 남동쪽으로 도주하였으며 제15전차군단의 나머지 병력은 예프레모프카 북서 방향으로 튀기 시작했다. 독일군 2개 대대에 의해 밀려나 남동쪽과 남쪽으로 도주한 소련군 병력은 2개 연대 규모에 달했으나 서로가 엄청난 손실을 입고 있었던 상태라 대대나 연대나 실제 보유 정수는 붙어보고 파악하지 않는 한 알 길이 없었다. 북서쪽 구역은 '토텐코프' 연대의 1대대가 지키고 있어 길목에서 기다리고 있다 후퇴하는 병력을 격멸시킨 것으로 보고되었다. 이 격렬한 탈출극의 와중에 제15전차군단장 코프소프(V.A.Kopsov)가 전사하였음은 전술한 바와 같다. 소련군은 중화기와 차량을 버리고 각개전으로 탈출하였고 소총병사단들도 뿔뿔이 흩어져 도저히 전력이라고 할 수 없는 처지에 놓이게 되었다.[04] 한편, '토텐코프' 연대의 1, 3대대는 예레메예프카에 웅크리고 틀어 앉은 소련군의 소탕에 집중하기 시작했다. 두 대대는 마을의 서쪽과 북쪽으로 진격해 들어갔고 소련군은 아침 8시경 보병들을 잔뜩 실은 T-34 몇 대가 예레메예프카에 고립된 우군을 돕기 위해 남쪽에서 돌파를 시도했다. 여기는 토텐코프 제3SS장갑연대 1대대 구역으로 한 대의 T-34가 격파되면서 6~7대의 다른 전차들은 동쪽으로 돌았으며, 그곳에서 '아익케' 연대 3대대가 소련군의 기동을 저지하려 하자 소련군 전차들은 마을을 그대로 통과해 북동쪽으로 도주해 버렸다. 3일 하루 동안 토텐코프 장갑연대는 총 24대의 적 전차들을 격파한 것으로 집계되었다. 3월 3일 오전 11시 예레메예프카는 독일군의 수중에 들어왔으나 소련군 병력을 일소하는 과정에서

04 NA : T-354 ; roll 120, frame 3.753.669

독일군의 피해도 만만치는 않았다.[05]

한편, 제15전차군단의 일부 종대는 동쪽으로 전진하여 오룰강 변에 도달하였다가 막스 제엘라의 공병대대와 조우하자 다시 주도로를 포기하고 시골길과 야지로 도주하였다. 토텐코프 사단의 장갑연대는 재정비 후 3SS정찰대대의 지원 하에 다시 케기췌프카 동쪽 끝자락으로 진격, 케기췌프카 동부의 일부 지점들을 점거하고 척후대를 파견했다. 갑자기 소련군 기병들이 척후대를 기습, 독일군을 일시적으로 패닉 상태로 내몰면서 근접전을 실시하자 상당한 혼란 속에서 독소 양측의 접전이 전개되었다. 독일군은 이내 정열을 가다듬어 기병대의 선두에 화력을 집중, 하프트랙과 20mm 기관포로 무장한 장갑차량들이 일제히 사격을 개시하였으며 이에 소련군 기병대는 사방으로 도주하기 시작했다.

이즈음 다스 라이히와 토텐코프의 '아익케' 연대는 오코챠예를 향해 공격을 재개하려 했다. 그러나 소련군의 예상치 않은 공격으로 '데어 휘러', '아익케' 모두 하루 종일 전투에 휩쓸려 작전을 연기할 수밖에 없었으며, 예프레모프카로부터 오코챠예, 파라스코붸야와 스타로붸로프카 사이의 도로도 진창으로 인해 도저히 행군이 어려워 선도부대에 보급을 제공할 수 없는 처지에 봉착해 있었다.[06] 이에 반해 라이프슈탄다르테는 좀 더 나은 환경에 있었다. 사단은 베레스토봐야 부근의 소련군 병력이 돌파를 시도하자 3월 3일 오후 정찰에 나섰다. 요아힘 파이퍼의 SPW대대는 오후 3시 스타로붸로프카를 떠나 북진, 5시경에는 북서쪽의 니콜스코예(Nikolskoje) 마을에 도착하고 그날 밤 수비진을 구축했다. 소련군들은 아무리 야간에 이동한다 하더라도 중대 단위 이상 규모로 움직일 경우 독일군에 의해 모두 사살된다는 경험을 토대로 그보다 더 작은 단위로 잘게잘게 나눠어 포위망을 탈출하기 시작했다. 어떤 제대는 어둠속에서 방향을 잃어 SS장갑군단 사령부 진영으로 들이닥쳐 일시적으로 독일군 진지에 혼란을 초래하였으며 T-34 한 대를 격파 당하자 다시 어둠 속으로 사라지는 등 어느 쪽이 공격이고 수비인지 한참 헷갈리는 양상이 전개되기도 했다.

이와 같은 엉뚱한 잦은 교전 탓에 SS사단들의 장갑차량들과 전차들은 시급한 고장수리와 보급이 절실했다. 다스 라이히는 그 중에서도 최악으로, 25문의 50mm 대전차포와 1문의 75mm 대전차포, 소련군에게서 노획한 다양한 구경의 대전차포 8문을 보유했지만 전차는 모두 낡아빠진 3호 전차로 불과 8대를 보유하고 있었다. 토텐코프 사단은 3호 전차 42대, 16대의 4호 전차, 6대의 티거 I형 중전차, 계 64대의 순수 전차를 확보하고 있었다. 초기 발진 당시에 비하면 거의 절반으로 줄어든 전력이지만 그래도 다른 SS사단들보다는 나은 형편이었다. 토텐코프는 이외에도 돌격포 16대와 47문의 50mm, 75mm 대전차포까지 지니고 있었다. 라이프슈탄다르테의 보유량은 총 74대의 전차로서 7대의 2호 경전차, 21대의 지휘차량, 대전차포는 무려 60문에 달했고, 그 중 88mm 대전차포가 13문, 3호 돌격포는 16대를 확보하고 있었다.[07]

SS장갑군단은 3월 4일 북진을 향한 공격을 재개하되 케기췌프카 포위망의 소련군 병력을 깨끗이 일소하는데 주력키로 한다. 토텐코프는 일단 보급대원, 포병, 본부 보안대 등을 규합, 후방 수비에 투입키로 하고, 빈번히 독일 방어라인을 뚫고 탈출을 기도하는 소련군 병력의 일제 소탕을 계획했다. 그중 제15전차군단의 마지막 그룹으로 간주되는 병력이 전차 몇 대를 끌고 니쉬니 오룰

05 NA : T-354 ; roll 120, frame 3.753.670, Restayn(2000) p.211
06 NA : T-354 ; roll 120, frame 3.753.671-672
07 NA : T-354 ; roll 118, frame 3.752.114

(Nishny Orel) 북쪽의 오룔강 건너편에서 돌파를 시도했다. 이에 토텐코프 제3SS장갑척탄병연대 2대대 일부병력이 공병부대와 함께 포병의 지원사격과 슈투카의 항공지원에 힘입어 소련군 병력을 일시에 저지, 적을 소탕하는데 성공했다. 파울 하우서는 토텐코프 막스 지몬 사단장(임시)에게 포위망 자루속의 소련군을 빨리 일소하라고 다그쳤고 지몬 사단장은 몇 개의 전투단을 구성해 전차를 배급, 소련군 잔존 병력을 소탕하는데 전력투구했다.[08]

소탕작전은 '토텐코프' 제1SS장갑척탄병연대 1대대장 빌터 레더 SS대위가 SPW대대와 1개 돌격포중대를 포함한 전투단을 구성, 소련군의 마지막 잔존병력들을 찾아내는 것으로 착수되었다. 여기에는 '아익케'연대로부터 차출된 장갑척탄병들도 포함되어 있었다. 예레메예프카에서 발진한 전투단은 거의 모두 차량화된 기동전력을 바탕으로 포위망 속의 패잔병들을 모조리 척결하는데 성공했다. 그러나 이는 전차병력을 한곳에 모으는데 상당한 지체를 초래함으로써 패잔병 소탕에 너무 많은 정력을 낭비한 전술적 실수라는 시각도 존재한다. 3월 1~4일간 빌터 레더의 전투단은 13대의 전차, 82문의 야포 및 돌격포(자주포), 1개 대전차포중대 및 300대가 넘는 차량들을 파괴하고 수백 명이 넘는 소련군 병력을 사살하거나 포로로 잡았다.[09] 빌터 레더는 이때의 무공으로 1943년 4월 3일 기사철십자장을 수여받았다. 3월 5일 토텐코프가 파괴한 예프레모프카에서의 소련군 전력은 다음과 같다. 전차 36대, 장갑차량 11대, 야포 159문, 박격포 32문, 대전차총 117정, 기관총 70정, 군용트럭 520대, 말이 견인하는 장비 352개, 소련군 전사 3,000명. 이로써 제3전차군은 완전히 지워진 것은 아니라 하더라도 사실상의 존재가치는 없어진 것이나 다름없었다.

다스 라이히는 포위망 북쪽에서도 공세를 전개, '데어 휘러' SS연대 질붸스터 슈타들레의 2대대가 파라스코붸야(Paraskoveja) 북쪽 공격을 위해 88mm 장갑엽병중대를 보강하여 열악한 도로사정에도 불구하고 오코차예(Ochotschaje) 북서쪽 귀퉁이에 도달했다. 오코차예에는 T-34 몇 대를 보유한 소련군 제62근위소총병사단이 지키고 있었으나 88mm 대전차포의 위력 앞에 4대의 T-34가 파괴되자 소련군 수비병력을 시 중심으로부터 벗어나게 할 수 있었다. 소련군은 다시 마을의 남쪽과 서쪽에서 저항을 계속하면서 시내에 고립된 부대를 구원하기 위해 별도의 T-34로 반격을 가해왔다. 그러나 이 역시 88mm로 격퇴하면서 반격의지를 철저하게 꺾어 놓았다. 전차 1대가 파괴되었으며 29문의 야포가 노획되었다. 오코차예는 3월 4일 밤에 다스 라이히에 의해 완전히 장악되었다.[10]

한편, '도이췰란트' SS연대는 예프레모프카에서 오코차예까지 늘어져 있었으며 그중 1대대는 무릎까지 닿는 눈과 진창에 빠져 허우적거리다 겨우 오후 4시 반경 라이프슈탄다르테의 우익과 연결되는 오코차예 북서쪽의 카라봔스코예(Karavanskoje)에 도달했다. 라이프슈탄다르테 역시 '도이췰란트' SS연대처럼 차량들의 기계고장과 진창으로 인한 도로사정 악화로 인해 3월 4일 베레스토봐야 북쪽을 향한 공격을 이어가지 못하고 있었다. 니콜스코예(Nikolskoje)에 주둔 중이던 요아힘 파이퍼의 하프트랙대대는 막스 한젠 장갑척탄병대대에게 해당 구역을 인계하고 별다른 저항을 받지 않은 채 스타니취니(Stanitschny)를 정오께 점령한 뒤 주변지역의 정찰을 시도했다. 스타니취니 부근 교전에서 파이퍼 대대는 76.2mm 대전차포 5문, 4문의 중화기, 그리고 1개 대대의 장교단 전체를 포

08 Fey(2003) p.15
09 Nipe(2000) p.258
10 NA : T-354 ; roll 120, frame 3.753.674

로로 낚았다.[11] 그날 오후 헤르만 호트 제4장갑군 사령관은 3월 6일 본격적인 공세 재개를 위해 파라스코뷔야 남쪽에 남겨진 소련군 잔존병력을 3월 5일까지 모조리 일소할 것을 주문하고, 제4장갑군의 모든 병력은 SS장갑군단의 진격을 엄호하기 위해 북부 도네츠로부터의 소련군 공격을 저지하기 위한 업무분장에 들어갔다. 우선 제48장갑군단에게는 메레화 지역에 도달하여 므샤강 건너편 도하지점을 장악하기 위해 북쪽으로 평행되게 진격할 것, 그리고 SS장갑군단과의 연결을 유지하기 위해 제11장갑사단과 함께 오코차예에 모든 병력을 집결시킬 것, 두 가지 과제가 부여되었다. 제11장갑사단은 3월 4일 새벽에 오률강에 도착하여 예프레모프카에서 토텐코프의 정찰대대와 접촉되었다. 한편, 독일 제57장갑군단은 제40장갑군단의 서쪽 측면과 연결된 제48장갑군단 동쪽의 수비지역을 떠맡되 제48장갑군단 소속 제17장갑사단은 제57장갑군단에 배속되는 것으로 정리했다. 당초 SS장갑군단에 소속되어 있었던 제15보병사단도 여기로 이전했다. 제57군단을 전구에 끌어들임으로써 기존 제6, 11장갑사단은 제4장갑군의 우익을 신경 쓸 것 없이 각 사단의 좁은 해당 구역만을 감당하면 되었다.[12]

SS장갑군단의 차기 과제는 바츠메트예프카(Bachmetjevka)와 발키 사이에 놓인 므샤강 남쪽의 소련군 병력을 때리는 것으로 시작되었다.[13] 그 직전에 토텐코프 막스 제엘라 공병대대의 일개 소대가 스타로뷔로프카 부근 베레스토봐야강 부근에서 교량을 보강하고 있었고, 이것이 완료되면 3개 사단 전체가 일시에 움직일 참이었다. SS사단들은 우선 바츠메트예프카 바로 남쪽에 놓인 노봐야 보돌라가를 따내고 므샤강 남쪽 강둑지대를 장악하는 것을 당면목표로 설정했다. 이 기동은 SS장갑군단의 우익이 가능한 한 빠른 시간 내 북쪽구역을 통제 하에 두게 되면 발키 남쪽과 남동쪽에 포진한 소련군 병력들을 서쪽으로 몰아낼 수 있다는 중요한 효과를 고려에 둔 것이었다.

3월 5일 다스 라이히의 왼편에 있던 '도이칠란트' SS연대는 2개의 종대로 나누어 스타로뷔로프카 근처에서 발진했다. 제2SS포병연대 4대대의 화력을 지원받은 에어라트의 1대대는 스타니취니(Stanitschny) 방면으로 진격하고, 3대대는 약간 동쪽에서 평행되게 이동했다. '데어 휘러' SS연대는 사단의 우익에서 오코차예를 뒤로 하고 북진하다가 북쪽의 185.5고지와 185고지 동쪽 구역에 도달했다. '데어 휘러'는 2개 중대를 동원해 열악한 도로사정을 복구하도록 하고 일부 병력은 노보셀로프카(Nowoselovka) 남쪽 구역으로 진입했다. 다스 라이히의 행진은 슈투카의 항공지원 하에 이루어졌는데 3월 5일 현재 사단이 보유한 전차는 11대에 불과하여 전차가 더 이상 손괴되지 않도록 특별 항공지원을 받았다. 당시 하우서는 친위대본부에 당장 50대의 4호 전차를 다스 라이히에 지원하도록 요청했으나 결국 이것이 무산된 채 국방군 육군으로부터 전차를 빌려 쓰게 된다. SS장갑군단의 진격은 결코 쉽지 않았다. 3월 중에도 영하 20도 이하로 떨어지는 것이 다반사였으며 눈과 진창이 뒤섞여 행군속도는 더딘데다 도로사정이 그 모양이라 엄청난 양의 연료가 소모되기 마련이었다. 또한, 차량이 진창에 빠지면 병사들이 뛰어내려 어깨로 차량을 지탱하면서 밀쳐내야 했고, 장시간의 야간행군으로 지친 운전병들이 종대의 간격을 맞추지 못해 정해진 시간에 정해진 지점으로 병력과 장비를 전달하는 문제는 어마어마한 인내를 필요로 했다. 이 때문에 SS장갑군단은 3월

11 Agte(2008) p.96
12 NA : T-313 ; roll 367, frame 8.653.216, 8.653.226
NA : T-354 ; roll 118, frame 3.752.056
13 NA : T-354 ; roll 118, frame 3.752.118-120

6일이나 되어서야 공세로 나설 수 있었다.

후퇴중인 소련군도 독일군의 총공세를 의식하여 가능한대로 병력 재편성에 분주한 시간을 보내고 있었다. 제40군은 제107, 183, 340, 3개 소총병사단을 제69군에게 인계하고 남은 제5근위전차군단과 100, 303, 309, 3개 소총병사단 및 116, 192, 2개 전차여단으로 늘어난 전선을 커버하고 있었다. 제40군은 프숄강을 두고 배수진을 칠 수는 있었지만 무려 120km 정면을 3개 소총병사단으로 막아야 한다는 황당한 부담을 안고 있었으며 독일군의 선봉은 불과 20km 이내로 접근하고 있는 불안한 상태였다.[14]

3월 5일을 기준으로 완전히 전멸된 것으로 파악된 제3전차군은 제48, 62근위소총병사단을 주축으로 재건에 들어가 예비로 있던 제6근위기병군단의 잔존병력을 흡수하고 새로 도착한 192 및 253전차여단으로 포진했다. 스보보다(Svoboda) 대령이 이끄는 체코슬로바키아 의용대대도 여기에 합세했다. 제6군은 제6, 267소총병사단을 보유하고 있었으며 추가로 25근위소총병사단과 제52소총병사단이 보강되었고 방면군 직할부대로 있던 제179전차여단이 타라노프카에 포진하는 모양새를 취했다. 제69군은 서류상으로는 제160, 161, 180, 270 및 305소총병사단을 보유하고 있었으나 오랜 전투 끝에 극도로 쇠약해진 상태였으며 그로 인해 제40군으로부터 3개 소총병사단을 지원받아 공백을 메우려 했다. 또한, 제37, 96, 129, 173, 4개 전차여단과 제4, 6, 8, 3개 스키여단을 지니고 있었다.

## 최선봉 라이프슈탄다르테의 리드

만슈타인은 길고 험난한 시가전을 가급적 피하기 위해 장갑군단들을 하르코프 서쪽으로 우회해 들어가는 기동을 구사하게 했다. 2월까지 제1장갑군에 소속되었던 제48장갑군단을 서쪽으로 빼 SS장갑군단의 우익에 놓고 제57장갑군단은 제48장갑군단의 우측면에 배치했다. 켐프 분견군의 제대는 가장 왼편에 위치해 북진하는 구도를 그리고 있었다.[15] SS장갑군단은 다스 라이히를 우익에, 라이프슈탄다르테는 좌익에 놓고 그 뒤를 토텐코프가 받쳐주는 형태로 므샤강을 향해 진격을 시도했다. 군단은 하르코프로 직행할 것인지(1안) 켐프 분견군 정면의 소련군 병력을 칠 것인지(2안)를 두고 고민하다가 므샤강 변을 일소한다는 제3안을 채택했다.[16]

라이프슈탄다르테 장갑엽병중대와 막스 뷘셰의 장갑대대 지원을 받는 쿠르트 마이어 정찰대대는 3월 6일 아침 7시에 공격해 들어갔어야 하지만 마땅한 기동전력은 지원받기로 되었던 불과 4대의 티거 전차뿐이고, 그마저도 제때 도착하지 못했으며 포병도 전진배치가 늦어 공격시간은 한참 지연되었다.[17] 다만 이러한 지체에도 불구하고 소련군은 이미 2선에 새로운 수비진을 구축하기 위

14 Glantz(1991) p.193

15 NA : T-313 ; roll 367, frame 8.651.161, 8.653.255

16 NA : T-354 ; roll 118, frame 3.752.141

17 Agte(2007) p.34, Ripley(2015) p.62, 마이어 부대는 이때 사상 처음으로 티거들과 함께 출정하게 되었다. 티거 4대의 전차장들은 다음과 같다. 중대장 하인츠 클링(Heinz Kling) SS대위, 헬무트 뷀도르프(Helmut Wendorff) SS소위, 베노 푀츌라크(Benno Poetschlak) SS원사, 프릿츠 하르텔(Fritz Hartel) SS원사 뷔트만은 1942년 12월 24일, 사단의 중전차중대로 전출되어 처음으로 티거를 접하게 되었으며 하르코프전을 위해 가장 늦은 2월 9일에 폴타봐에서 하차했다. 뷔트만이 라이프슈탄다르테의 제4중전차중대에 배속되기는 했으나 처음부터 티거를 몬 것은 아니며 초기에는 중대에 5대가 배치된 3호 전차의 제1번 전차(4L1) 전차장으로 출발했다. 1943년 7월 8일, 쿠르스크전에서 홀로 소련 전차 22대를 격파한 프란쯔 슈타우데거도 당시는 같은 3호 전차(4L3)를 배정받았다. 이는 뷔트만이 그 이전에 돌격포를 주로 운용했기에 티거를 몰기 전 일단 3호 전차로 연습을 해보기 위했던 것으로 추정된다. 또한, 하르코프 철수 후 3월 6일까지는 폴타봐에 머물면서 주요 전투에는 직접 개입하지 않았으나 벨고로드 진격 때부터 본격적으로 참전했다. 다스 라이히의 중전차중대도 마찬가지로 티거와 3호 전차의 혼성부대였다. 1942년 11월~1943년 5월에 걸쳐 제8중전차중대는 총 10대의 티거와 12대의 3호 전차로 구성되었으며 티거 2대와 3호 전차 1대를 1개 소대로 하는 3개 소대와, 3호 전차 4대를 기본으로 하는 2개 소대가 있었다. 3

므샤강 남방 훼도로프카에서 뷔슈 연대장과 의견을 나누는 요헨 파이퍼. 등을 보이고 있는 장교는 라이프슈탄다르테의 돌격포대대 1중대장 하인리히 하이만(Heinrich Heimann) SS대위. 훼도로프카 바로 강 건너편에는 독일군이 교두보로 장악할 브리도크가 있었다.

해 후퇴중인 상태여서 작전은 순조롭게 진행되고 있었다. 주력을 맡은 제1SS장갑척탄병연대 2대대와 3대대는 보브로프카(Bobrovka)로 진격해 들어가고 알베르트 프라이의 1대대는 미하일로프카(Michailovka)를 오후 6시에 따내는데 성공했다. 프릿츠 뷔트 연대는 그런대로 손쉬운 적을 상대하면서 예정된 지점에 도달하고 있었으나 쿠르트 마이어는 상당한 고전을 경험하고 있었다. 마이어는 빌헬름 벡크 SS중위가 이끄는 제2장갑중대와 함께 스네쉬코프 쿠트(Sneshkov Kut) 정면으로 치고 들어가고 막스 뷘셰는 휘하 1개 중대 전차병력을 마을의 동쪽으로 돌아가게 하여 측면을 때리게 했다. 공세 정면의 부대는 전차를 앞세워 그 뒤를 하프트랙이 따르는 것으로 편성하여 마을로 들어가자 소련군 수비진은 초조한 나머지 너무 먼 거리에서 사격을 가해오는 바람에 소련군 진지가 일찍 노출당하는 행운을 잡았다. 독일 전차들은 소련 대전차포 지점에 대해 사격을 가하면서 일부는 측면으로 돌아 돌진하는 우군 전차를 엄호하는 방식으로 접근해 나갔다. 500m 지점까지 접근하자 소련 대전차포 공격으로 두 대가 화염에 휩싸였고 빌헬름 벡크의 전차도 정지당하는 피해를 입었으며 거의 빈사상태에 놓인 것으로 보였던 소련군의 저항은 예상 외로 완강했다. 이때 동쪽에서 들어온 다른 전차가 접근하자 막스 뷘셰도 스스로 마을로 진입하였으나 숨어 있던 T-34의 습격으로 또 한 대의 전차가 파괴되었다. 그러나 바로 이 시점에서 티거 전차의 위력이 유감없이 발휘되기 시작했다. 소련 전차의 76mm 주포가 명중했는데도 끄떡없는 티거는 곧바로 응사, 잽을 날려본 T-34의 포탑을 완전히 날려버렸고, 또 한 대의 티거는 소련군 T-34들이 일제히 반격해 오자 무지막지한 88mm 주포로 차례차례 한 대씩 파괴해 나갔다. 소련군 8대의 전차가 삽시간에 날아갔으며, 도주

호 전차는 75mm L/24 주포를 장착, 주로 근접전투용으로 활용되었으며 티거가 적 전차를 상대하는 동안 적 진지의 대전차포대를 격파하는 분업구조에 근거한 편성이었다. Porter(2011) p.29

하던 나머지 4대의 전차도 4호 전차에 의해 모두 격파되었다. 티거의 위력에 패닉 상태에 빠진 소련군들은 북쪽으로 도주하기 시작했고 장갑척탄병들은 보병이 사라진 틈을 타 소련 야포와 대전차포 진지들을 쓸어버렸다. 마이어는 부하들에게 진격을 계속할 것을 독촉, 얼어붙은 므샤강 변의 브리도크(Bridok)라는 작은 지점에 교두보를 확보했다.[18]

제2SS장갑척탄병연대는 발진 지점부터 소련군과의 교전에 들어갔다. 루돌프 잔디히의 장갑척탄병 2대대는 불리한 도로사정과 소련군의 정열적인 포사격에도 불구하고 착실하게 진격을 계속, 소련군 제48소총병사단의 수비진에 틈을 냈고 그 사이를 요아힘 파이퍼의 3대대가 돌파, 오후 2시 반경에 므샤강 변 훼도로프카(Fedorovka)를 점령했다. 파이퍼의 부하들은 3대의 T-34를 격파했으며 여기서부터는 7일에 있을 빨키 공략을 준비했다.[19] 이곳에서는 우측에서 들어가고 있던 다스 라이히의 진격을 눈으로 관측할 수 있는 거리였다.

다스 라이히가 노리는 노봐야 보돌라가는 소련군 제253소총병사단과 제195전차여단이 20대의 전차의 전차를 보유하여 지키고 있었다. '도이췰란트' SS연대는 비교적 방어가 약한 마을의 남쪽에서 공격, 슈투카의 항공지원을 받아 88mm 대전차포로 6대의 전차를 파괴하면서 오후 늦게 마을의 북쪽 끄트머리를 장악했다. 북으로 도주하는 소련군 병력에 대한 추격과 고립된 부대를 소탕하는 작업은 만만치 않아 이 정리정돈작업은 3월 6일 밤부터 7일 새벽까지 계속되었으며, '데어 휘러' SS연대는 마을 중앙으로 돌파, 7일 아침에는 선도부대가 남쪽 끝자락에 도달했다. 이로서 노봐야 보돌라가는 완전히 장악된 것은 아니지만 확실히 고립된 것은 분명했다. 다스 라이히는 어려운 지형을 통과하는 상황이었는데도 불구하고 노봐야 보돌라가의 적군 병력을 쳐내고 난 다음에 타라노프카 근처의 사단 우익을 공고히 다져 나가면서 보르키(Borki)를 따내는 성과를 올렸다.

한편, 토텐코프도 3월 6일 군단의 좌익에서 라우스 군단과 보조를 맞추면서 라이프슈탄다르테의 후미 진격로를 따라 이동하기 시작했다.[20] SS장갑군단이 이동한 뒤에는 제15보병사단이 배후의 파르티잔들을 소탕하는 업무를 맡았다. 파르티잔들은 독일군이 우회해 버린 소련 제6군의 제대들과 합쳐 후방 교란행위를 계속하면서 상당한 장애를 초래하고 있었으며 독일군의 대규모 소탕작전으로 시넬니코보에서는 큰 덩치의 파르티잔 부대가 포위되어 잔인하게 살육당하는 일이 있었다.[21] 그간 소련 제69군의 공세를 힘들게 지켜냈던 '투울레' SS연대와 제320보병사단은 제대로 된 한판의 복수극을 꿈꾸고 있는 것이 당연했다.

독일 제48장갑군단은 SS장갑군단의 진격에 맞춰 제3전차군을 므샤강 쪽으로 밀어내면서 서서히 전진속도를 올리고 있었다. 그중 제25근위소총병사단은 므샤강에서 10km 떨어진 타라노프카 부근으로 밀려 내려갔으며, 3월 6일 독일 제6, 11장갑사단은 이곳을 작심하고 덮쳤다.[22] 타라노프카는 메레화를 지나 하르코프 시 남쪽구역까지 철도로 연결되는 교통의 요충지로서 소련군은 제179전차여단 소속 12대 정도의 T-34를 '닥인'(dug-in) 스타일로 대비하여 완강한 저항을 펼치고 있

18 Meyer(2005) p.185, NA : T-354 ; roll 118, frame 3.752.187
19 Agte(2007) p.98
파이퍼 대대의 파울 구울(Paul Guhl) 11중대장은 단 두대의 하프트랙으로 서쪽에서부터 소련군 진지의 측면을 강타, 스스로 2문의 대전차포, 척류탄발사기 3대, 7대의 군용트럭을 파괴하고 브리도크에 도달했다. 80명 가량의 소련병사들이 전사했다.
20 NA : T-313 ; roll 367, frame 8.653.267-268
21 NA : T-313 ; roll 367, frame 8.653.215, 8.653.238
NA : T-354 ; roll 118, frame 3.752.003, 3.752.084
22 Kurowski(2004) Panzer Aces II, p.474

었다. 독일군은 제6장갑사단의 장갑척탄병들이 시가전을 펼치는 동안, 장갑연대는 마을을 우회해 북서쪽으로 진격해 들어갔다. 동시에 제11장갑사단은 므샤강 남쪽 강둑을 따라 다스 라이히의 우익에 해당하는 구역을 커버하려 했다. 다스 라이히의 당초 목표지점, 즉 노봐야 보돌라가를 관통하는 또 하나의 철도선은 타라노프카-메레화에서 교차되어 므샤강을 건너 라키트노예(Rakitnoje)로 연결되어 있었기에 제11장갑사단은 라키트노예 남쪽에 위치한 므샤강 변 북쪽을 공격하여 교두보를 확보하려 했다.23 그러나 소련군이 결코 교두보를 내주지 않겠다는 결사적 항전을 전개함에 따라 제6장갑군단은 여전히 타라노프카에 붙들리게 되었으며, 제11장갑사단은 이로 인해 므샤강 도하를 저지당하면서 시간은 갈수록 지체되기 시작했다. 제6장갑사단은 이틀 뒤인 3월 8일에야 타라노프카를 빠져나와 소련군 방어선을 무력화시켰고 제11장갑사단도 메레화 반대편에 있는 므샤강 변 쪽을 밀고 들어갔다.

## 켐프 분견군의 공세

켐프 분견군도 3월 7일 소련 제69군과 제3전차군 구역에 공격을 개시했다. 분견군의 기본적인 임무는 SS장갑군단이 하르코프 시를 에워싸는 동안 시 서부의 소련군 병력들을 전멸시키는 것이었다. 이를 위해 우선 소련 제3전차군이 류보틴을 지나는 철도선을 이용해 므샤강 구역을 빠져나와 퇴각하지 못하도록 저지해야만 했다. 그로스도이췰란트는 '투울레' SS연대의 지원을 받아 주공을 형성하고, 제320보병사단은 '투울레' SS연대의 진격방향으로부터 북쪽과 서쪽에서 그로스도이췰란트의 측면을 엄호하는 것으로 분담되었다. 그로스도이췰란트는 제320보병사단 주둔구역 후방에서 발진하여 발키-코프야기-뷔소코폴예 축선을 따라 공격해 들어가되 라우스 군단은 당시 거의 그로스도이췰란트에만 할당된 제1항공군단의 지원을 받아 진격하도록 되어 있었다.[24]

켐프 분견군 휘하 부대들의 공격루트는 다소 복잡한데 조금 자세히 들여다보면 다음과 같다. 주공 그로스도이췰란트는 메르치크강 남쪽의 폴타봐-발키 철도 구간까지 서쪽으로 진격하여 북서쪽에 진을 친 소련군 병력을 타격하고, 코프야기와 뷔소코폴예 철도역을 탈취한 다음에는 북으로 방향을 돌려 메를라-메르치크강 계곡을 가로질러 공격해 가는 것으로 계획되었다. 한편, 메를라강 변의 보고두코프를 점령한 다음에는 동쪽으로 선회하여 SS부대가 하르코프 시를 포위하는 것을 최종적으로 지원하게 되었다. 그로스도이췰란트가 SS장갑군단의 좌익을 엄호하는 것처럼 제320보병사단은 SS장갑군단의 측면을 보호하는 그로스도이췰란트의 측면을 엄호하는 것, 즉 측면의 측면을 엄호하는 형세를 취했다. 따라서 '투울레' SS연대가 3월 7일부로 여기에 포함되고 제6장갑소대, 제393돌격여단, 517중장갑엽병중대가 제320보병사단에 증강되었다. '투울레' SS연대는 이상과 같이 지원된 기동력과 화력을 바탕으로 그로스도이췰란트와 제320보병사단 사이를 진격해 들어가는 구도로 편성되었다. 라메르딩(Heinz Lammerding) 연대장은 두 개의 종대를 형성, 보강된 대대병력을 바탕으로 메를라강 북쪽을 치기로 했다.[25] 제320보병사단은 15문의 50mm 대전차포와 12문의 75mm 대전차포를 보유, 보고두코프로부터 불과 수 km 떨어진 메를라강 건너편을 점거하

23 NA : T-313 ; roll 367, frame 8.653.280
NA : T-354 ; roll 118, frame 3.752.187, 3.752.211

24 NA : T-314 ; roll 490, frame 349

25 NA : T-314 ; roll 490, frame 347

하르코프 북부로 진격 중인 그로스도이칠란트 돌격포대대의 3호 돌격포 G형

는 것을 겨냥하되 기본적으로는 그로스도이칠란트와 보조를 맞춰 진격해 들어가는 모양새가 더 중요했다. 제167보병사단은 '그로스도이칠란트' 장갑연대의 13중대 티거 중전차와 제55 다연장로켓 네벨붸르훠(Nebelwerfer) 연대의 1개 대대를 보강하여 라우스 군단의 좌익에서 메를라강 북쪽으로 진격하면서 보고두코프 북서쪽 지점을 당면목표로 설정했다.[26]

3월 6일 오후 5시 켐프는 만슈타인에게 분견군의 공격준비가 완료되었음을 보고한다. 이즈음 공중정찰에 의해 소련군이 아흐튀르카를 지나 보고두코프 남쪽 방면으로 이동 중이라는 첩보가 날아들었다. 만슈타인과 켐프는 이것이 중앙집단군에 속하는 독일 제2군과 켐프 분견군 사이를 빠져나가 철수하는 것인지, 아니면 폴타바-류보틴 지역으로 반격을 개시하기 위한 준비기동인지 의심을 가지기 시작했다. 소련군은 최근 독일군에 의한 약간의 전선돌파나 전술적인 침투에도 쉽게 허물어지면서 그들 특유의 집요한 저항정신을 많이 상실한 것으로 보인다는 판단에 기초하여 소련군의 대규모 공세 가능성에 그다지 많은 무게를 두지 않았다. 그러나 분견군은 그러한 가능성을 여전히 염두에 두고 가능한 한 좁은 전구에 주된 병력을 집중시키면서 그로스도이칠란트와 '투울레' SS연대에게 소련 방어진을 뚫는 최적의 기회를 제공하는 것을 최우선으로 한다는 합의를 확인하였다.

소련 제69군은 불과 며칠 전만 하더라도 서쪽으로 계속 진군하라는 명령을 받고 있었으나 SS장갑군단의 진격으로 인해 제69군의 남쪽 언저리가 위협받게 된 점을 깨닫고 전선에 적신호가 떨어졌음을 확인하게 된다. 또한, 호트 제4장갑군의 진격은 소련 제6군과 제1근위군에게도 절대적인 위협을 가하고 있었다. 만약 독일군이 제69군을 치고 북쪽으로 접근한다면 제40군과의 연결선도 위험에 놓이게 될 것으로 예견되었다. 위기에 대한 감은 포착되었으나 소련군은 이미 거의 고갈 상태의 연료와 탄약, 전차수의 격감, 늘어질 대로 늘어진 보급선의 문제로 인해 확실한 타개책이 보이

26 NA : T-314 ; roll 490, frame 350-351

페레코프(Perekop)로 향하는 그로스도이칠란트 장갑연대소속 티거 전차

지 않는 상태로 남아 있었다.

3월 7일 라우스 군단은 제40군과 제69군에 대해 공격을 전개하고 동쪽의 제1장갑군은 도네츠의 남쪽 강둑을 좁혀 들어가기 시작했다.[27] 이 공세는 기본적으로 제4장갑군의 진격을 지원하기 위한 것으로, 제4장갑군의 측면이 안전하게만 보장된다면 SS장갑군단은 므샤강 남쪽에서 하르코프 공격을 위해 재집결하도록 하고, 제48장갑군단은 SS장갑군단의 동쪽 측면에서 므샤강을 따라 북진할 수 있게 되었다. 3월 7일 오전 5시, SS장갑군단 및 제48장갑군단으로 구성된 헤르만 호트의 제4장갑군은 만슈타인 대공세의 2단계를 향해 하르코프 시를 향한 진군에 착수했다.

27 NA : T-313 ; roll 367, frame 8.653.280
NA : T-354 ; roll 118, frame 3.752.211

# 9 하르코프 시 포위전

## 므샤강을 향한 진격(반격작전의 2단계)

3월 6일 라이프슈탄다르테가 공격을 선도하는 가운데 토텐코프는 라이프슈탄다르테의 뒤를 돌아가 측면을 엄호하는 편제이동을 실시했다. 쿠르트 마이어의 정찰대대는 선두에서 북동쪽으로 진군해 들어가되 사단의 좌측면을 엄호하도록 명받았다. '아익케' SS연대는 3월 8일까지 빌키에 도착하기로 되어 있었으나 도로 교통상의 체증으로 인해 야간에도 행군을 계속하고, '토텐코프' SS연대는 군단의 예비로서 하르코프 남서쪽에 주둔하게 되었다.

테오도르 뷔슈의 제2SS장갑척탄병연대는 사단의 우익을 담당하고 요아힘 파이퍼 대대는 므샤 교두보로부터 출발해 진격의 선두를 맡았다. 뷔슈는 빌키를 지나 마을의 북동쪽 입구에 포진한 소련군 병력이 탈출하지 못하도록 주도로를 봉쇄하려 했고, 동시에 프릿츠 뷔트의 제1SS장갑척탄병연대는 마을의 남쪽으로부터 접근해 측면공격을 통한 소련군의 포위섬멸을 기도했다. 이를 위해 우선 뷔슈의 부대는 야간에 므샤 교두보로부터 10km 떨어진 노봐야 보돌라가 서쪽에 집결하고 파이퍼 부대가 먼저 므샤강을 건너 도하지점을 확보한 다음, 나머지 병력들이 강을 건널 때까지 지키는 것으로 계획되었다. 도하를 완료한 라이프슈탄다르테 장병들은 파이퍼가 선두에 서고 좌측에 포진한 루돌프 잔디히의 2대대가 빌키 남쪽의 도로에 위치한 소련군 거점을 장악하였으며, 우측에는 후고 크라스의 1대대가 오전 7시 반에 빌키 남쪽 지점을 점령하는데 성공했다.[01] 두 대대는 사단의 동쪽 지점에서 그 앞에 미리 진격하고 있던 '데어 휘러' SS연대와 평행하게 북진하여 정오경 므샤강 변에 위치한 훼도로프카와 브리도크에 도착했다. 이때 잔디히와 크라스의 부대가 도착하는 것을 기다리다 못해 파이퍼 부대는 빌키를 우회해 미리 전진하였으며, 제1SS장갑척탄병연대는 마르틴 그로스(Martin Gross)의 장갑부대와 돌격포중대 지원을 받아 빌키 남쪽 언저리에 대한 공격을 준비했다. 그로스의 제1SS장갑연대 2대대는 돌격포대대 2중대와 함께 서쪽으로 돌아 바비르카(Babirka)를 점령하고 이후에는 쿠르트 마이어 정찰대대와 함께 진격하도록 되어 있었다. 쿠르트 마이어와 막스 뷘셰가 특유의 콤비 플레이를 펼치기 위해 공격 재개지점으로 이동하는 동안 프릿츠 뷔트의 부대들은 3개의 종대로 분리해 바비르카로 접근했다.[02]

바비르카에 도착한 순간, 그로스의 전차들은 마을의 서쪽에서 도로 갓길을 따라 이동하고 돌격포 부대는 남쪽에서부터 공략해 들어갔다. 1개 돌격포소대가 언덕에서 전망을 확보하고 나머지

01 Agte(2008) p.100

02 마이어 정찰대대는 이 시기 무려 높이 70cm나 되는 눈을 치워나가면서 단순 수색기동과 강행정찰을 동시에 행하는 과중한 부담을 안고 있었으며 지독한 눈보라로 인해 소련군을 5m 앞에서 확인하고 사살하는 사례도 있었던 것으로 전해지고 있다. 워낙 사단의 선두에서 행동하다 보니 별 희한한 일도 있었던 모양인데 3월 6일 프릿츠 뷰겔작크(Fritz Bügelsack) SS상사는 화장실이 급해 어느 건물의 구석으로 들어가 바지를 내렸다. 그런데 혼자가 아니었다. 뷰겔작크는 거기서 소총손질을 하고 있던 소련군 소위와 맞닥뜨려 비명을 지르고 말았다. 마이어의 부하들은 황급히 소리 나는 쪽으로 뛰어가 플래시를 비추자 거기에는 바지를 내리고 일을 보는 뷰겔작크와 말문이 막힌 소련군 장교가 같이 서 있는 꼴을 보고야 말았다. 독일군은 모두 박장대소를 했고 소련군 소위는 엉겁결에 뷰겔작크가 주는 담배를 물고 순순히 포로가 되는 수밖에 없었다. Meyer(2005) p.188

2개 소대가 마을 내부로 진입하자 소련군의 응사가 곧바로 시작되었다.[03] 조준이 시원치 않아 소련군의 대전차포는 이렇다 할 피해를 입히지 못했으며 돌진해 들어온 돌격포들이 제 자리를 잡고 고폭탄으로 진지를 가격하자 소련군의 응사는 잠잠해졌다. 그 틈을 이용해 전차들이 속속 들어오기 시작했다.

라이프슈탄다르테 장갑연대 2대대장 마르틴 그로스 SS 소령. 쿠르스크 전투에서 맹위를 떨쳤으며, 종전마지막 순간까지 요헨 파이퍼 장갑부대와 함께 적군의 격퇴에 사력을 다했다. (Bild 101III-Bueschel-162-18)

북동쪽으로 나간 마이어 역시 마을에서 500m되는 지점에서 적진을 살핀 뒤 막스 뷘셰의 대대 중 1개 중대의 전차들이 간단히 휩쓸도록 주문하고 대대의 주공은 그보다 10km 뒤에 포진한 소련군 진지를 때리도록 했다. 첫 번째 마을은 원래 정찰대대가 목표로 잡았던 지점이나 병력이 별로 없어 간단히 해치우기로 하고, 뷘셰에게는 장갑대대의 주력을 끌어 슈투카의 공중지원과 함께 동시적으로 치고 들어가 소련군 배후를 뒤흔들려고 했다.

한편, 안개가 자욱한 바비르카 서쪽 지점을 행군 중이던 쿠르트 마이어 정찰대대와 막스 뷘셰의 장갑대대는 전차 소음을 듣고 바짝 긴장하여 장갑대대 부관 게오르크 이젝케(Georg Isecke) SS중위를 전방으로 투입하였으나 다행히 그 소리는 그로스도이췰란트 장갑부대의 것이었다. 이젝케는 슈트라흐뷔츠 대령을 만나 전방에 SS 부대원들이 있으니 오인 사격하지 말 것을 확인시킨 뒤 발키 북쪽으로의 진군을 조율했다.[04] 마이어의 부대는 안개가 걷히자 여러 군데 흩어진 소규모의 소련군 병력들을 제거하고 정오가 지나자 마자 발키에 도달, 서쪽 끝자락을 두들기기 시작했다. 그와 동시에 프릿츠 뷔트의 SS연대가 남동쪽으로부터 공격해 들어갔으며 내부의 소련군 대전차포 진지들은 예상외로 잘 정돈된 팍크프론트(Pakfront)를 통해 독일군을 괴롭히고 있었다. 장갑척탄병만의 돌격으로는 피해가 클 것으로 판단한 독일군은 막스 뷘셰가 마을 중앙으로 진격하는 동안 빌헬름 벡크 SS중위의 중대는 마을 배후로 진입해 들어가기로 했다. 소련군의 사격이 시작되자 장갑척탄병들은 전차, 하프트랙, 슈빔바겐 등 차량의 측면에 몸을 숨겨 앞으로 나가면서 맹렬한 대응사격을 개시했다. 총 18대의 독일 전차들과 56문에 달하는 소련 대전차포 진지 간의 전투가 전방을 뒤덮었다. 이번에는 소련군의 응사 정확도가 만만치 않았다. 독일 전차 3대가 삽시간에 격파되었고 빌헬름 벡크 SS중위 자신의 전차도 반파되어 공격보다는 당장 몸을 숨겨야 할 형편이었다. 뷘셰의 부관 이젝케 SS중위는 자신의 4호 전차가 피격당했음에도 불구하고 화상을 입은 전차병

03 Lehmann(1993) p.143
04 NA : T-354 ; roll 120, frame 3.753.692

기사철십자장을 받은 라이프슈탄다르테 장갑연대 1대대장 막스 뷘셰
(Bild 101III-Ludwig-006-10)

전원이 살아남는 기적을 경험했다. 이젝케의 부하들은 뜨거워진 얼굴을 미친 듯이 눈 속에 파묻으면서 패닉 상태에서 회복되려 했다.

인근 지역의 마이어 부대원들도 소련군들의 필사적인 저항에 당황하고 있었다. 마이어의 장갑차량은 소련군 47mm 대전차포의 직격탄을 맞아 운전병 에른스트 네벨룽(Ernst Nebelung)의 머리가 날아갔고 알베르트 안드레스(Albert Andres) SS하사는 포격에 한쪽 팔을 잃은 상태로 망연자실해 있었다. 열 받은 마이어는 장병들을 격려하기 위해 그 스스로 SS상사 잔더(Sander)의 MP40 기관단총을 집어 들고 응사했으며 잔더에게 총을 전해주고는 다시 버려진 소련군의 소총을 들고 소련군 진지로 돌격했다. 대대장으로서는 거의 자살행위에 가까운 행동이었다.[05] 그러나 바로 그때 음산한 굉음과 함께 육중한 자태의 괴물, 티거 전차 2대가 출현하여 소련군 대전차포 진지를 차례차례 격파, 이에 벡크 SS중위의 3, 4호 전차도 합세하여 공격을 재개하자 상황은 호전되기 시작했으며, 장갑척탄병들도 하프트랙에 장착된 20mm 기관포에 의지하여 소련군 진지와 참호에 도사린 소련군 소총병들을 하나하나 솎아냈다. 두 대의 티거는 뷘셰 대대의 주력 뒤에서 따라 들어오던 차에 독일군을 위기에서 구해냈으며, 그중 2소대장 헬무트 벤도르프(Helmut Wendorff)의 티거는 이 전장 바로 인근에 위치한 작은 마을 스네쉬코프 쿠트(Sneshkoff Kut)에서 이미 소련 전차 8대를 격파하고 뷘셰의 본대와 합류하던 차였다. 이어 마을 입구에서 24대의 소련 전차가 다시 출현하였으나 티거가 합세한 뷘셰의 장갑대대들에 의해 밀려났다. 전투가 끝난 뒤 소련군 진지에는 파괴된 대전차포가 정확히 56문이 남겨져 있었다.[06]

3월 7일 쿠르트 마이어는 다시 발키로부터 10km 정도 떨어진 지점에서 소련군 전차 및 대전차포와 맞붙게 되었다. 정면돌파는 당연히 곤란한 것으로 판단한 마이어는 측면을 우회하여 진지 뒤로 돌아들어가는 방법을 택했다. 마이어 대대는 한동안 격렬한 사격전을 주고받은 뒤 선봉을 맡은 헤르만 봐이저(Hermann Weiser) SS중위의 2중대와 함께 중앙을 관통하는 얼어붙은 작은 강에 도착하여 교량을 목격하게 되나, 쿠르트 마이어는 혹여 소련군이 폭약을 장착했을지도 모른다는 우려 때문에 한참 고민하기 시작했다. 이미 발키 쪽으로부터 소련군 전차의 움직임이 파악되고 있었고 전차들이 방어 포지션을 잡게 되면 교량 도하 이전 지점에 위치한 독일군은 마을을 점령할 가능성이 거의 상실되기 때문에 여하튼 과단성 있는 결정이 필요했다. 마이어는 중화기나 박격포도 없이

05 Meyer(2005) p.187

06 Agte(2007) p.35, Fey(2003) pp.8-10
티거중대의 지원 하에 실시된 이 전투에서 언제나 그런 것처럼 마이어가 최선두에, 뷘셰가 중앙에 위치해 소련군 대전차포 진지와 한판 크게 붙었다. 티거는 속력이 느려 뷘셰의 전차 뒤를 따라왔으며 1장갑대대 뷜헬름 벡크(Wilhelm Beck) SS중위의 2중대는 마이어와 함께, 루드비히 람브레히트(Ludwig Lambrecht) SS대위의 3중대는 우익에, 아놀트 유르겐센(Arnold Jürgensen) SS대위의 1중대는 본대 500m 후방에서 진격해 들어갔다.

헬무트 붼도르프 라이프슈탄다르테 티거중대 2소대장. 전차 격파 기록에 있어 초기부터 미햐엘 뷔트만의 라이벌이었다.

발키를 따내기 위해 고심하다가 그때 또 희한한 제안을 하게 된다. 강을 먼저 건너는 장병에게는 3주간의 휴가를 주겠다고. 장병들은 미친 듯이 달려가기 시작했고 다행히 교량은 폭파되지 않았다.[07] 이로 인해 무사히 강을 도하한 전차들은 마음 놓고 마을 내부로 진입하여 소련군 수비진을 농락하였으며, 전의를 상실한 소련군들은 사방으로 도주하다 일부는 마을 북동쪽에서 전진해 오는 그로스도이칠란트 선봉부대와 만나 전멸을 면치 못했다. 한편, 프릿츠 뷔트의 부대도 남쪽으로부터 침투해 들어와 오후 4시 반경에는 북쪽 끝자락을 접수했다는 보고를 날렸다.[08] 발키는 뷔트의 제1SS장갑척탄병연대가 도착한 오후 4시 30분경에 안정적으로 관리할 수 있었으며 미리 북쪽으로 올라가 진을 치고 있던 파이퍼의 하프트랙대대와도 연결되게 되었다. 파이퍼의 대대는 브리도크에서 발키로 진격해 발키 동쪽에서 마이어의 부대와 다시 재회함으로써 라이프슈탄다르테의 진격이 예정대로 순조롭게 진행되고 있음을 확인했다. 3월 7일 같은 날 발키와 브리도크는 독일군의 수중에 놓이게 되었다.[09]

다스 라이히는 '도이칠란트' SS연대가 새벽부터 노봐야 보돌라가를 공격, 정오까지 완전히 마을을 장악하고 선봉부대는 마을 북쪽의 강에 설치된 교량을 확보하려 했다. 소련 공군기들은 이 교량을 폭파하기 위해 계속 공습을 가해왔으나 20mm 기관포 4정이 합체된 대공포 사격으로 저공비행하는 소련 공군기들을 막아냈으며 수차례의 강습에도 불구하고 교량은 안전하게 유지되고 있었다. 프릿츠 에어라트의 1대대는 장갑척탄병중대, 제5장갑중대 및 대전차포 몇 문을 동원해 임시 전투단을 구성, 강 북쪽을 향한 대대의 진격을 선도했다. 한스 비싱거의 2대대는 좌측에서 강을 건너 파블로프카를 장악했고, 요아힘 파이퍼가 먼저 도하했던 므샤강의 두 번째 교두보를 확보했다. 3월 7일 오전, 노봐야 보돌라가는 '도이칠란트' 연대의 손에 완전하게 장악되었다.

'데어 휘러' SS연대는 '도이칠란트' SS연대가 확보한 교두보를 이용해 강을 도하, 코로티쉬(Korotisch) 남쪽에 있는 메레화강을 향해 북쪽으로 진격해 들어갔다. 이곳에서 연대는 하르코프로 가는 도로를 통제할 수 있는 류보틴으로 진입해 들어가기로 되어 있었다. 선봉은 돌격포와 대전차 자주포중대로 보강된 뷘센츠 카이저의 3대대가 맡았다. 카이저 부대는 소련군의 주력이 이미 메레화강 수비를 포기하고 하르코프 쪽으로 후퇴하고 있다는 첩보를 확인, 소련군이 메레화강의 다리를 폭파시키기 전에 장악해야 된다고 판단하여 그 스스로 전투단을 이끌고 메레화강 다리 쪽으로 접근했다. 오후 3시에 개시된 작전은 별다른 피해없이 다리를 확보하게 되었으며 카이저의 3대대는 밤이 되자 코로티쉬에서 류보틴-하르코프 사이의 도로로 진격해 들어갔다. 최선봉에 선 9중대

07 Meyer(2005) pp.188-9, Lehmann(1993) pp.108-9
08 NA : T-354 ; roll 120, frame 3.753.692
09 Meyer(2005) p.189, Restayn(2000) p.231

장 게르하르트 슈마거(Gerhard Schmager) SS소위는 도로 입구 쪽에 펼쳐진 숲에서 이상한 소리가 나는 것을 감지하고 차량들의 엔진을 일단 끄도록 명령했다. 귀를 기울여 본 결과, 소련군 차량의 것으로 판단되어 어둠 속에서 하프트랙 차량의 20mm 기관포를 갈겼다. 곧이어 소련군의 응사가 시작되어 하프트랙 하나가 파괴되었으며, 아무 것도 보이지 않는 어둠 속에서 총구로부터 뿜어져 나오는 불빛에 의존하여 쌍방이 치고 받는 야간전투가 이어졌다. 전투는 독일 돌격포가 등장하면서 균형이 깨지기 시작하여 소련군은 후퇴가 불가피하게 되었으며 아침이 되어서야 류보틴과 코로티쉬 통로가 독일군의 수중에 떨어졌다.

다스 라이히는 3월 7일 소련군의 반격보다 엉망진창인 도로 사정으로 고역을 치르며 출발했는데 '데어 휘러' SS연대는 그래도 새벽에 코로티쉬를 본격적으로 공격해 오후 6시경 마을을 점령하는 데 성공했다. 코로티쉬를 방어하던 소련군들은 테크닉은 둘째 치더라도 아쉽지 않은 투혼을 발휘했다. 이들은 얼마 되지 않는 병력으로 집요하고 용감하게 싸웠으며 포로가 별로 발생하지 않은 것으로 보아 최후의 일인까지 진지를 사수한 것으로 추정된다. 이로써 코로티쉬 북쪽의 분기점과 하르코프 시 북쪽 끝자락의 류보틴-하르코프 철도선은 '데어 휘러' 3대대가 장악했으며 연대병력 전체가 코로티쉬를 수중에 넣어 동쪽 전방을 보다 안정적으로 관리할 수 있게 되었다.[10]

리발코의 제3전차군 주력은 이미 파괴된 상태였으나 독일군에게 반격을 가할 형편은 결코 아님에도 불구하고 아직은 그럭저럭 버텨가면서 독일 제48장갑군단 전구 정면의 동쪽 절반은 자신들의 통제 하에 두고 있었다. 즉 제3전차군은 SS장갑군단의 하르코프 진격을 지연시키면서 제6군의 퇴로를 개방시키고 제69군에게는 후퇴할 수 있는 시간을 벌어주는 복합적인 기동을 지속시키고 있었다. 특히 제3전차군의 후미를 맡은 부대들은 교묘하게 SS부대의 진격을 괴롭히고 있었다. 그러나 켐프 분견군이 하르코프 서쪽에서 공격을 개시하자 제69군이 전투를 포기하고 퇴각하기 시작했고 이로서 제3전차군은 서쪽과 남쪽에서 동시에 위기를 맞게 된다.

3월 7~8일 밤 동안 라이프슈탄다르테와 다스 라이히는 므샤강을 도하하여 교두보를 확고하게 지탱하고 있었으며 전술한 것처럼 라이프슈탄다르테의 선봉대는 빨키를 점령, '데어 휘러' SS연대는 하르코프-류보틴 사이의 주도로를 장악하는 데 성공했다. 다스 라이히의 '도이칠란트' SS연대는 파블로프카에, '데어 휘러'는 바츠메트예프카에 각각 교두보를 설정하고 하르코프 외곽 진입을 위한 최종 준비작업을 마무리했다.[11] 이로 인해 제3전차군은 서편의 므샤강을 사수하기는 불가능하다고 판단하기에 이르렀으며 불과 얼마 전까지 독일군을 단시간 내 드니에프르 서쪽으로 쫓아내겠다는 의욕은 거의 소진된 상태로 변질되었다. 스타프카는 제3전차군에게 예비 소총병사단을 급파하기로 했으나 이 시점까지 전선에 도착하지 않았으며 제3전차군은 서쪽의 SS장갑군단은 물론, 동쪽의 제48장갑군단의 협공에도 시달리게 되었다. 이 시기 라우스 군단이 소련 제69군과 제3전차군 사이의 연결구역에 대해 공세를 취하자 소련군 병력 전체는 사면초가의 상태에 빠지게 된다.[12]

## 라우스 군단의 공세

10 Weidinger(2008) Das Reich IV, p.61, Nipe(2000) pp.272-3
11 NA : T-313 ; roll 367, frame 8.653.288
12 NA : T-354 ; roll 118, frame 3.752.211

그로스도이췰란트 사단은 3개의 전투 그룹을 형성하여 3월 7일 아침 공세를 취했다. 우측은 '전차의 백작'으로 알려진 그라프 폰 슈트라흐뷔츠 대령의 장갑연대가 맡되 공병과 장갑엽병 부대들도 포함되었다. 중앙의 보이에르만(Beuermann) 전투단은 휘질리어 연대와 장갑연대 1대대를 포함하고 있었고 좌익을 맡은 세 번째 그룹은 봬텐(Wätjen) 전투단으로 정찰대대 위주로 편성하되 자주포와 대전차포 부대들을 포함하고 있었다. 슈트라흐뷔츠의 부대는 아침 5시에 북쪽으로 발진, 비교적 양호한 도로 사정 덕택에 10km 정도를 무난하게 진격하여 8시 40분에는 야세노뷔(Jassenovy)에 도착했다. 10시 20분 슈트라흐뷔츠의 부대는 얼마 전 사단의 야전병원이 위치했던 코프야기와 가까운 곳의 도로를 따라 진격해 들어갔으나 소련군의 야포와 대전차포가 격렬하게 저항해 옴에 따라 갑자기 진격이 더디게 진행되었다. 슈트라흐뷔츠는 이 진지들이 소련군의 다른 제대와 긴밀히 연계되어 있지 못하다는 사실을 간파하고 전차를 서쪽으로 우회하게 하여 소련군의 측면을 강타, 정오가 되기 전에 소련군을 밀어 제치면서 오후 1시 반경에는 페레코프(Perekov)에 도착했다. 슈트라흐뷔츠는 장갑척탄병들만 마을에 남겨 놓고 주력은 페레코프를 다시 우회하여 북쪽의 소련군을 치기 시작했다. 그러나 마을 내부는 전차의 도움없이 장갑척탄병들만으로는 점령이 불가능한 상태였으며, 슈트라흐비츠는 그럼에도 불구하고 주공의 우선 목표에만 집중하기 위해 다시 장갑대대를 북동쪽으로 몰아 쉴라취(Schlach) 철도역에 도달케 했다. 이곳은 류보틴을 향한 주도로가 있는 곳으로 코로티쉬 방면을 향한 '데어 휘러' SS연대가 확보한 주도로와 같은 선상에 있었다.

좌측의 봬텐(Wätjen) 전투단은 눈이 수북이 쌓인 도로를 따라 전진을 계속, 콜로마크 철도역을 지나 10시 20분경에는 쉘레스토보(Schelestovo)를 향해 진격을 속개했다. 전투단은 이스크로프카(Isokavka)에서 처음으로 적과 조우, 마을의 북서쪽에서 격렬한 전투를 경험했다. 이곳은 도로변에 숲이 조성되어 있어 소련군을 우회하기가 힘든 사정이었으며 일부 종대는 곧바로 쉘레스코보로 진격해 들어갔다. 하인츠 라메르딩의 '투울레' SS연대는 일부 병력을 때내어 봬텐(Wätjen) 전투단에 배속시켜 이스크로프카의 독일군을 지원하기는 했으나 연대의 주력은 이스크로프카 남쪽 숲 지대의 소련군으로 인해 진격이 늦어지고 있었다. 하인츠 라메르딩은 자신의 연대를 둘로 나뉘어 봬텐 전투단과 나란히 진격시키되 에른스트 호이슬러의 1대대만은 쉘레스토보에서 도로를 벗어나 소련군 진지를 우회시키도록 조정함에 따라 어두운 숲 지대에서의 일대 전투가 불가피하게 되었다. 박격포와 기관총들끼리 사격을 주고받는 가운데 호이슬러의 장병들은 소련군 포사격의 위치를 파악한 다음 각개격파에 들어갔고 겨우 새벽이 되어서야 소련군 진지를 잠재울 수 있었다. 이어 호이슬러는 북동쪽으로 더 진격한 다음, 파르티잔들이 수백 명의 징집병들을 훈련시키는 큰 규모의 소련군 캠프를 발견, 1개 중대가 파르티잔들을 소탕하기로 하고 나머지 주력은 이스크로프카로 향했다. 호이슬러의 부대는 이스크로프카 남쪽 800m 지점에서 소련군의 진지로부터 공격을 받아 잠시 주춤거리다가 다시 병력을 재정돈하여 벙커를 차례차례 격파, 그 다음에는 쉘레스토보 남쪽에서 재집결하여 봬텐 전투단을 지원할 채비를 서둘렀다.

소련군은 쉘레스토보 마을의 남동쪽에서 참호를 파고 틀어 앉아 독일군을 맞이했다. 독일군은 '투울레' SS연대의 3중대와 봬텐 전투단이 돌격조를 형성, 마을 내부로 침입해 들어갔으며 7.62cm 대전차포 1대가 철도역 끝 지점에서 요란한 응사를 해 오는 것 이외에는 큰 어려움이 없었다. 장갑척탄병들은 기관총으로 대전차포 포병들을 제압, 시가전을 펼치면서 마을을 불태우기 시작했다.

독일군은 각종 야포 진지들을 없애 버린 다음에는 돌격포를 앞세워 소련군의 대전차 공격에 유념하면서 시내로 조심스럽게 접근했고 시 중심에 가까워질수록 소련군의 저항이 완강히 전개되어 밤이 될 때까지 격렬한 전투가 지속되었다.

한편, 에른스트 호이슬러의 1대대는 상대적으로 방어가 허술한 쉘레스토보 남쪽에서 공략해 들어가면서 소련군들을 시 중심으로 몰고 들어가기 시작했다. 봬텐 전투단은 '투울레' SS연대의 2대대가 마을의 서쪽과 남서쪽에 도달하자 시가전은 SS연대에게 맡기고 콜로마크로 직행했다. 그로스도이칠란트 사단의 슈트라흐뷔츠 부대는 폴타봐-류보틴-하르코프 철도선을 지나 진격을 계속하였으며 중앙의 보이에르만 전투단은 콜로마크를 향해 츄도보(Chudovo)로부터 진격해 들어가고 있었다. 보이에르만 전투단은 진창과 눈으로 덮인 도로를 따라 강행군을 실시, 오후 4시경 콜로마크에 도착하여 봬텐 전투단의 선견대와 연결되었다. 이어 전투단은 북서쪽으로 전진하여 당시 페레코프에 남겨진 그로스도이칠란트 연대를 대체하기 위해 페레코프로 이동하였으며, 연대는 슈트라흐뷔츠의 장갑부대를 좇아 전투단이 다 도착하기도 전에 페레코프를 떠났다. 동 연대와 합류하기 위해 슈트라흐뷔츠의 부대는 코프야기에서 재집결하고 있었으며 봬텐 전투단은 '투울레' SS연대의 주력과 함께 쉘레스토보-이스크로프카 구역의 소련군 병력들을 소탕하는 일에 매달려 있었다.

3월 7일 그로스도이칠란트 돌격포대대 1중대장 칼 요한 '한스' 마골드(Karl Johann 'Hanns' Magold) 중위는 그리고로프카(Grigorovka) 구역을 통과하면서 118고지 부근의 수많은 소련군 진지들을 파괴하다가 알렉산드로프카에 도착하자 다시 강고한 소련군 대전차포 진지와 전차들의 반격에 부딪치게 되었다. 이 중과부적의 상태에서 마골드 중위의 1중대는 7대의 T-34와 122mm 대전차포 4문, 76.2mm 대전차포 21문, 그리고 45mm 대전차포 16문을 모조리 격파하는 신들린 묘기를 과시했다. 마골드 중위는 7대의 T-34 중 5대를 스스로 날려 보내는 개인기를 보였으며 당연히 기사철십자장에 서훈되었다.[13]

그로스도이칠란트가 소련 제69군과 제3전차군 사이를 잘라 들어가는 동안 캠프 분견군의 보병사단들도 공격에 가세했다. 제320보병사단은 소련군 병력이 '투울레' SS연대와 봬텐 전투단이 공세를 취한 방향으로 경도되어 있어 상대적으로 서쪽 구역이 한가한 틈을 타 3월 7일 내내 순조로운 전진을 계속하고 있었다. 그러나 라우스 군단의 제167, 168보병사단들은 SS장갑군단과 그로스도이칠란트의 기동력을 따라가지 못해 뒤에 쳐져 있어 혹여 소련군의 반격으로 인해 주공의 측면이 위협받지 않을까 하는 우려가 발생했다. 그러나 이때 3월 7~8일 사이에는 소련군의 어떤 제대도 독일군의 진격을 위협할 만한 반격을 꾀할 수 있는 여력을 가지고 있지 못했다.

SS장갑군단 진격의 동쪽을 맡은 제48장갑군단과 제57장갑군단은 하르코프 서쪽처럼 쉽지가 않았다. 제11보병사단은 동쪽의 즈미에프와 서쪽의 타라노프카 사이에서 충분한 양의 대전차포와 야포로 무장한 소련군 수비대와 격전을 치르고 있었다. 게다가 소련군은 새로이 12개 야포 중대를 지원받을 예정이어서 이 지역의 전투는 예상을 불허할 참이었는데 그럼에도 불구하고 사단이 보유한 43대의 전차에 직접 대적할 소련군의 기동전력이 도착할 가능성은 거의 전무하다는 점이 그나마 위안이었다.

제48장갑군단의 우익을 맡은 제6장갑사단은 페르포마이스키(Pervomajskij)와 미하일로프카

13 McGuirl & Spezzano(2007) p.152

(Michailovka)를 공격했다. 사단은 격전 끝에 두 마을을 장악, 16문의 대전차포와 보병야포들을 노획했다. 그때 타라노프카에 소련군 전차들이 대기 중이라는 정보가 들어왔으나 사단은 이를 무시하고 북쪽과 북서쪽으로 진격을 속개, 하르코프 남쪽 25km 므샤강 남쪽 강둑에 위치한 소콜로보(Ssokolovo)로 밀고 들어갔다. 제6, 11장갑사단은 하루 종일 전투를 치른 관계로 실제 달성한 진격거리는 얼마되지 않았다.[14]

독일 제57장갑군단은 가장 동쪽 편에서 전진하여 제48장갑군단 구역보다 더 격렬한 소련군의 저항에 직면하였는데 제17장갑사단과 제15보병사단은 도네츠강 남쪽 수 km 지점으로부터 소련군과 접전, 특히 제15보병사단은 바이라크 부근에서 소련군이 중앙과 우익을 때리기 시작하면서 만만치 않은 상대와 만나고 있음을 실감했다. 제15보병사단은 그저 이줌에서 하르코프로 이어지는 중간 철도선이 차단되기 전에 하천만 도하하면 되었으나 소련군이 여간해서 도하를 허락할 것 같지 않았다. 강 남동쪽에서 약간 떨어진 지점에서 발진한 소련군 소총병은 바이라크에 주둔한 독일 보병대대를 급습하면서 마을 내부로 진입, 제88보병연대 2대대와 자전거정찰부대를 격퇴했다. 사기충천한 소련군은 바이라크 남서쪽에서 교전 중이던 제106보병사단까지 습격하여 다대한 피해를 입힌 결과 독일군은 일단 사단 주력을 후퇴시키도록 조치했다. 잠시 후 독일군은 대대 병력을 바이라크 서쪽에 투입하여 소련군 병력을 쫓아내고 해당 구역을 통제했다. 또한 제106보병사단의 연대병력은 사단의 훈련대대였던 15야전보충대대까지 동원해 소련군을 다시 바이라크 남쪽 끄트머리로 몰아내는 데 성공했으나 마을 전체를 장악하지는 못했다.

제57장갑군단의 좌익은 제17장갑사단 구역으로서 붸르취니 비슈킨(Werchnij Bischkin)의 소련군 소총병연대에 타격을 가해 거의 전 병력을 마을로부터 몰아냈다. 그러나 일부 잔존 병력들이 마을의 동쪽 부근에서 참호를 파고 버티고 있어 오후 내내 소탕작전을 전개하고, 사단이 지나쳐 버린 구역에서 버티고 있던 상당히 큰 규모의 소련군도 다시 포위하여 섬멸해 버렸다. 사단은 그때서야 겨우 3월 8일에 있을 새로운 공세의 준비에 착수할 수 있었다.[15]

## 포위가 시작되다

3월 8일 헤르만 호트는 다음과 같은 명령을 하달했다. 우선 SS장갑군단은 므샤강 북쪽에서 소련군이 어떠한 형태로든 병력을 재편성하는 것을 저지할 것, 둘째는 기 점령한 빌키로부터 북쪽으로 진격해 들어 갈 것, 두 가지였다. 독일군은 이를 통해 서쪽으로부터 하르코프로 들어가는 모든 연결라인을 차단하고 소련 제69군과 40군이 하르코프로 후퇴하는 것을 봉쇄하겠다는 의도를 드러냈다. 호트는 전 군단이 하르코프 시 서쪽으로부터 나와 류보틴으로 연결되는 모든 주도로와 철도선을 막으라고 지시하고, 두 SS사단이 류보틴 서쪽에서 집결, 시의 북쪽 언저리를 뒤흔든 다음, 동쪽으로 진격해 하르코프 시 북쪽으로 통하는 모든 도로와 철도선을 잘라내도록 요구했다. 그리고 남은 사단들은 시의 남쪽 구역을 통해 동쪽으로 진군해 들어가도록 조치했다. 즉 주공은 하르코프 서쪽에서 침투하고, 포위를 담당하는 사단들은 시의 동쪽으로 돌아가 제48장갑군단의 공격을 지원하는 것이었으며, 제3전차군은 더 이상 반격의 역량이 없으므로 제48장갑군단이 안심하고

14 NA : T-313 ; roll 367, frame 8.653.267, 280, 288
NA : T-354 ; roll 118, frame 3.752.187
15 Nipe(2000) pp.273-6

시의 남동쪽 끝에 도달해 시의 도로와 철도선을 모조리 차단시킬 수 있다는 구상에 근거하고 있었다. 그러나 국방군 사단들의 보유 전차들은 정말 얼마 되지 않아 시의 남동쪽 전체를 통제할 수 있을지는 미지수였다.

SS의 두 사단이 하르코프로 직행하는 동안 측면을 엄호하는 것으로 재확인된 토텐코프는 발키로부터 발진해 하르코프 북서쪽 20km 지점에 위치한 올샤니로 진격해 들어가도록 되어 있었다. 올샤니에서는 동쪽으로 방향을 선회, 북쪽으로부터 하르코프 시로 들어가는 모든 도로를 차단키로 했다. 토텐코프의 이 기동은 제48장갑군단이 므샤강을 도하하여 시의 남동쪽 코너로 돌진, 시 동쪽으로부터 소련군 병력이 탈출하는 것을 막기 위한 지원작전의 일환이었다. 제48장갑군단은 이 기동을 위해 시의 남서쪽으로 뻗은 하르코프-츄구예프 구간의 도로를 완전히 봉쇄할 것을 필요로 했다.

한편, 토텐코프 사단 '아익케' SS연대의 1차 목표는 류보틴 서쪽 메르치크강에 위치한 스타리 메르치크를 장악하는 것이었다. '아익케'는 발키 서쪽으로부터 빠져나오려는 소련군 병력을 일소하고 악랄한 도로사정을 극복하면서 오후 5시에는 스타리 메르치크에 도착했다. '아익케' SS연대는 오히려 밤에 땅이 얼기 시작하면 대낮의 진창과 같은 문제는 없어 기동하기가 수월하다고 판단하여 밤새도록 올샤니로 진격, 제3SS장갑척탄병 '토텐코프' 연대가 라이프슈탄다르테의 후미를 보호하기 위한 공세를 취할 수 있도록 이곳에 보급기지를 축조했다.[16]

'토텐코프' 제3SS장갑척탄병연대는 라이프슈탄다르테의 공격을 지원, 시의 북쪽 부근을 공략하도록 설정되어 있었으며 돌격포 부대와 발터 베스트만의 3SS정찰대대까지 지원을 받아 기동력과 화력에서는 일층 보강이 된 셈이었다. 발터 베스트만의 3SS정찰대대를 중심으로 한 선도부대는 발키 남쪽 지역을 떠나 아침 해 뜰 무렵 시의 중간을 가로질러 나갔다. 연대의 주력은 발키로부터 시작해 북서쪽으로 난 철도선을 따라 이동했고 선도부대는 3월 8일 저녁 류보틴-하르코프 구간에 위치한 쉴라취(Schljach)에 도달했다. 연대는 동 지역을 이미 그로스도이췰란트가 장악했음을 확인하고 다시 쉴라취를 떠나 올샤니 방면 북쪽으로 올라갔다. 한편, '토텐코프'와 '아익케'의 뒤를 따라 칼 라이너의 제3SS장갑연대도 발키 남쪽을 빠져나와 북진을 시작했다.

3월 8일 라이프슈탄다르테에게 떨어진 임무는 오굴치(Ogultzy)와 류보틴 서쪽 구역에 대한 공세를 계속하는 것이었다.[17] 프릿츠 뷔트 제1SS연대는 36대의 전차, 그것도 정찰용으로 쓰던 2호 전차 12대를 포함한 열악한 전차로 7시 30분 류보틴을 향해 진군을 개시했다. 이른 오후에 선봉대는 류보틴의 외곽에 도달했고 연대는 오후 3시경 시를 지나쳐 하르코프 서쪽 끝자락을 향해 진군을 계속했다. 하르코프 시 5km 지점에 다다르자 소련군 진지에서 포사격이 전개되어 뷔트의 장갑부대는 돌격포와 대전차포의 엄호를 받으면서 도로를 빠져나와 진지의 측면으로 우회기동을 시도했다. 밤이 될 무렵 제1SS장갑연대 2대대의 마르틴 그로스 SS소령은 5대의 T-34를 격파하고 30문의 각종 야포와 중화기들을 파괴 혹은 노획하는데 성공했다.[18] 이어 라이프슈탄다르테 전투단은 공세를 일시 중단, 류보틴 북서쪽으로 이동하여 잠시 동안의 휴식을 취한 후 프릿츠 뷔트는 올샤니로 가지 않고 곧장 하르코프로 진격하는 결정을 내린다. 뷔트의 연대는 3월 9일로 예정된 차기 공세

16 Nipe(2000) p.279, 브루네거(2012) p.365
17 Agte(2007) p.36
18 NA : T-354 ; roll 118, frame 3.752.236

에 대비해 콤무나(Kommuna)에 집결하였다.[19] 또한, 여전히 막스 뵌셰와 함께 움직이고 있던 쿠르트 마이어의 정찰대대는 쉴라취(Schljach)의 철도 교차점에서 파이퍼의 대대와 다시 한 번 재회하고 쉴라취 근처 폴타봐-하르코프 철도선을 넘어 그날 밤 페레세취나야(Peressetschnaja) 근처 류보틴의 북서쪽에 도달했다.[20] 페레세취나야는 우디강 변에 위치하여 그곳으로부터 남쪽으로 따라가면 하르코프 북서쪽까지 철도가 이어져 있었다. 이 시점에서 라이프슈탄다르테는 하르코프 서쪽의 가장 가까운 외곽(5km 미만)에까지 진출해 있었다. 이제 사단에 더 이상 작전상 후퇴는 없었다. 사단의 전차는 36대에 지나지 않았지만 장병들 모두가 한 판의 설욕전을 치르기 위해 하르코프로의 진격명령만을 기다리게 된다.

라이프슈탄다르테 제2 SS장갑척탄병연대 1대대장 후고 크라스 SS소령. 하르코프 탈환의 공로로 기사철십자장을 받고 중령으로 진급, 프릿츠 뷔트의 뒤를 이어 제1SS장갑척탄병연대장으로 성채작전에 참가했다.

제2SS장갑척탄병연대를 선도하는 요아힘 파이퍼의 하프트랙 대대는 류보틴-하르코프 구간 도로와 나란히 이어지는 메레화강을 건너도록 되어 있었다. 또한, 연대의 다른 두 대대는 오드린카(Odrynka)와 오굴치(Ogultzy)로 진격했다. 루돌프 잔디히의 2대대는 오굴치에서 소련군의 강한 저항에 봉착했으나 오후 4시 반경 저항을 제압했고, 후고 크라스의 1대대는 오드린카에서 소련군 소총병들과 한 판 붙게 되었다.[21] 후고 크라스는 장갑척탄병 1개 중대와 대전차포 및 자주포 부대원들을 바탕으로 전투단을 결성, 낮은 언덕에서 화력지원을 받아 마을을 급습하는 방안을 구상했다. 돌격포와 각종 화기의 지원을 받은 장갑척탄병들은 정오까지 마을의 북쪽 언저리를 장악했으며 소련군들은 오토 쿰의 '데어 휘러' SS연대가 마침 마을 쪽으로 치고 오는 것으로 확인하고는 갑자기 도주하기 시작했다. '데어 휘러' SS연대는 므샤강 북쪽 강둑 부근 바츠메트예프카(Bachmetjevka) 교두보에서 소련군에게 시달리고 있다가 오전 9시 반경 2대대를 선봉으로 교두보 근처의 숲 지대를 빠져나와 정오 경 후고 크라스 부대가 교전 중이던 오드린카에 도착했다. 두 연대는 협공으로 한 시간 내 소련군 병력을 몰아낸 뒤 후고 크라스는 오후 2시가 채 못 되어 시로부터 3km 떨어진 지점까지 도달하였고, 2시간 후 '데어 휘러' SS연대가 오드린카 시로부터 5km 지점에 도달한 것으로 확인되었다. '데어 휘러'는 시계를 거의 제로 상태로 만든 눈보라와 열악한 도로 사정으로 인해 고전을 면치 못하다가 일단 오후 4시경 오드린카 5km 지점의 숲 지대를 장악하기는

19 NA : T-354 ; roll 118, frame 3.752.237-243
20 Meyer(2005) p.189
21 Glantz(1991) p.197

했다.[22]

한편, 다스 라이히의 '도이췰란트' SS연대는 파블로프카 북쪽 므샤강 교두보까지 들어가 진격을 계속하려 했으나 마침 동 연대 전구의 우측에 제11장갑사단이 메레화로부터 치고 들어온 소련 제195전차여단의 공격을 받게 되어 이를 정리하지 않을 수 없는 상황이었다. 왜냐 하면 소련군이 독일 장갑사단의 배후를 찌를 경우 SS부대가 므샤강을 도하하지 못할 수도 있었기 때문이었다. '도이췰란트' SS연대는 교두보를 지키기 위해 진격을 중단했고, 독일 제48장갑군단은 타라노프카를 기지로 삼고 있던 소련군 전차부대와 힘겨운 싸움을 벌이게 되었는데 이곳의 소련군 병력은 제11장갑사단의 진격을 막음은 물론, 제6장갑사단을 묶어두는 교묘한 전투행위를 구사하고 있었다. 특히 제25근위소총병사단은 하르코프로 향하는 로조봐야 철도선을 건너 타라노프카-즈미에프-메레화 구간으로 찔러 들어오는 폰 크노벨스도르프의 제48장갑군단을 맞아 무려 5일 동안이나 버티는 인내력을 과시했다. 이로 인해 호트 제4장갑군 사령관은 하르코프 남부보다는 서쪽공략에 방점을 두는 것으로 자신의 생각을 굳히게 되었을 가능성이 높았다. 때는 바야흐로 3차 하르코프 공방전의 마지막 장이 열리려는 순간이었다.

3월 8일 독일 제11장갑사단은 소련군 제62근위소총병사단, 제253소총병여단, 제195전차여단이 지키고 있던 타라노프카를 공격했다. 사단의 주된 목표는 메레화 남쪽 므샤강 건너편에 교두보를 확보하는 것으로서 테오도르 그라프 쉼멜만(Theodor Graf Schimmelmann) 대령의 쉼멜만 전투단(Kampfgruppe Schimmelmann)이 선두에 섰다. 제15장갑연대와 사단의 하프트랙대대, 포병중대 등으로 구성된 쉼멜만 전투단은 남쪽 구역의 강고한 소련군 진지를 우회하여 메레화강 서쪽 10km 지점을 넘어 적의 배후에서 라키트노예(Rakitnoje)를 치는 계획을 수립했다. 사단의 장갑척탄병 주력들은 정면을 공략하도록 했고 이를 위해 욥스트 폰 보세(Jobst von Bosse) 대령의 보세 전투단(Kampfgruppe Bosse)이 제111장갑연대의 2, 3대대와 209장갑공병대대를 이끌어 최선봉을 리드했다. 알베르트 헨쩨(Albert Henze) 대령의 헨쩨 전투단(Kampfgruppe Henze)은 정면 공격의 측면을 엄호하는 것으로 분담되었다.[23] 당시 사단은 75mm 보병지원 단포신을 장착한 7대의 전차를 포함한 36대의 3호 전차, 장포신 75mm 주포를 단 7대의 4호 전차를 포함 총 43대의 전차를 보유하고 있었으며 이는 직전 연도 가을부터 크게 달라진 것이 없는 무장수준이었다.

쉼멜만 전투단은 타라노프카를 지나 서쪽으로 이동, 메레화에서 타라노프카로 연결되는 철도선과 나란히 진격해 들어갔으며, 철도선은 타라노프카 북쪽 끝에서 서편으로 꺾어지다가 라키트노예 부근에서 다시 한 번 북쪽으로 돌아가도록 형성되어 있었다. 쉼멜만 전투단은 철길을 따라 전진하다 라키트노예 남쪽에 위치한 두 마을을 점령했다.[24] 그 후 오전 10시에 장갑연대가 라키트노예 근처의 므샤강 변에 도달하였는데 이곳 소련군의 수비가 녹록치 않아 보였다. 게다가 강변에 설치된 두 개의 다리가 모두 폭파되었고 종일 소련 공군의 대지공격기가 독일군을 괴롭히는 불리한 상황이었다. 소련군은 라키트노예의 남쪽 절반에 2개 보병대대 병력을 배치하고 몇 대의 전차와 10문의 대전차포가 전차호를 파고 '닥인'(dug-in) 상태로 방어진을 구축하고 있었다. 쉼멜만 전투단은 북서쪽에서 공격해 들어가려 했으나 전차의 지원없이 북쪽 강둑에 진입한다는 것은 너무 어려

22 NA : T-354 ; roll 120, frame 3.753.696
23 NA : T-315 ; roll 598, frame 34, Nipe(2000) p.280에서 재인용
24 NA : T-313 ; roll 367, frame 8.753.289

운 것으로 판단되어 일단 장갑척탄병들은 해당 구역을 철수했다.

한편, 독일 제6장갑사단의 1개 전투단은 므샤강 남쪽 강둑에서 수 km가량 떨어진 소콜로보(Sokolovo) 남쪽에 도달하여 제3전차군이 배치한 1체코슬로바키아 보병대대와 교전을 개시하였으나 동 대대의 완고한 저항으로 인해 하루 내내 별다른 진전을 보지 못하고 있었다.[25] 겨우 오후 3시경 총공세 끝에 솔로코보를 점령, 300구에 달하는 체코 병사들의 시체와 30문의 야포들을 전과로 잡았다. 사단의 또 다른 전투단은 타라노프카에서 소련군 소총병연대와 약간의 전차들과 접전을 치르고 있었다. 이때 사단은 6대의 화염방사전차를 포함한 10대 미만의 전차만을 보유하고 있었고 장갑척탄병 중대 인원은 10~15명 선으로 떨어진 상태였다.[26] 소련군이 병력과 장비 면에서 열악한 상태로 내몰리고는 있었지만 공세를 취한 독일군도 딱히 소련군을 능가하는 전력을 구비한 것은 아니었다.

독일 제48장갑군단의 우익에 배치된 제57장갑군단의 제15보병사단과 제17장갑사단은 북부 도네츠의 남쪽에서 3월 9일에 있을 공격에 대비해 3월 8일은 휴식을 취하고 있었다. 그러나 독일군의 피로를 감지한 소련군은 동 구역에서 소대, 중대 규모의 보병들을 강행정찰 시키면서 경우에 따라서는 다연장 로켓과 야포 공격으로 독일군에게 잽을 날리고 있었다. 그 중 소련군은 독일 제15보병사단이 주둔하고 있던 췌펠(Tschepel) 마을에 대해 집중적인 포사격을 실시하여 마을을 거의 가루로 만들었다. 이 소련군 부대들은 도네츠강 남쪽 강둑으로 진입해 들어왔으며 강에는 아무런 엄폐물이 없는 대신 여전히 얼어붙어 있어 소련군은 중화기들도 손쉽게 강 위로 이동시킬 수가 있었다.

독일 제17장갑사단은 도네츠강 동쪽에서 들어오는 소련군을 격퇴하고 코반카(Kobanka)에 장갑척탄병들을 포진했으나 이내 박격포와 곡사포로 무장한 500명의 소련군 병력이 들이닥쳐 대대 규모의 독일군들을 마을 밖으로 몰아냈다. 반면 사단의 또 다른 구역에서는 일정 부분 북진하는데 진전을 이룩하면서 체르카스키(Tscherkaskij)에서 소련군을 몰아내어 북쪽 언덕 고지대로 쫓아내 버렸다. 부근의 다른 작은 마을을 방어하고 있던 소련군에 대해서는 사단의 모터싸이클대대가 소총병대대와 붙어 집집마다 수색하면서 소규모의 시가전을 펼치고 있었다. 소련군의 포사격이 워낙 거세어 결국 독일 전차의 지원이 있고 나서야 전세가 독일군에게 기울어졌으며 몇 시간 동안의 격전 끝에 독일군은 몇 문의 야포들을 노획하고 잔당들을 소탕하는데 성공했다.

군단의 주력이 있는 곳도 불안정하기는 마찬가지였다. 붸르취니 비슈킨(Werchnij Bischkin) 구역에 소련군은 대량의 소총병들을 투입, 마을의 북쪽과 북서쪽 숲 지대에서 공격을 가해 왔고 전투는 코반카 부근 구역까지 포함해 밤이 깊어지도록 계속되었다. 독일군은 돌격포와 장갑척탄병중대가 지원됨에 따라 겨우 코반카를 안정시킬 수 있는 발판을 마련했다. 그러나 최초 공격은 소련군의 결사적인 항전으로 돈좌되었고 두 번째 공격 때 그나마 국지적인 성공을 얻었다. 소련군은 몇 차례의 반격을 시도해 독일군을 흔들어 놓으려 했으나 최종적으로는 독일군의 마을 내부 침투를 막아내지는 못했다.[27]

3월 9일 아침 육군의 두 장갑군단은 도네츠 서쪽과 남쪽에서 예상외로 고전하고 있었음에도 불

25 NA : T-313 ; roll 367, frame 8.653.289-296
26 NA : T-313 ; roll 367, frame 8.653.291
27 NA : T-313 ; roll 367, frame 3.653.290, Nipe(2000) p.282에서 재인용

구하고 SS사단들은 하르코프 시 서부를 조여들어가고 있었다.[28] SS장갑군단이 9일 날 보유하고 있던 가용한 전차는 겨우 105대에 지나지 않았다. 소련군이 밀려나고 있는 것은 사실이지만 전차가 고갈되기 전에 하르코프를 따내야 한다는 일말의 초조감이 생겨날 수도 있는 민감한 수치였다. 이날 SS장갑군단의 지시는 비교적 간단했다. 므샤강 교두보가 확보된 만큼 하르코프 목전의 최종 장애물인 우디강을 도하하여 교두보를 만들어내는 것과, 므샤강 북쪽에 남아 있는 소련군 후방경계 병력들을 솎아내는 것이었다.

오토 바움의 '토텐코프'는 좌익에서 하르코프 북서쪽에 위치한 우디강 변으로 접근했다. 정찰대는 오전 4시 올샤니의 외곽에 도달했고 놀랍게도 이 교통의 요충지에는 소련군이 전혀 주둔하고 있지 않아 오토 바움은 급히 전 연대병력을 강둑으로 이동시켜 정오가 되기 전에 강 건너편 페레세취나야(Peressetschnaja), 야로타프카(Jarotavka), 골로봐취췌프(Golowatschtschev)에 각각 교두보를 확보케 했다. 오토 바움의 연대는 라이프슈탄다르테 프릿츠 뷔트의 연대와도 연결되어 오후에는 더 북쪽으로 전진, 췌펠린(Tschepelin) 점령을 시도했다. 이때 1대대장 뵐터 레더가 대전차포 파편에 중상을 입게 됨에 따라 차석인 루돌프 슈나이더(Rudolf Schneider) SS중령이 후임으로 승계되었다.[29]

토텐코프의 '아익케' SS연대는 같은 날 아침 오토 바움 연대의 병참 라인을 엄호하기 위해 서쪽으로 크게 돌아가는 기동을 택했다. '아익케'는 아침 7시가 되기 전 올샤니 10km 지점에 도달했고 오후에 올샤니 남서쪽 입구에 관측소를 설치했다. 또한, 그로스도이췰란트 사단과도 스타리 메르치크 서쪽에서 연결이 이루어짐에 따라 첫날의 진격은 예정대로 진행되고 있었다.

3월 9일 라이프슈탄다르테는 3개의 종대로 나뉘어 진격하고 제프 디트리히 사단장이 선봉부대 바로 뒤에서 지휘하는 형식을 취했다. 우익의 요아힘 파이퍼 대대는 오전 7시 반에 류보틴 남쪽 구역을 지나 하르코프 서쪽으로 들어가는 철도선을 따라 진격했다.[30] 제2SS장갑척탄병연대 1, 2대대는 뒤에 도착해 류보틴 외곽의 소련군 병력을 격퇴해 나갔으며, 사실상 사단의 선봉에 해당하는 파이퍼 부대는 북쪽으로 방향을 틀어 하르코프 북서쪽 모서리의 북방에 위치한 데르갓치(Dergatschi)로 돌진해 들어갔다. 프릿츠 뷔트의 1연대는 사단의 3개 종대 중 한 가운데를 맡아 류보틴을 지나 오전 7시 반 페레세취나야 남쪽 외곽에 다다랐으며 10시경에는 토텐코프의 교두보 남쪽에서 오토 바움의 연대와 접선했다. 종대의 좌익은 쿠르트 마이어의 정찰대대가 프릿츠 뷔트의 1연대를 지원하는 방식으로 페레세취나야를 향해 진격해 들어갔다. 두 종대는 다시 하나로 합쳐 하르코프 북동쪽에 위치한 지르쿠니(Zirkuny)를 목표로 하르코프를 향한 일정을 재촉했다. 파이퍼 부대는 데르갓치에 접근, 하르코프로 향하는 도로가 매우 잘 정비되어 있음을 확인하게 되는데 익일 10일에 사단은 이 주도로를 따라 하르코프로 들어가게 된다.

다스 라이히 하인츠 하멜의 '도이췰란트' SS연대는 9일 큰 규모의 전투없이 북진을 계속하고 있

28 NA : T-313 ; roll 367, frame 8.653.296
3월 9일 SS장갑군단에게 가용한 전차는 불과 105대에 지나지 않았다. 그 중 토텐코프의 제3SS장갑연대가 지닌 대수가 절반에 달했다. 장갑연대는 3호 전차 30대, 4호 장포신 전차 14대, 티거 5대를 확보하고 있었다.

29 NA : T-354 ; roll 120, frame 3.753.700-702

30 Agte(2008) p.103
이미 SS사단들의 주력이 북상한 상태에서 노봐야 보돌라가 남서쪽에 위치한 랴호봐(Ljachowa)에 포위된 소련군이 계속해서 저항하는 일이 있었다. 이 바람에 주력에 가담해야 될 제2SS장갑척탄병연대 소속 돌격포대대가 일시적으로 파견되어 3월 8~9일간의 전투를 통해 랴호봐 주변을 정리했다. 랴호봐는 여러 개의 마을이 넓은 구역에 흩어져 있어 단기간에 제압하기가 쉽지 않은 곳으로서 독일군은 고사포의 수평사격에 의해 원거리에서부터 소련군 진지를 분쇄함으로써 근접전투에서의 피해를 최소화시키고자 노력했다. YouTube에 자주 등장하는 37mm 고사포에 의한 눈 위에서의 수평사격 장면은 이때 촬영한 것이다.

었다. '도이췰란트'는 라이프슈탄다르테가 확보한 뷜키를 경유하여 서쪽으로 류보틴을 지나쳐 하르코프 방면으로 향했다. 폴타봐-하르코프 도로 북쪽에 다다른 뒤에는 시 진격을 향해 오른쪽으로 꺾어 들어가 시 외곽 지점에 차근차근 접근하기 시작했다. 연대는 그 날 오후 폴타봐-류보틴-하르코프 철도선상의 시놀리조프카(Ssinolizovka)에서 집결해 10일로 예정된 하르코프 서쪽 공격을 준비하고 있었다.[31]

'데어 휘러' SS연대는 아침부터 류보틴 남쪽의 숲 지대를 통과해 바이라크 북쪽을 치고 들어가면서 사단의 선봉 역할을 감당했다. 9시 15분에는 선봉대가 메레화에 도착했으나 주력이 이동하기에는 도로가 너무 엉망이라 우회통로를 찾고 있었다. 연대는 다시 라이프슈탄다르테가 류보틴을 치는 시간에 맞춰 남쪽의 2대대와 동쪽 내지 동남쪽의 3대대가 류보틴 동쪽 구역을 때리는 작전을 전개했다. 그러나 이 시점에 7일 날 잡아냈던 코로티쉬가 다시 북쪽에서 몰려온 소련군에게 장악당하는 일이 발생했다. 뷘센츠 카이저의 3대대는 오후 4시에 코로티쉬 내부로 들어가 격렬한 전투 끝에 오후 5시 50분 소련군을 겨우 진압했다는 보고를 날렸다. 질붸스터 슈타들레의 2대대는 그보다 늦은 시간인 오후 7시 반에 3대대와 합류했다.

코로티쉬 하나를 지키는데 너무 힘을 뺀 다스 라이히는 마냥 북진을 서두르는 것이 조금 어색해진 상황에 직면했다. 따라서 사단 주력이 하르코프 시 서쪽을 타격하기 위한 준비단계의 하나로서 어떻게든 코로티쉬 부근의 통제를 강화해야 했다. 그러나 다스 라이히가 당시 보유한 전차는 겨우 12대 남짓한 수준이어서 일단 군단사령부는 토텐코프의 병력을 다스 라이히에게 일부 이양하기로 하고 이 병력은 임시 전투단으로 구성되나 지휘는 토텐코프 소속의 장교가 맡는 것으로 정리되었다. 전투단은 오이겐 쿤스트만(Eugen Kunstmann)의 제3SS장갑연대 2대대와 제1SS장갑척탄병연대 소속 뷜헬름 슐쩨의 2대대로 이루어지게 되며 총괄 지휘는 쿤스트만이 맡았다. 이른바 쿤스트만 전투단. 단 오토 바움의 '토텐코프' 제1SS장갑척탄병연대는 2대대의 공백을 다른 병력과 장비로 보강하고 라이프슈탄다르테의 측면을 엄호한다는 기존 임무에는 변함이 없었다. 오토 바움은 라이프슈탄다르테의 하르코프 진격이 차질을 빚지 않도록 데르갓치(Dergatschi)-지르쿠니(Zirkuny)-췌르카스코예(Tscherkaskoje) 구간의 하르코프 북쪽을 최대한 커버해야 했다.[32]

## 켐프 분견군의 하르코프 진격

제4장갑군이 소련 제3전차군을 므샤강 방면에서 격퇴시키고 있을 무렵, 켐프 분견군도 시의 남서쪽과 서쪽에서 제3전차군의 일부 병력과 제69군을 밀어붙이면서 진군해 나가고 있었다. 그로스도이췰란트와 '투울레' SS연대는 메르치크강 변 남쪽으로 밀고 들어가 소련군을 폴타봐-류보틴-하르코프 철도선상으로부터 축출해 버리려 했다. 제167, 168보병사단은 3월 8~9일간 하르코프 방면을 향해 지속적으로 진격해 들어갔으며, 제167보병사단은 3월 9일 소련 제40군이 가해 온 역습을 떨쳐내면서 북서쪽에서 소련군이 펼친 마지막 공세를 무위로 돌아가게 했다.[33] 제167보병사단은 이후 이틀 동안 코텔봐와 아흐튀르카로 진격하여 보고두코프 부근에서 취해진 소련군의 쓸데

31 NA : T-313 ; roll 367, frame 8.653.313-314
NA : T-354 ; roll 118, frame 3.752.282
32 NA : T-354 ; roll 120, frame 3.753.704
33 Kirchubel(2016) p.150

없는 반격을 우스꽝스럽게 만들고 말았다. 두 보병사단 남쪽에 주둔해 있던 제320보병사단은 두 종대로 나뉘어 콜로마크와 빌키 사이의 구역으로 진군해 들어갔다. 제48장갑군단 전구의 제6, 11 장갑사단은 치열한 전투를 계속하면서도 3월 9일 정해진만큼의 진전은 이루게 되었다. 제11장갑사단은 므샤강을 건너 11시 반에 북쪽으로부터 라키트노예를 공격해 들어갔고 장갑부대가 북서쪽을, 사단의 장갑척탄병들은 남쪽 어귀를 공략하면서 소련군 진지를 급습하자 예상치 않은 방향에서 들어온 독일군의 강습으로 인해 일단 남쪽 구역의 소련군들은 정리가 되었다. 장갑척탄병들의 분전으로 사단의 장갑부대는 별다른 피해 없이 마을 입구에 다다랐으며 그날 오후 3시가 되기 전에 라키트노예는 독일군의 수중에 장악되었다. 이로써 사단은 마을을 수비하고 있던 소련군 연대 병력을 모두 괴멸시켰으며 장갑척탄병들은 메레화 방면으로 나가면서 중간에 놓인 우트코프카(Utkovka)와 오세르얀카(Oserjanka)에 도달했다. 다만 라키트노예가 위치한 강변의 교량이 전차를 지탱하기에는 너무 약해 공병부대와 제6장갑사단의 교량설치팀이 긴급히 교량보강작업에 착수했다.

제6장갑사단은 이때 타라노프카 주변에 위치한 소련군의 전차들을 격퇴하기 위해 북쪽으로 돌아들어가고 사단의 장갑척탄병대대는 남쪽으로 치고 들어갔다. 몇 시간 후 타라노프카 대부분은 독일군에 의해 장악되었으나 불과 한 대의 T-34만 격파된 것을 이상하게 여기게 되는데, 마을 내부에서 소탕작업이 진행되는 동안 사단은 갑자기 제2근위전차군단 소속 20대의 소련 전차에게 공격을 받게 되었다.[34] 그중 기동중인 12대는 바로 파괴하였으나 나머지 전차는 매복하여 자리를 이동해 가며 공격해 온 탓에 독일군은 이를 격퇴시키기 위한 반격작업에 분주한 시간을 보내게 되었다.

제57장갑군단은 제15보병사단이 아침 내내 상당한 진전을 이룩한 것을 제외하면 소련군의 강력한 압박에 고전하고 있었다. 그래도 일단은 돌격포로 무장한 전투단이 부근의 조그만 마을들을 점거하고 갈리노프카(Galinovka)의 북쪽 언덕에 위치한 소련군 진지도 따 내는데 성공한다. 그러나 다시 소련군의 계속되는 반격으로 더 이상의 진격은 불가능했다. 쉐펠에 위치한 사단의 우익은 언덕에 배치된 소련군 진지의 완강한 저항에 직면하고 있었으며 오후 늦게 제2근위전차군단이 바이라크 근처에 주둔한 사단 병력을 공격해 들어오면서 독일군 1개 중대가 완전히 차단되어 고립되는 달갑지 못한 피해를 입기도 했다.

바이라크 동쪽에서는 소련군 제1근위기병사단이 제17장갑사단의 선봉을 타격했다. 독일군은 9대의 소련 전차를 격파하면서 기를 죽였으며 바로 이웃 코반카에는 소련군의 잔존병력들이 다수 남아 있어 이를 소탕하는데 상당한 에너지를 소비하고 있었다. 독일군의 일부 전차들이 시내로 들어가는데 성공하기는 했으나 T-34 몇 대와 그물망처럼 쳐진 기관총좌와 박격포의 격렬한 사격으로 인해 밤이 되도록 소련군을 완전히 소탕하기는 어려웠다.[35]

제1장갑군 구역은 소련군의 대규모 공세가 없어 비교적 한산한 편이었으며 이줌과 보로쉴로프그라드 사이 도네츠 동쪽에서는 소련군의 강행정찰이 이루어지고 있었다. 이 구역의 소련군은 독일군에게 먼저 시비를 걸기보다 아예 웅크리고 틀어 앉아 강 건너편에 포진한 독일군을 지구전으로 격퇴하겠다는 심산이었다. 다만 제40장갑군단 전구는 달랐다. 소련군이 거의 사단 규모 병력을

34 NA : T-313 ; roll 367, frame 3.653.300
35 Nipe(2000) p.284

동원해 이줌 남쪽에서 밤과 안개를 이용해 독일군 점령 구역을 공격해 오고 있었다. 소련군은 독일군이 예상치 못한 늪지대를 넘고 들어와 인공적으로 도로를 만들어 중화기들을 야간에 운반하고 낮 동안에는 독일군의 공중정찰을 피해 덤불로 도로 위를 덮어 발견되지 않도록 하는 등 주도면밀한 면모를 보였다. 소련군은 북부 도네츠강 둑을 따라 교두보를 확보하고 3월 9일 새벽 안개를 연막삼아 독일군 진지를 급습했다. 전혀 예상치 못했던 지형으로부터 발원한 소련군의 공세에 독일군은 한참 당황했으나 돌격포와 88mm 대전차포로 소련 선봉부대의 정면을 강타하고, 제7장갑사단의 전투단이 침투해 들어온 소련군 병력을 일소하면서 아침에 잃어버린 지역을 거의 복구하자 소련군들은 다시 그들이 왔던 늪지대로 대피해 버렸다. 제1장갑군은 독일군 군단 후방에 거주하는 주민들이 소련군에게 유용한 정보를 제공함은 물론, 실질적으로 소련군 병사로 충원되는 등 상당한 위험을 내포하고 있음을 간파하고 이들을 강제 소개했다. 그 후 독일군은 늪지대 쪽에 포진한 소련군에 대해 포사격과 강행정찰 정도의 접촉만을 유지한 채 3월 거의 전부를 이곳에 묶여 있는 꼴이 되었다. 따라서 제1장갑군은 하르코프 진군에 직접 개입할 여지를 상실했다.[36]

36 Glantz(1991) p.150, Glantz(2011) p.193

# 10 최선봉, 라이프슈탄다르테

소련 제69군은 제40군과 제69군의 경계에 해당하는 전구로 진입하는 그로스도이칠란트와 '투울레' SS연대를 저지하려 했으나 펀치가 너무 약해 쉽게 좌절되어 버렸다. 리발코의 제3전차군도 독일군에 대해 반격을 취할 힘은 없어 그저 진지 사수와 후방을 교란시키는 정도의 잽만 날리고 있었다. 실제로 제3전차군은 즈미에프와 메레화 사이의 므샤강을 따라 나름대로 방어진을 치고는 있었으나 여기에는 기진맥진한 4개 소총병사단만이 지키고 있었고 전차는 극소량에 불과한 실정이었다. 라이프슈탄다르테와 다스 라이히는 이와 같은 취약한 소련군의 방어력을 간파, 메레화 북쪽의 므샤강을 넘어 제3전차군의 수비병력들을 간단히 제압해 나갔다. 이 과정에서 제48근위소총병사단이 첫 번째 제물이 되었다. 리발코로서는 제6근위기병군단이 라이프슈탄다르테를 저지해 주기를 기대했으나 이 군단은 이제 더 이상의 반격을 가할 힘을 상실한 상태였다. 군단의 기병사단들은 데르갓치 북쪽으로 퇴각했고 다스 라이히에 밀린 제19소총병사단도 서쪽으로 퇴각, 그나마 하르코프 서부 지역에서 최종 진입을 막아보겠다는 결의를 다지는 수밖에 없었다.

3월 10일 제4장갑군은 하르코프를 직접 공격하기 위한 공세 준비에 들어갔다. 독일군의 정찰에 따르면 소련군은 이 당시 시의 서쪽과 중앙구역으로부터 벗어나 동쪽으로 이동하는 것으로 파악되었는데 이는 독일군에게는 호재로 인식되었다. 3월 10일 현재 3개 SS사단이 보유한 전차는 다 합쳐 105대에 불과했다. 그나마 가장 많은 토텐코프는 5대의 티거, 14대의 4호 전차와 30대의 3호 전차, 총 49대를 보유했고, 라이프슈탄다르테는 30대의 3, 4호 전차와 10대의 2호 전차를, 다스 라이히는 겨우 26대의 전차만을 굴리고 있었다. 물론 동 사단들은 수리를 맡긴 전차들도 있어 전체 총량은 이보다 많다고 하지만 오랜 기간 강행군으로 인한 마모와 엔진오일 교체 등과 같은 유지관리가 적기에 되지 않아 전투시 기계결함으로 인한 문제발생은 심각한 사태를 야기할 수 있었다. 예컨대 SS장갑군단 전체는 그 이전 3월 4일 당시 경전차와 지휘전차를 제외하고 총 112대의 전차를 보유했으며 수리소에 있는 것이 41대, 그리고 좀 더 장기에 걸친 수리기간이 필요한 전차들은 별도 수리센터에 40대가 보관 중에 있었다. 따라서 총 대수는 193대. 하지만 바로 전투에 투입 가능한 것은 항상 60% 정도에 불과했다.[01]

육군도 사정은 마찬가지여서 제11장갑사단은 다스 라이히보다 조금 많은 29대, 제17장갑사단은 불과 7대, 제6장갑사단은 6대뿐이었다. 따라서 당장 전차를 보강할 수가 없는 상황에서 믿을 것이라고는 공중지원 정도인데 그나마 이 시기는 아직도 독일공군이 제공권을 누리고 있을 때여서 다소 느리기는 해도 융커스 Ju 87 슈투카 급강하폭격기의 근접항공지원(CAS)은 여전히 신뢰할 만한 존재였다.

01 Weidinger(2008) Das Reich IV, pp.53-4, Nipe(2000) pp.286-7

하르코프 진입을 준비 중인 라이프슈탄다르테의 4호 전차들

## SS사단들의 동시진격(반격작전의 3단계)

3월 11일 만슈타인은 SS사단들을 총동원, 동쪽의 하르코프-츄구예프 도로를 자르면서 하르코프 시를 완전 포위할 것을 명령했다. 켐프 분견군은 벨고로드와 보리소브카-그라이보론 사이에 주둔한 소련군 병력이 SS사단들의 공격을 방해하지 않도록 측면을 보호하는 임무가 부여되었다.[02] 라이슈탄다르테는 시의 북쪽과 북동쪽을, 다스 라이히는 시의 서쪽과 남쪽을 공략하고, 토텐코프는 소련군의 북쪽과 북동쪽으로부터의 공격에 대비해 라이프슈탄다르테의 측면을 엄호하는 것으로 진격이 개시되었다. 각 사단은 각각 3개의 서로 다른 공격루트를 잡아 병력을 나누어 들어가는 것으로 계획되었다. 특히 '토텐코프' 연대는 하르코프로 향하는 모든 주도로를 통제할 것과, '아익케' 연대는 올샤니 구역을 맡아 소련군의 여하한 독일군 연결라인의 차단 기도를 분쇄하는 것으로 정해졌다. 다스 라이히의 2SS정찰대대와 '데어 휘러' SS연대의 일부 병력은 라이프슈탄다르테 제1SS장갑척탄병연대 및 쿠르트 마이어의 정찰대대와 교체되어 류보틴 지역의 수비를 담당하게 되었다. 류보틴 수비에서 해제된 라이프슈탄다르테 병력들은 하르코프로 향하는 세 개의 주도로를 따라 진격해 들어간 뒤, 시 북쪽에서 다시 한 번 재집결하여 남쪽으로 돌진한다는 계획을 수립했다. 라이프슈탄다르테에게는 츄구예프의 도로를 차단하는 임무도 떨어졌다.

소련군은 하르코프 시 서쪽 절반을 포기하고 시의 서쪽 3분의 1에 해당하는 구역을 관통해 북쪽에서 남쪽으로 흐르는 우디강을 넘어 이동 중이었다. 만약 소련군이 시가로 들어가 철저한 방어벽을 구축할 경우 엄청난 피해가 잇따른다는 사실을 우려한 헤르만 호트는 이들 병력이 강을 도

02 NA : T-313 ; roll 367, frame 8.651.291

하르코프로 진입해 들어가는 라이프슈탄다르테의 4호 전차 128호. 장갑척탄병들이 T-34에 탄 소련병들(tankodesantniki)처럼 잔뜩 올라 타 있다.

하하여 시 중심으로 옮기기 전에 격멸해야 한다고 판단했다. 시가전은 공자에게나 방자에게나 어떠한 경우라도 극력 피해야 할 전투행위로, 호트는 시 함락의 피해를 최소화하기 위해서는 우디강 교량들을 사전에 점령하고 시 서쪽 편에 위치한 소련군들을 잘라내야 된다고 생각했다. 위치상 가장 가까운 다스 라이히의 '도이췰란트' SS연대(2대대 제외)와 '데어 휘러' SS연대의 3대대가 전투단을 편성하여 몇 대의 전차 및 돌격포중대와 함께 공세에 나섰다.[03] 하인츠 하멜의 전투단은 쿤스트만의 SS장갑연대 2대대와 슐쩨의 SS장갑척탄병연대 2대대까지 포함해 상당한 전력을 확보, 라이프슈탄다르테가 우디강을 따라 하르코프로 직행할 수 있도록 서부 방면의 소련군 전 병력을 고립, 괴멸시킬 생각이었다.

'데어 휘러' SS연대의 주력은 하르코프와 메레화 사이의 철도구간에 도달하기 위해 하르코프 남부를 돌아 동쪽으로 전진했다. 한편, '토텐코프' 연대의 오토 바움 전투단은 '데어 휘러' SS연대의 대대들과 하멜 전투단에서 빠진 '도이췰란트' SS연대의 2대대로 구성되어 하르코프에서부터 여전히 독일 제48장갑군단과 맞대고 있는 제3전차군으로 연결되는 병참선을 차단시키는 임무를 맡았다. 이 시기는 다스 라이히와 토텐코프의 제대가 뒤섞인 형태가 되었다. 포위를 직감한 리발코는 므샤강 방어를 포기해야만 했는데 10일 하루 종일 독일공군기들이 소련의 각 종대들을 폭격하는 등 위세를 떨치기 시작했다. 그러나 다스 라이히의 제대는 코로티쉬 동쪽 끝자락의 소련군 병력을 소멸시켜야 했기에 공격은 다소 지연되었고, '도이췰란트' SS연대는 그 전날 밤 시내로 진입한

03 NA : T-354 ; roll 118, frame 3.752.301

하르코프로 진격하는 라이프슈탄다르테 중전차대대 4중대의 티거. 이 사진은 간혹 토텐코프 중전차 4중대의 전술번호와 혼동되는 경우도 있으나, 토텐코프는 단순히 흑색으로 번호를 표기한 데 반해 라이프슈탄다르테는 회색바탕에 흰색으로 표기한 뒤 가운데에 다시 가늘게 흑색을 넣은 형식으로 구별된다.

소련군들을 우선적으로 격퇴시켜야만 했다. 그런데 이 거추장스러운 소련군 병력이 생각보다 집요한 구석이 있어 마을로부터 격퇴했는데도 다시 반격을 가해 오는 등 이래저래 다스 라이히의 발목을 잡고 있었다. 3월 9~10일 사이 코로티쉬의 소련군 수비대는 일단 제거되었다.[04] 게다가 하르코프로 가는 주도로는 지뢰투성이인데다 교량마저 폭파되어 다스 라이히의 공세는 11일로 미루어지게 되었지만 그저 미룬다고 될 일은 결코 아니었다. 이곳의 병력을 일소하지 않으면 이들이 결국 하르코프 시내로 들어가 방어진을 구축하는 병력으로 전환될 것이므로 도로 사정 등을 핑계로 계속 지연시킬 수만도 없는 형편이었다.

## 라이프슈탄다르테의 하르코프 진입

라이프슈탄다르테의 공세는 프릿츠 뷔트의 제1SS장갑척탄병연대와 쿠르트 마이어의 정찰대대가 하르코프 북쪽에 위치한 췌르카스코예(Tscherkasskoje)와 지르쿠니(Zirkuny)를 치는 것으로 개시되었다. 그러자면 반드시 데르갓치를 지나가야 하는데 정찰병의 보고에 따르면 이곳은 거의 요새화되다시피 되어있어 공격이 쉽지 않을 것이라는 전망이 나왔다. 다행히 이때 토텐코프의 선도부대가 근처에 도착했고 테오도르 뷔슈의 제2SS장갑척탄병연대도 뒤따르고 있어 데르갓치를 전방위적으로 때릴 수 있을 것이라는 낙관적인 분석도 동시에 제기되었다. 이때 다소 곤란한 해프닝이 발생한다. 마을을 공격하기 위한 방법론을 두고 막스 한젠 제1연대 2대대장과 마르틴 그로스 장갑연

04 Weidinger(2008) Das Reich IV, p.63, Restayn(2000) p.267

나치 외교장관의 아들, 라이프슈탄다르테 장갑연대 7중대 전차장 루돌프 폰 립벤트로프. 데르갓취 진입 당시 우군의 주포에 당할 뻔 했던 희한한 경험을 하게 된다.

대 2대대장이 격렬한 논쟁을 전개, 결국 해결이 나지 않자 열 받은 그로스 SS소령이 전차들만으로 공세에 나서겠다고 하면서 독자적인 행동에 들어가고 말았다.

장갑척탄병과 보병의 지원을 받지 않는 전차만으로의 공격이 얼마나 위험한지는 폴란드전 때부터 다들 경험하고 있었으나 이 민감한 상태에서 독일 전차들은 좁은 통로를 따라 마을로 들어가게 되었다. 나중에 쿠르스크전에서 맹위를 떨치게 될 7중대장 루돌프 폰 립벤트로프(Rudolf von Ribbentrop) SS중위는 이때 희한한 위험천만의 경험을 하게 된다. 폰 립벤트로프의 전차가 선두에서 마을로 들어가는 순간 소련군이 몰로토프 칵테일을 들고 포탑에 탑승하자 바로 뒤에서 선도전차를 따르던 루이스 슈톨마이어(Luis Stollmeyer) SS소위는 기관총으로 적을 죽이려 하였으나 하필 잼 현상이 발생, 격발이 되지 않자 포수로 하여금 고폭탄을 소련군 몸통에 박으라는 위험한 명령을 내리게 된다. 포수는 그대로 이행, 주포를 발사해 소련군을 날려 버리는데 성공했다. 다행히 폰 립벤트로프의 전차에는 전혀 손상이 가지 않은 기가 막힌 명중이었지만 폰 립벤트로프는 슈톨마이어에게 무선으로 연락, 도대체 적군 1명을 사살하기 위해 왜 고폭탄을 쏘느냐고 다그치자 기관총이 격발되지 않아 어쩔 도리 없이 한 짓이라는 배경 설명을 듣게 된다.[05] 나치의 외교장관 요아힘 폰 립벤트로프의 아들이기도 한 루돌프 폰 립벤트로프는 나중에 쿠르스크전에서도 기적적으로 살아남아 목숨을 서너 개 달고 다니던 불세출의 SS장교로 알려지게 되었다.

여하간 이 해프닝에 고무된 탓인지 장갑척탄병들이 덩달아 공격을 개시, 오후 1시경에는 후고 크라스의 제2연대 1대대가 데르갓치에 도착했고 '토텐코프' 연대도 데르갓치의 반대편에서 공세를 취하게 되었다. '토텐코프' 연대 1대대는 빌프리드 리히터(Wilfried Richter) SS대위가 지휘하는 티거 중전차중대를 보강받아 프릿츠 뷔트 연대가 오기도 전에 공세에 착수하고 있었다. 이제 소련군은 '토텐코프' 연대를 막다가 폰 립벤트로프의 4호 전차 부대, 그리고 막스 한젠 휘하 장갑척탄병들의 공세를 모두 막아야 할 판이었으며 전투는 점점 마을 내부로 확대되어 갔다.[06]

한편, 뷔트와 마이어 부대는 데르갓치를 지나 그날 오후에 췌르카스코예에 도착, 사단 소속 전차들의 지원을 받아 마을을 공략했다. 소련군 수비진은 큰 저항 없이 진지를 버리고 하르코프 쪽으로 도주했고 뷔트의 부대는 남쪽으로 방향을 틀어 SS장갑연대 7중대를 필두로 드디어 숙원의

05 Kurowski(2004) Panzer Aces, pp.156-7
06 NA : T-354 ; roll 118, frame 3.752.276

목표인 하르코프를 향하게 되었다. 폰 립벤트로프의 7중대는 가는 도중 다시 마을로 들어가려는 2대의 소련군 전차를 격파하고 하르코프 북쪽의 큰 비행장(공군기지)에 다다랐다. 소련군은 여기에 거의 요새 수준으로 방비를 강화하고 있었으며 이에 쿠르트 마이어는 정면돌파 대신 보다 동쪽의 볼샤야(Bolshaja)-다닐로프카(Danilovka)-하르코프(Kharkov) 도로를 이용하여 공격해 들어가려고 했다. 그러나 큰 숲이 도로를 가로막고 있어 우회공격은 되지 않을 것처럼 보였지만, 이때도 마이어는 그 특유의 기세대로 무조건 돌진을 지시, 모든 병력을 숲으로 밀어 넣었다. 이 숲은 얼어붙은 작은 호수를 지나 동쪽으로 빠져나가도록 되어 있었다. 순찰병력은 이내 썰매로 대용할 수 있는 것들을 끌어다 중화기들을 실어 나르기 시작했고 모터싸이클과 장갑차량들은 얼음 위를 무사히 지나갈 수 있도록 갖은 보수작업들이 동원되었다. 막스 뷘셰의 전차도 마이어를 뒤따랐으며 슈빔봐겐과 하프트랙은 그럭저럭 좁은 산길을 통과할 수 있었지만 전차와 돌격포는 미끄러운 비탈길과 눈과 진창으로 망가진 좁은 길을 빠져나오느라 무진장 애를 먹기도 했다.

라이프슈탄다르테 정찰대대 1중대장 게르트 브레머 SS 대위. 마이어 부대 중에서도 항상 최선봉에 해당하는 위험한 역할을 맡았다.

마이어와 뷘셰가 숲을 빠져나오는 동안 정찰대대의 1중대장 게르트 브레머(Gerd Bremer)는 선견대를 이끌고 지르쿠니-하르코프 도로를 조망할 수 있는 위치에 도달한 바, 하필 그때 엄청난 규모의 소련군 병력이 벨고로드를 향하는 도로 위를 행진하고 있었다. 브레머는 겨우 8대의 장갑차량과 소량의 슈빔봐겐(Schwimmwagen), 큐벨봐겐(Kübelwagen) 차량으로는 적과 교전할 수 없다고 판단, 마이어가 올 때까지 기다리기로 했다. 뒤에 도착한 마이어는 브레머에게 낮은 자세로 접근해 다가가 소련군의 이동상황을 조망할 수 있는 자리에 엎드려 이 놀라운 광경을 관찰하기 시작했다. 마이어도 역시 좁은 숲 지대를 빠져나올 독일군 병력만으로 큰 도로상의 적군을 친다는 것은 전술적 자살행위로 판단하고 소련군이 지나갈 때까지 자신의 부대가 들키지 않도록 기도비닉을 유지할 수밖에 없었다. 마이어의 수중에는 4대의 슈빔봐겐, 1대의 큐벨봐겐, 1대의 8륜 장갑차량과 4정의 기관총을 가진 23명의 병사들뿐이었다. 바로 800m 전방에서 행군 중인 소련군은 수천 명에 달했다. 그때 돌연 '여리고'의 굉음과 함께 서쪽에서 나타난 슈투카 편대가 소련군 종대들을 습격하기 시작했다.[07] 당황한 소련군들은 모두 하늘만 향하게 되었으며 말들은 기총사격 소리에 사방으로 날뛰면서 소련군 병력과 차량들이 뒤엉키게 만들었다. 마이어는 이때를 놓치지 않고 붉은색 연막을 펴 근처에 우군이 있음을 슈투카에게 알렸다. 슈투카는 꼬리날개를 흔들어 신호를 인지했음을 알리

07 Ripley(2015) p.64

고 도로상의 소련군 목표에만 집중사격을 가했다. 이 절호의 기회를 잡아낸 마이어는 적진 중앙으로 총돌격을 명했고 때마침 뷘셰의 전차들이 숲에서 뛰쳐나와 사방의 적을 향해 난사하기 시작했다. 소련군은 동계에 좁은 산길을 뚫고 대대 병력이 장갑차량들을 끄집어내어 그토록 소수의 인원으로 대규모 병력에 기습을 가하리라고는 상상도 할 수 없었다. 순식간에 전의를 상실한 소련군 수백 명이 항복하기 시작했고 온 사방에 시체가 쌓이는 것을 목도한 마이어는 여기서 속도를 늦추면 소련군에게 반응할 시간적 여유를 준다고 판단, 계속 남진할 것을 명령했다. 마이어의 부대는 7km를 더 전진하다 데르갓치 외곽에서 소련군 전차부대와 맞닥뜨린 뒤 슈투카의 항공지원이 없는 상태에서의 혈전은 무모하다고 생각하여 원래 집결지인 볼샤야(Bolshaja)-다닐로프카(Danilovka)로 되돌아갔다. 집결지에는 수많은 포로들이 수명의 독일군 초병들에 의해 관리되고 있었으나 더 이상 탈출할 기력이 없어 보였다. 마이어는 복부에 중상을 입은 소련군 소령을 자신의 차량에 직접 태우고 군병원으로 도착한 다음 대대의 군의관에게 인계했다.[08] 중과부적의 상태에서도 기습효과가 지닌 위력이 어떠한 것인지를 웅변으로 말해주는 놀라운 작전이었다. 한편으로 그러한 기상천외의 과감한 공격명령을 취할 수 있는 마이어같은 지휘관만이 성취할 수 있는 전과이기도 했다.

마이어와 뷘셰가 격전을 치르는 동안 제2SS장갑척탄병연대 루돌프 잔디히의 2대대와 후고 크라스의 1대대는 데르갓치를 떠나 남쪽으로 진군, 하르코프 쪽으로 달아나는 소련군 종대를 추격해 들어갔다. 그러나 하르코프의 북쪽 어귀에 다다랐을 때 소련군의 카츄샤 다연장로켓의 소나기 세례가 쏟아져 두 대대는 일단 회피기동을 취하고 테오도르 뷔슈 제2연대장은 공세를 다음 날인 11일로 미룬 뒤 대대병력을 철수시켰다. 한편, 프릿츠 뷔트의 제1연대보다 먼저 데르갓치에 도착했던 '토텐코프' 연대는 1대대가 빌프리드 리히터(Wilfried Richter)의 티거 중전차중대의 도움을 받아 소련군 진지들을 하나하나 격파해 나가기 시작했다. 소련군의 45mm 대전차포로는 티거의 전면장갑을 관통시킬 수가 없어 일단 1차 사격에 실패하면 티거는 포탄이 날아온 지점을 확인한 후 88mm 주포로 거의 한 방에 진지 하나씩을 격파해 나갔다. 기관총, 대전차포 어느 것으로도 장갑을 뚫을 수 없다는 것을 느낀 소련군들은 절망적으로 티거의 포탄이 빗나가기를 기대하는데 급급했다. 남쪽에서는 프릿츠 뷔트의 연대가 덮치고 북쪽에서는 오토 바움의 '토텐코프' 연대가 시가전을 펼치는 가운데 협공당한 소련군들은 코너로 내몰려 결국 마을의 북부는 오후 1시가 넘어 독일군의 수중에 떨어졌다. 잔존 소련군들은 남북으로 들어오는 독일군을 피해 북동쪽으로 달아났고 오토 바움은 오후 늦게 데르갓치가 완전히 장악되었음을 군단본부에 보고했다.[09]

오토 바움의 '토텐코프'는 다시 동쪽으로 공세를 확대, 쉐르카스코에-하르코프 구간의 국도가 양질의 포장도로인 점을 확인하고 재빨리 전진을 계속하여 10일 저녁에 루소코예(Russokoje)에 도착, 15중대로 하여금 마을을 평정하게 하였다. 경미한 피해만을 입은 '토텐코프'는 루소코예에 강력한 방어진을 구축한 다음, 다시 방향을 틀어 북쪽으로 진군해 들어갔다. 또한, 토텐코프 사단의 '아익케' 연대는 올샤니의 북부와 북동쪽에 진지를 구축하고 하르코프 북쪽의 우디강을 도하할 수 있는 세 군데 지점을 장악하여 확고한 방어진을 형성했다. 이는 그날 강을 건너 후퇴길에 접어든 소련군들과 몇 차례의 교전을 주고받게 될 것을 미리 예견한 조치였는데 소련군은 우디강을 건너 동

08 Meyer(2005) pp.190-3 마이어는 부상당한 소련군 소령이 현재는 두 나라가 전쟁 중이지만 언젠가 전쟁이 끝날 것이고 두 나라는 다시 친구가 될 것이라는 언급에 감명을 받아 군병원에 이 장교를 제대로 치료해 줄 것을 요청했다.

09 NA : T-354 ; roll 120, frame 3.753.712

쪽 강둑에 안전판을 구축하고자 했다. 또한, 다른 두 개의 소규모 전투단은 훼스키(Feski)와 노봐야 쿨투라(Novaja Kultura) 마을도 장악해 여하간 하르코프로 향하는 도로 선상에 위치한 거의 모든 거점들을 통제하려고 했다.

## 므샤강 변의 제48장갑군단

SS장갑군단의 우익을 엄호하면서 하르코프 남쪽을 치기로 된 제48장갑군단 11장갑사단은 라키트노예 북부, 므샤강 북쪽 강둑의 교두보를 확대해 가면서 SS사단들과 조우하기 위해 동쪽으로 공세를 지속했다.[10] 그러나 이 전구의 소련군은 정확한 포사격 실력에 효과적인 반격작전을 구사할 줄 아는 뛰어난 능력이 있어 독일군의 진격은 순조롭지 못했다. 제11장갑사단은 군단 좌익에서 라키트노예의 북부로부터 공격을 펼쳐 나갔다. 소련군은 오세르얀카(Oserjanka) 근처에서 몇 대의 T-34와 보병 대대규모의 공격을 가해왔으나 독일군은 여러 대의 T-34를 파괴하면서 소련군의 예봉을 무디게 만들었고 그날 오후 3시에는 장갑부대가 소련군이 지키던 우토브카(Utowka)를 탈취했다.[11] 소련군의 필사적인 저항에도 불구하고 SS장갑군단과 제48장갑군단이 하르코프 서쪽과 동쪽에서 합류해 좁혀 들어온다면 소련군은 도주할 곳이 없다는 판단 하에 스타프카는 봐투틴 남서방면군 사령관에게 제4장갑군의 측면을 타격할 것을 지시했다. 이에 부응하기 위해 봐투틴은 비교적 전력을 유지중인 제2전차군단을 동원, 우선 즈미에프 구역에서 반격을 실시하도록 명령했다. 40대의 전차를 동원한 소련군은 타라노프카의 소련군 기동전력과 연결되기 위해 타라노프카 남쪽에 진을 치고 있던 독일 보병대대를 공격했다. 압도적인 위력의 소련군은 마을의 남쪽과 남서쪽에서 치고 들어가 다수의 야포진지를 파괴하면서 독일군들을 격퇴했다.

한편, 제6장갑사단은 거의 같은 타라노프카 구역에서 소련군의 공격과 역습에 노출되어 있어 예정된 수순을 진행시키기에는 어려워 보였다. 불과 6대의 전차로는 도무지 작전이 되지 않기에 항공지원을 받아 소련군 병력을 타라노프카에서 축출시키려는 전투를 개시했다. 10일 하루 동안 루프트봐훼 제4항공단은 총 900대의 항공기를 동원해 타라노프카 부근에 포진한 소련군 전차부대와 보병 병력들에 대해 폭탄세례를 퍼부었다. 종전 때까지 총 519대의 적 전차를 격파한 한스 울리히 루델(Hans-Ulich Rudel) 중령의 슈투카 편대들도 총집결해 소련군의 진격을 결정적으로 방해했다. 이날 하루 동안 제6장갑사단은 5대의 T-34와 4대의 T-70을 격파하고 6문의 야포를 파괴, 적 사살은 600명에 이르는 것으로 보고되었다. 제11장갑사단도 3대의 전차와 5문의 야포 및 중박격포 1문을 노획하는 전과를 올렸다. 하르코프전 당시는 독소 양군 모두 극도로 빈약한 기동전력에 의존했기에 이 정도 전과로도 적에 대해 상당한 타격을 입힐 수 있었다. 제48장갑군단은 이날을 기점으로 1942년 12월 6일~1943년 3월 10일에 걸쳐 소련군 전차 총 900대를 격파한 것으로 집계되었다.[12] 이날 하루 동안 소련군은 12대의 전차와 11문의 야포 및 다수의 차량들을 파괴당하고 전사 775명, 포로 20명의 피해를 입었다.[13]

봐투틴의 반격은 중요한 전차병력들이 다수 상실되면서 실패로 돌아갔으나 소련군은 여전히 타

10 NA : T-354 ; roll 118, frame 3.752.302
11 NA : T-313 ; roll 367, frame 8.633.317
12 NA : T-313 ; roll 367, frame 8.633.322-323
13 NA : T-313 ; roll 367, frame 8.633.317

라노프카 남동쪽과 동쪽에서 제48장갑군단과 제57장갑군단의 발목을 잡고 늘어지고 있었다. 당시 이들 육군의 군단들은 장갑도 장갑이지만 보병전력의 소진에 엄청난 애로를 느끼고 있었다. 장갑척탄병 중대가 겨우 40~50명으로 유지되는 가운데 기동전력이 점령한 지역을 충분히 관리 통제할 보병수가 태부족인 상태에서 배후를 안전하게 처리해 놓고 예정된 전진속도를 낸다는 것은 무척이나 험난한 과제였다. 제48장갑군단은 3월 9일부로 제106보병사단을 인계 받도록 되어 있었으나 사단은 여전히 이동 중이었고 먼저 도착한 병력들도 전투구역에 적기배치가 지체되고 있는 형편이었다. 심지어 3월 10일 아침 오코차예에 차리기로 된 사단본부조차 만들어지지 못했다.

제57장갑군단은 북부 도네츠에서 제48장갑군단 전구의 소련군만큼이나 필사적인 소련군 병력과 교전하고 있었다. 제15보병사단은 도네츠강 남단에 도달하기 위해 진격을 계속하고 제17장갑사단은 소련군 소총병대대가 주둔하고 있는 강 반대편에 놓인 글리니쉬췌(Glinischtsche)를 공격해 들어갔다. 장갑사단은 전차와 1개 장갑척탄병연대로 구성된 것과, 대전차포 및 돌격포로 포진한 전투단 2개의 그룹을 만들어 강둑 언덕에 위치한 소련군 진지를 강타했다. 화력의 집중에 혼이 난 소련군들은 300구의 시체를 뒤로 한 채 진지를 버리고 근처의 숲 지대로 도주했다.

독일 장갑척탄병들이 남쪽 강둑에 도착했을 때 췌르니 비슈킨(Tschernyi Bischkin)을 조망할 수 있는 위치를 장악했으나 이곳은 소련군의 야포진지가 견고하게 축성되어 있어 교량을 따라 통과하기는 어려운 실정이었다. 그러나 독일군은 몇 시간 동안의 교전 후에 글리니쉬췌를 완전히 통제 하에 두고 교량의 남쪽 구역을 장악, 선봉부대가 강 건너편을 강행 정찰할 수 있는 위치까지는 확보했다. 한편, 장갑사단의 일부는 지나 온 지역에 고립된 소련군 소탕작업에 할당되었는데 류비즈키예(Ljubizkije) 근처에 자리를 튼 소련군을 내모는 것으로 일련의 전투행위를 종식시켰다. 제15보병사단도 패잔병 소탕작업은 물론 강 건너편 도하를 저지하려는 소련군 일부 병력과 한 바탕 일전을 치르기도 했다. 이날 제15보병사단은 장교 3명을 포함한 233명의 포로를 잡았으며 8문의 야포와 대전차포, 수백정의 개인화기들을 노획했다는 보고를 날렸다.[14]

제57장갑군단은 3월 11일 일단 글리니쉬췌의 교량을 안전하게 장악하는 데는 성공했으나 도네츠강을 도하해 북쪽 강둑에 교두보를 만드는 과제가 초미의 관심사로 부상하게 되었다. 만약 사단이 췌르니 비슈킨까지 손에 넣게 되면 안드레예프카-즈미에프-하르코프 철도선상이 시야에 들어오게 되고 그럼으로써 하르코프 동북쪽으로 연결되는 소련군의 보급라인을 완전히 차단할 수 있는 효과를 얻어낼 수 있었다.

## 켐프 분견군의 하르코프 서부 공략

SS장갑군단이 하르코프를 북쪽과 남쪽에서 포위해 들어가는 동안 켐프 분견군은 하르코프에서 소련 제40, 69군을 밀어내기 위해 압박을 가하고 있었다. 주공을 맡은 그로스도이췰란트와 '투울레' SS연대는 소련군 점령구역을 착실히 먹어 들어가고 있었으나 제168보병사단은 당시 겨우 1,000명 정도로 버티고 있던 터라 믿을 만한 반격의 전력이 되기는 어려웠다. 제168보병사단은 2월에만 전사 178명, 부상 478명, 행방불명 263명, 전투불능 293명, 기타 이유로 인한 48명의 인원 손실을 포함, 총 1,260명의 피해를 경험했으며 연대 규모의 병력을 충원해 준다는 약속은 받았지만

14 NA : T-313 ; roll 367, frame 8.633.328

하르코프 방면으로 진격 중인 그로스도이칠란트 장갑연대의 4호 전차. 당시 독일군은 기상악화로 인해 보병들이 전차를 따라잡지 못하는 문제로 어려움을 겪고 있었다.

결국 침상에 있던 부상병 등을 포함한 107명의 병사들을 추가로 받았을 뿐이었다.[15]

한편, 제167보병사단은 3,500명의 병력으로 제168사단에 비하면 양호한 편이었다. 신키프(Sinkiw)에서는 제339척탄병연대 대대병력을 받아 결원을 보강했고 그나마 소련군과의 상호 강행정찰시 힘들게나마 우위를 점할 수 있었다. 2월에 죽음의 행군을 완료했던 제320보병사단은 2월 한 달 동안 전사 803명, 부상 2,241명, 행방불명 1,336명, 기타 사유 1,000명, 계 5,380명의 피해를 입었기에 결국 실제 전투가능한 병력은 2,500명 정도에 지나지 않았다. 그나마 나중에 부상병동에서 돌아온 1,108명을 충원 받고 제62장갑소대를 자대배치받아 '투울레' 연대의 지원도 아울러 얻는 것으로 정리되어 다행스러운 편이었으나 한 달 내내 영하 20~30도의 눈 속에서 후퇴기동으로 지탱해 온 사단이라 육체적, 정신적으로 탈진한 상태임을 숨길 수는 없었다.[16]

'투울레' SS연대는 이스크로프카 숲 지대를 지키던 소련군이 후퇴길로 접어들자 3월 8일 콜로마크 북쪽에서 공세를 재개하기로 했다. 동 연대는 며칠에 걸친 이 숲 지대에서의 격전 끝에 수백명을 사살하고 100명 이상을 포로로 잡는 전과를 올렸으며 다대한 양의 중화기를 노획했다. 그 날 오후 2시 연대는 이스크로프카에서 뷔소코폴예로 이동하여 그로스도이췰란트의 봬텐 전투단과 연결될 예정이었다. 봬텐 전투단은 '투울레'에게 마을의 통제를 인계하고 메르치크-메를라강 변으로 옮겨갔다. 또한, '투울레' SS연대는 소형차량으로 무장한 1대대의 1개 중대를 2대대에게 인계하여 쉘레스토보에 나타나는 소련군 병력을 소탕하도록 지시했다. 쉘레스토보 구역은 독일군에 의해 한번 청소되었던 지역이나 소련군 일부 병력이 트루돌류보프카(Trudoljubovka) 마을을 끼고 독일군을 성가시게 하고 있던 참이었다. 일단 '투울레'는 1대대가 뷔소코폴예를 점령하고 2대대가 쉘레스토보 내부와 외곽에 진지를 구축하는데 성공했다.

15 Nipe(2000) p.296
16 NA : T-314 ; roll 490, frame 364

같은 날 그로스도이췰란트는 북쪽으로의 진공을 재촉하면서 보고두코프에서 올샤니로 향하는 도로와 철도선을 차단하여 소련군이 보고두코프에서 빠져 하르코프에서 수비진을 강화하는데 합류하지 못하도록 기동했다. 그로스도이췰란트의 제대는 비교적 순조롭게 진군을 하고 있었으나 장갑부대는 짙은 눈보라와 열악한 도로사정으로 인해 예정된 시각에 맞춰 집결지인 막시모프카(Maximovka)에 도착하지는 못했다.

슈트라흐뷔츠의 장갑부대는 코프야기에서 동쪽으로 나와 폴타봐-코프야기-하르코프 구간의 도로를 따라 이동하였으며 도중에 작은 철도역에서 소련군 대전차포의 공격을 받았으나 별 어려움 없이 이를 제압하고 오후 1시에는 스타리 메르치크에 도달했다. 그러나 이번에는 전차가 아니라 장갑척탄병들이 눈으로 덮인 도로에서 헤매는 통에 3시간이나 전차를 따라잡지 못하는 역현상이 발생했다. 스타리 메르치크를 떠난 슈트라흐뷔츠는 작은 강 지류를 건너 보고두코프를 향해 진격하다가 강 북쪽 2km 지점에서 꽤 끈덕진 면모를 보이는 소련군과 만나 다량의 전차와 자주포를 동원해야만 하는 위기국면을 경험했다. 일단 슈트라흐뷔츠는 장갑척탄병들이 전차 뒤로 몸을 숨겨 접근하여 진지에 접근한 후 각개격파하는 방법을 동원함으로써 소련군들을 서서히 잠재우기 시작했다. 장갑척탄병들은 마을 외곽과 개개의 가옥 구석구석을 뒤져 잔존병력을 소탕했고 일부는 포로로 잡았으며 나머지는 북쪽 방면으로 탈출함에 따라 자정께 상황은 안정을 되찾았다.

그로스도이췰란트 진격의 중앙을 담당했던 보이에르만 전투단은 장갑엽병대대의 지원을 받아 코프야기를 떠나 페레코프(Perekov)로 이동, 봘터 푀셀(Walter Pössel) 소령이 지휘하는 장갑연대 1대대와 야포 지원반이 집결하고 있는 기지에 합류하려고 했다. 한편, 휘질리어 연대 1대대는 '투울레' 1대대가 완전히 마을을 통제하기 전까지 뷔소코폴예에 잔류하고 있었고 보이에르만 전투단은 스타리 메르치크 북쪽에 정찰을 내보내는 한편 보고두코프 남부 10km 지점, 강 북쪽에 위치한 알렉산드로프카(Alexandrovka)를 공략할 준비를 갖추었다.[17]

메르치크-메를라강 변으로 이동한 봬텐 전투단은 3월 8일 아침 내내 쉘레스토보 북쪽에 있었으며 이들도 강을 건너 알렉산드로프카에 도착하고 그 다음엔 슈트라흐뷔츠의 진격 방향 서쪽으로 뻗은 보고두코프-올샤니 도로를 차단하기로 되어 있었다. 그러나 봬텐 전투단은 폭설로 인해 도로상에 사단 병력의 교통량이 넘쳐흐름에 따라 얼어붙은 도로를 따라 야간행군하는 것보다는 주간이동을 택하기로 하여 본격적인 진군은 다음 날로 연기되었다. 다만 정찰대가 적진 수색 중 노뷔 메르치크 근처 메르치크강 변에 소련군 대대가 포진하고 있는 것을 발견했다.

당시 날씨 관계로 그로스도이췰란트 사단 병력의 대부분은 메르치크강 변에 머무르고 있었으며 사단의 중앙과 좌익은 3월 8일 현재 여전히 강을 도하하지 못하고 있었으나 슈트라흐뷔츠는 알렉산드로프카 가까이에 위치한 메르치크 남단의 도하지점에 도달해 있었다. 슈트라흐뷔츠의 장갑연대 2대대는 장갑척탄병대대와 함께 강을 도하한 뒤 류보틴 북서쪽에 있는 보고두코프-류보틴 철도선에 도착했으며 이 철도선은 보고두코프 남동쪽 코너를 돌아 동쪽으로 연결되어 막시모프카로 통하고 있었다. 슈트라흐뷔츠는 막시모프카에서 류보틴을 지나 하르코프 동쪽으로 직결되는 이 철도선을 따라가기만 하면 되었기에 막시모프카에 전력을 집중하는 것이 당연했다.

소련군은 더 이상 반격을 가할 여력이 없어 제69군은 올샤니-하르코프 서쪽 구간을 포기한 것

17 Nipe(2000) p.297, Restayn(2000) p.250

처럼 보였으며 그나마 있다면 보고두코프를 통해 퇴각하는 소련군의 후미경계를 담당하면서 독일군의 추격을 지연시킨다는 제한적인 의미밖에 없었다. 실제로 켐프 분견군도 이를 당연시했기에 그로스도이칠란트는 소련군의 야포 지원사격이나 소련공군의 근접항공지원이 없다고 판단, 그 즉시 막시모프카를 포위하기 위해 진격속도를 올려 보고두코프 동쪽의 주도로를 봉쇄하려고 했다. 행군도로는 눈보라로 인해 궤도장갑차량 이외에는 속도를 낼 수가 없었으며 이러한 악조건의 도로와 기상상태는 후퇴하는 소련군이나 추격하는 독일군에게 공히 가혹한 시련을 안겨주고 있었다. 특히 스타리 메르치크와 막시모프카 구간 도로에서 4륜 차량으로 이동하는 부대들이 뒤처지게 되는 현상이 발생했으나 슈트라흐뷔츠는 사단 제1장갑척탄병연대 1대대의 하프트랙들과 함께 전진을 계속해 버렸다.[18] 슈트라흐뷔츠의 부대는 10시 반경 막시모프카 남쪽의 철도역에 도달했고 선도부대는 보고두코프에서 15km 떨어진 메를라강 변에 위치한 포포브카(Popowka)를 봉쇄하려 했다. 그중 1개 장갑중대는 철길을 따라 북쪽으로 더 들어가 막시모프카에 접근하려 했으며 전투단의 주력은 역시 북쪽에 위치한 클레노봐예(Klenovaje)라는 마을을 향했다. 소련군은 막시모프카 입구에서 기동이 중지되거나 고장난 전차를 장애물로 남겨 두어 독일군의 진격을 막으려 했으나 슈트라흐뷔츠의 전차들은 이를 간단히 제압하고 오후 5시에는 막시모프카를 장악했다. 슈트라흐뷔츠 전투단의 주력은 이곳에서 재집결하여 그중 장갑척탄병중대 1소대가 티거 전차에 올라타 더 북쪽으로 전진해 들어갔으며 티거 중전차중대는 포포브카에서 메를라강 도하지점을 조망할 수 있는 장소를 확보했다.[19]

한편, 그로스도이칠란트 척탄병연대의 1대대는 막시모프카에 방어진을 구축하고 대대본부는 클레노봐예로 옮긴 뒤 2개 중대가 본부를 지키는 것으로 결정되었다. 슈트라흐뷔츠 뒤에는 그로스도이칠란트 척탄병연대 소속 2개 대대가 장갑부대를 놓치지 않으려고 안간힘을 썼었는데 그럼에도 불구하고 2대대는 겨우 오후 3시가 되어서야 막시모프카 근방에 도착했다.

막시모프카에서 20km 지점에 있었던 봬텐 전투단은 3월 9일 오전 5시가 조금 넘어 메르치크강 남방을 공격해 들어갔다. 정찰대대의 지원을 받는 3개의 종대로 구성된 전투단은 아침 무렵 일부 마을들을 소탕했으나 근처의 거의 모든 교량들이 파괴된 것을 발견하고는 대안을 찾아내는데 상당한 시간을 허비하게 된다. 일단 강을 건넌 전투단은 북서쪽으로 방향을 틀어 알렉산드로프카에서 다시 주요 도하지점을 찾았으며 그 가운데 후퇴하는 소련군 종대를 발견, 돌격포와 대전차자주포의 포격으로 막대한 인원과 장비의 피해를 안겼다. 그 후 봬텐 전투단의 선봉대가 알렉산드로프카에 진입하자 상당한 조준실력을 가진 소련군 병력을 맞아 일시적으로 산개하는 등 고전했으나 전투단의 2번째 종대가 북쪽으로 들어가 알렉산드로프카로부터 동쪽으로 도주하는 소련군을 막을 수 있는 지점을 차단했다. 이어 독일군이 남쪽 구역에서 일일이 집을 뒤져가며 소련군들을 청소하자 퇴로가 막힌 잔존 병력들은 북쪽을 향해 숲 지대로 들어가 숨어버렸다.

3월 9일 그로스도이칠란트가 보고두코프 동쪽에서 봉쇄지점을 확보하려고 노력하는 동안, '투울레' SS연대는 쉘레스토보를 빠져나와 넓은 지대를 행군, 일부 선견대가 오후 늦게 그로스도이칠란트가 메르치크강을 넘었던 알렉산드로프카 서쪽으로부터 10km 떨어진 카챨로프카(Katschalovka)

18 NA : T-314 ; roll 490, frame 331-335
19 Nipe(2000) p.298

에 도달했다. 그로스도이췰란트는 3월 9일 하루 동안의 교전에서 여러 개로 흩어진 사단의 제대가 소련군 2,000명을 사살한 것으로 보고했다. 그럼에도 불구하고 켐프 분견군은 각 종대들이 한 곳으로 모이거나 연결이 되지 않아 소련군의 반격에 당할지 모른다는 우려를 안고 있어 9일 당일 켐프 분견군은 '투울레' SS연대에게 알렉산드로프카 구역에서 연대의 우익과 그로스도이췰란트의 봬텐 전투단간 간격을 좁히라고 주문했다. '투울레' SS연대의 게오르크 보흐만이 이끄는 2대대는 당장 알렉산드로프카 서쪽에서 고립된 소련군의 여러 병력들을 축출하기는 했으나 켐프가 우려하던 대로 이내 소련군의 역습이 시작되었다.

3월 9~10일 소련 제69군은 제107, 183, 340소총병사단이 보고두코프 동쪽과 남쪽의 그로스도이췰란트 선봉부대를 공격하도록 지시했다. 이에 준비를 마친 소총병사단들은 3월 10일 오후 막시모프카에 주둔하고 있던 그로스도이췰란트의 일부 병력에 공세를 취했다. 6대 정도의 소련군 전차가 보고두코프 남동쪽에서 나와 보고두코프로부터 막시모프카 사이의 도로를 틀어막을 생각으로 독일군 종대를 공격했다. 나름대로의 기습 작전이었지만 측면을 노린 독일군 전차의 노련한 역습에 노출되어 대부분 격파되고 나머지는 보고두코프로 되돌아갔다. 척탄병들은 이를 추적, 보고두코프 남쪽 어귀의 조그만 마을들을 점령하고 이튿날 3월 11일에는 본격적으로 남쪽 구역을 소탕하기 시작했으며 슈트라흐뷔츠는 포포브카에서 메를라강을 넘어 동쪽에서부터 보고두코프를 공략해 들어갔다. 봬텐 전투단은 '투울레' SS연대가 좌익을 엄호해 주는 상태에서 그로스도이췰란트 사단 공세의 서쪽 최선봉을 맡았다.[20] 11일 그로스도이췰란트는 보고두보프의 남서쪽 외곽에 닿았으며 '토텐코프' SS연대가 메를라와 메르치크 골짜기의 크라스노쿠츠크(Krasnokutsk), 무라화(Murafa)를 점령함으로써 제69군을 동쪽으로 고립시키는 효과를 만들어냈다.

3월 10일의 반격에 실패한 소련 보로네즈방면군은 메르치크강으로부터 이동해 보고두코프-하르코프 사이 구역으로 후퇴하도록 지시했다. 제69군은 보고두코프 자체는 물론 하르코프-벨고로드간 주요 도로를 방어하는 것이 주목표로 부상했기에 카자코프(M.I.Kazakov) 제69군 사령관은 자신의 지친 병력이 두 가지 미션을 다 수행할 수는 없다고 판단, 모스칼렌코의 제40군에게 보고두코프 자체의 방어는 제40군이 담당해 줄 것을 요청했다. 대신 2개 사단과 1개 보병여단을 지원해 줄 용의가 있다고 표명하고 보로네즈방면군이 이를 허락함에 따라 제69군은 보고두코프와 하르코프 사이의 구간만 방어하면서 전선을 좁히도록 조치했다.[21] 그러나 제40군은 보고두코프 방어 이전에 연일 루프트봐훼에 시달리고 있어 결국 3월 10~11일 야간을 이용해 본부를 옮기기로 하고 라우스 군단과 중앙집단군 제2군이 협격해 오는 상황이 발생함에 따라 군 병력 전체는 동부로 이동하기 시작했다. 이에 독일 제52군단 4개 사단의 추가 지원을 받은 제167, 168보병사단은 제40군을 추격하여 그중 제167보병사단은 메를라강을 넘어 다수의 교두보를 확보하고 콜론타예프(Kolontajev)와 코텔바(Kotelva)를 점령하였다.

한편, '투울레' SS연대는 라우스 군단으로부터 새로운 지시를 접수, 보고두코프 서쪽 도하지점의 메르치크강을 봉쇄하여 제320보병사단의 진격을 지원하기 위해 사단의 좌익을 엄호하게 된다. 이로서 '투울레' SS연대는 알렉산드로프카와 보고두코프를 향한 그로스도이췰란트도 지원할

20 NA : T-314 ; roll 490, frame 335-343
21 Glantz(1991) p.201

수 있게 되었다.[22] 이때 사실상 소련 제69군도 제40군과 마찬가지로 퇴각에 접어들고 있어 독일보병사단들의 진격은 이전과 달리 충분한 진전을 이루게 되었으며, 켐프 분견군의 주된 전구를 지탱하고 있던 그로스도이칠란트와 '투울레'는 이제부터 본격적으로 보고두코프에 집중할 수 있게 되었다.

3월 10일 밤 만슈타인은 3월 11일 SS장갑군단의 하르코프 시 탈환을 위한 실질적인 침공에 맞춰 수일 동안의 작전지시를 하달했다. 여기에 따르면 SS장갑군단이 하르코프에 남은 소련군을 치는 동안 켐프 분견군은 북쪽 측면에 해당하는 그라이보론(Graivoron)-보리소프카(Borisovka) 구역으로부터 발원하는 소련군의 역습을 막아야 되며, 그 전 단계 조치로 메를라강 계곡에서의 소련군 저항을 종식시키면서 보고두코프-아흐튀르카 선상에 도달해야 했다. 그리고 다음날인 11일 그로스도이칠란트는 작전계획에 따라 작심하고 보고두코프를 치기 시작하게 된다.[23]

22 NA : T-314 ; roll 490, frame 413
23 Nipe(2000) p.300

# 11 하르코프 재탈환

## 라우스 군단의 보고두코프 공략

3월 10~11일에서 그 다음날로 이어지는 동안 라우스 군단은 분주히 움직였다. 제167보병사단은 보고두코프 서쪽의 메를라강을 도하하여 크라스노쿠츠크로 향했고 제320보병사단은 그로스도이췰란트가 보고두코프를 공격하는 동안 메르치크강 계곡을 통하여 소련군을 압박해 들어갔다. 보고두코프의 소련군은 이미 북동쪽으로 대규모 후퇴기동을 시작한 것으로 관측되었으며, 4~5,000명의 병력과 2,000대의 차량들이 야간을 이용해 빠져나오고 있는 것으로 보고되었다. 독일보병사단들이 소련군을 추격하는 동안 그로스도이췰란트와 '투울레'는 이른 새벽 보고두코프 방면을 향해 공격해 들어갔다. 선봉을 맡은 '투울레'의 대대는 동이 트기 몇 시간 전에 크라스노쿠츠크를 쳐 간단히 제압하고 연대의 또 다른 대대급 전투단은 3월 10일 늦게 무라화에 도착하여 제40군의 퇴각을 차단하기 위해 메르치크강을 넘어오는 독일군을 막기 위해 배치된 소련 수비대와 조우했다. 그러나 '투울레'의 2대대가 거의 동시에 쳐들어오자 소련군은 별다른 저항을 하지 않은 채 물러나 버렸다. '투울레' SS연대의 다른 제대는 동부로 방향을 바꾸어 알렉산드로프카에서 메르치크강 도하지점으로 다가갔다.[01]

제167보병사단은 북쪽과 동쪽으로 나아가면서 보르스클라강 교두보를 장악했다. 아흐튀르카에 남겨진 소련군 후미의 병력들은 독일군 보병의 전진을 지연시키기 위해 잦은 반격을 해 왔으므로 3월 10일 내내 소탕작전이 전개되었고 대부분은 3월 11일 아침까지 보고두코프 서쪽과 알렉산드로프카 구역으로부터 빠져나와 철수대열에 합류했다. 후퇴하는 소련군의 마지막 종대는 3월 11일 동틀 무렵에도 보고두코프의 서쪽에 남겨져 있었으나 소련군의 전반적인 철수로 인해 독일군 정찰대들은 메르치크강의 여러 지점들을 비교적 자유롭게 도하할 수 있음을 확인했다.

3월 11일 아침 그로스도이췰란트는 슈투카의 항공지원을 받아 보고두코프를 강타했다. 소련군의 역습에 주의하면서 동쪽으로 서서히 좁혀 들어간 그로스도이췰란트는 소련군이 다시 북쪽으로 도주한 것을 발견하고 티거 중대를 시의 북동쪽 언덕으로 이동시켜 척탄병들과 휘질리어 연대의 진격을 엄호하는 가운데 후퇴하는 소련군 종대에 포사격을 가했다. 그로스도이췰란트의 휘질리어 연대는 보고두코프로부터 20km 떨어진 알렉산드로프카에서 오전 11경 공세를 개시했다. 휘질리어 3대대는 메르치크강을 넘어 비교적 큰 규모의 소도시인 니키토프카(Nikitovka)를 향해 북서쪽으로 공격을 전개하면서 보고두코프 공략의 좌측면을 엄호하는 형세를 취했다. 연대의 나머지 두 대대는 알렉산드로프카 북쪽에서 집결해 보고두코프와 알렉산드로프카 사이의 평야 지대를 넓게 산개한 형태로 진격해 들어갔다. 휘질리어 연대는 소련군의 큰 저항을 받지 않고 보고두코프의 남쪽으로 진입했으나 남쪽의 절반은 이미 소련군이 소개한 상태로 그로스도이췰란트의 척탄

01 NA : T-314 ; roll 490, frame 431, Deutscher Verlagsgesellschaft(1996) p.240

라이프슈탄다르테 정찰대대 2중대장 헤르만 봐이저 SS대위. 소련 전차장을 근거리에서 권총으로 저격하여 위기를 모면하는 강심장의 소유자였다. 3월 말 기사철십자장을 받았다.

병들도 큰 어려움 없이 동쪽으로부터 들어가 시의 중심으로 파고들었다. 늦은 오후 그로스도이췰란트의 장갑부대가 북쪽에서 밀고 들어가 압박을 가하자 소련군은 최종 수비진까지 모두 탈출해 북쪽과 북동쪽으로 도주하기 시작했다.[02] 슈투카가 소련군 후퇴 종대들을 폭격하기는 했으나 해당 상공에 오래 머물지는 않아 다시 대오를 정렬한 소련군들은 퇴각을 재촉하고 있었다. 보고두코프를 빠져나간 제40군의 107, 183, 340소총병사단은 북동쪽으로 이동해 제69군의 37, 161, 180, 270소총병여단과 합류했으며 이쪽은 전날인 10일부터 코텔봐와 아흐튀르카를 향해 공격해 들어간 제167보병사단의 압박을 받고 있었다. 그로스도이췰란트 척탄병연대 3대대는 보고두코프의 북쪽 어귀로 빠져나와 다시 인근의 작은 마을 2곳을 점거하고 사단의 정찰대대는 북동쪽 구역에 수비진지를 구축하는 것으로 최종 정리되었다.[03]

## SS장갑군단의 하르코프 외곽 접근

라우스 군단이 메르치크강을 치고 들어가 보고두코프 일대를 장악하는 동안 파울 하우서의 SS사단들은 하르코프를 서쪽, 동쪽, 북쪽에서 에워싸면서 하르코프 함락의 전조를 예고하고 있었다. 히틀러의 기대를 채우기 위해 자신의 이름을 딴 '라이프슈탄다르테 아돌프 히틀러' 사단은 3개의 그룹으로 나뉘어 3월 11일 아침 4시에 하르코프 외곽으로 접근해 들어갔다. 그중 테오도르 뷔슈의 제2SS장갑척탄병연대는 데르갓치에서 나와 벨고로드 외곽의 철길 양쪽을 따라 2개의 종대로 진격해 들어갔다. 뷔슈는 일단 파이퍼 부대를 만약에 대비해 예비로 두고 나머지 1, 2대대를 앞

02 Glantz(1991) p.202
03 McGuirl & Spezzano(2007) p.102, Nipe(2000) p.302

세워 공격에 착수했으며 공격을 개시하자 마자 당장 소련군의 열화와 같은 저항에 직면했다. 1대대 후고 크라스의 부대는 데르갓치-하르코프 국도로 내려가 알렉세예프카의 외곽에 도달했고 곧이어 기관총좌와 박격포로 무장한 소련군 진지를 공격했다. 그러나 소련군은 몇 대의 전차를 동원하여 야지를 달려오는 연대의 측면을 타격, 몇 개 중대가 더 이상 전진을 하지 못해 정오께 알렉세예프카를 따기 위한 시도는 돈좌되었다. 오후에는 항공지원과 더불어 3호 돌격포와 대전차포로 보강하여 소련군 진지를 때렸으나 이 역시 만만치 않았다. 한스 벡커(Hans Becker) SS대위가 이끄는 1개 중대가 알렉세예프카 외곽 고지의 언덕 위에 포진한 소련군을 노렸으나 돌격포 1대와 대전차포 1대가 파괴되는 등 막심한 손실을 보고 다시 퇴각하게 되었다.[04] 두 번의 공격에도 끄떡없는 이곳 소련군을 만만히 보다가는 큰 코 다칠 것으로 판단한 독일군은 다시 한스 벡커가 진지 배후를 돌아 소련군을 강타, 정면을 보고 있는 소련군의 화력을 다소 약화시키게 되는 순간 전 중대 병력이 동시 공격을 전개하여 언덕 위의 소련군을 몰아냈다. 소련군은 다시 3대의 전차를 앞세워 반격을 가해 왔으나 이번에는 장갑척탄병들이 작심하고 두들겨 패 반격을 저지시키는데 성공했다. 1대대의 손실은 꽤 컸다. 장교 1명을 포함한 26명이 전사하고 94명의 장병이 부상을 입었다. 한스 벡커는 이 작전의 성공으로 기사철십자장을 수여받았으나 알렉세예프카의 대부분은 아직 소련군의 수중에 남아 있었다.

루돌프 잔디히의 2대대는 알렉세예프카의 고지에서 쏘아 대는 소련군의 포사격에 고전하다 인근의 세베르니(Ssewerny)라는 마을에 도착하여 내부로 침투, 철도역을 따내는 한편, 알렉세예프카 외곽 진입을 시도하면서 마을의 소련군을 몰아내기 위해 안간힘을 쓰고 있었다. 실제 2연대의 주력은 이쪽에 몰려 있었으며 결국 7대의 적 전차를 파괴하면서 돌파구를 마련하고 아침 7시 50분에 하르코프의 북서쪽 외곽에 도달하기에 이르렀다.

프릿츠 뷔트의 제1SS장갑척탄병연대는 새벽 4시에 공세에 착수, 북쪽의 공항기지를 강타했다. 그러나 진지에 박힌 소련군의 저항이 워낙 거세 정면을 회피해 서쪽으로 돌아들어가자 소련군이 별안간 진지에서 나와 독일군의 정면으로 돌격해 들어왔다. 확 트인 평야 지대에서 이러한 돌격을 감행하는 것은 거의 자살행위로, 독일군은 기관총 세례만으로 이를 손쉽게 격퇴시키기는 했다. 막스 한젠의 2대대는 다시 돌격포 뒤에 장갑척탄병들을 배치하고 20mm 기관포와 다연장로켓 네벨붸르훠(Nebelwerfer) 대대의 지원을 받아 소련군 대전차포 진지들을 하나하나 꼼꼼히 파괴해 나갔다. 잠시 후 대대는 하르코프의 북쪽 입구에 도달하는데 성공했다. SS부대로서는 가장 먼저 시 외곽에 근접했다. 정오를 넘긴 시각까지 독일군들은 모두 19대의 T-34들을 파괴하는 전과를 달성했다.[05]

프릿츠 뷔트의 부대는 낮 12시 반 시 북쪽에 위치한 거대한 규모의 붉은 광장에 진입했다. 이곳을 장악한 독일군이 시 내부로 들어갈 경우 하르코프 시의 서쪽 절반은 모두 단절되는 결과를 초래하기 때문에 벨로프(E.E.Belov) 하르코프 주둔군 사령관은 서쪽 구역의 모든 병력을 옮겨 라이프슈탄다르테의 침공 방향에 배치시키기 시작했다. 이어 제86전차여단이 황급히 역습을 가했으나 라이프슈탄다르테의 돌격포와 대전차포 공격에 엄청난 피해를 입고 물러났다.[06] 벨로프는 3

04 Agte(2008) p.104
05 NA : T-354 ; roll 118, frame 3.752.293
06 NA : T-354 ; roll 118, frame 3.752.293

월 11~12일 밤 기동예비로 남겨져 있던 제179전차여단을 동원, 88mm 대전차포 진지를 박살내면서 독일군을 광장 북쪽으로 일단 패주시켰다. 장갑척탄병들은 다시 조직을 재정비, 뷔트 연대장은 뷜헬름 봐이덴하우프트(Wilhelm Weidenhaupt) 3대대로 하여금 광장으로 잇닿은 도로변을 정찰하도록 지시했다. 잘만 하면 테오도르 뷔슈의 2연대와 광장에서 합류할 수 있기 때문이었다. 이때 웃지 못 할 광경이 전개된다. 정찰대가 어둠 속에서 인기척을 느끼고 뷔슈의 2연대인지를 묻자 하필 자고 있던 소련군이 러시아어로 잠꼬대로 대답하여 서로 놀란 독일군과 소련군은 야간에 마구잡이로 총질을 해대며 서로 숨을 곳을 찾았다. 독일군들은 어느 빈 창고로 몸을 숨기게 되었으며 아침에 깨어 보니 시 광장은 온통 소련 전차와 병력들로 가득 채워져 있어 그대로 우군이 도착할 때까지 숨죽이고 기다리는 수밖에 없었다.[07]

쿠르트 마이어의 정찰대대는 3월 11일 이른 새벽 막스 뷘셰가 지휘하는 9대의 전차 및 2대의 대전차자주포 지원과 함께 볼샤야 다닐로프카(Bolshaja Danilovka)-하르코프 도로를 따라 남진하면서 프릿츠 뷔트 연대의 공격상황을 조망할 수 있는 위치에서 이동하고 있었다. 남쪽에 다다르자 갑자기 매복해 있던 2대의 T-34가 불쑥 나타나 불과 50m 거리에서 1대의 독일 4호 전차와 마이어의 지휘차량을 파괴했다.[08] 그러나 곧바로 독일 전차들이 위치를 잡아 두 대의 적 전차를 다 잡고 평정을 찾았으며 소련 대전차포는 혼란의 와중에서 자신들의 전차를 명중시키기도 했다. 그 직후에는 양군 전차들끼리 패싸움이 벌어져 추가로 3대의 T-34들이 파괴되자 소련군들은 퇴각해 버렸다. 매복 기습에 열 받은 막스 뷘셰의 독일 전차들은 집집마다 돌아다니며 소련군 대전차포 진지들을 파괴해 나갔으며 대대 전체는 3월 11일 아침 7시 40분 하르코프 동쪽 입구에 도달했다.[09] 마이어의 부대는 연료가 고갈되어 일시적으로 시 외곽의 묘지에 주둔하게 되었으며 결과적으로는 수천 명의 소련군들에게 포위된 상태로 버텨야 했다. 당연한 일이지만 소련군의 화포사격과 박격포들의 공세로 인해 아무런 기동도 불가능한 상태에서 호를 파고 들어앉은 형국에 처했다.

쿠르트 마이어는 자신의 차량이 직격탄을 맞았는데도 불사신처럼 살아남았다. 또 다른 그의 운전병이 즉사했고 주변의 장교와 장병들이 모두 죽거나 중상을 입었는데도 마이어만은 멀쩡했다. 쿠르트 마이어의 별명인 '판쩌(Panzer) 마이어'의 '판쩌'는 전차부대 운용(mobile warfare)과 아무런 관계가 없지만 하필 그 이명 때문인지 숱한 격전 속에서도 전쟁을 살아남았다. 그야 말로 '장갑'을 두른 마이어였다. 다만 마이어는 연료부족으로 근처 묘지에서 정지하여 하르코프-츄구예프 도로를 일시적으로 감제하는 형세를 취했다.[10]

마이어의 부대는 오후에 다시 소련군의 역습을 받게 되어 급히 헤르만 봐이저(Hermann Weiser) SS 대위의 2중대를 정찰로 파견, 하르코프강 변 쪽에 보다 안전한 루트를 찾아볼 것을 지시했다. 정찰로 나갔던 2중대가 연료와 탄약을 확보하고 재합류하려고 했으나 소련군에 의해 차단당해 밤이 되어서야 마이어의 본대와 합류, 약간의 충전을 할 수 있는 틈은 잡았다. 그러나 소련군 소총병과 전차들이 밤새 부근을 이동수색하고 있어 야간기동은 중단키로 하고 날이 밝을 때까지 기다리기로 했다. 3월 12일 마이어 대대는 츄구예프 방면 도로들을 차단하여 하르코프에서 도주하는 소련

07 Agte(2007) p.39, Lehmann(1993) p.166
08 Ripley(2015) p.65
09 NA : T-354 ; roll 118, frame 3.752.293-294
10 Meyer(2005) p.194

군 병력들을 저지하려 했다. 그 가운데 봐이저 중대의 2개 소대가 학교건물 2층에 갇혀 1층으로부터 진입하는 소련군 돌격조들과 격한 근접전을 치르게 되었으나 이때도 뷘셰의 전차가 달려와 소련군들을 격멸해 버렸다. 마이어의 부하들은 이 학교에 고립된 채로 밤이 될 때까지 수류탄 투척거리를 두고 소련군과 대치하는 위기에 처해 있었다. 마이어 스스로도 잘못하면 그날 밤을 넘기지 못할 수도 있다는 비장한 각오 아래 사투를 전개하고 있었으며 불과 20m 거리에서 소련군 전차가 학교 안으로 진입해 들어오는 초긴장의 순간을 맞이하기도 했다. 소련 전차장이 지상의 보병과 대화를 나누기 위해 해치를 열어 바깥으로 상체를 내민 순간, 2중대의 봐이저 SS대위는 권총으로 전차장을 저격하자 전차는 전차장의 시신이 해치에 걸린 상태로 황급히 도주했다. 하르코프에서 빠져나오는 소련군을 치기 위해 길목을 막고 있던 마이어 대대는 사실상 훨씬 많은 병력의 소련군에 의해 포위, 고립된 상태로 2~3일을 버티던 와중이었으며 나중에 요아힘 파이퍼가 가까스로 구출하게 된다.[11]

한편, 하르코프 서쪽을 치고 들어간 다스 라이히는 코로티쉬와 하르코프 서편 어귀에서 소련군의 강력한 저항에 직면해 있었다. 토텐코프로부터 차출된 오이겐 쿤스트만과 크리스티안 튀크젠(Christian Tychsen) 대대장이 이끄는 불과 몇 대의 전차만을 굴리고 있던 다스 라이히의 선봉은 하인츠 하멜의 '도이췰란트' SS연대와 '데어 휘러' SS연대 3대대를 주축으로 구성되었고, 3호 돌격포중대와 사단의 공병대대 및 대전차포를 지원받고 있었다. 하멜의 전투단은 당초 계획했던 대로 서쪽으로부터 파고들었으며 '데어 휘러'는 시의 남쪽으로 진격하여 메레화 도로를 잘라내려고 했다. 3월 11일 오후 4시경 '도이췰란트' 연대가 하르코프 입구에 도달하고 이어 프릿츠 에어라트의 1대대가 주도로상의 철도역에 접근했다. 이곳을 지키는 소련군의 맹렬한 사격은 더 이상 진격을 못하게 막고 있었으며, 균터 뷔즐리체니의 3대대가 토텐코프 소속 4대의 4호 전차 지원을 받아 시 동쪽 외곽 마을의 교량을 확보하려 했으나 간발의 차로 소련군이 눈앞에서 폭파시키고 말았다. 교량 통과를 저지당한 뷔즐리체니의 3대대는 다시 국도를 따라 진격했으며, 울창한 숲으로 덮인 고지 언덕에 전차호를 마련하고 바로 뒤에 대전차호, '닥인' 전차, 보병들을 촘촘히 배치한 소련군은 여간해서 독일군에게 자리를 양보할 마음이 없어 보였다. 이 지역은 하르코프 시로부터 불과 500m에 불과한 곳이었는데도 두 군데 숲지대 사이에 평지의 요새를 축성한 소련군의 희한한 포진으로 인해 도무지 침투가 불가능한 자연적, 인공적 지형구조를 가지고 있었다. 지극히 당연한 일이지만 시 가까이 접근할수록 소련군의 저항이 점점 매서워진다는 것은 독일군 침공부대가 각오를 단단히 해야 한다는 증표였다. 122mm, 152mm 고폭탄이 마구 쏟아지는 평지에서 정면돌격을 감행한다는 것은 무리라고 판단한 하멜은 공격을 일시 중단시켰다. 방법은 야간 기습이었다. 다스 라이히의 주력이 힘든 공방전을 전개하고 있는 동안 오토 쿰의 '데어 휘러' 주력은 하르코프 남쪽의 요새화된 평야지대를 통과해 오후에는 하르코프-메레화 도로를 장악, 좁은 우디강을 도하한 뒤 해당 전선을 통제 하에 두는 성과를 잡아냈다. 공세 초일에 상당한 진전을 이룬 사단의 유일한 부대였다.

오후 4시 하인츠 마허 공병대 SS소위와 정찰을 함께 한 하멜은 에어라트가 맡은 구역이 비교적 승산이 있는 것으로 파악하고 야간에 그쪽에서 공격을 감행할 것을 지시했다. 공격의 선봉은 하인츠 마허의 공병중대가 맡고 화염방사기 4대를 보유한 돌격소대를 끌어들였다. 마허는 새벽 2시

11 Meyer(2005) p.195

40분 에어라트 대대의 포사격과 돌격포의 지원 하에 은밀히 소련군 진지로 접근해 들어갔다. 마허의 부하들이 전차호 불과 수 미터 지점까지 접근하자 어둠 속의 소련군들이 모든 중화기를 동원해 타격을 가하기 시작했다. 낮은 포복으로 접근한 마허는 소련군 진지의 정확한 지점을 확인한 다음 우군에게 연락, 돌격포와 전차가 소련군 진지를 두들기는 틈을 타 전차호와 소련군의 1차 방어선 사이의 평지로 진출할 수 있었다. 마허는 새벽 3시가 되기 전에 부하들을 2개의 그룹으로 나뉘어 순차적으로 돌격하기로 하고 화기소대는 양 측면을 엄호하는 방식으로 방어진 뒤쪽의 주택가를 급습했다. 폭약을 터뜨려 집의 대들보를 붕괴시켜 혼란을 야기시킨 다음, 수류탄 투척 후 기관단총으로 밀고 들어가 소련군 소총병들을 사살하기 시작하고, 두 번째 그룹은 뒤에서 곧바로 정면으로 이동해 수비진 사이의 갭을 넓히는데 성공했다. 마허 돌격부대의 침투에 힘입어 연대의 다른 장갑척탄병 중대가 참호에서 뛰쳐나가면서 돌격을 전개, 오전 3시 15분에는 소련 방어진 내부에 300m에 달하는 구멍을 내고 말았다. 소련군은 4시에 반격을 가해 와 부서진 가옥을 두고 양쪽 군대가 처절한 접전을 펼쳤으며 마허의 중대가 일시적으로 선봉대를 격퇴하기는 했으나 보병만으로는 더 이상 진전이 이루어지지 못함을 느끼게 된다. 마허의 부하들은 일단 4시 40분경 교두보를 확보하는 성과는 잡아냈다.[12]

마허는 적으로부터 빼앗은 중화기들을 소련군 진지 쪽으로 180도 돌려놓은 뒤 시내 중앙으로의 돌파를 시도했다. 예상했던 대로 소련군의 응사가 만만치 않았다. '도이췰란트' SS연대 연대장의 부관인 롤프 디어륵스(Rolf Diercks) SS대위가 적 스나이퍼의 조준사격으로 오른쪽 옆구리에 부상을 입기도 했다. 이에 돌격포중대가 가세하여 전차호 모서리로 이동해 소련군 대전차포 진지를 파괴하고 장갑연대의 공병대가 전차호가 위치한 구역을 확보해 가면서 마허 중대의 반격을 지탱했다. 오전 5시가 채 못 되어 뵌센츠 카이저의 '데어 휘러' 3대대가 교두보 쪽으로 전진해 들어갔으나 저격병들의 조준사격과 소련 공군의 공습에 상당히 고전했다. 카이저 대대는 IL-2 슈트르모빅 대지공격기의 연차적인 공습을 받았으며 대공포 부대가 그중 한 대를 격추시키자 돌연 공습이 잠잠해졌고 5시 15분 독일 전차가 교량을 통과해 심하게 파괴된 시가를 따라 들어가자 해당 구역은 독일군이 장악하게 된 것으로 보였다. 소련군 소총병이 다시 반격을 시도했으나 모두 진압되어 이 날 소련군은 28명의 포로와 40명의 전사자를 남겼다. 하인츠 마허 중대는 아무도 전사하지 않았으며 불과 6명의 부상자만 배출하는 놀라운 전과를 올렸다. 그 외에 다량의 경화기와 대전차포 및 박격포를 노획하였으며 마허는 1943년 4월 3일, 당시의 공로와 그간의 놀라운 작전 성과를 감안하여 기사철십자장을 수여받았다.[13]

토텐코프 오토 바움의 연대는 시의 남쪽 모서리를 공략했고 제48장갑군단의 반격을 지원하면서 하멜 연대의 남동쪽 측면을 보호하는 역할을 맡고 있었다. 오토 바움의 '토텐코프' 연대는 당시 다스 라이히 '데어 휘러' 연대 병력과 '도이췰란트' 연대 한스 비싱거의 2대대 병력까지 안고 있었다.

## 제48장갑군단 진격의 공과

12 Deutscher Verlagsgesellschaft(1996) pp.177-9, Nipe(2000) p.306

13 Deutscher Verlagsgesellschaft(1996) p.179, Berger(2007) p.317
하인츠 마허 16공병중대는 이날 Il-2 슈트르모빅 대지공격기 1대를 격추시킴과 아울러 다음과 같은 어마어마한 수준의 적 무기들을 노획했다. 이 정도 무장에 전사자가 40명에 지나지 않는다면 병력이 고갈되었거나 진지를 버리고 거의 대부분 도주했다는 추측이 가능하다. - 소총 등 일반 총기류 114정, 기관단총 13정, 경기관총 15정, 중기관총 12정, 경척류탄기 4대, 중척류탄기 8대, 야포 5문, 172mm 자주포 6대 -

하르코프를 지키는 벨로프 사령관이 서쪽의 소련 병력을 시 내부로 이동시키는 바람에 3월 11일 제48장갑군단 전구의 2개 장갑사단은 별다른 고생없이 시 외곽으로 진격해 들어가고 있었다. 그러나 한 가지 성가신 것은 소련군 퇴각의 후미를 맡은 능숙한 부대가 므샤강 북쪽과 남쪽 강둑에서 출몰해 독일군의 진격을 지연시키고 있었던 것인데, 당시 제6장갑사단은 2개의 종대로 나뉘어 즈미에프의 강 도하지점으로 급히 이동하려 했다. 사단의 왼쪽 측면은 얼마 남지 않은 전차와 척탄병중대가 엄호하면서 즈미에프로 진격해 들어갔다. 므샤강에 도달한 다음에는 첫 번째 종대가 서쪽 모서리를 치고 두 번째 종대는 남쪽으로부터 공략해 들어가는 방식을 취했다. 그러나 즈미에프로 가는 도중 므샤강 1km 떨어진 지점의 프롤레타르스코에(Prolretarskoje)에 도달하자 이곳을 지키는 소련군의 강력한 저항을 받았다. 독일군은 한 바탕 격렬한 전투 끝에 소련군 전차 9대를 격파하고 동쪽으로 방향을 틀어 즈미에프를 향해 남쪽 강둑으로 내려갔다. 그러나 장갑차량이 부족한 두 번째 종대는 즈미에프 남쪽 4km 지점에서 소련군의 후미 수비대가 공격을 가해와 진격이 더뎠고, 오후 6시에 서쪽에서 즈미에프로 접근한 장갑부대는 남쪽의 병력들이 제때에 도착하지 않아 전차만으로 즈미에프를 쳐야 할 판이었다. 밤이 되자 장갑부대의 척탄병중대가 내부로 침입했으나, 소련군들은 전의가 부족해서인지 새벽이 되자 돌연 진지를 버리고 북쪽으로 도주했다. 이들은 하르코프와 츄구예프 사이의 도로와 철도선상에 새로운 방어진을 치기 위해 의도적으로 즈미에프를 버린 것으로 추정되었다. 독일군은 이곳을 적기에 봉쇄하지 못해 동쪽으로 연결되는 소련군의 연락선과 보급라인을 차단하는데 실패했고 그 때문에 소련군이 새로운 수비진을 구축하기 전에 포위섬멸할 수 있는 기회를 상실했다.

제11장갑사단은 메레화 남쪽의 소련군 진지를 돌파한 다음 므샤강을 도하하여 일부 거점들을 확보하는 데는 성공했으나 그 과정에서 6대의 전차를 상실하는 피해를 입었다. 사단은 메레화 남동쪽을 정리하고 불과 1km 떨어진 오세르얀카(Oserjanka)의 남동쪽 어귀까지를 제압했다. 사단은 190명의 소련군을 사살했으나 겨우 T-34 한 대와 7문의 대전차포 등을 부수는 데 그쳤으며 땅을 따 내기는 했지만 그들의 차량과 장비가 소련군 대전차포 진지에 혹독하게 당했다는 사실을 뒤늦게 깨닫게 되었다.[14]

결국 제48장갑군단은 타라노프카 구역을 소탕하는 데만 무려 6일을 소비하게 되었으며 알렉산드로프카와 즈미에프 사이의 므샤강을 제압하는데 너무 많은 시간과 병력을 투입함에 따라 SS사단들과의 공조는 예정표대로 이루어지지 못했다.[15]

## 헤르만 호트와 파울 하우서의 대립

제4장갑군 사령관 헤르만 호트와 SS장갑군단장 파울 하우서는 서로 사이가 좋지 않은데다 성격 또한 타협이 잘 안 되는 외고집이 있어 하르코프 돌입을 앞두고 상당한 마찰이 있었다. 이미 3월 10일에 남방집단군 사령관 만슈타인은 소련군이 헤매고 있는 지금 빠른 시일 내 하르코프 시를 점령하라는 지시를 하달한 바 있었다. 하우서는 이전에 히틀러의 사수명령을 어기고 자신의 독단으로 SS사단들을 철수시킨 일도 있고 해서 명령만 내려진다면 시 내부로 진입하겠다는 의사를 밝

14 NA : T-313 ; roll 367, frame 8.633.329
15 NA : T-354 ; roll 118, frame 3.752.313
NA : T-313 ; roll 367, frame 8.653.336

힌 바 있었다. 그러나 호트는 SS장갑군단이 하르코프 전투로 끝나는 것이 아니라 장차 도래할 하계 공세(쿠르스크)에도 중추적인 역할을 담당케 될 것임을 감안, 상상을 초월하는 엄청난 피해를 감수해야 할 시가전을 펼친다는 것은 비합리적이라는 판단을 내리게 된다. 호트는 특히 메레화와 즈미에프 부근을 위요한 소련군의 저항이 수일 전의 상황과는 매우 다르다는 점을 지적하면서 소련군이 쉽게 하르코프를 포기하지는 않을 것이라는 확신도 가지고 있었다. 그러나 하우서가 소련군이 하르코프 서편 모서리에서 이미 퇴각중이라는 점에 근거하여 시내로 진입하겠다는 보고를 올렸을 때 호트는 이에 반대하지 않았다는 것은 확실하다.[16] 더욱이 붸르너 오스텐도르프 SS군단참모장이 3월 10일에 다스 라이히가 하르코프 서쪽에서 집결하고 있고 라이프슈탄다르테가 3개 그룹으로 나뉘어 시 공략에 이미 들어갔다는 보고를 마쳤을 때도 그에 배치되는 그 어떤 결정도 내린 바가 없다. 그런데 3월 11일 오후 늦게 호트는 제48장갑군단이 즈미에프-츄구예프 사이로 치고 들어가 하르코프 동쪽 끝자락으로부터 연결되는 도로를 차단하지 못해 하르코프 동부에서 만들어야 할 소련군의 포위섬멸이 당장 가능하지 않다는 판단을 내리게 된다. 호트는 소련 제3전차군의 잔존병력과 하르코프를 사수하는 소련군 병력을 포위하여 없애지 않는 한 하르코프 시내 진입은 전술적으로 무모하다는 생각을 굳히게 된다. 이는 바로 그때 제48장갑군단이 하르코프 동쪽을 깨끗이 정리하지 못했던 사실을 액면 그대로 반영한 것일 것이다. 이전에 호트는 만약 SS장갑군단이 하르코프의 남쪽과 동쪽의 소련군 배후를 돌아 치고 들어간다면 므샤-우디강변에 놓인 소련군 병력은 서서히 약화될 것으로 보고, 소련군의 저항이 약세로 돌아서면 제48장갑군단의 두 사단이 비교적 손쉽게 즈미에프에서 북쪽으로 진격해 하르코프 동쪽에서 SS사단들과 만나게 될 것을 상정했다. 그러나 이 전구에서 2개 장갑사단은 어느 하나도 결정적인 돌파구를 만들어 내지 못했다. 호트는 드디어 논란을 일으킬 만한 작전의 수정을 다음과 같이 지시한다.

"우선 SS장갑군단의 공세는 완전히 재구성한다. 즉 시내 진입 전에 독일군은 즈미에프-하르코프-메레화 구간의 소련군을 일소하고 시 동쪽 입구의 마지막 잔존병력까지 처단한다는 방침에 근거한 상당부분의 수정이 불가피하다. 이에 따라 제48장갑군단은 하르코프 남쪽 우디강 쪽으로 진격해 들어가고 새로 도착한 제10보병사단은 제48장갑군단으로 배속되되 메레화 서쪽에서 군단의 좌익을 엄호한다. 그리고 다스 라이히는 하르코프 북쪽에서 라이프슈탄다르테를 엄호하던 토텐코프와 교체해 시로 향하는 북부 지역을 차단한다. 대신 토텐코프는 라이프슈탄다르테와 합류, 시 외곽으로 진입하여 시 중심에서 동쪽으로 나가는 모든 연결라인을 차단한다. 즉 토텐코프는 하르코프 북동쪽에서 재집결하여 하르코프로부터 츄구예프로 연결되는 북부 도네츠의 마지막 퇴로를 차단하기 위해 남동쪽으로 공격해 들어간다"[17]

그러나 결과적으로는 하우서가 전 사단들에 대해 하르코프 시내 진입을 지시했기 때문에 이 명령은 지켜지지 않았다. 전후에도 호트와 만슈타인은 이 해프닝에 대해 하우서의 무모한 돌격을 놓고 명령불복종을 지적한 바 있으나 그럼 왜 3월 10일, 그리고 11일에서조차 하우서의 시내 진입을 말리지 않았는지는 여전히 미궁에 쌓여 있다. 물론 호트가 갑자기 생각을 바꾸어 무모한 시가전보다 좀 더 안전하게 시 주변의 소련군들을 몰아내거나, 아니면 그들 스스로 총 퇴각할 때까지 독일

16 NA : T-354 ; roll 120, frame 3.753.704
17 NA : T-313 ; roll 367, frame 8.633.330

군의 인명피해를 줄이자고 판단하여 황급히 수정된 계획안을 제안했을 수는 있다. 거기에 만슈타인도 처음에는 시급히 시를 따 내라고 했다가 호트의 보고를 듣고 막바지에 좀 더 신중해서 손해 볼 것 없다고 생각해서 당초 명령을 변경했을 수도 있을 것이다. 실제로 당시 히틀러는 제프 디트리히 라이프슈탄다르테 사단장에게 연락해 "'나의 라이프슈탄다르테'가 많은 피를 흘리며 막대한 피해를 입고 있는 것은 안타까우나 부디 하르코프를 탈환해 주기를 부탁한다"는 요지의 명령을 남긴 바 있으며, 디트리히는 원래 히틀러와의 개인적 친분관계도 있거니와 자신은 히믈러는 물론이고 그 누구도 자신에게 직접적인 명령을 내릴 수는 없으며 오로지 총통만이 자신에 대한 지휘권을 갖는다고 생각하는 사람이어서 만슈타인이나 호트의 명령 변경을 전혀 개의치 않았던 것으로 추정할 수도 있다. 따라서 SS들이 자체 판단으로 시를 포기했던 과거의 경험에 비추어 보아 하우서와 디트리히는 그냥 밀어붙이자고 합의했을 수도 있다. 10일 오후 3시에 호트의 명을 받은 하우서는 이미 하인츠 하멜의 부대가 하르코프 서쪽을 돌파해 들어가고 있고 라이프슈탄다르테 역시 시내로 이미 들어가 전투중이라는 점을 들어 길길이 날뛰기 시작했다. 그리고는 오후 9시 호트에게 다스 라이히를 빼려면 현 도로사정상 적어도 하루 반이 걸리므로 자신은 원래 계획대로 시 공략을 계속하겠으며 시를 따낸 후에는 동쪽으로의 진격을 속개하는 것으로 작전을 진행시키겠다는 답변을 보내면서 호트의 명을 따르지 않겠다는 행동을 취한다. 호트는 3월 12일 새벽 1시가 지나 다시 수정된 명령을 이행하라고 다그치자 하우서는 변경된 계획안은 사실상 다스 라이히와 토텐코프 2개 사단을 모두 수비로 전환시킨다는 의미인데 그렇게 되면 소련군의 주력이 시를 빠져나가는 시간만 벌어 준다면서 상급 군사령관의 재지시를 사실상 단호하게 거부했다. 그것도 자신이 스스로 강구한 전술적 견해를 통해 상관인 호트를 가르치려 들게 되는 결과를 초래했다. 호트는 이에 질새라 정오 무렵 다시 하우서에게 명령 이행을 종용하고 이에 대한 개인적인 책임을 물을 것이라는 점을 분명히 하면서 현 위치에서 모든 SS사단들에 대한 현황을 상세히 보고할 것을 요구했다. 이 정도 되면 호트 역시 수정 계획안 이외에 다른 대안이 없다는 확고한 소신을 가지고 하우서를 윽박지른 것으로 보인다.

그러나 당시 다스 라이히는 이미 하르코프 서쪽에서 무지막지한 혈투를 벌이고 있는 중이었다. 이 혼란스러운 상황에서 하우서는 정말 사단을 뺄 수 있을 것이라고 생각했을까? 만약 뺄 경우, 하르코프 북쪽으로 재포진하는 데 무려 24시간이 걸릴 것을 감안한다면 이는 전술적인 낭비에 불과한 조치였을 것으로 판단되었다. 결과적으로 하우서는 호트의 명을 거부한다. 이 사건은 아무리 새로운 기록이 발견된다 하더라도 영원히 풀 수가 없을 만큼 복잡한 에피소드로 남게 될 것이다. 조금 삐딱하게 보자면 하우서는 자신의 결정으로 하르코프 시를 철수한 만큼, 자신의 손으로, 그것도 자신이 초대 사단장을 역임했던 다스 라이히를 필두로 하는 SS사단들이 시를 수복하기를 희망했을 것이며, 시 탈환의 영광을 호트의 국방군과 나누지 않겠다는 욕심에서 발동한 것으로 추측할 수는 있겠다.[18] 마찬가지로 호트는 SS가 아닌 정규군의 육군 사단들이 하르코프를 되찾기 위

18 Weidinger(2008) Das Reich IV, pp.86-9, Ripley(2015) p.63 호트와 하우서의 대립에 대한 문제는 여러 각도에서 사뭇 상충되는 의견들이 제기되어 왔으나 'Scorched Earth'(1966)의 저자인 독일의 Paul Carrel은 가장 명확하게 하우서의 정당성을 입증하고 있다. 그는 1943년 3월 9일 오후 7시 20분의 라디오를 통한 호트의 명령을 인용하면서, 호트는 당시 SS장갑군단이 시의 서쪽과 북쪽으로부터 봉쇄해 나가는 과정을 통해 근본적인 상황을 해결할 수 있어야 한다고 평가하고 하르코프를 따내기 위한 모든 '급습'(coup de main)의 기회들이 활용되어야 한다고 선언했다는데 방점을 두었다. 즉 호트가 사실상 하우서의 시내 진입을 공개적으로 용인하고 그렇게 하도록 명했다는 것이었다. 전후에 만슈타인도 시를 포위하여 점진적으로 적을 고사시키는 것이 아니라 하우서가 지나치게 출혈을 강요하는 정면돌파에 의존했다는 비판을 남긴 바 있었다. 이에 하우서는 공명심 때문에 그러한 결정을 내린 것은 결코 아니며, 객관적인 상황판단에

해 하우서의 진격을 저지시키게 했을 가능성도 있다. 두 사람의 불화와 갈등은 쿠르스크 기갑전에도 이어지게 된다.

## 라이프슈탄다르테의 붉은광장 진입

라이프슈탄다르테 역시 다스 라이히와 마찬가지로 힘든 전투를 계속하고 있었다. 도시 입구에서 하네스 필립젠(Hannes Philipsen) SS소위의 티거는 1대의 T-34와 2문의 대전차포를 파괴했으나 그 후 소련군이 투척한 수류탄이 조시공(照視孔 = 전시창)에 정통으로 맞아 조종수가 즉사하고 필립젠은 중상을 입으면서 전선에서 이탈되었다.[19] 이로 인해 사단이 보유한 티거는 2대가 완파당하고 모두 기동불능상태에 놓였으며 그나마 7대의 4호 전차와 6대의 3호 전차로 버티고 있었다. 후고 크라스의 제2SS장갑척탄병연대 1대대는 100mm, 150mm 유탄포의 선제사격과 함께 하르코프 인근 알렉세예프카 마을 입구로 진입해 들어갔다. '히틀러의 전기톱' MG42 기관총이 귀청을 때리는 가운데 소련군 역시 12.7cm 중기관총을 사방으로 갈겨대며 단 한 치의 땅도 양보하지 않을 심산이었다. 이 광경만은 스탈린그라드와 흡사했다. 도시 주변에 양군의 시체가 쌓이면서 전투는 점점 격렬한 장면들을 연출했다. 독일 장갑척탄병들은 곡사포를 동원, 소련 대전차포 지점을 찾아 각개 격파해 나가고 집 하나하나 수색해 가면서 소련군 수비병력을 격멸해 나갔다. 대전차포는 먼저 발사하지 않는 한 독일군이 사전에 정확한 지점을 파악하기는 거의 불가능하였으며 일단 자리를 틀면 전차가 아니고서는 육박공격으로 진지를 제거하기란 대단히 지난한 작업이었다. 이와 같은 보병들의 각개전투가 진행되는 과정에도 독일군의 다연장로켓(네벨베르훠) 사격, 소련군의 포사격은 쉴 새 없이 전개되고 있었다.

후고 크라스의 1대대는 오전 경에 2개 소총병대대를 격멸하고 5명의 장교를 포함한 소련군 포로 100명을 포획했다. 오후 4시 드디어 알렉세예프카는 독일군의 수중에 들어왔고 그로부터는 하르코프 시 내부 진입을 준비했다.[20] 이보다 전에 루돌프 잔디히의 2대대는 9시 15분에 하르코프 입구에 도착했다. 대대는 한 시간 내로 북서쪽에서 시내로 들어가는 철도라인을 확보하였으며 그 날 밤까지 각 철도역들을 지키는 소련군 병력을 모두 소탕했다.[21]

하우서의 기대와는 달리 제프 디트리히가 이끄는 라이프슈탄다르테가 시 공략의 주인공으로 등장하게 되었다. 제1SS장갑척탄병연대 1대대와 3대대는 드디어 하르코프 시의 붉은 광장으로 이어지는 도로를 따라 진격해 들어갔다. 소련군은 얼마 안 되는 수효나마 시 건물의 요긴한 장소를 찾아 수비진을 구축하고 가급적 독일 전차의 포신이 더 낮게 하향 조준할 수 없을 정도로 저지대 깊숙한 장소에 76.2mm 대전차포를 매복시켜 놓고 있었다. 또한, 건물 상부와 지붕에는 중기관총좌와 스나이퍼들을 지정배치하여 다가오는 독일군들을 위아래에서 협공할 계획을 세우고 있었다. 독일 장갑척탄병들은 전차에 의지해 75mm, 150mm 야포지원을 받아 조심스럽게 시내로 진입하

따라 집행한 절박한 군사적 행동이었다고 정중히 반박했다. Paul Carrel은 하우서가 하르코프 시 철수작전를 결정했을 때와 마찬가지로 한 달 후 시 진입을 결정한 것도 순수한 군사적 배경과 전술적 관점에서 정해진 것으로 이해하고 있다. 하우서의 SS사단들이 하르코프를 재탈환한 것은 사실이나 히틀러의 분은 그때도 풀리지 않았던 것으로 보인다. 그로스도이췰란트의 횐라인 사단장과 제320보병사단의 포스텔 장군이 3월에 백엽기사철십자장을 수여받았으나 하우서는 받지 못했으며 훈장은 그로부터 4개월이나 지난 뒤에야 마지못해 전달된 것으로 전해지고 있다.

19 Agte(2007) p.36
20 Deutscher Verlagsgesellschaft(1996) p.105
21 Lehmann(1993) pp.168-70

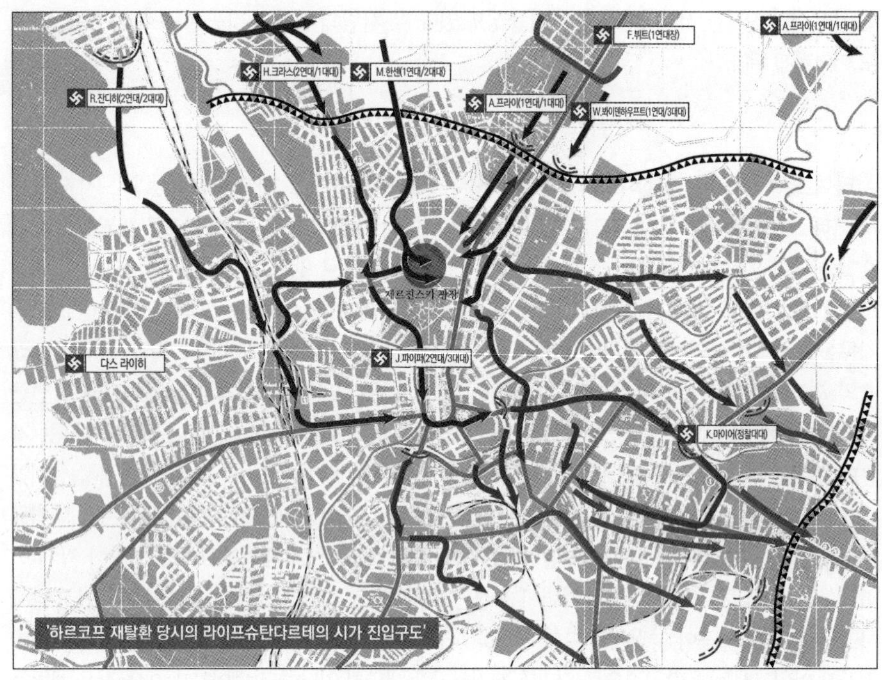

'하르코프 재탈환 당시의 라이프슈탄다르테의 시가 진입구도'

면서 소련군 진지를 정확한 포사격으로 제압하고 오전 10시경 붉은 광장으로 접근하기 시작했다. 가장 빠른 동작을 보이고 있던 막스 한젠의 2대대는 1, 3대대가 싸우고 있는 소련군 진지 배후로 들어가 큰 어려움 없이 붉은 광장 부근 구역으로 접근했다. 이때 폰 립벤트로프의 장갑부대 7중대가 한센 부대를 맞으러 가다가 소련군 수비대가 버려진 KV-1 중전차 1대를 바리케이드 삼아 도로상에 설치한 것을 목격했다. 루이스 슈톨마이어 SS소위는 즉시 중전차 위로 올라가 케이블을 끌어 장애물을 처치하고 자신의 전차로 옮겨갔다. 그 직후 슈톨마이어의 전차는 소련 대전차포를 향해 돌진하면서 시가를 정리하려고 했으나 예상치 않은 곳으로부터 나타난 T-34의 공격에 포탑을 맞아 전차장을 포함한 3명이 전사하였다.[22] 루이스 슈톨마이어는 지난 번 폰 립벤트로프를 구하기 위해 4호 전차 포탑에 올라탄 소련군 1명을 전차의 주포로 날려 보냈던 바로 그 인물이었다.

제2SS장갑척탄병연대 요아힘 파이퍼의 3대대는 하르코프 쪽 로판강에 설치된 다리를 확보하여 제1SS장갑척탄병연대와 합류하기 위해 오전 10시 30분 붉은 광장 쪽으로 전진했다. 소련군의 저항은 상상을 초월할 정도로 극렬하여 일정 부분 피해는 불가피했으며 파이퍼의 척탄병들은 소련군 2개 대대와 사투를 벌인 후 광장에서 막스 한젠의 제1연대 2대대와 연결되었다. 파이퍼는 스타로-모스코브스카(Staro-Moskowska) 거리를 시내의 교두보로 확보하여 주도로를 따라 추가적인 공격 태세를 준비하려 했다.[23] 파이퍼는 이때 갑자기 본부의 급전명령을 받게 되어 묘지 쪽에서 고립된 쿠르트 마이어의 정찰대대를 구원하기 위해 한 대의 전차와 장갑차량 종대를 구성하여 초고속으

22 Kurowski(2004) Panzer Aces, pp.159-60, Nipe(2000) p.310
23 Agte(2008) p.106

로 달려갔다. 그 와중에 한 대의 전차는 소련군의 대전차포 사격에 의해 파괴되었으나 다행히 묘지에 도착, 연료와 보급품을 전달하기에 이르렀다. 또한, 바로 그 시점에 마이어 정찰대 소속인 헤르만 봐이저 장갑중대는 학교 건물 안에 갇혀 중과부적의 소련군과 대치하고 있었으며 막스 뷘셰가 직접 전차를 몰고 달려가 봐이저 중대를 무사히 구출해 냈다.[24]

붉은 광장에 가장 먼저 진입하여 파이퍼 부대와 연결된 라이프슈탄다르테 1연대 2대대장 막스 한젠 SS소령. 1944년 발지 전투 때 '한젠 전투단'을 이끌고 인상적인 돌파를 지휘했던 바로 그 한젠이다.

다스 라이히는 라이프슈탄다르테가 사방에서 하르코프 시를 쑤시고 들어가는 동안 시 서쪽 전구에서 사력을 다하고 있었다. 균터 뷔즐리체니 '도이췰란트' SS연대 3대대는 전차와 돌격포를 앞세워 시 1km 지점까지 침입하여 착실한 성과를 올리고 있었지만 갑자기 전투를 중지하고 북쪽으로 이동하라는 제4장갑군의 명령을 받게 된다. 하인츠 하멜 연대장은 기껏 힘들게 따 낸 지역을 이제 와서 포기하라는 말에 무척 당황했으나 명령은 명령, 일단 이를 따르기로 한다.

'도이췰란트' SS연대가 북쪽으로 이동하기 위해서는 하르코프-츄구예프 도로선상 로세보(Lossevo)의 거대한 트랙터 공장지대를 지나야 했다. 하르코프-츄구예프 국도는 하르코프 시 남동쪽 입구로 가는 주도로에 해당했으며 하르코프 시 1km 이내에 위치한 로세보는 바로 이 도로에 걸쳐 있었다. 하멜의 연대는 이 공장지대를 북쪽에서, '데어 휘러' 연대는 남쪽으로 진입하여 공히 서쪽에서부터 공장지대를 기습하려고 했다. 일단 균터 뷔즐리체니의 2대대가 빠져나오기는 했으나 교전 중인 제대를 한꺼번에 뽑기는 쉽지 않아 그날 밤이 되어서야 모든 병력을 철수시켜 데르갓치 방면으로 이동시킬 수 있었다.[25]

## 오토 바움 연대

토텐코프는 새로운 명령에 따라 3월 12일 아침 제3SS장갑척탄병연대 1대대가 제3SS장갑정찰대대와 교대하고 지르쿠니(Zirkuny)에서 오토 바움의 전투단과 합세하게 되었다. 바움은 지르쿠니에서 나와 남동쪽으로 진격하여 츄구예프에서 북부 도네츠 건너편의 다리를 점령하려던 순간, 놀라운 정찰보고를 받았다. 60대의 소련 전차가 츄구예프를 떠나 북쪽으로 향하고 있다는 소식이었다. 아마도 소련군은 동쪽으로부터 새로운 부대를 충원한 것으로 판단되었으며 하우서는 급히 제3SS포

24 Lehmann(1993) pp.170-2
25 NA : T-354 ; roll 118, frame 3.752.292

라이프슈탄다르테 장갑연대의 하르코프 시 진입 광경. 서서 망원경을 보거나 뒤로 돌아 신문을 보는 병사가 있는 것으로 보아 시의 상황은 이미 안정된 뒤 촬영한 사진으로 추정된다. (Bild 101III-Cantzler-067-14)

병연대 4대대를 올샤니에서 재집결중인 오토 바움에게 붙였다. 오후 늦게 지르쿠니에서 10km 떨어진 지점에 위치한 볼샤야 바브카(Bolshaja Babka)에서 소련 전차의 움직임이 포착되었다. 소련군 전차들은 볼샤야 다닐로프카 근처 오토 바움의 전투단 일부가 주둔중인 지역으로 다가왔다.[26] 그때 마침 슈투카들이 날아와 소련 전차를 격파하기 시작하자 소련군은 바이라크 근처 숲 지대로 이동했고 숲 위에다 폭탄을 퍼부었던 결과 별다른 전차의 손상은 없었지만 말로 끄는 야포부대가 상당한 피해를 입었다. 고폭탄의 엄청난 파괴력과 후폭풍으로 장병과 말의 시체가 나무 위에 걸리는 비참한 광경도 연출되었다.

오토 바움은 공습이 끝난 다음 바이라크를 재빨리 점령하고 수비진을 구축했으며 다시 숲 지대를 빠져나온 소련군들은 바이라크의 동쪽 어귀를 공략해 들어왔다. 소련군은 몇 대의 경전차가 파괴당하자 다시 물러났고 뒤늦게 하우서가 급파한 제3SS포병연대 4대대가 도착해 같은 포병연대 3대대와 비슷한 위치에 포진하게 되었다.

오토 바움은 3월 12~13일 밤 츄구예프와 북부 도네츠강 변의 교량을 확보하기 위해 츄구예프-하르코프 도로를 따라 남진한 다음, 츄구예프 시로 향하기 위해 동쪽으로 방향을 틀었다. 그러나 도중에 소련군 소총병이 지키는 몇 곳의 마을이 확인되었으며 동쪽 소로코프카(Ssorokovka)에서 소련군 전차가 진격해 들어오고 있음을 목격했다. 이에 '토텐코프' 연대의 3대대가 바이라크 근처에서 집결하여 소로코프카 지역의 소련군 공세를 막기 위한 태세를 갖추었다.[27]

26 Ripley(2015) p.67
27 Nipe(2000) p.312

한편, 제48장갑군단도 호트의 새로운 지시에 의해 재편성되고 있었으며 즈미에프는 제6장갑사단에 의해 장악되고는 있었으나 요긴한 건너편 다리가 3월 11~12일 밤에 폭파되어 버리는 불운을 경험했다. 또한, 북쪽으로 진군하려던 사단은 견고하게 축성된 소련군의 대전차포와 가공할 만한 포병들의 공격으로 진격이 중단됨에 따라 강 건너편에 교두보를 만들려는 어떠한 시도도 차단되고 있었다. 제11장갑사단도 메레화에 포진한 소련군의 반격을 받고 있었으며 제170전차여단의 지원을 받는 소련 보병들이 또 다른 역습을 시도하자 겨우 T-34 한 대를 격파하면서 일시적으로 소련군을 저지시키는 정도에 머물고 있었다. 그 즈음 제106보병사단이 라키트노에에서 집결하여 실질적인 최초의 연대급 전투단을 배속 받게 되었다.[28]

제57군단은 제48장갑군단의 우익에서 도네츠강 너머에 교두보를 확보하려고 갖은 노력을 다하고 있었다. 제1보병사단은 제17장갑사단이 지원한 전차와 돌격포를 토대로 안드레예프카(Andrejevka) 남동부에서 5km 떨어진 도네츠강 남단의 늪지대에 걸쳐 있는 몇몇 마을을 점령했다. 그러나 소련군은 도네츠강 변에서 하천의 도하를 시도하는 독일군의 작전기동을 용하게 저지하고 있었다. 군단의 좌익을 맡은 제17장갑사단은 도네츠강 변에 위치한 글리니쉬췌(Glinischtsche)를 단단히 지키고 있었다. 소련군은 큰 종대를 편성해 하르코프 쪽으로 후퇴하고 있었으며 독일군은 요긴한 강의 도하지점을 확보하지 못해 소련군의 연결라인이나 병참선을 저지하지 못하고 있는 실정이었다.[29]

## 라우스 군단과 '투울레' SS연대

소련 제40군, 60군은 전면 철수로 접어들고 있었다. 3월 12일 가장 좌상부에 위치했던 독일 제52군단(57, 255, 332보병사단)이 서쪽에서 소련군을 밀어붙이는 동안, 라우스 군단은 후퇴하는 소련군 제40군과 제69군을 따라 전 전선에서 추격을 개시하고 있었다. 우익을 맡은 제320보병사단은 보고두코프-막시모프카 구역으로 이동했고 좌익을 맡은 제167보병사단은 보고두코프 서쪽의 구역을 지나 북동쪽으로 진격해 들어갔다. 사단의 주된 목표는 아흐튀르카(Akhtyrka)-구바로프카(Gubarovka) 도로 구간을 정찰, 소련군 잔존 병력을 소탕하고 제40군이 퇴각하여 들어올 보르스클라 강 계곡을 경계하는 일이었다. 라우스 군단은 제167보병사단이 좌익에 위치한 제2군의 332보병사단과 우익에 위치한 '투울레' SS연대와 연결하도록 지시했고, 아흐튀르카에 소재하는 보르스클라 강 건너편의 교량을 온전히 보호하는 일도 부과했다.

제320보병사단은 올샤니 북서쪽의 토텐코프 제대와 연결되도록 요구받았으며 바이라크에 최소한 연대급 병력이 남고 사단의 좌익은 '투울레' 연대의 지원을 받아 보고두코프 북서쪽을 통제하면서 시의 북쪽을 정찰하는 임무를 맡았다. 보르스클라 강 계곡으로부터 보고두코프로 향하는 도로는 소련군이 그로스도이췰란트의 좌측면을 공격할 수 있는 위험이 있었으므로 보병사단의 측면엄호는 주공의 속도전만큼이나 사활이 걸린 문제였다. '투울레' 연대는 하르코프 서쪽으로 전진, 해당 구역을 제320보병사단에게 인계하고 올샤니로 이동하도록 되어 있었다. '투울레' 연대는 러시아 전선으로 이동한 이래 국방군과 공조를 계속하다가 이 시기 제167보병사단과 교체되어 처음으

28 NA : T-313 ; roll 367, frame 8.633.340
29 NA : T-313 ; roll 367, frame 8.633.340

로 원 소속부대인 토텐코프 사단으로 복귀하도록 예정되었다.[30]

한편, 그로스도이췰란트는 보고두코프로부터 북동쪽으로 찔러 들어가 보르스클라 강 계곡의 중앙에 위치한 그라이보론을 향해 진격했다. 3월 11~12일 밤 선봉을 맡은 그로스도이췰란트 정찰대대는 돌격포대대 및 대전차포 중대를 지원받아 소련군 진지를 찾아 나섰다. 바로 뒤에는 척탄병 연대의 일부병력과 슈트라흐뷔츠 장갑부대가 따라 들어가고 최후방은 휘질리어 연대의 종대가 자리 잡고 있었다. 이처럼 그로스도이췰란트가 그라이보론-벨고로드 방향을 향해 일정한 공격템포를 유지함에 따라 제4장갑군은 북쪽을 염려할 필요 없이 하르코프 시 포위에 전념할 수 있게 되었다.[31]

보고두코프로 가는 길목에서 교통량이 증가하여 정찰대대는 겨우 아침 5시 반에 마을을 떠나 보고두코프에서 8km 떨어진 마을에서 처음으로 소련군 진지와 조우했다. 사단 돌격포들이 진지를 찾아 포사격을 하기 전에 소련 대전차포가 먼저 선방을 때려 돌격포중대장과 병력들을 격멸시키는 사태가 발생했다. 이에 독일군들은 한참 당황하기 시작했으며 그로스도이췰란트 발터 횐라인(Walter Hörnlein) 사단장이 직접 진두지휘한 끝에 오전 9시 공격을 재개하면서 장갑엽병 부대가 뒤에 놓인 마을 등을 통제하는 것으로 대충 정리되었다. 한 시간 뒤 선도부대는 피사레프카(Pissarevka) 외곽에 도달하여 진지를 구축한 소련군과 전투를 벌이게 되었으며, 소련군이 동쪽 고지에서부터 종대의 측면을 향해 포사격을 가해 옴에 따라 정찰부대와 돌격포는 우선 측면에 포진한 소련군 대전차포를 향해 중점적으로 공격을 개시했다. 오후 2시 그로스도이췰란트 장갑연대의 2대대는 피사레프카 주변의 눈이 녹은 지형으로 굴러들어가 공세를 취하고 휘질리어 연대의 대대병력은 이와 동시에 공격을 전개했다. 잠깐 동안에 소련군 포병진지가 분쇄되자 휘질리어 연대는 곧장 피사레프카 시내로 돌입했다. 소련군은 중화기를 버린 채 북쪽으로 도주하였으며 여러 군데로 흩어진 보병들은 인근 그라이보론 마을로 숨어들었다.

그로스도이췰란트 제대는 피사레프카를 떠나 피사레프카-그라이보론 도로 건너편 북동쪽으로 이동하기 위해 동쪽으로 선회하여 보르스클라 강과 나란히 진격을 계속했다. 그라이보론에서는 티거 중전차중대와 그로스도이췰란트 장갑연대 1대대가 남쪽에서 합류하여 도로를 따라온 종대와 함께 소련군 진지를 기습했다. 소련군은 티거의 화력과 중장갑 앞에 무력하게 무너졌으며 장갑척탄병들도 하프트랙으로 이동 후 진지를 지키고 있는 소련군들을 격멸하기 시작했다. 밤이 되자 독일군은 마을의 서쪽과 남쪽을 장악하였으며 잔여 소련군 병력과 전차들은 그라이보론 동쪽으로 퇴각했다.[32] 그러나 이때 사단은 연료 부족으로 더 이상의 기동이 불가능하여 야간에 방어진을 구축한 후 3월 13일이 되기를 기다리게 되었다.

## SS사단들의 하르코프 소탕작전

3월 13일 아침의 이상기온으로 도로가 다시 진창이 되어버리자 하르코프 외곽의 SS사단들은 재빠른 기동이 불가능하게 되었다. 시 내부의 소련 제48소총병사단과 제62근위소총병사단, 제195전차여단은 시의 남쪽과 동쪽으로부터 SS사단의 진입을 막기 위해 구간 구간마다 독일군을 밀어

30 NA : T-314 ; roll 490, frame 427
31 NA : T-313 ; roll 367, frame 8.651.305
32 NA : T-313 ; roll 365, frame 8.651.341-342

붙이고 있었다. 한편, 제17공산당내무인민위원회(NKVD)여단과 제19소총병사단, 제25근위소총병사단은 강력한 방어진을 구축하여 독일군의 진공을 기다리고 있었으며 제3전차군은 시 남쪽의 므샤강 일대를 견고하게 지키고 있었다. 그러나 제3전차군의 배후에는 이미 토텐코프의 오토 바움 전투단이 하르코프 부근 일대를 휘젓고 있어 불안이 가중되고 있었으며, 다스 라이히의 '데어 휘러' SS연대가 시 남부 구역을 통과해 남동쪽 입구로 진격해 들어감에 따라 하르코프로 통하는 소련군의 연결라인이 근원적으로 차단당할 위험이 발생하고 있었다.

소련군은 제48장갑군단이 므샤강 남쪽에서 포진하고 있는 동안 일부는 하르코프 시의 남쪽과 남동쪽으로부터 철수를 시작하면서도 다른 일부는 거의 옥쇄에 가까운 자세로 방어진지를 구축하고 있었다. 남동쪽에서 빠지는 도로는 로간(Rogan)을 지나 츄구예프로 연결되는 주된 국도이며 나머지 하나는 시의 남쪽 어귀에서 철길과 나란히 놓여 진 것으로서 오스노봐(Ossnova)를 지나 즈미에프 남부로 연결되었다. 다만 동쪽은 이미 오토 바움의 전투단이 볼샤야-다닐로프카-바이라크 구역을 봉쇄한 상태라 그쪽으로의 탈출은 불가능했다.[33]

시 깊숙이 진출한 라이프슈탄다르테는 불과 7대의 4호 전차, 5대의 3호 전차만 보유하고 있었으나 소련군 수비병력을 다스 라이히 하멜 전투단과 토텐코프 담당 구역으로 몰아 전멸시키려는 의도를 가지고 있었다. 쿠르트 마이어의 정찰대대는 시 중앙에서 하르코프-로간-츄구예프 도로를 차단하고 있었고, 테오도르 뷔슈의 제2SS장갑척탄병연대는 봐실리예프스키(Wassiljevskij) 부근에서 하르코프 강을 도하하여 파이퍼 대대가 페틴스카(Petinska) 거리를 소탕할 수 있도록 교두보를 만들어야 하는 힘든 작업에 착수했다. 하르코프강 변의 교량들은 아직 서쪽에서 철수중인 소련군 병력을 이동시키기 위해 폭파되지 않은 상태로 남아 있어 소련군은 철수가 완료될 때까지 우군을 안전하게 합류시키기 위해 현 위치사수를 거의 결사적으로 이행해야 할 판이었다. 페틴스카 거리는 시내 중심으로 직결되도록 나 있었으며 중간에 스타로-모스코브스카(Staro-Moskowska) 거리와 교차점을 이루고 있었다. 여기부터는 다시 츄구예프로 가는 직선도로와 연결되어 있었다. 쿠르트 마이어는 바로 이 교차지점을 장악하고 있어 하르코프 시 안팎으로 소련군의 이동을 통제할 수 있는 거점을 유지하고 있었다.[34] 그러나 다시금 연료와 탄약 부족으로 시달리고 있어 수비 이상의 별도 기동을 할 수 없었던 관계로 파이퍼 부대에게는 마이어를 지원하기 위해 봐실리예프스키 교량을 건너 스타로-모스코브스카 거리를 깨끗이 정리해야 할 복잡한 임무가 주어졌다.

소련군들은 그들의 특기인 대전차포를 교묘한 위치에 숨긴 다음 스나이퍼들이 독일군 지휘장교들을 우선적으로 겨냥하도록 하고 보병들은 부서진 건물을 방패삼아 낮은 포복으로 응사하는 방식을 취하고 있었다. 전형적인 시가전의 특징들이 모두 나타나는 이 전투에서 시가전의 경험이 없는 부대라면 공자가 방자에게 당하기 쉬운 구조가 유지되고 있었다. 파이퍼는 우선 전차와 돌격포가 대대를 호위하도록 하고 적의 대전차포 진지와 스나이퍼들의 사격지점이 확인되면 150mm 보병야포 및 100mm 곡사포를 장갑차량의 엄호 속에 정확한 지점에 포진한 다음, 진지가 구축된 건물 전체를 파괴하는 작업에 착수했다. 그 다음 단계에서는 화염방사기로 스나이퍼들과 기관총좌를 소탕한 뒤 장갑척탄병들이 개개의 건물 아래층으로부터 위로 올라가면서 수류탄 투척 후 각개

33 Nipe(2000) p.315
34 Ripley(2015) p.66

전투를 펼치는 것으로 진행되었다.[35] 파이퍼의 장병들은 처절한 근접전투를 통해 서서히 진지들을 무너뜨리기 시작했고 오후 1시경 드디어 볼찬스크 교차점에서 마이어 부대와 연결되는데 성공했다. 2연대의 나머지 병력은 다리를 건너 남쪽 지역으로 쇄도하여 '북부 돈'(North Don) 철도역 방면으로 진출했다. 한편, 후고 크라스의 1대대는 파이퍼 부대가 지나 온 길을 따라 중앙으로 침투하기 시작했다.[36]

프릿츠 뷔트의 제1SS장갑척탄병연대는 스타로-모스코브스카(Staro-Moskowska) 북쪽에서 공격을 시작하여 남쪽의 큰 철도역 동편 산업지대에서 재집결하고 있었다. 이 구역은 광신적인 공산당 내무위원회(NKVD) 연대병력이 싸움을 걸어왔으나 독일군에게 잔인하게 살육당하면서 트랙터 공장 쪽으로 밀려났다. 거의 전멸의 각오로 임했던 이 연대도 독일군의 가혹하리만치 철저한 강습에 결국 진지를 버리고 도주함에 따라 라이프슈탄다르테의 주력은 그날 저녁 하르코프 시의 동쪽 입구에 도달하고 있었다. 오토 바움의 전투단도 하르코프 강을 건너 시내로 들어오는 소련군 병력을 쳐내고 있었고 오토 쿰의 '데어 휘러' SS연대와 '도이췰란트' SS연대 2대대는 트랙터 공장이 있는 츄구예프 도로로 진입하고 있었다.[37] 이때 하인츠 하멜의 '도이췰란트' SS연대 주력은 붉은 광장을 지나 시의 북쪽 끝자락에 도착하여 정오께 스타로-모스코브스카로 진격해 들어갔다. 연대는 오후에 소련 대지공격기의 공습에도 불구하고 남쪽으로 전진을 계속해 공장지대의 북부 구역에 도달했다.

토텐코프의 '아익케' SS연대는 동쪽으로 전진을 계속하고 있었으며 수 km에 걸친 도로에 SS 3개 사단의 제대가 뒤섞여 이동하는 통에 연대는 각 대대별로 흩어져 있었다. 1대대는 아직도 데르갓치를 통과하지 못했으며 2대대는 지르쿠니에 도착, 3대대는 하르코프 북동쪽의 볼샤야 다닐로프카에 도착했다. '투울레' SS연대는 가장 마지막으로 본대에 합류 중이었던 관계로 3월 13일까지도 시의 북서쪽에 있었다.[38] 토텐코프 제3SS장갑연대 2대대는 지르쿠니에 들어가는 순간 20대의 T-34로 무장한 소련군의 역습을 받았다. 독일군은 재빨리 전차와 제3장갑공병중대의 반격으로 10대의 T-34를 격파하자 소련군은 돌연 물러나기 시작했다.

오토 바움 전투단의 주력은 소로코프카(Ssorokovka)에 있던 3대대가 동쪽 측면을 엄호하는 형세로 시의 북쪽으로부터 출발해 로간으로 접근하고 있었다. 바움 전투단에 붙여진 제3SS포병연대 4대대는 소련 집단농장 근처 숲 지대로 들어가 바움의 진격을 엄호하도록 되어 있었다. 숲 속 3km까지 들어간 시점에 소련 전차가 보인다는 1차 보고가 있었고 다시 그것은 다스 라이히의 장갑부대라는 2차 추정보고가 들어왔다. 그러나 결국 소련군 전차로 최종 판명됨에 따라 전투가 불가피해졌다. 대신 소련 전차들은 독일군 쪽으로 진격해 들어오지 않고 정지 상태에서 독일군 종대에 대해 포사격만 실시하는 자세를 취했다. 단 호위하는 보병들이 전무했다. 독일군은 처음에 소련군의 포사격에 일부 피해가 있었으나 곧바로 응사, 마침 그때에 토텐코프 장갑연대 1대대 에르뷘 마이어드레스(Erwin Meierdress)의 부대가 기병대처럼 나타나 전차 3대를 파괴하자 소련군들은 동쪽으로 물러

35 Agte(2008) p.108
36 NA : T-354 ; roll 118, frame 3.752.328, Nipe(2000) p.316
37 NA : T-354 ; roll 118, frame 3.752.329
이때 트랙터 공장지대를 수비하고 있던 소련군 병력들은 독일군이 서쪽에서부터 진입할 것으로 예상하고 있었으나 '데어 휘러' 오토 쿰의 부하들은 시의 남쪽에서부터 침입해 동쪽을 강타하는 의외의 강습을 구사했다. 이로써 '데어 휘러'는 라이프슈탄다르테 정찰대대와 함께 느슨하게 시를 포위하는 형세를 그려갔다. Deutscher Verlagsgesellschaft(1996) p.163
38 NA : T-354 ; roll 118, frame 3.752.333

쿠르트 마이어와 작전을 논의하는 토텐코프의 에이스 에르뷘 마이어드레스 장갑연대 1대대장

났다.

마이어드레스의 부대는 눈과 짙은 안개로 인해 예정된 행군이 상당부분 지체되어 있었으며 숲 지대에서 소련군을 쫓아내고 로간으로 진격하는데도 적잖은 애로를 경험했다. 로간에는 오후 3시가 되어서야 도착했고 곧바로 T-34 소련군 전차와 보병들의 공격을 받았다. 소련군들은 초조한 나머지 2km나 떨어진 지점에서부터 사격을 가해 와 독일군에게 전혀 피해를 주지 못했으며 침착한 마이어드레스는 정확한 조준사격으로 10대의 전차를 격파하자 소련군들은 황급히 물러났다.[39] 그날 오후 다시 소련군 전차가 반격을 가해왔으나 마이어드레스의 부하들은 7대의 소련 전차들을 추가로 격파했다. 이로써 독일군은 로간에서 제3전차군의 연락선을 차단하는 효과를 획득했으며 다음날 제3전차군 잔여 제대 간의 연락선도 완전히 봉쇄하는데 성공했다. 소련군은 이 전투에서 가혹한 피해를 입었지만 오토 바움 전투단은 거의 하루 종일 소련군들과 격투를 전개한 탓에 예정된 시간표보다 훨씬 더딘 진격 속도를 나타내고 있었다.

## 제48장갑군단의 원투 스트레이트

SS장갑군단의 사단들이 하르코프 시내와 시 외곽에서 격투를 벌이는 동안 제48장갑군단의 제11, 6장갑사단은 로간으로부터 불과 10km 이격된 지점을 사이에 두고 소련군과 교전하고 있었다.

39 NA : T-313 ; roll 367, frame 8.653.353
NA : T-313 ; roll 367, frame 3.652.336

제106보병사단은 즈미에프와 메레화 사이의 므샤강을 따라 포진하고 있던 장갑사단 내 일부 병력들과 교체한 다음, 강 남단 메레화 서쪽의 몇 개 지점에서 제6장갑사단과 만나 일련의 병력 재구성 과정을 마쳤으며, 두 장갑사단들도 병력 재배치에 따라 공격 방향에 일부 수정을 가했다. 제6장갑사단은 노봐야 보돌라가를 중심으로 재집결했고 제11장갑사단은 류보틴 지구에 병력을 집중시키기 위해 좀 더 북서쪽으로 올라갔다.[40] 다만 사단의 대전차포대대와 정찰대대는 제106보병사단 지원을 위해 남겨졌다. 당시 제6장갑사단은 겨우 15대의 3, 4호 전차를, 제11장갑사단은 28대의 3, 4호 전차를 보유하고 있는데 불과했다. 하르코프 전투의 특징은 독소 양군이 아무리 전차(장갑)군단이니 전차(장갑)군이라는 명칭을 사용했다 하더라도 기동전력의 특기를 살린 전차전이 아니라 턱없이 부족한 가용 전차 규모로 말미암아 보병의 지원화력 정도 이상의 효과를 내지 못하고 있었다는 점에 주의할 필요가 있다. 따라서 평야지대에서 전차를 자유자재로 구사하는 독일군의 특기는 전혀 발휘될 여지가 없었으므로 오히려 웅크리고 앉아 다가오는 독일 전차를 숨어서 저격하는 소련 대전차포의 공격이 훨씬 효과가 있었을 것으로 짐작된다. 그 때문에 소련 전차의 격파는 독일 전차병들보다 장갑척탄병들의 테크닉에 의존하는 횟수가 상대적으로 많아졌다고 하는 통계가 확인되고 있다. 이 현상은 하르코프 시가전이 깊이 전개되면 전개될수록 더욱 두드러지게 나타나게 되었다.

제48장갑군단의 두 사단은 호트의 수정 명령에 따라 그와 같은 재구성단계에 들어간 것으로서 제11장갑사단의 일부는 소련군의 상당 부분이 퇴각하고 있음을 인지한 뒤 제106보병사단과 합류해 즈미에프를 점령했다. 또한, 두 사단은 소련군 포병부대까지 므샤강에서 철수하고 있음에 따라 호트의 명령에 맞춰 다시 소련군을 추격해 서부 방면으로 진출하기 시작했다.[41] 3월 13일 국방군 장갑사단들은 보고두코프, 아흐튀르카, 그라이보론을 모두 점령하고 벨고로드 서쪽을 향한 널따란 공세정면을 확보하게 되었다.

## 하르코프 함락 직전의 상황

3월 13일이 지나갈 무렵, 소련군 제19소총병사단의 마지막 수비 병력과 제350소총병사단의 일부는 오토 쿰의 '데어 휘러' SS연대의 압박으로 인해 시 남쪽으로 빠져나갔고 라이프슈탄다르테도 붉은 광장 주변을 정리, 제17공산당내무위원회여단과 여타 소총병사단들의 제대들을 광장 밖으로 몰아내면서 제1, 2SS연대 모두 시 내부로 들어오기 시작했다. 소련 제86, 179전차여단의 잔존 병력, 제19소총병사단의 일부는 트랙터 공장 지대를 지키고 있었으며 제62근위소총병사단의 흩어진 제대와 제25근위소총병사단, 그리고 제195전차여단은 하르코프 남동쪽으로 밀려났다. 이로 인해 남쪽 방면으로 형성된 돌출부는 서쪽으로 제11장갑사단과 맞닿아 있었으며 동쪽으로는 츄구예프를 향한 제6장갑사단의 선봉부대 전구와 접하게 되었다. 두 장갑사단과 제106보병사단은 이 돌출부의 소련군을 뽑아 내기 위해 본격적인 소탕작전을 전개하기 시작했다. 13일 저녁까지 독일군은 하르코프 시와 주변 구역의 3분의 2를 장악하게 되었다. 특히 시의 북쪽 구역은 독일군이 완전한 통제권을 행사하고 있었다.[42]

40 NA : T-313 ; roll 367, frame 8.653.364-365, 8.653.371
41 NA : T-313 ; roll 367, frame 8.633.353-354
42 Agte(2008) p.108

이에 봐투틴은 츄구예프에 위치한 북부 도네츠강 건너편 교량을 보호하기 위해 로간에 있는 오토 바움 전투단 정면에 제113소총병사단의 연대병력을 밀어 넣고, 제1근위기병군단의 1, 2근위기병사단을 동원해 '토텐코프' 연대에 대한 반격을 지원하도록 지시했다. 봐투틴의 부대들은 볼샤야 다닐로프카와 로간 주변에서 공세를 전개, 오토 바움의 진격을 지연시키는 데는 일시적으로 성공했지만 바움은 익일 14일 트랙터 공장 지대 서편에 도착한 하인츠 하멜의 '도이췰란트' 연대의 지원에 힘입어 하르코프 동쪽 어귀 부근에서 재반격을 시도하려고 했다.

한편, 13일 제3전차군도 거의 완전해체 상태에 도달, 바움의 전투단이 하르코프-로간-츄구예프 도로를 점령함에 따라 더 이상 획기적인 보급을 기대할 수 없는 지경에 처했다.[43] 그나마 제113소총병사단과 봐투틴이 동쪽에서 급파한 기병사단들이 츄구예프에서 북부 도네츠를 건너 보급선을 연결하는 것이 전혀 불가능한 것은 아니었으나 이상과 같이 바움과 하멜이 합류함에 따라 이 기대도 수포로 돌아갈 위험이 높았다. 소련군 병력은 결국 우디강 남쪽으로 퇴각하는 쪽으로 가닥을 잡았다.

하르코프 북부도 결과적으로 소련군에게 불리하게 전개되고 있었다. 일단 소련군은 제3근위전차군단을 동쪽에서 들여와 SS장갑군단에 대적시키려 하였고 제40군으로 하여금 그로스도이췰란트 사단의 침투를 저지시키도록 했다. 물론 동쪽에서 의욕적으로 데려온 소련군의 기동전력이 북쪽 라우스 군단의 선봉에 향해져 있기는 하였으나 보고두코프 서쪽에서 들어온 그로스도이췰란트가 북동쪽으로 보르스클라 강 계곡을 따라 진군해 들어왔고, 제40군의 주력과 남쪽 끄트머리의 제대는 그로스도이췰란트가 보리소프카(Borisovka)로 침입하는 바람에 이내 두 동강이 날 판이었다. 또한, 독일 제167, 320보병사단은 그로스도이췰란트가 떠난 보고두코프에 병력을 집중하여 차후에 벨고로드로 진출하는 진격로를 열어 놓는 작업에도 착수하고 있었다. 게다가 소련군은 켐프 분견군의 보병사단들이 서쪽 측면으로 접근함에 따라 SS장갑군단의 격퇴에만 집중할 수도 없는 초조한 상태로 빠져들고 있었다.

오토 쿰의 '데어 휘러' SS연대의 선봉을 맡은 질붸르트 슈타들레 2대대는 3월 13일 낮 12시 우디강을 넘어 하르코프 남동쪽 어귀를 떠나 시 내부 진입을 겨냥했고, 미리 내보낸 정찰대에 따르면 하르코프 남동쪽 우디-므샤강 일대는 이미 소련군들이 주요 교량을 파괴하고 후퇴한 직후임을 확인했다.[44] 오토 바움은 오전 11시 30분 로간 북서쪽에 도착하여 대부분의 기동전력을 로간 북쪽 언덕의 철도역으로 밀어 넣었다. 그러나 언덕을 넘어서자 동쪽에서 상당 규모의 소련군 전차부대가 다가오고 있음을 확인하여 장갑척탄병들은 돌격포와 대전차자주포에 의지해 몸을 숨기고 에르뷘 마이어드레스의 장갑대대가 정면에서 소련군을 대적하기로 했다. 7대의 전차가 파괴되자 소련군은 일단 철수하여 오후에 좀 더 작은 규모로 독일군 종대의 측면을 때리기 시작했다. 독일군은 이에 대해 보다 적극적으로 밀어붙여 오후 6시 로간을 완전히 점령하고 하르코프-츄구예프 구간 국도를 장악했음을 보고했다.[45] 또한, 토텐코프의 쿤스트만 전투단이 트랙터 공장지대에서 하멜의 '도이췰란트' 연대와 연결됨으로써 13일의 임무는 성공적으로 종료된 것으로 평가되었다. 쿤스트만

43 Glantz(1991) p.202
44 NA : T-354 ; roll 120, frame 3.753.742
45 Fey(2003) p.15
토텐코프의 쿤스트만 전투단은 로간을 위요한 전투에서 10대의 T-34를 격파했다. Restayn(2000) p.330

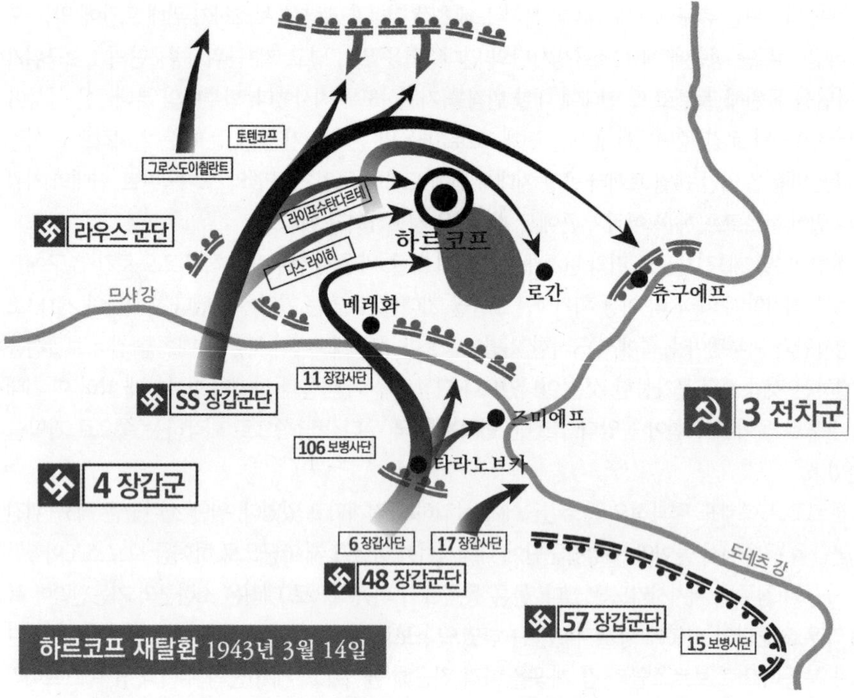


전투단은 트랙터 공장지대에서 7대의 T-34를 격파했다. 13일의 이 전투에서 맹활약한 쿤스트만 전투단의 7중대장 베에르(Beer) SS중위가 전사했다. 소련군은 자정 무렵에도 전차를 동원해 독일군 진지를 집적거렸으나 별다른 소득을 얻지 못한 채 퇴각해 버렸다.

하인츠 하멜의 '도이칠란트' SS연대는 13일 오후 3시에 트랙터 공장지대의 소련군을 공격했다. 공장지대의 특성상 크고 작은 건물들과 첨탑이 시야를 가리게 되어 독일군도 소련군도 정확한 착탄 지점을 잡기 어려운 상황이었으며 한쪽 구역의 병력이 무너지면 바로 다른 구역에서 또 다른 병력이 나타나는 등 둘 다 숨바꼭질하는 양상이 전개되고 있었다. 이 부분에서는 독일군 포병이 소련군보다 좀 더 나은 수준에 있었는데 독일 포병들은 일일이 장갑척탄병들의 진격방향에 맞춰 탄착점을 수정할 것 없이 소련군 진지들이 연결된 지점과 지점들을 하나의 축선으로 간주해 거기에 집중포화를 퍼부었다. 이러한 포사격의 효과가 먹히자 장갑척탄병들이 진지 하나하나를 차례로 석권해 나가면서 소련군을 몰아내기 시작했다. 오후 5시에는 트랙터 공장 동쪽 지점에 도달했으며 여기서는 소련군 대전차포들이 열화와 같은 포사격으로 하멜의 연대를 맞이했다.

한편, 이즈음 하인츠 하멜은 하인츠 마허를 중심으로 한 정찰대를 동쪽 측면으로 보내어 로간 철도역 부근에서 토텐코프의 일부 병력과 연결하도록 했다. 로간 철도역은 이미 하멜의 전차들이 지키고 있었으나 연료가 부족해 선회포탑만 있는 야포나 다름없게 된 불안한 상황이었다. 그 전날부터 도로사정이 형편없는데다 보급차량들이 전차의 진격속도를 따라잡지 못해 발생한 문제로서 겨우 14일이 되어서야 항공급유지원에 의해 전차들을 다시 움직이게 할 수 있었다. 대신 오토 바움 전투단은 남쪽으로 전진을 계속해 동쪽 방향으로 츄구에프 서쪽 언저리까지 10km 떨어진 지점의

하르코프 외곽에서 시내로 진입하는 토텐코프 사단 쿤스트만 전투단의 3호 전차

주요 철도역들을 장악하면서 T-34와 T-70 전차를 각각 3대씩 격파했다. 로간과 주변 철도역들이 독일군의 수중에 떨어짐에 따라 제3전차군은 하르코프로 연결되는 주요 병참선들을 차단당해 고립되는 신세가 되었다. 다급해진 소련군은 제1근위기병군단이 2번에 걸쳐 철도역의 토텐코프 병력들에게 강력한 반격을 전개함에 따라 일단 오토 바움은 로간으로 다시 되돌아갔다. 그날따라 바움도 엄청 바쁜 일정을 보내는 가운데 오전 11시에는 전열을 가다듬어 소련군 전차들을 다수 파괴하면서 또다시 츄구예프 방면으로 치고 들어갔다. 바움의 전투단은 로간 남동쪽으로 7km 떨어진 언덕에서 소련군과 대치했다. '토텐코프' 연대 1대대가 소규모의 병력으로 언덕을 차지하기는 했으나 이내 동쪽으로 도주한 소련군이 다시 같은 방향에서 공격해 들어와 이번에는 상호 거의 근접한 거리에서 치열한 공방을 주고받았다. 격퇴당한 소련군 소총병들은 다시 동쪽으로 돌아가게 되었는데 남동쪽에서 또 다른 소련군의 종대와 합류하여 반격을 가할 우려가 예상됨에 따라 전투단의 포병들이 두 종대가 결합되지 못하도록 엄청난 규모의 집중사격을 가해 일단 와해시키는 데는 성공했다.

오후 2시 항공기에 의한 급유지원을 받은 전투단은 츄구예프로부터 불과 수 km가량 떨어진 카멘나야 야루가(Kamennaja Jaruga)에 도착했다. 빌터 레더가 이끄는 1대대 하프트랙 부대는 선도에 서서 동 마을의 외곽에 도달, 대전차포로 포진한 보병진지와 몇 대의 전차가 있음을 발견했다. 전투단은 마침 이곳까지 공중 엄호를 해 준 슈투카에서 공습을 부탁, 슈투카들이 소련군 전차들의 포탑을 정확히 갈겨 몇 대를 파괴했다. 선도부대는 마을로 진입, 슈투카들이 소련군 진지 뚜껑을 날려 버리는 동안 20mm 기관포, 37mm 대전차포로 진지를 초토화시켰으며 이어 화염방사기 부대

하르코프 외곽에서 시내로 진입하는 다스 라이히 제2SS장갑연대 (Bild 101III-Zschaeckel-189-13)

가 농약 뿌리듯이 소련 진지에 불을 질렀다.

한편, 장갑척탄병들은 강 도하지점인 교량이 위치한 남쪽으로 나가다가 집집마다 숨은 소련군 소총병들과 일대 격전을 치르면서 해가 떨어질 때까지 피곤한 육박전을 치러야 했다. 독일군은 겨우 자정이 되어서야 마을의 동쪽 끝까지 밀어붙이면서 소련군을 소탕, 카멘나야 야루가를 손 안에 넣었다. 바움 전투단은 쉬지 않고 츄구예프 방면으로 진군을 계속하였으며 14일 오전 1시 45분에는 에르뷘 마이어드레스의 장갑대대가 시 쪽으로 접근하여 북부 도네츠강 변의 주요 교량들을 시야에 둘 수 있었다.[46]

오토 바움이 강변 전구를 정리해 나가는 동안, 토텐코프의 다른 제대는 동진을 계속하여 하르코프로 접근하고 있었다. '아익케' 연대는 소련군 전차의 공격을 받지는 않았으나 대신 소련공군의 공습에 시달리고 있었으며 볼샤야 다닐로프카에 위치하고 있던 3대대는 가장 집중적인 타깃이 되고 있었다. '투울레' 연대는 14일이 되어서야 데르갓치에 도달했는데 진창으로 엉망이 된 도로와 대지공격기 양쪽의 골칫거리로 무척 고생하면서 도달한 것이어서 본대와의 합류 자체만으로도 적잖은 의미를 가질 수 있었다.[47]

3월 12~14일 동안 재합류 과정을 거친 '아익케' SS연대는 하르코프의 북쪽과 북동쪽에서 '토텐코프' SS연대의 봉쇄구역을 완전히 떠맡을 수 있게 되었다. 시 북쪽에 있던 연대는 북동쪽으로부터 시 안으로 연결되는 모든 철도와 도로들을 장악했고 2대대가 지르쿠니를 수비하는 동안 3대대

46 Nipe(2000) p.320
47 NA : T-354 ; roll 118, frame 3.752.333

3월 13일 하프트랙 우측에 몸을 숨긴 채 붉은 광장 방향으로 이동중인 프릿츠 뷔트 라이프슈탄다르테 제1장갑척탄병 연대장 (Bild 183-J22454)

는 볼샤야 다닐로프카를 붙들어 매고 있었다. 쿠르트 라우너(Kurt Launer) SS소령의 2대대는 전차의 호위를 받는 소련군의 반격을 몇 차례에 걸쳐 경험했으나 3SS정찰대대와 중화기 및 야포의 지원으로 그때마다 격퇴시킬 수 있었다. '아익케' 연대장 헬무트 벡커는 볼샤야 다닐로프카 북동쪽에 중대 규모의 수색대를 파견하였으며 립지(Lipzy) 마을에 도달한 동 수색대는 마을이 이미 비워져 있음을 확인하고 소련군들이 넓은 정면으로 후퇴한 것으로 보인다는 보고를 전달했다. 이에 3SS정찰대대는 바로 마을을 점거하여 수비진을 친 다음 '아익케' 연대 1대대 1개 중대가 16공병중대의 지원을 받아 인근 붸셀로예(Wesseloje)까지 장악했다. 이곳을 봉쇄하면 볼찬스크 시에서 북부 도네츠로부터 남쪽으로 이어진 도로를 차단할 수 있었다.

다스 라이히 '도이췰란트' SS연대를 주축으로 하는 하멜 전투단은 14일 하르코프로부터 13km 떨어진 지점에 위치하고 있었다. 전차와 기타 기동전력이 고갈시점에 도달해 있을 즈음, 칼-하인츠 보르트만(Karl-Heinz Worthmann) SS하사가 이끄는 4호 전차(631호)는 오후 2시 보쉬쉬췌보(Wossyschtschewo) 근처 209.3고지를 치기 위한 하멜 전투단 공세의 최선두에 서서 적진으로 돌진, 27문의 대전차포와 야포 2문, 그리고 무수히 많은 기관총좌를 뭉개 버리면서 소련군 수비대를 패주시키는 전과를 올렸다. 이곳의 수비대는 시의 포위를 막기 위해 강고한 교두보를 확보하고 항전하고 있었으나 독일군에게는 다행인 것이 전차가 전혀 없었다. 하멜 전투단은 오후 5시 철도역 남쪽을 건너가 트랙터 공장 동쪽 도로분기점 근처 타르노보예(Tarnovoje) 주변의 언덕에 방어진을 구축했다. 도달하기까지 소련 T-34와 T-70 전차 각 3대가 격파되었다.[48]

48 Weidinger(2008) Das Reich IV, p.82, Fey(2003) p.345

하르코프 시에서는 다스 라이히와 토텐코프가 남동쪽과 동쪽에서 포위망을 좁혀가고 있는 가운데 라이프슈탄다르테는 시내 내부에 남은 소련군 수비진을 쳐내고 있었다. 14일 오후 5시 15분 경에는 드디어 시내 중심부를 장악할 수 있게 되었다. 소련 제3전차군은 시의 남동쪽에 고립된 상태로 분산된 각종 병력들이 뭉쳐지고 있었는데 이는 그 시각에도 여전히 므샤강과 우디강에 머물고 있던 제48장갑군단과 시 동쪽의 SS장갑군단 일부 전투단 사이에 놓인 꼴이 되고 말았다. 오토 바움의 전투단은 돌출부 북쪽 모서리의 입구를 틀어막고 있었으며, 돌출부의 회랑지대는 동쪽으로 즈미에프까지 뻗어 나가 츄구예프 남쪽 10km 지점에 위치한 북부 도네츠의 교량까지 연결되었다. 소련군은 즈미에프 부근 북부 도네츠의 도하지점과 서부로부터 들어오는 소련군 병력을 이 회랑지대로 밀어 넣어 방어진을 펴려고 시도했다. 독일 제48장갑군단은 즈미에프를 향해 철수하는 소련군을 추격했고 제6장갑사단의 얼마 남지도 않은 전차들은 츄구예프로 향하는 선봉을 구성하고 있던 제106보병사단을 지원하기 위해 므샤강 변으로 되돌아왔다. 제6장갑사단은 궁극적으로 츄구예프에서 오토 바움의 전투단과 만날 예정이었으며 우선은 북부 도네츠와 우디강이 교차하는 지점까지 남아 있는 소련군 패잔병들을 소탕해야만 했다.

그보다 서쪽에서는 제11장갑사단이 코로티쉬에 도착한 뒤 동진을 계속해 '데어 휘러' 연대의 남쪽 측면으로 다가갔다. 제11장갑사단은 하르코프 남쪽을 지나 소련군이 우디강 변의 교량을 파괴한 카라췌프카(Karatschevka)에 도착하여 두 개의 교두보를 확보한 다음, 동쪽으로 진군함으로써 남부 트랙터 공장지대와 불과 5km 떨어진 베슬류도브카(Besljudowka)에 당도했다.[49]

제57장갑군단은 제48장갑군단의 동쪽 공격라인을 따라 서서히 북으로 진격해 들어갔다. 제15보병사단의 1개 대대는 소련군의 약체 병력이 지키고 있던 페르보마이스코예(Pervomaiskoje)를 따냈으며 마을을 탈환하기 위해 새로운 대대규모의 소련군 병력이 반격을 가해오자 이 지역은 3월 14일 오후 내내 교전상태로 남게 되었다. 제17장갑사단은 도네츠강 건너편 췌르본지 도네츠(Tscherwonji Donets) 마을을 지탱하면서 이를 탈환하기 위한 소련군과 교전 중이었다. 사단은 한편으로 남서쪽의 글리니쉬췌(Glinishtsche)에서 제106보병사단의 정찰대와 연결되고 있었다.[50]

3월 14~15일 밤 제3전차군은 보로네즈방면군 골리코프에게 하르코프 남동쪽으로부터의 철수를 건의했고 별다른 대안이 없었던 골리코프는 이를 허락했다. 리발코 제3전차군 사령관은 사실상 전차도 별로 남아 있지 않지만 전차를 운용할 수 있는 잔존 전차병들만이라도 살려 내일을 기약한다는 심정으로 전면 퇴각을 진행하는 도리밖에 없는 것으로 판단했다. 리발코 중장은 공식 후퇴 허가에 따라 질서 있는 퇴각기동을 지시했다. 지원으로 나섰던 2개의 소총병사단이 후미를 관리하고 전차가 전혀 남아있지 않았던 2개의 전차군단, 3개 전차여단, 9개 소총병사단과 2개 소총병여단이 하르코프를 떠난 소련군 전체 병력의 대략적인 규모였다. 병력단위는 16개나 되었지만 병력이나 장비는 처참할 정도로 고갈되어 있어 사단은 대대, 여단은 중대 정도의 규모로 떨어져 있었다. 제3전차군은 사실상 3월 5일경에 수명이 다했지만 마지막 일인까지 싸운다는 일념으로 사력을 다하고 있었다.

하르코프 시는 3월 14일 독일군에 손에 떨어졌다. 한 달만의 복귀이자 추위와 배고픔을 참고 견

49 NA : T-313 ; roll 367, frame 8.633.367
50 NA : T-313 ; roll 367, frame 8.633.366

뎌낸 설욕전의 승리였다. 제프 디트리히 라이프슈탄다르테 사령관은 검부백엽기사철십자장을 수여받았고 국방군 총사령부(OKW)는 만슈타인 남방집단군 사령관에게 축전을 보내 하르코프 시 탈환을 치하하였으며 만슈타인도 이를 3개 SS사단에 전달했다. 하르코프의 탈환은 누가 뭐래도 무장친위대 1, 2, 3번 사단들의 헌신과 투혼으로 따낸 결과였다. 그중 가장 넓은 구역을 돌아다니며 소련군에게 공세를 퍼부었던 토텐코프는 무려 17개에 달하는 서로 다른 여단과 사단의 포로들을 잡은 것으로 집계되었다. 히틀러가 싫어하는 만슈타인도 이 기적적인 승리는 그냥 넘어갈 수가 없어 백엽기사철십자장을 수여받았다. 그러나 파울 하우서에게는 아무 것도 주어지지 않았다. 히틀러는 여전히 한 달 전 하르코프 시를 사수하라는 자신의 명령을 어긴 하우서를 용서할 수 없는 심정이었다.[51]

## 켐프 분견군의 또 다른 고민

하르코프가 떨어진 3월 14일 켐프 분견군은 데르갓치와 토마로프카 사이의 소련 제69군을 공략하기 위해 제320보병사단을 재구성하는 방안을 놓고 고심하고 있었다. 켐프는 그 전날 토텐코프가 자리를 비움에 따라 자연스레 노출된 우측면에 병력의 대다수를 집중시키라고 명했으나, 이미 그전에 라우스 군단으로부터 연대병력을 지원받아 보고두코프 구역, 즉 우익이 아닌 좌익에 필요한 병력을 배치했다는 사단 참모장의 사연을 듣게 된다. 실제로 사단은 제106장갑엽병중대, 제393돌격대대, 3개 포병대대, 대전차 중화기중대와 제81장갑엽병중대까지 충분히 보강되었으며 우측에서 토텐코프가 빠진데다 그쪽으로 소련 제2근위전차군단이 진격해 들어오고 있었기 때문에 켐프 자신은 어느 모로 보나 우익에 집중해야 된다는 판단을 내린 것이었다. 제2근위전차군단은 제69군을 지원하기 위해 무려 175대의 전차들을 서쪽으로 투입하고 있는 상황이었다. 이때의 175대는 어마어마한 숫자였다. 켐프는 여하간 지금 당장 우측이 위험하게 된 상황에서는 분견군의 우측면과 SS장갑군단의 북쪽 측면 사이의 경계를 지지해야 할 필요가 절실하므로 추가적인 장갑부대와 대전차포 병력이 도착해야 된다고 주장했다.

그러나 이게 이상한 방향으로 흐르게 된다. 라우스 군단장은 켐프에게 실은 제320보병사단은 우익의 위험을 전혀 알지도 못했고 제대로 보고를 받은 바도 없으며, 그 이전에 결정된 좌익에서의 재편성 작업을 이미 지시한 상태이므로 그냥 자신의 사전 명령에 따라주도록 켐프를 설득했다. 실제로 제320보병사단과 제167보병사단은 그로스도이췰란트 선봉과 같은 기동전력을 결여하고 있었으며 두 보병사단이 보고두코프에서 서서히 이동하고 있는 동안 그로스도이췰란트는 이미 북동쪽을 공격해 들어가고 있어 서로 속도를 맞추기는 무척 어려웠다. 그로스도이췰란트의 진격 루트는 제69군의 북쪽 측면과 제40군의 남쪽 측면의 경계를 따라 나 있었으며 독일군 정찰에 따르면 진격로 상에 있는 보르스클라강 변에서는 이미 소련군이 후퇴를 완료한 것으로 인지되고 있었다.[52] 그로스도이췰란트는 바로 하루 전인 13일 소련 제100, 309소총병사단과 제5근위전차군단의 전차들을 휩쓸고 다녔기에 보로네즈방면군은 사실 제69군의 측면을 위협하는 이 그로스도이췰란트의 진격에 가장 큰 애로를 느끼고 있었다. 13일 제40군 모스칼렌코 사령관은 제3전차군단에게

51 Healy(2011) p.28
52 Glantz(1991) p.205

기록 사진에 자주 등장하는 쿤스트만 전투단의 전차병들

토마로프카로 이동해 독일 사단이 도착하기 전에 진로를 막도록 지시하고, 제5근위전차군단은 제100소총병사단의 지원을 받아 북쪽에서 공격을 전개, 그라이보론에서 그로스도이췰란트의 연락라인을 단절시키려고 했다. 제3전차군단은 14일 포진에 들어갔다.

그로스도이췰란트의 1차 목표는 토마로프카로부터 10km 떨어진 보리소프카였다. 보리소프카 남쪽 입구에서 소련군 전차들이 공격하기 시작하면서 그로스도이췰란트를 건드리자 그로스도이췰란트는 곧바로 몇 대의 T-34를 격파, 별 어려움 없이 보리소프카를 점령했다. 잠시 후 슈트라흐뷔츠의 전차들은 소련 전차들의 반격에 대비하였고 1개 장갑척탄병대대가 마을 주변을 정찰하면서 수비라인을 형성해 나가고 있었다.

3월 14일 마을의 북쪽과 동쪽에서 소련군 전차들이 들어오기 시작했다. 동쪽에서는 제2근위전차군단의 T-34 30대가, 토마로프카 쪽에서는 제3전차군단이 10대의 전차와 8대의 장갑차량으로 돌진해 왔고 15km 떨어진 벨고로드에서도 별도의 소련 전차 종대가 협격 형태로 전진해 왔다. 줄잡아 60대의 전차가 그로스도이췰란트의 정면으로 몰려들어오고 있었다. 슈트라흐뷔츠는 늘 그렇듯이 가장 먼저 공격하기 시작했다. 우선 동쪽에서 진입하는 소련 전차들이 적절한 공격 타이밍을 잡기 전에 혼란에 빠트리기 위해 치고 빠지는 기동을 반복하여 소련군 전차부대의 대오를 흩어 놓았다. 한편, 그때 사단의 돌격포대대와 정찰대대는 보리소프카에 이미 도착해 있었는데 아침 9시에 진지를 떠나 30분을 정찰한 시점에 언덕 위의 소련군 전차 선봉대를 발견했다. 그중 1개 돌격포중대가 소련군의 측면을 몰래 돌아 강습, 순식간에 14대의 T-34를 격파하자 소련군은 이내 물러나 버렸다.

한숨 돌리는가 싶었으나 독일 정찰기가 제2근위전차군단이 무려 100대의 전차를 몰아 그로스

붉은 광장에 집결한 라이프슈탄다르테의 두 장갑척탄병연대장. 왼쪽이 프릿츠 뷔트(1연대장), 오른쪽이 철모를 쓴 테오도르 뷔슈(2연대장)이다. 뷔트 어깨 너머로 요헨 파이퍼의 얼굴이 보인다.

도이췰란트 쪽으로 오고 있다는 추가 첩보를 송신했다. 슈트라흐뷔츠는 자신의 장갑부대를 보리소프카 북쪽에 배치하고 돌격포는 소련군 전차의 진행 방향과 대칭되게 매복시켰다. 소련군 전차의 제1파는 동쪽의 넓고 낮은 구릉지대로 굴러왔고 제2파는 보리소프카 쪽으로 향하기 위해 북쪽으로 방향을 틀었다. 독일군 전차들은 500m 내로 진입하기 전까지 사격하지 말라는 슈트라흐뷔츠의 명에 따라 숨죽이며 사격명령만을 기다리고 있었다. 긴장과 초조감으로 인해 사정거리 밖에서 쏘는 것이 경험 없는 전차병과 포병의 일상적인 실수이나 그로스도이췰란트의 닳고 닳은 베테랑들은 마지막 순간까지 공포와 스릴을 한 몸에 안고 기다렸다. 상당량의 소련 전차들이 돌격포의 측면 사정거리에 접어들었을 때 발포명령이 떨어졌다. 선도부대 5~6대의 전차에 대해 가해진 집중 포격으로 삽시간에 붉은 화염과 검은 연기가 하늘로 치솟아 오르면서 6대의 전차들이 불에 타기 시작했다. 그로스도이췰란트의 돌격포중대장 칼 요한 '한스' 마골드(Karl Johann 'Hanns' Magold) 대위는 기민하게 소련군 전차들을 혼란에 빠트린 다음, 예비 돌격포들을 소련군 배후로 빼 돌려 역습을 전개, 첫 번째 회전에서만 독일 돌격포들은 소련 전차를 25대나 파괴했다.[53]

한편, 소련 전차의 다른 종대는 북쪽으로 틀어 그로스도이췰란트의 전차들이 포진한 보리소프카로 접근, '전차의 백작'이라 불리는 그라프 폰 슈트라흐뷔츠의 전차들과 제대로 한판 붙게 되었다. 전형적인 전차 대 전차의 대결에서 그로스도이췰란트는 이날 하루 동안 총 44~46대의 소련 전차들을 고철덩어리로 만들었다. 그날 밤 소련군은 다시 10대의 전차를 동원, 보병들과 함께 마을의 북쪽 어귀에 들어와 난리를 부리기 시작했다. 어두운 마을에서 불기둥 화염만이 주변을 밝혀주

53 McGuirl & Spezzano(2007) p.152 불과 1주전 중위에서 대위로 진급한 한스 마골드 돌격포 1중대장은 스타노보예(Stanovoje)에서의 전투에서 홀로 15대의 전차를 격파하는 수훈을 세웠다.

라이프슈탄다르테 막스 한젠 2대대의 소대장 파울 클로제(Paul Klose) SS하사. 제1장갑척탄병연대 2대대는 격렬한 시가전으로 인해 병력 피해가 특히 심했다.

는 가운데 적과 아군의 분별이 안 될 정도로 격렬한 전투가 벌어졌다. 소련군 전차는 소련군 소총병이 마을 언저리에서 시끄럽게 구는 틈을 타 마을 내부로 진입했으나 그로스도이칠란트의 전차들은 은근하게 이들을 기다리고 있다 주포 사격을 퍼부었다. 소련군 전차들은 그 밤에 세 번에 걸쳐 교량을 넘어 공격해 들어가기를 시도했지만 번번이 실패로 끝났고 10대 중 8대가 파괴되자 그때서야 공격을 멈추고 돌아갔다. 그러나 독일 장갑척탄병들과 소련 보병들은 그래도 계속 남아 밤새도록 전투를 치른 뒤 겨우 다음날 아침에야 해장하러 가는 분위기였다.

그로스도이칠란트의 북진, 즉 보르스클라 강 계곡에서 보리소프카를 통하는 일련의 진격은 제40군의 남쪽 측면을 깊게 파고드는 위협적 요소가 되고 있었다. 소련 2개 전차군단이 그로스도이칠란트를 저지하려 했으나 거의 배가 넘는 수적 우세에도 불구하고 3월 14일 하루 동안 2개 전차군단은 46대의 전차를 상실했다. 그로스도이칠란트 장갑연대 1대대만으로 27대의 적 전차를 불살랐다. 14일의 이 전투에서 그로스도이칠란트는 불과 6대의 전차만을 잃었다. 장갑연대 1대대장 발터 푀슬(Walter Pössl) 소령은 이때의 전공으로 4월 20일 기사철십자장을 받았다.[54] 승률은 1:7.5. 소련군은 15일 그라이보론과 보리소프카에서 일련의 반격을 계획하고 있었으며 그로스도이칠란트는 뒤늦게나마 제167, 320보병사단이 도착해 측면을 엄호하게 됨에 따라 좀 더 안정적인 북진 기동을 예비할 수 있었다.

54 Restayn(2000) pp.368, 372, McGuirl & Spezzano(2007) p.123, Nipe(2000) p.323

3월 16일 트랙터 공장지대에서의 격전을 끝낸 다스 라이히 하멜 전투단 소속 SS장갑척탄병들의 일시적인 휴식. 당일 오후 3시경 '토텐코프' 쿤스트만 전투단과의 공조 하에 해당 구역을 완전히 진압했다. 모든 창문이 망가진 건물의 잔해와 검게 타오르는 연기로 보아 전투가 끝난 지 얼마 안 되는 시점으로 보인다.

## 하르코프 함락의 순간

하르코프가 떨어진 3월 14일은 시의 함락도 함락이지만 여러 면에서 독일군의 판정승이 결정된 순간을 기록했다. 다스 라이히와 토텐코프가 시를 포위하고 라이프슈탄다르테가 시 내부를 휘저은 다음, 시 안쪽과 외곽의 거의 모든 소련군 군집들을 소탕했다. 붉은 광장은 시 함락에 가장 많은 희생을 강요당했던 라이프슈탄다르테 사단의 이름을 따 '라이프슈탄다르테 광장'으로 개칭되었다. 소련 제3전차군은 다수의 지친 소총병사단과 T-34를 보유하지 못한 전차병만으로 남아 더 이상 전차군으로 존재하는 것이 아니었다. 제6군은 도네츠를 넘어 예비병력을 보내 어떻게든 제3전차군을 살려보려 했으나 토텐코프의 두 연대가 볼샤야 다닐로프카에 주둔하는 제1근위기병군단을 밀어내면서 제6군의 침투를 무디게 만들었다. 제17내무위원회여단, 제19소총병사단, 제86, 179전차여단은 트랙터 공장지대에 포위된 상태였고 극히 소규모의 제대가 독일군 옆을 빠져나가 동쪽으로 탈출했을 뿐이었다.

하르코프 남쪽에서는 답답해하던 제48장갑군단이 드디어 므샤와 우디강을 건너가 남동쪽에서 SS부대들과 접촉하기 직전에 다다랐다. 제48장갑군단의 사정을 가장 우려하던 헤르만 호트도 이날 오후 7시가 넘어 제4장갑군의 전반적인 공세가 만족할 만한 수준이라고 표하면서 시 전체의 함락이 초읽기에 들어갔다고 설명했다. 호트는 익일 15일에는 츄구예프에서 도네츠를 넘어 진격을 속개하고 싶었으나 주변 지역 정리로 인해 하르코프 시의 남쪽과 동쪽은 좀 더 시간을 두고 후속

작전을 추진해야 할 상황이었다. 만슈타인도 내친 김에 남동쪽의 소련군을 깨끗이 소탕하고 벨고로드로 진격, 더 북부에 위치한 쿠르스크 돌출부도 제거하기를 원했지만 마침 그때가 해빙기가 본격적으로 개시될 무렵이어서 그와 같은 본격적인 전세 확대가 가능했을지는 미지수였다. 실제 병력과 장비면에서도 마찬가지였다. 소련군이 갤롭과 스타작전의 무리한 추진으로 연료와 탄약, 전차 수량이 고갈되어 가는 것을 고려하지 않고 지나친 의욕을 내다가 독일군의 지구전에 말려 든 것처럼, 이때 만약 독일군이 하르코프 재탈환에 도취되어 공세를 확대한다면 소련군과 똑같은 운명을 맞이하지 않는다는 보장도 없었다. 소련군이 한참 얻어맞은 것은 분명했지만 독일군은 1943년 3월 북부 하르코프에서 아조프해까지 700km에 달하는 구간을 겨우 31개 사단이 지키고 있었다. 이 구역의 소련군은 물론 장기간의 전투에 힘들어하고 있다고는 하지만 여전히 341개의 소총병사단, 전차여단, 기계화여단, 기병사단 등이 진을 치고 있는 상태였다.

3월 15일 SS사단들의 전차 대수는 30~40대에 머물고 있었다. 육군 장갑사단은 그보다 더한 열악한 상태였다. 더욱이 단순히 전차 대수 자체가 문제가 아니었다. 눈과 진창으로 망가진 러시아의 악랄한 도로사정으로 거의 모든 차량들의 구동(驅動) 장치가 망가져 버린 상태라 시급한 수리를 필요로 했고, 독일 무기체계의 지나치게 정밀하고 복잡한 구조적 문제로 인해 야전에서의 응급조치만으로 유지관리가 될 수 있는 장비들은 얼마되지 않았다. 즉 대부분이 전문가의 손에 맡겨져 장기간의 수리와 보정기간을 경과시켜야만 했다. 병력 정수도 한심한 수준으로 전락하고 있었다. 당시 국방군 육군과 무장친위대 중대의 병력은 평균 50명 미만 수준으로 떨어졌다. 기대이상으로 잘 싸워 준 돌격포 부대와 장갑대대의 정원도 말도 못할 정도로 줄었다. 만약 이 상태에서 공세를 확대한다면 그해 여름에 있을 대규모 하계 공세도 차질을 빚을 것이 뻔했다. 그보다 히틀러는 하르코프를 따내어 자신의 정치적 체면은 이미 세워졌다고 보고 점점 쿠르스크로 눈을 돌리고 있었다. 이는 바로 만슈타인이 당초 계획단계부터 추진하고 싶었던 쿠르스크 돌출부에 대한 공세였는데, 아직은 하르코프를 위요한 전투가 완전히 끝난 것은 아니었다. SS사단들과 그로스도이췰란트에게는 다소의 연장전이 남아 있었다.[55]

55 Nipe(2000) p.324

# 12 벨고로드 진격

## 만슈타인 반격작전의 제3국면

독일군은 소련군이 예비병력을 북부 도네츠로 밀어 넣는 것을 방지하기 위해 SS사단들과 켐프 분견군이 벨고로드로 진격을 계속하는 것을 준비했다. 이는 만슈타인 대반격 계획의 3번째 단계이자 최종 목적지인 쿠르스크 돌출부의 석권을 위한 직전 단계에 해당했다. 3월 15일 라이프슈탄다르테는 하르코프와 로간 구역에서 소련군 잔존병력들을 일제 소탕하고 벨고로드 진격을 위한 재편성 과정을 준비했다.[01] 다스 라이히는 츄구예프 외곽 우디강 계곡 부근을 정리하고 공격대형 재편성 후 볼찬스크 방면 진격을 위해 북부 도네츠강을 따라 북진하도록 되어 있었다. 당시 하인츠 하멜의 전투단은 여전히 트랙터 공장 지대에서 잔존 병력들과 대치 중이었다. 이 트랙터 공장은 말이 공장이지 조그만 시 정도의 크기에 해당할 정도로 어마어마한 규모를 자랑하고 있어 하르코프 시 점령만큼이나 신경이 쓰이는 장소였다. 다스 라이히는 그간 하르코프 지구에서의 격전의 결과, 오이겐 쿤스트만의 전투단이 확보하고 있는 전차를 합해도 35대의 전차와 6대의 돌격포만 보유하고 있었다. 같은 날 기준으로 SS사단 중 가장 많은 전차를 보유했던 토텐코프도 전차 25대, 돌격포 8대에 머물렀고 아직도 남은 과제를 수행하기에는 장갑차량과 전차의 양이 너무나 부족한 실정이었다. 그중 '토텐코프' 연대는 '아익케' 연대와 함께 볼찬스크를 향해 강행정찰을 준비하고 간만에 본대에 합류한 '투울레' 연대와 함께 하르코프 북쪽에서 침범할지 모르는 소련군 병력을 사전에 저지하는 과제를 떠안았다. 토텐코프 사단의 제1SS장갑척탄병연대 연대장 오토 바움은 이 때도 독자적인 전투단을 지휘하고 있었으며 제6장갑사단의 지원을 받아 츄구예프를 완전히 점령하는 작업에 착수하고 있었다.

바움 전투단은 '토텐코프' 연대의 3대대를 선봉으로 15일 새벽 2시경에 카멘나야 야루가-츄구예프 도로를 따라 츄구예프로 진격해 들어갔다.[02] 1대대는 츄구예프의 남쪽 입구로 연결되는 철도선을 따라 공략해 들어갔다. 오전 10시 독일군은 도네츠강의 요긴한 교량을 점거하려 했으나 이미 소련군이 폭파한 상태였고 병력도 거의 빠져 나간 상태였기에 대규모 전투가 벌어지지는 않았다. 일단 츄구예프는 독일군이 장악하여 도시 방비를 강화하고 우디강 계곡으로부터 철수하는 소련군 병력을 막기 위한 지점을 확보했다. 소련군은 이곳을 봉쇄당함으로써 더 이상 해당 구역으로 병력을 투입할 수 없게 되었기에 소련 제1근위기병군단은 오토 바움 전투단을 치기 위해 시의 북쪽에서 집결하고 있었다. 츄구예프를 탈환하기 위한 쌍방의 전투가 며칠 동안 계속되는 동안 '아익

---

01 Agte(2008) p.110
만슈타인의 반격작전은 남서방면군의 드니에프르 진격을 차단하여 소련 2개 방면군의 연결을 저지(1국면)한 다음, SS사단들에 의해 하르코프를 재탈환(2국면)하고 벨고로드로 진군하여 중앙집단군과의 연결을 공고히 하는 것(3국면)으로 대별된다. 한편, 하르코프시 탈환 역시 케기췌프카-예레메예프카 포위전(1국면), 므샤강 교두보 확보 및 하르코프 포위망 형성(2국면)에 이은 시 진입(3국면)이라는 3개의 세부 국면으로 설정되어 추진되었다.

02 Fey(2003) p.16

케'와 '투울레'는 츄구예프에서 발원하는 동쪽과 북쪽의 도로를 따라 진격을 계속하여 주도로 부근의 크고 작은 마을의 소련군 병력을 몰아내고 있었으며, 그 가운데 '아익케' 1대대의 1개 중대가 데르갓치 북쪽에서 진군하다가 하르코프에서 15km 떨어진 프루드얀스크(Prudjansk)에 도착했다. '아익케' 1대대의 주력은 16공병중대를 선봉으로 볼샤야 프로호디(Bolshaja Prochody)로 진격, 중간에 소련군이 심어 놓은 대량의 지뢰를 제거해야 했기에 속도는 더디게 진행되었으나 일단 밤이 될 때까지 소련군 수비대를 모두 쫓아내는 데는 성공했다. 지르쿠니 북동쪽에서는 '아익케' 3대대가 로간, 소로코프카, 지르쿠니를 차례로 점령했으며 2대대의 일부와 3SS정찰대대는 립지를 지켜내고, '투울레' 1대대는 '토텐코프' 연대의 수비대를 대체하여 카멘나야 야루가의 방어를 맡게 되었다.[03]

'데어 휘러' 오토 쿰의 전투단은 하르코프 동쪽으로 6km 떨어진 트랙터 공장지대를 소탕하기 위해 14일 하르코프 남방의 공항을 경유하여 더 남쪽으로 돌아들어가 최종 발진지점으로 다가갔다. 그날 늦게 서쪽 구역을 침투해 들어가는 데는 성공했으나 익일 예상되는 시가전의 특성상 도무지 속도를 낼 수는 없을 것으로 판단되었다. 장갑척탄병 중대들은 어둠을 이용해 공격지점들을 훑고 다녔으며 사단 포병연대의 가장 핵심적인 대대병력들이 화포사격 지원을 위해 동원되고 있었다. 15일 오토 쿰 전투단은 휘하 '데어 휘러' 2대대를 선봉에 놓고 3대대를 대신하여 교체된 '도이췰란트' SS연대 2대대와 함께 오전 6시 하르코프 남쪽 우디강을 넘어 로세보의 트랙터 공장지대로 진격해 들어갔다. 문제는 트랙터 공장지대 자체의 진입이었는데 여기에는 6대 정도의 전차와 소련군 2개 연대급 규모의 병력이 버티고 있었다. 특히 광신적인 내무위원회 소속 여단병력들은 거리와 공장 건물 하나하나마다 끈질기게 지켜내면서 또 한 번 격렬한 시가전을 치르게 되었으며 좁은 구역에서 육박전, 백병전을 전개해야 하는 상황에서 장갑부대 운용과 같은 기동전은 의미가 없게 되었다.

스탈린그라드 때부터 축적되어 온 시가전의 경험을 바탕으로 독일군은 다음과 같은 방식의 전법을 운용했다. 먼저 돌격부대와 장갑척탄병들이 각개 전투 준비를 갖추는 동안 돌격포와 곡사포는 소련군 진지를 고폭탄으로 강타하여 기민한 진지 재배치를 불가능하게 만들었다. 다음, 거리 한복판으로 돌진하는 장갑척탄병들을 지원하기 위해 거리의 양쪽 건물을 확보, 창문으로부터 엄호사격을 일제히 개시하여 일정 규모와 범위의 탄막을 형성하였다.[04] 이러한 경우에는 전차와 보병들이 결국 따로 노는 상황이 비일비재하게 되어 보병이나 척탄병들이 각개 전투에 집중하면 전차를 돌보거나 상호 긴밀한 공조체제를 유지하기가 힘들게 되었다. 게다가 소련 전차들이 위장이 잘 된 야포진지의 포대에 숨어서 저격할 경우에는 티거처럼 두터운 장갑의 중전차도 근거리 사격을 통해 격파당하는 수가 많았다. 따라서 독일군들은 전차를 상실하지 않기 위해서라도 수명의 병사들은 반드시 전차의 기동방향과 함께 움직이면서 적의 대전차포나 소련군 소총병의 몰로토프 칵테일 공격을 저지해야만 했다.

이에 '데어 휘러' 2대대의 질붸스터 슈타들레는 그 특유의 기습타격을 다시 한 번 시험대에 올려놓았다. 오토 쿰 전투단에 배속된 '도이췰란트' SS연대 2대대와 모터싸이클대대는 트랙터 공장 남서쪽 가까이에 위치한 오스노봐(Ossnova) 서쪽을 향해 선제공격을 개시하도록 준비되었으며 슈타

03 NA : T-354 ; roll 120, frame 3.753.754
04 スターリングラード攻防戦(2005) pp.118-9

들레의 '데어 휘러' 2대대는 본대에 합류하지 않고 몰래 남쪽으로 돌아들어가는 수법을 택했다. 전투단은 2모터싸이클대대와 3호 돌격포 몇 대를 동원, 강을 넘자 마자 외곽의 소련군 병력을 쳤다. 약체화된 몇 개 대대병력의 소련군이 지키고 있었으나 이는 비교적 쉽게 분쇄할 수 있었고 소련군 1개 대대가 베슬류도브카(Besludowka) 방면으로 도주했지만 크게 문제될 것은 없었다. 한스 비싱거의 '도이췰란트' 2대대는 이내 공장지대의 넓은 광장으로 쏟아져 들어왔다. 기습은 적중했다. 소련군 수비대는 모두 오스노봐로부터 들어온 서쪽의 독일군에게만 집중되어 있었다. 슈타들레의 '데어 휘러' 2대대는 그 사이 남쪽에서 침투해 들어가 최초의 공장건물들을 공격하기 시작했고 서쪽에만 치중하다 남쪽으로 치고 들어온 또 다른 병력에 대한 대처가 늦어 소련군은 신속한 기동방어의 모멘텀을 상실하고 말았다. 그렇다고 소련군들이 그냥 물러나지는 않았다. 오토 쿰 전투단은 전차, 돌격포의 연차사격과 대공포의 수평사격에 의해 장갑척탄병중대들을 효과적으로 지원하면서 건물 하나하나를 공략해 들어갔다. 상호 격렬한 교전 끝에 낮 12시까지 공장지대는 전투단의 수중에 장악되기 시작했다. 전투단은 다시 네벨붸르훠대대의 지원을 받아 오후 5시 로세보의 또 다른 지역을 공격했으며 결과는 성공적인 것으로 판명되었다.

한편, 라이프슈탄다르테는 15일 하루 종일 하르코프 남동부의 소련군 병력들을 일소하는데 진력하고 있었으며 트랙터 공장지대의 소련군을 제외하면 모두 잘게 나누어진 단위들이었기에 이들은 SS사단 각 종대 사이를 빠져 나가 도네츠강에 도달하는 것만을 유일한 탈출의 기회로 생각하고 있었다. 용케 도주한 병력들은 시의 남쪽이나 츄구예프 북쪽의 숲 지대로 숨어드는 것이 가장 안전한 방법이었다. 그 때문에 쿠르트 마이어의 정찰대대는 오후에 하르코프-츄구예프간 도로로 진격, 트랙터 공장지대의 독일군 지대와 연결하여 도주할 구멍을 아예 없애려고 노력하였다.[05] 한편, 하르코프 시가전을 치열하게 치른 요아힘 파이퍼 대대는 그와는 관계없이 더 북부 쪽으로 이동, 벨고로드 진격을 위한 채비를 서둘렀다.

파이퍼의 벨고로드 진격에 맞춰 제48장갑군단의 두 사단들도 시의 동쪽으로 빠져나가려는 중대, 대대 규모의 소련군들을 쳐 내면서 북으로 상향하고 있었다. 제11장갑사단은 24대의 전차를 동원해 오스노봐 남쪽에서 포위망을 탈출하려는 소련군 소총병들을 제압하고, 북쪽으로 방향을 튼 뒤에는 사단의 모터싸이클대대 선견대가 베슬류도브카 북쪽 철도역에 도달했다. 이곳은 9대의 전차와 대전차포 진지 및 상당한 인원의 소련군 소총병들이 포진하고 있어 마을에 대한 공격은 다음 날로 미뤄졌다.[06]

소련군들은 장갑사단들의 진격으로 인해 츄구예프 남쪽과 즈미에프 동쪽에 갇히는 상황에 직면하게 되었는데 독일 제106보병사단은 남부 쪽 포위망을 압박해 들어갔고 제6장갑사단은 츄구예프 서쪽 교두보 근처 우디강 남단 부근에서 포위망을 탈출하려는 2개 소련군 그룹을 봉쇄했다. 기동전력을 정면에서 상대할 수 없었던 소련군은 이내 후퇴하기 시작했으며 일부는 숲과 늪지대로 도주하여 자취를 감추었다. 독일군은 많은 양의 야포와 대전차포, 중화기를 노획하고 상당수의 포로를 잡아낸 이후에는 오토 바움의 전투단을 지원하기 위해 츄구예프로 진격해 들어갔다. 그러나 이때 사단의 전차는 불과 6대에 지나지 않았다. 진격 도중, 췌레무쉬나야(Tscheremuschnaja)에 도달한

05 Deutscher Verlagsgesellschaft(1996) p.163
06 NA : T-313 ; roll 367, frame 8.633.371

선봉부대가 소련군 소총병대대의 공격을 받았다. 이 마을은 제25근위소총병사단과 제62근위소총병사단 및 체코슬로바키아 의용대대 병력이 혼성부대로 지키고 있었다. 제6장갑사단과 토텐코프는 이들 부대들과 교전을 가졌으며 일부 잘게 쪼개진 병력을 제거하기는 했지만 전차량이 부족한데다 대대가 거의 중대 규모로 줄어들 정도로 쇠약해진 상태여서 더 이상의 결과를 만들어낼 수는 없었다. 소련군 역시 베슬류도브카와 오스노봐에서 SS병력들과 만나 교전상태에 돌입했으나 하르코프 남쪽으로의 퇴로를 확보할 정도의 임팩트는 주지 못했으며 SS부대들의 작전활동을 근원적으로 저지할 형편은 아니었다.[07] 독소 양군 모두 이 시점에서는 승자와 패자에 관계없이 극도의 피로감속에서 기동하고 있었다.

## 그로스도이췰란트의 고전

가장 좌익에 위치한 독일 제2군의 7, 52군단은 라우스 군단의 사단들과 함께 그로스도이췰란트가 얻은 지역을 확고하게 다져 나가면서 전선에 구멍이 생기지 않도록 긴밀한 공조 속에 움직이고 있었다. 그로스도이췰란트의 주력은 15일부터 토마로프카를 향해 진군을 개시하면서 제167보병사단의 지원을 받게 되었으며, 공세정면에는 소련군 제3, 5근위전차군단과 제40군의 소총병사단들이 포진하고 있었다. 이 병력은 일단 서류편제상으로는 1개 사단이 처리할 만한 만만한 상대는 아니었다. 그로스도이췰란트의 여타 제대는 제167, 320보병사단과의 공조 하에 보리소프카 남쪽으로부터 우디까지의 돌출부에 위치한 소련 제69군에 대해 공격을 전개했다.

3월 15일 그로스도이췰란트는 하르코프 북쪽으로부터 6km 지점의 보리소프카에서 소련 3개 전차군단과 대치중이었다. 즉 제5전차군단, 제2근위전차군단 및 제3전차군단의 부분 병력으로, 제2근위전차군단은 125~150대의 전차를, 제3전차군단은 50대의 전차를 보유하고 있었으며 결과적으로 1개 독일 장갑척탄병사단 앞에 무려 200대의 소련 전차가 막아선 상황이었다. 동이 트기 직전 소련의 선봉전차 45대는 교량이 설치된 보리소프카 북쪽 끝자락의 강둑으로 밀려 들어왔고 이번에는 소련공군기들이 가세하여 옴에 따라 기존 급강하폭격기 슈투카 편대에 전차 격파를 의뢰하는 한편, 당장 슈투카를 엄호할 전투기들도 필요로 하게 된 매우 긴장된 순간을 맞이했다. 전차격파에는 슈투카 만한 존재가 없었으나 민첩한 전투기와 대지공격기의 스피드를 따라잡지 못하는 결함으로 인해 이 지역에서 처음으로 Ju 87 슈투카와 Bf-109 메써슈미트를 함께 출격시키는 일이 발생했다. 소련 선봉 전차 20대 이상이 강둑을 치고 들어오자 독일 대전차포들이 일제히 불을 뿜기 시작했고 장갑척탄병들이 육박공격으로 몇 대의 T-34를 파괴하자 대부분의 소련 전차들은 발진한 위치로 되돌아갔으며 회기하는 도중 일부 전차는 강을 넘지 못하고 독일군에게 당하기도 했다.[08]

그로스도이췰란트의 휘질리어 연대가 지원병력으로 보리소프카로 급파되었으며 첫 번째 대대가 정오에 바로 도착하여 방어막을 구축하고 정오까지 다른 두 대대가 그라이보론을 지나 보리소프카로 들어오고 있었다. 사단 본대에는 큰 도움이 된 것이 사실이나 측면이 너무 넓게 노출된 약점과 취약한 병참노선으로 인해 보리소프카와 그라이보론 사이 보르스클라강 계곡 쪽은 끊임없

07 NA : T-313 ; roll 367, frame 8.633.375
08 Nipe(2000) p.327

이 정찰활동을 해야만 불안을 떨쳐 버릴 수 있었다. 염려한 대로 보르스클라강 계곡 북쪽에서 발원한 소련군 대대병력이 그라이보론을 쳐 병참선을 파괴하려는 시도를 나타냈다. 다행히 전차와 야포지원이 없는 야지에서의 돌격이었기에 휘질리어 대대와 사단의 포병대가 어렵지 않게 격멸시키는 데 성공했다. 이때 그로스도이췰란트의 전차병력은 보리소프카를 벗어날 수가 없었는데 제3전차군단이 계속해서 마을 주변을 공격하고 있어 해당 방면의 압박이 해소되지 않는 한 여타 구역으로 이동하여 다른 제대를 구원할 여력은 없는 상황이었다. 독일군들은 대전차포와 마르더(Marder) 구축전차를 이용해 다수의 소련 전차들을 격파하였으나 항공지원까지 보탠 소련 전차부대의 공격은 쉽게 끝나지가 않았다. 이날 아침에만 사단은 소련 전차 20대 이상을 격파한 것으로 보고되었다.[09] 오후에는 상반된 정찰보고가 들어왔다. 보리소프카 북쪽과 동쪽에서 강력한 소련군 병력이 집결하여 보병들이 주변 마을들을 이미 점거했다는 소식이었다. 그러나 다른 한편에서는 소련군들이 보리소프카로부터 우디강 남쪽으로 연결된 철도선을 따라 남서쪽 방면으로 철수중이라는 정찰보고가 접수되었다. 다만 그 즈음 제167, 320보병사단이 그로스도이췰란트의 양 측면을 좁혀 들어가 소련군에 대한 노출위험을 줄이고 있었고, 각 사단의 연대급 전투단이 소련 제40군과 제69군의 소총병사단들을 동쪽으로 몰아내고 있다는 낭보가 들어옴에 따라 보리소프카 정면에 대한 소련군의 위협은 제한적이라는 판단을 갖게 된다. 두 사단은 결국 그라이보론에서 그로스도이췰란트의 양 측면을 확고히 보호함으로써 병참선 단절의 위협을 해소했다. 그로스도이췰란트는 14일 소련 전차 46대 파괴에 이어 15일에도 27대를 추가로 격파했다. 사단은 지난 3일 동안 총 90대의 적 전차를 파괴하면서 하르코프전의 막바지 피치를 올리고 있었다.[10]

## 라이프슈탄다르테의 북진

라이프슈탄다르테는 16일 보리소프카에서 그로스도이췰란트 사단에 대한 소련군의 압박을 해결하기 위해 북진을 서둘렀다. 사단은 이날 불과 2대의 티거를 포함한 29대의 전차만 보유하고 있었으나 여하간 테오도르 뷔슈의 제2SS장갑척탄병연대는 오전 6시 30분 붉은 광장에서 집결, 하르코프 북쪽으로 난 주도로를 따라 행군에 들어갔다.[11]장갑연대 5중대와 55다연장로켓대대 1중대의 지원을 받은 뷔슈의 부대는 데멘테예브카(Dementejewka) 마을 근처의 교차점에서 벨고로드를 향한 북쪽 도로를 통제하는 과제를 떠안았다. 15~16일 뷔슈 연대의 종대는 맆지(Lipzy) 서쪽 '아익케' 연대 1대대가 있는 구역을 지나 데멘테예브카 북쪽을 향하고 있었는데 마을 남쪽과 프로호디(Prochody) 인근에서 소련군 전차와 급조된 진지가 발견됨에 따라 루돌프 잔디히의 2대대가 바로 도로변에서 프로호디 남쪽을 향해 공격에 들어갔다. 소련군 일파는 북쪽으로 쫓겨 달아났으나 그 다음이 문제였다. 프로호디를 통과한 지점으로부터 작은 숲이 조성된 남쪽 변두리 지점에서 소련군들은 거의 요새수준으로 견고하게 축성된 진지들을 만들어 독일군에게 집중 포화를 퍼부었다. 모든 소련군들이 힘없이 후퇴만 하는 것은 아니라는 이야기는 바로 이들을 두고 하는 말인 것처럼 줄잡아 20문의 야포, 대전차포와 몇 대의 전차로 포진한 소련군들은 독일군을 상당한 고민에 빠

09 Restayn(2000) p.3
10 Naud(2012) p.77
11 NA : T-354 ; roll 118, frame 3.752.392

라이프슈탄다르테 작전참모장 루돌프 레에만 SS소령. 3월 16일에는 참모본부로부터 직접 현장으로 나와 진두지휘하기도 했다.

트렸다.[12]

이를 타개하고자 사단본부 참모장 루돌프 레에만(Rudolf Lehmann) SS소령이 직접 전선으로 뛰어와 뷔슈, 잔디히와 함께 작전을 구상하고 그 스스로 정찰대를 조직, 현장을 답사하겠다고 나섰다. 루돌프 레에만은 숲 지대에 숨은 소련군 진지의 약점을 포착, 요아힘 파이퍼 대대가 프로호디 주변에서 오른쪽으로 크게 돌아 진지 뒤로 잠입하여 소련군 진지의 배후와 동쪽 측면을 강타하도록 주문했다. 이때 잔디히의 2대대는 정면을 공격하도록 하고, 후고 크라스의 1대대는 파이퍼와 반대로 왼쪽으로 돌아 진지의 서쪽 측면을 때리기로 하였다. 동시에 레에만은 슈투카의 공습과 사단의 포병연대 1, 3대대의 포사격 지원을 요청했다. 가장 위험한 임무는 파이퍼 부대의 후방 침입이었는데 지난 2월부터 험난하게 계속되었던 동계전투의 경험상 이 정도의 침투작전은 파이퍼에게 그리 대단한 것은 아니었다. 소련군 진지의 숲 끝자락 쪽은 생각보다 수비가 허술했고 하프트랙을 능숙하게 운용하는 파이퍼 장병들의 테크닉은 소련군들의 결사항전 의지보다는 좀 더 냉혹한 면이 있었다.[13]

오후 3시 반 슈투카의 공습과 다연장로켓 및 곡사포와 박격포를 총동원한 일제 사격이 소련군 진지를 향해 개시되었으며 잔디히의 2대대는 머리 위로 포화가 작열하는 가운데 정중앙을 뚫고 돌격해 나갔다. 폭격과 포사격으로 인해 눈과 흙, 진창이 뒤범벅이 된 뭉치들이 공중을 날아다녔고 포연이 자욱한 상태에서 소련군들은 다각도로 접근해 오는 독일군의 공세에 당황해하기 시작했다. 그 참에 슈투카의 공중 엄호를 받은 파이퍼 부대는 배후로 잠입, 후방에서 확고한 위치를 잡는 데 성공했다. 중앙을 헤집은 잔디히는 오후 6시경 소련군 주진지 정면을 초토화시키면서 프로호디에 도달하고 파이퍼의 배후 침투로 방향을 잃은 소련군들은 언덕 쪽으로 도주하였으며 밤이 되자 수비진을 구축한 독일군들은 잔존 병력을 솎아냄과 동시에 언덕 쪽의 소련군 병력들도 때려잡기 시작했다. 독일군은 볼샤야 프로호디를 공격해 들어온 숲 지대의 소련 전차 5대를 격파했다.

## 소련군의 트랙터 공장지대 후퇴

오토 쿰의 '데어 휘러' SS연대는 15일 트랙터 공장지대에서의 전투에만 몰입해 16일에도 공격을 거듭했다. 16일 아침 겨우 6대 남은 돌격포와 전차 일부, 55다연장로켓대대 2중대 및 사단포병대

12 Lehmann(1993) p.117
13 NA : T-354 ; roll 120, frame 3.753.762

로세보(Lossevo) 트랙터 공장지대의 소련군을 일소하고 나오는 다스 라이히의 장갑척탄병들

의 지원으로 공격을 재개하였으며 전날과 달리 소련군의 저항은 대체로 약화되었음에 비추어 사실은 주력이 공장지대를 포기하고 이미 후퇴하고 있는 것으로 간주되었다. 소련군은 8~10대 정도의 전차와 로간 철도역과 오소노봐 사이 구간에 카츄샤 로켓 차량을 8대나 보유하고 있었지만 연료와 탄약 부족으로 수동적인 자세만 취하고 있을 뿐이었다. 아침 8시 30분, 당초 3개 연대 병력이 지키고 있던 트랙터 공장지대는 대부분이 싱겁게 독일군의 수중에 떨어졌다.[14] 약 2,000명의 소련군과 내무위원회(NKVD) 부대는 북동쪽으로 빠져나가려 했으나 독일군 후방을 능란하게 지켜내면서 바이라크 남동쪽으로 1km 떨어진 지점인 프렐레스트니(Prelestnyi) 마을에 주둔하던 '아익케' 연대 3대대가 처리하도록 유도해 나갔다. '아익케'의 장갑척탄병들은 프렐레스트니를 지나치거나 거기에서 재결집하는 소련군 병력들을 정력적으로 구타하면서 병력을 집중시키지 못하도록 통제하고 있었다. 오전 11시 30분 야콥 획크의 모터싸이클대대가 노보 알렉산드로프카(Novo Alexandrovka)에 있던 내무위원회연대의 소규모 단위부대를 공격하여 분산시켰으며 이들은 NKVD 주력과 함께 제1근위기병군단 진지로 도주한 것으로 관측되었다.

하르코프의 동쪽과 남동쪽에서 빠져나가던 소련군 병력들은 독일군이 주도로를 점거하고 있는 점을 고려하여 정면대결을 피하면서 SS 각 단위부대 사이로 교묘히 탈출하고 있었다. 그중 가장 큰 덩어리는 제195전차여단의 전차 몇 대와 제48근위소총병사단의 보병들이 탈출하여 도네츠 북부 동편 강둑에 주둔하고 있던 제113소총병사단과 합류한 것이었으며, 나머지 소규모의 부대들도 여러 군데로 흩어져 비교적 느슨한 독일군의 포위망을 빠져나가는데 성공했다. 동쪽에서는 소련군

14 NA : T-354 ; roll 120, frame 3.753.760
16일 새벽 3시 토텐토프 쿤스트만 전투단(2SS장갑대대 주축)의 전차 공격으로 트랙터 공장 일대는 사실상 독일군의 수중에 떨어졌으며 '데어 휘러' 와 하멜 전투단의 병력들이 뒤섞여 잔존 병력들을 소탕하였다. Restayn(2000) p.387

구원병력이 다가와 포위망을 탈출하려는 제대를 지원하려는 움직임도 나타냈다. 그러나 비교적 규모가 컸던 대대급 병력은 3월 16일 하르코프-지르쿠니 도로를 거쳐 동쪽으로 빠져나가려다가 하인츠 하멜의 '도이췰란트' SS연대에게 걸려 포위, 전멸당하는 운명에 처했다. 연대는 소련군 100 여 명이 전사하고 수명의 포로, 3대의 T-34가 파괴당하는 전과를 올렸다.[15]

이처럼 다스 라이히의 두 연대가 시의 남동쪽에서 소련군들을 소탕하는 동안 야콥 훽크의 모터싸이클대대는 강행정찰에 나서 하르코프 북동쪽으로 이동, 북부 도네츠강 서쪽 10km 지점에 도달해 오후 6시까지 소련군들을 소탕하고 인근 마을을 안전하게 점령했다. 그와 동시에 한스 봐이스(Hans Weiss) SS대위의 정찰대대도 하르코프를 떠나 북방으로 이동, 몇 시간 후 립지 입구에 도착하여 '아익케' 연대 2대대와 합류했다. 한스 봐이스가 도착하기 전 소련군은 전차를 앞세워 독일 대대 진영을 시험해 보았다가 T-34 1대가 격파당하자 일단 후퇴하였으며 봐이스가 도착할 무렵 재차 반격을 가해 왔다. 이번에는 30대의 전차를 끌고 제대로 붙어볼 양으로 달려와 한스 봐이스 대대는 토텐코프 사단의 대대들을 도와 격렬한 전투에 휘말렸다. 소련 전차들은 마을 외곽 주변에서 변두리 구역으로 침입하여 안정된 전진사격을 모색할 의도로 파고 들어오자 독일군은 대전차자주포로 전차의 이동에 따라 반격하였고 전차 격파를 위한 특공대가 조직되어 각개 전투에 나섰다. 그러나 하루 종일 싸우고도 승패가 나지 않는 소모전이 계속되어 양측은 서로 상당한 피해를 입었다. 그중 소련군 소규모 전투단 하나가 립지의 독일군 수비대 옆을 스쳐지나 루소코예 티쉬키(Russokoje Tischki)에 주둔하는 '아익케' 연대 1대대와 맞닥뜨리게 되었다. 소련군은 마을 내부의 독일군 진지를 격파하기 위해 중앙을 돌파했으나 여의치 않아 퇴각했고 한스 봐이스는 곧바로 정찰대대를 보내 도주하는 병력을 몰아붙였다.

## 오토 바움 전투단의 츄구예프 방어

'아익케' 연대가 립지에서 소련군과 접전을 벌이는 동안 오토 바움 전투단도 츄구예프에서 소련군의 공격을 받았다. 제1근위기병사단의 지원을 받는 제13소총병사단은 츄구예프 북쪽의 전투단 진지를 때리고 나왔다. 소련 전차들은 밤에 보병들을 좌우에 거느리고 조심스럽게 좁은 시가를 탐색해 들어왔으며 보병지원이 따로 없었던 전차들은 마을 주택가에 포진한 장갑척탄병들을 밀어내기 시작했다. 독일군은 자정 넘어 정비를 강화, 다시 시의 바깥쪽으로 이를 격퇴시켜 외곽은 소련군이 일부 장악하고 있었다 하더라도 시 내부는 여전히 독일군 통제 하에 놓여있게 되었다.

북쪽 구역이 잠잠해지더니 이번에는 남서쪽 전구에서 소련군이 강력한 포사격과 함께 도네츠강 동편에서 수백 명의 보병들을 츄구예프 시 주변으로 집어넣었다. 워낙 많은 병력이 한꺼번에 쏟아져 들어오자 독일군이 뒤로 밀리기 시작하면서 소련군은 거의 시 내부로 침입해 교두보를 확보하려는 순간이 도래했다. 바로 그때, 장갑중대 발데마르 리프코겔(Waldemar Riefkogel) SS대위가 3대의 전차로 진격해 들어오는 소련군 보병 종대 옆구리를 강타, 적 공격의 모멘텀을 빼앗으면서 보병들의 혼란을 초래케 했다. 2대의 T-34가 반파되어 기동불능이 되자 나머지 전차들은 달아나기 시작했고 전차의 엄호가 없어진 보병들은 숲 지대로 도주하게 되었다. 그 와중에 독일 전차 1대도 피격되어 기동이 불가능하게 되었다.

15 Weidinger(2008) Das Reich IV, p.90

아익케 사단장의 사고사 이후 2월 26일부로 '토텐코프' 장갑척탄병연대장을 맡은 오토 바움 SS중령. 하르코프를 남쪽에서부터 시계 반대방향으로 크게 돌아 츄구예프로 들어오는 적군을 타격하여 하르코프 재탈환의 안전판을 마련했다.

오후 1시 30분에는 북쪽에서 전투가 재개되었다. 이번에도 소련군의 대단히 의욕적인 공격으로 독일 수비진이 무너질 수 있는 위험에 처했으나 발데마르 리프코겔이 3대의 전차를 끌고 다시 나타나 두 대의 T-34를 격파하고 보병들 가운데로 돌진하면서 기관총 세례를 퍼부었다. 소련 전차들은 이내 달아나면서도 그중 독일 전차 한 대를 반파시켰고 보병들은 약속이라고 한 듯 재차 숲 지대로 숨어들었다. 그날 오후 5시에는 소련공군기들이 시 주변의 독일군 진지들을 폭격하기 시작했다. 동시에 소련 포병과 카츄샤 다연장로켓의 집중포화로 인해 츄구예프는 거의 절반이 날아갈 정도로 초토화되었다. 이어 다시 숲 지대로부터 전차를 앞세운 소련군 소총병들이 돌격해 오기 시작했다. 독일군은 기관총좌와 박격포로 응사했으나 중과부적, 1차 저지선이 돌파당하면서 장갑척탄병들은 후퇴할 수밖에 없었으며 소련 전차들은 다시 좁은 시가를 따라 내부로 침투하기 시작했다. 당시 오토 바움 전투단의 예비병력은 대부분 북서쪽 구역에서 전투를 벌이고 있어 주로 남쪽에 집중된 이날 소련군의 세 번째 공격에는 손을 쓸 수가 없는 절체절명의 순간이 도래하고 있었다.

이번에는 독일군이 제대로 마음먹은 소련군에게 농락당하는 것이 아닌가 하는 우려가 들 무렵, 이날의 영웅 발데마르 리프코겔이 다시 2대의 전차와 함께 혜성처럼 등장했다. 리프코겔은 미친 듯이 소련군 대오를 갈라놓으면서 기관총으로 소련군 시체들을 쌓이게 했고 나머지 1대는 리프코겔의 전차를 엄호하면서 소련 전차들을 속속 파괴하였다. 단 두대의 전차가 수적으로는 상대가 안 되면서도 대담무쌍하게 소련군 대오를 분쇄한 결과, 소련군 전차와 보병들은 다시 물러나기 시작했다. 리프코겔의 용기에 탄복한 장갑척탄병들이 다시금 소련군에게 역습을 가하면서 소련군 소총병들을 시 밖으로 축출하였고 북서쪽은 소련군이 주요 주택을 점거하여 수비진을 구축하고 있기는 했으나 일단 남쪽에서는 소련군을 모두 몰아내는 데 성공했다. 3월 16일 세 번의 공격에서 소련군은 리프코겔이 이끄는 2~3대의 전차에게 혹독하게 당하면서 9대의 전차를 상실했다. 그러나 이도 잠시 동안의 정적이었으며 소련군이 남쪽 외곽과 북쪽에서 진을 치고 있는 상황에서는 언제든지 소련군과의 격투가 재개될 수 있었다.[16]

## 제48장갑군단

제48장갑군단은 하르코프 동쪽에서 서서히 전투력을 끌어 올리고 있었다. 제106보병사단은 3월 16일 오전 9시에 즈미에프 북동쪽 1km 지점의 췌레무쉬나야(Tsheremuschnaja)를 점령했다. 그리

16 Nipe(2000) p.332

고 북부 쪽으로 들어가 그날이 다 지날 무렵 북부 도네츠의 서쪽 강둑에 접근하였고, 제6장갑사단의 1개 전투단은 츄구예프 서쪽 24km 지점 우디강의 동부 경계에 위치한 도하지점을 봉쇄하고 있었다. 대신 사단의 주력은 보드야노예(Wodjanoje) 북쪽 숲 지대에 진지를 구축한 소련군 병력들을 털어내고 있었다. 분열된 소련군들은 보다 더 북쪽으로 도주하였으며 사단의 전차들은 츄구예프 방면 강둑을 따라 움직이고 있었다.[17]

제11장갑사단은 날이 밝자 트랙터 공장지대로부터 5km 지점에 놓인 베슬류도브카를 공격했다. 소련군은 싸울 의사가 없이 마을을 비움에 따라 전차들은 그대로 마을을 통과, 우디강 북쪽 언저리를 따라 동진을 시도했다. 사단은 보드야노예에서 쫓겨나간 소련군 병력들을 만나 이들을 분쇄하고 다시 방향을 틀어 북쪽으로 진군, 그날 저녁에는 로간에 도달했다.

이 시기 제6, 11 2개 장갑사단은 1942년 여름부터 사실상 쉴 새 없이 격전을 벌여 온 탓에 전력이나 장비는 심각한 수준으로 하락해 있었다. 양 사단 합해 43대의 전차만이 남아 있었으며 제106보병사단이 28문의 75mm 대전차포를 보유하고 있었는데 반해 제11장갑사단은 겨우 75mm 대전차포 1문뿐이었으며 제6장갑사단은 노획한 소련제 7.62cm 야포를 포함, 여러 구경의 야포 13문을 지니고 있었다.[18] 다행히 제48장갑군단의 경우 소련군은 그로스도이췰란트가 있는 보리소프카 전구에 집중하고 있는 상황이어서 휘하 사단들의 병력이 취약하기 이를 데 없는 조건에 놓여 있었으나 큰 위기상황은 발생하지 않았다. 제320보병사단은 졸로췌프(Zolochev) 주변의 소련군 2개 중대를 소탕하였으며 2개 보병사단은 그로스도이췰란트와의 간격을 좁히기 위해 미로노브카-졸로췌프-그라이보론 라인에 집결해 들어갔다.

그로스도이췰란트는 분명히 3개 전차군단에 쌓여 압도적으로 우월한 소련군과 대치하고 있었는데도 큰 문제없이 잘 버티고 있었다. 소련군은 단 한 번에 화력을 집중하여 사단의 가장 취약한 부분을 돌파해 들어왔어야 하지만 단 한 번도 결정적인 기회를 잡지 못하고 있었다. 그저 기회 될 때마다 40~50대의 전차들만을 동원해 사단의 움직임을 떠보는 상태에 머무르고 있었는데, 그렇다고 해서 소련 전차군단의 피해가 경미한 것도 아니었다. 3월 16일 하루 동안에 그로스도이췰란트 35대의 전차들은 소련군 전차 100대 이상을 격파했다. 실제로 당시 전차병들의 기술수준이나 전술적 숙련도 측면에 있어서는 독일군이 당연히 뛰어난 것으로 이해되고 있었으며, 따라서 소련군이 여간해서 수적인 우위를 확보하지 않는 한 비슷한, 또는 2배 정도로 약간 많은 전차로는 독일군의 3T, 템포(Tempo), 테크닉(Technique), 택틱(Tactics)을 당해 낼 재간이 없었다. 이 전구에서 소련군은 100~150대 이상의 충분히 많은 전차를 보유하고 있었음에도 계속 50대가량의 축차적인 투입만을 시도하고 있었다. 이런 방식으로는 독일군의 스파링 상대만 되어 줄 뿐 휘니쉬블로를 작렬시킬 수가 없었다. 같은 날 16일 보리소프카 최전방에서 용감히 지휘하던 소련 제180소총병사단의 말로쉬츠키(I.Ya.Maloshitsky) 소장이 전사했다.

새벽 4시 30분경 소련군은 보리소프카 남동쪽에서 전차와 보병들을 동원해 시비를 걸어왔다. 이 병력은 제대로 내용을 갖춘 부대들로 다른 한편으로는 보리소프카에서 7km 떨어진 토마로프카로부터 20대의 전차가 추가적으로 접근하고 있었다. 소련군은 8시경 독일군의 북쪽 전구를 공격

17 NA : T-313 ; roll 367, frame 8.653.385-386
18 NA : T-313 ; roll 367, frame 8.633.405

1943년 3월 16일 츄규예프 부근에서의 사진. 왼쪽이 토텐코프 장갑연대 1대대장 에르빈 마이어드레스. 50mm 단포신을 장착한 3호 대대장전차의 전술번호 101이 확인된다.

하고 남동쪽에서도 협격 형태로 돌진해 들어왔다. 그러나 북쪽은 7대의 T-34가 파괴되자 물러났고 남동쪽도 별다른 끈기를 보이지 못한 채 철수하고 말았다. 그중 사단 장갑연대의 2대대가 소련군을 추격해 스트리구니(Striguny) 마을 근처로 진입했을 때 갑자기 소련 전차부대 제2파가 급습한데다 대전차포들이 독일군 종대의 측면을 노리면서 조준사격을 실시함에 따라 몇 대의 전차를 상실하고 급히 수비로 전환하여 퇴각하지 않을 수 없는 사태에 직면했다. 한편, 이와는 달리 1대대는 보리소프카에서 3km 떨어진 스타노보예(Stanovoje)로 공격해 들어갔으며 여기를 지키던 소련군은 경계를 전혀 하고 있지 않아 독일 전차들의 기습에 대혼란 상태에 빠지고 말았다. 1대대의 두 번에 걸친 공격에 소련 전차 20대가 격파되는 피해를 입었다. 전후방을 관리하지 않은 쪽과 제대로 경계를 서면서 준비를 하고 있던 부대와의 차이는 이처럼 잔혹한 결과를 나타내 주었다.

한편, 사단의 휘질리어 연대는 보르스클라강 계곡을 따라 형성된 사단의 병참선을 보호하고 있었으며 정찰대대는 올샤니-졸로췌프 구역으로 이동해 보리소프카 남동쪽의 하르코프-벨고로드상의 교차로를 봉쇄하려 했다. 그러나 가는 길이 진창과 눈으로 인해 도저히 통과할 수 없는 지경에 이르자 다른 도로를 찾기 시작했고 SS부대와의 연결여부를 정찰하였으나 별다른 소득이 없어 해당 구역을 한동안 배회하고 다니게 된다.

그로스도이췰란트는 저녁 늦게까지 소련군과의 교전을 계속하는 가운데 4대의 아군 전차를 잃는 대신 총 46대의 소련 전차를 격파한 것으로 기록되었다. 상호 격파 비율은 1:11.5나 되었다. 그러나 그토록 많은 전차를 상실하면서도 소련군이 얻은 소득이 있다면 여하간 사단 병력의 주력을 보리소프카에 묶어 두면서 그로스도이췰란트가 벨고로드로 진격하는 모멘텀을 없애버렸다는 점이었다. 사단으로서는 양질의 도로를 갖춘 토마로프카로 진격하여 그로부터 겨우 20km 떨어진 벨고로드 남동쪽으로 진출하는 것을 갈망하고 있었으나 3개 전차군단을 방어할 수는 있어도 무턱대고 그 사이를 뚫고 지나갈 수는 없었다.[19]

하르코프 시 탈환 직후 하우서의 사단들은 30~40대의 전차, 6~10대의 돌격포만으로 무장하고 있었으며 병력과 장비의 유무에 관계없이 정지명령이 별도로 없는 한 계속해서 북쪽으로 진군해야 된다는 관성을 가지고 있었다. 하르코프 주변에서 쫓겨 간 보로네즈방면군의 잔존병력들은 제38군의 지원을 받게 되었으나 서쪽의 독일 제2군과 북상하는 그로스도이췰란트가 협공을 구사하는 듯한 민감한 환경이 조성되고 있어 소련군은 별도의 추가적인 병력증강을 요구하고 있었다. 하르코프의 전투는 종결되었지만 바야흐로 벨고로드 전투라는 연장전이 개봉될 시점이 오고 있었다. 벨고로드는 쿠르스크로 향하는 길목에 있었고 중앙집단군과의 안정적인 연결을 확보하기 위해서는 좀 더 북쪽으로 진군해 들어가야만 했다.

켐프 분견군은 3월 17일 벨고로드로의 진격을 재개했다. 만약 뜻대로 된다면 그로스도이췰란트가 벨고로드로 방해받지 않고 순조롭게 진군할 수 있도록 SS장갑군단이 소련 제2근위전차군단의 남익을 쳐 그쪽으로 소련군 주력의 신경을 집중하도록 한다는 복안이 실현될 수 있었다. 또한, 휘질리어 연대는 쵸틀미쉬스크(Chotlmyshsk)를 장악하여 소련군이 보리소프카-그라이보론 사이의 도로를 위협하지 않도록 해당 구역에 산재한 소련군 제대의 연결선을 단절시키려 했다.[20]

## SS사단들의 재편성

라이프슈탄다르테는 3월 17일 프로호디를 향해 북쪽 방면으로 공격을 재개했다. 소련군은 일단 프로호디를 버리고 외곽에서 진지를 구축하여 내부로 들어오는 독일군을 원거리에서 기관총과 박격포로 상대했으나 오전 9시 30분 소련군 진지는 일련의 전투 끝에 파괴되었으며 라이프슈탄다르테는 파이퍼 부대를 선봉으로 북진을 계속했다. 그러나 밤에는 영하로, 다시 낮이 되면 기온상승으로 도로가 진창으로 변해 사단 전체의 진격속도는 매우 더디게 진행되었다. 파이퍼 부대가 프로호디 북쪽으로부터 5km 지점에 도달하자 소련군의 기습에 폰 립벤트로프 7중대의 전차 한 대가 파괴되었다. 장갑척탄병들은 집중적으로 종대에 사격을 가해오는 대전차포와 야포의 조준을 피해 차량에서 뛰어내려 몸을 숨겼으며 자주포가 장병들의 커버링 역할을 하면서 소련군 진지에 대고 포사격을 가하기 시작했다. 포 대 포로는 결판이 나지를 않아 파이퍼 대대의 1개 소대가 은밀히 진지로 접근, 육박공격으로 소련군을 제압하고 잠시 봉쇄되었던 도로상황을 재정리했다.[21]

파이퍼 대대가 프로호디에서 싸우고 있는 동안, 루돌프 잔디히의 2대대는 마을의 서쪽으로 옮겨 북쪽으로 연결되는 도로와 나란히 나 있는 철길을 따라 진군했으며 후고 크라스의 1대대는 데멘테예프카에서 사단의 예비로 남겨지게 되었다. 정찰대의 보고에 따라 소련군 수비진이 진격방향 전방에 위치하고 있다는 사실을 확인한 선봉부대는 다음날 아침에 공격키로 하고 가능한 한 슈투카의 지원을 받도록 조치했다.[22]

19 Glantz(1991) pp.208-9, 3개 전차군단은 제2, 3, 5근위전차군단을 의미한다.
20 Nipe(2000) p.334
21 Kurowski(2004) Panzer Aces, p.161, Agte(2008) p.108
22 NA : T-354 ; roll 118, frame 3.752.431

2월 22일부로 '토텐코프' 3대대장에서 '투울레' 1대대장으로 전출된 에른스트 호이슬러 SS소령. 화려하지는 않지만 침착한 대응과 합리적 판단으로 크고 작은 전과를 획득했다. 사진은 쿠르스크전 당시의 모습

이때 다스 라이히와 토텐코프는 하르코프의 동쪽과 북동쪽에서 재편성 중에 있었으며 진격을 개시하기 전에 수차례에 걸친 소련공군의 공습을 받아 약간은 주춤거리고 있었으나 전체 작전수행에 영향을 줄 정도는 아니었다. 소련군은 주변 지상군 병력이 철수 중이었던 관계로 주로 공군에 의존하여 독일군을 괴롭혔으며 독일군들은 20mm, 37mm 포의 대공사격으로 소련 전투기들을 적잖이 격추시키기도 했다. 그러나 이 시기부터 제공권 장악을 향한 소련공군의 추격이 대단히 빈번하게 이루어졌던 것은 사실이며 이러한 경향은 쿠르스크전까지 계속 이어지게 된다. 다스 라이히는 하인츠 하멜 연대를 선두로 륖지로 진격하도록 해 거기서 토텐코프와 함께 소련군 전차들과 교전 중이었던 한스 봐이스의 정찰대대를 지원하였다.

한편, '데어 휘러' 연대는 오전 9시 모터싸이클대대와 크리스티안 튀크젠의 장갑대대 지원을 받아 트랙터 공장지대를 빠져나온 뒤 북쪽으로 평행되게 진격해 들어갔다. 1차 목표는 미하일로프카와 동쪽으로 1km 지점의 숲 지대였다. 이곳을 지키는 소련군은 상당한 병력과 장비를 갖추고 있었으나 최 근래 연쇄적으로 패배를 경험하고 있어 사기가 바닥을 친 상태인 것으로 보였다. 독일군은 전차와 장갑차량을 유기적으로 조합한 협동작전으로 적진을 유린하고 장갑척탄병 중대원들은 대담한 정면돌파로 상대의 기를 꺾어 놓았다. 이 공격은 독일군 스스로가 놀랄 정도로 성공작이었다. 미하일로프카는 12시 30분경 모터싸이클대대의 공격에 의해 완전히 장악되었다. 연대의 다음 목표는 륖지에서 10km 떨어진 네포크릐토예(Nepokrytoje)로서 입구 쪽은 불과 1개 소련군 소총병소대가 지키고 있었기에 금세 마을을 북쪽으로 몰아낼 수 있었다. 그러나 나머지 부대가 집집마다 숨어들어 있어 일일이 찾아 수색해야 하는 고달픈 육박전투가 계속되었고 모터싸이클대대는 마을을 지나쳐 북쪽으로 5km를 더 진격해 들어가 오후 5시경 페트로프스코예(Petrovskoje)에 도달했다.[23]

토텐코프 사단의 '토텐코프' 연대는 여전히 동쪽의 츄구예프 부근에서 방어전을 펼치고 있었으며 '투울레'와 '아익케'는 하르코프 북쪽과 북동쪽에서 동쪽으로부터 치고 들어오는 소련군과 붙고 있었다. 3월 17일 아침 제6장갑사단의 오펠른-브로니코프스키(Oppeln-Bronikowski) 대령의 이름을 딴 오펠른 전투단(Kampfgruppe Oppeln)이 츄구예프에 도착하여 이 지역의 수비진을 강화하려 했으나 문제는 전차와 중화기가 충분하지 않았다는 점이었다.

소련군은 츄구예프 남쪽과 북서쪽에 진지를 구축하고 틀어 앉은 상태로 남아있어 빠른 시일 내

23 NA : T-354 ; roll 118, frame 3.752.430

이를 정리할 필요가 있었으므로 SS든 육군이든 전차와 돌격포를 시급히 보강해야만 했다. 다행히 남쪽 철길을 따라 포진한 소련군 병력은 전차와 장갑척탄병들의 노력에 의해 격퇴되었고 다음으로는 북쪽에 잔존하고 있는 상당한 병력이 문제였다. 오토 바움은 부서진 건물 안에 숨어있는 소련군을 색출해 처치해야 하는 까다로운 임무를 맡았으나 격전 끝에 총 21대의 T-34와 T-70를 격파하고 오후 경 대부분의 구역은 소탕되었다. 오펠른 전투단은 소련군이 패주한 뒤 귀찮은 청소작업을 담당하면서 해당 구역을 수비하는 형세를 취했다. 이때 '아익케'와 '투울레'는 츄구예프 북쪽에서도 특히 숲 지대에 숨은 소련군을 들어내고 있었으며 '토텐코프' 제1SS장갑척탄병연대는 벨고로드로 향하는 SS장갑군단의 우익을 맡아 북부 도네츠강 서편 강둑을 장악함으로써 볼찬스크 교차로를 단단히 봉쇄하고 있었다.

'아익케'는 우선 소로코프카(Ssorokovka) 근처에서 도네츠의 서쪽 강둑에 위치한 볼샤야 바브카를 향해 진격해 들어갔다. 그리고 '투울레'는 3월 17일 트랙터 공장지대에서 집결해 츄구예프 북서쪽으로부터 5km 지점에 위치한 숲 지대에 가까운 사로쉬노예(Saroshnoje)를 1차 목표로 정했다. 그중 1대대가 츄구예프와 사로쉬노예 사이에 있는 카멘나야 야루가에서 집결하고 2대대는 북서쪽으로 수 km가량 치우쳐 있었다. '투울레' 1대대는 17일 오전 6시에 공세를 펴려고 하였으나 돌연 소련군이 전차를 앞세워 그 전날 밤부터 기습을 가해 와 마을 입구에 주둔하던 1중대가 대혼란에 빠졌으며 소련군은 대전차포 2문을 파괴하면서 기세를 올리게 되었다.[24] 거의 절망적으로 상황이 악화되는 순간, 2중대가 거세게 반격을 시도, 2대의 T-34를 대전차지뢰로 잡아내 기동을 불가능하게 만들었으며 75mm 대전차포 3문을 긴급 투입해 추가로 T-34 2대를 파괴하자 전세는 역전되기 시작하였다. 에른스트 호이슬러 대대장은 본부에서 직접 뛰어와 휘하 병력을 더 집중시키면서 그날 아침 총 9대의 소련 전차들을 격파하는 전과를 올렸다. 이에 소련군은 재빨리 도주하였고 대대는 추격전을 펼쳐 소련군의 추가 반격을 저지하려고 했으며, 그로 인해 정해진 공격시간을 맞추지는 못했다.[25] 붸르너 데에게의 2대대는 사로쉬노예에 도착, 한동안 호이슬러의 1대대를 기다렸으며 겨우 10시가 되어서야 서로 합류하여 1대대는 2대대의 우익에 포진하게 되었다.

두 대대는 7중대의 전차 6대를 앞세워 사로쉬노예로 진격해 들어가면서 슈투카의 항공지원을 받아 비교적 손쉽게 접수할 수 있을 것이라는 기대를 가지고 있었다. 사로쉬노예 동쪽 언덕에서 양군이 500m 거리로 좁혀지자 소련군이 먼저 맹렬히 사격해 왔고 독일군 선봉은 상당한 피해를 입었다. 그러나 문제는 마을의 남서쪽에서 더 큰 위협이 다가왔다. 3~5대의 T-34를 한 조로 편성해 다수의 그룹으로 구성된 총 20대의 전차가 다가왔다. 전차끼리 포사격을 주고받는 동안 독일 장갑척탄병들은 소련 전차의 눈을 피해 숲지대 끝으로 들어가 좌익으로 선회, 언덕 쪽의 소련군 진지를 공격하려고 했다. 그러나 숲을 빠져나오는 순간 소련군 전차의 기습에 독일군 전차 3대가 삽시간에 화염에 휩싸였고 전차를 상실한 독일군은 일단 전선을 이탈해 수비로 전환했다. 2대대도 사로쉬노예 서쪽 끝자락으로 침투하기는 했으나 소련군의 반격에 격퇴되어 모두 퇴각을 할 수밖에 없는 불리한 조건에 처하게 되었다. '투울레'는 제3SS포병연대 4대대의 곡사포 지원사격을 동원, 소련 전차가 숨어 있는 진지에 집중포화를 퍼부었고 검은 화염이 치솟는 것으로 보아 상당한 효과가

24 NA : T-354 ; roll 118, frame 3.752.429
25 Nipe(2000) p.337

있었음을 관찰한 뒤 여기서 돌격포중대를 동원한 장갑척탄병들이 다시 언덕 쪽으로 돌진해 들어갔다. 소련군 박격포의 살벌한 포격이 실시되었으나 돌격포가 언덕의 완만한 경사를 넘어 진지 아래쪽으로 돌진해 들어가자 소련군들은 그때서야 무기와 중화기를 버리고 도주하기 시작했다. 이 공로로 호이슬러는 독일황금십자장을 수여받았다.

2대대는 사로쉬노예에 들어가 소위 '고양이와 쥐' 게임으로 알려진 숨바꼭질과 같은 전투를 계속하면서 집집마다 불이 붙기 시작했다. 독일군들이 보병들을 마을로부터 쫓아내면서 소련군 전차들은 외부를 제대로 볼 수 없는 가운데 장갑척탄병들의 사냥이 개시되었다. 이날 모두 8대의 소련 전차들이 격파되었고 불에 타고 있는 전차를 뛰쳐나와 도망가려던 소련 전차병들도 거의 전원이 사살당하는 운명에 처했다. 2대대가 마을 주변을 통제하는 동안 1대대는 그날 밤 다시 카멘나야 야루가로 복귀했으나 갑자기 소련군 T-34들이 근처 마을에 포진한 '토텐코프' 포병중대의 곡사포 진지 사이를 갈라놓으면서 독일군을 일대 혼란에 빠트렸다. 소련 전차들은 곡사포 부대원들을 다수 사살하고는 장갑척탄병들의 대전차지뢰 공격을 뿌리치고 도주하기 시작했고 이에 1대대가 현장에 지원으로 도착함에 따라 그날 전투는 그것으로 종료되었다.[26]

'아익케'는 17일 하루 종일 전투에 휘말리고 있었다. 사로쉬노예와 카멘나야 야루가 북쪽 전구를 맡은 '아익케'는 아침 6시가 되기 전에 '투울레' 연대의 전구에 해당하는 지점으로부터 5km 떨어진 소로코봐(Ssorokowa)를 쳐서 따내고, 마을을 통제한 다음에는 동쪽으로 더 들어갔다. 3대대는 소로코봐를 지나 남동쪽으로 틀어 진격하다가 2대대의 북쪽 측면과 닿은 지점에 도착, 볼샤야 바브카로 향하는 도로를 점거하고 북부 도네츠 건너편에 도하가 가능한 지점으로 향해 있는 도로변 일대를 장악했다.

제48장갑군단은 하르코프 남동쪽에서 여전히 묶여 있는 상태로서 그나마 제6장갑사단의 오펠른 전투단만 다른 전구로 이동하고 군단의 두 사단은 리소구보브카(Lisogubowka)와 베슬류도브카 근처 숲 지대에 포위되어 있던 소련군들과 교전하고 있었다. 그리고 츄구예프의 제106보병사단은 우디강 남단에 있는 소련군과의 접전을 끝내지 못하고 있었으며, 소련군들은 예상 외로 우디강 변 쪽에서 병력을 계속 증강시키고 있었다.[27] 이에 제6장갑사단의 1개 전투단은 척탄병과 공병대 및 대전차포를 동원하여 제11장갑사단과의 공조 하에 우디강 변에 위치한 소련군의 3개 포위망을 없애기 위한 작업에 착수하게 되었다. 제1파의 공세는 실패로 끝났으며 그날 오후 4시 넘어 장갑부대의 지원을 받은 2차 공격을 감행하였으나 전투는 밤까지 계속해서 이어졌다. 한편, 제11장갑사단은 트랙터 공장지대의 하인츠 하멜 전투단과 교대하기 위해 베슬류도브카 북동쪽으로의 침투를 시도, 로간(Rogan)과 공장지대 사이의 소련군 잔존병력을 소탕하기는 했으나 여전히 공장지대 내부로 진입하지는 못했다.

## 그로스도이췰란트의 분전

한편, 소련 제69군은 우디강 쪽에서 계속 병력을 증강시키며 그로스도이췰란트의 진격방향과 나란히 뻗은 우디강을 따라 수비망을 형성하고 있었다. 즉 제161소총병사단은 우디강 변 마을 돌

26 Nipe(2000) p.338
27 NA : T-313 ; roll 367, frame 8.633.389

출부에 견고한 진지를 축성하고 제5근위전차군단은 그 주변에 전차들을 '닥인' 상태로 고정했다. 독일 제167보병사단은 이 전차 진지로 인해 함부로 공격을 전개하지 못하고 있었으며 다만 17일 오후 4시 40분 우디 마을에서 4km 떨어진 올레이니키(Oleiniki)를 점령하는 정도에 머물렀다.

그로스도이췰란트는 17일 휘하의 휘질리어 연대가 그라이보론에서 보리소프카로 연결되는 도로를 확보하기 위해 주변의 소련군들을 없애야 했는데 당초 이 임무를 맡은 제2군 332보병사단의 작전수행에 차질이 초래되어 그로스도이췰란트가 이를 떠맡게 되었다. 쵸트미쉬스크(Chotmyshsk)에 가해진 휘질리어 연대의 공격이 성공함에 따라 제332보병사단은 그라이보론-보리소프카 도로 남서쪽으로 이동하게 하고 그로스도이췰란트가 해당 구역을 장악하는 것으로 정리되었다. 그러나 소련 제206소총병사단의 지원을 받는 제100소총병사단이 제332보병사단의 진로를 방해하고 있어 다시 휘질리어 연대가 이를 지원해야 했으므로 토마로프카로 진격해 들어가는 그로스도이췰란트의 전력은 다소 약체화되는 경향을 노정시켰다. 17일 오전 11시 토마로프카 남쪽에서 15대의 소련 전차들이 보리소프카에 있던 사단 진지로부터 불과 4~5km 떨어진 지점으로 이동하고 있다는 정찰보고가 들어왔다. 사단은 슈투카의 공습을 요청했으나 이들은 보리소프카-그라이보론 도로 서쪽의 제167, 332보병사단 지원에 동원되고 있어 사단이 직접 처리하는 수밖에 없었다. 소련군 전차들은 남쪽이 아니라 북동쪽에서 보리소프카로 침입, 독일군을 잠시 혼란 속에 빠트렸으며 이내 5대의 T-34가 격파당하자 나머지 전차들은 재빨리 도주해 마을 북쪽에 수비진을 쳤다. 소련군들이 워낙 재빠르게 진지를 구축하는 바람에 그로스도이췰란트는 이 성가신 잔존병력을 제거하기 위해 당시 골로브취노(Golowtschino)로부터 행군 중이던 휘질리어 연대를 다시 불러 소련군 전차들을 없애 버릴 준비를 했다.[28]

## 토마로프카를 향한 본격 공세

소련군 제3, 5전차군단과 제305, 309, 340소총병사단은 그로스도이췰란트의 공세를 저지하기 위해 보리소프카-토마로프카 구간 동쪽 지역을 철저히 봉쇄하려고 했다. 소련군의 이 제대는 지난 3일 동안 그로스도이췰란트와의 전투로 인해 매우 쇠약해진 상태여서 제대의 개수는 큰 문제가 되지를 않았다. 말만 군단이지 거의 연대급 규모로 전락해 있는 상태였으며 제2근위전차군단은 거의 녹아웃 상태에 처해 있어 전혀 위협이 될 상대는 아니었다. 그로스도이췰란트는 19일경 토마로프카를 본격적으로 칠 예정이었으나 그 전에 SS사단들이 보르스클라강과 우디강 사이의 소련군 병력을 포위, 섬멸해야 어느 정도 가능하다는 계산이 서 있었다.[29] 그에 따라 테오도르 뷔슈의 제2SS장갑척탄병연대가 데멘테예브카(Dementejewka)와 말프로호디(Mal.Prochody) 부근의 수비진을 밀고 들어가자 동쪽 경계지점에 또 하나의 돌출부가 형성되어 버렸다.

이 느슨한 포위망 속에는 전술한 병력을 포함한 5개 소총병사단이 갇혀 있었으며 이미 장시간의 전투 끝에 각 사단은 연대 병력 정도로 유지되고 있었고, 제2근위전차군단은 물론 제5근위전차군단의 잔존 병력도 무질서하게 뒤섞인 상태로 남아 있었다. 그로스도이췰란트가 토마로프카를 아직 점령하지 못함에 따라 벨고로드를 향한 라이프슈탄다르테의 선봉부대와는 15km 정도 거리

28 Nipe(2000) pp.339-40
29 Sadarananda(2009) p.144

를 두고 있었다. 즉 토마로프카와 벨고로드 사이의 돌출부 사이를 메우지 못하게 되면 벨고로드로의 진격 자체가 불안해질 수 있다는 우려가 있어 독일군은 18일 이 부분에 남겨진 소련군들을 제거할 목적으로 돌출부의 퇴로를 차단하기 위한 작전에 돌입했다. 18~19일 밤 소련군 제161소총병사단은 독일군 포위망을 뚫고 제3, 5근위전차군단의 지원으로 서쪽과 북쪽을 향해 탈출, 벨고로드 북서쪽에 도달하여 제40군으로 편입되었으나 대부분의 장비와 중화기를 버리고 도주했다. 3월 20일 그로스도이칠란트의 장갑연대 1대대는 장갑엽병대대 및 돌격포의 지원과 함께 소련군 잔여 병력에 맹공을 퍼부어 62대에 달하는 소련 전차와 자주포들을 격파했다.[30]

## SS장갑군단의 벨고로드 진군

SS장갑군단은 3월 18일 그 전날의 소탕작업을 대충 끝낸 뒤 라이프슈탄다르테의 요아힘 파이퍼 대대를 선봉으로 벨고로드 공략에 출정했다. '도이췰란트' SS연대 하멜 전투단은 하르코프 동쪽에서 북쪽으로 진격하고 '토텐코프'도 도네츠강 서편을 따라 서서히 이동, 늪지대 쪽의 소련군들을 몰아내면서 진격속도를 높이고자 했다.[31] 다스 라이히는 새벽 4시에 공세를 개시, '데어 휘러'SS연대를 우익에, 하인츠 하멜이 빠진 '도이췰란트' SS연대를 좌익에 놓고 오이겐 쿤스트만의 장갑연대 2대대가 좌익을 지원하는 형세를 취했다. 오토 쿰의 '데어 휘러'SS연대는 네포크뤼토예(Nepokrytoje)에서 발진, 크리스티안 튀크젠의 얼마 남지 않은 전차를 앞세워 전진해 들어갔다. 장병들은 전차 위에 올라 타 전차엔진으로부터 생기는 따뜻한 온기를 엉덩이로 느끼며 도로 주변에 독일공군의 공습으로 파괴된 소련군 중화기와 불에 타는 말들과 전사자들을 보면서 진격을 재촉했다. 오전 6시 45분 붸셀로예(Wesseloje)와 뷔소키(Wyssokij)에 도착하자 소련군 일부 병력이 기습을 가해오다 이내 동쪽과 북동쪽으로 달아나는 일이 있었다.[32] 뷔소키를 지나친 연대는 북동쪽으로 방향을 틀어 벨고로드 남쪽 도네츠강 서편을 따라 조성된 숲 지대의 소련군 병력을 소탕하려 했다. 소련군들은 메좌예브카(Metschajewka)와 보취코브카(Botschkowka) 마을을 중심으로 나름대로 끈질긴 저항을 계속했으나 두 진지는 오후 1시에 독일군 손에 떨어졌다. 이로써 벨고로드로 가는 도로가 개방되는 효과가 있었다.

'도이췰란트' SS연대는 오전 1시 선두를 담당했던 2대대가 막강한 소련군이 포진한 것으로 예상되었던 보로도크(Borodok)에 도달했다. 독일군은 정찰을 보낸 뒤 전차를 앞세워 조심스럽게 진입했으나 다행히 소련군은 이미 떠나고 없었으며 나중에 3대대도 여기에서 본대와 합류했다. 이때 하멜 전투단은 벨고로드에서 10km 떨어진 지점까지 도달하여 연대 본대보다 빠른 진격속도를 보이고 있었다.[33] 보로도크로부터는 균터 뷔즐리체니의 3대대가 선봉을 맡았으며 벨고로드 남쪽 어귀 5km 지점에서 10~15대의 T-34 및 보병들과 조우하여 교전에 들어갔다. 독일군은 소련군 전차들에 대한 대전차포나 다른 중화기의 지원이 없는 점을 확인하고 측면과 배후로 들어가 소련군 진지를 공격했으며, 정면은 봘터 크나이프(Walter Kneip)의 돌격포대대가 전차들의 주포 사격에 맞춰 소련군을 때리기 시작했다. 때마침 독일공군기들도 합세하여 입체적으로 공세를 펼치는 가운데 대전차

30 McGuirl & Spezzano(2007) p.102, Glantz(1991) p.209
31 NA : T-354 ; roll 118, frame 3.752.406, Schneider(2005) p.18
32 NA : T-354 ; roll 118, frame 3.753.770
33 Nipe(2000) p.341

포와 20mm 기관포들이 소련군들을 강타했다. 대부분의 전차들이 '닥인' 상태여서 오히려 독일군의 돌격포나 전차격파 특공조들은 이를 쉽게 처리할 수 있었다. 소련군들은 자신들의 T-34가 완전히 격파될 때까지 비참하지만 물러나지 않고 용감히 싸웠다. 이날 아침 하멜의 전투단과 연대 본대는 총 14대의 전차들을 격파한 것으로 집계했다.

오후 5시 반경 3대대가 벨고로드의 남쪽 외곽에 도착하자 소련군의 박격포와 기관총좌들이 독일군을 반갑게 맞이했고, 3대대는 돌격포들과 자주포를 정면으로 이동하게 하면서 장갑척탄병의 진격을 엄호하여 소련군 진지들을 하나씩 격파해 나갔다. 장갑척탄병들은 이날 오후 독일군의 안정되고 조직적인 화력지원에 힘입어 벨고로드의 남쪽 변두리 지역에 접근할 수 있었다.[34]

토텐코프는 18일 츄구예프와 카멘나야 야루가 북쪽의 소련군 제1근위기병군단과 제113소총병사단의 일부 병력과 교전에 들어갔다. 토텐코프가 가진 전차는 3호 전차 22대를 포함, 모두 32대였으나 3호 전차는 50mm 장포신을 탑재하고 있어 T-34의 격파에는 큰 문제가 없었으며 그나마 티거 중전차도 3대를 보유하고 있었다. 토텐코프는 3월 8일부터 7일 동안 71대의 전차 격파, 72문의 대전차포 파괴, 51필의 군마 노획, 장교 5명을 포함한 포로 337명, 소련군 878명의 전사자를 전과로 잡았으며 기타 셀 수 없을 정도로 많은 기관총과 박격포를 전리품으로 낚았다. 독일군은 노획한 소련군의 무기를 종종 사용하는 경우가 많아 PPSh-41 자동소총은 물론, 120mm 박격포나 7.62cm 대전차포도 요긴하게 보유하고 있었다.[35] 간혹 소련군들은 자신들의 무기에 의해 당하는 기분 나쁜 순간들을 경험하기도 했다.

오후에 제6장갑사단의 일부가 츄구예프에 도착함에 따라 오토 바움은 사단에게 시의 통제를 맡기고 츄구예프 북서쪽에서 병력을 재집결시켰다. 다만 이른 새벽 소련군 소총병이 토텐코프 연대 3대대 수비진을 급습하였기에 오펠른 전투단이 급파되어 적군을 시 바깥쪽으로 쫓아내는 성가신 일이 있기는 했다.

'아익케'의 3대대는 볼샤야 바브카에서 소련군과 대치 중이었으며 연대의 나머지 두 대대는 강을 따라 북동쪽으로 전진해 들어가고 있었다. 토텐코프 사단의 주된 임무는 지난번 하르코프 입성 때와 마찬가지로 라이프슈탄다르테와 다스 라이히의 벨고로드 진격을 엄호하여 측면을 지탱하는 일이었다. 그러나 어떻게 보면 엄호하는 토텐코프가 완강한 소련군의 저항에 직면하는 경우가 더 많았는데 이는 토텐코프의 진격로에 해당하는 도네츠 서쪽 강 변의 교두보를 잃지 않겠다는 소련군의 결연한 의지가 한 몫 했기 때문이었다. 그중 '아익케'의 1대대는 페레모가(Peremoga)에서 치열한 접전을 치르게 되었다. '아익케'의 2대대는 장갑연대 1대대의 호위 속에 립지(Lipzy)로부터 북쪽으로 나아갔으나 진창과 홍수로 인해 엄청 더딘 행군이 계속되고 있었다. 1대대는 페레모가 북쪽의 소련군 병력들과 오후 5시까지 전투를 계속하다 테르노봐야(Ternovaja)에서 지친 부하들을 쉬게 하고 열악한 도로사정으로 망가져버린 차량들을 점검했다.[36]

오토 바움 전투단도 지독한 도로사정으로 곤욕을 치르고 있었지만 오후 7시 볼찬스크 남쪽 어귀로부터 5km 떨어진 지점에 도달했다. 그 다음에는 무로브(Murow)라는 곳에서 소련군의 공격을 받았으며 추가적인 화력 지원 없이는 도저히 움직일 수 없는 상황에 봉착해 버리고 말았다.

34 NA : T-354 ; roll 120, frame 3.753.774
35 NA : T-354 ; roll 118, frame 3.752.451
36 NA : T-354 ; roll 118, frame 3.752.451

밤이 된 시점에 사단은 지르쿠니와 북부 도네츠강 사이의 15km 간격에 걸쳐 흩어져 포진하고 있었으며 '투울레'는 사로쉬노예에서 사단의 예비로 남아 있었다. 이 시기는 이제 눈과 진창에 더해 도로 곳곳에서 홍수사태로 인한 물길이 만들어져 정해진 시간 내 진격을 불가능하게 만들고 있었다. 본격적으로 해빙기가 도래한 느낌이었다.

## 파이퍼 전투단의 벨고로드 접수

다스 라이히가 보리소프카 남쪽에서 막혀 있었는데 반해 파이퍼가 이끄는 라이프슈탄다르테는 벨고로드를 거의 손 안에 넣을 수 있는 위치에까지 쾌속으로 진격해 들어가고 있었다. 3월 18일 파이퍼는 중대장들을 불러 모아 벨고로드의 타격은 스피드가 생명이라는 점을 강조하면서 만약 속도를 지탱하지 못할 경우 소련군이 측면을 찌르고 들어올 가능성이 높다는 점을 주지시키고 새벽 4시 15분경 정찰대를 급파했다. 5시에 크레스토보(Krestowo)-카우모브카(Kaumowka) 구간 소련군 진지에 대해 슈투카의 공습이 시작된 이후 파이퍼는 불과 10분 만에 소련군 방어선을 돌파했음을 보고했다.[37] 파이퍼는 장갑연대 폰 립벤트로프 7중대의 전차지원을 받고 있었으며 사단에 배속된 2대의 티거 전차도 확보하고 있었다. 게다가 파이퍼는 슈투카와 Me 110 쌍발폭격기[38] 의 근접항공지원을 아울러 보유하고 있어 독일공군의 공습에 소련군들의 정신이 팔린 틈을 타 소련군 진지를 거의 질주하듯이 미끄러져 들어가 돌격포, 전차포, 하프트랙의 대전차포를 사방으로 쏘면서 방어진을 초토화시켰다.

오전 7시 10분 파이퍼의 부대는 소련군의 1차 저지선을 통과하고, 오전 10시 벨고로드 남쪽 1km 지점의 크라스노예에 당도했다. 파이퍼는 크라스노예로 가는 도중에 두 대의 소련 전차를 격파하여 소련군을 동서 두 쪽으로 갈라놓고 마을 내부로 질주해 들어갔다. 크라스노예는 이미 소개된 상태에서 소련군들이 동서 양쪽으로 도주하고 있는 광경이 육안으로 목격되었다. 크라스노예 부근의 작은 마을로 들어간 파이퍼의 하프트랙 1개 중대는 사방으로 사격을 가하면서 중앙으로 치고 들어갔으며 근처에서 전차들을 수리하고 있던 소련군 전차병들은 황급히 전차들을 재가동시켜 밖으로 빠져 도주했다. 이때 폰 립벤트로프는 가장 선두에서 마을로 진입하여 T-34 1대를 격파하고 250m 정도 떨어진 곳에서 또 한 대의 소련 전차를 조준 사격했으나 파괴 여부는 확인을 하지 못한 채 벨고로드로 직행했다. 뒤따라 들어온 하인츠 클링 SS대위의 티거는 각각 1대의 T-34와 M-2(미국제), 3문의 76.2mm 대전차포, 1대의 장갑차량을 격파하고 150mm 야포진지를 찍어 누르면서 벨고로드 전투의 마침표를 찍었다.[39] 파이퍼 부대의 선봉은 벨고로드의 남서쪽 어귀에 도달하여 정찰을 시도했으나 이미 소련군 병력들은 시를 비운 상태였다. 파이퍼의 보고에 따라 선봉은 벨고로드 남서쪽으로 8km 지점에 도달했으며 소련군들이 서쪽으로 도주하고 있다는 관찰이 11시경에 확인되었다.

요아힘 파이퍼는 오전 11시 35분 덤덤하게 벨고로드를 장악했음을 보고했다.[40] 시를 장악하는

37 Agte(2008) p.110, Fey(2003) p.17

38 메써슈미트 Bf 110d로 알려진 중전폭기로 전쟁 후반기에는 주로 야간전투기로 사용되었다. 1945년 3월 생산이 중단될 때까지 총 6,050대가 제조되었다. Lüdeke(2008) Weapons of World Wat II, p.192, Bishop & Warner(2001) p.184, Edwards(1989) p.127

39 Agte(2007) p.40, Deutscher Verlagsgesellschaft(1996) p.113

40 NA : T-354 ; roll 120, frame 3.753.774
벨고로드는 파이퍼 부대가 사실상 점령을 확정지은 것으로 인지되고는 있으나 실제 시 내부로 진입하여 남아 있는 적군을 완전히 소탕하고 안정적인 관리체제로 들어가게 된 것은 다스 라이히 뷔즐리체니 전투단(Kampfgruppe Wisliceny)과 라이프슈탄다르테 선도병력

벨고로드 점령으로 하르코프전을 마무리한 희대의 전차 격파왕 미하엘 뷔트만. 얼음장같이 차가우면서도 불같은 돌격 정신을 가진 무장친위대 최고의 전차장이었다.

과정에서 파이퍼 부대는 8대의 전차를 격파하였고 벨고로드를 향한 레이스에서 당당 1위를 차지하는 영예를 안았다.[41] 그러나 정오가 되자 소련군 제2근위전차군단의 T-34병력이 시의 북서쪽 스트렐레즈코예(Strelezkoje) 부근에서 치고 들어왔다. 파이퍼의 하프트랙으로는 도무지 대적이 되지 않는 규모였으나 때마침 티거 2대가 기병대처럼 뒤따라 들어와 장거리에서 88mm 주포들을 갈겨대기 시작했다. 이날 2대의 티거는 도합 17대의 소련 전차들을 격파했다. 그중 전설적인 미하엘 뷔트만이 혼자 8대의 소련 전차와 7문의 대전차포를 파괴하는 기록을 달성했다.[42] 파이퍼의 하프트랙대대도 단 한 대의 장갑차량 피해 없이 7대의 소련 전차들을 날려버렸다. 파이퍼 부대의 쾌속 진격은 다시 한 번 독일군의 전격전 신화를 부활시키는 것과 같은 인상을 주었다. 수적으로 우월한 적진지를 향해 항공지원까지를 포함한 제병협동과 화력집중에 의한 적 종심으로의 쾌속 진격, 상대가 반격을 가할 틈을 주지 않으면서 기동력을 최대한도로 살린 벨고로드 공략은 파이퍼의 개인적인 용맹과 과단성 있는 결단으로 인해 최소한도의 피해만 입으면서 최대의 전과를 달성했다. 파이퍼의 부대는 이 벨고로드 진격에서 단 한 명의 전사자와 6명의 부상자만 발생시킨 채 시 하나를 통째로 따내는 신기에 가까운 공격을 완수했다.[43] 파이퍼와 그의 부하들은 하르코프와 벨고로드에서 쟁취한 이 공로로 인해 3차 하르코프전 전체를 통틀어 가장 인상적인 무장친위대 굴지의 전사로서 이름을 각인시키게 된다. 파이퍼는 이미 1943년 3월 9일부로 기사철십자장을 받은 바 있어 벨고로드 점령에 대해서는 별도의 서훈이 없었다. 나중에 이 기사철십자장에는 백엽검이 부가되게 된다.

테오도르 뷔슈의 제2SS장갑척탄병연대 루돌프 잔디히의 2대대도 파이퍼의 동선과 평행되게 설치된 철길을 따라 진격, 오후 3시 15분께 파이퍼 부대에게 쫓겨 다닌 T-34들을 만났으나 이내 격퇴하였고 파이퍼 진격로 서쪽 4km 지점에서 이동 중이던 그로스도이췰란트와 연결되었다. 잔디히의 2대대는 시의 서쪽과 남서쪽에서 방어진을 구성하고 데멘테예브카에서 예비로 남겨져 있던 후고 크라스의 1대대도 19일에는 마을을 떠나 벨고로드 방면 도로를 방호하면서 본대와의 합류를 위해 북진을 전개했다.

한편, 프릿츠 에어라트가 이끄는 '도이췰란트' SS연대 1대대는 도네츠 북쪽 강둑으로 연결된 교

---

의 공로였으며, 그 다음에 다스 라이히의 일부 제대가 추가 진입하는 것으로 종료되었다.

41 Agte(2008) p.110

42 Deutscher Verlagsgesellschaft(1996) p.125, 모토후미(2014) p.59

43 Agte(2008) p.112

라이프슈탄다르테 티거중대장 하인츠 클링 SS대위. 명료하고 정확한 작전지시와 리더십으로 결정적인 지점에서의 효과적인 돌파작전을 수행했다.

량을 넘어 강 동쪽 둔덕에 교두보를 마련했다. 이곳에서도 소련군의 맹렬한 저항이 전개되었으나 대대는 미하일로프카까지 교두보를 확대하면서 적 병력을 물러나게 했다. 결국 잔여 소련군 병력들은 북쪽으로 도주하는 기동을 택했고 독일군들은 후방경계부대들에게 가혹할 정도의 화포사격과 집요한 추격전을 펼쳐 엄청난 피해를 입히는 전과를 올렸다. 18일 밤 소련공군은 벨고로드 구역에 가공할 만한 폭격을 퍼부었다. 이는 주 병력이 벨고로드를 이미 빠져나간 것으로 판단되는 징후이기도 했다. 19일 벨고로드와 주변 구역은 독일군에 의해 완전히 장악되었으며 1대대장 에어라트 SS소령이 시 주둔군 사령관으로 임명되었다.

한편, 제48장갑군단은 3월 18일 하르코프시 자체의 수비를 맡으면서 휘하 3개 사단들은 모두 시 남서쪽 우디강 양쪽 강둑에서 소련군과 교전하고 있었다. 제6장갑사단 장갑부대의 일부는 츄구예프를 지키고 있었고 제11장갑사단의 전차들은 로간 북쪽으로 이동하고 있었다.[44] 반면 두 장갑사단의 주력은 리소구보브카(Lisogubowka) 서쪽 숲지대 전구의 소련군 잔존병력에 대해 집중 포사격을 실시하고 있었다. 소련군 병력의 또 다른 그룹은 츄구예프 서쪽 숲에 포위되어 있었으나 장갑척탄병들과 돌격포, 대전차포의 공격으로 일제히 소탕하는 데 성공했다, 두 사단이 잔존병력 일제소탕을 실시하는 동안 제106보병사단은 우디강 변에서 포위망을 뚫고 달아나려는 소련군 병력과 접전을 벌이고 있었다. 또한, 하르코프와 츄구예프 사이 모취나취(Mochnatschi) 철도역 부근에 있던 소총병사단의 패잔병들은 독일군 수비진을 돌파, 동쪽으로 달아나려 했으나 거의 모두가 사살당하고 극히 일부만 시골 야지로 도주했다.[45]

이때 오펠른 전투단은 츄구예프에서 보병의 지원을 받기 위해 주둔 중이었으며 제11장갑사단은 새벽 4시 로간을 떠나 북부 도네츠 서편 강둑으로 소련군을 밀어붙이고 있었다. 사단의 전차 선봉대가 훼도로브카(Fedorowka)와 판휠로브카(Panfilowka)에 도달하자 격렬한 소련군의 공격이 시작되었으며 겨우 사단의 포병중대가 도착해 적진지에 집중포화를 가함에 따라 소련군의 사격은 약화되는 추세를 보이기는 했다. 이곳에서의 전투는 3월 19일까지 끝이 나지 않고 이어졌다.

## 그로스도이췰란트의 토마로프카 진군

그로스도이췰란트는 3월 18일 보리소프카 중앙에 고립된 소련군 병력에 대해 공격을 재개하고 아침 6시 반까지 3대의 전차를 격파했다. 하지만 소련군은 요지부동으로 움직이지 않아 독일군은

44 Sadarananda(2009) p.144
45 NA : T-313 ; roll 367, frame 8.653.401

시급히 공습지원을 요청하고 사단의 장갑엽병대대도 포위망에 갇힌 8대의 소련 전차를 격파하기 위해 중앙으로 진입했다. 일단 포위망에 갇힌 소련 전차들은 다른 기동이 불가능했기 때문에 그로스도이췰란트 슈트라흐뷔츠의 장갑부대는 10시 30분 안심하고 보리소프카를 떠나 장갑척탄병 연대 1대대와 함께 항공지원을 받으면서 토마로프카로 향했다. 사단의 돌격포대대가 베소노프카(Besonovka) 북쪽 구역을 점령함으로써 주공의 진격로를 엄호했고 보리소프카에서 4km 떨어진 지점에서 소련군 전차그룹이 북쪽으로부터 공격해 들어오자 그중 한 대를 격파하여 일단은 되돌려 보냈다. 그러나 이들 소련 전차들은 다시 선봉부대 뒤를 따르고 있던 종대에 공격을 가하면서 전진을 위축시키려는 노력을 가하기 시작했다. 특히 뒤에 따라오던 휘질리어 연대가 상당한 피해를 입었으며 그럼에도 불구하고 사단은 일단 토마로프카로의 진격은 중단하지 않고 계속 이어갔다. 슈트라흐뷔츠의 장갑부대는 다시 20~25대의 소련군 전차들이 북쪽에서 공격해 오자 또 다른 격전에 휘말리게 되었으며 소련 전차들은 마치 전면 후퇴하는 것처럼 도망가다 독일군 전차들이 추격해 오자 팍크프론트로 유인, 4대의 전차를 파괴 또는 반파시키면서 독일군을 함정으로 밀어 넣었다. 슈트라흐뷔츠는 전열을 가다듬어 반격을 전개, 6대의 T-34를 격파한 것을 포함, 이 날 모두 15대의 적 전차를 파괴하였다.[46] 그러나 이 전차 대 전차의 접전으로 더 이상의 진격은 불가능하여 공세는 잠정 중단되었으며 다만 정찰대가 전진을 계속해 벨고로드 남쪽에서 라이프슈탄다르테의 경계부대 병력들과 연결되었다.

제320보병사단은 파이퍼의 벨고로드 진격로와 거의 평행되게 난 하르코프 북쪽으로 뻗은 우디강 계곡을 따라 서서히 움직이기 시작했다. 이 사단도 라이프슈탄다르테의 경계부대 병력들과 곧 연결되어 느리지만 제대간 접촉은 순조롭게 진행되고 있는 것으로 파악되었다. 한편, 서쪽의 제167보병사단은 그로스도이췰란트의 병참선을 확보하기 위해 보르스클라강 계곡 쪽으로 진격했고 우익은 제320보병사단의 좌익과 연결되고 있었다. 사단의 척탄병들은 정오 직전에 우디강 변을 공격, 소련군 진지의 북서쪽을 청소했다. 소련군은 더 이상 저항하지 않고 우디 마을을 버리고 도주하였으며 두 사단은 오후 늦게 우디의 동쪽 절반을 획득했다. 그로 인해 그로스도이췰란트의 좌익은 확실하게 안정적으로 유지될 수 있었다. 또한, 거의 동시에 독일 제2군 소속의 제332보병사단이 그라이보론 구역에 도달함으로써 그로스도이췰란트의 병참선은 더 이상 위협받지 않게 되었다. 그때 당시 소련군은 이미 보르스클라강 북쪽 전구를 모두 포기하고 퇴각하고 있는 상황이었다.

3월 19일 남방집단군 사령부는 SS장갑군단을 포함한 제4장갑군 전체가 벨고로드로부터 철수하는 대신 켐프 분견군이 벨고로드를 통제하도록 지시했다. 켐프 분견군은 해당 구역의 수비를 강화하기 위해 오는 4월에 제39, 106보병사단을 배속받기로 하고 제4장갑군은 하계 공세에 대비해 예비로 돌려보내기 위한 수순을 밟았다. 그로스도이췰란트는 19일에도 토마로프카 방면으로 공격을 속개, 2개 종대 중 우익을 맡은 부대는 장갑연대와 척탄병연대로 구성되어 아침 7시에 토마로프카 3km 지점까지 도달한 것으로 확인되었다. 두 번째 종대는 토마로프카에서 발진한 10~15대의 T-34와 60대의 차량으로 무장된 소련군 병력과 교전하게 되었다. 3차 하르코프 공방전의 말미를 장식하는 격렬한 전투가 오전 내내 이어졌다. 이름값을 해낸 슈트라흐뷔츠는 오후 1시 직전까지 토마로프카를 따내고 방어진을 구축했다. 이날 하루 동안 장갑연대 하나가 31대의 소련 전차와

46 Nipe(2000) p.347

29문의 대전차포, 2문의 야포진지를 파괴하고 토마로프카 남쪽에서 다시 15대의 전차를 추가로 격파하였다. 돌격포대대는 6대의 전차, 척탄병들은 육박공격으로 1대의 전차를 각각 파괴함에 따라 사단은 19일 하루에만 소련군 전차 50대 이상을 파괴하는 전과를 올렸다.[47]

백엽기사철십자장을 받은 슈트라흐뷔츠 대령. 르제프 전투에서 치명상을 입었던 자신의 장갑연대를 이끌고 하르코프에서 통쾌무비의 역전극을 펼쳤다.

슈트라흐뷔츠 연대장은 이때의 공로로 백엽기사철십자장을 받았고 나중에는 전군에 27명밖에 배출하지 않은 다이아몬드 검부백엽기사철십자장을 받는 영예를 누리게 된다. 그로스도이췰란트는 3월 7~19일 동안의 전투에서 233대의 전차, 8대의 장갑차량, 308문의 야포와 대전차포를 격파한 것으로 집계되었으며, 보리소프카에서 토마로프카까지의 진격과정과 파이퍼의 벨고로드 점령 시기만 하더라도 독일군은 150대 이상의 전차와 87문의 야포 및 4개의 포병대대들을 격파한 것으로 확인되었다. 하르코프 공방전 전체 기간을 통해 그로스도이췰란트 사단은 총 300대의 소련 전차들을 파괴하는 대위업을 달성했다.[48]

독일군의 피로상태가 어떠하건 간에 벨고로드를 접수한 독일군이 당장 쿠르스크를 겨냥하는 것이 당연하게 됨에 따라(만슈타인 대반격의 3단계) 소련군은 벨고드로부터 쿠르스크까지 140km에 불과한 거리만 남겨놓고 있다는 사실에 경악했다. 당장 쥬코프가 전선을 직접 시찰하여 독일군의 추가공세 여부를 타진했고 근처에 있는 모든 예비병력, 아니 필요하다면 모스크바로부터라도 끌어올 심신으로 벨고로드 방면에 온갖 병력을 집어넣기 시작했다. 우선 제21군은 벨고로드 북쪽으로 독일군이 치고 올라오지 못하게 주도로를 전면 차단하여 독일군 공세의 가능성을 틀어막고 있었으며, 3월 21일까지 가까스로 방어선을 완성하는데 성공했다. 그보다 남쪽에서는 제69군을 대신한 제64군이 서둘러 전선을 형성하고 제1전차군도 오보얀(Obojan) 주변에 수비진을 구축하는 등 언제 독일군이 치고 올라올지 모른다는 불안 속에 시간과의 사투를 벌이고 있었다.[49] 당시 만슈타인은 폰 클루게 중앙집단군 사령관에게 두 집단군의 공조를 통해 쿠르스크로의 진군 가능성을 논의하려 했으나 폰 클루게는 정중히 거절한 것으로 알려져 있다. 중앙집단군 역시 1942년 말부터 이어져 온 동계 시즌의 고통 속에서 공세확대를 도모할 여력이 거의 없는 것으로 판단되고 있었다.

3월 22일에 라우스 군단의 제167, 320보병사단은 토마로프카와 벨고로드 북쪽으로 이동하여 방어진을 구축하고, 더 서쪽으로는 제55, 255, 332보병사단이 소련군 제100, 167, 200소총병사단을 압박하여 수미로부터 벨고로드로 이어지는 철도선이 위치한 북쪽 방면으로 몰아내 버렸다. 같은 날, 그로스도이췰란트 사단은 수개월 동안의 격전을 마치고 드디어 간만의 휴식을 취할 수 있

47 NA : T-312 ; roll 48, frame 7.560.769-770
48 모토후미(2014) p.59, Deutscher Verlagsgesellschaft(1996) p.126
49 NA : T-313 ; roll 367, frame 8.653.401, 8.653.439, Glantz(1991) p.209, Sadarananda(2009) p.146

하르코프 재탈환 직후의 상황 1943년 3월 중 ~ 하순

었다. 그 후 소련군은 그라이보론과 토마로프카 사이에서 부분적인 전차공격을 감행한 것 이외에는 주로 항공기에 의한 교량과 철도선 파괴공작에 전념했으며 간간히 독일공군 기지를 기습하여 추가적인 공세를 이어가지 못하도록 애를 쓰고 있는 정도로 전황은 축소되어 갔다. 독일군도 이 정도 선에서 공세를 중단하고 하계 대공세를 위한 재편과정에 들어가는 것으로 정리되고 있었으며 그로스도이췰란트를 포함한 제4장갑군도 전선에서 빠져 나와 후방으로 이동하기 시작했다.[50] 그보다 본격적인 해빙기의 도래는 도저히 전차와 차량이 움직일 수 없는 지경으로까지 내몰았으며, 병력과 장비 모두 휴식을 취해야 할 시점에 도달한 것으로 판단한 만슈타인은 3월 셋째 주 추가 공세를 중단키로 결정하였다. 어쩌면 소련군은 해빙기의 진창으로 인한 도로사정 악화가 그들을 구하게 된 주원인이 되었을 수도 있는 상황에서 만슈타인 공세 중지에 안도의 한숨을 쉬게 되었다. 이후 동부전선은 3개월 동안 기묘한 정적기간을 갖게 된다. 그러나 그것은 보다 더 큰 전투가 있기 직전까지의 불안한 정적이었다.

50 NA : T-312 ; roll 48, frame 7.560.766

# 13 최종평가

## 작전술적 승리와 전략적 주도권의 회복

만슈타인은 가능하면 겨울 캠페인에서 쿠르스크 돌출부까지 제거하고 작전을 최종 완료하기를 희망하였으나 중앙집단군은 더 이상의 공세를 확대할 여력이 없다는 반응을 보임에 따라 결국 1943년 하계 시즌까지 공세를 늦추게 되는 것은 주지하는 바와 같다. 우선 병력이 엄청나게 고갈되어 가고 있었다. 가장 많은 무훈을 세우면서도 가장 많은 피해를 입은 라이프슈탄다르테는 167명의 장교와 4,373명의 장병들이 전사, 행방불명, 부상을 당했고, 다스 라이히도 102명의 장교와 4,396명의 장병들을 잃었다. 그나마 상태가 좋다는 토텐코프도 94명의 장교와 2,170명의 병력들을 희생자로 기록했다. 이로써 SS장갑군단은 3월 20일까지 총 356명의 장교를 포함한 병력 1,154명의 전사, 행방불명 및 부상자를 기록하였으며, 각 사단의 남은 전차 대수는 모두 35대 미만에 지나지 않았다.

1939년 개전 이래 다양한 전역에서 기량을 닦은 최정예 장교와 병사들이 무수히 죽어갔고 1943년 1월 당시 완편전력 상의 그 우수한 병력들은 그 후 두 번 다시 같은 수준으로 충원되지 못하는 운명을 경험했다. 더욱이 서부에서 라이프슈탄다르테의 자매사단과도 같은 제12SS '히틀러 유겐트' 장갑사단 창설을 위해 제1SS장갑척탄병연대장 프릿츠 뷔트가 사단장으로 전출되고 쿠르트 마이어, 막스 뷘셰, 봘터 슈타우딩거, 베른하르트 크라우제와 같은 기라성같은 대대장들이 12사단으로 옮겨 감에 따라 라이프슈탄다르테는 과도한 인적 재구성 과정을 거치게 되었다.[01] 그리고 무엇보다 정신적 지주였던 제프 디트리히 사단장이 서쪽의 제1SS장갑군단장으로 취임하게 됨에 따라 장병들은 한 동안 허탈한 심정을 달래고 있었으며 대신 테오도르 뷔슈 제2SS장갑척탄병 연대장이 라이프슈탄다르테 사단장으로 승진하게 되었다.

독일군은 이와 같이 상처투성이의 영광을 누리게 되었으며 소련군의 피해는 8:1의 우세 속에서 싸운 전투임에도 독일군에게 엄청난 구타를 당한 것으로 기록된다. 제3전차군, 포포프 기동집단, 제40, 69군, 4개 야전군의 총 52개 사단들이 전투서열표에서 지워졌고 7월까지는 아무런 이렇다 할 기동을 못할 정도로 만신창이가 된 성적표를 들고 해빙기를 맞이했다. 봐투틴의 소련 남서방면군은 전차 615대, 354대의 자주포 및 구축전차와 23,000명의 병력을 상실했으며, 골리코프의 보로네즈방면군은 이보다 더해 전차만 600대, 500대의 자주포와 구축전차, 40,000명의 병력을 상실했다. 야포와 대전차포는 합계 3,000문이 격파 당했다.[02] 시기별로 나누어 보면 라이프슈탄다르테의 공격을 주축으로 한 하르코프 남부 예프레모프카 부근의 전역 종결 시점(만슈타인 대반격의 제1단계)인 3월 4일까지 소련군 6개 전차군단, 10개 근위사단, 6개 독립전차여단이 격멸 되었고, 독일군

01 Deutscher Verlagsgesellschaft(1996) p.54
02 Porter(2009) p.95

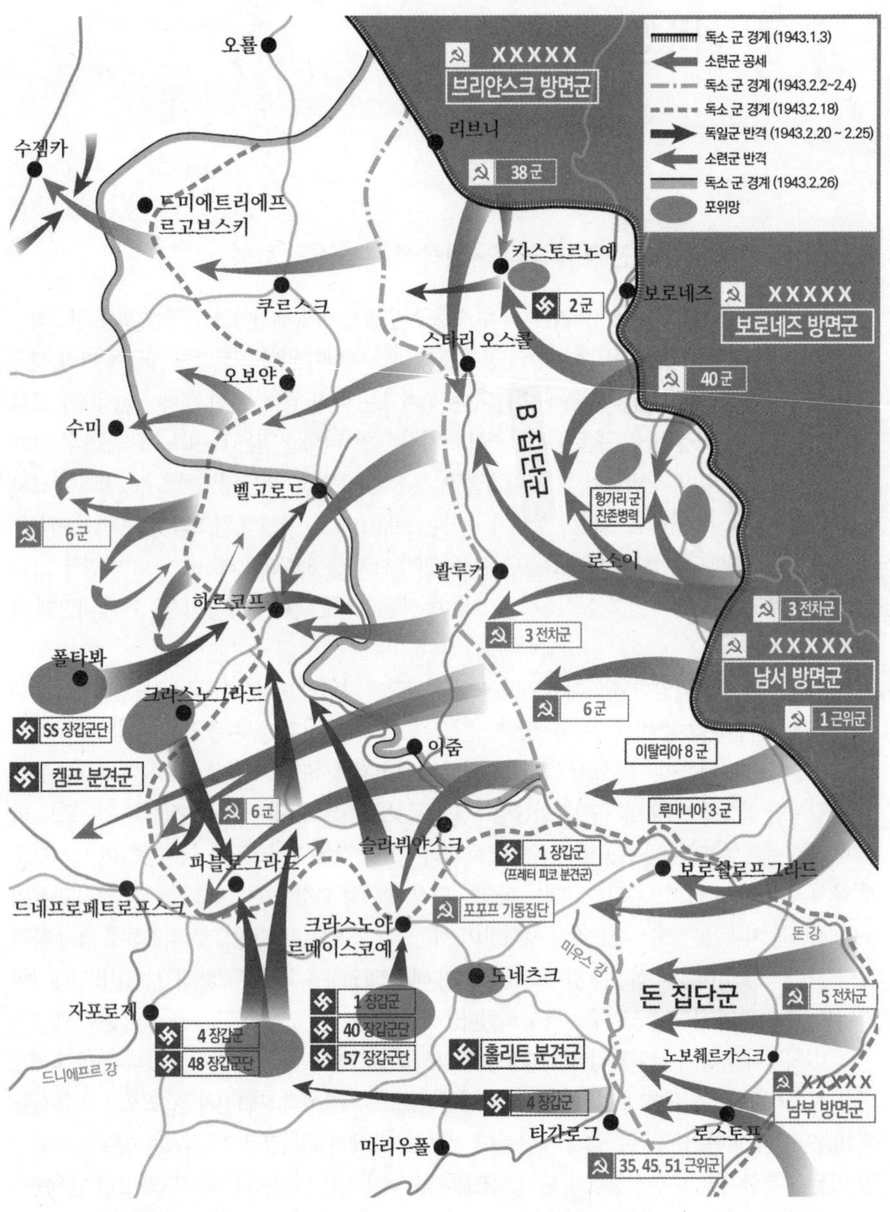


이 하르코프시를 비우게 되었던 철수 개시일 이틀 전인 2월 13일부터 3월 20일까지 소련군은 총 5만 명의 전사자, 19,594명의 포로, 1,410대의 전차 및 장갑지휘차량, 3,372문의 자주포 및 구축전차, 3,045문의 보병 중화기, 1,846대의 운송차량이 파괴되는 수모를 당했다.[03] 한편, SS장갑군단을 포함하고 있는 제4장갑군 1개 군이 다수의 소련 방면군 제대들과 붙어 이룬 전과에 따르면 567대의 전차, 1,072문의 야포와 자주포, 1,000문 이상의 대전차포를 격파하였으며 소련군 40,130명 사살,

03 Deutscher Verlagsgesellschaft(1996) p.35

12,430명의 포로를 얻은 것으로 집계되었다.

동부전역 전체에 걸쳐 소련군이 스탈린그라드 이후 갤롭과 스타 작전을 동시에 진행시킬 당시, 총 600만의 병력, 12,000~15,000대의 전차와 장갑차량, 33,000문의 야포와 대전차포를 동원한 데 비해 독일군은 270만 명의 병력, 2,200대의 전차 및 장갑차량, 6,360문의 야포와 대전차포를 동원했던 것을 보면, 독일군은 스탈린그라드 이후에도 대 소련군과의 상호 격파 비율에서 확고한 우위를 점하고 있었음을 확인할 수 있다. 그러나 전차만을 놓고 본다면 1941년 바르바로싸 때 1:7, 1942년 청색작전 때 1:6, 1943년 하르코프가 끝난 시점에서는 1:5로 줄어들면서 소련군의 능력이 점점 향상되어 가고 있다는 느낌은 분명히 감지할 수 있게 된다. 이 전차간 상호 격파 비율은 시간이 흐를수록 소련군과의 전술적 전력 차를 좁히게 되는 것과 비례하게 되나, 1943~1944, 심지어 1945년 봄까지도 국지전에 있어서 독일군의 표준적인 전차기동능력은 지속적으로 유지되고 있었다.

스탈린그라드 이후 소련군은 그들이 전략적 주도권을 가져 간 것으로 생각하고 무리한 다층적인 작전들을 동시에 수행한 결과, 만슈타인의 기가 막힌 크로스 카운터가 작열하면서 1942~43년 겨울전역은 종료되었다. 만슈타인이나 독일군이나 이 반격작전이 작전술적 차원의 전황 호전을 가져올 것이라고 확신했으나 그 이상의 고차원적인 의미는 없을 것으로 예견했다. 그러나 결과적으로 3차 하르코프 공방전은 쿠르스크전까지 동부전선 전체에 한 동안의 휴지기를 가져올 정도로 쌍방에 중요한 전략적 모멘텀들을 제공했다. 문제는 이때의 패배로 소련군이 다시금 그들의 전술적, 기술적 결함들을 겸허히 보완하려는 노력을 배가하면서 1943년 하계공세를 신중하게 준비하는 교훈들을 체득했다는 점이었다. 반면 독일군은 러시아 동계전선 최초이자 마지막 승리를 쟁취하면서 그들의 자존심을 되찾는 것까지는 좋았으나 이미 이 시기부터 그들이 '전략적 수세'로 전환해야 한다는 점을 깊이 있게 받아들이지는 못했다. 만슈타인의 기동 방어는 단지 하르코프에서만 제한적으로 사용되는 임시방편이 아니라 전쟁 후반기 독일군의 전체 병력관리와 전략전술의 기초가 되었어야 하나, 히틀러는 만슈타인이 공들여 만든 동부전선의 status quo를 애써 없애 버리면서 또 한 번의 도박을 감행하게 된다.

## 만슈타인 반격작전의 개요

만슈타인의 반격은 우선 미우스강 동쪽지역으로부터 후퇴한 홀리트 분견군이 소련 남부방면군 5개 군의 공세를 미우스강 변에서 저지시키기로 하고, 남방집단군의 우측면을 보호하기 위해 코카사스에서 탈출한 제1장갑군을 집단군의 우익에, 제4장갑군을 집단군의 좌익에 놓고 변화무쌍한 전술기동으로 마치 독일군이 후퇴하는 것처럼 소련군을 속인 다음, 대반격을 추진할 수 있는 체제를 완벽히 정리했다. 그리고 나서 소련군 공세의 주공을 형성하는 남서방면군의 3개 군, 즉 제6군, 포포프기동집단, 제1근위군의 진출이 최대한도로 늘어지는 것을 끈질기게 기다려 병참선이 과도하게 신장되면서 측면이 노출되는 결정적인 시점만을 기다리고 있었다. 다음 단계에서 만슈타인은 제1장갑군의 제40장갑군단, 제4장갑군의 제48장갑군단과 SS장갑군단, 3개 장갑군단을 세 방향으로부터 돌진시켜 소련군 주 병력을 최종적으로 포위섬멸하였다. 그 동안 제48장갑군단과 SS장갑군단은 보로네즈방면군의 공세 주공을 맡았던 3개 군, 즉 제40군, 제69군, 제3전차군의 측면을 철저히 분쇄하여 공세정면의 폭이 지나치게 확대된 3개 군을 격멸함에 따라 그 당연한 결과로서 하르코프 시가 탈환되는 일련의 과정이 완료되게 되었다. 정확히 한 달만의 설욕전이 완성되는 극적인 순간이었다.

이로서 독일군은 미우스강부터 도네츠강까지 이어지는 방어선을 안정적으로 관리할 수 있게 되면서 불과 한 달 전 동부전선 남익이 완전 붕괴될 수 있었던 초유의 위기가 궁극적으로 해소되는 전기를 맞이했다. 전투에서의 기동 개념은 공격시만이 아니라 수비의 경우에도 절실히 요구된다는 점에서 '후수(後手)부터의 한 방'에 의한 기동방어, 기동타격을 이처럼 드라마틱하게 실천했던 역사는 별로 없었다. 그것도 양군이 모두 탈진에 가까운 상태로 내몰리면서 한 달 반 동안 공격과 방어가 수십 차례나 뒤바뀌는 이 전투는 진실로 공방전이라는 이름에 아깝지 않은 처절하고도 위대한 전역이었다.

3차 하르코프 공방전은 지금도 각국 육군사관학교나 장교, 하사관 등의 전술교육 시에 기동방어의 가장 위대한 사례 중 하나로 전수되고 있다.[04] 기적이라는 말을 붙여도 별로 이상할 것이 없는 독일군의 이 승리는 무려 8:1의 병력 열세 속에서 얻어진 것이라는 점에서 거의 무협지급에 달하는 전과가 녹아 들어 있다. 물론 규모면에서 1941, 1942년, 그리고 1943년의 쿠르스크전에 비하면 왜소해 보이는 것이 당연하지만 전투의 실질적인 내용면을 보면 결코 가볍지 않음을 실감하게 된다. 이 전투는 거의 빈사상태의 독일군을 살려내는 결정적인 크로스 카운터임과 동시에 동부전선의 전략적인 주도권을 다시 한 번 독일군에게 되돌리는 중요한 순간들을 확보하게 되었다.[05] 만슈타인의 독일군은 스탈린그라드 이후 소련군에게 빼앗긴 영토의 거의 대부분을 다시 돌려받았고 소련 4개 군을 일거에 지도상에서 삭제했다. 그리고 무엇보다 값진 것은 스탈린그라드 제6군의 항복이후 실추된 독일군의 명예와 실력을 한 방에 되찾았다는 점이었다. 실제로 스탈린그라드에서 추축국 4개 군이 괴멸되었지만 군이라고 해봐야 병력면에서 독일군이나 소련군의 그것과 비교가 안 될 정도로 빈약한 것들이어서 실제로는 독일군 1개 군 + α 가 전멸당했다는 것으로 보는 것이 정확하다. 그러나 스탈린그라드에서의 패배는 물리적인 규모보다 사실은 심리적인 충격이 더 큰 트라우마로 작용했다. 이후의 거의 모든 전투에서 독일군은 규모가 크든 작든 포위되기만 하면 '설마 제2의 스탈린그라드...'라는 악몽을 떨쳐내기에 급급해하는 상황을 경험하게 되었다. 그러한 점에서 하르코프에서의 승리는 비록 그것이 제한적인 의미밖에 갖지 못하는 한시적인 상황전환이라 하더라도 소련군이 가장 특기로 하는 겨울전역을 기적적인 승리로 이끌어 냈다는 결과는 대단한 의미를 갖기에 충분하고도 남음이 있었다. 게다가 1942년 하계 청색작전 이후 사사건건 히틀러의 간섭이 존재했던 데 반해 이 전투는 만슈타인과 일선 야전지휘관들의 프로정신에 입각한 원칙적 교리와 유연성 있는 국면전환 기술에 의해 점철되었다는 점에서 더더욱 군사교범적 차원의 가치를 드높이게 된다. 독일군은 상부의 간섭이 없을 때 가장 뛰어난 전과를 달성해 나갔다.

## 소련군의 '잃어버린 승리'

소련군은 스탈린그라드 이후 잘만 하면 남부 러시아 전선의 전황을 완전히 뒤바꾸어 놓을 수도 있는 유리한 위치에 있었던 것만은 분명하다. 만슈타인은 '잃어버린 승리'(Verlorene Siege)에서 '만약

04 Bishop(2008) German Panzers, p.111
05 NA : T-313 ; roll 365, frame 8.651.399
NA : T-313 ; roll 367, frame 8.653.411

소련군이 스탈린그라드를 포위하면서 과잉방어하고 있는 상황이 아니라 위험을 무릅쓰고 전략적 예비를 동원해 남부전선의 독일군을 드니에프르와 아조프해로 세차게 몰아 격퇴시키는데 전력을 집중했더라면 자신들에게 더 큰 재앙이 초래되었을 수도 있었다'는 사실을 토로하고 있다.[06] 또한, 소련군이 드니에프르나 하르코프로 눈을 돌리기보다 스탈린그라드 탈환 직후 처음부터 정 남쪽의 아조프해로 전차들을 몰아 빠른 기간 내에 독일군을 동서로 나누었더라면 제6군보다 몇배 이상 큰 규모의 독일군을 와해시킬 수도 있었다.[07] 그럴 경우 코카사스로 내려간 A집단군과 돈집단군(남방집단군의 전신)의 연결을 차단하고 러시아 남부전선을 끝장낼 수 있는 여지가 충분히 있었기 때문이다. 예컨대 보로네즈방면군보다 남서방면군에 보다 많은 기동전력과 군을 배치하고 남부방면군(구 돈방면군)의 4~5개 군 병력이 제1장갑군의 후퇴보다 빠르게 움직여 로스토프를 따낸 뒤 도네츠강 서쪽을 압박하고 들어갔다면 독일군의 두 집단군은 크림반도에서만 연결되는 위급한 상황에 처했을 것이다. 즉 소련군은 비록 북부 쪽의 전략적 예비를 동원할 수 없었다 하더라도 하르코프에 신경쓰기보다는 1월 24일부터 이미 시작된 A집단군(제1장갑군)의 후퇴를 차단하는 일에 우선순위를 두었어야 했다. 만약 그것이 가능했다면 소련군은 1942~43 동계전역에서 스탈린그라드의 참패를 안기는 것과 동시에 또 하나의 독일 집단군을 자루에 가두는 일시적인 효과까지 노릴 수 있었으며 '동부전선 독일군'(Ostheer)의 남익을 잘라낼 수 있는 충분한 조건을 만들어 냈을 수도 있었다. 그러나 소련군 병력의 눈부신 진격속도에 도취된 스탈린과 스타프카는 남쪽보다는 보다 서쪽의 중앙집단군까지 압박하면서 독일군을 드니에프르 서쪽으로 격퇴시키는 일이 더 매력적인 것으로 판단했다. 너무 많은 목표들을 단숨에 노린 스탈린과 군 수뇌부의 과욕은 전방위적으로 전선을 늘리게 된 소련군이 독일군의 돌려차기 한방에 나가떨어지는 운명에 처하도록 만들고 말았다.

스타프카와 봐투틴과 같은 야전 사령관, 심지어 정보장교들까지도 상황판단에 취약했다. 두 개의 작전, 특히 갤롭은 날짜가 바뀔 때마다 새로운 과제가 추가되면서 소련군의 실제적인 능력을 초월하는 부담이 가중되어 갔다. 한때 그들의 군사교관이었던 독일군을 너무 얕본 나머지 1943년 봄에 전쟁을 끝장내겠다는 과욕과 과신으로 일관한 순간, 만슈타인이 만든 거대한 함정은 소련 남서방면군과 보로네즈방면군이 도무지 예상치 못한 결과를 만들어 갔다. 과신에 찬 봐투틴은 모든 병력을 전 전선에 걸쳐 제1파로 포진하고 겨우 한줌의 예비병력만을 남긴 채 남방집단군을 괴멸시키겠다는 의도를 나타냈다. 독일군이 너무나 크게 벌어진 방어선으로 인해 적절한 수비벽을 쌓는데 힘들어한 것과 마찬가지로 소련군 역시 감당하기 힘든 수백 km의 전선을 엷게 깔린 공격대형으로 커버해 나갔다. 봐투틴은 포포프 기동집단을 제1근위군과 세로로 길게 편성, 배치함으로써 주공이 제1근위군 구역에만 경도된 현상을 나타내게 했으며, 이에 독일군은 이 병력들을 교통량은 많지 않으나 인구가 조밀한 슬라뷔얀스크-아르테모프스크-보로쉴로프그라드 구간으로 몰아넣어 고사시키는 작전을 구사했다. 그 와중에 소련 제6군은 여타 제대의 긴밀한 지원협조 없이 너무 깊게 들어오는 바람에 제1근위군 쪽으로 치우친 병력을 제6군 쪽으로 이양하는 과정에서 병력 재구성의 난점들이 수도 없이 노출되었다. 즉 소련군은 소규모 병력을 축차적으로만 분리, 투입시켜 제6군의 볼륨을 결정적으로 늘리지도 못하였고 제6군과 제1근위군 사이의 벌어지는 갭을 막아내지도 못했

06 Manstein(1994) p.439
07 Mitcham(1990) p.249

다. 또한, 기동전력을 엄호하는 보병전력이 충분치 않은 상태에서 예비로 있던 전차병력들을 공세 1파에 가담시켜 화력의 집중을 강화하기 보다는 공세의 2파로만 투입함에 따라 결과적으로는 독일군이 숨고르기를 하면서 소련군의 단계적인 공격을 무난히 처리할 수 있는 여유를 제공하고 말았다.[08]

스타작전의 골리코프도 거의 비슷한 실수들을 자행하였으며 방면군의 드라이브 포스였던 제3전차군은 지나치게 정면돌파에만 의존한 나머지 능란하게 치고 빠지는 독일군으로부터 엄청난 피해를 입고 있었다. 따라서 단계적으로 지역을 확보해 나가는 데는 진전이 있었다 하더라도 시간이 감에 따라 길게 늘어진 종대는 탄약과 연료난에 허덕일 수밖에 없었고 병력밀도가 떨어진 틈을 타 만슈타인의 부하들은 사냥꾼들처럼 소련군 제대를 마음먹은 대로 요리해 나갈 수 있었다. 제3전차군의 괴멸은 제69군과 여타 잔존병력과의 간격을 이격시키면서 자동적으로 방면군 남익이 잘려 나감과 동시에 SS사단들이 하르코프로 직행할 수 있는 공간을 제공했다. 다만 이 구역은 방면군 자체의 전술적 결함도 문제였지만 후퇴를 하면서도 지능적으로 소련군의 진격속도를 떨어트린 독일군들의 공로가 더 돋보였기에 소련군의 내부적 문제보다는 독일군의 승리요인에 좀 더 많은 비중이 부여될 것으로 판단된다. 보로네즈방면군은 그와 같은 독일군의 지연작전으로 말미암아 작전 1단계에서 이미 4일을 지체하고 말았으며 하르코프 탈환도 결과적으로는 7일이나 늦게 이행되고 말았다. 시간표를 지키지 못한 상태에서 독일군 주력이 시를 포기하고 빠져 나간 뒤에는 손쉽게 전멸시키고자 원하던 독일 야전군의 존재가 사라지게 되었다. 게다가 미리 요청했던 예비병력이 전선에 도착하여 구원군으로 나섰을 때에는 이미 결정적 시기를 놓치고 만 시점에 도달해 있었다.[09] 방면군은 기동예비를 항상 공세 1파 바로 뒤에 준비했어야 하는 교리를 지키지 않았고 소련군의 전술적(tactical) 작전변화보다는 독일군의 작전술적(operational) 예측능력이 더 뛰어났던 탓에 소련군의 야심찬 전략적(strategic) 목표달성은 기묘한 역전극을 만들면서 좌절되었다. 만슈타인은 동쪽에서 포포프 기동집단을 분쇄한 뒤 두 방면군의 경계에 있던 제3전차군을 격멸하여 소련군의 가장 중요한 기동전력들을 마비시켜버렸다. 그 다음은 히틀러가 가장 먼저 원했던 하르코프 시 탈환을 가장 마지막 과제로 설정하면서 반격 드라마의 클라이맥스를 장식케 했다. 그 주인공들은 당연히 2월 중순에 시 철수를 결정했던 SS사단들이 차지했다.

한편, 봐투틴과 골리코프는 편제상의 규모만 그럴 듯할 뿐, 전차 정수가 절대적으로 부족한 기동전력으로 그로스도이췰란트나 SS장갑군단과 같은 독일군의 엘리트 부대들과 결전을 치러야 한다는 부담을 처음부터 안고 출발했다. 그러나 자신을 너무 믿고 적을 너무 안이하게 판단한 나머지 제2의 스탈린그라드를 조속히 만들어야 한다는 조급한 생각이 지나치게 의욕적인 적진돌파를 초래함에 따라 결과적으로 엄청나게 늘어난 보급선을 노출시키고 마는 결정적인 실수를 범하게 된다. 특히 42~43년의 동계전역에서 소련군은 여전히 소총병사단이 최초의 돌파를 시도하고 이어 전차 또는 기계화군단과 같은 기갑전력이 기동전을 후속타로 전개하는 방식을 추진했다. 그러나 야포의 부족과 보병을 지원하는 전차의 부적절한 사용 등, 기본적으로 제병협동의 원칙과 교리를 제대로 흡수하지 못한 이때의 구조적 문제는 그들의 기동전력을 기껏해야 전술적 수준의 침투로 폄

08 Glantz(1991) pp.148-9
09 Glantz(1991) pp.212-3

하시키는 결과를 초래하고 있었다. 스타프카는 한편으로 소총병군단을 군 단위에 체계적으로 배속시키는 방안을 실천시키고는 있었다. 하지만 1개 군에 1~2개의 소총병군단만이 배치되었으며 이 군단은 중화기의 지원이나 충분한 차량들의 보급을 향유하지 못하고 있었다. 따라서 기동전력 역시 종심작전의 수행에는 한계를 드러내고 있었으며 필수 지원병력이 복합적으로 편제되어 있지 못한 상태에서는 특히 독일군이 측면을 노리고 반격을 시도하게 될 경우에 대단히 취약한 구조를 안고 있었다.[10]

러시아는 나폴레옹과의 전쟁 때부터 홈그라운드의 이점을 최대한 살려 적군이 깊숙이 내부로 전진함으로써 병참선이 지나치게 확장되는 순간, 대규모의 반격을 전개해 적군을 해체, 분쇄, 격멸하는 일련의 과정을 주특기로 했다. 한데 하르코프 공방전에서는 그들이 특기로 하는 전략적, 작전술적 차원의 기법을 도리어 적에게 이용당하는 기묘한 일이 발생하고 있었다. 이번에는 소련군의 병참선이 늘어질 대로 늘어나 독일군에 의해 난도질당할 차례가 되었던 것으로, 2월 말이 될 때까지도 스타프카나 일선 야전지휘관들조차 전혀 감을 잡지를 못하는 엄청난 착각 속에 놓여 있었다. 만슈타인과 같은 본좌가 이를 놓칠 리가 없었다. 그는 소련군이 의욕만 앞섰지 생각보다 기동전력이 빈약하다는 점을 간파하고 독일군의 취약한 전력에서 최대치를 뽑아내 가장 효율적인 타격을 가하는 일생일대의 도박을 행하면서 독일군을 수렁에서 건져내는 데 성공한다. 만슈타인은 적군이 조직적인 공세를 취하고 있는 숨 가쁜 시기의 한 가운데에서도 적의 의도를 사전에 간파하여 적의 약점에 치명타를 가함으로써 동부전선 전체의 운명을 바꾸어 놓았다. 그 때문에 수비태세로 기다리는 적을 향해 타격했던 1941~1942년 독일군의 그 어떤 장성보다 그가 뛰어나다는 해석이 가능하게 된 것이다. 거기에는 물론 목숨을 걸고 히틀러의 진지 사수명령을 무시, SS사단들을 하르코프 시로부터 철수시켜 전멸을 면하게 했던 파울 하우서의 용기가 밑거름이 되었으며, 자포로제에서 히틀러가 소련군의 전차가 30km 안으로 밀고 들어온다는 사실에 황급히 자리를 뜨면서 만슈타인에게 행동의 자유를 부여하게 했던 해프닝도 한 몫 거들었다. 만슈타인은 그러한 점에서 지장, 맹장이자 동시에 아무도 이길 수 없는 '운장'이었다.

## 잡감(雜感)

한편, 만슈타인은 제6군이 빨리 항복하지 않고 1943년 1월 내내 버텨주었기에 자신의 반격작전이 성공할 수 있었다며 스탈린그라드에서 괴멸된 제6군의 장병들에게 일종의 고통스러운 헌사를 봉납하고 있다. 만약 이들이 일찍 전선을 포기했다면 아마도 제1장갑군을 포함한 A집단군이 로스토프에 도달하지 못해 일찌감치 차단당했을 것이며, 남부전선 독일군의 전 병력이 서쪽으로 이동하지도 못하고 아조프해로 쫓기거나 바다를 등지고 몰락할 수도 있는, 가혹한 시나리오가 실현될 수 있었다는 음산한 가설을 논하고 있다. 물론 그렇다고 스탈린그라드의 사수명령을 내린 히틀러의 고집이 어떤 경우에도 정당화되는 것은 아니다. 제6군은 11월에 소련군의 천왕성 작전이 개시되기 이전에 스탈린그라드에서 빠져나왔어야 하며 적군이 포위망을 구축한 11월 19일~22일 이후에도 탈출을 시도했어야 한다. 만슈타인이 비참한 운명을 맞이한 제6군 장병들에게 사의를 표명한 것은 옳으나, 그의 표현을 보면 마치 스탈린그라드가 2월 2일까지 버티고 있었기에 자신의 반격이

10 Glantz(1991) p.368

하인리히 히믈러 옆에 선 파울 하우서. 히믈러의 왼쪽은 빌터 크뤼거 다스 라이히 사단장
(Bild 101III-Zschaeckel-198-19)

효과를 볼 수 있었다는, 다분히 결과론적인 해석으로 점철되고 있다는 점이 거슬리기는 한다.[11]

더욱이 만슈타인은 이미 제6군의 운명이 끝장난 것으로 보였던 12월 9일에도 제6군은 단순히 포위망을 탈출하기보다 소련군 대규모 병력들을 스탈린그라드에 붙잡아 둠으로써 독일군의 남익이 짧은 시간 내 붕괴되지 않도록 시간을 벌어야 한다는 이상한 생각을 가지고 있었던 것으로 판단된다. 즉 외부로부터의 지원과 구출작전에 의한 연결을 우선적으로 추진하되 제6군이 자체적으로 탈출을 기도하는 것은 마지막 옵션이 되어야 한다는 판단을 하고 있었다. 그는 제6군이 빠져나올 경우 스탈린그라드에 집결해 있는 엄청난 규모의 소련군들이 남부전선에 마구 흩어져 나와 더 악화된 상황을 초래할지도 모른다는 논리를 내밀면서, 스탈린그라드에 갇힌 제6군이 일정 부분 독일군의 전력 재정비에 기여를 하고 있다는, 지금으로서는 대단히 황당한 식견을 지니고 있었다. 포위망에 갇힌 인적 규모가 4~5만 명이라면 이해가 된다. 그러나 1942년 12월이면 25만 명 이상이 포위되어 나중에 9만 명이 항복하는 사태가 터진다. 만슈타인의 관측과 결론이 설혹 맞다 치더라도 공중지원과 지상에서의 연결작전에 시간이 소요되면 될수록 스탈린그라드의 포위망은 더 좁아지기 마련이었다.

2월 15일 하르코프 시 철수에 있어서도 최고사령관 만슈타인은 끝까지 히틀러의 사수명령에 반기를 들지 않았다. 하우서가 총대 메고 나설 때까지 만슈타인은 시종일관 히틀러를 거스르는 일은 하지 않으려 했고 전후에 집필한 자신의 저서에도 하우서의 행동을 대단히 애매하게 표현하고 있을 뿐이다. 아마도 히틀러와 원만한 관계를 가지지 못했던 란쯔 대장도 그 상황에서 총통의 명을 거역할 수 있는 것은 오로지 하우서 외에 없다는 판단이 섰을 것이라는 추측도 있다. 하우서의 이

11 Manstein(1994) pp.441-2

용기 있는 철수 결정이 없었다면 SS사단들은 존재하지 않았을 것이며 그로 인해 만슈타인이 하고자 했던 반격작전은 실행될 수조차 없었을 것이다. 하우서가 자기 목을 내놓고 만슈타인의 역사 만들기를 도와주었는데도 만슈타인의 저서는 하우서에 대한 사의 표명 하나 없이 슬그머니 빠져나가 버리고 말았다. 만슈타인은 이때 목숨 걸고 하르코프 철수를 결정한 하우서나, '총통, 누가 제9군 사령관입니까? 접니까 총통입니까?'라고 대차게 대들었던 모델 장군과 같은 용기가 필요했다.[12] 하지만 그가 얼마나 대단한 전략가인지는 몰라도 결코 총통의 뜻을 거슬러 부하들을 구출해 낼 진정한 용기를 가진 장군은 아니었다.

다시 스탈린그라드를 보자. 만슈타인은 1943년 1월까지도 히틀러의 진지 사수 명령에 대해 별다른 반감을 표시하지 않았다. 바로 직전 12월 말에 '겨울폭풍작전'이 실패로 끝나 스탈린그라드가 완전히 봉쇄되어 희망이 없는 지경에 이르렀는데도 아무런 이의제기를 않았다는 것은 제6군의 고립이 자신과는 무관하다는 점을 독자에게 넌지시 알리는 것이 아닌가 하는 의혹마저 들 정도다. 이 점에 대해서는 데이비드 글랜츠(David M. Glantz)나 죠지 나이프(George M. Nipe)도 만슈타인의 회고에 전적으로 동의하는 편이지만, 만슈타인은 '겨울폭풍작전' 수립 시 포위망 내 일부 기동전력을 끄집어내어(괴멸의 위험을 무릅쓰더라도) 외부에서 태세를 정비한 다음, 내부에 갇힌 보병위주의 전력을 구해내는 단계별 시도는 채택하지 않았다는 점에 주목할 필요가 있다. 당시 만슈타인의 돈집단군과 제6군 사이에는 125km가량의 거리가 있었으며 제6군 모두가 탈출할 수 있는 연료는 30km 정도에 불과했다.[13] 만슈타인의 구원군이 진격한 거리도 스탈린그라드로부터 겨우 48km 남짓 되는 데 그쳤다. 따라서 전체가 포위망을 다 빠져나온다는 생각은 애초에 무리였다.

그렇다면 히틀러나 만슈타인이나 제6군의 모든 병력이 한꺼번에 구출되는 순간만을 상정했다는데 커다란 장애가 발생했음에도 불구하고, 만슈타인은 폰 파울루스가 빠져나올 용기가 없었기 때문에 제6군의 붕괴가 초래된 것으로 해석하면서 구출작전 자체의 결함에 대해서는 전혀 반성이나 사색의 여지를 남겨놓고 있지를 않았다. 한참 이후에 있을 코르순(Corsun) 포위전과 같이 포위망 외부의 장갑사단이 외곽을 공격하는 순간, 내부의 보병사단이 타이밍을 맞춰 구출과 탈출을 동시에 진행시키는 방법이 통했다는 점을 고려할 때, 1942년 말에는 왜 그 많은 기동전력을 보병과 함께 아사상태로 몰고 갔는지 이해가 되지 않는 부분에 대해서는 전혀 언급이 없다.[14] 코르순 포위전 때 그나마 병력의 절반 이상을 구출할 수 있었던 근거는 외부의 '기동전력'이 내부의 '보병사단'들을 구해내는 비교적 단순한 구도로 진행되었기에 독일군은 또 한 번의 괴멸을 면할 수 있었다. 당시 포위망에 갇힌 기동전력은 제5SS뷔킹사단이 유일했다. 오히려 그 때문에 포위망 속의 '슬림-다운'(slim down)된 규모의 우군 구출은 보다 용이해지며, 설사 보병사단들이 전멸한다 하더라도 장갑사단의 장비들은 건져낼 수 있었던 가능성은 현저히 높았다. 결과적으로 이후에 있을 쿠르스크 기갑전이 제3차 하르코프 공방전의 전략적 유산이 되었던 것처럼, 제3차 하르코프 공방전은 스탈린

12 Mitcham(1990) pp.315-6 이 에피소드는 1942년 1월 20일, 제9군 사령관 모델이 히틀러 사령부로 날아가 전황을 설명하는 자리에서 1개 군단을 자신의 휘하에 둘 것을 요청하는 과정에서 일어났다. 히틀러는 일단 긍정적으로 답변하면서도 군단을 브야지마 북동쪽 Gzhatsk 주변에 둘 것을 주장했으나 모델은 북쪽으로 100km 떨어진 Rzhev에 포진할 것을 제안했다. 토론이 격화되자 모델은 외알 안경 너머로 히틀러를 노려보면서 도대체 누가 제9군 사령관인가를 따지고 물었다. 모델은 놀란 히틀러가 답변을 하기도 전에 지도만을 가지고 있는 총통보다 자신이 전선의 사정을 더 잘 안다며, 자신의 논지를 강하게 밀어붙여 히틀러의 허가를 따냈다. 소련군은 모델이 정확히 예상하는 지점으로 몰려왔고 제9군의 능란한 방어전술로 과욕을 부린 소련군은 비참하게 격멸되었다. 히틀러는 그 후 모델 장군의 말이라면 귀 기울여 들었다.

13 Sadarananda(2009) p.43

14 スターリングラード攻防戦(2005) p.142

그라드의 참패와 구출작전의 실패에 대한 일종의 제사(祭祀)에 해당하다고 볼 수 있을 것이다. 이 제사는 죽은 자의 영혼을 달랠 수는 있었지만 혼을 부활시킬 수는 없었다.

대개 역사가들은 사실의 확인보다 창의적인 해석에 더 큰 무게를 두는 이상한 습관들이 존재하는 것 같다. 글랜츠는 천왕성작전과 동시에 추진되었던 르제프 지구에서의 쥬코프의 화성작전이 재앙으로 끝남에 따라 소련 당국이 이 전투를 감추기에 급급했다는 사실을 최초로 밝혀낸 인물이었다. 그러나 소련 사가들은 그 때문에 스탈린그라드 제6군을 포위섬멸하는 일이 정말로 가능했다고 전제하면서, 화성작전의 개시에 따라 당시 르제프의 독일 중앙집단군으로부터 남부전선으로 내려온 사단이 단 한 개도 존재하지 않았다는 것을 쥬코프 반격의 성과로 묘사했다. 혹자는 화성작전이 처음부터 독립적인 전략적 공세가 아니라 천왕성 작전을 현혹시키기 위한 일종의 미끼였다고 해석하기도 했다. 양동작전의 효과를 위해 30만을 희생시킨 화성작전을 전략적 공세가 아니라고 한다면, 도대체 몇 백만 명을 희생시켜야 '전략'이라는 단어를 쓸 수 있는가? 이런 식이라면 전장에서 패배한 모든 전투는 나름대로의 진정한 의미가 있다는 이야기가 된다. 스탈린그라드 포위전을 위해서 르제프를 포기한다? 하르코프 반격을 위해 스탈린그라드에서의 아사와 괴멸이 모두 유효하다? 디에쁘(Dieppe)에서의 연합군 상륙작전의 실패는 독일군의 상당한 기동전력들을 서쪽으로 이동시키게 되는 계기를 만들었기에 소련군의 쿠르스크 승리의 전제조건이 된다?[15] 코르순 포위전에서 55,000명의 독일군 병력 중 30,000명이 빠져나갔으나 25,000명이 죽었으니 이는 소련군의 득점으로 하고, 활레즈 포위전에서 포위된 10만의 독일군 중 5만 이상이 도주하는데 성공했으니 성공적인 탈출 작전이었다고 판단할 수는 없다. 사건과 사건의 전후관계를 너무나 의도적으로 원인과 결과의 연결고리로만 규정지으려 한다면, 모든 패전도 의미가 있고 모든 승전도 제한적인 의미만을 가질 것으로 이해되기 때문이다.

스탈린그라드와 르제프에서 독, 소 양군 모두 서로 30만 병력의 피해를 입으면서 1942년 동계전역을 종료했다. 소련군은 그 승리를 동부전선에서의 전환점으로 삼을 수 있는 여력이 있었고, 독일군은 33만 명을 격멸하고도 소련군 전체 병력에 별다른 악재를 가져다주지 못했다는 것이 차이라면 차이이다. 스탈린그라드에서의 패배는 그 어떤 것으로도 대체할 수가 없었다. 진 것은 진 것으로 인정해야만 한다. 소련은 궁극적으로 전쟁을 이기고도 냉전 시기 동안 화성작전과 3차 하르코프 공방전에서의 패배를 감추거나 의미를 폄하하기 위해 무진 애를 써 왔다. 반면 독일과 서구학계에서는 만슈타인 반격의 의미와 성과를 사실보다 너무 과하게 찬미한 측면도 없지 않아 있다. 해석에 현혹되어 실제적인 역사적 사실을 희석시키는 일만큼은 지양해야 할 것 같다. 다만, 만슈타인의 그 천재적인 두뇌만큼은 인정하고 넘어가자.

소련군은 스탈린그라드 이후, 오스트로고지스크-로소이(Ostrogozhsk-Rossosh) 작전, 갤롭작전, 스타작전, 세 개의 동시작전을 위해 모두 100만 명 이상의 인력을 끌어넣어 절반에 해당하는 50만 명의 병력이 전사, 포로, 행방불명 또는 부상당하는 피해를 입었다. 그중 전사는 10만 정도에 그쳤다. 52개의 여단과 사단이 사라진데 비하면 극히 적은 수의 전사자와 포로만 발생한 셈이었다. 소련군이나 독일군이나 제대 정수를 채우지 못하고 만성적인 병력 부족에 시달리고 있던 점을 고려하면 별로 이상할 것이 없으나, 20개 사단 25만이 포위되어 9만 명의 포로가 발생한 스탈린그라드의 충

15 글랜츠 & 하우스(2010) p.196, Weidinger(2002) Das Reich III, p.420

격은 하르코프전의 제한된 승리로 대체될 수는 없었다. 기본적으로 소련과 독일의 전쟁은 '양'과 '질'의 사투였다. 스탈린은 기회 있을 때마다 '양은 그 자체가 질의 한 부분이다'라고 말했다. '양'을 따라잡지 못하는 질'의 군대 독일군은 다음 회전에서 그 '양'이라는 것이 얼마나 큰 충격을 만들어 내는지 다시 한 번 뼈저리게 실감하게 된다.

## 독일군 승리의 조건

이하 좀 더 미시적이고 세부적인 상황에서 빚어진 제3차 하르코프 공방전의 공과를 범주적으로 나누어 살펴보고자 한다.

### 병원과 병기의 질

첫째, 개별 전투에서 독일군 장병, 특히 전차병들과 장갑척탄병들은 여전히 톱 클래스였다는 점은 인정할 만했다. 독일군은 고도의 기계적인 훈련을 받는 가운데서도 현장에서의 전황변화에 따라 능동적으로 반응하면서 상관의 구체적인 지시가 없다 하더라도 유연하고 정확한 상황판단에 근거한 전술행동을 구사할 수 있는 능력이 있었다. 독일군의 실전과도 같은 훈련의 전형적인 예가 있다. 150명으로 구성된 1개 중대가 3주 동안 벌인 대전차공격 훈련에서 4명이 죽고 20명이 부상을 입을 정도로 살벌한 지옥훈련을 거쳐 간 것이 평균적인 독일군들의 수준이었다. 특공전술 훈련이 아닌 통상적인 보병들의 훈련이 그 정도였으므로 실전에서 보여준 그들의 능력은 실로 가공할 만한 것이었다. 독일군은 대전 전체 기간을 통해 지고 있는 전투에서조차 평균적으로 적군에 대해 50%나 많은 피해를 안긴 것으로 확인, 집계되어 있다.[16]

그에 비해 소련군은 훈련의 숙련도도 떨어지지만 극히 단순한 명령의 수행에만 익숙해 있을 뿐 예기치 않은 상황에 따라 순발력 있게 대응해 나가는 능력이 상대적으로 부족한 것은 사실이었다. 소련군은 통상 최상급의 장군과 일반 사병들의 수준은 여러 가지 제약조건에도 불구하고 나쁘지 않다는 평가가 주어지지만 중간에 놓인 장교단의 수준은 엉망이었다는 것으로 알려지고 있다. 때로는 무능한 장교와 부사관들의 존재가 적보다 더 무섭다는 냉소적인 담론도 회자되고 있었다.[17] 그렇다 보니 수적으로 열등한 독일군에 대해 선제공격을 가했다가 원래대로 잘 안되면 일단 그냥 도주하거나 수비로 전환하는 어설픈 경우가 자주 발견되었으며, 체계적으로 화력과 병력을 집중하여 종심 깊은 침투를 해야 될 때조차 축차적인 소모전으로 일관하여 기습의 효과를 상실케 하는 경우는 비일비재했다. 이는 소련군이 훈련이 덜 된 민간인들을 급하게 징집하여 사용하는 데에 따른 숙명적인 결과일 수도 있으며, 프로다운 작전술의 운용보다는 정력이나 당성에 기초한 정신력에 의존하여 정면돌격을 고집했던 소련군의 교리가 불필요하게 막대한 피해를 끼친 주된 원인으로 작용하기도 했다. 특히 소련 전차부대의 운용은 1943년 당시의 수준으로는 매우 경직된 교리나 교범에 의존하고 있었으며, 대개가 일직선으로 종대를 형성하여 공격하다가 대오가 흐트러지면 원위치하는 데 엄청난 시간과 인내를 필요할 정도로 전반적인 상황 적응력이 부족했다. 여기에 대한 이유는 다음에 논할 기술적인 내용과도 깊게 연관되어 있다.

16 Bishop(2008) German Infantry, p.8
17 메가기(2009) p.43, Clark(1985) pp.212-3

기술과 용기, 자제력과 과단성, 원칙과 변칙을 능동적으로 접합시킬 줄 아는 독일군의 창의적 '임무형 전술'은 세계 최강 군사조직의 밑거름이 되었다. 사진은 라이프슈탄다르테 제1 SS장갑척탄병사단의 척탄병들

3차 하르코프 공방전에서 소련군은 스탈린그라드와 그에 이은 동계전역에서의 승리에 너무 도취되어 있었다. 독일군이 지난 2년 동안 러시아 전선에서 너무나 많은 인력과 장비를 투입한 결과, 절대적으로 병력부족에 시달리고는 있었으나 아직은 소련군이 얕볼 상대가 아니었다. 소련군은 잘만 하면 독일군 남익을 잘라낼 수도 있는 손익분기점까지 갈 수가 있었다. 그러나 소련 군부에 내재해 있는 여전히 부주의한 습관으로 인해 다시 한 번 독일군에 의해 뼈저린 교훈들을 배우는 계기를 경험했다.

하르코프에서는 전형적인 전차전이 전개되지 않았다. 독소 양쪽 다 전차가 정수에 못 미치는 제대가 태반이어서 특별한 경우를 제외하면 대부분 보병들의 화력지원으로 활용되었으며 전차들만의 독자적 운용은 그로스도이췰란트의 토마로프카 공세 정도에 불과했다. 따라서 공수 양면으로 매우 유용하게 사용된 돌격포 역시 적진파괴를 위해 주로 고폭탄을 적재하고 있었으며 소련 전차를 직접 파괴하기 위한 철갑탄은 쿠르스크전 준비단계에서 대량으로 보급되었을 뿐이었다. 그로 인해 하르코프 이후로는 돌격포 역시 3, 4호 전차와 마찬가지로 기존의 단포신 대신 G형과 같이 철갑탄을 쓰는 장포신이 장착되게 되었다. G형은 3호 전차의 차대를 쓰는 돌격포 변종의 마지막 모델에 해당하였다.[18] 티거는 극히 제한된 양만 동원되었으나 소련군에 의해 파괴된 것은 거의 없었다. 티거의 전차병 전사자도 12명에 불과했다.[19] 다만 개활지가 아닌 눈으로 덮인 마을 주변지역

18 Lüdeke(2008) Panzer der Wehrmacht, pp.98-9
19 Agte(2007) p.42

과 철도망을 중심으로 전개된 하르코프전의 특성상 장거리 주포 사격을 장점으로 하는 티거의 광역 기동운용은 별로 실현되지 못했다. 특히 시가전에서는 보병들과 격리될 경우 오히려 불리했다. 그럼에도 불구하고 워낙 두터운 장갑 덕택에 적군에게는 공포의 대상이 되기에 충분했으며 단 1~2대만으로도 적진을 유린하는 데는 부족함이 없었다. 1942년 극초기형에서 나타나는 기계적 결함들도 많이 극복되었으며 중량과 연비의 문제는 해결되지 못했지만 장갑과 파괴력만큼은 소련 전차들을 압도하고 있어 티거의 위력은 이때부터 하나의 전설로 자리잡아가고 있었다.[20]

문제는 3호 전차였는데 대전 초기 독일 장갑부대의 주력전차로서 맹위를 떨친 경력이 있었는데 반해 소련의 T-34와는 정면대결을 감당할 수가 없어 이때부터 기본 전력을 구성하는 주력전차로서는 의문시되던 종류였다. 모두가 문제를 알고 있었음에도 불구하고 하르코프 전 당시에 거의 모든 장갑사단들은 다수의 3호 전차로 포진할 수밖에 없었다. 심지어 이와 같은 문제는 1943년 성채작전 준비 기간까지도 제대로 해소되지 못했다.[21] 티거의 주포와 동일한 88mm 대전차포는 이미 1940년의 서부전선에서부터 능력이 검증된 화기로, 적 전차를 두 번 쏠 필요가 없는 무지막지한 파괴력을 지니고 있었다. 한 가지 단점은 높이가 1.8m에 달해 수평사격시 포탄의 장전이 까다롭다는 문제였다. 75mm 대전차포와 이 포를 장착한 자주포구축전차 마르더(Marder)도 나름 유용하게 활용되고 있었다. 마르더는 장갑이 약해 수비용으로는 적합하지 않았지만, 대신 적에 대한 기습공격과 보병들의 화력지원을 담당하는 데는 꽤 능력을 발휘했다.[22]

## 무선통신의 존재에 따른 차이

둘째, 독일군 전차들은 지휘전차와 차량을 비롯해 모든 개개의 전차에 무전기가 연결되어 있어 적 공격에 관한 대단히 구체적인 사전정보를 교환하면서 목표물에 도달하고, 실제 전투 중에도 능동적으로 대처해 나갈 수 있는 충분한 여건이 갖춰져 있었다. 이는 장갑부대의 아버지 구데리안이 통신장교직을 맡은 경험에 기초, 무선통신의 중요성을 피부로 느끼면서 장갑부대와 전차의 운용에 있어 개개의 전차 모두에 무선장비를 설치할 것을 강력히 건의하여 달성한 자연스러운 결과이자 중대한 전술적 효과였다. 기본적으로 한 대의 전차에는 무전송수신기가 1대 설치되었으며, 중대나 대대의 지휘관급 전차는 2대의 송수신기 또는 송신기와 수신기가 따로 나누어진 별도의 세트를 구비하고 있었다. 다만 초기에 나온 1호, 2호 전차는 수신기만 설치되었다. 라디오 송수신 중

20 티거의 장갑이 어느 정도인지 알려주는 놀라운 실화가 있다. 1943년 2월 10~11일 돈강 로스토프 전선 세메르니코보(Ssemernikovo)에서 잔더 전투단(Kampfgruppe Sander)에 소속된 503중전차대대 자벨(Zabel) 소위의 티거 231호 전차는 이틀 동안 격전을 치른 뒤 2월 11일 총 6시간의 전투를 통해 T-34 전차의 76.2mm 주포 11발, 45~57mm 대전차포 14발, 14.5mm 대전차소총 227발을 포함, 기타 무수한 기관총과 소총탄에 피탄되었다. 다수의 명중탄에 의한 충격으로 무전기가 마비되고 파이프 접합부가 떨어져나가 연료까지 샜고, 변속기 레버도 움직이지 않게 되었다. 오른쪽 장갑궤도 및 현가장치도 크게 손상되었으며 전륜과 서스펜션 암(suspension arm) 모두 관통당했고 유도륜은 빠지기 직전으로 이는 지뢰를 3번이나 밟은데 따른 손상이었다. 또한, 포방패의 명중탄에 의해 포의 지지부가 꺾였으며 주퇴기의 오일도 새면서 포신도 포탄이 발사된 직후의 모습 그대로를 유지하고 있었다. 방탄용 예비궤도도 튕겨나갔으며 장전수용 해치도 명중되어 반쯤 열려진 상태였고 연막탄발사기도 피탄되어 차 내에 계속해서 연기가 들어오고 있는 처지였다. 당연히 큐폴라에도 여러 발을 맞았으며 홈이 찌그러지고 고정장치도 대전차총에 의해 망가졌고 머플러의 장갑커버에 직격탄을 맞아 배기관이 손상되어 엔진에도 불이 붙었지만 이것은 다행히 소화기로 진정되었다. 이 정도면 거의 움직일 수 없는 것이 정상인데 자벨 소위는 이 만신창이의 전차를 몰고 60km를 자력으로 주파하여 우군진지에 합류했다. 이 티거 231호는 그럼에도 불구하고 수리가 될 것으로 판명되어 전선으로의 복귀도 가능하였으나 나중에는 후방의 티거 전차병 교육용으로 사용되었다고 한다.

21 Rosado & Bishop(2005) p.11
쿠르스크전 직후 독일 장성들은 그토록 장갑이 얇은 3호 전차에 자신들의 부하들을 타게 할 수는 없다며 전선의 전차들을 하루 속히 4호 전차나 판터로 대체해 주기를 희망하였다. 3호 전차는 1943년 8월로 생산이 전면 중단되었다.

22 バルバロッサ作戦の 情景(1977) p.50
Lüdeke(2008) Weapons of World War II, pp.78-9
Lüdeke(2008) Panzer der Wehrmacht, pp.76-80

에는 원칙적으로 암구호로만 교신하도록 되어 있었으며 구체적인 지역명, 병력 손실이나 탄약 현황 등 적에게 파악되었을 경우에 곤란한 내용들은 절대 발설하지 않도록 철저히 훈련되었다. 또한, 교신자의 성명이나 계급, 직위는 당연히 알아차리지 못하도록 별칭을 사용하도록 하였으며 이와 같은 규정을 위반하였을 시에는 구데리안 장군의 지시에 의해 지휘고하를 막론하고 징계를 받도록 하는 엄중한 제도를 유지하고 있었다.

반면 소련군은 지휘전차 이외에는 무전장비가 전혀 설치되어 있지 않았다. 그러다 보니 수신호나 고함을 쳐서 서로에게 연락하는 도리밖에 없었으며 그것도 전투 직전에나 가능하지 일단 전투가 시작되면 우군의 전차가 어디에 있는지 적과 어떤 거리를 두고 있는지 전혀 알 길이 없었다. 1943년 여름의 쿠르스크전 당시만 해도 제5근위전차군 전체에 무전송수신기는 800대에 불과했다. 이러한 점을 잘 알고 있는 독일군은 우선 무전장비(안테나)가 달린 전차들만을 골라 없애 버리는 방법을 취했으며, 일직선으로 들어오는 소련군 전차 종대의 경우에는 가장 선두에 오는 전차 및 차량과 가장 후미에 있는 개체를 격파하여 전후 기동을 못하도록 한 다음, 하나씩 격멸해 가는 방법을 즐겨 사용했는데 소련군은 이를 알고도 당할 수밖에 없는 기술적인 결함을 안고 있는 셈이었다. 실은 전차의 기동력, 방어력, 파괴력 3개 요인을 결합하면 당연히 소련의 T-34가 독일의 3, 4호 전차보다는 월등히 우월함에도 불구하고 소련군은 그와 같은 기술적 미비로 인해 전쟁 초기, 중기에 무참히 당하는 신세를 지면서 거의 온 몸에 피를 적셔가면서까지 독일군의 선진적인 전투양식을 배워가고 있었다.[23]

게다가 독일 전차들은 마치 자동차를 운전할 때와 같은 경쾌함과 부드러움이 있었으나 T-34는 변속기 한 번을 사용하는데 육체적으로 엄청난 힘이 들 뿐만 아니라 장기간의 전투가 끝나면 변속기 사용에 따른 근육의 피로를 풀기 위해 또 한 번 장시간의 휴식을 필요로 했다는 추가적인 문제점이 있었다. 한편, 우리는 쿠르스크에서 판터가 겪은 기계결함을 잘 기억하고는 있으나 소련 전차들은 공장에서 나올 때부터 엄청난 고장률에 시달리고 있었다는 것도 인지해야 할 필요가 있다. T-34를 2차 세계대전의 대표전차로 뽑는 데는 동의하지만 신뢰성 측면에서 이 전차를 가장 우월한 병기로 꼽고 싶지는 않다.[24]

### 전차 포탑의 구조와 한계

셋째, T-34 초기형의 디자인에는 치명적인 결함이 있었다. 우선 전차장이 해치를 열고 지휘할 수 있는 큐폴라가 없어 해치를 닫았을 때는 외부를 제대로 볼 수가 없었다. 게다가 잠망경과 같은 광학기기의 성능도 떨어져 소련 전차들은 렌즈가 뿌옇게 불투명해지면서 밀폐성이 떨어지는 문제를 오랫동안 해결하지 못하고 있었다. 그보다 더 큰 결함은 포탑에 2명밖에 들어가지 못하는 구조로 인해 사격 시 전차장은 포수에게 포탄을 배급하는 보조역할을 담당해야 했으며, 한 번의 사격 이후에는 다시 얼굴을 내밀어 바깥 상황을 확인 후 다음 장전으로 들어가야 했기에 오로지 바깥 상황을 확인하면서 무전기로 연락을 취하는 독일 전차장에 비해서는 상상을 초월할 정도로 비효율적이었다. 반면에 독일 전차장은 포수와 포탄을 전달하는 보조 인력이 항시 페어로 되어 있었으

23 아츠시(2012) pp.180-1
24 クルスク機甲戦(1999) pp.136-140

마르더 자주포 구축전차. 인상적이지 않은 외형과 달리 효과적인 보병의 대전차화기로 중용되었다. 1993년 제작 독일 영화 '스탈린그라드'(감독 : 요제프 뵐스마이어)에서 단 한 대의 위장된 구축전차가 8대의 T-34를 부수는 장면에 나온 것이 바로 이 '마르더'이다.

며 전차장은 오로지 외부만 관측하고 명령을 내리는 분업체계가 유지되고 있어 격렬한 전투 중에도 얼마든지 외부조건에 부합하는 능동성을 발휘할 수 있었다.[25] 기본적으로 전차장이 일단 목표물을 확인하면 장전수에게 탄종(고폭탄 또는 철갑탄)의 선택을 지시하고, 포수에게 공격목표를 지시한 다음, 포수의 조준에 이어 전차장의 명령으로 주포를 발사하게 된다. 다만 급박한 경우에는 전차장의 지시없이 포수가 직접 포를 발사할 수 있는 권한도 있었다. 즉 상황에 따라 포수와 무전수 등도 기민한 대응과 신축적인 지시변경에 적극적으로 참여해야 했는데 이때도 우선적으로는 전차장의 상황판단과 창의적인 대처가 전차와 전차병의 생존에 필수불가결한 자질이었다. 예컨대 경전차를 겨냥하던 도중에 갑자기 더 위협적인 중전차가 나타난다면 전차장은 재빨리 목표물을 바꾸어 포수와 장전수에게 지시를 변경해야 했으며 그러한 의미에서 포수와 장전수는 전차장의 수족처럼 기능해야 했다. 즉 독일 전차장은 포수나 장전수를 겸하지 않고 오로지 전투 지휘에만 전념할 수 있어 소련군이나 여타 연합군에 비하면 압도적인 효율성을 지니고 있었다.

구데리안은 이러한 점을 오래 전부터 감안하여 전차는 항상 5인 1조로 구성되어야 한다는 점을 강조하고 포탑에 3명이 들어갈 수는 있어도 4인 1조로는 곤란하다는 점을 장갑부대 형성 초기 때부터 강조해 온 바 있었다. 소련군은 이를 알고도 전차의 개량형을 만드는데 게을리하여 쿠르스크전에서도 바로 이 포탑의 정원문제로 인해 또 한 번 기적적인 전차 상호 격파 비율을 낳게 했던 원인을 제대로 해소하지 못했다. 아니 오히려 매복하여 국지적인 전차전을 전개했던 하르코프전에서는 그와 같은 소련 전차의 결함이 부각되지는 않았으나 평지에서 대대적인 전차 대 전차의 대결을 구사해야 하는 조건하에서는 소련군 전차들이 더 많은 피해를 입었던 것으로 인지되고 있다. 소련

25 Kirchubel(2013) p.106, Schneider(2005) p.157

은 1943년 후반부에 생산된 T-34/85부터 포탑에 3인이 들어가는 구조로 개조했다.[26]

## 군부대의 조직 및 운용

넷째, 전차부대 편제상의 문제가 하나 있었다. 소련군은 처음에 전차사단을 운용했다. 그러나 바르바로싸 이후 1941~1942년 동안 무려 110개의 전차사단이 독일군에 의해 격멸 당했다. 이후 소련은 기본적으로 여전히 독일군에 대해 수적 우위는 유지하고 있었지만 전쟁 초기에 너무나 많은 전차를 상실했기 때문에 사단을 기본 단위로 하는 전차 대수 확보에는 상당한 애로를 느끼고 있었다. 이미 1941년 7월 중순에 기존의 기계화군단을 기본형으로 유지하기가 힘든 상황에 직면하여 이후로는 1개 전차여단과 1개 차량화소총병대대로 구성되는 축약형 편제를 구상하게 된다. 그로 인해 소련군은 전차군단을 이루는 기본단위를 사단이 아닌 전차여단으로 변경하는 방법을 채택했다. 다음 표를 보면 1943년 1월전차여단은 176개에 달하지만 전차사단은 불과 2개에 지나지 않으며, 같은 해 7월 쿠르스크전 당시에는 전차여단이 182개로 늘어난 데 비해 사단은 여전히 2개로 남아 있었고 이 사단은 늘 후방사단이지 전방에서 실전에 투입된 적이 없는 문서상의 병력이었다. 이 2개라는 사단 수는 전쟁이 끝날 때까지도 2개로만 남아 있었다. 즉 소련 전차부대는 바르바로싸 이후 1942년 11월부터 줄곧 여단편제로만 운용했다.[27]

독일도 전쟁 초기에 2개 장갑연대로 편성되는 장갑여단 또는 군집단 직할의 독립장갑대대를 운용하다 폴란드전 이후·보다 원활한 전술운용을 위해 '여단'보다는 '연대' 규모의 소단위로 분할하여 '사단'을 형성하는 방식으로 변형한 적이 있기는 하다. 따라서 독일은 특별한 경우가 아니면 장갑여단을 두지 않았다.[28] 그러나 소련은 독일과 같은 작전술의 효용측면보다는 1942년 2월 전차여단의 정수가 27대까지 떨어지는 양적 빈곤의 문제에 시달리다 사단 체제로의 복귀는 생각도 못하고 끝까지 여단체제로 존속하게 했던 것이었다. 한편으로 1941년의 경험상 소련은 아직까지 대규모의 전차부대들을 효율적으로 운용할 교리나 기본규범 또는 실전에서의 경험이 부족한 것을 반영, 전차사단보다는 약간 규모가 작은 전차여단 체제를 유지하면서 실전경험들을 터득해 나가고자 했던 것으로 판단된다. 소련군의 기본 교리가 아무리 공격중심의 종심침투에 입각해 있다 하더라도 이때까지의 전차부대는 여전히 보병의 지원화기 이상의 개념을 발전시키지 못하고 있었다.

그리고는 드디어 전차군단을 부활시키려는 의도를 1942년 7월에 실현, 전차의 정수가 168대로 늘어나는 획기적인 발판을 마련했다. 즉 사단이 아닌 여단단위로 군단을 조직하는 형태를 도입했다. 전차군단은 일단 7,800명의 병력으로 구성되어 98대의 T-34와 70대의 여타 경전차를 지원받는 조건으로 1942년에만 28개의 전차군단을 육성했다.[29] 기계화군단은 이보다 좀 더 규모가 커 정수 13,500명의 병력과 204대의 전차를 보유하고 있었다. 그 후 11월에는 T-34가 여단의 주력전차로 정착되었고 경전차 T-70의 비중은 점차 감소추세에 있었으나 그럼에도 불구하고 무선송수신기는 소대와 중대급 지휘전차에만 장착되어 있어 기술적, 전술상의 문제는 여전히 상존한 채로 1942~43 동계전투에 투입되었다.

26 Restayn(2007) p.172
27 Porter(2009) p.84, Addell(1985) p.23
28 ドイツ装甲部隊全史 2 (2000) p.81
29 글랜츠 & 조너선(2010) p.141

여기서 독일과 소련의 전력편제상의 문제를 잠깐 비교해 보도록 하자. 독일의 장갑사단은 장갑연대 이외에도 보병부대, 포병부대, 정찰부대, 대전차부대, 공병부대, 관리부대, 고사포부대, 정비부대, 보급부대, 헌병대, 위생부대와 통신부대 등 거의 완전히 독자적인 작전수행이 가능한 다양한 제대를 포함하고 있었고, 소련의 전차연대는 전차부대와 소총병여단이나 대대가 포함된 것이 고작이었다.[30] 따라서 복합적인 제병간 협동작전이 필요한 경우에 소련군은 다른 여단이나 군단 또는 소총병사단에서 필요한 부분을 차출 받아야만 했고, 그것이 잘 안될 때는 전차만의 기동으로 치명적인 약점을 노출당하는 경우가 허다했다. 예컨대 제4전차군단은 쿠르스크전에도 투입이 되었으나 그 이전에도 3개 전차여단과 제4기계화여단 이외에 아무런 지원병력이 배속되어 있지 않았다.[31] 소련은 겨우 1944년 전쟁 후반부에 가서야 정찰부대, 공작부대, 대공부대, 기술중대, 공병소대, 등 다양한 병과들을 포섭하게 되어 독자적인 여단의 운용이 가능하게 되었다. 따라서 1942~1943년의 경우에는 군단의 정수만 놓고 본다면 이는 독일의 장갑사단과 거의 유사한 규모로서 여단을 주축으로 한 군단을 만들기는 했지만 사실상 군단 자체가 독일군의 사단 규모에 해당하고, 전차군이 독일의 장갑군단보다 약간 더 큰 규모에 지나지 않는 것으로 비교될 수도 있다.

### 소련군 병력변화 비교(1943년 1월 /7월)

| 병력 단위 | 1943년 1월 | 1943년 7월 |
|---|---|---|
| **본부** | | |
| **방면군** | 15 | 18 |
| **군** | 67 | 81 |
| **소총병군단** | 34 | 82 |
| **기병군단** | 10 | 9 |
| **전차군단** | 20 | 24 |
| **기계화군단** | 8 | 13 |
| **보병** | | |
| **소총병사단(산악 및 기계화 포함)** | 407 | 462 |
| **소총병여단** | 177 | 98 |
| **스키여단** | 48 | 3 |
| **구축전차여단** | 11 | 6 |
| **독립소총병연대** | 7 | 6 |
| **요새방어** | 45 | 45 |
| **스키대대** | - | - |
| **기병** | | |
| **기병사단** | 31 | 27 |
| **기병여단** | - | - |
| **독립기병연대** | 5 | - |
| **기갑** | | |
| **전차사단** | 2 | 2 |
| **기계화사단** | - | - |
| **기갑차량여단** | 1 | - |
| **전차여단** | 176 | 182 |
| **돌격포여단** | - | - |
| **기계화여단** | 26 | 42 |
| **차량화소총병여단** | 27 | 21 |

30 ドイツ装甲部隊全史 2 (2000) p.92-110
31 Dunn(2008)pp.4

| | | |
|---|---|---|
| 모터싸이클여단 | - | - |
| 독립전차연대 | 83 | 118 |
| 독립돌격포연대 | - | 57 |
| 모터싸이클연대 | 5 | 8 |
| 독립전차대대 | 71 | 45 |
| 독립Aerosan대대 | 54 | 57 |
| 특무차량화대대 | - | - |
| 장갑기관차대대 | 62 | 66 |
| 독립기갑차량 및 모터싸이클대대 | 40 | 44 |
| **공수** | | |
| 공수사단 | 10 | 10 |
| 공수여단 | - | 21 |
| **포병** | | |
| 포병사단 | 25 | 25 |
| 로케트사단 | 4 | 7 |
| 대공포사단 | 27 | 63 |
| 독립포병여단 | - | 17 |
| 독립대공포여단 | 1 | 3 |
| 독립박격포여단 | 7 | 11 |
| 독립로케트여단 | 11 | 10 |
| 대전차여단 | - | 27 |
| 독립포병연대 | 273 | 235 |
| 독립박격포연대 | 102 | 171 |
| 독립대전차연대 | 176 | 199 |
| 독립로케트연대 | 91 | 113 |
| 독립대공포연대 | 123 | 212 |
| 독립포병대대 | 25 | 41 |
| 독립대공포대대 | 109 | 112 |
| 독립로케트대대 | 59 | 37 |
| 독립대전차대대 | 2 | 44 |
| 독립박격포대대 | 12 | 5 |
| **PVO STRANYI** | | |
| PVO Stranyi 군단본부 | 2 | 5 |
| PVO Stranyi 사단본부 | 15 | 13 |
| PVO Stranyi 여단본부 | 11 | 11 |
| 대공포연대 | 76 | 106 |
| 대공기관총연대 | 8 | 14 |
| 서치라이트연대 | 9 | 4 |
| 대공포대대 | 158 | 168 |
| 대공기관총대대 | 7 | 21 |
| 서치라이트대대 | 1 | 13 |

그러나 어떻게 하든 문제는 실질적인 전차의 운용방법에 있었다. 소련은 여전히 전차를 공격의 중심이 아닌 각종 부대, 특히 소총병사단이나 보병의 한정적이고 방어적인 지원병기로 이해하고 운용함에 따라 화력과 전력의 집중에 의한 독자적인 작전술 구사가 불가능하였다. 최소한 1942년 말까지 소련은 전차의 집단운용을 제대로 발휘하지 못했다는 고백이 있어야 할 것 같다.

예컨대 포포프 기동집단은 4개 전차군단을 보유하면서 하나의 전차군단에 측면을 보호하기 위한 1개 소총병여단을 붙이는 형식으로 운영하였으나, 소총병여단과 여타 보병들이 전차의 속도를 따라잡지 못해 전차와 보병 사이의 간격이 벌어지자 독일군은 여지없이 가운데를 파고 들어와 단위부대들을 각개격파하는 술수를 지속했다. 물론 당시 각 군단의 전차나 보병 병력의 정수가 40~50%나 줄어든 탓도 있지만 소련군은 병력과 장비의 집중에 의해 독일군 수비진을 일거에 치고 들어가는 밀도나 강도를 높이지 못했다. 즉 단일 축선에 기동전력을 집중시켜 기습의 효과를 배가시켰어야 하지만 그때그때 부족한 수요가 발생하는 곳에 축차적으로 투입하는 경향을 탈피하지 못하고 있었다. 동시에 방면군 사령부가 보유한 예비전력도 가장 시급한 기동전력의 전구에 투입하여 종심을 확장해야 함에도 불구하고 여타 보병 병력과 함께 공세의 2파로 대기시키는 습관을 유지함에 따라 1파나 2파나 똑같은 형태와 구조로 다가오는 문제로 인해 독일군들은 큰 어려움이 없이 소련군의 기동방향과 강도 및 밀도를 대충 짐작할 수가 있었다. 더욱이 소련군의 각 방면군과 제대들은 효과적인 조율체계를 유지하지 못했으며 거대 규모의 군 조직을 효율적으로 운용하는 부분에 있어서는 아직도 많은 학습시간을 필요로 하고 있었다. 이러한 이유로 만슈타인은 자신의 저서에서 '소련군은 스탈린그라드를 제외하고 단 한 번도 결정적인 순간의 강도와 속도를 관철시키지 못했다'는 혹평까지 서슴지 않았다.[32] 이와 같은 구조적인 결함들은 1943년 후반부에 갈수록 개선되기는 했지만 하르코프 공방전 당시까지는 여전히 1941~1942년 동안의 관습을 답습하고 있었다.

소련군의 그와 같은 문제에도 불구하고 질보다 양에 치중하는 스탈린과 군 수뇌부의 무기체계 전략은 엄청난 피를 쏟아부으면서도 마지막 승리의 시점을 향해 진화하고 있었다. 1941~42년 동안 상상을 불허하는 전차피해에도 불구하고 1943년 봄 소련군의 총 전차병력은 20,600대에 달했다. 하지만 독일은 점점 인력이 고갈되어 가고 있는 상황에서 이전보다 더 질에 더 치중할 수밖에 없는 다기다양한 제약조건들을 안고 있었다. 특히 스탈린그라드 이후 보병들을 더 이상 무한정 동원시킬 수 없었던 상황 하에서 장갑부대는 독일군 부대 재건의 초점으로 자리잡아갔다.[33] 1942~43 그 혼란스러운 동계전역 가운데 3개 장갑사단과 3개 차량화보병사단이 사라졌다. 북아프리카까지 합하면 모두 7개의 장갑사단이 말소되었다. 나머지 장갑사단들은 르제프와 남부전선, 레닌그라드 전구에 흩어져 있어 정상적으로 재편하려면 구데리안이 예상하던 대로 1년이라는 기간이 필요했다. 주요 변화는 다음과 같다.

우선 장갑연대는 원래대로 2개의 장갑대대를 보유하게 되었다. 대대는 4개 중대에 이론상 22대의 4호 전차들을 장착하게 되나 아직은 3호 전차와 혼성형태로 존재하고 있었다. 이는 국방군이나 SS에게나 똑같이 적용되었다. 장갑엽병대대는 75mm 대전차포를 탑재한 마르더 구축전차 3개 중대로 보강, 편성되었다. 마르더는 과히 인상적인 자태는 아니나 실제로 전쟁 하반기 동안 88mm 만큼이나 신뢰성이 높은 대전차 화기로 중용되었다. 장갑사단의 포병연대는 1개 대대를 12문의 105mm 곡사포와 6문의 150mm 포로 무장했다.

장갑척탄병사단(차량화보병사단의 후신)의 척탄병연대는 20mm 기관포를 장착한 하프트랙 1개 중대와 6문의 150mm 보병지원 야포를 보유한 1개 중대를 갖게 되었다. 돌격포가 없을 경우에는 이 하

32 Manstein(1994) p.440
33 Showalter(2009) p.225

프트랙으로 대신할 수 있었으며 요아힘 파이퍼의 '횃불'(blowtorch : 원 의미는 가스발염기) 대대는 바로 이 하프트랙으로 하르코프와 쿠르스크에서 전설적인 전과를 기록한 바 있었다. 여건이 허락한다면 연대 당 2개 하프트랙대대를 배당할 계획도 있었으나 항상 1개 대대에만 정수의 하트트랙이 제공되었다. 기계화대대의 3개 보병중대들은 81mm 박격포를 보유하고 2문의 보병지원화기 및 4호 전차로부터 빼낸 단포신 75mm 포를 탑재한 2대의 251형 하프트랙을 보유했다. 또한, 보병소대장의 하프트랙에는 37mm 대전차포를 탑재하여 일층 화력을 보강하게 되었다. 대대의 나머지 1개 중대는 견인식 75mm 대전차포 3문과 6문의 75mm 251을 장착한 각각의 소대를 갖게 되었다. 이들 보병지원화기는 소련의 T-34나 여타 중전차의 장갑을 제대로 관통하기 어려웠으나 그래도 없는 것보다는 나았다.

한편, 장갑부대의 척후, 수색활동을 지원하기 위해 장갑정찰대대를 장갑사단과 장갑척탄병사단에 배속했다. 서부전선에서 주로 활약한 모터싸이클대대는 비포장도로와 진창, 눈으로 덮인 러시아의 지형에 적합치 않았으며 적절한 장갑도 없어 적군의 사격에 거의 무방비로 노출된다는 위험을 안고 있었다. 정찰대대는 장갑차량을 지닌 1개 중대와 차량화된 보병 3개 중대로 편성되었으며 경장갑차 또는 구축전차 등 시기에 따라 보유 전력은 적잖은 차이가 있었다. 한 가지 특기할 것은 75mm 대전차포 3문과 보병지원화기들을 보유한 공병소대를 포함하고 있었다는 점이었다. 또 시간이 갈수록 화기는 증강되어 경우에 따라서는 75mm 단포신 대전차포를 탑재한 251형 하프트랙을 최소 6대까지 보유하게 되었다. 물론 정찰임무의 특성상 아무래도 경장갑차량 중심으로 편제되기 마련이었으나 주요 전구에서는 거의 장갑대대와 맞먹는 규모로까지 발전하는 수도 있었다. 하지만 장갑부대의 재건이 항상 균등하게 이루어진 것은 아니었다. 북아프리카에서 사멸한 10장갑사단은 복구되지 못했고 15장갑사단은 오히려 장갑척탄병사단 수준으로 격하되었다. 제14, 36차량화보병사단은 일반 보병사단 수준으로 떨어졌다.[34]

국방군의 에이스 그로스도이췰란트는 장갑척탄병사단이라는 이름을 오래 달고 다녔지만 통상 장갑사단을 능가하는 전차와 중화기들을 보유하고 있었다. 그로스도이췰란트는 각 장갑척탄병연대에 2개의 장갑대대와 1개 하프트랙대대를 장착하고 있었다. SS장갑척탄병사단들은 하르코프전 때 2개의 장갑대대를 가지고 있었으나 쿠르스크를 준비하는 과정에서는 토텐코프를 제외한 라이프슈탄다르테와 다스 라이히는 단 1개 장갑대대만으로 유지되었고 그 상태로 성채작전에 돌입했다. 즉 독일군은 날로 악화되는 인력 사정뿐만 아니라 전차와 기타 차량의 부족에서도 전전긍긍하고 있었으며 1943년 이후로는 서류편제 상의 정수(authorized number)라는 것을 거의 확보할 수 없는 지경에 이른다. 개개의 전구를 카드 돌려막기식으로 병력을 재배치해 온 것은 이미 알려진 사실이지만 제대 내부의 인력과 장비도 돌려막기식으로 운영해야 되는 구조적 문제는 독일군이 더 이상 공세가 아니라 전략적 수비로 돌아서야 하는 시점이 도래했다는 것을 암시하고 있었다.

### 항공지원의 향배

하르코프전은 전차와 보병이 주가 된 혹독한 환경에서 이루어진 동계 전투였다. 하르코프와 그 주변지역은 당시 소련연방에서 4번째로 규모가 큰 광역도시로 전차 생산공장이 설치되어 있는 등

34 Showalter(2009) pp.225-8

우크라이나 전역을 통틀어 산업과 교통의 요충지가 집결해 있던 곳이었다. 따라서 전투는 주로 철도선의 거점과 중앙역, 그리고 도네츠, 우디, 므샤, 보르스클라, 하르코프강 등 하천에 설치된 교량과 강변, 강둑의 교두보를 따내기 위한 공방전으로 채색된 바 있었다. 여기서 그나마 만슈타인이 이 정도의 전과를 낼 수 있었던 것은 보병과 장갑부대의 긴밀한 공조가 최우선으로 실현되었기에 가능했던 것이지만 루프트봐훼의 근접항공지원이 불가결했다는 점을 간과해서는 안 된다. 쿠르스크 때와는 달리 하르코프전 때만 해도 제공권은 독일군에 의해 장악되고 있었다. 소련군은 아무리 큰 군부대의 종대를 형성하여 행군하더라도 항공지원이 약해 야간기동을 강제당하는 경우가 허다했으며, 독일은 모자라는 전차의 정수를 극복하기 위해 적절한 타이밍에 독일공군의 항공지원을 받음으로써 부족한 기동전력을 공군력으로 보충해 나갈 수 있었다. 독일의 장갑사단들은 완편전력일 경우 자체적으로 공군기를 보유하는 경우가 있었다. 즉 정찰중대, 전술폭격중대 및 저속항공중대 등으로 명명된 개별 공군중대가 장갑사단의 편제에 포함되는 방안이었다.[35] 그러나 하르코프전처럼 스탈린그라드 이후 혼란스러운 기간 동안에는 그와 같은 자체 공군력 확보를 기대할 수 없었다. 대신 공군의 병력이 장갑사단에 차출되어 공군과의 공조를 원활히 하는 조치들은 부분적으로 이행되고 있었다.

볼프람 프라이헤어 리히트호휀(Wolfram Freiherr von Richthofen)의 제4항공군은 1943년 2월 10일까지 로스토프에 집중되었던 병력을 하르코프 반격에 맞춰 도네츠 분지로 이동시키면서 제1장갑군과 제4장갑군이 도네츠강부터 하르코프의 남쪽과 동쪽으로 이동하는 데 결정적인 항공지원을 제공했다. 또한, 반격이 개시된 2월 20일부터 하르코프를 회복한 3월 15일까지 독일공군은 1943년 1월에 일일 350회 출격에 머물던 것에 비해 이 기간 동안에는 1,000회로 늘어났고 피크에 달했던 2월 23일에는 1,200~1,250회까지 증가했다. 폰 리히트호휀의 성공은 지상군과 마찬가지로 병력과 화력의 집중 및 제대간 조율과 공조의 극대화, 그리고 전황변화 및 지형의 제조건에 따라 신축적으로 적응력을 발휘한 공군의 구조적 유연성에 크게 의존하고 있었다.[36]

특히 융커스 87 슈투카 급강하폭격기의 핀 포인트(pin-point) 폭격은 여러 번 위기에 처한 독일군을 상당 부분 커버해 주었고, 수적으로 월등한 소련군의 종대를 격파하기 위해 지상군과 공군 양쪽에서 입체적인 소규모의 전격전을 수행함으로써 최대의 효과를 올리는 경우가 다수 있었다. 예컨대 요아힘 파이퍼 선봉부대의 벨고로드 진격 시 보여준 육, 공 합작의 쾌속진격은 1940년 서부전선에서 실시한 종심돌파 상황과 같은 속도전과 화력집중의 묘미를 한껏 발휘할 수 있었던 대표적인 사례로 기억된다. 직전 스탈린그라드 전투를 통해 독일공군은 500대 정도를 상실했으나 대부분은 Ju 52, He 111와 같은 수송기와 폭격기였으며 슈투카는 불과 42대만 격추당해 슈투카의 대부분을 하르코프전에 동원할 수 있었던 것은 만슈타인에게는 대단히 유리한 조건으로 작용했다.[37] 하르코프전이 독일 지상군에 있어 마지막 승리가 되었던 것처럼 독일공군도 이 시기 가장 독일적이고 가장 클래식한 전격전의 교리들을 실천하고 있었다. 그러나 쿠르스크 이후 제공권은 소련공군에게 서서히 이양되기 시작했다.[38]

35 Clark(1985) p.97
36 Air Ministry(2008) p.231, Edwards(1989) p.125
37 McNAB(2009) p.128
38 McNAB(2009) p.132, Piekalkiewicz(1987) pp.151-2

## 제1 SS장갑척탄병사단 라이프슈탄다르테 아돌프 히틀러(Leibstandarte Adolf Hitler)

사단장(Obergruppenführer 대장급) : 제프 디트리히(Josef 'Sepp' Dietrich)

| 구분 | 계급 | 성명 |
|---|---|---|
| 사단 본부 | 소령 | 루돌프 레에만(Rudolf Lehmann) |
| 제1SS 장갑척탄병연대 | 대령 | 프릿츠 뷔트(Fritz Witt) |
| 1SS대대 | 소령 | 알베르트 프라이(Albert Frey) |
| 2SS대대 | 소령 | 막스 한젠(Max Hansen) |
| 3SS대대 | 대위 (~1943년 2월 9일) | 후베르트 마이어 (Hubert Meyer), |
| | 중령( 1943년 2월 9일~) | 빌헬름 봐이덴하우프트(Wilhelm Weidenhaupt) |
| 제2SS 장갑척탄병연대 | 대령 | 테오도르 뷔슈(Theodor Wisch) |
| 1SS대대 | 소령 | 후고 크라스(Hugo Kraas) |
| 2SS대대 | 소령 | 루돌프 잔디히(Rudolf Sandig) |
| 3SS대대 | 소령 | 요아힘(요헨) 파이퍼(Joachim Peiper) |
| 제1SS 장갑연대 | 중령 | 게오르크 쇤베르거(Georg Schönberger) |
| 1SS대대 | 소령 | 막스 뷘셰(Max Wünsche) |
| 2SS대대 | 소령 | 마르틴 그로스(Martin Gross) |
| 제1SS 장갑포병연대 | 중령 | 봘터 슈타우딩거(Walter Staudinger) |
| 1SS대대 | 대위 | 프란쯔 슈타이넥크(Franz Steineck) |
| 2SS대대(자주포) | 소령 | 에른스트 루만(Ernst Luhmann) |
| 3SS대대 | 소령 | 프릿츠 슈뢰더(Fritz Schröder) |
| 4SS대대 | 소령 | 레오폴드 제들레체크(Leopold Sedleczek) |
| 1SS 정찰대대 | 소령 | 쿠르트 '판쩌' 마이어(Kurt 'Panzer' Meyer) |
| 1SS 돌격포대대 | 소령 | 하인츠 폰 붸스테른하겐(Heinz von Westernhagen) |
| 1SS 장갑엽병대대 | 소령 | 야콥 한라이히(Jakob Hanreich) |
| 1SS 대공포대대 | 소령 | 베른하르트 크라우제(Bernhard Krause) |
| 1SS 공병대대 | 소령 | 크리스티안 한젠(Christian Hansen) |

## 제2SS 장갑척탄병사단 다스 라이히(Das Reich)

사단장(Gruppenführer 중장급) : 게오르크 케플러(Georg Keppler; ~1943년 2월 10일)

헤르베르트 화알(Herbert Vahl; Oberführer 상급대령)

| 구분 | 계급 | 성명 |
|---|---|---|
| 사단 본부 | 소령 | 막스 슐츠(Max Schülz) |
| 제3SS 장갑척탄병연대 '도이췰란트(Deutschland)' | 대령 | 하인츠 하멜(Heinz Hamel) |
| 1SS대대 | 소령 | 프릿츠 에어라트(Fritz Ehrath) |
| 2SS대대 | 소령 | 한스 비싱거(Hans Bissinger) |
| 3SS대대 | 소령 | 균터 뷔즐리체니(Günter Wisliceny) |
| 제4SS 장갑척탄병연대 '데어 휘러(Der Führer)' | 중령 | 오토 쿰(Otto Kumm) |
| 1SS대대 | 대위 | 한스 오피휘시우스(Hans Opificius) |
| 2SS대대 | 중령 | 질붸스터 슈타들레(Sylvester Stadler) |
| 3SS대대 | 대위 | 뷘센츠 카이저(Vincenz Kaiser) |
| 제2SS 장갑연대 | 대령(~1943.2.10) | 헤르베르트 화알(Herbert Vahl) |
| | 중령(1943.2.10~) | 한스 알빈 폰 라이쩬슈타인(Hans-Albin von Reitzenstein) |
| 1SS대대 | 중령(~1943.2.10) | 한스 알빈 폰 라이쩬슈타인(Hans-Albin von Reitzenstein), |
| | 소령(1943.2.10~) | 헤르베르트 쿨만(Herbert Kuhlmann) |
| 2SS대대 | 소령 | 크리스티안 튀크젠(Christian Tychsen) |

| | | |
|---|---|---|
| 제2SS 장갑포병연대 | 상급대령 | 쿠르트 브라작크(Kurt Brasack) |
| 1SS대대 | 소령 | 하인츠 로렌츠(Heinz Lorenz) |
| 2SS대대 | 소령 | 오스카르 드렉슬러(Oskar Drexler) |
| 3SS대대 | 대위 | 프리드리히 아이흐베르거(Friedrich Eichberger) |
| 4SS대대 | 대위 | 칼 크로이쯔(Karl Kreuz) |
| 2SS 정찰대대 | 대위 | 한스 봐이스(Hans Weiss) |
| 2SS 돌격포대대 | 대위 | 봘터 크나이프(Walter Kneip) |
| 2SS 장갑엽병대대 | 대위 | 에어하르트 아스바르(Erhard Asbahr) |
| 2SS 대공포대대 | 대위 | 한스 블루메(Hans Blume) |
| 2SS 공병대대 | 중위 | 요제프 쿨만(Josef Kuhlmann) |
| SS 모터싸이클대대 | 소령 | 야콥 휙크(Jakob Fick) |

## 제3SS 장갑척탄병사단 토텐코프(Totenkopf)

**사단장(Obergruppenführer 대장급) : 테오도르 아익케(Theodor Eicke; ~1943.2.26)**

**막스 지몬(Max Simon; Brigadenführer 여단장급)**

| 구분 | 계급 | 성명 |
|---|---|---|
| 사단 본부 | 소령 | 루돌프 슈나이더(Rudolf Schneider) |
| 제1SS 장갑척탄병연대 '토텐코프(Totenkopf)' | 대령(~1943.2.26) | 막스 지몬(Max Simon) |
| | 중령(1943.2.26~) | 오토 바움(Otto Baum) |
| 1SS대대 | 중령(~1943.2.26) | 오토 바움(Otto Baum), |
| | 대위(1943.2.26~) | 봘터 레더(Walter Reder) |
| 2SS대대 | 소령 | 빌헬름 슐쩨(Wilhelm Schluze) |
| 3SS대대 | 소령 | 에른스트 호이슬러(Ernst Häussler; 1943.2.22까지),<br>요아힘 슈바흐(Joachim Schbach; 1943.2.22~3.17),<br>칼 울리히(1943.3.17이후) |
| 제3SS 장갑척탄병연대 '테오도르 아익케 (Theodor Eicke)' | 대령 | 헬무트 벡커(Hellmuth Becker) |
| 1SS대대 | 소령 | 프릿츠 크뇌흘라인(Fritz Knöchlein) |
| 2SS대대 | 소령 | 쿠르트 라우너(Kurt Launer) |
| 3SS대대 | 소령 | 막스 퀴인(Max Kühn) |
| 호위 SS연대 '투울레(Thule)' | 중령 | 하인츠 라메르딩(Heinz Lammerding) |
| 1SS대대 | 소령 | 프란쯔 클레프너(Franz Kleffner; 1943.2.22까지),<br>에른스트 호이슬러(Ernst Häussler; 1943.2.22이후) |
| 2SS대대 | 소령 | 게오르크 보흐만(Georg Bochmann; 1943.2.19까지), 붸르너 데에게(Werner Deege; 1943.2.19이후) |
| 제3SS 장갑연대 | 소령 | 칼 라이너(Karl Leiner) |
| 1대대 | 대위 | 에르뷘 마이어드레스(Erwin Meierdress) |
| 2대대 | 대위 | 오이겐 쿤스트만(Eugen Kunstmann) |
| 제3SS 장갑포병연대 | 대령 | 헤르만 프리스(Hermann Priess) |
| 1SS대대 | 대위 | 알프레드 슛첸호퍼(Alfred Schützenhofer) |
| 2SS대대 | 소령 | 요제프 즈뷔엔테크(Josef Swientek) |
| 3SS대대 | 소령 | 프릿쯔 야콥(Fritz Jakob) |
| 4SS대대 | 중령 | 한스 잔더(Hans Sander) |
| 3SS 정찰대대 | 소령 | 봘터 베스트만(Walter Bestmann) |
| 3SS 돌격포대대 | 대위 | 붸르너 코르프(Werner Korff) |
| 3SS 장갑엽병대대 | 대위 | 아르님 그루네르트(Arnim Grunert) |
| 3SS 대공포대대 | 중령 | 오토 크론(Otto Kron) |
| 3SS 공병대대 | 소령 | 막스 제엘라(Max Seela) |

| | 란쯔 분견군 | | 제1장갑군 | | 홀리트 분견군 | | 제4장갑군 | |
|---|---|---|---|---|---|---|---|---|
| 1943<br>2/3 | 제24<br>장갑군단 | 제385보병사단<br>제387보병사단<br>제213경계사단 | 제40<br>장갑군단<br>사령부 | | 제48<br>장갑군단 | 제5장갑사단<br>제22장갑사단<br>휘너르스도르프<br>그룹<br>슐트 그룹<br>제304보병사단 | 제57<br>장갑군단 | 제17<br>장갑사단<br>제23<br>장갑사단<br>제5SS 뷔킹장갑<br>척탄병사단 |
| | 크라머 군단 | -그로스<br>도이칠란트<br>장갑척탄병사단<br>제88보병사단<br>1개 연대<br>제168보병사단<br>2개 연대<br>기타 | 제3<br>장갑군단 | 제7장갑사단<br>제19장갑사단<br>제27장갑사단 | 제17군단 | 제62보병사단<br>제294보병사단<br>제306보병사단<br>제8공군<br>지상사단 | 제5군단 | -제111<br>보병사단<br>-제15공군<br>지상사단<br>- 제444<br>경계사단<br>Kos 연대 |
| | 분견군 직할 | 제298보병사단<br>제320보병사단<br>다스라이히<br>장갑연대 | 제30군단 | 크라이싱 그룹<br>(제3산악사단) | 제29군단 | 제79그룹<br>(루마니아 제2군<br>군단사령부)<br>제177<br>경계연대 그룹 | | |
| | SS장갑군단<br>(육군총사령<br>부직할) | 라이프<br>슈탄다르테<br>다스라이히 | | 제335보병사단 2<br>개 연대 | 미에트<br>그룹 | 제336보병사단<br>제336보병사단 | 장갑군<br>직할 | 제3<br>장갑사단<br>제11<br>장갑사단<br>제16<br>장갑척탄병사단 |
| 1943<br>2/11 | SS장갑군단 | 라이프<br>슈탄다르테<br>다스 라이히 | 제3<br>장갑군단 | 제3장갑사단<br>제17장갑사단<br>제7장갑사단<br>1개 연대<br>슈미트그룹<br>(제19장갑사단<br>901교도연대) | 제48<br>장갑군단 | 제6장갑사단<br>슐트 그룹 | 제57<br>장갑군단 | 제23<br>장갑사단<br>제15<br>장갑척탄병사단<br>제111보병사단<br>제15공군<br>지상사단 |
| | 제24<br>장갑군단 | - 제385보병사단<br>- 제387보병사단<br>제213경계사단 | | | 제17군단 | 제62보병사단<br>제294보병사단<br>제8공군<br>지상사단 | | |
| | 크라머군단 | 그로스<br>도이칠란트<br>장갑척탄병<br>사단<br>제168보병사단<br>제88보병사단<br>1개 연대 | 제40<br>장갑군단 | 제7장갑사단<br>제11장갑사단<br>제5SS 뷔킹<br>장갑척탄병사단<br>제333보병사단<br>2개 연대 | 미에트<br>그룹 | 제336보병사단<br>제336보병사단 | 제5군단 | 제444<br>경계사단<br>Kos 연대 |
| | 분견군 직할 | - 제320보병사단 | 제30군단 | - 제304보병사단<br>- 제335보병사단<br>크라이싱 그룹<br>(제3산악사단) | 분견군<br>직할 | 제302보병사단<br>제306보병사단<br>제304보병사단 2<br>개 연대 / 제6장갑<br>사단 1개 연대 | 제29군단 | 79그룹<br>177 그룹 |

| | | | | | | | | |
|---|---|---|---|---|---|---|---|---|
| 1943<br>2/16 | SS장갑군단 | 라이프<br>슈탄다르테<br>다스 라이히<br>제320보병사단<br>토텐코프<br>1개 연대 | 제3<br>장갑군단 | 제3장갑사단<br>제7장갑사단<br>제17장갑사단<br>슈미트 그룹<br>(제19장갑사단<br>교도연대) | 제48<br>장갑군단 | -제6장갑사단<br>- 제302보병사단<br>- 제304보병사단<br>제306보병사단<br>슐트 그룹 | | |
| | 라우스 군단 | 그로스<br>도이칠란트<br>장갑척탄병사단<br>제168보병사단<br>제88보병사단<br>1개 연대 | 제40<br>장갑군단 | 제7장갑사단<br>제11장갑사단 | | | | |
| | 분견군 직할 | - 토텐코프 | 제30군<br>단 | 제335보병사단<br>크라이싱 그룹<br>(제3산악사단) | 제17군단 | - 제62보병사단<br>- 제294보병사단<br>제8공군<br>지상사단 | | |
| | | | 장갑군<br>직할 | 제5SS 뷔킹<br>장갑척탄병사단<br>제333보병사단 | 미에트<br>그룹 | 제336보병사단<br>제336보병사단 | | |
| 1943<br>2/24 | 라우스 군단 | 그로스<br>도이칠란트<br>장갑척탄병사단<br>제320보병사단<br>토텐코프<br>1개 연대 | 제3<br>장갑군단 | 제3장갑사단<br>제19장갑사단 | 제5군단 | 제444,454<br>경계사단<br>Kos연대 | 제57<br>장갑군<br>단 | 제23장갑사단<br>제16<br>장갑척탄병사단<br>제15공군<br>지상사단 |
| | 분견군 직할 | 라이프<br>슈탄다르테<br>제167보병사단<br>제168보병사단<br>제88보병사단<br>1개 연대 | 제40<br>장갑군단 | 제7장갑사단<br>제11장갑사단<br>제5SS 뷔킹<br>장갑척탄병사단 | 제17군단 | 제294보병사단<br>제302보병사단<br>제306보병사단<br>제6장갑사단<br>1개 연대 | | |
| | | | 제30군<br>단 | 제304보병사단<br>제335보병사단<br>크라이싱 그룹<br>(제3산악사단)<br>슐트 그룹 | 제29군단 | 제23장갑사단<br>제16<br>장갑척탄병사단<br>제79보병사단<br>제15공군<br>지상사단 | 제5군단 | -제111보병사단<br>-제444, 454<br>경계사단<br>Kos 연대 |
| | | | | | 미에트<br>그룹 | 제336보병사단<br>제336보병사단 | 제29군<br>단 | 79그룹<br>177그룹 |

| | | | | | | | | |
|---|---|---|---|---|---|---|---|---|
| 1943<br>3/4 | 라우스 군단 | 제167보병사단<br>제168보병사단<br>제320보병사단<br>토텐코프<br>1개 연대 | 제3<br>장갑군단 | 제3장갑사단<br>제19장갑사단<br>제62보병사단<br>(제8공군<br>지상사단 포함) | 제5군단 | 제111보병사단<br>제444, 454<br>경계사단 | SS장갑<br>군단 | 라이프<br>슈탄다르테<br>다스 라이히<br>토텐코프<br>슈타인바우어<br>그룹 |
| | 분견군 직할 | 그로스<br>도이칠란트<br>장갑척탄병사단<br>제88보병사단<br>1개 연대 | 제40<br>장갑군단 | 제7장갑사단<br>제5SS 뷔킹<br>장갑척탄병사단 | 제17군단 | 제6장갑사단<br>제294보병사단<br>제302보병사단<br>제306보병사단 | | |
| | | | 제30군<br>단 | -제304보병사단<br>제333보병사단<br>크라이싱 그룹<br>(제3산악사단<br>1개 연대)<br>슐트 그룹 | 제29군단 | 제16<br>장갑척탄병사단<br>제79보병사단<br>제15공군<br>지상사단 | | |
| | | | | | 제52군단 | -4장갑사단<br>-제57보병사단<br>제255보병사단<br>제332보병사단 | 제48<br>장갑군<br>단 | 제6장갑사단<br>제11장갑사단 |
| | | | | | 미에트<br>그룹 | 제23장갑사단<br>제336보병사단<br>제336보병사단 | 제57<br>장갑군<br>단 | 제17장갑사단<br>제15보병사단 |
| 1943<br>3/17 | 라우스 군단 | 제167보병사단<br>제320보병사단 | 제3<br>장갑군단 | 제3장갑사단<br>제62보병사단<br>제333보병사단 | 제24<br>장갑군단 | 제111보병사단<br>Koruck 200<br>(444, 454<br>경계사단) | SS장갑<br>군단 | 라이프<br>슈탄다르테<br>다스 라이히<br>토텐코프 |
| | 분견군 직할 | 그로스<br>도이칠란트<br>장갑척탄병사단<br>제168보병사단 | 제40<br>장갑군단 | 제7장갑사단<br>제5SS 뷔킹<br>장갑척탄병사단 | 제17군단 | 제294보병사단<br>제302보병사단<br>제306보병사단<br>부르크슈탈러<br>그룹 | | |
| | | | 30군 | 제304보병사단<br>제335보병사단<br>크라이싱 그룹<br>(제3산악사단<br>1개 연대)<br>슐트 그룹 | 제29군단 | 제16<br>장갑척탄병사단<br>제15공군<br>지상사단 | 제48<br>장갑군<br>단 | 제6장갑사단<br>제11장갑사단<br>제106보병사단 |
| | | | 장갑군<br>직할 | 제19장갑사단<br>제3산악사단 | 제52군단 | 제57보병사단<br>제255보병사단<br>제332보병사단 | 제57<br>장갑군<br>단 | -제17장갑사단<br>-제15보병사단 |
| | | | | | 미에트<br>그룹 | 제23장갑사단<br>제336보병사단<br>드 살렝그르<br>그룹 | 장갑군<br>직할 | 제39보병사단<br>제153야전훈련<br>사단 1개 연대 |

V. 쿠르스크 기갑전

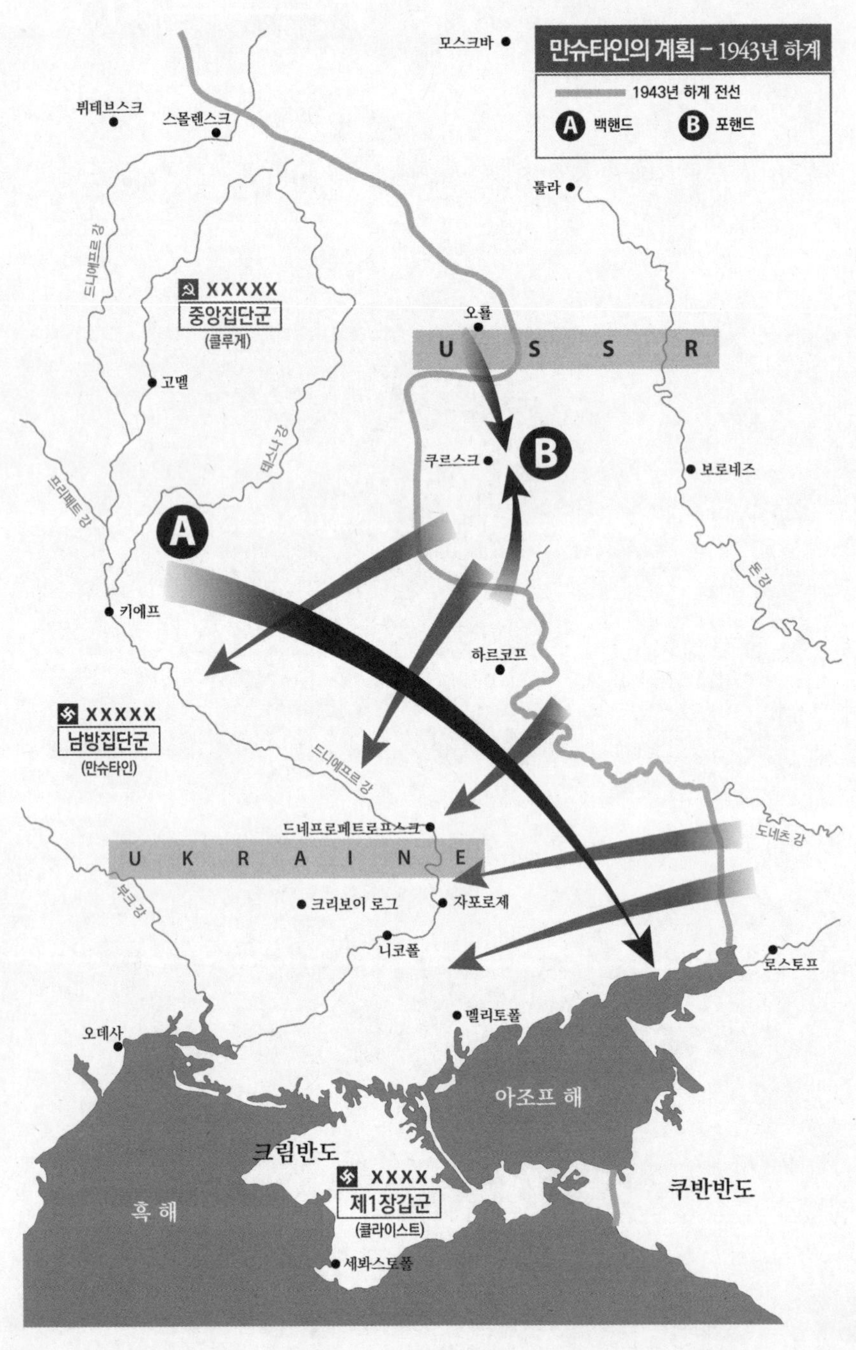

만슈타인의 계획 - 1943년 하계
1943년 하계 전선
A 백핸드
B 포핸드
모스크바
뷔테브스크
스몰렌스크
툴라
드니에프르 강
중앙집단군
(클루게)
오룔
U S S R
고멜
쿠르스크
보로네즈
데스나 강
프리페트 강
키에프
돈강
하르코프
남방집단군
(만슈타인)
드니에프르 강
드네프로페트로프스크
도네츠 강
U K R A I N E
부그 강
크리보이 로그
자포로제
니코폴
로스토프
멜리토폴
오데사
아조프 해
크림반도
제1장갑군
(클라이스트)
쿠반반도
흑해
세바스토폴

# 1 쿠르스크로 가는 길

3차 하르코프 공방전의 종료는 지친 독소 양군에게 약간의 휴식을 제공했다. 독일군이 여전히 러시아 땅에서 당장 쫓아내지 못할 존재라는 것을 각인시키는 계기는 되었지만 전투가 끝난 시점까지 독일군은 1939년 개전 이래 총 7,800대 이상의 전차를 상실한 것으로 집계되었다. 독일의 제한된 산업생산력으로 보자면 어마어마한 손실이었다. 개전 후 벌써 5년차에 접어든 시점에서 독일군은 그와 같은 전력손실과 산업생산력, 전쟁경제능력의 한계를 절감하면서 보다 전선을 축소시켜 나가야 할 상황에 처한 것은 분명한 사실로 드러났다. 따라서 만슈타인은 하르코프전의 승리로 인해 우크라이나의 주요 경제요충지역들을 확보하기는 했지만 이를 과감하게 털고 좀 더 뒤로 물러나 소련군의 차기 예상 공격지점을 주의 깊게 관망할 필요가 있다는 생각을 가지고 있었다. 만슈타인 역시 기본적으로는 예전처럼 독일이 먼저 선수를 치는 것은 위험부담이 크며 전쟁 초기 때처럼 독일군이 전장을 먼저 선택하여 공세를 주도하는 시기는 다시금 도래하기가 힘들다는 판단을 가지고 있었다. 히틀러는 돈바스 지역이 소련경제에 사활이 걸린 땅이라고 지목하면서 이곳을 쉽게 방기할 수는 없다고 악을 쓰기 일쑤였지만 실제로는 거의 모든 산업시설이 우랄산맥 방면으로 깊숙이 이동한 상태에서 소련은 돈바스가 아니라도 수 천대, 수 만대의 전차와 장갑차량을 속속 양산할 수 있는 체제를 굳혀가고 있었다. 거기에 비해 독일군은 자국으로부터 수천 km나 떨어진 지역에서 보급과 병참의 고질적인 애로사항과 씨름을 해야 할 상황인데다 소련군이 예전처럼 그저 몇 대 쥐어박는다고 쉽게 쓰러지는 상대가 아님을 깨닫는 순간, 이 전쟁은 점점 길어질 수밖에 없다는 좌절감이 전선을 엄습하게 된다.

## 後의 先(백핸드)

히틀러는 이미 3차 하르코프 공방전 당시부터 그해의 하계 대공세를 염두에 두고 있었다. 1943년 2월말 만슈타인은 두 가지 행동계획을 제시한 바 있는데 제1안은 소련이 공세준비를 정돈하기 전에 선수를 치는 방안이었으며, 제2안은 소련군이 공세를 취해 오는 것을 대기하다가 공격부대를 지연작전으로 소모시킨 다음, 그 이후에 독일군의 본격적인 대규모 반격을 추진하는 것으로 요약되었다. 1안은 자신이 좋아서 만들어 낸 것이 아니라 2안을 설득시키기 위해 형식적으로 고안한 발상으로 추정된다. 여하튼 제2안을 조금 더 자세히 보면 다음과 같다.

즉 '우선 소련군이 도네츠 지구에 대해 남북으로 협격공세(挾擊攻勢)로 나올 경우 도네츠강과 미우스강 유역의 전선을 일시적으로 포기하고 소련군을 드니에프르 하류 지구로 유인한다. 독일군 예비병력의 중핵, 특히 장갑부대를 하르코프 서쪽으로 집결시켜 소련군을 분쇄한다. 공세이전의 중점은 드니에프르강 하류 유역을 전진하는 소련군의 측면에 집중한다' 였다.[01]

만슈타인은 다음과 같이 예상했다. 소련군은 만약 먼저 선수를 칠 생각이라면 영미연합군이 제

01 Manstein(1994) p.446

4호 전차와 함께 전선으로 이동 중인 제11장갑사단의 하프트랙. 독일군은 장갑부대의 진격과 보병들의 늘어나는 간격을 해소하기 위해 하프트랙대대가 장갑연대와 함께 유기적으로 기동하는 전술을 채택했다. 반면 소련군은 차량 부족으로 인해 전차와 보병 제대 간 간격이 벌어지는 문제를 당분간 감수해야 했다. (Bild 101I-219-0596-12)

2전선을 구축하는 것을 기다리지 않고 공세가 준비 되는대로 공격을 개시할 것으로 내다보았다. 그 공세란 도네츠강 만곡부(灣曲部)를 탈환하기 위해 남방집단군을 겨냥할 가능성이 가장 큰 것으로 보고, 목표는 하르코프 지구의 돌파, 도네츠 중류로부터 독일군 전선의 후방으로 침입하여 흑해 연안의 독일군 남익을 격파하는 것으로 설정될 공산이 짙은 것으로 예상하였다. 소련군의 공세는 남방집단군을 쳐냄으로써 전략적으로는 도네츠 공업지대와 우크라이나 곡창지대를 독일군의 손아귀로부터 탈환할 것이라는 내용으로 요약되며, 실제로 소련군은 그와 흡사한 계획을 설정하기도 했다. 만약 이와 같이 된다면 발칸으로 전개되는 교통로를 획득하고 추축국들이 보유하고 있는 유럽 제1의 석유자원인 루마니아의 플로이에슈티(Ploiesti) 유전을 압박할 수 있는 전략적 이점이 있었다.

이를 저지하기 위해서 만슈타인이 구상한 안은 기본적으로 3차 하르코프 공방전 때 사용한 기동방어의 확대판이라 부를 수 있는 계획을 염두에 두고 있었다. 이 구상은 소련군 공세의 개시를 기다려 유리한 조건을 확보해 나가면서 소련군 전력이 소모되도록 유인해 나가고, 궁극적으로는 공격력의 둔화를 기다려 유효한 반격을 가해 적을 격멸한다는 것으로 정리된다. 이 구상을 성립시키기 위한 전제조건으로서는 소련군이 정치적, 경제적 중요성 및 군사전략상의 긴요한 목표점 도달을 위해 도네츠 및 우크라이나 방면으로 치고 나와야 하는데 만슈타인은 소련군이 그 어떤 경우에도 반드시 그 지역으로 대공세를 준비할 것으로 확신했다. 또한, 독일군의 항공정찰에 따르면 당시의 소련군 병력 전개상황은 만슈타인의 예상과 거의 일치하는 것이었다. 만슈타인 구상의 골자는 먼저 도네츠 지역에 대한 소련군의 공격에 대해서는 지연작전을 실시하고 드니에프르강-메리크폴리 선에 소련군을 유인하는 것부터 시작된다. 이즈음 강력한 장갑전력을 예비대로 구성하여 드네프로페트로프스크에 배치함으로써 소련군 침공부대의 둔화를 기다려 예비대로서 적 병력을 타격하고(장갑타격 1), 적의 후방연락선을 절단함으로써 적의 주력을 아조프해 방면으로 압박하는 것이었다. 만약 소련군이 일부 병력으로 하여금 도네츠 지역을 견제하고 주력을 쿠르스크 돌출부에서 드니에프르강 방면의 공세로 집중할 경우에는 예비대를 북방으로 보내어 타격을 가한다는(장갑타격 2) 두 가지 가능성을 동시에 대비하는 것이었다.[02] 그러나 이 작전구상을 실현하기 위해서는 독일 국방군최고사령부가 다음과 같은 조건을 충족시켜야 했다.

우선 동부전선 유일의 작전 중점을 남방집단군 정면에 설정하는 문제였다. 그러기 위해서는 중앙 및 북방집단군으로부터 병력을 차출하여 필요하다면 예비대까지 남방집단군에 배속시킬 수 있는 결정이 요구되었다. 또 한 가지는 도네츠 지역의 포기를 결단하는 것이었다. 이 시점의 독일군은 1941~42년처럼 작전목표를 원거리에 둘 수가 없었다. 그러한 상황 하에 침입해 들어오는 소련군의 후방을 절단하기 위해서는 소련군을 충분히 유인해 끌고 들어올 광범위한 지역이 필요했다. 그러자면 당연히 도네츠 지역을 포기하고 소련군을 더욱 깊숙이 미끼가 있는 곳으로 끌어들이기 위해 점령하고 있는 영토까지 내줄 수 있는 대담한 배짱과 각오가 필요했다.

그러나 히틀러는 일시적으로 도네츠 분지를 포기한다는 것에 도저히 동의할 수 없었다. 그 경우 루마니아와 같은 추축 동맹국이 독일군의 약세를 감지하고 동맹에서 이탈할 위험이 있다면서 정치적 이유를 들어 절대반대의 입장을 유지했다. 만슈타인은 이 시점에서 히틀러는 후퇴작전 뒤에 반격한다고 하는 전술행동에 자신이 없는, 군사전략의 위험성만을 강조하는, 전략가로서의 능력이 결여되어 있었다고 자신의 판단을 굳히게 된다. 실제로 독일군의 경우, 전차를 중심으로 한 장갑부대는 공격만이 아니라 방어에 있어서도(이른바 기동방어) 출중한 활약을 해 왔다는 사실을 히틀러는 이해하지 못했다.[03] 전세가 역전된 1943년 이후부터 1944년까지 독일군은 전체적인 후퇴 기조 속에서도 탁월한 기동방어로 소련군의 진격을 더디게 하는 수많은 전과를 올린 바 있었다. 하지만 이 시기 히틀러는 전력이 압도적으로 열세인 조건하에서 여하히 기동방어를 통해 '후수로부터의 타격'을 실현시킬 것인가에 대한 기본적 인식이 결여되어 있었으며, 이미 하르코프전에서 대단한 경험을 했음에도 불구하고 선후퇴 후타격이 내포한 군사적 어드밴티지를 조금도 이해하려 들지 않았다. 히틀러는 1943년 하계 공세도 이전 연도와 마찬가지로 선수필승(先手必勝)의 정신만이 전선의 주도권을 장악할 수 있는 것으로 굳게 믿고 있었다. 히틀러는 2~3월의 소련군 격퇴로 말미암은 적의 약점을 최대한 이용하여 독일 측이 선수를 쳐 소련군의 회복을 사전에 차단시키자는 기도에 의존했다. 그 약점은 쿠르스크 돌출부를 의미했다.

## 先의 先(포핸드)

1943년 3월에 하르코프는 탈환했지만 벨고로드 북쪽에 생겨난 동서 130km, 남북 180km에 달하는 이 거대한 돌출부는 이미 모양 상으로도 부자연스럽게 보였다. 히틀러는 이 돌출부를 2개 집단군으로 양쪽에서 잘라 들어가 그 안에 놓인 소련 6개 군 병력을 포위섬멸한다는 매우 간단한 계획을 입안했다. 가장 최초의 구상은 1943년 3월 13일 작전명령 5호에 여타 공격방향과 함께 쿠

02 Cooper(1992) p.456, クルスク機甲戦(1999) p.119
03 ケネス マクセイ(1977) p.285

중앙집단군 사령관 폰 클루게. 필요 이상으로 신중한 성향의 장군으로, 위협이 월등히 심각했던 남방집단군의 지원 요청을 번번이 거절했다. 성채작전과 같은 대규모의 공세에 필요한 과단성 있는 결심이 불가능한 성격의 소유자였다. 그러면서도 프리마돈나 기질의 구데리안에 대해서는 히틀러를 통해 결투를 신청하는 등, 심리적 기복이 심했다.

르스크 진공계획이 포함되어 있었다. 그러나 폰 클루게의 중앙집단군은 남방집단군과 함께 대규모의 공동작전을 전개할 여력이 없음을 밝힘에 따라 4월 중순까지 질질 끌다가 무한 연기되고 말았다. 대신 중점을 중앙집단군 정면에 형성된 돌출부에만 두는 제한된 작전계획으로 대체하면서 작전명령 6호가 발동되었다. 형식적으로는 짜이츨러(Kurt Zeitzler) 육군참모총장이 4월 15일에 기안, 건의하는 형식을 취했고 작전은 5월 초순에 실시될 예정이었다. 이 돌출부의 중앙에 쿠르스크라는 교통의 요충지가 있어 이제 역사에 영원히 이름을 남기게 될 쿠르스크 기갑전, 쿠르스크 대전차전의 바로 그 쿠르스크 지역에 전 세계의 이목이 집중되는 시기가 도래하게 된다. 작전명 '찌타델레'(Unternehmen Zitadelle = Operation Citadel). 번역하면 성채(城砦)라는 뜻인데 1941년은 인명을 딴 바르바로싸, 1942년(Blau)은 1939(Weiss), 1940년(Gelb)처럼 다시 색깔 이름을 붙였으며 1943년은 성채(요새)라는 어중간한 코드명이 부여되었다. 히틀러는 이 돌출부를 남북의 2대 장갑전력으로 절단함으로써 돌출부 내의 소련군을 완전 절멸시키고 나아가 예비 전차전력까지 괴멸시킬 수 있다면 동부전선 전체에 영향을 미칠 정도의 전과로 각인될 수 있을 것으로 예상했다. 다만 이 구상은 소련군이 미처 공세준비를 완료하기 전에 발동하여 성과를 거두어야 한다는 시간적 제약이 가로놓여 있었다. 육군총사령부는 1943년 4월 히틀러의 기본 구상에 의거하여 3개의 시나리오를 작성했다. 첫 번째는 돌출부 중앙부를 돌파, 쿠르스크로 돌진한 뒤 남북으로 나뉘어 선회하여 중앙방면군과 보로네즈방면군을 격멸하는 방안, 두 번째는 돌출부 기부(基部)의 양 측면으로부터 쿠르스크 후방에 위치한 소련군의 전략적 예비대인 스텝방면군을 궁극의 작전목표로 삼는 방안, 마지막 세 번째는 돌출 기부의 양 측면에서 쿠르스크를 목표로 삼는 것이었다. 제1안은 남북으로 집단군을 나눌 경우 적의 예비전력에게 측면을 노출시킬 우려가 예견되었으며, 제2안은 작전목표가 너무 멀어져 예정된 시간 내에 작전을 온전히 소화할 수가 없다는 불확실성이 제기됨에 따라 결국 3안이 최종안으로 낙착되었다.[04]

쿠르스크 공격을 위한 작전명령은 정확한 개시일은 미정으로 둔 채 4월 24일 동부전선의 3개 군 집단들에게 발동되었다. 내용은 쿠르스크 지구의 적 전력의 섬멸을 작전목표로 설정하고 남방집단군은 벨고로드(Belgorod)-토마로프카(Tomarovka)의 선으로부터, 중앙집단군은 트로스나(Trosna)-

04 クルスク機甲戦(1999) p.115

경력과 관록 면에서 참모총장감이 못 된다는 평의 쿠르트 짜이츨러. 성채작전의 기안자이기는 하지만 6월부터 성채작전의 성공에 대해 조금씩 의구심을 표했다.

말로아르한겔스크(Maloarkhangelsk)선에서 출격하여 쿠르스크에서 양 집단군이 제휴하여 포위망을 완성시킨다는 것으로 정리되었다. 동시에 히틀러는 두 가지 중요한 선결조건을 제시한다.

그 첫째는 공세주력의 측면을 보호하는 것이 절대적으로 필요하다는 전제와 함께, 공격 선봉은 모든 수단을 동원, 국지적 차원의 완벽한 우위를 확보하기 위해 최대한 좁은 축선으로 집중해야 한다는 주문이었다. 실제로 작전 내내 이 조건은 충족되지 않았다. 특히 SS장갑군단은 시간이 가면 갈수록 엄호되지 않은 측면이 길게 노출되어 가고 있었다. 또한, 원래대로라면 켐프 분견군이 제4장갑군의 우측면을 보호하기 위해 페이스를 맞춰야 했으나 병력과 장비의 부족으로 그 기능을 제대로 수행할 수가 없었다.

두 번째, 최대한 공격의 속도를 높여 적의 예비전력이 종심으로부터 나오기 이전에 포위망 내 적을 섬멸해야 한다는 공식이었다. 그러자면 첫 날에 헤르만 호트 장군의 장갑사단들이 거의 요새 수준으로 구축된 소련군의 2차 방어선까지 돌파해야 한다는 요건이 충족되어야 했다. 2차 방어선만 뚫으면 광활한 초원과 평원지대가 나타나게 되므로 이러한 광활한 지역에서는 전차 대 전차의 대결에서 독일군이 월등이 뛰어난 테크닉을 구사할 수 있기 때문이었다. 이것이 달성되지 않으면 독일 장갑부대들은 소련군이 설치한 팍크프론트 내에 갇힌 상태로 소련 제1전차군과 정면승부를 해야 할 부담을 가지게 되었다.

이상에서 히틀러는 무엇보다 타이밍의 중요성을 강조한 바, 시간이 지체되어 포위망 내 전투가 지지부진해진다면 소련군의 예비전력이 발진될 시간적 여유를 허용할 우려가 높기 때문이었다. 하지만 기습, 즉 시간의 중요성을 그토록 강조한 히틀러가 신형전차가 있어야 소련진영을 돌파하기 쉽다면서 두 번이나 작전 개시일을 늦춘 것은 작전명령의 기본핵심을 아예 스스로 무시해 버린 처사가 된다. 독일군은 그들 스스로가 창안한 전격전의 핵심논리를 저버리면서 다가올 재앙을 재촉하고 있었다.

## 비판과 반비판

쿠르스크 지역 그 자체는 순수한 군사적인 관점에서 독일군에게 아무런 전략적 의미를 가질 수가 없었다. 상당수의 독일군 장성들이 이 구상에 반대를 표명했다. 2~3년 전에 비해 월등히 약화된 전력상의 누수로 인해 그와 같은 전략적 차원의 대규모 공세보다는 소련군의 선공을 기다려 적의 보급선이 늘어나거나 구조적인 약점이 포착될 시점에 유연한 기동타격을 가하는 것이 더 급선무이며, 바르바로싸나 청색작전의 재판을 1943년에 실현하는 것은 거의 도박에 가까운, 자칫 잘못하면 전쟁 그 자체를 망쳐버리는 운명의 한 수가 될 수 있음을 경고했다.

하지만 이는 구데리안을 비롯한 일부 뛰어난 전략가들의 인식 수준이었으며 히틀러나 카이텔, 그 외 총통의 명령에만 맹종해 온 인간들은 1941, 1942년에서처럼 여름에는 항상 독일군이 승리를 구가해 왔으며, 압도적으로 많은 적의 병력 수, 장비규모의 차이에도 불구하고 독일군의 명품 기량이 소련군을 충분히 제압할 수 있다는 환상을 가지고 있었다. 사실 지난 2년간 독일 장갑부대들은 소련군과 5:1, 10:1의 수적 열세 속에서도 초인적인 성과를 이루어 내기는 했다. 어떤 경우에는 소련 개개의 단위부대들이 도저히 회생할 수 없을 정도로 마지막 한 대의 전차까지 격파 당해 전투서열표에서 완전히 삭제당하는 일도 비일비재했다. 게다가 1943년 2~3월 제3차 하르코프 공방전에서 처음으로 동계전투를 통해 소련군을 격파했다는 직전의 경험이 그러한 낙관주의를 더욱 부채질하게 되었다.

하지만 스탈린그라드의 승리와 하르코프의 패배를 동시에 맞본 소련군은 예전과 같이 얻어터지기만 하는 아마추어가 아니었다. 1941년 수십만의 병력이 포위되어 허무하게 항복하거나 아니면 무모한 저항과 역습으로 비참하게 당했던 소련군은 1942년에 약간 다른 모습을 보이기 시작했다. 단위전투에서는 여전히 독일군의 상대가 안 되기는 하지만 도망갈 때 도망가고 저항할 때 저항할 줄 아는 신축성이 생겨났다. 스탈린그라드를 전후해서는 이제 전략적 차원에서 대규모 공세를 밀어붙이거나 아예 전쟁을 끝장낼 수도 있다는 각오와 신념으로 독일군을 대하게 되었기에 이러한 소련군의 근원적인 변화는 독일군 수뇌부가 충분히 감안해야 했다. 그러나 히틀러와 그 측근들은 '여름에는 우리가 이긴다'는 막연한 전의와 상상을 가지고 있었다. 구데리안은 도대체 쿠르스크가 어디에 붙어 있는지도 모르는데 거기에 전략적 차원의 동부전선 독일군 전 병력을 쏟아 붓는 것은 자살행위에 가깝다고 생각했다.

1939년 9월부터 1943년 봄까지 독일군은 대략 7,800대의 전차 상실과 함께 1941년부터 매년 거의 50만에 가까운 병력이 죽거나 부상당하거나 행방불명으로 집계된 고통스러운 통계를 맞이해야 했다.[05] 서부전선에서는 전격전의 100% 수행으로 인력이나 장비의 손실은 미미했다. 독일군이 그간에 입은 인력과 장비의 피해는 모두 러시아 전선에서 나왔다. 더욱이 인력난만 극심한 것이 아니라 전시경제 하 독일의 산업시설들은 늘어난 점령지의 병참과 보급을 제때에 유지하고 관리할 충분한 생산능력을 갖추고 있지 못했다. 그러한 공급측면의 문제를 감안하지 않고 매년 여름에는 독일군이 연례행사처럼 하계 대공세를 추진해 왔으므로 1943년의 여름도 마땅히 해야 한다는 이 막연한 논리는 구데리안이나 만슈타인처럼 장기적으로 내다보는 안목이 있는 전략가의 눈에는 정말

05 Barr & Hart(2007) p.107

대책 없는 광기에 다름 아닌 것으로 비춰졌다. 특히 구데리안은 당시 장갑병총감의 위치에 있어 독일군 전체의 기동전력의 편제와 전차 생산 및 배치를 총괄하는 권한을 가지고 있었다. 구데리안은 그동안 혼란스러웠던 전차생산태세를 축차적으로 개선하는 방향을 모색하고 있었다. 당시 동부전선의 독일 장갑사단은 겨우 18개, 전투가능한 전차대수는 불과 495대에 지나지 않았으며, 1개 사단 평균 27대의 전차로 그럭저럭 버텨내는 상황이었다. 구데리안은 이와 같은 조건을 염두에 두고 그와 같은 좁은 전구에 막대한 양의 장갑부대와 전차를 대량으로 투입할 경우, 해당 전투 이후 독일군의 기동전력은 회생불능의 지경에 이를 것으로 예상했다. 따라서 1943년은 독일군의 전력축적의 시기이지 전략적 공세를 행할 여건을 결여하고 있는 것으로 판단하고 대규모 공세준비를 극력 반대하고 있었다. 나아가 만약 이 회전에서 패배한다면 스탈린그라드보다 더 큰 재앙을 초래할 수도 있을 것이라는 점도 간파하고 있었다. 아마도 구데리안이 만슈타인보다는 더 원천적으로 이 작전을 반대한 것으로 알려진다.

## 독일군의 고민

독일군 전력의 약화는 병력 편제 면에서 이미 두드러지게 나타나고 있었다. 바르바로싸 당시 독일의 보병사단들은 3개 대대로 구성된 3개의 연대를 기반으로 했다. 독일군은 3이라는 숫자에 집착해서인지 거의 모든 것을 3으로 나누게 되는데 따라서 각 대대는 대개 3개 중대로 편성되는 것이 관례였다. 그러나 1942년 청색작전에서는 2개 대대가 하나의 연대를 구성하고 있었으며, 장갑차량의 부족으로 인해 오직 1개 사단에 하나의 장갑척탄병대대만이 하프트랙 장갑차량으로 무장하고 있었다. 청색작전 때만 해도 장갑사단은 200~250대의 전차를 보유하고 있었으나 1943년의 경우, 남방집단군의 어느 사단도 125대를 넘지 못하는 수준으로 떨어져 있었다. 소련군은 이와 같은 전차 대수의 격감을 감지하지 못한 채 독일군 장갑부대는 대개 사단 당 150~160대의 전차로 구성되고 경우에 따라 180대를 갖추는 것으로 예상했으나 실제 평균적으로 동부전선 어느 사단도 100대를 넘지 못했다. 다만 독일국방군의 최정예 엘리트사단 그로스도이췰란트 장갑척탄병사단은 100대를 가까스로 넘기는 수준이었으며 그것도 새로 도착한 5호 판터 전차로 이루어진 2개 대대가 제10전차여단에 배속되었기에 가능한 일이었다. 그로스도이췰란트는 쿠르스크 전투 개시 직전에 최종적으로 293대의 전차로 무장되었다. 전투 개시를 위해 그 어느 장갑사단보다도 2배나 많은 전차를 보유한 채 작전에 돌입한 유일한 사단이었다.

전차의 정수도 문제였지만 더더욱 독일을 초조하게 만든 것은 전차의 생산 속도였다. 소련의 T-34와 KV 중전차(重戰車)는 월 2,000대가 제조되고 있었는데 반해 독일의 4호 전차는 월 100대에 불과했다. 게다가 주포의 화력을 제외하고는 모든 면에서 T-34보다 열세에 있었다. 히틀러는 이 문제를 극복하기 위해 신형 전차 5호 판터 250대를 5월까지 배치시키도록 지시하고, 충분한 양의 티거 I형 전차가 준비되지 않는 한 작전은 연기시킨다는 입장을 표명한다. 판터의 월 평균 생산대수는 50대였다. 하지만 구데리안은 판터가 당시 생산과정에서 상당한 결함을 안고 있음을 파악하고 신형전차에 대한 쓸데없는 신뢰는 무모한 결과를 낳으리라고 경고하게 되는데, 실제로 판터는 기본적인 미션의 결함으로 인해 적에게 격파 당한 것보다 기계결함으로 고장이 나 전장에서 멈추는 경우가 더 많을 지경이었다. 이 판터 때문에 작전 개시일을 늦추었다는 것 자체도 희화적인 뒷얘

'Great White Hope'. 소련의 T-34에 대항해 기동력과 화력에 있어 상대적 우위를 확보키 위해 제작된 극초기의 판터 D형. 전면 장갑은 월등하나 측면이 상대적으로 취약하다는 결함이 발견되었다. (Bild 183-H26258)

기가 되고 말았다. 결국 히틀러는 전략적 차원의 구조적 문제를 전술적 차원의 보정책으로 커버하려고 했다는 결론이 가능하게 되며, 나아가 소련군으로 하여금 수비진 축성에 더더욱 많은 시간적 여유만 제공하는 결과를 초래했다.[06]

독일군은 3호 전차를 주력으로, 4호 전차를 화력지원 전차로 활용해 오던 기존의 방식이 러시아 전선에서는 통하지 않는다는 점을 절감하면서 판터를 범용전차(MAT)로 삼고 티거 전차를 화력지원 또는 수비 시 '이동하는 대전차포' 개념으로 전환시키려 했다. 판터는 사실 바르바로싸 초기 'T-34 쇼크'에서 발원된 범용전차의 이상형으로 간주된 바 있었으며, 소련이 중량을 늘리지 않으면서도 전면장갑의 경사를 통해 방어력을 높이는 획기적인 방안을 실천에 옮겨 완성한 T-34를 어느 정도 흉내 낸 측면이 있음을 부인하기 어렵다. 독일은 방어력과 파괴력에 있어 당시의 독일 전차들이 T-34를 당해낼 수가 없다는 판단 하에 가능한 한 강한 주포를 장착하기를 희망했고 그러자면 포탑도 커질 수밖에 없으며 그러한 무게를 지탱하자면 차대도 상당한 중량의 것을 도입치 않을 수 없었다. 그에 따라 기동력 또한, 상당한 수준으로 끌어 올리려면 서스펜션(현가장치)이나 윤전, 기어박스 등 모든 자재가 튼튼하고 견실한 것이어야 한다는 조건을 충족시켜야만 했다. 이로 인해 중량은 계속해서 늘어났고 엔진에 부하가 걸려 '오버히팅'의 주된 원인으로 작용했으며 구동계(驅動系)에도 다양한 문제를 야기하게 되나 그럼에도 불구하고 전장의 필요에 의해 서둘러 생산을 재촉한 결과, 다대한 초기 결함들을 개선하지 못한 채 제작에 들어가고 말았다. 당초 독일은 30톤 정도의 중량으로 판터를 제작하기를 희망했지만 워낙 복잡하고 정밀한 구조로 만들다 보니 결국 43톤이 되어버렸고 그전에 나온 티거 역시 45톤으로 예상했으나 이래저래 하다 보니 57톤이 되어버린 것과

06 비숍 & 조든(2005) p.346

마찬가지 결과를 나타냈다. 더욱이 정식 채택부터 양산체제에 이르기까지 너무나 짧은 기간이었던 탓에 장비 자체도 충분히 검증이 되지 않은 상태에서 잠정적인 것만을 사용했으며, 시험용 차량 또한, 1942년 말경에 겨우 두 대가 제작된데 불과했다.[07] 이전의 주력전차 3, 4호는 몇 차례의 시행착오와 개량을 거쳐 단계적으로 개발되어 온데 반해 판터는 시제품이 그대로 양산체제에 반영된 셈이었다. 따라서 그와 같은 졸속과 제반 결함들을 가진 상태로 전선에 배치된 판터는 과도한 중량과 그러한 중량증가에 대한 개선책 없이 생산을 강행한 나머지 결과적으로는 신뢰성이 결여되고 마는 크나큰 문제점을 안은 채 성채작전을 맞이하게 된다.

하지만 이미 알려진 바와 같이 초기형 판터가 결함이 많은데다 적기에 많은 양의 전선배치가 어렵다면 차라리 4호 전차를 기본전차로 설정하고 이미 성능이 인정된 티거를 다량으로 공급하는 것이 더 현실적이었다는 평가가 있다. 전차의 기동력, 방어력, 파괴력 세 측면에 있어 소련의 T-34가 가장 균형을 갖춘 2차 세계대전의 대표 전차로는 알려져 있으나 당시 티거의 위력과 심리적 공포는 전 전선에서 하나의 전설로 자리 잡고 있었다. 1942년 8월 레닌그라드 전구에 처음으로 4대의 티거가 출동했을 당시에는 실망스러운 점이 한두 가지가 아니었으며 전반적인 신뢰성은 대단히 낮았다.[08] 그러나 얼마 안가 티거의 위력이 여실히 입증되기 시작했다. 1944년 1월 12일~3월 31일 기간 중 동일한 레닌그라드 전구에서 겨우 6대의 티거가 파괴된 데 비해 1개 티거중대는 160대의 소련 전차들을 격파했다. 상호 격파 비율은 무려 26:1이었다. 무겁고 느리고 기계고장은 자주 있었지만 일단 전투에 돌입하면 티거를 탄 전차병들은 심리적으로 안정감을 극대화할 수 있을 정도로 티거의 장갑 방어력은 상상을 초월했다. 특히 그 어떤 전차라도 파괴시킬 수 있는 88mm 주포의 화력은 공포 그 자체였다. 총 생산규모가 1,354대에 불과함에도 불구하고 티거 전차 1대의 출현은 적 전차 5~10대를 능히 당해 낼 수 있을 정도의 가공할 만한 파괴력을 지니고 있기 때문이었다. 티거는 나중에 나올 소련의 신형 전차 T-34/85에 대해서도 우위를 점했다. 티거는 1,400m에서 T-34/85의 전면장갑을 관통할 수 있었는데 반해 T-34/85는 500m 이내로 접근해야 티거를 격파 가능한 조준거리를 확보할 수 있었다.[09] 4호 전차는 모든 면에서 T-34보다 열등했지만 75mm 장포신을 장착할 경우에는 일단 화력 면에서 뒤떨어질 일은 없었다. 특히 1943년 4월에 제작된 H형은 전면장갑을 80mm(3.15인치)까지 증강했고 측면보호를 위한 '슈르쩬'(Schurzen)은 5mm, 주포를 보호하기 위한 장갑스커트는 8mm까지 보강되었다.

게다가 배치상의 문제가 또 하나 있었다. 독일군은 1943년 봄 판터의 배치를 진행시키기 위해 각 장갑사단의 장갑연대 중 3호 전차를 보유한 1개 대대를 독일 본국으로 돌려보내어 조직 재편성과 숙련훈련을 기하도록 추진했다. 그러나 초기 모델 판터 D형은 모든 장갑연대에 배속될 만큼 양이 충분치 않았다. 해서 약 200대의 판터는 우선 제9장갑사단과 제11장갑사단으로부터 차출된 2개 장갑연대에 집중 배치하고 이 2개 연대로 제39장갑연대라고 하는 독립장갑연대를 편성하게 되었다. 이 연대는 간단한 훈련 뒤에 동부전선으로 이동해 남방집단군 예하의 그로스도이췰란트 사단 장갑연대와 함께 제10장갑여단을 구성하게 된다.[10] 그러나 문제는 다른 장갑사단의 경우로서,

07 ドイツ戦車パーフェクトバイブル II(2005) p.49
08 Healy(2011) p.152, ドイツ装甲部隊全史 2 (2000) pp.28-9
09 Bishop & Warner(2001) p.17
10 ドイツ戦車パーフェクトバイブル II(2005) p.50 판터 D형은 정면의 장갑사면에 설치된 무전병이 쓰는 기관총좌 부분에 조그마한 뚜껑이 씌워져 있는 것이 특징이다. Scheibert(1990) pp.172-3

43년 5월부터 배치된 4호 전차 H형. 전면장갑이 80mm까지 보강되었다.

판터로 대체하기 위해 전차병력의 절반을 본국으로 귀환시킨 상태에서 대부분이 1개 장갑대대만으로 성채작전에 투입되어야 했다는 사실이었다. 본국으로 돌아간 장갑대대는 보유중인 3호 전차를 또 다른 대대에 남겨놓은 셈이었지만 스탈린그라드전 이후 몇 개월에 걸친 후퇴기간 동안 많은 양이 소모됨에 따라 양쪽의 대대를 다 합쳐도 1개 장갑대대의 전차 정수에 미달했다. 게다가 수령한 판터도 기대수준에 못 미치는 결함투성이라 차라리 4호 전차를 받았던 쪽이 훨씬 나았을 것이라는 푸념이 나오기 시작했던 것이다. 심지어 제39장갑연대의 판터들은 공격개시지점까지 이동하는 순간에도 엔진의 오버히팅, 원인불명의 출화(出火), 구동계의 고장이 속출하여 도저히 전력으로 사용할 수가 없는 형편이었다. 제39장갑연대를 구성하는 51, 52장갑대대의 전차병들은 물론 역전의 용사들이기는 하지만 이 신제품에 대한 지식과 훈련 부족으로 인해 실전에서 제대로 능력을 발휘하기란 도대체가 무리였다. 결과적으로는 판터의 생산과 배치문제로 인해 작전개시일이 두 번이나 연기되었다는 것 자체가 코미디였다.

전차와 장갑차량의 문제 외에 독일군은 바로 그해에 절대적으로 부족한 전투병력의 동원문제에 봉착해 있었다. 스탈린그라드 포위전에서 20개 사단이 사라졌기 때문이었다. 히틀러는 1942~43년 동계전선의 병력피해를 복원하기 위해 무려 80만 명의 병력을 필요로 하고 있었다. 1942년에 러시아 전선에서 프랑스로 옮겨 휴식을 취하던 병력은 총 20개 사단이었다. 그중 9개 사단이 1942년 12월과 1943년 3월 사이에 다시 동부전선으로 되돌아왔다. 3차 하르코프전 이후 4월과 6월 사이에 추가로 7개 사단이 러시아에 배치되었으며, 제10장갑사단은 1942년 12월에 튀니지로, 제1장갑사단은 1943년 6월에 쓸데없이 발칸의 그리스로 이동하였다.[11] 나머지 2개 사단, 즉

11 구데리안은 쿠르스크전을 앞두고 카이텔 합참의장이 제1장갑사단을 그리스로 전출시킨 것을 무척 한심하게 생각했다. 주로 산악지형이 많은 그리스의 특성상 산악사단 1개 정도를 파견하면 되는 것으로 판단했으며 발칸지역의 교량들은 전차의 하중을 견딜만한 견고한 수준이 아니었기 때문이었다. 그토록 중요한 기갑전에서 제1장갑사단이 엉뚱한 곳에 배치되어 있었다는 것은 놀랄만한 일이었다.

제65보병사단과 제26장갑사단은 계속 프랑스에 남아있다 1943년 8월에 이탈리아로 옮겨졌다. 러시아로 돌아온 16개 사단 중 제23보병사단 하나만 북부전선의 제18군으로 배속되었고 나머지는 전부 남부전선으로 내려갔다. 히틀러는 1943년 4월과 6월 사이에 8개 사단을 재건하여 전술한 것처럼 제1장갑사단을 그리스로 보내고 제17, 38, 39, 161, 257, 282, 328보병사단을 러시아로 이동시켰다. 그중 2개는 제1장갑군에, 하나는 남부의 제6군(홀리트 분견군의 후신)으로 보내고 4개 사단은 켐프 분견군에 붙여 제3장갑군단의 지원세력으로 편성했다. 이로써 1942년 중반까지 프랑스에 주둔하고 있던 34개 사단 중 30개 사단이 러시아에서 소모전을 치르게 되었다.

스탈린그라드 이후 Total War를 선언한 독일은 18세부터 징집을 시작해 1943년 5월에는 무려 950만 명의 인구를 전장과 군사시설에 종사케 했다. 그러나 1941년 이후 노련한 장병들은 많은 수가 전사하였고 서부전선과 달리 동부전선이 장기화됨에 따라 끊임없이 새로운 사단을 만들어야 한다는 압박은 독일의 열악한 인력사정을 극단적으로 몰아가고 있었다. 징집이 아닌 100% 자체 지원과 엄격한 시험을 거쳤던 무장친위대조차 마구잡이로 징집을 해야 할 사정이었으니 병력들의 질도 경향적으로 저하되어 갈 것은 분명했다. 한 예로 134보병사단은 23,100명의 병력을 확보하고 있어 어느 사단보다 사정이 좋은 것처럼 보였지만 진성 독일인은 14,100명에 불과했고 동유럽 독일계 출신과 지원병이 2,300명, 소위 '히뷔스'(Hiwis)로 알려진 전향한 아시아계 러시아인이 1,100명, 포로 신분에서 독일군에 붙어 싸우게 된 인력이 5,600명에 달하고 있었다. 독일군의 인력사정이 어떠했는가를 알려주는 단적인 예다.

## 소련군의 준비상황

이와 같은 병력의 열세는 소련군이 하르코프 이후 독일군의 공격방향을 정확히 예측케 하는 일단의 빌미를 제공하게 된다. 소련군은 1941년과 1942년 독일군의 대공세 당시 모두 공격 중점의 방향을 잘못 판단했다. 하지만 이 해는 달랐다.

소련군은 3차 하르코프 공방전이 종료된 이후 독일군과 똑같은 우려와 희망이 교차되는 복잡한 생각들을 가지고 있었다. 그러나 항상 먼저 치기 좋아하는 독일군보다 이때의 소련군은 이미 하르코프, 벨고로드에서 한 방 먹은 상황이었으므로 좀 더 차분하게 분석하자는 경향이 지배적이었다. 갤롭과 스타 작전에서 너무 만용을 부린 나머지, 다 이겨 놓은 전투를 빼앗긴 셈이었기에 다들 누군가가 먼저 의견을 내놓기만을 기다리고 있는 상황이었다. 4월 8일 쥬코프 적군최고사령관 제1대리는 스탈린에게 다음과 같은 요지의 보고서를 제출한다.[12]

- *독일군은 1942년 동계작전의 피해로 말미암아 코카사스 점령, 또는 볼가강 쪽으로 공세를 취하는 것은 불가능할 것으로 봄. 모스크바를 향한 재공세를 추진한다 치더라도 이는 여름이 되어서야 가능할 것으로 판단함*
- *독일군은 공세의 일단계로서 아마도 쿠르스크 돌출부로 공격해 들어올 것으로 보임. 즉 13 내지 15개 장갑사단을 동원하여 돌출부의 협격을 도모할 것이 분명하며 협격지점으로는 남쪽은 벨고로드, 북쪽은 오*

Guderian(1996) p.310, ドイツ装甲部隊全史 1(2000) p.159
12 クルスク機甲戦(1999) p.55, Glantz & House(1999) pp. 361-2

룹이 될 것으로 관측됨
- 독일군은 제2단계로 하르코프 남서쪽의 볼키, 우라조보(Urazovo) 축선에 따라 이동, 남서방면군의 측면과 배후를 노릴 것으로 예상됨
- 독일군은 제3단계로 돈강의 보로네즈, 옐레츠(Yelets)를 향해 진격할 것이며 남동쪽에서 모스크바를 우회 공격할 것으로 사료됨

이어 쥬코프는 '따라서 우리는 우선 방어진지를 강화하여 적의 전력을 소모시켜 적 전차를 분쇄하고 그 이후 신예 예비병력을 투입하여 총공세로 전환, 적 주력을 일거에 격멸하는 것이 타당할 것으로 본다'는 결론을 도출했다. 소련군은 이미 독일군의 공격방향에 관해 모든 것을 파악하고 난 다음이라 적이 어디로 오는지 미리 알고 있다면 굳이 먼저 칠 필요가 없다는 생각을 가지고 있었으며, 따라서 독일 전차가 최대한 피해(지뢰)를 입도록 유도하여 지칠 대로 지친 상태에서 카운터 블로를 먹이자는 방안이었다. 이는 4월 12일 개최된 소련군 최고작전회의에서 잠정적인 안으로 채택되었고, 5월말에 공식 확정되었을 당시에는 이미 독일군 앞에 8중진으로 구성된 방어망이 촘촘히 구성되면서 거의 철벽에 가까운 준비가 완성되고 있었다.

또한, 소련 중앙방면군의 참모장 말리닌(M.S.Malinin)이 쥬코프에게 보낸 전문의 내용은 아래와 같다.[13]

"적 병력과 장비의 현황, 그리고 무엇보다 1941년과 1942년의 공세작전의 결과 및 1943년 춘계, 하계의 상황으로 보건대 적의 공격은 오로지 쿠르스크-보로네즈 작전축(operational axis)으로만 향할 것으로 예상된다. 적이 다른 전구로 공략해 들어올 가능성은 거의 없다."

이는 근 2년 동안의 전쟁으로 인해(폴란드전부터 따지자면 무려 5년차) 독일군이 상당량의 인적, 물적 자원을 고갈 당했다는 사실을 간파하고 1941, 1942년과 같이 전 방위적으로 공세를 취할 여력이 없다는 판단 하에 가급적 좁은 전구를 택해 국지적인 공격 루트를 찾을 것이라고 예측하였으며, 그 방향은 쿠르스크 돌출부가 될 것임을 정확히 넘겨 짚고 있었다. 실제로 독일군은 바르바로싸의 경우 발트 해에서 흑해에 이르기까지 무려 2,000km의 정면을 향해 동시 공격을 발진했다. 청색작전 때는 러시아 동남부로 한정되어 정면의 폭은 650km 가량이었으나, 3년차 전쟁에서는 남부로 80km, 북으로는 60km까지 축소되었다. 이는 독일군 대규모 공세의 강도나 밀도가 점점 줄어드는 현상을 말하는 것과 같았다. 과연 독일군이 전술적 숙련성과 기술적 우수성만을 바탕으로 2.5배가 넘는 전력의 소련군을 격파할 수 있을 것인가?

하지만 그보다 더 큰 문제는 독일군이 바르바로싸 때와 거의 같은 수의 2,700대에 달하는 전차와 돌격포를 쿠르스크에 집결시켰음에도 불구하고, 이 작전은 바르바로싸나 청색작전과 같은 전략적 승리나 전쟁 전체의 전환을 계획하는 것이 아니라 작전술적 승리에 불과한 내용을 기도하고 있다는 측면에서 이미 출발단계부터 한계점을 안고 있었다. 히틀러는 당시 연합군의 서부전선 구축의 위험으로 인해 상당 규모의 부대를 서쪽으로 투입한 상황에서, 쿠르스크 회전을 통해 소련군의

13 Glantz & House(1999) p.390

독일군이 작전개시일을 늦추는 동안 만리장성같은 참호를 파는 소련군 병사들

중추를 격파한 다음 그해 여름 이후 소련군의 대규모 공세를 저지한다는데 주안점을 두었다. 여기까지의 판단으로 본다면 쿠르스크 회전은 어디까지나 전황 정리를 위한 단계적 조치이지 전쟁 전체의 향배를 결정할 수 있을 것이라는 가능성을 독일군은 고려치 않았다. 만약 이기면 독일군의 '전술적 승리'가 되지만, 진다면 '전략적 패배'가 자초된다는 측면을 어느 정도까지 예상했는지 명확하지가 않다.

소련군은 이 시기 스탈린그라드에서의 승리와 하르코프에서의 패배를 동시에 맛보고 있어 나름대로의 프로페셔널한 고민들을 하고 있었다. 소련군은 넓은 초원에서 유연한 기동력을 능란하게 구사하는 브라질식 축구에는 아직 익숙하지 않지만, 원하는 지형에서 공고한 수비벽을 구축하는 이탈리아식 카테나치오에는 어느 정도 숙달해 있었다. 게다가 적의 공격방향을 미리 알고 있는 상황이라면 누가 유리한지는 명백했다. 스탈린은 하르코프전에서 한 대 얻어맞아서인지 다소 의기소침한 상태에서 이전처럼 무모한 공세지령은 발표하지 않았다. 대개 방자는 공자보다 3분의 1 전력만 되어도 지켜볼 만한 것이 상식인데 이제는 수비를 하는 소련군이 월등히 많은 병력을 준비하고 독일군을 기다리고 있는 상황이라면 문제는 달라진다. 예컨대 소련군은 사상 최초로 예비 방면군인 스텝방면군을 후방에 설치함으로써 혹여 공세정면의 중앙방면군과 보로네즈방면군이 붕괴될 경우에도 예비방면군으로 적을 격멸하기 위해 만반의 준비를 다져 나갔다. 놀랍게도 이 스텝방면군이 보유한 전차 대수는 쿠르스크전을 위해 독일의 제4장갑군이 동원한 전체 전차 대수보다 많았다.

소련군은 1943년 1월 28일에 5개 전차군을 편성하는 일에 착수하고 있었다. 당시로서는 스탈린그라드 포위전의 와중이라 이론적으로만 가능했던 구상이기는 하나 그때까지 임시 체제로 운용하던 전차군(Tank Army)을 정식 편제로 전환하는 발판을 마련하려 했다. 전차군은 2개 전차군단과 1개 기계화군단, 그리고 각종 화력지원 단위부대로 구성되었으며 그해 4월이 되면 1개 대전차연대를 추가하고, 2개 박격포연대, 1개 자주포병연대, 1개 대공포병연대가 증가되었다. 병력은

46,000~48,000명이었으며 전차 800대, 야포와 박격포 500~600문을 보유하도록 되어 있었다. 그리고 1943년 여름에는 5개 전차군이 실질적으로 존재했으며 로트미스트로프(P.Rotmistrov)의 5근위 전차군은 800대 이상의 가공할 만한 기동전력을 확보하고 있었다.

## 8중진으로 독일군을 기다리는 소련군

쥬코프는 지난 2년 동안의 경험을 토대로 개활지에서 독일군 장갑부대와 맞대결을 펼친다는 것은 이길 승상이 희박하다고 인정하고 있었다. 독일군의 속공과 유연한 기동력을 돈좌시키기 위해서는 독일군 기동전력을 최대한 소모전으로 끌고 가 활동반경을 줄이면서 전술공간의 확장을 차단시켜야 된다는 점을 누구보다 잘 알고 있었다. 쥬코프는 1941년 겨울의 모스크바 공방전과 1942년의 스탈린그라드 전투를 승리로 이끌었지만 반년 전 르제프에서 모델의 제9군에게 당한 화성작전 실패의 치욕은 소련군의 행동을 매우 조심스럽게 이끌어 가고 있었다. 방법은 간단했다. 독일군이 먼저 치기를 기다려 전력이 고갈된 시점에 결정적인 카운터블로를 먹인다는 구상이었다.

소련군은 돌출부에 집중될 독일 장갑병력을 돈좌시킨 후 완전히 몰살시킨다는 계획 하에 대전차포와 지뢰, 보병진지를 종횡으로 연결시킨 종심진지를 무려 8중으로 설치했다. 연속적으로 만들어진 방어진지, 철조망, 장해물, 지뢰지대, 대전차호, 지하호, 기관총진지, 대전차장해물, 종심으로 배치한 포병진지, 포탑 사격을 위한 '닥인' 상태의 전차배치 등등 마치 육군사관학교의 전술학 과정의 교범에서나 볼 수 있는 복잡다기하고 교묘한 방어조직이 축성되고 있었다. 방어진은 주진지대와 2선 진지로 구성되되 대략 15~20km의 깊이를 가지고 있었다. 주방어진지의 후방에는 20~30km에 걸쳐 연속적인 후방방어진이 만들어져 예비병단을 배치하고, 더 뒤쪽에는 여러 급의 부대들을 3선 저지 진지대로 구성하게 했다. 그 외에 중앙방면군과 보로네즈방면군은 거기에 더해 4선 진지대까지 설치했다. 이로써 양 방면군의 작전진지는 무려 70km의 종심을 형성하고 있었다. 총계 8개의 방어진지의 길이는 250km에서 300km에 달하는 규모로서 방어시설, 기관총진지, 대전차진지 등이 84,000개, 17,500개의 지하호, 600km의 철조망이 쳐졌다. 대전차호의 밀도는 중점 정면에서는 1km당 12~15문에 달해 거의 중세시대의 공성전을 준비하는 것과 같은 양상이었다. 지뢰 또한 거의 한 발자국마다 한 개가 설치될 정도로 매설되었다. 503,666개의 대전차지뢰, 439,348개의 대인지뢰, 총 90만 개가 넘는 지뢰가 대지를 덮었으며 이는 1941년 겨울 모스크바 공방전 당시의 지뢰 매설의 4배가 넘는 규모에 달했다. 8km마다 총 64만 개의 지뢰가 독일군을 기다리고 있는 셈이었다.[14]

소련군은 이 방어진지 구축을 위해 총 30만의 민간인을 동원하였으며 모든 군무원을 포함한 거의 백만 명에 가까운 연인원이 '성채'를 쌓고 있었다. 독일군이 명명한 성채(citadel)작전의 성채는 마치 이와 같은 소련의 반응을 예상이라도 하고 붙여진 듯한 아이러니마저 느끼게 했다. 제40군 사령관 모스칼렌코 중장의 회고록에는 장교 전원이 공병장교가 되었고 수백 km가량의 참호선과 교통호를 만들어 전차, 화포, 차량, 군마의 엄폐부분도 축성, 장병들의 지하호에는 150mm 포사격에도 견딜 수 있는 보호막을 설치했다고 하며, 모든 시설물을 지형에 맞게 위장, 은폐, 엄폐하는 조치를 가함으로써 도저히 지상이나 공중에서는 분간이 안 될 정도로 복합적인 방어진지를 구축해 냈

14 Clark(2011) p.211

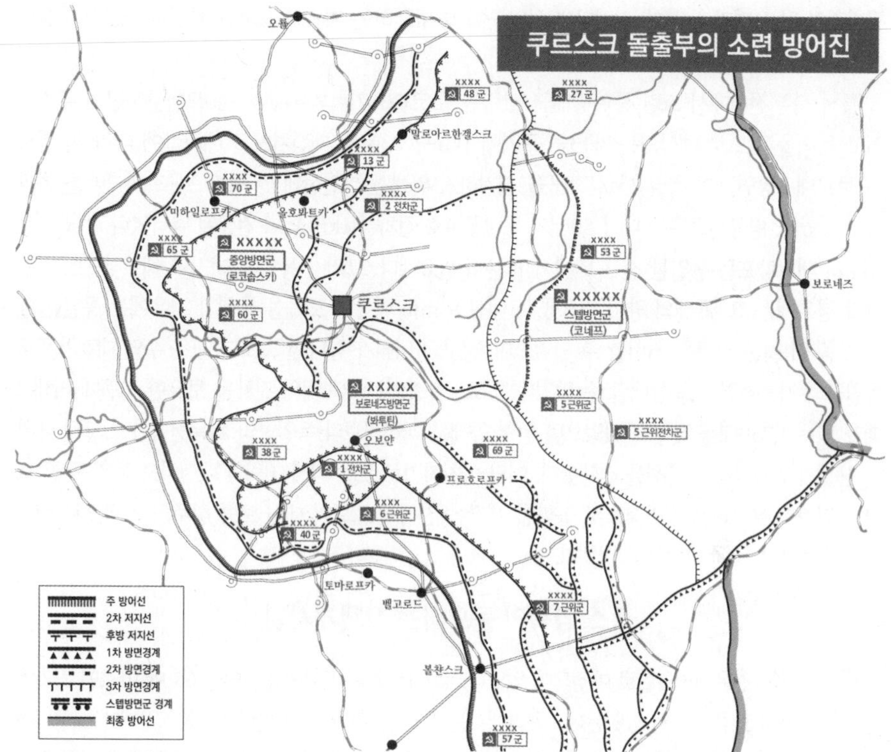


다. 아마 이것이 지금도 그대로 남아 있다면 유네스코 세계문화유산에 등록되고도 남음이 있었을 것이다.

특히 소련군이 대전차포(구경 76.2mm, 57mm, 45mm)를 다수 배치한 소위 '대전차화력소'(對戰車火力巢 = Pak Front)를 축으로 형성한 종심진지는 기존의 대전차포를 개별적으로 운용하던 방식을 보완한 일반 포병의 사격시스템을 도입한 것이었다. 즉 단일 목표에의 화력집중을 도모하기 위해 전 방어지구를 좌표축으로 설정하고, 이에 기초해 작전통제감시소가 적의 침입 시 미리 정해진 구획에 조준하여 사격준비를 완비한 각 포열에 대해 포격을 지시하는 구조였다. 원래 이 전법은 독일군이 소련 전차부대에 대응하기 위해 고안한 것이었으나 종래 포병을 직접적인 화력지원에 동원해 온 소련군의 전투 스타일에 보다 부합하는 방식이었다. 쥬코프는 그간 소련군의 고질적 약점 중 하나가 보병들의 대전차화기가 약하다는 점을 인식하고 쿠르스크전에 대비해 무려 30개의 대전차연대를 편성하여 적군 최고사령부 직할의 예비대로 운영하도록 결정한 것도 그와 같은 화포전력 증강에 크게 기여했다.[15] 이 전법은 대전차여단 등 특별히 편성된 포병부대가 등장한 1943년 이후 대대적으로 활용되어 독일군을 은근히 괴롭히게 되는 전형적인 수비전술로 굳어갔다. 그리고 그 후방에 진지를 돌파한 독일 장갑부대에 대한 기동타격을 위해 강고한 전차병력을 배치하고, 최악의 경우 스텝방면군을 반전공세 또는 방어전투로 전환하기 위한 세심한 주의를 기울였다. 이는 과감한 기동작전을 트레이드마크로 하는 2차 대전 특유의 전격전이 아니라 마치 1차 대전을 연상케 하는 진지

15 Barbier(2013) p.44

공방전이 될 우려가 높았다. 그렇다면 독일군이 특기로 하는 기습의 효과는 완전히 소멸되는 운명에 처하게 된다.

특히 북부전선에서 소련 중앙방면군 사령관 로코솝스키(K.Rokossovsky)는 모델 제9군의 주력이 치고 들어올 것으로 예상되는 제13군 구역에 1km당 23문의 대전차포를 배치함에 따라 이 밀도는 보로네즈방면군이 독일 제4장갑군을 저지하기 위해 남부전선에 깐 팍크프론트의 2배를 초과하고 있었다. 평균적으로는 대략 50대의 독일군 4호 전차가 1km 너비 전선에 나타났다고 할 경우 76mm 대전차포는 동일한 전구 내에서 15문이 필요했다. 그러나 동수의 티거와 훼르디난트가 등장할 경우에는 그 두 배의 양이 필요했고, 대신 85mm 이상의 포들을 동원할 경우에는 동일한 대수로 좀 더 넓은 전구를 커버할 수 있었으며, 전구의 너비가 같다면 그보다 적은 수의 대전차포로 독일군의 기동전력들을 상대할 수 있었다.[16] 로코솝스키는 800대의 전차를 보유한 모델에 비해 2배가 넘는 1,750대를 갖추고 있었으나 먼저 공세를 취하기보다 독일군의 기동전력이 소모될 때까지 끈질기게 기다리는 옵션을 선택했다. 이와 마찬가지로 모델 역시 지뢰와 대전차포로 가득 찬 소련군 진지를 무모하게 전면적으로 돌파할 생각은 전혀 없었으며 대신 보병 위주의 공격으로 대신하는 극히 보수적인 방식을 채택했다.

## 독소 양측의 동요하는 작전개시일

당초 성채작전은 5월 3일로 예정되어 있었다. 4월 15일에 기안된 총통명령 6호에 따르면 거기에는 단 한 가지 보류조항이 있었는데, '공격개시는 육군총사령부의 명령수령 후, 6일째에 실행되어야 하나 빨라야 5월 3일로 준비한다'라는 것이었다. 즉 빨라야 5월 3일이라는 것은 이미 지연될 수도 있다는 것을 예고하는 것으로서 실제로 히틀러는 당시 약간 머뭇거리고 있었다. 앞서 언급한 것처럼 히틀러는 전술 차원에서 보다 많은 판터와 티거를 전선에 동원하기를 희망하고 있었으며, 생산속도를 최대한 높일 것을 강하게 주문하고 있었지만 5월 3일에 맞추기는 도무지 힘든 설정이었다. 바로 그 5월 3일 바로 뒷날인 4일, 히틀러는 뮌헨에서 주요 장성들을 소집하였으며, 여기에는 폰 클루게 중앙집단군 사령관, 만슈타인 남방집단군 사령관, 구데리안 장갑군총감, 발터 모델 제9군 사령관, 한스 예쇼네크 공군참모총장, 알베르트 슈페어 군수장관 등이 참석한 것으로 전해진다. 히틀러가 가장 마음에 들어 하는 나치주의자 모델은 주로 항공정찰의 결과에 근거해 다음과 같이 발언한 것으로 기록되어 있다. 모델은 이 보고에 앞서 이미 4월 27일 히틀러와 독대하는 시간을 가질 수 있었으며 그때 항공정찰 사진을 직접 보여주면서 소련군의 막대한 물적, 인적 자원의 동원능력을 주지시키려 한 것으로 알려져 있다.

> *"적 진지는 대단히 강고한 것으로 파악되어 이에 대한 정면공격은 다대한 피해와 곤란을 야기할 것으로 보임. 특히 대전차방어조직은 엄청난 수준으로 강화되어 4호 전차로는 도저히 격파하기가 어려울 것으로 판단됨"*

히틀러는 모델이 하는 말은 잘 귀담아듣는 편이라 장갑병력을 좀 더 증강해야 될 것으로 판단

16 Dunn(2008) p.27

한 히틀러는 '6월 10일까지 좀 더 많은 양의 티거와 판터를 다수의 돌격포와 함께 전선으로 보내되 초중전차(훼르디난트 중구축전차를 의미) 1개 대대도 추가로 배치할 계획'임을 공표했다. 6월 10일로의 연기에 대해서는 두 명의 집단군 사령관이 다음과 같은 반대의견을 표시했다.

*"전차의 수량이 증가된다고 하더라도 적의 월 전차 생산량은 1,500대인데 반해 우리측은 비교가 안 될 정도로 저조함. 이는 대기하면 대기할수록 적의 전력은 증가할 우려가 있다는 뜻임. 적은 여타 전역에서도 태세를 정비해 6월이 되면 공세로 나올 가능성이 높은 바, 북아프리카에서 추축국이 물러나면 적은 곧바로 유럽에 상륙할 것으로 보임. 그렇게 된다면 성채작전 자체가 성립될 수가 없게 됨"*

히틀러는 만슈타인의 조기 작전개시론에 대해서는 별다른 반응을 보이지 않았으나 같은 논지로 작전연기의 위험성을 제기한 폰 클루게 원수의 의견에 대해서는 비관적인 사고방식이라며 일축해 버렸다. 구데리안은 발언권을 얻어 육군총사령부의 안대로 작전이 개시된다면 전차와 병력의 막대한 손실을 가져올 것이 분명하며, 장갑부대는 향후 1944년으로 추정되는 영미연합군의 유럽대륙 상륙에 대비해 서부전선 쪽에 집중 배치해야 한다는 전혀 반대되는 논점을 제시했다. 즉 쿠르스크에서 실패하면 독일군은 1943년의 전력을 결코 회복할 수 없는 나락으로 떨어질 것이라는 점을 분명히 하고, 구데리안은 발언 모두에서부터 아예 성채작전은 '무의미'(pointless)하다고 단정지운 바 있었다. 여기에 더해 구데리안은 좀 더 기술적인 논거를 제시하며 공세에 반대했다.[17]

*"판터 전차는 신제품에 따르기 마련인 초기 결함이 다수 노정되고 있음. 이 결함들을 공세 개시일까지 제거하는 것은 불가능함"*

구데리안을 잘 아는 슈페어가 여기에 동의했다. 만슈타인은 북아프리카가 떨어지면 어떻게 할 것인가를 반문하기도 했지만 히틀러는 '일단 튀니지로 지원을 보내면 되며, 적이 상륙한다 하더라도 거기에는 6~8주가 소요될 것이므로 현 단계에서, 즉 6월 중에는 아프리카 전선을 고려할 필요는 없다'면서 계속 낙관적인 주장만을 되풀이했다. 이 회의는 아무 것도 확실히 결정하지 않은 채 종료되어 한참 뒤인 5월 11일에 성채작전은 6월 중순(아마도 6월 20일)에 개시된다는 막연한 시기변경만을 회람했다. 그 후 불과 이틀 후인 5월 13일, 북아프리카의 추축 병력들은 모두 항복하고 전선은 붕괴되었다. 이후 만슈타인은 이 상황에서 이미 시기를 놓친 마당에 성채작전을 실행에 옮길 하등의 이유가 있는지에 대해 부하들과 열띤 토론을 전개했다고는 하지만 이를 히틀러에게 강한 어조로 어필한 것 같지는 않다. 6월 17~18일에는 독일 국방군최고사령부(OKW) 내에서 참모진들이 성채작전 자체의 전면포기까지 제기하는 사태가 생기자 히틀러는 다시 7월 3일로 연기하는 결정을 내렸다. 그리고는 7월 1일, 히틀러는 동프로이센의 총통사령부에서 전군 사령관 및 군단장들을 초청, 하계공세는 7월 5일에 개시한다는 최종결정을 통보해 버렸다.

소련측도 동요가 없었던 것은 아니었다. 우선 성질 급한 봐투틴 보로네즈방면군 사령관(직전 남서방면군 사령관)은 벨고로드와 하르코프에서 선제공격을 개시하는 방안을 건의하였으며, 동 건에 대해

17 Guderian(1996) p.307

포르셰 티거의 차대를 이용해 개발한 중구축전차 훼르디난트.

봐실레프스키(A.M.Vasilevsky) 참모총장, 안토노프(A.Antonov) 참모총장대리, 쥬코프는 반대의견을 냈지만 정작 스탈린 스스로가 결정을 내리지 못하고 있었다. 그도 히틀러처럼 선제공격이 보다 매력적으로 보인다며 수뇌급들과 몇 번에 걸쳐 토의했다. 그러나 결국 5월 중순경, 이미 지난 4월 12일에 결정한 대로 독일군이 먼저 치기를 기다려 전략수세(戰略守勢)로부터 공세전이(攻勢轉移)로 나가는 이른바 '後의 先'을 채택하는 것으로 낙착지으면서 더 이상 논의하지 않았다. 다만 소련의 정보력이 너무 우수한 나머지 독일이 작전개시일을 두 번에 걸쳐 발동했다 연기하는 바람에 독일군의 동태를 예의주시하고 있던 소련군들도 두 번이나 긴장했다 공세가 자꾸 연기되자 한참 허탈해했다는 후문은 있다. 심지어 너무 오랜 기간 독일군의 공세를 기다리다 긴장한 나머지 과도한 스트레스를 받아 전선을 이탈한 소련군 장교가 있었다는 에피소드도 나돌고 있었으니 미증유의 기갑전을 앞둔 당시의 전운은 실로 대단했던 것임에 틀림이 없다.

## 독소 양군의 전투서열

독일군은 남방집단군에 2개 군, 제4장갑군과 켐프 분견군을, 중앙집단군에 제9군 하나만을 두고 장병 90만, 야포와 박격포 10,000문, 전차와 돌격포, 자주포 총 2,700대를 동원했다. 단 실제 전투에 투입된 2개 집단군의 병력은 55만 명에 지나지 않았으며 작전 개시일에 기동 가능했던 전차와 돌격포 등 기동전력은 총 2,075대 정도에 불과했다. 그럼에도 불구하고 이 양은 동부전선에 투입된 독일군 기동전력 전체의 70%에 달하고 있었다. 따라서 쿠르스크전의 독일군은 모자라는 지상의 기동전력을 공군의 지원으로 벌충하는 것이 긴요했으며, 남방집단군의 만슈타인에게는 오토 데슬로흐(Otto Dessloch) 대장 제4항공단의 730대가, 모델의 제9군에는 로베르트 리터 폰 그라임(Robert Ritter von Greim) 중장 휘하 제6항공단의 1,100대가 배속되었다.[18] 그 가운데 대지공격과 전차

18 Air Ministry(2008) p.233, Piekalkiewicz(1987) pp.18-9

격파에 특화된 슈투카 급강하폭격기는 남북양 전선을 아울러 14개 급강하폭격비행단으로 구성되어 있었으며 그중 10개 비행단이 실전에 참여했다.[19]

탁발승 같은 이미지의 스텝방면군 사령관 이반 코네프 상장. 쿠르스크전에서 전략적 예비의 역할만 수행하게 된 것을 못내 아쉬워했으나 예비방면군의 존재 자체가 전투의 흐름을 바꿔버릴 정도의 중압감을 행사했다.

남방집단군의 총 병력은 보병 5개 사단, 8개 장갑 및 장갑척탄병사단, 1개 차량화보병사단, 장병 28만, 야포 2,500문, 전차, 돌격포, 자주포 합계 1,500대가 동원되었으며 작전밀도는 1km 당 전차, 자주포 등이 37대 정도로 배치되었다. 주력은 하르코프에서 맹위를 떨친 SS장갑군단을 중심으로 하는 제4장갑군으로, 오보얀-쿠르스크의 철도노선상의 폭 25km를 주공으로 하고, 벨고로드-코로챠(Korotscha) 방향의 폭 15km를 조공으로 담당하는 것으로 정리되었다.

제4장갑군은 당시로서는 기동전, 전차전의 대가로 알려진 헤르만 호트가 지휘권을 장악하고 장갑척탄병사단이라 하지만 사실상 완편전력의 장갑사단과 동일한 3개 SS사단으로 구성된 제2SS장갑군단을 중앙에 포진하였다. SS사단들은 여타 사단에 비해 전차 정수는 특별히 나을 것이 없었으나 대신 티거 중전차가 1개 중대씩 배정되어 있었다. 하지만 하르코프전에서는 장갑연대가 각각 2개 장갑대대로 구성된데 반해 성채작전 준비기간에는 라이프슈탄다르테와 다스 라이히에 단 1개 장갑대대만을 배치하였으며 토텐코프사단에만 이전처럼 2개 장갑대대를 배정했다.

파울 하우서는 SS사단들에게 판터가 지급되도록 호트에게 강력히 요청하였으나 호트는 모든 판터를 그로스도이췰란트에 몰아주고 SS장갑군단에게 전혀 배려하지 않았다. 이는 하르코프 공방전 당시 하우서의 독단으로 시를 포기했을 때와, 시 탈환작전시 보여준 바 있는 그의 독자적인 행동을 위요한 호트와의 불화와 갈등에 따른 조치인지는 불분명하다. 또한, SS사단은 육군보다 각각 2개 단위가 더 많은 6개 장갑척탄병대대를 보유하고 있어 사실상 여타 사단들에 비해 보병전력은 상대적으로 우위를 점하고 있었다. 그 때문에 SS사단들은 다소 측면이 노출되더라도 금세 보강할 수 있는 보병들의 존재로 인해 육군 사단들보다는 더 많은 지구력을 갖게 된다.

좌익에는 육군 최정예의 그로스도이췰란트 장갑척탄병사단을 포함, 4개 사단을 보유한 제48장갑군단을 배치했다. 그로스도이췰란트 역시 이름만 장갑척탄병사단일 뿐, 장갑사단을 초월하는 기동전력과 병력을 갖추었으며 2개 판터대대로 구성된 독립전차여단을 보유하면서 거의 300대에 가까운, 가장 막강한 장갑전력을 가지고 있었다. 즉 5호 전차 판터를 모두 이 사단이 독식했으며

남부전선을 커버할 급강하폭격기들은 모두 스탈리노(Stalino)에 집결해 있었다. Smith(1989) p.133

19 Smith(1989) p.134

1943년 4월 27일 라이프슈탄다르테 티거 중전차대대를 방문한 구데리안 장갑병총감. 바로 뒤의 약모를 쓴 SS대령은 뷔르너 오스텐도르프 SS장갑군단참모장. 오른쪽은 순서대로 뷔르너 켐프 분견군사령관, 하인츠 클링 중전차중대장, 게오르크 쇤베르크 라이프슈탄다르테 장갑대대장 (Bild 101III-Wiesebach-152-11A)

SS사단이나 중앙집단군에게는 1개 중대도 지원되지 않았다.[20] 당시 그로스도이칠란트는 신병기와 신규 병력의 흡수에 관한 한 가장 높은 우선순위를 받고 있는 사단이었다. 이 역시 구데리안이 장갑군총감으로 취임한 이후 SS사단들에 대한 경계 차원에서 국방군 사단들을 더 우대한 것이 아닌가 하는 의혹도 제기된 바 있으며, 이것만 본다면 항상 SS사단들이 월등히 나은 보급을 제공받았다는 세간의 소문은 과히 신빙성이 없었던 것으로 판단될 수도 있다.[21]

우익에는 켐프 분견군이 SS장갑군단의 우측면을 엄호하도록 준비되었으며 3개 장갑사단과 1개 보병사단으로 구성된 제3장갑군단에게 상당한 기대감을 표시하고 있었다. 헤르만 브라이트 군단장은 여단과 사단을 두루 지휘해 본 경험자로서 호트나 만슈타인의 신뢰도 받고 있는 인물이었던 관계로 남방집단군 라이트 윙의 적임자로 평가되고 있었다. 제48장갑군단 6장갑사단에는 치과의사 출신의 프란쯔 배케(Franz Bäke) 소령이 장갑대대를 맡고 있었는데, 대개 이런 직업군의 인력은 후방근무로 빠지게 되나 쿠르스크전을 통해 이 군단의 가장 출중한 전차지휘관으로 이름을 떨치게 된다.

## 남방집단군(에리히 폰 만슈타인 / Erich von Manstein)

| 제4장갑군<br>(헤르만 호트 / Hermann Hoth) | |
|---|---|
| **제2SS장갑군단**<br>(파울 하우서 / Paul Hausser) | 제1SS장갑척탄병사단 '라이프슈탄다르테 아돌프 히틀러'<br>(테오도르 뷔슈 / Theodor Wisch)<br>제2SS장갑척탄병사단 '다스 라이히'(봘터 크뤼거 / Walter Krüger)<br>제3SS장갑척탄병사단 '토텐코프'(헤르만 프리스 / Hermann Prieß) |

20 신기하게도 서구의 학계에서는 소련이 붕괴되고 난 1990년 초까지도 다스 라이히가 판터 전차를 보유하고 있었다고 철썩 같이 믿고 있는 수많은 학자들이 존재했다. 어떤 이는 판터라는 단어 뒤에다 (다스 라이히)라고 괄호를 쳐 이 SS사단이 판터를 주력으로 사용했다는 잘못된 판단을 스스로 강조하기까지 했다.

21 ケネス マクセイ(1977) p.274

| | |
|---|---|
| **제48장갑군단**<br>(오토 폰 크노벨스도르프 / Otto von Knobelsdorff) | 그로스도이칠란트 장갑척병사단(발터 횐라인 / Walter Hörnlein)<br>제3장갑사단(프란쯔 붸스트호휀 / Franz Westhoven)<br>제11장갑사단(요한 믹클 / Johann Mickl)<br>제167보병사단(볼프 트리렌베르크 / Wolf Trierenberg)<br>제10장갑여단(칼 덱커 / Karl Decker) : 39장갑연대(2개 판터대대) |
| **제52군단**<br>(오이겐 오트 / Eugen Ott) | 제57보병사단(오토 프레터-피코 / Otto Fretter-Pico)<br>제255보병사단(발터 포페 / Walter Poppe)<br>제332보병사단(아돌프 트로뷧츠 / Adolf Trowitz) |
| **켐프 분견군**<br>(붸르너 켐프 / Werner Kempf) | 제3장갑군단(헤르만 브라이트 / Hermann Breith)<br>제6장갑사단(발터 폰 휘너르스도르프 / Walter von Hünersdorff)<br>제7장갑사단(한스 프라이헤어 폰 풍크 / Hans Freiherr von Funk)<br>제19장갑사단(구스타프 슈미트 / Gustav Schmidt)<br>제168보병사단(발터 샤를르 드 뷸리우 / Walter Charles de Beaulieu) |
| **라우스 군단**<br>(에어하르트 라우스 / Erhard Raus) | 제106보병사단(붸르너 포르스트 / Werner Forst)<br>제198보병사단(한스-요아힘 폰 호른 / Hans-Joachim von Horn)<br>제320보병사단(쿠르트 룁케 / Kurt Röpke) |
| **제42군단**<br>(프란스 마텐클로트 / Frans Mattenklott) | 제39보병사단(막시밀리안 휜텐 / Maximilian Hünten)<br>제161보병사단(칼-알브레히트 폰 그로덱크 / Karl-Albrecht von Groddeck)<br>제282보병사단(빌헬름 코올러 / Wilhelm Kohler) |

| 군단, 사단, 대대명 | | 2호 전차 | 3호 전차 | 4호 전차 | 5호 전차 (판터) | 6호 전차 (티거) | 화염 방사 전차 | 지휘 전차 | 노획 T-34 | 계 |
|---|---|---|---|---|---|---|---|---|---|---|
| **제2SS 장갑군단** | LSSAH | 4 | 11 | 79 | 0 | 12 | 0 | 9 | 0 | 115 |
| | 다스 라이히 | 0 | 48 | 30 | 0 | 12 | 0 | 8 | 18 | 116 |
| | 토텐코프 | 0 | 59 | 47 | 0 | 12 | 0 | 8 | 0 | 125 |
| **제48 장갑군단** | GD | 3 | 19 | 62 | 0 | 11 | 14 | 6 | 0 | 310 |
| | 제3장갑사단 | 0 | 30 | 38 | 194 | 12 | 0 | 0 | 0 | 68 |
| | 제11장갑사단 | 3 | 50 | 21 | 0 | 0 | 3 | 4 | 0 | 81 |
| **켐프 분견군** | 제6장갑사단 | 11 | 42 | 24 | 0 | 0 | 12 | 4 | 0 | 93 |
| | 제7장갑사단 | 10 | 54 | 37 | 0 | 0 | 0 | 5 | 0 | 106 |
| | 제19장갑사단 | 0 | 33 | 38 | 0 | 0 | 0 | 2 | 0 | 73 |
| | 503중전차 대대(독립) | 0 | 0 | 0 | 0 | 45 | 0 | 0 | 0 | 45 |
| **계** | | 31 | 346 | 376 | 194 | 92 | 29 | 46 | 18 | 1132 |

## 중앙집단군(균터 폰 클루게 / Günter von Kluge)

| 제9군 (발터 모델 / Walter Model) | |
|---|---|
| **제23군단**<br>(요하네스 프리스너 / Johannes Frießner) | 제216보병사단(프리드리히-아우구스트 샤크 / Friedrich-August Schack)<br>제383보병사단(에드문트 호프마이스터 / Edmund Hoffmeister)<br>제78돌격사단(한스 트라우트 / Hans Traut) |
| **제41장갑군단**<br>(요제프 하르페 / Josef Harpe) | 제18장갑사단(칼 빌헬름 폰 슐리이벤 / Karl Wilhelm von Schliebenn)<br>제656중장갑엽병지대(支隊)(653, 654중장갑엽병대대 90대의 훼르디난트 포함)<br>제86보병사단(헬무트 봐이들링 / Helmuth Weidling)<br>제292보병사단(볼프강 폰 클루게 / Wolfgang von Kluge) |
| **제46장갑군단**<br>(한스 쪼른 / Hans Zorn) | 제7보병사단(게오르크 폰 라파르트 / Georg von Rappard)<br>제31보병사단(프리드리히 호스바흐 / Friedrich Hossbach)<br>제102보병사단(오토 힛츠휄트 / Otto Hitzfeld)<br>제258보병사단(한스-쿠르트 획커 / Hans-Kurt Höcker) |

| | |
|---|---|
| **제47장갑군단**<br>(요아힘 레멜젠 / Joachim Lemelsen) | 제2장갑사단(볼라트 뤼베 / Vollrath Lübbe)<br>제9장갑사단(발터 쉘러 / Walter Scheller)<br>제20장갑사단(발터 듀뷔르트 / Walter Düvert)<br>제6보병사단(호르스트 그로스만 / Horst Grossmann) |
| **에세벡크 집단**<br>(Gruppe Esebeck ;<br>제9군 예비) | 제4장갑사단(디트리히 폰 자우켄 / Dietrich von Saucken)<br>제12장갑사단(에르포 프라이헤어 폰 보덴하우젠 / Erpo Freiherr von Bodenhausen)<br>제10장갑척탄병사단(아우구스트 슈미트 / August Schmidt) |

| **제2장갑군**<br>**(에리히-하인리히 클뢰스너 / Erich-Heinrich Clössner)** | |
|---|---|
| **제35군단**<br>(로타르 렌둘리취 / Lothar Rendulic) | 제36차량화보병사단(한스 골닉크 / Hans Gollnick)<br>제34보병사단(프리드리히 호흐바움 / Friedrich Hochbaum)<br>제56보병사단(오토-요아힘 뤼데케 / Otto-Joachim Lüdecke)<br>제262보병사단(오이겐 뵈스너 / Eugen Wößner)<br>제299보병사단(랄프 그라프 폰 오리올라 / Ralph Graf von Oriola) |
| **제53군단**<br>(프리드리히 골뷧쩌 / Friedrich Gollwitzer) | 제25장갑척탄병사단(안톤 그라스너 / Anton Grassner)<br>제208보병사단(하인츠 피켄브록크 / Heinz Piekenbrock)<br>제211보병사단(리햐르트 뮬러 / Richard Müller)<br>제293보병사단(칼 아른트 / Karl Arndt)<br>제211경계사단 |
| **제55군단**<br>(에리히 야슈케 / Erich Jaschke) | 제110보병사단(에버하르트 폰 쿠로브스키 / Eberhard von Kurowski)<br>제134보병사단(한스 쉴레머 / Hans Schlemmer)<br>제296보병사단(아르투어 쿨머 / Arthur Kullmer)<br>제339보병사단(마르틴 로닉케 / Martin Ronicke)<br>제5장갑사단(에른스트 휄릭스 홱켄슈테트 / Ernst Felix Fäckenstedt) |
| **예비** | 제112보병사단(롤프 부트만 / Rolf Wuthmann)<br>제707보병사단(루돌프 부지흐 / Rudolf Busich) |
| **중앙집단군 추가지원** | 제8장갑사단(제3장갑군으로부터 차출 ; 7.12)<br>그로스도이칠란트 장갑척탄병사단(남방집단군으로부터 차출 ; 7.18~20)<br>제26보병사단(제2군으로부터 차출 ; 7.18~20)<br>제253보병사단(제4군으로부터 차출 ; 7.18~20) |

발터 모델이 지휘하는 중앙집단군의 제9군은 8개 보병사단, 6개 장갑 및 1개 장갑척탄병사단, 1개 차량화보병사단이 동원되었으며 장병 27만, 화포 3,500문, 전차, 돌격포, 자주포 1,200대를 동원, 오룔 남방지구로부터 쿠르스크-오룔 간 도로들을 공격하는 것으로 분담되었다. 가장 심각한 문제 중 하나는 보병의 부족이었는데 15개 보병사단을 배정받기는 했으나 실제 전투에 투입된 것은 8개 사단에 지나지 않았으며 기존 한 개 연대에 3개 대대였던 것이 2개 대대로 줄어들어 있었다. 더더욱 문제인 것은 대대 당 정수가 860명이던 것이 절반에도 못 미치는 425명으로 감소하였으며 중대 당 겨우 80명의 장병으로 때워 나가야 했다는 점이었다. 그중 제258보병사단과 제78돌격사단은 그나마 6개 이상의 보병대대로 채워져 있었고, 특히 제78돌격사단은 6,000명의 병력에 여타 보병사단과는 비교가 안 될 정도의 강력한 화력을 바탕으로 하고 있었다. 그러나 제78돌격사단은 전차병력이 따로 배정되어 있지 않아 엄연히 보병사단으로 남아 있었다. 이에 비해 만슈타인 남방집단군의 경우는 보병사단의 3분의 2가 9개 보병대대로 편성되어 있었다. 포병의 경우에도 남방집단군은 사단 당 48문이었으나 제9군은 사단 당 35문, 계 853문의 야포와 네벨붸르훠 165문이 주어졌다. 이것만 보아도 성채작전의 주공은 남방집단군이라는 점이 여실히 증명되나 소련군은 혹여 중앙집단군에 더 무게중심이 쏠리는 것이 아닌지 끊임없이 의심하고 있었다.

모델은 6개 장갑사단을 받아 성채작전을 개시했으며 오룔 지구를 공격할 시기에 2개 사단을 더 지원받았으나 이는 겨우 1개 장갑대대만으로 이루어진 약체 사단에 불과했다. 그중 제47장갑군단 예하 제2, 4장갑사단 정도가 완편전력이었으며 총 6개 장갑대대에 장포신을 갖춘 4호 전차 274대가 주전력이었다. 낡은 3호 전차는 전체 전차수의 3분의 1을 차지하고 있었고, 그중 겨우 89대만이 50mm 장포신이었으며 나머지는 같은 50mm 단포신 또는 75mm 곡사포를 탑재한 종류였다. 대신 7개의 돌격포대대에 소속된 3호 돌격포 196대와 31대의 StuH 42를 갖추고 있었다.[22] 또한, 베른하르트 자우반트(Bernhard Sauvant) 소령 휘하의 505중전차대대 소속 티거 31대가 지원되었으며 3개 중대 중 2개만 작전개시 전에 배치되었고 나머지 1개 중대는 7월 8일에서야 현지에 도착했다. 모델은 전차와 돌격포를 다 모아도 총 800대를 넘지 않은 수량만을 굴리고 있어 만슈타인에 비해 장갑전력이 약한 것은 사실이었다. 그러나 대신 에른스트 폰 융겐휄트(Ernst von Jungenfeld) 중령이 지휘하는 제656중장갑엽병연대 소속 훼르디난트 중구축전차 90대가 모두 제9군에 배속되었으며 이를 통해 모자라는 기동전력을 적당히 보충할 수 있었다.

모델은 1942년 여름부터 소련군의 반격을 막아내고 있던 제2장갑군으로부터 거의 모든 기동전력들을 뽑아 제9군에 붙였기 때문에 제2장갑군은 말만 장갑군일 뿐, 장갑사단은 전 군을 통틀어도 단 하나뿐이었다. 모델은 이러한 상황을 고려, 히틀러의 명령에도 불구하고 전 장갑병력을 한 곳에 집어넣는 도박은 하지 않기로 작정하고, 합계 169대의 전차를 보유한 제5, 8장갑사단은 성채작전에서 사실상 분리시켜 오룔 돌출부에 예비로 남겨 놓았다. 따라서 만약의 경우에 대비해 퇴로를 확보하기 위해서라도 그와 같은 조치는 불가피했는데 모델은 이미 수비 시 내선작전으로의 전환에 대비한 구상까지 아울러 가지고 있었다. 한편, 3차 하르코프 공방전 때부터 예비로만 존재했던 제2군은 쿠르스크 돌출부의 입구에 포진하고 있었으나 직접 작전에 참여하지 않고 중앙집단군과 남방집단군의 연결고리 역할 정도만 담당하는 것으로 되어 있었다. 제2군은 겨우 10만 명 미만으로 구성된 약체화된 7개 보병사단으로 유지되고 있었다.

| 대분류 | 경전차 | | 중(中)전차 | | 중(重)전차 | 구축전차 | 계 |
|---|---|---|---|---|---|---|---|
| **세분류** | 2호 전차 | 3호 전차 | 4호 전차 | 지휘전차 | 티거 | 훼르디난트 | |
| **제2장갑사단** | 12 | 40 | 60 | 6 | 0 | 0 | 118 |
| **제4장갑사단** | 6 | 15 | 80 | 0 | 0 | 0 | 101 |
| **제9장갑사단** | 1 | 38 | 30 | 6 | 0 | 0 | 75 |
| **제12장갑사단** | 6 | 36 | 37 | 4 | 0 | 0 | 83 |
| **제18장갑사단** | 5 | 30 | 34 | 3 | 0 | 0 | 72 |
| **제20장갑사단** | 9 | 17 | 49 | 7 | 0 | 0 | 82 |
| **제656중장갑엽병연대** | 0 | 0 | 0 | 0 | 0 | 90 | 90 |
| **505중장갑대대** | 0 | 19 | 0 | 0 | 31 | 0 | 50 |
| **계** | 39 | 195 | 290 | 26 | 31 | 90 | 671 |

22 StuH 42는 이른바 돌격유탄포(Sturmhaubitze)로서 차대는 돌격포와 같은 3호 전차를 근간으로 하나 통상적으로 장착되는 75mm 주포보다 훨씬 파괴적인 105mm를 장착시켰다. 1942년 10월~1945년 3월에 걸쳐 총 1,212대가 생산되었다. Lüdeke(2008), Panzer der Wehrmacht, p.100

## 제1SS 장갑척탄병사단 라이프슈탄다르테 아돌프 히틀러(Leibstandarte Adolf Hitler)

사단장(Brigadenführer 소장급) : 테오도르 뷔슈(Theodor Wisch)

| 구분 | 계급 | 성명 |
|---|---|---|
| **사단 본부** | 소령 | 루돌프 레에만(Rudolf Lehmann) |
| **제1SS 장갑척탄병연대** | 중령 | 알베르트 프라이(Albert Frey) |
| **1SS대대** | 소령 | 한스 쉴러(Hans Schiller) |
| **2SS대대** | 소령 | 막스 한젠(Max Hansen) |
| **3SS대대** | 중령 | 빌헬름 봐이덴하우프트(Wilhelm Weidenhaupt) |
| **제2SS 장갑척탄병연대** | 중령 | 후고 크라스(Hugo Kraas) |
| **1SS대대** | 대위 | 한스 벡커(Hans Becker) |
| **2SS대대** | 소령 | 루돌프 잔디히(Rudolf Sandig) |
| **3SS대대** | 소령 | 요아힘(요헨) 파이퍼(Joachim Peiper) |
| **제1SS 장갑연대** | 중령 | 게오르크 쇤베르거(Georg Schönberger) |
| **1SS대대** | - | 부재(1대대 독일로 귀환) |
| **2SS대대** | 소령 | 마르틴 그로스(Martin Gross) |
| **제1장갑포병연대** | 중령 | 구스타프 메르취(Gustav Mertsch) |
| **1SS대대** | 대위 | 프란쯔 슈타이넥크(Franz Steineck) |
| **2SS대대(자주포)** | 소령 | 에른스트 루만(Ernst Luhmann) |
| **3SS대대** | 소령 | 프릿츠 슈뢰더(Fritz Schröder) |
| **4SS대대** | 소령 | 레오폴드 제들레체크(Leopold Sedleczek) |
| **1SS 정찰대대** | 소령 | 구스타프 크니텔(Gustav Knittel) |
| **1SS 돌격포대대** | 소령 | 하인츠 폰 붸스테른하겐(Heinz von Westernhagen) |
| **1SS 장갑엽병대대** | 소령 | 야콥 한라이히(Jakob Hanreich) |
| **1SS 대공포대대** | 소령 | 베른하르트 크라우제(Bernhard Krause) |
| **1SS 공병대대** | 소령 | 크리스티안 한젠(Christian Hansen) |

## 제2SS 장갑척탄병사단 다스 라이히(Das Reich)

사단장(Gruppenführer/ 중장급) : 봘터 크뤼거(Walter Krüger)

| 구분 | 계급 | 성명 |
|---|---|---|
| **사단 본부** | 소령 | 게오르크 마이어(Georg Maier) |
| **제3SS 장갑척탄병연대 '도이췰란트(Deutschland)'** | 대령 | 하인츠 하멜(Heinz Hamel) |
| **1SS대대** | 소령 | 오토 봐이딩거(Otto Weidinger) |
| **2SS대대** | 소령 | 한스 비싱거(Hans Bissinger) |
| **3SS대대** | 소령 | 균터 뷔즐리체니(Günter Wisliceny) |
| **제4SS 장갑척탄병연대 '데어 휘러(Der Führer)'** | 중령 | 질붸스터 슈타들러(Sylvester Stadler) |
| **1SS대대** | 대위 | 알프레드 렉스(Alfred Lex) |
| **2SS대대** | 소령 | 헤르베르트 슐쩨(Herbert Schulze) |
| **3SS대대** | 소령 | 뷘센츠 카이저(Vincenz Kaiser) |
| **제2SS 장갑연대** | 중령 | 한스 알빈 폰 라이쩬슈타인(Hans-Albin von Reitzenstein) |
| **1SS대대** | 소령 | 부재(1대대 독일로 귀환), 대대장으로 내정된 한스 봐이스(Hans Weiss)는 1943년 8월에 러시아 전선으로 복귀 |
| **2SS대대** | 소령 | 크리스티안 튀크젠(Christian Tychsen) |

| | | |
|---|---|---|
| **제2SS 장갑포병연대** | 중령 | 칼 크로이쯔(Karl Kreuz) |
| **1SS대대** | 대위 | 하인츠 로렌쯔(Heinz Lorenz) |
| **2SS대대** | 소령 | 오스카르 드렉슬러(Oskar Drexler) |
| **3SS대대** | 소령 | 프리드리히 아이흐베르거(Friedrich Eichberger) |
| **4SS대대** | 소령 | 칼 크로이쯔(Karl Kreuz) |
| **2SS 정찰대대** | 소령 | 야콥 휙크(Jakob Fick) |
| **2SS 돌격포대대** | 소령 | 봘터 크나이프(Walter Kneip) |
| **2SS 장갑엽병대대** | 대위 | 에어하르트 아스바르(Erhard Asbahr) |
| **2SS 대공포대대** | 대위 | 한스 블루메 (Hans Blume) |
| **1SS 공병대대** | 소령 | 루돌프 엔젤링(Rudolf Enseling) |
| **SS 모터싸이클대대** | - | 정찰대대로 합병 |

## 제3SS 장갑척탄병사단 토텐코프(Totenkopf)

**사단장(Brigadenführer 소장급) : 헤르만 프리스(Hermann Priess)**

| 구분 | 계급 | 성명 |
|---|---|---|
| **사단 본부** | 소령 | 발두르 켈러(Baldur Keller) |
| **제1SS 장갑척탄병연대 '토텐코프(Totenkopf)'** | 중령 | 오토 바움(Otto Baum) |
| **1SS대대** | 중령 | 루돌프 슈나이더(Rudolf Schneider) |
| **2SS대대** | 소령 | 에른스트 호이슬러(Ernst Häussler) |
| **3SS대대** | 소령 | 칼 울리히(Karl Ulich) |
| **제3SS 장갑척탄병연대 '테오도르 아익케'** | 대령 | 헬무트 벡커(Hellmuth Becker) |
| **1SS대대** | 소령 | 프릿츠 크뇌흘라인(Fritz Knöchlein) |
| **2SS대대** | 소령 | 쿠르트 라우너(Kurt Launer) |
| **3SS대대** | 소령 | 막스 퀴인(Max Kühn) |
| **호위 SS연대'투울레(Thule)'** | - | 분리해체 후 일부는 정찰대대로 합병 |
| **1SS대대** | - | 분리해체 후 일부는 정찰대대로 합병 |
| **2SS대대** | - | 분리해체 후 일부는 정찰대대로 합병 |
| **제3SS 장갑연대** | 소령 | 오이겐 쿤스트만(Eugen Kunstmann; 1943.7.8까지),<br>게오르크 보흐만(Georg Bochmann; 1943.7.8부터) |
| **1대대** | 대위 | 에르뷘 마이어드레스(Erwin Meierdress) |
| **2대대** | 소령<br>대위 | 게오르크 보흐만(Georg Bochmann; 1943.7.8까지),<br>프릿츠 비어마이어(Fritz Biermeier; 1943.7.8이후) |
| **제3SS 장갑포병연대** | 중령 | 요제프 즈뷔엔테크(Josef Swientek) |
| **1SS대대** | 소령 | 프란쯔 야콥(Franz Jakob) |
| **2SS대대** | 대위 | 아돌프 피트췔리스(Adolf Pittschellis) |
| **3SS대대** | 대위 | 알프레드 슛첸호퍼(Alfred Schützenhofer),<br>보리스 크라스(Boris Kraas) |
| **4SS대대** | 대위 | 프리드리히 메세를레 (Freidrich Messerle) |
| **3SS 정찰대대** | 소령 | 오토 크론(Otto Kron) |
| **3SS 돌격포대대** | 대위 | 붸르너 코르프(Werner Korff, 1943.7.8까지)<br>에른스트 데에멜(Ernst Dehmel; 1943.7.8 이후)<br>아르투어 로제노(Arthur Rosenow; 1943.7.8이후) |
| **3SS 장갑엽병대대** | 소령 | 아르님 그루네르트(Arnim Grunert) |

| | | |
|---|---|---|
| **3SS 대공포대대** | 소령 | 빌헬름 후어랜더(Wilhelm Fuhrländer) |
| **3SS 공병대대** | 소령 | 막스 제엘라(Max Seela) |

## SS장갑군단 3개 사단의 전차병력

| | 2호 | 3호 (단포신) | 3호 (장포신) | 4호 (단포신) | 4호 (장포신) | 5호 판터 | 6호 티거 I형 | T-34 (노획) | 지휘 전차 | 합계 |
|---|---|---|---|---|---|---|---|---|---|---|
| **LSSAH** | 4 | 3 | 10 | 0 | 67 | 0 | 13 | 0 | 0 | 97 |
| **다스라이히** | 1 | 0 | 62 | 0 | 33 | 0 | 14 | 25 | 10 | 145 |
| **토텐코프** | 0 | 0 | 63 | 8 | 44 | 0 | 15 | 0 | 9 | 139 |
| **계** | 5 | 3 | 135 | 8 | 144 | 0 | 42 | 25 | 19 | 381 |

소련군은 보로네즈방면군을 독일군의 주공이 들어올 것으로 예상되는 벨고로드 지구에 배치, 제6근위군과 제7근위군을 1선에 놓고 제1전차군(제6, 21전차군단 및 제3기계화군단)을 2선에, 그리고 제69군을 코로챠 전면에 배치하였다. 방면군의 예비로서는 제35근위소총병군단, 제2, 5근위전차군단을 준비하였으며, 전술한 것처럼 방면군의 정면 114km의 지대를 제7근위군이 담당하도록 하고 나머지 130km 정면을 제38, 40군이 맡되 소련공군의 제2항공군이 지원하는 것으로 편제되었다. 병력 총 625,000명, 1,700대의 전차와 자주포, 9,750문의 야포와 박격포, 880대의 공군기가 동원되었다. 최전방의 제6근위군은 682문의 야포와 박격포, 155대의 전차와 돌격포, 88문의 카츄샤를 보유하면서 거의 7만개에 달하는 대전차 지뢰와 64,000개의 대인지뢰를 1선에 매설하고, 2선에는 20,200개의 대전차지뢰와 9,100개의 대인지뢰로 방어선을 보호하고 있었다. 제7군은 270대의 전차와 돌격포, 1,570문의 야포와 박격포, 47문의 카츄사를 동원했다.

중앙방면군은 독일 중앙집단군의 공세에 대비, 포늬리 방면에 주공이 쇄도할 것으로 예상하고 정면 95km에 병력을 집중배치하는 방식을 취했다. 1선은 제13, 48, 70군이 포진하고 후방 2선은 제2전차군(제3, 16전차군단)이 맡는 것으로 준비되었다. 한편, 연장 200km에 달하는 이 공세정면 이외의 전선은 제60, 65군이 담당하고 방면군의 예비로서는 1개 기병군단, 2개 전차군단(제9, 19전차군단)을 두되 제2항공군이 근접항공지원의 임무를 수행하도록 하였다. 중앙방면군은 총 71만명의 병력, 1,785대의 전차와 자주포, 12,450문의 야포와 박격포, 제16항공군의 1,050대로 독일 제9군을 상대할 계획이었다.[23] 독일군을 가장 먼저 맞이할 푸호프(N.P.Pukhov) 중장의 제13군은 51,000개의 대전차지뢰와 29,000개의 대인지뢰를 심었으며 무려 30km 이상의 종심에 3열로 포진시킨 대전차포 파크프론트가 대기하고 있었다. 또한, 중앙방면군 배치 화포의 약 44%에 달하는 야포들이 제13군에 배치되었다. 그러나 더 무시무시한 것은 전략적 총 예비로 남겨둔 코네프 상장의 스텝방면군이었다. 물론 7월 5일 보로네즈방면군이 위기로 몰림에 따라 생각보다 재빨리 전선에 투입되었지만 여하간 소련군이 최초로 설치한 스텝방면군은 리브니(Livny)와 스타리 오스콜(Stary Oskol) 구간을 정면으로 설정하고 그 뒤에 바로 집결한 형세를 취했다. 스텝방면군은 병력의 양과 전차 정수에 있어 실로 가공할 만한 위세가 있었다. 전략적 예비라고 하기에는 너무나 엄청난 병력이 배치되어 있어 이는 세계대전 전 기간을 통해 가장 큰 거대 규모의 예비전력으로 기록되게 된다. 여기에는 제5근위군, 제5근위전차군, 제27, 47, 53군, 제1기계화군단, 제4근위전차군단, 제10전차군단, 3개 근위

23 Clark(2011) p.202, Addell(1985) p.18

기병군단, 563대의 공군기를 보유한 제5항공군이 작전을 지원했고, 병력 57만, 화포 9,200문, 전차와 자주포 1,719대가 대기하고 있었다. 이 예비는 통상적인 의미의 보충대 개념이 아니라 소련군이 총반격으로 나설 경우 1선으로 진출하여 공세전이의 주역을 맡도록 되어 있었다는 것이 현저히 다른 특징이었다. 즉 스텝방면군은 그 자체가 방패이자 동시에 창이었다.[24]

브리얀스크방면군은 모델의 제9군이 모두 중앙방면군 전구에 쏠려 있었기에 초기 단계에서는 전투에 휩쓸리지 않았다. 다만 소련군이 프로호로프카(Prokhorovka) 전차전 직후 오룔 부근에서 대규모 공세를 개시한 쿠투조프(Kutuzov) 작전 때부터 격렬한 전투를 치르게 된다. 제3군과 61군, 63군 및 제4전차군이 포진되었고 방면군사령부에 4개 군단을 예비로 보유하고 있었다.

서부방면군은 쿠르스크 작전이 완전 실패로 좌절될 경우 독일군의 모스크바 연계공세에 대비하여 만든 것으로 쿠르스전 초기 단계에서는 부차적인 역할만을 담당했다. 그러나 브리얀스크방면군과 마찬가지로 7월 12일부터 8월 18까지 전개된 쿠투조프 작전을 통해 8월 5일 오룔을 탈환하는 순간부터 쿠르스크 기갑전의 2막에 본격적으로 참가하게 된다. 방면군은 제5, 10, 31, 33, 49, 50군과 제10, 11근위군을 보유하고 있었고 사령부 예하에 1개 군단, 3개 사단, 8개 여단 규모의 병력을 두고 있었다. 서부방면군의 제10, 50군 및 제11근위군은 초기 단계 전투가 진행됨에 따라 다른 방면군에 전출, 재배치되는 과정을 거치기도 했다.

소련군 병력의 총합계는 병력 133만, 화포 31,415문, 전차와 자주포 5,100대, 항공기 3,550대의 규모였다. 133만은 보로네즈방면군과 중앙방면군 2개 방면군만을 합산한 것이며 쿠르스크 일대에 몰린 소련군 전체 병력은 무려 191만명에 달하고 있었다.[25] 특히 돌출부 정면에는 단순히 수비만을 전담하는 병력이 총 350개의 대대를 구성하고 있었다.

**< 서부방면군 >**

| 방면군 사령부<br>(V.D.Sokolovsky 상장) | | | |
|---|---|---|---|
| **제5돌격포병군단**<br>(P.M.Korolkov 중장) | 제7근위박격포돌격사단<br>제352소총병사단<br>제7내무위원회(NKVD) 사단<br>제2근위전차여단<br>(N.A.Obdalenko대령) | 제23근위전차여단<br>제42근위전차여단<br>제94전차여단(E.A.Novikov대령)<br>제120전차여단(N.I.Bukov대령) | 제187전차여단<br>(M.V.Kolosov소장)<br>제1근위대전차여단<br>제3대전차여단 |
| **제5군**<br>(V.V.Polenov 소장) | 제173소총병사단<br>제207소총병사단 | 제208소총병사단<br>제312소총병사단 | 제153전차여단 |
| **제10군**<br>(V.S.Popov 중장) | 제139소총병사단<br>제247소총병사단<br>제290소총병사단 | 제330소총병사단<br>제371소총병사단 | 제385소총병사단<br>제9대전차여단 |
| **제31군**<br>(V.A.Gluzdovsky 중장) | 제82소총병사단<br>제133소총병사단<br>제215소총병사단 | 제251소총병사단<br>제274소총병사단<br>제331소총병사단 | 제359소총병사단 |
| **제45소총병군단**<br>(E.Ia.Magon 소장) | 제88소총병사단<br>제220소총병사단 | | |
| **제33군**<br>(V.N.Gordov 중장) | 제42소총병사단<br>제58산악소총병사단<br>제144소총병사단 | 제160소총병사단<br>제164소총병사단<br>제222소총병사단 | 제256전차여단<br>제2기계화여단 |

24 Clark(2011) p.204
25 성채작전 개시 직전 소련군은 전 국토에 무려 1,644만 2,000명의 장교와 장병을 보유하고 있었다.

| | | | |
|---|---|---|---|
| **제49군**<br>(I.T.Grishin 중장) | 제58소총병사단<br>제146소총병사단 | 제277소총병사단<br>제338소총병사단 | 제344소총병사단 |
| **제50군**<br>(I.V.Boldin 중장) | 제49소총병사단<br>(A.V.Chuzhov 대령)<br>제64소총병사단<br>(I.I.Iaremenko 대령)<br>제153소총병사단 | 제154소총병사단<br>제156소총병사단<br>제199소총병사단<br>제212소총병사단<br>(A.P.Mal'tsev대령) | 제324소총병사단<br>(E.Zh.Sedulin대령)<br>제196전차여단<br>(E.E.Dukhovny중령) |
| **제38소총병군단**<br>(A.D.Tereshkov 중장) | 제17소총병사단<br>(I.L.Radulia소장)<br>제326소총병사단[a] | 제413소총병사단<br>(I.S.Khokhlov대령) | |

**비고**
a: V.G.Terent'ev소장 ; 7.30까지 / Ia.V.Karpov대령 ; 8.1~20 / V.A.Gusev대령 ; 8.21부터

## 제10근위군 (A.V.Sukhmlin 중장)

| | | |
|---|---|---|
| **제19근위소총병군단**<br>(S.I.Povetkin 중장) | 제22근위소총병사단<br>제29근위소총병사단<br>제30근위소총병사단 | 제56근위소총병사단<br>제65근위소총병사단<br>제85근위소총병사단 |
| **제11근위군**<br>(I.K.Bagramyan 중장) | 제108소총병사단(P.A.Teremov대령)<br>제217소총병사단(E.V.Ryzhikov대령)<br>제3포병사단<br>제10근위전차여단(A.R.Burlyga대령) | 제29근위전차여단[a]<br>제43근위전차여단[b]<br>제213전차여단 |
| **제8근위소총병군단**<br>(P.F.Malyshev 중장) | 제11근위소총병사단[c]<br>제26근위소총병사단(N.N.Korzhenevsky소장) | 제83근위소총병사단(Ia.S.Vorob'ev소장) |
| **제16근위소총병군단**<br>(A.V.Lapshov 소장) | 제1근위소총병사단(N.A.Kropotin소장)<br>제16근위소총병사단(P.G.Shafranov소장) | 제31근위소총병사단(I.K.Shcherbin대령)<br>제169소총병사단(Ia.F.Eremenko소장) |
| **제36근위소총병군단**<br>(A.S.Ksenofontov 중장) | 제5근위소총병사단(N.L.Soldatov대령)<br>제18근위소총병사단(M.N.Zavodovsky대령) | 제84근위소총병사단(G.B.Peters소장) |
| **제1전차군단**<br>(V.V.Butkov 중장) | 제89전차여단(K.N.Bannikov대령)<br>제117전차여단(A.S.Voronkov중령) | 제159전차여단(S.P.Khaidukov대령)<br>제44차량화소총병여단 |
| **제5전차군단**<br>(M.G.Sakhno 소장) | 제24전차여단[d]<br>제41전차여단[e] | 제70전차여단[f]<br>제5차량화소총병여단 |
| **제1기계화군단**<br>(M.D.Solomatin 소장) | 제19기계화여단(V.V.Ershov중령)<br>제35기계화여단(4 전차연대) | 제37기계화여단(P.V.Tsyganenko중령)<br>제219전차여단(S.T.Khilobok중령) |

**비고**
a: S.I.Torekov대령 ; 7.29까지 / G.L.iudin대령 ; 7.30부터
b: M.P.Lukashev중령 ; 7.11 대령진급
c: I.F.Fediun'kin소장 ; 7.22까지 / A.I.Maksimov소장 ; 7.23부터
d: V.S.Sytnik대령 ; 7.17까지 / V.K.Borodovsky대령 ; 7.18부터
e: S.I.Alaev대령 ; 8.6까지 / V.M.Tarakanov중령 ; 8.7부터
f: (S.V.Kuznetsov대령 ; 7.15까지 / V.E.Tarakanov중령 ; 8.7부터)

## < 브리얀스크 방면군 >

## 방면군 사령부 (M.A.Reiter 상장)

| | | |
|---|---|---|
| **제1근위전차군단**<br>(M.F.Panov 소장) | 제15근위전차여단[a]<br>제16근위전차여단(M.N.Filippenko대령)<br>제17근위전차여단(B.V.Shul'gin대령) | 제34근위중전차여단<br>제1근위차량화소총병여단 |

| | | |
|---|---|---|
| **제12전차군단**<br>(M.I.Zinkovich 소장) | 제30전차여단(M.S.Novokhat'ko중령)<br>제97전차여단[b] | 제106전차여단[c]<br>제13차량화소총병여단[d] |
| **제2근위기병군단**<br>(I.A.Pliyev 소장) | 제3근위기병사단(M.D.Iagodin소장)<br>제4근위기병사단(G.I.Pankratov소장) | 제20기병사단(P.T.Kursakov소장) |
| **제8돌격포병군단** | 제6포병사단 | |

**비고**

a: V.S.Belousov중령 ; 7.18까지 / K.G.Kozhanov대령 ; 7.19부터
b: I.T.Potapov대령 ; 8.15까지 / A.S.Borodon대령 ; 8.16부터
c: G.G.Kuznetsov대령 ; 7.23까지 / S.V.Tashkin소령 ; 7.29까지 / V.A.Bzyrin중령 ; 8.3~15 / V.S.Arkhipov대령 ; 8.15부터
d: N.L.Mikhaoliv대령 ; 8.20까지 / Kh.S.Bogdanov대령 ; 8.20부터

| 제4전차군<br>(V.M.Badanov 중장) | | |
|---|---|---|
| **제11전차군단**<br>(Tolbukhin 소장) | 제20전차여단(B.M.Konstantinov대령)<br>제36전차여단[a] | 제65전차여단(A.I.Shevchenko대령)<br>제12차량화소총병여단 |
| **제25전차군단**<br>(F.G.Anikushkin 소장) | 제111전차여단(I.N.Granovsky중령)<br>제162전차여단[b]<br>제175전차여단[c] | 제20차량화소총병여단(P.S.Il'in소장)<br>53모터싸이클대대(I.V.Volkov대위) |
| **제30전차군단**<br>(A.G.Rodin 소장) | 제197전차여단[d]<br>제243전차여단[e] | 제244전차여단<br>제30차량화소총병여단(M.S.Smirnov대령) |
| **제6근위기계화군단**<br>(A.I.Aksimov 소장) | 제16근위기계화여단(28전차연대)<br>제17근위기계화여단(126전차연대) | 제49근위기계화여단(49전차연대) |

**비고**

a: T.I.Tanaschishin대령 ; 7.15까지 / A.Ia.Eremin대령 ; 7.16부터
b: I.A.Volynets대령 ; 7.19까지 / N.I.Syropiatov대령 ; 7.19~8.15 / I.P.Mikhailov대령 ; 8.15부터
C: A.N.Petushkov중령 ; 7.15까지 / S.I.Drilenok중령 ; 7.16~22 / A.N.Petushkov중령 ; 7.23~8.10 / V.I.Zemliakov중령 ; 8.11부터
d: Ia.I.Trotsenko대령 ; 8.14까지 / N.G.Zhukov대령 ; 8.15부터
e: V.I.Prikhod'ko중령 ; 8.22까지 / S.A.Denisov중령 ; 8.23부터
f: V.I.Konovalov대령 ; 7.15까지 / M.G.Fomichev중령 ; 7.16부터

| 제3군<br>(A.V.Gorbatov 중장) | | |
|---|---|---|
| **제41소총병군단**<br>(V.K.Urbanovich 중장) | 제186소총병사단[a]<br>제269소총병사단[b]<br>제283소총병사단[c]<br>제342소총병사단(L.D.Chervony소장) | 제356소총병사단(M.G.Makarov대령)<br>제362소총병사단(D.M.Dalmatov소장)<br>제380소총병사단(A.F.Kustov대령) |
| **제61군**<br>(P.A.Belov 중장) | 제2근위박격포돌격사단(A.F.Tveretsky소장)<br>제97소총병사단(P.M.Davzdov소장)<br>제110소총병사단(S.K.Artem'ev대령)<br>제336소총병사단[d] | 제415소총병사단[e]<br>제68전차여단[f]<br>제12대전차여단 |
| **제7돌격포병군단**<br>(N.V.Ignatov 중장) | 제17돌격포병사단(S.S.Volkenshtein소장) | |
| **제20전차군단**<br>(I.G.Lazarev 중장) | 제8근위전차여단[g]<br>제80전차여단[h] | 제155전차여단[i] |
| **제9근위소총병군단**<br>(A.A.Boreiko 소장) | 제12근위소총병사단[j]<br>제76근위소총병사단(A.V.Kirsanov소장) | 제77근위소총병사단(V.S.Askalepov소장) |
| **제63군**<br>(V.Y.Kolpakchi 중장) | 제3근위박격포돌격사단(P.V.Kolesnikov대령)<br>제5소총병사단[k]<br>제129소총병사단(I.V.Panchuk대령) | 제250소총병사단[l]<br>제287소총병사단(I.N.Pankratov소장) |
| **제2돌격포병군단**<br>(M.M.Barsukov 중장) | 제13돌격포병사단(D.M.Krasnokutsky대령)<br>제15돌격포병사단(A.A.Korochkin대령) | 제20돌격포병사단(N.V.Bogdanov대령) |
| **제40소총병군단**<br>(V.S.Kuznetsov 중장) | 제41소총병사단(A.I.Surchenko대령)<br>제271소총병사단 | 제348소총병사단(I.F.Grigor'evsky대령)<br>제397소총병사단(N.F.Andron'ev대령) |

**비고**

a: N.P.Iatskevich대령 ; 7.26까지 / G.V.Revunenkov대령 ; 7.27부터
b: P.S.Merzhakov소장 ; 7.28까지 / A.F.Kubasov대령 ; 7.29부터
c: V.A.Konovalov대령 ; 7.21까지 / S.F.Bazanov중령 ; 7.22~30 / S.K.Reznichenko대령 ; 7.31~9.5 / V.I.Kuvshinnikov대령 ; 9.5부터
d: V.S.Kuznetsov소장 ; 7.1까지 / M.A.Ignachev대령 ; 7.2~8.4 / I.I.Petykov대령 ; 8.5~8.22 / L.V.Grinval'd-Mukho대령 ; 8.23부터
e: N.K.Maslennikov대령 ; 7.30까지 / P.I.Moschchalkov대령 ; 8.1부터
f: P.F.Iurchenko대령 ; 8.13까지 /G.A.Timchenko대령 ; 8.14부터
g: I.M.Morus대령 ; 7.15까지 / V.F.Orlov대령 ; 7.16부터
h: V.N.Busaev대령 ; 7.14까지 / V.I.Evasiukov대령 ; 7.15부터
i: N.V.Belochkin대령 ; 8.9까지 / I.I.Proshin대령 ; 8.10부터
j: K.M.Erastov소장 ; 7.9까지 / D.K.Mal'kov대령 ; 7.10부터
k: F.Ia.Volkovitsky중령 ; 7.9까지 / P.T.Michalitsyn대령 ; 7.10부터
l : V.M.Muzitsky대령 ; 7.5까지 / I.V.Mokhin대령 ; 7.6부터

## < 중앙방면군 >

| 방면군 사령부 (K.K.Rokossovsky 상장) | | |
|---|---|---|
| **제9전차군단** (S.I.Bogdanov 소장) | 제23전차여단(M.S.Demidov대령)<br>제95전차여단[a] | 제108전차여단[b]<br>제8차량화소총병여단 |
| **제19전차군단** (I.D.Vasilev 소장) | 제79전차여단(F.P.Vasetsky중령)<br>제101전차여단[c]<br>제102전차여단(N.V.Kostelev대령)<br>제26차량화소총병여단 | 제21내무위원회(NKVD) 여단<br>제21박격포여단<br>제68포병여단 |

**비고**

a: I.E.Galushko대령 ; 8.25까지 / A.I.Kuznetsov중령 ; 8.26부터
b: R.A.Liberman대령 ; 8.2까지 / M.K.Elenko중령 ; 8.3부터
c: I.M.Kurdupov대령 ; 8.15까지 / A.N.Pavliuk-Moroz대령 ; 8.16부터

| 제13군 (N.P.Phukov 중장) | | |
|---|---|---|
| **제4돌격포병군단** (V.N.Mazur 소장) | | |
| **제17근위소총병군단** (A.L.Bondarev 소장) | 제6근위소총병사단(D.P.Onuprienko소령)<br>제70근위소총병사단(I.A.Gusev대령) | 제75근위소총병사단(V.A.Goroshny소장) |
| **제18근위소총병군단** (I.M.Afonin 소장) | 제2근위공수사단(I.F.Dudarev소장)<br>제3근위공수사단(I.N.Konev대령) | 제4근위공수사단(A.D.Rumiantsev소장)<br>제254소총병사단 |
| **제15소총병군단** (I.I.Lyudnikov 소장) | 제8소총병사단(P.M.Gudz대령)<br>제74소총병사단(A.A.kazarian소장) | 제148소총병사단(A.A.Mishchenko소장) |
| **제29소총병군단** (A.N.Slyshkin 소장) | 제15소총병사단[a]<br>제81소총병사단(A.B.Barinov소장) | 제307소총병사단(M.A.Emshin소장) |

**비고**

a: V.N.dzhandzhgava대령 ; 7.14까지 / V.I.Vulakov대령 ; 7.15~8.7 / K.E.Grebonnik대령 ; 8.8부터

| 제48군 (P.L.Romanenko 중장) | | |
|---|---|---|
| **제42소총병군단** (K.S.Kolanov 소장) | 제16소총병사단(V.A.Karvialis소장)<br>제73소총병사단(D.I.Smirnov소장)<br>제137소총병사단[a]<br>제143소총병사단(D.I.Lukin대령) | 제170소총병사단(A.M.Cheriakh대령)<br>제202소총병사단(Z.S.Revenko대령)<br>제399소총병사단[b]<br>제2대전차여단 |

**비고**

a: M.G.Volovich대령 ; 8.29까지 / A.I.Alferov대령 ; 8.30부터
b: D.M.Ponomarov대령 ; 7.10까지 / P.I.Skachkov대령 ; 8.28까지

| 제60군<br>(I.D.Chernykhovsky 중장) | | |
|---|---|---|
| **제24소총병군단**<br>(N.I.Kirukhin 소장) | 제112소총병사단[a]<br>제226소총병사단 | 제129소총병여단 |
| **제30소총병군단**<br>(G.S.Lazko 소장) | 제55소총병사단(N.N.Zaiiulev대령)<br>제121소총병사단(I.I.Ladygin소장)<br>제141소총병사단(S.S.Rassadnikov대령)<br>제322소총병사단[b] | 제42소총병여단(N.N.Mul'tan소장)<br>제1근위포병사단<br>제150전차여단<br>제14대전차여단 |

**비고**

a: P.S.Poliakov대령 ; 8.23까지 / A.V.Gladkov대령 ; 8.24부터
b: N.I.Ivanov대령 ; 8.22까지 / P.N.Lashchenko대령 ; 8.26부터
c: I.V.Safronov중령 ; 8.15까지 / S.I.Ugriumov중령 ; 8.16부터

| 제65군<br>(P.I.Batov 중장) | | |
|---|---|---|
| **제77소총병군단**<br>(P.M.Kozlov 중장) | 제37근위소총병사단(E.G.Ushakov대령)<br>제60소총병사단[a]<br>제69소총병사단(I.A.Kuzovkov대령))<br>제115소총병사단<br>제149소총병사단(A.A.Orlov대령) | 제181소총병사단(A.A.Saraev소장)<br>제193소총병사단<br>제194소총병사단(P.P.Opiakin대령)<br>제246소총병사단(M.G.Fedosenko중령)<br>제354소총병사단(D.F.Alekseev소장) |

**비고**

a: I.V.Kliaro소장 ; 8.27까지 / A.V.Boroiavlensky대령 ; 8.29부터

| 제70군<br>(I.V.Galanin중장) | | |
|---|---|---|
| **제28소총병군단**<br>(A.N.Nechav 소장) | 제102소총병사단(A.N.Andreev소장)<br>제106소총병사단[a]<br>제132소총병사단(T.K.Shkrylv소장)<br>제140소총병사단(A.Ia.Kiselev소장) | 제162소총병사단(S.Ia.Senchillo소장)<br>제175소총병사단(V.A.Borisov대령)<br>제211소총병사단(V.L.Makjlinovsky소장)<br>제280소총병사단(D.N.Golosov소장) |

**비고**

a: F.N.Smekhotvorov소장 ; 8.1까지 / M.M.Vlasov대령 ; 8.2부터

| 제2전차군<br>(A.G.Rodin 중장) | | |
|---|---|---|
| **제3전차군단**<br>(M.D.Sinenko 소장) | 제50전차여단[a]<br>제51전차여단[b] | 제103전차여단[c]<br>제57차량화소총병여단 |
| **제16전차군단**<br>(V.E.Grigorev 소장) | 제107전차여단(N.M.Teliakov중령)<br>제109전차여단(P.D.Babkovsky중령)<br>제164전차여단(N.V.Kopylov중령) | 제15차량화소총병여단(P.M.Akimochkin대령)<br>제1441자주포병연대 |
| **제7근위기계화군단**<br>(K.V.Sviridov 중장) | 제24근위기계화여단<br>제25근위기계화여단<br>제26근위기계화여단(D.M.Barinov소장) | 제11근위전차여단[d]<br>제57근위전차여단 |

**비고**

a: F.I.Konovalov대령 ; 7.27까지 / V.A.Bzyrin중령 ; 7.28부터
b: G.A.Kokurin중령 ; 7.14까지 / P.K.Borisov중령 ; 7.14부터
c: G.M.Maksimov대령 ; 7.27까지 / AI.Khalaev대령 ; 7.28부터
d: (N.M.Bubnov대령 ; 8.2까지 / N.M.Koshaev중령 ; 8.3부터

## < 보로네즈방면군 >

| 방면군 사령부<br>(N.F.Vatutin 상장) | | |
|---|---|---|
| **제2근위전차군단**<br>(A.S.Burdeniy 소장) | 제4근위전차여단(A.K.Brazhnikov대령)<br>제25근위전차여단(S.M.Bulygin중령)<br>제26근위전차여단(S.K.Nesterov대령) | 제4근위차량화소총병여단(V.L.Savchenko대령)<br>제46근위전차연대<br>제47근위중전차돌격연대 |
| **제5근위전차군단**<br>(A.G.Kravchenko 소장) | 제20근위전차여단(P.F.Okhrimenko중령)<br>제21근위전차여단(K.I.Ovcharenko대령)<br>제22근위전차여단(F.A.Zhilin대령) | 제5근위차량화소총병여단<br>제48근위중전차연대 |

| 제1전차군<br>(M.E.Katukov 중장) | | |
|---|---|---|
| **제3기계화군단**<br>(S.M.Krivoshein 소장) | 제1차량화소총병여단(F.P.Lipatenkov대령)<br>제3차량화소총병여단<br>(A.Kh.babadzhanian대령) | 제10차량화소총병여단(I.I.Iakovlev대령)<br>제1근위전차여단(V.M.Gorelov대령)<br>제49전차여단(A.F.Burda중령) |
| **제6전차군단**<br>(A.L.Getman 소장) | 제22전차여단(N.G.Vedenichev대령)<br>제112전차여단(M.T.Leonov대령)<br>제200전차여단(N.V.Morgunov대령)<br>제6차량화소총병여단(I.P.Elin대령) | 제538포병연대(V.I.barkovsky소령)<br>제1008포병연대(I.K.Kotenko소령)<br>제1461포병연대(76mm) |
| **제10전차군단**<br>(V.G.Burkov 소장) | 제178전차여단(K.M.Pivorarov소령)<br>제183전차여단[a]<br>제186전차여단(A.V.Ovsiannikov중령) | 제11차량화소총병여단(P.G.Borodkin대령)<br>제1450자주포병연대(L.M.Lebedev중령)<br>제1461자주포병연대 |
| **제31전차군단**<br>**(D.K.Chernienko 소장)** | 제100전차여단[b]<br>제237전차여단(N.P.Protsenko소령) | 제242전차여단(V.P.Sokolov중령) |
| **제5근위군**<br>(A.S.Zhadov 중장) | 제32근위소총병군단(A.I.Rodimtsev 소장)<br>제13근위소총병사단(G.V.Baklanov소장) | 제66근위소총병사단(A.V.Iakushin소장)<br>제6근위공수사단(M.N.Smirnov대령) |
| **제33근위소총병군단**<br>(I.I.Popov 소장) | 제95근위소총병사단(A.N.Liakhov대령)<br>제97근위소총병사단(I.I.Antsiferov대령) | 제9근위공수사단(A.M.Sazonov대령) |

**비고**
a: G.Ia.Andriushchenko대령 ; 8.15까지 / M.K.Akopov중령 ; 8.15부터
b: (.N.M.Ivanov대령 ; 7.21까지 / V.M.Potapov소령 ; 7.22부터

| 제6근위군<br>(I.M.Chistyakov 중장) | | |
|---|---|---|
| **제20근위소총병군단**<br>(I.B.Ibyansky 소장) | 제67근위소총병사단(A.I.Barsov소장)<br>제71근위소총병사단(I.P.Sivakov대령) | 제90근위소총병사단(V.G.Chernov대령) |
| **제22근위소총병군단**<br>(N.B.Ibiansky소장) | 제67근위소총병사단(A.I.Baksov소장)<br>제71근위소총병사단(I.P.Sivakov대령) | 제90근위소총병사단(V.G.Chernov대령) |
| **제23근위소총병군단**<br>(P.P.Bakhrameev 소장) | 제51근위소총병사단[a]<br>제52근위소총병사단(I.M.Nekrasov소장)<br>제89근위소총병사단[b]<br>제375소총병사단[c]<br>제96전차여단[d] | 제14대전차여단<br>제27대전차여단[e]<br>제28독립대전차여단[f]<br>제27포병여단(V.A.Malyshkov대령) |

**비고**
a: N.T.Tavartkiladze소장 ; 7.20까지 / I.M.Sukhov대령 ; 7.21부터
b: I.A.Pigin대령 ; 7.10, 제69군으로 배속
c: P.D.Govorunenko대령 ; 7.8, 제35근위소총병군단으로 배속, 제7.10, 69군으로 전속
d: V.G.Lebedev소장 ; 7.15까지 / A.M.Popov대령 ; 7.16부터 제52근위소총병사단에 배속되었다가 7.10 제69군으로 전속
e: N.D.Chevola중령 ; 7.6 제71근위소총병사단으로 배속
f: Kosachev소령 ; 성만 확인, 이름 불명

| 제7근위군<br>(M.S.Shumilov 중장) | | |
|---|---|---|
| **제24근위소총병군단**<br>(N.A.Vasilev 소장) | 제36근위소총병사단(M.I.Denisenko소장)<br>제72근위소총병사단(A.I.Losev소장)<br>제213소총병사단(I.E.Buslanev대령) | 제27근위전차여단[a]<br>제201전차여단[b]<br>제27대전차여단 |
| **제25근위소총병군단**<br>(G.B.Safiullen 소장) | 제73근위소총병사단(G.B.Safiullin소장)<br>제78근위소총병사단(A.V.Skvortsov소장) | 제81근위소총병사단[c] |
| **제35근위소총병군단**<br>(S.G.Goriachev 소장) | 제15근위소총병사단(E.I.Vasilenkovo소장)<br>제92근위소총병사단[d] | 제93근위소총병사단[e]<br>제94근위소총병사단 |

**비고**

a: M.V.Nevzhinsky대령 ; 8.18까지 / N.M.Brizhinov대령 ; 8.19부터
b: A.I.Taranov대령(7.16 소장진급) ; 7.6 제78근위소총병사단으로 배속
c: I.K.Morozov대령 ; 7.8 제35근위소총병군단으로 배속, 7.10 제69군으로 전속
d: V.F.Trunin대령 ; 8.10까지 / A.N.Petrushin대령 ; 8.11부터, 7.5까지 제69군에 배속
e: V.V.Tikhomirov소장 ; 7.7 제48소총병군단으로 배속
f: I.G.Russkikh대령 ; 7.5 제69군으로 배속되었다가 7.8 제35근위소총병군단으로 귀환

| 제38군<br>(N.E.Chibisov 중장) | | |
|---|---|---|
| **제50소총병군단**<br>(S.S.Martirosian소장) | 제167소총병사단(I.I.Mel'nikov소장)<br>제180소총병사단(F.P.Shmelev소장)<br>제204소총병사단(K.M.Baidak대령) | 제232소총병사단(N.P.Ulitin대령)<br>제240소총병사단(T.F.Umansky소장)<br>제340소총병사단[a] |
| 제180전차여단[b] | 제192전차여단[c] | 제29대전차여단(E.F.Petrunin대령) |

**비고**

a: M.I.Shadrin대령 ; 8.12까지 / I.E.Zubarev대령 ; 8.12부터
b: M.Z.Kiselev대령 ; 제51소총병군단에 배속, 7.7 제1전차군으로 전속
c: A.F.Karavan중령 ; 8.21까지 / N.N.Kitvin중령 ; 8.22부터, 제50소총병군단에 배속된 이후 7.6 제40군으로 전속, 7.7 다시 제1전차군으로 최종 정착

| 제40군<br>(K.S.Moskalenko 중장) | | |
|---|---|---|
| **제37근위소총병군단**<br>(S.F.Gorokhova 소장) | 제100소총병사단[a]<br>제161소총병사단<br>제184소총병사단(S.I.Tsukarev대령)<br>제219소총병사단[b]<br>제237소총병사단[c] | 제309소총병사단(D.F.Dremin대령)<br>제86전차여단(V.S.Agafonov대령)<br>제32대전차여단<br>제29곡사포여단 |
| **제47소총병군단**<br>(A.S.Griaznov 소장) | 제161소총병사단[d]<br>제206소총병사단[e] | 제237소총병사단[f] |

**비고**

a: N.A.Bezzubov대령 ; 7.17까지 / P.T.Tsygankov대령 ; 7.23부터
b: V.P.Kotel'nikov소장 ; 8.29까지 / A.S.Pypyrev대령 ; 8.30부터
c: P.A.D'iakonov대령 ; 8.26까지 / V.I.Novozhilov대령 ; 8.27부터
d: P.V.Tertyshny소장 ; 7.6 52소총병군단으로 배속
e: V.I.Rut'ko대령 ; 8.11까지 / S.P.Merkulov 소장 ; 8.12부터
f: P.A.D'iakonov대령 ; 8.26까지 / V.I.Novozhilov대령 ; 8.27부터

| 제69군<br>(V.D.Kryuchenkin 중장) | | |
|---|---|---|
| **제48소총병군단**<br>(Z.Z.Rogoznyi소장) | 제107소총병사단(P.M.Bezhko소장)<br>제183소총병사단(A.S.Kostitsyn소장) | 제305소총병사단(A.F.Vasil'ev대령) |
| **제49소총병군단**<br>(G.P.Terentev소장) | 제111소총병사단(A.N.Petrushin중령)<br>제270소총병사단(I.P.Beliaev대령) | |

## < 스텝방면군(전략적 예비 : I.S.Konev 상장) >

| 제3근위전차군 (P.S.Rybalko중장) | | |
|---|---|---|
| **제12전차군단** (M.I.Zin'kovich소장) | 제30(제51근위) 전차여단 (M.S.Novokhat'ko중령)<br>제97(제52근위) 전차여단[a] | 제106(제53근위) 전차여단[b]<br>제13(제22근위) 차량화소총병여단[c]<br>제1417(제292근위) 자주포병연대(85mm) |
| **제15전차군단** (F.N.Rudkin소장) | 제88(제54근위) 전차여단(I.I.Sergeev대령)<br>제113(제55근위) 전차여단[d] | 제195(제56근위) 전차여단[e]<br>제52(제23근위) 차량화소총병여단[f] |

**비고**

a: I.T.Potapov대령 ; 8.15까지 / A.S.Borodin대령 ; 8.16부터)
b: G.G.Kuznetsoveofud ; 7.23 / S.V.Tashkin소령 ; 7.29 / V.A.Bzyrin중령 ; 8.3~15 / V.S.Arkhipo대령 ; 8.16부터
c: N.L.Mikhailov대령 ; 8.20까지 / Kh.S.Bogdanov대령 ; 8.21부터
d: L.S.Chigineofud ; 7.19까지 / V.S.Belousov중령 ; 7.20부터
e: V.A.Lomakin대령 ; 7.19까지 / T.F.Malik중령 ; 7.19부터
f: A.A.Golovachev대령 ; 7.19

| 제4근위군 (G.I.Kulik 중장) | | |
|---|---|---|
| **제20근위소총병군단** (N.I.Biriukov 소장) | 제5근위공수사단[a]<br>제7근위공수사단(M.G.Mikeladze소장) | 제8근위공수사단[b] |
| **제21근위소총병군단** (P.I.Fomenko 소장) | 제68근위소총병사단(G.P.Isakov소장)<br>제69근위소총병사단(K.K.Dzhakhua소장) | 제80근위소총병사단(A.E.Iakovlev대령) |
| **제3근위전차군단** (I.A.Vovchenko 소장) | 제3근위전차여단(G.A.Pokhodzeev대령)<br>제18근위전차여단(D.K.Gumeniuk대령) | 제19근위전차여단(T.S.Pozolotin대령)<br>제2근위차량화소총병여단(A.D.Pavlenko대령) |

**비고**

a: M.A.Bogdanov소장 ; 7.16까지 / V.I.kalinin소장 ; 7.20부터
b: V.F.Stenin소장 ; 8.25까지 / M.A.Bogdanov소장 ; 8.25부터

| 제4전차군 (V.M.Badanov중장) | | |
|---|---|---|
| **제6근위기계화군단** (A.I.Aksimov소장) | 제16근위기계화여단(제28전차연대)<br>제17근위기계화여단(제126전차연대) | 제49근위기계화여단(전차연대) |
| **제11전차군단** (N.N.Radkevich소장) | 제20전차여단(B.M.Konstantinov대령)<br>제36전차여단[a] | 제65전차여단(A.I.Shevchenko대령) |
| **제20전차군단** (I.G.Lazarov소장) | 제8근위전차여단[b]<br>제80전차여단[c] | 제155전차여단[d] |
| **제25전차군단** (F.G.Anikushkin 소장) | 제111전차여단(I.N.Granovsky중령)<br>제162전차여단[e]<br>제175전차여단[f] | 제20차량화소총병여단(P.S.Il'in소장)<br>제53모터싸이클여단(I.V.Volkov대위) |
| **제30전차군단** (G.S.Rodin 대령) | 제197전차여단[g]<br>제243전차여단[h] | 제244전차여단[i]<br>제30차량화소총병여단(M.S.Smirnov대령) |
| **제2근위기병군단** (I.A.Pliyev 소장) | 제3근위기병사단(M.D.Iagodin소장)<br>제4근위기병사단(G.I.Pankratov소장) | 제20기병사단(P.T.Kursakov소장) |

**비고**

a: T.I.Tanaschishin대령 ; 7.15까지 / A.Ia.Eremin대령 ; 7.16부터
b: I.M.Morus대령 ; 7.15까지 / V.F.Orlov대령 ; 7.16부터
c: V.N.Busaev대령 ; 7.14까지 / V.I.Evsiukov대령 ; 7.15부터
d: N.V.Belochkin대령 ; 8.9까지 / I.I.Proshin중령 ; 7.15부터
e: I.A.Volynets대령 ; 7.19까지 / N.I.Syropiatov대령 ; 7.19~8.15 / I.P.Mikhailov대령 ; 8.15부터
f: A.N.Petushkov중령 ; 7.15까지 / S.I.Drilenok중령 ; 7.16~22 / A.N.Petushkov중령 ; 7.23~8.10 / V.I.Zemliakov중령 ; 8.11부터
g: Ia.I.Trotsenko대령 ; 8.14까지 / N.G.Zhukov대령 ; 8.15부터
h: V.I.Prikhod'ko중령 ; 8.22까지 / S.A.Denisov중령 ; 8.23부터
i: V.I.Konovalov대령 ; 7.15까지 / M.G.Fomichev중령 ; 7.16부터

| 제5근위군 (A.S.Zhadov 중장) |
|---|
| 제29대공포사단(Ia.V.Liubimov대령) : 주력 중 일부는 보로네즈방면군으로 편입 |

| 제5근위전차군[a] (P.A.Rotmistrov 중장) | | |
|---|---|---|
| 제6대공포사단[b] | 제26대공포사단[c] | 제10대전차여단[d] |
| **제2근위전차군단** (A.S.Burdeniy 소장) | 제4근위전차여단(A.K.Brazhnikov대령)<br>제25근위전차여단(S.M.Bulygin중령)<br>제26근위전차여단(S.K.Nesterov대령) | 제4근위차량화소총병여단<br>(V.L.Savchenko대령) |
| **재2전차군단** (A.F.Popov 중장) | 제26전차여단(P.V.Piskarev대령)<br>제99전차여단(L.I.Malov중령)<br>제148전차여단 | 제169전차여단(I.Ia.Stepanov대령)<br>제58차량화소총병여단<br>(E.A.Boldyrev중령) |
| **제5근위기계화군단 (B.M.Skvortsov 소장)** | 제10근위기계화여단(.I.B.Mikhailov대령)<br>제11근위기계화여단(N.V.Grishchenkov대령) | 제12근위기계화여단(G.Ia.Borisenko대령)<br>제24근위전차여단[e] |
| **제18전차군단** (B.S.Bakharov 소장) | 제110전차여단(M.G.Khliupin중령)<br>제170전차여단[f] | 제181전차여단[g]<br>제32차량화소총병여단[h] |
| **제29전차군단** (I.F.Kirichenko 중장) | 제25전차여단(N.K.Volodin대령)<br>제31전차여단[i] | 제32전차여단[j]<br>제53차량화소총병여단(N.P.Lipichev중령) |

**비고**

a: 7.11 보로네즈방면군 편입
b: G.P.Mezhinsky대령 ; 7.11부터
c: A.E.Frolov대령 ; 7.8 제6근위군으로 배치
d: 7.10 남서방면군으로부터 전입
e: V.P.Karkop중령 ; 7.29까지 / T.A.Akulovich대령 ; 7.30~8.11 / V.P.Karpov ; 8.12부터
f: V.D.Tarasov중령 ; 7.13까지 / A.I.Kazakov중령 ; 7.14~8.7 / N.P.Chunikin대령 ; 8.8부터
g: V.A.Puzyrev중령 ; 8.15까지 / A.F.Shevchenko중령 ; 8.16부터
h: I.A.Stukov중령 ; 7.13까지 / M.E.Khvarov대령 ; 7.13부터
i: (S.F.Moiseev대령 ; 8.8까지 / A.A.Novikov대령 ; 8.9부터
j: A.A.Linev대령 ; 8.25까지 / K.K.Vorob'ev대령 ; 8.26부터

| 제11군 (I.I.Fediuninsky중장) | | |
|---|---|---|
| **제53소총병군단** (I.A.Gartsev소장) | 제4소총병사단(D.D.Votob'ev대령)<br>제96소총병사단(F.G.Bulatov대령)<br>제135소총병사단[a]<br>제197소총병사단[b] | 제260소총병사단[c]<br>제273소총병사단(A.I.Baliugin대령)<br>제323소총병사단[d]<br>제369소총병사단(I.V.Khazov소장) |

**비고**

a: A.N.Sosnov대령 ; 8.15까지 / F.N.Romashin대령 ; 8.21부터
b: B.N.Popov대령 ; 8.10까지 / F.S.Danilovsky대령 ; 8.10부터
c: G.K.Miroshnichenko대령 ; 8.27까지 / S.V.Maksimovskyeofud ; 8.28부터
d: I.A.Gartsev소장 ; 8.13까지 / I.O.Naryshkin대령 ; 8.14~16 / A.M.Bakhtizin대령 ; 8.16 / S.F.Ukrainets대령 ; 8.16부터

| 제27군 (S.G.Trofimenko중장) | |
|---|---|
| 제71소총병사단(N.M.Zamirovsky소장) | 제166소총병사단[a] |
| 제147소총병사단(M.P.Iakinmov소장) | 제241소총병사단(P.G.Arabei대령) |
| 제155소총병사단(I.V.Kaprov대령) | 제93전차여단(S.K.Doropei소령 / A.A.Dement'ev소령) |
| 제163소총병사단(F.V.Karlov대령) | 제23대공포병사단(N.S.Sitnikov대령) |

**비고**

a: B.I.Poltorzhitsky대령 ; 8.19까지 / A.I.Svetlaikov대령 ; 8.20부터)

| 제47군<br>(P.M.Koslov 소장) | | |
|---|---|---|
| **제21소총병군단**<br>(V.L.Abramov 소장) | 제23소총병사단(N.E.Chuvakov소장)<br>제218소총병사단[a] | 제337소총병사단(G.O.Liaskin소장) |
| **제23소총병군단**<br>(N.E.Chuvako 소장) | 제29소총병사단(N.M.Ivanovsky대령)<br>제30소총병사단(M.E.Savchenko대령) | 제38소총병사단[b] |

**비고**

a: P.T.Kliushnikov대령 ; 8.14까지 / D.N.Dolganov대령 ; 8.15~26 / S.F.Skliarov대령 ; 8.26부터
b: S.F.Skliarov대령 ; 8.10까지 / F.S.Esipov중령 ; 8.11부터

| 제53군<br>(I.M.Mangarov 중장) | | |
|---|---|---|
| 제28근위소총병사단(G.I.Churmaev소장)<br>제84소총병사단(P.I.Buniashin대령)<br>제116소총병사단(I.M.Makarov소장)<br>제214소총병사단[a]<br>제233소총병사단[b] | 제252소총병사단(G.I.Anisimov소장)<br>제299소총병사단[c]<br>제34독립전차연대<br>제35독립전차연대 | |
| **제3근위기병군단**<br>(N.S.Oslikovsky 소장) | 제5근위기병사단(N.S.Osilkovsky소장)<br>제6근위기병사단(P.P.Brikel대령) | 제32기병사단(G.F.Maliukov대령) |
| **제5근위기병군단**<br>(A.G.Selivanov 소장) | 제11근위기병사단(L.A.Slanov대령)<br>제12근위기병사단(V.I.Grigorovich대령) | 제63기병사단(K.P.Beloshnichenko소장) |
| **제7근위기병군단**<br>(M.F.Maleev 소장) | 제14근위기병사단(Kh.V.Fiksel대령)<br>제15근위기병사단(I.T.Chalenko소장) | 제16근위기병사단(G.A.Belov대령) |
| **제4근위전차군단**<br>(P.P.Poluboryov 소장) | 제12근위전차여단[d]<br>제13근위전차여단(L.I.Baukov대령) | 제14근위전차여단[e]<br>제3근위차량화소총병여단(M.P.Leomov대령) |
| **제3근위기계화군단**<br>(V.T.Obukhov 소장) | 제7근위기계화여단(M.I.Rodionov대령)<br>제8근위기계화여단(D.N.Bely대령) | 제9근위기계화여단(P.I.Goriachev대령)<br>제35근위전차여단(A.A.Aslanov대령) |
| **제1기계화군단**<br>(M.D.Solomatin 소장) | 제19기계화여단(V.V.Ershov중령)<br>제35기계화여단(제4전차여단) | 제37기계화여단(P.V.Tsyganenko중령)<br>제219전차여단(S.T.Khilobok중령) |

**비고**

a: P.P.dremin소장 ; 8.1까지 / Ia.I.Brovchenko대령 ; 8.2부터
b: Ia.N.Bransky대령 ; 7.26까지 / Iu.I.Sokolov대령 ; 7.27부터
c: A.Ia.Klimenko대령 ; 8.12까지 / N.G.Travnikov소장 ; 8.12부터
d: N.G.Dushak중령 ; 7.11 대령진급
e: I.P.Mikhailov대령 ; 8.15까지 / V.M.Pechkovsky소령 ; 8.16부터

# 2 사전 선제공격 : 7월 4일

성채작전의 공식 개시일은 7월 5일이지만 독소 양군이 그 이전에 이미 언제든 전투가 개시될 것으로 알고 있는 상태에서 날짜 그 자체는 별로 의미가 없을 수도 있다. 서로가 적군의 포로를 잡아 양군의 병력배치 등을 확인하기 위한 공작은 지속적으로 전개되고 있었기에 이미 6월 말, 7월 초 오래 전부터 소규모 단위의 정찰과 강습은 빈번하게 진행되고 있었다. 소련군 포병진지는 이미 4일 저녁 10시 30분에 독일군의 공세준비를 방해하기 위한 공세준비파쇄사격(攻勢準備破碎射擊)[01]을 실시했으므로 누가 먼저 쳤는가는 최소한 군사작전의 측면에서는 아무런 비중을 갖지 못했다. 또한, 독일공군은 지상군에 대한 전술적 차원의 근접항공지원에만 특화되어 왔으나 성채작전 준비기간 동안 일련의 전략폭격을 실시한 바 있었다. 예컨대 제4, 6항공단은 6월 2일 까르멘 작전(Operation Carmen)을 통해 쿠르스크 돌출부의 주요 철도지점들을 맹타하였으며, 이 시설의 중요성을 인식하고 있는 소련공군도 당장 맞불작전으로 나와 이미 성채작전 개시 전에 양쪽 공군들은 상당한 출혈을 경험했다. 이어 제1, 4항공단은 6월 3주째까지 168대의 중(中)폭격기 He-111과 Ju88을 동원해 고르키(Gorki)의 몰로토프 아브로자로드(Molotov Avrozarod) 전차생산공장을 폭격했다. 모스크바 동쪽으로 400km 지점에 위치한 이 공장은 소련 경전차의 60%를 제조하는 곳으로서 6월 말까지 추가로 폭격기 420대가 636톤에 달하는 폭탄을 퍼붓기도 했다. 아울러 야로슬라블(Yaroslavl)의 합성고무공장과 사라토프(Saratov)의 볼베어링 공장 및 정유시설에 대한 맹폭격도 감행했다. 그러나 결과적으로는 생산설비를 다 망가지게 한 것은 아니었으며 가장 중요한 T-34 생산공장은 피해를 입지 않아 독일군이 예상한 성과는 얻어내지 못했다.[02]

독일군의 공격형태가 늘 그러하듯, 7월 4일 독일군 남방집단군은 전면 공세 개시 전에 좀 더 유리한 고지와 중요 교두보 지점을 확보하기 위해 국지적으로 제한적인 공격을 개시했다. 그러나 중요한 차이점이 있었다. 제48장갑군단은 7월 5일 해가 있을 때 공격하기로 하고 전면 공격 개시 하루 전 날 소련군의 전진 배치된 진지들을 때려잡되 거기에 좀 더 유리한 포사격 진지를 확보하기 위해 낮 동안 야포들을 이동시키려고 했다. 반면 파울 하우서의 SS장갑군단은 야간공격이 기습의 효과를 최대한도로 살릴 수 있을 뿐 아니라 아군의 희생도 최소한도로 줄일 수 있다는 경험에 따라 밤이 되자 마자 공격을 개시했다. 이 방식의 약점은 야간에 화포들을 이동시켜 정확한 지점에 옮기기가 쉽지 않으며 7월 5일 새벽 공세에 맞춰 한밤중에 모든 준비가 이루어져야 한다는 조건이었다.

제48장갑군단은 부토보와 게르조브카(Gerzowka) 사이의 고지들을 선점하여 중화기들의 전진 배치에 착수했다. 군단은 좌익에서 우익으로 제332보병사단(육군 제57군단 소속), 제3장갑사단, 그로스도이췰란트, 제11장갑사단 순으로 배열하고, 제57군단은 오후 5시 제57보병사단에 의해 소련군의 전술적 예비대를 흐트러뜨릴 목적으로 공세를 취했다. 강행정찰 정도에 불과한 이 공격이 일단은 진

01 방어전에 있어 적의 공격개시에 앞서 지휘관의 통제 하에 적의 조직적인 공격준비를 방해하기 위해 행하는 계획사격

02 Piekalkiewicz(19??) pp.764-5, Healy(2011) p.104

전이 있어 소련군 진지를 1km정도 파고들었으며 소련군 병력의 이동상태를 제대로 점검할 수 있게 되었다. 그로스도이췰란트는 슈투카의 항공지원에 이어 돌격중대를 선봉에 놓고 공세를 취했으며 철도선상을 따라 포진한 소련군의 야포와 박격포의 공격으로 벌써부터 희생자가 발생하고 있었다.[03]

제3장갑사단 구역은 소련군 제71근위소총병사단의 대대들이 막고 있어 게르조브카 마을로 들어가든지 우회하여 돌아가야 했는데 정면은 저지 늪 지대였고 마른 땅 쪽에는 지뢰가 도사리고 있었다. 사단은 장갑대대가 늪을 통과할 수는 없어 포병대의 사격을 방패삼아 공병의 도움을 받아 지뢰를 제거한 다음, 제394장갑척탄병연대 1대대 소속 장갑척탄병들이 232.5고지를 점령하는데 성공했다. 오후 3시 반에는 철길을 넘어 게르조브카로 진격, 선봉 중대가 남쪽으로 돌입하였으나 소련군의 야포, 박격포, 기관총좌가 상상을 초월하는 강도로 사격을 가해 옴에 따라 일단 공세는 주춤거리기 시작했다. 수명의 장교들이 부상을 당하는 가운데 1개 소대가 용감히 돌파구를 마련, 1시간 후에는 마을 남동쪽 입구에 교두보를 마련하고 대략 4시간에 가까운 교전을 벌인 결과 저녁 무렵에는 거의 대부분의 지역을 독일군이 차지하게 되었다.[04]

그로스도이췰란트는 왼쪽에 게르조브카를, 우측에 제11장갑사단이 공격하는 부토보(Butowo)를 사이에 두고 2km 밖에 되지 않는 좁은 회랑을 따라 중앙으로 이동하였다. 그날 슈투카 항공지원은 악천후로 인해 별로 도움이 되지 못했고 선봉을 맡은 장갑척탄병연대 3대대가 우익을, 휘질리어연대 3대대가 좌익을 맡아 전진하여 부토보 서쪽 고지에 진을 트는데 성공했다. 그러나 종대의 측면을 노린 소련군의 방어가 격렬하여 상당한 병력의 피해를 입었으며 휘질리어 3대대는 게르조브카를 석권하는데 너무 많은 시간이 소요되어 부토보가 아닌 게르조브카 쪽의 진지에서 날아오는 화공에 꼼짝하기가 어려운 지경에 처했다. 정면에는 지뢰밭이 있어 사단의 포병연대 1대대가 자리를 잡는데 다대한 인명과 장비의 피해가 불가피하게 되었고 공병들이 지뢰를 간단히 제거하지 못하도록 엄청난 양의 소련군 포탄들이 전선을 뒤덮고 있었다.

제11장갑사단은 요새화된 부토보를 향해 공격을 개시하여 소련군 제52근위소총병사단의 전진기지를 따내고 소련군 병력들을 사방으로 도주하게 했다. 그러나 안으로 접근할수록 매서운 저항이 계속되어 그날 오후 4시가 되어서야 남쪽 입구의 최초 주택가에 도달했다. 제110장갑척탄병연대 2대대는 동쪽으로 돌아 접근하다가 적잖은 피해를 입었음에도 불구하고 부토보에서 북으로 2km 지점인 237.8고지를 점령했다. 제111장갑척탄병연대는 돌격포를 앞세워 남쪽으로부터 치고 들어가 공병의 화염방사기까지 동원해 진지를 파괴하는데 진력했다.

제167보병사단은 군단의 우측면에 위치하여 제48장갑군단의 우익과 SS장갑군단의 좌익 사이를 진격해 나가도록 되어 있었다. 놀랍게도 이 구역은 소련군의 저항이 거의 없어 부토보와 드라군스코예(Dragunskoje) 사이의 당초 목표지점에는 무사히 도달했다. 30분 뒤에는 제339장갑척탄병연대의 선봉대가 공병중대와 함께 230.8고지를 석권하고, 오후 5시경에는 연대 전체가 드라군스코예 부근의 강고한 진지를 분쇄, 156.6고지를 장악했다. 한편, 238정찰대대는 고지 바로 북쪽의 트리에췌노예(Trietschnoje) 동편으로 진격해 들어갔으며 장갑엽병대대가 그 뒤를 따라가 북쪽과 북동

03 NA : T-314 ; roll 1170, frame 552
04 NA : T-314 ; roll 1171, frame 554

쪽으로부터 올 수 있는 소련군 전차부대의 공격에 대비했다.[05]

이날 독일군은 예상보다 월등히 높은 인명피해와 상상을 초월하는 소련군의 방어진지 구축 및 지뢰밭으로 인해 제한적인 의미의 성과만을 얻을 수 있었다. 당초에 목표로 한 몇 개 지점을 장악할 수는 있었지만 야포들을 익일에 있을 공세에 맞춰 배치하는 데는 상당 시간을 필요로 했기에 그로스도이췰란트와 제3장갑사단은 밤새도록 장비 이동과 위치선정에 시간을 다 보내야 했다. 특히 그로스도이췰란트 공세 정면 쪽의 지형은 진흙투성이라 앞으로도 여간해서 소기의 성과를 올리기 힘들 것이라는 예상을 떠올리게 되었다.

제7장갑사단 25장갑연대장 아달베르트 슐쯔 중령. 무장친위대 위장복 원단으로 제작한 덧옷을 입고 있다. (Bild 101I-022-2922-11)

헤르만 브라이트의 제3장갑군단 진격로에는 바로 앞에 도네츠강이 있어 우선 이 강을 건너야만 공격의 실마리를 풀어나갈 수 있었다. 따라서 하루 전날의 선제공격이 큰 의미가 없어 분견군 전 병력은 5일 새벽부터 동시 도하 작전으로 소련군을 교란시킨다는 구상 하에 3일과 4일은 병력과 장비 이동 및 재편성에 대부분의 시간을 할애했다. 특히 기동력이 약한 제168보병사단의 경우 제7장갑사단 7장갑연대 1대대가 지원하는 가운데 도네츠강 서편 강둑 지점에서 요긴한 병력 재편성과정을 종료했다. 소련군은 이 보병사단의 기동에는 전혀 신경을 쓰지 않아 다행히 불필요한 초기 피해는 면할 수 있었다. 다만 제3장갑군단은 근접전 이전에 3~4일 이틀 동안 거의 모든 화력을 모아 적군 포병진지에 대해 선제 화포사격을 실시했다. 다소 지나치리만큼 퍼부어 댄 결과 제248포병연대는 소련군 2개 중대 병력의 야포진지를 때리기 위해 무려 1,325발의 포탄을 날려 보냈을 정도였다.[06]

성채작전 내내, 아니 개시 전부터 켐프 분견군의 SS장갑군단 측면 엄호에 대한 염려와 우려가 증폭되고 있었으나 기본적으로 발진 지점 자체가 너무 남쪽에 치우쳐 있었다. 이것은 분견군 사단 배치 상의 문제보다는 벨고로드 동쪽의 지형 자체가 그럴 수밖에 없는 사정이 있었으며, 소련군 5개 사단이 집중되어 있는 도네츠강을 피를 흘리면서 건너자 마자 다시 동북쪽으로 뻗어 나가는 도네츠강과 좌측의 리포뷔 도네츠(Lipovy Donets) 강과 만나 2, 3차 도하를 해야 한다는 어려움이 있었다. 게다가 네제골(Nezhegol), 라숨나야(Rasumnaja), 코렌(Koren), 코로챠(Korotscha) 일대는 지역 이름을

05 Nipe(2011) p.54
06 Lodieu(2007) p.10

딴 무수한 강의 지류들이 있어 이 전구에서 전차와 중화기들을 제때에 이동시킨다는 것은 어지간한 운이 따르지 않으면 힘든 상황이었다. 말이 SS장갑군단의 측면을 엄호하라는 것이지 7월 5일 발진 지점 자체에 있어 SS사단들은 이미 한참 북쪽으로 올라가 있었으며 분견군은 집단군 중에서도 오른쪽 가장 아래 부분부터 차고 올라와야 되는 어려움을 안고 출발했다. 게다가 전차 대수도 가장 적었기에 전후에 제3장갑군단이 SS의 다른 제대와 속도를 못 맞추었다고 맹목적으로 질타하는 것은 조금 되돌아볼 필요가 있다.

SS장갑군단은 야혼토프(Jachontow)의 218고지와 228고지에 설치된 소련군 전초기지들을 사전에 장악하고 예리크-베레소프-22.5고지-사델노예로 연결되는 라인의 최초 방어진을 돌파하는 것을 우선과제로 설정했다. 아무래도 초기 돌파 시는 좁은 구역에 병력이 집중될 수밖에 없는 지형적 제약을 받게 되나 라이프슈탄다르테와 다스 라이히가 1차 저지선을 뚫으면 루취키 남부와 야코블레보 구간의 2차 저지선을 향해 부채꼴로 대형을 확대하는 것을 염두에 두고 있었다. 7월 4일, 토텐코프의 '테오도르 아익케' 연대는 다스 라이히 사단에 배속되었고, 라이프슈탄다르테에는 같은 토텐코프 사단의 정찰대대와 제315척탄병연대가 배속되는 수순을 밟았으나 이는 사전 선제공격 때까지만 한시적으로 운용하는 임시 편제에 불과했다. 여하간 SS장갑군단의 진격 방향에는 소련군 제51근위소총병사단, 제31전차군단, 제5근위전차군단, 제1근위전차여단 및 제49, 96전차여단이 포진되어 있었다.

## 라이프슈탄다르테

SS장갑군단은 밤을 택해 조심스럽게 전진을 시도했다. 제2SS장갑척탄병연대 루돌프 잔디히 2대대는 밤 11시 15분에 기동을 시작, 비코브카(Bykowka) 북쪽으로 7km 떨어진 주도로에 접하는 228.6고지를 향해 나아갔다. 만약 무사히 도달하면 1차 저지선을 통과하여 2차 저지선에 해당하는 야코블레보(Jakowlewo)까지는 겨우 6km를 남기게 되었다.[07] 2대대 바로 1km 우측에는 제1SS장갑척탄병연대 빌헬름 바이덴하우프트(Wilhelm Weidenhaupt) SS중령의 3대대가 달빛이 없어 나침반에 의지하며 야혼토브 서쪽의 소련군 진지 쪽으로 은밀히 접근해 갔다. 선봉중대가 진지 척후소에 도달했을 때 소련군들의 기관총좌와 박격포들이 불 뿜기 시작하면서 쉴새 없는 집중사격으로 인해 사방이 일시적으로 대낮처럼 보이게 되는 순간이 왔다. 독일군들은 간단한 개인화기만을 소지하고 있어 바로 응사하지는 않고 진지 바로 밑에까지 낮은 포복으로 숨어들어가 수류탄을 일제히 투척, 거의 박격포와 같은 파괴력으로 소련진지를 강타하고 진지 속의 소련군 소총병들을 무차별적으로 사살했다. 진지는 이내 조용해졌으나 문제는 228.6고지로 다가갈수록 최초 기습으로부터 정신을 차린 소련군들이 당차게 응전해 오기 시작했다는 점이었다. 이에 게오르크 카륵크(Georg Karck) SS중위가 이끄는 8중대는 언덕 밑으로 과감한 돌격을 감행, 소련군 진지를 기관단총과 권총사격으로 강타하고 심지어 부삽으로 백병전을 치르면서 진지를 분쇄해 나갔다. 카륵크 SS중위는 부상을 당했으나 전선에 그대로 남아 전투를 지휘, 이에 용기 백배한 여타 중대들도 전방으로 돌진하여 잔디히 2대대장은 밤 1시 30분에 고지를 완전히 점령했음을 보고했다. 그러나 곧바로 1시간이 채 못돼 전차호에서 튀어나온 소련군들이 공격을 감행해 와 또 한 번의 육박전을 치르게 되었으

07 Agte(2007) p.55

며 MG42 기관총으로 엄청난 살육이 자행되고 있는데도 소련군들은 시체를 넘고 넘어 공격해 들어왔다. 2번에 걸친 공격이 무산되자 소련군들은 북쪽으로 퇴각했다.[08]

제1SS장갑척탄병연대 3대대는 야혼토브 서쪽에서 돌격조를 결성, 루돌프 슈미드(Rudolf Schmid) SS중위의 11중대가 숲 지대에 마련된 척후소로 은밀히 포복으로 다가가 진지를 습격하려 했다. 그러나 발진지점을 떠나자마자 그쪽으로 소련군의 포격이 시작되었고, 정작 적 병력이 있을 것으로 예상했던 척후소와 부근의 벙커들은 소련군들이 이미 소개한 상태였다. 독일군에 대한 소련군의 포격은 별로 정확치가 못했으며 대대는 큰 피해 없이 이날 선제공격의 목표지점들을 통제하는 데 성공했다.

## 다스 라이히

다스 라이히 역시 밤 11시경에 최선봉 특공대가 우군 방어선을 통과해 소련군 진지 쪽으로 다가갔다. 공격의 선봉은 하인츠 하멜의 '도이칠란트' SS연대가 맡아 우선 2대대와 3대대가 공병돌격조와 함께 소련군 전진기지를 때리기로 하고 오토 봐이딩거(Otto Weidinger) SS소령의 1대대는 예비로 남겨졌다. 한편, 다스 라이히는 장갑척탄병들이 적 진지에 구멍을 내어 공병들이 지뢰를 제거한 다음에 전차들을 전진시키기 위해 하프트랙을 보유한 '데어 휘러' SS연대 3대대를 장갑연대와 함께 후방에 배치했다. '데어 휘러' SS연대의 2대대는 '도이칠란트'의 두 대대 바로 뒤에 포진하고 티거 중전차중대와 2돌격포대대도 '도이칠란트'의 선봉을 지원하는 것으로 정리되었다. 루돌프 엔젤링(Rudolf Enseling) SS소령의 공병대대는 장갑척탄병들의 바로 뒤를 따라 익일에 있을 전차들의 진격에 장해가 되는 지뢰와 기물들을 철거하려 했다.

7월 4~5일 밤 '도이칠란트'의 두 대대는 야혼토브 남쪽에서 발진하기 위해 병력을 이동시키고 있었으나 얼마 전에 내린 폭우로 도로는 엉망진창이 되어 특히 언덕을 오르내리기는 더더욱 힘이 드는 고난의 행군이 계속되었다. 앞장서고 있던 티거와 돌격포들이 진창에 빠져 허우적거리는 판이므로 뒤따라 들어가는 전차와 장갑차량들도 엄청난 인내와 시간을 소요하는 정리작업 이후에나 전진할 수 있었고, 차량을 끄집어내기 위한 견인차량조차 진창에 빠지는 바람에 진격속도는 한참 더딘 상태였다. 상당 기간 동안의 고생 끝에 대대들은 야혼토프를 급습, 화염방사기와 수류탄 동시공격에 이은 기관총과 기관단총의 사격에 의해 소련군 진지들을 제압해 나가기 시작했다. 야혼토프는 내선방어를 위해 전방 3개 방향으로 큰 원호를 그리는 방식으로 진지가 구축되어 있어 한꺼번에 공격해 들어가는데 상당한 병력이 필요한 지형으로 이루어져 있었다. 일단 전진 기지를 접수한 독일군은 공병을 앞세워 지뢰들을 제거하고 진격로를 개방하도록 준비했다.

칼 호르스트 아놀트(Karl Horst Arnold) SS대위의 공병대대 3중대는 박격포와 야포사격의 폭우 속에서도 전진을 계속, 전차들이 진격할 수 있도록 전차호 사이의 홈을 메우는데 성공했다.[09]

'도이칠란트' 연대 3대대는 연대 소속 공병부대와 함께 야혼토프의 언저리를 공략, 화염방사기 공격으로 적을 제압하려 했으나 장갑병기가 없어 소련군의 극심한 사격이 전개되면 머리를 들 수 없을 지경이었다. 이때 곡사포 부대 소대장 바르틀 브라이트푸스(Bartl Breitfuss)는 자신들이 화포지원

08 Lehmann(1993) p.209
09 Nipe(2011) p.60

공세작전을 준비중인 다스 라이히의 티거. 1943년 4월경의 사진으로 추정된다. (Bild 101III-Zschaeckel-207-12)

조임에도 6명의 장병들로 특공조를 구성, 아군을 가장 심하게 괴롭히고 있는 소련군 진지를 기습하여 강고하게 버티는 벙커들을 차례차례 제압하면서 무려 5개의 기관총좌를 해치웠다. 나머지는 진지를 버리고 도주하려 했고 이에 브라이트푸스의 특공대는 곡사포의 수평사격으로 소련군 20명을 추가로 사살했다.

균터 뷔즐리체니 3대대장은 오전 2시 30분 야혼토프를 완전히 장악했다고 보고하고 이어 3시 15분 북쪽으로 불과 500m 떨어진 베레소프(Beresoff)에 포사격을 실시하여 익일 정식 공세를 위한 준비를 마쳤다. 다스 라이히의 제대는 이날 밤늦게 베레소프 부근에 다가와 있던 소련군 제71근위소총병사단의 일부 병력을 크라스니 포취네크(Krassny Potschinek)까지 밀려나게 했다.[10]

## 토텐코프

'토텐코프' 연대는 벨고로드 북서쪽 수 km 떨어진 지점에서 사전 공세를 준비했다. 사단의 우측에 자리 잡은 예리크(Jerik)라는 조그만 마을은 규모는 작지만 소련군의 1차 방어선상에 놓인 탓에 상당한 능력의 수비대가 진을 치고 있었다. 정면에는 당연히 지뢰가 깔려 있었고 사단의 정중앙에 있는 곤키(Gonki) 마을 또한 거의 요새화된 수준이었다. 또한, 218.0고지와 216.5고지가 예리크, 곤키와 함께 거의 장방형을 이룬 형태로 위치하고 있었으며 사단은 '아익케' 연대가 놓인 우익이 기동에 불리한 숲과 늪지대로 되어 있어 좌익의 라코보(Rakowo)라는 마을 건너편에서 공격준비를 갖추었다. 오이겐 쿤스트만의 제3장갑연대 3대대의 125대의 전차가 장갑척탄병들의 진격로 바로 뒤에 포진하고 나머지 장갑대대는 선봉부대의 돌파 이후에 전방으로 신속 배치되는 것으로 편성되었

10 Newton(2002) p.78, 7월 4일 소련 제71근위소총병사단의 주력은 그로스도이칠란트와 제11장갑사단이 침투한 게르조브카 주변에서 7월 5일 아침까지 교전하고 있었다.

다. '토텐코프' 연대는 216.5고지를 점령한 다음에는 오보얀으로 뻗은 도로 주변을 장악하고 티거중대를 포함한 전차와 돌격포로 장갑척탄병들의 진군을 엄호한다는 구상에 입각해 있었다.[11] 일단 오보얀 도로를 확보하게 되면 소련군 제375소총병사단의 측면을 돌아 배후를 칠 수 있는 여지가 현저히 높았기에 이 작전은 벨고로드 북쪽의 소련군 수비진 전체를 뒤흔들 수 있는 실행가능성이 있었다.

'아익케' 연대는 다소 힘겨운 지형을 맡았으나 일단 218.0고지를 점령한 후에는 사단의 우측에서 예리크를 장악하고 있던 소련군 제375소총병사단과 맞붙게 되어 있었다. 그러나 밤 10시 좀 못되어 독일군에 앞서 소련군 진지가 먼저 '아익케' 연대의 침입을 확인, 가공할 만한 화력을 집중시키면서 대오를 흩트리게 했고 다연장로켓 발사대가 파괴되는 등의 피해를 입었다. 대신 '아익케' 연대의 칼 크뢰너(Karl Kröner)가 이끄는 5중대 돌격부대가 은밀히 218고지 쪽으로 접근, 소리가 날 만한 헬멧이나 금속기기들은 모두 방기한 채 벙커 바로 밑에까지 파고 들어가는 극도의 기도비닉을 유지했다. 5중대 특공대는 중대장의 신호가 떨어지자 일제히 공격을 개시, 소련군이 미처 예상치 못한 습격을 감행하여 벙커들을 두들겨 팸에 따라 익일 오전 2시 30분 고지는 독일군의 손에 떨어졌다. 그러나 3시경 다시 소련군 대대급 규모의 반격이 재개되어 한 동안 난리를 피우게 되었다. 일단 소련군의 반격은 곡사포와 네벨붸르훠 로켓포 공격으로 격퇴했으나 애써 설치한 통신시설 등이 파괴되어 복구하는데 한참 동안의 시간이 소비되었다.[12]

SS장갑군단은 상당 수준의 치열한 교전 끝에 새벽 3시경 야혼토프와 예리크 계곡의 남쪽 사면에 위치한 소련군 전초기지들을 장악했다. 이로써 군단의 3개 사단은 소련군의 전초기지를 파괴하기 위한 공세 전날의 모든 목표들을 달성했다. 피해는 최소한도로 줄이되 기습의 효과는 최대한도로 살려 소련군 진지가 반격이나 역습을 기도하지 못하도록 장갑척탄병과 공병, 포병부대가 원활한 공조를 구사함으로써 최정예 친위사단에 걸맞은 전과는 달성했다. 그러나 제48장갑군단은 SS처럼 야간 기습이 아닌 주간공격을 시도한 결과, 달갑지 않은 상당한 피해를 입었으며 이러한 재수없는 전조는 다음 날에도 이어지게 된다. 두 장갑군단이 포함된 제4장갑군은 정찰대대들의 선제공격을 통해 소련 제6근위군이 설치한 전초기지의 절반을 부수는데 성공했고 그로 인해 나머지 상당수는 후방으로 후퇴시키는 효과가 나타났다.[13]

성채작전 개시 직전 오토 폰 크노벨스도르프의 제48장갑군단은 주로 3, 4호 전차만 460대, 58대의 돌격포, 22대의 화염방사전차와 약 200대로 구성된 판터 여단을 합쳐 740대의 전차를 보유하고 있었다. 가장 막강 전력을 가진 그로스도이췰란트는 3, 4호 전차 120대와 1개 중전차대대(티거) 및 51, 52장갑대대를 포함한 제10전차여단(판터)까지 쥐고 있었다. 양적 차원에서 대전 전체 기간을 통틀어 독일군 1개 사단에 이토록 많은 기동전력이 배정받은 바는 없었다.[14] 그러나 앞서 언급한 판터의 초기 기술적 결함으로 말미암아 개전 수일이 지나 무려 75%가 전력이탈로 나타남에 따라 판터 부대를 제외한 사단의 기동전력 역시 그다지 인상적이지 못하다는 사실은 반드시 염두에 두어야 했다.

11 Newton(2002) p.73
12 Nipe(2011) p.62
13 Stadler(1980) pp.34-6
14 NA : T-313 ; roll 368, frame 654.26

켐프 분견군의 제3장갑군단은 3개 장갑사단에 243대의 3, 4호 전차를 나누어 가졌으며 쓸모없는 구형전차 50대와 13대의 화염방사전차로 구성되었다. 그러나 45대의 티거를 가진 503중전차대대와 75대의 3호 돌격포를 보유한 3개 돌격포대대가 붙어져 있었다. 따라서 줄잡아 전차만 350대, 기타 다 합하면 430대의 장갑차량들을 굴릴 수 있었다. 다행히 이 군단은 제6, 7, 19장갑사단 등 자타가 공인하는 실력파 사단들이 포진하고 있어 장비가 상대적으로 빈약한 대신 전선을 돌파하는 데는 큰 문제가 없을 것이라는 낙관적인 견해도 떠다니고 있었다.

SS장갑군단은 4일 저녁 35대의 티거를 포함한 총 327대의 전차를 운용 가능한 수준으로 유지하고 있었다. 여기에는 95대의 3호 돌격포와 25~30대의 지휘차량은 포함되어 있지 않다. 한편, 31대의 돌격포를 보유한 911독립돌격포대대가 제48장갑군단에 배속되어 있었으나 경우에 따라 SS장갑군단이 빌려 쓸 수도 있는 구조로 되어 있었다.[15]

15 NA : T-354 ; roll 605, frame 470, 제911독립돌격포대대가 가진 31대의 돌격포는 22대의 3호 돌격포와 105mm포를 탑재한 9대의 돌격유탄포 StuH 42로 구성되었다.

# 3 성채작전 개시되다 : 7월 5일

## SS장갑군단의 진격
### 라이프슈탄다르테

소련 제6근위군은 4일과 마찬가지로 5일 새벽 2시 20분 동일한 형식의 파쇄사격을 실시하여 독일 전차에 대해서는 피해를 입히지 못했으나 상당수 보병들을 살상하는 효과를 보았다. 대신 독일군은 180대에 달하는 폭격기와 전폭기를 동원해 제4장갑군 정면을 지키는 소련군 진지를 강타했다. 소련 공군기들도 독일 제4항공군 기지를 향해 공습을 감행했으나 사전에 레이더로 적의 침투를 인지한 루프트봐훼들이 역으로 괴멸적 타격을 가했다. 소련공군은 남부전선에서만 지상에 정지된 상태에서 폭격을 당한 항공기 150대를 비롯해, 초일에만 432대를 상실했다.[01]

아돌프 히틀러의 이름이 붙은 라이프슈탄다르테(LSSAH)는 7월 5일 성채작전 개시일 전체를 통해 가장 빠른 진격을 달성했다. 우익에는 알베르트 프라이의 제1SS장갑척탄병연대, 좌익에는 후고 크라스의 제2SS장갑척탄병연대를 포진시킨 라이프슈탄다르테는 최전방에 나선 돌격포와 티거 전차의 호위를 받으며 전진하고, 게오르크 쇤베르크(Georg Schöberg) SS중령의 장갑부대는 전방에 공간이 확보되었을 경우 쾌속 진격한다는 의도에서 장갑척탄병들의 배후에 배치되었다. 요아힘 파이퍼의 2 SS장갑척탄병연대 3대대는 하르코프 때와는 달리 장갑부대에 배속되어 협동작전을 수행하게 되었다.[02]

라이프슈탄다르테의 측면은 같은 SS사단이 아닌 제167보병사단의 315장갑척탄병연대가 엄호하였으며 차제에 사델노예(Sadelnoje)와 카멘늬(Kamennyj)를 점령해 버림으로써 그쪽에서 장갑척탄병들의 진격에 장애를 초래할 만한 소련군 공격의 근거를 아예 없애버렸다. 오전 3시 15분 야포와 다연장로켓이 소련군 1차 저지선상에 놓인 220.5고지를 강타하면서 공격이 개시되었다. 이 고지 바로 옆의 217.1고지는 북쪽으로 2차 저지선이 있는 구역과 연결되는 도로에 접해 있었다. 무려 45분 동안의 포격이 끝난 다음 슈투카들의 핀포인트 폭격이 시작되었고 곧바로 후고 크라스 연대가 북쪽으로 1km도 채 떨어지지 않은 220.5고지를 향해 돌진했다. 하인츠 클링(Heinz Kling)의 티거 중대가 '판쩌카일'(Panzerkeil)의 선두로서 최전방에, 측면은 돌격포중대가 엄호하는 형세로 나가되 소련군의 대전차총과 대전차포가 티거의 전면장갑을 뚫지 못하자 소련군은 말로만 듣던 티거의 위력을 실감하면서 진지와 전차호들이 무수히 짓밟히는 것을 목도했다.[03] 전투는 첫날부터 백병전의 양상

01 소련공군은 7월 5일 첫날 106대의 독일기를 격추시켰다고 공표하면서 실제 피해보다 4배 이상이나 부풀려 발표했다.

02 NA : T-354 ; roll 605, frame 481, 493

03 판쩌카일은 다음과 같이 구성된다. 티거 전차들은 쐐기의 선봉을 맡아 88mm 주포로서 적 전차와 대전차포를 파괴하고 차체가 낮은 돌격포는 티거의 바로 옆에, 판터와 4호 전차 등은 티거와 돌격포의 측면과 후방에서 전진을 속행한다. 장갑척탄병이나 보병은 도보로 행군하면서 전차에 접근하는 적 보병을 격퇴하고, 장갑척탄병과 보병을 태운 장갑차량들은 전차와 보조를 맞춰 진격하면서 대보병전투 및 진지점령 등의 각개전투에 투입된다. 독일군은 특히 쿠르스크전에 있어 장갑부대에 반드시 1개 하프트랙대대를 붙여 전차에 대한 적의 여하한 공격도 기능적으로 분쇄하려고 했다. Schneider(2005) p.104

을 띠었다. 티거가 진지를 부수고 지나가고 나면 장갑척탄병들이 일제히 대량의 수류탄을 집중적으로 던져 참호를 파괴한 뒤 기관단총, 권총, 대검, 살상이 가능한 모든 무기들이 동원되어 소련진지 안의 병력들을 제거하고 공병들은 벙커 안의 소련군들을 폭약과 함께 흔적도 남기지 않게 처치하면서 돌격을 계속했다. 잠시 후 장갑척탄병들은 1차 저지선상의 수 개의 참호와 진지들을 장악하는데 성공했다.

이날 소련군 최초의 전차가 독일군 앞에 모습을 나타내는데 제230전차연대 소속 12대 가량의 전차들로, 하필이면 전설적인 미하엘 뷔트만과 발타자르 볼(Balthasar 'Bobby' Woll)이 있는 클링의 티거 중대에게 시비를 걸어왔다.[04] 뷔트만은 전차를 발견하자 마자 긴 88mm 포신을 돌려 수초 만에 두 대의 전차를 격파하고 클링 중대장 자신도 2대를 파괴했다. 여타 독일군의 티거들도 수분 안에 적 전차들을 손쉽게 파괴해 버리자 잔여 전차들은 도주하기 시작했다.

그러나 지뢰밭 부근에서 제1008대전차연대의 포들이 일제히 티거를 향해 사격을 개시, 어차피 장갑은 관통하지 못한다 하더라도 큐폴라를 노려 전차장을 죽이거나 잠망경을 손상시키기 위해 관측창이 있는 곳으로만 겨냥하고 있었다. 그 와중에 헬무트 붼도르프(Helmut Wendorf) SS소위의 티거가 대전차지뢰를 밟아 기동이 불가능하게 되자 다시 소련군 제230전차연대 소속의 T-34들이 이리떼처럼 달려들기 시작했다.[05] 바로 옆의 티거 한 대도 피격되어 화염에 휩싸였고 붼도르프는 바로 뒤에서 T-34들이 측면과 배후에서 치고 들어오는 것을 의식하지 못한 채 소련 대전차포 진지를 향해 기관총을 응사하기 시작했다. 그러나 기적 같은 일이 발생했다. 뷔트만의 티거가 갑자기 나타나 3대의 T-34를 날려버리자 나머지 T-34들이 도주하면서 일단 전차전은 종료되었다. 붼도르프는 뷔트만의 귀신같은 전차운용과 보비 볼의 치명적인 주포 사격술에 힘입어 얼굴에 가벼운 상처만을 입은 채 살아남을 수 있었다. 총 24대의 T-34 중 21대가 격파되자 소련군은 뒤로 물러섰다. 뷔트만과 그의 포수 발타자르 볼은 개전 첫날 8대의 적 전차와 7문의 대전차포를 격파하면서 쿠르스크의 서전을 장식했다.[06] 뷔트만은 후에 움직이는 전차보다는 숨어서 몸을 드러내지 않는 대전차포를 찾아 없애는 것이 더 위험한 고난도의 작업이라고 술회한 바 있었다.

공병들이 전차호와 참호에 받침대를 설치해 전차를 이동시키는 과정은 전반적으로 공세의 속도가 느릴 수밖에 없는 배경요인이 되었는데 이는 라이프슈탄다르테 아닌 다른 전구도 마찬가지 사정이었다. 지뢰와 장해물이 곳곳에 설치되어 있어 공병들이 가장 위험하고도 심한 육체적인 노동을 강요당하는 힘든 위치에 있었다. 소련군의 저항의지는 대단했다. 국지적으로 수적 열세에 놓인 소련군 진지의 제52근위소총병사단 보병들은 최후의 일인까지 싸우는 열의를 보였다. 또한 제1008대전차연대의 정교한 포사격은 고지를 향한 사단의 진격을 무척이나 괴롭히고 있었다. 이로 인해 제2SS장갑척탄병연대가 카멘늬 로그(Kamennyj Log) 근처 220.5고지를 점령하는 데는 5시간이나 걸려 오전 11시 45분에나 전투를 종식시킬 수 있었다.[07] 고지 석권 후 2연대는 야코블레보

04 격파왕 1위는 아니지만 가장 널리 알려진 전차전의 명수 미하엘 뷔트만과 그의 포수 발타자르 볼에 관한 이야기는 이미 하나의 전설로 정착되었다. 총 138대의 전차, 132문의 대전차포를 격파한 뷔트만은 1941년 우만 포위전 때부터 서서히 이름을 날리게 되었으며 쿠르스크전을 통해 연합군에게 가장 위협적인 존재 중 하나로 각인되기에 이르렀다. 뷔트만 자신은 성채작전 전투기간 동안 30대의 전차, 28문의 대전차포 및 2개 포병중대의 포대를 격파하는 기록을 남겼다. 뷔트만은 격파서열 4위이며 발타자르 볼은 88대 이상 격파로 16위, 티거중대장 하인츠 클링은 총 51대 격파로 30위에 랭크되어 있다.

05 헬무트 붼도르프는 88대 격파로 14위에 기록. Healy(2011) p.215

06 Kurowski(2004) Panzer Aces, p.306

07 NA : T-354 ; roll 605, frame 502

(Jakowlewo)와 북쪽으로 6km 떨어진 제2저지선의 어귀로 이어지는 도로상의 뷔코브카(Bykowka)로 향했다. 타봐르트킬라제(N.T.Tavartkiladze) 소장의 제51근위소총병사단은 총 72대의 야포를 보유한 제28대전차여단의 지원을 받아 제2저지선에 탄탄한 방어벽을 구축하고 있으면서 페나강으로부터 동쪽으로 뻗어 오보얀을 가로질러 북부 도네츠까지 이어지는 상당 구간을 맡고 있었다.

알베르트 프라이의 1연대가 뷔코브카 남쪽 217.1고지에 다가가자 1008대전차연대 2중대의 대전차포들이 열화와 같은 반응을 보였다. 그러나 슈투카의 공습에 맞춰 티거 중대의 전차들이 진지로 돌진하자 소련군들은 장갑이 관통되지 않는 괴물을 상대할 수 없다고 판단한 듯 포대를 버리고 도주하였고 독일군은 두 시간의 격전 끝에 고지를 점령했다. 그러나 얼마 후 또 다른 대전차중대가 공격을 개시하였으나 이때도 슈투카가 쉽게 처리하였으며 돌격포를 앞세운 장갑척탄병들은 마을 외곽과 내부로 진입해 소련군 소총병들과 격한 전투를 한 바탕 치렀다. 2연대가 중앙으로 침투한 다음, 1연대가 동쪽에서 측면을 찌르고 들어오자 소련군은 후퇴하기 시작했으며 두 연대는 다시 북쪽으로 2km를 더 밀고 들어가 야코블레보 외곽에 도달했다. 이로써 제1008대전차연대는 90% 이상의 화기들을 상실했기에 더 이상 존재하지 않게 되었으며 소련군은 당시 11대의 티거 전차 중 4대가 기동불능(그중 3대는 지뢰로 인한 파손)이 되었는데도 티거를 17대 부순 것으로 상부에 보고했다.[08] 또한, 전차를 33대 파괴한 것으로 집계했으나 티거 선봉대 이외에 직접 전투에 참가한 독일 장갑부대는 전혀 없었다. 다만 돌격포의 손실이 컸다. 대 보병 근접전투로 인해 총 31대 중 8대가 파손되었다.

08 Agte(2007) p.57

하인츠 폰 붸스테른하겐 SS소령이 지휘하는 라이프슈탄다르테 돌격포대대의 진격. 커다란 나치 깃발은 제공권을 독일공군이 쥐고 있다는 간접적인 표시.

게오르크 쉔베르크 장갑부대 지휘관은 오후 2시 30분이 되어서야 진격명령을 받았다. 독일 전차들은 파이퍼의 하프트랙대대와 장갑엽병 부대와 함께 제52근위소총병사단의 정면을 통과해 1차 저지선에 진입했으며 제230전차연대로부터의 반격은 경미한 수준에 그쳐 오후 6시 40분경에는 2차 저지선에 도달할 수 있었다. 사단은 해가 떨어질 무렵 오후 7시경에 야코블레보에 도착했다. 그러자 소련군 제28대전차여단이 공격을 가해 왔고 여기서도 5시간의 전투 끝에 220.5고지가 독일군 손에 떨어졌다.[09] 테오도르 뷔슈 사단장은 전차의 속도를 포병부대가 따라잡지 못해 일단은 제2저지선에 대한 공격은 6일로 연기하도록 하였다. 그 시점에는 이미 연료가 부족해 병사들이 원하더라도 장갑부대가 더 이상 나아갈 수가 없는 형편이었다.

라이프슈탄다르테는 첫날 적진돌파에는 성공했으나 소련 전차의 격파수는 15대에 그쳤다. 사단의 인적 손실은 막대했다. 9명의 장교와 장병이 전사하고 522명이 부상을 당했으며 34명이 행방불명으로 보고되었다. 오히려 돌격포를 제외한 순수 전차들은 온전히 유지되었으며 티거도 단 한 대가 완전 손실되었을 뿐 익일 작전에는 큰 지장을 초래하지 않았다.[10] 라이프슈탄다르테는 이날 평균 14km, 최고 20km나 전진하여 소련군 제62근위소총병사단을 무질서하게 흩으러 놓았고 제2저지선의 언저리에 도달한 유일한 사단으로 이름을 등록했다. 사단의 공세는 적군 대전차포의 80%를 격파하는 기록을 남길 만큼 소련군 수비진을 뒤흔드는 데는 성공한 듯이 보였다.[11] 다만 이날 가장 좋은 성적을 올린 라이프슈탄다르테는 한 가지 부담을 느끼기 시작했다. 사단을 맞이한

09 NA : T-354 ; roll 605, frame 493
10 NA : T-354 ; roll 605, frame 495, Lehmann(993) pp.214-5
11 ヨーロッパ地上戦大全(2003) p.114

소련군들은 거의 옥쇄수준으로 항전을 다한 결과, 불과 100 여명 정도의 포로밖에 발생하지 않았다는 점이 이전의 소련군과는 다르다는 인식을 갖게 했다.

다스 라이히 '도이칠란트' SS연대 3대대 10중대장 헬무트 슈라이버 SS대위

### 다스 라이히

작전개시 첫날까지 사단의 전차들은 전방에 배치되지 못하는 불운을 겪었다. 따라서 다스 라이히는 티거 중대나 돌격포의 엄호없이 장갑척탄병만으로 전선을 뚫어야 한다는 과중한 부담을 안고 출발했다. 그러나 7월 5일 예상외로 SS1, 3사단에 비해서 인명피해는 가장 적었다. 1차 목표는 '도이칠란트' SS연대 2개 대대가 점령한 소련군의 전초기지로부터 2km 떨어진 베레소프(Beresoff)였다. 새벽 3시 30분 화포사격과 8~10대의 슈투카 공습으로 시작된 작전은 포연이 사라지기 전에 소련 진지에 다가가려는 독일군과, 먼저 적의 위치를 찾아 파괴하려는 소련군의 충돌로 초긴장 상태를 이루고 있었다. '도이칠란트' SS연대 3대대의 헬무트 슈라이버(Helmut Schreiber) SS대위가 이끄는 10중대는 소련 전차 위의 소총병들을 사살하고 전차의 해치를 열어 폭탄을 투척하는 등 과감한 육박공격을 전개하자 소련군은 전차와 소총병이 분리된 상태에서 혼돈에 빠져 슈라이버 중대가 베레소프 정면의 전차호까지 진입하는 것을 허용하고 말았다. 이어 소련군 2개 중대가 반격을 가해 또 한 번 격전을 치렀고 진지의 일부는 독일군 손에, 일부는 소련군에 의해 탈환되는 등, 혼란이 가중되고 있었다.

한편, 전차의 엄호가 없는 상태에서 다스 라이히의 장갑척탄병들은 대신 박격포의 지원을 받아 전진하고 있었으며, SS원사 오이겐 슈톡커(Eugen Stocker) 박격포 소대장이 8cm 박격포로 3대대의 전진을 지원하고 있었다. 소련군 스나이퍼들이 박격포대를 집중 사격하여 일대 혼전이 거듭되었으나 다행히 빠르게 소련군의 저격지점을 파악하여 스나이퍼들을 제거하는 데 성공했다. 이처럼 장갑지원이 없는 관계로 다른 제대가 힘을 쓸 수밖에 없는 상황에서 알로이스 붸버(Alois Weber) SS원사의 공병소대는 화염방사기로 소련군 벙커를 공격, 중간에 고립되지 않기 위해 초고속으로 적진을 돌파하려 했다. 그러나 소련군의 포사격이 만만치 않아 전황은 예측불허의 상태로 전개되고 있었다. 그중 하인츠 부흐홀트(Heinz Buchhold) 공병소대가 소련 전차호까지 침입해 받침대를 설치하려는 순간, 소련군 소총병들이 득달같이 달려들어 이를 저지하려 하자 요제프 카스트(Josef Kast) SS중위의 포병중대가 부흐홀트 소대를 지원하면서 소련군 소총병은 물론 포대가 설치된 진지들을 정확히 때려잡기 시작했다. 짧은 시간에 갑자기 많은 피해를 보게 된 소련군은 바로 후퇴하였고 다시 반격을 가해 오지는 못했다.

다스 라이히 '도이췰란트' 제3 SS장갑척탄병대 연대장이자 탁월한 지도력과 판단력, 용맹과 지략을 겸비했던 사단 굴지의 야전지휘관 하인츠 하멜 SS중령 (Bild 101III-Groenert-011-021A

'도이췰란트' SS연대에 대한 소련군의 공격은 주로 슈랄리브니(Shuralibny) 숲의 감춰진 포대로부터 이루어지고 있었는데 지평선상에서는 정확한 위치를 확인할 수 없어 사단은 슈투카 공격을 요청했다. 소련군의 포사격이 계속되기는 했으나 점차 강도가 떨어짐에 따라 일단 공병들이 지뢰 제거작업에 착수할 수 있게 되었다. 공병의 피해는 막대한 수준이었으나 피해를 커버할 만한 성과는 있었다. 한스 뤼훼르트(Hans Rüffert) SS원사의 공병소대는 한스 비싱거의 2대대에 배속, 비오듯 쏟아지는 소련군의 포사격을 피해 지뢰제거작업을 지휘했으며 소대장 스스로 18개의 대전차지뢰를 해체했다. 그 후 공병들은 벙커로 전진, 소대장이 직접 2발의 수류탄을 투척하여 소련군 기관총좌를 박살내고 장갑척탄병의 진격을 재촉했다.[12]

헬무트 슈라이버의 3대대 10중대는 소련군의 저항이 둔화되자 베레소프의 외곽 언저리까지 도달, 남은 병력들을 마을 바깥으로 패주시키면서 안쪽으로 밀고 들어갔다. 오후 1시 반경 2대대는 군데군데 산재한 소련군 병력들을 일소하여 130명을 포로로 잡았으며 나머지는 북쪽으로 도주하였다. 3대대는 다시 베레소프 북쪽으로 3km 정도 떨어진 지점의 233.3고지에 대해 공격을 개시하자 이내 소련군 전차들이 언덕을 따라 굴러 내려오기 시작했다. 장갑척탄병들은 우군 전차의 지원 없이 7대의 T-34를 파괴했으나 이날 하루 종일 전투에 지친 독일군들은 더 이상의 진전을 이루어내지 못하게 되어 전반적인 진격이 중단될 위기마저 생겨났다. '도이췰란트' SS연대의 2, 3대대가 기력을 소진하자 오토 봐이딩거(Otto Weidinger)의 1대대가 전선에 급하게 달려왔다. 233.3고지 남쪽에 도착한 1대대는 티거나 돌격포가 없는 대신 슈투카의 항공지원을 받아 소련군 진지로 돌격해 들어갔다. 많은 희생을 치르기는 했으나 아직 전선에 남아있던 공병들도 북쪽의 제2지뢰매설구역까지 도달했고 봐이딩거의 장병들도 마지막 피치를 내어 돌격구호를 외쳤다. 그러나 1중대장을 비롯한 상당 병력이 대인지뢰에 희생이 되어 선봉대가 당황해하자 용감하기로 소문난 오토 봐이딩거는 스스로 부대를 지휘, 언덕 위로 달려가 소련군을 역으로 당황하게 만들어 1시간 후인 오후 4시에 고지를 점령하고 소련군의 추가 반격에 대비했다. '도이췰란트' 연대는 오후 4시 30분경 라이프슈탄다르테가 뷔코프카를 점령할 때와 거의 같은 시간대에 233.3고지를 따 냄으로써 여전히 사단간 간격이 벌어진 상태이기는 하지만 아침 무렵의 지체를 상당 부분 만회할 수 있었다. 이때 다소 늦게 발동이 걸린 다스 라이히의 티거들은 베레소프와 233.3고지 부근에서 전개된 단 6시간 동안의 격렬한 전투에서 23대의 소련 전차

12 Nipe(2011) pp.77-79

들을 파괴하는 기록을 올렸다. 티거들은 단 한 대의 피해도 입지 않았다.[13]

한편, '데어 휘러' SS연대는 오후 12시 20분경 남부 루취키를 향해 정찰대를 파견하고 오후 6시경 마을 외곽지대에 도달한 후 소련 제6근위군의 저지선에 적잖은 갭을 만들어 냈다. '데어 휘러'는 이날 다행히 큰 교전없이 자체 병력을 온전히 유지할 수 있었다.[14]

다스 라이히가 대단했던 것은 장갑부대의 지원 없이 첫 날 8.5km를 진격해 들어갔다는 점이다. 진격방향에 놓인 도로사정이 열악해 각 제대들이 통과 가능한 한쪽 길로 모이면서 병목현상을 초래해 진격속도가 떨어졌을 뿐 이날의 기록은 라이프 슈탄다르테 못지않은 준수한 성적을 나타냈다.[15] 오후 6시경 장갑부대는 베레소프 북쪽에 도착했으며 공병들이 여전히 지뢰제거작업에 집중하고 있어 그날은 더 이상 전진이 불가능했다. 일부 제대는 214.5고지에 접근하기 위해 야간에도 전투를 계속했으나 별다른 소득은 없었다.

다스 라이히 '도이칠란트' SS연대 1대대장 오토 봐이딩거 SS소령. 지극히 용맹하고 저돌적인 기질의 장교로, 개전 첫날부터 부상을 입었다. 전후에 5권으로 구성된 방대한 양의 사단사를 편찬했다. (Bild 146-1984-101-05A)

## 토텐코프

다스 라이히와 거의 같은 오전 3시 15분 포사격으로 공격의 스타트를 끊은 토텐코프는 돌격포부대의 지원 하에 에른스트 호이슬러의 '토텐코프' 연대 2대대와 칼 울리히(Karl Ulich)의 3대대가 진격을 개시했다. 이 지역은 독소양군의 전투기들이 하늘을 뒤덮어 일대 공중전이 벌어진 상태여서 오전 9시 30분이 지나서야 지상군 간의 격투가 전개되었다. 빌헬름 슈뢰더Wilhelm Schröder) SS소령의 티거 11대가 선봉에 선 가운데 216.5고지의 소련군 전차호 부근에 도달하자 소련군의 포화가 작열하기 시작했고, 원거리 사격이 아니라 독일군을 최대한 가까이 끌어들여 제로사격에 치

13 7월 5일 다스 라이히의 티거 중대가 최초로 교전한 소련군과의 전차전은 다음과 같은 양태로 전개되었다. Fey(2003) pp.20-21
"때는 정오였다. 햇볕이 내리쬐는 가운데 우리는 해치를 열고 전방을 주시했다. 1시간 후 적의 공격이 시작되었다. 북쪽 언덕에서 포진한 T-34 몇 대의 매복공격이었다. 첫 번째 적의 주포 사격에 의한 포탄이 옆에 떨어졌다. 그 다음엔 정면장갑에 명중했다. 장전, 준비, 발사, 명중! 우리는 밀어붙였다. 첫 번째 T-34가 불길에 휩싸였다. 내 옆의 티거가 두 번째 적 전차를 불타게 했다. 나머지는 언덕 뒤로 도주했다. 500m를 더 전진하자 지평선으로부터 20, 30, 40대의 적 전차가 나타나기 시작했다...(중략)....전차전이 시작되었다. 서로 1,000m의 간격을 두고 양쪽 사면에서 우군과 적 전차들은 마치 체스판의 말처럼 마주서 전투를 유리한 방향으로 이끌기 위한 기동을 개시했다. 모든 티거들이 사격을 집중했다. 전투는 엔진소리의 증가와 함께 절정에 달했다. 전차병들은 이때 최대한으로 침착해야 했다. 그리고는 재빨리 조준하고 민첩하게 장전한 다음 순식간에 명령을 내려야 했다. 티거들은 수 미터를 더 나아가 적 전차의 조준경에 포착되어 조준사격에 피탄되지 않도록 좌우로 기민하게 움직였다. 우리는 우군들에게 더 이상 발포할 필요가 없는 불에 타고 있는 적 전차를 헤아렸다. 1시간의 전투 끝에 12대의 T-34들이 불길에 잠겨 있었다. 또 다른 30대의 적 전차들이 전후좌우로 거칠게 기동하면서 그들의 포신이 향하는 대로 빠르게 사격을 가해왔다. 꽤 정확히 조준하기는 했으나 티거들의 장갑을 관통하지 못했다...(중략)...전투는 4시간이나 계속되었다. 그리고는 우리가 포탑으로부터 어깨를 들어 올릴 때가 된 것 같았다. 적의 마지막 전차들이 사라졌기 때문이다. 우리 눈앞에는 23대의 적 전차들이 화염에 휩싸여 있었다. 우리는 밖으로 나와 담배 일발을 장전했는데 우군 전차의 피해가 하나도 없었다는 사실에 스스로 놀라워했다(중략).적의 이중 방어진을 뚫고 치러진 최초의 전차전은 성공적으로 마무리되었다."

14 Clark(2011) p.66

15 NA : T-354 ; roll 605, frame 532

개전 첫날 '토텐코프'연대 2대대를 직접 지휘하여 백병전을 치르면서 오보얀-벨고로드 국도변 교두보를 확보한 에른스트 호이슬러 SS소령

중한 결과 독일군에게 상당한 피해를 입히는데 성공했다. 독일군의 돌격포 3대가 완파 또는 반파되었으며 독일군은 이날 T-34의 차대를 사용해 152mm 곡사포를 설치한 SU-152 자주포구축전차를 처음으로 목격하게 되었다.[16]

소나기처럼 퍼붓는 소련군의 정확한 포사격의 와중에도 공병들이 끈질기게 전차의 기동이 가능하도록 전차호를 이어가 티거들이 전진할 수 있게 했으나 일부는 지뢰로 인해 기동이 불가능하게 되었고 소련군의 사격이 생각보다 정확해 진지돌파가 결코 거저 얻을 것으로 여겨지지는 않았다. 여기에 네벨붸르훠 다연장로켓 사격이 연속적으로 일어나자 소련군들은 다소 당황하기 시작했으며 티거들이 벙커와 대전차포 진지를 짓밟고 지나가면서 다소 숨통이 트이게 되었다. 에른스트 호이슬러는 직접 자신의 2대대를 이끌고 고지 언덕 쪽으로 육박, 살벌한 백병전을 치르면서 혼전을 겪은 가운데 드디어 오후 3시경 고지를 접수하는데 성공했다. 이때 2대대의 우익에 위치했던 칼 울리히의 3대대는 다소 뒤쳐져 있었으나 호이슬러는 우군을 기다리지 않고 오보얀 국도를 향해 더 동쪽으로 전진해 들어갔다. 도로에 도달한 2대대는 다시 225.9고지를 향해 남진하여 소련군 제52근위소총병사단의 중추를 형성하는 제155소총병연대를 둘로 갈라놓았으며, 벨고로드-프로호로프카 선상에 도달, 소련군 제6근위군의 최남단을 수비하는 제375소총병사단의 북쪽 측면을 바로 칠 수 있는 위치를 확보했다. 제375소총병사단은 제7근위군의 제81근위소총병사단의 북쪽 경계와 허리를 맞대고 있었으며 벨고로드 근처 서쪽 강둑에 좁은 방어진을 치고 있었다. 게다가 제81근위소총병사단은 벨고로드 북쪽을 공격하는 제3장갑군단 소속 제6장갑사단의 전구와 마주보고 있는 구도여서 이 상태에서는 제3장갑군단이 SS장갑사단들의 북쪽 진격을 측면에서 엄호해야 한다는 당초의 계획은 큰 차질 없이 진행되고 있는 것으로 비쳐졌다.[17]

그런데 문제가 하나 발생했다. 소련군의 제96전차여단이 제375소총병사단의 배후에 포진되어 있다가 225.9고지로 접근하는 호이슬러 대대를 강타하고 나섰다. 지형에 익숙하지 않은데다 온 사방이 지뢰밭으로 간주되는 가운데 야간에 소련 전차를 상대해야 하는 엄중한 부담이 엄습했다. 쿤스트만의 장갑부대가 소련공군의 대지공격기에 밀려 제때에 2대대와 연결되지 못해 이 날 225.9고지의 점령은 불가능하게 되었고 결국 참호를 파고 다음 날을 기다리는 것이 최선이라는 결론에 도달했다. 만약 장갑부대가 적기에 도착하여 돌파가 이루어졌다면 오히려 소련군의 제81근위소총

16 クルスク機甲戦(1999) pp.100-101
17 NA : T-314 ; roll 197, frame 703

병사단이 위기에 처할 수도 있었던 미묘한 상황이었으나 제96전차여단의 신속한 공간 메우기와 여타 제대의 공조에 의해 일단 독일군을 벨고로드 동쪽 제6근위군의 정면에 묶어 두게 되었다. 사단의 주력은 제375소총병사단의 항전으로 인해 2차 저지선 접근이 불가능하게 되었으며, 다만 밤이 되어 야혼토프 구역에서 제52근위소총병사단을 한참 뒤로 물러나게 압박을 가하고 있었다. 소련 제69군도 첫날을 그 정도로 마무리하고 익일 반격을 위해 무리한 접전을 회피하기로 결정했다.

헬무트 벡커의 '아익케' 연대 쪽은 상황이 좋지 않았다. 소련군 포병대와 공군의 공습으로 오후가 되어서야 3개 대대들이 발진 지점에 시차를 달리해 모이기 시작했고 겨우 1대대가 오후 2시 반이 지나서야 225.9고지를 향해 공세로 전환했다.[18] 대대 정찰대가 사단 포병부대의 지원 하에 오보얀 국도로 접근, 슈랄리브니 숲에 숨어 있는 소련군 진지를 공략하는 다스 라이히와 연결되어 숲 지대의 소련군들을 몰아치자 소련군들은 중화기를 뽑아 북쪽과 동쪽으로 산개하면서 퇴각했다. 하지만 '아익케' 연대는 예리크 서쪽의 숲 지대에서 소련군을 소탕하지 못한 채 밤이 되고 말아 추가적인 공세는 전개할 수가 없었다.

토텐코프는 1, 2SS사단에 비해 피해가 경미하여 첫날의 성적은 나쁘지 않았다. 2명의 장교를 포함해 31명 전사, 119명 부상, 2명 행방불명이었으며 전차도 여전히 121대나 보유하고 있었다. 소련 공군의 공습으로 초기 진격은 늦었으나 숲 지대의 소련군 진지들을 거의 모두 격멸하고 공병대가 오보얀-벨고로드 도로 서쪽의 늪지대와 수몰지구에 부교를 설치하여 병력의 이동을 원활히 하는데 크게 공헌했다.[19]

## 켐프 분견군

제3장갑군단은 벨고로드 남서쪽 북부 도네츠의 서쪽 강둑에서 진격을 개시, 소련군 제24, 25소총병사단, 계 76,000의 장병을 가진 제7근위군과 붙게 되어 있었다. 제7근위군은 제27근위전차여단, 제201전차여단 및 제3전차연대의 246대에 달하는 전차와 자주포를 보유한 전력이었으며 독일 제3장갑군단은 유명한 503티거중전차대대 소속 45대의 티거와 3개 장갑사단 240대에 달하는 전차를 포진시키고 있었다. 티거가 이토록 많이 배정된 것은 남방지구의 장갑군단 중 가장 화력이 약했기 때문에 취해진 결정으로서, 약간의 문제는 티거를 집중시키지 않고 3개 중대를 서로 다른 사단에 각각 분산시켜 배치시켰다는 점이었다.[20] 게다가 제7근위군의 경우 전차 정수는 독일군보다 적지만 어마어마한 규모의 대전차포 부대를 동원하고 있었다. 제7근위군은 2개의 자주포포병연대, 3개의 자동견인 포병연대, 제30대전차여단, 4개의 대전차연대, 그리고 여러 대전차총대대들을 포진, 독일군 공세정면에 무려 수백 대의 대전차포를 설치하여 전차의 진격을 기다리고 있었다.

제3장갑군단은 동쪽으로 전진, 소련의 1차 저지선을 돌파하게 되면 카사췌(Kasatsche)와 코로츄카(Korotschka) 중앙의 교통망 점거를 위해 북동쪽으로 진격할 예정이었다. 동시에 소련군이 북부 도네츠 동쪽으로부터 SS장갑사단들의 측면을 위협하지 못하게 하기 위해 하우서 군단의 우익을 엄호해야 했다. 제168보병사단은 제6장갑사단을 엄호한 뒤에는 군단의 우익에 배치되어야 했으나 기동전력이나 차량을 충분히 보유하지 못한 이 사단이 장갑군단의 측면을 제대로 보호할 수 있을

18 NA : T-354 ; roll 605, frame 491
19 NA : T-354 ; roll 605, frame 491
20 広田厚司(2015) p.101

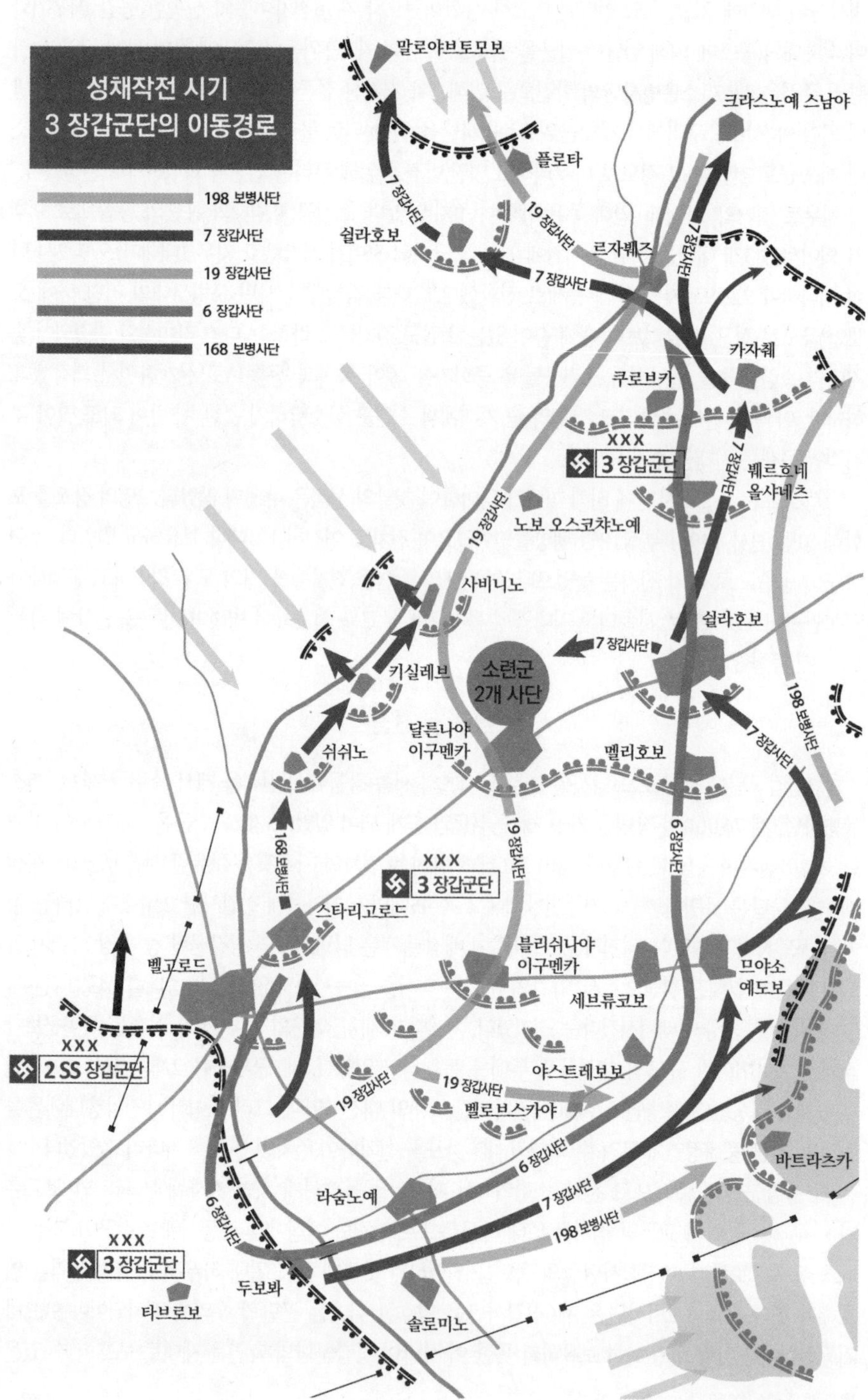

성채작전 시기
3 장갑군단의 이동경로
198 보병사단
7 장갑사단
19 장갑사단
6 장갑사단
168 보병사단
말로야브토모보
크라스노예 스남야
플로타
쉴라호보
르자붸즈
카자췌
쿠로브카
XXX
3 장갑군단
붸르흐네
올사네츠
노보 오스코챠노예
사비니노
쉴라호보
소련군
2개 사단
키실레브
달른나야
이구멘카
쉬쉬노
멜리호보
XXX
3 장갑군단
스타리고로드
벨고로드
블리쉬나야
이구멘카
세브류코보
므야소
예도보
XXX
2 SS 장갑군단
야스트레보보
벨로브스카야
바트라츠카
라숨노예
XXX
3 장갑군단
두보봐
타브로보
솔로미노

지는 의문이었다.[21]

소련 제25근위소총병군단 81근위소총병사단은 제262전차연대의 지원 하에 제3장갑군단을 막아야 했으며 제167전차연대는 동쪽 25km지점에서 예비병력으로 주둔시켰다. 여기에 제3근위전차군단도 예비로 남겨져 있었으며 보유 전차 200대 중 75%가 T-34였다. 제73근위소총병사단과 213소총병사단은 제2저지선상에 위치하고 있었으며, 제24근위소총병군단은 2개 사단으로 에어하르트 라우스(Erhard Raus) 제11군단의 2개 사단과 충돌하도록 전열이 구성되어 있었다. 가장 우측에는 제42군단이 강을 건너 소련 제57군의 북단을 공격하기 위해 라우스 군단의 우측에 자리했다.

3개 장갑사단 중 제6장갑사단은 벨고로드의 북쪽과 동쪽을 향해 발진하고 제168보병사단의 지원 아래 북부 도네츠강을 도하하도록 되어 있었다. 사단은 강의 동쪽을 장악한 뒤에는 북쪽으로 틀어 사비니노(Ssabynino)와 크리브조보(Kriwzowo)에 교두보를 마련하려 하였으며, 이곳은 동쪽으로부터 제4장갑군의 측면이 위협당하지 않도록 엄호하기에 적합한 장소임과 동시에 거기로부터 20km 이격된 지점에서 대기하는 소련군의 전략적 기동예비가 SS장갑군단의 우익을 겨냥할 수 있는 지역과 바로 연결되어 있었다. 만약 제3장갑군단의 교두보 확보가 실현되면 북쪽의 프로호로프카까지 불과 25km 떨어진 지점을 장악하게 되어 있는 셈이었다.[22]

중앙을 맡은 제19장갑사단은 북부 도네츠강을 도하하고 난 뒤에는 1차 저지선을 통과한 뒤 마찬가지로 북쪽으로 방향을 틀어 알렉산드로브카(Alexandrowka) 부근의 교두보를 확보, 제3장갑군단의 우익을 향해 진격하게 되어 있었다. 군단의 가장 우측에는 제7장갑사단이 1차 저지선을 통과, 북동쪽으로 향한 다음 라숨나야(Rasumnaja)강의 교두보를 확보하고, 나머지 2개 장갑사단과 북쪽으로 평행하게 이동할 계획이었다.

제3장갑군단의 정찰대는 이미 새벽 2시 30분경에 벨고로드 남쪽으로부터 도네츠강을 넘어 가장 가까운 철도 교차점에 대한 공격을 시도했다. 이어 분견군의 5개 사단은 새벽 3시 30분 미하일로브카 교두보를 기점으로 8군데를 잡아 북부 도네츠강 도하를 개시했다. 한 가지 걱정은 이날 루프트봐훼가 모두 제4장갑군, 그 중에서도 SS장갑군단 쪽으로만 할당되어 있어 제3장갑군단의 진격을 하늘로부터 엄호하기는 어렵다는 조건이었다.

## 제6장갑사단

제6장갑사단은 출발 시 가장 북쪽에서 선봉의 역할을 감당하는 위치에 있었으나 실은 제168보병사단이 먼저 진격하고 있음으로 해서 보병들의 뒤를 따라 지원하는 형세로 움직이고 있었다. 강을 도하한 다음에는 제168보병사단이 벨고로드 교두보를 확장시키는 동안 보병들을 앞질러 나가 벨고로드 바로 위의 스타리 고로드(Stary Gorod)로 진입할 계획이었다.[23] 공격은 새벽 2시 반에 미하일로브카의 교두보 지점에서 시작하려 했으나 소련군의 집중 포사격에 북부 벨고로드의 발진지점부터 피해가 속출하기 시작했고 겨우 장갑척탄병들과 공병부대원들이 고무보트로 강을 도하하면서 실마리를 풀어 나가기 시작했다.[24]

21 NA : T-314 ; roll 197, frame 705
22 Nipe(2011) p.86
23 Newton(2002), p.50
24 NA : T-314 ; roll 197, frame 1054

503중전차대대의 클레멘스 그라프 폰 카게넥크 대위. 티거들을 결집시키지 않고 중대로 나누어 분산배치하는 방안을 처음부터 극력 반대했다. 집안 전체가 반나치주의자였다. (Bild 183-R64039)

전차의 전진을 위한 교량은 새벽녘에 80% 정도가 완성되었다. 그러나 교량이 티거의 무게를 지탱하지 못해 장갑부대가 전진하지 못하게 됨에 따라 우선 보병들만으로 공격을 개시했다. 더욱이 장갑병력들은 이른 아침 소련공군의 공습으로 대열을 맞추기도 전에 짜증스러운 혼란에 빠져 있었다. 사단의 보병전력들은 무려 1km나 되는 지뢰밭을 통과해야 했고, 쉴 새 없이 쏘아 대는 소련군 기관총좌와 박격포의 기습을 피해 지뢰 해체작업을 해야 한다는 가당치 않은 임무에 엄청난 공병들이 희생되었다. 겨우 좁은 통로 하나를 구축하여 소련군 진지 가까이 접근하는 데는 성공했으나 티거나 돌격포가 따르지 못해 소련군의 전초기지 어느 것 하나 장악할 수 없는 처지에 놓이게 되었다. 사단이 겨우 따 낸 곳은 벨고로드 북서쪽 5km 지점에 위치한 쳬르나야 폴리야나(Chernaja Polijana)로서 같이 진군해 들어간 제168보병사단이 소련군 제81근위소총병사단과 여타 지원병력에 밀려남에 따라 보병의 엄호없이 보다 남쪽의 도하지점들을 찾아 나서야 했다.

한편, 돌격포가 미하일로브카 부근 다리에서 떨어지는 사고가 발생해 장갑부대들이 전진을 못하게 되자 브라이트 제3군단장은 과감히 해당 전구를 포기, 제6장갑사단을 제7장갑사단 쪽으로 보내어 더 이상의 쓸데없는 시간낭비와 무리하게 지뢰밭을 뚫고 돌진하는 만용을 자제하고, 티거중대와 돌격포중대는 제19장갑사단이 주둔한 위치해 있는 견고한 교량 쪽으로 도하하도록 지시했다.[25] 대신 사단의 원래 진격로 상에 제168보병사단과 228돌격포대대를 야간행군으로 집결시켜 공세를 쇄신하기로 했다. 제6장갑사단도 야간기동을 통해 크루토이 로그(Krutoj Log) 부근에 위치한 제7장갑사단을 재빨리 따라붙어 익일 발진지점으로 접근해 나갔다.

이날 소련군 제81근위소총병사단은 도네츠강의 지류가 합치는 지점을 겨냥한 제6장갑사단의 진격을 막기 위해 그야말로 사력을 다했으며 소총병사단이 막지 못할 경우 후방의 제2근위전차군단이 남하해야 할 상황이었으므로 주어진 여건 하에서는 최선을 다한 것으로 평가되었다. 특히 소총병사단은 제6장갑사단이 쳬르나야 폴리야나를 따내고 그날 중에 스타리 고로드를 점령하려고 한 기도를 좌절시킴에 따라 제6장갑사단은 티거를 전면에 동원했음에도 뜻을 이루지 못한 채 결국 쳬르나야 폴리야나로 되돌아갔다.[26] 프란쯔 배케 대대는 배케 스스로가 처치한 전차 1대를 포

25 NA : T-324 ; roll 194, frame 879
NA : T-314 ; roll 197, frame 1054

26 Dunn(2008) p.122

함 총 8대의 소련군 전차와 10문의 대전차포를 격파하였다.

켐프와 브라이트는 3개 장갑사단을 따로따로 진군시키기보다 소련군 진지의 약한 부분을 집중적으로 타격하기 위해 어느 두 개 사단의 페어링을 통해 빠른 시간 내 돌파구를 확보하기를 기대했다. 특히 제6장갑사단의 공세방향에 대해 고민하던 두 장군은 결국 제6장갑사단이 제7, 19장갑사단 가운데로 들어가고 당분간 제19장갑사단이 군단공세의 리드 역할을 맡는 것으로 낙착지웠다.

## 제7장갑사단

서부전선에서 롬멜의 유령사단으로 널리 알려졌던 이 사단은 처음부터 큰 낭패를 당했다. 공세 전날 지뢰가 다 완벽히 제거되지 않았으며 그나마 확보해 놓은 좁은 통로에 병력이 집중하는 바람에 교통체증이 발생했고, 지뢰를 다 제거하지 못했다는 사실이 장갑부대에 제대로 연락이 되지 않아 독일 전차들에게 일대 혼란을 야기했다. 무려 7대의 티거가 독일군이 설치한 지뢰에 파손되었으며 뒤늦게 표시가 덜 된 우군의 120개 지뢰를 찾아 마무리하는 등 곤욕을 치렀다.[27] 한참 동안의 초조와 긴장 속에 유명한 전차지휘관 아달베르트 슐쯔(Adalbert Schluz) 중령이 지휘하는 제25장갑연대와 겨우 몇 대 남은 티거 3중대가 북부 도네츠의 서쪽 강둑에 도달했다. 3호, 4호 전차의 통과를 위한 30톤짜리 교량은 설치되었으나 그래도 티거의 무게는 지탱하지 못해 애를 먹다가 강둑 아래쪽에 공병들이 지지대를 설치하여 겨우 한 대씩 통과시키는 데 성공했다.

새벽 2시 반에 개시된 공격은 포병대와 다연장로켓의 포격에 이어 보병과 공병들이 고무보트를 타고 강을 도하, 재빨리 수비장소를 찾아 진지를 축성하고 티거들을 강둑 위로 견인함으로써 겨우 이동시킬 수가 있었다. 그러나 도하지점에 대해 소련군 화포들의 집중 타격이 가해짐으로써 독일군은 상당한 피해를 감수해야했다.

장갑척탄병들은 전차들의 재집결을 기다리지 않고 소련 제78근위소총병사단 전구로 공격해 들어갔으며 이때 소련군은 켐프 분견군의 전구와 평행으로 위치한 3km 길이의 벨고로드-프로호로프카 철도선상의 강둑에 진을 치고 있는 형세였다. 전투는 지독한 악조건에서 개시되었다. 그날따라 유달리 소련공군의 공습이 활발하여 독일군은 전선에 놓인 지뢰밭을 제거하는 동안 적의 포사격을 피해 가면서 전진해야 했고 공습은 공습대로 대피하여 대량살상을 회피해야 하는 상황이었다. 그럼에도 불구하고 장갑척탄병들과 공병들은 차례차례 소련군의 기관총좌와 벙커들을 퇴치하면서 전진을 계속하여 결국 철도선상의 제방을 따내는데 성공했다. 이에 따라 아달베르트 슐쯔의 장갑부대가 돌파구로 진입해 들어오면서 1차 목표인 라숨노예(Rasumnoje)로 진격했다. 그전에 제19장갑사단과의 공조 하에 미하일로브카(Michailowka) 바로 아래쪽의 크레이다(Kreida)로 치고 나가기는 했으나 주변 지역에서 발생한 소련군들의 저항은 집요하게 계속되고 있었다.

라숨노예를 방어하는 제78근위소총병사단은 81근위대전차대대를 동원하여 거의 옥쇄 수준으로 진격을 저지하려 했으며 몇 대 안되는 티거가 밀고 들어감으로써 제25장갑연대의 돌진은 의미있는 진전을 이루어 냈다. 독일군은 발진한 지점으로부터 1차 저지선에 도달, 라숨노예와 크루토이 로그 사이의 갭을 통과하여 5km 이상의 전진은 기록했으나 당초 목표였던 코로차(Korotscha)에

27 NA : T-314 ; roll 197, frame 1123

'군신'이라 불렸던 제7장갑사단 25장갑연대의 아달베르트 슐쯔 중령. 다이아몬드 백엽검부 기사철십자장을 받은 불세출의 전차지휘관. 제7장갑사단에는 전군에 27명밖에 없었던 이 훈장의 수여자가 무려 4명이나 있었다.
(Bild 101I-022-2922-13)

는 한참 못 미치는 거리에 당도해 있었다.[28] 또한, 우익에 위치한 라우스군단의 제106, 320보병사단의 선봉부대는 기동전력을 전혀 갖지 못해 소련 제72근위소총병사단 및 전차부대의 저항과 반격에 상당한 출혈을 경험하고 있었다. 군단은 제7장갑사단의 측면을 철저하게 엄호한다는 신념 하에 장갑차량의 부족을 무릅쓰고 최선을 다한 결과 첫날에만 2,000명의 보병이 피해를 입었다. 그러나 장갑군단의 인명피해는 극히 미미한 수준이었다.[29]

## 제19장갑사단

3개 전투그룹으로 분리하여 진격한 제19장갑사단은 미하일로브카의 주변에 흐르는 얕은 여울을 이용해 북부 도네츠강을 건너 2개 그룹은 장갑척탄병연대로 구성하고 나머지 1개 그룹은 제27장갑연대와 하프트랙대대로 구성하여 크레이다를 향해 나아갔다. 리히터 전투단(Kampfgruppe Richter)은 티거를 이끄는 선봉으로서 장갑 및 장갑척탄병대대로 구성되었고, 71대의 전차를 보유한 벡커 전투단(Kampfgruppe Becker)은 보병들이 1차 저지선에 갭을 만들고 난 뒤에 블리쉬나야 이구멘카(Blishnaja Igumenka) 마을을 장악하는 것으로 준비되어 있었다. 제73장갑척탄병연대와 19장갑공병대대로 구성된 두 번째 전투단은 사단의 최우익에 위치해 강을 건너 철도선에 도달한 다음, 북쪽으로 틀어 크레이다를 치는 리히터 전투단의 정면공격과 동시에 남쪽에서 마을을 공략할 생각이었다. 또한, 제429장갑척탄병연대 1대대와 제168보병사단은 미하일로브카 교두보의 북부 도네츠 동

28 NA : T-314 ; roll 197, frame 1054
29 Schranck(2013) p.81

편 강둑에 있는 소련군을 몰아내도록 조율되었다.[30]

그러나 공격이 시작되자 마자 소련군의 카츄샤 로켓과 화포사격에 독일군은 엄청난 피해를 입어 티거를 이동시키려고 만든 60톤짜리 교량이 망가진 데다 공병부대원을 포함한 상당한 병력의 사상을 경험했다. 독일군은 새벽 4시에도 아무런 교두보를 확보하지 못하였으며 강을 먼저 도하한 리히터 전투단도 선봉에 선 돌격부대들이 막심한 피해를 당했기 때문에 꼼짝하지 못하는 상황이었다. 오전 9시 40분이 되어서야 60톤 교량이 복구되어 503티거중전차대대의 2중대가 강을 넘었으나 비참한 결과가 나왔다. 13대 중 5대가 지뢰에 망가졌고 2대도 소련군의 대전차포 공격으로 완파되지는 않았지만 기동불능이 되었다. 제19장갑사단은 오전 11시경, 제6, 7장갑사단 사이를 빠져나가 소련군이 요새를 구축하고 대기중이던 라숨노예 맞은편 강안에 일부 돌파지점을 찾아 숨통을 트는데 성공했다. 그 틈을 이용해 제73장갑척탄병연대가 1.5km 정도를 진격해 들어가 소련군 제78, 81근위소총병사단 주둔지역의 교차점에 도달했다. 밤이 될 무렵 사단의 제27장갑연대는 도네츠 동쪽 강둑의 교두보에 도달하여 라숨노예 뒤에 있던 소련군 제228근위소총병연대를 완파하며 하루를 마무리했다.

노력에도 불구하고 사단은 최악의 성적을 내고 있었다. 소련군 1차 저지선도 돌파하지 못했으며 이 전구의 소련군은 방어전의 교과서적 존재라고 할 만큼 정확한 포 사격술과 교묘한 지뢰매설, 강인한 정신력으로 독일군을 압도하고 있었으며, 그로 인해 독일 장갑척탄병들, 특히 공병들의 희생은 막대했다. 구스타프 슈미트 사령관은 적군이 월등한 포병 병력을 갖추고 있음을 인정하면서 첫날의 작전은 실패로 끝났다는 것을 실토했다.

우선 켐프 분견군 쪽은 SS장갑군단과 같이 소련군의 전초기지들을 사전에 파괴하지 못한데 가장 큰 실책이 있었다. 켐프는 설마 소련군들이 그토록 종심 깊게 진지를 축성해 놓고 있을 줄은 상상도 못하였으며, 그로 인해 초전에 쉽게 1차 저지선을 통과할 수 있으리라는 예상은 완전히 빗나갔다. 공병부대는 예상보다 많은 교량설치와 지뢰제거 작업에 엄청난 시간을 소모하여 선봉부대의 전진이 늦어지게 되었으며 티거들은 본격적으로 싸우기 전에 기동불능이 되는 한심한 환경에 놓이게 되었다. 503중전차대대장 카게넥크(Clemens Graf von Kageneck) 대위가 군단본부에 올린 보고에 의하면 2중대가 보유한 14대의 티거 중 13대가 손상되었다는 충격적인 내용이 들어 있으며, 사고의 이유도 우군 매설지뢰의 지도 표시 미비, 소련군 지뢰 제거 미흡, 공병의 인도 실수 등 거의 아마추어적인 실수가 열거되어 있어 작전 첫날부터 짜증스러운 협의가 계속되고 있었다.[31] 제3장갑군단의 이와 같은 실수는 히틀러까지 사전에 염려한 SS장갑군단의 '측면을 보호'해야 한다는 임무수행에 엄청난 차질을 초래하고 있었다. 첫날 제3장갑군단이 얻은 최소한의 성과라면 벨고로드 남방의 도네츠강 변에 작은 교두보 하나를 확보했다는 정도일 것이다.

## 제48장갑군단

성채작전의 주공으로는 SS장갑군단의 중앙돌파가 가장 많은 화제를 남긴 것으로 기록되나 제4장갑군 사령관 호트 상급대장은 제48장갑군단에 가장 많은 기대를 걸었던 것으로 판단된다. 국방

30 NA : T-314 ; roll 197, frame 965

31 Lodieu(2007) pp.27-8 티거중대가 첫날부터 곤욕을 치렀음에도 불구하고 몇 대의 티거가 30대의 소련 전차를 격파하는 기록을 남겼다.

군 최정예 사단 중 하나인 그로스도이췰란트 1개 사단에 신형 판터 전차 전량을 배속시킴으로써 136대의 돌격포와 459대의 전차를 포함, 총 595대의 기동전력을 확보한 것만 보아도 그렇다. 공군의 지원도 여타 군단에 비해 월등히 많은 혜택을 보았다. 나중에 보겠지만 호트는 작전 기간 내내 유독 제48장갑군단의 전과와 현황에만 관심을 표명하게 된다.

제48장갑군단 전구는 이른 새벽 공격 개시 시점부터 독일군과 소련군이 서로 자랑이라도 하듯 강력한 사전 포사격을 주고받았다. 특히 그로스도이췰란트 공세정면의 진격로는 지뢰투성이인데다 진창, 저지대의 강 지류들이 얽혀 있어 제 시간에 공격 포인트를 올리기가 여의치 않음을 미리 예고하고 있었다. 해서 군단은 제3장갑사단과 그로스도이췰란트가 보유 화기들을 전방으로 적기에 배치하기 위해 포병부대들을 집결시켜 엄호하도록 조치하였고, 이 때문에 당초 화력이 부족했던 제167보병사단과 제11장갑사단 지원으로 배치했던 야포들을 다시 재배치해야 했던 관계로 공격은 오전 7시가 지나서야 가능할 수 있었다. 게다가 포병대대들이 북쪽으로 이동하기 위해 사용하려 했던 제3장갑사단의 병참선 쪽은 어마어마한 양의 지뢰원이 도사리고 있어 중화기의 단순 이동 자체도 용이하지 않았다.[32]

## 그로스도이췰란트

처음부터 삐그덕거렸다. 그라프 폰 슈트라흐뷔츠의 전차들이 발진 장소부터 지뢰에 막혀 상당한 피해와 시간적 지체를 경험하고 있었고 전차가 도착하지 않아 포병부대들은 이도저도 할 수 없는 초조한 상황이 지속되었다. 짜증이 난 슈트라흐뷔츠는 지뢰 구역을 돌아 다른 길로 가기로 결정했다. 포병대도 초조한 나머지 오전 4시 20분경에 최초 포사격을 실시하였고 사단의 휘질리어 연대와 장갑척탄병연대가 집결지에 도착했는데도 정작 독일 전차들은 나타나지 않았다.[33] 그럼에도 불구하고 예정된 시간에 공격은 개시되어야 했기에 각 연대의 대대들은 전차의 지원없이 북쪽으로 진격, 좌익의 게르조브카와 우익의 제11장갑사단 구역 사이의 공격루트를 따라 들어갔다. 우익의 장갑척탄병연대는 부토보를 지나 북쪽으로 3km 떨어진 췌르카스코예(Tscherkasskoje)로 향했고, 좌익의 휘질리어 연대는 게르조브카를 지나 끝없이 펼쳐진 지뢰와 장해물, 부비트랩 설치구역으로 진격해 들어갔다. 휘질리어 연대는 췌르카스코예 서쪽 1km 지점을 지나자 소련군 중대들이 묘지를 수비진지로 바꾼 장소에 도달, 곧바로 격렬한 전투가 전개되어 에리히 카스니츠(Erich Kassnitz) 연대장이 중상을 당하는 등 사태는 미궁 속으로 빠져 들어갔다.

이날 그로스도이췰란트 전구에서 벌어진 사건 하나는 한편의 희극일 수도 있고 커다란 스캔들일 수도 있겠는데, 일단 슈트라흐뷔츠의 전차들은 진창 투성이의 장애물지대를 완전히 돌파한 다음에 거기로부터 6km 떨어진 모쉬췌노예(Moschtschenoje)에 주둔하고 있던 판터 부대들이 7시 30분까지 슈트라흐뷔츠의 진격로를 따라 이동하는 것으로 되어 있었다.[34] 그러나 판터들은 처음부터 지뢰에 걸려 고생하던 슈트라흐뷔츠의 부대로 인해 진격이 늦어져 오전 8시에 집결을 끝내고 게르조브카 남쪽의 철도선을 통과하였으며, 슈트라흐뷔츠의 전차들이 진창에 빠져 허우적거리기 시작

32 NA : T-314 ; roll 1170, frame 555-556
33 NA : T-314 ; roll 1170, frame 556
34 NA : T-314 ; roll 1170, frame 554

한 3시간 뒤에 도착하여 슈트라흐뷔츠 전차들의 종대를 발견했다.[35] 그런데 슈트라흐뷔츠와 판터대대들로 구성된 제10장갑여단 칼 데커(Karl Decker) 대령은 서로 사이가 좋지 않아 슈트라흐뷔츠는 데커의 부대들이 꾸물거리는 통에 자신들의 전진이 늦어졌다고 불평하면서 데커 대령이나 51장갑대대장 마인라트 폰 라우헤르트(Mainrad von Lauchert) 중령은 경험도 없고 판단력도 흐린데다 지나친 의욕으로 전차부대들이 진창에서 허우적거리게 되었다는 평가를 내린 바 있었다. 데커는 나중에 슈트라흐뷔츠가 사전에 지뢰를 제거하지 않고 작전을 서두르는 통에 판터들이나 다른 4호 전차들이 엄청난 피해를 입었다며 상급기관에 보고까지 하는 상황이 생기기도 했다. 그러나 칼 데커는 1940~43 내내 장갑대대장을 역임한 베테랑이며 폰 라우헤르트는 전쟁 전인 1938년부터 장갑중대장이었던 것으로 보아 이들이 유치한 수준의 기술적인 실수를 범할 이유는 없었으며, 당시의 명령체계로 보아 판단의 잘못이 있다면 슈트라흐뷔츠에게 있지 판터를 몰았던 이 두 영관급 장교에게 있는 것은 아니었다. 결과적으로 쉐르카스코예에서 전투에 휘말린 장갑척탄병들은 아군 전차가 도착할 때까지 전차 1대 없이 5시간 동안이나 사투를 벌였으며, 공격 개시 시점부터 계산하자면 전차와 장갑차량들이 전선에 합류한 것은 보병들이 전투를 개시한 지 10시간이 지난 후가 되었다. 기록에 따르면 이날 오전 11시에 겨우 10대의 전차가 장애물 지대를 통과했고, 오후 1시에 고작 15대가 지나갔으며 거기에 판터는 단 한 대도 없었다고 한다.

슈트라흐뷔츠와 끊임없는 불화와 갈등에 휘말렸던 판터여단장 칼 데커 대령

이날 오전 11시 소련군의 기계화보병들이 북쪽에서 휘질리어 연대와 장갑척탄병연대에게 반격을 가해 왔고 전차들이 늑장을 부리는 통에 이쪽 전구는 전혀 진전이 없었다. 장해물 지대도 마찬가지여서 차량들의 통과가 가능한 남쪽 끄트머리로 병력이 집결하여 꾸물거리자 이들은 소련 대지공격기의 좋은 먹이감이 되었다. 칼 데커 여단장은 이럴 바에야 제11장갑사단 진격로 쪽이 형편이 좋으므로 자신의 부대는 보다 북쪽으로 이동하여 제11장갑사단과 합류할 것을 재가해 주도록 요청하나 진격은 예정된 방식대로 추진한다며 군단장으로부터 거절당했다. 지휘관들끼리 다투는 이 혼돈의 와중에서 겨우 오후 4시 폰 라우헤르트 중령의 30대의 판터와 15대의 다른 전차들이 진창구간을 통과한 것으로 보고되었으며, 이들은 휘질리어 연대와 장갑척탄병연대를 도우기 위해 소련공군의 공습과 화포사격을 뚫고 최고속도로 지원에 나섰다.

판터부대와 장갑척탄병연대 오토 레머(Otto Remer)의 하프트랙대대는 소련 제611대전차연대의 진지를 돌파하여 다수의 소련군 소총병들을 사살하고 중화기를 노획하였으며 쉐르카스코예의 북

35 NA : T-314 ; roll 1170, frame 554 전투일지에는 판터연대가 모쉬쉐노예 북쪽의 물데(Mulde)에서 집결하여 오전 8시에 급유를 마친 뒤 베레소뷔(Beresowjj) 방면으로 이동하기 시작한 것으로 나타나 있다.

판터여단의 51장갑대대장 마인라트 폰 라우헤르트 중령. 이론과 실제에 모두 능통했던 탓에 1943년 봄 판터 전차의 훈련교감으로 재직했었다.

쪽 절반을 통과하여 마을 반대편 어귀에 도달했다. 그러나 마을 내부로 근접하자 소련 제245전차연대와 제1837대전차연대의 열화같은 공격에 일단 수비로 전환하고, 마을 중앙의 서쪽 끄트머리는 소련군이 장악하는 대신, 독일군은 북동쪽으로 1km 지점의 야르키(Jarki)를 확보했다. 판터는 이날 정비만 잘 해 둔다면 75mm 주포의 화력과 기동력, 방어력 어느 쪽도 소련 전차에 뒤지지 않는 신뢰할 만한 전차라는 인상을 남기기도 했다.[36] 7월 5일 적군의 포사격으로 격파된 판터는 단 2대에 지나지 않았다. 그러나 이쪽 전구에서는 그럴지 몰라도 전반적으로는 기계결함으로 인한 복잡한 문제들이 판터의 전투투입을 시기상조라고 판단하게 되었다. 게다가 측면의 장갑이 너무 약하다는 결과가 나왔다.

그로스도이칠란트는 야르키 점령으로 이날의 작전을 끝내게 되었으며 소련 제2저지선으로부터 5km 모자라는 지점에서 진격을 멈추게 되었다. 피해는 대단했다. 총 300대의 전차 가운데 기동 가능 차량은 겨우 148대만 남았으며, 그중 판터는 불과 80대, 3, 4호 전차는 66대만이 익일 전투에 투입될 수 있는 수준으로 전락했다. 창피한 것은 무려 50%에 달하는 150대의 전차가 성채작전 초일에 파괴되거나 손상되거나 진창에 빠져 허둥대는 수모를 당했고 그에 따른 인적 피해 또한 결코 만만치 않았다.[37] 이 결과는 아침부터 사단의 공병들이 투입되어 14명의 병력들이 단 한명의 피해도 없이 무려 2,500개의 지뢰를 제거하고 난 이후에 벌어진 사태여서 소련군의 장해물과 지뢰매설이 어느 정도 규모였는지 실감나게 하는 통계였다.

칼 덱커는 구데리안에게 슈트라흐뷔츠를 비난하는 서한을 보내면서 슈트라흐뷔츠는 전차를 보병지원 화력으로만 사용함으로써 '멍청이' 같은 결과를 자아냈다는 원색적인 표현을 서슴지 않았다. 휘하의 두 지휘관이 다투는 상황에서 횐라인 사단장은 슈트라흐뷔츠와의 친분관계 때문에 덱커를 보호하지 못한 것으로 전해지며, 폰 크노벨스도르프 군단장도 이 논란을 달갑지 않게 생각한 것은 충분히 추측되고도 남음이 있었다.[38]

여하간 이름에 걸맞지 않은 성과를 나타낸 그로스도이칠란트는 우선 공병들을 동원하여 사전에 지뢰를 말끔히 제거하지 못한 것과, 공세정면의 지형에 대해 세심한 사전분석을 하지 못했다는 사실만으로도 욕을 얻어먹어 싸다. 그리고 칼 덱커의 비난이 다 옳은 것은 아니지만 슈트라흐뷔츠

36 NA : T-314 ; roll 1170, frame 560
37 NA : T-314 ; roll 1171, frame 54
38 Newton(2002) p.388

는 전차와 보병의 종대 간격을 너무 가깝게 설정하여 소련군의 포사격에 장갑차량과 장병들이 동시에 피해를 입는 결과를 초래했으며, 그러한 측면에서 칼 덱커가 슈트라흐뷔츠의 전차 운용을 '보병에 대한 화력지원'의 범주에 머물렀다고 비판한 근거가 되기는 한다. 쿠르스크전과 같이 넓은 광정면을 가진 전구에서는 전차, 장갑차량과 보병들을 약간 서로 이격시켜 적의 집중포화에 한꺼번에 노출되지 않도록 산개 대형으로 행군해야 했다. 게다가 미처 제거하지 못한 지뢰에 장갑부대가 발이 묶이다 보니 소련군은 움직이지 않는 목표물을 겨냥하기가 한결 손쉬워졌고, 더욱이 보병들의 대오가 전차와 근접해 있었던 관계로 병력들의 피해가 더 컸던 것으로 판단되었다. 전차의 백작이라는 별명에 어울리지 않는 슈트라흐뷔츠의 실수였다. 이날 그로스도이췰란트는 237.8고지의 소련군을 일소 하지도 못했고, 췌르카스코예도 소련군이 마을 일부를 여전히 장악하고 있는 상태였으며 지뢰 제거 작업도 여전히 느린 템포로 진행 중이었다. 게다가 슈트라흐뷔츠와 덱커의 싸움은 전선에 좋지 않은 기류를 형성하고 있었음이 분명했다.

## 제3장갑사단

사단은 그로스도이췰란트와 마찬가지로 장갑척탄병들이 전차의 지원없이 예정된 시간에 공격을 개시했다. 새벽 4시 20분에 공격을 개시한 제394장갑척탄병연대 1대대는 게르조브카와 베레소뷔(Beresowyj) 사이에 놓인 제1저지선을 방어하는 소련 제71근위소총병사단 소속 210근위소총병연대 정면으로 돌진해 자랑할 만한 성과를 거뒀다. 오전 6시에는 장갑부대들이 후발로 게르조브카에 도착했다.[39] 그로부터 몇 시간 후 제3장갑척탄병연대 2대대의 지원을 받는 제394장갑척탄병연대 2대대는 소련군의 주방어선으로 치고 들어갔으며 진창으로 덮인 구역에서 막혀 잠깐 헤매다가 공병들의 도움으로 장애물들을 제거해 나가기 시작했다. 제394장갑척탄병연대 1대대는 다시 2대대의 전구를 맡아 2대대가 게르조브카로 진입하도록 측면을 지원했고, 오전 11시 사단은 아직 교두보는 손에 들어오지 않았지만 일단 베레소뷔 서쪽의 소련군 소총병들을 몰아냈다는 보고를 올렸다. 장갑척탄병들은 슈투카의 항공지원이나 전차의 도움 없이 비 오듯 쏟아지는 소련군의 포사격을 피해 적진을 돌파해야 한다는 부담을 안고 있어 이날 오전 이 정도의 전과는 결코 나쁘지 않았다.[40]

오후 2시 제6장갑척탄병연대 2대대는 하프트랙대대의 지원을 받아 239.3고지와 코로뷔노(Korowino)를 향해 북쪽으로 전진했다. 소련군의 야포, 대전차포, 박격포 세례가 이어지는 가운데 진격로 동쪽과 서쪽에서 협공해 오는 소련군의 사격에 상당수의 전차들이 망가졌고 병력들의 피해도 적지 않았으나 선도 장갑중대가 코로뷔노 서쪽에 도달하여 어렵게나마 장갑척탄병들의 진격을 재촉했다.

제393장갑척탄병연대 1대대와 제3장갑척탄병연대 2대대는 코로뷔노의 남쪽 어귀를 공략, 마을의 남쪽 절반을 통과하였다가 소련군 전차와 보병의 역습이 전개되어 다시 마을 귀퉁이로 물러났다. 이에 사단의 장갑부대는 다시 재역습을 전개, 6대의 T-34, T-60을 격파하자 나머지 전차들은 도주하였고 오후 늦게 코로뷔노는 독일군이 장악하게 되었다. 그 후 사단의 전차들은 크라스니

39 NA : T-314 ; roll 1170, frame 555-556
40 NA : T-314 ; roll 1170, frame 557-560

포취노크(Krassny Potschinok) 근처 북쪽으로 이동, 제2저지선 공격을 향한 발진지점을 확보하려고 했다.[41] 오후 9시 20분 독일 전차들이 마을에 도착했을 때는 전초기지로부터 쫓겨온 소련군들이 이미 제2저지선으로 후퇴한 다음이었다. 대체적으로 무난한 행군이었으나 사단의 좌익을 엄호하도록 되어 있던 제332보병사단의 사단장이 지뢰를 밟고 전사하는 불상사가 있었다.

이날 사단이 가장 공헌한 부분은 그로스도이췰란트와 제11장갑사단이 제67근위소총병사단 방어선을 때리는 동안 제67근위소총병사단의 우익을 지원하고 있던 제71근위소총병사단을 공격, 동 병력이 결국 췌르카스코예를 포기하게 하여 뒤로 밀쳐냈다는 성과였다. 소련군들은 밤을 틈타 빠져나갔으나 췌르카스코예 부근에 산개한 형태로 포진하고 있어 익일에도 확실한 주변 정리가 요구되고 있었다. 일단 사단은 진격로 정면에 위치한 페나강의 유일한 도하지점을 확보하고, 코로뷔노와 크라스니 포취노크를 제압함에 따라 군단의 좌익을 견고하게 굳히는 데는 상당한 성과를 달성했다. 장갑전력이 부족한데도 불구하고 기대 이상의 성적을 올린 것은 그로스도이췰란트가 아닌 제3장갑사단이었다. 하지만 군단 대부분의 전력이 중앙에 집결되어 있어 좌측면에서의 성과를 효과적으로 활용할 수 없었다는 데 일말의 아쉬움이 남는 결과였다.[42]

## 제11장갑사단

1942~43년 동계전역에서 전설적인 전차전을 펼쳤던 제11장갑사단은 성채작전 기간 중 다소의 등락을 경험하기는 했으나 제3장갑사단과 그로스도이췰란트에 비해 모범적인 진군결과를 나타냈다. 요한 믹클의 제11장갑사단은 오전 7시 30분 공격을 개시, 여타 사단보다 1개 장갑척탄병연대가 모자라는 전력임에도 불구하고 공세정면에 위치한 부토보 마을을 향해 진격했다. 다행히 제11장갑사단은 지형에 대한 면밀한 사전답사 결과에 따라 공병교도대대로부터 2개 전투공병중대를 지원받아 지뢰제거를 착실히 해 둔 상태였으며, 911돌격포대대로부터 3호 돌격포 몇 대를 수령 받아 모자라는 화력에 벌충하려 했다. 돌격포대대의 3개 중대에는 75mm 대전차포를 장착한 7대, 105mm 곡사포를 장착한 3대의 3호 돌격포가 각각 배속되어 있었으며, 게다가 사단은 277고사포대대까지 흡수, 20mm 기관포와 37mm포를 탑재한 자주포까지 지원받아 아주 만족스러운 상태는 아니지만 이 정도면 전차의 부족을 어느 정도 보충할 수는 있었다.[43]

공격은 우익에 제110장갑척탄병연대 2대대가 제15장갑연대의 1개 대대 지원을 받고, 좌익에는 1개 장갑중대와 8대의 3호 화염방사전차를 지원받은 제111장갑척탄병연대 2대대가 최선봉을 맡았다. 제15장갑연대의 나머지 전차들과 하프트랙대대, 911돌격포대대는 장갑지원세력으로서 후미에 포진되어 이동했다. 사단은 소련공군의 강력한 타격을 받아 적지 않은 인명피해를 보았으나 오전 중 부토보를 점령하고 다시 북쪽으로 찔러 들어가 췌르카스노예 남쪽 교차로 지점에 다다랐다.[44] 소련군의 포사격이 대단히 정교하게 이루어짐에 따라 제111장갑척탄병연대 2대대는 소련군 화력의 시선을 속이기 위해 몇 대의 돌격포들과 함께 좌측면을 공격하는 것처럼 페인트 모션을 취했다. 소련군이 이 간단한 모션에 속게 됨에 따라 제110장갑척탄병연대 2대대는 일제히 정면을 공격, 공

41 NA : T-314 ; roll 1171, frame 562
42 Newton(2002) p.383
43 Showalter(2013) p.99
44 Barbier(2013) p.67

병대들이 전차호를 파괴하고 화염방사기 전차들이 기관총좌를 차례로 격파함으로써 소련군 수비진을 크게 흔들어 놓았다. 대대는 췌르카스노예 남동쪽 입구에 도달했고 정오가 지나자 8대의 소련 전차들이 반격을 가해왔으나 독일군들의 전차와 돌격포들이 그중 5대를 파괴하자 나머지는 물러났다.[45] 그러나 244.5고지로부터 쏘아 대는 소련군의 화력은 그칠 줄 몰랐으며 제111장갑척탄병연대 2대대도 췌르카스노예 남쪽 전차호 전초지점까지는 도달했지만 소련군의 화망에 갇혀 전진이 쉽지가 않았다. 2대대는 정면보다 동쪽으로 돌아 마을의 남쪽 구간을 지나쳐 버리려고 했고, 제15장갑연대 2대대는 다른 돌격포들과 함께 남쪽에서 돌파구를 여는 순간만을 기다리고 있었다.

오전 중 소련공군의 매서운 공습이 전개되고 있는 와중에도 성과가 나타나기 시작했다. 전차와 하프트랙 등 장갑부대는 소련군 진지를 돌파해 췌르카스노예 남서쪽의 237.8고지에 도달했으며, 췌르카스노예 남동쪽 244.5고지의 소련군 주요 방어지점도 석권했다. 이에 제110장갑척탄병연대 1대대와 111정찰대대, 기계화공병중대가 뒤를 이었으나 소련군의 대전차포 사격에 일시적으로 몰리기 시작했다. 그러다가 적에게 공포감을 주기위해 화염방사전차를 앞세워 작심하고 반격을 개시, 이 방법이 통하자 이른 오후에는 언덕 주변을 정리할 수 있었다. 소련군은 다시 제245전차여단을 등에 업은 보병들이 괴성을 지르면서 돌진해 왔고 제15장갑연대장 테오도르 쉼멜만(Theodor Schimmelmann Graf von Lindenburg) 대령 지휘 하에 5대의 적 전차를 파괴하면서 격퇴시키는 듯했으나 소련군은 공군기의 지원을 받아 다시 한 번 독일군의 공격을 좌초시키려 했다. 오후 6시 장갑척탄병들이 전차와 함께 겨우 소련군을 몰아내어 244.5고지는 최종적으로 독일군의 수중에 들어왔다.

몇 번의 주인이 바뀌는 고지전이 계속되는 동안 제111장갑척탄병연대 2대대는 췌르카스노예 동쪽 어귀에서 소련군 제245전차여단과 밀고 밀리는 접전을 지속시키고 있었으며 진지들을 하나하나 착실하게 분쇄해 나가는 성과를 보이고 있었다. 그 즈음 췌르카스노예 북단에서 그로스도이췰란트의 판터들과 하프트랙대대가 접근함에 따라 소련 제67근위소총병사단 196소총병연대는 양쪽을 다 막을 수 없다는 판단 하에 마을의 동쪽과 북쪽으로 도주했다.

앞서 췌르카스노예 남서쪽의 237.8고지를 점령한 제15장갑연대는 췌르카스노예 동쪽 1km 지점의 246고지 전진을 위해 재집결했다. 이곳을 지키던 소련 제199소총병연대는 고지를 버리고 퇴각했으며 대신 제245전차여단이 고지탈환을 위해 돌진해 왔으나 쉼멜만의 전차들이 몇 시간 동안의 접전 끝에 소련군 전차들을 최종적으로 격퇴했다.[46] 이 고지는 오보얀 교차로와 겨우 수 km 지점에 놓여 있었고 여기에 잇닿은 도로는 페나강을 돌아 북쪽으로 프숄(Psel)강과 연결되고 있어 소련군도 이 고지의 중요성을 제대로 인식하고 있었다.

제11장갑사단은 공병지원을 통해 지뢰제거와 장애물 처리 등에 있어 보다 신속히 자리를 바꿈에 따라 그로스도이췰란트처럼 긴 종대가 넓은 광야에 오래 머무는 일이 없어 소련공군의 집요한 공습에도 불구하고 피해를 최소화시킬 수 있었다. 이는 사단이 SS장갑군단처럼 전차를 보병과 너무 가까이 배치하지 않은 상태에서 원거리로부터 지원사격하는 정도로 관리하고, 보병과 장갑부대와의 적절한 간격을 유지한 데 따른 결과였다. 사단은 7월 4일 72대의 전차를 보유하고 있었으나 첫날 전투가 끝난 다음인 7월 6일에는 오히려 2대가 늘어나 74대를 보유하게 되었다.[47]

45 NA : T-314 ; roll 1170, frame 555
46 NA : T-314 ; roll 1170, frame 562
47 NA : T-314 ; roll 1171, frame 27

## 평주(評註)

제2SS장갑군단과 3개 장갑척탄병사단들은 만족할 만한 수준은 아니지만 여타 군단, 사단에 비해 가장 출중한 전과를 나타냈다. 루프트봐훼의 지원과 함께 군단은 정면에 놓인 제52소총병사단을 두 개로 쪼갰으며 지뢰와 장해물이 가득한 20km 거리를 주파하여 제6근위군 정면에 놓인 2차 저지선까지 도달했다. 이로써 제52소총병사단은 첫날에만 30% 이상의 전력이 파괴되었다.[48] SS 중, 아니 성채작전 참가 사단 중 가장 빠른 템포를 보였던 라이프슈탄다르테는 야코블레보와 도네츠강 사이 2차 저지선으로부터 불과 500m 미만 지점까지 접근한 바 있었다. 다스 라이히는 전차의 지원이 없었음에도 불구하고 오전 11시에 야혼토프를, 오후 1시 30분에는 베레소프를 석권했다. 오전 12시까지 3개 사단 모두 1차 저지선을 통과했다. 이는 성채작전 초일에 오로지 SS사단들만이 성취할 수 있었던 결과였다. SS사단들이 상대적으로 좋은 성적을 냈던 것은 2,300회 이상의 출격을 기록한 제8항공군단의 지원에도 기인했다. 독일공군기가 45대 격추된데 반해 소련은 250대 이상을 상실했다.[49] 이처럼 개전 초일은 독일공군의 압도적 우세가 유지되었던 탓에 상호 전투기 격추 비율도 독일이 7:1 정도의 우세를 유지하고 있었다.

제48장갑군단은 겨우 5~6km 전진을 달성하였으며 어느 사단도 소련의 제2저지선에 도달하지 못했다. 1차 저지선을 어렵게 통과한 군단이 도달한 곳은 드라군스코예와 부토보로부터 췌르카스코예 동쪽에 이르는 지점 및 코로뷔노 남서쪽 거점을 아우르는 구간이었다.[50] 군단은 항시 SS장갑군단의 좌익을 방호하면서 프숄강을 건너 오보얀을 지나 쿠르스크로 향하는 진격로를 유지해야 했다. 그러나 SS와 제48장갑군단, 두 군단 모두 당초에 목표로 했던 2차 저지선 돌파에 실패함에 따라 만슈타인은 전형적인 프리무빙 스타일의 전차전이 앞으로는 불가능할 것이라는 사실을 깨닫게 된다. 기대했던 판터는 가장 중요한 오전 9시 45분 췌르카스코예 공략에 동원되지 못했으며 기동 가능했던 총 190대 중 40대가 첫날 전선에서 이탈되었다. 그날 제11장갑사단이 가장 양호한 주파를 기록한 것에 비추어 이들 판터 전차들은 차라리 군단의 가장 오른쪽 측면이나 SS장갑군단에 할애하여 기동력을 발휘하게 하는 편이 더 주효했을 것이라는 추측을 낳게 했다. 제48장갑군단의 진격로는 지형상 가장 어려운데다 오보얀-쿠르스크로 향하는 최단거리를 겨냥하고 있다는 점에서 소련군 역시 상당한 화력을 배치했다. 전선에 투입된 판터의 20%가 소련군의 대전차포에 걸려 희생물이 되었다. 공군의 지원 역시 이날은 SS장갑군단 전구에 집중되어 하늘로부터의 협공도 기대할 수 없었던 점이 군단의 고달픈 애로사항 중 하나였다.

그로스도이췰란트는 전차와 돌격포를 포함, 총 350대의 기동전력으로 성채작전을 시작했으며 이는 SS장갑군단 전체와 맞먹는 양이었다. 1개 국방군 사단이 군단보다 더 많은 양의 전차들을 동원했다는 이야기였다. 이 막대한 양의 전력을 정면 3km 밖에 안 되는 구간에 집어넣어 가장 열악한 지형적 조건에서 헤매게 했으니 이는 전구의 특성과 기동전력 및 화력 배치의 밸런스를 상실케 하는 중대한 실수였다. 특히 제48장갑군단은 단 한 개 단위부대의 예비전력도 없이 하루에 모든 장갑사단들을 최일선에 몰아넣는 일종의 도박에 가까운 결정을 내림에 따라 호트 제4장갑군 사령

48 Glantz & House(1999) p.101
49 Clark(2011) p.272
50 Newton(2002) p.84

관은 그 아까운 판터들을 진창과 지뢰밭에 잠기게 만드는 문제를 스스로 자초하는 결과를 만들어 냈다. 폰 크노벨스도르프 군단장은 익일 그로스도이칠란트가 췌르카스노예를 지나 북동쪽으로 수 km가량 떨어진 210.7고지로 향하게 하고, 제11장갑사단은 췌르카스노예 동쪽과 남쪽에서 공략해 들어가 마을을 장악하되, 제3장갑사단은 북쪽으로 진격해 페나강 변 남쪽 지구를 공격하도록 지시했다.

또 다른 하나의 문제는 SS장갑군단의 우익을 엄호해야 할 켐프 분견군, 정확히 말하자면 제3장갑군단의 페이스였다. 켐프 분견군 제3장갑군단의 사단들은 소련 제7근위군 전구에 대해 폭 12km, 깊이 3~6km 정도의 돌파에 그친 성적을 얻었다. 원래 목표점은 코로챠였으나 7월 5일 당도한 것은 코렌(Koren)강 부근이었다. 제6장갑사단이 해당 구역에서 격퇴당해 제7장갑사단 구역으로 재배치되었고 소련군 제7근위군은 이쪽 구역에서 독일군의 속도가 살아나지 않는 점을 확인하여 굳이 첫날부터 전략적 예비를 쓸 필요도 느끼지 않았다. 그러나 봐투틴은 만약의 사태에 대비해 제69군 소속 제111, 270소총병사단을 제7근위군으로 배속시켜 진지를 강화하도록 조치하는 신중함을 보였다. 헤르만 호트 제4장갑군 사령관의 요구는 초일에 모든 사단이 1차 저지선을 돌파하고 적의 전략적 예비가 동쪽에서부터 접근하기 전에 2차 저지선 공격준비를 완료해야 한다는 것이었다. 하지만 독일과 소련의 전선 사령관들이 전선의 상황을 어떻게 평가하는 것과는 관계없이 소련군 제5근위전차군단의 전차 200대는 7월 5일 밤에 프로호로프카의 남서쪽에서 집결지로 이동하고 있었고 제2근위전차군단의 전차 200대가 독일 제3장갑군단이 첫 날 획득했어야 할 다리들을 통과하여 동쪽으로부터 접근하고 있었다. 이날 이미 줄잡아 885대의 소련 전차들이 전투에 개입되거나 기동 중이었다는 사실은 대규모 전차 대 전차전이 이미 첫 날부터 예정되어 있었음을 의미했다.

실제로 봐투틴 보로네즈방면군 사령관은 제1전차군을 제2저지선 바로 뒤에 배치하면서 동서로부터 제4장갑군에 대해 기습을 전개할 채비를 서두르고 있었다. 즉 제2근위전차군단 및 제5근위전차군단이 집결지로 이동하고 제1전차군은 당초 주둔지역에서 오보얀 남쪽으로 빠져나오도록 지시되었다. 한편, 제6전차군단 169대의 전차들은 제48장갑군단 진격로 서쪽에 전개하고 제3기계화군단의 3개 기계화여단은 페나강 북쪽 강둑으로 방어진을 치면서 제48장갑군단의 정면을 향하게 했다. 제1근위전차여단과 제49전차여단은 포크로브카(Pokrowka) 부근에서 이미 독일군과 전투를 벌이고 있었으며, 제31전차군단의 3개 전차여단들은 페나강 남서쪽 강둑으로부터 더 북쪽으로 진격하여 본격적인 공격준비를 서두르고 있었다.[51]

이 많은 전차들, 그 중 700대 정도가 이미 능력이 검증된 T-34과 T-70들로서 거의 모든 화력이 SS장갑군단의 라이프슈탄다르테와 다스 라이히에 향해져 있었다. 북동쪽과 동쪽으로부터 들어오는 제2, 5근위전차군단, 북서쪽에서 진격 중인 제31전차군단, 그리고 제1근위전차여단 및 제49전차여단은 라이프슈탄다르테의 서쪽 측면을 노리고 있었다. 7월 5일 페나강 서쪽 절반에 해당하는 구역에서 포진하고 있던 제6전차군단은 무려 500대의 전차를 보유하고 있었음에도 독일군 전차들과 직접 교전하지는 않았으며, 다만 제3기계화군단에 배속된 기계화여단의 3개 전차연대가 제48장갑군단 전구에서 전투를 개시하고 있었다. 이렇게 보면 전차전력의 대부분은 라이프슈탄다르

51 Nipe(2011) p.102

테 하나에 집중되고 있다는 느낌이며 호트의 부하들이 첫날 전선에서 본 20~25대 정도의 소련 전차병력은 '맛보기'에 지나지 않았다는 점을 알 수 있다.[52]

하르코프전에서는 5~10대의 전차가 출현해도 쌍방이 심각한 고민을 하곤 했지만 쿠르스크에서는 기본이 50대, 100대 이상의 전차들이 전선에 모습을 나타내는 일이 비일비재했다. 소련군들은 이때부터 더 이상 전차들을 축차적으로 투입하지 않았다. 얼마나 많이 격파되더라도 손실 이상의 전력을 투입하면 된다는 생각을 무의식적으로 실천에 옮기고 있었다. 그러나 당분간 독일군의 힘이 소모될 때까지는 기동전력도 수비대형을 강화하는 쪽으로만 경도되어 있었다. 개전 첫날 소련군의 방어력은 독일군들도 인정하는 호성적을 거두었다. 파괴된 전차도 얼마되지 않았으며 소련군은 독일군의 익일 맹공에 대비하여 불필요한 피해를 줄이기 위해 2차 저지선으로 물러나 전력을 가다듬었다. 1941, 1942년 개전 첫날에 천문학적인 피해를 입었던 그때 그 소련군과 1943년 여름의 소련군은 확실히 급수가 다른 능력을 구비하고 있는 것처럼 보였다.

## 북부전선(중앙집단군) : 7월 5일

### 독일군 제9군의 공격대형과 소련군의 방어진 편성

발터 모델은 남방집단군과 달리 사전에 준비된 선제공격을 실시하지 않았다. 대신 7월 4~5일 밤 지뢰를 제거하고 전차들이 들어갈 수 있는 진격로를 확보하도록 지시했다. 쥬코프는 콘스탄틴 로코솝스키 중앙방면군 사령부를 방문하여 소련 제13군 전구 정면에 있는 독일군의 전초기지를 공략하도록 지시하게 되는데 로코솝스키는 새벽 2시 20분 너무 이른 시간에 화포사격을 실시한 결과 독일군의 피해를 육안으로 확인하기도 어려웠을 뿐 아니라 소련군 포병부대는 어둠 속에서 조준점을 바꿀 수도 없었으며 따라서 실제 독일군 진지가 크게 당한 바도 없었다. 소련군 제15소총병사단은 한편으로 독일 제6보병사단 구역으로 침투해 독일군을 포로로 잡아 성채작전 예정 시각과 병력배치 상황 등을 심문하였으며, 심문의 결과를 토대로 화포사격의 타격구간을 잡아 나갔다. 북부전선에서는 사실상 소련군이 먼저 포성을 울린 것으로 기록된다.

오전 4시 25분 독일 제1항공사단이 소련군 전초기지 공격을 위해 최초의 출격을 단행하였고 5분후 소련군 제13군 진지를 향해 무려 1시간 20분에 걸친 화포사격이 개시되었다. 그러나 소련군의 122mm, 152mm 포병중대들은 진지 후방에 배치되었던 관계로 별다른 피해를 입지 않았으며 로코솝스키 방어진의 외곽만 교란에 빠트리는 정도에 불과하여 포사격에 의한 진지 격멸은 이루어지지 않았다. 독소 양군의 포사격은 결국 서로에게 별다른 피해를 입히지 못한 채 전투개시를 알리는 휘슬 정도로만 기억될 뿐이었다.

독일군 공세의 주공은 제13군의 중앙, 즉 제29소총병군단에 향해 있었으며, 동 군단은 제15소총병사단과 제81소총병사단이 일렬에 배치되고 제307소총병사단이 2선에 포진한 형태로 있었다. 제15소총병사단은 다시 최전방에 2개 연대, 바로 뒤에 1개 연대를 배치하는 삼각구도를 만들었으나 기동전력은 훨씬 뒤에 자리잡고 있었기 때문에 무려 9~10km 정도 되는 광정면을 겨우 몇 대의 '닥인'전차들로 버텨야 될 상황이었다. 모델은 여기에 레멜젠의 제47장갑군단과 하르페의 제41장갑군단을 투입, 6개 소총병연대에 대해 2개 장갑사단과 3개 보병사단을 막아 세웠다.

52 NA : T-313 ; roll 369, frame 8.655.655

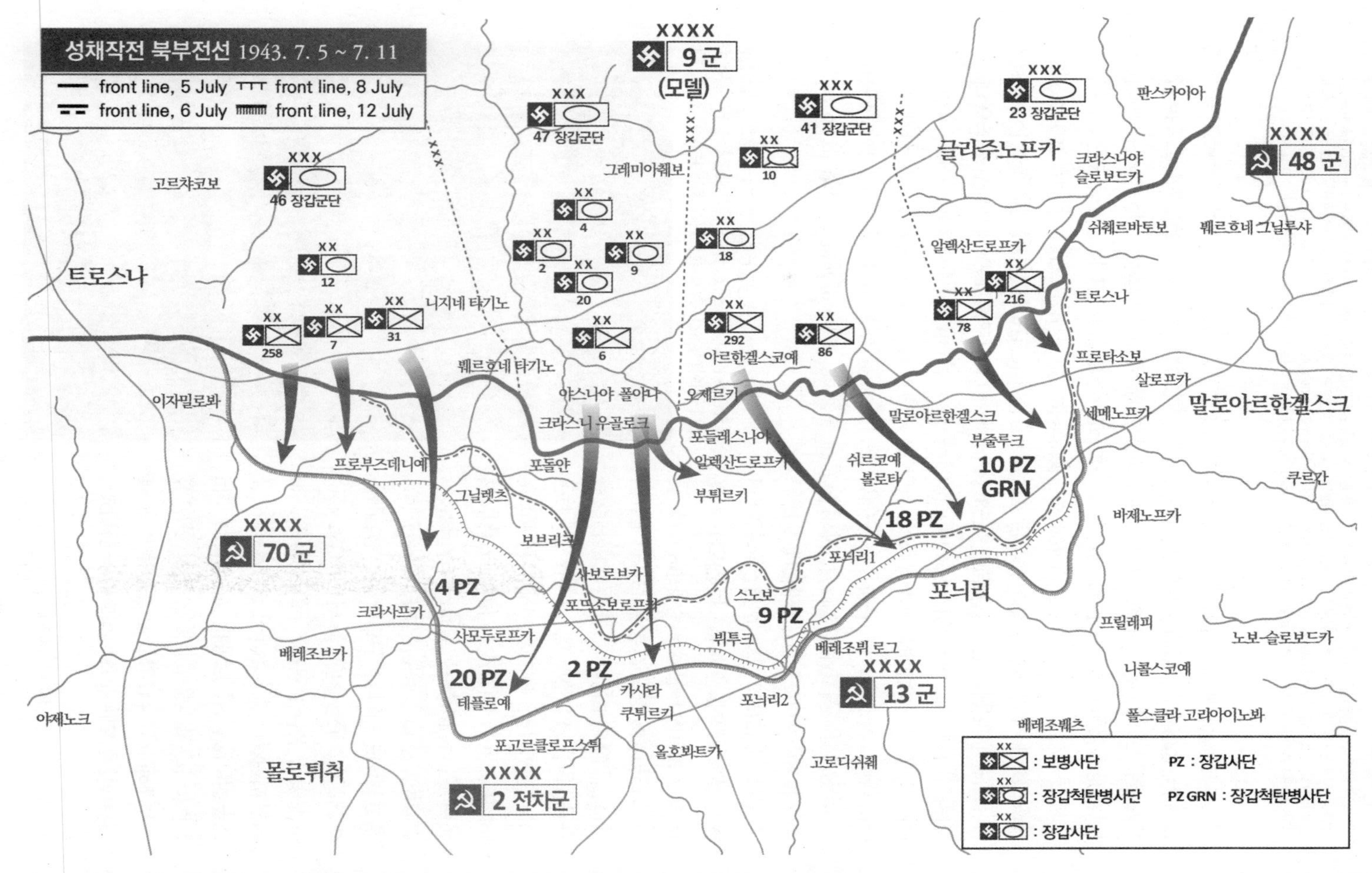
성채작전 북부전선 1943. 7. 5 ~ 7. 11
front line, 5 July
front line, 8 July
front line, 6 July
front line, 12 July
XXXX
9 군
(모델)
XXX
47 장갑군단
XXX
41 장갑군단
XXX
23 장갑군단
XXX
46 장갑군단
XXXX
48 군
XXXX
70 군
XXXX
2 전차군
XXXX
13 군
12
4
2
9
20
18
10
258
7
31
6
292
86
78
216
4 PZ
20 PZ
2 PZ
9 PZ
18 PZ
10 PZ
GRN
고르챠코보
트로스나
니지네 타기노
뻬르흐네 타기노
그레미아췌보
판스카이아
글라주노프카
크라스나야
슬로보드카
쉬췌르바토보
뻬르흐네 그닐루샤
알렉산드로프카
트로스나
프로타소보
살로프카
말로아르한겔스크
세메노프카
이자밀로봐
야스나야 폴야나
크라스니 우골로크
오제르키
아르한겔스코예
말로아르한겔스크
부줄루크
포들레스나야
알렉산드로프카
부튀르키
쉬르코예
볼로타
프로부즈데니예
포돌얀
그닐렛츠
보브리크
사보로브카
포니리1
포니리
쿠르칸
바제노프카
포드소보로프카
스노보
뷔투크
크라샤프카
사모두로프카
베레조브카
베레조뷔 로그
프릴레피
노보-슬로보드카
니콜스코예
카사라
쿠튀르키
테플로예
포니리2
아제노크
포고르클로프스튀
올호봐트카
고로디쉬췌
베레조뷔츠
폴스클라 고라이아이노봐
몰로튀취
XX
: 보병사단
XX
: 장갑척탄병사단
XX
: 장갑사단
PZ : 장갑사단
PZ GRN : 장갑척탄병사단

제9군 사령관 발터 모델 상급대장. 히틀러가 총애하는 나치형 장성으로 수차례에 걸친 르제프 지구 전투에서 쥬코프를 무참하게 짓밟았으나 그의 성채작전은 실패로 끝났다.

## 제23군단

모델은 8개 보병사단과 제20장갑사단으로 최초 공세를 개시했으나 한꺼번에 화력을 집중시키는 전형적인 공격형태가 아니라 다소 지지부진한 가운데 실질적인 병력투입은 오전 5시 30분이 되어서야 축차적으로나마 가능케 되었다. 제9군의 가장 우측에 포진한 제23군단은 제78돌격사단, 216, 383보병사단을 소련 제13군 우익에 포진시키고 말로아르한겔스크의 점령을 당면 목표점으로 잡았다. 제23군단은 소련군의 수비를 주공의 방향으로부터 이격시키기 위한 보조적인 역할에 한정되어 있었으나 일차적으로 제13군과 8군 사이의 제8, 16, 148소총병사단들을 격퇴한다는 미션을 수행해야 했다.[53] 이는 독일군 공세의 동쪽 측면을 엄호하면서 소련 제13군의 중추를 혼란에 빠트릴 수가 있었다. 제78돌격사단의 공병들은 소련군 제148소총병사단 앞쪽의 지뢰원을 제거하고 난 뒤 5개 대대를 동원해 200m 정도의 폭을 지나 제496 및 654소총병연대의 주요 거점들을 때릴 예정이었다. 제78돌격사단은 중화기들의 지원사격에 의해 소련군의 1차 저지선을 돌파하여 당찬 성공을 예상하였으나 그날 저녁까지는 겨우 3.5~4.0km를 주파하는데 그쳤다. 또한, 독일군 제216보병사단은 6개 보병대대와 185돌격포대대를 동원해 소련군 제8소총병사단 전구를 치고 들어갔지만 이 역시 겨우 2km 미만에서 중단되었다. 제383보병사단도 제13군과 판스카야(Panskaja)의 제48군을 교란하기 위한 복합적인 공세를 시도했으나 이 또한 기동전력의 약화로 인해 쉽게 격퇴되고 말았다. 전투는 격렬했다. 제383보병사단의 연대장과 대대장 각 1명이 전사할 정도의 치열한 교전이었다.[54]

결국 제23군단은 당초 목표로 했던 말로아르한겔스크 입구로부터 6km나 멀리 떨어진 위치까지만 진입이 가능했으며 그 와중에 소련군 제15소총병군단은 금세 빈자리를 채워 수비라인을 재빨리 정돈하는데 성공했다. 말로아르한겔스크로의 진격이 시원치 않자 모델은 653중전차대대의 훼르디난트 45대를 지원해 제78돌격사단이 갭을 만들어낼 수 있기를 기대했다. 훼르디난트들은 글

53 Barbier(2013) p.62
모델은 제23군단이 말로아르한겔스크를 장악하는데 겨우 3개 보병사단만으로는 불가능하다고 판단하고, 부족한 기동전력을 45대의 훼르디난트와 대전차화기로 보충하고자 했다. 그에 따라 네벨붸르훠와 각종 야포 및 72대의 돌격포를 제23군단에 배치시켰다. 한 가지 아쉬운 것은 폰 융겐휄트(von Jungenfeld) 중령의 제656장갑엽병연대를 하르페의 제41장갑군단에 붙인 것인데, 대신 모델은 하인리히 슈타인봑스(Heinrich Steinwachs) 소령의 653장갑엽병대대를 연대로부터 분리하여 제78돌격사단에 지원하도록 조치했다.

54 Mehner(1988) p.94

라수노프카(Glasunovka)를 지나 제법 깊숙이 전진해 들어갔으나 257고지로 연결되는 지뢰밭에서 정지되고 말았으며, 소련군 제18근위소총병군단은 말로아르한겔스크 주변의 일부 위성도시들을 점거당하기는 했지만 최종 방어선은 결사적으로 지켜내고 있었다. 소련군은 저녁께 트로스나(Trosna) 부근에서 역공을 전개하는 등 정해진 시간에 돌파를 희구하는 독일군을 초조하게 만들기도 했다.[55]

폴란드 출신의 콘스탄틴 로코솝스키 중앙방면군 사령관. 보다 많은 지뢰와 화포를 구비하는 방식으로 독일 제9군의 공세 초반부터 피로를 유도하여 봐투틴보다 더 철저했다는 평을 받았다.

## 제41장갑군단

레멜젠의 제47장갑군단이 오전 6시에 공세를 개시한데 맞춰 제41장갑군단 소속 헬무트 봐이들링(Helmuth Weidling)의 제86보병사단이 쿠르스크-오룔 철도선을 따라 진격해 들어갔다. 봐이들링은 철도선 동쪽에 654장갑엽병대대의 훼르디난트 중구축전차와 177돌격포대대의 지원을 받는 제216척탄병연대를 투입하고 제184척탄병연대는 철도선 서쪽을 담당하게 했다. 독일군은 4km에 가까운 전구 정면에 4개 보병대대들이 커버하도록 배치했으나 이는 이미 소련군들이 익히 예상하고 있던 루트였다. 소련군 제81소총병사단 410소총병연대가 이곳을 막고 있는 가운데 독일군 313장갑중대는 Borgward IV 지뢰제거차량을 이용해 3개의 통로를 구축하였으며 소련군 야포사격과 기계고장으로 7대의 지뢰제거차량이 파괴됨에 따라 겨우 좁다란 통로 하나만을 확보하는데 그치게 되었다. 독일군은 일단 훼르디난트 중대를 남은 통로를 통해 이동시킨 다음 보병들의 진격로를 확보하도록 조치했다. 훼르디난트는 소련 야포로부터 몇 방을 얻어맞았는데도 진격을 계속할 정도로 두터운 장갑을 자랑하였으나 지뢰 등으로 인해 기관고장을 일으켰을 경우 즉각적인 수리나 부품교체를 진행시킬 수가 없었다. 한 가지 어이없는 에피소드는 Borgward IV가 화포사격에 맞아 그 옆에 있던 3호 전차에 피해를 입히면서 그 파편이 다시 훼르디난트의 주포를 망가뜨린 도미노 현상이었다.[56] 그러나 어떤 훼르디난트는 5번이나 피격되었는데도 끄떡없이 전진을 계속했다고 한다. 이 훼르디난트는 포르쉐 회사가 제작한 티거 전차의 차대를 사용한 것이어서 일명 '포르쉐 티거'로 불리기도 했다.

소련군 제410소총병연대는 하루 종일 독일 제86보병사단과 격투를 벌이면서 비록 1개 대대가 사실상 격멸되기는 했으나 독일군의 진격을 막아내는데 성공했다. 독일 제184척탄병연대는 제410소총병연대와 이웃하는 제467소총병연대 사이의 갭을 만들어내면서 오후 4시에 훼르디난트 중구축전차를 포진한 채로 제467소총병연대를 포위하고 제81소총병사단의 선도 수비대를 압박해 들

55 Mehner(1988) p.93
56 Healy(2011) p.225

제41장갑군단장 요제프 하르페 대장. 훼르디난트를 장착한 2개 중장갑엽병대대를 군단 직할로 두고 운용했다.

어갔다. 어둠이 깔리자 제81소총병사단장 바리노프는 약화된 2개 연대를 뒤로 빼 제519소총병사단이 지키는 포늬리(Ponyri) 북쪽의 소련군 2차 저지선으로 후퇴시켰다. 제41장갑군단은 루프트봐훼의 지원 속에 이날 저녁 포늬리의 북쪽 외곽까지 접근했다.[57]

헬무트 봐이들링(Helmuth Weidling)의 제86보병사단은 상당한 피해를 입었음에도 불구하고 철도선 동쪽 5km 지점, 서쪽으로 3km 거리를 진격하여 말로아르한겔스크의 철도역을 장악하려 했다. 이에 제29소총병군단은 우측면으로 파고드는 독일군의 공세를 저지하기 위해 제27근위전차연대, 제129전차여단, 제1442자주포연대 소속 총 71대의 전차와 16대의 SU-122 자주포를 동원했으며 푸호프의 제13군은 더 많은 지뢰를 깔기 위해 끊임없이 이동장애물을 설치하기 위한 조치들을 취하고 있었다.

레멜젠의 제47장갑군단 좌익에 위치한 제292보병사단은 소련군 제15, 81소총병사단과 제676소총병연대 사이의 경계를 공격해 들어갔으며 제314장갑공병대가 오제르키(Ozerki) 동쪽의 전차 진격로를 개설, 7대의 3호 전차가 아무런 피해없이 무사히 통과해 나갔으나 그 직후 소련군의 화포사격이 집중되어 가까스로 확보한 3개의 전차 진격로가 위기에 처하게 되었다. 폰 클루게 중앙집단군 사령관의 동생인 볼프강 폰 클루게(Wolfgang von Kluge) 중장은 제292보병사단 병력들의 진격을 돕기 위해 훼르디난트 중구축전차를 동원했으며 기 확보된 전차 통로에 표식이 제대로 되어 있지 않아 지뢰에 걸려 상당한 고충을 겪어야 했다. 이도 저도 되지 않자 제292보병사단은 피해를 감수하더라도 돌격을 할 수밖에 없는 상황에서 소련군 진지 정면으로 과감히 돌진하여 겨우 돌파구를 만들어냈다. 다만 훼르디난트의 피해가 엄청났다. 완파된 것은 많지 않으나 653중장갑엽병대대는 총 45대 중 겨우 12대만을 온전히 보유하게 되었다. 피해가 상당했음에도 불구하고 훼르디난트들은 오제르키 남쪽에 위치한 알렉산드로프카를 점령하면서 보다 남쪽의 부튀르키(Butyrki)에서 우군과 연결되는 성과를 달성했다.[58]

하르페 군단장은 제292보병사단이 소련군 제15소총병사단의 우익을 약화시킨데 이어 제18장갑사단과 216돌격장갑대대를 투입해 제676소총병연대를 포위섬멸하려는 기도를 가지고 있었다. 제18장갑사단은 차량화보병을 주축으로 구성된 자이들리츠 전투단(Kampfgruppe Seydlitz)과 플라이샤우어 전투단(Kampfgruppe Fleischauer)으로 나뉘어 3호 전차와 돌격전차로 방어선 돌파를 기획하고 제88장갑포병연대의 지원을 받도록 되어 있었다. 18장갑사단은 전차를 어느 정도 상실하기는 했으나 오

57 Mehner(1988) p.93
58 Healy(2011) p.228

전 10까지 제676소총병연대의 측면을 돌아 찔러 들어가자 이에 소련군 소총병연대는 전면 수비태세로 돌아서게 되었다.

## 제47장갑군단

하르페의 제41장갑군단 좌익에 포진한 레멜젠의 제47장갑군단은 우선 오전 6시 30분에 제6보병사단이 공세를 개시하고 이어 8시에 제20장갑사단이 합류했다. 제2, 9장갑사단은 한참 후방에 전술적 예비로 남겨 놓았다. 6공병대대는 독일군의 화포사격이 소련군 포병부대의 사격을 제압하는 동안 소련군 지뢰밭을 통과하여 전차의 진격로를 개척했다. 2시간 후 공병들은 진격을 위한 발판을 마련, 야스나야 폴야나 근처 오카(Oka)강 남쪽에 포진한 소련군 제47소총병연대의 주요 방어거점들을 공략해 들어갔다. 독일공군과 포병대는 제47소총병연대를 집중적으로 타격, 대전차포 진지의 3분의 2 정도를 파괴하였고 제15소총병사단본부와의 연락선을 차단했다. 독일군 제6보병사단은 오전 9시에 연이어 공격을 전개하였으며 제20장갑사단의 전투단이 제47소총병연대의 좌익에 배치된 2대대를 치고 들어가자 상대적으로 장해물 진지와 화력이 열세였던 이 구역에 구멍이 생기기 시작했고 독일군 전차와 장갑차량의 공격에 눌린 소총병연대는 뒤로 물러나게 되었다. 이봔 카르타쉐프(Ivan Kartashev) 연대장은 1대대를 동원해 바로 반격에 나섰으며 여의치 않게 되자 본부의 후퇴허가도 요청하지 않은 채 진지를 버리고 퇴각해 버렸다. 제20장갑사단의 차량화 병력들은 곧바로 이 갭을 파고 들어왔으며 505중전차대대의 티거들은 야스나야 폴야나 근처의 진격로를 따라 진입해 다시 제47소총병연대의 우익을 때렸다.

이날 505중전차대대는 오카(Oka)강을 넘어 포돌얀(Podolyan)과 부튀르키(Butyrki)를 향해 나아가 제676소총병연대의 측면을 칠 예정이었다. 독일군이 오카강 도하 후 야스나야 폴야나로 접근할 무렵 소련군은 상당량의 T-34들을 매복시켜 티거들을 습격하였다. 무려 3시간에 걸친 전차전 끝에 티거들은 수적 열세를 극복하고 소련 전차들을 격파하며 상황을 정리했다. 이곳을 지키던 3대대만은 12문의 76.2mm 대전차포 지원을 받아 독일군의 공세를 국지적으로 막아내는데 성공했다. 이어 6보병사단과 티거들은 정오 직후에 부튀르키를 밀고 들어가 15소총병사단들을 쳐내면서 42대의 T-34들을 없애버렸다. 이때 예비로 있던 제2, 9장갑사단도 제15소총병사단의 서쪽 옆구리를 파고들면서 1차 저지선을 돌파하여 소련군 수비대를 남쪽으로 패주시켰다.[59] 한편, 지뢰로 말미암아 이미 6대의 티거가 못쓰게 된 상황에서 베른하르트 자우봔트(Bernhard Sauvant) 티거대대 소령은 소련군 저지선을 우회하면서 제6보병사단이 해당 구간을 정리해 줄 것을 요청하고 포돌얀(Podolyan) 방면으로 나아가 소련군이 방어선을 강화하기 전에 제15소총병사단의 제2방어선을 유린해 들어갔다. 이에 당황한 소련 제13군은 제15소총병사단의 좌익이 급격히 붕괴되고 있는 것을 확인하고 제237전차여단과 제1441자주포연대를 동원해 소보로프카(Soborovka)로 급파, 독일군의 진격을 저지하도록 명령했다.[60] 티거를 앞세운 독일 3, 4호 전차들은 이날 결국 포돌얀을 장악하는데 성공했다. 독일 제6보병사단은 티거를 비롯한 장갑전력과 공군의 지원까지 받아 첫날의 전과를 무난히 획득

59 Mehner(1988) p.93 모델의 제9군 휘하 장갑사단 중 가장 강력했던 제2장갑사단은 4호 전차 60대, 3호 전차 40대(50mm 및 75mm 주포 장착 각 20대), 2호 전차 12대, 지휘전차 6대, 총 118대의 전차를 보유하고 있었으며, 서류상으로는 22대의 4호 전차로 편성된 4개의 장갑중대로 구성되었어야 했다. Rosado & Bishop(2005) p.29

60 Klink(1966) p.247

중전차 사업에서 패배한 포르셰형 티거전차의 차대를 이용해 개발한 훼르디난트 중구축전차. 독일 구축전차 중 최강 수준인 전면 200mm급의 중장갑과 88mm 71구경장 주포를 장착했다.

했다. 그러나 다른 전구의 보병사단들이 다 그와 같은 호조건을 누린 것은 결코 아니었다.

한편, 소련군 제47소총병연대는 남쪽으로 내려가 제321소총병연대 사이를 지나 소보로프카로 퇴각하고 독일 전차와 장갑척탄병들은 이를 따라 추격하기 시작했다. 제20장갑사단은 큰 저항이 없었던 포돌얀을 점령한 뒤 오전 11시경에는 프로코펜코(P.A.Prokopenko)의 321소총병연대를 거의 포위하는 형세를 구축했다. 그러나 레멜젠이 제321연대와의 교전을 피하고 곧장 남쪽으로 진격을 계속하기를 지시하자 제20장갑사단은 선두에 서서 소보로프카를 치게 되었다. 마을은 대전차 포진지를 공고히 형성하고 있어 상당한 고전이 될 것으로 예상했으나 2개 장갑중대와 장갑척탄병들이 두 그룹으로 나뉘어 진지를 급습, 오후 6시가 지나 마을을 장악하게 되었다. 제20장갑사단은 8km를 주파, 7월 5일 첫날 중 가장 깊이 침투하는 기록을 남겼다.

## 제46장갑군단

제46장갑군단은 오룔-쿠르스크 국도를 따라 평행되게 남진하면서 테플로예와 올호봐트카 축선으로 진격하기 위한 제9군 주공의 측면을 엄호하는 임무를 수행할 계획이었다. 군단은 제47장갑군단과 진격속도를 맞추는 것 이상으로 측면을 노리는 소련 제70군의 공세를 사전에 차단해야 되는 과제를 떠안고 있었다. 이날 군단은 스봐파 지류(Svapa Creek)까지만 도달하면 예비로 있던 제12장갑사단이 제46, 47장갑군단 사이로 들어와 제46장갑군단이 장악한 공간을 관리하도록 계획되어 있었다. 스봐파 지류는 사모두로프카 북부를 동서로 흐르는 옅은 강이었다. 남부전선에 비해 북부는 바로 이 단 하나의 하천 외에는 별다른 천연 장해물이 존재하지 않았다.

독일 제9군 좌익 모서리의 제46장갑군단은 오전 6시 30분이 조금 지나 제7, 31, 258보병사단을 동원해 소련 제70군의 우측면을 공격했다. 프리드리히 호스바흐(Friedrich Hoßbach)의 제31보병사단은 소련군 제132소총병사단이 지키는 투레이카(Tureika)와 그닐렛츠(Gnilets) 부근의 고지를 목표로 한 주공을 형성했다. 사단은 3km 지점까지는 순조로운 돌파를 보였으나 244.9고지에서 소련군의 완강한 저항에 직면했다. 독일군은 우선 보병만으로 버티다가 오후 12시 40분경 슈투카 2개 편대가 날아와 지상, 공중에서 입체적인 공세를 전개하고 포병대의 화력으로 제압하자 제132소총병사단이 244.9고지를 포기하고 물러남에 따라 오후 4시 15분 고지는 독일군 수중에 떨어졌다.[61]

반면 제7보병사단은 겨우 2km를 진격하여 투레이카를 점령하는 데는 실패했다. 제258보병사단 역시 소련군 진지를 파고드는 데는 성공치 못했으며 만토이펠(Günther von Manteuffel)의 돌격부대(Stossgruppe)도 군단의 우익을 방어하는 것 이상의 아무런 실질적 이득을 얻지 못했다. 제46장갑군단은 첫날 1,444명의 전사 및 부상자를 발생시켰으나 소련 제70군의 1차 저지선도 뚫지를 못하고 말았다.

전쟁 후반 전차전의 스타로 등극한 하소 폰 만토이펠 대령. 3개 장갑엽병대대와 1개 경포병대대로 구성된 '만토이펠 그룹'을 지휘했다. 사진은 검부백엽 기사철십자장을 수여받은 1944년 2월 이후에 촬영된 것으로 추정.

## 개전 첫날의 기록

첫날 독일 제9군은 너비 14~15km, 깊이 8km 정도의 구역을 장악하는데 그쳤다. 이 기록은 성채작전 전체 기간 중 그나마 가장 좋은 것이었으며 1주일 동안 얻어낼 전체 점령구간의 절반 정도에 해당하는 면적이었다. 남방집단군도 예정대로 진척을 이룬 것은 아니나 그에 비하면 중앙집단군 제9군의 침투는 거의 걸음마 수준이었다. 그러나 모델은 이상하게도 첫날의 진격에 만족을 표하고 제2저지선에 대한 공세 재개 시 그에 대한 소련 제2전차군의 전차병력이 본격적으로 투입될 때에 대비하여 제2, 9장갑사단이 오후 늦게까지 익일 공격을 실시할 발진 지점까지 이동하도록 지시했다. 소련군은 이날 200대의 독일 전차들을 파괴했다는 터무니없는 프로파간다를 유포했으나 모델이 워낙 보수적인 전법으로 기동전력을 아낀 탓에 첫날의 피해는 그야말로 미미한 수준이었다. 소련군의 지뢰와 대전차포 사격으로 인해 많은 전차와 차량들이 궤도가 망가지는 등의 피해를 입었으나 불과 몇 시간 내로 수리를 마친 후 다시 투입되었기에 전체적으로 큰 문제는 없었다. 실제 완파 및 반파된 전차는 60대 정도였다. 대략 제9군 기동전력의 20% 정도가 망실된 것으로 집계되었으며 소련군의 격파술보다는 지뢰와 기계결함으로 인한 손실이 상당부분을 차지하고 있었다. 문

61 Klink(1966) pp.246-7

포돌얀 점령에서 크게 기여한 티거의 전차병들. 적의 대전차포탄이 전면장갑을 뚫지 못한 부분을 관찰하고 있다.

제는 제9군이 부품들을 충분히 준비하지 않은 관계로 차량이 망가지면 다른 차량으로부터 장비를 탈거해 막아 넣는 등의 임시방편으로 꾸려 나갔다는 것이었다. 사실 독일군의 경우는 보병과 공병들이 더 많은 피해를 입었다. 제9군은 전사자 및 행방불명 1,301명을 포함해 총 7,233명의 피해를 입었으며 그 중 4분의 3은 보병들이었다.[62] 기본적으로 쿠르스크전에 동원된 독일군은 사실 장갑보다 보병의 인원이 너무 부족했던 탓에 특정 구역을 돌파하더라도 측면을 보호해 줄 보병이 태부족이었다는 것이 전 전구와 군단에 공통되는 결함이었다. 성채작전 준비 기간 중 제9군의 총 병력은 장부상으로는 20만으로 산정되었으나 실제 전투에 참가가능한 병력은 69,000명에 지나지 않았다. 따라서 첫날 전사와 부상을 포함한 숫자가 7,200명이라는 사실은 병력이 터무니없이 모자라는 독일군으로서는 적지 않은 피해였다.

로코숍스키 중앙방면군 사령관은 제13군의 1차 저지선이 무너진 것과 제676소총병연대를 포함한 제29소총병군단이 너무 쉽게 1차 저지선을 포기하고 사모두로프카(Samodurovka)-포늬리(Ponyri) 사이의 2차 저지선으로 물러난 것에 대해 쥬코프와 스타프카의 힐책을 받고 있었다. 제15소총병사단은 1,840명의 장병과 80개의 장비를 잃었으며 제81소총병사단도 비슷한 피해를 입어 더 이상 서류상의 전력을 유지하기가 어려웠다. 로코숍스키는 2차 저지선의 사수를 위해 방어벽을 보강할 필요가 있음을 확인하고 제17근위소총병군단을 2차 저지선 바로 뒤에 배치하였으며, 말로아르한겔스크 구역을 두텁게 하기 위해 제18근위소총병군단을 보다 최전선에 근접하게 투입했다.[63] 한편, 로코숍스키는 현 위치를 사수하는 것이 더 위험을 초래할 수 있다고 판단하고 스탈린의 비난을 피하기 위해서라도 6일 모든 병력을 끌어 모아 반격을 시도할 계획을 구상했다. 그에 따라 제19전차

62 Forczyk(2014) p.50
63 Healy(2011) p.229

군단은 물론, 제2전차군의 제3, 16전차군단까지 동원해 독일 전차들을 대적할 심산이었는데 이는 지뢰와 팍크프론트로 독일군 기동전력을 소모시킨 다음 본격적인 기동전을 추진한다고 하는 당초의 계획과는 다소 거리가 있는 결정이었다. 이날 북부전선의 독일군은 남부전선에 비해서는 실적이 저조하지만 소련군도 단순한 진지전만으로는 전세를 회복하기가 힘들다는 점을 인지하고 있었다.

작전 첫날 독일공군은 소련공군을 압도했다. 말로아르한겔스크 상공에서 벌어진 공중전에서 소련 제16항공군은 수적 우위를 활용하지 못하고 축차적으로 날려 보내는 바람에 Fw 190 포케불프의 좋은 먹이감이 되었다. 열 받은 로코솝스키는 오전 9시 30분 전투기 200대로 제공권을 회복하고 폭격기 200대로 지상의 독일군을 강타하도록 명했으나 독일공군이 총 2,088회의 출격을 기록한데 반해 소련공군은 1,720회로 밀려나 버렸다. 독일 제1항공사단은 소련기 100대를 격추했으며 대신 25대를 잃었다. 북부전선의 창공에서는 일단 루프트봐훼가 월등한 기술과 전술로 우위를 점하고 있었다. 또한, 이날 모델이 이룬 전과는 사실상 공군의 힘에 의한 것이 결정적이었다고 할 만큼 지상군의 성적이 초라한 것과 대조를 이루었다. 모델의 경력 상 1943년 7월 5일은 최악의 날로 기억될 듯했다. 심지어 제9군의 일선 지휘관들조차 전차병력을 극도로 소극적으로만 운용하는 모델의 전술이 뭔가 잘못되었다는 인식을 갖게 되었다. 모델은 첫날 제20장갑사단과 505중전차대대, 그리고 훼르디난트 중구축전차를 동원한 것 이외에는 장갑전력을 거의 쓰지를 않았다.[64]

독일군은 7월 5일 개전 첫날 남부와 북부전선을 통틀어 3,330명의 전사자와 20,270명의 부상자를 발생시켰으며, 소련군은 전사 17,000명, 부상자는 85,000명에 달했다.

64 B. H. リデルハート(1982) pp.68-9

# 4 이튿날의 돌파 국면 : 7월 6일

## 개전 첫날의 공과분석

첫날 제4장갑군의 6개 사단은 공세정면의 지형이나 도로사정이 서로 다르고 소련군의 반응도 고르지 않기 때문에 이들 사단의 전과를 객관적으로 비교한다는 것은 어렵다. 그럼에도 불구하고 2차 저지선에 도달한 것은 SS의 라이프슈탄다르테 뿐이었고 다스 라이히가 겨우 비슷한 수준에 근접했다. 더욱이 제48장갑군단 앞을 가로막은 소련군은 제245전차연대의 전차 50대에 불과했으나 SS사단들의 전구는 110대의 전차를 가진 제230전차연대와 제96전차여단을 제52근위소총병사단과 제375소총병사단 뒤에 포진시킨 바 있었다. 즉 SS사단들이 월등히 많은 전차병력을 가진 소련군을 상대하고 있었다. 다스 라이히는 전차의 도움 없이 오로지 장갑척탄병들의 육박공격으로 소련군 제2저지선 코앞까지 진출했고 토텐코프 역시 공습과 진창 등의 장해에도 불구하고 예리크 서쪽의 늪지대를 전차들이 통과하는데 성공한 바 있었다. 이처럼 SS장갑군단은 사단 간 진격속도에 다소의 차이는 있었지만 소련군 제52근위소총병사단 정면 수비진을 돌파해 들어가 평균 20km를 전진, 제6근위군의 2차 저지선까지 도달하는 전과를 올렸다.[01]

SS사단들이 국방군의 다른 사단들, 특히 그로스도이췰란트보다 월등히 피해가 덜 했던 것은 티거중대와 돌격포처럼 보병의 근접지원병기가 되기에 충분한 장갑을 두른 존재들과 함께 보병 위주의 공격을 전개하고, 장갑대대, 하프트랙 및 자주포 등과 같이 기동성이 높거나 견인가능한 장갑부대는 보병들의 돌파가 이루어지고 난 다음에 전선으로 본격 투입하는 방식을 사용한데 따른 차이 때문이었다. 그로 인해 중장갑을 휘두른 티거와 돌격포들이 보병들의 방패막이로 전방으로 이동했기에 공병들이 좀 더 수월하게 많은 지뢰들을 제거할 수 있었다는 추측이 가능하다. 게다가 SS사단들은 7월 4~5일 야간에 소련군의 전초기지들을 미리 파괴하여 5일 당일 날 소련군 화포들이 재포진, 재배치되는 시간을 상대적으로 지연시켰으므로 포사격에 의한 피해를 그나마 더 줄일 수도 있었다. 이에 비해 제48장갑군단은 대낮에 기동함으로써 사전 공격 시에도 적지 않은 피해를 입었음은 물론, 소련군이 5일 당일 재빨리 재편성할 수 있는 시간적 여유를 허락하는 실수를 자초했다.

## 2일째의 복안

호트는 첫날 소련군의 전차들이 전술적 차원의 예비만 활용하고 있다는 점을 보고 비교적 낙관적인 견해를 품고 있었으나[02] 이때 이미 제1전차군이 독일군 몰래 SS장갑군단의 옆구리를 치기 위해 가파른 속도로 이동 중이었다. 만슈타인은 이와는 달리 제48장갑군단과 SS장갑군단 사이의 갭

01 Stadler(1980) p.38, Nipe(2011) pp.109-10
02 NA : T-313 ; roll 369, frame 8.650.594

이 벌어지고 있는 것을 우려, 제167보병사단이 해당 간극을 빨리 메우도록 지시했다. 그리고 갭을 메우기 위해 토텐코프를 사용해서는 결코 안 되며 그럴 경우 전체적인 공세의 균형이 헝클어질 수 있다는데 우려를 표명하고, 토텐코프는 반드시 두 SS사단들과의 공조 속에 수비가 아닌 공세에 가담해야 된다는 점을 분명히 했다. 그러나 두 군단의 진격속도에는 상당한 차이가 있어 그중 라이프슈탄다르테는 6km나 더 북쪽으로 뻗어나간 상태였다. 그러한 약점을 간파한 소련군은 SS사단들의 측면에 제1근위전차여단, 제49전차여단, 제3기계화군단 및 제31전차군단의 100전차여단을 집중적으로 투입하기 시작하고 있었다. 라이프슈탄다르테는 오보얀 국도를 따라 야코블레보로 진격 중이었으며 이들 소련군 병력들은 독일군의 전진을 저지하기 위해 비코브카(Bykowka)와 포크로브카(Pokrowka)에 진을 틀 생각이었다.[03] 또한, 소련 제2근위전차군단의 모든 제대는 전날 코로챠를 떠나 6일 아침에 고스티쉐보(Gostishevo)에 도달하여 토텐코프를 상대하는 제375소총병사단을 지원하는 준비를 서두르고 있었다. 제5근위전차군단은 5~6일 밤 루취키로 행군하여 라이프슈탄다르테와 다스 라이히에게 얻어맞은제52근위소총병사단을 지원키로 되었다. 제5근위전차군단은 제20, 21, 22근위전차여단과 제48근위전차연대 및 제6근위차량화여단으로 구성되었으며, 200대 이상의 T-34와 KV 중전차를 보유하고 있어 SS사단을 상대하기에는 충분한 전력을 확보했다.

SS장갑군단의 우익도 노출되기는 마찬가지였다. 켐프 분견군이 첫날 벨고로드의 남쪽과 동쪽에서 돌파를 성공시키지 못함에 따라 갭이 생긴 것은 분명했기 때문에 만슈타인은 제8항공군단의 전 항공기를 켐프 분견군 전구에 투입하여 진격속도를 맞추는데 할애할 것을 명령했다. 또한, SS장갑군단의 좌익의 좌익에 해당하는 제48장갑군단의 좌측은 제332보병사단이 가담한 제52군단이 담당하고 있었다. 작전 준비단계에도 그러했지만 토텐코프의 사용과 기능에 대한 만슈타인의 우려에서 나타난 것처럼 독일군은 보병전력이 부족한 가운데 적을 쉽게 격멸시킬 수도 있는 기회들을 알고도 놓치는 수가 있었다. 군단의 측면을 호위하는 보병전력이 약하기 때문에 토텐코프에게 수비하는 과제도 맡긴 것이지 그와 같은 기동전력의 지역적 분산이 내포한 약점을 독일 야전군 지휘관들이 모르는 바는 아니었다. 예컨대 제48장갑군단은 전날 야코블레보 남서쪽에서 상당한 크기의 소련군 병력을 포위망에 가두었으나 솎아낼 보병들이 없어 포위된 적 병력들이 북쪽으로 빠져나가버리는 일도 있었다. 이러한 부분은 알고도 어찌할 수가 없는 독일군 병력편제상의 항상적인 문제였다.

## 제2SS장갑군단

### 라이프슈탄다르테

라이프슈탄다르테는 제1SS장갑척탄병연대가 야코블레보 남동쪽의 243.2고지를 향하고 제2SS장갑척탄병연대는 1연대의 측면 엄호를 담당하면서 제2저지선 돌파를 목표로 전진해 갔다. 243.2고지는 제2저지선상에 있어 사단은 이를 돌파하면 북으로 20km 지점의 프숄강으로 바로 진격해 들어갈 예정이었다. 정면에는 제51근위소총병사단이 가로막고 있었으며 전날 라이프슈탄다르테에게 당해 두 개로 쪼개진 제52근위소총병사단이 후방으로 도주하여 제51사단에 포함된 병력도 섞여 있었다.

03 Nipe(2011) p.111

천지를 진동할 듯한 포사격과 네벨웨르훠 로켓의 굉음이 한동안 계속된 이후 티거와 돌격포를 앞세운 라이프슈탄다르테의 공격이 시작되었다. 측면에는 대전차자주포 '마르더'(Marder)가 신중하게 따라붙어 전진했는데 마르더의 장갑은 소련대전차포가 쉽게 관통할 수 있는 수준이어서 먼저 적을 발견하여 격파하지 않는 한 당하게 되어있는 만큼 극도의 세심한 주의가 필요한 병기였다. 장갑공병중대가 앞서 나가면서 지뢰를 제거하고 우군의 진로를 확보했는데도 불구하고 지뢰를 밟은 티거가 발생해 지뢰밭과 장애물이 뒤엉킨 지역을 통과하는 데만 두 시간이 소요되었다. 오전 9시 45분 고지 근처 소련군 주요 방어선을 통과하자 장갑척탄병들이 진지를 훑어 소련군 소총병들을 솎아내기 시작했다.[04] 2연대는 이즈음 보르스클라강 부근 동쪽 강둑을 따라 움직이면서 수시로 정찰을 내보냈다. 후고 크라스 2연대장은 서쪽 또는 북쪽에서 소련군의 기동전력이 측면을 돌파하여 사단 배후로 들어오지 않을까 걱정하여 의욕적인 진격은 자제하고 있는 형편으로, 나중에 육군 제315장갑척탄병연대가 합류하자 사정은 호전되었다. 2대대는 올호브카(Olchowka)-드라군스코예(Dragunskoje)로부터 빠져나오는 병력과 조우, 소련 소총병대대가 아무런 엄호나 지원도 없이 자살적인 공격을 감행해 옴에 따라 이를 쉽게 격퇴했고, 좀 더 북방에서 소련군의 추가적인 공격이 있었으나 이 역시 완전히 괴멸시키지는 못했지만 큰 문제없이 패주시켰다.

알베르트 프라이의 1연대는 234.2고지를 확보하고 좀 더 북쪽으로 들어간 후 두 번째 언덕에서 소련군의 기습을 당해 몇 시간 동안 붙들려 있었으나 이 역시 격퇴했으며, 이로 인해 2차 저지선에도 커다란 돌파구가 생김에 따라 야코블레보 남쪽의 장갑부대들을 동원할 수 있게 되었다. 다행히 게오르크 쇤베르크의 전차들은 지난 밤 가능한 한 충분히 전진배치된 상태여서 돌파구가 생긴 틈을 놓치지 않고 빠른 시간 내 파고 들 수가 있었다.

오후 1시 제2SS장갑척탄병연대는 전차와 하프트랙을 앞세워 전진을 개시하고 장갑엽병대대의 대전차포들이 종대 공격의 측면을 엄호하는 형세로 나아갔다.[05] 전방에 야코블레보로부터 발원한 제5근위전차군단 소속의 전차 40대가 나타나자 몇 대 되지 않는 티거의 88mm 주포가 소련 전차들을 하나하나 격파해 가기 시작했다. 88mm 주포는 T-34의 전면장갑을 종잇장처럼 파괴시킬 수 있다는 괴력을 실감케 하는 장면이 연출되었다. 정통으로 맞은 전차는 내부 유폭으로 해치가 날아갈 정도로 박살이 났고 나머지 전차들은 평지에서 숨을 곳이 없어 전전긍긍하는 모습이 관찰되었다. 소련 전차들은 다소 열이 올랐는지 커버링이나 전술적 대형 형성없이 산개한 형태로 독일군 종대를 향해 공격해 들어오면서 전차포 사격을 동시에 진행시키고 있었다. 달리는 전차에서 쏘는 주포가 정확할 리 없었고 소련군 전차는 불행하게도 다시 독일군의 화망에 잡혀들었다. 티거는 아예 고정된 위치를 확보하고 소련 전차들이 근접하기도 전에 하나씩 격파해 나가자 결국 잔존 전차들은 철수, 가까스로 전멸을 면할 것으로 보였으나 장해물 지대로 은신하기 전에 3대의 소련 전차가 다시 슈투카의 먹이가 되었다. 라이프슈탄다르테의 티거들은 소련 제5근위전차군단의 전차들을 30대 이상 격파했다. 하인츠 클링의 중대는 5, 6일 이틀 동안 50대의 T-34, KV-1 및 KV-2 각 1대, 그리고 43문의 대전차포들을 격파했다. 클링 자신도 9대의 전차를 파괴하는 기록을 세웠다.[06]

야코블레보 북동쪽에 위치한 루취키(Lutschki)에서 벌어진 이 전투에서 소련군 지휘부는 독일 라

04 NA : T-354 ; roll 605, frame 527
05 NA : T-354 ; roll 605, frame 527
06 Agte(2007) p.61

이프슈탄다르테의 전차 95대를 격파한 것으로 보고받았으나 쿠르스크 개전 당시 사단이 전부 가지고 있던 전차의 총수가 97대에 지나지 않았다. 따라서 소련군의 보고대로라면 이 사단은 단 2대의 전차만을 갖게 된 것이어서 지도상에서 지워져야 당연하지만 이날 독일군 전차의 실제 피해는 10~12대 정도로 추측될 뿐이었다. 티거의 위력은 단순히 적에게 괴멸적 타격을 입히는 정도가 아니라 전차병 스스로를 심리적 패닉 상태로 몰기에 충분했다. 크라브첸코 제5근위전차군단장은 이날 한 대의 소련 전차가 망가진 데가 없는데도 기동을 하지 않고 사격도 중지한 상태라 기이하게 생각하고 접근하여 전차의 내부를 살폈다. 그러나 죽거나 다친 것으로 예상되었던 전차장과 장병들은 멀쩡하게 살아있었고, 전차포를 맞아도 끄떡없는 티거의 괴력에 질린 나머지 모두 넋이 나가 '괴물...괴물... 살아 있거나 죽어 있거나 티거는 모두를 정복한다...'는 말을 뇌까리면서 공포에 질린 모습을 하고 있더라는 에피소드가 있었다.[07]

티거들이 제5근위전차군단의 T-34들을 쓸어버린 결과, 제2저지선에도 돌파구가 마련되었다. 하인츠 클링 티거 중대장은 마르틴 그로스 2대대장에게 진격허가를 요청했고 그로스가 이를 받아들이게 되자 티거는 다시 루취키 북쪽으로부터 테테레뷔노(Teterewino) 북쪽과 프로호로프카로 연결되는 국도를 향해 진공을 계속했다. 그러나 얼마 안가 미하엘 뷔트만의 전차가 지뢰를 밟아 궤도가 망가져버려 기동이 불가능하게 되자 소련군 화포와 기관총들의 신경질적인 사격이 전개되었다. 뷔트만의 부하들은 전차를 버리고 탈출하려고 했으나 뷔트만이 침착하게 부하들을 설득, 그대로 전차 내에 머무르라고 지시했고, 바로 이때 유르겐 브란트(Jürgen Brandt)[08] 의 티거가 달려와 그 스스로 해치를 열고 뛰어내려 케이블선으로 뷔트만의 티거와 자신의 티거를 서로 연결, 현장을 이탈하려고 했다. 이에 소련군은 브란트를 잡기 위해 수백발의 기관총탄을 난사했으며 브란트는 기적적으로 살아남아 뷔트만의 전차를 끌고 소련 전차 사격범위 바깥으로 도주하는데 성공했다.[09] 뷔트만의 티거가 수리를 하는 동안 나머지 3대의 티거는 지뢰밭을 다시 한 번 점검한 뒤 북동쪽으로 진격을 속개했다. 유르겐 브란트가 자신의 목숨을 걸고 동료전차를 구하려고 한 이 무용담은 뒤에 뷔트만을 최고의 전차격파 에이스로 살아남게 하는 계기가 되었다.[10]

뷔트만은 수리가 끝난 후 다시 독일군 장갑부대와 하프트랙들을 공격하고 있는 숲 지대의 소련군 진지로 접근했다. 미리 와 있던 티거 한 대가 피탄되어 다시 그쪽을 향한 소련군의 집중사격이 개시되었고 뷔트만은 또 한 대의 티거와 함께 기동불능이 된 티거의 보호막이 되기 위해 전면장갑을 소련군 사격지점으로 향하게 했다. 동시에 뷔트만은 주포를 소련군 진지를 향해 조정, 4문의 대전차포와 야포를 파괴했다.

이와 같은 티거의 위기에도 불구하고 라이프슈탄다르테의 장갑부대는 오후 2시 루취키 북쪽에 도달했다. 마을에 접근하자 마자 소련군의 극심한 포사격이 시작되었고 요아힘 파이퍼의 하프트랙 대대는 숨을 곳이 없는 평지에서 오로지 지그재그 형태로 고속 운전하면서 적의 포화를 피해가는 수밖에 없었다. 뷔트만의 티거는 소련 203중전차연대 소속 KV-1 전차 2대를 포함, 전차호에 들어앉은 전차들과 대전차포 진지들을 차례로 격파하면서 남은 소련군 병력들을 소탕했다.

07 Nipe(2011) p.117
08 유르겐 브란트는 총 47대의 전차를 격파, 세계 전사 전체를 통틀어 전차 격파 서열 38위에 올랐다.
09 Agte(2007) p.61
10 앞쪽 주석에서 밝힌 것처럼 뷔트만 자신은 성채작전 기간 중 30대의 전차, 28문의 대전차포 및 2개 포병중대의 포대를 격파하는 기록을 남겼다. 30대가 다수설이나 Stadler(1980) p.127에는 전차 28대를 격파한 것으로 기록되어 있다.

다스 라이히의 티거를 엄호하는 장갑척탄병들

장갑부대의 전진은 계속되었으나 사단의 좌익에서 측면을 엄호하던 후고 크라스의 제2연대는 포크로브카로부터 하루에도 몇 번씩 공세를 취하는 소련 제49전차여단에 묶여 거의 고립되어 있었다.[11] 소련군은 제5근위전차군단이 수모를 당한 다음, 라이프슈탄다르테의 선봉을 치기 위해 제31전차군단의 3개 전차여단이 출동했다. 제100전차여단은 북서쪽에서 접근하여 오후 늦게 전구에 도착했고, 제49전차여단과 제1근위전차여단은 포크로브카에서 이미 전투에 휘말린 상태였다. 거기에 제237, 242전차여단까지 가세해 무려 5개 전차여단이 라이프슈탄다르테의 좌익을 노리고 있었다. 또한, 제6근위군은 제5근위전차군단처럼 당하지 않기 위해 포크로브카 남쪽의 보르스클라강 부근 제1저지선에 몰려 있던 소련군 병력을 모두 철수시켜 북쪽으로 이동하게 했다. 그로 인해 SS사단 후방을 따라가며 정리작업을 벌이고 있던 육군의 제315장갑척탄병연대는 올호브카-드라군스코예를 봉쇄해 소련군의 퇴로를 차단하려 했으나 이미 대다수 병력이 빠져 나간 뒤였다. 소련군은 400명 전사, 300명이 포로가 되었으며 정작 전차와 장갑차량의 피해는 거의 없어 소련군의 학습능력이 이전보다 현저히 향상되었음이 인정되었다.[12] 이제 소련군은 과거처럼 대규모 인원의 항복, 전혀 조율되지 않는 공수전술의 초보적 수준, 공군과 지상군의 부조화 등 전쟁 초기의 소아병적 현상을 점점 찾아보기 어렵게 되었다. 전선의 독일군들은 소련군이 많이 진화하고 있다는 사실을 서서히 깨닫고 있었다.

라이프슈탄다르테는 좌익이 여전히 불안함에도 불구하고 프로호로프카로부터 10km 떨어진 테테레뷔노 북쪽을 향해 진군을 계속했다. 전차의 행진에 이어 파이퍼의 하프트랙대대가 뒤따랐고 정찰대대의 장갑차량은 종대의 우익을 형성하며 제일 앞서 나가도록 했다. 테테레뷔노 북쪽 얼마 안 떨어진 곳에 소련군 제183소총병사단이 지키는 258.2고지가 있었으며 이는 제3저지선의 전

11 NA : T-314 ; roll 1170, frame 563-570
NA : T-314 ; roll 1171, frame 96
12 NA : T-314 ; roll 1171, frame 96

초기지에 해당하는 곳이었다. 당연히 지뢰가 도사리고 있어 마르틴 그로스 대대장의 전차가 당해 수리를 필요로 하게 되자, 랄프 티이만(Ralf Tiemann) SS대위의 7중대가 판쩌카일 편제상 티거의 바로 뒤를 따라 진격하는 것으로 변경되었다. 다른 차량들도 지뢰에 당하고 있는 가운데 밤이 가까워짐에 따라 상황은 더욱 불안해지기 시작했다. 제2SS장갑척탄병연대의 장갑부대는 좁은 돌출부를 향해 긴 종대가 진입하게 되었고 소련군 전차들이 사단의 좌익을 노리고 전차들을 집중시키고 있는데도 제48장갑군단은 갭을 좁힐 수가 없었다. 우측의 다스 라이히는 두 사단의 간극을 향해 동쪽으로부터 소련 전차들이 집결하고 있는 것이 관측되고 있는 상황에서 불안하게도 라이프슈탄다르테보다 한참 쳐져 있었다. 소련군 또한 제1전차군의 제3기계화군단이 오보얀 국도상의 야코블레보는 절대 내줄 수가 없다는 의지로 전력을 투구하고 있어 라이프슈탄다르테가 북쪽으로만 쏠려 제2저지선을 완전히 따 내겠다는 의도는 쉽게 관철될 수가 없었다.

이러한 위험을 감지한 하우서 군단장은 진격을 중단하고 일부 병력은 루취키 북쪽으로 후퇴하도록 지시했다.[13] 그럼에도 불구하고 라이프슈탄다르테는 10시간을 넘긴 공방전 끝에 야코블레보를 점령하고 제51근위소총병사단을 밀어냈다. 이에 카투코프 제1전차군 사령관은 즉각 반응했다. 제6전차군단의 200전차여단 및 29대전차여단, 제31전차군단의 일부 병력으로 야코블레보 북동쪽의 라이프슈탄다르테를 치고, 동시에 제5근위전차군단은 테테레뷔노 방면으로 향하게 했다. 라이프슈탄다르테가 정신을 차리기 전에 사단 공세의 동서 양 모서리를 잡고 늘어지겠다는 속셈이었다. 그러나 사단은 제5근위전차군단이 도착하기 전에 먼저 제200전차여단과 제31전차군단을 야코블레보 북쪽으로 격퇴시켰고[14] 오후 5시경 테테레뷔노의 안전을 확보했다.

라이프슈탄다르테는 야간에도 소련군의 마지막 저지선으로 추정되는 루취키 쪽을 시험 삼아 때려보면서 프로호로프카 방면 도로의 진입을 시도했다. 라이프슈탄다르테는 사실 전차간 전투보다 지뢰로 인해 더 많은 수의 피해를 입고 있었으며 소련 제6근위군도 라이프슈탄다르테의 속공에 전구가 두 개로 쪼개지면서 불안한 형세에 처해 있었다. 봐투틴도 이를 염려하기는 했으나 당장은 대전차포를 더 지원하는 것 이외에 딱히 다른 방도가 없었다. 하지만 소련군은 일단 라이프슈탄다르테의 기동공간을 상당히 축소시키면서 압박을 가하는 데는 성공한 듯이 보였다. 초전에 당하기는 했으나 제5근위전차군단이 북동쪽에서 복수를 다짐하고 있었고, 북서쪽에서는 제31전차군단이, 좌측에서는 제1근위전차여단과 제49전차여단이 은근히 신경을 쓰게 하는 위협요인으로 작용하고 있었다.

이보다 더 심각한 것은 봐투틴 보로네즈방면군 사령관이 7월 8일부터 호트의 제4장갑군 측면을 치기 위해 동부로부터 제2근위전차군단을 동원, 2개 독일사단을 격파하기 위해 4개의 전차군단을 집결시키고 있다는 점이었다. 아마도 주 타깃은 15km로 벌어진 공세정면을 담당한 다스 라이히의 2개 장갑척탄병연대일 것으로 추정되었으며, 더욱 걱정인 것은 이 연대들이 아무런 우군 전차의 지원없이 끝도 없는 소련 전차들을 상대해야 하는 것이었다.

## 다스 라이히

13 NA : T-354 ; roll 605, frame 42
14 Stadler(1980) p.55

구릉지대를 지나가는 다스 라이히의 4호 전차들

다스 라이히는 작전 이튿날 246.3고지에 접근, 소련군의 2차 저지선에 도달할 계획이었다. 그러나 가뜩이나 악화된 도로사정에 비까지 쏟아져 도로는 다시 진창으로 뒤범벅이 되었고 오전 7시 반으로 예정된 공격시간은 도저히 맞출 수가 없는 지경이었다. 9시 반에 겨우 장갑척탄병대대 돌격조가 집결하기 시작했고 여느 때처럼 집중 포사격이 실시된 다음 겨우 10시 반에 진군이 개시되었다. 선봉은 '데어 휘러' SS연대의 1, 2대대가 맡아 진격해 들어갔으나 처음부터 소련군의 박격포와 기관총좌의 공격에 모두 머리를 땅에 박는 것이 상책인 것으로 보였으며 대인 지뢰에 의한 피해도 적지 않았다. 독일군으로서는 보병의 수호신 돌격포가 한 몫 해주기를 기대하는 것이 당연했는데 돌격포들은 슈투카와 연계하여 입체적으로 진지들을 강타한 결과, 소련군의 저항은 하나하나 분쇄되기 시작했으며 주요 방어선이 점거되자 장갑부대가 진입할 수 있는 공간이 확보되었다.

얼마 후 장갑대대가 돌진하고 뷘센츠 카이저의 하프트랙대대와 자주포 부대가 뒤따르면서 공격의 숨통이 트이기 시작했다. '데어 휘러'는 12시경 소련 제6군의 제대들을 몰아내면서 남부 루쉬키를 장악했다. 크리스티안 튀크젠의 전차들은 루쉬키 남쪽의 배후로 신속하게 이동해 오후 1시 40분경에는 루쉬키로부터 1km 떨어진 232.0고지를 점령하고 장갑척탄병들도 남쪽으로 돌아 몇 시간 동안 소련군과 교전, 2시에는 프로호로프카로 연결되는 도로변에 도착하여 2시 40분경 남쪽 일대를 평정하는 데 성공했다. 당시 사단의 티거들은 루쉬키 남쪽에서 소련군 제2근위전차군단 소속 전차 10대를 격파했다.[15] 그러나 전차와 하프트랙들이 고지를 넘어가자 덤불에 매복한 소련군의 대전차포와 전차들이 사격을 가해 왔고 이에 에른스트 클라우센(Ernst Claussen) SS원사는 종대의 우측에서 보병들을 엄호하고 있다가 50mm 주포를 가진 자신의 3호 전차를 이용, 700m 거리

15 NA : T-354 ; roll 605, frame 41-4, Fey(2003) p.345

근거리에서 목표물을 명중시킨 티거. 토텐코프 소속이라는 표기를 단 출간물들이 많으나 실은 다스 라이히 사단 티거 중대 1소대장의 전차다.

에서 소련군 전차들을 공격하여 그중 2대의 전차를 격파하고 도주하는 전차들을 쫓아 몇 대를 추가로 파괴했다. 야코블레보 북동쪽으로 5km 정도 이격된 지점의 230.5고지를 위요한 이 전투에서 다스 라이히는 제51근위소총병사단 병력 2,000명을 사살하고 제5근위전차군단의 전차들을 다수 격파하면서 남부 루취키와 북동쪽의 칼리닌으로 격퇴시켰다. 이에 소련군 제22전차여단이 232.0고지 쪽으로 달려와 제51근위소총병사단을 추격하는 다스 라이히의 진격속도를 지연시키기 위해 반격을 가했지만 이 역시 격퇴당하고 말았다.

'데어 휘러' SS연대가 북쪽으로 진군하는 동안 '도이칠란트' SS연대는 사단의 동쪽 측면, 페트로브스키(Petrowskij)에서 소련군과 격렬한 시소게임을 벌이고 있었다. 이때 하르코프전에서 모터싸이클대대를 맡았던 야콥 획크 SS소령이 이끄는 2SS정찰대대가 연대를 지원하기 위해 마을 주변으로 도착, 장갑척탄병들의 육박공격을 커버했다. 그러나 야콥 획크 대대의 화력 정도로는 T-34와 일체가 된 소련군 소총병들의 반격을 종식시킬 수가 없어 수차례 장갑부대의 지원을 요청했으나 이쪽 전구로 이동이 불가능하여 독일군들은 맨손으로 전차공격을 견뎌야 했다. 이때 오후 내내 사투를 벌이던 독일군에게 또 하나의 암울한 뉴스가 전해졌다. 페트로브스키 남쪽 4km 지점에서 소련군 제26근위전차여단을 앞세운 제2근위전차군단이 북부 도네츠를 넘어 진격, 90대의 전차, 30대의 견인포, 50대 이상의 차량이 접근하고 있다는 소식이었다. 또 하나의 새로운 기동전력이 SS장갑군단의 우측으로 접근하고 있다는 첩보에 군단사령부는 바짝 긴장할 수밖에 없었는데, 다스 라이히의 장갑부대는 그때 병력을 바로 빼내어 페트로브스키로 이동하던가 루취키 남쪽으로부터 빠져나올 수가 없었기 때문이었다. 만약 그럴 경우 자칫 잘못하면 소련군 전차부대가 다스 라이히의 정면을 통과해 라이프슈탄다르테의 배후로 들어가 병참선을 절단할 수 있었기에 이도저도 할 수 없

다른 각도에서 본 동일한 격파 장면

는 애매한 상황에 직면해 있었다.[16] 소련 제2근위전차군단은 루취키 동쪽에 위치한 제48근위전차연대의 지원을 받아 다스 라이히의 남익과 토텐코프의 북익을 동시에 치고 들어왔다. 이로서 다스 라이히는 섣부른 반격도 작전상 후퇴도 추진할 수가 없어 리포뷔 도네츠강 서쪽 강둑에서 일단 진격을 멈추고 늦은 오후에는 상황을 관망하기에 이르렀다.

다스 라이히의 장갑부대가 놀고 있는 것은 아니었다. 소련군 주력은 이미 북동쪽으로 후퇴한 이후였지만 돌격포대대 및 하프트랙대대와 함께 오세로브스키(Oserowskij)와 칼리닌(Kalinin)을 휩쓸고 있었으며, 사단의 주력은 야코블레보 북쪽에서 제5근위전차군단의 제122근위포병연대와 맞닥뜨리고 있었다. 크뤼거 사단장은 밤이 되자 무리한 교전은 의미가 없다고 생각하여 공세를 중단하고 오세로브스키에서 숙영하면서 익일 공격 재개를 기다리게 되었다. 다만 다음날 전투에 대비하여 야간에 포대들을 좀 더 전면에 배치하는 작업은 잊지 않았다. 다스 라이히는 둘째 날 20km를 주파, 소련군 제2저지선을 돌파하고 제3저지선에 가까이 다가가고 있었다.

## 토텐코프

사단의 장갑연대와 '토텐코프' 연대 2대대는 벨고로드-야코블레보-오보얀 국도상에 위치하는 225.9고지를 향해 진격, 고지를 점령하면 언덕을 내려가 오보얀 국도 쪽으로 남진할 예정이었다. 이렇게 될 경우 독일군은 동쪽에서 예리크로로부터 탈출하는 소련군 병력을 차단할 수 있음은 물론, 벨고로드 위의 제375소총병사단 측면을 찔러 들어갈 수 있는 위치를 잡을 수 있었다. 그리고 225.9고지 남서쪽으로는 막강한 소련군의 진지가 거의 1km에 걸쳐 국도 서쪽으로 펼쳐져 있었다.

16 NA : T-354 ; roll 605, frame 535

소련군 포로를 잡은 장갑척탄병. MP40이 아닌 적군으로부터 노획한 PPSh-41 기관단총을 소지하고 있다. 독일군들은 소련군의 이 개인화기를 자신들의 것보다 더 우수한 것으로 인정했다.

소련진지 쪽에서는 도로상의 독일군을 완벽히 감제할 수 있는 여지가 있었기에 이곳의 병력은 '토텐코프' 연대 3대대와 '아익케' SS연대가 해결해 주어야 했다. '아익케' SS연대의 3개 대대는 예리크의 서쪽에서 나란히 진격해 들어갔고 '토텐코프' 3대대는 북쪽을 공략했다.

당초 헤르만 프리스 사단장은 슈투카의 지원을 요청했으나 당장은 불가하다는 답변을 받고 더 이상 공세를 지체할 수 없어 새벽 3시 45분에 진격을 결정했다. '토텐코프' 연대 2대대는 6대의 티거와 함께 225.9고지로 다가가고, 제3SS장갑연대 1대대는 전선이 돌파되면 바로 공세에 가담키로 예정되어 있었다. 또한 파울 하우서 군단장은 북부 도네츠 서편 강둑에 소련 제2근위전차군단이 도착했음을 포착해 하프트랙대대와 장갑연대 2대대도 고지 쪽에 붙도록 지시했다.[17]

예정된 오전 3시 45분 공격은 순조롭게 진행되었다. 좀 늦겠다던 슈투카도 거의 정확히 나타나 지상군의 공세에 맞춰 소련군 진지들을 정확히 때려 맞추기 시작했다. 티거의 전진에 소련 '닥인' 전차들과 대전차포들은 광신적으로 포사격을 가했으나 티거의 장갑을 관통시키지는 못했고 티거의 88mm는 먼저 사격을 가해 온 소련군 발포지점을 확인 후, 정교하게 강타하기 시작했다. 경우에 따라서는 T-34의 장갑을 관통하여 뒤쪽으로 철갑탄이 튀어나올 정도로 파괴적인 화력을 과시하였으며, 대전차포의 얇은 보호막은 아무런 도움을 주지 못했다. 소련군이 생각보다 끈기가 없다는 것을 밝혀낸 에른스트 호이슬러 2대대장은 스스로 병력을 지휘, 언덕으로 올라가 공병들의 화염방사반과 함께 소련군 진지를 급습하고 오전 6시에는 고지를 완전히 독일군의 통제 하에 두게 되었다. 잠시 후에 소련군은 자존심이 상했던지 전차의 지원이 없는 보병들이 숲에서 나와 반격을 가했으나 기관총 사격으로 간단히 제압했으며, 독일 전차들은 오보얀-벨고로드 국도를 따라 남진하기 시작했다.

17 NA : T-354 ; roll 605, frame 42-5

맨 우측, 전선을 시찰 중인 헤르만 프리스 토텐코프 사단장. 그 옆은 오토 바움 '토텐코프' 장갑척탄병연대 연대장. 장갑과 코트까지 걸친 것으로 보아 일교차가 심한 러시아 초원지대의 이른 아침으로 추정.

예리크 동쪽 도로에 접근하자 소련군의 대전차포가 매복 기습했고, 독일군은 일단 후퇴했다 장갑연대장 쿤스트만 SS소령이 4대의 3호 전차를 장갑공병중대에 붙여 진지의 측면을 타격하도록 했다. 게오르크 킨쯜러(Georg Kinzler) SS중위가 이끄는 공병대는 진지 100m 앞까지 기도비닉을 유지해 접근, 3대의 대전차포를 해치웠고 위험요소가 제거된 티거중대와 장갑연대 1대대는 벨고로드 남쪽으로 더 내려가 북부 도네츠강 변의 마을들과 연결된 도로를 따라 동쪽으로 나아갔다. 하지만 동부에서 온 소련군 전차부대가 쇼피노(Shopino)와 테르노브카(Ternowka)에서 강을 넘어 하우서 군단의 동쪽 측면을 노리고 있었다. 쿤스트만 장갑연대장은 티거중대를 쇼피노 방면으로 계속 남진하도록 하고, 에르뷘 마이어드레스 SS대위의 장갑대대는 테르노브카로 공격해 들어가도록 지시했다. 보병의 엄호가 없었던 마이어드레스 대대는 작물이 무성하게 자란 곡창지대를 지나 테르노브카 외곽에 도달하자 소련 제96전차여단의 전차들과 제496대전차연대의 대전차포들이 발포하기 시작했다. 보병의 엄호없이 소련군 진지로 향한다는 것은 거의 자살행위에 가까워 마이어드레스는 예리크 숲 지대에서 전투를 마친 '아익케' 연대가 합류할 때까지 기다리기로 했다.[18]

이날 오후 항공정찰에 의해 소쉔코프(Ssoschenkoff) 부근에서 소련 제6근위군 소속으로 추정되는 전차 몇 대가 이동 중인 것으로 확인되었으며 오후 5시에는 33대로 보고되었고, 시간이 갈수록 소련군 전차의 수효는 늘어갔다. 이에 게오르크 보흐만 SS소령의 제3SS장갑연대 2대대와 하프트랙대대 및 3SS정찰대대가 전선으로 이동했다.[19] 이 지역은 은폐할 곳이 없는 광활한 평원으로 기습효과를 낼 수 없다는 것이 불안한 요소였다. 기습은 소련군이 먼저 시도했다. 독일군들이 덤불숲으로 접근하자 숨겨진 T-34와 T-60들이 포사격을 실시했고 보흐만은 일단 후퇴한 다음, 발터 붸

18 NA : T-354 ; roll 605, frame 42
19 NA : T-354 ; roll 605, frame 42

공격 개시 지점으로 집결 중인 토텐코프 사단의 장갑척탄병들

버(Walter Weber) 5중대장이 정면을 맡게 하고 다른 중대는 측면을 돌아 소련군 포진을 흔들도록 지시했다. 문제는 독일군이 손을 쓰기 전에 소련 전차들이 독일군 방어선을 넘어 배후로 기동하고 있다는 사실이었다. 붸버의 전차대는 전방 500~600m 지점에서 소련군 전차를 발견, 적 전차가 200m 내로 다가오자 붸버는 작심하고 발사명령을 내렸다. 안 그래도 몇 시간 전 소련군 전차포가 독일군 배식차량을 파괴시켜 기다리던 따뜻한 파스타 요리를 날려 보낸 독일군들은 배고픔으로 인해 더더욱 적개심을 불태우던 중이었다. 붸버의 50mm 전차포는 소련 전차의 포탑을 스치는 정도로 부정확했으나 동료 전차의 75mm 주포가 적 전차를 곧바로 화염에 휩싸이게 했다. 이때 다른 전차들이 겨우 50m 내로 가까이 다가온 상황에서 붸버는 반사적으로 사격, 바로 코앞에서 1대를 격파했고 영국에서 소련에 지원된 처칠 전차 1대는 40~50m 거리에서 직격탄을 맞아 뭉개졌다. 소련군은 이날 두 번에 걸쳐 공격을 시도했으나 모두 격퇴당했다. 세 번째 공격, 언덕 쪽으로 돌진해 들어오던 소련 전차를 상대하려는 순간, 붸버의 바로 눈 앞 20m 지점에서 또 다른 처칠 전차가 이미 부서진 동종의 처칠 전차 바로 뒤에서 나타났다. 붸버는 소스라치듯 놀라 겨냥도 하지 않고 엉겁결에 응사명령을 내렸으며 워낙 근거리라 처칠 전차는 즉각 파괴되었고 두 명의 전차병은 도주, 나머지 한 명은 기관총으로 사살했다.[20]

한편, '아익케' 연대와 '토텐코프' 연대 3대대는 오보얀-벨고로드 국도 서쪽 예리크 부근에서 225.9고지를 지나 예리크 방면으로 진격하고 있었다. 그러나 기가 막히게 숨겨진 대전차진지에서 소련군은 전혀 돌파를 허용하지 않을 자세였고 화염방사기까지 동원해 독일군의 선봉을 어지럽게 하고 있었다. 그러나 '아익케' 연대의 3대대가 남서쪽에서 찌르고 들어와 예리크를 위협하자 사태가 역전되기 시작하였다. 양쪽으로 협공해 들어오는 것을 확인한 소련군은 포위, 섬멸될 우려를 느

20 Nipe(2011) pp.138-9

발진 지점으로 이동하는 토텐코프 사단의 돌격포와 티거. 독일군도 소련군처럼 돌격포 위에 잔뜩 올라 타 있다.

끼고 질서정연하게 쇼피노 쪽으로 퇴각했다. 이로써 예리크는 독일의 수중에 떨어졌고 '토텐코프' 연대 3대대는 숲 지대에 숨은 소련군을 솎아낸 다음, 225.9고지 남쪽 벨고로드 국도에서 재집결했다.

'아익케' 연대의 3대대는 공병소대와 함께 소련군을 추격하다 지름길을 발견, 그쪽으로 병력을 몰아 소련군 후퇴 종대의 배후로 침입해 기습을 감행했다. 예상치 않은 방향에서 습격을 당한 수백 명의 소련군들은 그 자리에서 바로 항복해 버렸고, 크뇌흘라인(Fritz Knöchlein) SS소령의 '아익케' 연대 1대대는 다른 종대를 추격해 공격하다가 국도를 넘어 남쪽으로 더 내려갔다.

1대대는 쇼피노 근처에서 다시 소련군의 공격을 받아 일단 후퇴 후 재편성 과정을 거쳤다. 이날 오후 몇 번에 걸쳐 교전이 있었으며 예리크에서 쫓겨난 소련군을 추격 중이던 '아익케' 연대 3대대가 도착해 소련군 진지를 기습, 잔존 소련군 병력은 쇼피노 마을 내부로 도망쳐 버렸다. 1대대는 하루 종일 전투에 찌든 탓에 더 이상 힘을 쓰지 못하고 밤이 되자 야영에 들어갔다.

공세 이튿날 사단은 소련 제2근위전차군단의 예봉은 잘 막았으며 예리크와 225.9고지도 잘 청소하였으나 북부 도네츠강둑에 도달하여 도하지점을 장악하지는 못했다. 또한 예리크를 점령하기는 했지만 여기에 '아익케' 전 연대병력과 '토텐코프' 연대의 장갑척탄병 일부가 묶이는 통에 에르뷘 마이어드레스의 장갑대대가 쇼피노와 테르노브카를 치는 보병들의 공격을 전혀 지원하지 못했다는 문제가 있었다. 사단은 6일 오후 7시 10분 15대의 소련 전차 파괴결과를 보고했다.[21]

## 켐프 분견군

켐프는 첫날의 부진을 떨쳐 내기 위해 5개 사단을 모두 투입해 북부 도네츠강을 건너 소련 제7근위군의 주방어선을 분쇄한다는 당면 목표를 설정했다. 제3장갑군단은 첫날 도네츠 동쪽의 좁은 통로를 통과하지 못했기 때문에 6일에는 좀 더 대담한 자세로 나오기 시작했다. 주공은 제7, 19

21 Weidinger(2008) Das Reich IV, p.145, Nipe(2011) p.141

장갑사단이 맡아 북부 도네츠강을 도하하고 제6장갑사단은 재편성 후 오후에 합류하는 것으로 예정되었다. 5~6일 밤 제6장갑사단은 도로고부쉬노(Dorogobushino)와 솔로미노(Ssolomino)에 설치된 교량을 이용해 도네츠강을 도하, 6일 낮에는 사단 주력을 전날 제7장갑사단이 가장 좋은 성적을 낸 전구에 배치했으며 이날 군단의 고사포 부대들은 소련공군의 줄기찬 공습에도 불구하고 모든 교량들을 온전히 보전하는 데 성공했다.[22] 제3장갑군단은 이날 늦게까지 도네츠강 우편으로 전구를 확대한다는 기대감을 나타내고 있었다.

## 제7장갑사단

소련군은 새벽부터 제7장갑사단 전구에 포사격을 실시, 독일군 공세준비를 방해 내지 지연시키기는 했으나 인명과 장비 피해는 거의 전무했다. 오전 6시 15분 아달베르트 슐쯔 중령의 장갑부대는 503중전차대대 3중대의 얼마 남지 않은 티거와 하프트랙대대와 함께 사단의 우익에서 공세를 리드했다. 사단의 좌익에는 제6장갑척탄병연대 지휘관인 볼프강 글래제머(Wolfgang Gläsemer) 대령이 글래제머 전투단을 구성하여 공세를 전개했다. 글래제머 전투단은 동이 트기 전에 216.1고지 점령을 위해 크루토이 로그(Krutoj Log) 북쪽을 때렸으나 자칫 잘못하면 소련군에게 역포위당할 우려가 발생함에 따라 공격을 중단하고 해가 뜰 때까지 대기하기로 했다.

아달베르트 슐쯔의 부대는 티거중대를 앞세워 소련군의 1차 방어선을 통과하여 오후 4시 15분에 크루토이 로그를 지나 거의 10km를 진격, 제2저지선까지 도달하는 기록을 수립했다. 슐쯔의 제25장갑연대 2대대와 503중전차대대 3중대는 앞서간 제25장갑연대 1대대의 진격로를 따라 들어가 몇 시간 후 두 장갑부대가 합류하여 라숨노예에 도달했다. 라숨노예 주변에는 소련군 기동전력들이 두텁게 포진하고 있었는데 슐쯔 연대장은 능력도 능력이지만 기가 막히게 운이 좋은 지휘관이었다. 경험도 박하고 감정통제력이 약한 소련군 전차지휘관은 독일군의 기습에 정신을 못 차려 전차부대는 거의 완벽히 제거당하는 운명에 처했다. 삽시간의 전투 끝에 무려 34대에 달하는 T-34들의 잔해가 황혼이 깃든 지평선에 늘어뜨려져 있었다. 티거대대 3중대장 봘터 쉐르프(Walter Scherf) 중위는 이 전투가 끝난 후 바로 바트라즈카야 닷챠(Batrazkaja Datscha) 점령을 위해 다가갔으며 소련군의 저항은 전날보다 일층 거센 편이어서 일부 티거들이 피해를 입기도 했다.

제2저지선은 바트라즈카야 닷챠 북쪽의 두 언덕(216.1 및 207.9고지)과 연결되어 있었으며 봐투틴과 슈밀로프 제7근위군 사령관은 전날 제73근위소총병사단, 2개 전차연대 및 제31대전차여단을 투입해 공고한 수비진을 굳히고 있는 상태였다.[23] 아달베르트 슐쯔의 1차 공격은 T-34와 대전차포의 화공으로 격퇴되었고 글래제머 전투단도 207.9고지로부터 날아온 매서운 포사격으로 돈좌되는 신세에 처했다. 슐쯔는 티거중대를 북쪽으로 돌려 글래제머 전구로 이동시키고 잔여 장갑부대는 바트라즈카야 닷챠에 대한 공세를 재개하도록 했다. 또한, 루프트봐훼의 지원에 힘입어 슈투카들이 숲 지대에 포진한 소련군 매복 진지들을 때려 치자 장갑부대의 전진은 다시 원상을 회복할 수 있었다. 제25장갑연대는 결국 바트라즈카야 닷챠를 점령하면서 209.6고지 북쪽 1.5km 지점에 놓인 소련군 2차 저지선을 돌파하는 성과를 만들어 냈다. 먼저 207.9고지가 떨어졌고 슐쯔 부대도

22 NA : T-134;roll 197, frame 1068
23 Schranck(2013) p.126

제7장갑사단 503중전차대대 3중대의 판쩌카일 준비 장면

오후 내내 격렬한 전투를 통해 마을을 장악하면서 바트라즈카야 닷챠 서쪽에 위치한 216.1고지도 손에 넣는 수훈을 발휘했다.[24] 오후 10시에는 두 고지를 지키던 소련군 31대전차대대도 격파되자 바트라즈카야 닷챠는 자연스럽게 독일군 손에 떨어졌다. 전날에 비하면 엄청난 전과였다. 대신 제7장갑사단은 28명의 전사를 포함한 133명의 피해를 경험했다.

코자크(S.A.Kozak) 대령의 제73근위소총병사단은 단순히 밀리기보다 기동방어로 반격을 전개할 필요가 있음을 깨닫고 일부 병력을 빼 새로운 방어선을 구축하면서도 제7장갑사단의 측면을 괴롭히는 작업을 잊지 않았다. 또한, 새로 도착한 제111소총병사단이 쉐베키노(Shebekino)와 볼찬스크 전선에 위치한 제15근위소총병사단과 교대하고, 제15근위소총병사단은 코렌강 동쪽 강둑을 따라 네클류도보(Nekliudovo)와 츄라에보(Churaevo) 사이 구간에 배치되었다. 제111소총병사단과 같이 투입된 270소총병사단은 쉐베키노 구역을 수비하는 것으로 교정되었다.

사단은 밤이 되어 야스트레보보(Jastrebowo)에 도착하여 이날 작전의 마무리를 지웠다. 소련군은 야간에 숲 지대에서 사단의 측면을 노린 기습을 수차례 단행하였으며 이때 독일군은 122mm 대전차포를 장착한 구축전차 SU-122의 파괴력을 제대로 실감하게 되었다. 켐프는 SS장갑군단의 측면을 보위하는 본래의 임무도 임무지만 분견군의 측면도 간간히 위험에 노출되고 있다는 은근히 신경이 쓰이는 순간들을 경험하고 있었다.[25]

## 제19장갑사단

사단은 소련 제81근위소총병사단이 막고 있는 교두보를 향해 제73장갑척탄병연대장 루돌프 쾨엘러(Rudolf Köhler) 대령의 쾨엘러 전투단을 선봉으로 공병중대와 함께 크레이다(Kreida)를 공격했다. 사단의 주력은 우익의 벡커 전투단과 리히터 전투단으로서 전자는 제27장갑연대와 제74장갑척탄

24 NA : T-314 ; roll 197, frame 1102
25 Newton(2002) p.55

병연대 1대대로 구성되었고 후자는 제74연대의 2, 3대대로 편성되었다. 우익에 위치한 두 전투단은 훨씬 동쪽의 수 km 떨어진 콜호즈 덴 우로샤야(Kolchose Den Uroshaja) 집단농장과 벨로브스카야(Belowskaja) 마을을 잡도록 되어 있었다. 벡커 전투단은 최초 단계에서 상당한 전진을 달성하였으나 덴 우로샤야 지역 지뢰밭에 걸려 무려 14대의 전차들이 기동불능이 되어 고장을 일으킴에 따라 공세는 이내 차질을 빚게 되었다. 게다가 지뢰밭에서 빠져나가려던 중 소련 제114근위대전차연대에 잡혀 4대의 전차를 추가로 상실했다.[26] 쾨엘러 전투단도 측면을 치고 들어온 소련군 병력을 격퇴하느라 막대한 손실을 입었으며, 벡커 전투단은 공병의 도움으로 오후 2시 반 소련군 방어가 너무나 막강한 집단농장을 그냥 지나쳐 덴 우로샤야 남방으로 내려가기로 했다. 대신 제74장갑척탄병연대 1대대가 집단농장 정면을 때렸으나 또다시 지뢰와 박격포, 기관총좌에 걸려 전진이 좌초되었다.[27] 루돌프 쾨엘러 자신은 제73장갑척탄병연대를 끌고 남쪽에서 조심스러운 전진을 시도하자 소련군 스나이퍼들의 교활한 조준사격과 꽤 정확한 포사격으로 인해 진전을 이루지 못하고 있었으며, 독일군 포병대 역시 비와 안개로 인해 소련군 진지의 정확한 지점을 잡아내지 못하고 있었다. 전투단은 겨우 밤이 되어서야 방어진 외곽에 도달할 수 있었는데 피해는 극심했다. 어떤 중대는 병력의 40%를 상실하기도 했다.

벡커 전투단은 덴 우로샤야를 지나쳐 집단농장으로 진격, 소련군의 측면을 공격함으로써 일단은 수비진을 느슨하게 만들었고 이어 벡커의 전차들이 북쪽으로 이동하여 오후 늦게 벨로브스카야의 외곽에 당도했다. 벡커 전투단은 소련 제81근위소총병사단의 측면을 휘몰아쳤기에 소련군은 고립된 단위부대들을 구출해 냄과 동시에 독일군의 차기 공세를 막기 위해 제73, 78소총병사단을 북쪽으로 이동시켜 벡커 전투단의 진격로를 봉쇄할 의도를 드러냈다. 다급해진 소련 제81근위소총병사단은 훈련 중인 대대까지 끌어다 전선의 구멍을 막아야 할 사정에 처해 있었다.

제19장갑사단은 7월 6일 크레이다 주변 철도역들을 장악하고 소련군 제78근위소총병사단을 벨고로드 북동쪽 10km 지점에 위치한 블리쉬나야 이구멘카(Blishnaja Igumenka)로 밀어냈다. 이로써 사단은 6일 내내 라숨노예 일대를 유린하면서 게네랄로브카(Generalowka) 북동쪽과 덴 우로샤야 구간을 공고히 확보함에 따라 블리쉬나야 이구멘카를 향한 공세에 착수할 수 있었다. 사단은 벨고로드 바로 위의 스타리 고로드를 점령해야 제168보병사단과 일정한 간격을 유지하면서 북상할 수 있었으나 스타리 고로드 돌출부를 지키는 제81근위소총병사단의 저항이 워낙 거칠어 수일 동안 선봉의 역할을 제대로 수행하지 못하는 난관에 봉착하게 된다.

### 제6장갑사단

사단은 벨고로드 남쪽의 발진지점에서 재편성을 마친 뒤 전날 유일하게 진전을 이룬 제7장갑사단 뒤로 배치되었다. 일단 라숨노예강에 도착하여 게네랄로프카를 잡아낸 다음 멜리호보(Melichowo)를 향해 동북쪽으로 전진하면서 므야소예도보(Mjassojedowo)를 점령할 계획을 집행했다.

26 NA : T-314 ; roll 197, frame 1101
27 NA : T-314 ; roll 194, frame 881-888

제6장갑사단 사령관 발터 폰 휘너르스도르프. 한여름인데도 트렌치코트와 장갑을 착용하고 있다. (Bild 101I-022-2923-33A)

다만 그 전에 사단은 게네랄로프카와 므야소예도보 사이에 놓인 야스트레보보 남쪽 1.5km 구역에 포진한 제92, 94근위소총병사단의 일부 병력들을 제거해야 했다.

제7장갑사단 전구에서 공세를 시작한 사단은 오펠른의 장갑부대가 북쪽의 방어선을 돌파하여 교두보를 장악하는 것으로 시작되었다. 종대는 아침부터 출발했으나 정오 경 극소량의 티거가 앞장선 가운데 제11장갑연대와 제114장갑척탄병연대 2대대의 하프트랙 순으로 전열을 구성하고 크루토이 로그로 진격했다. 소련군은 독일군의 전차들이 동쪽으로 돌진해 들어오는 것을 발견하자 마자 맹렬한 포화를 집중했고 6대 가량 되는 소련공군기까지 나타나 독일군을 박살내려 했다. 독일군은 하프트랙에 장착된 20mm 고사포로 전투기들의 근접을 막아냈으며 어렵게나마 소련군 집중사격의 화망을 벗어났다. 바로 이어 오후 4시 45분 사단이 역시 티거를 앞세워 게네랄로프카를 치고 들어가자 소련군은 격렬한 포사격과 공군의 지원으로 장갑부대를 저지시키려 했다. 하지만 소용이 없었다. 17대의 소련군 전차와 몇 대의 야포들이 일시에 격파되었다. 진격은 독일군 전차들이 지뢰밭에서 돈좌되어 상당 시간을 빼앗길 때까지 계속되었다. 오펠른-브로니코프스키장갑연대장은 이날이 성채작전 기간 중 자신이 경험한 가장 치열했던 날로 기억하고 있었다. 장갑연대도 8대의 전차들을 상실했다.[28]

사단의 장갑부대는 오후 늦게 216.1고지에 도착, 제7장갑사단과 함께 고지전을 준비했다. 티거와 2개 장갑중대는 북동쪽으로 돌아가고 장갑부대의 다른 전차들은 바트라즈카야 닷챠 북쪽 1.5km 지점에 있는 207.9고지 쪽으로 다가갔다. 제7, 19장갑사단의 사이를 비집고 들어간 제6장갑사단은 소련군 제73근위소총병사단을 밀어내 게르무취와 바트라즈카야 닷챠 사이의 낮은 골짜기 쪽으로 쫓아버렸다. 사단은 이어 제73근위소총병사단의 좌익에 포진한 병력을 게르무취 북쪽에서 솎아내 아예 바트라즈카야 닷챠의 소련군 진지 쪽으로 완전히 밀쳐내어 버렸다. 제6장갑사단의 503중전차대대는 21대의 소련군 전차와 몇 문의 야포들을 파괴했다. 그러나 이 날은 독일군의 공세가 너무 늦게 시작되어 오후 내내 싸워도 결판이 나질 않아 전투단은 공격을 익일로 미루고 소련군의 반격에 대비해 전방위적으로 수비진을 구성한 후 207.9고지 부근에서 야영에 들어갔다.[29]

## 제48장갑군단

28 Lodieu(2007) pp.30-34
29 Nipe(2011) p.143

그로스도이칠란트와 제11장갑사단은 오보얀 주도로를 향하는데 있어 북쪽 전구를 맡게 되었다. 두 사단의 주력은 우선 췌르카스코예(Tscherkasskoje) 부근에 남겨진 소련군 병력을 소탕하도록 하고 제11장갑사단의 일부 병력은 남쪽으로부터 마을로 연결되는 주도로상의 지뢰를 제거하게 했다. 두 사단은 췌르카스코예 북단과 페나강 남쪽 강둑 사이의 야지에 도착한 뒤 다시 두브로봐(Dubrowa)와 루챠니노(Luchanino)를 향해 북동쪽으로 방향을 틀었다.[30] 이렇게 함으로써 SS장갑군단과의 간극을 좁힐 수 있게 되어 두 사단은 프숄강을 향해 북진하여 강 북쪽의 평야지대로 진출할 수 있었다. 그리고 서쪽 전선을 맡은 제3장갑사단은 페나강변의 소련 보병과 포병진지들을 소탕하면서 제52군단의 좌익을 엄호하도록 했다. 동시에 제332보병사단은 페나강 남쪽에서 군단의 좌익을 철저히 관리하고 엄호하는 것으로 구분되었다.[31] 군단이 가장 희망하고 있었던 것은 중간과정이 어떠하건 간에 결국 프숄강까지 무사히 도달하는 것이었다.

### 그로스도이칠란트

사단의 장갑척탄병연대 3대대는 새벽이 되기 전에 췌르카스코예 서쪽 구역에서 완강히 버티던 소련군들을 제거한 뒤 두브로봐로 향한 공세를 준비했다. 췌르카스코예 동쪽에서는 사단의 퓌질리어 연대가 마을 북동쪽으로 10km 떨어진 루챠니노로 향해 소련군 제67근위소총병사단 전구에 밀어닥칠 참이었다. 오전 11시 50분 사단의 정찰대대와 돌격포대대는 췌르카스코예 북단에서 210.7고지를 향해 나아갔다.[32]

문제는 그 이전 그로스도이칠란트의 슈트라흐뷔츠 장갑부대에게 일어났다. 제11장갑사단이 오전 9시 30분에 양호한 진격속도를 보인다는 보고를 군단에 전달하고 있을 무렵, 슈트라흐뷔츠는 췌르카스코예 북동쪽에서 불과 3~4km 떨어진 지점에서 소련 제245전차연대와 한참 교전 중이었다. 슈트라흐뷔츠는 판터대대와 연락이 안 된다면 대대를 자신의 휘하에 둘 수 있도록 군단장에게 허가를 요청하게 되는데 실제 이것이 단순한 연락상의 기술적인 문제인지 슈트라흐뷔츠와 덱커 제10장갑여단장과의 불화로 인한 것인지는 분명하지 않다. 게다가 슈트라흐뷔츠의 부대가 254.5고지를 점령하여 오보얀 북쪽으로 향하는 통로를 확보했다는 보고가 사실이 아닌 것으로 판명되자 군단과 제4장갑군 사령부는 일대 혼란과 허탈감에 빠졌기에 슈트라흐뷔츠를 둘러싼 의혹과 스캔들은 계속해서 증폭되고 있었다. 슈트라흐뷔츠는 그 시각 고지를 점령한 것이 아니라 두브로봐 서쪽 241.1고지의 전차호 앞에서 교전하고 있었다.

여하간 그날 오후 9시 오토 레머의 장갑척탄병대대는 두브로봐 서쪽 어귀에 도착했고 247.2고지를 따내는 그날의 마지막 성과를 올렸다.[33] 또한, 퓌질리어 연대의 1개 대대는 췌르카스코예 북쪽의 210.7고지를 점령했으며 나머지 대대는 페나강 변의 저지대를 통과해 나아갔다. 같은 시각 그로스도이칠란트는 퓌질리어 연대가 루챠니노를 최종 함락시켜 페나강 북쪽 강둑의 교두보를 확보하게 되었다는 보고를 보냈고, 이에 군단은 제3장갑사단이 동 교두보를 통해 도하할 것을 명령했다. 동시에 제11장갑사단은 두브로봐 북쪽과 서쪽에 포위망을 형성할 것을 지시했다. 그런데 또 이

30 NA : T-313 ; roll 369, 34888/17, Clark(2011) PP.285에서 재인용
31 Newton(2002) p.85
32 NA : T-314 ; roll 1170, frame 565
33 Healy(2011) p.235

상한 일이 발생했다. 그로스도이췰란트는 아직 루챠니노의 교두보를 통해 강을 건너지 못했다는 것과 대부분은 여전히 소련군과 교전중이라는 수정보고가 들어왔던 것이다. 하루에 두 번이나 이상한 엉터리 보고가 오가는 이와 같은 상황에 폰 크노벨스도르프 군단장은 결단을 내리지 않을 수 없었다. 결론은 슈트라흐뷔츠에게 2개 판터대대를 배속시키는 것이었다. 결국 지휘관들의 갈등과 불화로 인한 혼란 속에서 슈트라흐뷔츠의 손을 들어준 것인데 대신 마인라드 폰 라이헤르트는 판터연대를 계속해서 지휘하는 것으로 정리했다.[34]

하지만 성채작전의 첫째와 둘째 날, '전차의 백작'은 욕을 얻어먹어도 쌀 짓을 했다. 7월 4일 194대의 판터를 포함해 모두 300대의 전차를 보유했던 사단은 6일 저녁 기준, 장갑연대에 겨우 33대의 전차만을 보유하고 있었다. 판터도 40~50대로 줄어들었다. 판터는 단 이틀 동안의 전투 끝에 불과 5분의 1 정도의 양만 가동할 수 있는 열악한 조건에 처했다. 이는 아무리 지뢰가 어떻고 저떻고 하건 간에 단순 통계적으로 보아 독일 장갑사단의 수치였다.[35] 이틀 동안 무려 220대의 전차를 손괴 당했다는 이야기였기 때문이다. 이러한 치욕적인 기록에도 불구하고 슈트라흐뷔츠가 독일 국방군의 전차 에이스 5걸에 포함되었다는 것은 사실 좀 재검토를 요하는 부분이다. 지휘관이 마음에 안 든다고 보고를 누락하고 연락을 게을리 한 덱커도 잘난 구석은 별로 없다. 이 중요한 전투에서 그토록 중요한 전구에서 지휘관들의 갈등으로 이와 같은 해프닝이 생겨났다는 것은 독일군의 리더쉽에 크나큰 상처를 주었음에 틀림이 없었다.

## 제3장갑사단

사단의 기본 임무는 전날과 큰 차이가 없었다. 그로스도이췰란트와 제11장갑사단이 오보얀으로 나가는 동안 군단 좌익을 엄호하고 제332보병사단은 그보다 훨씬 남쪽에서 소련군 제71근위소총병사단을 떨쳐내며 사단의 후미를 안전하게 정리하고 엄호하는 형세로 움직였다. 다만 나머지 두 사단의 진격으로 인해 군단의 우익과 좌익이 모두 길게 노출될 우려가 있어 사단은 가능한 그로스도이췰란트와 근접한 상태에서 사뷔도브카(Sawidowka)와 라코보(Rakowo)를 수중에 넣어야 했다. 그러기 위해서는 우선 페나강을 최단 시간 내 도하해 공고한 교두보를 확보해야 했다.[36]

페나강 변의 남쪽은 소련 제90근위소총병사단이 제22전차여단, 제27대전차여단, 제90소총병사단의 일부 제대, 제3기계화군단의 3개 기계화여단과 함께 독일군의 진격을 막고 있었다. 각 기계화여단에는 전차연대가 하나씩 배정되어 있었으며 이들은 모두 북쪽 강둑에 '닥인' 형태로 틀어앉아 있었다. 독일군 정찰대는 페나강 남쪽의 지류는 모두 물렁한 늪지대여서 전차의 이동이 불가능하며 다만 루챠니노 서쪽의 사뷔도브카강 변에 교량 하나가 아직 살아있다는 보고를 띄웠다. 사단은 일종의 모험으로 제6장갑연대 2대대를 급파해 교두보를 확보할 것을 계획하여 루챠니노로부터 10km, 강 남서쪽으로부터 5km 떨어진 크라스니 포취노크(Krassny Potschinok)에 집결시켰다.

오전 8시 30분, 독일군 포병대의 포사격이 진행되는 가운데 장갑부대는 강변으로 돌진, 기습적으로 교두보를 탈취하려고 했다. 장갑부대는 전방에 7중대, 좌측에 5중대, 우측에 6중대를 놓고 8중대는 라코보에서 다른 중대의 전차들을 노리는 대전차포 진지를 공략하는 방식으로 공격해 들

34 NA : T-314 ; roll 1170, frame 569
35 Barr & Hart(2007) p.112
36 Zamulin(2012) p.116

제7장갑사단 티거대대 3중대장 봘터 쉐르프 중위. 가장 많은 기록 사진에 등장하는 전차장 중 한 명.

어갔으며, 7중대가 사뷔도브카 외곽에 도착하자 소련군의 사격이 본격화되었다. 7중대 소대장 하르트무트 아셔만(Hartmut Aschermann) 중위는 최고 속도로 교량을 확보하려 했으나 바로 그 순간 소련군이 미리 장치된 폭약을 터뜨려 다리를 폭파하게 되자 평지에 노출된 독일 전차들은 일대 위기를 맞게 되었다. 교량 폭파와 동시에 야포와 대전차포의 사격이 빗발쳤고 전차들은 후퇴기동도 여의치 않은 사태에 직면했다. 그때 8중대 전차들이 달려와 연막탄을 발사, 독일 전차들을 겨냥하지 못하도록 시야를 방해하면서 퇴각로를 찾아냈다. 교량확보를 위한 이 대담무쌍한 공격은 실패로 돌아갔다.[37]

사뷔도브카는 만만치 않았다. 붸스트호휀 사단장은 추가로 포병부대를 지원받지 않는 한 돌파구를 열기가 불가능하다면서 난색을 표명하자 폰 크노벨스도르프 군단장은 제52군단의 332보병사단이 제3장갑사단의 위치로 이동하고 사단은 페나강 건너편 루샤니노에서 집결할 것을 명했다. 여기서 또 한 번의 해프닝이 발생하는데 폰 크노벨스도르프는 그로스도이췰란트의 휘질리어 연대가 거기에 이미 교두보를 확보한 것으로 잘못 알고 있었으며, 여하간 제3장갑사단은 루샤니노로 온 힘을 다해 병력을 이동시키고 말았다.[38]

## 제11장갑사단

7월 6일 제48장갑군단 전체는 오보얀 국도를 향해 거의 모두가 동쪽으로 치우쳐 전진하게 되었으며 제11장갑사단은 그 중에서도 우익을 맡고 있었다. 따라서 가장 좌측의 제3장갑사단은 페나강 쪽에서 올 수 있는 소련군의 공격을 커버하고 있었고 중앙의 그로스도이췰란트와 우측의 제11장갑사단은 SS장갑군단과의 거리를 좁혀 들어가면서 프숄강 방면을 향해 진격해 나아갔다. 만역 이대로만 된다면 사단은 강을 건너 소련군의 제2저지선을 돌파하여 전차의 기동에는 가장 안성맞춤인 평야지대로 나가게 되어 있었다. 사단이 북동쪽으로 완전히 진격방향을 전환하기 위해서는 쉐르카스코예의 소련군 수비대를 격멸하여 배후를 정리하고 마을 동쪽 246.0고지의 소련군 병력들도 일소해야 했다. 이 고지에서는 오보얀 국도로 통하는 길목을 잡을 수 있어 도로상으로 이동하는 모든 적 병력에 대한 조준사격이 가능했기 때문이었다.

새벽 3시 15분 2개 대대 병력의 장갑척탄병들이 246.0고지를 공격, 큰 힘 안들이고 오전 6시

37 Nipe(2011) p.148
38 NA : T-314 ; roll 1170, frame 567-8

30분에 점령하였으며 공병들이 동쪽으로 난 도로를 통제하게 되었다. 췌르카스코예의 적군 수비대는 화염방사기를 동원해 가옥을 불태우기 전까지는 계속해서 거센 저항을 나타내 생각보다 이곳에서 시간이 지체되었고, 고지를 석권한 다음 겨우 8시 반경에 장갑부대가 도로를 따라 시르제보(Ssyrzewo)로 향하게 되었다. 하프트랙 등의 장갑차량으로 무장한 11정찰대대의 측면엄호를 받은 장갑부대는 246.0고지에서 1.5km 떨어진 교차로 지점에서 소련군의 대전차포 공격을 받았다. 일단 소련군 진지를 격파하고 진격을 속개했으나 다시 드미트리예브카(Dmotrijewka)에 도달하자 이번에는 소련군 전차와 대전차포들의 종대와 조우했고 또다시 상당한 강도의 격전이 벌어졌다. 이때 11정찰대대는 공병중대와 함께 전차호와 지뢰매설 지대를 지나 공세정면을 우회하여 소련군 진지의 뒤로 들어가 포대와 전차들을 격파함으로써 마을 전체를 뒤흔들어 놓았다. 췌르카스코예와 달리 전투는 최단 시간 내 종결되었다.[39]

12시 30분 장갑부대는 다시 진격을 속개, 소련군 제2저지선의 끄트머리를 향해 나아갔다. 241.1고지에 잇닿은 도로에 다다르자 소련군의 전차, 대전차포, 박격포가 일제히 사격을 가해왔으며 전방은 지뢰까지 심어져 있어 일단 연막탄을 치면서 뒤로 빠져나왔다. 독일군은 공병부대가 통로를 개척하는 동안 장갑척탄병들이 기관총좌와 박격포 포대를 재빨리 구축하여 공병을 지원할 태세를 갖추도록 준비했다. 정찰대대는 돌격포대대와 함께 고지를 우회하여 남쪽 숲지대 언저리에 도달하였으나 여기서도 소련군 대전차포중대가 기습을 가해 왔다. 오후 5시 15분 정찰대대는 이곳에서 힘겨루기를 할 필요가 없는 것으로 판단하여 소련군 진지를 그냥 지나쳐 제2저지선에 도달했다.

한편, 공병들의 작업이 끝난 다음 장갑부대는 지뢰가 제거되었는데도 다소 조심스럽게 진격, 소련군 대전차포들을 신중하게 제압하고, 주변 구역을 착실하게 청소해 나가면서 오후 늦게 두브로봐 어귀의 조그만 숲 지대에 도달했다. 한편, 미리 전진했던 정찰대대와 돌격포대대는 두브로봐 동쪽에서 장갑부대와의 합류를 기다리고 있었으며 저녁 늦게 포병부대들도 가세하여 익일 공격에 대비하게 되었다.[40]

## 평주(評註)

이틀째 공격에도 라이프슈탄다르테는 루취키 북부와 야코블레보 사이의 소련군 제2저지선을 돌파함으로써 제 몫을 해냈다. 라이프슈탄다르테는 정면의 제51근위소총병사단을 유린하면서 야코블레보에 거점을 확보하고 나머지 소련군 소총병과 전차들을 포크로프카(Pokrovka)와 볼쉬에 마이아취키(Bol'shie Maiachki) 주변으로 몰아넣었다. 라이프슈탄다르테의 속공은 여타 SS사단들의 진격에 속도를 내도록 도와주었으며 SS장갑군단은 해질 무렵 루취키와 테테레뷔노에 이르는 12km 거리를 주파해 냈다. 켐프 분견군도 북부 도네츠강 쪽 교두보에서 뛰쳐나와 제7근위군의 방어진을 위협하면서 전날에 비해서는 획기적인 성과를 획득했다.

제48장갑군단이 이틀 동안 엄청난 장비의 피해를 입은 것은 전술한 바와 같으나[41] 그나마 이틀

39 NA : T-314 ; roll 1170, frame 563-7
40 Nipe(2011) p.151
41 NA : T-313 ; roll 365, frame 8.650.594

째 야코블레보에서 SS장갑군단과 연결되는 데는 성공했다. 야코블레보는 포크로프카의 남쪽, 췌르카스코예의 동쪽에 위치하고 있었다. 호트는 둘째 날 소련군의 제2저지선이 돌파되기를 희망하였으나 당일 실패로 끝났음에도 불구하고 이상하게도 '완벽한 성공'이라는 극찬을 표명했다고 한다. 제2SS장갑군단만으로도 6일 하루 동안 173대의 소련 전차와 대전차포를 파괴하였으며 1,609명의 포로를 잡는 기록을 올렸다. 소련 제5근위전차군단은 그날 수중에 있던 110대의 전차를 잃는 수모를 당했다.

문제는 6일 SS사단이 상대한 제5근위전차군단이 동쪽에서 벌써 도착했다는 것으로서 이는 제4장갑군 전체가 제2저지선을 돌파하기도 전에 소련군의 작전술 차원의 예비 기동전력이 이미 해당 전구에 모습을 드러냈다는 긴장된 순간이기도 했다. 제48장갑군단은 아직 페나강 남쪽에서 제2저지선의 전초기지 부근에 닿아 있었고 익일 오보얀 도로를 향한 북진을 계획하고 있는 중이었다. 제48장갑군단이 당초 목표대로 북쪽의 프숄강에 도달하는 것은 실패했으나 익일 공격을 위해 비교적 유리한 고지를 장악하게 된 것은 다행이었다. 게다가 군단은 소련군 방어선에 작은 규모지만 3개의 구멍을 내는데 성공했다. 이로써 제48장갑군단은 SS장갑군단과의 경계지점에 위치한 제52소총병사단에 압박을 가하면서 제22근위소총병군단이 지키는 방어선에 상당한 균열을 만들어냈다. 이 갭으로 3개 사단 모두가 빨려 들어가 그나마 첫날의 지체를 일정 부분 만회할 수는 있었다.

봐투틴 보로네즈방면군 사령관은 SS사단들의 진격이 일정하지 않아 정면은 물론 측면도 노출되고 있는 점을 간파하고 제5근위전차군단, 제31전차군단, 제3기계화군단 등 상당한 수준의 병력을 라이프슈탄다르테의 전구에 처박아 넣었다. 그러나 첫 회전에 소련군의 전차 등 장갑병력의 피해가 너무 커 봐투틴은 다시 보다 많은 대전차포의 지원 등을 요청하였으며 아울러 독일군이 예비병력을 투입하고 있다는 등의 근거 없는 보고들이 스타프카로 올라가고 있었다. 또한, 티거 중전차에 의한 소련 전차의 피해가 너무 비극적이라 아예 독일군 전차의 수를 부풀려 보고함으로써 창피한 전황보고를 희석시키려 했는지는 모르지만 당시 소련군은 티거가 수백 대 다가오고 있는 것으로 보고하고 있었다. 7월 6일, 라이프슈탄다르테는 겨우 4대, 다스 라이히가 10대, 토텐코프는 해당 전구에 있지도 않았지만 여하간 6대의 티거를 보유하고 있었다.[42]

소련군은 의도하건 하지 않건 대전 전체를 통해 정확한 통계를 제시한 적이 별로 없었다. 독일군은 자신들이 패배하는 순간에도 꼼꼼한 통계치를 확보, 관리하고 있었으나 소련군은 창피하면 덮어두거나 아니면 있지도 않은 사실을 날조해서 공표하는 경우가 허다했다. 예컨대 대전 말기인 1945년, 소련은 마지막 6개월 동안 소련군과 독일군 전차병들의 실력차가 급격하게 줄어들어 이전에는 상호격파비율이 6:1, 8:1, 심지어 10:1에 가까운 일방적인 독일 우세였으나 막바지에는 1.2:1로 떨어졌다는 통계를 발표했다. 1945년 당시 소련군은 총 10,000대의 전차를 굴리고 있었음에 비추어 1.2:1이라면 독일군은 8,500대의 전차를 가지고 있어야 했다. 그러나 1944년 12월~1945년 5월경 서부, 동부전선 전체에서 독일군의 전차는 1,200대 미만에 불과했다.[43]

쿠르스크전 전체를 통해 독일군 전차 1대가 파괴될 때마다 소련 전차는 8대가 사라졌다. 소련군이 1941, 1942년의 경험을 토대로 많이 진화했다고는 하지만 1943년 여름에는 여전히 독일군보

42 NA : T-313 ; roll 368, frame 8.654.290
43 Restayn(2007) p.157

다 서너 수 아래였다. 그런 측면에서 소련 제1전차군 사령관 카투코프가 전차를 참호에 박아 정지된 상태에서 독일군을 상대하겠다는 수비형 전술은 평야지대에서 여전히 독일군이 전술적, 기술적 우위를 가지고 있다는 전제를 두고 내린 결정이었다. 실제로 소련군은 독일군보다 숨어서 방어하는 데는 탁월한 재능이 있었다. 그런데 여기서 또 한 가지 모순은 소련군의 주장대로 SS사단의 전차를 하루에 95대나 격파한 군대가 왜 수비로 전환하는가에 있었다. 소련군의 전황보고가 엉터리이건 어떻든 간에 이 전투의 결정적인 차이는 예비가 있는 소련군과 예비가 전혀 없는 독일군의 양적 격차에 있었다.

봐투틴은 부하 장군들 보고의 진실성 여부에 관계없이 상부에 졸라 대어 제10전차군단의 165대의 전차, 제2전차군단의 168대의 전차를 추가로 지원받았다. 또한, 제7근위군을 지원하기 위해 제35근위소총병군단의 병력 일부를 배치하고, 독일군의 진격이 예상되는 야코블레보-프로호로프카 축선에 대해 2개 전차여단과 1개 대전차여단을 투입, 제1전차군과 제5근위전차군단의 연결고리 역할을 담당하도록 조치했다. 봐투틴은 일단 2개 전차군단의 이 정도 병력이면 프숄강 남쪽에서 치고 들어오는 독일군의 전진을 막을 수 있는 충분한 지원세력이 될 것으로 간주했다. 게다가 전투 개시 2일째 벌써 소련군은 사상 최초로 전략적 예비로 남겨 둔 코네프의 스텝방면군을 풀기 시작했다. 그 결과 스탈린의 직접 지시에 따라 로트미스트로프(P.Rotmistrov)의 제5근위전차군이 프로호로프카를 향해 쾌속으로 이동해 오게 된다.[44] 동부에서 전략적 예비가 벌써부터 발진했다면 이는 당연히 독일군에게는 치명적인 적신호일 것인데, 이상하게도 독일 정찰부대는 이를 포착하지 못했다. 만슈타인도 호트도 소련군이 이토록 빨리 움직일 것이라고는 예상치 못했다. 이러한 착오는 아무리 독일병정들의 질이 뛰어나도 밑바닥이 보이지 않을 정도로 끊임없이 밀고 올라오는 소련군의 인적, 물적 자원의 투입이 얼마나 막강한 것인지를 여실히 실감하게 된다. 소련군은 미국과 마찬가지로 무제한 물량공세의 이점을 스스로 깨닫기 시작하고 있었다.

## 북부전선(중앙집단군) : 7월 6일

이 날은 로소콥스키가 먼저 치고 나왔다. 소련군 제4포병군단은 오전 4시 50분 포돌얀 부근에 집결한 제47장갑군단에 대해 엄청난 화포사격을 퍼부었다. 모델은 당초 작전 이틀째는 하르페의 제41장갑군단과 레멜젠의 제47장갑군단만 공세에 개입하도록 예정했으나 계획을 일부 수정해 측면에 포진한 여타 2개 군단도 동원하되 첫째 날 점거하지 못한 구역에 한해 제한적인 공세만을 펼치도록 요구했다. 쪼른의 제46장갑군단 구역에는 제31보병사단이 오전 9시 10분에 그닐렛츠(Gniletes)를 따 냈으나 남쪽으로의 진군은 두터운 지뢰밭과 보병진지의 완강한 저항으로 인해 돈좌되었다. 또한, 동쪽의 육군 제23군단 구역에서는 12대의 훼르디난트와 19대의 돌격포 지원을 받는 제78돌격사단이 253.5고지를 공격했음에도 불구하고 여하간 측면공격의 시도는 별다른 수확을 얻지 못하고 있었다.

로코솝스키는 로딘(A.G.Rodin) 휘하의 제2전차군 소속 제16, 19전차군단을 새벽에 동원하여 독

44 Rotmistrov(1984) pp.175-7 스텝방면군 사령부는 7월 5일, 바하로프의 제18전차군단을 로트미스트로프의 5근위전차군에 배속시킨다는 전화통화를 한 다음, 7월 6일, 코네프 방면군사령관이 로트미스트로프를 직접 찾아와 보로네즈방면군으로의 편입을 위해 스타리 오스콜 남서쪽 지점으로 이동할 것을 명했다. 이동의 1파는 제18, 29전차군단이, 2파는 제5근위전차군단과 여타 제대가 따르는 것으로 예정되었다.

505중전차대대 소속 티거가 비교적 근거리에서 표적을 명중시킨 순간

일군의 선봉을 때리도록 지시했다. 그러나 실제 전투에 참여한 것은 제16전차군단만이 가능했으며 동 군단은 제13군의 2차 저지선에 해당하는 제17근위소총병군단 구역을 통과하여 진격해 들어가야 하는 문제로 인해 상당한 이동시간이 요구되었다.[45] 제16전차군단은 오전 10시 40분이 되어서야 공세에 나설 수 있었으며 그나마 제107, 164전차여단이 축차적으로 투입되는 수준에 그쳤다. 그러나 그 마저도 정찰이나 포병대의 지원도 없이 100대 가량의 전차들만이 평원지대로 내달게 되는 졸속준비로 말미암아 막대한 피해를 입는 것이 불가피했다. 이쪽 구역은 보브리크(Bobrik) 부근으로 자우뮌트 소령의 티거들이 수 km가량의 개활지를 전진해 T-34들의 사정거리 밖에서 포진하여 소련군들을 기다리고 있었다. 소련 제107전차여단의 사령관 텔리아코프(P.N.M.Teliakov)는 경험이 많은 출중한 전차병 출신이었지만 소련 전차의 사정거리 밖에서 쏘아 대는 티거의 주포 사격에는 어찌할 도리가 없었다. 제107전차여단이 가진 50대의 전차 중 46대의 소련 전차들이 스나이퍼 전차에 당한 것처럼 파괴되었으며, 제164전차여단은 티거들을 피해 다른 곳으로 우회했으나 하필 제2장갑사단과 맞닥뜨려 23대의 전차를 상실했다.[46] 소련 제16전차군단은 이날 하루 동안 총 200대의 전차를 굴렸으며 독일 505중전차대대가 그 중 69대를 격파하면서 잔존 병력을 올호봐트카(Olkhovatka) 고지 부근까지 격퇴시키는 결과를 얻어냈다. 제16전차군단은 이래저래 상당수의 전차들을 격파 당했으나 그 와중에 독일 전차 10대를 격파시키는 기록을 올렸다. 이에 로딘의 제2전차군은 더 이상의 공세가 실익이 없음을 판단하고 스노봐(Snova)로 이동하여 재집결의 시간을 가졌다.

소련군 제16항공군은 둘째 날 독일 전차들에 대한 맹폭을 위해 다량의 대지공격기들을 동원했

45 Glantz & House(1999) p.117
46 Glantz & House(1999) p.93

다. 그러나 지상군과의 조율과 연락 제한으로 독일 제51전투비행단 소속 포케불프 Fw-190 전투기들에 의해 15대가 격추당하는 실수를 저질렀다. 단 오전 7시에 개시된 제299대지공격항공사단의 출격 때는 Il-2 슈트르모빅이 겨우 1대 격추당하는 수준으로 피해를 막아낼 수 있었다. 독일 제6항공군은 제47장갑군단의 지원을 위해 전폭기들을 집중적으로 동원했으며, 소련 제16항공군은 이를 저지하기 위해 하루 총 1,000회의 출격을 달성하는 등 분주하게 움직였으나 양군 전투기 조종사들의 기량 차이로 인해 상호 격추 비율은 비참한 지경에까지 도달하고 있었다. 독일군은 총 11대를 잃은 데 반해 소련기들은 무려 91대가 격추당했다. 전날보다 상호 격추비율은 더 벌어졌다. 제6전투기군단은 이를 저지하기 위해 무진 애를 썼음에도 불구하고 이틀 동안의 공중전을 통해 총 110대 중 62대를 상실했다.

로딘의 제2전차군이 너무 공격을 서두른데다 루프트봐훼가 제공권을 장악하자 모델은 정오께 공세를 속개하기로 했다. 목표는 간단히 말해 소련 제17근위소총병군단이 지키는 사모두로프카와 포늬리 사이의 제2저지선을 돌파하는 것으로서, 제2장갑사단과 자우뵌트의 티거들이 올호봐트카(Ol'khovatka)를 향해 남진해 들어가고 제20장갑사단이 소련 제70군이 취할 수도 있는 측면공격에 대비하면서 좌익을 엄호해 나가고 있었다.

중앙에는 제9장갑사단이 제6, 292보병사단과 함께 스노바강 계곡부근을 밀고 들어갔다. 단 하르페의 제41장갑군단은 포늬리를 향해 정면으로 공격하지 않고 제18장갑사단과 제86보병사단이 포늬리 북쪽에 남아 있는 제81소총병사단을 치고 나가도록 지시했다. 이로 인해 제81소총병사단이 이틀 동안의 전투 끝에 2,518명의 병력을 상실하여 거의 붕괴 직전에까지 도달하게 되자 푸호프 제13군 사령관은 제307소총병사단과 제129전차여단을 보내어 포늬리를 사수하도록 명령했다.

푸호프는 이어 제1442자주포연대도 포늬리로 급파시키면서 독일 653중장갑엽병대대의 훼르디난트를 대적하도록 하였다. 이날 다수의 훼르디난트와 티거를 파괴했다는 소련군의 프로파간다와는 달리 800m 거리에서 SU-152 구축전차에 의해 피격당한 단 한 대의 훼르디난트가 완파되었을 뿐이었다.

소련 제81소총병사단은 사력을 다하고 있었으나 오후 5시 제18장갑사단과 12대 정도의 훼르디난트가 포늬리 북쪽 외곽에 모습을 드러내자 타개책을 강구하지 않을 수 없었다. 제81사단은 막강한 화력을 구비한 제307소총병사단에게 전구를 이양하고 뒤로 빠졌으며 그 무렵 제3전차군단과 포병부대의 중화기들이 포늬리 남쪽에 도착함으로써 한판 크게 붙을 수 있는 상당한 규모의 지원 전력을 확보했다. 제307소총병사단에는 제5돌격포병사단 전체 병력과 카츄사 다연장로켓 2개 여단 및 제13대전차여단이 배속됨에 따라 동부전선 전 시기에 있어 1개 소총병사단이 무려 380문의 화포를 보유하게 된 것은 사상 초유의 일로 기록되어 있다.[47]

독일군 제9장갑사단은 정면돌격이 과다출혈을 발생시킬 것으로 판단, 무메르트 전투단(Kampfgruppe Mummert)과 슈마알 전투단 (Kampfgruppe Schmahl)이 스노봐강 방면을 향해 북서쪽에서부터 포늬리를 잘게 썰어 들어가는 방식을 취했다. 마침 스노봐 주변에 주둔하고 있던 소련군 제16전차군단은 슈마알 전투단의 접근을 적절히 차단하면서 일정 부분 피해를 입혔다. 동시에 봘터 쉘러(Walter Scheller)의 제9장갑사단 나머지 병력은 오후 10시 15분 스노봐강 변에 교두보를 확보하고

47 Forczyk(2014) p.55

서쪽에서부터 포늬리로 접근했다. 한편, 하르페 군단은 겨우 1차 저지선상의 소련군 수비대를 몰아내고 진격해 들어갔으나 제2저지선은 보다 강고한 수비진이 버티고 있어 여하한 충격도 주지 못한 채 다음 날을 기다리게 되었다.[48]

레멜젠의 제47장갑군단은 올호봐트카를 향해 티거들의 지원을 받는 제2장갑사단을 앞세워 남진하고 있었다. 소련군은 마침 제17근위소총병군단이 길목을 지키며 제6, 70, 75소총병사단을 전개하고 그에 앞서 이미 제2장갑사단의 전차들이 새로 깔아 놓은 지뢰들에 시달리고 있었다. 더욱이 잘 위장된 대전차포들은 비교적 높은 갈대숲에 포진시킬 경우 겨우 1m 높이밖에 되지 않는데 반해 독일 전차들은 최소한 2.6m의 높이를 유지하게 되어 소련군 대전차포가 먼저 갈기게 되면 승부는 곧 결판이 나게 될 취약한 상황에 처해 있었다. 한편, 거기에는 제2전차군이 측면에서 독일 전차들을 협격할 예정이어서 제2장갑사단의 진격은 상당한 애로를 경험하게 되었다. 12대의 티거들이 지뢰에 발이 묶여 있었다. 더욱이 부품을 현지에서 즉각 조달 수가 없어 중앙집단군 중 가장 강하다는 독일군 제2장갑사단의 기동전력은 제6근위소총병사단 전구 앞에서 붙잡혀 있었으며 늦은 오후에는 제70, 75근위소총병사단까지 합세하여 진격을 정지당하고 말았다. 오후 5시 30분에는 소련군 제19전차군단이 레멜젠 군단의 우익에 대해 반격을 전개하고 일시적이나마 제20장갑사단을 혼란에 빠트리게 하기도 했다. 소련 제19전차군단은 오후 6시 30분경까지 거의 150대에 가까운 전차들을 독일군 공세의 정면에 포진시키면서 제47장갑군단의 의욕을 꺾어 놓는 데 기여했다.[49] 제20장갑사단은 독일공군기의 근접항공지원으로 겨우 이 위기를 탈출, 30대의 T-34와 1대의 SU-76 구축전차를 파괴시키면서 한숨을 돌리게 되었다. 6일, 제47장갑군단은 합계 157대의 소련 전차 격파를 기록했다.

둘째 날 제9군은 겨우 2~4km를 진격한데 반해 전사자 및 행방불명 645명을 포함한 총 2,996명의 피해를 당하는 불운에 처했다. 이 순간에도 모델은 적의 공고한 진지 한 가운데로 기동전력을 쏟아 붇는 것은 극도로 자제하면서 제9, 18장갑사단은 휴식을 취하도록 하고 익일 공격은 제86 및 292보병사단에게 일임할 구상을 가지고 있었다. 한편, 모델은 소련 제13군의 2차 저지선이 전혀 손상되지 않은 점을 고려하여 익일 공격에는 그간 예비로 두었던 에세벡크 전투단(Kampfgruppe Esebeck)을 투입하여 제12장갑사단의 전투단을 차출함과 동시에 제4장갑사단으로 하여금 제47장갑군단의 공세 재개를 지원하도록 포진시켰다.

48 Mehner(1988) p.97
49 Klink(1966) p.255

# 5 3일째의 진로수정 : 7월 7일

## 제2SS장갑군단

SS장갑군단은 프로호로프카와 카르테쉐브카(Karteschewka) 사이의 고지를 점령하여 쿠르스크로 향하는 길목을 확보하라는 지시에 따라 북동쪽으로 전진을 서둘렀다. 제48장갑군단은 페나강 동쪽을 통과해 SS사단들과의 간격을 좁히면서 북진하도록 예정되어 있었다. 하우서 SS장갑군단장은 이틀 동안 라이프슈탄다르테와 다스 라이히가 너무 많은 피해를 입었기 때문에 그나마 전투강도가 상대적으로 낮았던 토텐코프의 99대의 전차를 공세에 가담시키기를 희망하고 있었다. 라이프슈탄다르테와 토텐코프의 선도부대는 아침 5시 45분 북부 루취키로부터 프숄강 언저리의 그레스노예 방면으로 거의 같이 움직이고 있었다. 이로 인해 토텐코프가 프숄강 공세에 나서려면 제167보병사단이 해당 전구를 커버해 주어야 했기에 그와 동시에 제167보병사단은 7월 9일까지 쇼피노(Schopino)-넵차예보(Nepchajewo) 구간의 수비를 맡도록 재배치되어야 했다. 다만 다스 라이히와 토텐코프의 간격을 좁히는 것이 쉽지는 않았다. 다스 라이히는 남부 루취키로부터 남부 테테레뷔노를 향해 동진하면서 소련군의 제2저지선상에 가장 강력한 요새를 구축하고 있는 지점을 통과하려고 했다. 프로호로프카 남서쪽으로 약 12km 이상 떨어진 지점에 위치한 테테레뷔노는 남쪽에서부터 프로호로프카로 접근하기 위한 프숄강과 도네츠 사이의 일종의 관문에 해당했다. 헤르만 호트 제4장갑군 사령관은 어차피 동쪽으로부터 소련군의 예비 기동전력이 움직일 것이라는 것을 고려하여 차제에 이들이 강을 건너오기를 기다려 적 병력 전체를 괴멸시키는 방안을 구상 중이었다. 즉 그저 소련군 전차부대들을 강 쪽으로 밀어붙이는 것이 아니라 강을 뒤에 둔 소련군을 아예 없애버리자는 계획이었다.[01]

### 라이프슈탄다르테

3월 6~7일 밤 소련군 전차들이 루취키 북부와 테테레뷔노 북쪽 사이의 긴 도로를 따라 기습을 전개해 왔다. 이 도로는 제2SS장갑척탄병연대의 두 대대가 산개하여 지키고 있었으며 수리 중인 티거까지 배치되어 있었다. 티거가 옆에 있는 줄도 모르고 접근한 소련 T-34 3대는 그대로 티거의 밥이 되고 말았다. 선두 전차를 격파한 티거는 이어 두 번째와 세 번째 전차도 명중시켰고 마지막 전차는 겨우 10m 거리에서 관통시킬 정도로 근접해 있었다. 그 후에도 소련 전차들이 어슬렁거렸으나 테오도르 뷔슈 사단장은 산발적인 시비로 판단하고 프로호로프카를 향해 그대로 진격할 것을 명했다. 공격준비 중인 오전 6시에 다시 6대의 소련 전차가 보병들과 함께 테테레뷔노를 치고 들어왔고 라이프슈탄다르테는 아침 워밍업 겸 보병들을 구타, 그중 T-34 전차 두대는 육박공격으로 파괴했다. 이어 오전 8시 50분 제100전차여단 소속의 T-34 30대가 테테레뷔노 쪽을 향해 공략

01 Nipe(2011) p.159

해 들어와 미리 지원 차 와 있던 루돌프 잔디히의 2대대 전초기지들을 제압하면서 대대를 마을 안쪽으로 몰아세웠다. 잔디히는 소련군들이 마을로 들어와 수비진을 설치하려 하자 다시금 마음먹고 반격을 전개, 소련군을 격퇴시키면서 잠시 동안 잃었던 구간을 회복했다. 라이프슈탄다르테는 이 전투에서만 카투코프 제1전차군 소속 20대의 전차들을 격파했다.[02] 소련 전차들은 다시 마을을 나와 테테레뷔노 부근 언덕을 향해 진격했으며 이때 언덕의 뒤쪽에는 요아힘 파이퍼의 하프트랙대대와 장갑대대가 휴식을 취하고 있는 중이었다. 안개로 인해 시계가 어두운 가운데 소련군 전차의 기습으로 독일군 진지는 일시적으로 혼란에 빠졌으나 이내 평심을 회복하고 전차병들이 전차에 올라가 소련군과의 교전에 돌입했다. 파이퍼가 중상을 당했다는 등의 헛소문이 나도는 가운데 양군 전차와 장갑차량들은 루취키 북부, 테테레뷔노와 프로호로프카 구간 국도 11km 구간을 놓고 치열한 공방전을 벌이게 되었다. 실제로 파이퍼의 하프트랙대대는 아침 7시부터 테테레뷔노와 프로호로프카 구간 도로상에서 무려 5시간 동안이나 격전을 치르고 있었다. 최초 16대의 전차가 파이퍼 대대를 향해 달려들었고 시간이 갈수록 T-34들이 증가되었으며 독일군들은 그중 5대를 격파하기는 했으나 전차수가 딸려 상황은 악화일로를 치닫고 있었다. 파이퍼는 소련군에게 포위당할 우려가 있어 연대본부에 구출을 타전하였으며 무선연락이 당도하기도 전에 폰 립벤트로프 중대의 티거 2대가 나타나 문제를 해결하기에 이르렀다. 폰 립벤트로프의 티거는 추가로 6대 이상의 소련 전차들을 격퇴하고 경상을 입은 파이퍼를 군병원으로 이송케 했다.[03]

이즈음 알베르트 프라이의 제1SS장갑척탄병연대는 소련 제3기계화군단, 제1근위전차여단 및 제31전차군단이 사단의 좌익을 위협하고 있는데 대해 포크로브카에서 제1근위전차여단과 지원 보병 병력들을 쫓아내는데 성공했다. 소련군 제1전차군 사령관 카투코프는 다시 제49전차여단이 제100전차여단과 합세하여 80대의 전차로 포크로브카의 독일군을 소탕하도록 지시했다. 그러나 운이 나빴던 것이 60대 가량의 소련 전차들이 야지로 나왔을 때 슈투카와 메써슈미트가 기다리고 있어 전차의 상당부분은 하늘로부터 격파당하는 운명에 처하고 말았다. 나머지 전차들은 보병들을 태우고 독일군 방어진으로 전진하였다. 프라이의 연대는 소련군 병력을 너무 근접한 거리까지 침투시킨다면 보병과 전차들을 동시에 상대해야 한다는 부담을 고려, 독일군 기관총좌들은 원거리 사격을 통해 일단 소련군 전차에 타고 있던 보병들이 뛰어내리게 해 전차와 격리시키도록 처리했다. 하늘과 지상에서 협공당한 소련군 전차들은 엄청난 화염에 휩싸였고 결과적으로 소련군은 이날 포크로브카 점령에 실패했다. 소련군은 이때도 독일 전차 30대가 있었다고 허위보고를 하게 되나 라이프슈탄다르테의 전차들은 테테레뷔노 북쪽에서 제5근위전차군단들과 싸우고 있었기에 포크로브카에는 단 한 대도 없었다.[04]

테테레뷔노 북부에서 교전중인 라이프슈탄다르테는 이전에도 그랬지만 전차 간의 교전보다는 지뢰와 대전차포에 걸려 희생이 된 것들이 더 많았다. 사단은 3월 7일 밤에 33대의 4호 전차, 4대의 3호 전차, 4대의 티거를 포함 도합 41대의 전차와 5대의 지휘전차만을 보유하고 있었다. 3일 동안 51대의 전차 손실을 보았고 7일 하루 동안의 인명피해는 전사 24명, 부상 166명을 포함, 190명의 사상자가 있었다. 대신 7일 하루 동안 사단은 82대의 전차, 23문의 야포, 소련공군기 12대를 격

02 Agte(2007) p.62, Lehmann(1993) p.218
03 Lehmann(1993) p.219
04 Weidinger(2008) Das Reich IV, pp.88-9, Lehmann(1993) pp.217-21

슈투카의 황제, 한스-울리히 루델. 쿠르스크전 기간을 통해 약 100대의 적 전차를 격파한 것으로 기록되어 있다. 전차 격파를 제외하더라도 무려 32번이나 피격되어 살아남은 불사신과 같은 존재로, 44년 드니에프르 강에 추락했을 때는 동료들이 영하의 기후 속에 익사했음에도 불구하고 자신은 헤엄을 쳐 우군 진지로 회귀하는 드라마같은 일도 있었다.

파, 격추하고 244명을 포로로 잡았다. 라이프슈탄다르테는 이날도 제48장갑군단의 육군사단들에 비해 가장 많은 돌파를 달성하여 약 8km 정도를 침입하였으며 여타 사단들이 속도를 맞추지 못해 사단의 좌익이 크게 노출됨에 따라 제1SS장갑척탄병연대 전체 병력을 포크로브카에서 군단의 좌측면에 붙이게 되었다. 그로 인해 사단은 상당한 전과를 획득했음에도 불구하고 소련 제1전차군(100, 237전차여단)의 방어선을 결정적으로 붕괴시키지 못한 채 더 이상의 진격이 가능하지 않은 상태로 그날을 마무리하게 되었다.

## 다스 라이히

다스 라이히는 이날 북쪽의 오세로브스키(Oserowskij)와 남쪽의 남부 테테레뷔노에 걸쳐 포진하고 있었다. 사단의 제2SS장갑연대는 남부 루취키의 오세로브스키에서 집결, 테테레뷔노 북쪽에서 진격중인 라이프슈탄다르테를 지원하기 위해 해당 구역으로 공격해 오는 소련군을 방어하는 임무를 맡았다. 그러나 그 전에 사단 정면으로 상당한 수의 소련군 전차들이 이동하고 있다는 정찰보고에 따라 뵐터 크뤼거 사단장은 돌격포대대를 동원해 사단의 우익, 즉 동쪽을 엄호하도록 조치했다. 소련 제5근위전차군단은 전날에 이어 라이프슈탄다르테를 우선적으로 타격하고, 제2근위전차군단은 다스 라이히와 토텐코프 사이의 갭을 노릴 것으로 예상되었다.[05]

사단의 장갑연대는 새벽 3시 30분부터 공세를 개시하였으며 마침 이 날은 독소 양측의 전투기와 전폭기들이 제공권 장악을 위해 적극적으로 공중전을 펼치고 있을 때여서 전투의 양상은 매우 입체적으로 전개되고 있었다. 일단 지상군들이 적 항공기에 노출되면 항공기 자체의 공격도 공격이지만 정찰연락을 받은 적의 포격이 즉각 이루어짐에 따라 현장을 바로 벗어나지 않으면 큰 낭패를 당하기 일쑤였다. 이날은 저 유명한 독일공군의 전차격파 에이스 한스-울리히 루델(Hans-Ulich Rudel)이 37mm 대전차호를 탑재한 융커스 Ju 87G 슈투카를 타고 소련 전차를 공격한 것으로 기록되어 있다. 루델은 단 하루 동안 12대의 T-34를 격파했다.[06] 또한, 2차 세계대전 종식 마지막 날

05 NA : T-354 ; roll 605, frame 555

06 골수 나치인 '창공의 자객' 루델은 대전 마지막 날까지 총 519대의 적 전차, 800대의 차량들을 파괴한 믿기지 않는 전과의 주인공으로 전함, 구축함, 순양함을 각각 1척씩 격침시켰음은 물론, 총 출격횟수만 2,530회에 달했다. 급강하폭격기 슈투카에 37mm 대전차포를 탑재하여 T-34를 사냥하게 된 것은 그 자신이 스스로 창안한 방법으로 알려져 있다. 다만 이 경우 엄청난 하중에 따른 조종의 난이도로 인해 고도의 훈련과 실전을 거치지 않은 초심자들은 탑승 자체가 불가능한 종류였다. 루델은 느린 슈투카를 타고서도 소련 전투기 7대,

까지 적기 352대를 격추하여 전 세계 격추왕 1위에 랭크되어 있는 에리히 하르트만(Erich Hartmann)의 메써슈미트 Me-109가 7일 공중전에서 소련 전투기 7대를 격추한 것으로 기록되었다.[07]

우크라이나의 검은 악마, 에리히 하르트만. 1942년 10월이라는 늦은 시기에 참전한 이래 오로지 러시아 전선에서만 최단기간 내에 825회의 공중전에 뛰어들어 역사상 최고의 격추왕으로 등극했으며, 종전 당시까지 살아남은 희대의 천재이자 행운아. 16회나 불시착했으나 단 한 번도 부상을 입지 않았으며 적의 포로가 되었을 때도 자력으로 탈출했다.

오전 6시 장갑부대의 선봉은 테테레뷔노 북부 외곽으로 연결된 국도를 따라 북동쪽으로 진격했다. 항공정찰에 따르면 테테레뷔노 남동쪽에서 수 km가량 떨어진 야스나야 폴야나(Jasnaja Poljana) 부근으로 소련 전차들이 집결하고 있는 것으로 파악되었으며 테테레뷔노 북쪽에도 제5근위전차군단이 사단 쪽으로 접근하고 있는 것으로 감지되었다.[08] 사단은 별다른 교전 없이 7시 30분까지 발진지점으로부터 8km 떨어진 지점에 도달했다. 오전 9시 20분 북서쪽에서 35대의 T-34들이 공격해 왔으며, 오전 10시 30분에는 제22근위전차여단 소속 30대의 T-34들이 측면에서 장갑대대를 치고 들어왔다. 순간적으로 두 전차부대들이 격돌했고 7대의 티거와 15대의 소련군 노획전차를 포함, 총 92대의 전차를 보유한 장갑대대는 소련 전차들을 격퇴, 도주한 T-34들은 야스나야 폴야나로 숨어 들어갔다. 그러나 거기서도 슈투카의 공습을 받아 몇 대의 전차가 파괴되고 잔여 소련군 전차들은 북쪽으로 퇴각하였으며, 장갑대대는 별다른 피해 없이 테테레뷔노 북부에 도달하였다.[09] 7월 5일 총 200대의 전차를 동원했던 제5근위전차군단은 이틀 동안 100대를 상실하는 피해를 입었다.

장갑부대가 북진하는 동안 장갑척탄병들은 사단의 동쪽 측면을 회생시키기 위해 거의 하루 종일 전투에 휘말리고 있었다. '데어 휘러' SS연대는 2SS정찰대대와 함께 토텐코프 사단과 경계를 이

대지공격기 2대, 계 9대를 격추시킨 희귀기록도 지니고 있으며, 전군에 단 한명에게만 수여된 다이아몬드 황금백엽검 기사철십자장을 수여받았다. Kleitemann(1981) p.26

07 독일공군의 전설 에리히 하르트만은 1,405회 출격, 825회의 공중전, 불시착 16회(부상 전무)를 기록한 희대의 화이터로 1945년 5월 8일 대전 마지막 날 소련의 야크기 1대를 끝으로 통산 352대의 격추를 달성하는 전대미문의 대위업을 달성했다. 당연히 전 세계 격추 서열 1위. 1944년 3월 202대 격추시 소련공군은 그의 목에 현상금을 달 정도였으며, 그해 8월 24일에는 하루에만 11대를 격추시킴으로써 총 300대 격추에 도달, 다이아몬드 백엽검 기사철십자장을 받았다. 1944년 1~2월 동안 50대를 격추한 것을 포함, 한 해에만 172대를 격추시킴에 따라 연간 격추기록 또한 전무후무한 대기록을 갱신했으며, 소련기 뿐만 아니라 1944년 6월에는 당시로서는 세계 최강이었던 미 공군의 P-51 무스탕과도 조우해 4대를 파괴했다. 쿠르스크전에서는 7~8월 동안 총 90대를 격추한 것으로 집계되어 있다.

08 NA : T-354 ; roll 605, frame 556

09 NA : T-354 ; roll 605, frame 555
다스 라이히장갑연대 6중대 소속의 티거 1대는 이날 총 8대의 적 전차를 격파한 것을 시발로, 8일에는 10대, 10일에는 6대를 차례로 격파하는 기록을 남겼다. Stadler(1980) p.113

프숄 강 방면으로 진격 중인 다스 라이히의 티거들. 3, 4호 전차들을 선도하고 있다.

루는 페트로브스키에서 빠져 나와 동 마을 북쪽의 소련군을 소탕하고 테테레뷔노 남쪽을 장악하였다. '데어 휘러' 3대대는 칼리닌을 통과해 벨고로드-프로호로프카 철도구간상의 소련군 병력들을 공격하고 오후에는 연대의 포병부대가 테테레뷔노 남쪽과 철도선 사이의 요새화된 언덕 쪽을 향해 집중포사격을 실시하였다. 이후 밤이 되자 대대의 10중대가 소련군이 장악하고 있는 철도역을 공격해 들어갔다. 하인츠 붸르너(Heinz Werner) SS중위가 선두에 서서 공격을 지휘했으나 소련군의 매서운 사격에 중상을 당해 지휘권을 요아힘 크뤼거(Joachim Krüger)에게 넘겼고, 크뤼거 SS소위는 역시 공격 팀의 맨 앞에 서서 지휘하다 두 번이나 부상을 당했다. 그러나 크뤼거는 다시 일어나 '닥인' 상태의 소련 전차를 대전차지뢰로 격파하고 소련군 주력이 있는 진지 어귀로 자신의 부하들을 이동시켰으며 장악한 철도선 구역은 15중대에게 인계하였다. 이때 크뤼거 SS소위는 총탄이 자신의 바지를 관통하여 찢어지게 되자 바지를 벗어버린 뒤 팬티만 입은 상태로 돌격을 계속했던 것으로 전해지고 있다. 이들 두고 SS대원들은 '총통을 위해 어떤 일이라도.....'라는 죠크를 남겼다.[10]

한편, 소련 제2근위전차군단은 칼리닌 지구에서 겨우 소대 규모의 전차 공격을 시도한 뒤 한스-울리히 루델의 슈투카에게 간단히 격퇴당했으며, 대신 보병과 함께 제2SS포병연대의 1대대 전구를 친 전차병력들이 칼리닌 안으로 들어와 본부를 기습하는 일이 벌어졌다. 제1포병대대장 칼-하인츠 로렌쯔(Karl-Heinz Lorenz) SS대위는 부하들과 전차에 맞서 T-34 몇 대를 격파시키면서 잔존 병력을 외부로 쫓아냈다. 로렌쯔는 대대본부가 기습당했다는데 열을 받아 소련군을 추격, 박격포탄이 비 오듯 쏟아지는 와중에도 자신의 지휘차량에 서서 꼿꼿하게 진두지휘하는 용맹을 과시했다.

10 Weidinger(2008) Das Reich IV, pp.146-7, Showalter(2013) p.121

종종 라이프슈탄다르테로 표기되곤 하는 다스 라이히 장갑척탄병들의 사진. 전선으로 이동중인 병사들에게 수면 부족으로 피로에 지친 기색이 역력하다.

로렌쯔는 이때의 반격과 그 이전의 전공을 합해 1943년 8월 7일, 독일황금십자장을 수여받았다.[11] 밤이 되자 사단은 테테레뷔노 북쪽에서 수비태세를 갖추고 '데어 휘러'는 칼리닌에서 페트로브스키 사이의 8km에 달하는 동쪽 측면을 관리하고 있었다. '도이췰란트' SS연대도 테테레뷔노 북쪽에 자리를 잡았으며 이날 사단은 여전히 6대의 티거, 14대의 T-34(노획전차)를 포함, 88대의 전차를 확보하고 있어 당일 날의 피해는 극히 미미한 수준인 것으로 판단되었다. 사단은 소련 전차 35대를 격파했다.[12]

## 토텐코프

사단의 장갑연대는 벨고로드 북쪽 곤키(Gonki)에 집결했다. 사단은 현 방어구역을 익일 제167보병사단에게 인계하고 보다 북동쪽으로 진격해 들어갈 참이었다. 소련 제26근위전차여단 소속의 T-34들이 강변 서쪽에 포진하면서 7일 새벽 곤키 북쪽의 독일군에게 슬슬 시비를 거는 일이 발생했다. 또한 그보다 더 큰 전차부대가 곤키 북서쪽 수 km가량 떨어진 지점으로 진격중이라는 보고가 들어와 사단은 네벨붸르훠 로켓 공격으로 화망을 형성하면서 선제공격을 준비했다. 제3SS장갑연대 2대대와 오토 바움의 '토텐코프' 연대 1대대가 소련군 전차들이 가장 밀집한 지역의 측면을 타격할 참이었으나 오히려 소련군의 집중 화포사격이 잇따라 전개되어 사단의 공격부대 전열은 한참 뒤틀리고 있었다. 소련공군도 공격에 합세했으며 그다지 큰 피해는 주지 못한 상태에서 알프레

11 Nipe(2011) p.170
12 Agte(2008) p.123

격파된 T-34 곁에서 부상병을 내려다보는 SS장갑척탄병. 이 장병은 곧 소련 부상병에게 자신의 수통에 담긴 물을 건네주었다.

드 닉크만(Alfred Nickmann) 네벨붸르훠 포대 중대장이 소련군 야포 진지를 때리자 소련군의 포화는 차츰 수그러드는 분위기였다. 이때 곤키 서쪽에서 소련 전차들이 돌진해 들어오기 시작했다. 쿤스트만의 장갑부대는 즉각 반응, 11대의 T-34들을 완파 또는 반파시켰으며, 그 다음에는 벨고로드-오보얀 국도로 접근하는 소련 전차들을 통제하기 위해 곤키 동쪽으로 급거 이동했다.[13]

'아익케' 연대는 오보얀 국도와 도네츠강 사이의 방어구역에 남아 있었으며 헤르만 볼터스(Hermann Wolters) SS소위의 네벨붸르훠 부대는 강 쪽에서 곤키로 이어지는 주도로를 향해 있다가 소련군 병력의 출현이 없어 다른 구역으로 이동배치되고 있었다. 사단은 오후 7시 쇼피노 서쪽의 국도변에 도달하여 강 서쪽 편을 수비하고 있던 소련 제375소총병사단과 제2근위전차군단을 밀어내는 전과를 얻었다. 소련군은 밤 10시 사단의 가장 우측에 해당하는 쇼피노 근처에 위치한 '아익케' 연대를 공격했으나 포병대와 이동을 완료한 네벨붸르훠의 반격으로 중단되었고, 바로 전차를 앞세운 대대 규모의 보병들이 '아익케'의 북쪽 측면과 '토텐코프'의 남쪽 측면을 노려보았지만 이 역시 격퇴당했다. 토텐코프는 39명 전사와 12명 부상을 빼면 전차의 피해는 거의 없었으며 돌격포대대 지휘관이었던 붸르너 코르프(Werner Korff) SS대위가 부상당함에 따라 에른스트 데에멜(Ernst Dehmel) SS대위가 돌격포 부대를 맡게 되었다.[14]

토텐코프는 7일 하루 동안 제2근위전차군단의 적 전차 50대를 파괴하고 몇 대의 T-34를 노획했다. 격파된 40대 가량의 전차는 소련군 제48근위전차연대 소속의 전력이었다. 토텐코프는 리포뷔 도네츠강 뒤쪽으로 소련군을 밀어내면서 라이프슈탄다르테와 함께 프숄강을 향해 북쪽으로 진군해 들어가야 했다. 그러나 7일의 전과는 대단할 것이 없었으며 적군에게나 우군에 있어서나 존재감을 드러낼 수 있을 만큼 공세의 주력으로 나서지는 못하고 있었다.

## 켐프 분견군

제3장갑군단은 북쪽으로 진군하여 소련군 제81근위소총병사단의 뒤를 돌아 격멸시킨 다음 제2SS장갑군단과의 연결을 위해 도네츠강을 건너야 했다. 그러나 거의 모든 전선에 공고한 진지를 축성한 소련군을 밀어낸다는 것은 결코 쉽지 않아 보이는 날이었다. 소련군은 제213소총병사단과 제72근위소총병사단이 분견군의 제106, 320보병사단에 대해 반격을 전개하고 독일보병사단들이 북쪽의 제7장갑사단을 지원하지 못하도록 방어선 돌파를 철저히 막고 있었다. 또한, 이날은 소련 공군의 대지공격기들이 보병사단들에 대해 엄청난 피해를 입히면서 장갑전력들과의 연결을 방해하고 있었으며, 봐투틴은 제111, 270소총병사단을 군단의 우익 주변지역인 세브류코보(Ssewrjukowo)에 투입하고 그 외에 조금이라도 빈틈이 보이는 곳은 추가 병력을 동원하는 등 끈질긴 노력을 기울이고 있었다.

### 제7장갑사단

사단의 첫째 임무는 바트라즈카야 닷챠 부근 숲 지대에 은신한 소련군 병력들을 소탕하는 것이었다. 그 다음엔 라숨나야강을 따라 북쪽으로 진군해 동쪽 강둑에 도달하고, 사단발진 지점으로

13 NA : T-354 ; roll 605, frame 549
14 NA : T-354 ; roll 605, frame 540-546

공식기록 168대, 사상 최고의 전차 격파기록을 인정받은 쿠르트 크니스펠. 적 전차를 격파한 차량이 불분명할 경우 항상 동료들에게 전공을 양보했으므로 실제 격파기록은 이보다 훨씬 많았을 가능성이 높다. 한편 친위대원을 구타하는 등 불의를 참지 못하는 성격으로 인해 기사철십자장 건의에서도 항상 제외되곤 했다. 1945년 4월 체코슬로바키아 전구에서 전사했으며 최근 그의 군표가 발견되어 화제가 되기도 했다. 사진은 1944년 5월 4일, 독일 파더보른-제넬라거(Paderborn-Sennelager)에서 실시된 티거 II형(킹 타이거) 수령 도열식에서 촬영된 모습.

부터 15km 떨어진 마시키노(Masikino)를 공략하는 것이었다. 아달베르트 슐쯔 중령은 휘하의 제25장갑연대를 하프트랙대대와 105mm 자주포 붸스페(Wespe)[15] 를 보유한 포병대대, 장갑엽병 및 공병대대로 구성한 슐쯔 전투단으로 개조하여 바트라즈카야 닷챠를 우회해 숲 지대를 중심으로 동서로 뚫린 회랑지대를 통과해 나가고자 했다. 그리고 일단 마을을 지나치면 바트라즈카야 닷챠 북쪽으로부터 12km, 마시키노로부터 3km 떨어진 쉐이노(Scheino)을 향해 북진할 예정이었다. 슐쯔 전투단의 우익에는 장갑척탄병 1개 대대와 7장갑정찰대대로 구성된 그룹이, 좌익에는 볼프강 글래제머 중령의 제6장갑척탄병연대가 맡아 가장 강한 소련군 병력을 파악해 내기 위해 일종의 페인트 모션으로 북진할 예정이었다. 그럼으로써 소련군의 주력을 글래제머가 따돌리는 순간, 슐쯔 전투단이 적에게 노출되지 않고 숲 지대를 지나치도록 할 계획이었다.

오전 6시 15분 슐쯔의 장갑부대와 하프트랙대대는 소련 포병대가 반응하기 전에 가장 빠른 속도로 소련군 방어라인을 넘어 북진을 시도했다. 그러나 숲을 빠져나오자 마자 수십 대의 대전차포들이 사격을 개시해 일단 물러설 수밖에 없었으며, 대신 정찰대대가 동쪽으로 돌아 바트라즈카야 닷챠 북동쪽의 숲을 통과해 들어갔다.[16]

반면 좌익의 글래제머 부대는 별다른 충돌없이 바트라즈카야 닷챠 근처 숲 서쪽의 평지에서 산개한 형태로 전진을 계속했다. 최초의 교전은 연대가 4km를 행군해 라숨나야강 부근에 위치한 므야소예도보(Mjassojedowo)에 접근하다 부근에 숲이 있는 언덕에서 소련군과 조우한 때였다. 장갑척탄

15 붸스페(Wespe)는 폴란드 바르샤바에 위치한 독일의 FAMO사에서 1943년 2월부터 제작한 구축전차로서 전쟁 말기까지 요긴하게 쓰였던 자주포형 유탄포를 장착했다. Lüdeke(2008) Panzer der Wehrmacht, pp.114-5, Lüdeke(2008) Weapons of World War II, p.85, Edwards(1989) pp.98, 100

16 NA : T-314 ; roll 194, frame 890

병들은 전차포 사격의 엄호아래 언덕을 공격했으나 T-34와 함께 소련군 소총병과 포병대가 극력 저항하는 바람에 돈좌되었고, 두 번째 므야소예도보 마을 중심을 지나 언덕 쪽으로 공격해 들어갔던 시도도 좌절되었다. 결국 글래제머의 전차들이 언덕으로 근접한 순간 겨우 마지막 공격에서 언덕 위의 소련군들을 격퇴시킬 수가 있었다.[17] 1시간 후 마을도 독일군의 수중에 떨어졌으며 세밀한 시가전 끝에 200명의 소련군을 포로로 잡았다.[18] 소련군의 나머지 병력은 북동쪽으로 도주, 증강된 전차부대와 함께 차기 공격을 위해 북쪽과 동쪽의 울창한 삼림지대에서 숙영했고 독일군도 이날의 진격을 전체적으로 멈춘 상태에서 수비진을 점검했다.

이날 1945년 종전 단계까지 168대 전차격파 공식기록(포수로 126대, 전차장으로 42대, 비공식 195~205대)을 보유하게 될 쿠르트 크니스펠(Kurt Knispel)은 쿠르스크전 최초의 전차 격파를 기록했다. 당시는 티거를 운용하는 503중전차대대 1중대에 배속되어 전차장이 아닌 포수로서 활약했으며 그가 타고 있던 티거의 전차장은 하네스 리플(Hannes Rippl)이었다.[19] 크니스펠은 후에 전차장으로 승격, 1945년 4월 전사 시까지 티거 I형과 II형을 모두 사용하여 적 전차를 격파했던 경력을 남겼다.

## 제6장갑사단

전날 제7장갑사단 전구인 게네랄로브카(Generalowka)에서 야영했던 사단은 새벽 4시 30분 작전회의를 마친 후 한 시간 반 뒤에 오펠른-브로니코프스키 장갑부대를 발진지점으로 집결시켰다. 브루메스터(Hans-Jürgen Burmester) 대위의 티거 4대를 선봉에 놓고 순조로운 진격을 전개한 장갑연대는 7시 반이 지날 무렵 벨린스카야 부근에서 제4장갑척탄병연대 일부 병력으로 구성된 운라인(Martin Unrein) 전투단과 합류하여 세브류코보로 향했다. 도중에 지뢰밭이 있어 57장갑공병대대가 이를 처리하고 잠시 후 세브류코보 외곽에 안전하게 도달했다. 선두에서 정찰을 나갔던 막스 로이테만(Max Reutemann) 7중대장의 전차가 소련군의 대전차포에 직격탄을 맞았지만, 로이테만 중위의 4호 전차는 기적적으로 살아남아 감각적으로 적진지에 응사를 가하였으며 휘하의 부하 전차들도 거기에 합세하려 했다. 로이테만은 자신이 직접 처리한다면서 따라오지 말고 빨리 세브류코보로 진격하라고 명령하자 여타 전차들은 슈투카의 도움을 받아 2km 정도 전방을 헤집고 전진한 후 곧장 마을로 들어가 치열한 접전을 전개했다. 이곳을 지키는 소련군이 몇 대의 T-34로 끈질기게 물고 늘어지는 통에 장갑척탄병들은 상당한 피해를 초래한 시가전을 펼친 끝에 겨우 마을을 따내는데 성공했다. 8문의 대전차포와 1대의 T-34가 직격탄을 맞아 파괴되면서 전투는 끝이 났으며 오전 11시 30분경 7중대는 연대본부에 세브류코보를 점령했음을 보고했다.

그 후 이른 오후에는 장갑부대가 라숨나야강 서편에 도달하였으며 장갑척탄병들은 강 동편에 자리를 잡았다. 장갑연대의 다음 목표는 라숨노예강 도하였으나 원 도하계획에 따라 장악하기로 했던 두 개의 교량은 이미 소련군에 의해 파괴된 상태였다. 독일공군이 해당 상공에서 철수한 다음 오후에는 소련군 병력이 전폭기의 지원 하에 사단 주력들의 진공속도를 떨어트렸고 라숨나야강의 거의 모든 다리들이 파괴된 상태에서 야스트레보보(Jastrebowo)의 철교 하나만 아직 완전히 못쓰게 된 것은 아니라는 것을 확인했다. 공병들은 이내 보수작업에 착수했으나 이를 방해하기 위해

17 NA : T-314 ; roll 194, frame 892
18 Showalter(2013) p.126
19 Kurowski(2004) Panzer Aces II, p.174

소련군의 화포사격이 경천동지의 상황을 만들어가는 가운데 교량 부근은 거의 지옥으로 변하기 시작했다. 독일 공병들이 개인호와 강변 후미진 곳에 숨는 등 갑자기 작업이 중단되자 화가 난 오펠른-브로니코프스키 장갑연대장은 제114장갑척탄병연대 2대대가 소련군 진지를 향해 맞대응 포사격을 집중하도록 요구하는 한편, 하프트랙을 동원한 척탄병들에게 적의 포사격이 차단될 수 있도록 역공세를 펴도록 지시했다. 몇 시간에 걸친 공병부대의 수리작업 후 오펠른 장갑부대는 철교를 무사히 통과하고 나서야 강둑을 따라 2~3km를 더 북진해 들어갔다. 제6장갑사단이 야스트레보보와 세브류코보 마을을 장악하고 드디어 라숨나야강을 건너는 순간이었다. 이때가 오후 8시를 조금 넘긴 시간이었다.[20]

휘너르스도르프 사령관은 므야소예도보(Mjassojedowo)로 진입해 소련군 병력을 밀어냈으며 사단의 일부 병력과 503중전차대대는 티거를 앞세워 야스트레보보를 공격, 오펠른의 장갑부대와는 다른 방면에서 마을로 들어가 주요 지점들을 점령했다. 소련군은 진격속도가 빠르지는 않지만 야금야금 갉아먹고 들어오는 제6장갑사단의 단계적 공세에 따라 이미 지쳐버린 제25근위소총병군단을 백업하기 위해 제35근위소총병군단 92, 94근위소총병사단을 정면에 투입하면서 방어밀도가 떨어지는 제7근위군의 북쪽과 북동쪽을 보강했다.[21]

### 제19장갑사단

7월 6~7일 밤 소련군은 포위될 위험을 느껴 크레이다 남쪽의 방어진지에서 철수하였고 대신 일부 보병들이 라숨나야강을 따라 뻗은 도로와 평행되게 조성된 새로운 방어진의 돌출부상에 위치한 철도역을 중심으로 주변 건물들을 통제 하에 두고 있었다. 사단은 제6장갑사단이 라숨나야강의 동쪽 강둑을 밀어붙이고 있는 동안 강 서쪽구역을 통과해 북동쪽으로 전진해 들어갔다.

쾨엘러 전투단의 장갑척탄병들은 오후 5시에 다시 한 번 크레이다의 소련 수비진을 쳤으며 제81근위소총병사단이 지키는 동 전구에서 박격포와 기관총이 무자비하게 난사되는 일대 격전이 벌어지게 되었다. 장갑척탄병들은 진창으로 엉망이 된 지역을 낮은 포복으로 통과하여 소련군 진지에 접근, 소련군의 두 번째 방어 라인을 따내어 적군들이 파 놓은 참호를 역으로 사용하면서 앞으로 나아갔다. 쾨엘러 연대장이 중상을 당하는 불상사에도 불구하고 연대는 오전 중에 크레이다를 점령하고 보병 수비대는 약간 더 북쪽으로 전진했다. 이어 쾨엘러의 연대는 동쪽으로 진격하여 블리쉬나야 이구멘카(Blishnaja Igumenka) 남쪽의 숲 지대를 통과해 남쪽에서부터 마을을 점거하려고 했다.[22] 루돌프 쾨엘러 대령은 블리쉬나야 이구멘카를 석권한 이날 병상에서 사망했다. 7월 27일 기사철십자장이 추서되었으며 후임에는 요하네스 호르스트 소령이 제73장갑척탄병연대를 맡게 되었다.

거의 동시에 하인리히 벡커(Heinrich Becker) 대령의 장갑부대, 제27장갑연대가 동쪽에서부터 블리쉬나야 이구멘카를 공략하여 협공을 전개하려 했으나 약간의 문제가 발생했다. 폭 1km, 길이 3km의 이 숲 지대는 소련군 제2저지선의 끝자락에 해당하는 구역이었다. 제73장갑척탄병연대의 선봉중대가 숲으로 들어가자 소련군 벙커의 기관총좌, 대전차포 진지, '닥인' 상태의 전차들이 일

20 Lodieu(2007) pp.51-2
21 Glantz & House(1999) p.137
22 Glantz & House(1999) p.136

제19장갑사단 73장갑척탄병연대장 루돌프 쾨엘러 대령. 7월 7일에 전사했다.

제사격을 가해 1차 전진은 즉시 중단되었다.[23]

한편, 벡커의 장갑부대는 마을 동쪽을 돌아 19정찰대대가 우측면을 통제하려 했고, 제27장갑연대 2대대와 하프트랙대대가 마을의 동쪽 끝자락을 공격했다. 동시에 제27장갑연대 1대대와 제74장갑척탄병연대가 마을 동쪽에서 500m 떨어진 고지를 향해 북진하여 문제의 숲 지대를 관통하는 도로를 감제할 수 있는 자리를 확보하려 했다. 215.5고지로 알려진 이 언덕은 쉽게 장악되었으며 그 사이 하프트랙대대와 1개 장갑대대가 마을을 공격해 들어갔다. 숲을 제외한 마을은 생각보다 방비가 약해 오후 4시 10분 블리쉬나야 이구멘카는 독일군에게 장악되었다.

좀 더 강한 소련군의 수비대는 이쪽이 아니라 훨씬 북쪽의 라숨나야강 서쪽에 위치한 두 곳의 작은 마을에 있었다. 마을의 남서쪽에서는 제73장갑척탄병연대가 소련군 제2저지선을 지키는 소련군 수비대와 격렬한 교전을 펼치고 있었으며 이날 독일군은 중대 당 병력이 50~60명으로 줄어드는 심각한 수준의 피해를 입었다.[24]

23 NA : T-314 ; roll 194, frame 894-901
24 Nipe(2011) p.182

## 제48장갑군단
### 그로스도이췰란트

6~7일 밤 소련군의 야간공격은 없었으나 제3기계화군단 소속의 제1, 3, 10기계화소총병여단이 루챠니노 북쪽으로 전차들과 함께 이동하여 7일 아침에는 페나강 북쪽에 만만치 않은 방어진을 구축했다. 각 여단에 배치된 전차연대들은 박격포대와 대전차포진지를 포진하여 보병들과 함께 막강한 수비라인을 형성하고 있었으며, 제1전차군의 49전차여단과 제1근위전차여단은 포크로브카에서 라이슈탄다르테와 혈투를 벌이고 있어 소련군은 그로스도이췰란트 전구에 대해서만은 그 정도 병력으로 대처해야 했다. 카투코프의 제1전차군은 전차의 부족을 봐투틴에게 호소하여 이웃한 제38, 40군으로부터 1개소총병사단, 3개 대전차여단 및 여러 개의 소규모 전차그룹들을 지원받았으며 그 후 제1전차군의 서쪽 측면에서 대기 중이던 제6근위전차군단을 동쪽으로 이동시키게 되었다. 7월 7일 제112전차여단은 제48장갑군단의 봉쇄를 지원하기 위해 페나강 둑으로 전진했다.

슈트라흐뷔츠의 장갑부대는 마인라트 폰 라우헤르트의 판터를 포함해도 겨우 73대의 전차만을 보유하고 있었으며, 9대의 3호 전차, 22대의 4호 전차, 2대의 티거에 판터가 40대로 구성되어 있었다. 장갑부대와 오토 레머의 하프트랙대대가 대기하는 동안 공병대와 장갑척탄병들은 두브로봐(Dubrowa)를 감싸고 있었던 전차호들을 파괴하고 장갑부대가 소련군의 제2저지선에서 잔존 병력들을 소탕하기 위한 통로를 개설했다. 여기에는 무려 20대의 전차들이 북쪽으로 향하는 통로를 막고 틀어 앉아 있었으며 제35대전차연대의 대전차포 진지와 엄청난 수의 포대들이 독일군의 진공을 기다리고 있었다. 슈트라흐뷔츠는 전차만으로의 정면돌파가 어렵다고 판단, 아침 5시 50분 제8항공군단의 지원을 요청했으나 7시경에 겨우 슈투카의 첫 출격이 이루어졌고, 공습 1시간 후에야 판터부대를 앞세워 공격을 개시할 수 있었다. 사단은 장갑척탄병연대 2대대를 지원병력으로 투입하여 장갑부대와 오토 레머의 하프트랙대대가 두브로봐 우측으로 돌아 소련군의 주력이 몰려 있는 진지를 공격해 들어갔다.[25]

최선봉에 섰던 판터들이 하필 지뢰밭에 걸려 일찍 돈좌되자 기동불능이 된 판터들을 발견한 소련진지는 대전차포와 '닥인' 전차들을 모두 판터들에게 집중시켰다. 이때 적어도 4~5대의 판터가 화염에 휩싸였던 것으로 추정되었다. 슈트라흐뷔츠는 이날에도 장갑척탄병들이나 공병이 먼저 지뢰를 제거하여 통로를 확보한 후에 장갑부대를 투입했던 SS사단들과 달리, 보병의 사전 정지작업 없이 전차를 적 정면으로 돌진시키는 무모한 방식을 되풀이함에 따라 SS와 그로스도이췰란트의 전차 피해는 극명하게 차이가 났다.

뒤늦게나마 공병들이 위험을 무릅쓰고 지뢰를 제거한 다음, 판터들은 254.5고지를 향해 북진했고, 나머지 전차들은 두브로봐 건너 평지에 도달, 북쪽으로 3km를 더 전진해 오전 11시 15분 230.1고지에 접근했다. 시르제보(Ssyrzewo) 동쪽의 이 고지는 적어도 12대 이상의 '닥인'전차와 대전차포들이 우글거리고 있어 슈트라흐뷔츠는 마을을 지나쳐 북쪽으로 난 국도를 따라 그날의 주된 방어선 돌파를 기도하는 쪽으로 선회했다.[26] 시르제보를 지나친 다음 순간, 소련 제6전차군단의

25 Nipe(2011) p.182
26 NA : T-314 ; roll 1170, frame 573-4

112전차여단이 독일군 종대를 기습, 218.5고지 근처에서 그로스도이췰란트를 공격했다. 슈트라흐뷔츠는 시르제보에서 20대 가량의 전차가, 그리고 북쪽으로부터 10대 정도의 전차가 협공해 오자 일단 뒤로 빼 진영을 재구성했다.

한편, 사단의 휘질리어 연대는 시르제보의 남쪽 어귀를 수차례 공격했음에도 효과가 없었으며 겨우 3대대가 우익에서 약간의 진전을 보는 데 그쳤다. 서쪽으로 들어간 1대대도 소련군의 저항에 고전하다 결국 소련군 진지의 한 구역을 점령하는 데는 성공했다. 휘질리어 연대는 소련군의 공습에도 불구하고 저녁 무렵에는 시르제보 주변의 일부 방어선을 돌파하고 122mm 곡사포를 장착한 신형 자주포를 몰고 온 소련군의 반격을 격퇴하기도 했다.

마을을 위요한 처절한 전투가 진행되는 동안 사단의 돌격포대대와 리트마이스터 루돌프 봬텐(Rittmeister Rudolf Wätjen)의 정찰대대는 장갑척탄병연대 1대대의 지원 하에 마을을 휘돌아 남동쪽으로 수 km가량 떨어진 230.1고지로 진격, 소련 전차들을 파괴한 뒤 저녁께 고지를 점령했다. 휘질리어 연대가 격렬한 전투에 휘말린 것은 사실이나 이날 아무런 실질적인 방어선 돌파를 이루지는 못했다. 연대는 이래저래 시르제보에 묶여 있었고 루챠니노는 여전히 소련군의 수중에 놓여 있었다. 그나마 다행인 것은 오보얀 국도로 진입할 수 있는 230.1고지를 점령하여 포크로브카 지역 소련군 병력의 옆구리를 노릴 수 있게 되었다는 정도의 성과였다.[27] 그로스도이췰란트는 7일 발진지점으로부터 5km 정도를 진군하여 시르제보를 장악하고 익일 전투준비에 들어갔다. 시르제보는 오보얀에 도착하기 전까지 해당 구간의 가장 중요한 거점도시였다.[28]

## 제3장갑사단

사단은 새벽에 루챠니노를 향해 4개의 종대를 편성해 움직이고 있었다. 제6장갑연대와 제3장갑척탄병연대 1대대는 오전 6시에 루챠니노 근처에 도착하고 3시간 후 포병대를 제외한 사단의 나머지 병력들도 마을 공격의 준비를 완료했다. 그러나 포병부대가 도착하지 않아 붸스트호휀 사단장은 군단본부에 두 번에 걸쳐 공격개시가 오후 내내 늦어진다고 보고하고 3번째 보고 시에도 공격이 어렵다고 하자 폰 크노벨스도르프 군단장은 드디어 열을 받을 대로 받아 수중에 있는 병력만으로 무조건 돌진하라는 명령을 내렸다.[29] 이에 제394장갑척탄병연대의 2개 대대는 루챠니노의 북서쪽 강 지류를 넘어가고 제3장갑척탄병연대의 2개 대대는 1개 장갑중대와 39장갑공병대대와 함께 정면으로 돌진해 들어가는 것을 시발로 전투가 전개되었다. 공병의 화염방사기 부대가 절대적으로 필요했던 것은 소련군들이 각 주택과 건물마다 거의 보이지도 않을 만큼의 좁은 환기구에 기관총좌를 설치하여 요새수준의 수비진을 형성하고 있어 포사격이나 장갑척탄병들의 각개전투만으로는 공략이 불가능한 것으로 판단되었기 때문이었다.

독일군의 전투는 장갑척탄병들이 전차의 진격을 수월하게 하기 위해 통로를 유지하면서 공병이 벙커에 폭약을 설치하여 제거하거나 화염방사기로 진지를 소개하는 방식으로 진행되었다. 소련군은 독일군의 추가적인 병력 이동이 불가능하도록 전진부대 배후에 집중적인 포사격을 실시하여 선봉과 지원부대 사이를 벌려 놓는데 성공했다. 독일군은 북쪽 강둑을 유지하기가 곤란해 일단 강

27 Nipe(2011) p.184
28 Showalter(2013) p.119
29 NA : T-314 ; roll 1170, frame 571-4,

지류 남쪽으로 철수했다. 독일군 공병대는 야간을 이용해 전차의 이동이 가능한 교량을 급조하여 다시 공격에 나섰다. 소련공군의 공습과 독일군과 소련군 간의 야간전투는 포화와 화염의 불빛으로 건물의 실루엣을 어렴풋이 확인할 정도였으며 어둠 속의 전투장은 거의 지옥을 방불할 정도의 격전을 치르고 있었다.

소련군은 공군의 지원이라는 카드가 있어 독일군이 마을을 점령할 수 없게 만들 수 있는 창공의 기동전력이 있었다. 독일군은 일단 마을로부터 물러나면 오히려 더 쉽게 공습과 포사격에 노출되는 모순에 직면하고 있어 단순한 전술적 후퇴도 쉽지 않았다. 독일군은 마을 남쪽 구역을 포기하고 더 밀려났으며 이날 2개 포병연대의 지원이 가해졌는데도 사단은 불과 수백 미터 전진하는데 불과한 초라한 성적표를 받았다. 그럼에도 불구하고 제3장갑사단과 제332보병사단은 최소한 7일까지는 군단의 좌익을 엄호하기 위한 임무를 무사히 수행해 내고 있었다. 그러나 8일부터 소련군이 제6전차군단과 제3기계화군단을 페나강 변에 포진시키면서 제3장갑사단이 베레소브카 남쪽 주변지역을 통과하여 북진하려는 온갖 시도를 원천적으로 차단시키려 했다. 이로 인해 사단이 그로스도이췰란트를 따라잡지 못하는 문제가 발생하기 시작했다.[30]

## 제11장갑사단

그로스도이췰란트의 우익, SS장갑군단의 좌익에서 간격유지에 고심하고 있던 사단의 1차 목표는 소련군 제2저지선을 넘어 시야에 들어오는 오보얀 국도였다. 229.4고지와 245.2고지를 경계로 형성된 제2저지선에는 독일군의 국도 접근을 막기 위해 사단 규모 병력이 집중되어 있었다. 만약 오보얀 국도까지 도달한다면 사단 주력은 포크로브카 서쪽 도로를 낀 두 개의 또 다른 언덕으로부터 북쪽으로 가는 도로를 감제할 수 있는 위치에 놓이게 되어 있었다.[31]

새벽 3시에 공격을 개시한 사단은 오전 중에 우익에 놓인 구역을 일정 부분 확보하고 11장갑정찰대대와 2장갑대대가 선봉에 서 아침 7시 15분에 229.4고지를 석권했다. 소련군 1개 소총병사단은 진지를 버리고 북으로 도주하였으며 내친 김에 정찰대대는 오보얀 국도 끝자락까지 전진하였고 그 뒤를 제111장갑척탄병연대가 뒤따랐다. 245.2고지 쪽도 공병들의 도움을 받아 큰 어려움은 없었다. 제110장갑척탄병연대 2대대가 참호와 전차호를 방패삼아 진격하고 뒤에서 전차들이 엄호하는 형태로 공격을 전개, 고지를 따낸 뒤에는 장갑대대가 더 북쪽으로 전진해 오보얀 국도와 교차되는 췌르카스코예 도로 북쪽에 닿았다. 교차로에 접근하자 소련군 전차들이 반격해 들어왔으며 양군 전차들이 접전을 벌이는 동안 정찰대대는 이 구역에 묶이지 않기 위해 오보얀 국도를 지나 더 동쪽으로 전진했다. 쉬르트세보(Ssyrtsewo) 북동쪽에 위치한 230.5고지는 독일군이 접근하자마자 소련군 제6전차군단 소속 제112전차여단이 선제공격을 감행해 왔다. 양쪽 다 상당한 피해를 입었으나 112전차여단은 이 교전에서 15대의 전차를 격파 당하면서 그레무취 북쪽으로 밀려났다. 230.5고지는 오후 1시 반경에 일단 사단의 수중에 떨어졌다. 그러나 오보얀으로 가기 전 2차 저지선상에 놓인 마지막 요충지 쉬르트세보는 이날 여전히 소련군이 장악하고 있었다.

또한, 2개 장갑대대는 공군의 지원을 받아[32] 오보얀 국도 교차로에서 도로와 평행하게 북쪽으

30 Healy(2011) p.290
31 NA : T-314 ; roll 1170, frame 573
32 NA : T-314 ; roll 1171, frame 139

로 2km 이상을 더 나아가 오후 4시 45분 포크로브카 북서쪽의 251.2고지에 도달했다. 언덕 넘어 국도 쪽에 진지를 배치한 소련군은 대전차포, T-34 등의 화력으로 공격해 왔으며, 포크로브카 북쪽에서 50대의 소련 전차가 이동 중이라는 정찰보고를 고려하여 이날의 공세는 여기서 중단되는 것으로 결정되었다. 제11장갑사단은 발진지점으로부터 6km를 진격해 251.2고지 북쪽 500m 지점까지 도달하는데 성공했다. 사단은 포병부대와 공군의 지원이 제48장갑군단의 다른 구역에 쏠려 있었음에도 예상외의 괄목할 만한 성과를 쟁취했다.[33]

## 평주(評註)

7월 7일, 호트 제4장갑군 사령관은 SS장갑군단이 단지 적을 밀어붙이기 보다는 군단의 우익에 놓인 포크로브카와 야블로트스키(Jablotski)의 적군을 격멸할 것을 주문했다. 여타 어느 군단이나 사단에 비해 SS부대들의 성적이 좋았음에도 불구하고 제48장갑군단이나 켐프 분견군의 부진에 대해서는 별로 탓하는 기색을 보이지 않았던 호트는 유독 SS에 대해서는 인색한 비판만을 노출시키기도 했다. 작전 셋째 날, 제48장갑군단은 전차만 잔뜩 파괴당했을 뿐, 소련군을 밀어내지도 페나강 변에 있는 병력을 격멸하지도 못했다. 오직 제11장갑사단만이 나름대로의 땅을 확보했을 뿐이었다. 그로스도이칠란트는 첫날은 진창에, 둘째 날은 지뢰에, 셋째 날은 전술적 문제로 고전하면서 소련 제6전차군단, 특히 제112전차여단의 공세를 물리칠 힘을 구비하지 못하고 있었다. 초일 보유하고 있던 300대의 전차가 전투 개시 3일이 지난 뒤에는 겨우 80대만이 기동가능한 수준으로 줄어들었다.[34] 제3장갑사단 역시 루챠니노에서 아무런 성과를 도출하지 못했다. 더욱이 호트는 당초 제167보병사단 전체를 SS장갑군단에게 양도하기로 했다가 나중에는 그중 3분의 1만을 이동시키는 조치를 취하였고, 이 조치는 제48장갑군단 앞에 놓인 소련군의 공세에 대비하기 위함이라는 말로 정당화했다. 그러나 이때 소련군의 가장 강력한 기동예비병력들이 SS사단의 측면으로 몰려들기 시작했으며 독일군의 화력과 기동전력은 서쪽이 아닌 SS장갑군단에 집중시켜야 했음에도 불구하고 병력 재배치는 사뭇 이상한 방향으로 흘러가고 있었다. 실제로 제48장갑군단과 대적하고 있던 제1전차군 병력의 4분의 3은 이미 SS사단들이 놓인 프로호로프카 전구 쪽으로 이동배치되고 있었기 때문이었다. 더더욱 이상한 것은 SS사단들이 프로호로프카 외곽 10km 지점까지 도달한 상황인데도 북동쪽으로의 진군을 중단하고 라이프슈탄다르테와 다스 라이히의 장갑대대들을 제48장갑군단 전구로 이동시키고자 했다는 점이었다.

7일 제48장갑군단의 고민은 두 가지 과제를 동시에 해결해야 된다는 것이었다. 당초의 목표는 오보얀을 향해 북진하는 것이었으나 이미 너무 많은 전차를 상실하여 기동전력이 약해짐으로 인해 군단의 좌익이 극도로 취약해졌다는 점이 신경이 쓰일 수밖에 없었다. 다행히 6일 밤~7일 새벽에 걸쳐 두브로봐 지점에서 2차 저지선을 돌파하고 오보얀으로 나가는 발진지점을 확보하는 성과는 있었다.[35] 게다가 제48장갑군단은 SS장갑군단의 좌익을 엄호하면서 행군속도를 조율해야 한다는 작전계획 원안대로의 전제조건도 충족시켜야 했다. 하지만 전투 3일째 전차병력이 3분의 1로 줄어든 상태에서 그와 같은 임무를 충분히 소화하기에는 불안감이 가중되고 있었던 것은 숨길 수

33 NA : T-314 ; roll 1170, frame 574
34 NA : T-313 ; roll 368, frame 8.650.594
35 Mehner(1988) p.96, Klink(1966) pp.211, 218

없는 사실이었다. 우측에서 전진 중인 SS장갑군단과는 시간이 갈수록 간격이 벌어지는 문제가 생겨나고 있었으며 제3장갑군단이 SS장갑군단의 측면을 보호하지 못하고 자꾸 뒤처지는 현상과 거의 일치하는 고민거리에 빠지게 되었다.

이로 인해 7월 8일 두 SS사단은 북부 테테레뷔노에서 재집결, 사요틴카(Ssajotinka)강 쪽을 향해 서진해야만 했다. 다스 라이히는 라이프슈탄다르테의 우익에 위치해 북동쪽에서의 소련군의 공격을 엄호하고, 라이프슈탄다르테는 사요틴카강을 건너 제1전차군의 우익을 치도록 되어 있었으며 이로써 제48장갑군단과 연결, 페나강 남쪽 구역의 제1전차군 주력을 포위하는 것을 상정했다. 이곳의 병력들을 일소하면 제48장갑군단의 진격은 숨통을 틀 수 있을 것으로 예견되었다.

결과적으로 호트는 가장 위협적인 적을 만나 그나마 잘 나가고 있는 SS사단보다 성적이 좋지 않은 제48장갑군단을 지원해 평준화 전력조정을 구상하고 있었던데 다름 아닌 것으로 판단되었다. 굳이 이유를 찾자면 SS사단들의 진격은 만족스러운데 전방의 소련군 병력을 격멸하지 못하고 있기 때문에 서쪽으로 전력을 이동시킨다는 것으로 해석될 수 있으며, 아니면 북부 쪽 중앙집단군의 제9군과 하루라도 빨리 연결되어 돌출부를 제거하는 일이 더 시급하다고 생각했는지는 정확히 확인하기가 곤란하다. 만슈타인은 자신의 저서에서 쿠르스크전을 불과 7쪽(그중 지도가 한 쪽을 차지했다)으로 간단히 끝내고 있어 그와 같은 구상을 호트와 진지하게 논의하였는지 아니면 호트가 만슈타인의 재가를 받은 것인지에 대해서조차 알 길이 없다. 봐투틴이 하우서 군단의 우측에 4개 전차군단을 집결시켜 군단의 동쪽 측면을 분쇄하려고 했음은 분명하다. 그 가운데 거의 200대의 전차를 지닌 제10전차군단은 프로호로프카-북부 테테레뷔노를 공격해 라이프슈탄다르테의 정면을 치고자 했으며, 그럼으로써 독일군의 북동쪽 진출을 원천적으로 봉쇄하려는 의도를 나타냈다. 400대가량의 전차를 보유한 나머지 3개 군단들은 그 이후에 가늘어지고 병력밀도가 떨어진 SS군단의 동쪽 날개를 완전히 제거한다는 목표를 설정했다. 즉 제2근위전차군단은 140대의 전차를 동원, 북부 테테레뷔노 남쪽의 다스 라이히를 치기로 하고, 168대의 전차를 가진 제2전차군단은 동쪽에서 도착하자마자 제2근위전차군단을 지원하도록 되어 있었다. 또한, 크라브첸코의 제5근위전차군단은 100대의 전차를 보유, 북동쪽에서부터 북부 테테레뷔노를 공략하기로 계획되었다.

이로 인해 독일군은 무려 600대의 소련 전차들을 동쪽에서만 상대해야 할 판인데 이는 한 군단이라도 측면을 돌파하여 SS군단의 배후로 들어온다면 라이프슈탄다르테와 토텐코프의 연결라인이 붕괴됨은 물론, 군단 자체의 진격이 중지되는 위기에 처할 상황이었다.[36] 소련군 전차들이 만약 루취키 북부-프로호로프카 도로에 도달한다면 라이프슈탄다르테와 다스 라이히의 장갑대대들은 프숄강 남쪽에서 절단당하는 치명적인 위험에 노출될 수 있었다. 토텐코프는 아직 북쪽의 프숄강 방면으로 진군하기 위한 준비를 마치지 않은 상태에서 병력의 균형추가 서쪽으로 기우는 형세가 만들어짐에 따라 SS장갑군단, 아니 제4장갑군 전체의 운명이 불안한 국면으로 치닫고 있었다.

SS 3개 사단은 121대의 적 전차, 18문의 대전차포를 격파하고 499명의 포로를 확보했다. 개전 3일 동안 독일군 남방집단군은 약 500대의 전차들을 격파했으나 봐투틴은 아직도 1,500대 이상의 전차를 보유하고 있었다.

36 Stadler(1980), pp.61-2, 64

피격된 훼르디난트 중구축전차. 소련군은 이날 다량의 훼르디난트를 격파했다고 선전했으나, 당일 손실된 훼르디난트의 대부분은 소련군의 공격이 아니라 기계적 결함과 사고에 기인했다.

## 북부전선(중앙집단군) : 7월 7일

모델은 얼마되지 않은 자신의 병력과 장비가 고갈되기 전에 소련군의 2차 저지선을 돌파해야 된다는 생각을 굳히게 된다. 그러나 육군 제23군단과 제46장갑군단에 의한 측면의 공세는 소련군의 저항이 워낙 거센 지역에 집중되어 있어 주공의 보조역할 내지 소련군의 혼란을 초래하기 위한 조공의 역할로만 한정하여 소규모의 공격만을 시도하는 것으로 구상하고 있었다. 따라서 주공은 포늬리와 올호봐트카에만 투입하도록 함으로써 단순 화력의 집중에 의한 소련군 제2차 저지선의 붕괴를 상정하고 있었다.[37] 굳이 이 날의 공격 포인트 한곳을 찍으라고 한다면 전날에 비해 주공으로부터 10km 정도 동쪽에 위치한 포늬리에 맞춰져 있었다. 결국 제41, 47장갑군단이 다시 한 번 중앙을 노리도록 하고 서로 진격속도와 강도를 조율하기는 하되 3개의 서로 다른 기동을 추진하게 되었다. 우선 제20장갑사단은 테플로예 진격에 집중하고, 505중전차대대 티거들의 지원을 받는 제2장갑사단은 올호봐트카로, 예비로부터 풀린 제18장갑사단과 제86, 292보병사단은 제9장갑사단의 지원을 받아 포늬리를 향해 각각 공세를 전개하도록 했다. 한편, 제6보병사단은 제2장갑사단과 제9장갑사단의 연결고리 역할을 담당하도록 조정되고 있었다. 여하간 굳이 따지자면 이날의 작전 중점(Schwerpunkt)은 지금까지와 마찬가지로 역시 제47장갑군단의 어깨에 달려 있었다.[38]

제292보병사단은 돌격포 2개 중대와 653중장갑엽병대대 훼르디난트의 지원을 받아 아침 6시 30분 소련군 제1019소총병연대가 지키고 있는 포늬리의 북서쪽 외곽을 공격해 들어갔다. 이 구역

37 비숍 & 조든(2005) p.350
38 Showalter(2013) p.91

의 소련군들은 전날 밤 다량의 지뢰와 장애물을 설치했고, 독일군 장갑차량들이 속도를 내지 못하게 되자 소련군의 화포와 카츄샤의 로켓이 일제히 불을 뿜기 시작했다. 제292보병사단은 아침에만 두 번에 걸쳐 돌파를 시도했으나 무산되었으며 제18장갑사단이 스노봐 건너편에 도하지점을 만들어 포늬리의 서쪽을 포위해 들어갔지만 이 역시 소련군 포병대의 노력에 의해 수포로 돌아갔다. 제1019소총병연대가 배속된 엔쉰(M.A.Enshin)의 제307소총병사단은 이날 오전 10시 30분까지 4차례에 걸친 독일군의 공격을 한 치의 물러섬도 없이 방어해내는 투혼을 발휘했다.[39]

하르페 제41장갑군단장은 오전 11시 제86보병사단을 투입, 소련군의 우측면을 치면서 주공을 지원하도록 지시하였고 이로 인해 소련군 화력이 분산되는 틈을 타 사단은 257. 1고지를 점령하는데 성공했다. 포늬리 북쪽의 방어가 빈틈을 보인 순간 제292보병사단은 정오께 공세를 재개했으며 엔쉰 사단장은 제1023소총병연대의 2개 대대와 페트루쉰(N.V.Petrushin)의 제129전차여단의 T-34들을 동원해 포늬리 함락을 막아보려고 최대한의 노력을 기울였다. 독일군이 철도역에 도달한 시점부터 5시간의 처절한 시가전이 전개되었고 하르페 군단이 포늬리 북쪽에 구멍을 내는 데는 성공했으나 제292보병사단의 피해는 막대했다. 제18장갑사단은 오후 9시경 일부 장갑중대와 장갑척탄병들을 포늬리 서쪽의 스노봐강 건너편으로 보내 240.2고지를 석권하는데 성공했다. 그러나 소련군의 화포사격은 포늬리에서 병력이동이나 재집결을 도저히 시도조차 하지 못하도록 처절하리만큼 계속되어 독일 1개 장갑군단이 조그만 마을 하나를 따내지 못해 쩔쩔매는 우스꽝스러운 상황이 전개되고 있었다.

레멜젠의 제47장갑군단은 7일 오전 포늬리 서쪽에서 4km 떨어진 르자붸츠(Rzhavets)에 포진한 제9장갑사단이 스노봐강 건너편에 작은 교량이 위치하고 있는 비튜크(Bityug)를 향해 진격하도록 하여 하르페 군단을 지원하려 했다. 그러나 소련군은 이미 이 기동을 예상하고 대전차포 사격을 집중하여 제9장갑사단의 선봉인 슈마알 전투단을 강타, 제33장갑연대의 4호 전차 2대가 격파되고 2대의 3호 전차 및 5대의 4호 전차가 기동불능상태가 되는 피해를 입었다. 대신 슐쯔 전투단이 단 12대의 전차와 2개 장갑척탄병중대를 이끌고 오후 7시경 비튜크에 도달하는 데는 일말의 성과를 냈으며 이처럼 겨우 3km를 진격하는데 제9장갑사단은 엄청난 피해를 감수해야했다.

한편, 레멜젠의 제47장갑군단은 제2장갑사단과 자우퀀트 소령의 티거들을 동원해 올호봐트카를 향한 주공을 형성하고 제20장갑사단은 조공의 형태로 공세를 전개해 사모두로프카의 점령을 끝내려 했다.[40] 제2장갑사단의 선봉은 아놀트 부르마이스터(Arnold Burmeister) 대령이 이끄는 브루마이스터 전투단(Kampfgruppe Burmeister)이 맡아 제3장갑연대, 하프트랙을 보유한 1개 장갑척탄병대대, 정찰대대, 자주포와 장갑엽병의 중화기들을 보유한 강력한 집단을 구성했으나 너무 많은 병력을 거느린 탓에 금세 소련공군에 발각되어 발진하기도 전에 4호 전차 5대를 잃는 피해를 입었다. 그러나 전투단은 이내 충격을 회복하자 마자 남서쪽으로 진군해 사모두로프카 부근 220고지에 포진하고 있는 제140소총병사단을 강타했다. 이 전투에서 부르마이스터의 부하들은 소련 전차 15대를 격파하고 기세를 올렸으나 측면을 엄호할 보병전력이 부족해 정오에 5km 동쪽으로 주공의 방향을 수정하여 다시 올호봐트카 북쪽의 257고지로 향하게 되었다. 올호봐트카 북쪽에 위치한 소련

39 Glantz & House(1999) p.115
40 Glantz & House(1999) p.117

군은 제75근위소총병사단을 지원하는 85mm 대전차포를 갖춘 2개 중대가 버티고 있었으며 어떻게 자우봔트 소령의 티거들 중 한 대를 원거리에서 명중시키는 쾌거를 올렸다.[41] 티거 한 대의 격파는 하나의 단위부대를 섬멸한 것과 같은 효과를 낼 수 있어 독일군의 심리적 피해는 상상 이상이었다. 부르마이스터 전투단은 제16전차군단의 T-34들과 교전하는 동안 소련군의 대전차포, 대공포의 수평사격, '닥인' 전차의 스나이핑에 의해 갖은 피해를 감수하면서 제70근위소총병사단과 7시간에 걸친 사투를 전개했다. 전투단은 결국 257고지를 따내지 못하고 4호 전차 3대를 상실한 위에 2km 뒤로 물러서고 말았으며 공세는 그것으로 중단되었다. 제18장갑사단은 10대 이상의 전차, 5문의 대전차포, 12문의 85mm 고사포를 파괴하고 제164전차여단의 트라호프(L.V.T.Trachov) 여단장을 포로로 잡는 전과를 올렸지만 당초에 수립한 목표에는 도달하지 못했다.

이날 소련의 프로파간다는 산코프스키(A.F.Sankovsky) 소령의 SU-152가 올호봐트카 부근에서 10대의 티거와 훼르디난트를 격파한 것으로 전파했으나 실은 단 한 대의 티거가 파괴되었으며 훼르디난트는 전혀 피해가 없었던 것이 확인된 바 있었다. 이는 여하튼 소련군이 티거와 훼르디난트에 대한 공포를 불식시키면서 소련군이 그에 대한 대응책이 완비되어 있다는 점을 대내외적으로 알리려 했던 것으로 판단된다. 일반적으로 훼르디난트는 보병들의 접근을 퇴치할 수 있는 기관총이 설치되어 있지 않아 근접전에서 적에게 각개격파 당하기 쉽다는 단점이 자주 지적되어 왔다.[42] 그러나 대부분은 지뢰와 대전차포의 측면공격에 의해 피해를 입었을 뿐 보병들에 의해 당한 것은 극소수에 지나지 않았던 것으로 조사되어 있다. 최전방에 있던 보병들이 제78돌격사단 소속 훼르디난트에게 후퇴 명령을 전달하지 않고 전선을 이탈하는 바람에 이를 모르고 있던 2대의 훼르디난트가 이튿날 새벽에 소련군 소총병에 의해 포획되는 사건이 있었다. 소련측의 프로파간다 사진에 자주 등장하는 이 두 대의 훼르디난트는 그때 우연히 얻게 된 희극적 사건의 주인공들이다.[43]

제20장갑사단이 서쪽으로 진군하기 직전인 오전 8시에 소련군 제19전차여단이 제31보병사단을 치기 시작하자 제20장갑사단은 일부 병력을 떼 주어 소련 전차들을 막아야 했기에 정오가 되어서야 사단 본래의 공세를 전개할 수 있었다. 그러나 제20장갑사단이 스노봐강 계곡을 향해 서진을 개시하자 이번에는 제19전차여단의 병력이 가로막고 나섰다. 그닐렛츠 부근에서 대대규모로 전개된 이 전차전에서 독일 전차들은 5대의 소련 전차를 격파했으나 하필 지뢰에 걸려 일부 전차들이 손상당하는 피해를 입었다.

공세 셋째 날의 성적도 초라하기 짝이 없었다. 제9군은 로코솝스키의 제2차 저지선 어느 구역에도 갭을 만들어 내지 못했으며 특별히 전술적으로 유리한 고지를 점령하지도 못했다. 겨우 5km를 파고 든 것은 포늬리를 공략하는데 아무런 영향을 미치지 못했으며, 이날 하루에만 다섯 번에 걸쳐 전개된 포늬리 진공작전은 소련군 제307소총병사단의 그야말로 그들 말 대로 '영웅적인' 항쟁을 통해 돈좌되었다. 북부, 남부전선을 통틀어 쿠르스크전 전체 기간 중 제307소총병사단만큼 투혼을 발휘한 소련군 사단은 존재하지 않았다. 그나마 성과가 있었다면 제2, 20장갑사단이 사모두로프카(Samodurovka)와 카샤라(Kashara) 사이 3km 구간을 벌려 놓으면서 소련군 방어진에 구멍을 냈다는 것이었다. 이 곳으로부터 남서쪽으로 4km 이내에 테플로예가 있었으며 남쪽으로 5km 지점

41 Mehner(1988) p.103
42 ケネス マクセイ(1977) p.281
43 Forczyk(2014) p.59

에 올호봐트카가 위치하고 있었다.

독일군은 이날 657명의 전사자 혹은 행방불명을 포함, 총 2,861명의 피해를 당했으며 탄약과 장비가 고갈되어 가는 것을 깨달은 모델은 집단군 본부와 베를린에 10만 발의 대전차포탄을 준비하도록 요청했다.[44] 전차가 500대 가량 남은 상태에서 전차 1대당 포탄은 200발밖에 할당되지 못하고 있었다. 3일 동안의 전투에 거의 만 명에 가까운 전사와 부상자 피해가 있었으나 전선에 보충된 것은 5,000명에 지나지 않았다. 지난 3일 동안의 공세가 소련군의 집요한 방어로 아무런 효과를 올리지 못하고 있는 것을 본 모델은 성채작전의 최종 결과에 서서히 의문을 품기 시작했다. 로코솝스키의 중앙방면군은 3일 동안 적어도 150대 이상의 전차와 185대의 공군기를 상실하고 3만 명의 병력을 잃었다. 하지만 이들은 홈그라운드의 이점을 계속해서 살려가면서 버틸 힘이 있었다.

7월 7일 독일공군은 1,687회 출격에 9대를 상실했는데 반해 소련공군은 1,185회 출격에 43대를 격추당했다. 그러나 브리얀스크방면군 제15항공군으로부터 234대의 전투기를 지원받아 이내 공백을 메워 버렸다.

---

44 Clark(2011) p.327

# 6 SS장갑군단의 비보호 좌회전 : 7월 8일

7월 7일의 전황에 따라 호트가 작전의 중점을 동쪽이 아닌 서쪽으로 옮기게 된 것은 전술한 바와 같다. 호트는 제48장갑군단의 그로스도이췰란트와 제3장갑사단 및 제332보병사단이 군단의 좌익에 위치한 소련 제1전차군과 제40군의 위협을 제거하도록 하고, 그로스도이칠란트와 제11장갑사단은 SS장갑군단(라이프슈탄다르테)과의 연결을 시도하라고 지시했다. 또한, 라이프슈탄다르테와 토텐코프가 북서쪽과 북쪽으로 들어가는 가운데 다스 라이히는 제167보병사단과 함께 SS장갑군단의 측면을 엄호하는 형세를 유지하도록 강조했다.

7월 8일 호트는 북부 도네츠강을 도하한 소련군을 이 기회에 격멸시키라는 주문을 재차 강조한다. 우선 SS장갑군단의 2개 장갑부대 그룹은 사요틴카강 둑 건너편으로 나가 서쪽으로 이동, 코췌토브카(Kotschetowka)에서 제48장갑군단의 선봉과 연결하고, 제48장갑군단은 시르제보 동쪽으로부터 돌파해 나와 14km 떨어진 코췌토브카에 도달하도록 지시했다. 두 군단의 장갑부대가 연결되면 페나강 구역과 오보얀 국도 양쪽의 소련군 병력들을 포위할 수 있다는 계산이었다. 실제로 제48장갑군단을 호트가 그토록 보호하려고 했던 이유는 공세정면의 소련군 병력의 크고 작음이 아니라 판터를 위시한 독일 전차들의 과도한 손괴와 관련된 것으로 추정되기도 한다. 판터는 도착 시부터 문제를 일으켜 전선에 배치도 되기 전에 망가진 것이 많았으며 여타 3, 4호 전차들도 소련군 지뢰에 희생되어 전차 수리병들이 도저히 감당하기 힘든 수요가 증폭되고 있었다. 총 190대의 판터 중 7월 7일 밤까지 기동가능한 것은 겨우 40대에 불과하였기에 그로스도이췰란트의 장갑연대는 불과 43대의 전차로 버티게 되었다.[01] 이 상태에서 제48장갑군단이 전차전을 수행하기는 거의 불가능하며 현장에서의 지원이 즉각 이루어지지 않는다면 추가공세는 힘들게만 여겨지는 상황이었다.

오전 6시 장갑부대와 요아힘 파이퍼의 하프트랙대대는 북부 테테레뷔노에서 집결해 사요틴카강을 향해 서진했다. 그 후 벨고로드-오보얀 국도의 노보셀로브카(Nowoselowka)에서 육군의 장갑사단들과 연결될 예정이었다. 다스 라이히는 장갑대대, 제2SS포병연대 3대대, '데어 휘러' SS연대 3대대(하프트랙)와 정찰대대의 일부 병력이 가세하여 라이프슈탄다르테의 우익을 엄호하는 형세로 전진해 들어갔다.[02] 제167보병사단은 당초 약속과 달리 1개 연대가 빠진 상태에서 두 군단의 갭을 메워 나가면서 이틀 이상 수비에만 전념했던 토텐코프가 공세에 가담할 수 있는 여지를 주었다. 원래 만슈타인은 토텐코프를 절대로 수비에 동원해서는 안 되며 SS장갑군단의 진격에 속도를 붙이려면 토텐코프를 공세에 가담시키는 것이 긴요하다고 누누이 강조한 바 있었다. 또한, 호트는 제48장갑군단의 앞을 막고 있는 제3기계화군단과 제6전차군단에게 괴멸적 타격을 입히기 위해서 7월 8일 2중의 포위섬멸작전을 펼치겠다는 자신의 입장을 밝힌 것으로 보인다.

작전 개시일부터 켐프 분견군이 SS장갑군단과의 거리를 한 번도 맞춘 적이 없고 그로 인해 군

01 NA : T-313 ; roll 368, frame 8.654.312
NA : T-313 ; roll 369, frame 8.655.661
02 NA : T-354 ; roll 605, frame 557

비교적 평온한 시간대의 전차기동. 측면에 보강장갑판(schürzen)을 장착한 4호전차와 장착하지 않은 4호전차의 모습이 사뭇 대조적이다.

단의 우익이 취약하게 노출되어 있는 것이 하루 이틀이 아닌데 이쪽 전구에 병력을 보강하기는커녕 오히려 일부 병력을 빼 서쪽으로 이동시킨 것은 어떤 이유인지 정확치 않다. 여기에 대한 만슈타인과 호트의 공식적인 의견조율이 어떻게 되었는지에 대해서조차 객관적인 자료가 없는 실정으로, 이 문제는 성채작전이 종료될 때까지 하나의 기이한 의문으로 남게 된다.[03] 동쪽의 소련군은 결국 다스 라이히의 전구에 가장 강력한 병력을 집중할 것으로 예상되는 가운데 거의 12km나 늘어진 측면이 겨우 2개의 장갑척탄병연대에 의해 지탱되고 있는 실정이었다. 한 가지 안심이 되는 점이라면 50mm, 75mm 대전차포가 다른 사단에 비해 월등히 많아 수비하는 데는 큰 지장이 없으리라는 추측이었다.[04]

부르코프의 제10전차군단은 185대의 전차로 북부 테테레뷔노에서 프로호로프카를 향한 라이프슈탄다르테의 정면을 때리는 승부수를 노리고 있었다. 동시에 제5근위전차군단은 100대 정도의 전차로 벨레니취노(Belenichino)에서 다스 라이히의 측면을 공략하고, 140대의 전차를 가진 제2근위전차군단은 토텐코프가 제167보병사단에게 전구를 인계하는 바로 그 지역에 해당하는 넵챠예보(Nepchajewo)에서 더 남쪽 구역을 칠 계산으로 있었다. 한편, 남서방면군으로부터 차출된 포포프(A.F.Popov)의 제2전차군단은 테테레뷔노 북부-야스나야 폴야나(Jasnaja Poljana) 구역에서 다스 라이히에 대한 공세를 지원하기로 계획되었다.[05]

## 제2SS장갑군단

소련군 기동전력이 동쪽과 북쪽에서 쇄도하고 있다는 사실은 정찰보고를 통해 이미 파악되고 있었다. 항공정찰에 의해 여단 및 군단 규모의 병력이 대이동중이라는 것과 다스 라이히 전구에도 프로호로프카에서 북부 테테레뷔노 방면으로 250대의 전차와 차량들이 움직이고 있는 것으로 알

03 Healy(2011) pp.96-9
7.7~7.8 시점만 국한해서 본다면 동쪽의 프로호로프카 전구가 가장 시급한 것은 아니었다. 소련군은 거의 대부분의 주력들을 오보얀 국도 쪽으로 집결시킨 상태에서 SS장갑군단 정면에는 별다른 신경을 쓰지 않았던 것은 사실이다. 그로 인해 소련 제6군과 제7근위군 사이의 갭이 발생함에 따라 봐투틴은 제69군으로부터 183소총병사단을 뽑아 중간의 공백지대를 메우려 했다. Stadler(1980) p.59, Klink(1966) p.230

04 Porter(2011) pp.99-105

05 Nipe(2011) p.192

려졌다. 이는 전날 밤 봐투틴이 급거 동원한 185대의 전차와 자주포를 가진 제10전차군단 및 기타 제대들로서, 군단의 우익은 제11차량화소총병여단 및 제52근위소총병사단의 잔존병력이 커버하면서 프숄강 둑을 따라 남진하고 있었다. 이들은 재편성중인 SS장갑군단의 선봉을 쳐 낼 작정이었다. 동 병력이 프숄강을 도하할 무렵 이미 선봉에 80대의 전차가, 2선에 60대의 전차가 발견된 것으로 보아 이는 단순히 특정 전구에 대한 전술적 차원의 기동이 아니었다. 토텐코프의 진격로 정면에 해당하는 페트로브스키 동쪽과 남쪽에도 20~30대의 전차가 이동 중이었고 역시 2선에 동일한 규모의 전차들이 뒤를 이어 오고 있었다.[06]

8일 SS사단들은 대략 그레스노예와 말마야취키(Mal.Majatschki) 남쪽을 통과해 사요틴카강 변으로 진격하게 되었으며, 다스 라이히의 정찰대대는 프숄강을 향하면서 사단과 군단 주력의 우익을 엄호하도록 준비되었다.

SS장갑군단은 전날에 비해 오히려 10대 이상으로 늘어난 전차들을 보유하여 전투를 시작하게 되었다. 야전의 고장수리에 있어서는 소련군들도 과거보다 월등히 나은 실력을 보여주고 있었으나 이처럼 독일군 정비부대의 신속한 수리 및 관리능력은 소련군들도 감탄할 수준이었다.[07]

## 라이프슈탄다르테

공세좌표가 수정된 이날 사단은 장갑부대가 사요틴카강을 도하하는 것이 가장 우선적으로 요구되는 과제였으며 그에 앞서 장갑척탄병들이 교두보를 장악하여 기동전력 전진의 안전판을 확보하도록 준비되었다. 사요틴카강은 프숄강으로부터 남북으로 흐르는 작은 지류로서 말마야취키(Mal.Majatschki)와 그레스노예를 관통하고 있었으며 부분적으로는 SS장갑군단과 제11장갑사단 사이의 경계를 이루고 있었다. 쇤베르크의 장갑부대와 파이퍼의 하프트랙대대가 북부 테테레뷔노의 서편을 공격하기 전에 한스 쉴러(Hans Schiller) SS소령 휘하 제1SS장갑척탄병연대 1대대는 전차와 장갑차량의 전진을 수월하게 지원하기 위해 말마야취키 마을을 점거하려 했으며 제2SS장갑척탄병연대의 2개 대대는 북부 테테레뷔노와 북부 루취키 구간 도로를 장악하기로 계획되었다.

2대의 돌격포와 4대의 티거 전차 지원을 받는 한스 쉴러의 대대는 오전 5시 말마야취키로 들어갔으며 9대의 T-34들이 페크로브카 북쪽의 사단 진지를 공격해 오면서 측면이 노출되는 일이 발생했다. 소련 전차들 중 1대가 대전차자주포에 의해 격파 당하자 이내 물러난 것으로 보아 작심한 공격이라기 보다는 독일군의 반응을 시험해 본 것으로 판단되었다.[08] 오전 7시 10분 대대가 마을에 도착했을 때는 이미 소련군들이 퇴각한 것으로 파악되었으며 이는 제1전차군이 오보얀 국도 양쪽에 진지를 구축하기 위해 해당 구역의 병력을 뺀 것으로 간주되었다. 이에 테오도르 뷔슈 사단장은 매복의 위험이 제거된 것으로 보고 8시까지 장갑부대의 이동을 명했다. 그러나 사단의 전차들이 볼마야취키(Bol.Majatschki)에 근접하자 무려 80대에 달하는 소련 제242전차여단의 전차들이 북쪽에서부터 공격해 들어옴에 따라 라이프슈탄다르테는 이때 사단의 우측 1km 지점에서 북진하고 있던 다스 라이히의 장갑대대와 합세하여 대응하기로 했다. 오전 9시 20분 뷔셀뤼(Wesselyi)와 볼마야취키(Bol.Majatschki)에서 양군의 전차전이 전면적으로 진행되는 가운데 동쪽으로부터 4~5

06 NA : T-354 ; roll 605, frame 588
07 Showalter(2013) p.124
08 NA : T-354 ; roll 605, frame 578

라이프슈탄다르테 2장갑척탄병연대 1대대장 한스 벡커(좌) SS대위와 돌격포대대 3중대장 칼 레틀링거(Karl Rettlinger)(우)가 전선을 살피고 있다. (Bild 101III-Bueschel-152-27)

대의 T-34들이 북부 루취키의 SS제대를 공격했다. 뷔슈 사단장은 불과 4~5대에 지나지 않지만 이를 동쪽으로부터 진격해 들어오는 대규모 전차병력의 전위대로 인식하고 서쪽으로 올라간 돌격포대대를 재빨리 후방으로 내려 보내 사단의 병참선을 보호하기로 했다.[09]

붸셀뤼 남쪽에서의 전차전은 오전 10시 반까지 진행되어 일단 소련군이 물러남으로써 종료되었고 장갑부대는 사요틴카강 동쪽으로부터 5km 떨어진 붸셀뤼로 진격했다. 붸셀뤼의 동쪽에는 제31전차군단과 제3기계화군단의 잔존병력이 지키는 227.4고지와 239.6고지가 있어 사요틴카강으로부터 역시 5km 정도 떨어진 곳에 위치한 오보얀 국도 방향을 감제할 수 있었다. 봐투틴은 오보얀 국도를 보호하기 위해 두 독일 장갑사단 사이에 병력을 몰아넣기 시작했으며 제309소총병사단과 100대 정도의 전차를 보유한 두 개의 전차여단과 제29대전차여단을 쿠르스크로 향하는 북쪽 도로에 집결시켰다. 독일군은 라이프슈탄다르테가 227.4고지를, 다스 라이히가 239.6고지를 치는 것으로 준비했으며, 라이프슈탄다르테 쪽으로 30대 이상의 소련 전차들이 몰려오자 마르틴 그로스 장갑대대 대대장이 이에 맞서기로 하되, 파이퍼의 하프트랙대대는 계속해서 서쪽으로 진격해 들어갔다. 한편, 토텐코프는 곤키 마을 동쪽에서 제2근위전차군단과 교전하면서 제167보병사단에게 전구를 이양하는 데 엄청난 시간을 할애하고 있었으며 이 교체작업은 7월 9일 새벽까지 이어졌다.[10]

요아힘 파이퍼 대대는 붸셀뤼 남서쪽에서 수 km가량 떨어진 사요틴카강의 동쪽 강둑에 위치한 륄스키(Rylskij) 마을로 접근하여 선봉에 선 에르하르트 귀어스(Erhard Gührs) SS소위가 이끄는 제14중장갑중대가 80m 박격포와 37mm 대전차포를 장착한 하프트랙 및 150mm 곡사포 6문을 보유한 포병중대와 함께 소련 전차들을 대적할 참이었다. 파이퍼의 하프트랙들은 전차의 포사격을 피해 최고속도로 진격하면서 연막탄을 발사했다. 문제는 적이 하프트랙들을 쉽게 잡아내지 못하는 이점이 있었지만 독일군들도 적의 위치를 제대로 파악할 수 없는 지경에 처하고 말았다. 이런 상태에서 연막 속으로부터 소련 전차가 출현한다면 근거리에서 장갑차량이 전차를 이기기 힘들다는 계산이 나온다. 이에 파이퍼는 에르하르트 귀어스와 파울 구울(Paul Guhl) SS대위 휘하 2개 그룹을 분리해 다른 방향으로 이동시켜 소련군을 여러 방면에서 공략키로 전환했다.

에르하르트 귀어스는 6문의 150mm 자주포중대를 뽑아 원거리에서 대적하기로 하고 철갑탄이

09 NA : T-354 ; roll 605, frame 52
10 NA : T-354 ; roll 605, frame 52, 578

없었기에 차체를 엄폐한 상태에서 고폭탄으로 전차를 격파해 나갔다. 귀어스는 6문의 자주포 모두를 끌고 오후 9시경 루취키 북부에 무사히 도달하였으며, 귀어스와는 달리 동쪽으로 우회해 소련군의 배후를 칠 의도를 가졌던 파울 구울 SS대위는 기습적으로 소련 전차들을 강타하자 소련군들은 원거리와 근거리에서 동시에 공격을 당한 것으로 파악하고 사요틴카강 쪽으로 후퇴하기 시작했다. 그러나 강둑 기슭이 너무 가파른 것을 확인, 전차가 기동할 수 없는 것으로 간주한 전차병들은 전차를 버리고 도주해 버렸다. 구울의 하프트랙은 불과 몇 대에 지나지 않았으며 귀어스의 자주포들도 1,500m 정도의 원거리 사격일 뿐 근접한 지역에서 협격할 태세는 아니었다. 그럼에도 불구하고 소련군들은 거의 멀쩡한 전차들을 그냥 두고 전장을 이탈해 버리는 소동을 빚었다. 독일군들은 버려진 전차를 수거할 수가 없어 31대의 T-34와 T-70에 폭약을 장치해 모두 폭파시켰다.[11] 그러나 그 이후 소련 전차와 보병들에게 포위될 여지가 있어 자신들의 차량까지 직접 파괴한 뒤 야간을 틈타 도보로 독일군 진영으로 복귀하였다. 구울은 이때의 공적으로 독일황금십자장을 수여받았으며 SS소령으로 진급하여 나중에는 파이퍼의 뒤를 이어 하프트랙대대의 지휘관으로 승격된다.

불타는 소련 전차를 바라보는 장갑척탄병. 손에 쥔 권총으로 보아 주변 정리가 아직 끝나지 않은 상황으로 판단된다.

파이퍼와 함께 이동하던 마르틴 그로스의 장갑부대는 하인츠 클링의 티거 중대를 앞세워 륄스키 마을이 위치한 사요틴카강으로 진격, 클링 스스로 미국제 제너럴 리(General Lee) 3대를 포함한 12대 이상의 소련 전차들을 파괴하면서 파이퍼의 하프트랙들과 나란히 소련군 전구를 장악하고 들어갔다. 독일군은 제29근위대전차여단이 지키는 강둑에 막혀 일단 그날의 전진은 더 이상 이룰 수가 없었으므로 사요틴카강 동쪽 부근에서 진격이 중지되고 말았다. 클링의 중대는 이날 모두 42대의 적 전차들을 격파했다.[12]

## 프란쯔 슈타우데거의 초인적인 전과

소련 제10전차군단은 이른 아침 프로호로프카로부터 북부 테테레뷔노로 이어지는 도로를 따라 공격해 들어오면서 라이프슈탄다르테의 공세를 한곳에 묶어 두고 다른 3개 군단이 SS장갑군단의 측면을 치는 작전의 조공을 담당할 계획이었다. 제10전차여단 소속 55~60대의 전차들이 페트로브카에서 프숄강을 도하해 북부 테테레뷔노를 공격해 들어오는 순간, 정면을 방어할 수 있는 것

11 Agte(2008) pp.126-8
12 Agte(2007) p.63

한 대의 티거로 22대를 격파한 프란쯔 슈타우데거. 불과 19세의 나이에 성채작전 중 라이프슈탄다르테 최초의 기사철십자장 수훈자가 되었다.

은 독일군의 고장난 티거 2대였다. 대전차지뢰로 인해 구동계 고장을 일으켰던 티거들은 재빨리 수리를 끝내고 소련군 선봉을 맞이하러 나섰다. 프란쯔 슈타우데거(Franz Staudegger) SS하사는 마을 북동쪽으로 이동, 적의 기동을 감제할 수 있는 도로변 언덕에 포진하고 롤프 샴프(Rolf Shamp) SS상병의 또 다른 티거 1대는 측면을 엄호하는 형태로 자리를 잡았다. 이때 장갑척탄병 중대가 소련군 전차의 공격을 받았다는 급보를 받고 중대 쪽으로 이동한 바, 거기에는 이미 장갑척탄병들의 육박공격에 의해 2대의 T-34가 파괴된 상태였으며 슈타우데거는 해치를 닫고 접근해 오는 나머지 3대를 손쉽게 격파했다. 이어 2대의 T-34가 다시 강둑 뒤쪽에서 나타나자 슈타우데거의 포수 하인츠 부흐너(Heinz Buchner)는 침착하게 두대를 다 잡아냈으며 현장을 이탈해 다른 곳으로 옮기려 하자 같은 강둑 방향에서 소련군 종대의 T-34 전차들이 한 대씩 정면으로 출현하였다. 하인츠 부흐너는 전차장의 명령에 관계없이 반사적으로 포격, 정면으로 돌진하는 T-34를 화염에 휩싸이게 하였으며 소련 전차들의 포사격에도 불구하고 티거의 장갑을 관통하지 못하게 되자 슈타우데거는 안심하고 한 대씩 정교한 사격으로 없애 나갔다. 순식간에 소련군 전차들은 고철덩어리로 변했고 슈타우데거의 티거는 1개 여단 전체 전차의 4분의 1에 해당하는 17대를 혼자서 파괴하는 괴력을 과시했다. 소련군 전차들은 다시 강둑 뒤쪽으로부터 계속해서 나타났으며 슈타우데거는 철갑탄을 모두 다 써버려 곤란한 지경에 처했으나 그 정도 지근거리라면 고폭탄으로도 전차를 박살낼 수 있을 것으로 판단하고 공격을 재개, 추가로 5대를 격파하고 몇 대를 기동불능(그 중 한 대는 사실상 완파된 상태)으로 만드는데 성공했다. 이날 단 한 대의 티거에 22대의 T-34, T-70 전차들이 당하자 소련군들은 물러나기 시작했다. 롤프 샴프의 티거도 아무런 피해 없이 몇 대의 소련 전차들을 날려보냈다.[13]

슈타우데거의 수훈은 독일 장갑부대가 전부 서쪽으로 이동한 상태에서 테테레뷔노에 놓인 장갑척탄병들을 구사일생으로 구한 전설적인 공적으로 기록되었다. 만약 소련 전차들이 북부 테테레뷔노를 통과해 남진하여 루취키 북부에 도달했다면 사요틴카강을 공격하는 라이프슈탄다르테 장갑연대의 병참선이 단절되는 위기가 발생할 수 있었다. 소련군은 티거가 두 대 밖에 없는 상황을 제대로 파악했더라면 강둑을 따라 축차적으로 한 대씩 돌진할 것이 아니라 한꺼번에 해당 구역을 덮쳤어야 하나 선봉의 5대 이외에는 거의 몇 대씩 나뉘어 접근하는 바람에 티거의 화력 앞에 치명적인 피해를 입었다. 이는 슈타우데거의 지휘력과 판단력, 하인츠 부흐너의 정교한 사격술, 그리고 조종수 헤르베르트 슈텔마허(Herbert Stellmacher)의 놀라운 전차운용 실력에 힘입은 협력의 산물이었

13 Agte(2007) pp.63-4, 66, Healy(2011) p.268

다. 슈타우데거는 쿠르스크전에 참가한 라이프슈탄다르테 대원으로서는 처음으로 하우서 군단장의 추천에 의해 기사철십자장을 수여 받게 된다. 이는 전차전의 귀재 미하엘 뷔트만보다 빠른 기록으로서 뷔트만의 빌레 보카쥬 전투, 오토 카리우스의 말라냐파 전투와 버금가는 전과로 평가되면서도 이상하게 슈타우데거의 공적은 두 사람의 에이스에 비해 별로 대중적으로 알려지지 않고 있다.[14]

동 전투 이후 북부 루취키와 북부 테테레뷔노 부근에는 소련 전차의 기동이 거의 없었으나 여전히 상당한 양의 병력들이 오보얀으로부터 건너와 프로호로프카 회랑 입구를 향해 동쪽으로 이동 중이라는 정찰이 확인되었다.[15] 뷔슈 사단장은 테테레뷔노의 장갑척탄병들을 지원하기 위해 1SS 공병대대를 북부 루취키로 급파, 도로를 따라 수비진을 구축하도록 지시했다. 루돌프 잔디히 SS소령의 대대는 한스 벡커 SS대위의 제2장갑척탄병연대 1대대와 연계하여 북부 테테레뷔노 서쪽 절반과 닿은 구역을 공고하게 지탱하려 했고, 다스 라이히의 '도이췰란트' SS연대는 마을 자체와 남쪽으로 뻗은 전방구역을 방어하는 형세를 구축했다. 이로써 라이프슈탄다르테의 보급선은 안정되었으나 사요틴카강 동쪽에서의 격렬한 전투로 인해 탄약이 부족한데다 거의 모든 티거와 전차들을 수리, 정비해야 할 시점에 도달한 것으로 판단하여 일단 장갑대대를 후방으로 이동시켜버렸다. 한편, 알베르트 프라이의 제1장갑척탄병연대는 7월 9일 사요틴카강 방면의 공세를 위해 재집결하면서 휴식을 취하고 있었으며, 연대는 익일 륄스키 마을의 소련군을 소탕하고 사요틴카강의 수취 솔로노티(Ssuch.Ssolotino)로 진격하여 강둑 서쪽으로부터 코췌토브카(Kotschetowka) 남쪽까지의 구간을 장악할 계획이었다. 라이프슈탄다르테는 8일 코췌토브카-북부 테테레뷔노 구간 부근에 도달하여 두 마을 사이의 구역을 통제 하에 두면서 북부 테테레뷔노로부터 오제로프스키 사이 구간을 확실하게 잡아냈다.

라이프슈탄다르테는 7월 8일 하루에만 82대의 소련 전자들을 파괴하였으며 대신 66명의 전사, 178명의 부상자를 기록했다.[16] 이날 SS장갑군단은 총 183대의 전차를 격파한 것으로 되어 있어 다스 라이히와 토텐코프가 합쳐 101대를 격파한 것으로 계산되나 전차의 파괴는 대부분 독일 대전차포의 사격에 의한 것으로 알려져 있다. 독일군은 역시 이날 5개 대전차연대 병력 규모에 해당하는 총 111문의 소련 대전차포들을 격파한 바 있었다. 한 사단에 의한 하루 동안의 전과로는 기록적이었다.

### 다스 라이히

야콥 휙크 휘하의 2SS정찰대대는 방어구역에서 이탈해 서진하고 있던 라이프슈탄다르테의 우익을 방어하는 장갑대대의 우측면을 엄호하기 위해 사단의 남쪽구역으로 이동하려 했다. 그러나, 소련군 병력이 북부 테테레뷔노에서 남쪽으로 뻗은 고스티쉬테보(Gostischtewo) 부근에 해당하는 사단의 동쪽 측면을 위협하고 있음이 확인되면서 다시 원위치에 머무는 것으로 변경되었다. 그러나 사요틴카강 방면을 향한 장갑부대의 진격은 원안대로 추진되었다. 한스-알빈 폰 라이쩬슈타인

14 슈타우데거는 7.8 이날 올린 22대를 합해 겨우 총계 35대의 적 전차를 격파한 것으로 되어 있다. 즉 한때 반짝했다는 것으로서 그 이후의 경력에 대한 자료가 별로 없는 편이다. 다만 코르순(체르카시) 포위전 때 상당한 활약을 보여 1944년 2월 10일에는 소련군 자주포 5대를 격파하면서 뷔트만을 위기에서 구출했다는 기록도 있다. Kurowski(2004) Panzer Aces, p.328

15 NA : T-354 ; roll 605, frame 588

16 Lehmann(1993) p.122, Glantz & House(1999) p.135

(Hans-Albin von Reitzenstein) SS중령이 이끄는 다스 라이히 장갑대대 소속 88대의 전차들은 새벽에 북부 테테레뷔노 근처에서 집결, '데어 휘러' SS연대 3대대의 하프트랙대대와 함께 오전 8시 사요틴카강을 향해 나아갔다.[17] 장갑부대는 소련군과의 별다른 조우없이 프숄강으로부터 남쪽으로 흐르는 강의 지류에 도착, 서쪽 강둑에 일시 포진한 뒤 뷔셀뤼로 진격하자 소련 제31전차군단 소속의 전차와 대전차포들이 빗발치는 포사격을 전개해 왔다. 전차들은 일단 뒤로 후퇴시켜 전열을 재구성하고, 자주포대대를 빼 뷔셀뤼 서쪽으로 3km 떨어진 곳에 위치한 239.6고지를 향한 공격 지원을 위해 감제하기 좋은 장소로 이동 배치하였다. 그중 프리드리히 아이흐베르거(Friedrich Eichberger) SS소령 휘하의 일부 포병중대가 가장 유리한 사격지점을 잡아 소련군 진지를 향해 집중사격을 가했다. 정통으로 직격탄을 맞은 소련군 진지는 박살이 났으며 SS전차들도 일제 사격을 가하자 소련군의 저항이 무력화되면서 오전 11시에 고지를 점령하고 전차들은 사요틴카강과 코췌토브카를 향해 서진을 계속하였다.[18]

폰 라이쩬슈타인의 장갑대대는 정오 무렵 제11장갑사단의 분견대가 위치한 코췌토브카 동쪽 수 km 지점까지 도달하였으며 마을로의 본격적인 접근이 이루어지자 북쪽에서 소련군 전차들이 장갑대대의 측면을 겨냥하고 공격해 들어왔다. 이때 뷜리 카루파(Willi Karupa) SS하사의 장갑소대는 중대의 우측면에 위치하고 있다가 소련군 전차들이 치고 들어오자 정면을 향한 진격종대에서 이탈해 순식간에 5대의 소련 전차들을 격파하였다. 이로 인해 종대의 다른 병력들은 측면에 대한 걱정없이 정면의 소련군을 대적하기가 용이하게 되었고 몇 시간에 걸친 격전 후 소련군들은 북쪽으로 물러났다.

장갑대대는 전진을 속개하여 사요틴카강 둑 근처까지 거의 접근했으나 목표지점 바로 코앞에서 장갑부대를 다시 동쪽으로 이동하여 원위치시키라는 군단의 명령을 받게 된다. 호트 제4장갑군 사령관은 다스 라이히의 사요틴카강 방면으로의 공격이 어느 정도 효과를 보아 제48장갑군단 쪽 사정은 일층 호전된 것으로 파악하고 그로스도이췰란트 역시 자력으로 오보얀 국도를 따라 잔존 소련군 병력을 밀어낼 수 있을 것이라는 판단 하에 SS부대들을 다시 동쪽으로 이동시키게 되었다. 실제로 동쪽에서는 사단의 장갑척탄병들과 장갑엽병들이 공세정면의 전체 길이에 해당하는 전구에서 소련군 4개 전차군단의 공격을 받고 있었다. 소련군은 165대의 전차를 보유한 제10전차군단이 북쪽에서 내려와 프로호로프카 도로를 따라 북부 테테레뷔노의 SS부대들을 공략하려 했고, 새로 도착한 제2전차군단은 168대의 전차로 제10전차군단의 좌익을 지원하기 위해 재집결하고 있었다. 그보다 남쪽에는 100대의 전차를 가진 제5근위전차군단이 야스나야 폴야나와 벨리니취노(Belenichino)의 다스 라이히 병력을 치기 위해 포진했으며 제2근위전차군단은 140대의 전차를 보유, 소련군의 가장 좌익에 위치하는 넵챠예보 반대편 구역에서 집결하여 제5근위전차군단을 지원할 계획이었다. 제2근위전차군단의 전차들은 겨우 공병들과 곡사포중대들이 헐겁게 지키고 있는 다스 라이히의 남쪽 경계구역을 노리고 있어 동쪽의 위협은 시간이 갈수록 계속해서 가중되고 있었다.

소련군의 의도는 북부 테테레뷔노와 야스나야 폴야나 사이의 북부 쪽 독일군 전선을 부수고 남

17 NA : T-354 ; roll 605, frame 579
18 NA : T-354 ; roll 605, frame 579

쪽의 페트로브스키(Petrowskij) 부근 다스 라이히와 토텐코프의 경계부분을 절단 낸다는 것이었다. 다스 라이히의 장갑대대가 사요틴카강에 도달할 무렵에 사실은 토텐코프가 프숄강 강둑에 진입해 주었어야 하는데 그때부터 이미 소련군의 공격을 받고 있어 다스 라이히의 정찰중대는 프숄강 남쪽에서 토텐코프를 발견할 수가 없었다. 문제는 다스 라이히의 정면을 치고 오는 소련군 전차들을 상대할 병력이라고는 12대의 돌격포 뿐이었다는 사실이었다. 게다가 제48장갑군단을 지원하기 위해 서진했던 라이프슈탄다르테와 다스 라이히가 원위치하기 전에 600대 규모의 소련 전차가 제4장갑군의 우익을 때리고 들어온다면 작전의 구조전체가 거의 중단될 가능성마저 있었다. 이 모든 국면이 소련군에게 유리했으나 봐투틴은 전차병력을 하나로 모으지 못하고 축차적으로 투입하는 바람에 독일군의 측면을 치고 배후로 돌아 독일 장갑부대의 중추를 파괴할 수 있는 절호의 기회를 놓치는 실수를 범했다. 대표적으로 제2전차군단이 축차적으로 전차를 동원, 운용하는 과정에서 독일군의 대전차포와 돌격포에 밀려 그 어떠한 돌파도 달성할 수가 없었고, 제10전차군단의 공격도 앞서 언급한 슈타우데거의 개인기로 격퇴되는 불상사를 당한 처지였다. 압도적인 군단 규모의 전차공격을 불과 2대의 티거로 분쇄한다던가 하는 에피소드의 이면에는 그러한 구조적인 문제가 상존하고 있었다.

가장 유능한 전차전 지휘관으로 알려진 제5근위전차군단의 크라브첸코는 오전 11시 30분경 명령을 발동, 대지공격기의 저공비행에 의한 공습과 더불어 보병을 태운 전차병력들이 다스 라이히 진지를 기습적으로 치기 시작했다. 이것도 다수가 아닌 30대 정도의 전차에 보병들을 전차에 태운 형태로 진격해 들어왔으며 독일군의 박격포와 기관총 사격이 가해지자 일찌감치 전차로부터 이탈함에 따라 보병들의 지원에서 멀어진 전차들을 각개 격파하기에는 좋은 조건이 형성되고 있었다. 독일군은 소련 전차들이 400~500m 내로 접근하도록 허용한 뒤 대전차포를 일제히 사격, 초전에 7대의 T-34들을 격파했다. 그러나 '도이췰란트' SS연대가 지키던 칼리닌 주변이 소련 전차에 의해 유린당하면서 5~6대의 T-34가 독일군 방어진을 뚫고 깊숙이 침투하였으며, 20대의 T-34와 T-70로 구성된 전차그룹들이 독일 수비라인을 돌파한 뒤에는 모두 북부 루취키를 향해 나아갔다. 장갑병력이 부재했던 독일군들은 대전차포와 육박공격으로 대응할 수밖에 없었으며 여타 소련군의 전차병력은 '데어 휘러' SS연대 쪽으로 진격해 들어갔다. 이때 '데어 휘러'의 15대대는 소련군 전차의 공격에 병력이 잘게 쪼개져 버리게 되었는데, 요제프 브루너(Josef Brunner) SS상사의 소대는 정면의 전차들에 대해 과감한 공격을 전개하여 상당한 피해를 입히는데 성공했다. 다시 측면에서 소련군 소총병들이 몰려 들어오자 그 스스로 기관총을 쥐고 병사들을 독려, 마지막 한 명까지 사살한다는 각오로 반격에 재반격을 가하자 기세에 눌린 소련군 잔존 병력들은 동쪽으로 퇴각하고 말았다. 한편, 다른 구역에서 돌파에 성공한 전차들도 뒤이어 들어올 지원병력과 연결되지 못해 고립된 상태에서 독일군에게 격멸당하는 운명에 처했다.[19]

최초 공격에서 좌절을 맛본 소련군은 오후 3시 30분 2차 공격을 감행했다. 소련군 전차들은 공세정면에 넓게 퍼져 남부 테테레뷔노를 향해 공격해 들어왔으며 여기는 '도이췰란트' SS연대의 균터 뷔즐리체니의 3대대가 마을의 동쪽 언덕을 따라 포진하고 있었다. 소련군은 10~15대의 전차에 중대규모의 보병들을 보내 공략해 보려 했으나 큰 문제없이 격퇴되었고 마을 안으로 진입해 좁은

19 NA : T-354 ; roll 605, frame 53

거리를 따라 들어온 전차들은 전차격파팀의 특공작전에 의해 하나씩 파괴되어 갔다.

소련군은 3대대보다 훨씬 북쪽에 위치한 '도이췰란트' SS연대 주력에 대해서도 3개 소총병대대를 보내 남부 테테레뷔노를 공격하고 대지공격기의 지원을 받아 지속적인 공격을 시도했다. 다스 라이히는 전차가 없어 야포들의 3분의 2를 장갑척탄병들의 지원화기로 활용하면서 파도타기처럼 들어오는 소련군 소총병들을 저격하기 시작했다. 소련군들은 죽은 동료의 시체를 넘어 끝없이 죽음의 돌격을 계속했으나 독일군의 지능적인 저항에 막혀 아무런 효과를 보지 못하고 진지 앞에 엄청난 수의 시체만 남긴 채 밤이 되자 동쪽으로 도주하고 말았다.[20]

또한, 넵챠예보 전구에서는 전차가 없었던 다스 라이히가 공군의 지원을 요청, 30mm 및 20mm 기관포를 장착한 헨쉘(Henschel) 129 대지공격기에 힘입어 제2근위전차군단의 전차여단 병력들에게 엄청난 피해를 입히면서 소련군을 격퇴했다.[21] 1시간 동안 계속된 이 사냥에서 브루노 마이어(Bruno Meyer) 대위의 대지공격기들은 Fw-190 포케불프 전투기들과 공조, 지상에 무방비로 노출된 전차들을 향해 무차별 공습을 가했고 그 결과, 무려 50대의 소련 전차들이 파괴되거나 기동불능상태로 남았다.[22] 그로부터 2시간 후에는 다시 약 40대 가량의 소련 전차들이 서쪽으로 움직이는 것을 관측한 정찰기가 제9전투단에 연락, 12대의 헨쉘129가 동쪽으로 출격하도록 요청했다. 헨쉘 129편대가 소련 전차의 종대들을 기습하여 다대한 피해를 입히자 잔존 전차들은 일단 퇴각한 후 재편성을 마친 다음 209.5고지로 향해 다가갔다. 2차 공습에 30대의 소련 전차들이 불길에 싸였으며 수천 명의 시체들이 대지에 덮여 있었다. 이는 쿠르스크전 전체를 통해 공군의 강습만에 의해 전차부대가 완전히 격멸된 매우 드문 사례 중 하나로 기록되었다. 이날 알프레드 드루쉘(Alfred Druschel) 중령의 1전투비행대대 소속 포케불프들도 소련군 소총병종대와 대전차포 진지들을 타격하여 막대한 손실을 끼쳤다. 겨우 전멸을 면한 잔존병력들이 209.5고지에 도달하기는 했지만 여기서는 토텐코프의 게오르크 보흐만의 전차들이 서쪽에서 나와 소련군들을 반길 참이었다.[23]

이날 다스 라이히는 전차가 전혀 없는 상황에서 소련 3개 전차군단의 단위병력들과 교전하여 SS장갑군단의 측면을 지켜내는 질긴 저항력을 과시했다. 만약 봐투틴이 4개 전차군단 병력을 일거에 측면공격에 집중했더라면 결과는 반대현상을 나타냈을 것이나 소련군은 또 한 번 병력과 화력 집중의 원칙을 달성하지 못한 채 재편성 작업의 지연, 독일공군의 대지공격 등의 요인으로 인해 돈좌되고 말았다. 물론 거기에는 다스 라이히 장병들의 불굴의 전투력과 놀라운 테크닉이 작용하기도 했지만 기본적으로는 소련군이 압도적인 전력을 가지고 있었는데도 불구하고 제대간 조율에 실패한 대표적인 사례로 기록되었다. 다스 라이히는 이날 하루 동안 13km 주파를 달성하여 소련군 수비진의 서쪽 배후를 잘라 들어가면서 보로네즈방면군의 3차 저지선 수 km 지점까지 도달했다.[24] 이로써 다스 라이히는 오제로프스키 남쪽에서부터 남부 테테레뷔노의 바로 아래쪽까지의 방어선을 유지하게 되었고 익일에는 프로호로프카를 향해 북동쪽으로 칼날의 방향을 교정하게 된다. 프로호로프카까지는 16km 정도가 남아 있었다.

질붸스터 슈타들레의 '데어 휘러' SS연대 1대대는 어둠이 깔리자 자체적으로 근접정찰활동을

20 NA : T-354 ; roll 605, frame 579
21 ヨーロッパ航空戦大全(2004) pp.114-5
22 Porter(2011) p.135
23 NA : T-354 ; roll 605, frame 53
24 Stadler(1980) p.95, Mehner(1988) p.114, Showalter(2013) p.131

개시하면서 적진을 수색했다. 1대대장 알프레드 렉스(Alfred Lex) SS대위 휘하의 3중대는 이날 밤 소련 제29대전차여단의 본부를 급습하여 여단장과 참모장교 및 본부중대를 통째로 잡는 의외의 전과를 올렸다. 렉스 SS대위는 기사철십자장과 근접전투 황금기장을 함께 받은 전군 에이스 98명 중의 한 명이었다.

## 토텐코프

7월 8일 사단은 오랜 우여곡절 끝에 프숄강을 향해 북진했다. 그래도 라이프슈탄다르테나 다스 라이히보다 많은 전차를 보유했던 토텐코프는 50%의 피해를 경험한 돌격포가 13대로 줄어든 것을 제외하면 35대의 4호 전차, 52대의 3호 전차, 5대의 티거와 7대의 지휘전차를 확보하고 있었다.[25] 사단은 벨고로드 북쪽, 페트로브스키 남부와 쇼피노 사이 20km에 달하는 갭을 맡고 있었으며, 주력이 북쪽 절반을 담당하고 있는 반면 '아익케' 연대는 남쪽 절반의 전구를 커버하고 있었다. 쿤스트만의 장갑부대는 야코블레보 북쪽으로 이어진 도로변에 접한 곤키에서 집결하여 프숄강을 향한 진격을 준비하고 있었다. 토텐코프는 이날까지 맡았던 SS장갑군단의 측면 엄호의 임무로부터 해제되어 북쪽으로 올라가 라이프슈탄다르테의 북서쪽으로 자리이동을 개시하고, 대신 다스 라이히와 제11장갑사단 사이에 위치해 있던 제167보병사단이 토텐코프의 원래 구역을 인수하게 되었다. 토텐코프는 새벽 2시 15분부터 서둘렀으나 인계작업이 너무 더디게 진행되어 오전 8시가 되어서야 겨우 단계적 기동이 가능한 상태로 진전되었으며 사실은 이와 같은 병력이동에 거의 하루가 다 소진되었다.

그때까지도 제167보병사단에게 전구를 이양하는 작업이 완료되지 않고 있어 초조해 하고 있던 차에 봐투틴의 제2근위전차군단이 뷔슬로예-테르노브카 사이의 토텐코프 병력 정중앙에 대해 공격을 개시했다. 140대의 소련군 전차가 넵차예보 동쪽에 집결하면서 건너편 페트로브스키 남부를 틀어막고 있는 독일군 공병포병대를 향했다. 소련군은 토텐코프와 제167보병사단의 자리교체 시기를 틈타 독일군의 가장 취약한 구역에 전력을 집중시키게 되는 결과를 얻었다. 왜냐 하면 벨고로드-야코블레보-오보얀 국도는 넵차예보 서쪽으로 겨우 6km 떨어진 지점에 있었기에 공병포병대 자리를 치고 들어온다면 SS장갑군단의 남북 병참선을 단절시킬 수 있었기 때문이다.

토텐코프와 소련군의 대결은 오전에는 벌어지지 않았고 12시 45분경 소련군 전차 40대가 뷔슬로예와 테르노프카 사이를 지나 서쪽으로 이동하는 과정에서 비로소 점화되었다. 소련군 전차들은 장갑부대가 집결하고 있는 곤키 동쪽 수 km 지점에 위치한 209.5고지를 향해 나아가고 있었으며 게다가 제96전차여단 소속의 전차그룹이 칼리닌 근처 남쪽의 숲 지대에서 기동하고 있다는 정찰정보가 들어왔다. 또한, 항공정찰에 의해 동쪽에서도 전차와 차량을 동반한 소련군 소총병들이 쇄도하고 있는 등 다소 복잡한 상황이 전개되고 있었다. 헤르만 프리스 사단장은 우선 오이겐 쿤스트만 장갑연대장에게 209.5고지를 향하는 소련군을 먼저 처리할 것을 명령했다.[26] 쿤스트만은 붸르너 코르프(Werner Korff) SS대위 휘하의 돌격포대대와 1개 장갑대대를 급파했다. 한편, 쿤스트만 자신도 전차 2대와 장갑공병중대 소속 20명의 장병 및 하프트랙과 함께 정찰을 나갔으며 얼마 안

25 NA : T-354 ; roll 605, frame 577
26 NA : T-354 ; roll 605, frame 54

오이겐 쿤스트만의 전사로 인해 토텐코프 장갑연대장을 맡게 된 게오르크 보흐만 SS소령. 보흐만은 작은 체구에도 불구하고 끊임없이 에너지가 분출되는 정력적인 야전지휘관으로 알려져 있다. (Bild 101III-Adendorf-093-25)

되어 소련군의 공격을 받자 전차 2대로 진지를 강타, 소련군 포대를 파괴하고 8명을 포로로 잡았다.

그 후 쿤스트만은 조그만 강 지류가 있는 언덕으로 조심스럽게 접근하면서 소련군 전차 등의 행방을 확인하려 하다 300m 이격된 지점의 은폐된 곳으로부터 날아온 대전차포탄에 의해 즉사하는 사고를 당했다. 연대장이 전사하는 변사로 인해 넋이 나간 전차병들은 한동안 패닉 상태에 잠겼으나 소련 대전차포진지는 더 이상 자신들의 위치를 발각 당하지 않게 하기위해 추가 사격을 가해오지 않았다. 이에 장갑공병들이 침착하게 쿤스트만의 지휘전차로 다가가 사주경계를 하는 동안 정신을 차린 전차병들이 포신을 적진으로 거꾸로 향하게 한 상태에서 아군 진지로 무사히 복귀했다. 연대장 자리는 2대대장인 게오르크 보흐만 SS소령이 승계했고 토텐코프 창설시부터 사단에서 근속해 온 프릿츠 비어마이어 SS대위가 보흐만의 자리를 이어 받았다.

보흐만은 이내 북쪽으로 1개 대대를 직접 지휘하여 나아갔고 13대의 돌격포를 보유한 돌격포대대와 나머지 대대는 벨고로드-오보얀 국도 동쪽 지구를 틀어막도록 지시했다. 보흐만은 45대의 전차와 돌격포들을 동원, 소련군이 진격해 올 경우 적의 측면을 노릴 계산이었으나 정작 소련군 전차들은 바로 나타나지 않았다. 그러나 오후 2시 209.5고지에 접근하자 본격적인 전투가 개시되었다. 우선 6대의 T-34와 몇 대의 KV-1 중전차는 보흐만 부대와 교전하지 않고 스쳐 지나갔으며 대신 209.5고지 서쪽에서 다른 독일군의 손에 파괴당하는 일이 발생하였다. 그 후 여러 차례의 교전이 전개되다가 밤이 되기 직전 8대의 T-34들이 뷔슬로예로부터 들어와 토텐코프의 전차들과 붙었으며 대부분이 파괴되거나 반파되자 몇 대의 잔여 전차들이 동쪽으로 퇴각하면서 이날의 전차전은 독일군의 승리로 종결되었다.[27]

토텐코프의 장갑연대는 다시 군단사령부로부터 연락을 받아 정찰대대와 함께 루취키 남부 근처 집결지까지 이동하고 돌격포대대는 제167보병사단으로 편입시키는 조치를 취하였다. 사단의 전차들과 포병연대는 프숄강을 향해 진격하기 위해 루취키 남부의 북쪽 구역에서 사령부 이전을 완료하였으며 소련 제2근위전차군단의 방해가 있기는 하였지만 사단간 구역교체는 순조롭게 이루어졌다. 육군으로부터 차출되었던 제331장갑척탄병연대는 밤까지 뷔슬로예 구역을 인수하고 제315장갑척탄병연대도 조속한 시간 내 인계를 종료하겠다는 보고를 마치게 된다. 그런데 새벽 2시 30분 소련군 전차와 보병들이 209.5고지 쪽으로 진격해 벨고로드-오보얀 국도를 돌파하겠다는 의도

27 NA : T-354 ; roll 605, frame 54

를 드러내게 된다. 소련군의 진격은 독일군 인수인계 상태의 어수선한 틈을 타 225.9고지 근처 국도 언저리까지 진입하면서 독일군의 보급선을 차단할 수 있는 위험을 초래했다. 이때 곤키에서 돌격포대대 1개 중대가 북쪽으로 진군하여 뷔슬로예를 관통하고 있던 '아익케' 연대 2대대의 장갑척탄병들과 합세하여 소련군을 공격, 몇 시간에 걸친 전투 끝에 소련군들을 동쪽으로 몰아냈다. 토텐코프는 8일 리포뷔 도네츠강 서편 접경구역의 테르노프카까지 진출했으며 9일에는 제167보병사단에게 전구를 이양하고 북쪽의 그레스노예 바로 남쪽 지역까지 이동해야만 했다.[28]

## 켐프 분견군

켐프 분견군이 안고 있는 고민 중 하나는 기동전력을 공세의 중심에 두어야 하는 상황에서 계속되는 소련군 전차들의 측면공격을 방어하기 위해 장갑전력을 공세정면이 아닌 측면에 배치해야 된다는 점이었다. 봐투틴은 제3장갑군단을 좁은 회랑으로 몰아넣어 제6근위군과 제69군이 포위 섬멸하는 계획을 세우고 있었다. 이를 위해 기존 제92, 94근위소총병사단 외에 제213, 270소총병사단 및 제15근위소총병사단, 3개 소총병사단을 동원, 코렌 강 동쪽 강둑을 따라 배치함으로써 독일군의 진격을 북동쪽으로 경사되게 유도해 나갔다. 켐프는 이를 저지하기 위해 제198보병사단이 므야소예도보(Mjassojedowo)와 바트라즈카야 닷챠 구역에서 제7장갑사단의 측면을 엄호하도록 지시하게 된다. 이로 인해 군단의 북진은 강도와 밀도가 떨어질 수밖에 없는 조건에 처했으며, 병력이 부족한 독일군으로서는 정면과 측면에 대한 전력 배치의 균형 문제가 작전기간 내내 골머리를 앓게 하는 문제로 고착화되었다.

### 제7장갑사단

소련군은 8일 새벽 일단의 중대급 소총병들이 바트라즈카야 닷챠 북쪽의 커다란 집단농장을 공격하는 것을 시작으로 제7장갑사단 전구에 대한 그 날의 공세를 추진해 나갔다. 제94근위소총병사단은 므야소예도보에 위치한 독일군 최전방의 전초기지와 206.9고지에 대해 연차적인 반격을 가했고 오전 10시에는 제96전차여단의 전차들과 함께 강력한 보병집단의 공격이 전개되었다. 이 전구는 소련군 제7근위군의 슈밀로프 중장이 제92, 94근위소총병사단으로 공세를 취하고 한편으로는 제213, 270소총병사단 및 제15근위소총병사단, 3개 사단으로 코렌(Koren) 강 동쪽 강둑에 공고한 방어진을 구축하는 조치를 취하고 있었다. 코렌 강은 독일 제3장갑군단의 북쪽 진격로와 평행되게 형성되어 있어 이곳으로부터 독일군 종대의 측면을 칠 수 있는 유리한 지형적 조건을 갖추고 있었다.

켐프는 한편, 제198보병사단의 대대들이 장갑사단의 일부 제대와 교체하도록 지시한 바 있으나, 보병사단의 1개 연대가 정해진 위치에 도달했을 뿐 소련군의 간헐적인 공격으로 인해 오전이 다 가도록 병력이동은 완료되지 않았다. 특히 바트라즈카야 닷챠에서 소련군 제94근위소총병사단이 시도한 돌파는 전차들을 동원해서 겨우 격퇴했기 때문에 이러한 과정으로 말미암아 전차들이 예정된 각본대로 북쪽으로 진군하는 데는 상당한 어려움이 있었으며, 일단 제198보병사단이 바트라즈카야 닷챠-므야소예도보 구간의 수비를 안정시킬 때까지는 장갑사단이 병력이동을 엄호하

28 Stadler(1980) pp.86, 90, Nipe(2011) p.210

도록 지시했다. 이로 인해 제7장갑사단은 바트라즈카야 닷차-므야소예도보에서 제94근위소총병사단에게 발이 묶여버리게 되었다. 그러나 사단은 측면방호에만 매달릴 수는 없어 코로니오-므야소예도보 구간의 소련군 진지들에 대해 공격을 취함으로써 별도의 활로를 모색하려고 했다.[29] 라우스 제11군단장은 2개 보병사단만으로 소련 제7근위군의 공격으로부터 제3장갑군단의 우익을 지켜 내기 힘들다고 판단하여 재빨리 제3장갑군단 소속 168보병사단이 지원되기를 요구하고 있었다. 당시 라우스 군단의 제106보병사단은 소련군 제15근위소총병사단과 1개 대전차대대의 집중타격에 의해 하루 종일 시달리고 있었다. 이 사단은 제7장갑사단의 아달베르트 슐쯔가 이끄는 제25장갑연대의 화력지원 하에 있었으며 따라서 제7장갑사단은 단지 제6장갑사단의 뒤를 따라 진격할 수가 없어 우측면을 보호하는 기능만 담당하는 것으로 제한되어 있었다. 8일 동안 제7장갑사단은 라숨노예강 변 뒤에서 견고한 수비태세를 갖추고 있는 것만으로 만족해야 할 형편이었다.

이날 전 세계 전차격파왕 1위 크니스펠은 전체 대수는 정확히 확인하기 어려우나 최소 8대 이상은 확실히 격파한 것으로 인정되었으며 최대 12대 이상의 적 전차를 파괴한 것으로 추정되었다.[30] 크니스펠은 전차 파괴기록 자체에 별다른 욕심을 부리지 않았으며 동일한 적 전차를 전차병 서로가 격파했다고 주장하여 이견이 생길 경우에는 본인이 스스로 다른 동료들에 공을 양보한 것으로 전해지고 있다.

## 제19장갑사단

제19장갑사단은 동이 트기 전부터 기동하기 시작했다. 212.1고지를 지나 칼리니나(Kalinina)로 향하는 길에서 다수의 대전차포 진지를 격파하고 소련군의 다층적 수비진을 제켜내면서 속도를 올리고 있었다. 그러나 제27장갑연대장 하인리히 벡커 대령이 중상을 입어 토마로프카 군병원으로 이송되는 사고가 발생했다. 임시 후임에는 하인츠 붸스트호휀(Heinz Westhoven) 대위가 임명되었다. 벡커 대령은 8월 4일 사망하였으며 붸스트호휀은 8월 10일 에봘트 호만(Ewald Hohmann) 대령이 연대장직을 정식으로 인수하기 전까지 지휘권을 지니고 있었다.

사단은 제6장갑사단 헤르만 오펠른-브로니코프스키(Hermann Opplen-Bronikowski) 대령의 장갑연대와 함께 벨고로드 북동쪽 15km 지점에 위치한 멜리호보(Melikhovo) 방면을 향해 북진해 나아갔다. 8일은 휘너르스도르프 사단장의 허락 하에 제6장갑사단의 장갑연대는 일시적으로 제19장갑사단의 지휘 하에 두는 것으로 정리하였다. 동이 틀 무렵 제27장갑연대가 212.1고지 북쪽에서 고전하고 있는 동안 헬무트 리히터 중령의 제74장갑척탄병연대는 멜리호보 1차 저지선상의 벙커들을 모조리 격멸하고 벨로프스카야(Belovskaya) 북쪽의 숲 언저리에 도착했다. 이곳의 소련군은 순식간에 제압되어 교전은 싱겁게 끝이 났다. 동시에 사단의 하인리히 벡커 전투단은 서쪽으로 나아가 달나야 이구멘카(Dalnjaja Igumenka)로 향했다. 벡커 전투단의 임무는 북동쪽으로부터 들어오는 소련군 전차들의 위협을 막으면서 사단의 측면을 엄호하는 것이었는데 벡커의 전차들은 그 날 오후 지뢰밭을 앞에 둔 소련군의 강력한 전차호 진지 앞까지 진격해 들어갔다. 그 다음은 공병들이 지뢰를 제거하고 전차호를 파괴하면서 우군 전차의 진로를 확보하였으며 장갑척탄병들이 진격로의 좌우를

29 NA : T-314 ; roll 197, frame 1215
30 Kurowski(2004) Panzer Aces II, p.174

엄호하면서 마을로 들어갔다.

리히터 중령의 제74장갑척탄병연대는 벨로프스카야를 지나 크고 작은 고지들이 연이어 있는 지역에 당도하자 척탄병들이 다량의 지뢰를 밟고 즉사하는 광경들이 속출하고 있었다. 살과 뼈, 피가 온 사방에 퍼지면서 두 세 동강이 난 시체들이 전장에 널리고 있었다. 게다가 낮은 곳, 높은 곳 할 것 없이 연속사격을 가해대는 소련군 진지들의 저항으로 실전경험이 없는 일부 병사들은 이내 당황하기 시작했다. 헬무트 리히터는 하프트랙에 올라 타 직접 수류탄을 투척하여 적진으로 돌파하는 용맹을 과시하고 소련군 기관총좌를 시범적으로 격파하면서 부하들을 독려했다. 또한, 나무가 듬성듬성 난 마지막 능선을 따라 올라가면서 맨 앞에서 진두지휘, 연대장이 손수 기관단총을 사격하는 동안 중대원들은 고지의 우측면으로 돌아들어가 아래쪽의 소련군 진지들을 강타했다. 고지전의 최종 마무리는 불과 수분 후에 끝이 났다. 독일군 척탄병들의 얼굴은 화염으로 검게 그을렸고 군복은 먼지투성이로 변해 잿빛을 띠고 있었다. 연대장의 용감한 돌격정신에 탄복하여 기계적으로 따르기는 했으나 장병들은 도대체 어느 정도로 격렬했던 전투인지 스스로도 믿기 어려운 표정들을 지으면서 긴장감을 늦추지 않고 있었다.[31]

사단의 나머지 병력은 제442장갑척탄병연대와 2개 포병대대 및 5대의 화염방사전차로서 '남방돌격그룹'(Angriffsgruppe Süd)을 형성하고, 제73장갑척탄병연대와 19정찰대대 및 제442장갑척탄병연대의 일부 병력들은 별도의 전투단을 구성해 블리쉬나야 이구멘카의 소련군 진지를 공격해 들어갔다. 그러나 실제로 연대는 겨우 2개 중대 정도의 규모로 떨어져 있어 지극히 낮은 공격밀도로 인해 의도했던 공세는 좌절되었으며 오히려 소련군의 반격을 당해 원래 발진지점으로 되돌아갔다. 이 때문에 블리쉬나야 이구멘카의 소련군은 여전히 제3장갑군단의 측면을 위협하는 존재로 남았으며 독일군의 침투 자체도 서쪽의 블리쉬나야 이구멘카와 동쪽의 므야소예도보 사이 겨우 5km 정도의 간격만 확보했을 뿐이었다. 따라서 제92, 94근위소총병사단과 전차연대가 독일군의 조그만 교두보를 언제든지 날릴 수 있는 위험에 처해 있었다. 만슈타인은 그럼에도 불구하고 브라이트의 제3장갑군단이 사비니노(Sabynino)와 붸르취니 올예챠네즈(Werchny Oljtschanez)를 향해 북쪽으로 진군, 북부 도네츠와 독일군 침투구역 사이의 소련군 병력을 포위섬멸할 것을 지시했다. 모자라는 전차병력은 집단군사령부 차원에서 공군의 조력을 담보했기 때문에 루프트봐페 전력의 대부분은 이제 블리쉬나야 이구멘카와 스타리 고로드(Stary Gorod)지구에 집중되게 되었다.

제19장갑사단은 오후 1시 블리쉬나야 이구멘카 동쪽으로 이동하여 마음먹은 공격을 준비했다. 이와는 별도로 크레이다를 떠난 제168보병사단 429척탄병연대와 제19장갑사단 73척탄병연대는 장기간의 행군 끝에 해가 질 무렵 스타리 고로드를 바라볼 수 있는 지점에 도착했다. 3일 동안 밥도 못 먹고 잠도 못 잔 상태에서 수통의 물로 목만 축여 오던 척탄병들은 안식처를 찾아 휴식을 영위하기 위해서라도 이날 밤까지는 스타리 고로드를 점령해야만 했다. 사단은 오후 4시경 공군의 지원을 받아 스타리 고로드를 강하게 때렸고 화염방사기와 집중적인 화포사격을 통한 처절한 전투 끝에 소련군 제81근위소총병사단을 블리쉬나야 이구멘카와 스타리 고로드로부터 밀어내는데 성공했다. 부근에 위치하고 있던 제168보병사단도 제19장갑사단의 전차공격 지원을 받아 스타리

31 Lodieu(2007) pp.66-7

고로드를 점령해 냈다.[32] 이로써 소련 제7근위군이 방어하던 2차 저지선이 돌파 당했으며 수비대는 북쪽으로 패주하였고 사단은 7월 5일 발진지점으로부터 20km를 진격해 들어갔다. 제19장갑사단은 제6장갑사단의 오펠른-브로니코프스키 장갑연대와 함께 하루 동안 26대의 소련군 전차들을 격파했다.

## 제6장갑사단

사단은 휘너르스도르프 사단장이 직접 전선을 시찰하는 가운데 오전 6시 45분 제114장갑척탄병연대가 멜리호보(Melichowo) 남쪽 칼리니나 근처의 전차호를 향해 접근하자 소련군의 박격포와 중화기들이 열화가 같은 사격을 퍼부었다. 측면을 따라 진격해 온 오펠른 전투단도 소련군의 공세에 진격이 중단되고 말았다. 사단장은 이 두 전투그룹을 직접 지휘, 사단의 두 장갑척탄병 집단들이 동서 양쪽에서 멜리호보를 공격해 들어가는 것으로 모양을 맞춘 다음 소련군 진지를 강타했다. 프란쯔 배케의 장갑대대는 놀라운 기량으로 소련군의 방어를 제압하고 503중전차대대와 함께 모두 26대의 소련 전차들을 격파했다. 한편, 배케 대대의 측면에서 공조했던 하인리히 벡커(Heinrich Becker)의 제19장갑사단 27장갑연대는 18대의 소련 전차와 3대의 장갑차량을 파괴했으며 한스-유르겐 브루메스터(Hans-Jürgen Burmester) 대위의 503중전차대대 1중대도 몇 대의 적 전차들을 날려 보냈다. 칼리니나의 전차호들을 파괴하기 위한 격전이 치러진 후에 전투단들은 멜리호보를 향해 나아갔고 남쪽 1km 지점에서 전차호와 지뢰가 마을 전체를 감싸는 것과 같은 형태로 소련군들이 진을 치고 있는 곳에 도달했다.[33]

여기서는 공병들이 전차들의 진격이 가능하도록 지뢰를 제거하는 동안 연대의 전 포병대는 소련군 진지에 집중포화를 선사했다. '닥인'전차들이 파괴되면서 소련군 진지가 차례로 분쇄되자 진지를 사수하던 소련군들은 언덕과 이어진 장애물 지대로 피신했고 다시 진지를 구축하여 장갑척탄병들의 진격을 저지하려고 했다. 장갑척탄병들은 적어도 15개의 대전차포대와 박격포대들의 공격이 전개되는 동안 그중 방어가 약한 지점을 골라내어 멜리호보로 진격해 들어가면서 마을 곳곳을 공격했다. 독일군들은 마을과 마을 밖의 병력들을 동시에 분쇄하면서 진격해 들어가야 하는 고역을 치르고 있었다. 멜리호보에 대한 공세 2파를 통해 독일군은 다시 칼리니나 전투 때와 마찬가지로 같은 수인 26대의 소련 전차들을 파괴했다. 불에 타고 있는 전차의 고철덩어리들이 마을 주변 온 사방에 흩어져 있었다. 503중전차대대의 1, 2중대는 마을 내부의 시가전에서만 총 6대의 T-34를 격파했다. 격렬한 시가전이 끝난 오후 4시경 멜리호보가 독일군의 손에 떨어지면서 12대의 전차와 21대의 대전차포 등 다수의 전차와 중화기를 노획하였다. 멜리호보의 점령에는 배케 장갑대대의 활약이 가장 높은 수훈을 세운 것이었지만 남서쪽에서 치고 들어온 제19장갑사단 27장갑연대의 공조가 크게 기여했다. 독일군은 마을 내부의 잔존 병력을 청소하고 오후 7시에는 완전한 장악을 확보했다.

한편, 오펠른 전투단은 마을을 지나쳐 서쪽으로 진격, 멜리호보 북쪽 벨고로드-멜리호보-코로챠 도로를 봉쇄하기 위한 구역에 자리를 잡았다. 전투단은 503중전차대대와 함께 8km를 더 전진

32 NA : T-312 ; roll 54, frame 9630
33 Nipe(2011) p.212

하여 소련군 제92, 95근위소총병사단 및 제96전차여단과 3시간에 걸친 격전 끝에 멜리호보 교차점을 확보하는데 성공했다. 그러나 소련 제69군의 예비로 있던 봐실리예프(A.F.Vasiliyev)의 제305소총병사단이 쉴라호보를 포함하는 수비라인을 따라 포진하면서 장갑부대의 진격은 그것으로 중단되었다.[34] 사단의 장갑부대는 9일 달나야 이구멘카 부근에 집결되어 있는 소련군 전차부대를 치기로 계획하고, 이 작업이 종료되면 제168보병사단과 연계한 다음 강 동쪽으로 이동하여 소련군 소총병들을 소탕하도록 예정되어 있었다.

## 제48장갑군단

### 그로스도이칠란트

이 사단은 8일에 다시 한 번 이상한 보고를 군단에 띄우게 되는데 당일 공격은 새벽에 개시되어 횐라인 사단장이 직접 최전선을 보기 위해 전위부대의 뒤를 따라 움직이고 있었다. 오전 6시 45분 사단은 시르제보에서 소련군 병력을 몰아내지는 못했지만 전에 비해 소련군의 저항이 약화되었음을 보고하게 된다. 동시에 동 보고에는 장갑척탄병 1개 중대가 붸르호펜예(Verchopenje)의 북단을 장악하고 이 지역의 저항이 대단한 것이 아니라는 내용까지 첨언되어 있었다. 사실 사단이 이루어 낸 침투 폭에 비하면 이것은 실로 대단한 전과가 확보되었다는 신호인데 시르제보 동쪽의 230.1고지에서 붸르호펜예까지 6km의 거리를 그토록 단기간에 점령한다는 것은 조금 앞뒤가 맞지 않은 것으로 해석될 소지가 있었다. 아니나 다를까 중대보고가 다시 들어오면서 장갑척탄병들이 실제 장악한 구역은 붸르호펜예가 아니라 그보다 남쪽으로 3km나 더 떨어진 곳의 그레무취(Gremutschij) 외곽지역으로 정정되었다.

여하간 사단은 이날 시르제보에 포진한 소련군 제3기계화군단 1, 10기계화여단과 격전을 치르게 되었다. 게다가 소련군은 2개 전차대대를 보유한 제112전차여단과 대전차포 단위부대들을 보강해 만만치 않은 전력을 발휘하고 있었다. 소련군 소총병들이 시르제보 남쪽 어귀에서 휘질리어 연대의 공격을 격퇴하는 동안 여단의 전차병력들은 슈트라흐뷔츠의 부대들을 시르제보 동쪽에 묶어 놓고 있었다. 한편, 제6전차군단의 제200전차여단은 2개 전차대대를 보유, 오보얀 도로 동쪽 2km 지점에 위치한 크라스나야 폴야나 북동쪽으로 3km 더 들어간 구역에 포진하고 있었다. 제200전차여단은 사단의 북진을 막기 위해 동쪽으로 이동, 독일군 진격방향상의 도로와 나란히 형성된 구역을 따라 마치 대각으로 장방형을 묘사하듯 기하학적으로 움직이고 있었다.

사단의 공격은 오전 10시 30분 좌익의 휘질리어 연대가 전날 점령했던 숲 지대로부터 나와 시르제보 남단을 향해 진격하는 것으로 시작되었다. 동시에 정찰대대의 경장갑차량 지원을 받은 그로스도이칠란트 장갑척탄병연대가 사단의 우익에서 국도를 따라 이동, 북쪽으로 난 도로와 그레무취(Gremutschij) 사이를 지나쳐 나아갔다. 또한, 슈트라흐뷔츠의 장갑연대는 시르제보 남단에서 '닥인' 형태로 포진한 제112전차여단을 때리기로 하였으나 전날의 격전으로 겨우 40대 미만의 전차만이 기동가능한 상태였으며 소련군 역시 전날 15대의 전차를 상실한 형편으로 양쪽 다 별로 좋을 게 없는 처지에 놓여 있었다.[35]

34 Stadler(1980) p.97, Lodieu(2007) p.63
35 NA : T-314 ; roll 1171, frame 167

전선으로 이동하는 제11장갑사단 15장갑연대의 3호 전차

오토 레머의 하프트랙대대와 장갑척탄병연대 2대대는 시르제보 동쪽 끝자락으로 이동해 남단을 공격해 들어가는 휘질리어 연대를 지원하기로 되어 있었다. 레머 대대의 선봉은 불과 4대의 전차와 차량으로 구성된 1개 소대가 북쪽 측면을 경계하면서 진격하고 있었는데 소련 대전차포의 매복 습격으로 전부 몰살당하는 운명에 처했다. 한편, 장갑척탄병연대 1대대와 레머의 부대 일부 병력은 시르제보 동쪽에서의 전차전을 피해 오보얀 국도 서쪽의 탁 트인 평원지대를 향해 북진했고, 연대의 두 대대는 장갑엽병대대의 지원을 받아 북쪽으로 진군하고 있었다. 장갑부대의 우익에서는 정찰대대와 돌격포대대가 그레무취를 지나 2km를 더 전진해 들어가자 소련공군의 공습에 직면했으나 지상군의 공격이 거의 없어 잠시 후에는 붸르호펜예 동쪽 3km 지점 242.1고지 남쪽의 오보얀 국도까지 무사히 도달하였다.

이 부근에는 소련군 제192전차여단이 베레고보이(Beregowoj) 주변 국도 부근에서 집결하고 있었으며 제200전차여단은 사단 정면을 향해 포진하고 있었다. 이에 따라 슈트라흐뷔츠의 전차들은 제200전차여단과 곧바로 결투를 벌이게 되었으며 제192전차여단의 전차들과 독일군 돌격포대대는 241.1고지 동쪽 국도를 따라 정면대결을 펼치게 되었다. 이 과정에서 돌격포대대가 몇 시간에 걸친 격전에서 35대의 적 전차와 18문의 대전차포를 파괴하는 괴력을 과시했다.[36] 한편, 그로스도이췰란트사단 전체는 붸르호펜예 전투에서 50대의 소련군 전차를 격파했으며 슈트라흐뷔츠의 장갑연대는 시르제보에서 제112전차여단의 전차 40대가 반격을 전개해 왔을 때 10대의 T-34들을 파괴한 것으로 집계되었다.[37] 그와 함께 제200전차여단이 서쪽으로 밀려남에 따라 소련군은 제1

36 Glantz & House(1999) p.132
37 Glantz & House(1999) p.131

전차군의 좌익에 해당하는 붸르호펜에-포크로브스키(Pokrowskij) 사이의 페나강 동편 구역이 매우 취약하게 되었다는 것을 감지하게 된다. 이에 봐투틴은 붸르호펜에-오보얀 국도 부근에 위치한 제1전차군의 단위부대들을 재규합하도록 했고, 상당한 타격을 입은 제31전차군단은 뒤로 물러나 새로운 방어선을 오보얀 국도 양쪽에 구축하도록 명령했다. 그리고는 붸르호펜에 동쪽의 갭을 메우기 위해 제40군의 병력을 뽑아 그로스도이췰란트와 제11장갑사단 전구에 투입하는 조치를 취하게 되는데 동 병력에는 제309소총병사단의 일부 제대, 제29대전차여단, 2개 전차여단 및 수 개의 대전차여단들이 포함되었다.

그러나 독일군은 봐투틴의 조치가 위험하다고 느낄 정도의 인식을 갖지 못한 채 폰 크노벨스도르프 군단장이 그로스도이췰란트에게 군단의 좌익을 엄호하도록 지시했을 뿐 소련군을 추격해 프숄강 북쪽을 치는 것까지는 고려하지 않고 있었다. 대신 제3장갑사단과 루챠니노 서쪽의 강을 도하하려는 육군 제52군단의 기동을 지연시키기 위해 동원되어 있는 페나강 북쪽의 소련군 병력들을 포위섬멸하려는 의도를 가지고 있었다. 추측컨데 켐프나 폰 크노벨스도르프는 어차피 동쪽으로부터 대규모의 기동 예비전력이 독일군의 공세정면으로 다가온다면 시간 그 자체는 별로 문제될 것이 없으며 앞에 놓인 적부터 격멸하는 것이 급선무라는 판단을 내린 것으로 보인다. 그러나 이렇게 되면 쿠르스크전은 더 이상 전격전의 범주에 속하지 않게 되며 수 세기 전과 같은 공성전의 양상을 띠게 될 공산이 짙게 되었다.

## 제3장갑사단

사단의 장갑척탄병들은 여전히 루챠니노 구역에서의 소련군 소탕에 시간을 할애하고 있어 페나강 북쪽으로의 진군은 계속해서 늦어지고 있었다. 게다가 종일 공병들이 공들여 만든 교량이 소련공군에 의해 격파되어 심리적인 허탈감에 빠진 상태였다. 루챠니노의 소련군 소총병들은 공고한 진지를 축성하여 장갑척탄병들에게 상당한 피해를 속출시키면서 마을을 내 줄 의도가 전혀 없었고 독일군은 이곳을 달리 공략할 방법론도 가지고 있지 않아 붸스트호휀 사단장은 군단본부에 연락, 루챠니노 북동쪽으로 장갑부대와 지원 단위부대들을 집결시켜 다른 루트를 뚫겠다는 의도를 인가해 줄 것을 요청했다. 군단본부는 허가는 하되 최대한 빠른 시간 내 처리하라는 조건부 승낙을 전달했고 이에 사단은 장갑부대와 제3장갑척탄병연대 1대대를 두브로봐를 통과시켜 재편성하는 수순을 밟았다.[38] 한편, 정찰대대는 루챠니노 서쪽 알렉세예브카에서 재집결, 페나강 도하지점까지 북진하려고 했다. 제394장갑척탄병연대의 주력은 루챠니노의 남단에 잔류하고 소련공군과 포병대의 공격으로 막대한 피해를 입었던 1개 대대가 그나마 마을의 서쪽 강 지류를 건너 북서쪽으로 점령구역을 넓혀 나가고 있었다.

오전 9시 장갑부대는 두브로봐를 지나 마을 건너편 언덕을 향해 진격하고 사단장 스스로가 적진을 살피기 위해 진두지휘를 마다하지 않았다. 붸스트호휀 사단장은 제6장갑척탄병연대 7중대의 얼마 남지 않은 전차들과 합류, 5, 6중대가 선두에 서고 7, 8중대가 뒤따르는 형세로 진격해 들어갔다. 7중대는 루챠니노의 끝자락으로 접근해 제3장갑척탄병연대 2대대의 공세를 지원하고 있었다. 그러나 지뢰에 걸려 전차 3대를 잃고 2대대의 본부 전초기지에 도달했을 때는 불과 4대의 전차만

38 NA : T-314 ; roll 1170, frame 578

남은 상태였으나 그럼에도 불구하고 사단은 예정된 대로 공격에 들어갔다.

사단은 야간의 포병사격 지원 후에 소련군 진지로 다가가자 소련군 대전차포가 독일 전차 1대를 그 자리에서 격파하였고 7중대는 남은 2대의 전차로, 그것도 티거나 돌격포도 아닌 3, 4호 전차로 진지를 공략하게 되었다. 2대의 전차들은 그래도 몇 대의 소련 전차를 기동불능으로 만들면서 진지를 격파해 나갔으며, 장갑척탄병들도 변변치 않은 화력지원에도 불구하고 소련군의 1차 방어선을 붕괴시키는데 성공했다. 곧이어 2차 방어선도 장악, 루차니노 어귀를 소련군의 손에서 빼앗았으며 남은 전차들은 시르제보를 향해 북서쪽으로 진군, 마을 남쪽에 포진한 소련군 제112전차여단과 격렬한 전차전을 전개하게 되었다. 독일군은 당연히 수적으로 불리한 조건에도 불구하고 오로지 테크닉에 의존한 채로 소련군 전차들을 제압, 오후 2시에는 218.5고지에 도달했다.[39]

다만 제3장갑사단은 군단 내 가장 전차전력이 부족했던 관계로 여타 구역에서는 별다른 진전을 보지 못했다. 알렉세예브카를 공격했던 3정찰대대는 소련군의 전차와 다연장로켓의 공격을 피해 다행히 일말의 성과를 나타내고 있던 장갑부대의 우측면으로 붙이도록 재조정되었다. 루차니노의 서쪽 어귀를 담당했던 제394장갑척탄병연대도 거의 돌파를 하지 못한 채 상당한 피해를 입고 있었으며 알렉세예브카에는 보다 많은 소련군 전차와 120mm 박격포중대가 보강되는 등 도저히 함락될 것 같지 않은 분위기로 굳어가고 있었다. 결국 루차니노 서편은 소련군의 수중에 장악된 채 사단의 장갑부대는 시르제보 동쪽에서 수비진을 구축하고 야영에 들어갔다.[40]

## 제11장갑사단

사단은 이날 또 한 번 6km의 진격을 이루어 내면서 제48장갑군단 중에서는 가장 양호한 성적을 나타냈다. 사단은 새벽에 시르제보 동쪽 포크로브카와 오보얀 국도 사이에 만들어졌던 방어진으로부터 나와 이동하기 시작했고 장갑차량과 11장갑정찰대대의 하프트랙들은 포크로브카 서쪽, 즉 사단의 가장 우익에 위치하고 있었다. 사단의 좌익에는 장갑척탄병들이 251.2고지가 위치한 오보얀 국도 쪽에서 집결하고 중앙에는 2개 장갑척탄병연대가 국도 양쪽으로 이동 중이었다. 그중 제110연대의 대대들은 국도의 좌측에서 집결하고 제111연대는 도로의 우익을 따라 움직이고 있었다.[41]

오전 9시 30분 호트 제4장갑군 사령관은 소련 제31전차군단이 오보얀 국도를 따라 북쪽으로 철수하고 있는 점을 고려, 사단이 예정된 시간보다 더 신속하게 공세를 취해 줄 것으로 주문했다. 사단은 제167보병사단 339장갑척탄병연대에게 포크로브카를 인계하였으며 정오경 보병연대가 포크로브카 북쪽으로 1km를 전진하여 서쪽 어귀의 소련군을 소탕하고 249.3고지에 닿았다는 보고를 마쳤다. 이어 사단은 기동전력을 규합, 포크로브스키(Pokrowskij)-일린스키(Ilinski) 구간 도로까지 접근해 붸르호펜예 동쪽으로 진격해 들어갔다. 보병들은 적의 집중포화를 피해 산개한 형태로 전진하고 그라프 폰 쉼멜만 대령의 장갑연대는 911돌격포대대, 제110장갑척탄병연대 1대대의 하프트랙부대 및 자주포 1개 대대의 지원 하에 북쪽으로 진격했다. 사단의 진격로는 오보얀 국도를 따라 붸르호펜예까지는 서서히 북서쪽으로 선회하다가 다시 서쪽의 붸르호펜예와 동쪽의 포

39 NA : T-314 ; roll 1170, frame 580-2
40 NA : T-314 ; roll 1170, frame 578, Nipe(2011) p.217에서 재인용
41 NA : T-314 ; roll 1170, frame 579-580

그로스도이칠란트와 제11장갑사단의 프숄강 도하를 저지하기 위해 진격하는 소련 제1전차군 병력. 단 이 사진은 전투 종료 후 프로파간다를 위해 별도로 촬영했다.

크로브스키 사이를 지나는 구간에서는 정 북쪽으로 향하게 되어 있었다. 사단의 우익에는 11정찰대대가 제339장갑척탄병연대를 선도하면서 크라스나야 폴야나로 향하고 자주포 및 대전차포중대들이 마을 남쪽에 포진한 소련 제192전차여단의 공격을 커버하기 위해 보병들을 지원하고 있었다. 동 전구는 소련군 제49전차여단과 제3기계화군단에 배속된 전차연대 병력이 도사리고 있었다.[42]

사단은 '닥인'상태의 소련 전차들을 제거하는데 일부 전차들을 상실하기는 했으나 소련군 진지를 부수고 242.1고지에는 도달할 수 있었다. 그러나 그 직후 포크로브스키로부터 40대의 소련 전차들이 기습, 일단은 격퇴하는 데 성공했으며 다음의 제2파 공격부터는 소련군이 단단히 마음을 먹은 탓인지 장시간 시소게임이 벌어지면서 물러날 기색을 보이지 않았다. 겨우 이른 오후 슈투카 편대와 다른 전폭기 2대가 합세해 소련군 전차들을 물리쳤고, 바로 이어 진군을 계속한 장갑부대는 고지 북쪽으로부터 불과 500m 진격한 시점에서 붸르호펜예와 일린스키 사이의 오보얀 국도를 낀 언덕에 포진한 소련군의 공격을 받았다. 상당수의 85mm 대공포까지 보유한 소련군의 진지는 간단히 격파될 것 같지는 않아 전투는 그 상태에서 중단되게 되었는데 밤이 되자 사단은 병력 재배치를 다음과 같이 서둘렀다. 우선 남은 공격의 단위부대들은 크라스나야 폴야나로 집중시키고 11정찰대대는 사단의 우익을 엄호하기 위해 마을의 동쪽을 점거하기로 하되, 제339장갑척탄병연대는 그보다 동쪽에 위치한 숲 지대에 포진하도록 조치했다. 더불어 장갑척탄병연대들은 242.1고지 서쪽의 도로 양쪽을 따라 움직이도록 했다.

사단의 전차 손실은 상당한 것으로 드러났다. 7월 6일 총 72대의 전차를 보유하고 있었으나 이틀 동안의 전투 끝에 37대로 줄어들게 되었다. 이처럼 쿠르스크전 전체를 통해 극단적인 경우에는 1~2일 동안 전차의 절반이 상실되고 3~4일째 다시 그 가운데 절반이 파괴되어 결과적으로는 불과

42 NA : T-314 ; roll 1171, frame 168

수일 만에 전력의 4분의 3이 줄어드는 것과 같은 막심한 피해가 발생되는 수가 있었다.[43] 과거와 달리 소련군이 공격방향을 미리 알고 있는 상태에서 그것도 위장과 매복으로 포진하면서 전차와 대전차포 간의 대결을 실시할 때는 독일군에게 엄청난 피해가 불가피했다. 지난 2년 동안 겨울과 야간전투에만 강한 소련군이 아니라 이제는 주간에도 독일군을 정면에서 괴롭힐 수 있는 능력을 갖추게 된 것은 소련군의 병참과 작전능력에 있어서도 쿠르스크가 하나의 전환점으로 각인되기에 충분하다는 판단이 서게 되었다.

## 평주(評註)

제48장갑군단은 7~8일에 그런대로 성과를 도출하기는 했으나 새로운 딜레마에 직면해 있었다. 그 당시의 속도라면 오보얀으로 치고 올라가 프숄강을 도하하여 쿠르스크에 도달하는 것이 불가능해 보이지는 않았다. 폰 크노벨스도르프 군단장은 9일에 그로스도이췰란트와 제11장갑사단이 5km를 더 진격하여 260.8고지를 따 내도록 이미 지시한 상태였다.[44] 그러나 군단의 좌익에서 새로운 병력인 제6근위전차군단이 위협을 가하고 있음에 따라 그로스도이췰란트는 제11장갑사단이 도로를 따라 북진하는 동안 붸르호펜예 서쪽의 소련 기동전력들을 퇴치하면서 제3장갑사단과 제332보병사단의 불안을 떨쳐주어야 했다. 특히 사단이 소련군 제6근위전차군단의 측면과 배후를 통제할 수 있는 243고지와 247고지와 같은 주요 거점들을 잡아주지 않는 한, 장갑전력이 극도로 빈약한 제3장갑사단이 자주적으로 소련군의 신규 병력들을 제압하기는 어려웠기 때문이다.[45] 바로 이 점 때문에 호트는 좌익의 SS장갑군단이 서쪽으로 방향을 틀어 제48장갑군단에 놓인 압박을 해소해 주기를 기대했던 것 같다. 따라서 이날만큼은 제48장갑군단이 좌측면을 안정화시킨 뒤에야 오보얀과 쿠르스크로 직행한다는 수순을 확정 짓게 된다.

호트의 좌회전 지시가 그 자체만으로 반드시 무리수를 두는 것은 아니었다. 실제로 제48장갑군단의 그로스도이췰란트는 다양한 방면에 걸쳐 너무나 많은 과제들을 수행해야 했다. 즉 바꿔 말하면 제4장갑군은 1941, 1942년 전역에 비해 그 정도 좁은 구역도 커버하기가 힘들 정도로 자원이 부족했다는 이야기가 된다. 때문에 SS사단들이 제48장갑군단을 두텁게 지원하면서 다스 라이히가 소련군 제31전차군단을 프숄강 너머로 밀어냄에 따라 제48장갑군단이 이전보다 수월한 진도를 내고 있음은 분명했다. 그러나 정면의 소련군 병력을 사요틘카강 서쪽에서 함정에 빠트리는 작업은 수포로 돌아갔다. 이날 독일군 제4장갑군 주력의 정면에는 제2근위전차군단, 제3기계화군단, 제5근위전차군단, 제10전차군단 및 제6전차군단, 계 5개 군단이 포진하고 있었다.[46]

소련군은 호트의 부대가 서쪽으로 이동하고 있는 절호의 반격기회를 상실한 것으로 보였다. 라이프슈탄다르테와 다스 라이히가 서쪽으로 이동하는 동안 토텐코프와 제167보병사단이 장시간에 걸쳐 어지럽게 인계인수를 진행하고 있는 와중에도 소련군은 그 근처에 흩어져 있던 무려 600대의 전차들을 집결시키지 못했다. 제대간 조율과 제휴가 전혀 이루어지지 않은 상태에서 축차적인 공격만을 시도한 소련군들은 전차나 돌격포가 전혀 없는 독일군들에 의해 저지되는 수모를 당했으

43 NA : T-314 ; roll 1171, frame 168
44 Glantz & House(1999) p.142
45 Barbier(2013) p.99
46 Glantz & House(1999) p.134

며, 특히 대전차화기를 다수 보유했던 다스 라이히는 소련 전차와 공군의 입체적인 강습에도 잘 버텨내며 소련군의 측면돌파를 번번이 좌절 시키는 데 성공한 셈이었다. 소련 제5근위전차군단은 테테레뷔노 북부에서 장갑척탄병들의 돌격과 대전차포의 반격으로 상당량의 전차를 상실하였으며, 같은 구역에서 제10전차군단 선봉여단이 슈타우데거와 샴프의 티거에 의해 괴멸적 타격을 입고 격퇴되었다. 게다가 진창으로 인한 열악한 도로 사정은 독일군은 물론 소련군의 병력 재집결에도 상당한 악영향을 미쳤다. 그로 인해 원래 제10전차군단을 지원키로 되어 있던 제2근위전차군단이 늑장 기동하는 바람에 그날 소련군은 북부 테테레뷔노에서 예상치 않은 피해를 입었던 것으로 기록된다.

SS장갑군단을 포함한 3개 장갑사단들과 제48장갑군단은 이날 총 212대의 소련 전차들을 격파하였으며 그중 3분의 1이 보병들의 육박전투에 의한 것이었던 만큼 독일군의 대전차 공격이 최고조에 달했던 날로 기록된다. 독일공군의 대전차 공격에 의한 피해를 합산하면 소련 전차의 피해는 290대에 달했다.[47] 소련군은 이날 격파된 우군의 전차 대수를 200대로 잡았으며 제4장갑군은 4일 동안 500대 이상의 소련 전차를 파괴한 것으로 집계되었다. 그중 SS장갑군단의 3개 사단이 300대 정도를 처리했다. 대신 제4장갑군은 나흘 동안 적의 공격과 지뢰, 또는 기계파손으로 125대의 전차를 상실한 상태였다.

소련군이 기회를 놓치는 바람에 독일군이 위기에서 벗어난 것은 사실이지만 문제는 동쪽으로부터 움직이고 있는 제5근위전차군의 600대의 전차들이었다. 만슈타인은 제4장갑군의 우익이 계속해서 취약하다는 근심으로 인해 예비로 대기 중이던 발터 네링(Walter Nehring) 장군의 제24장갑군단 2개 사단을 동원하는 긴급처방을 지시한다. 즉 제5SS뷔킹사단과 제23장갑사단으로서 뷔킹은 하르코프 북쪽에서, 제23장갑사단은 시의 남쪽에서 집결하도록 하였으나 이 두 사단은 지난 겨울 전투에서 엄청난 에너지를 소모한 결과 새롭게 완편전력으로 구성된 소련군의 전차부대와는 차원을 달리하고 있었다. 두 사단 다 합해 총 97대의 전차, 병력 12,000명으로 구성되어 있었으며 놀랍게도 겨우 이 정도 전력이 쿠르스크전 독일군에 남겨진 유일한 전략적 예비의 3분의 2에 해당하고 있었다.[48] 같은 날 7월 8일 소련의 전략적 예비로 남겨져 있던 스텝방면군의 제5근위전차군과 제5근위군이 서쪽으로 이동을 시작했다. 약 600대의 전차, 117,000명의 장병으로 구성된 이 2개 군은 독일 예비전력의 병력에 비해 무려 10배, 전차 대수는 6배나 우위를 차지하면서 단순 물리적인 측면만으로도 압도적 격차를 유지하고 있었다. 독일군의 나머지 예비인 제17장갑사단은 제1장갑군 소속으로 겨우 55대의 전차만을 남겨두고 있는 상태여서 차마 전략적 예비라고 부를 수 있는 처지가 아니었으며, 스텝방면군은 2개 군을 보내고도 27만 명의 병력과 350대의 전차를 보유하고 있었다. 결국 독일군은 이미 다른 전구에서 사실상 전투에 휘말리고 있었던 97대의 전차와 12,000명의 병력을 형식적인 예비로 가지고 있었던 데 반해 소련군은 941대의 전차와 387,000명의 장병들을 순수한 예비로 확보한 상태였다. 사실상 이는 독일군이 전략적 예비를 전혀 가지고 있지 않음을 의미한다.

47 Weidinger(2008) Das Reich IV, p.153, Showalter(2013) p.131 7월 8일 소련 제1전차군은 작심하고 총 병력을 전투에 끌어들였다. 제2, 5근위전차군단은 동쪽에서, 제3기계화군단은 북쪽에서, 제6근위전차군단은 서쪽과 북쪽에서부터 제4장갑군의 정면으로 집중해 들어갔다. 단 하루만에 SS장갑군단은 적 전차 100대(중간보고 통계), 제48장갑군단은 95대를 파괴하는 괴력을 발휘했다. 이로써 제4장갑군은 7월 7일까지 적 전차 212대 격파를 기록했다가 8일 단 하루만에 502대로 기록을 갱신했다.

48 Nipe(2012) p.28

## 북부전선(중앙집단군) : 7월 8일

모델은 이날 디트리히 폰 자우켄(Dietrich von Saucken) 중장이 이끄는 제4장갑사단을 레멜젠 군단에 붙여 제2, 4 2개 장갑사단으로 소련군 제13군과 70군의 경계에 해당하는 테플로에(Teploye)를 장악함으로써 2차 저지선에 구멍을 내고자 했다.[49] 레멜젠 군단장은 제4장갑사단 35장갑연대를 떼내어 제2장갑사단과 부르마이스터의 503장갑대대로 구성되는 임시 전투단에 포함시켰다. 또한, 제4장갑사단의 장갑척탄병들은 별다른 장갑부대의 엄호 없이 제20장갑사단 측면에 배치하였으며, 병력이 빠져나간 제4장갑사단에게는 제2장갑사단 904돌격포대대를 뽑아 장갑전력의 부족을 벌충하는 방식으로 인계했다. 일단 테플로에가 떨어지면 동쪽의 올호봐트카가 시야에 들어오면서 쿠르스크로 가는 길목을 개방할 수 있을 것으로 예견되었다. 이는 일대 도박에 가까운 승부수였는데 제9군 소유의 5개 장갑사단을 총동원하고 보병들은 측면 방호만 담당하도록 하여 여하간 로소콥스키의 방어선에 조금이라도 균열을 내 보자는 계산에 따라 움직이기 시작했다. 독일 제9군은 이제 자연스럽게 테플로에와 올호봐트카, 그리고 포늬리를 축선으로 하는 타격점에 전 화력과 기동전력을 집중하게 되었다. 이날, 제47장갑군단의 3개 단위부대만으로 200대 가량의 전차들이 동원되었다.

오전 5시 15분 제4장갑사단은 제20장갑사단과 함께 사모두로프카의 소련군 병력을 소탕하기 위해 진격, 1시간 후에 주변 지역을 통제 하에 두었다. 당시 레멜젠의 제47장갑군단은 아침이 완전히 밝기 전까지는 대규모 공세를 취하지 않고 있었으나 제4장갑사단만은 발 빠른 움직임을 보여 소련 제175소총병사단과 제70근위소총병사단 접경구역을 쓸어버리면서 기염을 토하고 있었다.[50] 또한, 사단의 2대대와 제33척탄병연대는 소련군 제140시베리아소총병사단이 지키는 테플로에로 직행했다. 제140시베리아소총병사단의 사령관 키젤레프(A.I.Kiselev) 소장은 야전군 사령관으로서 경험이 부족한데다 휘하의 장병들도 수용소 관리부대원으로 충원된 탓에 독일군 정예 부대와 맞붙기는 어려운 상황이었다. 그러나 일단 제3대전차포병여단과 제79전차여단이 합세하여 경험부족을 메워 보려고 했다. 독일군은 50대의 전차와 자우뢴트 소령이 가진 단 3대의 티거를 앞세워 테플로예를 공략, 그중 제96소총병연대의 2대대는 격전 끝에 완전히 소멸되었다.

여기까지는 좋았으나 그 다음이 문제였다. 더 이상 밀리지 않겠다는 소련군 수비대의 결연한 의지가 독일군의 테크닉을 저지시키게 될 순간이 왔다. 독일군은 남쪽으로 더 내려가는 과정에서 지뢰와 대전차포에 걸려 상당한 시간을 소진하고 있었다. 더욱이 늘 선두에 서기 좋아하는 디트리히 폰 자우켄 제4장갑사단장은 목재로 만들어진 교량을 통과하던 중 교량이 붕괴되는 통에 거의 2시간 동안이나 지휘권을 한스 룻츠(Hans Lutz) 소령에게 위임하고 자신의 전차를 끌어올리느라 귀중한 시간들을 허비하고 있었다.[51] 이 지구는 비교적 독일군이 싸우기 좋아하는 평야 지대였으나 문제는 소련군 전차들이 모두 '닥인' 상태로 낮게 포진하고 있어 이들을 원거리에서 조준하여 명중시킨다는 것은 대단히 어려운 작업이었다. 특히 소련군 제3대전차포병여단은 T-34들과 함께 옥쇄수준의 항쟁으로 임하고 있었으며 4호 전차를 앞세운 독일군 장갑부대가 1차 수비진을 파괴하고 제33

49 Schranck(2013) p.205
50 Glantz & House(1999) pp.118-9
51 Forczyk(2014) p.67

제4장갑사단의 3호 전차. 뒤에 티거와 4호 전차가 보인다.
제4장갑사단은 제9군 사령부의 예비로 놓여 있었으나 8일부터 본격적인 전투에 투입되었다.

척탄병연대 척탄병들이 뒤따라 들어가 고지대 구간을 빼앗았으나 이내 반격을 받아 물러나는 등 혼전에 혼전을 거듭하고 있었다. 여단장 루코수예프(V.N.Rukosuyev) 대령은 방면군 사령부에 타전하여 탄약이 없어 겨우 2개 중대로 버틴다는 절망적인 구원요청을 보내면서 땅을 지키거나 전원 전사하거나 둘 중 하나라는 문구를 삽입했다. 소련 대전차포 1개 중대는 단 1문의 대전차포와 3명의 포병이 남을 때까지 필사적으로 독일 전차들을 물리치고 있었으며 결국 3대전차포병여단은 마지막 한 명이 사살당할 때까지 자리를 지켜내는 기적적인 전투를 만들어냈다. 루코수예프 대령은 두 가지 약속을 모두 지켰다.[52]

양군은 몇 시간을 싸웠으나 양측의 피해는 경미한 수준이었다. 독일군은 4호 전차 3대를 상실, 74명 전사, 210명의 부상자를 냈으며 소련군은 T-34 전차 5대와 KV-1 전차 1대가 파괴당하고 20문의 대전차포와 200~300명의 전사자를 기록했다. 독일 제4장갑사단의 진격에 다소 위협을 느낀 소련군은 제16전차군단의 좌익에 제19전차군단을 배치해 테플로예에서 더 남쪽으로 밀리는 것을 방지하기 위한 노력을 기울였다.[53] 또한, 만약의 사태에 대비해 제2전차군의 제11전차여단과 제4근위소총병사단, 제129전차여단까지 동원해 테플로예 전구에 밀어 넣었다.

제4장갑사단의 좌익에 위치한 제2장갑사단의 브루마이스터 전투단은 남쪽으로 내려가 274고지의 석권을 목표로 삼았다. 이 고지는 소련군 제70근위소총병사단과 제16전차군단의 기동전력이 수시로 보강되고 있는 지역으로 장시간에 걸쳐 독소 양군의 전차전이 전개되었으며 부르마이스

52 Healy(2011) pp.284-5
53 Healy(1992) p.56

터 전투단은 호성적에도 불구하고 연료와 탄약 부족으로 작전을 중단할 처지에 놓였다.

제2장갑사단의 나머지 병력은 올호봐트카 북쪽의 소련군 진지에 대해 공격을 가했으나 화력이 약해 극히 일부 지역을 확보한 것 이외에는 별다른 소득을 올리지 못하고 있었다. 실제로 이곳에서의 독일군의 공세는 전혀 위협이 되지 못했음에도 불구하고 로코솝스키는 제13군과 70군의 경계 지점에 해당하는 274고지로 제11근위전차여단을 급파하여 만약의 사태에 대비하는 신중함을 보였다. 제11근위전차여단은 오후 5시 필요 이상의 화포사격을 퍼부어 부르마이스터 전투단의 측면을 완전히 붕괴시키고자 했다. 전투단은 당일 목표점을 선취하기가 불가능하다고 판단하여 발진지점으로 퇴각했으며 소련군 제70근위소총병사단은 상당한 피해를 입었음에도 불구하고 274고지를 사수하는데 성공했다. 8일 저녁에 505중전차대대 소속 3중대의 티거가 도착했다. 당장 전투에 투입될 수 있는 티거는 3대에 불과했다.[54]

제47장갑군단이 테플로예와 올호봐트카에서 고전하는 동안 하르페의 제41장갑군단은 포늬리에서 일말의 성과를 내고 있었다. 하르페는 피곤에 지친 제292보병사단을 대신해 제18장갑사단을 투입하여 시가전을 전개하고 저녁 무렵 철도역 주변과 포늬리 중앙부를 통제 하에 두는데 성공했다. 그 대가는 지뢰를 밟은 4대의 훼르디난트 정도였다. 엔쉰의 제307소총병사단도 막대한 피해를 입었으나 이상하게도 포병부대의 중화기들은 아직 멀쩡했으며 거기에 제4근위공수사단과 제51전차여단이 가세되자 반격가능한 전력이 갖춰지기 시작했다. 엔쉰 사단장은 곧 철도역 부근을 공격하기 시작했고 예비병력이 없는 독일군으로서는 어렵게 잡은 땅 마저도 소련군에게 내주어야 할 형국에 처하게 된 것으로 보였으며 그날 밤 늦게 독일군은 결과적으로 포늬리의 절반 정도만 장악한 것으로 판명되었다.[55] 포늬리의 동쪽에서는 소련군이 제307소총병사단의 2개 연대와 제51, 129전차여단 및 27근위전차연대를 동원하여 독일군 제86보병사단을 공격했다. 그러나 격전 끝에 50대의 전차를 상실한 소련군 전차여단과 보병들은 뒤로 물러나기 시작했다.[56]

제9군은 764명의 전사 및 행방불명을 포함하여 총 3,220명의 피해를 입었으며 제2, 4, 9장갑사단은 전력의 50%를 상실할 정도로 격전을 경험했다. 이 3개 사단에게 7월 8일은 가장 험악한 날로 기록되었다. 국방군 최고사령부는 북부전선에 진도가 나가지 않자 8일에 제8항공군단을 세 개의 그룹(3전투기그룹, 2강습그룹, 3폭격기그룹)으로 나뉘어 제4장갑군 전구로부터 뽑아 제9군의 지원으로 돌려버렸다. 3개 그룹은 8항공군단의 절반 수준에 달하는 전력이었다.[57] 이 조치에 따라 그나마 독일공군이 소련공군을 제압하고 있었다고는 하지만 그와 같은 제공권 유지가 언제까지 가능할지 불확실한 가운데 모델은 9일 마지막 공세를 준비하고 있었다. 아마도 이날 정도에 이미 모델은 자신이 쿠르스크를 영원히 보기는 힘들 것이라고 판단한 것으로 짐작된다.

이날 독일공군의 제1항공사단은 1,173회 출격을 통해 2대를 잃고 49대를 격추시켰다. 소련공군은 913회 출격에 작전 개시 후 가장 대칭적인 1:24.5의 격추비율을 기록하게 되었다. 소련공군은 막대한 피해에도 불구하고 제9군의 진격을 상당한 수준으로 방해하고 있는 것이 분명했다.

54 Healy(2011) p.285
55 Barbier(2013) p.83
56 Mehner(1988) p.103
57 Klink(1966) p.221

# 7 제4장갑군의 측면에 대한 일대 위기 : 7월 9일

7월 9일은 독일군이나 소련군이나 가장 중요한 전기를 맞게 되는 시기였다. 소련군은 7월 5일부터 오보얀-쿠르스크 축선을 공고히 지켜 내기 위해 단 두 가지의 과제를 성실히 이행하고 있었다. 즉 오보얀 국도를 따라 독일군의 침투를 봉쇄할 견고한 방어진을 형성하는 것과, 독일군의 북진을 약화시키기 위해 끊임없이 SS장갑군단의 측면을 괴롭히는 일이었다. 그 가운데 7~8일 동안 소련군에게 가장 염려가 되었던 것은 SS장갑군단이 프숄강을 도하해 오보얀을 막고 있는 소련 제1전차군의 배후로 치고 들어올 가능성이었다. 보로네즈방면군은 당장 급한 대로 제2근위전차군단을 북쪽으로 끌어올려 이봐노프카-뷔셀로크 정면에 포진시켰다. 그리고 그러한 대비책의 연장선으로 9일 스타프카는 스텝방면군의 제5근위전차군과 제5근위군을 봐투틴의 보로네즈방면군으로 재배치하며 프로호로프카 남서쪽에서 결판을 낼 구도를 그려가고 있었다.[01] 동시에 제69군은 프로호로프카에서 제6근위군과 제7근위군 사이의 수비에 전념하도록 하여 독일 제3장갑군단이 북부 도네츠의 동쪽으로부터 치고 올라오는 경우에 대비한 일련의 병력 재편성 과정을 거치도록 했다.

7월 8일까지 독일군은 사요틴카(Ssajotinka)-코췌토브카(Kotschetowka) 구간 서쪽의 소련군 병력을 포위섬멸하는 데는 실패했다. 그러나 호트는 SS들의 활약에 힘입어 소련군에 상당한 피해를 입힌 만큼 제48장갑군단은 자력으로 진군해 들어갈 수 있는 것으로 판단하고 SS의 두 사단을 다시 동쪽으로 이동시켜 하우서에게 인계했다.[02] 그로스도이췰란트와 제3장갑사단이 여전히 시르제보에 묶여 있어 딱히 육군 사단들이 돌파구를 마련했다고 보는 것은 가당치 않으며 그보다 문제는 동부에서 출현한 소련군 4개전차군단의 존재였다. 라이프슈탄다르테와 다스 라이히는 하루 동안에 서쪽으로, 다시 동쪽으로 좌우로 이동하는 등 피로가 겹친 상태에서 제1SS사단은 하루를 쉰 뒤에 SS대대들을 프로호로프카로 진격시키기로 하고, 나머지 SS 2개 사단 역시 오세로브스키(Oserowskij)에 군단의 예비로 남되 최남단의 전구는 제167보병사단에게 인계하는 것으로 정리되었다. 다만 제3SS사단 토텐코프는 프숄강 방면으로 북진을 계속해 SS군단의 좌익에서 제48장갑군단의 제11장갑사단과 연결되도록 지시받았다. 토텐코프는 아직도 100대 가량의 전차를 보유하고 있어 SS의 기동전력으로서는 가장 온전한 상태를 유지하고 있었으며, 전차 대수가 극도로 줄어든 라이프슈탄다르테가 보다 남쪽의 보병들을 상대하는 동안 사요틴카강과 프숄강 사이의 소련군 병력을 치는 주 임무를 맡게 되었다.

SS장갑군단이 프로호로프카로 가기 위해서는 프숄강 일대를 정돈할 필요가 있었으며 하우서는 프로호로프카를 3개 방면에서 접근해 들어가되 토텐코프가 서쪽 측면을 파고들어 소련군의 배후를 치는 방안에 기대를 걸고 있었다.[03] 즉 군단은 제4장갑군 사령부로부터의 명령에 따라 프로호로프카로 향하는 주도로를 따라 북동쪽으로 계속 진격하고, 토텐코프가 프숄강 건너편에 교

01 Glantz & House(1999) p.155
02 Schranck(2013) p.198
03 NA : T-354 ; roll 605, frame 586

두보를 확보한 다음 페트로프카로 향하는 프숄강의 양쪽 강둑을 따라 들어가는 것으로 예정되어 있었다.[04] 이미 이때 라이프슈탄다르테는 북부 루취키와 프로호로프카 구간 도로를 따라 북동쪽으로 진군하고 있었고 우익의 다스 라이히 역시 수일 동안 같은 방향으로 전진해 들어가고 있었다. 즉 다시 말해 7월 9일 SS장갑군단은 라이프슈탄다르테와 토텐코프가 간발의 휴식을 취하게 한 다음 다시 북쪽으로 진군시키되, 다스 라이히와 제167보병사단은 프로호로프카와 북부 도네츠강 사이의 측면부분을 엄호하도록 하는 노동분업을 공세의 기축으로 설정하고 있었다.

7월 9일 독일군은 주 전력을 모두 북동쪽으로 향하게 하면서 이제 목표가 분명해진 프로호로프카로 다가가는 형세를 취하고 있었다. 최소한 남겨진 기록에 의존해서 볼 때는 이때만 해도 만슈타인과 호트는 동쪽에서 소련군의 전략적 예비가 풀렸다는 사실을 인지하지 않고 있었던 것으로 보인다. 따라서 죠지 나이프(G.M.Nipe)는 이전에 호트가 2개 SS사단을 서쪽으로 전환시킨 것은 원 계획의 수정이 결코 아니며, 제48장갑군단 전구 앞에 놓인 소련군 병력을 분쇄하는 것이 프로호로프카로 향하는 가장 마지막 전제조건이었다고 평가한다. 또한, 서쪽에서 SS 기동전력들의 진공방향을 다시 우익으로 선회시킨 것도 동쪽으로부터의 예비병력이 접근해 오는 것을 인지하지 못한 상태에서 이루어진 결정이었기에 호트가 잘못된 자기판단을 수정한 것이 전혀 아니며, 프로호로프카로 향하는 기동은 이미 성채작전의 당초 계획안에 분명히 포함되어 있었음을 강조하고 있다.[05] 이것이 맞다면 프로호로프카 대전차전은 독일군과 소련군이 사전에 아무런 정보없이 돌연 충돌하여 발생한 불기조우전(不期遭遇戰)과는 아무런 관련이 없다는 이야기가 된다.

## 제2SS장갑군단

호트는 제48장갑군단과 SS장갑군단과의 연결고리에 계속 신경을 쓸 수밖에 없는 상황이었으며 9일 날 프로호로프카 방면으로 진격하는 것으로 수정된 계획을 집행해야 하는 국면에 있어 아무래도 SS사단들의 기동에 대한 기대와 우려를 동시에 표시하고 있었다. 다행히 새벽 2시에 라이프슈탄다르테가 남부 테테레뷔노 및 남부 루취키에서 다스 라이히와 연결됨에 따라 동쪽 구간이 탄력을 받을 수는 있게 되었다. 이로써 테테레뷔노 북부에 위치한 다스 라이히의 좌익과 루취키 북쪽에 있던 라이프슈탄다르테의 우익 사이에 벌어진 갭은 밤새 매워질 수 있었다. 하우서는 이날부터 공격방향이 전환되는 계기를 맞이했기에 복잡하게 공격지점을 늘리지 않고 비교적 단순화시킨 진격명령을 하달했다. 제167보병사단은 토텐코프로부터 돌격포 몇 대를 지원받아 다스 라이히의 진격로 후방을 커버하면서 다스 라이히와 토텐코프가 지키던 일부 라인들을 같이 관리해야 했다. 8일에 군단의 가장 우측과 남쪽에 있던 토텐코프가 9일에 가장 좌측의 북쪽으로 이동해 버렸기에 갑작스럽게 열린 공간을 제167보병사단이 다 막아 내기는 어려워 보였으나 다행히 이날 군단의 우익에는 소련군 제89근위소총병사단만이 기동하고 있었다.

### 라이프슈탄다르테

7월 8~9일 밤, 사단은 40대의 4호 전차, 10대의 3호 전차, 6대의 지휘전차, 그리고 미하엘 뷔트

04 NA : T-354 ; roll 605, frame 59
05 Nipe(2011) p.226

만이 모는 단 한 대의 티거를 포함, 총 57대의 전차를 보유하고 있었다. 사단은 테테레뷔노 남서쪽 1km 지점에 위치한 다스 라이히의 좌익과 동 사단이 원래 지키고 있던 우익 사이로 들어가야 했다. 또한, 루취키 북쪽에서 1개 장갑척탄병연대를 뽑아 수취솔로티노(Ssuch. Ssolotino)로 향하게 하고 사단의 우익은 토텐코프와의 경계부분 남쪽에 위치하도록 조정되고 있었다. 한편, 장갑부대가 북부 테테레뷔노에서 재편성하는 동안 돌격포대대와 공병중대는 제1SS장갑척탄병연대의 사요틴카강 공략을 지원하도록 되어 있었다. 즉 이날 장갑연대는 최일선에서 빠져 수리와 정비에 전념하는 것으로 되어 있었다.[06]

다음 목표로 이동중인 라이프슈탄다르테 장갑척탄병.

오전 8시 알베르트 프라이의 1연대는 수취솔로티노를 공격하기 위해 3km 지점에서 집결, 수취솔로티노 방면 도중에 위치한 륄스키(Rylskij)를 향해 오전 1시에 진격을 개시했다. 사단의 우익에는 3대대가, 좌익에는 1대대가 위치하여 소련군의 포사격에 당하지 않기 위해 산개한 형태로 전진했다. 사단 주력이 스텝지구로 진입할 무렵 포병연대의 전 화력이 륄스키와 수취솔로티노를 향해 포격을 퍼부었고 네벨붸르훠 다연장로켓의 집중사격도 연이어 전개되었다. 장갑척탄병들이 서쪽으로 이동하는 동안 장갑연대는 6, 7중대를 정면에서 나란히 진격케 하고 5중대는 후미에서 측면을 엄호하는 형세로 말마야취키(Mal.Majatschki)로 다가갔다. 랄프 티이만의 7중대가 이끄는 4호 전차들이 마을 외곽 근처에 도달하자 대대의 우측에서 소련군 전차들이 나타나 대전차포 화망에 걸려들도록 티이만의 전차들을 숲 쪽으로 유인하기 시작했다. 티이만은 전속력으로 추격했으나 함정에 걸려 팍크프론트의 집중사격을 받았고 티이만은 이날 두 번이나 전차를 갈아타야 할 정도로 소련군의 호된 기습에 당하고 말았다.

한편, 북부 테테레뷔노에서 북쪽으로 이동하던 폰 립벤트로프의 6중대는 40대의 T-34를 앞세운 소련군의 공격을 받았다. 1개 중대 병력의 전차 규모로는 정면대결이 거의 불가능한 상황이지만 무모하리만큼 용감하기로는 전 독일군 내 1~2위를 다투는 폰 립벤트로프가 측면으로 돌아들어오는 T-34들에게 오히려 선방을 먹이면서 겁을 주기 시작했다. 폰 립벤트로프의 4호 전차는 6대의 전차를 격파하여 나머지를 뒤로 물러나게 했다.[07] 소련군은 이처럼 적보다 월등히 많은 전력을 가지고 있음에도 선방을 먹거나 의외의 역습을 당하면 반드시 뒤로 빠지는 습관이 있었다. 독일군들이 그런 성격을 알고 이런 무모한 기동을 감행하는지는 추측하기 어렵다.

06 Lehmann(1993) p.223
07 Schranck(2013) pp.216-7

라이프슈탄다르테 장갑대대 5중대의 4호 전차. 전투 개시 전의 기동이므로 측면 장갑스커트가 아직은 온전하나 전투가 개시되면 이내 망가지거나 떨어져 나갔다.

한편, 장갑척탄병들은 오전 11시 조심스럽게 륄스키로 접근했으나 마을은 소개되어 있었고 낮 12시 20분 륄스키에서 서쪽으로 2km 떨어진 수취솔로티노에도 소련군이 없음을 확인했다.[08] 이때는 이미 소련군들이 두 마을을 비우는 대신 사요틴카강 건너편으로 이동하여 마을 중간에 난 교량을 폭파시켜 버리고 난 후였다. 이곳의 소련군은 제1전차군 소속 제31전차군단의 병력으로서 오보얀 국도 쪽을 방어하기 위해 북서쪽으로 퇴각하여 새로운 진지를 구성하기 위해 이동 중인 것으로 파악되었다.

봐투틴은 당시 SS장갑사단들이 오보얀 국도 쪽을 주공격 대상으로 변경한 것으로 판단하고 제1전차군을 지원하기 위해 2개 소총병사단, 3개 전차여단, 8개 대전차연대 및 제10전차여단을 붙였으나 SS사단들은 이내 방향을 바꾸어 다시 동쪽으로 선회하고 있었으므로 이 병력 증강은 별로 큰 의미가 없었다. 라이프슈탄다르테는 일단 수취솔로티노를 잡아냄으로써 좌측의 제11장갑사단과 연결되는 성과를 도출했고, 소련 제10전차군단으로부터 새롭게 구성된 소련군 병력에 의해 약간의 저항을 받았을 뿐 제31전차군단을 뒤로 물러서게 하면서 큰 피해없이 코췌토브카 외곽에 도달했다.[09] 사단은 이날 큰 전투가 없어 겨우 12명의 전사자와 34명의 부상자만을 기록하고 있었다.

7월 5일 개전 이래 5일 동안 미하엘 뷔트만이 소속된 라이프슈탄다르테의 13장갑중대는 소련 전차 151대와 87문의 대전차포, 4개의 포병중대를 없애버렸다.

## 다스 라이히

봐투틴이 호트의 순간적인 병력이동으로 인해 혼돈을 가졌던 것처럼 독일군도 소련군의 급속한 야간기동에 혼선을 거듭하고 있었다. 소련군 제10전차군단과 제5근위전차군단은 제2전차군단 및 제2근위전차군단에게 전구를 이양하고 동쪽으로부터 북부 쪽 제6근위군 구역으로 크게 돌아 서

08 NA : T-354 ; roll 605, frame 603
09 Klink(1966) p.224

쪽 방향으로 이동하고 있었기에 독일군은 소련군의 배치가 정확히 어떻게 되는지 알 길이 없었다. 그나마 항공정찰에 의해 소련군의 전차 종대가 칼리닌과 야스나야 폴야나 동쪽의 숲 지대를 지나고 있는 것을 확인하였으며 다스 라이히는 소련군이 철도선의 동쪽으로 집결하는 것으로 예측하고 거기에 대한 대비를 진행 중에 있었다.

사단의 장갑대대는 칼리닌의 사단 전초기지 뒤쪽으로 2km 떨어진 오세로브스키에 사단의 예비로 남고, 제167보병사단과 경계를 이루는 남쪽 페트로브스키에서는 627공병대대를 지원하기 위해 장갑척탄병들을 일부 배치하는 조치를 취하였다.[10]

소련군은 독일군 진영을 향해 대대적인 포사격을 실시하고 북부 도네츠강 건너편으로 교량을 설치하는 소련 공병들을 보호하기 위해 전차들을 교량의 동쪽 어귀로 집결시켜 독일군의 접근을 저지하고 있었다. 독일군은 더 북쪽의 소련군 전차주력부대가 더 큰 문제였기에 소련군의 병력 집결을 방해하기 위해 교량 쪽으로만 포사격을 실시하였으나 소련군 공병들은 처절한 피해를 입으면서도 교량설치작업을 계속하였다.[11] 한편, 사단 전구의 또 다른 구역인 북부 테테레뷔노에는 '도이췰란트' 연대 3대대가, 칼리닌 지구에는 '데어 휘러' 연대가 지키고 있었으며 소련군 전차들은 스토로셰보에(Stroshewoje) 숲으로부터 나와 이봐노브스키 뷔셀로크(Iwanowskij Wysselok)를 통과하여 독일군 쪽으로 다가가고, '데어 휘러'가 있는 칼리닌 쪽은 25~30대의 소련 전폭기들이 2회에 걸쳐 공습을 감행하였다. 이 공습을 틈타 소련군 전차들이 1대대 전구 쪽으로 접근하자 평소의 소련군들처럼 잘 매복해 있던 독일군 대전차포들이 전차들을 격파, 몇 대의 T-34가 화염에 휩싸였으며 나머지는 엄폐할 장소를 찾아 사방으로 흩어졌다.

오전 8시 40분에는 '도이췰란트' 연대 3대대가 위치한 북부 테테레뷔노에 대한 소련군의 2차 공세가 이어졌다. 소련군 소총병들은 전차 위에 올라타 기관총 사격을 전개하며 독일군에게 다가왔고 이에 독일군들은 박격포와 20mm 기관포로 위협한 다음 흩어지는 병력을 각개격파하는 방식으로 대응했다. 또한, 대전차포 사격으로 소련군 전차들을 파괴하자 소련군들은 뒤로 물러나기 시작했으며, 일부 전차들이 마을 안으로 진입했으나 보병들의 엄호가 없는 상태에서는 장갑척탄병들의 육박공격으로 상당한 피해를 입기가 일쑤였다. 그 와중에도 다행히 독일군의 공격을 피해 도주에 성공한 전차들도 더러 있었다. 다스 라이히는 토텐코프와 라이프슈탄다르테가 합친 것보다 더 많은 50mm, 75mm 대전차포들을 보유하고 있어 그 정도의 소련군 공격에는 전차가 없이도 충분히 대응할 수 있는 화력을 확보하고 있었다. 오전 11시 25분에도 소련군 몇개 중대 규모의 병력들이 10대의 T-34를 앞세워 '데어 휘러' 연대를 공격해 들어왔으나 정확한 포사격으로 치명적인 피해를 입힘으로써 큰 문제없이 이를 격퇴시킬 수 있었다.[12]

## 토텐코프

사단의 주목표는 프숄강으로 북진하여 강 북단에 교두보를 확보하는 것이었다. 공격 주축은 '토텐코프'와 '아익케', 2개 그룹으로 나눠어 '아익케'는 크라스니 옥챠브르(Krassnyj Oktjabr), 일린스키, 코슬로프카와 봐실레프카의 소련군 병력을 소탕하고 강 남쪽에 포진한 수비대도 몰아 내야 했

10 NA : T-354 ; roll 605, frame 606
11 NA : T-354 ; roll 605, frame 605
12 Nipe(2011) p.232

다. '토텐코프'는 말마야취키, 붸셀뤼, 코췌토브카를 차례로 공략해 소련군 제31전차군단을 서쪽으로 밀쳐내고 프숄강 도하지점을 가급적 적의 가능한 공격범위로부터 이격시키는 것이 공세의 주된 의도였다. '토텐코프' 연대는 가장 먼저 프로호로프카로부터 12km 떨어진 크라스니 옥챠브르 근처의 프숄강 강둑구역을 공격했고, '아익케'연대는 곤키에서 별도 전투단을 구성, 강 쪽으로 향하는 사단 공세의 우익을 담당했다. 헬무트 벡커의 전투단은 강 남쪽으로 진군하여 프로호로프카와 가까운 지점에서 도하할 예정이었으며, 장갑연대는 소련군이 강 북서쪽으로부터 공격해 올 위험에 대비, 두 연대의 서쪽 측면을 봉쇄하는 형태로 진격해 들어갔다.

사단의 첫 번째 목표는 하천의 도하 후 강 북쪽 가까이 위치한 언덕을 점령하는 것으로서 소련군의 야포와 다연장로켓 진지는 언덕 뒤쪽에 숨겨져 있었다. 그중 소련군 전초기지가 자리 잡고 있는 226.6고지는 독일의 선도 돌격부대를 감제할 수 있음은 물론, 철도선과 강 사이의 회랑지대를 통과해 프로호로프카로 향하는 모든 공세가능성을 통제하는 유리한 장소였기에 우선 여기를 제압할 필요가 있었다. 더불어 사요틴카강 동쪽을 공략할 라이프슈탄다르테와의 공조를 위해서 토텐코프의 공격은 라이프슈탄다르테와 동시에 이루어질 필요가 있었다. 토텐코프 주력이 북상할 무렵, 제167보병사단 뒤에 배치된 돌격포대대는 209.5고지 근처의 전투에 휘말리고 있었다.

3장갑정찰대대는 당초 오전 4시에 출발할 예정이었으나 사단본부에 정통으로 꽂히는 포사격으로 인해 무려 3시간이나 지연되어 그레스노예(Gresnoje)에 도착하였고 이어 코췌토브카(Kotschetowka)를 향해 진격을 속개했다.

'토텐코프' 연대 1대대와 제3포병연대 4대대, 제3장갑연대 2대대로 구성된 오토 바움의 전투단은 오전 8시가 조금 넘어 북부 루취키에 도달했으며 그레스노예에 도착한 다음에는 연대에서 모터싸이클중대(15중대)를 빼 북서쪽으로 이동시켜 코췌토브카 부근을 정찰하도록 했다. 그 중 프릿츠 비어마이어 SS대위가 지휘하는 제3장갑연대 2대대는 북부 루취키를 떠나 붸셀리(Wessely) 방면의 평야지대로 들어갔고 마을에 진입하기 전에 사단 포병대의 격한 포사격이 지원되었다. 그러나 이곳은 독일군의 예상과 달리 소련군의 매복진지가 없었으며 비어마이어의 장갑대대는 오전 11시 15분 붸셀리의 외곽에 도달하여 사요틴카로 진격하는 도중 코췌토브카 동쪽의 조그만 언덕인 224.5고지로 나아갔다.[13]

한편, 정찰대는 수취솔로티노와 코췌토브카 사이의 사요틴카강을 넘어 제48장갑군단의 진격로를 모색하던 중 정오가 되기 전에 오보얀 국도 부근에서 제11장갑사단과 연결되었으며 이즈음 장갑대대는 224.5고지에 도달해 소련군과 첫 교전을 가졌다. 독일군들이 다소 조심스럽게 접근할 무렵 몇 대의 T-34들이 급습해 오자 선두에 섰던 발터 붸버(Walter Weber) 소대장은 정면에서 대각으로 접근하는 전차를 불과 30m 이내에서 엉겁결에 격파하고 우측으로 도는 두 번째 전차도 파괴하였으며 또 다른 한 대의 적 전차는 동료전차에 의해 격파되었다. 붸버는 네 번째 전차를 후미에서 갈겨 녹다운시킴으로써 이날 홀로 3대의 전차를 잡아냈다. 또한, 같은 중대 롤프 슈테트너(Rolf Stettner) SS하사는 224.5고지 밑의 낮은 언덕 부근에서 몇 대의 T-34들과 교전하면서 부상병들을 후방으로 뺀 뒤 다시 중대로 복귀, 고지 쪽으로 접근하다 237전차여단 소속 20~30대의 소련 전차들과 조우했다. 슈테트너의 전차가 소련군 전차의 주포 사격을 피해 사방으로 방향을 바꿔가며 기

13 NA: T-354 ; roll 605, frame 60, 598-604

뵐터 폰 휘너르스도르프 제6장갑사단장과 논의중인 오펠른-브로니코프스키 장갑연대장 (Bild 101I-022-2924-06)

동하는 동안 중대장 빌헬름 플로어(Wilhelm Flohr) SS대위는 소련군의 측면에서 집중사격을 퍼부었다. 양쪽에서 협공당한 소련군 전차는 마지막 한 대가 도주하기는 했으나 모두 14대가 독일군에 의해 격파되었고 1대가 온전한 상태로 노획되었다.[14]

이후 비어마이어의 장갑대대 전체는 코췌토브카로 향했으며 롤프 슈테트너 SS하사는 장애물지대가 있는 곳에서 내려 전방을 정찰하던 중 400m 거리에서 5대의 소련군 전차가 독일군을 기다리고 있는 것을 발견했다. 슈테트너 바로 뒤를 따르던 빌헬름 플로어는 포병대에 연락, 소련 전차 쪽을 포격하도록 요청했고 3~4번의 탄착 조정 끝에 소련 전차들은 모두 파괴되었다. 플로어의 선도중대는 대대 주력과 합세해 코췌토브카 북쪽에서 조금 떨어진 사요틴카강 계곡을 지난 다음 곧장 마을로 들어갔다. 이번에는 늘 중대의 맨 앞에서 지휘하기를 좋아하는 빌헬름 플로어가 슈테트너보다 먼저 앞장서서 쾌속으로 돌격을 감행, 부하들에게 '마음대로 갈겨라'는 구호와 함께 소련군 종대의 첫 번째 차량을 주포사격으로 뭉개버리자 기습에 당황한 소련군들은 계곡 남쪽 방향으로 도주하기 시작했다. 독일 전차들은 일단 보다 용이한 포사격 위치를 잡기 위해 소련군의 이동로를 감제하기 좋은 장소를 확보하였으나 소련군의 도주방향에 늪지대가 펼쳐져 있어 추격을 중단하고 포병대에 부탁해 화포사격으로 도주하는 소련군을 공격케 했다.

한편, 에른스트 호이슬러의 '토텐코프' 2대대는 프숄강 남쪽 강둑으로부터 3km 떨어진 지점의 그레스노예를 지나 강 쪽으로 접근, 그레스노예와 강 사이의 평야지대를 감제하고 포병부대는 장

14 이 장면에서 토텐코프 사단 '아익케' 연대 1대대의 일원으로 쿠르스크 전에 참가했던 헤르베르트 브루네거의 관찰은 다음과 같다. "약 1천 미터 거리에서 소련군의 강력한 T-34 전차부대가 출현했다. 우리 전차들이 갑자기 멈추더니 포탑을 10시 방향으로 돌려 불을 뿜기 시작했다. 즉시 검은 연기가 하늘로 솟아올랐고, 적의 강철 덩어리들이 부서졌다. 나는 쌍안경으로 전력 차이가 큰 전투를 관찰했다. T-34 전차 마흔 대 중에서 벌써 열다섯 대가 전투 불능 상태가 되었다. 나머지는 다시 신속하게 분지로 사라져 파괴를 모면했다. 전차 지휘관들이 계속 전진하라는 신호를 보냈다." / 브루네거(2012) p.399

503중전차대대 3중대 티거 312호의 정비 광경

갑척탄병의 강쪽 이동을 지원하기 위해 마을 외곽에 재빨리 진지를 구축했다. 이어 칼 울리히 SS 소령의 3대대는 그레스노예에 도착한 후 크라스니 옥챠브르(Krassnyj Oktjabr)로 향해 나아갔다. 오토 바움은 야간에 소련군의 기습에 당하지 않기 위해 3대대를 빼 그레스노예로 복귀시켰으며, 항공 지원과 포병부대의 지원사격없이 연대 병력이 강을 도하하는 것은 불가능하다고 판단하여 프숄강 남단에 도달한 채 잠시 기동을 멈추고 있었다.[15]

이때 헬무트 벡커의 '아익케'연대는 '토텐코프' 연대와 장갑대대가 도하한 다음 다소 늦게 강변에 도착, 소련군 지상군과 공군의 공격이 없는 틈을 타 빠른 진격을 시도했다. 3개 대대가 강쪽의 발진 지점에 집결하자 벡커는 늦은 오후임에도 불구하고 계속적인 공세를 지시하여 연대 선봉부대가 강 남쪽으로부터 1km 이내에 위치한 코슬로브카(Koslowka)와 봐실예브카(Wassiljewka)로 접근해 들어갔다.

'아익케' 1대대는 봐실예브카를 공격했으나 제52근위소총병사단 소속 병력들은 별다른 저항을 보이지 않았다. 대대는 오후 6시 50분 봐실예브카 부근의 코슬로브카도 장악했음을 보고하였으며 독일군에게 밀려난 소련군들은 프숄강 계곡을 지나 동쪽으로 도주하거나 두 마을 외곽에 위치한 강 건너편 계곡의 늪지대로 피신하였다. 그러나 프릿츠 크뇌흘라인의 1대대가 강둑 쪽으로 접근하자 소련군 제11차량화소총병여단의 만만치 않은 저항에 직면했다. 게다가 독일군의 다연장로켓이 강 기슭에 있던 아군 쪽에 떨어져 엉뚱한 피해를 입게 되어 헬무트 벡커 연대장은 혼란을 수습키 위해 일단 공세를 중단시키고 다른 형태의 기습을 준비하도록 지시했다.

'아익케'연대는 밤을 틈타 고무보트로 강을 도하하려 했으나 소련군이 미리 방향을 잡아내면서 야간사격임에도 불구하고 정확하게 독일군 머리 위를 때리게 되자 연대는 결국 후퇴를 결정했다.

15 Weidinger(2008) p.154, Nipe(2011) p.236

이미 강을 건너 버린 병력들은 고립을 피해 되돌아와야 했고 하필이면 폭우까지 쏟아져 강둑 늪지대는 삽시간에 진창의 바다로 변해버려 후퇴기동까지 애를 먹이고 있었다. 연대는 병력을 재편성해 10일 오전에 공격을 재개하기로 하고 강 건너편에 교두보가 마련되면 육군으로부터 지원받은 제680공병연대 소속 공병대의 도움을 받아 두 곳에 전차를 이동시킬 수 있는 교량을 설치하도록 했다.

이날 코슬로브카 진격 중에 입은 사단의 피해는 경미했다. 주로 도하작전 때 당한 것이 대부분으로 19명 전사에 69명 부상이었으며 3호 전차 5대, 4호 전차 8대, 티거 3대, 2대의 지휘전차가 파손되었으나 대부분은 지뢰와 기계고장에 의한 것으로 빠른 시간내 수리를 마쳐 전선에 재투입되었다. 18대의 전차 피해를 제하고도 사단은 81대의 기동가능한 전차를 보유하고 있었다.[16]

503중전차대대 3중대 소대장 리햐르트 폰 로젠 소위. 전후 독일연방군 소장으로 재직.

## 켐프 분견군

만슈타인은 전날 밤부터 켐프 분견군과 SS장갑군단과의 거리가 벌어지고 있는 것을 우려하여 9일부터는 코로챠를 향해 동쪽으로 전구를 확대하기보다 빨리 SS장갑군단을 따라잡는 것을 우선 목표로 설정했다. 호트가 SS사단들의 진공방향을 다시 프로호로프카로 교정함에 따라 하우서의 SS장갑군단과 브라이트의 제3장갑군단이 간격을 좁힐 가능성은 매우 높아졌다. 또한, 제6장갑사단의 일부 병력을 빼 서쪽으로 진격하여 달나야 이구멘카를 지키고 있는 소련군을 타격하도록 주문하였다. 이 구역을 맡은 제198보병사단만으로는 증가일로 있는 소련군 병력을 감당하기가 어려웠다. 만약 달나야 이구멘카를 장악한다면 리포뷔 도네츠강 동쪽에서 소련군 제81, 92근위소총병사단과 제375소총병사단을 격멸시키거나 몰아낸 뒤, 벨고로드와 스타리 고로드를 기점으로 형성된 돌출부를 잘라내어 제2SS장갑군단(토텐코프)과 직접적으로 연결될 수 있었다.

봐투틴 보로네즈방면군 사령관은 제5근위전차군이 예정된 시간에 공세를 진행시킬 수 있도록 어떠한 방법을 동원해서라도 제3장갑군단이 다스 라이히와 연결되는 것을 막을 필요가 있었다. 봐투틴은 제92, 375근위소총병사단, 제107, 305소총병사단과 제96전차여단을 동원해 2개의 공격라인을 구성하고, 서쪽에서 동쪽으로 사비니노, 쉴라호보, 쉐이노(Sheino)와 우샤코보(Ushakovo)에 이르는 구간에 전투에 찌들지 않은 신규병력들을 배치했다.[17]

### 제6장갑사단

제3장갑군단은 7월 9일 제6장갑사단의 장갑대대에 제19장갑사단의 장갑부대를 더해 '북부 돌

16 NA : T-354 ; roll 605, frame 604
17 Zamulin(2012) p.249

격그룹'(Angriffsgruppe Nord)을 형성하고 휘너르스도르프 사단장이 직접 지휘하는 가운데 2개 포병대대가 공세를 지원하도록 편성되었다. 선봉은 503중전차대대 1중대 티거들의 차지였다. 북부 돌격그룹의 목표는 소련군 방어선을 돌파해 멜리호보 북쪽의 고지를 점령한 후 달나야 이구멘카에 주둔하고 있는 소련군 전차들을 분쇄하는 것이었다. 이 목표가 달성되면 휘너르스도르프의 부대는 쉬쉬노(Shishino) 서쪽으로 밀고 들어가 도네츠강을 따라 위치한 제168보병사단과 군단 주력 사이의 돌출부의 북쪽 출구를 봉쇄하려 했다. 이렇게 되면 소련군 제81소총병사단과 제375소총병사단의 일부 병력 및 지원 전차병력 전체를 자루에 가둘 수 있게 되어 제168보병사단이 서쪽으로부터 밀어붙이는 데 유리한 조건을 조성할 수 있었다. 한편, 제7장갑사단은 현 위치를 지키고 있다가 제198보병사단에게 전구를 이양할 참이었다.[18]

한편, '남부 돌격그룹'(Angriffsgruppe Süd)은 장갑부대를 제외한 제19장갑사단의 주력과 제168보병사단 442척탄병연대 및 2개의 포병대대로 구성되어 동쪽으로부터 포위망을 좁혀 나가도록 계획되어 있었다. 지휘는 제19장갑사단장 구스타프 슈미트(Gustav Schmidt) 중장이 맡았다. 작전의 주도는 제6장갑사단 소속 114장갑척탄병연대장인 폰 비이버슈타인(Rogalla Constantin von Bieberstein) 대령 휘하의 1개 연대와 오펠른-브로니코프스키 장갑연대장으로부터 빌린 몇 대의 전차들로 구성된 전력으로 시작되었다. 남부 그룹의 주목표는 블리쉬나야 이구멘카를 장악하고 남쪽으로 3km 떨어진 지점 숲 지대의 소련군 병력을 소탕하는 것이었으며 그 때문에 제6장갑사단의 화염방사기 전차들은 이쪽으로 붙게 되었다.

북부 돌격그룹은 오전 중 멜리호보 북쪽을 향해 진격해 들어가 제6장갑사단 소속 배케 대대가 오후 1시에 230.3고지를 점령하고 달나야 이구멘카를 장악한 다음 잠시 후에는 사비니노(Ssabynino) 서쪽 방면으로 쳐들어갔다. 남부 돌격그룹도 달나야 이구멘카 남쪽의 소련군 방어선을 돌파해 쉬쉬노 남쪽의 거대한 집단농장에 도달한 뒤 소련군 전차들과 교전에 들어갔다. 그러나 포위망을 좁혀 나가는 속도가 더뎌 소련군의 주력은 대부분 빠져나가버렸고 후미를 지키던 일부 제대만을 제거하는 데 그치고 말았다. 이에 만슈타인은 켐프와 회동, 블리쉬나야 이구멘카 북쪽의 탈출로에 강한 화포사격을 집중할 것을 요구했고 켐프는 탄약부족으로 4~5일밖에 버틸 수가 없어 공군의 지원에 의존하는 방안을 건의하였다. 그러나 공군지원이 불가하게 되자 켐프는 주어진 조건 하에서 지원 포사격을 감행하는 도리 외에 달리 방도가 없었다.[19]

제168보병사단은 그날 오후 벨고로드 도로 북쪽 지점인 블리쉬나야 이구멘카 서쪽 끝자락에 도달하였고 독일군의 포사격에 의해 소련군 전차와 보병들이 독일군 진격을 차단하려던 시도를 분쇄할 수 있었다. 이로써 벨고로드 위의 북부 도네츠 동쪽 구역은 이날 늦게 독일군에게 장악되었다. 소련군은 이날까지 얼마 안 되는 전차병력으로 제3장갑군단이 SS장갑군단의 측면을 엄호하려던 기도를 상당히 훼손시켰으며 독일군을 꾸준히 괴롭히는 소모전으로 유인함으로써 나름대로의 성과를 올리고 있었다. 특히 이 구역의 소련군들은 무모한 결사항전 대신 일단 물러났다 다시 새로운 진지를 구축하여 독일군을 기다리는 등 지연작전에 출중한 면모를 보이고 있었다.

켐프는 병력과 전차, 야포와 탄약 그 어느 것도 모자란다는 사실을 부각시키면서 지상군의 병력

18 NA : T-314 ; roll 197, frame 1215
19 Nipe(2011) p.238

증강이 불가능한 조건하에서 공군지원을 반드시 육군 쪽에 붙여주도록 만슈타인을 설득, 결국 벨고로드 북동쪽에 2개의 슈투카 편대를 육군이 쓸 수 있도록 조치하는 허가를 받아냈다.

## 제19장갑사단

앞서 언급한 남부 돌격그룹의 제442척탄병연대의 1개 대대는 오전 6시 블리쉬나야 이구멘카의 소련군을 소탕하기 위한 작전에 들어갔다. 척탄병들이 시가전을 펼치려는 순간 IL-2 슈트르모빅의 강습과 함께 소련군 연대급 병력의 공격이 전개되었다. 소련군의 쇄도는 실로 막강하여 척탄병들은 마을 끄트머리의 좁은 거리로 내몰려 붕괴직전까지 몰리자 사단은 19장갑정찰대대를 보내 구원에 나섰다. 장갑정찰대대는 마을 남쪽을 돌아 소련군의 측면을 강타, 마을 외곽의 벙커들을 제압하였으며 하프트랙 등 모든 화력을 집중해 소련군 중추를 파괴하고 들어가자 소련군들은 예기치 않은 방향에서 역습을 당해 물러나고 말았다. 이에 20mm 기관포와 37mm 대전차포를 동원한 독일 보병들이 합세하여 마을에 남은 소련군 병력을 모두 몰아내는 데 성공했다. 약속한 공군지원은 없었다.[20]

소련군은 211.5고지 쪽으로 이동하여 쉬쉬노로 향하는 남부그룹을 막기 위한 준비를 서둘렀다. 폰 비이버슈타인 연대는 소련군에 대해 견제구는 날릴 수 있으나 격멸하기가 곤란하다는 보고를 제19장갑사단장에게 보내자 슈미트 중장은 북부그룹에 속한 503중전차대대장 카게넥크 대위를 사단본부로 불러 수중의 티거 1개 중대를 빼 줄 것을 요구했다. 이런 경우에 지휘계통이 어떻게 되는지 다소 헷갈리기는 하나 카게넥크 대위는 딱히 떼 내줄 여분의 병력이 없음에도 불구하고 브루메스터의 1중대를 인계했다. 브루메스터는 하프트랙중대들의 호위를 받은 상태에서 티거들을 움직여 소련군 진지를 맹타해 들어가 적군의 1개 중대를 겨우 수십 명 수준으로 약화시켜 버렸다. 브루메스터는 정오가 되기 전에 고지를 점령했음을 보고했다.

사단은 낮 시간에 211.5고지를 점령한 후에는 블리쉬나야 이구멘카 주변을 공고히 하려 했으나 제442척탄병연대 구역으로 소련군의 엄청난 반격이 개시되어 자칫 잘못하면 마을을 탈환당하고 뒷마당에 큰 갭을 만들어 낼 위기가 닥쳐왔다.[21] 슈미트 사단장은 황급히 제168보병사단으로부터 몇몇 대대들을 끌어 내 겨우 전선을 막아내는데 성공했다. 마을은 지켜냈으나 이날 더 이상의 진격은 불가능한 것으로 판단됨에 따라 제6장갑사단과의 제휴 하에 익일 공격을 재구성하기로 결정했다.

소련군은 밤에 2개 중대를 보내 스타리 고로드를 공격했다. 사단은 정찰대대와 제73장갑척탄병연대의 척탄병들이 화염방사전차를 동원해 소련군을 거의 몰살시켰으며 그때서야 독일군 장병들은 왜 제6장갑사단의 3호 화염방사전차를 제19장갑사단에게 넘겼는지 이해할 수 있었다.

제19장갑사단이 얻은 성과는 미미했다. 블리쉬나야 이구멘카를 점령한 것 말고는 소련 제69군을 도네츠강에서 밀어내고 SS장갑군단에 대한 압력을 제거한다는 당초 과업을 달성하지 못했으며 다스 라이히와 연결되지도 못한 채 날을 보내게 되었다. 그러나 봐투틴은 제19장갑사단의 움직임을 예의주시할 수밖에 없었는데 동쪽의 기동 예비전력이 도착하기 전에 SS사단들과 제19장갑사단

20 Nipe(2011) p.239
21 Schranck(2013) p.235

이 만나게 된다면 SS장갑군단 정면을 친다는 애초의 목표가 흔들릴 우려가 있기 때문이었다. 제19장갑사단과 다스 라이히의 접선을 막기 위해 봐투틴은 또 한 번 강력한 전력을 투입하기 시작했다. 제73, 89, 92근위소총병사단 및 제107, 305, 375소총병사단 등, 도합 6개 사단을 동원하고 제2근위전차군단 소속 제4차량화소총병여단까지 가세시켰다.

## 제7장갑사단

사단은 9일 므야소예도보 남쪽에 위치한 거대한 숲지대와 바트라즈카야 닷챠 사이에서 분투 중인 제7장갑척탄병연대의 전력이 고갈되어 감에 따라 여타 제대의 지원을 절실히 요청하고 있었다. 이에 제198보병사단 소속 326척탄병연대의 1, 2대대가 지원에 나서 새벽 2시에 제7장갑척탄병연대와 무사히 합류했다. 벨고로드 남쪽에서부터 열차와 행군으로 이동했던 지원부대는 소련 공군의 공습을 받는 등 도네츠강을 도하하는데 상당한 어려움을 겪었으며 많은 수는 아니지만 일부 장병들을 잃기도 했다.[22]

제3장갑군단이 코로챠를 향하기보다 보다 북쪽으로 나아가기 위해서는 주공인 제6, 19장갑사단의 측면을 엄호할 제7장갑사단이 신속히 자리를 이동했어야 했다. 즉 제3장갑군단의 주된 임무인 SS장갑군단과의 유기적인 조율을 강화하기 위해 이때부터 제7장갑사단은 측면의 측면을 엄호하면서 뒷정리를 해야 하는 고달픈 과정을 수행해야 했다. 다행히 이때 소련군 제81, 92근위소총병사단 및 제375소총병사단은 블리쉬나야 이구멘카, 달나야 이구멘카와 쉬쉬노를 차례로 빼앗김에 따라 독일 제6, 19장갑사단들에게 포위당하지 않기 위해 공식적으로 후퇴명령을 받았기 때문에 제7장갑사단의 자리 이동은 큰 어려움이 없이 진행되고 있었다. 대신 제7장갑사단의 기존 전구를 맡을 제198보병사단 주력이 오후 3시에 도착하여 재빨리 방어진을 구성했으며, 이로써 군단의 동쪽 전방을 감제할 수 있음은 물론 사단의 서쪽 측면을 경계하면서 끊임없는 정찰활동을 실시할 수 있었다. 그에 따라 제7장갑사단 뒤(남쪽)에 제106, 320보병사단과의 벌어진 구간을 제198보병사단이 커버함으로써 군단의 우익을 두텁게 보강할 수 있는 이점이 있었다.

사단의 장갑병력은 이날 22대의 3호 전차, 22대의 4호 전차, 3대의 티거 등을 포함해 50대 남짓 하였으며 지휘 전차를 6대 정도 보유하고 있었다. 503중전차대대는 3중대 소속 4대의 티거를 숲지대로 정찰을 내보내자 금세 소련군의 대전차포들을 상대로 교전하게 되었다. 리햐르트 폰 로젠(Richard von Rosen) 소위가 이끄는 티거들은 보이지 않는 적을 향해 어림잡아 주포사격으로 대응할 수밖에 없었으며 적에 대해 어느 정도의 타격을 주었는지도 감을 잡을 수 없는 상황이었다. 다만 티거의 두터운 장갑 덕에 몇 차례 명중탄을 맞았는데도 무사히 적진을 빠져나올 수 있었다. 폰 로젠의 티거는 스프로켓의 돌기(sprocket wheel)에 피해를 입었으며 뒤에서 호위하던 2대의 티거들이 전면에 나서 전방을 정리하면서 그날의 전투는 그것으로 끝이 났다. 소련군은 티거나 여타 전차를 완파시키기 어려울 경우에는 기동불능 상태로 만들기 위해 전차의 궤도부분을 겨냥하는 경우가 많았으나 궤도는 잘 망가지기도 하지만 반면에 빠른 시간 내 수리와 복구가 가능하다는 측면도 있었다. 지난 4일 동안의 전투에서 사단은 65대의 소련군 전차와 6대의 122mm 자주포를 파괴하였고

22 Lodieu(2007) p.81

528명의 소련군을 포로로 잡았다.[23]

## 제48장갑군단

군단은 새벽 4시부터 2개 공세국면을 상정하여 우선 그로스도이췰란트와 제11장갑사단이 함께 북진하여 260.8고지를 따내도록 계획하고, 그 후에는 붸르호펜예 부근의 소련 기갑전력들과 교전하고 있는 제3장갑사단 및 제332보병사단과 합세하도록 하였다. 일단 그로스도이췰란트의 주력이 붸르호펜예를 점령한 다음에는 서쪽으로 선회하도록 하고, 제11장갑사단은 오보얀 국도를 따라 북동쪽으로 나아가 붸르호펜예 북동쪽 1km 지점의 일린스키(Ilinskij)를 점거하도록 했다.[24] 다음 제3장갑사단은 루챠니노를 향해 공세를 재개해 마을을 점령한 뒤 서쪽으로 이동시키도록 예정되어 있었다.

두 번째 국면은 그로스도이췰란트가 붸르호펜예에서 서쪽으로 돌아 6km를 전진한 뒤 육군 제52군단의 332보병사단과 연결하도록 하는 것이었다. 제332보병사단은 기동전력의 지원이 없음에도 불구하고 페나강 건너편을 공략해 8km를 진군하여 돌기(Dolgij)로 향할 계획이었다. 한편, 제11장갑사단은 북동쪽으로부터 예상되는 소련군의 공격을 차단하기 위해 수비진을 강화하기로 했고 제3장갑사단은 루챠니노와 붸르호펜예에까지 이르는 구간을 소탕하여 군단의 서쪽 측면을 엄호하도록 지시되었다. 한편, 이 기동을 지원하기 위해 제4장갑군의 전 포병부대가 사단본부 포병대(Arko 122)의 지휘아래 그로스도이췰란트와 제3장갑사단과 공조하도록 준비되었다.

요약하자면 군단은 붸르호펜예를 중심으로 하는 서쪽 전구의 안정을 확실히 담보한 다음, 오보얀-쿠르스크 축선으로 향한다는 것이 기본 방침이었다. 그리고 이날은 각 사단들이 나름대로 준수한 속도를 내게 되어 평균적으로는 오보얀을 향한 북진을 낙관할 수는 있었다. 그러나 제3장갑사단이 페나강 변에서 확실한 진전을 이루지 못하고 있었기 때문에 애초에 그로스도이췰란트를 지원해야 할 제3장갑사단이 역으로 그로스도이췰란트의 지원을 받아야만 되는 곤란한 국면전개가 이날의 고민거리로 남게 되었다.

### 그로스도이췰란트

조금 복잡하다. 그로스도이췰란트는 붸르호펜예 북단을 장악한 다음, 같이 북진한 제11장갑사단과 조우하여 제11사단의 장갑부대 주력을 인계 받아 '그로스도이췰란트 여단'을 일시적으로 구성하고, 제11사단의 나머지 전차들은 그로스도이췰란트의 동쪽 측면을 엄호하는 것으로 조정되었다. 보강된 장갑전력을 바탕으로 그로스도이췰란트는 소련군 방어선을 돌파해 돌기(Dolgij) 서쪽으로 접근하되 그와 동시에 제332보병사단도 북쪽으로 진격해 돌기에 합류할 예정이었다. 이에 제3장갑사단은 페나강을 따라 공세를 재개하면서 두 사단이 만들어 낸 포위망에 든 소련군 병력을 격멸하는 것을 상정하고 있었으나, 문제는 제332보병사단이 아무런 기동전력없이 페나강을 건너 돌기 북쪽으로 8km를 전진할 수 있는가 하는 점이었다.[25] 게다가 제332보병사단의 공격은 그로스도이췰란트와 제11장갑사단의 연결이 확보되고 난 다음에 진행되어야 했으나 우선 그로스도이췰

23 NA : T-314 ; roll 197, frame 1250-1251
24 Barbier(2013) p.103
25 NA : T-314 ; roll 1170, frame 584

란트 사단 자체가 공세지점에 너무 늦게 집결하여 오전 5시 30분이 되어서야 진공이 시작될 수 있었다. 슈트라흐뷔츠의 전투단은 29대의 4호 전차, 10대의 티거, 10대의 판터와 몇 대의 돌격포로 9일의 공세를 시작했다. 소련군의 저항은 상당한 것이었다. 사단은 오보얀 국도 서쪽 242.1고지 근처의 소련군 전차와 대전차포에 묶여 움직일 수 없는 처지였고 장갑부대와 돌격포대대도 페나강 서쪽 강둑에 대한 소련군의 집중공격으로 붸르호펜예 북단에 대한 공세를 일찍 전개할 수가 없었다. 이렇게 되면 제11장갑사단과 정해진 시간에 연결되는 것은 불가능했다.

그러나 제11장갑사단은 그로스도이췰란트가 늦어지는 것을 알지 못한 채 사단의 서쪽 측면은 안전이 확보된 것으로 믿고 예정된 시간에 공세를 진행시키고 말았다. 사단이 일린스키를 지나자 붸르호펜예로부터 4km 떨어진 지점의 260.8고지에서 소련군 전차와 대전차포의 맹렬한 사격이 전개되었다. 장갑부대는 오전 6시 45분 일린스키 고지 남쪽 기슭에 은신처를 찾았으나 더 이상 전진이 어렵다는 판단을 내리게 된다. 이에 엄청 열 받은 폰 크노벨스도르프 군단장은 공세의 주력을 그로스도이췰란트가 아닌 제11장갑사단으로 전환했고 포병부대와 항공지원도 모두 국도 동쪽의 제11장갑사단의 전진을 지원하라고 지시하게 된다. '대독일사단'으로서는 대단히 치욕적인 순간이었다.

그로스도이췰란트도 놀 수는 없었다. 장갑정찰대대와 돌격포대대는 슈투카의 핀포인트 공격에 힘입어 260.8고지 근방에 접근했고 오전 7시 장갑척탄병들은 붸르호펜예에 대해 2개 대대를 동원해 공격을 전개하였으며 당시 19대의 4호 전차, 10대의 티거, 10대의 판터를 보유하고 있던 슈트라흐뷔츠의 전투단도 붸르호펜예 남단근처에서 공세를 지원했다. 오전 8시 30분 사단의 정찰대대와 돌격포대대는 오보얀 국도를 따라 북진, 260.8고지 남쪽 4km 지점의 242.1고지에 도달했다. 이때부터 두 대대는 북쪽으로 공격을 계속하고 슈트라흐뷔츠의 전차들과 척탄병연대는 마을 자체에 대한 공세를 집중했다. 마을에 접근하자 소련군 제200전차여단 소속 수비대의 사격이 빗발쳐 일단 전차들은 몸을 숨겼으며 장갑척탄병들은 비 오듯 쏟아지는 소련군의 집중포화를 뚫고 여차지차 붸르호펜예 북동쪽 입구에 있는 풍차까지 도달했으나 문제는 풍차로부터 마을 안으로 들어가는 지역에 아무런 장애물이 없다는 점이었다. 몸을 숨기기 힘든 개활지로의 이동은 거의 자살행위와 같았다. 그 와중에도 소련군의 지대지 로켓포 카츄샤는 쉴 새 없이 독일군 제대를 괴롭히고 있었다.

오전 중 제11장갑사단의 측면을 공격하기 위한 것으로 보이는 소련군 전차들이 나타나자 슈트라흐뷔츠의 장갑부대가 이를 막기 위해 움직이려 하였으나 실은 소련군 전체 병력이 마을의 동쪽과 북쪽 방어라인을 포기하고 페나강을 건너 더 북쪽으로 퇴각하는 것으로 판명되었다.[26] 척탄병들은 소개된 마을을 곧바로 접수하고 장갑병력들은 휘질리어 연대와 함께 소련군을 따라 북으로 진격했다. 또한, 정찰대대와 돌격포대대는 오보얀 국도와 평행되게 북진하다가 정오가 되기 전에 노보셀로브카(Nowosselowka) 남단에 접근했다. 바로 이어 마을 남동쪽 근처에서 20대의 소련 전차가 공격을 취했으나 정찰대대는 슈투카에게 소련 전차를 처리할 것을 요청하고 일단 서쪽으로 방향을 선회하여 오후 1시 40분경 근처의 고지를 점령했다. 대대는 저녁 무렵까지 남서쪽으로 수 km가량 진격을 개시하여 숙영을 준비하고 대대의 선도부대는 다시 북서쪽으로 수 km가량 더 들어가

26 NA : T-314 ; roll 1170, frame 587-588

크루글리크(Kruglik) 인근에 접근했다.[27]

슈트라흐뷔츠의 전차들은 마을의 척탄병들에게 더 이상 전차의 지원이 불필요함을 확인한 후 붸르호펜에 동쪽에서 재집결한 다음 오보얀 국도로 이동하여 정찰대대를 괴롭히고 있는 소련군 전차를 상대하기 위해 북진을 계속했다. 동시에 한스-울리히 루델의 슈투카들이 소련군 전차들을 급습, 12대가 화염에 휩싸이게 했으며 이어 소련군 장갑병력들이 뒤로 물러나게 되자 슈트라흐뷔츠는 소련군을 추격해 진격을 속개, 노보셀로브카 남쪽에서 3km 떨어진 260.8고지 방면으로 나아갔다. 여기에 쉼멜만의 제15장갑연대는 슈트라흐뷔츠의 공격에 편승해 동쪽 측면에서 소련군 전차들을 때리기 시작하자 소련군 전차들은 하늘에서 루델이, 지상에서는 두 장갑연대가 협공해 오는 것을 확인하고는 다시 북쪽으로 더 물러서고 말았다. 슈트라흐뷔츠는 6중대 소속 전차 3대만 손실했을 뿐 전차병력의 근간을 살린 상태에서 수십 대의 소련 전차들을 파괴한 것으로 보고하고, 오토 레머의 하프트랙대대와 함께 노보셀로브카를 지나 오보얀 국도를 따라 행군해 들어갔다. 2시간 후 판터 여단은 노보셀로브카 북쪽 4km 지점에 도달한 것으로 보고하게 되는데 여기서 오보얀까지는 북쪽으로 20km 이내에 위치하게 된 것이어서 군단은 소련군 방어선 상당부분을 침투해 들어간 것으로 판명되었다.

그러나 즐거워 할 여유가 없었다. 제394장갑척탄병연대 지휘관 구스타프 페슈케(Gustav Peschke) 소령은 길이 무려 3km에 달하는 소련군 종대가 붸르호펜예 서쪽 6km 지점에서 시르제보 서쪽의 주도로를 따라 북진하고 있다는 정찰보고를 날렸다. 게다가 항공정찰에 의해 제10전차군단 소속 200여 대(!)의 소련 전차들이 북진하면서 오보얀 국도로 향하고 있다는 또 하나의 위협을 캐치하게 되자 독일군은 이것이 그로스도이췰란트의 좌측면을 치기 위한 대규모 공세가 아닌가 의심하기 시작했다.[28] 만약 그렇게 된다면 슈트라흐뷔츠와 쉼멜만 장갑연대의 연결이 붕괴될 우려가 생겨나게 될 것으로 보였다. 이 제10전차군단의 기동은 1941, 1942년에 비한다면 소련군 병력운송 능력이 괄목할 만한 수준으로 향상되었다는 점을 시사하고 있었다. 군단은 프로호로프카에서 나와 프숄강을 건너 오보얀 국도 서쪽에 수비진을 구축하는 데 겨우 24시간만을 소비할 정도로 양호한 진격속도와 인프라 능력을 과시한 셈이었다. 이처럼 1943년 여름의 소련군은 확실히 달랐다.

독일 제48장갑군단은 기로에 섰다. 그대로 북진을 계속할 것인가 아니면 군단의 서쪽 측면을 위협하는 소련군에 대응할 것인가였다. 군단은 두 개의 작전을 동시에 수행할 전력이 없었다. 이때 제4장갑군은 제48장갑군단을 지원하던 SS사단들을 북동쪽으로 옮김에 따라 오보얀을 향한 제48장갑군단의 북진은 사실상 종료된 것과 같은 명령을 내리게 되었다. 이날 군단은 북진이 아니라 제3장갑사단을 지원키 위해 다시 서진을 명받았다. 즉 오보얀 국도를 따른 북으로의 진격은 제11장갑사단에게만 일임하고, 그로스도이췰란트는 붸르호펜예 북쪽으로 서진하여 페나강 서편을 막고 있는 끈질긴 소련군 진지를 우회하여 강타하는 쪽으로 가닥을 잡았다. 이 기동에 의해 그로스도이칠란트가 소련 제6전차군단과 제90소총병사단을 거칠게 몰아붙여 극심한 피해를 안긴 것은 사실이었다. 그러나 그로 인해 오보얀-쿠르스크 축을 따라 형성되어 있는 소련군은 타격하면서도 프로호로프카로 진격해 들어오는 소련군의 전략적 예비에 대항하는 SS장갑군단을 지원하는 임무

27 NA : T-314 ; roll 1171, frame 188
28 NA : T-314 ; roll 1170, frame 590

는 수행하지 못하게 되었다.

## 제3장갑사단

사단은 이날 단순히 그로스도이칠란트를 의지하면서 북진하는 것만을 상정했으나 소련공군이 주요 교량을 파괴해 버림에 따라 루챠니노 한곳에만 집중하도록 작전목표를 수정했다. 붸스트호휀 사령관은 일단 전차병력을 남쪽으로부터 서쪽으로 이동시키도록 지시하였으며 루챠니노를 향해 서진하기 위해서는 반드시 두브로봐를 통과해야 했다.

사단은 시르제보에서 제394장갑척탄병연대가 시가전을 전개하면서 마을의 남쪽을 정리하고는 있었으나 페나강의 어느 구역도 도하하지 못하고 있는 형편이었다. 소련군은 30대의 전차로 시르제보 반대편 페나강 서쪽 강둑을 막고 독일군의 모든 이동에 대해 포사격을 실시할 수 있는 위치를 점하고 있었으며 강 서쪽의 고지 뒤에서도 야포와 다연장로켓의 사격이 줄기차게 이어지고 있었다. 또한, 루챠니노 서쪽 언저리의 옥수수밭에서는 독일군 장갑척탄병들과 소련군 특수부대가 기관단총만으로 각개 전투를 펼치고 있다가 겨우 오전께 루챠니노의 절반 정도를 독일군의 수중에 넣는 결과를 얻었다.[29]

정오 이후에는 구스타프-알브레히트 슈미트-오트(Gustav-Albrecht Schmidt-Ott) 대령의 장갑연대가 39대의 3호 전차와 17대의 4호 전차로 공세를 개시, 도로가 진창이었음에도 불구하고 시르제보에서 붸르호펜예를 향해 북진하기 시작했다. 전진은 힘들게 전개되고 있었다. 악랄한 도로사정에다 무수히 많은 지뢰, 소련군의 화포사격과 전차의 공격, 소련공군의 대지공격기들로 인해 진격은 무척이나 더디게 진행되었고 이른 오후에 루챠니노와 시르제보 사이에 수비진을 쳤다가 겨우 오후 늦게 붸르호펜예에 당도했을 때는 56대의 전차가 42대로 줄어 있었다.[30] 전차들은 척탄병연대가 사단의 주력과 합쳐질 때까지 마을 주변을 엄호하고 있었으며 3정찰대대는 밤늦게 붸르호펜예에 도착하여 마을의 반대편 어귀에 진을 쳤다. 날이 다 지나고 나서야 루챠니노의 장갑척탄병들은 마을 서쪽 어귀를 소탕하게 되었으며 시르제보에서도 소련군 수비진이 힘을 다 소진해 결국 항복하기에 이르렀다. 이날 밤 제3장갑척탄병연대 2대대만으로도 150명의 포로를 전과로 잡았다.

## 제11장갑사단

요한 믹클의 부하들은 새벽 4시 제110장갑척탄병연대를 중앙에, 제111장갑척탄병연대를 우익에 놓고 공세를 개시했다. 좌익에는 쉼멜만의 장갑연대가 국도와 평행되게 북쪽으로 진군해 들어갔다. 일린스키 남쪽의 지뢰밭을 통과하는데 까지는 좋았으나 장갑부대가 마을 정면에 있는 고지 쪽으로 접근하자 260.8고지로부터 제3기계화여단 소속 30~40대의 소련 전차들과 돌격포(자주포)들이 사격을 전개했다. 화포사격이 워낙 거세 쉼멜만은 일단 후퇴하여 마을 남쪽의 조그만 언덕으로 피신하였으며 이곳은 매복하고 있는 소련군의 전차와 대전차포들이 일린스키 북쪽 도로변을 거의 완벽하게 감제하고 있어 언덕 남쪽의 평원지대로 전차를 기동시키는 것은 자살행위와 같아 보였다.

29 NA : T-314 ; roll 1170, frame 587
30 NA : T-314 ; roll 1171, frame 189

전선으로 이동 중인 제11장갑사단 15장갑연대의 3호 전차

사실 앞에서 언급한 것처럼 이날 그로스도이췰란트가 제때에 공격을 했더라면 제11장갑사단은 좀 더 수월한 과정을 거칠 수 있었으나 사단간 타이밍 조절에 실패해 제11장갑사단은 상당한 손실을 경험하게 되었다. 폰 크노벨스도르프는 누구를 탓하기 전에 이 위기상황을 타개하기 위해 군단의 모든 화포와 공군지원을 두 사단에게 집중하도록 하고, 제11장갑사단과 그로스도이췰란트는 지원 포사격이 끝난 다음부터 처음으로 긴밀한 공조 하에 움직일 예정이었다. 제11장갑사단의 장갑부대는 지원사격만을 기다리고 있었으나 다른 제대들은 일말의 성공을 거두고 있었다. 제11장갑척탄병연대 2대대는 포크로브스키(Pokrowskij)에서 소련군 제51근위소총병사단을 몰아내고 더 북쪽으로 진격해 들어갔으며, 동쪽의 제339척탄병연대는 크라스나야 폴야나를 점령하고 그로부터 북쪽으로 500m 지점에 위치한 베레고보이(Beregowoj)를 향해 나아갔다. 가장 우측에 섰던 제111장갑척탄병연대는 수취솔로티노 방면으로 공격을 재촉해 나갔다.[31]

쉼멜만의 제15장갑연대는 그로스도이췰란트의 부대가 260.8고지에 나타나기 전까지는 사실상 기동이 불가능한 형편이었다. 그러나 소련군 전차들이 그로스도이췰란트를 상대하기 시작하자 소련군의 측면을 강타하기 위해 자하리애 링겐탈(Zachariac Lingenthal) 대위의 2대대를 숲이 무성한 언덕을 돌아 동쪽에서부터 몰래 접근하도록 하여 소련군에게 충격을 가했다. 때마침 37mm 대전차포를 장착한 루델의 Ju 87G 슈투카들이 공습에 가담, 소련군 전차들은 하늘과 지상의 동시공격에 시달리게 되었고 삽시간에 전차들이 격파당하게 되자 잔존병력들은 북쪽으로 퇴각해 새로운 방어진을 구축하려고 했다. 쉼멜만의 전차들은 다시 260.8고지를 지나 북쪽으로 올라가다가 지난번 260.8고지 전투에서 살아남은 소련군 전차 10대와 조우했다. 독일군은 그때까지도 여전히 하늘을

31 NA : T-314 ; roll 1170, frame 586

날고 있던 루델의 슈투카들과 공조하여 전차들을 차례로 파괴, 추가적인 우군의 전차 피해를 거의 입지 않으면서도 전진을 계속하였으며, 노보셀로브카에서 3km를 더 전진해 들어가 밤이 되기 직전에 244.8고지 남쪽에서 수비진을 구축하는 데 성공했다.

제11장갑사단은 전차의 피해를 최소화하면서 이날 10km를 전진하는 성과를 나타냈다. 물론 노보셀로브카 남쪽에 배치된 소련 제309소총병사단의 저항에 의해 더 이상의 진격이 가능하지 않게 되었음에도 불구하고 제3기계화군단의 진지를 돌파해 260.8고지를 석권하면서 우익의 라이프슈탄다르테와 연결되는 소득을 안겼다.[32] 이 구역은 지난 이틀 동안 소련 제6근위군의 집요한 공격이 이루어진 곳으로서 당분간은 성가신 일이 없을 것으로 보였으나 소련군은 항상 사단간 경계구역으로 병력을 집중해 온 습관이 있어 이 연결이 그리 공고하지만은 않았다.

한편, 장갑연대는 이날 우습게도 수리된 전차들을 회수하는 바람에 전날보다 더 많은 전차를 보유하게 되었다. 전투가 끝난 시점에서 사단은 26대의 3호 전차, 13대의 4호 전차, 5대의 화염방사기전차, 5대의 2호 전차, 2대의 지휘전차 및 훔멜(Hummel) 자주포 6문을 확보하고 있었다.[33]

## 평주(評註)

7월 8일 호트가 SS사단들을 서쪽으로 선회시키자 소련군들은 독일군의 주력이 오보얀 국도 양쪽의 제1전차군을 돌파해 둘로 갈라놓으려는 의도를 가진 것으로 분석했다. 그로 인해 봐투틴은 제3기계화군단과 제31전차군단을 사요틴카강으로부터 빼 새로 도착한 제309소총병사단 뒤에 배치시키는 조치를 취한 바 있었다. 또한, 제1전차군단과 제5근위전차군단을 프로호로프카-북부 테테레뷔노 구역에서 이동시켜 오보얀 도로 양쪽으로 포진해 새로운 방어선을 짜도록 주문했고, 제204소총병사단은 제38군 전구에서 빼내어 오보얀 도로 주방어선의 바로 뒤쪽에 배치하는 등의 분주한 병력 재편성을 추진했다. 이로 인해 제1전차군은 7월 9일까지 제38, 40군으로부터 2개 전차연대와 기타 지원 병력들로 보강되었으며, 무엇보다 전략적 예비를 이때부터 뽑아 쓸 수 있었다는 이점으로 인해 프로호로프카의 두 군단을 일찍부터 제1전차군에 붙일 수 있었던 여유마저 향유하고 있었다. 이미 7월 8일부터 소련군 봐실레프스키(Vasilevsky) 스타프카 대표는 스탈린에게 건의, 로트미스트로프(P.A.Rotmistrov)의 제5근위전차군과 제5근위군 33소총병군단을 스텝방면군으로부터 빼 프로호로프카로 이동시키는 조치를 취하게 되었다. 제5근위전차군의 주력은 역사적 전투를 위해 이틀 동안을 강행군, 7월 10일 프로호로프카에 투입되었으며 나머지 3개 전차(기계화)군단들은 11일 현지에 도착하게 된다. 연료부족이나 기계고장, 철도차량의 늑장 운용없이 단 이틀 만에 1개 군이 대규모의 이동을 단행하여 전장으로 배치되었다는 사실은 이동과 행군 그 자체만으로도 역사적인 의의를 지닌 하나의 대사건이었다.

그러나 7월 8일 SS부대가 서쪽으로 선회하다 하루 만에 다시 북동쪽으로 이동하여 프로호로

32 Glantz & House(1999) p.142

33 NA : T-314 ; roll 1170, frame 590-592,
훔멜(Hummel)은 88mm 포를 장착한 대전차자주포 '나쇼른'(Naschorn = 코뿔소) Sd.Kfz. 164와 150mm 곡사포를 결합한 장갑곡사(유탄)포(Panzerhaubitze)의 일종으로 우리말로는 단순히 자주포라 부르는 것이 더 자연스럽다. 그러나 독일군은 훔멜을 나쇼른 다음의 일련번호를 붙여 Sd.Kfz. 165라고 칭하면서도 나쇼른은 대전차자주포(Panzerjäger-Selbstfahrlafette), 훔멜은 장갑곡사포(Panzerhaubitze)로 표기하여 서로 구분하고 있다. 이는 주기능이 적군 전차격파인지, 장갑부대와 보병의 지원화기인지에 따른 구분인 듯하다. 훔멜은 발동기로부터 동륜까지 이어지는 기본 차대는 3호 전차의 것을, 동륜과 전륜, 보조롤러를 포함한 현가장치 및 냉각장치는 4호 전차의 것을 활용한 대단히 복잡한 구조를 가지고 있었다. バルバロッサ作戦の 情景(1977) p.16

프카로 향하게 된 것은 봐실레프스키나 봐투틴을 다소 당황하게 만들었는지는 몰라도 아무런 전략적, 전술적 소득이 없는 무의미한 기동에 지나지 않았다.[34] 왜냐하면 SS의 도움을 받아 북진해야 할 제48장갑군단이 다시 서쪽으로 치고 들어가게 된 것은 제48장갑군단과 SS장갑군단의 공세정면을 좌우로 크게 늘어뜨리는 일 외에 아무런 의미가 없었기 때문이었다. 우선 폰 크노벨스도르프 군단장은 그로스도이췰란트가 좌익의 소련군들을 재빨리 청소한 뒤 오보얀 국도 쪽으로 북진할 수 있을 것으로 예상했으나 그로스도이췰란트가 기대에 못 미친 것인지 군단장의 지나친 낙관으로 판단을 잘못한 것인지는 불투명한 상태에서 군단 좌익의 불안은 일층 가중되고 있었다.[35] 그 때문에 호트는 SS장갑군단이 좌회전하여 제48장갑군단의 짐을 덜어주기를 바랬고 가뜩이나 동쪽이 민감한데도 서쪽에 무게중심을 실어주게 되었던 것이었다. 하루 만에 진격방향이 교정되기는 했으나 7월 9일 제48장갑군단은 2개의 서로 다른 방향으로 공세를 나누어야 하는 처지에 놓이게 되었다. 그러나 그 어느 것도 만족스럽지 못했다. 즉 소련 제1전차군을 밀어내지도 못했고 SS들의 좌익을 엄호하면서 북진하는 과제도 제대로 이행되지 못하는 매우 어정쩡한 상태에 놓여 있었다.

호트는 전후에 성채작전 개시 전부터 주공의 방향을 오보얀-쿠르스크가 아니라 프로호로프카로 변경하는 방안을 고려했다고 언급했다.[36] 그렇다면 7월 8일 SS사단들을 서쪽 내지 북서쪽으로 선회하게 했다가 하루 만에 다시 북동쪽으로 방향을 돌린 것을 기본 공격축의 변화로 볼 것인가 하는 문제에 부딪히게 된다. 만약 이것이 공격축의 변화라면 제48장갑군단을 자꾸 북서쪽으로 돌릴 것이 아니라 오보얀 북동쪽으로 진격하게 하면서 SS장갑군단의 좌익과 긴밀한 공조를 유지해야 했다. 그러나 아시다시피 호트는 SS들을 최종적으로 프로호로프카로 향하게 한 다음에도 끊임없이 북서쪽에 깊은 관심을 표명하고 있었다. 오보얀-쿠르스크 축은 남부전선에서 북진할 경우 최단거리에 놓여 있음이 분명했다. 그러나 거기는 진창이 가득한 늪지대와 주요 하천의 지류들이 복잡하게 얽힌 지형으로 전차의 기동이 결코 용이하지 않은 지역이었다. 호트는 그런 곳에다 국방군 최정예 그로스도이췰란트를 밀어 넣었고 아직 검증이 덜 되었던 최신예의 판터 전차들을 전량 투입하는 무리수를 두었다. 결과론이지만 차라리 그럴 바에야 위험분산 차원에서 판터들을 3개 장갑군단에 골고루 나누어 시험해 보는 것이 더 효과적이었을 수도 있었다.

호트는 페나강에서 제48장갑군단의 진격을 가로막고 있는 소련 제1전차군을 격퇴시키기 위해 라이프슈탄다르테와 다스 라이히를 불렀으나 실은 이 두 SS사단이 서쪽으로 이동하기 직전 바로 앞을 수비하고 있던 병력은 전력의 거의 50%를 상실한 소련군 제52근위소총병사단에 불과했다. 따라서 그 중요한 시기에 제48장갑군단 전구 쪽으로 갈 것이 아니라 이 사단을 없애버린 뒤 프로호로프카 서쪽을 안전하게 유지한 상태에서 동쪽으로부터 오는 소련군의 신규 병력들을 상대했어야 했다. 7월 9일 당시만 해도 제5근위전차군은 수백 km나 떨어진 지점에서 프로호로프카를 향하고 있었기에 소련군의 전략적 예비가 도착하기 전에 이 구역을 깨끗하게 정리했어야 했고, 충분히 그럴 수 있는 가능성이 있었다. 실제로 봐투틴의 방어선은 독일군 장갑부대의 전진만큼이나 상당히 지쳐 있었다. 7월 9일까지 5일 동안의 격전 끝에 소련군 10개 대전차연대는 모든 대전차 중화기들을 격파당했으며 20개 이상에 달하는 대전차연대들의 장비와 병력은 50%나 줄어든 상태였

34 Glantz & House(1999) p.146
35 NA : T-313 ; roll 369, frame 8.655.659-667
36 Schranck(2013) p.215

다.[37] 즉 동쪽으로부터의 기동예비 전력만큼이나 이미 구축되어 있는 방어선의 전력 보강도 절실한 판국이었다. 하지만 지금도 미스터리로 남는 것은 왜 이런 실속 없는 기동을 호트가 발의하고 만슈타인이 승인했는가 하는 점이다. 만약 이 시점에서 이것이 만슈타인이나 호트가 소련의 전략적 예비가 고갈되었다고 판단하고 취한 조치라면 너무나도 어이없을 정도로 소련군의 병력규모를 과소평가한 것이 된다. 안타깝게도 만슈타인은 자신의 저서에서도 아무런 언급을 남기지 않았으며 그 부분에 관해서는 호트도 쓴 책이 없다. 이 의문은 영구히 미궁 속에 잠잘 수밖에 없는 것이 현실이나 제5근위전차군이 동쪽에서 접근하고 있다는 것을 미리 알았더라면 상식적으로 결코 이런 결정을 내리지는 않았을 것으로 추측된다.

7월 10일 제5근위전차군과 제5근위군의 선도병력이 이미 프로호로프카-프숄강 구역으로 몰려들고 있었다.[38] 하지만 문제는 이때 독일군이 이를 알았다 하더라도 전략적 예비가 전혀 없는 상태에서 취할 수 있는 다른 방도는 거의 없었을 것이라는 점이었다. 쿠르스크전은 드디어 클라이맥스로 치닫고 있었다.

## 북부전선(중앙집단군) : 7월 9일

전날 49대의 전투기를 잃으면서 겨우 2대만을 격추하는데 그친 초라한 성적의 소련 제16항공군은 총 172대를 동원해 제47장갑군단에 대한 공습을 전개했다. 새벽 5시부터 시작된 이 공습은 독일군에게 상당한 심리적 쇼크를 안기기는 했다. 그러나 대부분이 전투기 초년병들이라 큰 타격은 주지 못했으며 독일 베테랑 조종사들이 추격하여 8대 정도를 격추시키게 되자 대부분은 공습 후 신속하게 기지로 복귀하고 말았다. 이처럼 독일도 제1항공사단이 출격하여 방해를 놓기는 하였으나 이 날만큼은 소련기들이 만만치 않았다. 독일 제1항공사단이 총 877회 출격을 기록하였으며 소련공군의 제16항공군은 폭격기 327회, 전투기 448회, 계 775회로 루프트봐훼를 따라붙었다. 소련기가 20대 격추되었으며 독일기도 8대가 파괴되었다.

모델은 이날 겨우 16km 구간에 5개 장갑사단(제2, 4, 9, 18, 20장갑사단)을 한꺼번에 몰아넣는 강수를 두기로 작정했다. 그러나 실은 지난 4일 동안의 격전으로 인해 제9군이 상당히 지쳐 있음을 인지한 모델은 전면공세는 10일에 치르기로 하고 다만 소련군에게 대규모 반격의 기회를 주지 않기 위해 국지적인 공세를 강도높게 시험해 보는 정도에서 9일 전투를 정리하려고 했다. 그중 제4장갑사단은 휘하의 제35장갑연대가 90대의 전차 중 이미 50대를 상실한 상황이어서 우선은 10일의 본격적 공세를 위한 준비에 전념하도록 하고, 사모두로프카(Samodurovka)-테플로예 부근의 234, 240고지를 방어하는 것을 주된 임무로 부여했다.

레멜젠은 제2, 4, 20장갑사단을 총동원하여 전면적 공세를 기도했지만 그중 제2장갑사단은 수중의 전차들을 예비로 돌리고 장갑척탄병들만으로 소련군 제16전차군단을 막아내도록 포진했다. 모자라는 기동력은 슈투카의 지원으로 어떻게든 돌파구를 마련해 보도록 강구했다. 선봉을 맡은 레멜젠 군단 제2장갑사단의 여단급 부르마이스터 전투단은 사모두로프카를 향해 진격해 들어가 남쪽의 고지를 점령하기는 했으나 소련군 대전차포들이 잘 버텨주는 통에 진공속도가 점차 떨어

37 Showalter(2013) p.163
38 Glantz & House(1999) p.138

졌다. 지친 상태임에도 불구하고 가장 강력한 것으로 인식되었던 제4장갑사단은 그로 인해 사모두로프카-테플로예-240고지-234고지를 잇는 방어선을 지키는 상태에서 공세전환의 기회를 노리도록 했다. 지난 이틀 동안의 전투에서 90대 중 50대의 전차를 상실한 사단의 35장갑연대는 테플로예에서 제19전차군단을 맞아 이렇다 할 전과를 올리지 못하고 있었으며, 오히려 테플로예 동쪽에서 소련군 제70근위소총병사단과 제237전차여단의 역습을 받아 힘들게 쳐내기까지 했다. 제20장갑사단은 제47장갑군단의 우익을 맡고 있었으며 그닐렛츠(Gnilets)와 보브리크(Bobrik) 사이에 약간의 구멍을 내면서 사모두로프카 정면을 위협하기는 했다.[39]

그러나 소련군이 시 남쪽 고지에서 시급히 공백을 메움에 따라 모멘텀을 잃고 말았으며 결국 날이 어두워지자 수비로 돌아서고 말았다. 하루 동안 독일군은 상당한 피해를 입었으나 테플로예에 포진한 대부분의 소련병력들은 격퇴시킬 수 있었다. 다만 지난 48시간 동안 제3, 35장갑연대에 의해 점령되었던 272고지는 소련군 제3대전차여단이 필사적으로 항전하는 바람에 9일만큼은 소련군에 손에 장악되어 있었다. 현상타개의 승부수로 동원될 티거들은 모두 수리소로 들어가 전혀 전력에 도움이 되지 않았다. 또한, 올호봐트카-포늬리 구간 동쪽의 낮은 언덕에서는 제2, 9장갑사단이 제6보병사단과 함께 공세를 펼쳤다. 그러나 하루 종일 전력을 투구한데 비하면 별다른 소득이 없었으며 오히려 남쪽의 오시노뷔(Ossinovyi)와 레닌스키(Leninski)의 소련군 진지로부터 시작된 포사격에 애를 먹고 있었다. 심지어 소련군 제6근위소총병사단이 올호봐트카 동쪽의 도로를 따라 반격을 전개함에 따라 결과적으로는 당일 날 아무런 소득을 올리지 못했다.[40]

밤이 되자 이번에는 소련군이 본격적인 반격에 나섰다. 소련군 제6근위소총병사단은 밤 10시경 제9장갑사단에 대해 올호봐트카 동쪽 도로를 따라 공격을 시도해 보는 등 가능한 한 독일군의 신경을 최대한 거스르는 거친 잽을 날렸다.[41] 제9장갑사단은 당장의 위기를 떨쳐 내기 위해 익일 공세를 준비하다 말고 재반격에 나섰다. 소련군도 간간히 반격을 가하기는 했으나 서로가 지친 상태에서 어느 쪽도 결정적인 승부수를 날리지 못한 채로 그날을 보내고 말았다. 이 지점은 제9장갑사단이 그나마 가장 깊게 침투한 곳이었지만 그 뒷날 다시 밀려나게 된다.

테플로예-올호봐트카 지구가 소강상태로 접어든 데 반해 하르페의 제41장갑군단은 포늬리 지구에서 오전 6시 15분 제292보병사단과 제18장갑사단을 동원해 엔쉰의 제307소총병사단 쪽에 화력을 집중하려 했다. 제307소총병사단 1023소총병연대는 잘 버티기는 했으나 시간이 갈수록 포위당하는 형세로 기울어갔다. 소련군은 곧바로 제3전차군단이 지원에 나서게 했으며 포늬리 주변에서 8대의 전차를 상실하자 제13군은 다시 제4근위공수사단을 투입해 포위망에 갇힌 엔쉰의 병력들을 구하려고 했다. 몇 시간에 걸친 사투 끝에 밤 10시경 두 사단은 합류하는데 성공했다. 이로 인해 독일군 두 사단이 소련 제1023소총병연대를 포위망에 가두기는 했지만 제4근위공수사단이 구원에 나섬에 따라 독일군은 그날 밤부터는 다시 수비로 전환하게 되었다.

한편, 독일군은 제9장갑사단과 제86보병사단이 포늬리를 우회하여 소련군의 측면을 파고들어가려 했으나 이 역시 좌절됨에 따라 양쪽 병력은 이렇다 할 전술적 상황을 만들어 내지도 못한 채 소모전의 늪으로 빨려 들어가고 있었다. 이는 로소콥스키가 바라던 바였다. 그나마 한 가지 성

39 Klink(1966) p.253
40 Klink(1966) p.253
41 Barbier(2013) p.85

과가 있었던 것은 독일 제508척탄병연대가 훼르디난트 몇 대의 지원을 받아 포늬리 동쪽 전방의 253.3고지를 석권했다는 정도였다.[42] 이때 177돌격포대대의 게오르크 보제(Georg Bose) 소위는 훼르디난트에 앞서 3호 돌격포를 몰아 전진하다 소련 대전차포와 맞닥트린 초긴장의 순간을 맞이하게 되었다. 보제 소위는 정조준하는 시간보다 밀어 뭉개는 편이 빠르다고 판단하여 그대로 돌진해 대전차포가 미처 장전하기 전에 포대를 밟고 지나가버렸다. 그 직후 다시 T-34와 근거리에서 조우했으며 T-34가 이유를 알 수 없이 머뭇거리는 틈을 타 단 한방에 명중시켜 바로 현장을 이탈하기도 했다. 이처럼 돌격포는 회전포탑이 없음에도 불구하고 낮은 차체로 인해 피탄범위를 줄여가면서 적보다 한발 앞서 포사격을 할 수 있는 이점을 최대한으로 살려가고 있었다.[43]

또한, 제292보병사단(제508척탄병연대)이 포늬리 동쪽의 239.8고지를 점령함에 따라 포늬리 지구를 위요한 전투에 있어 가장 절정에 달하는 성과는 얻어내고 있었다. 239.8고지의 점령은 포늬리로 진입하는 돌파구를 열 수 있음과 동시에 북동쪽에서부터 올호봐트카로 향하는 진로를 개척하게 될 것이라는 낙관마저 감돌게 했다. 이처럼 독일군이 포늬리를 완전히 따낸 것은 아니지만 주요 거점들을 장악한 것은 사실이었으며, 이로 인해 모델은 부하들에게 조금만 더 밀어붙이면 포늬리 주변의 낮은 고지들도 모두 제압할 수 있다는 기대감을 갖게 할 수는 있었다. 그러나 너무나 당연히도 소련군의 화포와 전차병력이 무제한으로 집중되면서 더 이상의 의미 있는 진격은 가능치 않게 되었다. 소련군 제3, 4근위공수사단은 독일군 292보병사단의 진격루트를 향해 보다 전방으로 이동, 가급적 근접배치하여 극도로 약화된 제307소총병사단을 지원키로 예정되었다. 제9군은 이날도 456명의 전사 또는 행방불명을 포함해 1,861명의 피해를 입었다.[44]

42 Healy(1992) p.51

43 쿠르스크전 전체 기간, 즉 독일군의 성채작전과 소련군의 쿠투조프, 루미얀체프 반격작전 기간 중 소련군이 상실한 전차와 자주포는 총 6,500대에 달했다. 그 중 돌격포에 의한 파괴가 무려 1,800대였으며 돌격포는 총 180대가 사라졌으므로 소련 전차와 독일 돌격포의 대결에서는 대략 10:1의 상호 격파비율이 확인되어 있다.

44 Forczyk(2014) p.71

# 8 SS장갑군단의 프숄강 도하 : 7월 10일

제48장갑군단은 국방군 최정예 사단 중에서도 최고로 뽑히는 그로스도이췰란트를 쥐고 있으면서 판터여단을 포함, 300대에 가까운 최대의 전차규모를 보유했음에도 불구하고 결과적으로는 4~5일 동안 별다른 진전이 없었다. 실제로 제48장갑군단은 그로스도이췰란트를 위시하여 SS사단들보다 월등히 많은, 아니 쿠르스크전 준비단계에서 가장 많은 전차를 보유하면서도 가장 기동전력이 약한 적을 만나 고전하고 있었고, SS장갑군단은 육군보다 더 빈약한 전차를 보유하고 있으면서도 가장 강력한 전력을 가진 소련군 병력들을 기적적으로 격퇴해 가고 있었다. SS장갑군단의 측면을 커버하는 주 임무를 맡은 켐프 분견군은 작전 개시일로부터 단 하루도 안정적인 호위를 못하면서 SS사단들의 우익은 점점 취약성을 노출시키게 되었다. 이처럼 호트의 제4장갑군은 2차 세계대전 전 기간을 통해 독일군 역사상 가장 강력한 기동전력을 보유했었다. 그러나 제48장갑군단이 성채작전에 참가한 병력 중에는 가장 큰 실망감을 준 것이 분명했다.

다시 정리하면 다음과 같다. 제48장갑군단은 7월 8일 소련 제3기계화군단의 3개 전차연대와 제38, 40군으로부터 나온 다수의 전차연대들과 대적하고 있을 뿐이었지만, 하우서의 SS사단들은 작전 개시 3일 만에 소련 제5근위전차군단, 제2전차군단 및 제2근위전차군단, 그리고 제10전차군단 등 4개의 전차군단과 압도적으로 불리한 조건에서 싸웠으며, 제7근위군 96전차여단이 벨고로드 북쪽에서 토텐코프에게 치명적인 반격을 가하고 있었다. 동시에 SS사단들의 우익에서 4개 전차군단이 따라붙은 한편으로, 좌익에서는 제1전차군 1근위전차여단, 제49, 100, 180, 237, 242전차여단, 계 6개 전차여단이 라이프슈탄다르테 단 한 개 사단의 침투를 막아서는 기묘한 형세였다. 대체 어느 쪽에 더 많은 소련군의 병력이 배치되었는가?[01]

제48장갑군단은 군단의 좌편에 위치한 육군의 제52군단이 소련군의 이목을 페나강 구역으로부터 빼돌리기 위해 제52군단 우익의 북쪽에 포진한 소련 제40군을 치게 하는 동안, 장갑사단들이 페나강 전구에 남아 있는 소련군 병력을 분쇄한다는 일련의 시나리오를 상정하고 있었다. 그러나 오이겐 오트 제52군단장은 물론 만슈타인조차 아무런 기동전력, 아니 낡은 전차들조차 거의 가지고 있지 못한 제52군단이 넓은 구역을 옅게 분산시켜 지키고 있는 현 상황에서 무모한 공세를 취하기는 어렵다고 판단하고 있었다. 게다가 이전처럼 항공지원을 기대하기도 어려웠다.

물론 SS사단들도 그 시각 코췌토브카는 점령했지만 프숄강 교두보를 확보하지 못하고 있었으며 토텐코프는 제167보병사단에게 자리를 넘겨주고 북진하는 가운데 벨고로드 상부의 북부 도네츠강을 건너온 소련군 기동전력의 위협에 노출되고 있었다. 아직은 모든 게 불안하고 현재진행중인 상황이었음에도 엄밀히 말해 프숄강 북쪽 강둑의 소련군 전력이 독일군 SS사단들을 위험에 빠트리고 있는 것은 아니었다. 따라서 제48장갑군단이 강조하고 있는 개별 사단들의 실제 전구상황은 군단사령관이 인지하고 있는 것과는 사뭇 다르다는 점에 주의할 필요가 있다. 우선 토텐코프는

01 Nipe(2011) p.251

제167보병사단에게 자리를 인계한 다음 '아익케'와 '토텐코프' 장갑척탄병연대들이 장갑연대가 선도하는 단 하나의 도로를 따라 북진했으며, 장갑연대는 사단의 다른 제대가 퀘셀리를 관통해 코트취브카 방면으로 나갈 수 있도록 서쪽으로 선회하기 바로 이전에 북부 루취키에 도달하였다. 그후 '토텐코프'가 강변에 도착한 몇 시간 후 '아익케'가 왔으나 포병대와 공군의 지원 없는 도하작전은 무모하다고 판단하여 낮 동안은 대기상태로 보냈으며 저녁과 밤이 되어서야 '아익케'가 두 차례에 걸쳐 도하를 시도한 데 그쳤다. 이것이 7월 9일 밤까지의 상황이었다.

이 시점에서 만슈타인은 호트와 약간 다른 생각을 가지고 있었다. 즉 프숄강 북부가 아니라 벨고로드 위의 도네츠강 동쪽 강둑의 소련군 병력이 더 위협적인 것으로 판단하고 호트의 제4장갑군으로부터 1개 장갑사단을 빼 켐프 분견군의 제3장갑군단에 배속시킨다는 구상이었다. 그러나 호트는 사실 아무런 예비전력도 없었고, 모든 사단이 현 위치에서 전투에 휘말리고 있는 상황이라 1개 장갑사단을 이탈시킨다는 것은 도저히 용납이 안 되는 조건으로 판단했다. 대신 호트는 만슈타인에게 차라리 SS장갑군단이 프로호로프카를 점령한 다음 다시 남진하여 제3장갑군단을 지원하기 위해 소련 제7근위군의 배후를 치는 방안을 차선책으로 제시했다. 만슈타인은 이를 받아들이지 않고 제4장갑군이 북부 도네츠를 도하해 남방으로 공격해 들어갈 것을 재차 지시했다.[02] 호트는 꼼수인지 사실인지 몰라도 이미 장갑군 지령 5호를 발동한 상태라 집단군의 명령을 이행할 수 없다는 변명으로 만슈타인의 지시를 사실상 거부하는 자세를 취했다. 지령 5호에서는 SS장갑군단이 프로호로프카 북서쪽 고지를 점령하여 프로호로프카 자체 진공을 위한 준비를 완료할 것, 그리고 제48장갑군단은 페나강 구역에 몰려 있는 소련군 병력을 소탕하여 제4장갑군의 좌측면을 안정시킬 것 두 가지가 골자이며, 이 두 가지가 북동쪽으로 진군하여 프숄강을 건너기 위한 중요한 전제조건으로 제시되었다. 7월 10일 라이프슈탄다르테와 다스 라이히는 북서쪽으로 나아가고 있었고 토텐코프는 프로호로프카를 뒤에서 치기 위해 강 도하를 예비하고 있었다.[03]

## 제2 SS장갑군단

토텐코프가 왼쪽, 라이프슈탄다르테가 우익을 맡은 가운데 두 사단이 프숄강 양쪽을 따라 이동하면서 북동쪽으로 진격로를 확장해야 할 날이었다. 다스 라이히는 가장 수비적인 역할만을 맡아 라이프슈탄다르테의 우익에서 주공 2개 SS사단의 공세를 엄호하고 있었다. 다스 라이히는 공세 남

02 NA : T-313 ; roll 369, frame 8.655.666

03 Stadler(1980) p.67
호트의 지령 5호 내용은 다음과 같다. / Stadler(1980) p.81
❶ 7월 9일, 적은 장갑군의 동쪽 측면에 대해 아무런 공세를 취하지 않았다
❷ 적은 제2SS장갑군단, 제48장갑군단 정면에서 북쪽으로 퇴각기동을 보였다. 적은 페나강 서쪽 강둑을 방어하려고 할 것이다. 라코보에서 북쪽을 향한 퇴각은 7월 9일 오후에 중지되었다. 적은 제52군단의 서쪽 측면에 대한 공세를 중단했다. 보스호드(Voskhod) 마을은 다시 점령되었다. 신규 차량화 단위부대가 노뷔 오스콜(Novyi Oskol)및 스타리 오스콜(Staryi Oskol) 방면에서 진격해 오고 있다
❸ 제4장갑군은 북동쪽으로 공세의 쐐기를 확대하고 페나강 변의 적군을 포위섬멸하여 북동쪽으로 전진하기 위한 전제조건을 만든다
❹ 제167보병사단은 이전에 토텐코프가 점령한 구역을 대체한다
❺ 제2SS장갑군단은 프로호로프카 남서쪽의 적을 공격하여 동쪽으로 밀어낸다. 이는 프로호로프카 북서쪽 프숄강 양 측면의 고지대를 장악하기 위함이다
❻ 제48장갑군단은 오보얀 방면을 향해 측면을 유지하면서 페나강 서편에 위치한 제6근위전차군단을 제거한다. 이를 위해 노보셀로프카(Novoselovka) 방면으로부터 남서쪽으로 전진하는데 있어 적을 우회하기 위한 기동을 유지한다. 일린스키-쉬피 구역에서 강행정찰을 전개하는 것이 필요하다. 제167보병사단의 3분의 1은 현재 장갑군의 위치에 주둔한다. 제167보병사단의 북익에 대한 예비병력 지원은 7월 11일로 예상된다
❼ 제52군단은 알렉세예프카-사비도브카 구역 페나강 도하를 강행하기 위해 장갑군의 명령에 따라 현 위치에서 대기한다. 도하작전은 7월 10일까지 가능한 모든 기회를 활용하는 것이 필요하다.
❽ 현재의 연락수단을 유지할 것
❾ 장갑군 본부 : 알렉산드로프카 철도역

동쪽 고지대 쪽의 주요 거점들을 잡아내는 정도면 이날의 일감은 다 챙기는 것으로 정리되었다. 토텐코프는 프숄강을 건너 교두보만 확보하면 되었으나 라이프슈탄다르테는 252.4고지, 243.5고지 등을 모두 따내면서 프로호로프카로 가는 루트를 개방해야 한다는 다수의 과제들을 안고 출발했다. 또한, 라이프슈탄다르테는 토텐코프가 프숄강을 넘어 도하지점에서 교두보를 확보하는 것을 지원하고 다시 북쪽에서 서로 연결되어야 한다는 중대한 임무가 있었기에 이날은 SS1, 3사단의 공조가 가장 주요한 포인트였다. 하우서는 오전 중에 사단간 공조방침을 정하고 구체적인 진격방향을 수립한 뒤 공격을 재개하도록 지시했다. 라이프슈탄다르테와 다스 라이히는 북부 테테레뷔노, 이봐노프스키 뷔셀로크 동쪽의 숲지대, 스토로쉐보예와 얌키를 경계구역으로 설정하고 있었다. 또한, 라이프슈탄다르테와 토텐코프의 경계선은 테테레뷔노의 북쪽, 봐실예프카, 그리고 프숄강을 따라 조성된 마을군에 해당했다.[04]

소련군은 토텐코프의 프숄강 도하와 라이프슈탄다르테의 프로호로프카 진군을 동시에 막아야 한다는 긴급한 상황으로 인해 제48소총병군단 183소총병사단과 전차 및 야포 지원병력들을 풀어 북쪽과 북동쪽 전구에 집결시켰다.

### 라이프슈탄다르테

사단은 프로호로프카로 가는 길목에 놓인 이봐노브스키 뷔셀로크(Iwanowskij Wysselok), 콤소몰 국영농장과 241.6고지를 완전히 점령하거나 그냥 지나가거나 어떤 형태로든 철로 서쪽 구간을 안전하게 정리해야 할 필요가 있었다. 우익은 다스 라이히와 겹치는 부분으로 경우에 따라서는 합동작전을 전개하던가 아니면 분업에 의해 분진합격(分進合擊) 체제로 나가든가 그때 상황에 부합되게 조정하면서 진격해 들어갈 예정이었다. 즉 두 사단이 템포만 맞출 수 있다면 언제든지 프로호로프카 입구에서 곧바로 돌진할 수 있는 기회를 포착할 수 있었다. 10일 이날은 프로호로프카 남쪽 구역에서 동틀 무렵부터 폭우가 쏟아져 전차의 기동이 다소 어렵기는 했지만 오전 6시까지 예정된 북부 테테레뷔노 집결지점으로 모이는 데는 별다른 문제가 발생하지 않았다. 테오도르 뷔슈 사단장은 모든 병력을 한데 모아 전진할 생각이었으나 하우서 군단장은 포병대만 준비되면 축차적으로라도 공격을 개시하라는 명령을 내리게 된다.

9~10일 밤 후고 크라스의 제2SS장갑척탄병연대는 프로호로프카를 향한 공격을 위해 이봐노브스키 뷔셀로크 부근에서 집결했다. 사단이 보유한 4대의 티거는 여기에 배속되었고 1SS돌격포대대, 1개 곡사포중대가 지원되었으며 최전방의 장해물 제거를 위해 공병소대도 붙여졌다. 알베르트 프라이의 1연대는 수취솔로티노(Ssuch.Ssolotino)-붸셀뤼(Wesselyj)에서 나와 공세를 위한 재편성에 들어갔으며 장갑부대는 북부 테테레뷔노에서 프로호로프카로 뻗은 도로를 따라 요아힘 파이퍼의 하프트랙대대와 함께 이동하기 시작했다. 사단이 가진 전차는 3호 전차 3대, 4호 전차 32대, 티거 4대, 지휘전차 5대가 전부였다.[05] 이것이 프로호로프카에서 수백 대의 소련 전차들과 상대할 최선봉 사단의 기동전력이었다.

한편, 토텐코프의 '토텐코프'와 '아익케' 연대는 크라스니 옥챠브르와 코슬로브카 사이의 프숄

04 Lehmann(1993) p.224, Stadler(1980) pp.81-3

05 NA : T-354 ; roll 605, frame 603

육박전투로 2대의 소련 전차를 격파한 라이프슈탄다르테의 루디 나들러 SS병장. 철모를 벗고 득의만만한 미소를 짓고 있는 것으로 보아 주변에 스나이퍼는 없는 듯하다.

강으로 접근, 남쪽 강변으로 도하하여 북진을 위한 교두보를 확보하는 것을 목표로 삼고 있었다. 토텐코프는 일단 강을 도하하면 226.6고지 주변에 포진된 7개의 중화기중대들과 박격포, 다연장로켓 등으로 포진된 소련군 진지를 우선적으로 격파해야 했다. 이 자리는 프로호로프카 서쪽 어귀의 좁은 회랑을 바라보고 있어 여기를 장악하여 보다 넓은 평야지대로 나아가지 않으면 독일군이 특기로 하는 기동전을 시행할 수가 없기 때문에 라이프슈탄다르테는 막대한 손실을 초래하게 될 것으로 짐작되었다.

하지만 이날 토텐코프에게 떨어진 군단의 좌익 방어와 교두보 확보 문제에 앞서 악천후로 항공지원이 불가하다는 점, 네벨붸르훠의 화포지원이 진창으로 변한 도로사정으로 인해 계속 지연되고 있는 점, 게다가 폭우로 인해 소련군 진지에 대한 정밀사격이 불가하다는 점 등 악재가 겹쳐 정해진 시간에 맞춘 공세는 어려울 것으로 관측되었다. 그러나 이러한 조건들이 충족되려면 하루가 다 소비될 우려가 있어 사단은 오전 10시 45분 공격을 진행시켰다.[06] 잠시 동안의 포사격에 이어 제2연대는 철길을 따라 올라갔고 한스 벡커 SS대위의 1대대가 우익에 서서 이봐노브스키 뷔셀로크로 향했다. 벡커의 대대는 11시 30분 철길에 닿아 선도부대가 마을로 접근하자 대전차포 사격과 함께 몇 대의 소련군 전차가 스토로쉐보예(Storoshewoje) 숲으로부터 나와 장갑척탄병들을 공격하기 시작했다. 대전차화기가 없는 장갑척탄병들은 맨손으로 육박전을 펼쳐야 할 상황이었다. 첫 번

06 NA : T-354 ; roll 605, frame 64

째 전차는 동쪽에서 들어와 빈 구급차 하나를 날린 상태에서 독일군 진지 쪽으로 쇄도해 왔다. 독일군 대전차포가 전차를 조준하려고 포신을 움직이려고 했으나 타이밍이 맞지 않아 루디 나들러(Rudi Nadler) SS상병이 직접 자석식 대전차지뢰를 들고 최초 전차에 접근, 간단히 격파에 성공했고 이어 뒤따라오던 두 번째 전차가 당황한 틈을 타 루디 나들러는 같은 방식으로 연이어 폭파시켜 버렸다. 구급차가 파괴된 데 분노한 7중대 의무병은 스스로 자석식 지뢰를 사용해 T-34 1대를 격파하기도 했다.[07] 전차도 전차지만 장갑척탄병들은 241.6고지 사면으로 올라가면서 수류탄과 권총, 심지어 단검과 부삽까지 동원해 백병전을 치르는 험난한 날을 보냈다. 마침 날이 청명해 독일공군기들이 소련군 진지를 맹타함으로써 상황이 호전될 기미는 있었으나 라이프슈탄다르테와 정면승부를 각오한 소련군 제183소총병사단의 집요하고도 처절한 저항 또한 역사에 길이 남을 만한 일이었다.

한편, 벡커의 1대대가 동진하는 동안 루돌프 잔디히의 2대대는 벡커 대대의 좌익에서 이동하여 스브취-콤소몰레즈(Swch.Komssomolez = 콤소몰 국영농장)라는 이름의 집단농장 방면으로 밀고 들어갔다. 2대대가 집단농장 앞에 놓인 스토로쉐보예(Storoshewoje) 숲 끝자락으로 들어가 집단농장의 남쪽으로 빠져나오자 소련군 진지에서의 화포사격이 본격적으로 시작되었다. 게다가 전방 1km 지점에 프로호로프카로 향하는 철도길과 연결된 곳의 241.6고지는 소련군 제11차량화소총병여단이 12대의 '닥인' 전차와 지뢰지대로 무장하여 공고한 수비진을 구성하고 있었으며 공병조차 접근을 못하도록 치열한 사격전을 전개하고 있어 장갑척탄병들의 진격이 돈좌되면서 대대의 공세 전체가 중단될 우려에 처했다. 바로 이때 티거 4대가 등장하여 진창을 뚫고 고지로 향하면서 고지 쪽의 전차호들에 대해 주포 사격을 실시했고 소련군들도 모든 화기를 티거에 집중시키면서 사격목표를 전환하기 시작했다. 그러나 소련군에게는 이것이 화근이었다. 닥인 전차들이 어디서 쏘는지 확인한 티거들은 2대 1조로 나뉘어 한 대는 엄호, 다른 한 대는 주공격을 전개해 차례차례 전차호들을 파괴해 나갔다. 닥인 전차들을 모두 해치운 티거들은 벙커와 대전차포 진지로 목표를 수정하고 진지, 화기, 인명 등에 관계없이 88mm 주포의 대대적인 포사격을 통해 잔인한 살육에 들어갔다.[08]

티거들은 공병들이 전차호 사이의 홈을 메운 상태에서 조심스럽게 기동해 들어가면서 소련군 기관총좌와 기타 온갖 형태의 방어망들을 파괴해 나아갔고 장갑척탄병들은 티거 뒤를 따라가 고지 맨 위 소련군의 마지막 방어진을 파괴했다. 한편, 정찰대대와 장갑엽병대대는 서쪽으로 돌아가 고지의 북서쪽 끝자락으로부터 공격해 들어간 바, 전혀 예상치 않은 곳에서 독일군들이 침입해 오자 대부분은 전의를 상실하여 항복했으며 고지 부근에 퍼져 있는 모든 진지와 참호에서 독일군에게 투항한다는 의사가 전달되었다. 오후 2시 30분 241.6고지는 독일군 수중에 떨어졌고 극히 일부가 도주한 반면, 거의 200명의 소련군들이 항복하는 전과를 올렸으나 사단의 피해도 적지 않았다.[09] 1명의 장교를 포함하여 26명 전사, 168명 부상, 3명 행방불명으로 참호와 진지를 부수기 위해 육박전투를 펼친 장갑척탄병들이 특히 많은 피해를 입었다. 241.6고지는 점령하는데 2시간이나 걸렸으며 그 이후에 잔존병력을 일소하고 완전히 장악하는데 또 다른 2시간이 소요되었다. 피해

07 Agte(2007) p.68 루디 나들러는 7월 10일 대전차지뢰를 들고 소련 전차에 접근하여 개인기로 2대를 파괴시킨데 이어 12일에도 육박전투에 의해 맨손으로 또 한 대의 적 전차를 격파함으로써 쿠르스크전에서만 3대의 적 전차를 파괴하는 진기록을 남겼다. 이 공훈으로 상병에서 일약 하사로 진급하였으며 1급 철십자 훈장을 수여받았다.

08 Agte(2007) p.68

09 NA : T-354 ; roll 605, frame 633, Lehmann(1993) p.227

소련의 대지공격기 Il-2 슈트르모빅. 대전 말기까지 무려 36,000대가 생산된 너무나 유명했던 전폭기로, 소련공군의 상징적 존재였다. 격추 서열 1위 에리히 하르트만은 최초의 공중전에서 슈트르모빅과 대결했을 때 기총탄이 튕겨나갈 정도로 장갑이 두터웠다고 증언한 바 있었다.

에 비해서 얻은 소득도 이전에 비해서는 미약했다. 사단의 우익은 1km, 좌익은 3km를 겨우 전진했을 따름이었다. 다만 하루 동안 소련군 전차 53대와 23문의 대전차포를 파괴하였으며 190~200명의 포로와 전향자를 확보하는 일말의 성과는 올렸다. 이날 하인츠 클링 중대장의 티거는 9대의 소련 전차와 3문의 76.2mm 대전차포를 격파했다.[10] 티거와 대전차화기에게 당한 소련 전차는 38대, 3호 돌격포는 9대의 전차를 파괴하였으며 보병들의 육박전투에 의해 파괴된 것도 6대가 확인되었다.

## 다스 라이히

사단은 이날 주로 동쪽과 북동쪽으로 진격해 들어가면서 프로호로프카로 진격 중인 라이프슈탄다르테의 측면보호 부담을 덜어주는 정도로 주공세의 보조역할만 수행하면 되었다. 그러나 라이프슈탄다르테가 프로호로프카 진격로 상의 철도 교차점들을 온전히 제압하고 북동쪽으로의 진입을 원활히 하기 위해서는 다스 라이히가 단순히 수비에만 치중하면서 군단의 우익을 안전하게 관리하는 정도로는 부족했다. 기본적으로는 동쪽의 얌키와 프라보로트를 점령하여 사단 공세정면을 확장시키는 것이 요망되었으며 당장은 스토로쉐보에를 점거함으로써 라이프슈탄다르테의 진격에 탄력을 붙이는 일이 더 시급했다. 그러자면 그 앞에 놓인 벨리니취노, 뷔노그라도브카, 이봐노브카 뷔셀로크와 같은 마을이 손쉽게 장악되었어야 하는데 소련군은 기존 제2전차군단 외에 제9근위공수사단, 제58차량화소총병여단 등을 투입하면서 다스 라이히 전구 쪽으로 병력이동을

10 Lehmann(1993) p.230, Agte(2007) p.69

강화하고 있었다.

균터 뷔즐리체니의 '도이췰란트' SS연대 3대대는 이른 아침부터 라이프슈탄다르테의 우익을 엄호하는 임무를 맡았으며 사단의 주력들은 제167보병사단이 '데어 휘러' SS연대 구역을 인계 받아 사단 남방 절반의 전구를 관리하는 동안 벨고로드-프로호로프카 철도선 앞에 펼쳐진 방어망을 지키고 있었다. 장갑부대는 최전방에서 2km 떨어진 오세로브스키에서 예비로 남아 있었으며 전날 수취솔로티노에서 벌어진 이틀 동안의 격전으로 전차 대수는 56대로 줄어 있었고 티거는 불과 1대가 남아 있었다.[11] 오세로브스키는 사단 공세정면의 중앙에 위치하고 있었으며 이 지역에서는 어느 각도에서든 소련군의 기동을 감시할 수 있는 이점이 있었다. 따라서 웬만한 적 병력은 이곳에서 간단히 저지시킬 수 있는 호조건에 있었다. 그러나 악천후나 야간에도 불구하고 소련군이 대규모 병력을 움직인다면 그러한 보장은 없을 수도 있었다.

다스 라이히 장갑대대의 크리스티안 튀크젠 SS소령. 사단의 2,000번째 전차 격파 기록의 주인공이기도 하다.

다스 라이히는 이날 특별한 전투는 없었으나 소련군의 기동은 매우 활발했다. 소련군 제10전차군단 및 제5근위전차군단 소속 전차와 지원병력들이 사단의 북쪽 전구에 해당하는 벨레니취노(Belenichino) 부근에서 움직이고 있었으며 제2전차군단은 제5근위전차군단이 담당하던 공세정면 구역을 인계 받고 있었다. 또한, 제93근위소총병사단의 보병 종대가 제2근위전차군단이 지키던 구역으로 들어갔으며 제2근위전차군단은 북쪽에서 재집결해 전날 루델의 슈투카들과 다스 라이히의 대전차포에 당한 복수를 꿈꾸고 있었다.

제167보병사단은 오후에 재편성을 마치고 제331척탄병연대가 벨고로드 북쪽 라인을 재빨리 장악하면서 켐프 분견군의 제168보병사단과 연결되는데 성공했다. 제315척탄병연대는 중앙에서 뷔슬로에 구역을 인계 받았으나 소련군의 박격포와 야포 사격에 한동안 혼쭐이 났으며, 제339척탄병연대는 밤이 되도록 정착이 안 되는 바람에 '데어 휘러' 연대의 일부 중대들은 다음날 새벽이 될 때까지 이동을 못하고 있었다. 그 때문에 '데어 휘러' 전구에서 뭔가 심상치 않은 일이 벌어지고 있다고 판단한 소련군은 하루 종일 시간대를 달리 하여 몇 대의 전차를 보내 독일군 진영을 정찰하고 있었다. 일부 구역에서는 중대급 규모로 공격해 들어오는 경우도 있었으나 다행히 소련공군의 지원이 동반되지 않은 병력이어서 큰 문제없이 격퇴시킬 수 있었다.

'도이췰란트' SS연대 구역의 경우, 오전 10시경 칼리닌 북쪽 연대 전구의 경계부근에서 전차나 포병대의 지원이 없는 소련군 중대급 규모의 보병들이 공격해 들어오는 일이 있었다. 어차피 쌍방

11 NA : T-354 ; roll 605, frame 634

간 탐색전이었기에 소련군은 이쪽 수비가 만만치 않음을 확인하고 철길 건너편으로 물러났다. 그와 거의 동시에 연대의 외곽부근에서 6대의 T-34들이 일부 보병들을 동반하여 연대 정면으로 돌진해 들어왔다. 몇 번 사격을 실시한 소련 전차들은 독일군의 반격이 있자 이내 동쪽으로 사라져 이 역시 탐색전에 불과한 상태에서 종료되었다. 이때 칼 부르크하르트(Karl Burkhardt) SS중위의 2대대 9중대가 소련군을 추격, 후미의 보병들을 사살하면서 프로호로프카-벨고로드 구간 철길로 다가갔으나 대전차포와 박격포, 기관총좌들이 틀어 앉은 진지로부터 집중사격이 이루어져 더 이상의 전진은 좌절되고 말았다.[12]

이 때문에 사단은 라이프슈탄다르테를 지원키로 한 당초의 계획에 차질을 초래, 241.6고지가 라이프슈탄다르테 손에 떨어지기 직전인 오후 1시 45분이 되어서야 뷔즐리체니의 2대대가 지원 공세에 나설 수 있었다. 뷔즐리체니 대대가 제2SS장갑척탄병연대와 속도를 맞추지 못해 오른쪽이 노출되어버린 라이프슈탄다르테는 결국 스토로쉐보예 숲 지대에 포진하고 있던 소련군의 공격을 받았으며 대전차포 등 중화기들이 아침 내내 라이프슈탄다르테를 괴롭히는 원인을 제공했다. 결국 뷔즐리체니의 대대는 그날 밤이 되어서도 라이프슈탄다르테의 선도부대와 2km나 차이가 나는 지점에 도달하는 데 그치고 말았다. 밤이 되어서는 다스 라이히의 후미부대가 제11장갑사단과 연결되어 제48장갑군단의 우익과는 이상적인 간격을 유지할 수 있었다. 또한, 사단의 우익은 제167보병사단의 331보병연대가 완전히 인계함에 따라 사단 주력이 북동쪽으로 진격해 들어가는 조건들을 하나하나 갖출 수 있었다.

## 토텐코프

토텐코프는 프로호로프카 서쪽으로 10km 떨어진 226.6고지를 목표로 삼되 라이프슈탄다르테의 공세가 차질을 빚지 않도록 신속하게 움직일 필요가 있었다. 따라서 토텐코프는 프숄강을 건너 소련군의 전초 척후소와 강 북쪽 건너편 고지의 포병진지를 소탕하고, 프로호로프카 회랑지대로 향하는 독일군의 진격에 대한 직접적인 위협이 이루어지지 않도록 측면을 잘 관리해야만 했다. 장갑부대는 226.6고지가 장악되면 그대로 북진을 계속하고, 페트로브카에서 강을 도하하기 전에 서쪽에서 동쪽으로 흐르는 프숄강 변을 관통하는 카르테췌브카-프로호로프카 도로를 차단시키려 했다. 이 도로는 프로호로프카와 오보얀 남동쪽의 주요 도로들을 연결하고 있어 사단이 이 도로에 도착하는 것만으로도 다대한 효과를 누릴 수 있었다. 즉 강둑에 포진한 소련군 포병부대의 보급선을 당장 절단하게 되며, 소련 제1근위전차군의 동쪽 측면과 프로호로프카를 지키는 보병 및 공수부대 사이에 쐐기를 박을 수 있는 한편, 프로호로프카 북서쪽 어귀로부터 불과 5km 이내에 위치한 페트로브카를 장악함으로써 프숄강 구역 프로호로프카 서쪽 회랑지대의 소련군 배후를 찌르고 들어갈 수가 있었다. 토텐코프는 이를 통해 다른 2개 SS사단들이 북동쪽으로 마음 놓고 전진할 수 있는 결정적인 전제조건들을 만들 수 있었으며, 제48장갑군단이 페나강 쪽의 소련군을 소탕하기 위해 남서쪽으로 기운만큼 토텐코프의 조공은 지극히 중요한 의미를 가지고 있었다.[13]

사단의 두 장갑척탄연대는 이날 아침 모든 포병부대와 네벨붸르훠 2개 대대의 지원 하에 프숄

12 NA : T-354 ; roll 605, frame 634
13 NA : T-354 ; roll 605, frame 66

강 도하작전을 개시했다. 새벽부터 쏟아진 폭우에 안개로 인해 시계가 불투명했던 관계로 항공지원까지 불가능하게 되는 악조건에 놓이게 되었으나 그럼에도 불구하고 예정된 시간에 공세가 개시되었다. 독일군의 포병대와 전폭기들은 늘 날씨관계를 들어 지원이 불가하다느니 정확한 지원사격이 안 되느니 하는 따위의 핑계가 많았으나 소련군은 그토록 시계가 불투명한데도 정확한 포사격을 실시해 왔으며 소련공군은 지난 밤 내내 사단을 괴롭힌데 이어 비가 오는 낮 동안에도 공습은 지속되었다. 프릿츠 크뇌흘라인의 '아익케' 1대대의 선도중대가 강변으로 접근하자 아니나 다를까 소련군의 집중포화가 쏟아졌다. 독일군도 강둑 건너편 소련군의 기관총좌에 대해 반격사격을 실시하고 장갑척탄병들이 지난번과 마찬가지로 고무보트에 의한 도하를 기도했다.

토텐코프 '아익케' 연대 1대대장 프릿츠 크뇌흘라인 SS소령. 1940년 '르 파라디' 영국군 포로 학살의 주범으로, 전장에서만은 대범했다.

'아익케' 연대는 진흙창이나 다름없는 황토색의 좁은 강을 따라 건너갔으며 소련군 진지로부터의 사격에 의해 다대한 피해가 발생했으나 여하간 강을 건너간 병력들은 커버가 될 만한 것들은 모두 동원하여 몸을 숨기고 뒤따르는 동료들의 도하를 도왔다. 게다가 소련공군까지 공습을 전개해 강 주변은 거의 아수라장이었으며 '토텐코프' 연대 쪽도 사정이 좋을 것은 없었다. 오토 바움의 연대는 강에 도달하기 전에 이미 크라스니 옥챠브르에서 교전에 들어갔는데 마침 슈투카들이 지원하러 온 틈을 이용해 호이슬러의 2대대와 울리히의 3대대는 마을 외곽의 소련군 진지에 반격을 가하고, 슈투카들이 마을 주변의 진지와 포대들을 파괴하는 동안 SS돌격조와 장갑척탄병들은 대대 전체가 마을 북서쪽에 도달할 때까지 집집마다 옮겨 다니며 시가전을 전개했다. 이때 칼 울리히 3대대장은 교량 하나가 아직 파괴되지 않고 있는 것을 발견, 공병중대를 급파하여 교량에 설치된 폭약을 제거하도록 지시했다.[14] 루드뷔히 오스터마이어(Ludwig Ostermeyer) SS상사가 이끄는 공병소대는 소련군의 사격을 피해 미친 듯이 교량 쪽으로 접근, 소련군이 설치한 폭발장치를 모두 제거하고 북쪽 강둑에 교두보를 확보하기 위해 강 건너편으로 이동했다. 오스터마이어의 부하들은 소련군 참호들을 하나씩 격파하며 전진하다 탄약과 수류탄이 떨어지자 자리를 이탈하지 않고 그냥 그대로 우군을 기다리면서 참호를 지키도록 했다. 울리히 3대대장은 일단 부족한 탄약 지원은 제공했으나 더 이상의 병력과 장비를 강 건너편에 전달할 수가 없어 전황은 답보상태에 머무르고 있었다.

한편, 에른스트 호이슬러의 2대대는 역시 크라스니 옥챠브르의 강 쪽에서 곤욕을 치르고 있었다. 일부 장갑척탄병들이 강을 건너기는 했으나 끝도 없는 소련군의 포화에 치를 떨었고 소련공군까지 합세해 협공하는 통에 독일군들은 거의 도하를 성공적으로 끝내려는 순간 다시 원위치로 퇴

14 Schranck(2013) p.251

각하는 등 사정은 전날과 다름없이 악화일로를 걷고 있었다. 그러나 날이 어두워지기 전에 갑자기 기상이 청명하게 바뀌면서 독일 포병부대들은 소련군 진지의 위치를 정확히 잡아내는 행운을 가지게 되었다. 야포와 네벨붸르훠의 집중사격으로 소련군의 포사격은 둔화되었으며 때마침 슈투카까지 가세해 전세는 역전되기 시작했다. 호이슬러 대대는 잠시 후 연대본부에 성공적인 도하작전의 완료를 타전했다.[15]

이에 '아익케' 연대 1대대는 소련군의 포화가 잠잠해진 것을 인지하고 동쪽의 그 유명한 프로호로프카와 동일한 이름을 가진 마을 남쪽 강둑에서 긴급하게 도하작전을 지휘했다. 최초 중대가 선두에서 돌파구를 마련하여 건너편 강둑에 도달, 후속하는 병력들을 인도하였고 그 직후에 북쪽 강둑에 위치한 소련군 참호들을 처치해 나가려고 시도하자 소련군의 맹렬한 대응사격이 이어졌으며 급기야 거의 백병전 수준의 격렬한 근접전투가 벌어졌다. '토텐코프' 연대도 장갑척탄병들이 수류탄과 화염방사기로 소련군 진지들을 때리면서 항복하지 않는 모든 적들을 사살함에 따라 양군의 피해는 엄청난 수준에 다다르고 있었다.[16]

'아익케'의 3대대도 결국 강을 건너는 데 성공하여 서쪽 끝자락에 상륙한 다음 226.6고지를 향해 진격해 나아갔다. 막스 퀴인 대대장은 에리히 프롬하겐(Erich Frommhagen) SS중위의 10중대가 선두에 서서 고지를 점령할 것을 지시하였으며, 지독한 상호 접전 끝에 중대장이 중상을 입은 데 이어 두 명의 다른 소대장들도 부상을 입어 후방으로 이송되는 등 전투는 극한 상황에 이르고 있었다. 그러나 1중대는 끈질기게 소련군을 공략, 저녁 7시 15분 226.6고지의 남쪽 기슭은 독일군에 의해 장악되었다. '아익케' 연대는 800m 종심의 교두보를 확보하는데 성공했으며 막스 퀴인의 3대대는 작전의 종지부를 찍기 위해 포연이 자욱한 226.6고지 정상으로 돌격해 들어갔다.[17]

오토 바움의 '토텐코프' 연대는 선봉대가 이미 강을 건넌데 이어 에른스트 호이슬러의 2대대가 고무보트 등으로 도하하여 강변 진지의 소련군 소총병들을 소탕했다. 또한, 칼 울리히의 3대대도 오스터마이어의 공병대의 활약에 힘입어 교량을 안전하게 확보하여 장비와 물자를 강 건너편으로 재빠르게 이동시켰으며, 잠시 후 '토텐코프'는 강 북쪽 언덕에 확실한 교두보를 잡아내 '아익케'연대와 연결되는 데 성공했다.

그즈음 그라스노예에서 출발한 장갑부대가 크라스니 옥챠브르 남쪽 수 km 지점 도로상에 나타났다. 여기에 배속된 공병부대는 티거가 통과할 정도의 중량을 지탱할 수 있는 교량 1개를 포함, 최소한 두 개의 다리를 설치해야만 했으나 공습으로 발이 묶여 7월 11일이 되어서야 교량설치에 착수하게 되었다.

이날 오후 늦게 토텐코프는 크라스니 옥챠브르에서 북서쪽으로 1km 떨어진 지점에 교두보를

15 NA : T-354 ; roll 605, frame 68

16 Stadler(1980) p.89
7월 10일 프숄강 도하 직전 동쪽의 프로호로프카와 지명이 동일한 곳에서 토텐코프 사단 '아익케' 연대 1대대의 일원으로 쿠르스크 전에 참가했던 헤르베르트 브루네거의 관찰은 다음과 같다.
"...오후에는 언덕 뒤편에 대기하고 있던 소련군이 T-34 전차 서른 대를 앞세워 기습적으로 공격을 시작했다...(중략)...적의 전차들은 파리채에 붙은 파리처럼 비탈진 언덕에서 착 달라붙은 상태로 조금 내려왔지만, 즉각 우리 뒤쪽에 배치된 4호 전차들의 공격을 받아야 했다...(중략)...곧이어 두 번 다시 볼 수 없을 듯한 광경이 펼쳐졌다. 아군 7.5cm 대전차포탄이 떨어지면서 T-34 전차들 주변으로 흙덩어리들이 분수처럼 솟구쳤다. 소련군 전차의 7.62cm 포는 불안정한 발사 위치 때문에 강바닥에 있는 우리 공병대에 아무런 해를 입히지 못했다. 상황의 불리함을 인식한 소련군은 언덕 위로 퇴각하기 시작했다. 방향을 돌려 후퇴하다가 후미 엔진 부분을 보인 마지막 T-34 전차는 프란츠가 쏜 2.2cm(불명) 대전차포의 제물이 되었다. 전차는 명중된 지 몇 초안에 활활 타올랐다. 전차병들은 밖으로 나와 언덕 뒤로 달아났다..." / 브루네거(2012) pp.403-4

17 NA : T-354 ; roll 605, frame 632

확보하는 성과를 올렸으며, 일부 제대는 코췌토브카에서 제11장갑사단과 연결되어 제48장갑군단과의 간격을 좁히는데 성공했다.[18] 사단은 그토록 기다려 오던 프숄강 도하에는 성공했지만 그 피해가 결코 녹록치 않았다. 77명 전사, 292명 부상, 5명의 행방불명이 발생했으며 '아익케'의 경우는 1명의 중대장과 무려 8명의 소대장들을 잃어버리는 충격을 당했다. 다만 장갑전력은 온전히 보전할 수가 있어 48대의 3호 전차, 28대의 4호 전차, 2대의 기동가능한 티거를 포함, 움직일 수 있는 전차는 총 78대였다. 돌격포 역시 여전히 21대를 보유하고 있었고 장갑엽병대대는 16문의 대전차포와 11대의 자주포를 확보하고 있었다.[19] 이날 장갑척탄병들은 강 북쪽에 교두보를 확보하여 견고한 수비라인을 만들었고 강 남쪽에는 장갑부대가 교량 설치를 기다리고 있었으며, 준비가 완료되면 익일 카르테쉐브카-프로호로프카 도로로 진입할 계획이었다. 이를 위해 제680공병연대가 급파되어 야간작업에 들어갈 예정이었다. 그러나 소련군 제151근위소총병연대와 제52근위소총병사단의 교련대대, 제245독립전차연대의 중대 병력이 합세하여 거센 역습을 가함에 따라 10일 밤부터 11일 새벽까지 처절한 공방전이 전개되었다. 토텐코프는 일부 지역에서 다소 밀리기는 했으나 프숄강 구역을 끈기 있게 방어해 냈으며 226.6고지 남쪽 사면까지도 지켜내는 수훈을 발휘했다.

## 켐프 분견군

만슈타인이 켐프 분견군에게 전달한 일반 명령은 어떻게든 코로챠(Korocha) 방면으로 나아가 동쪽과 북쪽으로부터 들어오는 제7근위군 병력을 저지하면서 SS장갑군단의 우익을 엄호하라는 것이었다. 즉 좀 더 거창하게 말하자면 동쪽에서 접근하는 제5근위전차군이 서쪽의 제1전차군과 연결되지 않도록 사전에 차단시키라는 주문에 다름 아니었다. 그러나 브라이트 제3장갑군단장은 우측의 제7근위군의 저항은 SS장갑군단의 정면에 위치한 제2전차군단이나 제5근위전차군단 등의 병력보다 월등히 강력하다는 개인적인 판단을 내리면서 코로챠까지 전구를 넓혀 계속해서 SS장갑군단의 진격을 따라잡는데 힘들어 하는 것보다 아예 공격방향을 SS사단들의 진격루트에 맞춰 북진 내지 북동쪽으로 올라가는 방안을 생각하고 있었다. 어차피 허약한 전차병력으로는 코로챠까지 우측으로 전구를 확장하여 늘어난 전선을 관리해 나갈 여력이 없었기 때문이었다. 브라이트 군단장은 이어 제7장갑사단이 제6장갑사단을 지원하도록 하고, 제6장갑사단은 군단의 최선봉으로서 프로호로프카로 향하는 길목에 놓인 소련군의 방어진지를 차례로 부수고 나가기를 요망했다.[20] 브라이트는 제7장갑사단이 우측 측면에만 신경을 쓸 것이 아니라 좀 더 적극적으로 북쪽으로 방향을 틀어 제6장갑사단과 공조해 줄 것을 주문하고 대신 제7장갑사단 구역은 제198보병사단이 동쪽으로 전구를 확대해 장갑사단들의 진격을 지원하는 것으로 수정하였다.

7월 10일 제198보병사단은 장갑부대의 북진을 지원하기 위해 분견군의 남쪽 측면에 배치되어 프로호로프카를 향한 제7장갑사단의 진격을 지원하도록 정리되었다. 그러나 분견군 중 가장 많은 50대의 전차를 가진 이 사단은 그때까지도 므야소예도보(Mjassojedowo) 서쪽에서 소련군에게 붙들려 꼼짝할 수 없는 상황에 직면해 있었다. 장갑척탄병연대와 포병부대의 지원이 없이는 장갑부대를 이동시킬 수가 없어 제7장갑사단은 한 때 롬멜의 지휘사단이라는 이름에 걸맞지 않게 심한

18 Stadler(1980) p.87
19 NA : T-354 ; roll 605, frame 632
20 Healy(1992) p.69

곤욕을 치르고 있었다. 제7장갑사단은 오후 4시부터 겨우 공세에 나서 제198보병사단의 326척탄병연대와 함께 숲 지대의 소련군을 치기 시작했다. 불과 수 분만에 공포의 전투장으로 변한 숲 지대에서 소련군은 엄청난 피해를 입었으며 척탄병들은 숲 언저리의 벙커들을 점령해 나가면서 소련군 소총병들과 피비린내라는 혈투를 전개했다. 두 시간 후 척탄병들은 소련군 방어선을 돌파하고 다수의 기관총좌, 박격포대, 대전차포 진지들을 파괴했으며 소련군은 북쪽에서부터 바트라즈카야 닷챠 마을 부근으로 독일군을 몰아넣으려는 기동을 감행하고 있었다. 이에 제198보병사단의 두 번째 보병연대가 제7장갑사단을 지원하기 위해 현장에 달려왔고 제25장갑연대는 므야소예도보로 가는 길을 열어 제6장갑사단과의 연결을 시도했다.

제6장갑사단은 제19장갑사단의 장갑부대와 함께 북부 도네츠 동쪽 강둑을 따라 형성된 포위망 속의 소련군 병력을 일소하는 것이 첫째 임무였다. 사단의 제11장갑연대가 보유하고 있는 전차는 22대의 3호 전차, 10대의 4호 전차, 4대의 노획한 T-34를 포함, 겨우 36대에 지나지 않았다. 제19장갑사단의 처지는 더 초라했다. 모든 종류의 전차를 다 합쳐 15대이니 보통 소련군들이 독일군 진지를 강행 정찰할 때 동원하는 중간 규모의 병력에 지나지 않았다. 게다가 지난날의 격전으로 인명 손실 또한 막대하여 제74장갑척탄병연대는 거의 중대 수준인 85명으로 줄어들었고 제73장갑척탄병연대는 상대적으로 상태가 좋다고는 하나 250명 정도에 머무르고 있었다.

10일 제6장갑사단이 공세를 전개하기도 전에 멜리호보를 중심으로 한 소련군의 맹렬한 야포사격과 전차 50대의 공격이 먼저 진행되었다. 기습을 당한 230.3고지 부근의 독일군은 삽시간에 밀려나 진지를 유린당했고, 소련군의 별도 전차병력은 쉴야호보(Schljachowo)에서 1개 소총병연대와 함께 동서도로를 절단, 멜리호보에 남아있는 독일군 전차들을 함정에 가두는 위협을 가해 왔다.[21] 포위를 직감한 장갑부대는 마을 북쪽으로 옮겨 재편성을 취하고 230.3고지를 타고 내려와 몇 대의 전차들을 파괴하면서 오히려 역습을 전개해 보았다. 또한, 마르틴 운라인(Martin Unrein) 제4척탄병연대장 휘하 운라인 전투단(Kampfgruppe Unrein)은 악천후와 지뢰밭에도 불구하고 단순히 스피드에만 의존해 강력히 버티던 쉴라호보의 소련군들을 격멸하면서 끝내 마을을 탈취했다. 이에 당황한 소련군 전차와 보병들은 뒤로 물러났으며 멜리호보와 230.3고지의 대부분은 소련군으로부터 탈취하지는 못했으나 밤이 되자 일단 정세는 안정되어 가고 있었다.

이날 제6장갑사단은 최선두에 서서 군단의 공격을 리드할 예정이었지만 소련군 제92, 94근위소총병사단과 제305소총병사단이 멜리호보에서 밀집대형으로 밀어붙이는 바람에 막대한 피해를 입었다. 또한, 제7, 19장갑사단도 제6장갑사단을 적기에 지원하지 못해 제48장갑군단의 성적에 비해서도 별로 내 놓을 것이 없었다.

다만 제19장갑사단은 이즈음 소련군이 가장 많이 신경을 썼던 병력이었기에 다수의 주요한 전투를 겪으면서 꾸준한 성과를 올리고는 있었다. 제19장갑사단은 전날 장악한 블리쉬나야 이구멘카 주변에 널린 제81근위소총병사단을 몰아내야 했으며 제73장갑척탄병연대는 19정찰대대와 함께 콤비 플레이를 전개하고 있었다. 이른 아침부터 출동한 제73장갑척탄병연대는 블리쉬나야 이구멘카 북부 쪽으로 3km 떨어진 지점의 소련군 수비대를 때려잡고 포로와 도주병들이 남긴 무기들을 노획했다.

21 NA : T-312 ; roll 54, frame 9646

이어 제442척탄병연대를 복귀시킨 제19장갑사단은 북부 도네츠에서 동쪽 강둑을 통해 제69군의 제대들을 계속 공격해 나갔으며 오후 4시에는 키셀레보(Kiselevo)를 점령하였다. 키셀레보가 떨어지기 전까지는 소련군 제4차량화소총병여단과 제92근위소총병사단이 100대의 '닥인'전차로 포진하면서 완강한 저항을 전개함에 따라 상당한 피해가 발생했다. 다행히 제69군 사령관 크류첸킨(V.D.Kryuchenkin)이 전선의 축소를 위해 제375소총병사단과 제81근위소총병사단을 예비로 돌리는 통에 예상보다 많은 구역을 손에 넣을 수는 있었다. 한편, 그로 인해 제167, 168보병사단은 제375소총병사단이 훨씬 후방으로 빠진 틈을 타 제89, 92근위소총병사단만을 상대로 대치하게 되어 약간의 위험을 감수하고 진격을 감행할 여지가 보였다. 제167보병사단은 지긋지긋한 소련군의 화포사격에도 불구하고 이른 아침부터 공세를 개시하였으며 제331척탄병연대가 쇼피노(Shopino)를 장악하고, 제315척탄병연대 2대대는 뷔슬로야 소샨코프(Visloya Soshankov) 서쪽의 방어선을 돌파해 들어갔다. 독일군의 두 보병사단은 쇼피노에서 연결되어 SS장갑군단의 우익과 제3장갑군단의 좌익 양쪽을 견고하게 축성하는데 성공했다.[22]

켐프는 집단군사령부에 연락, 제19장갑사단이 거의 탈진 상태임에도 불구하고 분전함에 따라 도네츠강과 분견군의 서쪽 측면에 포진한 소련군은 격퇴되거나 동쪽 또는 북쪽으로 퇴각중이라는 보고를 전했다. 다만 포로가 거의 없고 파괴된 화기와 장비들이 얼마되지 않은 것으로 보아 소련군의 주력은 대개 도주에 성공한 것으로 판단되고 있었다. 그러나 분견군의 일지에는 7월 5일~7월 10일 동안 동쪽 측면에 몰려 있던 11개 반의 소련군 소총병사단 중 2개는 격멸되고 3개는 극심한 피해에 따른 재편불가능으로 판정하였으며 1개 사단은 극도로 쇠약해진 것으로 규정하면서 총 170대의 소련군 전차를 완파 또는 반파시킨 것으로 기록되어 있다.[23]

익일 11일에 제7장갑사단은 므야소예도보와 칼리니나 사이 숲 지대의 소련군을 제거하도록 하고, 제6장갑사단은 벨고로드-코로챠 국도 구간을 따라 동쪽으로 이동, 라숨나야(Rasumnaja) 강 서쪽 강둑에서 북쪽으로 선회하도록 준비되고 있었다. 이를 위해서는 코민테른 마을 건너편 강의 다리를 장악함으로써 소련군들이 동쪽으로부터 넘어와 제6장갑사단 장갑부대의 병참선을 차단하지 못하도록 할 필요가 있었다. 또한, 제3장갑군단의 좌익을 엄호하기 위해 제19장갑사단이 제168보병사단과 함께 사비니노에 위치한 북부 도네츠강쪽 교량을 점거해야 했다.

코민테른 마을의 교량은 르자붸즈(Rzhavez) 부근 북부 도네츠의 도하 지점으로부터 15km 떨어진 곳에 위치하고 있어 이곳을 도하한다면 독일 제3장갑군단은 SS장갑군단에 대한 봐투틴의 공세를 어느 정도 훼방 놓을 수가 있었다. 즉 르자붸즈에서 10km만 침투해 들어간다면 소련군 제2전차군단과 제1근위전차군단의 병참선을 단절시키면서 북쪽으로 10km를 남겨 둔 프로호로프카로 향하는 길을 통제할 수도 있었다.[24] 그러나 장갑병력이 절대적으로 열세인 제3장갑군단이 이 작전을 수행할 수 있을지는 의문이었으며 게다가 동쪽에서 제5근위전차군이 들어온다면 10km 정도의 침투가 어느 정도 효과를 발휘할 수 있을지는 알 수 없는 상황이었다. 더욱이 성채작전 내내 제3장갑군단은 공군의 지원을 가장 덜 받는 악조건에서 움직이고 있었다. 예컨대 이날 블리쉬나야 이구멘카를 친 제19장갑사단은 소련공군기에 시달려 충분한 지상군 전력으로 적을 재빨리 제압할 수

22 Lodieu(2007) pp.90-91
23 NA : T-312 ; roll 54, frame 9648, Klink(1966) p.230
24 Nipe(2011) p.270

있었는데도 독일공군의 도움을 받지 못해 고전해야만 했다. 결국 대기 중이던 19장갑대대가 지원으로 달려옴으로써 마을 안의 소련군을 겨우 몰아낼 수 있었다. 아마도 제3장갑군단이 제48장갑군단, 혹은 SS장갑군단과 유사한 수준의 항공지원만 향유했더라면 12일까지 프로호로프카로 진입할 여지는 대단히 높았다.

## 제48장갑군단

폰 크노벨스도르프 군단장은 오보얀 정면으로 진격하기 위한 채비를 서두르면서 소련군 방어선의 가장 약점은 이미 장기간의 전투로 쇠약해진 제3기계화군단과 제6전차군단의 경계지점이라고 판단했다. 제11장갑사단은 그간 가장 성적이 좋은 관계로 최선봉에서 소련군의 두 군단 사이를 빠져나가 오보얀으로 향하고 그로스도이췰란트와 제3장갑사단은 군단의 좌익을 엄호하는 형세로 공격대형을 갖추었다. 동시에 제11장갑사단은 그로스도이췰란트의 서쪽과 남쪽으로의 기동을 엄호하는 역할까지 맡아야 했으며, 이를 위해 사단의 110장갑척탄병연대는 232.8고지에서 칼리노브카(Kalinowka) 바로 외곽에 위치한 그로스도이췰란트와 지속적인 연결을 유지하고 있었다. 그로스도이췰란트는 10일 군단장의 직접 지시를 받았다. 이날의 가장 중요한 과제 중 하나는 페나강 변의 소련군 병력을 일소하고 좀 더 동쪽으로 치중하는 것이었는데 우선 258.5고지 부근의 붸르호펜예 서쪽과 톨스토예 숲을 향해 남진하여 소련군의 두 기동군단과 제67, 90근위소총병사단의 잔존세력들을 몰아내거나 격멸시키는 것이 요구되었다. 즉 페나강 변이 정리되지 않고서는 제48장갑군단이 북쪽으로 가든 북동쪽으로 가든 독일군의 공세는 균형을 잃게 된다는 것이 호트의 판단이었다.

### 그로스도이췰란트

그로스도이췰란트는 좌익의 제3장갑사단이 너무나 뒤쳐져 있어 약간 남서쪽으로 방향을 돌려 제3장갑사단의 부담을 덜어줘야 했다. 따라서 북쪽으로의 진격은 차질을 빚을 수밖에 없었으며 북진에만 초점을 두고 좌익을 무시하자니 톨스토예 숲 지대에 포진한 소련군 병력의 존재가 우려되었다. 사단은 이날 붸르호펜예 서쪽의 243.0고지와 더 서편의 247.0고지까지 공략의 대상에 포함시켰으며, 이 고지들을 점령한 다음에는 베레소브카 북쪽 숲 지대로 이동해 252.5고지에 있는 제3장갑사단을 지원한다는 일정을 잡았다.

사단은 9~10일 밤에 244.8고지 남쪽에서 재집결했다. 여기서는 북동쪽으로 10km 떨어진 곳에 위치하고 있는 프숄강 둑을 바라볼 수 있었으나 사단은 페나강 변에 주둔한 소련군 제3기계화군단과 새로 도착한 제6전차군단 및 제67, 90근위소총병사단의 잔존병력들을 괴멸시키기 위해 당초 진격방향과는 다른 곳으로 향하게 되었다. 즉 사단이 강을 지키고 있는 소련군의 배후를 치기 위해서는 서쪽으로 수 km가량 전진하여 페나강 둑 중간을 남북으로 가로지르는 크루글리크-베레소브카 도로까지 도달해야 했다. 일단 도로에 도달하면 장갑부대는 남쪽으로 선회해 붸르호펜예 서쪽의 258.5고지를 향해 나아가야 했으며, 불행히도 이 고지가 있는 숲 지대는 소련군 제6전차군단이 들어와 거의 요새 수준으로 탈바꿈시킨 상태여서 독일군은 모든 중화기들이 은폐된 숲에서 숨은 그림 찾기처럼 적을 찾아가면서 격멸해야 하는 곤란한 상황에 직면했다.

티거의 장갑이 어느 정도인지를 자랑스럽게 가리키는 그로스도이칠란트의 전차병

제11장갑사단은 244.8고지에서 그로스도이칠란트의 장갑부대와 교대하는 것을 예상하고 있었다. 그러나 새벽 4시 소련군 전차와 1개 보병대대가 고지 쪽에서 슈트라흐뷔츠의 전차에 대해 공격을 감행했다. 소련군들은 이내 격퇴되었으나 그라프 폰 슈트라흐뷔츠 연대장이 중상을 입는 사건이 발생해 일단 후방으로 이송하고 군단사령부는 대신 하우프트만 폰 뷔터스하임(Hauptmann von Wietersheim)을 후임으로 임명함과 아울러 군단본부에 있던 데커 대령을 전선으로 보내 판터여단을 이끌도록 했다.[25] 그 후 제11장갑사단의 전차들이 겨우 도착하자 그로스도이칠란트는 크루글리크 도로 쪽으로 진격했고, 장갑척탄병연대는 소련군들이 사단의 뒤를 치지 못하도록 칼리노브카(Kalinowka)로 향해 방어진지를 구축하려고 했다. 장갑척탄병들은 오전 중 칼리노브카 근처 계곡에 도착했으나 마을은 이미 소련군 제6전차군단이 점거하고 있었으며 거기에 제10전차군단 소속 100여대의 전차들이 칼리노브카 북쪽에 당도하고 있었다.

동시에 그로스도이칠란트의 장갑부대도 오보얀 국도 서쪽에서 5km 떨어진 지점에 도달하여 폭우에도 불구하고 크루글리크 도로까지는 제대로 전진해 나가고 있었다.[26] 장갑부대의 측면은 정찰대대와 돌격포대대가 엄호하고 그 뒤를 휘질리어연대가 따르고 있었으며 전차들이 남서쪽으로 접어 들어가자 제200전차여단 소속의 소련군 전차들이 칼리노브카로부터 공격해 왔다. 그 후 232.8고지 남쪽에서 벌어진 몇 시간에 걸친 전투 끝에 소련군들은 뒤로 물러나게 되었으며 장갑부대는 다시 258.5고지를 향해 진격해 들어갔다. 259.5고지 부근에서도 두 번째 소련 전차들의 그룹과 만나 격한 전투에 휘말리게 되었으며 고지에 조금씩 접근은 하고 있었지만 소련군들이 끊

25 NA : T-314 ; roll 1170, frame 594
26 Stadler(1980) pp.86, 90, Klink(1966) pp.220-21, 231

임없는 병력증강을 추진하고 있어 단기간에 끝내기는 쉽지 않아 보였다. 게다가 오후 1시가 넘어 35~40대가량의 소련 전차들이 칼리노브카 남쪽에서부터 쳐들어오는 위기가 발생했다. 이에 횐라인 사단장은 폰 크노벨스도르프에게 긴급지원을 요청, 제3장갑사단이 붸르호펜예로부터 나와 사단을 지원함으로써 소련군의 초점을 흐리게 하는 협동작전에 기대를 걸게 되었다. 페나강에는 적당한 교량도 많지 않은데다 소련공군이 오전 내내 칼리노브카-붸르호펜예 구역을 지배하고 있어 제 시간에 전구에 도착하기는 어려워만 보였다. 그러나 이때 내린 폭우가 소련공군의 시계를 어둡게 해 붸르호펜예 서쪽을 치고 들어간 제3장갑사단의 기동을 제어할 수가 없는 호조건이 만들어지고 있었다. 게다가 강에는 전차가 건너갈 수 있는 멀쩡한 다리 하나가 살아 있어 공병대가 신속하게 안전을 점검하고 슈미트-오트 대령의 장갑연대가 무사히 강을 건너는데 성공하는 행운을 누렸다.

그 시각 휘질리어 연대는 258.5고지 북쪽에서 여전히 소련군과 교전 중이었으며 선도 대대는 6대의 소련 전차들의 공격을 받았다. 슈미트-오트 대령은 휘질리어가 다소 고전하고 있는데도 258.5고지에서 그로스도이췰란트를 막고 있는 소련군 전차들을 때리는 쪽에 집중했다. 적진 배후로 들어가 찌른 이 한수는 소련군을 패닉 상태로 이끌면서 소련군들이 결국 258.5고지를 포기하게 만들었고 오후 6시 45분 그로스도이췰란트의 장갑부대는 기슭을 올라가 고지 정상을 차지했다. 그러나 거기서부터 다시 은폐된 곳으로부터 소련군의 화포와 대전차포 사격이 거세짐에 따라 더 북쪽으로 올라가지는 못하고 수비진을 치면서 휴식에 들어갔다. 뷔터스하임의 전차들은 그날 거의 하루 종일 걸린 전차전에서 모두 49대의 소련 전차를 격파한 것으로 보고되었으며 이는 소련측 자료에서 제6전차군단이 100대 중 65대의 전차를 상실한 것으로 집계한 것에 비추어 거의 정확한 통계였던 것으로 간주된다. 다만 소련측이 100대의 전차와 40대의 티거에게 당했다는 주장은 허위다. 7월 10일 그날 그로스도이췰란트는 100대의 전차를 가지고 있지 않았으며 제4장갑군 전체가 가진 티거는 40대에도 못 미치고 있었다. 아마 그 정도 전력을 보유했다면 제6전차군단은 괴멸되었을 것이기 때문인데 이는 소련측 자료의 신뢰성을 크게 훼손하는 대표적인 부분 중 하나이기도 하다.[27]

장갑연대가 전차전을 치르는 동안 사단의 정찰대대는 제11장갑사단의 정찰대대가 도착하고 나서 칼리노브카 근처에서 돌격포대대와 연결되었고 돌격포대대는 크루글리크 부근의 도로를 봉쇄하여 그쪽 도로로 소련군의 병력이 증강되지 않도록 준비하고 있었다. 돌격포들은 제200전차여단 소속 15대의 전차들이 나타나자 들키지 않게 매복한 다음 소련군 전차들에 기습을 가했다. 피해를 면한 소련군 전차들은 북쪽으로 후퇴했고 대대는 크루글리크를 향해 나아가 조그만 계곡의 동쪽 어귀에 도달했다. 크루글리크 1km 이내로 접근한 대대는 1개 중대의 돌격포와 몇 대의 하프트랙을 장해물 지대 끝자락에 포진시키면서 도로 위를 이동하는 모든 차량들을 겨냥할 수 있는 유리한 사격지점을 찾게 했다. 돌격포대대장 페터 프란쯔(Peter Frantz) 소령은 마을을 드나드는 소련군 전차와 차량들을 확인한 후 이 역시 급습에 의해 적을 혼란에 빠트리고자 2개 중대를 넓게 벌려 마을로 들어가게 했다. 마을로부터 300m 떨어진 지점에 도달하자 소련군의 사격이 시작되었으며 소련군 카츄샤 다연장로켓의 집중포화가 제대로 작열하면서 보병전력이 약했던 대대는 일단 후퇴하

27 Nipe(2011) p.272

여 밤 동안 방어태세를 갖추도록 했다.

그로스도이췰란트는 7월 10일 이날 소련군 2개 전차군단과 접전 내지 탐색전을 주고받는 부분적인 성공을 거두기는 했으나 사단의 기동전력은 엄청난 피해를 경험했다. 7월 5일 거의 300대의 전차를 보유했던 사단은 10일 밤 겨우 3대의 티거와 3, 4호 전차를 모두 합해 11대만을 보유하고 있었으며 최초 사단에 배정된 194대의 판터 중 기동가능한 것은 단 6대에 불과했다. 이건 장갑연대라고 부를 수 있는 처지가 전혀 아니었다. 대신 사단은 제6전차군단을 극도로 쇠약하게 만들었으며 베레소브카 북쪽의 258.5고지를 점령하였고 크루글리크 도로를 장악하는 데는 성공했다.[28] 이로써 크루글리크로부터 톨스토예나 베레소브카로 연결되는 소련군의 병참선을 차단하게 되었으며 특히 톨스토예 숲 지대에 대한 북쪽으로부터의 그 어떤 시도도 안정적으로 막아낼 수 있게 되었다. 다만 오보얀 국도 쪽은 소련군이 여간해서 양보할 생각이 없어 보여 이 전구에서의 출혈은 더 클 것으로 예상되었다. 그로스도이췰란트는 이날 247.0, 243.0 및 258.5고지를 모두 석권하면서 이름값을 해내기는 했으나 엄청난 병력 손실을 입었음을 숨길 수 없었다.

## 제3장갑사단

시르제보의 야간전투는 끝도 없이 전개되고 있었다. 소련군 소총병들은 출혈을 감수하면서도 중대 규모로 계속되는 공격을 감행해 왔다. 그러나 새벽이 되자 갑자기 잠잠해졌는데 이는 소련군 종대를 강 북쪽으로 이동시키기 위해 독일군의 시선을 빼앗기 위한 시간 벌이용 전술이라는 것이 판명되었다. 그러나 소련군의 피해는 적지 않았다. 시르제보-붺르호펜예 구역에서만 450명의 소련군이 전사했고 고급장교를 포함한 수십 명의 포로가 발생했다. 사단은 9~10일 밤과 새벽 사이에 만든 교량을 이용, 10일 이른 아침 페나강을 건너 베레소브카 고지대에 위치한 소련군 제3기계화군단을 공략해 들어가기로 했다.[29]

한편, 슈미트-오트의 장갑연대는 앞서 언급한 것처럼 그로스도이췰란트의 258.5고지 공격을 지원하기 위해 강을 도하하여 243.0고지 및 258.5고지에 포진한 소련군 전차들을 덮쳤다. 동시에 슈투카의 지원도 향유할 수 있어 제6장갑척탄병연대는 6대의 소련 전차를 파괴하였고 슈투카도 연차적인 공습으로 상당수의 전차들을 완파하거나 기동불능으로 만들었다. 그리고는 오후 6시경 두 사단의 장갑연대와 슈투카의 입체적인 협공으로 모두 50대의 소련 전차들을 격파하는 클라이맥스를 이룬 바 있었다. 그 후에도 소련 T-34들이 소량으로 서쪽과 북쪽에서 넘나들었으나 모두 북쪽으로 쫓아내자 슈미트-오트의 부대는 그로스도이췰란트의 베레소브카 진공을 도우기 위해 남쪽으로 방향을 바꿀 수 있었다.[30] 사단은 베레소브카 북쪽 입구에서 라코보-크루글리크 도로상에 위치한 소련 제6전차군단(제112전차여단 포함)을 급습, 삽시간에 포위망을 형성하여 다수의 전차들을 파괴하였다. 제6전차군단은 7월 5일 200대의 전차로 출발했다가 10일에는 100대로 시작하였으며 이날의 전투 결과 수중에 남은 것은 35대에 지나지 않았다. 그중 절반만이 T-34였다. 엄청난 타격을 입은 제112전차여단과 200전차여단은 밤이 되자 베레소브카 남쪽으로 퇴각해 제184소총병사단이 지키는 전구로 숨어들어갔다.

28 NA : T-314 ; roll 1170, frame 598
29 Healy(1992) p.74
30 NA : T-314 ; roll 1170, frame 593-597, Stadler(1980) p.86

장갑연대는 더 이상 소련군의 큰 저항이 없을 것으로 예상했으나 258.5고지를 지나 1km도 안 된 지점에서 소련 대전차포중대의 공격을 받게 된다. 불과 중대 병력에 지나지 않았지만 크루글리크-베레소브카 도로를 따라 위치한 톨스토예(Tolstoje) 구역의 어귀에서 잘 위장된 장소에 '닥인' 상태로 숨어있어 정확히 찾아내기가 쉽지 않은데다 보병전력이 약해 섣불리 소련군 진지 쪽으로 접근하기도 용이하지 않았다. 장갑연대는 일단 동쪽으로 후퇴해 정찰대대가 지원으로 오기까지 소련군이 틀어 앉은 숲 지대를 향해 박격포 사격을 퍼부었다. 그러나 정찰대대는 밤이 되어서야 도착했고 이후로는 별다른 교전이 이루어지지 않아 연대는 11일 작전을 준비하는 것으로 숙영에 들어갔다.

## 제11장갑사단

사단의 주된 목표는 244.8고지 근처 오보얀 국도 양쪽에 방어진을 구축하는 것이었다. 이 고지를 감제할 경우 소련공군과 화포사격으로 인해 그간 군단의 우익을 보호하는데 지장을 초래했던 문제를 일거에 해결할 수 있을 것으로 기대되었다. 사단의 좌익에는 제110장갑척탄병연대가 232.8고지 부근에서 방어진을 설치하고 칼리노브카의 그로스도이췰란트 척탄병들과 연결을 유지하고 있었다. 이 고지 역시 소련군의 전초 척후소와 매복된 전차들이 포진하고 있는 곳을 확인할 수 있는 유리한 장소로 판단되었다. 사단의 좌익에는 제111장갑척탄병연대가 244.8고지로부터 동쪽으로 뻗어 멜로보예(Melowoje) 구역의 숲 언저리까지 연결된 수비진을 치고 있었다.

소련군은 제11장갑사단이 슈트라흐뷔츠의 장갑연대와 교대하기 위해 이동을 전개하고 있을 무렵 새벽이 밝아 오기 전에 1개 보병대대와 10~12대의 전차들을 동원하여 244.8고지로부터 공격을 개시했다. 이로 인해 두 사단간의 자리이동은 제대로 이루어질 수 없었고 소련군의 또 다른 병력이 칼리노브카 근처에서 사단의 좌익을 타격하기 시작했으므로 이 시점에서는 오히려 232.8고지의 선점이 더 급한 것으로 인식되었다.[31] 왜냐하면 소련군은 사요틴카강 서쪽을 방기하고 있던 상태라 차라리 232.8고지를 먼저 점령하는 것이 유리했는데, 그럴 경우 장갑연대는 우측면으로 이동해 프숄강 정면을 향한 사단의 공격을 용이하게 할 수 있었기 때문이었다. 독일군은 소련군의 병력규모와 이동시기를 알 수가 없어 일단은 북쪽에서 더 많은 전차들이 들어오지 못하도록 오보얀 국도에 대해 150mm 곡사포 사격을 전개하여 소련군 공격의 둔화를 기대했다.[32]

11정찰대대는 1개 장갑대대와 함께 232.8고지를 향한 돌격을 전개하여 거의 3시간에 가까운 치열한 교전 끝에 언덕으로부터 소련군을 몰아내는 데 성공했다. 이로 인해 장갑연대는 동쪽으로 진군하는 동안 고지 서쪽에 위치한 그로스도이췰란트의 척탄병들 역시 접선을 유지할 수 있었다. 232.8고지를 위요한 격전이 치러지는 동안 소련군은 244.8고지 사수를 위해 속속 병력을 증강시키고 있었으며 장갑정찰대의 척후에 따르면 적어도 40~50대의 전차가 동원되어 공고한 진지들이 축성되어 있었기에 공군의 지원이 없이는 거점 공략이 힘들다는 판단이 내려지게 되었다.

이날 오전 11시 30분 히틀러의 명에 따라 구데리안 장갑군총감이 판터의 결함문제를 확인하기 위해 군단사령부를 방문하는 일이 있었다. 이날 독일군의 수중에 놓인 기동가능한 판터는 10대에

31 NA : T-314 ; roll 1170, frame 593
32 NA : T-314 ; roll 1170, frame 595-596

불과했다. 판터는 초기결함과 원인을 알 수 없는 발화와 오버히팅 등의 문제로 인해 전선에 배치된 후 대부분이 고장을 일으켜 수리를 받게 되었으며 그로 인해 전투는 물론 새로운 전차에 적응할 수 있는 전차병들의 훈련조차 진행시킬 수가 없다는 추가적인 문제점도 생겨났다. 너무 졸속으로 배치하는 바람에 무전송수신조차 제대로 점검이 안 된 것들도 있었으며 기본적으로 뛰어난 전차병이라 하더라도 새로운 기계에 대한 적응기간이 너무 짧았다는 점이 다시 한 번 확인되는 계기가 마련되었다. 심지어 주파수도 제대로 맞춰 보지 않고 전투에 투입되었다는 사항까지 확인되었다. 구데리안은 폰 크노벨스도르프 장군을 더 문책하지 않은 상태에서 제반 문제점들을 숙지하고 베를린으로 복귀했다.[33]

## 평주(評註)

제3장갑군단의 공세는 7월 5일 하루에 목표로 했던 블리쉬나야 이구멘카를 4일 이상을 걸려 점령하는데 그쳤다. 제48장갑군단은 좌측만 제대로 엄호하면 문제가 없었으나 제3장갑군단은 첫날부터 제2SS장갑군단을 따라잡지 못해 리포뷔 도네츠와 도네츠강 교차지점을 중심으로 형성된 소규모의 돌출부가 생겨나는 원인을 제공했고, 그로 인해 군단은 1주일 내내 군단의 좌익과 우익을 동시에 돌보면서 전진을 속개해야 하는 어려움에 봉착해 있었다. 10일 이날 역시 제4장갑군 사단들이 평균 10km를 진격함에 따라 또다시 군단 주력과 개별 사단간 격차가 벌어지게 되는 것을 막을 길이 없었다. 돌출부를 막고 있던 소련군 제81근위소총병사단과 제375소총병사단은 린딘카, 플로타로 각각 후퇴하였고 대신 제89, 93근위소총병사단이 좁은 간극을 벌리기 위한 교란행동을 시도하고 있었다. 결국 10일 내내 제7, 19장갑사단은 북쪽으로의 주공세보다 라우스 군단을 엄호하기 위한 측면수비에 상당한 시간을 할애해야만 했다.

호트는 이날 만슈타인이 SS장갑군단을 지원할 도네츠강 방면 제3장갑군단이 취약하다는 점을 알고 그쪽에 더 많은 병력을 투입할 것을 독려했으나 페나강의 소련군을 없애버리겠다는 자신의 당초 의도를 수정하려 들지는 않았다.[34] 만슈타인은 제167보병사단이 도네츠강을 넘어 도주하는 소련군을 추격할 것을 지시했지만 호트는 보병사단의 전력이 너무 약해 그러한 임무를 수행하기가 힘들다고 판단하고, 소련군이 퇴각할 정도로 약화되었다면 단순히 정상적인 방법으로 강을 건넌 다음 제3장갑군단 스스로가 상황을 처리하도록 하는 것이 타당하다는 보고를 올림과 동시에, SS사단들은 계속해서 프로호로프카를 향해 진군하여 제3장갑군단의 정면에서 대치중인 소련군의 배후로 파고드는 것이 더 효과적일 것이라는 분석까지 제시했다. 더욱이 호트는 만슈타인이 지시한 내용을 처리하기 위해 차라리 하르코프에 예비로 남아있는 제24장갑군단을 제4장갑군에 붙여줄 것을 기대하고, 그렇게 된다면 3개 SS사단들을 나란히 북동쪽으로 진격시켜 측면보호의 걱정을 덜 수 있다는 점도 표명했다. 또한, SS가 프로호로프카를 점령한 다음에는 제3장갑군단을 막고 있는 소련군 제7근위군도 타격할 수 있어 켐프 분견군 전체에 대한 압박도 덜어줄 수 있을 것으로 판단하고 있었다.[35]

익일 11일의 장갑군 지령에 변화는 없었다. 호트의 판단은 SS장갑군단이 프로호로프카 북서쪽

33 Showalter(2013) pp.161-2
34 Showalter(2013) p.156
35 Stadler(1980) p.104, Schranck(2013) pp.264-5

의 프숄강 양 옆의 고지를 점령하고 베레소브카의 소련군을 격파함으로써 제48장갑군단이 북쪽으로 진군할 수 있는 전제조건들을 확보한다는 것이었다. 또한, SS장갑군단의 서쪽에 위치한 제48장갑군단이 궁극적으로 프숄강을 넘어 북진에 동참하기 위해서는 며칠이 걸리더라도 서쪽의 제1전차군의 잔여 병력을 없애버려야 한다는 자신의 판단을 고수하고 있었다. 다만 제48장갑군단의 북쪽 공세를 온전히 이루기 위해서는 보병전력에 의한 측면보호가 절실하다는 판단 하에 제52군단으로부터 제255보병사단의 전투단 하나를 뽑아 페나강 남쪽에서 군단의 좌익을 맡도록 조치했다. 이로써 군단의 좌측면 전체를 관리하던 제332보병사단이 일부 병력을 군단의 주력에 붙일 수 있게 되었으며 그로 인해 제3장갑사단 역시 군단의 좌익 엄호기능으로부터 벗어나 주력의 공세에 좀 더 적극적으로 가담할 수 있게 되었다.[36]

물론 호트의 생각이 전혀 근거가 없는 것은 아니지만 이때까지도 소련군이 동쪽에서 그토록 빨리 전략적 예비를 풀어 수백 대의 소련군 전차가 SS장갑군단의 공세정면에 집결하고 있는 것을 전혀 생각하지 않았다. 만약 켐프 분견군이 예정된 시간표대로만 움직일 수 있었다면 SS사단들이 프로호로프카를 치기 이전에 전선의 남쪽과 남동쪽에 공고한 안전판을 형성하여 동쪽으로부터 들어오는 소련군의 기동 예비전력을 사전에 저지할 수 있었다. 그러나 시간도 땅도 독일군의 편은 아니었다. 제3장갑군단은 그때까지도 프로호로프카로부터 30km 이상이나 떨어져 있었다.

먼저 익일 11일에는 제5근위군 소속의 제33소총병군단 3개 소총병사단이 하우서 군단의 정면에 나타나기 시작한다. 동시에 제2전차군단은 프로호로프카를 따라 들어가는 모든 도로를 점거하고 있었다. 그보다 남쪽에는 제2근위전차군단이 벨고로드-프로호로프카 철길을 따라 이동 중인 다스 라이히 전구 쪽으로 기동전력을 총동원하고 있었다. 그보다 더 심각한 것은 제5근위전차군의 전차들이 프로호로프카 구역으로 쇄도하면서 물경 600대의 소련군 전차들이 마을 안과 외곽을 지배하기 시작했다는 점이었다.[37] 하우서 군단의 동쪽만 난리인 것은 아니었다. 소련군 제5근위전차군단과 제10전차군단 및 제1전차군의 잔여 병력은 SS장갑군단의 좌익을 노리면서 협격 형태로 좁혀 들어오고 있었다. 7월 8일 소련군의 반격은 병력과 화력의 집중에 실패해 축차적으로 기동전력을 투입함으로써 독일군에 의해 쉽게 격파되는 수모를 겪었다. 그러나 이번에는 달랐다. 제대로 조율되고 제대로 한곳에 모여 독일군 전차들에게 숨 쉴 틈을 주지 않고 모든 전력을 한 장소에 몰아 부칠 계획이었다. 우선 양적으로 상대가 안 되는 데다 수적으로 우월한 소련군이 제대로 된 방식으로 상대한다면 독일군은 상당한 피로를 느낄 것으로 예상되었다. 그러나 10일 밤까지 독일군은 여전히 낙관적인 분위기에서 다가오는 위협을 전혀 감지하지 못하고 있었다. 제4장갑군은 10일 밤까지 총 1,227대의 소련 전차들을 격파한 것으로 집계되었으며 호트 역시 이러한 단순 통계 때문에 수일 내 공세의 결과를 낙관했는지도 모른다.

## 북부전선(중앙집단군) : 7월 10일

### 포늬리에 대한 미련

36 Newton(2002) p.88

37 Rotmistrov(1984) pp.179-181 7월 10일부로 제5근위전차군단은 보로네즈방면군에 편입되어 봐투틴의 지휘 하에 놓이게 되었다. 이날 봐실레프스키와 봐투틴, 로트미스트로프간의 작전회의에서는 12일 공세가 성공적으로 전개될 경우 12일 저녁까지 크라스나야 두브로봐(Krasnaja Dubrova)-야코블레보(Jakovlevo) 축선까지 진입한다는 계획을 수립했다.

모델은 겉으로 표현은 하지 않았으나 제9군의 전력에 한계가 다가오고 있음을 느끼고 있었다. 10일 제9군은 북부전선에서의 마지막 공세를 준비해 다시 한 번 포늬리를 따 내고 올호봐트카 고지로 진격하기 위한 조치들을 서둘렀다. 포늬리 부근에서의 독소간 시소게임은 다소 과장된 표현으로 '작은 스탈린그라드', '쿠르스크의 스탈린그라드'로 불리기도 하나 그 정도 처참하거나 처절한 정도는 아니었던 것으로 판단된다.[38] 그러나 천지에 지뢰가 깔린 상태에서 소련군 대전차포와 '닥인'전차들의 포격이 계속되는 와중에 자연적인 엄폐물은 아무 것도 없는 평원지대에서 보병들이 겪어야 하는 고통과 좌절감은 거의 지옥을 방불하는 수준이었음이 분명하다.

모델은 제2, 4장갑사단의 지원을 위해 마지막으로 가지고 있던 전술적 예비인 제10장갑척탄병사단과 제31보병사단을 포늬리 정면에 포진시켰다. 이 정도로 특별한 효과가 있을 것으로 예상할 수는 없었으나 그 외에 다른 방안이 없는 상황에서 모델이 품고 있던 마지막 카드까지 써야 하는 시간이 다가오고 있었다.[39] 제47장갑군단은 오전 7시 제1항공사단의 근접항공지원과 함께 3개 장갑사단을 동원해 다시 공세로 나섰다. 5km 정도의 진격 끝에 몰로티쉬(Molotyshi) 근처 고지대를 장악하기는 했으나 테플로예 북부 쪽은 워낙 지형이 험한 데다 격렬한 소련군의 화포사격으로 더 버틸 수가 없어 정오 무렵에는 발진 지점으로 되돌아갔다. 한편, 제2, 4, 20장갑사단의 제대들로 구성되어 선봉을 맡아왔던 부르마이스터 전투단은 테플로예 북쪽 사모두로프카에 예비로 남게 되었다.[40] 또한, 제47장갑군단의 주력이 테플로예를 지나 남진하는 동안 그닐렛츠와 보브리크 앞쪽에 위치한 제4장갑사단은 505중전차대대와 함께 테플로예 정면으로 돌진해 들어갔다. 힘겨운 시가전 끝에 제33장갑연대가 테플로예를 거의 통제 하에 두기는 했으나 사단본부와 최전선 간의 교신에 장애가 발생하여 보병들이 제때에 뒤따르지 못해 소련 저지선을 최종적으로 돌파해 내지는 못했다. 505중전차대대의 티거들은 보병과 여타 전차의 지원도 받지 않은 채 이날 전투에 투입되어 22대의 T-34들을 격파했고 소련군의 일부 SU-122, SU-152 중구축전차들과 정면승부를 벌였지만 이렇다 할 결과가 나오지는 않았다.

오전에 제47장갑군단이 뒤로 후퇴하면서 소련군 제2전차군의 일부, 제19전차군단, 제40, 70, 75근위소총병사단 및 제1근위포병사단이 퇴각로상의 갭을 재빨리 메우는 데는 성공했다. 그러나 이들 제대에 딸린 중구축전차들은 너무 늦게 전선에 달려왔다. 소련군은 오후 5시에 좀 더 많은 전차들을 불러 테플로예로 끌어들였고 그중 독일군 제12장갑연대를 테플로예 동쪽으로 밀어붙였다. 그러나 근방에 있던 49장갑대대가 제12장갑연대를 지원하여 소련군의 반격을 무디게 하면서 전선을 안정적으로 관리하고 사단본부와도 무난히 연결되기에 이르렀다. 무려 하루를 소비한 끝에 제2, 4장갑사단은 오후 6시경에 테플로예를 완전히 장악하였으며 그중 제2장갑사단은 올호봐트카로 이동해 전선을 확대할 것을 희구했으나 더 이상의 진전을 이룰 수는 없었다. 2개 장갑사단이 작은 마을 하나를 따 내는데 하루가 소비되었다는 것은 독일군의 이름에 걸맞지 않은 성과였다.[41]

모델은 일단 하르페의 제41장갑군단이 보유하고 있는 전력으로 포늬리를 한 번 더 치고 제10장갑척탄병사단을 제292보병사단의 지원군으로 파견하는 방안을 고려하고 있었다. 일단 독일군의

38 이 표현은 John Erickson(1999)의 The Road to Berlin : Stalin's War with Germany에서 처음으로 사용되었다.
39 Healy(1992) p.71
40 Barbier(2013) p.109
41 Glantz & House(1999) p.122

로타르 렌둘리취 제2장갑군 35군단장. 7월 21일까지 오룔 동부 전구에서 동원된 1,400대의 소련군 전차 중 900대를 격파하는데 결정적으로 기여했다.

공격은 소련군 제4근위공수사단을 일시적으로 혼란에 빠트리게 했다. 그러나 철도역 주변에서 독소 양군은 다시 밀고 당기는 줄다리기를 계속함으로써 이전과 비슷한 상황이 되풀이되고 있었다. 제3전차군단은 제307소총병사단의 보병들을 지원하기 위해 전차들을 집어넣었으나 그중 4대의 T-34가 파괴되었다. 소련공군의 공습과 양군의 화포사격이 포늬리의 주택가를 잿더미로 만들면서 주변 일대는 지옥을 방불케 할 정도로 초토화되고 있었다. 독일군은 저녁께 겨우 마을의 3분의 2 정도를 장악하게 되었으며 소련군은 남쪽 부분을 여전히 끈기 있게 지켜내면서 날을 보내게 되었다. 오후 6시 소련군은 6~8대의 전차를 앞세워 포늬리 근처의 고지를 점령하게 되었으나 슈투카의 재빠른 반응으로 적군에 엄청난 피해를 입히면서 고지로부터 퇴각시키는데 성공했다.[42] 푸호프 제13군 사령관은 탈진상태인 제307소총병사단을 포늬리에서 빼 뒤로 돌리면서 대신 제3, 4근위공수사단으로 대체하고, 독일군 역시 제292보병사단을 대신해 제10장갑척탄병사단이 수비태세를 갖추는 것으로 재정비했다.

쪼른의 제46장갑군단은 보유한 4개 보병사단 중 3개(제7, 31, 258) 보병사단을 동원해 소련 제70군의 동쪽 측면을 쳤다. 성적은 신통치 않아서 겨우 일부 구역을 따낸 제7보병사단은 소련 제175소총병사단에 의해 뒤로 밀려났으며 제258보병사단도 소련 제280소총병사단에게 격퇴당했다.[43] 이로써 쿠르스크-오룔 국도에 도달하고자 했던 당초 목표는 실패로 끝났으며 겨우 T-34 6대를 파괴하는 정도의 부분적인 성과만 잡아냈다.[44]

소련군은 이날 수비에만 전념한 것은 아니었다. 제15소총병군단은 아침 일찍 독일군의 주공과는 거리가 먼 제23군단 구역에 대해 반격을 시도했다. 전차와 공군의 지원을 받은 소련 제74, 148소총병사단은 프로타소보(Protasovo)에 위치한 제78돌격사단을 공격했으며 약간의 땅을 차지하는 대신 모두 12대의 전차를 상실하는 피해를 입었다. 제78돌격사단과 제216보병사단은 이날 내내 소련군 제12포병사단의 포격에 시달렸음에도 불구하고 막판 저력을 발휘, 트로스나(Trosna : 서쪽의 더 큰 도시 트로스나와 같은 이름의 마을) 근처 고지를 점령하고 오후 1시에는 마을 자체를 접수하여 824명을

42 Klink(1966) pp.259-60
43 Mehner(1988) p.115
44 Klink(1966) p.260

포로로 잡았다.[45]

7월 10일, 소련군은 오룔 부근에서 심상치 않은 움직임을 보였다. 오룔 돌출부 동쪽에 위치한 독일 제35군단의 262보병사단 전구에 소련군의 무려 200개 중대가 산개 형태로 포진하기 시작했다. 이 상태라면 최전방에 포진되어 10km 거리를 막고 있는 제432척탄병연대는 엄청난 타격을 입을 것이 뻔했다. 렌둘리취(Lothar Rendulic)군단장은 제35군단의 중화기들을 재빨리 전방으로 이동시켰으며 일부 대대 병력을 다른 구역에서 뽑아내 땜질하듯 수비진을 보강했다. 당장 방어는 해야 했지만 모델은 이미 히틀러의 명령에 거역하면서 제9군의 남은 병력들을 오룔까지 후퇴시키는 방안을 구상 중이었다. 당시 제9군은 여전히 3만 명의 병력을 보유하고 있었다.

7월 10일, 제9군은 겨우 2km 미만을 전진하면서 564명의 전사 또는 행방불명을 포함해 2,560명의 피해를 입었다. 얻는 소득에 비해 비용은 높고 결과는 큰 의미가 없었다. 남부의 제4장갑군이 전진한 거리의 절반에도 못 미친 상태에서 피해는 더 많았다. 호트의 제4장갑군은 230, 241, 244, 252, 260과 같은 험난한 고지들을 모두 점령했는데 반해 모델은 253, 274고지 어느 것도 수중에 넣지 못했다. 반대로 해석하자면 봐투틴에 비해 더 많은 지뢰를 깔고 더 많은 화포사격을 동원하여 끈질긴 지구전을 펼친 로코솝스키의 전술이 더 효과적이었다는 뜻이기도 했다.

이날 소련 제16항공군은 근접항공지원 임무를 제대로 수행했으나 북쪽 전구의 제공권은 여전히 독일 제1항공사단이 장악하고 있었으며 루프트봐훼의 전투기들은 7대를 잃는 대신 소련기 43대를 격추하는 기록을 남겼다. 메써슈미트와 포케불프로 무장한 제1구축비행단과 제1전투비행단은 도합 83대를 격추, 독일 제6항공군(Luftflotte 6)은 7월 10일 총 126대를 떨어트렸다. 이로 인해 소련 제6항공군단(6th Fighter Corps)의 안드레이 유마셰프(Andrei Yumashev) 소장은 경질되었다.[46]

## 지원사단 재편과정

모델은 제9군의 공세가 한계에 도달했음을 확실하게 인지하기 시작했다. 모델은 마지막 남은 방도가 있다면 새로운 완편전력의 사단들을 투입하는 것이라고 주장했으며 폰 클루게 원수는 이미 제12장갑사단(예비)과 제2장갑군의 제35군단 소속 36보병사단의 지원을 약속한 바 있었다. 또한, 폰 클루게는 두 사단이 도착하면 이어 제5장갑사단(제2장갑군 55군단)과 제8장갑사단(제3장갑군)도 중앙집단군에 붙일 계획을 추진하고 있었다. 또한, 모델은 아직 전투에 찌들지 않은 제46장갑군단의 4개 보병사단을 올호봐트카 고지장악을 위한 마지막 카드로 활용하려 했다. 그러나 최종적으로 중앙집단군에 제공된 것은 제12장갑사단 하나뿐이었으며 이것만으로 전세를 뒤집을 수 있는 지렛대로 사용하기에는 요원했다. 그리고 이미 너무 늦은 감이 있었다. 그즈음 육군총사령부는 작전중점을 제46장갑군단 전구 쪽으로 옮겨 로코솝스키의 방어막을 약화시킬 방도를 구하라고 주문했으나 모델은 이미 소련군 거대 규모의 방면군 집단들이 오룔 근방에서 반격작전을 준비하고 있는 것을 눈치 채고 완전히 공세를 중단하여 수비대형으로 재편성하기 시작했다. 짧은 기간 동안이나마 그의 부하들이 숨 돌릴 틈을 주기 위한 조치였다. 물론 히틀러의 사전 허가는 없었다.

45 Dunn(2008) p.182
46 Forczyk(2014) p.73

# 9 폭풍 전야: 7월 11일

호트는 소련군 제10전차군단과 제5근위전차군단이 동쪽 측면으로부터 반대편으로 이동하는 것을 일단의 퇴각기동으로 판단하고 1~2일만 더 고생하면 페나강 주변의 소련군들을 모두 없애버릴 수 있을 것으로 판단하고 있었다. 우익의 제3장갑군단도 소련군 병력을 포위섬멸 시킬 정도의 전력은 아니지만 북부 도네츠강 변 동쪽에서 소련군을 조금씩 몰아넣고 있었고 소련군 2개 전차군단이 프숄강 변에서 서쪽의 패나 강으로 이동하고 있다는 것은 어쩌면 넓은 평야지대에서 소련군 전차들을 손쉽게 처리할 수 있다는 기대감까지 부풀게 하고 있었다. 실제로 그 전날까지 소련군의 전차 피해는 막대하여 그러한 기대감을 갖는 것이 큰 무리는 아니었다. 페나강과 프숄강 사이에는 그간에 격파되어 여전히 불길에 싸여 있는 소련 전차들이 도처에 널려 있었으며 그때까지는 소련군의 전략적 예비가 곧 도착할 것이라는 아무런 첩보도 없었기 때문이었다.

독일군은 사단, 군단, 제4장갑군 어디에도 예비병력은 존재하지 않았다. 그야말로 수중에 있는 병력은 총출동한 셈이었다. 다만 하우서는 다스 라이히 만큼은 휴식을 취하면서 상황전개를 기다리다가 라이프슈탄다르테의 침투가 성공하면 주 공세에 가담하는 것으로 업무를 분장했다. 그러다 보니 라이슈탄다르테는 주공의 참여보다 그들 스스로가 측면의 엄호에 극도의 신경을 써야만 하는 처지에 놓였으며, 이 피곤한 일은 늘 그래왔듯이 장갑척탄병연대들이 도맡아 왔었다.

## 제2SS장갑군단

### 라이프슈탄다르테

7월의 날씨는 항상 예상하기 힘든 폭우가 도로를 엉망진창으로 만들었고 비가 걷힌 직후에는 시계를 막는 짙은 안개 및 포연과 섞인 운무가 장시간 지상을 뒤덮는 데다 습기까지 가득해 지난 겨울 하르코프와는 또 다른 자연환경의 지배를 받고 있었다. 라이프슈탄다르테는 기동이 쉽지 않은데도 불구하고 북부 테테레뷔노를 떠나 프로호로프카를 향한 진격을 준비했다. 북부 테테레뷔노는 프숄강으로부터 5km 떨어진 지점에 위치하고 있었다. 여기서부터는 프숄강 남쪽 강둑을 따라 소련군 진지들이 교묘히 자리를 잡고 있으면서 독일군의 진격을 방해하고 있었다. 그중 거대한 집단농장이 있는 스브취옥챠브리스키(Swch.Oktjabriskij)의 정면에는 252.2고지가, 스브취스탈린스크(Swch.Stalinsk)의 끄트머리 부근에는 245.8고지가 있어 이미 지난 봄부터 축성된 강고한 진지와 참호들이 진을 치고 있었다. 그 중 252.2고지는 이미 상당히 지친 제52근위소총병사단과 제183소총병사단의 일부 병력이 요새를 만들고 있었으며 전력이 약화된 보병들을 지원하기 위해 제2전차군단의 3개 전차여단이 스토로쉐보예 숲으로부터 남쪽으로 야스나야 폴야나에까지 방어진을 구성하고 있었다.[01]

한편, 소련 제2전차군단이 독일군의 연차 공격으로 인해 쇠약해진 것을 알아차린 봐투틴은 공

01 Weidinger(2008) Das Reich IV, p.158, Nipe(2011) pp.282-4

라이프슈탄다르테의 전차병들. 티거에 주포용 철갑탄을 적재중이다. (Bild 183-J14931)

수 및 소총병사단들을 긴급히 충원하기 시작했다. 제2전차군단의 1개 차량화여단은 하루 동안 600명 이상의 전사와 부상자 피해를 입고 있었다. 소련군 제9근위공수사단은 프로호로프카로부터 행군해 프로호로프카 주변, 주로 서쪽과 남쪽에 퍼져 소련군의 주력 방어선을 보호하고 있었다. 서쪽은 제26근위공수연대가 2개 대대를 전방에, 1개 대대는 후방에 포진시켰으며, 남쪽에는 제28근위공수연대가 76mm 대전차포대대를 보유하고 있었고 제23근위공수연대는 사단의 예비로 남겨져 있었다. 이들은 나중에 파이퍼의 부하들과 한판 붙게 된다. 또한, 봐투틴은 제33, 95, 97 근위소총병사단들을 전선으로 투입하고 아울러 제42근위소총병사단은 제9근위공수사단과 제97 근위소총병사단을 지원하기 위한 전술적 예비로 편성했다.[02]

후고 크라스의 제2SS장갑척탄병연대는 252.2고지를 향해 철길을 따라 진군, 선두에는 한스 벡커 SS대위의 1대대와 1공병대대 1중대가 배치되었으며 공병부대는 지뢰를 제거하여 고지로 접근하기 위한 안전한 통로를 확보하고 전차들이 움직일 수 있도록 전차호 위에 받침대를 조속히 설치하는 임무를 부여받았다. 연대의 주공은 고지 북서쪽을 향한 루돌프 잔디히 2대대의 측면공세로부터 시작되었으며 잔디히는 돌격포대대와 하인츠 클링 티거중대의 지원을 받고 있었다.

알베르트 프라이의 제1연대는 이봐노브스키 뷔셀로크(Iwanowskij Wysselok) 북동쪽에 위치한 스토로쉐보에 숲으로 들어가 소련군 병력을 일소할 예정이었으며 이곳에는 소련군 제169전차여단과 지원보병들이 대전차포중대들과 함께 숲지대 전체에 걸쳐 방어진지를 유지하고 있었다. 숲지대 북쪽 끝자락으로 나오면 프로호로프카로 가는 길목에 245.8고지가 있어 이것이 프로호로프카까지 연결된 도로상에 있는 마지막 요새로 간주되었다. 1연대의 2, 3대대는 스토로쉐보에 북쪽으로 연

02 Dunn(2008) p.155

결된 이 울창한 숲을 장악하는데 엄청난 에너지를 소비해야 했으며 숲 속의 소련군 병력을 대부분 제거했음에도 불구하고 스토로쉐보에 마을 내부에서는 밤새도록 백병전이 전개되었다.[03]

그날 52대의 기동가능한 전차를 보유하고 있던 장갑연대는 하프트랙대대와 함께 북부 테테레뷔노에서 대기하고 있다가 장갑척탄병들과 티거중대가 활로를 개척하면 곧바로 전방으로 쇄도하기 위한 준비를 갖추고 있었다. 한편, 날씨 관계로 독일공군의 출격이 어려운 상황 하에서 사단의 포병연대와 제55네벨붸르훠연대는 전 화력을 프렐레스트노예(Prelestnoje)와 페트로브카에 집중하고 있었다. 이 지구의 소련 포병중대들을 격멸하지 않는 한 좁은 회랑지역을 통과해야 되는 라이프슈탄다르테의 안전은 확보되기 어려웠다.

한편, 사단의 우익은 스토로쉐보에 숲의 소련군이 일소되지 않았기 때문에 동쪽에 위치한 다스 라이히에 대한 압박을 전혀 해소하지 못하고 있었으며 다스 라이히는 당시 제167보병사단과 교체 중이어서 딱히 변화를 줄 만한 상황에 있지를 못했다. 더욱이 다스 라이히의 장갑전력들은 모두 오세로브스키 뒤쪽에서 수리와 재편성 과정에 놓여 있었기에 최전선을 이동 중인 다스 라이히 선도부대는 기동전력을 전혀 보유하고 있지 못했다. 아니 공격은커녕 다스 라이히는 프로호로프카 진격을 위해 1~2일 동안의 휴식이 필요하다는 판단아래 하우서 군단장이 아무런 작전이나 병력이동을 명하지 않았기 때문에 스토로쉐보에 숲의 소련군은 라이프슈탄다르테를 향해 포격을 가하는데 별다른 지장을 받지 않았다.

문제는 후고 크라스 연대조차 그날의 폭우로 인해 오후 5시가 되어서야 진격을 시작했다는 기막힌 사정이 있었다. 여하간 독일 포병대는 252.2고지를 향해 일제사격을 전개하고 일부 포병중대들은 프숄강 회랑지대 북쪽에 위치한 소련군 포대를 강타하기 시작했다. 사단 전체가 야포의 전력이 부족하여 연대 주력 전체는 한쪽으로만 쏠릴 수가 없어 후고 크라스는 프숄강 회랑지대 측면에서 들어가고 1개 대대만 정면의 확 트인 개활지로 진격해 들어가는 방안을 채택했다. 개활지에서 전진을 계속하자 프숄강 북쪽 언덕과 프로호로프카 북서쪽으로 카르테쉐브카 도로를 따라 위치한 252.2고지에서 소련군의 포사격이 날아왔다. 동시에 스토로쉐보에 숲에서도 화포사격이 이루어졌고 독일군은 도저히 고개를 들 수 없을 정도로 얻어맞고 있어 또 이날의 공세가 실패로 끝나는 것이 아닌가 하는 우울한 분위기가 전선에 만연되어 있었다. 그러나 갑자기 청명한 날씨로 바뀌면서 1시간 내로 슈투카들이 날아 들어와 소련군 진지들을 초토화시키기 시작했다. 장갑척탄병들이 공습 지점을 색깔이 든 연막탄으로 표시해 주고 '닥인' 상태 대전차포들의 위치를 정확하게 알려주자 슈투카들이 사방에서 핀포인트 공격을 속개했다. 또한, 날씨가 호전됨에 따라 숨어있는 소련군 진지를 포격하기 쉽게 된 독일군 포병대의 포화가 공습과 함께 오케스트라를 이루자 소련군의 저항은 차차 둔화되기 시작했고 장갑척탄병들은 포탄이 떨어진 구멍과 홈을 찾아 차례로 이동하면서 고지 쪽으로 접근해 들어갔다.[04]

오전 8시 선도대대는 252.2고지 지뢰원이 있는 장소까지 접근하는 데 성공했다. 당장 공병들이 앞으로 나와 지뢰를 제거하는 동안 포병부대가 언덕 기슭 쪽으로 사격을 전개하고 장갑척탄병들은 공병들이 다치지 않게 고지를 향해 미친 듯이 기관총 사격을 휘둘러 댔다. 장갑척탄병들은 앞

03 Healy(2011) p.317
04 Nipe(2011) p.288

쪽 최선봉에 배치된 전차호까지 접근해 진지들을 박살내고 공병들도 폭약을 이용해 소련군 참호들을 격파해 나가자 전차들이 기동할 수 있는 여력이 생겨났다. 루돌프 잔디히의 2대대는 돌격포대대와 4대의 티거와 함께 언덕 북서쪽을 관통해 진격로를 찾아내고 티거는 소련 대전차포들의 빗발치는 포화를 뚫고 진지들을 뭉개면서 소련군들을 공포의 도가니로 몰아넣었다. 아무리 쏴도 티거의 장갑이 관통되지 않았기 때문에 소련군은 그저 진지를 짓밟고 들어오는 티거를 허탈하게 바라볼 따름이었다.

잔디히 대대는 고지 코너 북서쪽의 요새화된 언덕으로 치고 들어가 소련군 제26근위공수연대 2대대와 치열한 접전을 치르면서 고지의 수비진을 무너뜨리기 시작했다. 그러나 장갑병력의 지원 없이는 고지 전체의 장악이 불가능한 시점에 다다르자 공병들이 일단 전차호를 메우면서 티거와 돌격포의 전진을 위한 사전 준비가 필요했다. 이 고지에는 28문의 대전차포와 6문의 대구경 야포가 독일군을 막고 있었다. 공병들의 진지 투입과 공사가 늦어진 틈을 타 소련군 제169전차여단이 숲 속에서 기어 나와 참호 쪽으로 진격해 들어왔다. 잠시 후 동쪽 숲에서 들어온 소련군 T-34들과 티거들의 전차전이 벌어져 클링 중대장이 부상을 입자 곧바로 발데마르 슈쯔(Waldemar Schütz) SS중위에게 지휘권이 이양되었다. 하지만 그 역시 부상을 입게 되어 여기에 미하엘 뷔트만이 재빨리 나머지 티거들을 규합, 소련군 전차들을 무자비하게 부수기 시작했다.[05] 티거들은 이날 30대의 T-34와 28문의 대전차포, 그리고 6문의 중화기들을 격파하는 전과를 올렸다. 소련 전차들은 전차장이 장전수 역할을 해야 했기에 해치를 닫고 돌격하는 수가 대부분이었으나 티거 전차장들은 바깥을 직접 육안으로 보고 판단하게 되어 있어 전차장들이 머리를 다치는 일은 다반사였다. 이날 뷔트만은 두 명의 지휘관들이 중상을 입은 데 격분해 거의 광신적으로 주포를 휘둘렀던 것으로 여겨진다. 티거들의 사격과 함께 장갑척탄병들은 자석식 대전차 지뢰를 이용해 소련 전차를 육박공격으로 부수기 시작했다. 정확한 접착 및 점화 기술도 요구되지만 적군의 사격을 피해가면서 전차에 접근해 지뢰를 폭파시키는 작업은 얼음장같이 차가운 판단력과 죽음을 우습게 아는 강심장을 필요로 했다.

장갑부대와 같이 기동하는 요아힘 파이퍼의 부대원들은 그와 같은 육박공격으로 인해 상당한 피해를 입었다. 파울 구울 SS대위를 비롯한 장교들과 부사관들은 물론, 군의관 로베르트 브뤼스틀레(Robert Brüstle)도 부상을 입었으며 브뤼스틀레는 붕대만으로 상처를 잡은 뒤 계속 전선에서 남아 부상자들을 도우는 투혼을 발휘했다.[06] 오후 1시부터 집중된 소련군 제287근위소총병연대에 대한 장갑척탄병들의 집요한 공격에 소련군 전차와 보병들은 동쪽으로 물러나기 시작했고 독일 전차와 파이퍼의 하프트랙들이 고지 정상으로 밀고 들어오자 잔존 병력들은 스토로쉐보예 숲으로 숨어들거나 참호 사이를 통과하여 소규모로 나누어 고지를 이탈했다. 소련군은 불과 30분 후 제26근위포병연대와 제169전차여단을 몰아 252.2고지와 루토보 방면에 위치한 제2SS장갑척탄병연대에 대해 다시 반격을 가해 왔다. 동 공세에는 토텐코프에 의해 봐실예프카로부터 밀려난 제99전차여단과 제95근위소총병사단까지 합세하여 252.2고지 사수를 위한 전력을 투구했다. 마침 독일 공군이 지급으로 날아와 소련군 기동전력의 접근을 방해하는 동안 파이퍼 대대와 한줌의 티거들

05 Agte(2007) p.69
06 NA : T-354 ; roll 605, frame 74

라이프슈탄다르테 제1SS장갑척탄병연대장 알베르트 프라이 SS중령. 7월 11일에 프라이의 부대는 숲지대 북쪽 끝자락을 빠져나와 252.2고지 부근에서 제2연대와 연결되기를 기대하고 있었다.
(Bild 101III-King-048-32A)

은 처절한 공방전을 펼친 뒤 적군을 격퇴시키는 데 성공했다. 그로 인해 소련 제95근위소총병사단과 제9근위포병사단 사이에 놓여 있던 거의 모든 병력들이 서쪽으로 퇴각하지 않을 수 없게 되었다. 파이퍼는 오후 2시가 조금 지나 소탕작전이 계속되고는 있으나 일단 고지 대부분이 독일군의 손안에 들어왔음을 사단본부에 보고했다. 라이프슈탄다르테는 11일 사단 정면을 가로막고 있었던 제2전차군단을 거의 뭉개다시피 한 다음, 바실예프카로부터 쫓겨난 제99전차여단을 다시 프숄 계곡으로 고립시켜 버렸다.[07] 이날 파이퍼 대대가 속한 제2SS장갑척탄병연대는 21대의 적 전차들을 파괴했다.

고지 남쪽에서 소련군의 또 다른 전차들이 사단 정찰대대와 대대를 지원하기 위해 배속된 자주포들 간에 교전이 있었다. 이로 인해 소련 전차들과 독일군 장갑엽병들 간의 원거리 사격전도 덩달아 진행되는 가운데 라이프슈탄다르테는 고지를 점령하고도 소련군이 끊임없는 반격에 김이 새고 말았다. 게다가 프숄강 북쪽에 포진한 소련군 화포들과 사단 좌익에 위치한 프렐레스트노예, 미하일로브카와 페트로브카, 그리고 우측에 있는 스토로쉐보에 숲의 소련군들도 빈번하게 공격을 전개해 오고 있는 데다 소련군 포병부대의 사격이 바로 옆 252.4고지에 집중되고 있어 사단은 측면이 헐거워진 까닭에 좀처럼 앞으로 나갈 수 있는 형편이 되지 못했다. 파이퍼는 밤이 되어 겨우 소탕작업을 끝맺었으나 항공정찰에 따르면 토텐코프 전구와 252.2고지 사이에 놓인 회랑지대의 동쪽 절반에 소련군의 전차들이 무더기로 집결하고 있다는 소식이 들어오고 있었다. 252.2고지 주변은 이날 밤새도록 어수선한 분위기였기에 독일군은 그날의 고지 점령만을 희희낙락하고 있을 수가 없었다.

라이프슈탄다르테는 오후 7시에 옥챠브리스키 국영농장까지 장악했다. 8시에는 일부 선봉대가 몇 대의 전차와 함께 프로호로프카로 향하였으며 밤 10시에는 소련군 제183소총병사단이 지키는 마을을 지나 내부 순환도로까지 진출하는 대담한 침투를 성공시켰다. 이 침투는 프로호로프카 외곽으로부터 불과 500미터 이내까지 진행되다 소련군 제23근위포병연대와 제28근위포병연대 구역에서 저지당하고 말았다. 야간행군이라 기습효과를 최대한 살릴 수 있었기에 그 정도에서 진격을 멈출 이유는 없었다. 그러나 측면이 지나치게 길게 노출되었으며 해당 구간을 관리해 줄 별도의 보병사단 지원이 없는 상태에서는 자칫 잘못하면 돌출부 안의 돌출부에 갇혀 포위될 가능성마저 있었다. 돌출부 근처에 밀집해 있던 소련군 제대는 3개 전차군단과 7개 소총병사단 이상이었다. 하우

07 Agte(2008) pp.130, 132

차체 정면에 엄청난 탄흔이 남은 라이프슈탄다르테 봘데마르 슈쯔의 1311호 티거 전차. 이날 클링(1301) 중대장이 부상당해 봘데마르 슈쯔가 중대를 지휘했으나, 그 역시 부상당해 뷔트만(1331)이 임시로 티거중대를 맡았다.

서는 당일 252.4고지로 진격이 가능하다 할지라도 다스 라이히와 토텐코프와의 간격이 너무 벌어질 우려가 있다는 판단 하에 자정께 결정을 내려 더 이상의 진격을 허락하지 않았다.[08]

사단은 일단 밤을 이 정도로 정리한 뒤 다음날 후고 크라스의 2연대가 252.2고지에서 사단의 좌측을 경계하고 알베르트 프라이의 1연대는 성가신 스토로쉐보예 숲을 소탕하는 목표를 설정했다. 프라이의 1연대는 숲지대 북단에서 나오게 되면 252.2고지에서 2연대와 합류하여 프로호로프카로의 진격을 계속하고, 장갑연대는 계속해서 테테레뷔노에 남을 예정이었다.[09] 장갑연대는 토텐코프의 측면공격이 프로호로프카 서쪽의 소련군 방어진을 뒤흔들기 전까지는 12일에 공격을 재개할 수가 없는 형편이었으며, 토텐코프는 고지 북쪽의 소련군 수비라인을 돌파하여 카르테쉐브카-프로호로프카 도로에 도달하고 그 다음엔 동쪽으로 선회해 페트로브카에서 프쇼강을 건너갈 계획이었다. 토텐코프의 도하가 성공하면 252.2고지에 대한 소련군의 화포공격을 둔화시킬 수 있는 데다 프쇼강 동쪽 출구를 지키고 있는 소련군 방어진의 배후를 칠 수가 있었다. 그렇게 되면 라이프슈탄다르테는 서쪽에서 프로호로프카로 들어가고 라이프슈탄다르테의 우익을 엄호하는 다스 라이히는 남쪽에서 프로호로프카를 때릴 수 있는 공격대형을 안전하게 구축, 유지할 수 있을 것으로 예견되었다.

라이프슈탄다르테는 이날 21명의 전사와 203명의 부상자를 기록하는 대신, 76대의 전차와 36문의 대전차포, 9문의 야포들을 격파하고 320명의 포로 및 전향자들을 잡아내는 전과를 올렸다.

### 다스 라이히

사단은 11일 하루 종일 제167보병사단에게 전구를 이양하는 작업에 매달려 있었다. 이 작업은

08 Stadler(1980) p.100
09 NA : T-354 ; roll 605, frame 659

다소 복잡한데 칼리닌으로부터 뻗어 있는 사단의 남쪽 절반은 '데어 휘러' SS연대가 아침부터 이동을 서두르고, 스토로쉐보에까지 신장되어 있던 '도이췰란트' SS연대 전구의 일부는 '데어 휘러'가 차지함으로써 프로호로프카를 향한 '도이췰란트'의 공격을 용이하게 한다는 재편성 과정을 거쳤다. 이에 제167보병사단은 7월 12일 도네츠강 동쪽 제3장갑군단의 공세를 지원하기 위해 벨고로드 북쪽, 북부 도네츠의 서쪽 강둑으로의 공세확대를 준비하고 있었다. 또한, 페트로브스키와 칼리닌 주변에 주둔하고 있던 제167보병사단 339척탄병연대는 '데어 휘러' 연대의 중대들이 북쪽으로 진격할 수 있도록 해당 구역을 커버하기로 했고, 제339연대 바로 뒤에는 238장갑엽병대대를 포진시켜 새로이 할당 받은 구역으로 이동하기 시작했다.[10] 또한, 제315척탄병연대는 이전에 627공병대대가 차지하고 있던 페트로브스키 구역을 떠맡고, 제331척탄병연대는 북부 벨고로드 켐프 분견군의 제168보병사단과 연결하기 위해 사단의 우측면을 인계 받도록 되어 있었다. 오전 중에 사단은 '데어 휘러'가 지키고 있던 구역의 대부분을 인계 받는 작업을 거의 완료하였으며 SS연대들은 라이프슈탄다르테가 소련군과 교전중인 장소 가까이로 진군하는 준비를 거쳤다.

다스 라이히는 아침이 되자 포병대의 지원 사격 하에 테테레뷔노에서 출발해 이봐노브스키 붸셀로크-스토로쉐보에 축선을 따라 공격해 들어가 스토로쉐보에의 외곽지대까지 힘든 접근을 전개했다. '도이췰란트' SS연대는 이봐노브스키 붸셀로크를 어렵지 않게 장악하기는 했으나 뷔노그라도브카에 도달하지는 못했다. 소련군 제2전차군단 26전차여단은 뷔노그라도브카 남쪽에서 어떻게든 다시 라이히의 진격을 막겠다는 자세로 임하고 있었다. 동시에 다스 라이히 구역을 인수한 제167보병사단은 소련군 제8근위소총병사단과 제375소총병사단의 맹공에 직면해 도로 쇼피노 남쪽 지점까지 되돌아갔다.

오후에 '데어 휘러' SS연대는 새로운 구역으로 이동, '도이췰란트' SS연대와 닿게 되었고 '도이췰란트'는 이봐노브스키 붸셀로크 반대편에 위치한 프로호로프카 국도 정면과 철길을 따라 방어라인을 구축하여 소련군과 대치하게 되었다. 오후 1시 소련군은 북부 테테레뷔노 동쪽의 얕은 계곡으로부터 공격해 들어와 그즈음 스토로쉐보에 북부를 통과하고 있던 라이프슈탄다르테 제1SS장갑척탄병연대의 우익을 향해 북서쪽으로 찔러 들어가는 형세를 취했다. 이에 한스 비싱거의 '도이췰란트' 2대대는 즉각 반격에 나섰으며 스토로쉐보에 북부의 일부 고지들을 점령하고 있던 소련군 전차와 보병들과 맞닥뜨려 밤이 될 때까지 치열한 접전을 전개했다.

한편, 사단의 장갑부대와 돌격포부대는 사요틴카강 변으로부터 이동해 오세로프스키 후방에서 계속 재정비, 재편성 중이었으며 충전이 끝나면 스토로쉐보에 숲을 소탕하면서 북동쪽으로 진격할 최초의 대규모 공세에 가담할 예정이었다. 다만 적진에 빠른 속도로 돌파구를 마련한다 하더라도 라이프슈탄다르테의 우익을 철저히 엄호하면서 전진해야 한다는 단서가 붙어 있었다. 이때 SS장갑군단의 3개 사단들은 개별 작전의 목표들이 사단간 상호의존에 너무나 좌우되고 있어 어느 하나가 진격템포를 맞추지 못하면 전체 공세구도가 차질을 빚게 되는 민감한 체제를 이루고 있었다. 즉 다스 라이히가 프로호로프카로 진격하는 라이프슈탄다르테를 긴밀히 지원하기 위해서는 스토로쉐보에와 뷔노그라도브카를 석권해야만 했고, 라이슈탄다르테는 프로호로프카로 돌진하기 전에 다스 라이히가 청소한 스토로쉐보에를 스쳐지나 얍키를 따내야 한다는 조건이 주어져 있

10 NA : T-354 ; roll 605, frame 650

었다, 토텐코프는 두 사단의 공세가 순조로운 조율과 속도를 담보할 수 있도록 가능한 한 빠른 기간 내 252.4고지를 점령하고 라이슈탄다르테의 좌익을 견고히 엄호해야 된다는 요구를 충족시켜야 했다. 특히 이 경우에 있어서는 가장 북쪽에서 두 사단을 엄호하게 될 토텐코프의 기동력과 결정력이 작전성공의 가장 중요한 요체를 이루고 있었다. 또한, 252.4고지에는 소련군의 대규모 대전차포 진지대가 구축되어 있어 어떤 형태로든 토텐코프는 상당한 출혈을 감수해야 했다. 다스 라이히는 이날 재빨리 스토로쉐보예 숲 지대를 극복하고 뷔노그라도브카를 향해 동진했어야 하지만 스토로쉐보예에서 오랫동안 묶이는 바람에 막상 토텐코프의 짐을 덜어주려고 해도 제반 여건상 거의 불가능한 처지에 놓여 있었다. 그런 측면에서 11일 다스 라이히의 기동과 객관적 성적은 전혀 인상적이지 못했다. 익일 '도이췰란트' SS연대는 스토로쉐보예와 뷔노그라도브카를 동시에 따내고 연대의 우익을 맡은 '데어 휘러' SS연대가 사단의 장갑연대와 함께 벨레니취노를 완전히 장악해야 된다는 숙제를 안게 되었다.[11]

통산 전차 격파 138대, 대전차포 격파 132문을 기록한 사상 최고의 전차 에이스 중 한 명인 미하엘 뷔트만. 쿠르스크전에서 30대의 전차와 28문의 대전차포를 격파했다. 이는 11일 라이프슈탄다르테의 티거 전체가 기록한 전과인 전차 30대, 대전차포 28문에 필적한다. (Bild 146-1983-108-29)

11일 밤까지 사단의 장갑대대는 3호 전차 34대, 4호 전차 18대, 단 한 대의 티거, 노획한 T-34 8대, 계 61대의 전차를 보유하고 있었고 봘터 크나이프 SS소령 휘하의 2돌격포대대는 27대의 돌격포를 유지하고 있었다. 사단은 여전히 막강한 수준의 대전차화기들을 지니고 있었으며 58문 중 30문이 자동견인이 가능한 50mm Pak 38 곡사포, 나머지는 75mm Pak 40, 노획한 소련군의 76.2mm 대전차포 등으로 포진되었다.

## 토텐코프

사단은 프숄강 북쪽 강둑의 조그만 교두보를 장악하고 있었으며, 장갑연대는 준비를 마치는 대로 강을 건널 예정이었다. 그러나 티거의 중량을 견딜 교량을 설치하기 위해서는 공병의 도움이 절대적으로 필요했음에도 공사를 조기에 완료시킬 수가 없어 게오르크 보흐만의 장갑부대는 강 남쪽에서 계속 대기했다. 게다가 사단은 포병부대의 포탄도 부족해서 토마로프카에서 사단 포병대 주력이 포진한 그레스노예로 포탄을 수송해야 하는 어려운 상황에 놓여 있었다. 토텐코프 앞에 놓인 소련군은 계속해서 증강되고 있었다. 공세정면의 제51, 52근위소총병사단은 다소 지쳐 있다 하더라도 제5근위군 33근위소총병군단 수천 명의 병력들이 북쪽과 북동쪽에서 들어오고 있었으며

11 Healy(2011) p.320

포포프(I.I.Popov) 소장 휘하의 제95, 97근위소총병사단들은 전차의 지원을 받아 토텐코프의 교두보를 치기 위한 준비를 서두르고 있었다.[12] 토텐코프의 교두보는 '토텐코프' 연대의 2개 대대가 1개 포병대대의 지원을 받아 서쪽 절반을 담당하고 있었으며 당분간은 포탄이 부족해 스트라이크가 아닌 토스 정도의 타격만이 가능했다.

새벽 3시 20분 제97근위소총병사단 소속 소련군의 중대 규모 병력이 '토텐코프' 연대 2대대 전구 쪽을 시험해 보기 위한 공격을 감행했다. 2대대는 클류취(Kljutschi) 북서쪽으로부터 800m 떨어진 소련군의 구 막사 근처 교두보의 가장 서쪽 끄트머리에 자리 잡고 있었으며, 몇 시간 동안 계속된 전투 끝에 소련군들은 클류취 방면을 향해 북쪽으로 밀려났다. 그후 다시 5대의 전차와 함께 대대급 규모로 몰려왔으나 개활지를 택해 몰려오는 통에 고폭탄세례와 네벨붸르훠 사격으로 어렵잖게 격퇴시킬 수 있었다. 오전 8시에 들어온 가장 큰 규모의 3파는 토텐코프 대전차포의 집중 포화를 맞고 27대의 전차들이 파괴되자 이내 분산되었다.[13] 에른스트 호이슬러의 2대대는 클류취 부근의 버려진 막사가 다시 소련군의 집결장소로 쓰이지 못하게 하기 위해 퇴각하는 소련군을 추격, 오전 8시 30분에는 '바락켄'(Baracken)으로 알려진 구 막사를 점령하게 되었다.

토텐코프는 교량설치에 엄청난 시간을 소비하고 있었다. 공병부대가 교량을 설치하고자 했던 구간 정면 500m는 온통 진창으로 뒤덮여 있어 무한궤도가 없는 차량들은 도저히 지나갈 수가 없는 형편이었으며 독일군이 헤매고 있는 곳을 포착한 소련군 척후대는 화포사격과 공군의 공습을 요청해 공병대는 상당한 인명피해까지 입으면서 공사를 서둘러야 했다.

한편, 봐실예브카 근처 프숄강 남쪽 편에서 수비진을 갖추고 있던 '토텐코프'의 1대대는 마을 안쪽으로 소련군 전차와 보병들이 집결하고 있는 것을 확인했으나 장갑부대의 지원없이 교두보를 치려고 하는 소련군을 사전에 저지할 수 있는 여지는 많지 않았다. 게다가 사단 우익의 라이프슈탄다르테와 1대대 사이에는 3km의 괴리가 있었는데 이 역시 연결이 안 되어 다소 초조한 긴장감이 계속되고 있는 불안한 조건이었다.

'토텐코프' 연대의 나머지 대대는 좌익에 묶여 있었으며 '아익케' SS연대의 3대대는 226.6고지에, 2대대는 북쪽 강둑에 박혀 꼼짝 할 수 없는 사정이라 프리스 사단장은 제3포병연대 3대대와 네벨붸르훠대대를 2대대에 지원키로 하고 88mm 대전차포를 있는 대로 지원사격에 동원하려 하였다. 정오, 네벨붸르훠가 봐실예브카를 향해 포화를 퍼부었다. 그 다음에는 소련군의 병참과 예비병력의 집결을 차단하기 위해 안드레예브카(Andrejewka) 쪽의 도로와 주택가를 때리도록 조정했다. 3포병대대도 마을 동쪽의 소련군 증강병력을 향해 포사격을 개시하고 있었다.

오후 1시 30분 크뇌흘라인의 '아익케' 1대대는 봐실예브카 입구에 진입했고 독일군의 화포와 네벨붸르훠의 집중타격으로 진지와 가옥들이 불타오르자 소련군들은 위치를 이동하기 시작했다. 마을 외곽주변에서 치열한 공방전이 전개되는 가운데 소련군들의 저항이 만만치 않아 장갑척탄병들은 중요 거점들을 잡아내는 데 상당한 곤욕을 치르고 있었으며 저격병들까지 등장해 진격을 어렵게 하고 있었다. 그 위에 소련군 제99전차여단이 1대대에 반격을 가해 와 독일군들은 봐실예브카 서쪽 어귀로 밀려나고 말았다. 물론 독일군의 정확한 포사격으로 소련군 소총병들은 심한 타격

12 NA : T-354 ; roll 605, frame 73
13 Ripley(2015) p.95

을 받았으나 적군의 전차들은 계속 마을 주변에서 기동하고 있었다.

장갑척탄병 1대대만으로는 봐실에브카 점령이 곤란하다고 판단한 프리스 사단장은 에르뷘 마이어드레스 SS대위가 이끄는 제3SS장갑연대 1대대를 파견하도록 지시하고, 마이어드레스의 전차들은 마을 서쪽 1km 미만 지점에서 출발하여 네벨붸르훠의 강변 쪽 사격에 맞춰 도하를 준비했다. 오후 1시 봐실에브카의 입구에 도착한 장갑부대는 크뇌흘라인 1대대 병력들과 합류하여 마을 안쪽으로 돌파해 들어가자 소련 제99전차여단은 봐실에브카를 포기하고 철수를 선택했다. 마이어드레스의 전차들은 마을 진입 40분 후 소련 전차들을 패주시키기는 했으나 도주한 전차들이 다시 마을 남쪽에서 재집결해 이번에는 이웃하고 있던 라이프슈탄다르테의 정찰대대와 싸움이 붙게 되는 상황이 발생했다. 기동전력이 약한 구스타프 크니틀의 정찰대대는 이 때문에 11일 오후 내내 이 소련 전차들과 교전을 벌이게 되었고 프숄강 남쪽은 다시 심한 격전지로 변했다.[14]

한편, 봐실에브카의 서쪽 모서리를 장악한 1대대는 그 자리에서 더 이상 진전을 보기가 어려웠는데 소련군 소총병들이 동쪽 절반을 내주지 않기 위해 부서진 건물 안으로 숨어들어가 시가전을 펼치고 있었으며, 북쪽과 동쪽에서 새로운 병력들이 이웃 안드레예브카로 몰려들고 있어 이 병력들이 다시 봐실에브카를 치기 위해 들어오는 것은 시간문제에 불과한 것으로 보였다. 이러한 우려를 사전에 봉쇄하기 위해 안드레예브카에 대한 집중 포사격이 전개되었으며 그로 인해 일부 소련군 병력들은 위치를 이탈하기도 했다.

이날 늦게 교량이 확보되었다는 군단 본부의 연락이 있었음에도 불구하고 사단은 더 이상의 공세를 취하기가 힘든 상황이었다.[15] 설치된 교량 정면과 주변의 500m 너비 진창도로는 엄청난 교통제증을 야기하고 있었으며 교량 통과에 따른 병목현상으로 인해 사단의 장갑부대 역시 겨우 일부가 프숄강을 넘어 강 건너편 교두보에 도달하는 수준에 머물렀다. 이날 사단의 피해는 적지 않았다. 3명의 장갑척탄병 중대장을 포함, 75명의 장병이 전사하였으며 부상자는 375명에 달했다. 한 가지 다행인 것은 여타 사단에 비해 전차의 대수를 온전히 유지하고 있었다는 것으로 고장나거나 일부 파손되었던 3, 4호 전차들이 복귀함에 따라 사단은 54대의 3호 전차, 30대의 4호 전차, 10대의 티거와 함께 21대의 돌격포도 확보하고 있어 회전포탑이 있는 순수 전차만 94대를 굴리고 있었다.[16]

사단은 12일 교두보를 벗어나 북진함으로써 카르테쉐브카-프로호로프카 도로상에 장갑부대를 진출시킨다는 임무를 부여받았다. 이것이 성공하면 소련군의 프숄강 주변 연락선이 단절됨은 물론, 사단의 장갑병력을 동쪽으로 빼 주도로를 따라 프로호로프카 북서쪽 입구를 향한 진군을 담보할 수 있게 되며 나아가 라이프슈탄다르테의 프로호로프카 진군을 막고 있는 소련군의 배후를 때릴 수 있다는 복합적인 효과를 기대할 수 있었다. 이와 같은 주목표가 달성되면 사단은 다시 붸셀뤼와 붸셀리 북쪽으로부터 흐르는 올샨카(Olshanka) 강 계곡에 포진한 소련군을 소탕하고, 서쪽으로 수 km에 달하는 측면을 확보함으로써 교두보 주변을 넓게 유지할 수 있는 기틀을 마련할 수 있었다. 하우서는 11일 밤 토텐코프가 익일 226.2고지를 점령할 수 있도록 SS군단의 모든 가용 야포들을 동원하여 정위치에 포진시키도록 지시했다.

14 Nipe(2011) p.296
15 NA : T-354 ; roll 605, frame 652
16 NA : T-354 ; roll 605, frame 654

## 켐프 분견군

11일 아침 만슈타인은 북쪽의 제9군이 거의 침투를 단념한 것으로 보이는 상황에 직면하여 돌비노(Dolbino)에 위치한 붸르너 켐프의 사령부로 와 대책을 강구했다. 켐프는 이미 전날 보고와 마찬가지로 더 이상 새로운 병력의 지원없이 쿠르스크로 진격하는 것이 불가능하다고 판단하면서 상당히 비관적인 견해를 제출했다. 심지어 켐프는 봘터 네링의 제24장갑군단이 온다 하더라도 너무 늦은 감이 있으며, 그 병력 또한 상황을 일신할 수 있는 규모에는 턱없이 부족하다고 생각하고 있었다. 그러나 브라이트 제3장갑군단장은 모처럼 돌파구가 보이기 시작한다는 판단과 함께 제2저지선을 돌파하여 평야지대로 진출한다는 욕망을 지니고 있었다. 1주 내내 SS장갑군단의 측면엄호에 실패해 왔던 그간의 스트레스를 막바지 스퍼트로 만회하고자 하는 기분은 충분히 이해될 수 있었다. 만슈타인은 켐프의 의견을 들어 제3장갑군단을 아예 SS장갑군단의 우익에 근접하게 붙일 구상도 했으나 브라이트 군단장이 상당한 의욕을 보임에 따라 현 위치에서의 공세강화를 허용했다. 과제는 간단하지만 엄중한 것이었다. 프로호로프카 남쪽의 소련 기동전력을 격멸하고 쿠르스크로 가는 길을 튼다는 것이었다.[17] 지금까지는 SS장갑군단과 제48장갑군단이 공세의 중핵이었으나 이제부터는 제48장갑군단 대신 제3장갑군단에게 비중이 전환됨에 따라 공격의 축선에 변화가 생기기 시작했다.

11일 공격의 중심은 제6장갑사단이었으며, 제7, 19장갑사단은 제6장갑사단의 진격을 방해하고 있는 소련군 제81, 89소총병사단들을 다른 곳으로 따돌리기 위한 위장기동에 치중했다. 장갑이나 보병전력이 쇠약해진 제19장갑사단에는 제168보병사단 429척탄병연대가 배속되어 사단이 북진하는데 도네츠강 서편 강둑에서 훼방을 놓는 소련군들을 우선적으로 막아야 했다. 제19장갑사단은 크리브쩨보(Krivtsevo)와 스트렐니코프(Strelnikov)를 점령하여 주공세가 이 사단이 위치한 북서쪽인 것처럼 기만하기 위한 작전기동을 취했으며, 소련군의 주의를 제6장갑사단으로부터 떼 내기 위해 수중의 병력을 총동원하여 최대한의 전력을 투구하고 있었다.

제3장갑군단은 제6장갑사단 11장갑연대 2대대로 구성된 오펠른 전투단의 19대의 전차와 1개 장갑척탄병대대의 대담한 작전에 의해 뒤늦게나마 당초 목표를 달성하는 데 성공했다. 오펠른의 전투단은 만슈타인의 특별한 요청에 의해 그라프 폰 카게넥크(Graf von Kageneck)의 티거대대 소속 3개 중대 모두를 지휘 하에 두고 있었다.[18] 오후 일찍 북쪽으로 진군한 전투단은 벨고로드-카사췌 국도 북쪽 언덕을 장악하고 있는 소련군의 대전차포 공격을 받았다. 이때 전차전의 명수로 알려진 대대장 프란쯔 배케(Franz Bäke) 소령은 8중대를 보내 소련군 진지의 측면을 부수도록 하고 그와 동시에 티거를 정면으로 돌진케 하자 소련군은 삽시간에 붕괴되어 19대의 전차, 32문의 대전차포를 포함, 다수의 중화기들이 격파되거나 노획되었다.[19]

223.3고지의 소련군을 격파한 장갑부대의 선봉은 카사췌(Kasatschje) 남쪽에서 깊은 전차호가 있는 것을 확인하고는 이내 중지하고 말았으며 후속하는 병력들이 도착할 때까지 기다려야 하는 상황으로 간주되었으나 항공정찰에 의해 카사췌에는 소련군이 전혀 없다는 사실을 확인하게 된다.

17 Newton(2002) p.56
18 Schranck(2013) p.307, 10일 밤, 11일 아침에 제6장갑사단이 보유하고 있던 전차의 수는 47대 정도였다. Piekalkiewicz(1987) p.168
19 NA : T-314 ; roll 197, frame 1392

왼쪽부터 헤르만 브라이트 제3장갑군단장과 프란쯔 배케 제6장갑사단 장갑연대 2대대장, 맨 오른쪽은 요제프 칼(Josef Karl) 597장갑엽병대대 돌격포 지휘관.(Bild 183-J16804)

이에 오펠른과 배케는 영화에나 나올 법한 지극히 모험적이고 위험한 작전을 구상하게 된다. 즉 야간을 틈타 노획한 소련 T-34 두대를 선두에 놓고 그 뒤를 다른 전차들이 따르게 하여 전차호 지역을 완전히 우회한 다음, 강 북쪽으로 이동해 르자붸즈(Rzhavez) 방면으로 치고 들어간다는 계산이었다. 배케 대대장은 중전차 티거가 너무 큰데다 야간에도 실루엣이 노출 당할 우려가 있음을 알고 일단 후방에 위치시켰으며 기타 T-34 뒤의 나머지 독일 전차들이 소련군에게 들키지 않도록 조심스럽게, 그러나 대담하게 이동시킬 참이었다. 배케의 부대는 자정이 되기 전에 카사쉐를 지나 소련군에게 들키지 않고 마을 북쪽의 주도로에 다다랐다. 거기서부터 르자붸즈의 북부 도네츠강 건너편 교량까지는 북쪽으로 겨우 5km 남짓하였으나 날이 밝자 갑자기 도로에 교통량이 증가하기 시작하였다. 여기서부터는 배케 전투단의 자살공격이 시작될 참이었다.

제6장갑사단이 비록 카사쉐에서 소련군 병력과 조우하지 못한 것은 사실이나 카사쉐를 무혈 점령함으로써 소련 제305소총병사단의 방어진을 찢어내고 그보다 10km 배후에 쳐진 제107소총병사단의 수비라인에 쐐기를 박는 효과는 잡아냈다. 소련 제69군 사령관 크뤼췐킨은 갑작스럽게 빨라진 제6장갑사단의 진격을 막고자 제81근위소총병사단을 독일군 진격로 정면에 배치하고, 고스티쉬췌보 남쪽에 위치한 제89근위소총병사단은 섣부른 대항보다 현 위치에서 수비에 치중하도록 교정했다.

한편, 제19장갑사단은 빈약한 장비에도 불구하고 드디어 벨고로드 동쪽 군단의 교두보를 깨고 제6장갑사단의 전투단과 나란히 북진할 수 있게 되었다. 제73장갑척탄병연대와 몇 대의 전차 및 공병중대로 구성된 사단의 요하네스 호르스트(Johannes Horst) 소령의 호르스트 전투단은 오전에 본격적인 공세를 전개했다. 호르스트 전투단의 공격은 1개 장갑엽병중대와 1개 차량화고사포대대 및 105mm 곡사포로 무장한 제19장갑포병연대 2대대의 지원을 받아 소련군 방어선을 돌파, 북쪽으로 3km가량의 돌출부를 만들었으나 키셀로보(Kisselowo) 정면의 전차호와 지뢰밭에서 정지했다. 호르스트 대대장은 일부 병력을 동쪽으로 우회시켜 마을의 측면을 때리기로 하고 자신은 주력을 끌고 정면을 공격하였으며 오후 7시경 마을은 격전 끝에 독일군의 수중에 떨어졌다. 전투단은 북부 도네츠강 건너편 교량이 위치하고 있는 사비니노를 향해 북진하였으며 강변에 근접하자 소련군의 맹렬한 사격이 가해져 강에 도착하기 전에 그날의 전투를 접어야 했다.[20]

## 제48장갑군단
### 그로스도이칠란트

오전 5시 45분 독일공군의 슈투카와 대지공격기들이 258.5고지 남쪽의 타깃을 때리기 위해 출격하고 그 이전에 사단의 선봉대가 전차호와 지뢰를 제거하기 위해 정찰에 나섰다. 선봉대는 공습이 가해지기 수분 전에 베레소브카 북쪽으로 2km 떨어진 237.6고지에 형성된 소련군의 1차 수비진 쪽으로 접근하기 시작했다. 공군과 포병대의 지원사격 하에 공병들이 첫 번째 지뢰밭을 훑었고 주공을 맡은 장갑부대는 30대의 판터와 역시 같은 수의 3, 4호 전차 계 60대의 전차를 동원하여 오전 6시 정각에 공세를 전개했다.

사단은 258.5고지에 앞서 남쪽으로 7km 지점에 있는 243.8고지를 먼저 점령해야 했는데 아침부터 천둥을 동반한 폭우로 진격은 뜻대로 되지 않았으나 휘질리어 연대의 1개 대대의 지원을 받는 장갑연대가 몇 시간의 격전 끝에 고지를 점령하는 데는 성공했다. 이어 남쪽으로 더 내려가 237.6고지 남쪽으로부터 1km 떨어진 지점에서 지뢰원을 발견하여 일단 공병들이 제거작업에 들어갔다. 이처럼 날씨와 지뢰로 인해 사단의 진격은 순조롭지 않았음에도 불구하고 북쪽과 서쪽으로 퇴각하던 소련군 소총병과 차량들의 종대는 독일군의 사정거리 안에 들어왔으며 베레소브카에 남아있던 소련군 병력은 사단의 진격으로 인해 포위망에 갇힌 꼴이 되었다.[21] 사단은 베레소브카 서쪽에서도 지뢰밭에 직면했으나 그럭저럭 돌파구를 마련해 이동을 속개했다. 그런데 후퇴하던 소련군들이 톨스토예 구역에 새로운 진지를 축성하여 돌연 독일군의 병참선을 위협하게 되었다. 서쪽의 이 톨스토예 구역의 삼림지대와 동쪽의 베레소브카 숲지대 사이를 가로지르는 크루글리크 도로 주변에는 소련군의 진지와 참호들이 산재해 있어 사단의 보급선을 안전하게 확보하려면 이 두 숲 지대의 소련군 병력을 제거해야 했다. 폰 크노벨스도르프 군단장은 사단에게 무조건 베레소브카를 치라고 명령을 내렸으며, 휘질리어 연대는 제3장갑사단의 지원을 받기는 했지만 도로변을 엄호하라는 측면지원 역할로 인해 서쪽 또는 북서쪽으로 도주하는 소련군 병력을 잡아내기 위한 보병전력을 활용할 수 없다는 문제점을 안고 있었다.

정오에 사단은 제3장갑사단과 합류, 30대의 3, 4호 전차가 마을의 서쪽에서 들어가고 30대의 판터는 남쪽에서 차고 들어가도록 했다. 동시에 제3, 394장갑척탄병연대는 시르제보에서 페나강을 건너 넓은 전선에 걸쳐 동쪽에서부터 베레소브카를 공략해 들어갔다. 이 협공작전으로 베레소브카의 동쪽 코너는 오전 9시에 독일군에 의해 장악되었으며 제6장갑연대가 전투에 합세하자 그로 인해 마을 북동쪽에서 버티던 소련군의 저항이 소멸되는 효과가 발생했다. 그러나 그것으로 다 해결된 것은 아니었다. 소련군 주력이 북쪽과 북서쪽으로 도주하고 제3장갑사단이 마을 중앙의 소련군 병력들을 소탕해 나가기는 했으나 소련군 잔존병력들은 마지막 한 명까지 사수하는 각오로 버티고 있어 완전히 마을을 장악하는 데는 상당한 시간이 걸림은 물론, 일일이 집집마다 수색하여

20 Nipe(2011) p.298
21 Nipe(2011) p.299

잔존병력을 솎아내야 되는 어려움이 있었다.

사단의 장갑부대는 판터들에게 독일군 보병을 지원하도록 하고 다시 남쪽으로 이동하여 늦은 오후 경 243.8고지를 점령하였으며 공병들은 고지 남쪽에 펼쳐진 지뢰들을 제거하는 데 투입되었다. 이때 페나강 북쪽 강둑에 위치한 라코보(Rakowo)에서 소련군 참호지대를 공략하고 있던 제332보병사단은 사단 장갑부대가 지뢰밭에 갇힌 와중에도 자력으로 강을 도하하여 오후 3시경에는 243.8고지에서 사단의 전차들과 조우할 수 있었다. 하지만 이 부근은 여전히 어수선할 수밖에 없었던 것이 소련군은 베레소브카에서 물러나 인근의 작은 마을에서도 집요하게 저항할 참이어서 정해진 진군속도에 매달려 있는 독일군으로서는 여간 신경이 쓰이지 않을 수 없었다. 소련군은 베레소브카 남쪽에서 특히 엄청난 인명피해를 입고 있으면서도 어떻게든 저항을 이어가려 했으며 제6전차여단은 겨우 35대의 전차와 몇 문의 대전차포로만 무장했을 뿐인데도 독일군과 정면에서 맞서려는 자세로 견뎌내고 있었다.

사단은 이날 부분적인 성공을 거두기는 했으나 크루글리크와 베레소브카와 경계를 이루는 톨스토예 구역의 숲은 여전히 소련군 전차들과 보병들이 장악하고 있었으며, 그보다 더 북쪽 정찰대대와 돌격포대대가 커버하고 있던 크루글리크-노벤코예(Nowenkoje) 구역도 소련군 기동전력의 이동이 빈번히 관찰되고 있어 이 주변을 모두 통제 하에 둔 것은 아니었다. 사단은 하루 종일 소련군 제6전차군단, 제90근위소총병사단과 씨름하다 저녁 무렵 칼리노브카로부터 주력을 몰아내기는 했다. 그러나 칼리노브카의 척탄병연대도 사실은 남쪽만 장악한 상태였으며, 밀려난 소련군의 두 병력은 제184소총병사단이 지키는 구역으로 옮겨가 전력을 재점검하면서 북쪽으로 계속해서 병력들을 증강시키고 있는 형편이었다. 퓌질리어 연대 역시 도로 주변에 산개한 형태로 기동하고 있어 주변 소련군의 병력 규모조차 제대로 파악이 되지 않고 있었다.[22]

사단은 일단 베레소브카-톨스토예 구간을 청소하고 노보셀로브카(Nowosselowka) 북쪽에서 집결해 국도의 양쪽을 따라 북진을 예상하고 있었다. 사단은 그 후 12일에는 제10전차군단을 프숄강 건너편으로 밀어내고 현 위치는 제3장갑사단에게 인계할 계획이었다. 10~11일 동안의 격전의 결과 소련군 제3기계화군단과 제6전차군단은 엄청난 손실을 경험하고 있었기 때문에 제3장갑사단은 페나강 둑 남부로부터 북쪽의 크루글리크까지 20km에 달하는 거리를 커버할 수 있을 것으로 예측하고 있었다.[23] 그러나 이때 독일군이 감지하지 못하고 있었던 점은 봐투틴이 제10전차군단을 제5근위전차군단과 함께 제48장갑군단의 공세정면으로부터 빼 서쪽 측면으로 이동시켜 동쪽 방향으로 찔러 들어가면서 야코블레보와 포크로브카로 진격하는 것을 구상하고 있었다는 것이었다. 이게 먹힌다면 제48장갑군단은 물론 SS장갑군단의 연결선마저 붕괴될 우려가 있었는데 제48장갑군단은 이제 측면에서부터 밀고 들어오는 소련군 3개 소총병사단을 합한 2개 군단, 200대의 전차들과 상대해야 하며, 소련군의 그와 같은 전술적 변화는 그때까지 자리이동을 해야 할 제3장갑사단에게는 엄청난 충격으로 다가올 참이었다.

## 제3장갑사단

22 NA : T-314 ; roll 1170, frame 601
23 NA : T-314 ; roll 1170, frame 602

사단은 아침 6시 베레소브카 구역의 소련군 소탕을 위해 공세를 전개했으며 페나강 부근 도로의 진창으로 인해 교량설치를 필요로 하는 동안 제394장갑척탄병연대는 베레소브카 동쪽의 강을 먼저 건너 마을에 대한 공격을 개시했다. 장갑척탄병들의 격렬한 전투 끝에 마을의 동쪽 주변은 점거되었고 소련군 수비대는 마을 중앙 쪽으로 후퇴했다. 한편, 슈미트-오트 대령의 장갑연대는 마을 배후로 진격해 들어가 소련 대전차포와 지뢰로 인해 다소의 난항을 겪기는 했지만 마을 중심을 통과하여 남쪽으로 밀고 내려감에 따라 소련군들은 서쪽의 개활지로 도주하고 말았다.[24]

일단 오전 9시 10분경 베레소브카 마을의 동쪽 주변구역은 독일군의 손에 완전히 장악되었으나 서쪽 절반은 제3장갑척탄병연대의 분전에도 불구하고 소련군들이 마지막 한 명까지 탄약이 떨어질 때까지 싸운다는 응전자세여서 겨우 12시가 되어야 잠잠해질 수 있었다. 독일군이 포병부대의 사격과 장갑부대의 포위전으로 소련군 수비진을 코너로 몰아넣자 전투가 끝난 시점에 500명의 전사자와 1,700명의 포로가 발생했다. 오후 3시경에는 제332보병사단이 베레소브카의 북쪽으로 돌아들어가 243.8고지 부근에서 그로스도이췰란트의 장갑부대와 연결됨으로써 거의 모든 소련군 잔존병력을 소탕하였다. 사단은 오후에 예정된 대로 그로스도이췰란트의 구역을 인수하여 군단의 서쪽 측면을 엄호하는 과정을 거쳤으며, 제332보병사단은 사단이 좀 더 북쪽으로 올라가는 동안 베레소브카를 담당하도록 조정되고 있었다.[25]

이로써 사단은 소련군 제71근위소총병사단을 페나강에 접한 라코보(Rakovo)와 챠파에프(Chapaev)로부터 축출하고 노뷘코에로부터 남쪽으로 뻗어 나간 멜로보예까지의 구간을 지키던 제184소총병사단도 압박을 받게 하는 효과를 나타내게 되었다. 사단은 이날의 성과에 따라 남쪽에서 북쪽으로 라코보-베레소브카-크루글리크 축선을 장악하는 데는 성공한 것으로 판단되었다. 소련군은 바로 전날 제6전차군단과 제90근위소총병사단이 지켜내던 페나강 쪽의 돌출부가 이와 같은 제3장갑사단의 분전에 의해 사라지게 되자 가파른 속도로 병력을 모으기 시작했다. 카투코프는 제10전차군단의 잔존 병력을 제1전차군의 우익에 해당하는 노뷘코예로 급파하고 제219소총병사단도 예비에서 뽑아내 제3장갑사단의 진격을 막으려 했다. 12일 제3장갑사단 앞에는 소련군 3개 전차군단과 3개 소총병사단이 밀집대형으로 들어차게 된다. 이날 밤 8시 45분 사단은 군단본부 보고를 통해 최초 70대의 3, 4호 전차로 출발한 상태에서 불과 23대의 전차로만 견디고 있음을 확인시켰다. 이 정도의 전력으로 길게 늘어난 제255, 332보병사단과 함께 그로스도이췰란트의 좌익을 엄호하면서 페나강에 집결된 소련군 병력을 쳐 나가기는 어려울 것으로 판단되는 것이 당연했다.[26] 독일군은 터무니없이 부족한 병력을 보충할 길이 없는 가운데 마치 행운이나 재수에 의존해 살림을 꾸려 나가고 있는 것처럼 보였다.

## 제11장갑사단

사단의 맞은편에 위치한 244.8고지는 남쪽의 평원지대를 완벽하게 감제할 수 있는 높은 언덕에 위치하고 있었으나 공군의 지원 없이는 너무 많은 출혈이 발생할 것으로 판단하고 오보얀 도로 동쪽에서부터 공격을 전개해 소련군 진지를 우회하는 방안을 생각하고 있었다. 이에 따라 제15장

24 NA : T-314 ; roll 1171, frame 248
25 NA : T-314 ; roll 1170, frame 603
26 Showalter(2013) p.196

갑연대는 일부 전차들로 오보얀 국도를 따라 244.8고지 쪽으로 향하는 페인트 모션을 취하고(남부 그룹), 주공인 제111장갑척탄병연대와 나머지 전차들은 배후에서 치고 들어가는 방안을 채택하기로 했다(북부 그룹). 그러나 진창으로 인해 어느 연대도 정위치에 집결하지 못해 오전 11시가 되어서야 공세를 전개할 수가 있었다.

사실 공격은 소련군이 먼저 시도했다. 새벽 3시 몇 대의 전차들을 동반한 소련군 소총병들이 244.8고지를 타고 내려왔다. 사단의 전차들은 3대의 T-34를 격파하자 나머지 전차들과 보병들은 북쪽으로 퇴각했고, 소련군은 오전 8시에 사단의 동쪽 측면을 지키고 있던 제111장갑척탄병연대 2대대 소속 1개 중대 쪽으로 공격해 들어왔다. 독일군은 그쪽에 12대나 되는 돌격포를 보유하고 있었으나 포탄부족으로 후방으로 밀려나 있어 소련군 전차와 보병들은 독일군 진영을 마음 놓고 유린해 상당한 피해를 입히는 데 성공했다.[27]

반면 독일군은 가장 가까이에 주둔하고 있던 소련 제10전차군단 병력에 기습을 가해 군단의 부사령관을 사살하고 중요한 기밀문서들을 입수했다. 이에 따르면 제48장갑군단의 좌익에 대한 타격이 준비되고 있다는 것이 확인되었으며 뵈르호펜에에 대한 전면적인 공세도 기획되고 있음을 알 수 있었다.[28]

오전 11시에 개시된 공격은 짙은 안개로 소련군 진지를 타격할 수 있는 시계가 확보되지 않아 애를 먹고 있었다. 이에 요한 믹클 사령관은 어차피 공군의 지원이 불가한 상태라면 소련군의 방어가 약한 동쪽으로 진군해 239.6고지와 근처의 벨로보에 구역 숲 지대를 장악하고 이를 통해 동쪽의 프숄강으로 진격할 수 있는 발판을 구축하려고 했다. 사단은 장갑연대와 장갑척탄병연대, 11돌격포대대로 전투단을 구성하여 오후 5시에 동쪽으로 진격, 프숄강으로부터 5km 떨어진 오를로브카(Orlowka) 남서쪽 고지까지 도달했다. 한편, 제111장갑척탄병연대는 사요틴카강 부근의 진창구역을 지나 코췌토브카에 당도한 바, 연대의 척후병들은 제5근위전차군단 소속 50대의 전차가 서쪽으로 돌진해 들어오는 것을 관찰하였고 더 북쪽으로 엄청난 양의 소련군 종대들이 남서쪽 방면으로 내려오고 있는 것을 육안으로 확인하였다.[29] 독일군은 크게 한 바탕 해야 할 순간이 다가오고 있음을 느끼고 있었다. 그러나 그 규모의 끝을 알 수 없는 상황에서 전선은 서서히 동요와 긴장으로 점철되기 시작했다.

## 평주(評註)

제2SS장갑군단은 하루 종일 지속된 격전에 비하면 진격거리는 5km에도 못 미치는 결과를 얻었다. 그러나 주요한 거점들을 확보한 것은 대단한 소득이었다. 라이프슈탄다르테는 252.2고지와 옥챠브리스키 국영농장, 콤소몰 국영농장을 모두 수중에 넣었다. 토텐코프는 프숄강을 건너 226.6고지를 향해 예정대로 진격해 들어갔으며 다스 라이히는 주력이 재편성과 휴식을 취하기는 했으나 장갑척탄병들은 상당한 접전을 치르면서 익일 스토로쉐보에로 가기 위한 길목을 정리하고 있었다.[30] SS장갑군단의 이날 기동은 특히 미하일로브카 근처 프숄강 남단에 위치한 제2전차군단의

27 NA : T-314 ; roll 1170, frame 600-602
28 NA : T-314 ; roll 1170, frame 602
29 Nipe(2011) p.303
30 Rotmistrov(1984) pp.181-2 소련군은 12일 반격작전의 발진지점들을 SS사단들이 먼저 점령함에 따라 기존 계획을 수정하는 것이 불가피했다.

일부 병력들을 포위하여 막대한 피해를 입히는 등의 치명타를 가하고 있었다.

7월 11일 오후 5시를 기해 제2전차군단 및 제2근위전차군단은 공식적으로 제5근위전차군 예하로 들어갔다.[31] 이 두 전차군단이 보유한 200대의 전차를 포함, 로트미스트로프의 부대는 581대의 T-34, 314대의 T-70과 일부 SU 구축전차를 합해 서류상으로는 무려 931대의 전차를 보유하게 되었다. 12일 아침의 공세에 직접 나서게 될 제1파의 전차만 558대였으며 나머지는 2선에 예비로 배치되었다. 게다가 부분적으로 망가져 수리를 마친 뒤 전선으로 복귀할 전차가 100대나 더 있었다. 이 수치는 한 줄로 늘였을 경우 1,500m당 100대의 전차가 포진한 것과 같았다.[32] 7월 8일부터 300km 거리를 주파해 SS장갑군단의 정면에 불과 9km를 놓고 전열을 갖춘 스텝(보로네즈)방면군 소속 소련군의 기동전력은 존재 그 자체가 하나의 역사였다.

이 긴박한 상황에도 호트는 여전히 서쪽 전구에만 관심을 집중하고 미증유의 위협이 다가오는 SS장갑군단 전구는 부차적인 것으로만 생각하고 있었다. 실제로 페나강 남쪽에서 독일군이 이룬 전과는 조금만 더 있으면 서쪽 전구를 깨끗이 소탕함으로써 프숄강 북쪽으로 전진하는데 있어 제4장갑군의 서쪽 측면을 완벽히 안정시킨다는 점을 강하게 시사하고 있었다. 제48장갑군단의 선봉인 그로스도이췰란트는 온종일에 걸친 전투 끝에 소련 제6전차군단과 90근위소총병사단을 칼리노프카로부터 쫓아내는 힘든 작업을 마쳤다. 제3장갑사단은 장갑전력이 부족한데도 불구하고 제332보병사단 일부 병력과 함께 베레소브카의 소련군 저항을 잠재우고 71근위소총병사단을 페나강 변 라코보와 차파에프 사이 구역의 서편으로 몰아냈다. 제11장갑사단은 그로스도이췰란트와의 긴밀한 공조 속에 오보얀 국도를 향해 진격하면서 260.8고지를 석권하고 그로스도이췰란트가 244.8고지를 점령하는데 결정적인 기여를 다했다. 제11장갑사단의 이러한 진전은 우측의 라이프슈탄다르테와의 간격을 일층 줄이는데도 공헌했다.

제48장갑군단은 7,000명의 소련군을 포로로 잡았으며 제6전차군단과 제3기계화군단 소속 170대의 전차를 격파하였고, 베레소브카 지역 258.5고지전에서도 1,365명의 소련군을 사살하는 전과를 올린데 비추어 제1전차군은 이제 거의 소규모 단위의 제대로 분열되어 며칠간만 조직적으로 구타하면 괴멸될 것으로 간주되었다. 그러나 프숄강 남쪽의 진창으로 뒤덮인 구역은 군단의 진격이 곤란할 뿐만 아니라 북쪽 강둑의 소련군 진지와 각종 참호의 존재로 인해 당장 실현될 수 있는 가벼운 목표는 아니었다.[33]

켐프의 비관에도 불구하고 동쪽 전구에서도 일시적으로 독일군에 유리한 착시효과가 나타나고 있었다.[34] 북부 도네츠 동쪽의 소련군은 도네츠강과 제3장갑군단 사이의 포위망에서 벗어나 퇴각하고 있었으며 제5근위전차군단 및 제10전차군단은 엄청난 장비와 병력의 피해를 입고 북쪽으로 물러나고 있는 상황이었다. 하우서의 SS장갑군단은 11일 하루 동안 총 125대의 소련군 전차와 26문의 자주돌격포들을 격파, 245명의 포로와 114명의 전향자를 낚는 등 여전히 기세를 올리고 있

31 Zamulin(2012) pp.167, 277, 279
글랜츠 & 하우스(1999)는 프로호로프카 전차전이 개시되기 직전인 7월 11일, 제5근위전차군과 제2근위전차군단 및 제2전차군단이 가진 총 병력은 793대의 전차와 37대의 자주포이며, 그 중 T-34는 501대, T-70는 261대, 처어칠 전차가 31대 있었던 것으로 기록하고 있다. 제5근위전차군의 이동경로와 시간표는 다음과 같다. 돈강 서쪽 지구에서 빠져나와 7월 8일까지 스타리 오스콜(Stary Oskol)까지 도달, 프로호로프카 서쪽 전구에서의 병력 재편성을 위해 7월 9일 밤 23시까지 현장에 도착, 7월 10일까지 프숄강 주변과 프로호로프카 남서쪽에서 독일군 기동전력을 맞이할 준비 완료

32 Showalter(2013) p.169

33 NA : T-313 ; roll 369, frame 8.655.675

34 Clark(2011) p.347

오룔 남부전선에서 분전 중인 505중전차대대의 티거

는 중이었다. 켐프 분견군의 제7, 19장갑사단과 제168보병사단은 북부 도네츠강 동쪽 강둑을 말끔히 청소함으로써 소련 제375소총병사단과 제81근위소총병사단은 리포뷔 도네츠강 북쪽으로 더 밀려났다. 이와 같이 도네츠강 일대에서의 진격이 성공한 것으로 판단됨에 따라 제7, 19장갑사단의 성과는 제6장갑사단이 멜리호보로부터 카사췌로 치고 들어가는 공간을 만들어내는데도 기여했다. 특히 배케 전투단을 선두로 하는 제6장갑사단은 소련군 제92근위소총병사단 구역을 뚫고 지나가 제2저지선 배후의 카사췌를 점령하고 알렉산드로브카와 르자붸즈를 따내기 위한 공세를 진행 중에 있어 소련 제5근위전차군의 측면을 위협하는 가장 위험한 존재로 인식되고 있었다. 라우스 군단의 2개 사단이 소련군 제72근위소총병사단, 제213소총병사단과 대치하는 와중에 제7근위군의 제15근위소총병사단이 지원으로 투입되기는 하였지만 이는 독일군 동쪽 공세의 확대를 저지하기 위한 방어 목적이었을 뿐 반격을 가하기 위한 규모는 아니었다. 제7근위군의 7개 소총병사단은 종으로 길게 늘어서 혹시라도 독일군의 코로챠로의 전진이 이루어지는 경우에 대비하고 있을 상황이었다. 더욱이 르자붸즈 부근을 중심으로 별도의 소련군 병력이 모여들고 있다는 징후도 포착되지 않았다. 이상과 같이 켐프 분견군의 제3장갑군단도 소련군 방어라인을 돌파하는데 성공하여 추가 목표지점을 물색하고 있는 사정 상, 형식적으로는 동쪽 전구에 이상이 생겨나고 있다고 믿기는 어려웠는지도 모른다.

호트는 동쪽에 소련군의 전략적 예비가 거의 다 와 있는 것과는 관계없이 SS장갑군단이 프숄강 북쪽 구역을 일소하고 제48장갑군단은 페나강 구역의 소련군 잔존병력을 없애는 것을 당면과제로 생각하고 있었다. 즉 SS장갑군단이 프로호로프카를 쳐 마을을 점령하고 제48장갑군단을 가로막고 있는 프숄강 북쪽의 소련군들과 붙기 전까지는 제48장갑군단을 북진시키지 않겠다는 계산인 것으로 판명되었다. 호트는 제1전차군이 쇠약해진 이 시점이 쿠르스크전의 클라이맥스가 다가온 것으로 치부하고 있었다.[35] 그러나 호트가 막바지에 도달했다고 본 소련군 2개 전차군단 200대 규모 전차의 서쪽 이동은 600대 규모의 전혀 새로운 예비병력이 도착하는 동쪽 전구의 예고편에 지

35 Glantz & House(1999) p.159

나지 않았다. 제4장갑군을 치기 위한 소련군의 서쪽 측면 공세가 결코 페인트는 아니었으나, 주공은 전혀 다른 방향에서 오고 있다는 것을 독일군은 느끼지 못하고 있었다.

## 북부전선(중앙집단군) : 7월 11일

11일은 이미 독일군이 공세를 중단한 상태에서 올호봐트카 북부를 향한 소련군의 국지적인 반격 이외에는 대규모 전투가 없었다. 클루게 집단군 사령관은 제12장갑사단을 제47장갑군단에게 배속시켜 전황을 타개하려고 했으며 여력이 생긴다면 제5, 8장갑사단을 쿠르스크로 내려 보낼 수 있을 것이라는 기대감을 버리지 않았다. 그러나 제47장갑군단의 전력은 공세를 속개할 정도의 전력을 유지하지 못하고 있었으며 장기간의 전투 끝에 심신이 너무나 지쳐버린 상태였다. 소련군은 11일 포늬리의 제41장갑군단에 대한 공세를 시작으로 양측의 공방전은 점차 제46, 47장갑군단의 전구까지 확대되었다. 독일군은 제23군단이 위치한 트로스나가 위기에 빠지자 돌격대를 편성해 구원에 나섰으나 소련 제48군의 8, 16소총병사단이 격퇴시키고 말았다.[36] 클루게는 11일 저녁 전날 제47장갑군단에게 붙여졌던 제12장갑사단과 제36보병사단을 제46장갑군단으로 보내 혹여 12일에 가능할지도 모를 돌파작전에 대응하려 했다. 남쪽의 호트 역시 제9군이 조금 더 움직여주고 프로호로프카에서 성과가 나온다면 남북 두 집단군의 조우가 전혀 불가능한 것은 아니라는 기대감을 표명하고 있었다. 그러나 모델 제9군 사령관은 전혀 그럴 의도가 없었다. 7월 8일에 테플로예, 올호봐트카, 포늬리에 대한 전면적 공세가 전개된 이래 전선은 이렇다 할 돌파구를 만들어내자 못하면서 교착상태에 빠진 상태로 수일을 보내게 되었으며 그나마 레멜젠의 제47장갑군단이 소련군 제75근위소총병사단을 격멸한 것 정도가 겨우 손안에 들어온 전과 중 하나였다. 그럼에도 불구하고 제9군은 304명의 전사 또는 행방불명을 포함, 총 1,480명의 피해가 발생했다. 이는 독소 양군이 포격전으로 상대방의 전초기지들을 맹타한 것과 공군이 양군 진지 배후를 여러 차례 공습한 데 따른 결과였다. 북부전선은 사실 전차전보다는 그와 같은 화포사격에 의한 소모전의 성격을 강하게 띄고 있었으며 남부전선에 비해 보다 격렬한 공중전이 빈번하게 전개되었던 전선이었다.

7월 5~11일간의 전투에서 독일공군은 소련공군에 대해 확실한 우위를 점했다. 독일 제6항공군은 공중전에서 57대 상실, 기타 다른 이유로 인해 60대, 도합 117대를 잃었으나, 소련 제16항공군은 439대를 파괴당했다.[37]

## 중앙집단군 공세의 중단

이날까지도 독일군은 잘만 하면 올호봐트카를 점령할 수도 있다는 기대감을 완전히 저버리지는 않았다. 실은 로코솝스키에 있어 독일군의 주공은 처음부터 포늬리이며 올호봐트카는 부차적인 목표로 간주되고 있었다. 그렇다고 해서 중앙집단군이 올호봐트카를 전혀 소홀히 한 것은 아니었다. 제9군이 올호봐트카를 따내기 위해서는 측면방호를 위해 그 전날 잃어버린 253.5고지를 반드시 잡아내야 했다. 로코솝스키는 이 고지 부근은 물론 올호봐트카-포늬리 구간에 대해 지난 수일 동안 한시도 빠짐없이 추가병력을 집어넣고 있었으며 이는 당시의 독일 전력으로는 도저히 관통시

36 Klink(1966) p.260
37 Forczyk(2014) p.73

킬 수가 없는 가공할 만한 철벽수비에 가까웠다.

소련군은 제2장갑군에 대해 오룔 동쪽에서 강행정찰을 전개하면서 상당한 규모의 화포사격을 실시하고 제11근위군이 북쪽의 수히니취(Sukhinichi)로부터 나와 공격을 시작했다. 이 북쪽 전구에는 거대한 숲지대가 있었으며 소련군은 독일군에게 들키지 않으면서 많은 병력을 여기에 몰래 집결시킬 수 있었다. 클루게 집단군 사령관은 처음에는 대수롭지 않게 생각하고 있었으나 공세가 늦게까지 계속됨에 따라 다시 가능한 모든 예비병력들을 모아 숲지대 소련군 병력에 대응하려고 했다. 소련군 역시 브리얀스크방면군과 서부방면군이 제2장갑군에 대한 공격을 기도하면서 오룔 지역 전체를 위태롭게 하자 클루게는 제9군을 불러 제2장갑군을 지원하도록 지시했다. 북부전선에서는 어떤 구역, 어떤 측면을 보더라도 소련군은 독일군에 대해 최소한 2:1 이상의 우위를 점하고 있었다.

제9군은 수중에 제대로 작전을 수행할 전력이 고갈되어 가고 있었다. 제9군의 예비로 있다 투입된 제4장갑사단은 가장 강력해야 할 제33장갑연대가 겨우 347명의 장병으로 지탱하고 있었으며, 제35장갑연대가 60대의 전차를, 505중전차대대가 11대의 티거를 보유하고 있는 것이 당장 투입될 수 있는 전력의 거의 전부였다. 모델은 이날 늦게 제10장갑척탄병사단과 제31보병사단을 동원하여 포늬리의 철도역 부근을 공격하였으며 뒤이은 소련군의 반격을 제압하기는 했으나 더 이상 포늬리 주변지역을 통제할 힘이 없었다.[38] 7월 10일 밤의 이 전투는 제9군이 성채작전에서 이룩한 마지막 전과였다.

더 이상 남쪽을 향한 전구확대는 의미가 없었다. 북동쪽 오룔을 향한 소련군 3개 방면군은 100만 명의 병력을 동원하여 최전방 노보실(Novosil) 구역에만 16개 소총병사단과 1,400대의 전차들을 포진시키고 있었다. 오룔 지구의 제2장갑군 소속 35군단은 겨우 4만의 병력으로 버티고 있었으며 200문의 화포는 있었지만 전차가 단 한 대도 없었다. 백만 명을 가진 소련군의 경우는 그중 가장 약하다는 서부방면군의 제50군 하나가 가진 병력이 54,000명에 달하고 있었다. 제35군단은 무려 130km 구간을 제34, 56, 262, 299보병사단만으로 펼쳐야 했으며 추가로 지원된 제35보병사단을 가장 시급한 오룔 동쪽 50km 거리에 파견했다. 어차피 기동전력이 전무한 상태에서 독일군은 공군의 지원을 기대하는 도리밖에 없었으며 여기에 제6항공군의 전 병력이 투입되어야 했다.

## 손익 계산서

모델의 제9군은 루프트봐훼들이 선전한 데 비한다면 초라한 성적표로 공세를 중단하게 되었으며 아마도 남부전선에서 그 정도의 항공지원이 적기에 이루어졌다면 만슈타인의 남방집단군은 좀 더 나은 성과를 남겼을 것으로 추측된다. 북쪽을 맡았던 제6항공군은 10,000회의 출격에 겨우 94대를 잃는데 그쳤다. 제9군은 평균적으로 10km, 가장 깊숙이 진격한 구역이 겨우 15km에 불과했으며 4,691명의 전사 또는 행방불명을 포함해 총 22,201명의 피해를 당했다. 이 숫자는 바르바로싸 이래 가장 격렬했던 1942년 9~10월간 스탈린그라드에서의 전투를 포함하더라도 1주일 동안의 전투에서 독일 육군의 1개 군이 입은 피해 중에서는 가장 규모가 큰 것으로 집계되었다. 제78, 86, 259 및 292보병사단은 평균적으로 사단 당 35~57%에 달하는 병력 손실을 경험했으며 특히 공

38 Clark(2011) p.116

세의 중추를 형성했던 육군 제23군단과 제46장갑군단을 지원하는 조공 기능의 병력들도 주공을 담당한 부대와 유사한 피해를 입은 것이 특기할 만했다. 제6보병사단은 작전 개시 전날 3,100명으로 출발했으나 7월 10일에는 1,600명으로 줄어든 것만 보아도 보병들의 피해가 극심했다는 것을 새삼 확인할 수 있었다. 또한, 제46장갑군단 소속의 제7, 31, 258보병사단은 불과 1문의 105mm 곡사포와 37mm 대전차포 19문, 50mm 야포 5문에 불과한 수효를 잃는데 불과했으나 단위부대 병력들은 각 대대 당 400~450명이었던 것이 1주일 후 185~280명 선으로 격감하는 현상을 나타냈다.

전차와 장갑병력의 피해는 미미했다. 성채작전에 참가한 6개 장갑사단은 티거 3대를 포함해 겨우 29대의 전차를 상실한데 불과하며 656중장갑엽병대대의 훼르디난트가 19대를 파괴당했고 6대의 돌격전차가 상실되었으며, 돌격포는 17대 파괴에 61대가 피탄되어 고장을 일으킨 수준에 불과했다. 작전이 취소된 시점에 63%의 전차가 기동가능한 상태였고 따라서 제9군은 전차, 구축전차, 돌격포를 전부 합하더라도 71~75대만 격파되거나 지뢰에 걸려 파손된 것으로 확인되었다.[39] 이 수치는 작전 개시 이전과 비교해 겨우 10% 미만의 피해를 본데 불과하다. 장갑차량의 경우도 총 308대가 기동불능이 되거나 수리가 불가피한 상태에 머물렀으며 그중 75%가 2주 후에 전선에 복귀할 수 있는 수준이었다. 남방의 만슈타인이 도입한 전법은 소위 판쩌카일에 의해 티거와 돌격포들을 전면에 배치하고 전차의 돌파력을 전면에 세워 종심 깊은 전진에 쐐기를 박는 돌격 방식이었다. 이에 반해 모델이 취한 방식은 보병과 장갑부대 및 포병의 협동을 주축으로 하는 재래식 진지공격법으로, 전차의 손실을 최소화하는 효과는 있었을지 몰라도 장갑차량들과 격리되어 전진한 보병들의 피해는 실로 막대했다.

소련은 성채작전 첫 날에만 200대의 전차를 분쇄하고 1주일 동안 북부전선에서만 400대의 독일 전차들을 파괴시켰다고 주장했다. 터무니없는 거짓투성이 주장인 까닭에 소련은 양군 모두 1,000대 가량의 전차들을 동원하여 4일 동안 대전차전을 치른 것으로 사실을 날조해야만 했다. 즉 수백 대의 전차를 파괴시켰다는 거짓말을 통하게 하려면 북부전선 포늬리-올호봐트카 구간에서도 남부전선의 프로호로프카와 같은 날조된 역사를 다시 한 번 만들어야 했기 때문이다. 전투의 대부분은 중대나 대대 규모의 소규모 공세와 저항으로 점철되었으며 현대판 삼국지와 같은 전투가 벌어졌던 것은 결코 아니었다. 작전이 취소된 시점에서 모델의 제9군은 무려 500대에 달하는 전차, 구축전차 및 돌격포들을 보유하고 있었다. 일설에 따르면 모델이 너무나 보수적인 전술로 일관한 탓에 기동전력을 단 한번이라도 제대로 집중시켜 본 바가 없어 북부전선은 1차 대전의 공성전을 연상케 하는데 그쳤으며 그 많은 전차들을 필요 이상으로 아끼면서 승기를 놓쳤다는 비판이 제기되기도 했다.[40] 하지만 반대로 어차피 중앙돌파가 불가능했던 현실을 직시하여 수중의 기동전력을 최대한 아낌으로써 차후에 전개된 소련군의 반격공세에 적절히 대처할 수 있었다는 결과론으로 그를 옹호하는 소리도 적지 않다.[41] 모델도 모델이지만 중앙집단군 사령관인 폰 클루게도 그 자신 극도의 신중함을 캐치프레이즈로 하는 인물이어서 성채작전과 같은 대규모의 공세작전을 과감

39 훼르디난트에 대한 혹평에도 불구하고 독일 제656중장갑엽병연대는 7월 5일~7월 27일 간 총 502대의 소련 전차들을 격파했으며 총 90대의 휘르디난트 중 파괴된 것은 39대에 지나지 않았다. Zaloga & Grandsen(1993) p.13

40 Showalter(2013) p.83

41 Schranck(2013) p.472

하게 처리할 수 있는 캐릭터는 아니었다.

소련 중앙방면군은 냉전 시절의 발표에 의하면 15,336명의 전사 또는 행방불명을 포함, 총 33,897명의 피해를 입었던 것으로 되어 있으나 7월 12일 쿠투조프 작전 개시 당시 로코숍스키의 중앙방면군은 탈진 상태에서 전혀 개입을 못했던 것으로 보아 실제 피해는 그보다 훨씬 더 치명적인 수준으로까지 전락했던 것으로 추측된다. 첫날 작전개시부터 48시간 동안 제9군은 소련군 13,000명을 살상한 것으로 집계했다. 소련 제15, 81, 307소총병사단은 거의 와해 수준까지 갔으며 여타 소총병사단들도 회복 불가능한 상태에까지 도달했다. 로딘의 제2전차군은 138대의 전차를 잃었고 80대가 반파당했는데, 이는 전투 개시 직전에 비한다면 46%가 소멸되었다는 뜻이었다. 또한, 푸호프의 제13군은 총 270대의 전차 중 33%에 해당하는 80대를 파괴당했으며 이 통계들을 합산한다면 중앙방면군은 총 200대의 전차를 상실하고 100~200대의 전차들이 반파 내지 기동불능상태가 되었다는 것을 시사하고 있다. 따라서 이러한 조건들을 고려하면 소련군은 약 60,000명 정도가 전사하고 300대 가량의 전차가 완파 또는 반파된 것으로 볼 수 있을 것이다. 독일군과 소련군의 상호 전차 격파 비율은 3:1 정도여서 남부전선에서 독일군이 얻은 8:1의 압도적인 승률에 비한다면 북부전선의 독일군이 거둔 성적표는 실망스럽기 짝이 없는 수준에 머물고 있었다.[42] 남방집단군은 7월 12일 프로호로프카 전투가 남아 있었으나 북부 쪽에서는 역으로 소련군의 쿠투조프 반격작전이 준비되고 있어 남과 북은 전과의 측면에서나 공세의 흐름에 있어서나 실로 너무나 비대칭적인 관계를 형성하고 있었다.

42 Forczyk(2014) p.74

# 10 프로호로프카 전차전의 전설과 신화 : 7월 12일

7월 12일 역사적인 이날, 제48장갑군단은 소련 제10전차군단을 동쪽으로 밀어붙여 프숄강 건너편으로 쫓아내고 SS의 프숄강 도하를 따라 들어가 북동쪽으로 공세를 확대하는 것을 준비하고 있었으며, SS장갑군단은 프로호로프카 남쪽과 서쪽의 소련군 병력을 격파하고 프로호로프카를 최종 점령하는 것을 노리고 있었다. 7월 5일 개전부터 시작해 이날까지 독일 제4장갑군은 소련군 전차 1,000대를 파괴시켰다. 이쯤 되면 호트가 소련군 기동전력의 중추를 파괴하고 승기를 거의 잡은 것으로 판단할 만큼 막대한 전과를 올리고 있었던 것은 사실이었다. 그러나 역사적인 이날, 지금까지 파괴한 만큼의 전차 대수와 유사한, 전혀 새로운 병력이 하루 만에 한곳에 집중한다면 그 이전까지의 눈부신 전과는 별로 의미가 없어지게 된다. 소련군 로트미스트로프의 제5근위전차군은 스텝방면군으로부터 이탈해 무려 200km 거리를 독일군에게 들키지 않게 주파하여 7월 8일까지 물경 600대 정도의 전차들을 프로호로프카 주변에 집결시키고 있었다. 이렇게 큰 규모의 병력 대이동을 소련군이 아무런 장애 없이 이룩할 수 있었다는 것 자체가 역사적인 사건이었으며, 비록 다가올 12일의 전투에서 소련군이 또다시 기적적인 격파 비율로 독일군에게 당하게 되는 것은 어쩔 도리가 없으나 2차 세계대전의 향배를 바꿀 이 행군과 전차의 기동 자체만으로도 소련군은 역사에 길이 남을 업적을 기록했다.

봐투틴은 이미 제33소총병군단의 주력이 프로호로프카에서 SS장갑군단을 프숄강 회랑지대로부터 격퇴시키기 위한 준비를 서두르게 하였으며 제2전차군단과 제2근위전차군단도 로트미스트로프의 제5근위전차군에 배속되도록 조치하였다. 이로써 로트미스트로프는 서류상만으로는 총계 850~930대의 전차들을 지휘하게 된다. 그 외에 42대의 SU-76 및 SU-122와 12대의 SU-152와 같은 구축전차들이 포진하였으며 프로호로프카 동쪽의 기축 전구에만 797대의 전차와 43대의 자주포가 자리잡고 있었다.

소련군은 우선 SS장갑군단의 연락선을 유지하는 그레스노예-오세로브스키 구역을 절단하기 위해 이른 새벽부터 공세를 전개하기로 하고, 360대의 전차를 보유한 제18, 29전차군단은 프로호로프카 주변에 집결해 프숄강 회랑지대를 따라 정면 대공세를 취함과 동시에 제2전차군단과 제2근위전차군단은 프로호로프카 남서쪽의 다스 라이히를 치도록 준비했다. 이는 대략적인 군단 별 지역배분이었다. 로트미스트로프는 이 정도 병력을 동원하고도 제5근위기계화군단 소속 212대의 전차들을 예비로 두고 있었다. 로트미스트로프의 전력은 일차적으로 루취키와 야코블레보를 향해 포진하게 되었으며 공격의 제1파는 450~538대의 전차를 보유한 제18, 29전차군단과 제2근위전차군단이, 제2파는 1파의 공세 결과에 따라 300대의 전차를 보유한 제5근위기계화군단과 제2전차군단을 끌어들이는 것으로 준비되었다. 이는 전투 양상에 따라 시차적으로 동원될 제대간 편성체제 분할의 기본 구도였다. 한편, 제53근위전차연대, 제1근위모터싸이클연대 및 제689대전차포병연대, 제678곡사포포병연대로 축조된 트루화노프(K.G.Trufanov) 장군의 혼성부대는 예비전력으로

소련 제5근위전차군 사령관 파벨 로트미스트로프 중장(우측). 4개 전차군단과 1개 기계화군단으로 구성된 러시아 중원 최고의 기동전력을 지휘했으나 12일 하루 만에 총 650대의 전차를 상실하는 전대미문의 재앙을 경험했다.

남게 되었다. 이 예비병력은 12일 오후 늦게 제69군에 이양되었다.[01]

소련군은 이처럼 쓰나미같은 전차의 파도타기 공격을 실시할 수 있는 규모임에도 100대의 티거가 있을 것 같은 독일군을 두려워하고 있었다.[02] 그러나 이는 완전히 잘못된 정보로서 당시 SS장갑군단이 가지고 있던 티거는 총 15대로 그 중 10대가 프숄강 북쪽의 토텐코프가 보유하고 있어 프로호로프카 전차전에는 아예 참가하지도 않았으며 다스 라이히는 단 1대, 그리고 라이프슈탄다르테는 미하엘 뷔트만이 지휘하는 4대만을 굴리고 있을 뿐이었다. 나중에 황당하기 짝이 없는 소련 프로파간다는 쿠르스크 전에서 700대의 티거를 파괴했다고 선전하는데 아마 독일군이 정말 그 정도 전력을 가지고 있었다면 소련군을 모스크바 앞까지 밀어낼 수 있었을 것이다.[03] 이는 몇 대의 티거가 소련군 대대, 연대병력의 전차들을 계란 으깨듯 밀고 들어오는 공포심으로 인해 기존의 창피한 상호 격파 비율을 희석시키기 위해 티거의 수를 과장되게 발표한 것으로밖에 생각되지 않는다. 여하간 T-34는 원거리에서 티거의 전면장갑을 관통시킬 수가 없어 가능한 한 지근거리까지 근접해

01 Klink(1966) p.243, Zamulin(2012) p.298, Dunn(2008) p.159, Rotmistrov(1984), p.174
봐투틴은 7월 12일 프로호로프카에서의 반격작전 준비를 위해 주공인 제5근위전차군의 백업 병력으로 다음의 제대들을 편성했다. 제2전차군단, 제2근위전차군단, 93, 148포병연대, 148, 522곡사포연대, 1529자주포연대, 16, 80후방박격포연대.

02 Barbier(2013) p.137
소련 제5근위전차군의 규모는 막강 그 자체이기는 하나 3분의 1에 해당하는 전차가 독일의 3호 전차에도 못 미치는 T-70 경전차였다. 따라서 봐투틴이나 로트미스트로프 모두 최초 단계에서 상당한 전차 피해가 불가피하다는 점을 인식하고 있었다. 또다른 문제는 제29전차군단의 키리첸코(I.F.Kirichenko) 사령관이 프로호로프카 전차전과 같은 대규모 반격작전을 수행해 본 경험이 없어 공세의 최선봉으로서 배치된 것이 과연 타당한 결정인가 하는 점이었다. 키리첸코는 모스크바방위전에서 여단장으로 활약한 적은 있으나 군단을 맡게 된 것은 이것이 최초였으며 군단사령부 역시 작전 개시 직전에 급조된 데 지나지 않았다. 제18전차군단의 바하로프(B.S.bakharov) 역시 로트미스트로프와는 쿠르스크에서 처음으로 실전을 경험하는 처지였다. 이 두 세 가지 우려는 곧 사실로 판명되었다.

03 Agte(2007) p.74

야 할 필요가 있었으며 로트미스트로프는 그 전에 독일군 전차들에게 정 조준되지 않기 위해 모든 전차들이 풀 스피드로 돌진하면서 주포 사격을 병행할 것을 지시했다.[04] 그럴 듯 해 보이는 지시 같지만 이 명령은 재앙적 결과를 초래하게 된다. 당시의 전차는 요사이처럼 컴퓨터 처리된 고도의 사격통제장치나 주포안정화장치(gyroscopic stabilizer)를 발명하지 못해 돌진 중에 목표물을 정확하게 사격하기란 거의 불가능했다.[05] 최고속도로 움직이는 탓에 독일군도 소련 전차를 타격하기가 쉽지 않지만 소련 전차 역시 독일 전차들을 명중시키기는 더 어려워진다는 점을 간과했다. 당시의 전차는 달리다가 사격을 할 때는 일단 멈추고 주포를 발사하는 것이 정상이었으며 달리는 중에 적 전차를 맞춘다는 것은 서부극처럼 말 등위에 올라타 윈체스터로 건맨을 쓰러뜨리는 일보다 더 어려웠을 것이다.

파울 하우서는 이날 전형적인 독일 스타일의 전차전을 수행하기 위해 세부적인 지시는 자제한 채 일선 지휘관들에게는 그때그때 상황에 맞게 유연하게 적응하면서 창의적으로 상황을 판단하여 전투에 임할 것을 주문했다. SS장갑군단은 프로호로프카 남쪽에서 북쪽으로 들어가는 방향설정에 있어 토텐코프가 프숄강 북부로부터 소련군의 측면을 치고 들어가도록 함으로써 결과적으로는 프로호로프카 서쪽에 포진한 소련군의 배후를 휘젓는다는 구상을 하고 있었다. 따라서 토텐코프는 프숄강 회랑지대 동쪽 출구를 봉쇄하고 있는 소련군을 교란 내지 와해시킨다는 의미에서 결정적으로 중요한 역할을 해내야만 했다. 특히 게오르크 보흐만의 장갑부대는 프숄강 교량을 넘어 북진, 226.6고지를 지나 카르테쉐브카-프로호로프카 도로를 겨냥하고 있었으며 카르테쉐브카 도로는 프로호로프카 서쪽의 소련군 후방을 때리는 진격로 상에 위치한 절대적으로 중요한 거점이었다. 따라서 보흐만의 전차들은 이 도로에 도달하면 다시 동쪽으로 진격해 페트로브카에서 강을 도하한 다음 최종적으로 프로호로프카 서쪽의 소련군 수비진을 파괴한다는 수순에 의거하고 있었다. 이는 라이프슈탄다르테 공세 전면에 요새화된 소련군 진지들이 너무나 많이 축성되어 있어 토텐코프가 뒤쪽으로 돌아들어가 라이프슈탄다르테의 부담을 덜어준다는 노동분담을 염두에 둔 것으로서 토텐코프 공략의 성공여부가 라이프슈탄다르테와 다스 라이히의 공격을 담보할 수 있었다.

라이프슈탄다르테는 토텐코프의 공세가 본격화되면 사단의 우측에 중점을 두어 스토로쉐보예 숲지대, 스탈린스크 집단농장 및 북쪽의 얌키(Jamki) 순으로 공격해 들어가도록 되어 있었다.[06] 동시에 다스 라이히는 동쪽으로 진군해 프로호로프카 남서쪽으로 10km 지점에 놓인 뷔노그라도브카(Winogradowka)와 이봐노브카(Iwanowka) 사이의 고지대를 점령해야 했다. 일단 소련군 방어망을 돌파하면 다스 라이히는 이봐노브카를 향해 남쪽으로 내려가 남쪽으로부터 프로호로프카를 공략하는 유리한 지점을 확보하여 13일에 결정적인 한수를 선보이는 것으로 예정되었다. 이렇게 되면 우리가 지금까지 흔히 3개 SS장갑척탄병사단이 어깨를 나란히 하여 프로호로프카에서 소련 제5근위전차군과 제5근위군을 상대한다는 전설적인 전차전과는 사뭇 다른 공격대형이 유지되고 있음을 상상하게 된다. 즉 토텐코프가 잽을 날려 상대의 허점을 노린 다음, 라이프슈탄다르테가 정면에서 스트레이트를 날려 전세를 유리하게 이끈 뒤, 다스 라이히가 아래쪽에서 복부를 향해 결정적인

04 Rotmistrov(1984) p.180, Glantz & House(1999) p.168
05 아츠시(2012) p.74
06 NA : T-354 ; roll 605, frame 659, Stadler(1980) p.97, Lehmann(1993) p.233

어퍼컷을 때린다는 3단계 구상이 더 역사적 사실에 근접한 전법이자 전술대형이라는 점을 수긍케 될 것이다.

## 프로호로프카를 향한 대전차전의 서곡

동부에서 엄청난 양의 소련군 전차들이 쏟아져 들어오고 있었지만 소련군 스스로도 나름대로의 세밀한 고민들을 하고 있었다. 제5근위전차군이 SS장갑군단의 우익을 타격하기 위해 집결 중이었던 때에 제6장갑사단의 오펠른 전투단이 르자붸즈 부근에서 북부 도네츠강 도하지점을 장악하였고, 제19장갑사단은 르자붸즈 서쪽편의 강을 수차에 걸쳐 도하하고 있었다. 따라서 로트미스트로프는 소련군 공세의 남익이 위협에 빠진 것으로 판단하고 보잘 것 없는 독일장갑사단의 전차정수를 잘못 판단하여 필요 이상의 신중을 기하는 측면이 있었다.

제6장갑사단의 오펠른 대령과 배케 중령은 요새화된 카사춰 주변지역을 지나 북진을 계속하여 SS장갑군단을 따라잡겠다는 대담한 구상을 가지고 있었다. 르자붸즈 마을과 린딘카(Ryndinka)의 도네츠 도하지점의 교량은 북쪽으로 4km 지점에 위치하고 있었으며, 오펠른은 대낮에 전차들이 르자붸즈를 치고 돌파하면 린딘카의 소련군 수비대가 그쪽으로 바로 신경을 곤두세울 것이고, 그에 따라 교두보를 따내기 전에 소련군이 교량을 폭파시켜 독일군의 전차전력을 강변 남방에 고립시켜버릴 우려가 있다고 생각했다. 오펠른과 배케는 지난번처럼 노획한 두 대의 T-34를 맨 앞에 세워 야간기동을 통해 소련군을 속인 다음, 르자붸즈를 통과해 교량으로 직행한 뒤 공병과 장갑척탄병들이 교량을 폭파당하기 전에 안전을 확보한다는 작전을 구상했다.

이 작전은 영화처럼 전개되었다. 프란쯔 배케의 선도부대가 소련군 진영 한 복판을 가로질러 통과하면서 정지되어 있던 12대의 소련군 차량들이 눈치 채지 못하게 기동한 다음 북쪽으로 빠져나가려고 했다. 담배는 피우되 절대 독일어로 말하지 말라는 엄명이 떨어져 있었다. 그러나 독일 전차 한 대가 고장을 일으켜 길을 막아버린 가운데 앞서간 선도부대와의 통신이 두절되어 버렸다. 이에 오펠른은 고장난 전차 옆을 지나 조심스럽게 기동했고 배케는 곧 동이 터오면 독일 전차와 차량들의 실루엣이 확인되어 위장기동이 불가능하다는 판단 하에 후속하는 병력을 기다릴 것 없이 더 진격해 들어갔다.

새벽 4시경 배케의 전차들이 르자붸즈 입구에 다다르자 반대편 도로에서 T-34 종대가 나타났다. 가장 맨 앞에 섰던 전차가 배케에게 어떻게 할 것인지를 묻자, 배케는 부하에게 숨을 크게 들이쉬고 무전기로 자신이 들을 수 있도록 전차의 수를 세어 보라고 지시했다. 배케의 부하 후흐트만(Huchtmann) 중위는 배케가 무선으로 알아들을 수 있도록 하나하나 세다가 22대까지 확인했다. 소련군 전차들은 바로 옆에 독일 전차들이 있는 것도 모르고 스쳐 지나갔고 전차병들은 숨을 죽이면서 배케의 명령만을 기다리는 초긴장의 순간이었다. 그 순간, 지나쳐 가던 T-34들 중 5~6대가 도로 밖으로 삐져 나갔다가 다시 거꾸로 전진해 오기 시작했다. 이때 배케는 기가 막힌 수를 생각해 냈다. 소련 전차 5대가 자신의 옆을 지나간 다음 고참 전차장 조벨(Zobel)과 함께 전차로부터 뛰어내려 가장 옆에 근접한 T-34전차 2대에 자석식 대전차지뢰로 재빠르게 폭약신관을 장치했다. 그 순간 전차 위에 타고 있던 소련 보병이 소총을 겨누자 배케는 번개처럼 총을 빼앗아 처치하고 바로 옆의 진창투성이의 참호로 뛰어들면서 불과 수초의 간격을 두고 전차들을 파괴시켰다. 참호의 물

야간에 노획 전차로 적진 깊숙이 진출해 르자붸즈의 교두보를 확보한 제6장갑사단 프란쯔 배케 중령

은 가슴까지 차고 올랐다. 그 직후 배케의 부하들이 다시 다른 소련 전차 2대에 지뢰를 장착하였으나 하나는 성공하고 다른 하나는 불발로 끝났다. 살아남은 다른 한 대가 포탑을 회전시키는 순간, 배케는 자신의 3호 지휘전차에 올라타 포탑 뒤에 몸을 숨긴 다음, 옆에 있는 부하의 전차에게 격파명령을 내렸다. 배케의 지휘전차는 주포 모양의 나무를 끼워 넣어 만들어진 것으로서 포탄을 발사할 수 없었다. 피격된 소련 T-34는 이내 화염에 휩싸이면서 주저앉았다.[07]

배케의 부하들이 육박공격에 의해 소련 전차들을 파괴시킨 순간, 소련군은 도대체 어둠 속에서 무슨 일이 일어났는지 알지 못해 대혼란에 빠지고 말았다. 여하간 네 대의 T-34가 도로 한 가운데에서 화염에 휩싸여 있었고 그 화염을 통해 겨우 주변 환경을 식별할 수 있을 지경이었다. 즉 배케는 같은 도로상에서 소련군 종대 중간에 끼어들어 종대를 둘로 갈라놓았으며 그와 동시에 르자붸즈를 향해 따라 들어오던 독일 전차들이 소련군 전차 종대에 주포 사격을 가하면서 일대 접전이 일어났다. 이어 소련군들의 사격이 온 사방에서 개시되었고 배케는 이제 위장 전진이 끝난 것으로 판단하여 모든 병력이 르자붸즈로 직행하여 소련군 진지를 분쇄할 것을 고함쳤다. 본격적인 격투가 전개된 후에는 적어도 소련군 전차 12대 이상이 화염에 휩싸여 있었다. 오펠른-브로니코프스키 연대장의 지휘전차도 기관총을 사방으로 쏘면서 적진 한 가운데로 돌진했고 소련군 소총병의 전차격파조들이 몰로토프 칵테일로 공격해 오자 또 다른 우군 전차가 지원에 나서기도 했다.[08] 동시에 독일군의 잔여 전차들은 르자붸즈를 급습해 소련군의 4개 진지를 쑥대밭으로 만들면서 거기서 멈추지 않고 곧바로 마을 가운데를 지나 린딘카 교량으로 향했다. 공병들은 참호의 소련군들을 격멸하고 박격포대를 접수했다. 그러나 소련군이 교량을 폭파시켜버리자 독일군들은 모처럼의 야간 기습이 수포로 돌아갈 것으로 예상했다. 그러나 놀라운 일이 벌어졌다. 폭발력이 약해 교량이 부분적으로만 파손되었을 뿐 멀쩡히 살아있는 것이었다. 이에 공병들과 장갑척탄병 1개 중대가 남은 폭약을 제거하고 건너편 강둑으로 넘어가 가까스로 교두보를 확보하는 데 성공했다. 배케의 전투단은 소련 제5근위전차군이 SS장갑군단을 공격하기 바로 직전에 소련군 주력부대의 남쪽 측면을 때리고 들어온 셈이었다. 동시에 제3장갑군단이 7월 12일 새벽 북부 도네츠강의 최초 교두보를 확보한 순간이었다.[09] 이 놀라운 야간 기습에 더욱 경이적이었던 것은 독일군 전차가 단 한 대도 완파된 것이 없었는데 비해

07 Kurowski(2004) Panzer Aces, pp.53-4, Lodieu(2007) p.103
08 Kurowski(2004) Panzer Aces II, p.479
09 Kurowski(2004) Panzer Aces, p.315, Showalter(2013) p.191

대지에는 27대의 소련 전차들이 쓰러져 있었다는 점이었다. 배케는 후에 백엽기사철십자장을 수여받았고 그의 상관인 오펠른-브로니코프스키 연대장에게는 독일황금십자장이 수여되었다.[10]

사실 교두보는 마련되었다고는 하지만 당장에 전황이 바뀌는 것은 아니었다. 그러나 소련군을 친 것은 대수롭지 않은 병력이었음에도 불구하고 배케 전투단의 침투는 스텝방면군 사령부 참모진들에게 패닉을 초래했다. 제5근위전차군이 SS장갑군단의 진격을 막아 결정타를 때린다는 시점에 제6장갑사단을 필두로 한 제3장갑군단이 제5근위전차군의 좌익을 계속 치고 들어올 경우 12일 프로호로프카 남서쪽을 향한 소련군의 공세는 수포로 돌아갈 가능성이 짙은 것으로 판단하고 있었다.[11] 로트미스트로프는 급거 부사령관 트루화노프(K.G.Trufanov)에게 제5근위기계화군단으로 독일군의 남익공세를 분쇄하라고 지시하게 된다. 결국 프로호로프카 서쪽에서 본격적으로 전개될 독일 SS장갑군단에 대한 제5근위전차군의 공세에 앞서 예비병력이 먼저 남쪽으로 내려가 전투를 벌여야 할 상황이 생겨났다. 그러나 소련군은 1개 군단을 빼더라도 제10근위기계화여단, 제51근위전차연대, 제24근위전차여단 및 제5근위기계화군단의 포병대, 자주포, 대전차포 단위부대들을 모두 예비로 가지고 있어 별로 겁날 게 없는 상황이기도 했다. 트루화노프는 우익을 맡은 종대에 30대의 T-34 및 15대의 경전차를 보유한 제54, 55근위전차연대로 구성된 제11, 12근위기계화여단를 포진하도록 하고, 좌익의 종대는 차량화소총병연대와 2개 차량화포병연대, 제53근위전차연대로 편성되도록 조치했다. 주력은 북쪽에서부터 교두보를 향해 전진하고 제92근위소총병사단과 제96전차여단의 일부 병력은 주력의 지원병력으로 준비되었다. 이로써 12일 전투의 종료 시점에 확인 가능했던 바로는 7월 12일 독일 SS장갑군단과 제3장갑군단에 대해서 대략 다음과 같은 양의 소련 전차들이 포진하게 되었다. 즉 라이프슈탄다르테 1개 사단 앞에 423대, 토텐코프에 113대, 다스 라이히에 80대, 그리고 제3장갑군단 소속 3개 장갑사단 정면에 195대의 전차들이 할당되었다. 이에 맞서는 라이프슈탄다르테는 63대, 토텐코프는 101대, 다스 라이히는 68대, 제3장갑군단은 59대에 불과했다.

우리가 지금까지 알고 있었던 쿠르스크전은 미국으로 건너간 독일쪽 자료들이 충분히 검토되지 않은 상태에서 독일군 전차 600대, 소련군 전차 900대 독소 양군 합계 1,500대의 전차가 프로호로프카에 집결하여 대격돌을 펼친 것으로 되어 있다. 21세기에 들어와 그러한 신화는 대단히 과장된 것이라는 증거들이 속속 밝혀지면서 소련측은 자신들의 파괴된 전차수가 너무나 치욕적이리만큼 막대했기에 독일군 보유 전차수를 터무니없이 늘려 발표한 것이라는 것이 정설로 굳어져 가고 있다. 최근에서야 상당한 수정작업이 이루어지고 있다고는 하지만 2008년 이후에 발간된 문헌에도 독일군 600대, 소련군 850~900대의 전차가 맞붙었다는 표현을 예사로 표기하는 경우가 여럿 있음을 발견하게 된다.[12] 그중 객관적인 1차 자료의 해독과 가장 정확한 반증에 의해 이 신화를 철저하게 교정한 것은 죠지 나이프의 최신 저술에서 찾아볼 수 있다. 그러한 객관적 사실의 재확인에도 불구하고 쿠르스크 기갑전의 규모나 프로호로프카 대전차의 비장함이 희석되지는 않겠지만 1,500대의 전차들이 서로 붙었다는 이 신화는 반드시 교정되어야 한다는 소명아래 지금도 새로운

10 Kurowski(2004) Panzer Aces II, p.479
11 Nipe(2012) p.58
12 2016년 가장 최근에 출간된 Robert Kirchubel의 Atlas of the Eastern Front 1941-45에도 쿠르스크에 동원된 독일군의 전차는 100대의 티거를 포함한 500대로 추산하고, 소련군은 800대를 동원한 것으로 기록되어 있어 오류를 즉시 교정하지 않는 저자의 게으른 면을 그대로 보여주고 있다.

관련 연구들이 진행 중이라는 것을 염두에 두어야 할 것 같다.

## 제2SS장갑군단
### 라이프슈탄다르테

전날 사단은 프숄강 회랑의 서쪽 입구를 돌파해 치열한 전투 끝에 252.2고지를 점령했다. 요아힘 파이퍼 하프트랙대대가 따낸 이 고지는 프로호로프카 방면 중 가장 동쪽 끝에 자리 잡고 있었다. 그러나 사단은 이미 동서로 측면을 너무 많이 노출시키고 있어 더 이상의 진격은 무리가 따랐다. 가장 근접했다고 하는 토텐코프의 1대대는 봐실예브카에 머무르고 있었으며 이는 252.2고지로부터 5km 떨어진 곳으로 파이퍼 대대와 직접 접촉을 유지할 수는 없었다. 테오도르 뷔슈는 이 사단간 간격을 구스타프 크니텔의 정찰대대가 맡아 주기를 기대했으나 다수의 소련군 전차가 이 사이로 밀려든다면 지켜낼 공산이 희박했다. 사단의 우익에는 스토로쉐보예 숲 북쪽 모서리에 위치한 다스 라이히가 라이프슈탄다르테 제1SS장갑척탄병연대 남쪽 구역으로부터 4km 떨어진 곳에서 이동하고 있었다. 따라서 파이퍼가 지키고 있는 252.2고지는 양 측면으로부터 모두 멀리 떨어져 고립된 상태나 다름없었다. 파이퍼는 252.2고지 반대편 기슭에 남아있는 소련군 진지와 참호들을 이용하여 포진하고 척후대를 동쪽 기슭에 배치하였으며, 이때 루돌프 폰 립벤트로프 SS중위의 장갑중대는 반대편 서쪽 사면의 전차호를 이용해 자리를 잡았다.

라이프슈탄다르테와 다스 라이히는 멀리 동쪽에서 밀려오는 소련 전차들의 엔진소리를 들을 수 있었다고 하는데, 갑자기 소리가 사라졌다 화포사격과 공습이 전개되자 조만간 전차들의 총공격이 예고되었음을 감지할 수 있었다. 더욱이 독일군 정찰대는 조만간 수백 대의 소련 전차들이 프로호로프카 근처 발진지점으로 모이고 있는 것을 포착하게 될 시점에 있었다. 포사격은 토텐코프 전구에 대해서도 가해지고 있었으나 252.2고지의 독일군들은 토텐코프의 공세가 효과를 볼 때까지 자리를 잡고 기다리는 쪽으로 가닥을 잡고 있어 12일 새벽 일찍 재집결 과정을 거치지 않고 있는 상태였다. 당시 3개 장갑중대는 파이퍼 부대 뒤편에 흩어져 대기하고 있었으며 폰 립벤트로프가 이끄는 6중대의 장병들은 고지 서쪽 사면에 겨우 몇 시간 눈을 붙인 상태에서 깨어날 무렵이었다. 파이퍼의 부하들도 전선에 뭔가 심상치 않은 일이 벌어지고 있다는 것을 눈치 채고 숙면을 하지 못한 상태로 남아 있었다. 제2SS장갑척탄병연대의 다른 두 대대는 252.2고지 서쪽에 위치한 스브쉬옥챠브리스키 철도선 바로 뒤에 수비라인을 형성하고 있었으며 장갑대대의 5, 7중대는 보병들의 진지 바로 뒤에 자리 잡고 있었다. 고지의 동쪽은 제1SS장갑척탄병연대가 스토로쉐보예 숲 동쪽 끝자락의 언덕에 참호를 구축하여 포진하고 있었다. 이 언덕 부근을 벨고로드-프로호로프카 철길이 통과하고 있었는데 좀 더 북쪽으로 가게 되면 철길이 다스 라이히의 전선과 평행을 이루면서 약간 동쪽으로 굽이친 다음 프로호로프카 서쪽 어귀로 연결되어 있었다. 252.2고지와 프로호로프카 서쪽 입구 사이의 거리는 불과 2km 이내에 지나지 않았다.[13]

### 전투개시

날이 밝자 소련군 제5근위전차군 소속의 제18, 29전차군단의 전차들이 대대규모로 여러개의

13 Nipe(2011) p.316

티거 1313호를 정비하는 라이프슈탄다르테 전차병들. 뒤돌아 보는 장병이 포수 하인리히 크뇌스(Heinrich Knöß)

덩어리로 뭉쳐 독일군 쪽으로 다가오고 있었다. 토텐코프 쪽은 오전 6시 30분 페트로브카 3km 지점에서 소련군 전차들과 보병들의 진격을 포착했고 8시 20분경 40대의 전차를 동반한 2개 보병연대가 봐실예브카 동쪽 1km 지점에 있는 것이 발견되었다. 오전 9시 15에는 라이프슈탄다르테 척후대가 프숄강 회랑지대 서쪽 입구로부터 소련군 전차의 대규모 병력이 쇄도하는 것을 잡아냈으며 40대 가량의 전차가 스토로쉐보예 숲 북동쪽 코너에 위치한 라이프슈탄다르테 진지로 달려오고 있는 복잡한 상황이 전개되고 있었다. 한편, 35대의 전차가 252.2고지를 향해 다가오고 있었으며 40대의 전차로 구성된 제2파는 스브취옥챠브리스키로 접근하고 있었다. 즉 사방에서 40~50대의 T-34, T-70 전차들이 독일군 진영으로 동시에 밀려들어오고 있다는 정찰보고였다. 정찰대는 즉시 보라색 연기로 소련 전차의 접근을 알렸다. 로트미스트로프의 공격부대는 5개 전차여단을 동원해 회랑지대를 통과하여 서쪽으로 나란히 돌진하고 있었으며, 각 여단 소속 60~65대의 T-34, T-70 전차들, 총 300대의 전차가 봐실예브카와 스토로쉐보예 숲 사이의 독일군 진영으로 밀어닥치고 있는 초유의 위기상황이었다. 성채작전 개시 이래 이토록 많은 소련군 전차가 이토록 좁은 구역에 밀려들어 온 적은 없었다. 아무리 크게 잡아도 대략 가로, 세로 각각 6~8km에 불과한 이 구역은 나폴레옹의 마지막 전투가 되었던 워털루보다 협소한 면적이었다.

로트미스트로프는 이날 3개 주요 축선을 따라 전차들을 집결시켜 SS사단들을 향해 정 직선으로 진격할 것을 명령했다. 3개 축선은 그레스노예, 콤소몰 국영농장 및 북부 테테레뷔노를 향해 삼각형을 만들면서 SS들을 분리, 격퇴시키기 위한 주 공격루트로 설정되었다.

우선 제18전차군단은 프숄강을 따라 남서쪽으로 진격하여 봐실예브카까지 놓인 남쪽의 강둑을 정리하고, 그다음 남동쪽으로 틀어 포크로브카, 그레스노예, 콤소몰 국영농장으로 접근할 계획이었다. 그 즈음 토텐코프는 프숄강 교두보를 지탱하면서 제5근위군의 남진을 가로막고 있었으므로 제5근위군과 제5근위전차군이 합류하기 위해서는 토텐코프를 고립시킬 필요가 있었다.

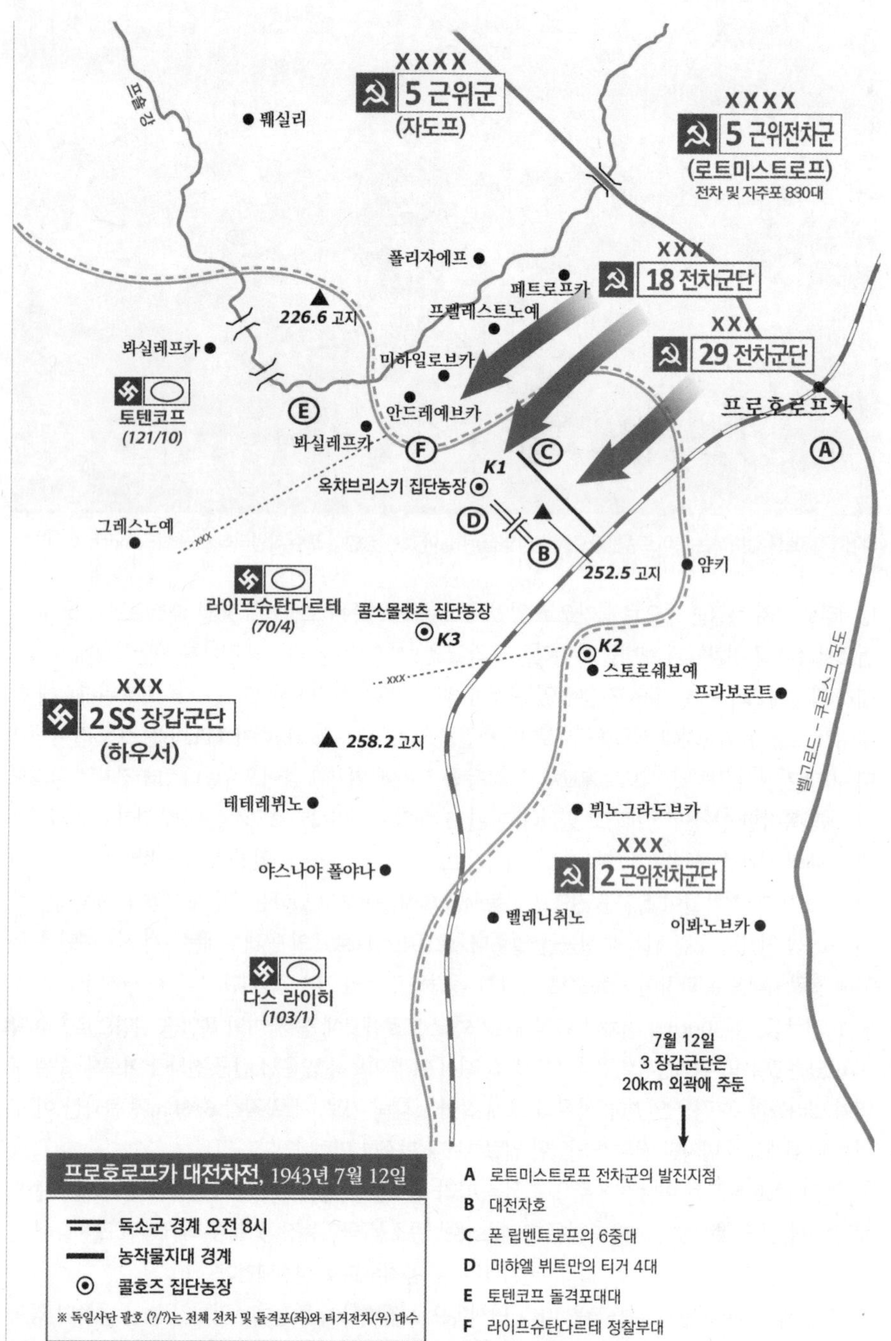

XXXX
5 근위군
(자도프)
XXXX
5 근위전차군
(로트미스트로프)
전차 및 자주포 830대
프숄 강
뷔실리
폴리자에프
페트로프카
XXX
18 전차군단
XXX
29 전차군단
226.6 고지
프렐레스트노예
봐실레프카
미하일로브카
안드레예브카
프로호로프카
토텐코프
(121/10)
봐실레프카
K1
옥챠브리스키 집단농장
그레스노예
252.5 고지
얌키
라이프슈탄다르테
(70/4)
콤소몰렛츠 집단농장
K3
K2
스토로쉐보예
프라보로트
XXX
2 SS 장갑군단
(하우서)
258.2 고지
벨고로드 – 쿠르스크 국도
테테레뷔노
뷔노그라도브카
XXX
야스나야 폴야나
2 근위전차군단
벨레니취노
이봐노브카
다스 라이히
(103/1)
7월 12일
3 장갑군단은
20km 외곽에 주둔
프로호로프카 대전차전, 1943년 7월 12일
독소군 경계 오전 8시
농작물지대 경계
콜호즈 집단농장
※ 독일사단 괄호 (?/?)는 전체 전차 및 돌격포(좌)와 티거전차(우) 대수
A 로트미스트로프 전차군의 발진지점
B 대전차호
C 폰 립벤트로프의 6중대
D 미하엘 뷔트만의 티거 4대
E 토텐코프 돌격포대대
F 라이프슈탄다르테 정찰부대

두 번째 축선에서는 가장 전차병력의 집중도가 높은 제29전차군단이 제18전차군단의 동쪽으로부터 프로호로프카 국도를 엿보면서 얌키로 들어가 다시 콤소몰 국영농장 쪽을 협공할 예정이었다. 이것이 먹힐 경우 소련군은 라이프슈탄다르테가 다스 라이히와 연결되지 못하도록 차단시킬 수 있는 효과를 누릴 수 있었다.

쿠르트 마이어의 뒤를 이어 정찰대대를 맡은 구스타프 크니텔 SS소령. 이후 발지 전투 당시 말메디 학살에 연루되어 전범재판정에 섰다.

세 번째 축선의 경우에는 지몰로스트노예(Zhimolostnoje)-이봐노프카(Ivanovka) 구역 남동쪽에 배치된 제2근위전차군단이 서쪽으로 진격해 들어가 다스 라이히의 배후를 치기 위해 약간 북쪽의 테테레뷔노-콤소몰렛츠 구간으로 빠져 들어가는 공격을 기도하고 있었다.[14]

봐투틴과 로트미스트로프는 제29전차군단이 북쪽에서부터 제18전차군단과 제2근위전차군단을 지원하고 동쪽의 제2전차군단이 3개 축선의 3개 군단을 커버링하는 형세를 잡으면서 프로호로프카 남서쪽으로 나가게 하되, 가장 기본적으로는 우측에 배치된 다스 라이히를 철저히 제거하고자 했다. 그 다음으로 라이프슈탄다르테를 친 다음, 제4장갑군의 나머지 병력은 야코블레보에서 승부를 결정짓는다는 일련의 시리즈 공격에 근거하고 있었다. 3개 기계화여단을 보유한 제5근위기계화군단은 제5근위전차군의 예비로 남았다. 자도프(A.S.Zhadov)의 제5근위군은 공세의 제2파를 형성하고 있었으나 문제는 전차병력이 거의 없어 기동력을 제대로 발휘할 수 있을지에 대한 우려가 제기되기도 했다. 여하간 최대한 가용한 자원을 프로호로프카에 집중시키되 소련군에게는 가장 기본적으로 3개 SS사단들을 서로 분리시켜 격파하지 않으면 당장 원하는 성과를 기대할 수는 없다는 조심성도 깃들여 있었다. 그러나 군과 군은 물론, 3개 군단의 공조와 제휴는 결과적으로 거의 재앙 수준이었다. 로트미스트로프는 병력 규모에 비해 제대간 협조는 거의 낙제점에 달하는 결과를 맞이하게 된다. 이때 로트미스트로프의 병력은 501대의 T-34, 261대의 T-70, 31대의 처칠 전차 등을 포함, 기타 자주포와 장갑차량들을 합하면 대략 800~850대의 전차와 차량들이 휘하에 놓여 있었다.[15]

파울 하우서는 기묘한 전운이 감도는 12일 전날 밤, SS사단들이 우선적으로 최전선의 안정을 기하는 것을 주된 목표로 삼되 극히 예외적인 경우를 제외하면 대부분 수비대형을 갖추고 소련군의 기동을 감시하라는 지시를 내리게 된다. 당시 그토록 많은 수백 대의 소련 전차가 집중하리라고

14 Schranck(2013) p.314
15 Porter(2011) p.164

는 만슈타인이나 호트나 하우서도 짐작하지 못하고 있었음에도 불구하고 12일만큼은 독일군이 섣부른 공세를 자제하고 있었다는 점은 주목을 요한다. 동시에 마치 미리 알고 대기라도 한 듯 상당양의 야포와 중화기들을 전방으로 전진 배치함으로써 소련 제5근위전차군에 카운터블로를 날릴 수 있는 유리한 위치를 잡고 있었다. 만약 독일군이 화포들을 전방으로 당겨 놓지 않았거나 방어를 소홀히 하고 있었다면 로트미스트로프는 좀 더 많은 득점을 할 수도 있었다.

독일군 각 전초부대들이 긴장 속에 전방을 주시하고 있는 동안, 바하로프(B.S.Bakharov) 소장의 제18전차군단 소속 2개 여단은 프숄강 회랑의 북쪽 절반 구역을 통과해 서진하고 있었고, 제181전차여단은 그보다 동편에 위치한 강의 남쪽 둔덕 가장 가까이에서 진격하고 있었다. 그대로 간다면 푸지레프(V.A.Puzyrev) 중령의 제181전차여단은 봐실예브카에서 프릿츠 크뇌흘라인의 '아익케' 1대대와 맞붙게 되어 있었다. 타라소프(V.D.Tarasov) 중령이 지휘하는 제170전차여단은 군단의 좌측에서 진군해 들어갔다. 타라소프의 전차부대는 프숄강 회랑의 정중앙을 통과해 봐실예브카와 252.2고지가 위치한 스브취옥챠브리스키 사이의 방어가 허술한 구역으로 빠져 들어갔다. 바하로프 소장은 클뤼핀(M.B.Khliupin) 중령의 제110전차여단이 보유한 제36중전차연대 소속 KV-1 전차를 포함한 100대의 전차들은 전술적 예비로 남겨 두었다.

바하로프의 좌익에는 키리췐코(I.F.Kirichenko) 소장이 이끄는 제29전차군단의 3개 전차여단이 총 170대의 전차를 동원하여 최고속도로 회랑지대 남쪽을 통과하여 내려오고 있었다. 키리췐코는 바하로프와 달리 아무런 예비를 두지 않았는데 120대의 전차를 보유한 제31, 32전차여단은 252.2고지의 파이퍼 부대 위치 정방향을 향해 돌진하고 있었다. 군단의 좌익에는 볼로딘(N.K.Volodin) 대령의 제25전차여단이 제2전차군단 소속 169전차여단의 지원을 받아 스토로쉐보예 숲 지대를 향해 돌격해 들어갔다.[16] 이 구역은 라이프슈탄다르테의 장갑대대가 252.2고지 서쪽의 전방 바로 뒤에 흩어진 상태로 주둔하고 있었다. 그중 폰 립벤트로프의 6중대가 252.2고지 가장 가까이 대기하고 있었으며 휘하의 전차는 겨우 7대에 불과했다. 독일군 중에서는 최초로 제31, 32전차여단과 격돌하게 된 6중대의 폰 립벤트로프는 중과부적의 소련군에 대해 거의 신화에 가까운 전과를 올리면서 기적적으로 살아남는 역사를 만들어낸다. 아마도 이는 삼국지의 조자룡이 헌 창 세 개로 치른 당양의 싸움에 비견될 것이었다. 아니면 그보다 더 황당하거나...

## 프로호로프카의 기적과 신화
### 252.2고지의 외로운 늑대, 폰 립벤트로프

12일 새벽 장갑대대 6중대장 폰 립벤트로프는 잠이 덜 깬 상태에서 대대본부에 황급히 불려갔다. 마르틴 그로스 대대장은 아직 자세한 것은 알 수 없으나 소련군 전차들이 분명히 어디론가 기동하고 있음이 분명하다면서 사주 경계를 철저히 할 것을 부탁했다. 폰 립벤트로프는 모터싸이클로 전선의 장갑척탄병들과 접촉하면서 전방의 동향을 문의하였으며 분명히 화포사격이 빈번해지고 소련공군기들이 하늘을 덮을 정도로 날아다녔음에도 불구하고 구체적으로 소련군 지상병력이 어떻게 움직이고 있는지는 감을 잡을 수가 없는 상태였다. 알아도 어쩔 도리가 없는 것이 대대의 5, 7중대는 스브취옥챠브리스키에 주둔하고 있어 252.2고지를 지킬 수 있는 것은 6중대 소속 7대의

16 Nipe(2011) p.317

전차뿐이었다. 폰 립벤트로프는 다시 자신의 4호 전차로 돌아와 아침을 먹다 우연히 동쪽을 바라보는 순간 아연실색하고 말았다. 소련 전차의 접근을 알리는 보라색 연기가 사방에서 피어오르면서 아직 육안으로 전차가 보이지는 않지만 범상치 않은 규모의 대부대가 쇄도하고 있다는 것을 직감적으로 느끼게 되었다. 폰 립벤트로프는 중대의 전차들을 세 방향으로 정렬시키고 가운데에 3대, 좌익과 우익에 각각 2대씩을 배치한 뒤 자신은 우익을 담당하여 언덕 사면으로 급거 이동했다.[17] 소련군 최초 전차가 좌익에서 측면을 노리고 들어오고 있는 것이 포착되었다. 아마도 이들은 회랑지대의 북쪽 중앙부에서 들어온 제18전차군단 170전차여단 소속으로 판단되었으며, 제181전차여단은 제170전차여단의 동쪽(우익)을 향해 훨씬 북쪽으로 진격하고 있었고 이 여단은 당시 프숄강 계곡 북쪽 모서리를 따라 기동하고 있어 폰 립벤트로프의 시야에는 잡힐 수가 없었다. 제181전차여단은 대신 봐실예브카를 지날 때 토텐코프 사단에게 들켜 88mm 대전차포와 네벨붸르훠의 공격을 받아 상당한 피해를 입었다. 그 와중에 제170전차여단은 봐실예브카와 옥챠브리스키 사이를 휩쓸면서 토텐코프와 라이프슈탄다르테 사이의 갭으로 파고들기 위해 남방으로 진격해 들어갔다. 그러나 폰 립벤트로프는 당장 자기 앞에 다가올 소련군 전차병력으로 인해 이웃 걱정을 하고 있을 형편이 아니었다.

50여대의 전차가 둘러싼 상태에서 14대의 적 전차를 격파하며 포위망을 탈출한 루돌프 폰 립벤트로프. 외교장관의 아들이었음에도 모든 특혜를 마다했던 원칙주의자. 사진은 7월 15일에 기사철십자장을 수여받은 직후의 모습.

폰 립벤트로프가 이끄는 7대의 전차들은 고지로 이동하자 사방에서 포화가 빗발치기 시작했고 소련 대지공격기들이 서쪽을 향해 나가면서 전방에 집중사격을 가해 왔다. 대지공격기들은 독일고사포부대의 20mm, 37mm 곡사포가 거칠게 응사하자 일시 퇴각한 후, 다시 독일군의 응사가 없는 지역을 골라 공습을 연계하였으며 카츄사 로켓까지 동원되어 252.2고지 부근은 일대 화포사격의 경연장으로 돌변하고 있었다.

폰 립벤트로프는 우선 스브취옥챠브리스키 북쪽의 프숄 회랑을 뚫고 들어오는 소련군 전차들에 주의를 기울이고 있다 전차들이 1km 정도에서 시야에 들어오자 75mm 주포 사격을 가했다. 또한, 소련군 제29전차군단의 제31, 32전차여단 전차들은 제9공수사단의 병력들을 태운 상태에서 252.2고지와 스브취옥챠브리스키로 접근해 오고 있었으며, 북쪽에는 제170전차여단이 시야를 스쳐 지나가듯 북쪽에서 내려와 서쪽으로 향하고 있었다. 폰 립벤트로프가 해치를 열고 사방을 살펴보다 자신의 왼편을 보고는 경악을 금치 못하고 만다. 불과 150~200m 간격을 두고 자신

17 Kurowski(2004) Panzer Aces, p.178

252.5고지에서 2개 전차여단 및 1개 공수사단과 지옥의 혈투를 벌인 요헨 파이퍼. 바짝 긴장한 순간의 표정을 담은 스틸.

앞에 15대, 다시 30대, 다시 40대의 소련 전차들이 초고속으로 치고 들어오는 것을 보았고 그 후로는 도저히 셀 수 없는 전차들이 정면으로 돌진해 오는 것을 목도했기 때문이다. 폰 립벤트로프는 이제 양군 전차들이 그토록 서로 근접한 상태에서는 후퇴기동 자체가 불가능하다는 것을 알고는 무조건 눈에 보이는 적 전차를 향해 미친 듯이 사격할 것을 지시했다. 폰 립벤트로프가 탄 4호 전차의 포탄이 최초로 눈앞에 등장한 T-34에 작열하여 화염에 휩싸였고 이 거리에서 쏘는 모든 주포 사격은 거의 100% 히트를 기록하는 게 당연했다. 이 거리에서는 사격기술이 문제가 아니라 강철의 심장으로 적을 먼저 때린다는 불굴의 정신력과 가당찮은 배짱과 용기가 문제였다.[18]

독일군 전차들도 당하기 시작했다. 울리히 팝케(Ulich Papke)의 626호 전차는 직격탄을 맞아 전원이 전사했고 618호 전차의 하인츠 레브링크(Heinz Lebrink)도 그 자리에서 전사했으나 운전병 한스 봐르메바흐(Hans Warmebach)는 호르스트 루드비히(Horst Ludwig)가 운전하던 전차가 불에 타 절망적인 순간에 구원에 나서 동료 전차병을 가까스로 탈출시키는 데 성공했다.[19]

한편, 615호 전차의 봘터 말호(Walter Malchow) 전차장은 2대의 소련군 전차를 격파하고 좌편 계곡을 통과하여 들어오는 소련 전차 17대를 겨냥하고 있었다. 그런데 갑자기 우편 숲 지대에서 엄청난 숫자의 소련 전차들이 최고속도로 달려오면서 포사격을 실시하자 봘터 말호의 전차는 그 중 한발을 맞아 전차 내부의 전기장치가 망가지는 등 위기에 휩싸이고 말았다. 그러나 전차의 엔진마저 정지되었는데 불구하고 그 자리에서 5대의 적 전차를 추가로 파괴한 다음, 자신의 전차가 폭발하기 전에 포수 봘터 케틀(Walter Kettl)과 함께 수류탄과 기관단총을 챙겨 밖으로 뛰어나가 전차호로 엄폐하여 구사일생으로 살아남았다.

18 Lehmann(1993) p.236 라이프슈탄다르테의 사단사에는 폰 립벤트로프가 이끄는 6중대는 10~30m 거리를 두고 초근접전을 전개, 마치 전차들간의 육박전이 전개된 것으로 묘사하고 있으며, 마르틴 그로스의 장갑대대가 주포 사격을 실시했을 때 이미 전장에는 19대의 소련 전차들이 불타고 있었던 것으로 기록하고 있다. 그간 여러 문헌에서 너무나 많이 인용된 구절이라 다소 진부하기까지 하지만 이 전투에서 폰 립벤트로프의 직접적인 증언 이상 리얼한 것은 없기 때문에 다시 한 번 인용해 보고자 한다. Kurowski(2004) Panzer Aces, pp.178-9 “우리들은 소련군 전차들이 추가로 나타날 것인지를 확인하기 위해 사방을 주시하면서 기다리고 있었는데 이는 나 개인의 습관이기도 했다. 나는 그 순간 말문을 잃고 말았다. 150~200m 앞의 낮은 언덕 너머로부터 15대, 30대, 그리고 40대의 전차가 몰려들고 있었다. 나중에는 수를 세는 것이 무의미할 정도로 너무나 많은 전차들이 나타났다. T-34들은 보병들을 태운 채 우리 앞을 향해 초고속으로 달려오고 있었다...(중략)...이내 최초의 주포사격이 가해지자 T-34가 화염에 휩싸였다. 겨우 우리 앞에서 50~70m밖에 떨어지지 않은 지점에서였다...(중략)...우리는 재빨리 수비태세로 돌아섰다. 그 정도 근거리에서는 모든 사격이 명중했다. 그러나 언제 이 직격탄이 우리를 살려낼 수 있을 것인가....”

19 Nipe(2011) p.320

소련 전차들은 벌터 말호가 있던 언덕 반대편 기슭에서도 초고속으로 내려왔으나 소련군들이 파 놓은 참호와 장애물을 제대로 파악하지 못해 전차호 안으로 곤두박질쳐 그대로 박히고 마는 해프닝도 발생했다. 이 우스꽝스러운 장면은 12대 이상의 T-34들이 연속으로 전차호에 그대로 들이 박아 엄청난 혼돈을 초래하게 되었던 것으로, 독일군들은 이 순간을 틈타 거의 죽음 직전에서 빠져나가는 행운을 누린 장병들도 있었다.[20]

타라소프 제170전차여단장을 백병전으로 처치한 파이퍼의 부관 붸르너 볼프

폰 립벤트로프가 소련 전차를 격파한 후 다시 파괴된 전차의 화염과 연기 뒤로 숨어들어 교묘한 숨바꼭질을 하는 동안 파이퍼 SS소령의 장갑척탄병들은 가지고 있는 무기는 모두 동원하여 소련 전차에 대한 육박공격을 전개했다. 소련 전차들이 파이퍼 대대의 종심 깊숙이 파고듦에 따라 파이퍼와 부관 붸르너 볼프(Werner Wolff) SS소위는 직접 소련 전차와 공수부대 대원들과 격투를 벌여야 했는데 파이퍼는 대대장임에도 불구하고 수류탄으로 적 전차를 홀로 파괴하는 솔로 액션을 보였으며, 볼프는 그 스스로 전차에 올라타 있는 소련병들을 MG42 기관총으로 사살해야 하는 최악의 위기상황에서 분전하고 있었다. 볼프는 미치광이같은 이날의 전투로 얼마 후 기사철십자장을 받게 된다. 파이퍼의 하프트랙들은 20대 가량이 파손되었으나 얇은 장갑에 전차와 상대할 중화기가 부족한 데도 불구하고 일부 하프트랙들은 전차의 측면을 향해 정면으로 돌진하면서 거의 카미카제 수준의 돌격을 감행하는 병력들도 목격되고 있었다.

모이세에프(S.F.Moiseev) 대령 휘하 소련 제31전차여단은 최초 몇 시간에 걸친 전투에서 여단 전차의 절반을 상실했으며 리네프(A.A.Linev) 대령 휘하 제32전차여단은 31여단을 지원하면서 소련군들이 격파될 때마다 다시 병력을 재편성하여 공격의 리듬이 끊이지 않도록 노력하고 있었다. 소련군 전차들은 언덕의 낮은 부분을 이용해 엄청난 속도로 달려 내려왔으며 전차들이 과속으로 돌진하는 동안 소련 공수부대원들은 우군의 전차에 밟혀 죽을 위험이 있는데도 독일군 진지로 몰려 내려오고 있었다. 폰 립벤트로프는 마치 중국 무협지처럼 연기 속으로 모습을 감추었다 다시 소련군 전차를 재빠르게 치고 빠지는 등 온갖 재주를 부리고 있었으며, 자신을 둘러싼 12대의 소련군 전차 사이를 축구공 몰듯 빠져나오면서 단순한 도주보다는 그저 죽음을 무릅쓰고 싸울 도리밖에 없다는 점을 직감하고 있었다. 폰 립벤트로프는 두 번째 전차를 파괴한 후 소련군 소총병들이 밀집대형으로 움직이고 있는 것을 포착하고 연기 속으로 숨어 들어가 배후에서 기관총을 갈겨 전멸시킨 다음 세 번째 전차를 격파시켰다. 네 번째 전차는 불과 30m 이내에서 접근한 것을 바로 박살내고 언덕 뒤편으로 후퇴기동을 실시했다. 이때, 반대편 사면으로 잠시 내려가는 동안 다시 30m 거리를

20 Kurowski(2004) Panzer Aces, p.181

두고 소련 전차 1대가 돌진하다 폰 립벤트로프의 전차를 겨냥하기 위해 포탑을 돌리려고 했다. 대대 최고의 전차 운전병 발터 슐레(Walter Schüle)는 폰 립벤트로프의 기동지시가 떨어지자 마자 기어를 급속으로 전환해 T-34와 불과 5m 간격을 두고 지나친 다음 T-34의 후미로 따라붙었다. T-34는 독일 전차의 이동방향을 따라 포탑을 선회시켰으나 독일 4호 전차의 스피드를 따라잡지는 못했다. 폰 립벤트로프는 T-34 10m 뒤에서 주포를 발사, T-34의 차체를 정통으로 때려 포탑을 공중으로 3m 정도 날려 보내면서 명중시켰다.[21]

소련군의 2개 완편전력 전차여단이 불과 7대의 독일 전차들을 상대로 이처럼 고전한 것은 독일 전차병들의 고도로 숙련된 테크닉과 약간의 행운이 뒤따른 것이기는 하지만 실제 전투에 참가한 독일군들의 진술에 따르면 소련 전차에는 기본적으로 포탑에 2명밖에 들어가지 못해 전차장이 포수를 도와주는 장전수 역할을 해야 한다는 결정적인 결함이 있다는 결론을 잡아낼 수 있다. 수십 대의 소련군 전차와 대결한 독일군 7대의 전차 중 4대가 격파되고 3대가 살아남아 우군 진지로 돌아갈 수 있었다는 것은 해치를 닫고 운행하는 소련 전차가 사실상 장님과 다름없다는 것인데 실제로 소련 전차에 있어 주포 사격의 경우 목표물을 보고 포사격을 실시하는 것은 전차장이 아니라 포수였다는 사실에 주목할 필요가 있다. 따라서 1차 타격이 실패로 끝나면 전차장은 고개를 내밀어 사방을 살펴본 후 다시 장전해야 하는 시간을 필요로 했으나 독일군은 전차장이 항시 바깥을 관찰하고 있는 상태여서 두 번째 기동에서는 반드시 소련 전차보다 더 빨리 조준에 들어갈 수 있다는 이점이 있었다. 물론 수십 대의 전차끼리 격돌하는 가운데 화포사격이 작열하는 최전선에서 얼굴이나 고개를 내밀고 전투를 지휘한다는 것은 쉬운 일이 아니며, 그로 인해 독일 전차장들은 많은 부상을 당하기도 했으나 바로 그 때문에 전차병 전원의 목숨이 담보될 수 있었다. 전차장이 장전수 역할을 하면서 해치를 닫고 기동하는 소련 전차는 1차 타격이 실패하면 거의 대부분 독일군 전차의 2차 타격에 희생되는 경우가 빈번해질 수밖에 없었다. 그 대표적 경우가 앞에 언급한 것처럼 폰 립벤트로프의 4호 전차가 T-34를 스치듯이 턴하여 뒤쪽에서 주포 사격을 작렬시켰던 사례라고 할 수 있다. 따라서 독소전의 각 장면에서 얼마 안 되는, 아니 단 한 대의 독일 전차가 여러 대의 소련 전차를 파괴하는 부분은 이와 같은 배경을 이해하면 별로 이상할 것이 없을 수도 있다. 프숄-페나강 변에서의 이와 같은 전차전에서는 독일군 전차 한 대가 사라질 때마다 소련군 전차 8대 이상이 격멸 당했다는 통계치를 남기게 된다.[22]

## 스토로쉐보예의 전투

폰 립벤트로프의 장갑부대와 파이퍼 대대가 252.2고지에서 사투를 벌이고 있을 무렵 제1SS장갑척탄병연대는 스토로쉐보예 구역에서 제9공수사단 병력과 제169전차여단을 동반한 제25전차여단의 공격을 받았다. 오전 4시 제1연대는 252.2고지 남동쪽 스토로쉐보예 숲지대 북동쪽 입구

21 Kurowski(2004) Panzer Aces, p.179

22 2인 거주 포탑형의 문제는 T-34에 국한된 것은 아니었다. 1943년 소련의 중(重)전차 표준형은 KV-1S였는데 놀랍게도 이전 모델보다 포탑이 더 작게 만들어졌었다. 이는 전체 중량의 하중을 경감시키기 위해 채택된 조치였으나 오히려 전차의 기동력과 전차병들의 활동을 제한시키는 기존 결함들을 일층 배가시키는 문제를 드러냈다. 이후 소련군은 스탈린 중전차(IS-2)로 이를 대체하게 된다.
독일군이 스탈린 전차와 처음으로 조우한 것은 1944년 5월 초순 루마니아 국경 부근의 전선에서였다. 당시 그로스도이칠란트 장갑척탄병사단의 사단장이었던 하소 폰 만토이휄(Hasso von Manteuffel)은 Iași라는 지역에서 전개된 소위 제2차 Târgu Frumos 전투에서 500대의 소련 전차들을 맞아 그 중 440대를 격파하고 60대는 후방으로 패주시키는 경이적인 전과를 올렸으며 440대를 부순 독일군 전차의 손실은 11대에 불과했다. B． H． リデルハート(1982) p.98

에 위치한 스탈린 국영농장에 방어진을 치기 위해 이동했다. 병력 이동이 끝나자 독일군 진지로부터 6, 7km 떨어진 곳에서 25~30대 규모의 전차들이 다스 라이히 전구로 침입하는 것이 포착되었으나 그 거리에서는 포사격이 불가능했다. 따라서 이 전차들이 다스 라이히에게 다가가기 위해 연대의 측면으로 도는 순간에 매복 기습하는 것으로 정리했다. 오전 8시부터 카츄샤의 포격이 무려 한 시간 반 동안이나 진행된 다음, 소련군은 10대 정도로 구성된 단위부대를 축차적으로 투입하여 연대가 포진하고 있는 장소를 공략해 들어왔다. 온 사방에 T-34 전차가 깔려 일일이 세는 것이 의미가 없을 정도로 연대는 사실상 포위된 상태나 마찬가지였다. 전차가 아예 없던 알베르트 프라이의 1연대는 장갑엽병대대의 마르더 대전차자주포를 동원해 숲의 북동쪽에 배치하여 소련 전차에 대항해야만 했다. 대전차자주포는 장갑이 얇아 소련 T-70의 45mm 주포에도 견딜 수가 없었고 T-34라면 한방에 무너지는 수준의 보호막이어서 큰 신뢰는 가질 수가 없었다.

마르더 구축전차로 7월 12일 오전에만 홀로 적 전차 24대를 격파한 쿠르트 자메트라이트 SS상사. 기사철십자장을 받았다.

독일 정찰기가 보라색 연막탄(전차 출현을 의미)을 사방에 흩뿌리자 마자 제29전차군단 25전차여단 또는 제169전차여단 소속으로 추정되는 40~50대의 소련군 전차가 스토로쉐보예와 인근 숲 지대를 공격하면서 제55근위전차연대와 제28근위공수연대와 합세하여 독일군 진지를 세차게 공략해 들어왔다. 알베르트 프라이의 1연대는 변변치 않은 대전차포로 소련 전차 및 보병들과 혈전을 벌였으며 소련군은 스토로쉐보에 끝자락을 따라 포진한 라이프슈탄다르테 전구에 대해 줄기찬 공격을 감행하면서 1~2대의 소련 전차가 파괴되면 일단 물러났다가 다시 공격해 들어오는 패턴을 유지하고 있었다. 전투는 치열했다. 약 100~120대에 달하는 소련 전차들이 3~4번의 파도타기 공격으로 독일군 수비진을 밀고 들어올 때마다 독일군들은 전차병과 전차에 올라탄 소련군 소총병들을 근접 사격전으로 격퇴하고 숲으로 도주하는 병력을 추격하여 사살한 다음에는 다시 진지와 개인호로 돌아와 다음 공격에 대비하는 등 하루 종일 초죽음 상태로 일관했다. 개개의 회전이 끝난 다음에는 불타는 소련군 전차들과 각종 중화기들이 검은 연기를 내뿜고 있었으며 오전 내내 무쇠 덩어리와 시체가 타는 냄새가 사방을 진동시키고 있었다. 이날 오전에만 총 32대의 T-34 가운데 26대가 파괴되었고 나머지는 진지 근처로 접근하는 것을 포기하고 되돌아갔다. 이때 1SS장갑엽병대대 3중대 소대장인 쿠르트 자메트라이터(Kurt Sametreiter) SS상사는 파괴된 총 26대의 T-34중 홀로 24대를 격파하는 명품 기량을 과시했다. 그가 운용한 화기는 75mm도 88mm 대전차포도, 돌격포도 아닌 어수룩한 구축전차 마르더 5대에 불과했다. 자메트라이터는 상사 계급에도 불구하고 기사철

십자장을 수여받았다.[23]

### 6중대의 초인적인 전과

한편, 폰 립벤트로프는 잠깐 동안의 휴지기에 다 쓴 포탄을 바깥으로 버리다 다시 소련군 전차 한 뭉치가 들어오는 것을 먼저 발견했다. 폰 립벤트로프는 또 한번 대담한 발상에 기초, 소련군 전차의 뒤로 빠져 독일진영으로 치고 들어오는 소련 전차들을 따라가 자신들이 만들어 놓은 전차호 부근에서 허둥지둥하는 순간을 포착하게 된다. 독일군은 이 부근에 전차호를 명확히 표시한 지도를 소련군 포로로부터 입수하여 소련 전차의 기동을 사전에 예측할 수 있었고, 폰 립벤트로프는 소련 전차들이 전차호를 피해 철길 강둑 쪽으로 난 좁은 통로로 모여들자 그들의 측면을 정확하게 노릴 수 있게 되어 이미 파괴된 T-34 뒤에 자신의 4호 전차를 숨겨 주포 사격을 가했다.[24] 폰 립벤트로프의 포수 쿠르트 호페(Kurt Hoppe)는 종대의 마지막 T-34 한 대를 격파하였고 거의 동시에 피격당한 폰 립벤트로프는 자신의 전차를 전차호 건너편으로 황급히 이동시켜 전차포와 대전차포의 사격, 원거리에서의 화포사격, 장갑척탄병들과 보병들의 백병전이 어우러진 전장에서 일단 이탈했다. 그런데 전선 뒤쪽으로 이동하여 후방으로 빠지다 모터싸이클을 타고 온 의무병 볼프강 필쯔(Wolfgang Pilz)를 만나 파손된 전차는 그대로 보내고 자신을 대대본부로 도로 보내 새로운 전차를 탈 수 있도록 요청했다. 그러나 모터싸이클이 소련군의 직격탄을 맞아 타이어가 못쓰게 되자 폰 립벤트로프는 지나가던 1중대의 하프트럭을 얻어 타고 대대본부에 도착해 새로운 포수와 함께 갓 수리를 마친 전차를 몰아 252.2고지를 향해 다시 돌진해 들어갔다. 12일 이 날 수십 대의 소련군 전차에 포위되어 모두 전사한 것으로 알려졌던 6중대의 폰 립벤트로프가 다시 본대에 나타나 죽을 고비를 여러 번 넘기고도 또 전선으로 출정하겠다는 의도를 나타낸 것은 도대체 어떤 종류의 만용인지 궁금한 가운데, 광신적인 SS들 중에서도 거의 돌아버린 전쟁광이 아닌가 의문시될 지경이었다.

폰 립벤트로프는 살아남은 2대의 동료 전차들과 다시 만나 다음 전투를 준비했다. 총 7대의 전차 중 3대만 살아남았으며 2대는 화염에 불탔고, 빌터 말호의 전차는 완파, 1대는 포탄이 주포에 끼여 기동불능상태가 된 상태였다. 빌터 말호 SS중위는 소련군 전차 7대 격파, 립벤트로프는 252.2고지 부근의 전투에서 총 14대의 전차를 파괴, 합계 21대의 전차를 격파하는 괴력을 발휘했다. 6중대의 이 투혼은 단지 다수의 소련 전차를 무찔렀다는 것뿐만 아니라 극소수의 전차로 소련군의 진격을 막아내어 해당 구역에 일대 혼란을 야기함으로써 소련군 전체 공격의 모멘텀을 상실케 하고, 동시에 적 병력의 조직적인 기동을 무력화시키는 효과를 발생시켰다. 게다가 폰 립벤트로프는 언덕 부근에서 전차호를 건너려는 소련군 전차들이 한곳으로 모여들자 이를 차례차례 파괴하여 다른 5, 7중대가 자리를 잡을 수 있는 여유를 허용하였으며 더욱이 파이퍼의 장갑척탄병들이 소련 전차에 달라붙어 육박전투를 서슴지 않았기 때문에 소련군 전차들은 상상을 초월하는 피해를 입었다. 랄프 티이만의 7중대 소속 한스 집트로트(Hans Siptrot) SS소위는 홀로 6대의 소련 전차를, 5중대의 테오 옌센(Theo Jensen)은 하루 동안 12대의 소련 전차들을 파괴하는 전과를 달성했다. 파이

23 Agte(2007) p.70
24 Kurowski(2004) Panzer Aces, p.181

지옥의 사투를 벌인 장갑척탄병에게 2급 철십자장을 서훈하는 요헨 파이퍼 SS중령. 가운데는 파이퍼의 부관 붸르너 볼프 SS소위

퍼 부대 14중대장 에르하르트 귀어스(Erhard Gührs) SS소위는 당시의 미친 상황을 아래와 같이 진술하고 있다.[25]

"그들(소련군 전차와 소총병)은 아침에 우리를 공격해 들어왔다. 그들은 우리 주변에, 우리 위에, 그리고 우리 가운데 있었다. 우리는 맨투맨으로 싸웠고, 개인호, 장갑차량과 트럭으로부터 나와 수류탄을 뽑아 적 전차와 맞붙었으며 모든 상대들과 격투를 벌였다. 이건 지옥이었다! 오전 9시 우리는 전장을 다시 우리 것으로 만들었다. 다행히 우리가 맨손으로 사투를 벌이는 동안 우리 편 전차들도 우리를 도와주었다. 나의 중대는 자체 병력만으로 이날 15대의 소련 전차를 격파했다."

## 티거 4대와 100대의 적 전차

252.2고지에서 2개 장갑 단위부대가 초인적인 활약을 보이고 있는 동안 2대대 13중대 소속의 티거 4대도 옥챠브리스키 서쪽에서 무지막지한 전투에 휘말려 있었다. 제18전차군단 소속 제181전차여단은 토텐코프의 화포사격과 네벨붸르훠의 집단공격에 의해 봐실예브카에서 안드레예브카 부근으로 밀려나 같은 군단 타라소프 대령의 제170전차여단과 연결되었다. 연결된 두 전차여단은 회랑지대의 서쪽 끄트머리에서 튀어나와 제23근위공수연대 병력을 태우고 풀 스피드로 남진해 나갔다. 라이프슈탄다르테와 토텐코프의 간극을 메우기 위해 투입된 구스타프 크니텔의 정찰대대는 당시 제99전차여단과 맞붙고 있어 두 전차여단이 스브취옥챠브리스크 서쪽에 위치한 라이프슈탄다르테의 좌익을 노리는 것을 저지할 형편은 아니었다. 사단본부의 쇤베르크 장갑연대장은 수중

25 Agte(2008) pp.132, 143, Agte(2007) p.70

노획한 소련 전차에 철십자와 하켄크로이쯔를 그려 넣은 다스 라이히 소속 T-34 전차

에 겨우 남은 13중대의 티거 4대를 급파하게 되나 불과 4대의 티거가 소련군이 공포에 떨 만큼 또 하나의 신화같은 승리를 창출해 내게 된다. 단 4대의 티거 중전차와 2개 소련 전차여단의 대결이었다.[26]

미햐엘 뷔트만은 소련 전차들이 지나간 자리를 따라 추격해 들어갔고 북쪽으로 불과 2km만 따라가면 소련군 전차들의 전면 실루엣이 보일 정도로 지근거리에 있었다. 타라소프의 제170전차여단은 좌측에 따라오는 제181전차여단과 함께 진격 중이었다. 심한 부상을 당해 지휘권을 뷔트만에게 넘긴 하인츠 클링 중대장은 뷔트만에게 전방의 우측면을 경계하면서 북동쪽으로부터 들어오는 어떤 공격이라도 막아낼 것을 지시했고 칼-하인츠 '보비' 봐름브룬(Karl-Heinz 'Bobby' Warmbrunn)과 쿠르트 클레버(Kurt Kleber)의 티거들을 불러 공격대형을 유지하도록 했다. 티거들은 갑자기 전방에 나타난 100여 대의 소련군 전차들을 향해 조준하기 시작하자 중대장은 1,800m까지 끌어당겨 파괴하라는 지시를 내렸다. 맹렬한 기세로 달려오던 소련 전차들은 갑자기 시야에서 사라졌다가 1km 지점에서 다시 모습을 드러낸 뒤 로트미스트로프가 가르쳐준 대로 풀 스피드로 돌진해 왔다. 800m 정도까지 접근하면 티거의 장갑을 뚫을 수 있다는 계산 하에 T-34가 낼 수 있는 최고 속도를 내고 있었다. 티거들이 정교한 조준사격을 가하자 검은 연기가 치솟아 오르면서 소련 전차들이 불타기 시작했고 소련 전차들도 달리는 도중에 포사격을 실시하면서 들어왔다. 그러나 제대로 조준이 될 리가 없어 티거는 T-34들의 속력에 초조해 하지는 않았다. 개활지에서 최고속도를 올리면서 전차포를 발사하라는 로트미스트로프의 지시는 결국 잘못된 판단이라는 것이 증명된다.

4대의 티거들은 침착하고 싸늘하게 88mm 주포사격으로 차례차례 소련군 전차들을 격파해 나

26 Porter(2009) p.112

공격지점으로 집결중인 다스 라이히의 T-34 노획전차들. 맨 왼쪽은 하프트랙.

갔고 소련군들도 결사적으로 티거를 잡으려 했으나 T-34의 76mm 주포는 장갑을 튕겨 나가는 수준의 위력밖에 발휘하지 못하고 계속해서 쓰러져 갔다. 그중 소련군 제181전차여단 소속 스크립킨(P.A.Skripkin) 2대대장은 티거를 향해 정면돌진하다 한방을 맞고 부하들에게 부축을 받아 전차에서 빠져나오려 했다. 이때 티거의 지식을 속속들이 꿰뚫고 있어 '전차장군'(Panzergeneral)으로 알려진 베테랑 게오르크 룃취(Georg Löztsch) SS상사는 불에 탄 전차가 갑자기 자기 앞으로 오는 것을 보고 순간적으로 주포를 한방 갈겼다. 포탄은 둥근 포탑 모서리에 맞고 천지를 진동시킬 듯한 굉음을 냈으며 피격된 전차는 그 상태로 룃취의 전차로 달려와 정면충돌을 할 자세였다. 이를 지켜보던 뷔트만은 빨리 뒤로 빠지라고 고함을 쳤고 룃치는 겨우 5m 거리를 두고 충돌을 면해 아슬아슬하게 살아났으며, 불에 타면서도 기동하던 소련 전차는 결국 내부의 포탄과 탄약이 유폭하면서 박살이 나버렸다.[27] 뷔트만은 12일 홀로 8대의 소련 전차를 격파하였으며 성채작전 종료 시까지 총 30대의 전차와 28문의 대전차포를 파괴하고 2개 포병중대를 없애버렸다.[28] 뷔트만의 13중대는 성채작전 총 기간 중 실제 교전한 날은 불과 5일 정도였으며 그 가운데 151대의 적 전차와 87문의 대전차포, 4개의 포병중대를 격파하는 기록을 남겼다.[29]

## 붸르너 볼프와 타라소프의 혈투극

소련군 제181전차여단은 단 4대의 티거들에 의해 괴멸 직전까지 몰렸으며 제170전차여단은 엄청난 손실을 입은 뒤 옥챠브리스키로부터 물러나 252.2고지에서 제31, 32전차여단을 공략하고 있

27 Kurowski(2004) Panzer Aces, p.314
28 Agte(2007) p.71
29 Agte(2007) p.74

던 라이프슈탄다르테의 장갑대대와 교전상태에 들어가게 되었다. 파이퍼의 하프트랙대대는 원래 252.2고지 반대편 사면에서 하나의 예비병력으로 남아 있었으나 주변에 150대의 소련 전차들이 들이닥친 상태에서 주력이고 예비고 가릴 형편이 아니었다. 제170전차여단은 동 고지에서 파이퍼의 부하들과도 치열한 살육전을 전개하고 있었으며 12일 이날 파이퍼는 대대장이면서도 그 스스로 T-34 한 대를 솔로 액션으로 격파하는 무공을 발휘했다.[30] 파이퍼의 부관이었던 붸르너 볼프 SS소위는 온 사방에서 접근하는 소련 전차들을 부수기 위해 불에 타고 있는 우군 하프트랙으로부터 무기와 탄약을 빼낸 다음 지휘관을 잃은 1개 중대를 스스로 이끌고 전차파괴팀을 구성, 소련군 전차들을 미친 듯이 덮치기 시작했다. 전차를 파괴할 수 있는 무기라면 모조리 동원한 볼프는 그 스스로 소련 전차 1대를 파괴하고 전차장이라 판단된 고급장교와 격투를 벌인 뒤 그의 단검을 빼앗아 살해했는데 그게 바로 제170전차여단의 여단장 타라소프(V.D.Tarasov) 대령이었다. 파이퍼 대대장은 12일 이날 맨손으로 전차를 파괴하면서 부하들을 솔선수범 지휘하고 여단장을 직접 해치우는 무시무시한 전과를 세운 붸르너 볼프를 기사철십자장 서훈대상으로 추천했다. 이날 4인 1조로 구성된 전차격파팀을 구성한 붸르너 볼프의 부하들은 소련군 30대의 전차를 맨손으로 파괴하는 초인적인 괴력을 과시했다.[31]

여단장을 상실한 제170전차여단은 카자코프(A.I.Kazakov) 중령이 지휘권을 잡고 일단 병력을 동쪽으로 후퇴시켰으며 고지에 남아 있던 다른 전차들은 뒤로 빠 봐실예브카 공세를 위해 제99전차여단과 합쳐버렸다. 그레스노예 주변에 포진했던 토텐코프의 전 화력은 프릿츠 크뇌흘라인의 '아익케' 1대대를 구하기 위해 소련군 진지들을 초토화시키면서 네벨붸르훠대대의 로켓포 발사는 물론 날씨가 화창해진 기회를 이용해 공군까지 합세하여 소련군을 밀어냈다. 소련군은 워낙 강한 화력이 일시적으로 집중되자 안드레예브카로 후퇴하고 '아익케' 1대대는 봐실예브카에 남은 소련군 병력들을 소탕하기 시작했다.

라이프슈탄다르테가 프로호로프카 공략을 위해 준비를 서두를 무렵, 오후 늦게 소련군은 제53차량화소총병여단이 252.2고지 서쪽 지점의 회랑으로부터 밀고 들어왔으며 제31전차여단 소속 몇 대의 전차가 차량화보병들과 함께 241.6고지를 향해 공격했다. 독일군들은 대전차 화기가 부족해 곡사포를 아래로 내려 T-34들을 상대했으며 일부 구간은 돌파당하는 등 한참 동안 위기가 지속되었다. 그러나 진지 안으로 들어온 전차들은 장갑척탄병들의 전차격파조가 육박공격으로 저지하고 사력을 다해 뒤따라오는 보병들의 접근을 막아내자 제53차량화소총병여단은 보유하고 있던 전차를 거의 다 상실하여 측면이 너무 노출되었다는 것을 인지한 후 241.6고지를 포기하면서 동쪽으로 퇴각하고 말았다. 이에 제18전차군단은 제36, 110전차여단을 보내 수비가 되던 공격이 되던 독일군의 공세정면에 진지를 구축할 것을 요구받았다. 제170, 181전차여단은 불타고 있는 수십 대

30 Deutscher Verlagsgesellschaft(1996) p.114, Agte(2008) p.132, Agte(2007) pp.70-1
에른스트-귄터 크래취머(Ernst-Günter Krätschmer)가 목격한 파이퍼의 솔로 액션은 다음과 같다.
"— 약간 구부린 자세로 적진을 주시하고 있던 파이퍼는 최고 속도로 달려온 T-34가 불과 3m 앞에서 포사격을 해오자 전차 위로 올라타 해치를 열고 수류탄을 투척, 순간적으로 T-34안의 전차병들은 즉사했고 파이퍼 자신은 20~30m를 구른 다음 바로 그 자리에 서 있었다. 부하들이 다가오자 그는 마치 어린애처럼 하얀 이를 드러내고 미소 지으면서 '얘들아 오늘은 육박전투기장을 타는 날이다'라고 서로를 격려했다. —"
당시 파이퍼는 T-34 한 대가 워낙 빠른 속도로 접근함에 따라 대전차파괴용으로 준비된 자석식 자기흡착지뢰 Haft-Hl-3(Haftladung)를 미처 사용할 수가 없어 수류탄 탄두 몇 개(통상 6개)를 철사로 묶어 만든 집속(集束)폭탄(eine geballte Ladung gebündelte Handgranaten)을 사용한 것으로 추측된다. 육박전투로 T-34를 격파한 파이퍼는 육박전차격파기장과 은장 근접전투기장을 받았다.
Buchner(1991) p.247, Klietmann(1981) pp.106, 119

31 Agte(2008) pp.132-6, Stadler(1980) p.102
파이퍼 대대 13중대장은 지그프리트 봔트(Siegfried Wandt) SS대위로 7월 12일 전투에서 중상을 당했다.

의 T-34, T-70를 남겨 놓고 후방으로 퇴각, 제110여단 뒤쪽으로 이동했다.

이날 마르틴 그로스의 장갑대대는 252.2고지 부근의 반격작전에서만 총 62대의 소련군 전차들을 파괴하였으며, 여기에는 폰 립벤트로프의 6중대가 격파한 21대의 전차와 반대쪽 사면의 파이퍼 부대원들이 육박공격으로 파괴한 전차들의 수도 포함되어 있었다.[32] 기타 다른 제대들의 파괴기록까지 합하면 252.2고지에서만 적어도 90대의 소련군 전차들이 사라진 것으로 집계되었으며, 라이프슈탄다르테 사단 전체는 총 192대를 부순 것으로 확인되었다. 그중 순수하게 전차포에 의해 격파된 것은 117대이며 나머지가 대전차포와 장갑척탄병들의 각개전투에 의해 파괴된 것으로 파악되었으므로 극도로 치열했던 근접전투가 하루 종일 진행되었음을 이 통계만으로도 짐작할 수 있다.[33] 소련 전차여단들은 총 전력의 50% 이상에 해당하는 전차들을 잃었으며 특히 제29전차군단은 가장 막대한 피해를 입었다. 제18전차군단 또한 자체적으로 파악한 완파된 전차 수만 55대 이상에 달한 것으로 집계하였다.[34]

독일군은 전투가 끝난 후에도 부분적으로 파괴된 소련 전차들을 찾아 폭약으로 완파시키며 분주한 시간을 보내고 있었다. 이들을 완전히 제거하지 않으면 소련군이 다시 회수해 수리하여 전장으로 끌어 낼 위험이 있었기 때문이다. 파울 하우서는 자신의 눈으로 직접 전선을 확인하기 위해 군단참모들을 이끌고 252.2고지 부근 사단의 전구로 달려와 혹시 적 전차 격파수를 이중으로 계산한 것이 있는지 파악하며 소련 전차들의 보다 정확한 피해를 재조사했다. 하우서 군단장은 자신의 시야에 들어온 것만 총 92대를 격파한 것으로 최종 집계하였다.[35] 이 통계는 하우서가 바라본 들판에서 눈에 들어온 것만을 극히 보수적인 기준으로 잡은 것으로 간주되고 있다. 실제로 소련측은 199대를 가지고 시작한 제29전차군단이 60%의 전차를 상실한 것으로 확인했기에 여기서만 약 100대의 전차가 파괴된 것이며, 제170전차여단도 50%를 상실한 것으로 보고되었기 때문에 적어도 30대 이상이라고 본다면 12일 하루 동안 252.2고지와 스브쉬옥챠브리스키에서 잃은 소련군의 전차는 대략 130대를 넘는 규모였다. 더욱이 12일 전투가 종료된 뒤 제5근위전차군은 제18, 29전차군단이 도합 200대의 전차만 갖게 된 것으로 적어 놓고 있어 최초 전투 개시 단계에 360대를 보유하고 있었음을 감안한다면 두 개 전차군단은 도합 160대의 전차를 파괴당한 것이 된다. 또한, 스토로쉐보예의 제169전차여단과 제99전차여단이 상실한 전차수를 합산한다면 그 날 프숄강 회랑지대에서 소련군은 총 180~190대의 전차를 상실했다는 결론이 나온다. 게다가 제2전차군단도 쇠약해졌고 제2근위전차군단도 작은 단위부대로 분쇄되어 있는 상태인 점을 감안하면 12일의 전투는 독일군의 간단한 판정승으로 간주되기에 충분했다. 10:1이라는 소련군의 압도적인 양적 우세 속에서 전개된 이날의 전투에서 사단의 1개 장갑대대가 62대의 전차를 격파했고 랄프 티이만 SS대위 소속의 7중대는 첫 번째 회전에서 20대의 전차를, 이어 저녁 무렵까지 23대를 추가로 격파하였다. 그러나 놀랍게도 7중대가 잃은 전차는 단 한 대에 불과했다.[36]

통상적인 역사서의 소련군이 쿠르스크전에서 독일군의 기동전력을 밀어내고 전쟁의 두 번째 전

32 Lehmann(1993) p.236, 마르틴 그로스의 제1SS장갑연대 2장갑대대는 성채작전 동안 총 117대의 소련 전차들을 격파한 것으로 집계되었다. 쿠르스크에서 이 장갑연대에는 1개 대대만 존재했다.
33 Agte(2007) p.71
34 Zamulin(2012) pp.348-9, 358-9
35 Kurowski(2004) Panzer Aces, p.183
36 Nipe(2011) p.334

환점을 이루어 냈다는 것은 사실이다. 그러나 개별 국면의 전투에서는 소련군에 대한 독일군의 압도적인 기술적 우위를 확인할 수 있는데, 1943년이 다 갈 때까지, 그리고 1944년이 되어서도 독일군은 8:1, 10:1의 양적 열세 속에서 8:1, 10:1의 기적적인 상호 전차 격파비율을 유지하였다는 점에 주목할 필요가 있다. 7월 12일은 독일군의 실제적인 대 소련군 전과의 결과를 통해서도 다시 한 번 적에 대한 우월적 지위를 누리고 있다는 충전된 사기를 과시한 날이기도 했다. 쿠르스크의 신화는 독소 양군이 1,500대의 물량을 프로호로프카에 쏟아 부어 사상 최대의 전차전을 만들었다는 것이 신화가 아니라, 그와 같은 개별 전투에서 독일군이 창출해낸 거짓말 같은 황홀한 전투기록이 진정한 신화로 기록되어야 할 것이다.

한편, 이 252.2고지에서 말도 안 되는 결투를 벌였던 폰 립벤트로프와 마르틴 그로스 2대대장은 당연하게도 기사철십자장을 수여받았다. 전투가 끝난 7월 20일에 기사철십자장을 받은 폰 립벤트로프는 자신의 전차에 타고 있던 모든 전우가 이 훈장을 받을 자격이 있다면서 훈장을 자신의 동료들을 위해 목에 건다는 인사말을 남겼다.[37]

물론 독일군이 소련 제18, 29전차군단에 괴멸적인 타격을 입혔으나 봐실예브카의 '아익케' 연대와 옥챠브리스키 좌익에 위치한 라이프슈탄다르테 사이의 프숄 회랑지대는 여전히 취약한 상태로 놓여 있었다. 그러나 다행히 제53차량화소총병여단이 철수하고 난 뒤에는 별도의 공격이 이루어지지 않았고 키리첸코의 제29전차군단은 휘하 3개 전차여단을 모두 소진하였기에 예비가 전혀 없었으며 바하로프의 제18전차군단 역시 막대한 피해를 입은 상태여서 빠른 시간 내 후속타를 만들어 낼 수는 없었다. 다만 몇 대의 전차지원을 동반한 연대 규모의 보병들이 얌키로부터 스토로쉐보예에 포진한 라이프슈탄다르테의 일부 병력에 대해 공격을 가해왔다. 소련군들은 화포와 카츄사 로켓의 지원을 받기는 하였으나 독일군 진지의 어귀에서 포병대의 반격에 밀려나고 말았다. 오후 4시에는 사단의 전초기지에서 페트로브카와 안드레예브카에 몰려 있는 소련군 전차들을 포착해 대대적인 포사격을 감행하여 소련군의 접근을 막았다.[38]

252.2고지 주변은 불에 탄 소련 전차들과 파괴된 하프트랙들이 여전히 검은 여기를 내뿜고 있었으며 화염과 휘발유 및 시체 타는 냄새가 전선을 휘감고 있었다. 셀 수 없을 정도로 많은 소련 전차와 장갑차량들을 격파한 사단의 장갑부대와 3대의 티거들은 그 날의 마무리를 짓기 위한 자세로 최종 공세에 나섰다. 화염과 연기 속에서 적진을 관찰한 로트미스트로프는 그날 늦게 수중의 마지막 전술적 기동예비들을 동원했다. 제24근위전차여단과 제10근위기계화여단으로 구성된 제5근위기계화군단 소속 120대의 전차들은 라이프슈탄다르테의 추가 공세를 저지하면서 독일군들의 예봉을 둔화시키기 위해 총력을 기울이고 있었다. 그러나 어둠이 깃들자 천둥과 번개를 동반한 갑작스러운 폭우가 내려 전선은 소강상태로 접어들어 갔다.[39] 소련 제5근위전차군은 발진지점으로 되돌아갔고 라이프슈탄다르테는 그날 전장 대부분의 지역을 통제 하에 두고 있었다.

프로호로프카의 서쪽과 남서쪽에서 지옥을 방불할 정도로 치열했던 7월 12일의 전투는 독소 양군이 지칠 대로 지쳐 버림에 따라 일시적인 휴지기를 맞이하고 있었다. 이날 252.2고지, 특히 요아힘 파이퍼 대대가 소련군 2개 전차여단과 1개 공수연대와 벌인 살육전은 그 어느 전구보다 치열

37 Kurowski(2004) Panzer Aces, p.184
38 NA : T-354 ; roll 605, frame 671
39 Nipe(2012) p.61

하고 잔인한 격투의 연속이었으며 인간과 기계, 땀과 피, 총과 칼이 처절하게 난무하는 최악의 격전 중 하나로 기록된다.[40] SS장갑군단 공세의 최선봉을 담당했던 라이프슈탄다르테는 지난 1주일 동안 계속된 지옥과 같은 물량전과 소모전을 경험한 결과, 소련 제5근위전차군의 정예병력들을 영웅적으로 물리치기는 하였으나 다시는 이전의 전력을 회복할 수 없는 처지에 놓였다.

## 다스 라이히

라이프슈탄다르테가 토텐코프 공세의 진전을 기다려 본격적인 공격을 준비하고 있었던 것처럼 다스 라이히 역시 라이프슈탄다르테가 스토로쉐보예를 확보하고 프로호로프카로 진격하는 것을 기다리고 있었다.[41] '도이췰란트' SS연대의 한스 비싱거 2대대는 사단의 좌익에서 스토로쉐보예 동쪽을 공략해 들어가기로 되어 있었다. 2대대가 돌파에 성공하면 오세로브스키에 집결해 있던 장갑부대가 진입해 뷔노그라도브카(Winogradowka)를 공격할 예정이었으며 그 다음에는 이봐노브카 남쪽으로 진격하여 사단 공세정면의 동쪽에 위치한 소련군을 칠 계획을 잡았다. 그러나 소련군 제2전차군단과 제2근위전차군단이 선제공격을 가해 왔다. 제2전차군단은 전날 절반 이상의 전차를 격파 당한 결과 겨우 52대의 전차만을 보유한 제5근위전차군 중에서는 가장 약한 전력이었으며 제2근위전차군단은 그나마 97대 정도를 확보하고 있었다. 제1파의 공격은 우선 20~40대의 전차로 진행되었다.

오전 11시 40분 비싱거의 2대대는 스토로쉐보예에서 제26근위전차여단의 공격을 받았고 처음부터 근접전투에 휘말렸던 2대대는 소련 전차 9대를 격파하자 소련군의 최초 공세는 돈좌되고 말았다. 2대대는 오후 1시 재편성을 마친 뒤 다시 스토로쉐보예로 진격, 1시간 이내에 마을 남쪽 입구에 도달하여 서쪽 숲 지대의 소련군 보병진지를 제거했다. 그 후 오후 3시가 넘어 2대대는 마을에 포진했던 소련군 전차와 보병의 대부분을 몰아내고 4시에는 연대 전체가 마을로 입성하여 스토로쉐보예의 북쪽 끝자락에 도달했으며 이로써 고대하던 라이프슈탄다르테와의 연결이 완성되었다.[42]

한편, 소련군 제2근위전차군단은 칼리닌 북부 야스나야 폴야나에 위치한 '데어 휘러' 연대를 공략하고 있었다. 군단은 정오에 우익에 포진하고 있던 제4근위전차여단이 철도변 둔덕을 넘어 '도이췰란트'와 '데어 휘러' 사이의 갭을 치고 들어가게 했다. 제4근위전차여단 70대의 전차들은 '데어 휘러' 1대대의 전초기지를 부수고 야스나야 폴야나의 외곽으로 진격해 들어갔다. 소련군은 마을의 동쪽 입구까지는 잘 밀려들어 왔으나 장갑척탄병들은 MG42의 폭우와 같은 사격으로 전차 위에 올라탄 소련 보병들을 전차와 분리시킨 뒤 소련 전차들을 좁은 거리로 몰아넣어 육박공격으로 분쇄해 나갔다.[43] 알프레드 렉스(Afred Lex) SS대위의 '데어 휘러' 1대대가 마을의 북쪽 절반을 놓고 대결을 벌이고 있는 동안 소련군은 40대의 전차를 몰아 헤르베르트 슐쩨 휘하의 '데어 휘러' 2대대가 있는 야스나야 폴야나로 치고 나왔다. 대대의 베테랑 소대장 헤르만 크나우프(Hermann Knauf) SS상사는 전방에서 움직이던 전차들이 지나가도록 한 다음 뒤에 오는 보병들을 세차게 밀어붙여 소

40 Stadler(1980) p.101
41 Glantz & House(1999) p.209
42 Weidinger(2008) Das Reich IV, p.163, Stadler(1980) p.102
43 NA : T-354 ; roll 605, frame 671

총병대대의 파도타기 공격을 깐깐하게 막아냈고 소련군들은 결국 독일군 1개 소대 앞에 엄청난 시체를 쌓아놓고는 철수하고 말았다.

그보다 좀 더 남쪽 구역에서는 10대의 T-34들이 칼리닌 부근으로 접근해 연대 배후에 위치한 2대대 15중대 구역으로 들어왔고 그중 두 대의 T-34가 하필이면 취사반을 박살내고 엉망으로 만드는 바람에 며칠 동안 뜨거운 음식을 먹지 못한 독일군은 완전히 미쳐 버릴 지경이었다. 이 일화는 객관적으로 평가하기가 힘든 부분으로, 먹을 것을 망쳐버려 격분한 독일군은 악착같이 소련 전차에 올라타 백병전을 전개, 한 대를 파괴하고 나머지 한 대는 장해물에 막힌 것을 50mm 대전차포로 날려 보내면서 두대 모두 격파시키고 말았다.[44]

같은 칼리닌 구역의 장갑엽병대대 대전차자주포 지휘관이었던 쿠르트 암라허(Kurt Amlacher) SS상사는 소련 전차 하나가 독일군 마르더 대전차자주포 1대를 격파하면서 보병들과 동시에 돌진해 오자 부하들과 함께 일단 기관총으로 응사하면서 위치를 이동시켜 나갔다. 소련군은 전차가 지나간 뒤에 중화기과 대전차포를 동원해 독일군 중대를 공략해 왔고 암라허는 중대원들과 반격을 개시, 36명의 소련군 소총병들을 사살했다. 그 직후 암라허는 소련 대전차포 1대를 격파하여 김을 빼놓자 잔여 병력들은 마을의 동쪽으로 후퇴했다. 이처럼 다스 라이히는 소련군의 선공에 막혀 예정된 공세를 취하지 못하고 오세로브스키에서 정체되어 있었다.

소련군 제2전차군단은 120대의 전차를 동원, 야스나야 폴야나와 칼리닌 사이의 '데어 휘러' 연대 전구를 강타, 칼리닌의 북쪽과 남쪽으로 침투해 들어갔다. 이때 사단의 장갑연대에는 하르코프전 직후 전차공장에서 노획한 T-34들로 구성한 별도 장갑대대가 배치되어 있었으며 장갑엽병 2대대 출신의 에어하르트 아스바르(Erhard Asbahr) SS대위가 지휘하고 있었다. 독일군으로 둔갑한 이 전차들은 커다란 십자가(Balkenkreuz) 표시를 그려 적군과 구별되도록 하였으나 먼지가 나는 원거리에서는 전차의 실루엣밖에 보이지 않았다. 대대는 소련군 진격방향의 측면에서부터 기습적으로 치고 들어가 대혼란을 일으켰다. 소련군들은 자신들의 전차로 오인했다. 소련 전차종대는 최초 지휘전차만이 무전기가 있어 이것만 처치하면 나머지는 비교적 쉬운 사냥감이었다. 독일군들은 연료가 가득 채워진 후미의 연료통을 조준하여 사격을 가했다. 삽시간에 적 전차들이 화염에 휩싸였고 같은 우군 전차들 간에 무슨 일이 벌어지고 있는지 제대로 확인이 안 된 소련군들은 바깥 소란에 대한 상황파악조차 못하고 있었다. 독일군의 T-34들은 일제히 주포 사격을 가하면서 동종의 소련 전차들 거의 전 병력을 저 세상으로 보냈다. 그 짧은 시간에 무려 50대의 전차들이 무섭게, 그러나 화려한 불길을 내뿜으며 타기 시작했다. 철갑탄이 관통함에 따라 전차 내부의 포탄과 연료통이 연이어 발화되면서 폭발효과가 배가된 결과였다.

소련군은 지상과 하늘 양쪽에서의 공격과 반격으로 상당한 피해를 입었으면서도 30~40대 정도의 또 다른 소련 전차들이 칼리닌의 사단 수비진을 뚫고 들어와 오세로브스키로 밀고 나아갔다. 이때 크리스티안 튀크젠의 장갑대대가 오세로브스키 동쪽에서 매복해 있다가 소련 전차들을 급습, 그 중 21대를 격파했고 대대의 한스 메넬(Hans Mennel) SS소위는 자신의 4호 전차로 6대의 T-34를 파괴하는 기록을 세웠다.[45] 한스 메넬은 4일 동안의 전투에서 홀로 24대의 전차를 격파하

44 NA : T-354 ; roll 605, frame 673

45 NA : T-354 ; roll 605, frame 673-4, 713
소련군은 다스 라이히장갑연대에 의해 두 번에 걸쳐 격퇴당했음에도 불구하고 비가 오기 전까지는 오후 내내 공격을 전개해 왔다. 부수

였으나 14일에 전사했다.

오후가 되자 아열대기후 같은 폭우가 쏟아져 독일군이나 소련군 모두 전차의 기동이 불가능하게 되자 소련군 제2근위전차군단은 제29전차군단이 뒤에 처져 간격을 유지하지 못함에 따라 우익이 위험스럽게 노출되었다고 보고 당초 발진지점으로 후퇴했다. 제2근위전차군단과 제2전차군단 모두 상당한 피해를 입어 스토로쉐보예로부터 칼리닌에 이르는 구역에는 수십 대의 소련군 전차 잔해들이 널려 있었으며 살아남은 T-34와 T-70는 철길 동쪽에 위치한 숲에 자리 잡았다.

그날 오후 늦게 소련군 제2근위전차군단은 독일군 제3장갑군단의 교두보를 탈취하기 위해 린딘카의 소련군 병력을 지원하라는 지시를 접수했다. 그러나 군단은 겨우 50대 정도의 전차만을 보유하고 있어 제26전차여단을 린딘카로 보낼 경우 군단을 유지할 수 없다고 보고하고 다스 라이히 정면에 대해 방어진을 치는 것으로 방향을 바꾸었다. 독일군 역시 계속되는 소련군의 공격에 당초 목표로 했던 프라보로트(Praworot) 남서쪽의 고지를 점령하는 일은 무산될 형편에 놓였으며 숲 지대로부터 계속해서 나오는 소련군 전차병력의 규모를 예측할 수가 없어 이날의 나머지 시간은 전부 수비에만 집중할 수밖에 없는 사정이었다.

당시 로트미스트로프 제5근위전차군 사령관은 다스 라이히 전구가 안정되어 있는 것은 둘째 치고 만약 토텐코프가 카르테쉐브카 방면으로 치고 들어올 경우 제5근위전차군의 연락선과 병참선을 단절시키게 될 우려에 사로잡혀 있었다. 그럼에도 불구하고 제5근위전차군은 아직도 어마어마한 규모의 기동전력을 보유하고 있어 토텐코프 한 사단의 공세는 충분히 막을 수 있는 여지를 가지고 있었다.

## 토텐코프

12일 소련군은 봐실예브카와 프숄강 북부에서 반격을 가해 사단의 정면을 향해 돌진하여 교두보를 장악할 계산이었다. 소련군은 전날 전략적 예비병력이 도착하기 전까지 제52근위소총병사단은 다스 라이히의 진격을 방해하기 위한 소정의 임무를 완수한 것으로 판단하고, 12일에는 지친 제52근위소총병사단을 대신해 제5근위군의 제33근위소총병군단이 수비진을 맡아 프로호로프카 지역에서 프숄강 교두보를 뚫으려는 독일군의 시도를 봉쇄하는 임무를 담당하게 했다. 즉 제33근위소총병군단의 95, 97근위소총병사단은 프숄강 구역에 퍼진 소련군 방어라인의 동서로 포진하고, 1개 대전차대대와 함께 가능한 한 동원할 수 있는 전차들을 모두 모아 독일군의 공세에 대비하고 있었다. 그 뒤에는 제42근위소총병사단이 카르테쉐브카-프로호로프카 도로 양 옆으로 퍼져 있었으며 그중 1개 연대가 프숄강 계곡의 제11기계화여단을 지원하고 있었다. 제100전차여단과 여타 전차부대들과 제301대전차연대의 대전차포들도 자리를 잡았으며 이로써 제5근위군과 제33근위소총병군단은 공격이든 수비든 강변 구역을 제대로 장악할 수 있는 기본편제는 갖추게 되었다.

독일군은 장갑부대가 북진한 다음, '아익케' 연대 1대대가 봐실예브카에서 발진하여 안드레예브카 인근의 마을들을 공략할 예정이었다.[46] 그러나 공격은 소련군이 먼저 선수를 쳐 이른 아침 공군

고 부수어도 셀 수 없을 정도로 많은 소련군 전차들이 접근해 왔으며, 공중정찰에 의해 60대의 전차와 25~30대의 장갑차량들이 프라보로트로부터 발진해 남쪽으로 전진하고 있다는 보고가 들어왔다. 이 병력은 전술적 예비로 있던 제5근위기계화군단으로서 다스 라이히나 제3장갑군단을 치기 위한 기동이었던 것으로 추정되었다.

46 NA : T-354 ; roll 605, frame 659

히틀러와 악수하는 '토텐코프' 연대 3대대장 칼 울리히 SS소령. 오토 바움 연대장은 칼 울리히를 자신과 함께한 장교 중 최고의 전사로 평가한 바 있다. 왼쪽 소매 밴드에 '테오도르 아익케'의 이름이 확인된다.

과 화포사격을 동반한 소총병대대가 붸셀뤼 남쪽의 '토텐코프' SS연대를 공격하는 것으로 시작되었다. 프리스 사단장은 도하 직전에 있던 에르뷘 마이어드레스의 1장갑대대로 하여금 상황을 정리하도록 하고 마이어드레스는 위기에 처한 에른스트 호이슬러의 대대를 지원하기 위해 서쪽으로 몰려 들어갔다. 그러나 소련군이 버린 구 막사 쪽으로 진격한 마이어드레스의 장갑부대는 소련군이 그토록 빨리 대전차포를 재배치한 줄도 모르고 개활지로 행군하다 직격탄을 맞았다. 마이어드레스 자신도 피격되어 불타는 전차 밖으로 빠져나왔고 다른 전차병들도 파괴된 3, 4호 전차들로부터 나와 이제는 임시 돌격조를 편성하여 보병처럼 소련군 진지들과 격투를 벌여야 했다. 보병으로 변한 전차병들의 분전으로 이 구역은 오전 7시 15분경 독일군에 의해 안정적으로 관리되었으며 마이어드레스의 부하들은 다시 전차를 갈아타고 동진, 카르테쉐브카 국도를 공략하기 위해 원래 강 도하지점으로 되돌아갔다.

'아익케' SS연대가 맡고 있던 동쪽 구역에도 치열한 전투가 전개되었다. 루프트봐훼들이 활주로가 진창으로 변함에 따라 출격을 못하고 있는 가운데 소련공군들이 마음 놓고 독일군 종대를 공습해 왔고 독일군들은 겨우 20mm 고사포 정도로 대응할 수밖에 없었다. 게다가 '토텐코프' 연대 쪽 척후병들은 40대의 전차를 앞세운 소련군 2개 연대 병력이 봐실예브카 동쪽에서 집결하고 있는 것을 파악하고, 50대의 전차를 보유한 또 다른 병력이 프숄강 회랑지대의 입구에 해당하는 페트로브카 동쪽 3km 지점에서 포착되었음을 '아익케' 연대에게 알렸다. 아마도 이는 소련군 제18전차군단 181전차여단과 제9공수사단의 낙하산병으로 추정되었으며 그와는 별도로 대규모 보병

및 전차병력도 카르테쉐브카 도로를 따라 동진하고 있는 것이 발견되었다.[47]

'아익케' SS연대 1대대는 네벨붸르훠와 카츄샤의 로켓탄이 하늘을 뒤덮는 가운데 회랑지대로부터 나타나 봐실예브카로 향하는 소련군의 진격로 정면에 중화기들을 포진시키고 88mm 대전차포의 포신을 아래로 향하게 했다. 두 번에 걸친 소련군 연대병력의 공세를 물리친 1대대는 동쪽으로 진격, 오후 3시가 좀 못되어 안드레예브카 서쪽 끝자락에 도달하였다.[48]

소련공군은 Il-2 슈트르모빅 대지공격기가 하늘을 덮을 정도로 총력을 다 한데 대해 독일군은 되는대로 20mm, 37mm 고사포로서 응사했으며 이게 신기하게도 소련공군기들을 혼란에 빠트려 독일공군의 방해가 없는 상황인데도 소련공군기들은 독일군 진지와 주요 지점들을 제대로 파괴하지 못하게 되었다. 이 단순한 고사포 대응이 상당한 효과가 있었음을 증명하는 이유는 프숄강의 다리가 온전히 살아남았다는 사실에도 기인했다.

한편, 마이어드레스의 장갑대대는 강둑 남쪽 사면의 조그만 숲이 우거진 언덕에서 프릿츠 비어마이어의 2장갑대대와 합류하였다. 장갑연대는 오전 9시경 종대의 마지막 전차가 강을 넘었으며 9시 30분에 226.6고지를 지나 카르테쉐브카-프로호로프카 도로 쪽으로 접근해 들어갔다.[49]

잠시 후 소련군 제18전차군단 181전차여단이 회랑지대로부터 나와 봐실예브카를 강타했다. 이쪽은 다행히 독일 제8항공군단의 슈투카들이 요리했으며 보다 남쪽에서는 소련군 제170전차여단이 프숄강 회랑의 정중앙을 뚫고 나와 라이프슈탄다르테가 있는 스브취옥챠브리스키와 봐실예브카에 위치한 프릿츠 크뇌흘라인의 '아익케'연대 1대대 사이를 치고 들어왔다. 동시에 소련 소총병대대는 사단의 가장 좌익에 해당하는 오토 크론(Otto Kron) SS소령의 3정찰대대 전구를 때리고 들어왔다. 오토 크론의 정찰대대는 제11장갑사단과 함께 사단의 좌익을 커버하는 유일한 부대로, '아익케'연대 1대대를 제외한 사단의 거의 모든 병력이 이미 도하한 상태였기에 상대적으로 고립된 처지에 놓여 있었다. 소련군들은 계속해서 전차와 보병들을 투입하는 가운데 코췌토브카(Kotschetowka) 부근의 전투는 악화일로로 치달았으며 소련군의 주공이 프숄강 교량을 위협하고 있음이 명백한데도 프리스 사단장은 장갑부대로 틀어막을 의도는 접은 채 원안대로의 진격만을 주문했다. 비어마이어의 2장갑대대는 마이어드레스의 1장갑대대가 측면을 엄호하는 가운데 진격을 리드했고 사단의 거의 모든 화포와 네벨붸르훠들은 장갑부대의 공격을 지원하는 쪽에 동원되었다.

소련군 전차들은 사단의 장갑부대들과 맞붙기 위해 226.6고지를 지나자 마자 독일군 정면으로 몰려들었다. 독일군 전차들은 유리한 포사격 위치를 잡으려 했고 하프트랙들은 개활지에서 소련 전차들의 주포 사격을 피하기 위해 엄폐물들을 찾았다. 이때 5중대 전차장 롤프 슈테트너(Rolf Stettner)는 돌연 100m 앞에서 T-34들이 들이닥치자 50m까지 근접한 지점에서 주포를 발사, T-34의 포탑을 하늘 높이 날려보내며 격파했고, 공병들이 대전차지뢰로 소련 전차들을 격파하여 엄청난 피해를 입히는 동안 5중대 전차들은 우측의 1중대를 지원하기 위해 계속해서 적진 중앙을 파고들었다. 1중대 전차들은 소련 대전차포 진지 정면에 위치한 언덕 뒤편에 매복해 있다가 다수의 소련군 전차들을 파괴시켰다. 5중대 롤프 슈테트너는 이날 피탄되었는데도 패닉 상태를 극복하고 진

47 NA : T-354 ; roll 605, frame 78
48 NA : T-354 ; roll 605, frame 80
49 NA : T-354 ; roll 605, frame 78

격을 계속, 소련군의 45mm, 76mm 대전차포가 즐비한 대전차포 방어진지를 유린하였으며 2개 장갑대대는 밤이 될 때까지 카르테쉐브카 도로를 따라 진격해 들어갔다.[50]

늦은 아침부터 장갑부대가 소련군 제95근위소총병사단의 방어진을 돌파해 나가는 동안 오토 크론의 정찰대대는 코췌토브카 근처 서쪽 측면의 수비구역을 방어하려고 안간힘을 쓰고 있었다. 또한, 소련군 소총병 종대가 크라스니 옥챠브르 북서쪽 부근에서 프숄강을 건너 코췌토브카로 향하자 정찰대대는 3, 4중대를 보내어 소련군을 막으려 했다. 소련군과의 최초 접전이 있고 난 후 소련군 소총병들이 재편성에 들어감에 따라 3중대는 소련군의 측면을 노리기 위해 별도의 위치를 잡고 있었다.

한편, 이날 프숄강 변 교두보를 향한 소련군 제18전차군단의 공세는 대부분 88mm 대전차포의 사격에 의해 격퇴되어 안드레예브카와 미하일로브카 마을 주변에는 불에 탄 소련 전차들이 즐비하게 널려 있었다. 소련군 제170, 181전차여단은 옥챠브리스키 국영농장을 장악하기는 하였으나 봐실예브카를 건너 들어오지는 못하였으며, 이는 전술한 바와 같이 라이프슈탄다르테 소속 4대의 티거 전차에 의해 저지당한 것으로 추측되고 있었다. 소련군은 독일의 토텐코프 사단 티거 13대의 존재로 인해 제18전차군단이 더 이상의 진격을 시도하지 못하고 수비로 전환했다고 기록하고 있으나 이 구역에 토텐코프의 티거들은 없었다. 12일 토텐코프의 장갑연대는 프숄강 교두보를 건너 강 건너편에 도달하여 카르테쉐브카를 향해 북진하고 있었으며, 다스 라이히의 티거는 오세로브스키 남쪽 15km나 떨어진 지점에 포진하고 있었다. 따라서 제18전차군단의 진격을 저지한 것이 티거가 맞다면 당시 안드레예브카 동쪽으로부터 5km 지점의 252.2고지와 스브취옥챠브리스키에서 전투 중이던 라이프슈탄다르테의 티거들이 가장 근접해 있었던 것으로 파악되기에 이들 4대의 티거들이 군단병력을 격퇴한 것이 사실이라는 이야기가 된다.

토텐코프 장갑부대는 카르테쉐브카 도로에 도달할 무렵 소련군의 광신적인 돌격에 직면하여 일단 단거리를 후퇴해 뒤로 물러났다가 빌헬름 플로어(Wilhelm Flohr) 5중대장이 전차 대형을 정렬하게 되었다. 플로어 중대장은 본인이 늘 하는 것처럼 가장 선두에 선 뒤 좌측으로 돌아가 언덕을 넘어 소련군 진지를 때렸다. 소련 보병과 대전차포의 격렬한 반격으로 일시적으로 큰 혼란이 초래되기는 했으나 고폭탄 하나가 진지 정중앙에 명중하자 더 이상의 격한 전투가 없이 전선은 안정되었다. 티거를 전면에 내세워 총돌격 형태로 진군한 장갑부대는 황혼이 질 무렵 남쪽의 미하일로브카와 북쪽의 페트로브카 사이에 놓인 폴리자에프(Polyzhaev)를 점거했다.[51] 이 지역에서는 독일군이 쿠르스크-벨고로드 국도를 차단할 수 있는 위협을 가할 수 있음에 따라 이미 엄청난 양의 전차를 상실한 로트미스트로프는 시급히 예비전력을 규합하기에 이르렀다.[52]

장갑부대는 자정 직전에 카르테쉐브카-프로호로프카 도로에 도착하여 페트로브카 근처 프숄강 도하지점으로부터 제18전차군단의 배후로 침투할 수 있는 거리에 놓여 있었으나 심각한 전차 손실로 인해 더 이상의 야간공격은 실행할 수가 없었다. 장갑연대는 카르테쉐브카 도로에 도달할 때까지 45대의 전차를 격파 당하거나 반파된 상태였으며 보유 중이던 10대의 티거는 지뢰로 인한 파손 등으로 인해 모두 기동불능상태에 놓여 있었다. 물론 3, 4호 전차 역시 완파된 것은 얼마되지

50 Nipe(2011) p.346
51 NA : T-354 ; roll 605, frame 678, Nipe(2012) p.51에서 재인용
52 Porter(2011) p.166

않아 대부분 수리 후 복귀할 수 있는 상태였지만 12일 밤까지 사단의 기동가능한 전차는 56대에 불과했다. 더욱이 이미 프숄강을 도하한 상태여서 모든 부속장비와 탄약은 강을 건너 실어 날라야 한다는 부담이 있었기에 소련군의 대규모 공세가 개시된다면 오래 버티기가 힘들 정도로 취약한 조건에 처해 있었다. 사단은 이날 69명 전사, 231명 부상, 16명이 행방불명인 것으로 집계하였으며 사단의 장갑척탄병들은 7월 5일부터 계속된 전투로 인해 어떤 중대는 40~50명 선으로 격감해 있을 정도로 피폐해진 상태였다.

이에 반해 소련군 제5근위전차군은 아직도 생생했다. 예비로 남겨졌던 제5근위기계화군단이 린딘카에서 제3장갑군단의 진격을 막기 위해 일찌감치 전투에 휘말리게는 되었지만 그래도 아직 전혀 피해를 입지 않은 제24근위전차여단과 제10근위기계화여단을 보유하고 있었다. 제24근위전차여단은 60대의 전차를, 제10근위기계화여단의 제51근위전차연대는 30대의 T-34를 포함한 48대의 전차를 보유하고 있었고, 제5근위군의 제6근위공수사단을 익일 독일군의 공세에 대비해 도로변에 포진시키고 있었다. 따라서 사단이 이날 목표로 했던 카르테쉐브카-프로호로프카 도로에 도달한 것만으로는 안심을 할 수 없었던 것이 소련군은 한 번의 공격이 좌절될 때마다 얼마 안가 다시 파도타기와 같은 전차와 보병의 연쇄공격을 퍼붓고 있어 도대체 보유병력의 밑바닥을 감 잡기 힘들었기 때문이었다. 또한, 정찰보고에 따르면 오보얀으로부터 소련군의 새로운 종대가 움직여 토텐코프와 경계를 이루는 제11장갑사단이 위치한 코췌토브카에 집결중이라는 것도 신경을 쓰이게 했다. 또한, 독일군에게 많이 얻어맞은 제18, 29전차군단은 페트로브카 부근에 여전히 200대 정도의 전차를 가지고 있었으며 13일에도 회랑지대로부터 나와 토텐코프의 교두보를 따낼 계획을 품고 있었다.

## 켐프 분견군

이른 아침부터 25대 정도의 소련군 전차들이 북쪽에서부터 밀려오는 것이 포착되어 제7장갑사단의 잔존병력과 제6장갑사단은 재빨리 합류해야 했으며 소련군의 별도 병력이 라우스 군단본부를 치기 시작하자 그간 군단의 우익과 배후를 지켜 온 보병사단들이 장갑부대들과 격리되는 위기가 발생하고 있었다. 이 경우 르자붸즈를 중심으로 펼쳐진 독일군의 전력들을 한 곳으로 모으지 않으면 돌파당할 우려가 심각하게 제기되었으며, 제6, 7장갑사단의 단위병력들이 모두 나뉘어져 있어 적기에 재편이 되질 않아 일단 늘어난 측면을 줄이기 위해 전선을 축소하는 과정에 들어갔다. 예컨대 가장 멀리 나간 제7장갑사단의 정찰대대는 속히 칼리니나로 복귀하도록 했으며 제25장갑연대는 황급히 카자췌를 떠나도록 지시가 내려졌다. 소련군 제92근위소총병사단은 쿠라코프카-알렉산드로브카 구간을 지키던 운라인 전투단을 제81근위소총병사단과 함께 포위하려고 했으며 돌출부 상단의 르자붸즈를 탈환하고 제6장갑사단을 포위하려는 기동을 나타내고 있었다. 르자붸즈에서는 제6장갑사단 11장갑연대 7, 8중대가 저녁 6시까지 소련군의 파상공세를 견뎌내면서 교두보를 지켜내는 데 성공했다.[53]

제3장갑군단의 공격은 제19장갑사단 전구에서 일말의 성과를 내고 있었다. 제19장갑사단은 오전 7시 45분부터 수중의 장갑연대, 2개 장갑척탄병연대, 19장갑포병대대를 총동원하여 사비니노

53 Lodieu(2007) pp.104-8

(Sabinino)를 따기 위한 준비에 돌입했다. 일단 군단이 가진 동원가능한 모든 화포와 제52네벨붸르훠 연대는 슈투카와 함께 제19장갑사단을 지원하는데 투입되었으며 사단 정찰대대는 제73장갑척탄병연대 호르스트 전투단의 우익을 철저히 엄호하는 것으로 포진되었다. 제73장갑척탄병연대는 사비니노에서 소련군의 저항이 약한 곳으로 쳐들어가 북동쪽으로 10km를 진격, 오전 중에 크리프조보(Krivzovo)와 스트렐니코프(Strelnikoff)를 석권할 예정이었다. 제74장갑척탄병연대 리히터 전투단은 처음부터 소련군의 화포사격에 시달리다가 19장갑포병연대 2, 3대대의 반격에 의해 숨을 고른 뒤 공세로 전환했다. 사비니노 전방 숲 지대에 다다랐을 무렵 소련군 소총병들이 돌격해 들어오는 위기가 발생했다. 헬무트 리히터(Helmut Richter) 중령은 몸을 숨기기는커녕 홀로 소련군을 감제하기 좋은 고지부근으로 올라갔고 부하들이 그 뒤를 따랐다. 리히터의 지시에 따라 소련군을 저지할 수 있는 정확한 지점들을 향해 독일군들이 노도와 같이 밀려들어갔다. 선방은 소련군이 취했는데도 장갑척탄병들의 무모하리만치 단호한 반격에 소련군들이 일대 혼란에 빠져 삽시간에 전세가 역전되어 버렸다. 불과 10분도 안 되어 소련군 거점들은 장악되었으며 어처구니없는 카미카제식 돌격에 살아남은 소련군들은 믿기지 않는다는 표정을 진 채로 포로가 되었다.[54]

숲지대 전투가 끝난 후 리히터 전투단은 제73장갑척탄병연대가 장악한 지역으로 이동 배치되었고 제73장갑척탄병연대는 사비니노가 함락된 다음 이른 오후에는 르자붸즈에 도달해 제6장갑사단과 합류했다. 제73장갑척탄병연대는 뒤따라온 제74장갑척탄병연대의 1개 대대와 더불어 린단카에서 교두보를 건너 제6장갑사단의 보병들이 지키는 구역을 대신 맡기로 했다. 그러나 앞서 언급한 것처럼 11~12일 밤 제6장갑사단의 배케 부대와 한판 붙어 전차 19대를 상실했던 제96전차여단이 다시 25대의 전차를 보유하여 르자붸즈에서 겨우 5km 떨어진 알렉산드로브카의 미점령 구역으로 밀려들어왔다.[55] 이에 브라이트 군단장은 제6장갑사단의 모든 전차와 돌격포 및 정찰대대를 린딘카에서 뽑아내 알렉산드로브카 부근에서 측면을 치도록 준비했다. 또한, 제7장갑사단의 정찰대대도 제6장갑사단을 지원하기 위해 알렉산드로브카 북쪽으로 조금 떨어진 241.5고지를 따 내도록 주문하고 제7장갑사단의 주력은 르자붸즈 남쪽에서 집결을 마치도록 지시했다. 또한, 제19장갑사단의 제74장갑연대는 샤호보(Schachowo) 방면을 향해 서진하여 교두보를 넓히려는 시도를 강화했으며 그럼으로써 다스 라이히 남익과의 거리를 좁혀갈 수 있었다.[56]

오후 3시 30분, 제6장갑사단은 르자붸즈의 집결지로부터 241.5고지를 향해 동쪽으로 진군하여 소련군 제96전차여단과 제92근위소총병사단의 보병 주둔구역을 치고 들어갔다. 밤이 될 때까지 펼쳐진 전차전에서 어느 쪽도 승기를 잡지 못해 브라이트 군단장은 동쪽으로부터 출현하는 소련군 병력이 독일군의 연결라인을 차단하지 못하도록 조치하고, 제7장갑사단도 교두보 구역으로 들어가든지 제6장갑사단과 합류하여 교두보로 향하는 도로의 길목을 지키도록 명령했다. 이날 사단은 소련 제69군의 2차 저지선의 정중앙에 위치하는 카자췌(Kazache)에 도달하여 12km를 주파하는 준수한 성적을 기록했다. 카자췌에 당도한 제6장갑사단은 소련군 제81, 89근위소총병사단을 북쪽으로 몰아내고 제19장갑사단과 함께 제2SS장갑군단 정면을 향해 달려드는 소련군 기동전력

54 Lodieu(2007) pp.108-9
55 NA : T-312 ; roll 54, frame 9657,
NA : T-314 ; roll 197, frame 1392,
Kurowski(2004) Panzer Aces, 197
56 NA : T-312 ; roll 54, frame 9660-9665

의 배후를 겨냥하게 되었다. 제167, 168보병사단 역시 소련군 제69군 제대에 대해 압박을 가하자 상당수의 병력들은 뒤로 물러났으며 이로써 헤르만 브라이트 제3장갑군단의 3개 장갑사단들은 동쪽 끝자락의 돌출부 구역을 일층 확장시켜 나갈 수 있게 되었다. 그러나 3개 사단의 진격이 북으로 뻗어 나가는 만큼 측면 방호가 점점 어려워진다는 고민을 동시에 떠안게 되었으며 공군의 지원 없이 계속해서 진군을 강행한다는 것은 상당한 위험부담을 지게 될 상황으로 변해 갔다.

이처럼 제6장갑사단이 알렉산드로브카 근처의 소련군 전차들을 분쇄하고 241.5고지를 따내는 동안 제19장갑사단은 현재의 교두보를 확고히 장악하여 제7장갑사단의 전투단과 합류, 북진을 속개하도록 준비되었다.[57] 제19장갑사단의 특공조는 오후 10시경 도네츠강을 건너 익일 전투준비를 위한 작업에 들어갔으며 르자붸즈 남쪽에 2번째 교두보를 확보함으로써 공세정면의 확실한 안정을 조성하려고 했다. 12일 밤 제19장갑사단은 당초 목표대로 수일 동안 최전방에서 사투를 벌이면서 린딘카를 지탱해온 제6장갑사단을 대신해 전진 배치하고, 북서쪽의 뷔셀로크(Visselok)에 두 번째 교두보를 확보하기 위한 준비를 추진했다. 한편, 제198보병사단도 앞서 나간 제7장갑사단의 부담을 덜어주기 위한 적진 정리작업에 착수, 제25장갑포병연대의 지원을 받아 오후 내내 적진에 대해 포사격을 실시하면서 솔로브제프(Solovzhev) 콜호즈 농장을 탈환하기 위한 전투를 계속하고 있었다.

이즈음 켐프는 프로호로프카 구역에서 적극적인 돌파구를 마련하기 위해 예비로 남겨져 있던 제24장갑군단 23장갑사단 또는 제5SS뷔킹 사단을 지원받을 수 있을 것으로 생각하고 있었으나 이는 히틀러에 의해 이미 금지당하고 있었다는 사실을 모르고 익일의 전황을 낙관하고 있었다.[58] 그러나 중상을 당해 병상에 있던 휘너르스도르프 제6장갑사단장이 갑작스럽게 전사하는 불운으로 인해 빠른 기간 내 프라보로트로 진격해 다스 라이히와 연결되는 구상은 엄청난 차질을 초래하게 되었다.[59]

503중전차대대는 성채작전 기간 동안 제7장갑사단, 또는 제6장갑사단의 측면을 엄호하는 기능을 맡고 있었다. 7월 12일 쿠르트 크니스펠의 1중대는 모두 20대의 적 전차 T-34를 파괴하였으며 그 중 크니스펠 스스로가 8대를 격파시켰다. 크니스펠은 이날 2,000m에서 T-34 1대를 초장거리 사격으로 명중시키기도 했다.[60]

## 제48장갑군단

7월 11~12일 밤 군단은 재편성 작업에 들어갔다. 북쪽으로의 총공세를 위해 그로스도이췰란트는 오보얀 국도를 따라 북쪽과 북서쪽을 향하도록 하고 제3장갑사단은 베레소브카와 붸르호펜예 사이 구간을 방어하는 태세를 갖추었다. 제332보병사단은 페나강 북쪽 라코보에 자리를 잡고 제255보병사단은 미하일로브카 방면을 향해 북쪽으로 진격해 들어가는 것으로 정리되고 있었다. 하지만 12일은 소련군이 먼저 가격하기로 작정한 날이었다. 봐투틴은 오보얀과 프로호로프카로 진공해 들어오는 독일군을 한꺼번에 격멸한다는 각오로 제1전차군과 제6근위군에 대한 병력 증강

57 Nipe(2011) p.351
58 NA : T-314 ; roll 197, frame 1401
59 Kurowski(2004) Panzer Aces, pp.54, 56
60 Kurowski(2004) Panzer Aces II, p.176
쿠르트 크니스펠은 성채작전 기간 중 적 전차 12대 정도를 격파시킨 데 불과했으나 오히려 쿠르스크전 제2기인 방어전 시기 동안에는 무려 60대의 소련 전차들을 파괴하는 기록을 남겼다. 広田厚司(2015) p.158

을 지시했다. 제219소총병사단의 지원을 받는 제10전차군단은 베레소브카의 제3장갑사단을 치기 위해 노벤코예(Novenkoje)에서 집결했다. 역시 제3장갑사단을 협격하기 위해 제5근위전차군단이 제184소총병사단과 함께 쉐펠로프카(Shepelovka)로 진격하고, 50대의 전차를 보유한 제15전차군단을 백업자산으로 동원했다. 오보얀 국도 쪽 방어를 위해서는 제6근위군 23소총병군단, 제3기계화군단 및 제31전차군단이 국도 동쪽을 지키는 것으로 하되, 독일군의 후퇴시점까지 철저히 반격 타이밍을 기다리도록 엄중한 지시가 내려졌다.

자도프의 제5근위군도 인내를 가지고 독일군의 공격이 고갈되는 시점까지 대기하면서 제대간 조율을 제고하는 것으로 정리되었다. 이와 같은 소련군의 의도가 먹혀 들어간다면 이 전투는 기동전에 의한 스탈린그라드 포위의 재판을 희구하는 것과 같았다. 즉 제1전차군은 증원된 5개 기갑군단(전차군단, 기계화군단)으로 독일 제48장갑군단을 에워싼 다음, 군단의 중앙을 돌파해 배후로 돌아가 프로호로프카 남서쪽으로 치고 나온 제5근위전차군과 합류한다는 것이었다.

12일 이른 시간부터 전선은 악화되고 있었다. 소련군 제3기계화군단과 제31전차군단은 오전 8시 30분, 2개 소총병사단의 지원 하에 오보얀 국도 동쪽에 위치를 잡아 제5근위전차군단과 제10전차군단이 그로스도이췰란트와 제3장갑사단을 치는 순간에 맞춰 공세를 전개할 예정이었다. 장갑군단의 목표는 서쪽 측면의 공세를 강화해 소련군 병력을 프숄강 변으로부터 더 동쪽으로 밀어내는 것으로서 전날 그로스도이췰란트가 주둔하고 있던 구역으로부터 10km 떨어져 있던 보스네세노브카(Wosnessenowka)에 도달해 프숄강에 대한 북동쪽으로부터의 공격준비를 서두르고 있었다.[61] 폰 크노벨스도르프는 아무래도 측면이 위태로운 점을 보완하기 위해 제52군단의 두 보병사단을 끌어내 제3장갑사단의 측면을 엄호하도록 준비했다. 그러나 군단 병력이 재집결하고 있는 와중에 소련군의 선제공격이 개시되었다. 소련군은 제5근위전차군단과 제10전차군단 및 제1전차군이 오보얀 국도를 통과해 군단의 좌익을 때리려고 했고 그를 통해 군단의 모든 병참선과 연결라인을 파괴하려는 의도를 나타냈다. 제48장갑군단은 이날 소련군이 전방위적으로 공세를 취함에 따라 어느 소규모 목표 하나도 달성하기 힘든 어려운 상황에 처했으며, 오보얀으로 가는 통로를 확보하겠다는 호트의 의도는 원천적으로 좌절되는 결과를 초래했다.

### 제3장갑사단(+ 그로스도이췰란트)

사단은 그로스도이췰란트가 프숄강 방면으로 진격해 들어가는 것을 돕기 위해 아침부터 북쪽으로 자리이동을 실시하고 있었다. 사단의 원래 구역은 제332보병사단이 메우기로 되어 있었다. 즉 이날은 제48장갑군단에게 있어 이사 가는 날인데 소련군이 군단의 측면에 대해 대규모 공세를 준비하게 됨에 따라 자리이동과 동시에 전개되어야 할 공세전환은 원안대로 실천되기가 어려운 상황에 처하고 있었다.

소련군의 최초 공격은 제3장갑사단이 제332보병사단에게 해당 전구를 인계하고 그중 제394장갑척탄병연대가 크루글리크-베레소브카로부터 뻗은 도로를 따라 북진하면서 군단의 좌측을 이끌고 있는 순간, 파괴적인 화포사격으로부터 전개되었다. 오전 8시 30분에 전개된 이 공격은 제10전차군단, 제23근위소총병군단 204, 309소총병사단에 의해 제48장갑군단의 좌익을 맡고 있는 제3

61 NA : T-314 ; roll 1170, frame 604

장갑사단 쪽에 집중되었다.[62] 기습효과는 적중하여 독일군 종대는 사방으로 엄폐물을 찾아 흩어지기 시작했으며 제대간 이동 중이었던 사단은 상당한 혼란에 빠지고 말았다. 그러나 소련군의 공격은 부대간 조율이 전혀 이루어지지 않아 특정구간에는 필요 이상으로 많은 병력이, 일부 구간은 병력집중의 밀도가 현저히 떨어지는 등 균일하지 못한 전력배치와 엉성한 시간차 공격으로 인해 별다른 전과를 올리지 못하고 있었다. 한편, 제5근위전차군단이 동쪽으로 치고 들어와 제332보병사단 전구를 유린하자 제332보병사단은 제3장갑사단과의 연결마저 차단당할 위기에 봉착하고 말았다. 소련군은 11일까지 독일군이 장악하고 있던 게르트소브카와 베레소브카를 탈환함으로써 제3장갑사단의 혼란한 이동시기에 주요 거점들을 되찾고는 있었다. 그러나 사단은 이미 좌측을 일정부분 포기하고 그로스도이췰란트 전구 쪽으로 나가 북진을 기도하고 있던 터라 베레소브카 등의 상실은 큰 의미가 없었다.

당시 그로스도이췰란트는 베레소브카를 떠나 크루글리크-베레소브카 국도를 따라 북진하고 있었으며 사단의 정찰대대와 휘질리어 연대도 소련군의 공세가 시작되었을 무렵, 제3장갑사단에게 자리를 인계하고 북쪽으로 향하고 있었다. 정찰대대는 사단의 제1, 2장갑척탄병연대가 지키고 있던 칼리노브카까지 밀려났으며 그 틈을 이용해 소련군 제204소총병사단과 제86전차여단이 칼리노브카에서 사단의 2개 연대에 공격을 퍼부었다. 이 전투는 치열한 국면을 거치게 되었는데 양군의 인적 피해가 실로 막심하였으며 독일군 제2장갑척탄병연대가 칼리노브카 서쪽으로 물러나면서 연대장 부관이 사망하고 7중대가 전멸하는 등 독일군 진영은 극도의 혼란에 빠져 있었다. 한편, 소련군 제10전차군단 183전차여단은 톨스토예 구역 어귀에 도달하였으며 제178전차여단은 동쪽으로 평행하게 진격해 들어갔다. 또한, 제186전차여단과 자주포연대는 숲 지대의 북쪽 끝자락을 통과해 258.5고지 부근의 독일군을 향해 돌진해 들어갔다. 3개 전차여단의 돌진은 붸르호펜예 방면을 위태롭게 했으며 그곳까지 도달할 경우 제48장갑군단은 두 쪽이 나게 될 판이었다. 소련군은 특히 제3장갑사단 전구를 12~15km나 돌파하는 기세를 올리고 있었다.

독일군은 급거 제394장갑척탄병연대 2대대와 제327장갑엽병대대를 붸르호펜예 서쪽에 투입하여 소련 전차 및 보병들과 근접전을 치르게 되었으며, 전술한 바와 같이 1개 중대가 완전히 유린되는 등 위기를 겪었으나 격렬한 방어전 끝에 5대의 T-34와 다수의 보병들을 사살하자 소련군의 진공은 일단 멈추게 되었다. 독일군도 이 틈새를 놓치지 않고 제394장갑척탄병연대의 2개 대대를 집결시켰고 제6장갑연대 2대대도 반격을 전개, T-34들을 온 사방으로 흩어지게 하는데 성공하여 일시적으로 소련군을 대혼란에 빠트릴 수 있었다. 제3장갑사단은 12일 상당 구간을 상실하면서 붸르호펜예와 베레소브카의 외곽까지 밀려났다.

폰 크노벨스도르프 군단장은 제3장갑사단만으로는 도저히 서쪽 측면을 방어할 수 없다고 판단, 북진하던 그로스도이췰란트의 장갑연대를 다시 불러 톨스토예와 258.5고지에 위치한 소련군 기동전력들을 제거하도록 재조정했다. 즉 제3장갑사단이 정면을 담당하는 동안, 장갑연대와 돌격포들은 북쪽으로부터 소련군을 칠 생각이었으며 258.5고지에 있던 칼 덱커의 장갑부대는 이를 위해 노보셀로브카(Nowosellowka)에서 연료와 포탄, 탄약을 지급받아 공세를 준비했다. 12일의 격전이 끝난 후 제3장갑사단이 가진 전차는 20대로 줄어들어 있었다. 소련군은 가장 전차전력이 약한 측

62 Mehner(1988) p.118

면의 제3장갑사단을 집중 타격함으로써 군단 전체의 틀에 균열을 일으키는 효과를 획득했다.

### 그로스도이췰란트(+제3장갑사단)

역사적인 7월 12일, 그로스도이췰란트는 여타 사단들에 비해 결과적으로 사실상 가장 한가한 시간을 보내는 기이한 국면에 놓여 있었다. 사단은 북동쪽으로 진격해 들어가 제11장갑사단과 공조 하에 소련군 전차병력이 집중된 곳을 타격할 계획을 잡았다. 사단은 오전 6시 20분 247고지로부터 베레소브카-크루글리크 도로를 따라 북쪽을 향해 진군하던 중 제5근위전차군단과 제10전차군단의 공격을 받아 남쪽으로 밀려났으며, 제5근위전차군단은 우군의 카츄샤 사격이 끝나지 않았는데도 제3장갑사단 구역으로 자리를 옮긴 독일 제332보병사단을 공격해 패닉 상태로 빠트렸다. 이에 베레소브카에 있던 사단의 장갑연대는 제332보병사단을 지원하기 위해 최고속도로 이동하여 상황을 정리하고 톨스토예 숲으로부터 페나강에 이르는 보병사단의 방어선을 복구했다. 3장갑정찰대대를 포함한 사단의 일부 병력도 제204소총병사단과 제86전차여단의 정면공격을 받아 칼리노브카 방면으로 후퇴하고 말았다. 소련군 전차들은 보병들을 태운 전형적인 탱크 데상트(tank desant) 전법을 동원해 T-34들을 앞세워 돌진해 들어갔으며 칼리노브카는 그나마 사단의 장갑척탄병 부대들이 지키고 있어 더 이상 밀리지는 않았다. 2장갑대대 지휘관인 테오도르 베트케(Theodor Bethke) 소령은 두 번의 부상을 당하고도 반격작전을 개시, 상당한 출혈을 감내하면서 소련군들을 격퇴하고 원래 대대가 있던 참호와 외곽 진지들을 탈환해 냈다. 우군의 피해는 막대했다. 7중대는 거의 전멸했으며 연대본부 부관이 전사했다.[63]

그와 거의 동시에 소련군 제10전차군단 183전차여단이 가장 깊숙이 침입하여 톨스토예 구역에 도달하고 제178전차여단도 같은 구역의 동쪽을 파고들었다. 또한, 공세의 제2파로는 제186전차여단과 1개 자주포연대가 톨스토예의 북단을 밀고 들어와 독일군이 주둔하고 있는 258.5고지를 공격했다. 이 상태에서는 딱히 소련 전차들을 저지시킬 자원이 없어 소련군들이 붸르호펜에까지 접근하는 위기가 발생했으며 자칫 잘못하면 그로스도이췰란트 사단뿐만 아니라 제48장갑군단 전체가 허리를 반으로 잘리게 될 우려마저 없지 않았다. 거기에 제3장갑사단 394장갑척탄병연대의 2대대와 327장갑엽병대대가 긴급히 투입되어 상당한 피해를 감수하면서도 소련군의 공세를 격퇴시켜 다행히 전선을 안정화시키는 데는 성공했다. 하지만 소련군의 선제공격으로 모든 세부계획이 차질을 빚게 됨에 따라 본격적인 공세는 다음 날로 미루게 된다.[64]

소련 제5근위전차군단이 제3장갑사단 전구로 이동하던 제332보병사단을 공격함에 따라 사단이 베레소브카에 주둔 중이던 장갑연대를 보내 소련군 공세를 제거하기로 한 것은 전술한 바와 같다. 다행히 독일 전차들은 이내 상황을 수습하고 보병들이 톨스토예 숲 지대로부터 페나강까지의 전선을 재정리하도록 했다. 소련군의 추가공세가 없다면 사단은 오후 3시 경부터 북진을 진행시키고자 했다. 그러나 이 숲지대 쪽, 특히 258.5고지 주변으로 소련군의 지원병력이 계속해서 쇄도함에 따라 그로스도이췰란트는 더 이상 전진을 할 수 없는 처지에 놓이게 되었다. 오후 늦게 제10전차군단은 120대의 전차로 사단의 정면을 쳤으며 독일군은 일단 네벨붸르훠의 반격으로 이를 물

63 Nipe(2011) p.351
64 Nipe(2011) p.352

리쳤다. 따라서 이 상태에서는 전진하기는커녕 당장 밀어닥치는 소련군 기동전력을 상대하기에 바빴으며 독일군은 소련군 제3기계화군단, 제31전차군단 및 67근위소총병사단이 치고 들어오자 이번에는 격렬한 화포사격으로 소련군을 되돌려 보냈다. 12일 밤 소련군 제5근위전차군단은 14대의 전차만을 보유하고 있었다. 더 이상 전차군단이 아니었다.[65]

## 제11장갑사단

한편, 제11장갑사단 전구에 대한 소련군 연대병력의 공격은 처음에 우익에 집중되다 오전 8시에는 오보얀 국도 양 측면을 따라 배치되어 있던 사단 중앙을 때리면서 재개되었다. 소련 포병대의 선제 화포사격은 전혀 없었다. 대신 소련군 특공대가 이른 새벽 사단의 방어선을 침투해 들어와 인근 숲 지대에 은신한 다음 척탄병 단위부대를 배후에서 습격했다. 조그만 숲에 주둔해 있던 독일군 제111장갑척탄병연대 2대대는 예상외의 장소로부터 역습을 당해 공세정면에 큰 구멍이 뚫리는 위기를 초래했으며 요한 믹클 사령관은 재빨리 장갑부대를 동원해 진지를 버렸던 장갑척탄병들과 합세하여 잃었던 구역을 되찾았다. 사단은 프숄강 남서쪽에서 제5근위군 33근위소총병군단 97근위소총병사단에게 잽을 날려 보았으나 소총병사단은 전차가 없음에도 의욕적인 공세를 전개하여 일정 부분 공간을 확보하게 되었다. 그러나 소련군 제31전차군단은 소총병사단을 제때에 지원하지 않았고, 제11장갑사단이 집요한 방어자세를 취하자 소련군 소총병들은 이내 물러가고 말았다. 이로써 소련군의 위험한 침투는 방지되었으나 코췌토브카에서 사단과 토텐코프의 연결은 완전히 끊겨버렸으며, 당장 공세정면에 제31전차군단의 지원을 받는 제13, 66, 97근위소총병사단의 동향을 무시할 수가 없어 추가적인 공격은 불가능한 것으로 판단되었다.[66] 사실 12일 사단의 주된 임무는 간단히 말해 그로스도이췰란트의 우익에서 코췌토브카 라인을 정리하고 안정화시키는 작업이었다. 따라서 그날의 기동이 전혀 무의미한 것은 아니었으며 오히려 소련군이 제11장갑사단과 토텐코프 사이의 취약한 공간을 파고들지 못했던 것이 실수였다.[67]

제48장갑군단은 계획된 공세를 모두 포기하고 각 사단의 정면에 포진한 소련군 병력을 처리하는 것으로 방향을 수정했다. 제11장갑사단은 군단의 허가를 얻어 당시 위치보다 더 뒤로 물러나 수비하는 것으로 교정했으며 포병대대와 1개 박격포 대대를 지원받았다. 소련군은 다시 235.9고지 방면으로 사단의 우익을 노리면서 공세를 전개했고 토텐코프와 연결고리를 찾으려던 독일군과, 사단간 간격을 벌려 놓으려던 소련군은 오후 내내 힘겨운 전투를 계속했다.[68]

만슈타인은 당시 프로호로프카 서쪽에서의 SS장갑군단과 더 서편의 제48장갑군단이 직면한 문제들에 우려를 표하고 익일 13일의 공세준비를 협의했다. 제48장갑군단은 완전한 수비모드로 돌변하게 되었다. 제11장갑사단은 현 위치를 사수하면서 우익에 놓인 토텐코프와의 연결을 모색하도록 하고, 그로스도이췰란트의 장갑부대는 제3장갑사단에게 남은 몇 대의 전차와 합세하여 칼리노브카에서 재결집, 258.5고지를 향해 남쪽으로 공격해 들어갈 예정이었다. 이 침투가 성공하면 사단병력은 다시 제5근위전차군단의 생명줄이 되는 페나강 변 도로들을 향해 남진함으로써 제

65 Zamulin(2012) p.430
66 NA : T-314 ; roll 1170, frame 606-608
67 Zamulin(2012) p.435
68 NA : T-314 ; roll 1170, frame 607-609

332보병사단과 제3장갑사단에게 가해지고 있는 압박을 해소하려고 했다. 이 결정은 결과적으로 성채작전 시기 중 제48장갑군단이 해야 할 마지막 기동이 되고 만다.

## 평주(評註)

독일군은 로트미스트로프의 선제공격으로 개시된 프로호로프카 전투를 힘들게 종료시켰다. 그러나 가공할 만한 피해를 적군에게 안겼음에도 불구하고 이 전술적 승리는 전략적 안정을 가져오지 못했다.[69] 호트나 만슈타인은 동쪽으로부터 기동 예비전력이 반드시 올 것이라는 예측은 했을 것이나 그토록 많은 전차가 구름처럼 모여들 줄은 예상하지 못했다. 그럼에도 불구하고 독일군은 소련군의 반격작전 개시 12시간 내에 모든 제대의 진격방향과 당면과제, 병력의 밀도를 재빠르게 캐치하여 대응하는 기민함을 보이면서 집단군 공세정면에 초래되었을 재앙적 사태를 그나마 막는데 성공했다. 그리고 만화나 영화에 나올 만한 무수한 영웅들의 무용담을 남겼다. 불과 하루 만에.

12일 프로호로프카전을 비롯, 쿠르스크 남부전선의 핵심부에서 소련군이 잃은 전차는 다음과 같다. 보유 정수 대 격파비율상 가장 피해가 큰 제29전차군단 103대, 제18전차군단 84대, 제5근위전차군단 총 207대 중 105대, 제2근위전차군단 54대, 제2전차군단 22대였다. 여타 제대를 포함하면 적어도 400대이며 북부전선까지 포함시키면 500대가량의 소련 전차가 파괴된 것으로 알려져 있다. 그중 하우서의 3개 SS사단이 격파한 양은 가장 보수적으로 잡아 244대로 집계, 보고되었다. 15,000명의 전사자를 포함해 총 50,000명의 피해를 입은 제5근위전차군은 개전 첫 주에 제1전차군과 제6근위군이 상실한 전차보다 많은 양을 격파당했다. 제18전차군단은 총 149대 중 절반 이상인 84대를 잃었으며 제170전차여단은 74%, 제181전차여단은 61%의 전력을 상실했데, 이는 결국 옥챠브리스키 국영농장과 252.2고지, 루토보 구역에 투입된 소련군 3개 군단 중 1개 전차군단이 공중분해 된 것과 같은 결과였다. 하루 동안 농장부근 지역의 주인이 5번이나 교체된 이 격전에서 소련의 1개 전차군단이 파괴되었다는 것은 이 자체만을 두고 본다면 괴멸적 타격, 아니 거의 재앙적 수준의 참패에 다름 아닐 것이다. 그럼에도 불구하고 상기 제대에게 남겨진, 익일에 전투 가능한 소련군의 전차는 모두 366대나 있었다. SS장갑군단이 전술적인 승리를 거두기는 했으나 다시 붙자고 하면 생각이 달라질 어마어마한 물량이 소련군의 수중에 있었다.

소련군이 400대를 넘어 거의 500대에 가까운 전차를 잃은 데 반해 독일군은 43~45대 정도가 격파된 것으로 집계되었다. 그중 파손된 티거는 11대로 라이프슈탄다르테의 티거 1대가 완파당했을 뿐이며 토텐코프가 보유한 10대의 티거는 모두 피격되어 전선에서 이탈했음에도 불구하고 10대 모두 수리를 걸쳐 14일에는 소련군 앞에 다시 모습을 나타냈다.[70] 소련군은 프로호로프카에서 100대의 티거 중 70대의 티거를 파괴했다는 프로파간다를 유포했으나 실상은 이러했다.

7월 12일 이날 소련군 전략적 예비의 출현으로 인해 대부분의 독일군 지휘관들은 프숄강 남부의 소련군을 격멸하고 오보얀 방면을 향한 공격을 재개한다는 당초 목표를 도저히 실현시킬 수 없다는 결론에 도달하고 있었다. 물론 단 하루 만에 어마어마한 양의 소련 전차들이 격파되었으나

69 Showalter(2013) p.269
70 Porter(2011) p.170

호트 군사령관은 끝도 없이 쏟아져 들어오는 소련 전차와 신규 소총병사단들의 쓰나미를 예사롭게 볼 수 없었다. 실제로 그 당시 호트가 소련군 전체 병력을 제대로 파악할 수 있었다면 아마도 더 큰 쇼크를 받았을 것이다. 호트와 그의 참모들은 결과적으로 독일 제4장갑군 전체에 대략 소련군 9개 군단이 쳐들어온 것으로 판단했다. 더욱이 독일군은 1주일 이상의 전투에 이미 탈진 직전이었고 소련군은 여전히 새로운 기동전력과 보병들을 전구에 밀어 넣을 수 있는 차고 넘치는 예비병력들이 있었다. 따라서 제48장갑군단의 지친 3개 사단은 소련군 제5근위전차군단과 제10전차군단의 압박을 스스로 해결하지 못하는 한 오보얀 방면으로 새로운 공세를 추진한다는 것은 무리라는 판단에 도달하고 있었으며, 12일 밤 제48장갑군단이 가진 전차 수는 그로스도이칠란트의 47대를 포함해 겨우 100대 정도에 불과할 정도로 줄어들었다는 사실이 호트를 심각하게 괴롭히고 있었다. 즉 소련군은 역설적으로 12일에 한한다면 제48장갑군단의 진격을 제대로 막았음을 입증했다.[71] 사실 이 가운데 성채작전 개시 이래 압도적으로 많은 소련군을 상대로 가장 출중하게 버텨낸 제11장갑사단은 12일 이날 처음으로 후퇴하는 고통을 경험했으며 전차는 34대, 보병중대는 중대 당 20~30명 선으로 급감해 있었다. 또한, 호트는 프로호로프카에서 SS장갑사단들이 정면공격을 통해 더 이상 이득을 보기는 힘들 것으로 판단하고, 이제 북동쪽으로의 진군은 접되 차라리 서부 방면의 제48장갑군단을 도우기 위해 SS장갑군단을 베레소브카 북쪽과 북서쪽의 소련군 병력들을 일소하는 쪽으로 재이동하는 방안까지 상정하게 되었다. 한편, 토텐코프는 당시 독일군으로서는 가장 북쪽까지 도달한 사단으로서 공세정면의 소련군이 엄청난 피해를 입은 것으로 판단되었기에 호트는 토텐코프에게 일말의 기대를 걸기도 했으나 그 앞에 소련군 제10근위기계화여단과 제24근위전차여단이 카르테쉐브카 도로를 따라 동쪽으로 통하는 모든 출구를 봉쇄하고 있는 것은 미처 알지 못하고 있었다.[72]

호트의 제4장갑군은 사실 동쪽으로부터의 전략적 예비가 없는 상황이었다면 7월 11일까지 봐투틴의 보로네즈방면군 전체를 와해시킬 정도로 소련군들을 물리적으로 소모시키고 있었던 것은 분명했다. 그러나 봐투틴이 독일군에 디이상 예비병력이 없음을 파악하고 제5근위전차군 전체와 제5근위군을 스텝방면군에서 불러와 포로호로프카 서쪽에 투입하자 사태는 전혀 다른 방향으로 흘러가기 시작했다. 코네프의 스텝방면군은 2개 군을 서쪽으로 빼고도 총 900대의 전차와 100만 명에 달하는 4개 군을 보유하고 있었다. 즉 소련군은 또 하나의 독립적인 대규모 전투를 벌일 수 있는 군 병력을 단순히 예비로 지니고 있었다는 끔찍한 사실이 독일군에게는 하나의 거대한 공포로 다가오고 있었다. 7월 12일 이 순간부터 독일군은 그들이 전장의 템포와 전투의 순서 및 과정을 결정하는 것이 아니라 이제는 전술적, 전략적 모든 측면에 있어 양적 우위를 확보한 소련군이 이니시어티브를 가져간 것처럼 보였다. 이때 독일군이 주도권을 계속 유지하려면 새로운 예비 기동전력과 부족한 보병들을 끌어들여야 했고 그러자면 유일하게 예비로 남아 있는 봘터 네링의 제24장갑군단을 쓸 수밖에 없는 처지였다. 그렇다고 해서 제24장갑군단이 전세를 뒤집을 수 있는 충분한 잠재력을 보유하고 있는 전략적 요소는 결코 아니었으며 그저 과도기적 안정화작업에 제한적으로

71 Klink(1966) pp.238-9
그로스도이칠란트가 붸르호펜에 서쪽에서부터 소련 제3기계화군단과 제67근위소총병사단을 밀어붙였으나 제6근위군은 제204, 309 소총병사단을 부강해 돌출부 서쪽으로부터의 공세를 제대로 막아내는데 성공했다. 이로 인해 제48장갑군단은 오보얀 국도 양쪽에 걸쳐 오히려 소련 제6근위군과 제1전차군의 역공을 받아 수비태세로 전환하기에 이르렀다.

72 NA : T-314 ; roll 369, frame 5679

동원될 수 있을 뿐이었다. 하지만 히틀러가 제24장갑군단의 동원을 거부했기에 결과적으로 전투 서열상 아무 의미가 없는 서류상의 전력으로 남아 있었다.

독일군의 전략적인 고민과는 관계없이 일단 로트미스트로프의 잔여 기동전력은 독일군 제19장갑사단이 린딘카 5km 지점의 플로타(Plota)에서 두 번째 교두보를 확보하고 있으면서 제6장갑사단이 남쪽 린딘카로부터 공격해 들어오고 있는 것에 대응해야 했다. 몇 개 교두보를 장악한 독일군이 거기서부터 점령구역을 확대해 나갈 가능성은 충분했기 때문에 로트미스트로프는 트루화노프 부사령관에게 프로호로프카 남단에 위치한 제5근위기계화군단을 뽑아 독일군이 북쪽으로 공세를 확대하기 전에 반격을 가하도록 명령했다.[73] 또한, 독일군의 실제 전력을 소상히 알 수 없었던 소련군은 제26전차여단이 제19장갑사단에 대한 트루화노프의 공격을 지원하도록 했고, 토텐코프의 위협에 대해서는 제5근위기계화군단의 제10근위기계화여단 51근위전차연대와 제24근위전차여단을 프숄강 변에 투입했다. 하지만 소련군 최고사령부의 두뇌들은 바로 이날이 독일군의 모든 기동전력이 소모된 시점으로 정확히 판단하고 있었다.[74] 이미 독일 중앙집단군이 주둔하고 있던 북부 쪽에서는 서부방면군, 브리얀스크방면군, 중앙방면군 3개 전력이 오룔 구역에 포진한 독일 제9군에 대해 전면적인 반격작전 '쿠투조프'(Kutuzov)를 개시했고, 뒤이어 남부 전선에서는 독일군에게 제4차 하르코프공방전이 될 '루미얀체프'(Polkovodets Rumyantsev) 작전이 개시될 시기에 도달해 있었다. 하지만 그 직전에 중요한 사전조치가 하나 있었다.

7월 13일 봐실레프스키는 남서방면군 사령부에 도착, 전선을 직접 시찰하고 이줌 지역의 독일군 병력과 미우스강 뒤편에 포진한 홀리트 분견군에 대한 2개 동시공격 가능성을 예의검토하고 있었다. 각각 2개 군 규모로 이줌과 미우스 지역을 강타할 소련군은 독일군 기동전력을 벨고로드-프로호로프카 지역으로부터 이탈시켜 쿠투조프 반격작전의 전제조건들을 확보하려고 했다.

동시에 게오르기 쥬코프는 루미얀체프 작전의 전단계 조치로 하르코프-벨고로드 구역에 대한 보로네즈와 스텝방면군의 공세를 관찰하기 위해 봐투틴의 진지로 달려왔다. 루미얀체프는 단기적으로는 하르코프의 재탈환, 궁극적으로는 남방집단군의 격멸에 다름 아니었다. 만슈타인과 호트가 일시적으로 소련군이 뒤로 밀린 상태에서 여전히 국지적으로 승리를 거둘 수 있을 것으로 잘못된 믿음을 가지고 있는 가운데 소련군은 전장의 이니시어티브를 뒤바꿀 수 있는 야심찬 양대 작전을 궤도에 올려놓고 있었다. 즉 독일군은 쿠르스크전의 클라이맥스가 아직 도래하지 않았다고 판단하고 있었던 반면, 소련군은 7월 12일이 진정한 클라이맥스였고 이제는 소련군의 반격이 전투의 후반부를 장식할 것이라는 점을 굳게 인식하고 있었다.[75]

73 Glantz & House(1999) p.208

74 Rotmistrov(1984) pp.189-90, NA : T-354 ; roll 605, frame 699 데이빗 글랜츠는 12일 제5근위전차군이 독일군의 진격방향에 차질을 초래(divert)한 것은 분명하나 결코 진격을 완전히 돈좌(halt)시킨 것은 아니라고 평가하였다. 압도적인 양적 우위로 보아 당연히 이길 것으로 예상했던 프로호로프카 전투가 소련군의 대참패로 종결되었기 때문이었다. 따라서 전투 직후 해당 전장에서 수비로 전환하는 쪽이 패배한 쪽이라는 결과가 나오는 것이 당연했다. 방어로 돌아선 것은 소련군이었다. 보로네즈방면군의 전 제대는 독일군의 추가 진공이 있을 것으로 예상하고 서둘러 병력 재편성 과정에 들어갔으며, 거의 괴멸수준에 달한 소련 전차부대의 결과에 대해 스탈린이 봐투틴과 로트미스트로프를 곧바로 경질시키는 것을 염두에 두고 있었기 때문이다. 13일 봐실레프스키가 방면군사령부에 급파되었다. 소련군 잔여 병력들은 '닥인' 상태로 돌입하여 일단 전선을 정리하려했고 프라보로트까지 진출하려했던 병력들도 그날 오후 늦은 시각에는 프로호로프카 방면으로 철군을 진행시키고 있었다.

75 야전 지휘관의 상황판단이란 참으로 미묘한 것이어서, 소련군은 독일군이 더 이상 예비병력이 없다는 판단 아래 북부와 남부전선에 걸쳐 두 개의 대규모 반격을 발동시키는 결정적인 계기를 포착했다. 그러나 만슈타인과 호트는 소련군이 스텝방면군의 예비를 동원했다는 사실을 두고 이 예비병력만 분쇄한다면 전장을 유리하게 가져갈 수 있다는 판단을 내리면서 여전히 마지막 대회전을 상상하고 있었다. 즉 독일군은 소련이 전략적 기동예비를 상당히 일찍부터 풀었기에 조만간 적의 중추를 거의 다 파괴할 수 있을 것으로 자신하고 있었다. 독일군의 이와 같은 자만은 1941년의 소련군이면 몰라도 1943년 여름의 소련군에 적용될 문제는 아니었다.

# 11 쿠오봐디스, 만슈타인... : 7월 13일

프로호로프카에서의 전투가 종료된 다음날인 13일에는 독일, 소련 양군이 현 상황을 어떻게 진단할 것인가에 따라 향후 전선의 추이가 결정될 것으로 짐작되었다. 이미 북부 전선에서 소련군의 쿠투조프 반격작전이 전개되는 시점에서 남부전선에서만 국지적으로 호전되는 전황은 실질적으로 큰 의미를 가질 수가 없었다. 소련군은 반격을 전개하기에 앞서 바로 그 타이밍이라는 것을 생명처럼 여기고 있었다. 즉 너무 빠른 반격은 독일군의 잔존병력이 즉각 반응할 수 있는 여지를 남길 수가 있어 오히려 독일군에게 행동의 자유를 허용할 가능성이 있었으며, 반대로 너무 늦을 경우 병력을 소진한 독일군이 더 이상 쿠르스크에 머물지 않게 된다는 우려가 있었기 때문이다. 폰 클루게의 중앙집단군이 위치한 북부 쪽은 반격의 시간이 충분히 무르익은 것으로 판단하여 심리적으로 공격마인드가 고갈되어 가고 있는 독일군을 쳐 내기가 유리한 것으로 판단되었다. 그러나 남방집단군이 있는 남부전선은 7월 12일 이후의 상황을 어떻게 판단하느냐가 아직 미묘한 과제로 남아 있었다. 프로호로프카에서 독일 SS장갑군단을 물리쳤다고 하는 것은 단순히 대내외적인 프로파간다에 불과했기에, 기동전력의 절반이상이 하루 만에 사라진 소련 제5근위전차군이 그 시점에서 다시 전면적인 공세를 취할 수 있는가를 분석하는 문제는 그리 간단치가 않았다.[01]

만슈타인과 호트는 7월 13일에 프숄강 북부로의 진격을 속개할 수 있을 것으로 믿고 있었다. 상식적으로 그 전날까지 소련군 전차와 보병들의 피해는 실로 막대한 것이었기 때문이었다. 독일군 SS사단들은 전날 12일 하루 동안 프로호로프카 구역에서만 소련군 3,000명을 사살하거나 포로로 잡았으며, 실제 피해는 그보다 더 크지만 296대의 소련 전차, 96문의 대전차포를 파괴시킨 것으로 집계하고 있었다. 게다가 소련공군기 15대가 고사포에 의해 격추되었으며 수백에 달하는 박격포, 기관총, 대전차총이 노획되었다. 제48장갑군단은 173대의 전차를 격파했으며 소련군 전사자는 1,371명, 포로 4,749명, 45명의 전향자를 기록했다.[02] 소련측 통계로는 제5근위전차군이 프로호로프카 구역에서만 400대 가량의 전차를 상실한 것으로 보고되어 이 수치는 실제와 크게 다르지 않은 것으로 파악된다. 하지만 여느 때와 달리 쿠르스크전에 동원된 소련군의 무제한 물량공세는 이와 같은 피해를 무색하게 할 정도의 밑바닥을 알 수 없을 정도로 거대한 것이었다. 그럼에도 불구하고 하우서 SS장갑군단장은 12일의 여세를 몰아 라이프슈탄다르테와 다스 라이히가 마지막 스퍼트를 다해 프로호로프카 외곽에 도달하고 토텐코프가 측면에서 치고 들어간다면 궁극적으로 프로호로프카를 점령할 수 있을 것으로 내다보고 있었다. 즉 SS장갑군단과 제3장갑군단의 공세가 북동쪽에서 연결될 수만 있다면 다시 한 번 독일군의 공세 모멘텀을 살려낼 수 있을 것으로 진단하고 있었다. 그러나 1, 2, 두 SS사단은 전날 대승리를 거두고도 사실상 이미 탈진 상태였기 때

01 Zamulin(2012) p.440
02 Nipe(2011) p.363

문에 전투속개가 가능한 병력인 토텐코프와 제3장갑군단의 활약에 기대를 걸 수밖에 없는 형편이었다.

독일군의 전차 및 차량 손실은 큰 타격이 없었으나 문제는 장병들이 1주일 이상의 쉴 새 없는 고된 전투, 한여름의 작열하는 태양, 습기, 물과 식량 부족, 그리고 무엇보다 잠시 동안의 낮잠도 취할 수 없이 연이는 전투에 따른 수면부족으로 인해 정신적으로 육체적으로나 거의 탈진상태에 도달했다는 점이었다. 밤이 되어도 휴식은 없었다. 고장난 차량의 수리와 연료 및 탄약의 보충, 익일 전투장소로의 재집결 및 숙영을 위한 참호파기와 진지 축성 등 저녁 무렵에 당일 전투가 끝나도 장병들의 고된 일과는 끝이 나지를 않았다. 피곤하기는 소련군도 마찬가지였겠지만 그쪽은 다른 대체병력이 있었는데 반해 독일군은 아무런 예비도, 보충병력도 가지지 못한 상태에서 똑같은 병사들이 1주일 내내 초인적인 사투를 벌여야만 했다. 가장 선두에 섰던 라이프슈탄다르테의 고통은 말할 것도 없었으며, 특히 매번 목숨을 거는 지뢰작업과 초죽음상태로 모는 교량건설에 동원되었던 공병들의 희생도 엄청난 것이었다.

그러한 탈진상태를 반영한 탓인지 13일의 지시는 나름대로 양호한 것이었다. 다스 라이히는 현 위치를 사수하면서 가능하면 돌격포대대를 제167보병사단에 지원하도록 하여 하나의 예비로 남게 했다. 라이프슈탄다르테 역시 기본적으로는 현 위치를 사수하되 토텐코프가 배후에서 프로호로프카 서쪽의 소련군 병력을 치는 순간에 맞춰 토텐코프와 긴밀한 공조를 유지하는 것으로 계획되었다. 따라서 13일의 주공은 이른 아침 동쪽으로 진군할 토텐코프였다.[03]

토텐코프는 장갑부대가 카르테쉐브카 도로로 내려가 남동쪽으로 진격하는 동안, 네벨붸르훠대대의 지원을 받는 '아익케' 연대와 돌격포대대가 프숄강 남쪽 강둑의 소련군 소총병들을 소탕하기로 했다. 토텐코프의 장갑부대는 프로호로프카 서쪽 6km 지점의 페트로브카에서 프숄강을 건너 페트로브카와 프로호로프카 서쪽 끝자락 사이에서 집결 중이던 소련군 제18, 29전차군단의 배후를 치려고 했다. 프리스 사단장은 이때 사단의 좌익과 제11장갑사단과 닿은 우익 사이의 갭을 좁히기 위해 갖은 노력을 다 경주했으나 문제는 서쪽 측면을 유지할 병력이 정찰대대 하나밖에 없었다는 점이었다. 라이프슈탄다르테 또한 예정된 공세를 개시하기 직전에 불안한 정찰보고를 접하게 되는데 적어도 100대 이상의 소련군 전차들이 프로호로프카 서쪽에 집결하고 있다는 것과, 프숄강 교두보 방면에도 60대의 소련군 전차가 발견되었다는 확인사항이었다. 다스 라이히 쪽도 40대의 전차와 100대의 차량이 사단의 좌익과 중앙부의 동쪽 방면에 모여들고 있었으며 또 다른 50대의 소련군 전차가 258.5고지와 붸르호펜예에, 25대의 전차로 구성된 종대 하나는 오보얀 국도를 거쳐 북쪽에서 도착 중이었다. 더욱이 북쪽과 동쪽 양쪽에서 끊임없는 전차와 차량, 보병들의 종대가 계속해서 발견되고 있다는 정보는 소련군이 어마어마한 규모의 예비병력들을 아무런 주저함도 없이 풀고 있다는 사실의 반증이었다.[04]

호트는 불안했다. 소련군의 제5근위전차군단 및 제10전차군단이 제48장갑군단의 서쪽 측면을 위협하고 있었고 붸르호펜예 서쪽 258.5고지에 대한 소련군의 압박이 계속적으로 점증하고 있어 그로스도이췰란트가 제3장갑사단을 대신해 긴급조치를 취해야 할 판이었다. 한편, 만슈타인은 제

03 Weidinger(2008) Das Reich IV, p.165, Glantz & House(1999) p.209
04 NA : T-313 ; roll 368, frame 8.654.620

4장갑군에게 벨고로드 북쪽, 켐프 분견군의 제168보병사단과 연결하기 위해 제167보병사단의 일부병력을 북부 도네츠로 이동시킬 것을 요구했다. 명령이 하달되기 전까지 소련군은 라이프슈탄다르테의 선봉대를 자르고 토텐코프 교두보를 분쇄하기 위해 전차와 보병들을 두 사단 전구에 투입했으나 어이없게도 120대의 전차 피해를 입고 있었다.

## 제2SS장갑군단

다스 라이히는 오세로브스키에서 집결하고 있던 83대의 전차를 동쪽으로 굴려 북쪽으로 뻗은 도로를 따라 프로호로프카 남쪽 5km 지점의 프라보로트(Praworot) 방면으로 진격하기로 되어 있었다. 토텐코프의 전차 손실은 대단했다. 장갑부대는 대전차지뢰와 연이는 격전의 후유증으로 절반의 전차들을 잃었다. 12~13일 밤 사단은 226.6고지 북쪽 5km 지점의 카르테쉐브카 도로의 1개 구역을 장악하고 있으면서 추가 공세에 대비했다. 그러나 소련군 포로의 심문결과와 정찰보고를 종합해 본 후 독일군은 경악을 금지 못하게 되었다. 카르테쉐브카 북쪽에서 모이고 있는 소련군 전차들은 전날 전투를 하지 않은 전혀 새로운 병력이라는 것과 프로호로프카 서쪽에 적어도 100대 이상의 전차가 대기하고 있으며 40대 이상의 전차들이 다스 라이히의 좌익을 겨냥하고 있다는 사실이 확인되었다. 즉 프숄강 교두보에 위치한 카르테쉐브카 국도를 따라 밑도 끝도 없이 이동하고 있는 소련군 전차병력들은 프로호로프카 정면을 향해 집결하면서 토텐코프 장갑부대가 끼칠 수 있는 그 어떠한 위협도 미연에 저지할 수 있는 충분한 억지력을 행사할 수 있었다.[05]

로트미스트로프는 이를 위해 제5근위기계화군단의 제24전차여단을 보내 프로호로프카 서쪽의 소련군 측면을 우회할 여지가 있는 독일군의 공세를 철저히 저지하도록 구체적인 명령까지 하달하고 있었다. 제24전차여단은 페트로브카 근처 프숄강 도하지점으로부터 1km 떨어진 곳의 카르테쉐브카 북쪽에서 집결한 후, 카르테쉐브카를 따라 프로호로프카를 향하는 모든 독일군의 접근을 차단하고 종대의 측면을 때리기 위한 유리한 지점들을 선점하기 시작했다. 또한, 카르코프(V.P.Karkov)의 제24전차여단을 지원하기 위해 제10근위기계화여단이 더 북쪽으로 수 km가량 떨어진 지점에 자리를 잡고 있었으며, 제6공수사단의 보병들을 토텐코프에 대항케 하기위해 밤새도록 행군시켜 강을 도하케 한 다음 프로호로프카로 향하는 길목에 배치하도록 조치했다.[06] 토텐코프단 한 개 사단은 이래저래 소련군의 2개 전차집단 및 용맹한 공수사단과 맞붙을 수밖에 없었으며 한편으로 프로호로프카 회랑지대에서 사단의 유일한 병참선이라 할 수 있는 프숄강 교량을 위협하는 부근 일대의 100대가 넘는 소련군 전차들을 상대해야 할 운명에 처했다. 즉 소련군은 이처럼 막대한 양을 보유한 전차부대들을 일거에 동원해 남쪽 강둑의 '아익케' SS연대 1대대를 공략하고 프숄강 교량들을 점거하려 할 것이 분명했다.

오전 11시 15분 SS장갑군단은 호트의 명령에 의해 급히 진격방향을 수정하게 된다. 일단 토텐코프 구역으로 들어오는 소련군 병력을 쳐 낸 다음에는 주력을 모두 다스 라이히 전구로 이동시켜 리포뷔 도네츠와 북부 도네츠강 사이에 튀어나온 돌출부를 잘라 내기 위해 제48소총병군단을 포

05 NA : T-313 ; roll 368, frame 8.654.619-8.654.621
06 Nipe(2011) p.372 쿠르스크전선에 농원된 공수사단들은 낙하산을 타지 않는 이름뿐인 공수부대였다. 실제로 이들은 낙하훈련을 받은 바도 없으며 장비도 전혀 갖추고 있지 못했다. 따라서 작전지점에 낙하산으로 뛰어내린 것이 아니라 철도와 차량, 도보로 이동하는 사실상의 보병들이었다.

위섬멸한다는 구상을 실천에 옮기기로 했다.

## 라이프슈탄다르테

소련군 제9근위공수사단은 아침 5시 30분 프로호로프카 방면에서 대대 이하의 병력을 북부 테테레뷔노로 보내 공격을 감행했다. 병력 규모가 작아 강행정찰 정도로 생각했으나 꽤 의욕적으로 파고듦에 따라 제1SS장갑척탄병연대는 세차게 역공을 개시하여 아예 발진지점으로 되돌려 보내버렸다. 역시 아침 일찍 소련군 소총병의 2개 중대가 독일 전선을 떠보기 위해 시비를 걸어오자 장갑부대와 파이퍼의 하프트랙대대는 오전 10시 여전히 포연이 자욱한 252.2고지의 사면을 따라 내려가 소련군 제9공수사단이 지키고 있는 프로호로프카 서쪽의 낮은 언덕을 공격했으며 정찰대대는 미하일로브카 방면 회랑지대를 치는 조공을 담당했다. 그러나 '닥인'전차들을 포진시킨 제29전차군단과 제1000대전차연대의 집중적인 포사격으로 장갑부대는 다시 252.2고지로 쫓겨났다.

다만 구스타프 크니텔의 정찰대대는 미하일로브카 중앙을 뚫고 들어가 마을 내 교두보를 확보하고 토텐코프와의 연결을 기대하고 있었으며, 프릿츠 크뇌흘라인의 '아익케'1대대는 소련군 전차와 보병들에 밀려 안드레예브카 부근 지역에서 발이 묶여 버렸다. 이로 인해 정찰대대는 사단 주력의 공세가 자리를 잡지 못하는 바람에 측면을 너무 허하게 노출시키게 되었으며 수십 대의 전차지원을 받는 소련군 소총병 2개 연대가 프로호로프카 서쪽에서 발진해 정찰대대를 위협하게 되자 라이프슈탄다르테와 토텐코프 사이의 간극을 메우기 위해 기동하던 정찰대대는 일대 위기에 봉착하게 되었다. 그러나 이들 소련군 병력이 252.2고지 동쪽으로 진입하자 마자 사단의 포병부대와 제55네벨붸르훠연대가 열화가 같은 사격을 퍼붓게 되어 오후 1시 소련군은 다시 동쪽으로 후퇴하게 되었다. 이후 소련군은 이날 오후 내내 각종 구경의 화포사격으로 사단의 선봉대 구역을 강타하고 소대, 중대 규모의 보병들을 전선으로 보내 독일군의 신경을 건드리고 있었다.[07] 게다가 양 측면을 너무 노출 당한 정찰대대는 결국 미하일로브카를 포기하고 241.6고지 쪽으로 밀려났다. 이날 사단은 그다지 큰 전투가 없었는데도 불구하고 4명의 장교를 비롯한 64명의 전사, 262명의 부상과 행방불명을 기록했다.

## 다스 라이히

7월 12일과 13일의 SS사단 간 공세 전후관계는 조금 달랐다. 12일에 다스 라이히와 라이프슈탄다르테는 토텐코프의 기동 성과에 따라 후속타를 만들어 내도록 예정되었으며 사상 초유의 전차전이 끝난 뒷날에는 다스 라이히가 스토로쉐보예로부터 프라보로트를 향해 동진하면서 라이프슈탄다르테의 프로호로프카 접근을 지원하도록 준비되었다. 라이프슈탄다르테의 프로호로프카 장악이 무산된 13일의 시점에서는 토텐코프만이 북진을 계속하는 것은 전혀 의미가 없었기에, 토텐코프 역시 라이프슈탄다르테의 공세 재점화와 다스 라이히의 얌키 및 프라보로트 공략 여하에 따라 공격의 방향과 강도가 조절되어야 했다.

동이 트자 마자 소련군 야포들은 최전선을 때리기 시작하다 시간이 갈수록 진지 후방을 사정거

07 NA : T-354 ; roll 605, frame 699, Nipe(2012) pp.65에서 재인용, Agte(2007) p.71

리에 포착하는 쪽으로 확대하였으며, 소련공군이 독일공군의 간섭을 받지 않는 가운데 장갑척탄병대대 구역을 저공비행으로 타격하고 눈에 띄는 모든 차량들을 사냥하기 위해 혈안이 되어 있었다. 오전 7시 소련군 소총병 1개 대대는 7대의 전차와 함께 야스나야 폴야나의 '데어 휘러' SS연대 2대대 전구를 공격해 들어왔다. 1시간 정도의 전투 끝에 소련군들은 방어선을 돌파하여 야스나야 폴야나에 도달했다. 이에 장갑엽병대대의 소대장 쿠르트 암라허 SS하사는 75mm 대전차자주포 마르더를 황급히 동원하여 T-34 3대를 파괴했다. 7대 중 3대가 갑자기 격파당하자 소련군들은 당황하여 뒤로 물러나기 시작했으며, 암라허의 부대는 추격을 계속하여 소련군 기관총좌 8개를 분쇄하고 마을 밖으로 패주시키는데 성공했다. 쿠르트 암라허는 이때의 공로로 후에 독일황금십자장을 수여받았다.[08]

최고의 격전을 치른 처참한 부상병들의 지친 표정

오전 11시 15분 하우서는 군단 우측의 최강 병력으로 하여금 다스 라이히 전구 정면의 소련군을 치도록 하고 프라보로트 마을 자체를 접수하기 이전 단계의 하나로 프라보로트 남서쪽의 고지대를 장악하도록 했다. 이에 따라 '도이췰란트' 연대는 이봐노브스키 뷔셀로크 남쪽의 숲지대로부터 공세를 전개하고, '데어 휘러' 연대는 뷔노그라도브카 서쪽의 고지를 향해 진격하여 서로 연결되도록 준비되었다. 그 다음에 벨레니취노 주변을 장악하게 되면 사단의 주력은 뷔노그라도브카를 통과해 프라보로트로 들어갈 계획을 수립했다. 그러나 공세를 전개하는 것이 쉽지 않았다. 도로 사정도 엉망인데다 전차든 차량이든 도로상으로 진입하기만 하면 소련공군의 공습이 수시로 전개되었고 사단의 고사포부대는 오전 내내 하늘만 쳐다보고 대공포를 발사해야만 하는 상황이었다. 군단 본부는 정오가 지나도 공격이 개시되지 않아 빨리 공세로 나서라고 촉구하였으나 봘터 크뤼거 사단장은 공군지원이나 충분한 사전 조치 없이는 움직일 수가 없다는 판단 하에 남쪽에 주둔하고 있던 제167보병사단에게 벨레니취노(Belenichino) 남쪽 경계부분을 보강하기 위해 측면을 엄호해 줄 것을 요청하였다. 제167보병사단은 흔쾌히 응하기는 했으나 돌격포와 중화기들을 지원해 달라는 조건을 달았으며 사단의 공세는 겨우 오후 2시 30분이 되어서야 진행되었다.[09]

'데어 휘러' SS연대 1대대의 알프레드 렉스(Alfred Lex) SS대위는 야스나야 폴야나를 향해 북진했고 거기서 '도이췰란트' SS연대 3대대와 연결되었다. 두 대대는 그로부터 뷔노그라도브카 서쪽 언덕을 따라 만들어져 있는 철길을 넘어 동쪽으로 진군해 들어갔다. 언덕을 장악하게 되자 크리스티안 튀크젠의 장갑부대가 비로소 진입할 수 있게 되었으며 동쪽으로 진격하기는 했지만 소련군의

08 Nipe(2011) p.374
09 NA : T-354 ; roll 605, frame 85-86

소규모 반격과 진창으로 변한 도로사정으로 인해 커버한 거리는 겨우 1km 미만에 불과했다. 다스 라이히는 칼리닌과 소바췌프스키(Sobachevski)로 진군하는 과정에서 오전 중 사단측을 빈번하게 공격해 온 제183소총병사단을 밀어내면서 이봐노브카와 뷔노그라도브카 사이의 계곡부근을 장악해 들어갔다. 그러나 소총병사단이 밀려난 것을 지원하기 위해 제2근위전차군단이 진격로 상에 등장하자 사단의 공세는 둔화되었으며 봐투틴은 프숄강 변에서 제42근위소총병사단을 추가로 남쪽으로 급파해 다스 라이히의 공세를 막아 세웠다. 다스 라이히는 어두워질 무렵 동쪽으로 치고 들어가 이봐노브카-뷔노그라도브카 구간의 골짜기 구역을 점령하고 소련군 방어진을 파고드는 데 성공했다. 오후 8시 다스 라이히는 15대의 전차를 선봉으로 이봐노브스키 뷔셀로크와 벨레니취노로부터 각각 서로 다른 종대를 만들어 뷔노그라도브카 외곽에 와 있던 제2근위전차군단 가까이 접근해 들어갔다.

밤이 되자 사단은 진격을 중단하고 익일 공격 재개를 준비하였으며 당초 목표로 삼았던 프라보로트로의 진입을 구상하기 시작했다.[10] 프라보로트는 프로호로프카 남쪽으로부터 5km, 그리고 제3장갑군단이 전날 아침 도하했던 린딘카 북쪽으로부터 20km 떨어진 곳에 위치하고 있었다. 다스 라이히는 프라보로트에 도달하면 북쪽으로 선회해 프로호로프카 남쪽으로 향해 있는 소련군 제5근위전차군의 남익을 칠 예정이었다. 이때 까지만 해도 SS사단들은 남부전선에서의 궁극적인 승리의 가능성을 여전히 저버리지 않고 있었다. 13일 SS장갑연대 6중대의 한스 메넬(Hans Mennel) SS소위는 자신의 티거 1대를 몰아 홀로 6대의 소련 전차들을 격파하였으며 10일에 10대, 12일에 8대를 부순 것과 합해 총 24대를 파괴했다.[11]

## 토텐코프

동이 트기 직전에 사단의 소규모 정찰대가 페트로브카 방면으로 들어가 소련군의 저항 정도를 시험해 보기로 했다. 사단은 이날 프숄강을 건너 페트로브카를 최종적으로 석권하고 우익의 라이프슈탄다르테를 지원하기로 되어 있었다. 약간의 간보기 정도의 교전을 상상했으나 소련군은 거의 정색으로 반응을 보임에 따라 정찰대는 곧바로 226.6고지 쪽으로 피신해 왔다.

13일 항공정찰에 따르면 120대 가량의 소련 전차들이 페트로브카와 프로호로프카 사이에서 집결하고 있는 것으로 파악되었으며 이는 소련군이 프숄강 회랑지역에서 전차들을 뽑아내고 있는 것이 아니라 전혀 알려지지 않은 기동전력이 다른 방향에서 프숄강의 교량들을 치고 나올 가능성이 짙어 지고 있었다. 이 병력은 12~13일 밤 로트미스트로프가 나중에 프숄 구역의 토텐코프를 치기위해 내려 보낸 제5근위기계화군단과 제6근위공수사단인 것으로 판명되었다. 또한, 안드레예브카-폴레자에프-페트로브카 구간에도 60대 정도의 전차들이 토텐코프의 교두보를 노리고 있는 것으로 관찰되었다. 12일 수백 대의 전차들을 상실하고도 다음 날 아침에 이 정도의 전력을 곧바로 동원할 수 있다는 점은 얻어맞은 쪽보다 때린 쪽이 더 겁을 먹게 되는 효과가 있었다. 반면 10:1의 병력차이를 극복하고 8~10:1의 전과를 올렸던 독일군들 중에는 한판 더 적극적으로 승부를 걸어보겠다는 의욕 넘치는 장성과 장교들도 득실대고 있었다.

10 Stadler(1980) p.111, Zamulin(2012) pp.481-2 소련군은 오후 8시 전투가 끝난 시점에 상호 공히 5대의 전차가 격파된 것으로 보고하였다.
11 NA : T-354 ; roll 605, frame 704

게오르크 보흐만의 장갑부대는 이미 이른 아침부터 소련군 제10기계화여단 보병들의 지원을 받는 제51전차연대와 제24근위전차여단의 공격에 시달리고 있었다. 또한, 봐실예브카의 '아익케' 1대대도 소련군 소총병들의 강공에 직면해 있었으며 제33근위소총병군단의 보병전력이 전차의 지원을 받아 프숄강 북쪽의 교두보를 때리기 시작하고 있었다. 교두보의 좌익을 치기 위한 소련군 대대규모의 공격은 일단 격퇴되었으나 그 후 오전 10시경 연대 규모의 병력이 붸셀뤼 남쪽에 있던 사단의 수비진에 대해 공격을 속개했다.[12] 소련군들은 이 교두보를 장악하면 장갑부대와 장갑척탄병들을 격리시켜 사단의 중추를 무너뜨릴 수 있을 것으로 판단하고 있었다. 헤르만 프리스 사단장은 이 위험을 감지하고 장갑부대를 카르테쉐브카 도로변에서 발생한 전차전에서 이탈시켜 226.6고지 쪽으로 이동시켰으며, 이는 결과적으로 토텐코프가 성채작전의 구조 내에서 행해야 할 기본적 공세 전략을 포기하는 것과 같은 효과를 나타내게 된다.

한편, 소련군은 붸셀뤼에 위치하고 있던 '토텐코프' SS연대 3대대를 치고 나오면서 교두보를 장악하려 하자 프리스는 아르투어 로제노(Arthur Rosenow) SS대위가 이끄는 하프트랙대대로 하여금 위기상황을 타개하도록 명령했다. 당시 하프트랙대대는 겨우 226.6고지에 도달했고 장갑부대는 여전히 뒤쳐져 있어 독일군은 우군 전차들이 오기 전에 재빨리 현상을 타개해야 했다. 아르투어 로제노는 거의 목숨을 걸고 하프트랙만으로 소련군 전차와 보병들을 향해 공격을 전개, 소련군 소총병들을 일단 주춤거리게 만들었으며 일부 전차들도 격파하는데 성공했다. 개활지에서 하프트랙이 살아남는 길은 기습과 스피드, 장갑차량의 능란한 운용기술만이 전제조건으로 인식되고 있었다. 하프트랙들은 용감하게 소련 전차들이 우글거리는 중앙을 쾌속으로 돌파, '토텐코프' 연대 3대대와 연결되었으며 칼 울리히의 3대대는 증원군의 도착에 맞춰 소련군 소총병들을 강타하기 시작했다. 그러나 하프트랙들이 독일군 우군 진지에 근접하자 숨어 있던 대전차포, 고사포, 중화기들이 집중사격을 실시, 순식간에 8대의 하프트랙들이 파괴되었으며 로제노 SS대위와 2명의 중대장들도 부상을 입었다. 일단 로제노 SS대위의 부하들은 후방으로 퇴각하고 때마침 도착한 돌격포중대 뒤로 빠져나갔다.[13]

칼 울리히의 3대대도 화포사격에 당한 뒤 소련군들은 붸셀뤼 근처에서 재집결해 연대급 규모의 전차와 보병들로 '토텐코프' 3대대 쪽으로 공격을 재개해 왔다. 수십 대의 T-34, T-70들이 밀려오는 가운데 소련군 Il-2 슈트르모빅 대지공격기까지 가세해 지상과 공중에서의 입체공격이 노도와 같은 기세로 가속화되기 시작했다. 독일군은 게오르크 킨쯜러(Georg Kinzler) SS중위 휘하의 장갑공병중대가 교통정리를 하는 가운데 일단 돌격포로 소련 전차들을 상대하려고 포진하는 순간, 기가 막힌 찰나에 장갑대대가 도착하여 소련군과 맞불을 놓는데 성공했다. 상호 격렬한 공방전 속에서 킨쯜러 SS중위가 중상을 당해 아르투어 대네르트(Arthur Dähnert) SS소위가 지휘권을 이어받는 등의 혼전이 계속되었으며 일단 소련군을 붸셀뤼 쪽으로 격퇴시킬 수는 있게 되었다. 소련군이 물러난 자리에는 엄청난 수의 소련군 소총병들의 시체와 부상병들이 남게 되었다.

소련군들은 여기서 포기하지 않고 다시 전차와 보병들을 결합해 공격을 재개해 왔다. 독일군은 '토텐코프' 연대 3대대의 전력이 약화되어 가고 있는 것을 확인하고 보병들을 늘리는 한편, 장갑엽

12 Stadler(1980) p.109, Zamulin(2012) p.462
13 Nipe(2011) p.379

병대대 1개 중대 규모의 대전차자주포 마르더를 지원했다. 이때 한스 엔트게스(Hans Jendges) SS소위가 지휘하는 제3장갑엽병대대 2중대는 소련군의 측면으로 다가가 불과 20분 동안의 기습 끝에 38대의 소련 전차들을 격파하는 작은 신화를 만들어냈다. 대대도 아니고 1개 중대가 소련군 전차 38대를 없애버렸다는 동화같은 이야기였다.[14] 당시 오토 바움 '토텐코프' 연대장은 하프트랙을 타고 전 전선을 누비면서 장병들을 독려, 압도적으로 많은 소련군의 공세에 기죽지 않도록 그 자신 목숨을 걸고 최전방을 뛰어다니는 투혼을 발휘했다. 여차하면 교두보가 두 조각이 나던가 아니면 곧바로 소련군에게 탈취당할 위험이 있었는데도 독일군들이 진지를 버리지 않고 사투를 전개할 수 있게 사력을 다한 것은 오토 바움의 영웅적인 지휘력이 크게 작용했다. 빨터 크뤼거 사단장은 이때의 공훈을 근거로 오토 바움을 백엽기사철십자장 서훈대상자로 추천했다.

오토 바움의 부대들이 교두보의 서쪽 절반을 지키려고 분전하는 동안, 막스 퀴인의 '아익케' 3대대는 226.6고지 부근에서 소련군 제24근위전차여단의 지원을 받는 제10근위기계화여단의 공격을 받고 있었다. 또한, 소련 제42근위소총병사단은 프숄강 계곡으로부터 서쪽으로 빠져나와 강변 남쪽의 '아익케' 1대대를 공격하고 있었다. 소련군들은 엄청난 피해를 당해 시체가 쌓여 가는데도 줄기찬 공세를 지속하면서 독일군 방어진으로 침투하는데 전력을 투구했다. T-34들이 뚫고 들어오면 당시 판쩌화우스트나 판쩌슈렉과 같은 적절한 대전차화기가 없었던 독일군들은 육박공격으로 소련 전차들과 상대하면서 자석식 대전차지뢰로 격파하거나 일반 지뢰를 궤도에 밀어 넣어 고장을 유발시키는 등의 대응책을 구사해 나갔다. 전투는 오전에 폭우가 쏟아지는 와중에도 계속되었으며 소련군 전차와 소총병들이 독일군 장갑척탄병을 언덕 쪽으로 몰아 나가자 막스 퀴인 3대대장은 부하들의 전멸을 우려해 반대쪽 사면으로 급히 옮겨 재집결시켰으며 만약 이대로 둔다면 강변 교량 쪽 교두보의 동쪽 절반을 내주는 곤란한 상황에 처하게 될 수 있었다. 루프트봐훼에 지원이 불가능하다는 절망적인 상황에서 사단의 2장갑대대가 카르테쉐브카 도로에서 빠져나와 226.6고지 쪽으로 다가왔다. 곧바로 양군 전차 간 접전이 전개되었으며 많은 수의 T-34들이 화염에 휩싸였지만 독일 전차들의 피해가 전혀 없었던 것은 아니었다. 오전 11시 45분에 코너로 몰렸던 독일군이 한 시간 만에 226.6고지를 다시 확보하고 오후 3시경에는 소련군들을 당초 발진지점까지 되돌려 놓는 데는 성공했다. 장갑대대의 전차병들은 24시간 동안 한 잠도 못 잔 상태에서도 전투를 계속해 결국 오후 6시 45분, 원위치를 회복하고 소련군의 돌파를 최종적으로 저지했다는 보고를 날렸다. 이날 226.2고지는 독일군의 수중에 남게 되었다.

여름이라 날이 길어 폭우가 갑자기 멈춘 탓에 독일군은 다시 반격을 재개할 수 있게 되었다. 시계를 확보한 포병부대와 네벨붸르훠는 소련군 진지들을 강타하기 시작했고 늦었지만 독일공군기들이 나타나 역습에 가담하고 있었다. 이를 바탕으로 장갑척탄병들도 다시 226.6고지 근처의 소련군 소총병들을 밀어내기 시작하면서 소련군의 집요한 저항을 분쇄하고 전세를 역전시킬 수 있었다. 사단은 이날 총 61대의 소련군 전차들을 격파하였으며 셀 수도 없는 보병들을 사살하였으나 사단 자체의 장비와 병력 피해도 간과할 수 없는 수준이었다. 모든 티거들이 나중에 수리를 마치고 돌아오기는 했지만 전량 기동불능 상태로 전선에서 이탈했고, 장갑연대는 5명의 장교를 잃었다.[15]

14 NA : T-354 ; roll 605, frame 701, Nipe(2012) p.66에서 재인용
15 NA : T-354 ; roll 605, frame 636

교두보를 위요한 전투도 치열했지만 제11장갑사단과 경계를 이루는 지역에서 사단의 좌익을 지켜내느라 고생한 정찰대대도 고독한 전투를 계속하면서 소련군 제97근위소총병사단의 파도타기 공세를 끈질기게 막아내고 있었다. 사단 주력이 교두보 쪽에 몰려 있었던 탓에 일체의 지원을 받을 수 없었던 정찰대대는 결사적인 항전으로 외롭게 소련군을 막아내야 했다. 그 후 돌격포대대가 교두보에서 빠져 나와 정찰대대를 구원하려 달려왔으며, 직후에는 코췌토브카 동쪽에서 자리를 잡아 북쪽에서 들어오고 있는 소련군 전차들을 상대할 태세를 갖추기 시작했다. 게다가 날씨가 좋아진 탓에 독일군 포병부대가 소련군 진격 방향을 정확히 포착해내어 소련군 소총병들의 공격을 무참하게 짓밟아 다시는 반격을 재개하지 못할 정도로 맹공을 퍼부었다. 물론 소련군 전차와 보병들은 계속해서 북쪽으로부터 내려와 집결을 서두르고 있었으나 밤이 가까워오자 본격적인 공세를 가하지 못하고 있었다. 이날 소련군은 여하한 피해가 따르더라도 독일군 교두보를 따 내라는 지시를 내린 것으로 확인되었기에 토텐코프가 교두보를 지키기 위해 치른 희생은 나름대로 의미가 있는 것이었으며, 군단사령부도 워낙 위기 속의 전투를 하루 종일 전개했던 점을 감안하여 14일의 전투는 현 위치 사수로 교정하였다.

## 켐프 분견군

르자붸즈(Rzhavez) 남쪽에서 집결한 제7장갑사단은 동이 크기 전 제6장갑사단과 합세하여 린딘카 교두보로부터의 반격을 준비했다. 제6장갑사단은 동쪽으로부터 들어오는 소련군을 막기 위해 강 남쪽에 방어진을 축성하였고 전날 밤부터 이미 소련군과의 전투는 간헐적으로 전개되고 있는 중이었다. 제19장갑사단도 밤을 이용해 린딘카와 샤호보(Schachowo) 사이의 4km에 해당하는 구간을 확보하였으며, 브라이트 제3장갑군단장은 이미 늦은 감은 있지만 프로호로프카에 도달하기 위해 북진을 위한 마지막 피치를 올리려 했다.

하지만 이즈음 독일공군의 He 111이 이미 제6장갑사단이 점령하고 있는 르자붸즈 구역에 오폭을 가하는 일이 발생하여 15명이 죽고 사단장과 배케 장갑대대장 등 56명의 장교가 부상당하는 어처구니없는 일을 당해 한동안 넋 나간 시간을 보내야 했다. 사단장 휘너르스도르프는 부상에도 불구하고 자리를 지켰으며 배케 역시 심하게 다쳤음에도 불구하고 알렉산드로브카로 진격하기 위한 채비를 서둘렀다.[16]

소련군은 로트미스트로프의 특명을 받은 트루화노프 부사령관이 제53근위전차연대, 제92근위소총병사단 소총병, 제96전차여단의 전차병력들과 함께 알렉산드로브카로부터 제3장갑군단에 대해 공격을 가해왔다. 또한, 제26근위전차여단이 샤호보에서 제19장갑사단의 좌익을 치고 나왔으며 제11근위기계화여단은 린딘카의 독일군 수비대를 강타했다. 제96전차여단의 잔여 전차들은 독일군의 동쪽 측면을 공략해 독일군들이 먼저 침투하지 않도록 사전조치들을 강화하고 있었다. 이 형세에서 제6장갑사단은 동쪽으로부터 들어오는 소련군이 더 위협적인 것으로 파악하여 린딘카의 교두보를 버리고 방향을 바꿀 수밖에 없었으며, 도네츠강 북쪽 강둑에 있던 제19장갑사단은 소련군 소총병, 전차와 공습에 노출되어 당분간 다른 주도적인 기동을 시도할 형편이 못되었다.

브라이트 군단장은 제6장갑사단이 강변 남쪽의 군단 우익을 안전하게 확보하기 위해 알렉산드

16 Lodieu(2007) p.120

제7장갑사단 6장갑척탄병연대장 볼프강 글래제머 대령. 하르코프 전투가 진행되던 1943년 2월 12일에 기사철십자장을 받았다. 1943년 8월 17일부터 20일까지 짧은 기간이나마 사단장을 맡기도 했다.

로브카 부근의 소련군 전차병력을 치도록 명령했다. 제6장갑사단의 보병들은 동쪽으로부터 들어온 소련군의 공세로 인해 강 쪽에만 묶여 있어 배케 장갑대대 이외에 임무를 수행할 단위부대가 없었다. 당시 강변에서 소련군과 대적하고 있던 병력은 제7장갑척탄병연대 2대대와 제6장갑척탄병연대 1대대로 구성된 글래제머 전투단이었다. 그러나 단 1개 대대규모로 줄어든 글래제머의 부대는 소련군 제28근위소총병연대의 공격에 사면초가 상태에 있었다. 사색이 된 부하들이 어떻게 할 것인지 묻자 글래제머는 '걱정마라, 그냥 독일에서 여러 번 배운 대로 반격을 가한다. 별 일 없을 거다'라며 너무나 태연히 부하들을 지휘, 단 한 대의 장갑차량이나 하프트랙도 없이 소련군에게 달려들었다. 물론 믿는 바가 있었다. 제54네벨붸르훠연대 2대대 소속의 로켓포 사격과 박격포의 집중적인 사용으로 소련군을 대혼란에 빠트린 독일군들은 맨투맨 백병전으로 소련군들을 살육하기 시작했다. 얼마 안 되는 시간 내 소련군 소총병연대는 전멸 수준에 달했다. 글래제머의 전투단은 400명 이상의 소련군 소총병을 사살, 200명 이상을 포로로 잡았다. 이즈음 여타 제7장갑사단의 제대는 제6장갑사단의 배케와 함께 남쪽으로부터 동시에 공격해 들어갔으며 배케가 트루화노프의 부대를 정면에서 대결하는 동안 소련군의 측면이나 배후로 들어갈 참이었다.[17]

제6장갑사단은 도네츠강과 코로챠 강 사이의 소련군 진지를 돌파하기 위해 13일 새벽부터 공격을 전개했다. 배케 전투단은 장갑연대와 1개 장갑척탄병대대로 구성되어 동이 트자 마자 알렉산드로브카에서 소련군 제53근위전차연대 및 제96전차여단과 격돌했으나 알렉산드로브카에 포진한 소련군의 강고한 저항에 직면해 일단 뒤로 물러났다. 12일 밤까지 사단 수중에 남아 있던 전차는 14대에 불과했으며 군단 전체로 봐도 62대 남짓한 형편이었다. 그나마 다행인 것은 티거를 6대나 보유하고 있다는 점 정도였다. 배케의 대대는 다시 503장갑대대 소속 티거들의 도움을 받아 소련군을 마을 북쪽 241.5고지 쪽으로 밀어붙이는 방편을 택했다. 고지로 밀려난 소련군 전차와 대전차포 등을 완전히 소탕하는 데는 오전 내내 시간이 걸렸으며, 오후에는 노보 알렉세예브스키(Nowo Alexsejewskij) 근처의 소련군을 제거하면서 이날 총 25대의 전차와 30문 이상의 대전차포를 격파했다. 그러나 소련군 제11, 12근위기계화여단과 제92근위소총병사단이 끈질기게 제6장갑사단을 붙

17 Lodieu(2007) pp.123, 125

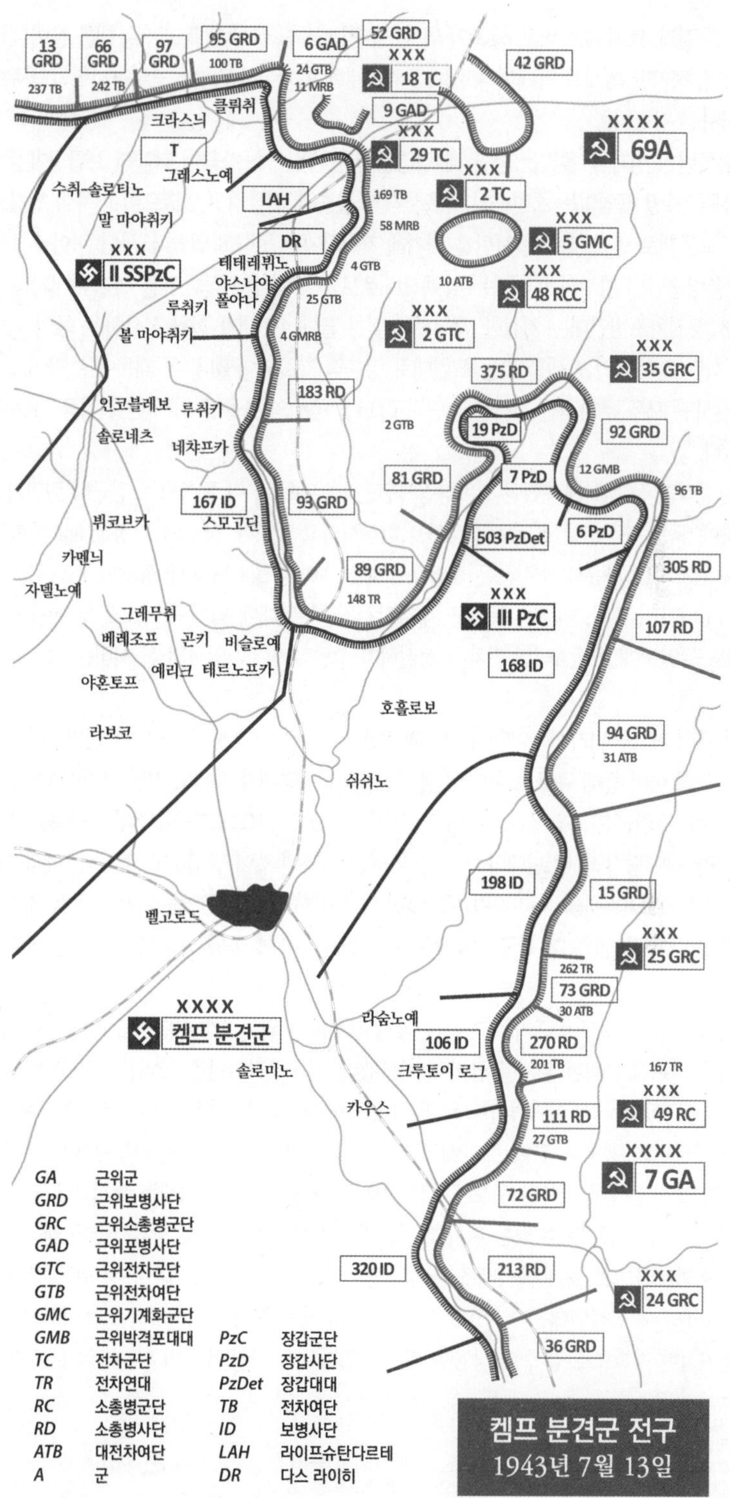
13 GRD
66 GRD
97 GRD
95 GRD
6 GAD
52 GRD
237 TB
242 TB
100 TB
24 GTB
11 MRB
XXX
18 TC
42 GRD
클류취
크라스늬
9 GAD
XXX
29 TC
XXXX
69A
T
그레스노예
수취-솔로티노
LAH
169 TB
XXX
2 TC
말 마야취키
DR
58 MRB
XXX
5 GMC
XXX
II SSPzC
테테레뷔노
야스나야 폴야나
4 GTB
루취키
25 GTB
10 ATB
XXX
48 RCC
XXX
2 GTC
볼 마야취키
4 GMRB
375 RD
XXX
35 GRC
183 RD
인코블레보
루취키
2 GTB
19 PzD
92 GRD
솔로네츠
네챠프카
81 GRD
7 PzD
12 GMB
96 TB
167 ID
93 GRD
스모고딘
503 PzDet
6 PzD
뷔코브카
카멘늬
89 GRD
305 RD
자델노예
148 TR
XXX
III PzC
그레무취
107 RD
베레조프
곤키
비슬로예
예리크
테르노프카
168 ID
야혼토프
호흘로보
라보코
94 GRD
31 ATB
쉬쉬노
198 ID
15 GRD
벨고로드
XXX
25 GRC
262 TR
73 GRD
30 ATB
XXXX
켐프 분견군
라숨노예
106 ID
270 RD
201 TB
167 TR
솔로미노
크루토이 로그
XXX
49 RC
카우스
111 RD
27 GTB
XXXX
7 GA
72 GRD
320 ID
213 RD
XXX
24 GRC
36 GRD
GA 근위군
GRD 근위보병사단
GRC 근위소총병군단
GAD 근위포병사단
GTC 근위전차군단
GTB 근위전차여단
GMC 근위기계화군단
GMB 근위박격포대대
TC 전차군단
TR 전차연대
RC 소총병군단
RD 소총병사단
ATB 대전차여단
A 군
PzC 장갑군단
PzD 장갑사단
PzDet 장갑대대
TB 전차여단
ID 보병사단
LAH 라이프슈탄다르테
DR 다스 라이히
켐프 분견군 전구
1943년 7월 13일

들고 늘어진 결과, 르자뷔즈 바로 북쪽의 뷔폴조프카(Vypolzovka)에서 독일 선봉대를 몰아내는 수훈을 발휘했다. 하지만 피해가 막대했다. 제11근위기계화여단은 하루에만 모두 414명의 병력이 희생당하는 참사를 당했다.

배케 전투단이 성과를 올리는 동안 제7장갑사단은 측면이 노출되어 취약한 보급문제를 드러냄에 따라 하루 종일 끊임없는 소련군의 화포사격과 공습에 시달리고 있었으며 더욱이 진창으로 변해가는 도로문제로 인해 제6장갑사단을 적기에 지원하지는 못하고 있었다. 사단은 이날 소련군 제35근위소총병군단이 강고하게 지키는 알렉산드로브카 구역에서 돌파구를 만들어내지는 못했다. 특히 제532대전차포병연대는 처절한 방어전을 펼친 끝에 4중대가 전원 전사하는 등의 피해를 입으면서도 독일 전차들의 공세를 그들 표현대로 영웅적으로 막아냈다. 이 때문에 브라이트 군단장은 두 장갑사단 모두 추가적인 진격을 중단하고 14일 공세의 조율을 위해 현 위치를 지탱해 줄 것을 요구했다.[18]

밤새 간헐적인 전투를 계속했던 제19장갑사단은 샤호보로부터 동쪽으로 진군해 린딘카 교두보의 끝자락에 닿는 구간까지 교두보의 정면을 확장시키고 있었다. 사단의 19정찰대대가 측면의 개활지 쪽을 엄호하는 가운데 소련군은 새벽 2시 30분 보병들을 태운 6대 정도의 T-34로 르자뷔즈 교량을 치고나가려 했다. 이들은 독일군 제74장갑척탄병연대에 의해 쫓겨났고 두 번째의 소규모 전차공격도 독일군에 의해 4대의 전차를 상실하자 그날 아침까지의 사소한 시비는 그것으로 종결되었다.

그러나 다시 제11근위기계화여단이 전차와 보병전력으로 교두보 쪽을 향해 전면적인 총공세를 취해왔다. 특히 이미 중대 규모로 줄어든 제73장갑척탄병연대가 지키고 있던 구간에 대해 강한 압박을 시도했던 소련군은 독일군을 거의 괴멸 직전까지 몰고 갔으며 그중 2대대는 진지를 버리고 탈출함에 따라 제74장갑척탄병연대와 경계를 이루는 구역에 갭이 발생하고 말았다. 이때 74연대의 요하네스 호르스트(Johannes Horst) 소령은 그날이 다 갈 때까지 소련군의 줄기찬 맹공을 기술적인 반격을 통해 번번이 격퇴했으며 결국 교두보는 독일군에 수중에 놓인 상태에서 14일을 맞이하게 된다.[19]

제3장갑군단은 프로호로프카로 가는 길목을 확보하기 위해 3개 사단의 공세정면을 확대하여 차기 공격에 비교적 유리한 위치를 잡아내기는 했다. 제19장갑사단은 좌익을 노리고 있던 소련군 제81근위소총병사단을 샤호보 방면으로 밀어냈으며, 제6장갑사단은 소련 제5근위기계화군단과 제2근위전차군단의 맹공을 맞아 르자뷔즈 교두보를 지탱하였고, 3개의 전투단으로 분리되어 동분서주하고 있었던 제7장갑사단은 도네츠강 변으로 다가가 저녁 무렵에는 북서쪽에 위치한 제19장갑사단의 우익을 지원할 수 있는 위치를 선점해 나갔다. 13일 밤 제7장갑사단은 멜리호보-쉴라호보제-올호봐트카-붸르흐네 올샤네즈 사이의 방어라인을 지키게 되었다. 특히 제7장갑사단 25로텐부르크(Rothenburg)장갑연대는[20] 샤호보 남쪽으로 더 치고 들어가 점령구역을 늘리려고 하였으나 소련군의 처절한 저항으로 양쪽 다 상당한 피해를 입었으며, 한참 동안의 시소게임 끝에 19대의 소

18 NA : T-312 ; roll 54, frame 7.569.665-666
19 Nipe(2011) p.384
20 제7장갑사단의 25장갑연대는 1941년 6월 28일 민스크에서 전사한 칼 로텐부르크(Karl Rothenburg) 대령(사후 소장으로 추서)의 이름을 따 로텐부르크장갑연대라는 별칭을 가지고 있었으므로 이는 별도의 연대병력이 아니다.

련군 전차가 격파되자 그날의 마지막 전투가 종료되었다.

## 제48장갑군단

전날 전투 이후 그로스도이췰란트는 겨우 47대, 제3장갑사단 23대, 제11장갑사단은 34대의 전차만을 보유하고 있었다. 소련군의 저항도 저항이지만 이 정도의 전력으론 적군 진지에 충격을 줄 만한 아무런 개연성을 가질 수가 없는 조건이었다. 12일 프로호로프카 남부에서 독일군이 얻은 전술적 승리를 의미 있는 것으로 만들자면 제48장갑군단이 오보얀으로 향하는 통로를 반드시 개방시켜야 했다. 그러나 봐투틴은 동쪽의 프로호로프카는 물론 오보얀 국도 방면에도 전력을 투구해 독일군이 숨 쉴 틈을 갖지 못할 정도로 가용한 병력자원들을 밀집시키고 있었다.

그로스도이췰란트는 크루글리크 도로에 접한 톨스토예 구역 북동쪽 수km 지점에서 집결하여 공세를 준비했다. 이 구역에는 2차 도로가 붸르호펜예를 향해 동쪽으로 뚫고 나가 남쪽 교차지점에서 258.5고지와 연결되어 있었으며 이 고지는 톨스토예로 접근하는 북쪽과 동쪽 주변의 모든 지역을 감제할 수 있는 장소였다. 크루글리크 도로 남쪽은 2km 정도 길이의 숲지대와 연결되어 있었으며 여기는 밤새 소련군 제10전차군단에 의해 거의 요새로 돌변해 있었다. 이 숲 지대는 대전차포들이 몸을 숨기기에 안성맞춤인 점도 있었지만 소련군 전차들이 숲 속의 길을 따라 어느 쪽으로도 치고 나올 수 있는 기습에 유리한 거점으로 활용할 수 있어 개활지에서 진격중인 독일군과는 전혀 다른 지형을 이용하고 있었다. 독일군은 이 숲과 붸르호펜예 사이의 구간을 횡단하거나 북쪽에서부터 크루글리크 도로를 따라 접근해야 했는데 이는 거의 자살행위나 다름없을 것으로 보였다.

폰 크노벨스도르프 군단장은 제3장갑사단과 그로스도이췰란트가 톨스토예 구역을 치도록 구상하고 있었으나 두 사단 모두 거의 탈진 상태인 데다 258.5고지에도 소련군이 틀어 앉아있어 항공지원이나 특별한 화포사격이 추가되지 않는 한 공세를 진행시킬 엄두가 나지 않는 상황이었다. 횐라인 그로스도이췰란트 사단장은 생각 끝에 칼 데커의 장갑부대가 숲 지대의 북동쪽 모서리를 치도록 하고 제3장갑사단의 장갑척탄병들은 톨스토예 구역의 동쪽 끝자락을 공략하도록 지시했다. 이 작전은 상당한 무리수를 두고 있었다. 이 숲 지대에는 소련 전차가 적어도 100대는 도사리고 있었으며 수십 대의 대전차포가 박혀 있어 항공지원도 보병들의 협동작전도 없는 데커의 전차들은 소련군 정면을 향해 무모한 돌진을 감행하게 되는데다 그나마 제3장갑사단과의 시간적 조율이 이루어지지 않는다면 무위로 돌아갈 가능성이 매우 높았다.[21] 칼 데커의 장갑연대는 당장 소련군의 공격을 받아 오전 6시 45분 258.5고지 북동쪽으로부터 1km 이격된 지점으로 피신하기에 급급했다. 칼 데커는 당할 게 뻔한 숲 지대에 대한 공격을 중단하고 거의 명령불복종에 가까운 행동을 보이고 있었다.

한편, 더 남쪽의 제3장갑사단은 톨스토예 구역에 대한 공격준비 중에 소련군 전차의 공격을 받아 사령부가 일대 혼란에 빠지게 되었다. 일부 T-34들이 사령부 정면으로 돌진해 들어오면서 고급장교들이 몰살당할 수도 있는 상황에 직면하게 되자 대전차자주포 1개 소대가 달려와 소련군 전차의 뒤에서 마르더들을 포진해 그중 2대의 T-34를 연달아 파괴시키는데 성공했다. 뒤에서 당한 소련 전차들은 역으로 혼란에 빠져 허우적거렸고 그 순간을 이용해 붸스트호휀 사령관과 참모들은

21 NA : T-314 ; roll 1170, frame 611

다른 곳으로 도주할 수 있었다. 이 위기는 모면되었으나 다시 더 큰 규모의 소련군 전차와 보병들이 숲속에서 나타나 독일군 진지로 다가오자 전세는 다시 소련군에게 기울 것 같은 역전현상이 나타나고 있었다. 장갑이 약한 대전차자주포만을 보유한 장갑엽병대대만으로는 역부족이었던 찰나, 제3장갑사단 정찰대대장 쿠르트 다이헨(Kurt Deichen) 대위는 하프트랙을 동원, 소련전자들을 향해 정면돌격을 감행해 전차에 타고 있던 소련군 소총병들을 기관총과 수류탄으로 격퇴하고 다시 정돈태세를 갖춘 장갑엽병들이 몇 대의 T-34들을 추가로 파괴하자 당황한 소련 전차들은 물러나기 시작했다. 오전 8시 30분 제3장갑사단의 94장갑척탄병연대는 숲 지대의 남단으로 접근하여 237.6고지 근처에 있던 제332보병사단의 정찰대대와 연결되었다. 그러나 남쪽에서는 소련군 소총병 2개 대대가 숲속에서 나와 두 사단 사이를 치고 나가 베레소브카의 북서쪽 입구로 접근하는 위기가 발생했다. 제3장갑사단은 오전 9시 사단 주력 대부분이 톨스토예 구역에 묶여 있었기 때문에 그로스도이췰란트가 공세를 시작해 3사단에게 걸린 압박을 다소라도 해제시켜 줄 것을 요구했다.[22]

폰 크노벨스도르프 군단장은 소련군이 제3장갑사단의 배후를 치고 있음이 확실한 것으로 판단하고 제3장갑사단은 남쪽 지역 전투에서 빠져 베레소브카 북서쪽 237.6고지에서 재집결할 것을 지시했다. 이후 장갑연대는 베레소브카를 공략 중인 소련군의 측면을 때릴 계획이었으며 한편으로 사단의 제3장갑척탄병연대는 베레소브카와 붸르호펜예를 방어하도록 지정되어 있었다. 오전 10시 붸스트호휀 사단장은 다시 군단사령부에 연락, 17대의 소련군 전차가 돌기(Dolgi) 근처의 숲지대 남단으로부터 나와 공격을 전개하고 12대의 다른 전차들이 베레소브카로 가는 길로 침투해 들어왔다는 보고를 올렸다. 따라서 그로스도이췰란트가 크루글리크와 노붼코예(Nowenkoje)로부터 발원하는 도로들을 반드시 차단해야 한다는 결론이 도출되었다. 그러나 톨스토예 구역의 소련군이 북쪽으로부터 들어오고 있다는 독일군의 판단은 소련군 제10장갑군단과 제5근위전차군단이 밤새도록 진격해 제48장갑군단의 측면을 치고 들어오고 있다는 사실을 전혀 고려하지 않은 것이었다.

그로스도이췰란트는 톨스토예 구역 북쪽 주변에 대한 정찰을 통해 보병들이 숲 지대를 정리하지 않는 한 북쪽에서 숲 지대를 포위하는 것은 무리라는 판단을 하고 있었다. 대신 258.5고지 북동쪽의 장갑중대를 남쪽으로 이동시키되 나머지 전차들은 베레소브카를 치도록 하는 방안을 제시했다. 군단장의 허락에 의거, 차선책대로 진행하게는 되었으나 폰 크노벨스도르프는 그로스도이췰란트의 도움없이 258.5고지를 따 낼 것을 주문했다.[23]

그로스도이췰란트는 당초 정오에 움직이도록 되어 있었으나 제332보병사단 구역으로 소련 전차들이 나타남에 따라 발등의 불부터 꺼야 된다는 판단 하에 겨우 오후 4시 30분경이 지나서야 칼 덱커의 장갑여단이 재집결할 수 있었다. 여하간 그로스도이췰란트의 측면공세는 효과를 보아 덱커의 장갑여단은 베레소브카의 3개 전차대대 및 4개 전차중대와 상대하여 소련군의 공격을 돈좌시켰다. 또한, 붸스트호휀의 제3장갑사단 전차들도 베레소브카 북쪽의 237.6고지를 공격하여 오후 6시에는 완전히 점령할 수 있었다. 이로써 독일군은 톨스토예 구역의 동쪽 끝자락으로부터 발원하여 붸르호펜예를 노리는 어떠한 소련군 병력에 대해서도 화력을 집중시킬 수 있는 유리한 위치를 점하게 되었다.

22 Zamulin(2012) p.452
23 NA : T-314 ; roll 1170, frame 612-614

토텐코프와의 연결을 지속적으로 추구했던 제11장갑사단은 코췌토브카에 대한 소련군의 공격에 의해 번번이 좌절되고 있었다. 동시에 소련군 연대 병력 규모의 전차와 보병들은 코췌토브카 서쪽의 독일군 진지에 대해서도 공격을 전개해 왔다. 요한 믹클 사단장은 돌격포대대에 의한 반격을 시도했으나 도리어 소련 전차들에게 밀려 장갑척탄병들은 우군 장갑병력의 지원없이 살아남아야 되는 극한상황에 처해 있었다. 오후 5시에 소련군은 사단 전체에 대해 공세를 쇄신했다. 주공은 오보얀 국도 동쪽으로부터 흘러 들어왔고 소련군 소총병 1개 대대가 12대가량의 T-34들을 지원받아 진창구역을 통과해 246.3고지로 향했다. 소련군은 일부 구간에서 침투에 성공했으나 불과 얼마 안 되는 장갑척탄병들이 전차와 돌격포들의 지원을 업고 반격을 개시하여 격퇴시키는데 성공했다. 오후 7시 45분에는 500명 정도의 병력이 국도 양쪽으로부터 치고 들어왔으며 독일군들은 어떻게 이를 용케 막아내고 진지를 사수할 수 있었다.[24]

이 처절한 전투를 통해 독일군은 중대원 규모가 30~40명으로 격감하는 피해를 입었으며 소련군 또한 길을 뒤덮는 시체와 붸르호펜에 서쪽과 베레소브카의 언덕에 타다 남은 전차들을 남긴 채 승리를 낚기 직전까지 갔다가 쓰라린 좌절을 맛보았다. 그러나 독일군은 보충병력이 전혀 없었는데 반해 소련군은 언제나 하루가 다르게 전혀 새로운 병력을 투입할 수 있는 무한한 잠재력을 가지고 있었다. 제48장갑군단은 이 순간 직감적으로 이제는 공격이 아니라 수비가 아니면 존립할 수가 없을지도 모른다는 충격을 받기 시작했다. 가장 기동전력이 약한 제3장갑사단은 소련군 제10전차군단 전체에 맞서고 있었고 그로스도이췰란트와 제11장갑사단은 연일 계속되는 전투로 인해 전차조차 몇 대 남지 않은 상태로 전락해 있었다. 그로스도이췰란트는 톨스토예 남단을 크게 돌아 숲 지대의 남서쪽 입구 근처의 언덕에 자리를 잡았으며 제332보병사단은 이 숲 지대로부터 나오는 소련군 병력을 저지하기 위해 그로스도이췰란트와 긴밀한 조율을 거쳐야 했다. 또한, 그로스도이췰란트는 제3장갑사단과 함께 숲 지대를 장악해야 했으며 북쪽으로부터 내려오는 소련군을 봉쇄하는 것과 동시에 거기서부터 톨스토예 구역으로 향하는 도로들을 제압해야만 했다.[25]

호트는 이처럼 소련 제40군이 제48장갑군단의 좌측면과 제52군단에 대해 상당한 압박을 가하고 있는 것을 끊임없이 우려하고 있었다. 제52군단은 전차나 공격용 장갑차량이 전혀 없어 제48장갑군단을 호위하는 일도 버겁게 여기고 있었으며, 군단 수중의 병력으로는 도저히 현상타개가 어려워 보이는 가운데 별도 예비전력없이 제1전차군과 제6근위군의 신규병력들을 상대할 수는 없었다. 더욱이 제4장갑군의 좌익을 엄호해야 할 중앙집단군의 제2군도 너무나 무력하여 그 당시 주둔지역을 떠나 제48장갑군단을 지원할 형편은 전혀 아니었다. 결론적으로 제48장갑군단은 더 이상 베레소브카와 247고지를 유지할 수가 없었다.

## 성채작전의 급작스러운 종료

7월 13일 히틀러는 남과 북의 집단군 사령관인 만슈타인과 폰 클루게를 만나 성채작전의 계속 여부를 협의했다. 7월 10일 연합군이 이탈리아 시칠리아에 상륙했다는 소식은 히틀러로 하여금 성채작전의 존폐를 결정하도록 몰아가고 있었다. 싸울 의지가 박약한 부족한 동맹국 이탈리아가 제

24 Nipe(2011) p.387
25 Schranck(2013) p.392

대로 견디기는 힘들 뿐더러 시칠리아가 점령되면 이탈리아 본토가 공격당하게 되는 것이 불을 보듯 뻔한 것이기 때문이었다. 프랑스에 주둔하고 있던 독일군 사단들은 아무런 도움이 될 수 없었다. 일단 전차와 같은 기동전력을 제대로 보유하고 있지 못했다. 프랑스 쪽 대서양 연안을 지키는 부대들은 상당부분이 동유럽 출신의 재외 독일인들이거나 전향자들로 구성되어 있어 사기 또한 순수 독일인들로 이루어진 정규군에 비할 바가 아니었다. 더욱이 전투경험이 없는 데다 대부분 훈련 중이거나 지역 경비 역할이나 예비군 정도의 수준에 머물고 있어 이탈리아를 구원하기 위해서는 동부전선의 정예사단을 뽑아내야 했고 그러자면 성채작전은 불가피하게 중단해야만 된다는 결론을 도출하기 시작했다. 이미 더 이상의 진전을 기대하기 힘든 북부전선의 폰 클루게 원수는 히틀러의 결정에 동조했다. 발터 모델의 제9군은 이제 공세가 아니라 12일부터 개시된 소련군의 쿠투조프 작전에 대응해야 할 차례였고, 남부전선에서도 소련군이 대규모의 반격작전을 준비 중에 있었기에 시칠리아 상륙이라는 변수가 없다 하더라도 이 순간 독일군은 더 이상의 피치를 올릴 전력을 가지고 있지 못했다.

하지만 만슈타인만은 이 순간이 '결정적인 순간'이라고 표현하면서 조금만 밀어붙이면 프로호로프카의 소련군을 격멸하고 소련군의 전략적 예비들을 소멸시킬 수 있을 것으로 믿고 있었다.[26] 호트 제4장갑군 사령관도 만슈타인처럼 확신에 차 있지는 못했으나 13일 이후에도 국지적인 승리를 거둘 수 있을 여지는 높은 것으로 간주하고 있었다. 하지만 이때 독일군이 동원할 수 있는 예비란 겨우 발터 네링의 제24장갑군단이 유일한 기동전력이었으며 실제로 동원할 수 있었다 하더라도 동쪽과 북쪽에 산더미처럼 쌓여 있던 소련군의 전략적 예비를 능가할 수는 없었을 것으로 판단되는 것이 현재의 지배적인 시각이다. 물론 일정 부분 점령지를 늘려 소련군 전차병력의 중추를 파괴하고 만약 스텝방면군 전체 등 감당이 안 될 소련군의 반격에 직면한다면 그때 가서 기동방어로 전환하여 전선을 관리해 나갈 수는 있겠지만 1941년이나 1942년이 아닌 1943년 여름의 소련군은 그리 호락호락 망가질 군대가 아니었다는 점에 주의해야했다. 전차나 장병들의 상호 격파, 살상 비율은 이제 큰 문제가 되지 않을 정도로 소련군은 무제한 물량공세에 의존하고 있었다. 이는 마치 전자오락같은 경우에 해당되는 것으로 아무리 기계상의 적을 멋들어지게 해치우더라도 종국적으로 기계를 이기지 못하는 것처럼, 파괴해도 파괴해도 끝없이 대지를 뒤덮는 소련군의 전차와 차량, 보병들의 행군을 막기란 물리적으로 불가능한 것이 당연했기 때문일 것이다. 요아힘 파이퍼는 쿠르스크전이 실패로 끝나자 독일군이 이 전쟁에서 이길 수 있다는 생각은 버렸다고 술회한 바 있었다. 하지만 성채작전이 중단되더라도 전선이 곧바로 휴지기에 들어가는 것은 아니었기에 독, 소 양군은 며칠 동안 좀 더 피를 흘려야 했다.[27]

## 평주(評註)

만슈타인이 히틀러에게 전투계속을 주장하면서 그나마 요구한 것이라고는 예비로 남아 있던 제24장갑군단을 동원하는 것에 지나지 않았다. 7월 12일 프로호로프카에서의 전투가 휴지기에 들어간 시점에도 소련군은 12일에 전술적 승리를 획득한 독일군이 공세를 지속시킬 것으로 내다보

26 Manstein(1994) p.449
27 성채작전의 종료시점을 위요한 히틀러, 짜이츨러, 폰 클루게간의 대화에 대해서는 Clark(1985) pp.351-362를 참조하라

고 있었다. 즉 겉으로는 자기들이 SS장갑군단을 격퇴했다는 프로파간다를 유포시키면서도 엄청난 수의 전차를 잃은 제5근위전차군이 당장 반격을 취할 수는 없다는 것을 잘 알고 있었다. 더욱이 좌익의 제48장갑군단과 우익의 제3장갑군단이 막판 스퍼트를 올리고 있어 소련군의 저지선이 여러 군데에서 위기에 노출되고 있었던 것은 숨길 수 없는 사실이었다. 만슈타인이 만약 제24장갑군단을 12일 아침부터 제4장갑군을 백업하는 형태로 등장시킬 수만 있었다면 여기에 또 다른 국면이 형성될 수 있는 여지는 있었다. 즉 그 시나리오는 다음과 같다.[28]

만슈타인의 마지막 희망이었던 제24장갑군단 사령관 봘터 네링

첫째, 네링의 제24장갑군단이 제48장갑군단과 SS장갑군단의 사이로 들어가 북쪽의 소련군 수비진을 뚫고 들어가면서 오보얀으로 직행하는 수순이 있었다. 이 경우 제48장갑군단이 쿠르스크로 가는 최단 거리를 확보하는 길목을 개통하면서 서쪽의 소련 제6근위군과 동쪽의 제5근위군 사이에 쐐기를 박을 수 있었다. 동시에 제48장갑군단은 SS장갑군단의 좌익을 엄호하면서 SS사단들이 그보다 훨씬 남쪽에서 차고 올라오는 제3장갑군단과 동쪽에서 연결될 수 있는 가능성을 높일 수도 있었다.

둘째, 아예 제24장갑군단이 지친 SS사단들을 대신해 프로호로프카 서쪽으로 전진해 오는 소련군의 기동 예비전력을 맡아 대응하고, SS장갑군단은 제48장갑군단과의 공조 하에 오보얀으로 방향을 틀어 북서쪽으로 진군하는 방안이었다. 이렇게 되면 어느 군단도 측면의 위협이 노출되는 일이 없이 쿠르스크로 진격하는 시간표를 재조정할 수 있는 여지가 있었다.

세 번째 옵션은 제24장갑군단이 우익의 제3장갑군단 구역으로 들어가 남방집단군 북진의 우익을 맡아 완전히 수비태세로 전환하고, 제3장갑군단은 제4장갑군의 일부 병력과 재빨리 연결해 각 군단 최선봉 부대의 배후를 관리해 나가도록 하는 것이었다.

이 중 가장 매력적인 구상은 두 번째 안인데 가장 빠르고 강한 침투를 보이고 있었던 SS장갑군단을 위로 올리면서 가장 생생한 제24장갑군단이 동쪽으로부터 들어오는 소련군의 기동전력을 방어하는 것이 야전에서의 경험으로 보아 가장 일반적인 판단이기 때문이었다.

만슈타인은 이미 7월 10일 제24장갑군단이 돈바스 지역으로부터 빠져 나와 하르코프 근처로 집결하도록 명령한 상태였기 때문에 이 군단을 물리적으로 사용할 수만 있었다면 12일 오전부터 좀 더 다른 방식으로 소련군을 타격해 나갈 수는 있었다. 물론 그 자체로 궁극의 전략적 승리를 거두지는 못한다 할지라도 탈진 및 고갈 직전의 제4장갑군을 살려내는 필요조건이 되었을 것으로는

28 Klug(2003) p.53

추정된다.

소련군이 스텝방면군으로부터 예비전력을 적기에 뽑았다고는 하지만 7월 12일 직후의 상황은 그리 녹록치 않았다. 소련 제69군, 제2전차군단 및 제2근위전차군단이 고스티쉬췌보(Gostishchevo)와 레스키(Lesli) 구역에서 포위되어 있었으며 이들을 섬멸할 수만 있으면 기동전력 잔존 병력의 상호 비율을 유리하게 가져갈 수 있었다. 게다가 프로호로프카에서 라이프슈탄다르테와 맞붙은 제18, 29전차군단은 거의 괴멸 직전이었기에 제5근위전차군과 제5근위군이 회생하는 데는 상당한 회임기간이 필요했다. 제5근위전차군은 94대의 T-70을 포함한 154대의 전차를 보유하고 있었는데 12일 전투 개시 이후 이미 절반 이상의 전력을 잃은 상태였다.[29] 제5근위전차군 뿐만 아니라 소련군은 이 시기 쿠르스크 돌출부에 집중된 기동전력 전체의 절반을 상실하였으며 남부전선에서만 최소한 1,500대 이상의 전차가 파괴된 상태여서 오보얀-쿠르스크 축선에서 당장 반격을 취할 상황은 전혀 아니었다. SS장갑군단은 전날 프로호로프카에서의 사투로 인한 탈진상태에도 불구하고 13일 하루 동안 다시 144대의 적 전차들을 격파하였으며 9대의 공군기를 격추했다. 실제 독일군 병사들의 피로감은 차지하고서라도 객관적인 통계는 여전히 독일군의 전의가 살아있음을 보여주고 있었다. 7월 13일 3개 SS사단들은 여전히 총 168대의 전차를 가동시키고 있었다.[30]

그러나 문제는 북부 전선이었다. 설사 남방집단군이 남부에서 소기의 성과를 냈다고 하더라도 모델의 제9군이 이미 밀려나고 있는 상황에서는 쿠르스크 돌출부의 제거를 위한 작전의 주된 목표가 상실되는 운명에 처했다. 13일 성채작전의 공식적 중단은 독일군으로 하여금 더 이상 아무런 전술적 기동도 하지 못하게 할 정도로 심리적 공황상태에 빠져들게 하고 있었다.

29 Zamulin(2012) pp.458-9
30 NA : T-313 ; roll 368, frame 654.385, Dunn(2008) p.166

# 12 진격의 중단 : 7월 14일

소련군은 가장 북쪽까지 올라와 있는 토텐코프를 강 건너편으로 되돌려 놓기 위해 북쪽, 동쪽, 서쪽에서부터 모든 물량을 페나강과 프숄강 변에 집어넣고 있었다. 이로써 토텐코프의 공세정면에만 2개 기계화소총병여단, 2개 전차여단, 2개 소총병사단이 배치되어 프숄강 북부 전구 전체에 집결하고 있었다. 반면 프로호로프카 서편의 남쪽 강둑과 북부 도네츠의 동쪽 강둑은 상대적으로 소홀한 편으로, 소련군은 중대와 대대급 규모의 강행정찰만으로 독일군의 전력을 테스트하면서 대신 끊임없는 화포들의 집중보강을 통해 전선을 요새화해 나가고 있었다.

한편, 반대쪽 제48장갑군단 전구는 군단의 측면에 대해 소련군의 가장 처절한 공격이 전개되고 있는 것으로 파악되었으며 소련군의 피해, 특히 대지에 널린 보병들의 시체는 인산인해를 이룰 정도였지만 독일군의 피해도 만만치 않은 것으로 밝혀지고 있었다. 그러나 일단 톨스토예 숲 지대에서 벌어지고 있던 소련군 제10전차군단과의 대결은 조만간 결착이 지워질 것이라는 낙관적인 평가가 감돌고 있었다.

당시 만슈타인은 호트와의 면담에서 켐프 분견군과의 협조 하에 프숄강 남방의 소련군 병력을 괴멸시킬 가능성이 있다고 설파하면서 우선 동쪽에서부터 서쪽으로 프숄강 남부의 소련군을 쳐 소련군 수비라인 전체를 한 곳으로 몰아넣은 뒤 제48장갑군단 전구부터 정리하고자 했다. 그다음으론 제4장갑군 공세정면의 모든 소련군을 압박하여 소련군 제대간 간격을 벌리게 한 후 제52군단을 막고 있는 소련군의 배후를 찔러 들어가 전세를 완전히 유리한 국면으로 공고화시킨다는 구상이었다. 이를 위해서는 우측에서 치고 올라가는 제3장갑군단이 SS장갑군단의 우익에 위치한 다스 라이히와 단순히 연결되는 정도가 아니라 프로호로프카 남쪽 구역을 완전히 장악해야 된다는 조건이 충족되어야 했다. 그럼으로써만이 다스 라이히가 우익에 치우진 공세를 중단하고 SS사단 전체가 오보얀으로 향해 진격할 수 있는 관건을 만들어 낼 수 있었다. 소련군이 예의 주시하고 있었던 것도 바로 이 제3장갑군단과 SS장갑군단의 연결에 의해 호트 제4장갑군의 공세가 재점화되는 가능성 여부에 쏠려 있었기 때문이었다.[01]

이 구상의 실현여부와는 관계없이 당시 토텐코프의 역할은 여전히 중요했다. 성채작전이 13일부로 종료되었기에 독일군은 무리하게 프숄강 북부로 진격해 들어갈 필요는 없었으며, 따라서 교두보를 애써 지킬 하등의 실익도 없어 보이는 것이 당연했다. 그러나 그렇다고 해서 토텐코프가 지키던 구역을 버리고 남하하게 된다면 소련군의 대규모 병력이 그쪽으로 한꺼번에 쏟아져 들어올 위험이 상존하고 있었다는 점을 간과해서는 안 되었다. 따라서 토텐코프는 소련군이 프숄강 남쪽의 제5근위전차군을 강화시킬 여지를 남기거나 프로호로프카 부근의 소련군 진지에 이득을 줄만한 가능성을 인계해서는 곤란한 매우 민감한 사정이 놓여 있었다. 이 상황을 호전시키려면 제24장갑군단의 개입이 절대적으로 필요하기는 했지만 이 군단은 겨우 50~60대의 전차와 10,000명 정도의

01 Healy(2011) p.349, Nipe(2012) p.67, Showalter(2013) p.253

병력에 불과해 실제로 히틀러가 허가했다 하더라도 전황을 뒤집는 결과를 보장할 수 있었을지는 대단히 의문스러운 실정이었다.

## 제2SS장갑군단
### 라이프슈탄다르테

사단은 새벽부터 기동할 일은 없었으나 정찰대를 보내 얌키 근처 지역과 회랑지대 서편의 주요 철도 교차점 주변 동향을 파악하도록 했다. 소련군은 밤새 진지를 강화하고 대전차포들을 엄폐하는 등 부지런하게 움직인 결과, 시간이 갈수록 프로호로프카 서쪽은 요새화되어 가는 경향이 농후해졌다. 특히 스토로쉐보에 숲 동쪽의 철도변 둔덕과 252.2고지 동쪽의 프로호로프카 철길 부근, 그리고 옥챠브리스키 국영농장 동쪽은 강고한 방어막이 형성되어 이미 파괴된 전차들도 끌어다 '닥인'상태로 고정해 대전차포처럼 포진시키는 등 소련군 진영의 방어밀도는 점점 높아만 갔다. 이처럼 사단의 정면에는 바하로프의 제110전차여단과 제36근위전차여단이 계속해서 증강되는 대전차포와 함께 세력을 키워가고 있었다. 이 두 여단은 비교적 피해를 덜 입은 제대로서 연이은 격전에 지친 SS사단이 당장 격퇴시킬 만한 간단한 상대는 아니었다.

소련군은 오전 내내 화포사격으로 전방을 훑다 정오경 전차를 동반한 소총병 2개 중대가 토텐코프와 라이프슈탄다르테 사이의 갭으로 파고들었다. 소련군은 미하일로브카 남쪽 정찰대대의 위치까지 진격해 들어갔으나 개활지에서 독일군 야포와 네벨붸르훠의 집중타격으로 몇 대의 전차를 잃은 채 동쪽으로 퇴각했다. 오후 늦게는 소련군 소총병들이 토텐코프 '아익케' SS연대 1대대가 포진하고 있는 봐실예브카 2km 지점인 미하일로브카에 모여들고 있는 것을 포착한 독일군 포병부대가 소련군의 공격이 시작되기 전에 먼저 타격을 가했다. 뷔슈 사단장은 딱히 예비로 이동시킬 병력이 없어 1개 공병중대를 토텐코프의 우익과 정찰대대의 좌익 사이로 진입시켜 소련군의 침투를 봉쇄하도록 했다.

사단의 장갑부대는 이날 다스 라이히가 프라보로트의 남단에서 성과를 내는 것과 동시에 기동할 예정이어서 군단의 우익만 잘 챙기면서 다스 라이히와의 조율에만 신경 쓰면 되도록 되어 있었다. 만약 다스 라이히의 공격이 결실을 보아 소련군이 라이프슈탄다르테 동쪽의 진지들을 포기한다면 두 사단의 장갑부대가 공조를 형성하여 프라보로트 마을과 마을 남서쪽 고지의 소련군 병력들을 쳐 낼 작정이었다.[02]

다스 라이히는 14일 오후 벨레니취노와 이봐노브카를 점령하고 오후 6시 50분경에는 남쪽에서 프라보로트로 들어가는 주도로로부터 4km 지점에 위치한 234.9고지에 당도했다. 그러나 정작 14일의 주목표였던 프라보로트 장악은 뒤로 미루어졌고 그에 따라 하우서 군단장은 15일 다스 라이히가 프라보로트를 따 내면 라이프슈탄다르테는 동쪽으로 이동해 얌키(Jamki)를 쟁취할 것을 요구했다. 그 후 사단의 장갑부대는 남쪽으로 선회해 이봐노브카 북동쪽에서 다스 라이히의 전차들과 조우하여 린딘카-플로타 교두보를 향해 남진, 제2장갑군단을 가로막고 있는 소련군을 배후에서 함께 쳐 들어가는 것으로 계획되었다. 그러나 뷔슈 사단장은 겨우 46대의 전차로 버티고 있는 사단 장갑대대 전체를 이양할 수는 없다고 하면서 사단 진격방향 동쪽에 무려 100대의 소련 전차가

02 NA : T-354 ; roll 605, frame 695

대기하고 있음을 구실로 들고, 대신 1개 장갑중대를 파견할 의향이 있음을 군단 본부에 알렸다. 그러나 14일 이날 군단 사령부로부터의 회신은 없었으며 다스 라이히는 하루 종일 프라보로트 진격을 위한 화포 재배치와 중화기의 재편성에 시간을 할애하고 있었다. 이로 인해 라이프슈탄다르테도 얌키에 대한 공격은 연기한 채 린딘카 교두보에 대한 소련군의 압박을 풀기 위해 사단 우익을 남동쪽으로 확대시켜 다스 라이히의 지원에 나서도록 공조하고 있었다.

동료의 상처부위를 치료해 주는 SS부사관

라이프슈탄다르테는 7월 14일까지 총 501대의 소련 전차를 파괴한 것으로 집계되었다. 뷔트만은 총 30대를 격파하였고, 7월 8일 22대의 전차를 파괴하여 휴가를 얻은 슈타우데거는 7월 5일 개전 초일 맨손으로 2대를 잡은 기록을 합해 총 24대의 전차를 격파한 것으로 집계되었다. 한편, 사단의 티거를 총괄했던 제13중장갑중대의 중대장 하인츠 클링은 도합 18대의 전차와 27문의 대전차포를 박살내 스타플레이어들이 우글거리는 라이프슈탄다르테 장갑부대 지휘관으로서의 기량을 충분히 과시했다.[03]

## 다스 라이히

사단은 새벽 4시부터 포병부대와 네벨붸르훠의 사격을 시작으로 '도이췰란트' 연대가 이봐노브스키 뷔셀로크로부터 뷔노그라도브카, 그리고 야스나야 폴야나로부터 칼리닌 지구까지 진입하면서 그날의 목표인 벨레니취노를 겨냥하고 있었다. '데어 휘러' SS연대 1대대와 3대대는 야스나야 폴야나 동쪽에서 조금 떨어진 철도변 둔덕에 위치한 벨레니취노를 치고 들어갔다. 각 대대의 주력은 동쪽으로 향해 철도변 둔덕을 공격하고 특공조는 북쪽으로 돌아들어가는 방법을 채택했다. 그러나 소련군은 이 둔덕이 천연요새처럼 만들어져 있어 독일군의 진격 방향 앞에 지뢰를 깔고 방어선을 넘어오는 적을 박격포와 기관총좌로 부수는 전술에 의존했다. 지형적으로 독일군은 상당한 피해를 입을 수밖에 없었고 공병대대는 적잖은 대가를 지불하면서 지뢰들을 제거해 나가는 작업을 계속해야만 했다.[04]

'데어 휘러' 3대대는 소련군 '닥인' 전차에 시달려야 했는데 여기서 다시 한 번 독일군 장병들의

03 Agte(2007) pp.72, 74
04 Glantz & House(1999) p.221

놀라운 투혼이 발휘되었다. 9중대의 지몬 그라셔(Simon Grascher) SS하사는 전차호에 박힌 소련 전차의 눈을 피해 낮은 포복으로 진지에 접근, 수류탄으로 두 개의 벙커를 제거했다. 그 뒤에는 처음에 조우한 T-34의 측면으로 들어가 자석식 대전차지뢰를 장착해 전차를 격파함과 동시에 파편이 튀지 않는 곳으로 비호처럼 날았다. 다음 두 번째 전차는 부서진 가옥 안에 몸을 숨기고 있었으나 파괴력이 큰 자석식 대전차지뢰를 다 써버린 그라셔 SS하사는 단순 대전차지뢰를 T-34 포탑의 모서리에 끼워 폭발시킨 뒤 자신은 이전처럼 재빠르게 현장으로부터 피신했다. 전차 전체가 파괴되지는 않았지만 포탑이 망가져 못쓰게 된 것을 알게 된 소련 전차병들은 전차에서 빠져나와 도주해 버렸다. 지몬 그라셔의 활약으로 숨통을 튼 독일군은 정면으로 진격하기가 용이해졌으나 소련군 진지 공략 중에 중대장이 전사하는 불상사를 당했다. 그라셔는 중대장이 될 계급이 아니었지만 현장에서 중대를 인솔하여 제2차 지뢰밭을 넘어 벨레니취노 어귀로 공격해 들어갔고 오전 7시 소련군의 주요 방어선에 틈을 만들어내기 시작했다. 그에 따라 대대의 주력은 손쉽게 빈 공간을 치고 들어갔으며 벨레니취노의 북쪽 절반으로부터 남쪽으로 파고 든 3대대는 마을 내부에 남겨진 소련군 병력들을 소탕할 수 있게 되었다. 3대대는 12대의 소련 전차들을 파괴하고 잔여 보병들을 벨레니취노로부터 몰아낸 다음 오전 11시 30분에는 마을의 거의 대부분을 장악하는데 성공했다. 2개의 벙커와 2대의 전차를 솔로 액션으로 격파하며 돌파구를 마련했던 그라셔는 기사철십자장을 받도록 되었으나 바로 그날 오후에 전사함에 따라 훈장은 추서되었다.[05]

한편, '데어 휘러'의 다른 제대는 칼리닌 남쪽에 위치한 제167보병사단의 지원으로 벨리니취노 남쪽의 220.3고지를 따 냈다. 그로 인해 장갑부대가 진입할 수 있는 충분한 갭을 만든 독일군은 전선을 시찰 중이던 사단 참모부의 게오르크 마이어(Georg Maier) SS소령의 즉흥적인 지휘 하에 공세를 재조정하였으며, 장갑연대의 폰 라이쩬슈타인이 이끄는 82대의 전차들이 오세로브스키로부터 동쪽으로 몰려와 오후 12시 45분 벨레니취노의 동쪽 입구에 도착해 곧바로 마을에서 저항 중인 소련군들을 솎아 내기 시작했다. 장갑부대는 이어 벨레니취노 동쪽 1km 지점의 이봐노브카 진격을 위해 개활지로 나갔으며 남쪽으로 1km 떨어진 곳의 레스키(Leski)에서 소련군 대전차포와 각종 화포사격이 집중됨에 따라 일단 뒤로 물러나 레스키에 대한 포사격을 요청했다. 이때도 전선을 떠나지 않았던 게오르크 마이어가 포병대에 직접 방향을 지시하여 소련군 야포진지들을 구축하고 네벨붸르훠까지 동원해 직격탄을 날리자 장갑부대는 오전 5시 15분 큰 저항없이 이봐노브카에 진입할 수 있었다. 장갑부대는 북동쪽으로 도주하는 소련군을 따라 들어가 소련군이 도로 서쪽에 새로운 방어진을 만들지 못하도록 압박을 가하려 했다.[06]

한편, '데어 휘러'의 선도중대들은 오후 6시 25분 이봐노브카 동쪽의 234.9고지를 별 어려움 없이 점령하였으며 오후 6시 50분경에는 장갑부대와 합류하여 당초 목표점인 프라보로트를 장악하여 프로호로프카를 향한 공세의 고삐를 늦추지 않으려 했다. 게다가 린딘카에 주둔하고 있던 제3장갑군단 선봉대와 다스 라이히 사이에 많은 양의 소련군 전차와 보병의 종대들이 발견되고 있어 가능한 빠른 조치가 필요한 상황이었다. 그러나 하필이면 폭우가 쏟아지는 와중에 야간 행군 중이던 폰 라이쩬슈타인의 장갑부대는 소련군이 먼저 발사하지 않는 한 적의 진지를 파악조차 할

05 NA : T-354 ; roll 605, frame 723
소련측 자료에는 전차 9대가 파괴되어 잔여 병력이 말로야블로노브카로 도주한 것으로 기록되어 있다.

06 Stadler(1980) p.122

수 없었고 우회기동을 하면 번번이 지뢰에 걸려 심각한 교통체증을 빚고 있었다. 사단의 전차들은 결국 프라보로트로 향하는 도로에서 벗어나 1km가 채 안 되는 지점의 말로야블로노브카(Malo. Jablonowka)로 피해 들어갔다. 마을의 주택가로 진입하자 철저한 엄폐와 위장으로 감춰진 소련군 대전차포들이 선도 전차들을 화염에 휩싸이게 했으며 독일 전차들은 연막탄을 뿌리면서 후퇴했다. 이때 4일 동안의 전투에서 24대의 소련군 전차를 격파했던 한스 메넬(Hans Mennel) SS소위가 전사했다.[07]

사단 장갑부대가 동진하면서 격전을 벌이고 있는 순간, SS장갑군단은 오후 7시 10분에 새로운 작전지시를 하달했다. 즉 다스 라이히는 프라보로트 도로에 도착한 다음 프로호로프카 방면으로 가는 대신 린딘카-플로타 교두보에서 빠져 나와 공세로 전환중인 제3장갑군단을 지원하기 위해 린딘카 방면으로 남진하라는 것이었다.

오후 9시 좀 더 구체적인 지시가 떨어졌다. 사단은 프라보로트와 프라보로트 북쪽 인근의 고지를 따 낸 다음 남쪽으로 내려가 제3장갑군단과 연결하되, 프라보로트가 독일군의 수중에 떨어지면 라이프슈탄다르테의 장갑척탄병 병력이 프라보로트 방면으로 동진하여 다스 라이히를 지원하게 될 것이라는 내용이었다. 따라서 두 사단의 장갑부대는 프라보로트 부근에서 합쳐진 다음 남진하는 것으로 정리되고 있었다. 이를 위해 하우서는 라이프슈탄다르테의 장갑대대와 자주포대대 및 하프트랙 1개 중대로 전투단을 만들어 남쪽으로 돌릴 것을 주장했으나 뷔슈 사단장은 사단의 동쪽에 100대의 소련군 전차들이 버티고 있는 상황에서 장갑대대 전체를 뽑아 남쪽으로 내려 보낼 수는 없다고 설명하면서 부대이동을 거부하게 된다. 그나저나 다스 라이히의 장갑부대는 폭우와 과로로 인해 제대로 속도를 내지 못해 프라보로트 도로에 훨씬 못 미쳐 있는 상황이었다.

그보다 더 중요한 것은 다스 라이히의 진공으로 인해 혹여 제3장갑군단과의 사이에 샌드위치가 될 것을 우려한 소련군들이 주요 마을들을 포기하고 더 뒤로 물러섰다는 사실이었다. 즉 제2근위전차군단이 벨레니취노를 포기하고 이봐노브카, 레스키 및 샤호보 라인으로 서서히 후퇴하고 있었으며, 소련 제69군도 샤호보 방면 축선에 위치한 야스나야 폴야나와 쉬첼로코보(Shchelokovo)로부터 독일군이 공격해 나와 동쪽 측면을 위협함으로써 자칫 잘못하면 제69군의 5개 사단이 포위될 가능성을 감지하고 작전상 후퇴를 결정했다는 사실이었다.[08] 따라서 말로야블로노브카(Malo. Jablonowka)에서 독일군을 타격한 소련군은 주력부대가 아니라 후퇴하던 소련군의 후방수비대였다는 추측이 가능하다. 여하튼 소련군이 제5근위전차군의 남익을 엄호하기 위해 별로 중요하지 않은 지역을 일찌감치 포기하고 뒤로 빠진 것은 대단히 영특한 판단이자 과단성있는 결정이었던 것으로 평가된다.

## 토텐코프

토텐코프의 공병들은 오전 8시 40분 60톤 무게의 교량을 프숄강에 설치했다. 만약의 사태에

07 Nipe(2011) p.404

08 Stadler(1980) p.118
벨레니취노와 이봐노브카 구역에서 벌어진 다스 라이히와 소련군 제4근위전차여단 및 제4근위차량화소총병여단과의 전투는 오후 6시까지 이어지다가 여단본부의 통신장비들이 폭격에 망가지면서 제대간 교신이 두절되어 소련군들은 전면적으로 퇴각이 불가피하게 되었다. 두 여단의 일부 병력들만 전선을 지키고 있었으나 이봐노브카를 지켜낼 수 없어 결국 234.9고지로 후퇴하였고 오후 8시경 지몰로스트노예(Zhimolostnoje)-말로야블로노브카(Malo.Jablonowka) 사이의 계곡 서편 끝자락에 방어선을 구축하였다.

503중전차대대의 1중대장 한스 유르겐 부르메스터(Hans Jürgen Burmester) 대위가 레반도프스키(Lewandowski) 하사(우측)와 하아저(Haase) 상사(좌측)에게 지시하는 장면 (101I-022-2948-36)

대비해 프숄강 남쪽으로 퇴각할 경우에 대비한 조치 중 하나였다. 소련군의 주 타깃은 프로호로프카 북서쪽 뷔셀뤼와 프숄강 제방지역 및 카르테쉐브카 사이의 독일군 제대였다. 사단에 대한 소련군의 화포사격은 전날 저녁부터 시작해 14일 아침까지 이어졌다. 독일군도 야포와 로켓탄으로 응사하는 가운데 소련군 중대 규모 병력이 프숄강 교두보를 치면서 독일군 보병들을 격퇴시키기 위해 공격해 들어왔다. 소련군들은 포사격이 끝난 시점에 참호에 엎드려 있던 독일군들이 재빨리 진지를 재편성하지 못하도록 포사격 사정거리에 가깝게 밀착해 몰려왔으며, 사단의 장갑척탄병들은 간발의 차로 MG42 기관총좌를 기민하게 설치하여 소련군 소총병들의 진격을 막아냈고, 그 이후 축차적으로 들어오는 정찰병력들을 향해 백병전을 불사하면서 교두보를 지켜내고 있었다. 분당 1,200발이 발사되는 MG42는 소련군 소총병들을 처절하게 살육하면서 격퇴했으나 장갑척탄병들의 수도 현저하게 줄어들어 가고 있었다. 충원은 전혀 이루어지지 않았다. 토텐코프는 이날 적극적인 공세를 취할 수가 없었다. 프숄강에 마련된 교두보 북쪽에서 125대의 전차를 동원한 소련군들이 집결하고 있어 14일은 기본적으로 수비에만 치중해야 할 형편이 되고 말았다.

오후 12시 30분 뷔셀뤼 남쪽에서 몰래 집결한 소련군 소총병연대가 사단이 오래된 막사로 사용해 오던 '토텐코프' SS연대 3대대의 진지를 치고 들어왔다. 소련군들은 야포와 박격포 사격을 동반해 들어왔으나 독일 포병대의 정확한 고폭탄 세례를 받아 일시 돈좌되었다. 소련군은 곧바로 이어 공세를 재개하지는 않았으나 암울한 정찰소식들이 시시각각으로 들어왔다. 북쪽과 동쪽에서 소련군 신규 병력들이 교두보를 향해 계속 진입해오고 있는 것은 새삼스러울 것이 없었지만 프숄강 변 전체에 1개 전차군단과 전혀 못 보던 2개 소총병사단이 집결하고 있다는 보고는 결국 프숄강 북부에 남아 있는 독일사단을 깡그리 없애겠다는 전조였다.

프리스 사단장은 항공지원을 요청, 모처럼 날씨가 게인 탓에 슈투카와 He 111들이 출격해 그 날 저녁이 될 때까지 공습에 나섰다. He 111는 뷔셀뤼 북쪽에서 소련 전차들을 공격하고 슈투카는 봐실예브카 동쪽 프숄강 계곡을 따라 위치해 있는 소련군 진지와 차량들을 강타했다. 소련군도 공군기들을 날려 보냈으나 전투기와 전폭기간의 이렇다 할 대규모 공중전은 없었으며 소련군은 이 날 내내 독일군 진지를 향해 포사격과 공습으로만 일관하면서 지상군 병력을 더 이상 투입하지는 않았다. 당시 사단의 장병들은 새로운 지역을 따내면 곧바로 참호를 파 공습에 대비하는 부지런함을 보였어야 되는데도 1주일 이상의 격전과 무더위로 인해 너무나 지친 나머지 이동 후 진지 축성을 하지 않고 곧바로 잠들거나 휴식을 취하는 일이 많아 공습의 피해는 이전보다 늘고 있었다. 게다가 더위로 인해 철모를 벗는 경우가 많아 머리에 부상을 입는 병사들이 속출하고 있어 독일군은 군단장의 명으로 철모를 쓰지 않으면 군기문란으로 간주한다는 등의 강력한 조치까지 취해야 할 판이었다.[09]

소련군 제33근위소총병군단은 14일 집요한 공세 끝에 뷔셀뤼 강 남동쪽으로 진출하여 프렐레스트노예를 지나 사단의 수비대를 강하게 압박하였고, 이에 사단은 무리한 저항을 중지함에 따라 교두보의 일부를 포기할 수밖에 없었다. 토텐코프는 14~15일 여전히 티거 9대를 포함한 73대의 전투가능한 전차들을 보유하고 있었다.

## 켐프 분견군

헤르만 브라이트 제3장갑군단장은 제7장갑사단이 린딘카 교두보 위에서 집결하고 있는 점을 고려하여 제6장갑사단이 알렉산드로브카 양쪽으로 병력을 집중함으로써 군단의 우익을 위협하는 소련군의 기도를 철저히 봉쇄하도록 지시했다. 또한, 제19장갑사단의 보병전력이 극도로 부족한 점으로 인해 장갑척탄병 1개 대대를 붙여 교두보 주변구역을 방어하도록 했다. 한편, 거의 중대 규모 수준으로 약화된 제4장갑척탄병연대 1대대는 린딘카 위쪽의 강둑으로부터 장갑부대의 측면까지를 방어하도록 되었는데 이는 무려 수 km에 달하는 거리여서 방어밀도는 전혀 높지 못했다. 장갑부대는 기동가능한 티거를 앞장세워 동쪽으로 진군해 알렉산드로브카를 친 다음 노보 취멜레보이(Nowo Chmelewoj)를 향해 북동쪽으로 나갈 예정이었다.

제7장갑사단은 남동쪽으로 이동해 제6장갑사단을 지원할 수 있는 지점까지 도달하여 포진하고, 사정이 허락하면 교두보를 넘어 프로호로프카 방면으로 북진을 시도할 계획이었다. 소련군이 전날 다스 라이히와 제3장갑군단 사이의 포위망을 빠져나가 공백이 생긴 관계로 독일군은 그 사이의 갭으로 들어가 교두보를 서쪽으로 확대해야 했으며, 이는 제6, 7장갑사단으로 하여금 교두보 동쪽의 소련군을 소탕하고 약화된 제19장갑사단이 서쪽의 간극을 메워 사단간 연결을 유기적으로 유지하기 위한 조치이기도 했다. 또한, 제168보병사단은 벨고로드-프로호로프카 철도선으로부터 동쪽으로 진격해 들어가 린딘카 서쪽에서 제19장갑사단과 합류하려고 했다. 503중전차대대의 남은 8대의 티거들은 모두 제6장갑사단에 배속되었다. 즉 카게넥크의 티거들이 배케의 장갑대대

09 NA : T-354 ; roll 605, frame 756, Stadler(1980) pp.132-3

와 함께 작전을 수행하게 되었다.[10]

제7장갑사단 7장갑척탄병연대장 폰 슈타인켈러(Friedrich-Carl von Steinkeller) 대령은 같은 사단 글래제머 6장갑척탄병연대의 부담을 덜어주기 위해 별도의 전투단을 새로이 구성하여 222.1고지 점령을 계획하고 있었다. 제6장갑사단의 배케 대대도 공세에 합류하고자 했으나 폰 슈타인켈러 전투단의 안드레예브카 진격이 지연됨에 따라 계속해서 대기 상태로 기다려야 했다. 폰 슈타인켈러 전투단은 섣부른 공세에 앞서 일단 전방에 방어진을 쳐 적군의 동태를 파악해 가면서 수비전술을 구사하려 했다. 소련군은 고지 접근을 막기 위해 전투단의 우측면에서 30대의 전차로 공격을 감행해 왔다. 다행히 잘 매복된 독일군 대전차포가 초전에 3대를 격파하고, 전투단의 대대들이 일제 공격을 개시하여 소련군을 혼란에 빠트렸다. 당황해 어쩔 줄 몰라 하던 소련군 전차 7대가 추가로 파괴되었고 척탄병들은 적군이 도주하기 전에 무자비한 기관총 세례를 퍼부었다. 이도저도 할 수 없었던 소련군은 되는대로 반격을 가하기는 했으나 별로 조직적이지 못해 엄청난 피해를 입고 격퇴되었다.[11]

이처럼 불과 21대의 전차만을 보유하고 있던 제7장갑사단은 아침 일찍부터 공격해 온 소련 전차들을 격퇴하고 이어 오전 10시에는 222.1고지로 진격, 제48장갑군단의 좌익을 통제할 수 있는 위치를 잡아냈다. 222.1고지에 가장 먼저 도착한 것은 폰 슈타인켈러가 아니라 글래제머 전투단이었다. 글래제머는 정찰보고에 따라 뷔폴조프카(Vipolzovka) 남서쪽으로 연결된 통로를 발견하여 222.1고지로 직행하는 행운을 얻었다. 제6장갑사단도 오전 7시 30분 르자붸즈 북동쪽에 위치한 아브데프카(Avdeevka)와 알렉산드로브카 방면을 향해 소련군 방어진을 잘라 들어가면서 222.1고지로 진입했다. 그중 9대의 4호 전차가 먼저 222.고지에 도달해 뒤따라오는 보병대대를 엄호하고 있었다. 이로써 두 사단은 린딘카에서 자연스럽게 연결되어 교두보를 확보했다. 소련군은 알렉산드로브카를 중심으로 모든 가능한 병력들을 동원해 제6장갑사단의 전진을 막으려 했고, 아브데프카 정면에는 제92근위소총병사단과 제53근위전차연대, 트루화노프 집단의 일부 병력들을 집중시키기 시작했다.

헤르만 브라이트 군단장은 다시 티거대대를 전면에 배치하고 나머지 전차와 돌격포들은 장갑척탄병 예비중대를 지원하도록 한 다음 좌측으로 크게 돌아 소련군 진지의 측면을 치도록 계획했다. 티거는 소문대로 적 진지를 거칠게 유린, T-34 전차들을 차례로 격파하여 대전차포 진지들을 깔아뭉개면서 전진하였으며, 그 틈으로 돌격조 전위부대들이 알렉산드로브카 어귀로 침투해 들어가는 동안 돌격포의 지원을 받은 장갑척탄병들은 마을 중앙으로 파고들었다. 전차와 돌격포들이 진지를 쑥대밭으로 만들면서 장갑척탄병들이 사력을 다해 가옥에 숨어든 기관총좌와 소련군 소총병들을 밀어붙이자 소련군은 마을을 포기하고 북동쪽의 도로를 따라 퇴각했다. 독일군은 소련군을 추격, 잔인한 살육전을 전개했고 소련군 소총병이 전차의 궤도에 밟혀 비참한 죽음을 당하는 광경도 목격되고 있었다. 잔여 소련군들은 알렉산드로브카 북쪽으로 수 km가량 떨어진 241.3고지로 피신하여 재정비하려 했으며, 장갑척탄병 1개 중대가 티거와 함께 언덕사면을 따라 올라가 소

10 Nipe(2011) p.409 7월 12일 밤 켐프분견군(제3장갑군단)의 제6장갑사단은 12대, 제7장갑사단은 36대, 제19장갑사단은 11대, 3개 사단 합해 겨우 59대의 전차를 보유하고 있었다. 그러나 소련측은 14일 제3장갑군단 전체가 220대의 전차를 보유하고 있었다는 기록을 남기고 있다. 이것만 보아도 전선의 관찰이나 보고가 얼마나 터무니없었으며 어느 정도로 통계를 부풀리는지 짐작할 수 있다. 제3장갑군단은 7월 5일부터 24일까지 총 550여대의 소련 전차를 격파한 것으로 집계되어 있다. Lodieu(2007) p.142, Zamulin(2012) p.498

11 Lodieu(2007) pp.131-2

련군을 흩어버린 뒤 노보 취멜레보이를 향해 북동쪽으로 돌진을 계속했다. 소련군은 남은 전차와 급조된 대전차포진지로 독일군의 진격속도를 다소 떨어트리기는 했으나 티거들이 앞장선 가운데 프란쯔 배케의 전차들은 저녁 무렵 노보 취멜레보이에 도착할 수 있었다. 제6장갑사단 배케의 전차들이 휩쓸고 지나간 자리에는 25대의 소련군 전차, 31문의 대전차포, 12문의 야포들이 파괴되어 불타고 있었다. 배케 스스로도 2대의 전차와 대전차포 1문을 격파했다.[12] 503중전차대대는 소련군 제53근위기계화연대와 결전을 치른 알렉산드로브카 지구 점령작전에서 모두 36대의 T-34들을 격멸했다. 독일 전차병들의 전술적 기술적 기량도 기량이지만 T-34들은 원거리 사격이 불가능했다는 점과 돌진하면서 목표물을 정확히 맞추기가 불가능한데도 무모한 방식의 전법을 구사한 전차장들의 무지와 졸전이 한몫 거든 전과였다. 카게넥크는 브라이트 군단장의 추천에 의해 8월 기사철십자장을 수여받았다. 5일, 503중전차대대의 쿠르트 크니스펠과 하네스 리플(Hannes Rippl)의 전차는 이날까지 총 27대의 소련 전차들을 격파했다. 뷔트만에 3대가 모자라는 기록이었다. 크니스펠은 성채작전 종료 후 1급 철십자장을 수여받았다.[13]

제19장갑사단은 린딘카 북쪽 1km 미만 지점의 쉬피(Schipy)에 놓인 소련군 병력들을 격퇴함으로써 교두보의 안전을 확보하려 했다. 동쪽 강둑에서 재집결한 소련군은 다시 맹렬한 화포사격에 이어 쉬피 쪽으로 반격을 전개하고 샤호보 근처의 장갑대대에 대해서도 두 번째의 반격이 실시되었다. 사단은 즉각적인 반응을 나타내 네벨붸르훠와 88mm 대전차포를 동원, 양 측면의 소련군 소총병들에 대해 강력한 공격을 전개한 결과, 불과 12명 정도가 전사한데 비해 수백 명의 포로가 발생하는 기습효과를 나타냈다. 이후 샤호보(Shachowo) 지구에서는 독소 양군의 치열한 화포사격이 지속되어 교두보 근처는 거의 하늘을 덮을 정도의 포탄과 로켓탄이 쌍방의 진지를 부수고 있었다. 독일군 포병대와 제52네벨붸르훠연대는 특히 숲 지대에 은닉해 있는 소련군 진지를 강타했고 제19장갑사단에 배치된 88mm 대전차포는 소련 전차들이 고개를 들면 즉각 사격에 나섰으며 20mm 기관포와 37mm 고사포들은 수평사격을 통해 국도와 교차로상의 소련군 병력들을 집중적으로 때리고 있었다. 일부 Il-2 대지공격기들도 독일 고사포에 의해 격추되기도 했다. 제19장갑사단은 제7장갑사단과 도네츠강 서편 샤호보에서 연결됨에 따라 제2SS장갑군단과의 간격은 확실히 좁힐 수 있게 되었다. 두 사단은 해가 진 후에도 진격을 계속하여 플로타(Plota)와 말로 야블로노보(Malo Jablonovo)를 점거하고 일부 병력을 포로로 잡았다.[14]

이와 같은 국지적인 성공에도 불구하고 군단은 소련군 제5근위전차군의 남익을 향해 실질적인 진격은 이루어내지 못했으며 SS사단과의 연결도 가능하지 않았다. 다만 배케의 전차들이 린딘카를 향해 강을 넘어 이동한 것이 일시적으로 소련군의 예상을 빗나가게 하는 혼란을 초래한 정도였으며, 다스 라이히가 프라보로트 국도 쪽으로 공세를 강화함에 따라 벨고로드 상부의 북부 도네츠 동쪽 강둑에 있던 소련군들이 후퇴를 강요당하는 상황에 처하는 수준에 머물렀다. 결국 다스 라이히의 진격은 진격거리만 확장했을 뿐 소련군을 포위망에 가두어 격멸시키는 데는 실패했으며 시기적으로나 물량적으로나 소련 제5근위전차군을 위협할 구체적 결과는 내지 못하고 있었다.

제3장갑군단은 수중에 남은 전차 50대를 토대로 익일에도 북쪽으로의 공세를 지속시켜 다스

12 Kurowski(2004) Panzer Aces, p.56, Zamulin(2012) p.496
13 Kurowski(2004) Panzer Aces II, p.177
14 Schranck(2013) p.424

라이히의 프라보로트 진격과 공조를 이룰 구상을 견지하고 있었다. 이처럼 국지적인 전과를 내면서 착실하게 점령구역을 확장하고는 있었지만 이미 전력상 만신창이가 되어 피로가 가중된 다스 라이히가 소련군의 또 다른 방어라인을 유린하면서 침투를 계속할지는 불투명했다.

## 제48장갑군단

14일 그로스도이췰란트는 오보얀 부근 발진지점에서 제3장갑사단과 함께 소련군 제5근위전차군단과 제10전차군단에 대한 반격 재개를 준비했다.[15] 이를 위해 우선 그로스도이췰란트와 제332보병사단의 제677척탄병연대는 톨스토예 구역의 남방을 향해 다시 한 번 피치를 올리려 했다. 사단의 독립장갑여단은 보병들과 함께 북쪽으로 전진하여 남쪽과 동쪽으로부터 숲 지대로 숨어들어가는 소련군 병력의 연결을 차단하기 위해 숲지대 서쪽 끝자락을 치고 나갔다. 한편, 돌격포대대는 1개 장갑중대와 휘질리어연대의 1개 대대를 지원받아 톨스토예 구역의 북쪽 경계부분을 봉쇄하려고 했다. 또한, 제3장갑사단은 숲지대 동쪽에 대해 정면공격을 전개하려 했으며 그로스도이췰란트와 돌격포대대가 서로 만나 이 구도가 최종 완성될 경우 소련군은 숲 지대에 갇히게 되는 꼴이 될 수 있었다.

루프트봐훼는 그로스도이췰란트의 진공을 돕기 위해 오전 7시 15분 숲지대 남서쪽의 진지들을 강타하고 그로스도이췰란트는 평소와 마찬가지로 항공지원이 있으면 그렇듯이 준수한 진격속도를 내고 있었다. 칼 덱커의 전차들은 오전 7시 20분 소련 대전차포들의 사격이 끝나지 않은 상태에서도 톨스토예 구역 남서쪽의 233.3고지를 점령하면서 압박을 가하자 포위섬멸의 위험을 감지한 소련군들은 숲의 북쪽으로 병력을 빼기 시작했다. 퇴각로 뒤에는 15대의 T-34들이 버티고 있었으며 독일 전차와 소련 전차 간의 전차전은 오전 내내 계속되었다.

이때 다른 구역의 전황은 별로 좋지 못했다. 제3장갑사단은 돌기(Dolgi) 마을에서 집요한 저항에 직면하고 있었으며 돌격포대대의 활약도 미미한 실적이었다.[16] 오전 7시 40분에 출동한 제3장갑사단은 지뢰로 인해 두대의 전차가 피해를 입었으며 전차와 격리된 보병들은 전선에 고립됨에 따라 결국 항공지원이 불가피했다. 다만 슈투카들은 모두 그로스도이췰란트의 지원에 동원되었기에 타이밍을 맞추지 못했으며, 나중에 사단 쪽 전구에 나타났을 때는 이미 돌기의 소련군들이 6대의 전차와 함께 연대 규모급 보병들을 동원하여 숲으로부터 독일군을 격퇴시키고 있었다. 더욱이 장갑부대는 지뢰를 피해 우회하다 진창에 갇히는 악조건을 경험하고 있었다.

당시 제3장갑사단을 막고 있던 돌기의 소련군은 상당히 질긴 구석이 있어 우선 이곳을 약화시키지 않는 한 숲지대 남서쪽에 묶인 그로스도이췰란트의 추가 공세도 불가능한 시점에 있었다. 그렇지 않으면 톨스토예를 향하는 장갑부대의 공세에도 차질을 초래할 여지가 높았다. 한편, 그로스도이췰란트의 돌격포대대는 숲지대 북동쪽에 갇혀 258.5고지 북쪽으로부터 사단의 우익을 때리고 있는 소련 전차와 대전차포에 시달리고 있었다. 소련군은 오전 11시 강력한 화포사격을 등에 업고 북쪽에서부터 돌격포대대 쪽을 압박해 왔다. 이날 톨스토예를 향한 폰 크노벨스도르프 군단의 진격은 제대간 조율이 신통찮아 여러 군데에서 구멍을 내고 있어 성공 가능성은 희박한 것으로 점쳐

15 Glantz & House(1999) p.219
16 NA : T-314 ; roll 1170, frame 617

지고 있었다.

그러나 제3장갑사단이 어렵게 돌기를 따내는데 성공했다. 사단의 장갑척탄병들은 정찰대대와 함께 톨스토예로부터 발원한 소련군들을 다시 숲으로 되돌려 보냈고 이 진전은 칼 덱커의 장갑부대가 전진을 계속할 수 있게 만들어 그로스도이췰란트는 오후 5시 50분 숲 지대의 북서쪽 부근 240.2고지에 도달했다. 이어 제332보병사단의 정찰대대는 재빨리 고지로 이동하여 숲지대 주변을 통제해 나갔다. 칼 덱커의 전차들은 다시 톨스토예 북쪽을 크게 돌아 258.5고지에서 돌격포대대와 연결되면서 숲 지대를 완전히 에워싸는데 성공했다. 다만 여기서 약간의 혼돈이 있었는데 칼 덱커는 자신의 전차병들이 너무나 지친 나머지 전투 중에 잠이 드는 것을 목격하게 되어(?!) 240.2고지에 머무르지 않고 베레소브카로 전차들을 빼 휴식과 급유를 취한 것으로 알려졌다. 그로스도이췰란트의 남은 전차는 14일 밤까지 겨우 18대에 불과했다.[17] 밤에 폭우가 내려 14일의 공세는 그대로 중단될 수밖에 없었으나 사단의 장갑부대가 고지에 주둔하지 않았기 때문에 톨스토예 구역 북쪽 언저리 전체가 공백상태로 남게 되었다.

군단의 두 사단이 톨스토예 포위에 진력하는 동안 제11장갑사단은 하루 종일 수비로 내몰리고 있었다. 소련군 병력의 우익은 258.5고지의 그로스도이췰란트 소속 돌격포대대에 맹공을 퍼붓는 한편, 좌익에 포진했던 병력은 제11장갑사단에 대해 2개 전차여단과 다수의 소총병사단 제대를 동원하여 타격을 가하고 있었다. 소련군은 30대의 전차를 앞세워 1개 보병연대가 사단의 좌익을 치고 들어왔고 요한 믹클은 되는대로 화포사격으로 대응하려 했지만 포탄이 부족해 제대로 쳐 낼 수가 없었으며 포탄뿐 아니라 병력, 전차, 탄약 모든 것이 부족한 상황에서 항상 완편전력으로 생생한 병력을 보내는 소련군 제대와 힘겨운 싸움을 계속해야 했다. 소련군은 서쪽으로 오보얀 국도로부터 동쪽의 코췌토브카에 이르는 전 구간에 대해 보병과 전차로 침투해 들어왔으며 사단은 얼마 안 되는 전차와 돌격포대대의 포들로 버텨내고 있었다. 겨우 그날의 공세를 견뎌낸 사단은 밤늦게 120mm 중박격포연대를 지원받았으나 만약 익일에 14일과 같은 소련군의 공세가 지속된다면 현위치를 사수할 수 있을지 의문시되고 있었다.

그러나 이날 제48장갑군단은 소련군 제5근위전차군단 및 제6, 10전차군단의 잔존병력에 대해 막대한 손실을 안김으로써 소련 제6근위군의 방어선은 2km 뒤로 후퇴하게 되었으며, 제1전차군이 마음먹고 때린 역습도 별다른 효과를 올리지 못했다. 그로스도이췰란트는 베레소브카 근처에서 제3장갑사단과 합류하는데 성공하여 이날의 공격이 상당한 성과를 내고 있음을 입증했다. 따라서 제1전차군은 뒷날 전체적인 수비모드로 전환되었으며 해당 전구를 제5, 6근위군에 이양하게 되었다.

## 평주(評註)

독일군들이 지칠 대로 지쳤다는 것은 칼 덱커가 전투 중에 잠든 전차병을 발견했다는 예에서 알 수 있듯이 지극히 심각한 수준이었다. 밥을 제대로 못 먹은 것은 어쩔 수 없다 치더라도 인간의 가장 기본적 욕구인 수면의 부족은 대체할 수 있는 방법이나 장치가 없었다. 게다가 그로스도이췰란트 사단장과 여단장과의 불화로 빚어진 잦은 의사소통의 구조적 문제는 장교단의 사기를 떨어트

17 NA : T-314 ; roll 1170, frame 619-622

리기에 충분했다. 그로스도이췰란트의 판터 연대는 7월 14일까지 소련 전차 400대 이상을 격파한 것으로 집계되었다. 시작 전부터 말이 많았던 판터지만 라우헤르트는 전차의 기술적 결함을 최대한 극복해 내면서 나름대로의 전과는 달성해 낸 것으로 평가되었다. 특히 소련군이 인정치 않을 수 없었던 것은 고장나거나 반파된 전차들을 재빨리 수리하여 최단 시간 내 전장으로 내보내는 독일군 차량관리부대의 능력이었다. 특히 독일군은 공세를 지속시키고 있는 기간 중에는 그날의 전투가 끝난 시점에 전선을 장악하고 있었으므로 반파되거나 고장난 전차들을 재빨리 수거할 수 있었기에 많은 수의 병기들을 복구할 수 있었다. 반면 소련군은 전선을 독일군이 관리하고 있었으므로 그와 같은 수거는 불가능했다. 그러나 성채작전의 종료 이후 공자와 방자가 뒤바뀌게 되는 순간부터 서로의 입장은 사뭇 달라질 수밖에 없었다.[18]

토텐코프는 프숄강 북쪽의 교두보를 막아내고 있어 소련군의 엄청난 압박을 받고 있었다. 어차피 성채작전이 취소된 상태에서 오보얀을 향한 공세가 무의미하게 된 마당에 목숨을 걸고 이 교두보를 지킬 실익은 없어 보였으나, 만약 토텐코프가 쉽게 물러나 버린다면 이 병력들이 결국은 제1전차군을 보강하든가 프로호로프카 서쪽을 공고히 함으로써 SS장갑군단의 나머지 2개 사단을 위협할 수도 있었기 때문에 당분간은 현 위치를 사수하는 쪽으로 기울어져 있었다.[19]

오후 늦게 만슈타인은 호트에게 연락해 북부 도네츠와 켐프 분견군 사이의 포위망을 떠나고 있는 소련군 병력을 잡기 위해 켐프 분견군과 급히 공조하도록 지시한다. 그러나 이미 이때는 소련군이 프로호로프카 남쪽과 서쪽을 공고히 하기 위해 전차와 보병의 주력을 뺀 상태여서 소련군 병력을 격멸하기에는 타이밍이 늦어버렸다. 소련군 제48소총병군단은 오후 9시 철수를 개시했고 제2근위전차군도 그 이전에 벨레니취노를 포기한 상태였다. 이날 독일군은 프로호로프카로의 진군을 잠시 중단하고 동쪽의 지몰로스트노예(Zhimolostnoje)-프라보로트(Praworot) 국도로 이동해 켐프 분견군과 연결되는 것이 가장 큰 목표였으며, 가능하다면 소련 제48소총병군단을 포위섬멸할 계획이었으나 소련군들이 재빠르게 퇴각하는 바람에 성사되지 못했다. 14일 켐프 분견군의 제7장갑사단은 말로 야블로노보(Malo Jablonovo)를 점령함으로써 SS장갑군단과 가장 근접한 지점에 도달했다.[20] 15일에는 분명히 다스 라이히와 연결될 수 있는 전망이 확보되었다. 그러나 연결되더라도 때는 너무 늦었다. 다스 라이히는 15일 프라보로트로 진격해 군단의 우익과 분견군의 좌익을 공고하게 하면서 차후의 북진을 예비하는 것으로 계획되었다. 만슈타인은 만신창이가 된 독일군을 다시 끌어 모아 마지막 작전을 준비하려 했다.

18 Dunn(2008) p.170, Zamulin(2012) p.534
19 Schranck (2013) p.406
20 Zamulin(2012) p.496

# 13 마지막 희망, 롤란트(Roland) 작전 : 7월 15일

13일 만슈타인은 이미 쿠르스크에서 마음이 떠나 버린 히틀러를 설득하여 프숄강 남방의 소련군을 쓸어버리기 위해 조금만 더 시간을 줄 것을 간청했다. 원수는 여전히 남부 우크라이나 전선에서 일말의 승리를 잡을 수 있을 것으로 믿고 있었다. 만슈타인 자신은 그 승리가 비록 전략적인 수준에는 못 미친다 하더라도 작전술 차원의 안정화는 가져올 수 있을 것으로 내다보고 있었으며 그의 저서에서도 이를 여러 차례 합리화시키고 있다. 그러나 그가 아무리 뛰어난 전략가였다 할지라도 지금에 와서 그의 작전 계속이 옳았을 것이라고 주장하는 식자는 거의 존재하지 않는다. 현재는 역설적으로 작전을 중단시킨 히틀러가 대전 전체를 통해 얼마 안 되는 제대로 된 식견에 근거한 올바른 결정을 내렸다는 아이러니한 평가가 더 힘을 얻고 있다.

7월 15~17일간 제4장갑군은 정말로 지친 두 개 군단을 이끌고 켐프 분견군과 함께 공세를 계속했다. 켐프 분견군의 선봉은 플로타와 야블로노보를 따냈으나 이러한 성공조차도 전선 전체에 별다른 영향을 미치지 못했다. 만슈타인이 없애기로 마음먹은 북부 도네츠 동쪽과 프숄강 남부의 소련군은 이미 사라지고 없었다. 켐프 분견군의 제167보병사단도 북부 도네츠 동쪽의 일부 마을들을 점령하고 포로를 잡기는 잡았으나 소련군의 주력이 이미 뒤로 후퇴한 상태였기 때문에 손쉽게 올린 부분적인 전과에 불과했다.

15일 만슈타인, 호트, 켐프는 켐프의 사령부에서 회동해 작전을 구상했다. 제167보병사단과 제168보병사단의 일부는 벨고로드-프로호로프카 철도선을 따라 진격하고 다스 라이히는 라이프슈탄다르테의 지원 속에 프로호로프카에서 5km 떨어진 프라보로트를 향해 북진하도록 준비했다. 하우서 군단장은 프라보로트 방면 도로 양쪽을 따라 프로호로프카 남쪽에 진을 치고 있는 소련군들을 때리고 싶어 했고, 당시의 전력으로는 오직 다스 라이히만이 그나마 출정 가능한 기동전력을 가지고 있었다.

만슈타인은 7월 15일 소위 롤란트(Roland) 작전으로 명명된 과히 알려지지 않은 성채작전의 합본 부록 같은 작전을 전개했다. 만슈타인은 다스 라이히와 켐프 분견군에 끼여 있었던 소련군들이 퇴각해 버렸다는 사실을 이미 인지한 상태에서 이번에는 페나강 구역에 남아있는 소련군을 치기로 작정한다. 중세 프랑스 서사시에 나오는 롤란트는 전투 중에 입은 부상으로 죽어갔던 영웅의 이름을 딴 것으로서 그 내용을 아는 사람이면 아무도 붙이기를 좋아하지 않을 작전명이었다. 왜 그런 우울한 배경의 인물명을 채택한 것인지는 잘 알려지지 않고 있으나 여하튼 전투의 결과를 놓고 본다면 제대로(?!) 붙여진 이름이 되고 말았다. 개요는 다음과 같다.[01]

**'라이프슈탄다르테는 회랑입구에서 벗어나 제48장갑군단의 배후에 배치되어 예비로 남는다. 동시에 다스 라이히는 군단의 우익을 포기하고 제11장갑사단이 맡고 있던 전구로 이동한다. 라이프슈탄다르테는 프라**

01 Lehmann(1993) p.243, Nipe(2011) p.417, Showalter(2013) p.254

보로트와 프로호로프카를 향한 다스 라이히의 공세가 효과를 나타낼 경우, 사단 우익의 제대가 얌키와 프로호로프카를 경유하여 공격을 감행하도록 준비한다. 토텐코프는 벨고로드 상부, 군단의 동쪽 측면 전체를 방어하는 임무를 맡는다. 토텐코프는 적의 어떠한 공격도 막아내면서 현 위치를 사수해야 한다. 제11장갑사단은 라이프슈탄다르테가 지키고 있던 구역으로 이동한다. 제7장갑사단은 제3장갑군단 구역을 벗어나 서쪽으로 이동, 제11장갑사단이 맡고 있던 전구를 이어 받는다.'

다소 복잡한 이 재편성과 재조정은 결국 기본적으로 제48장갑군단이 오보얀을 향해 북쪽으로 진격해 들어가는 것을 상정하고 있었다. 즉 제48장갑군단은 좌익에, 다스 라이히와 제11장갑사단은 우익에 놓되, 작전의 중점은 오보얀 국도 쪽에서 형성된 소련군 제1전차군과 제5근위전차군을 두 쪽으로 갈라놓는 것을 의미했다. 일단 프숄강 남쪽의 고지대를 점령하여 소련 2개 군 사이의 경계로 침투하게 되면 제48장갑군단이 제1전차군의 전력배치가 드러난 동쪽 측면을 부순다는 계획이었다. 한편, 이 계획에 따르면 켐프 분견군은 어렵게 지켜낸 도네츠강 동쪽 구역을 포기하고 토텐코프의 남익에 새로운 위치를 잡기 위해 서쪽으로 이동해야 했다. 만약 이 구상이 먹힌다면 SS사단들과 켐프 분견군이 제48장갑군단의 측면과 후방을 엄호하는 가운데 이 군단병력들이 크게 노출되어 있는 제1전차군의 측면을 때리도록 되어 있었다.[02] 그러자면 한 가지 전제조건이 따라야 했다. 즉 앞서 언급한 것처럼 제3장갑군단은 단순히 SS사단들과 연결되는 것뿐만이 아니라 남쪽 전구를 확실히 장악해야 한다는 것이었다.

소련 제5근위전차군의 로트미스트로프는 14일 독일군이 뷔노그라도브카와 이봐노브카를 장악하고 234.9고지에 도달한 점을 감안하여 제10근위기계화여단이 노보셀로프카를 빠져나와 제2근위전차군단이 방어하는 지몰로스트노예와 말로 야블로노보에 진지를 구축할 것을 명령했다. 제2근위전차군단은 제10근위전차여단이 도착할 때까지 레스키, 샤호보 구역까지 지켜내도록 했으며 상황에 따라 이봐노브카를 탈환하는 방안을 구상하고 있었다. 또한, 봐투틴 방면군사령관은 제69군과 5근위군이 제2항공군의 지원 하에 샤호보를 재탈환하도록 지시했다. 그러나 소련군에게 이보다 급한 것은 제48소총병군단을 포위망으로부터 빼내는 일이었지 반격을 가하는 것이 아니었다. 다행히 제48소총병군단장은 15일 새벽 침착하게 후퇴기동을 개시하여 또 다른 병력의 괴멸을 회피할 수 있었다.

## 제2SS장갑군단

### 라이프슈탄다르테

사단은 15일 새벽 다스 라이히의 프라보로트 진격을 지원하기 위해 8대의 티거를 포함한 46대의 전차들을 끌어 모았다. 좌익에는 장갑척탄병들이 252.2고지로부터 얌키를 향해 동쪽으로 진격해 들어가고 소련군 전차들의 기습에 대비해 1개 장갑중대는 뒤로 돌려놓았다. 또한, 하우서는 다스 라이히의 지원을 위해 라이프슈탄다르테 사단의 모든 야포와 중화기들을 해당 전구로 집결시키도록 명했다.

장갑부대의 다른 전차들과 하프트랙들은 동이 트자 이봐노브카를 향해 진공하려 했으나 비로

02 NA : T-313 ; roll 382, frame 8.671.485

인해 도로가 진창으로 변하면서 몇 시간을 허우적거렸고 몇 시간 동안 땅과 하늘을 원망하며 씨름하다 겨우 정오 직전에 예정된 집결장소로 모이게 되었다. 그러나 두 시간도 채 못 되어 롤란트 작전으로 인해 진격을 중단한다고 하자 사단 장병들은 다시 그 진창 속으로 되돌아간다고 생각하니 그야말로 돌아버릴 지경이었다. 게다가 '집으로 가는 길'에 소련공군기의 공습과 화포사격이 끊이지 않아 퇴각길 내내 욕지거리가 종대 행렬에 가득 차게 된다.[03] 한편, 252.2고지와 동쪽 강둑을 지키고 있던 장갑척탄병들도 소련군의 압박에 직면해 있었으며 야포와 박격포를 동반한 중대 규모의 소련군 병력들이 쉴 새 없이 독일군 진지를 공격해 왔다. 이날 사단은 24명 전사, 103명 부상, 행방불명 3명을 기록하게 되었다. 라이프슈탄다르테는 일단 롤란트 작전의 원안대로 제48장갑군단의 후방으로 들어가 예비로 남게 되었다.

이즈음 소련공군기들은 루프트봐훼가 다른 전구에 출격해 있는 틈을 타 사단 구역을 마음 놓고 공습하고 있었다. 그나마 다행인 것은 수리 중인 전차들이 속속 도착해 15일까지 9대의 티거를 포함해 총 62대의 전차들을 확보했다는 사실이었다. 기타 수중에 남은 전력은 28대의 돌격포와 18문의 대전차포가 전부였다. 티거 중대는 이날 별다른 전투없이 북부 테테레뷔노의 철도변을 따라 경계임무를 수행하는 정도에 그쳤다.

7월 16일 사단은 서쪽으로 이동해 야코블레보-벨고로드 도로까지 도달한 다음 차기 목표를 위해 재편성한다는 지시를 받았다. 당시 소련군이 이줌과 미우스강 변에서 공세를 전개하고 있다는 소문이 돌았기에 장병들은 다시 동쪽으로 가는 것이 아닌가 수근거렸으나 일련의 소문들이 떠돌다 결국은 사단 전체가 북부 이탈리아로 가는 것으로 결정되었다는 소식을 접하게 된다. 사단은 수중의 전차들을 나머지 두 SS사단에 인계하고 7월 29일 스탈리노에서 이탈리아로 행하는 기차에 몸을 싣게 된다. 8월 첫째 주 사단은 시체 썩는 냄새와 기름때, 포연, 불타는 전차와 차량들을 뒤로 하고 서쪽으로 옮겨갔다. 쿠르스크전 전체를 통해 가장 용맹무쌍하게 싸운 대표 사단이 가장 먼저 전선을 떠났다. 이 사단의 이동 사유에 대해서는 뒤에 따로 논급하기로 하겠다.[04]

## 다스 라이히

오전 5시 다스 라이히는 발진 지점에서 출발, 뷔노그라도브카-이봐노브카 구간을 향해 동진하여 이봐노브카 동쪽 234.9고지, 232.3고지, 242.2고지와 247.2고지로 연결되는 능선을 따라 진격해 들어갔다. 이 노선에 따른 기동은 스토로쉐보예 동쪽 끝자락을 향해 북서쪽으로 접어 들어가는 구도를 그리면서 소련 제375소총병사단을 밀어내고, 가능하다면 제2SS장갑군단과 제3장갑군단 사이의 소련 제69군을 포위하려는 기도를 실현시키고자 했다. 제375소총병사단은 퇴각하는 제48소총병군단의 후미에서 독일군을 저지하려고 했으며, 군단의 제81, 93, 183, 375소총병사단 모두가 아침부터 새로운 위치를 잡기 위해 후방으로 퇴각하고 있었다. 아직 후퇴기동을 알아차리지 못한 다스 라이히는 이들 4개 사단을 포위섬멸함으로써 제3장갑군단과 합류하기 전에 성가신 존재들을 조기에 없애 버린다는 구상에 착수하고 있었다. 그러나 다스 라이히 1개 사단으로 적군 4개 사단의 포위섬멸전을 동시에 펼칠 수는 없었으며, 그러기 위해서는 프라보로트 남서쪽의 고지

03 NA : T-354 ; roll 605, frame 744

04 모토후미(2014) p.81, Fey(2003) p.346 라이프슈탄다르테는 6월 28일에 이탈리아로 떠나기 전 4호 전차 39대, 티거 9대, 3호 전차 4대를 다스 라이히에게 인계했다.

대를 장악하여 우익에서 치고 올라오는 제3장갑군단과 반드시 연결되어야 했다. 아침부터 쏟아진 엄청난 비에도 불구하고 사단은 오전 6시경 진격에 박차를 가하면서 벨레니취노-이봐노브카-프라보로트 축선으로 정상 이동할 수 있기를 기대하고 있었다. 지형 및 소련군의 병력배치 상 프라보로트를 점거하지 않으면 프로호로프카는 도저히 접근키 어려운 목표로 간주되고 있었기에 프라보로트 진격은 다스 라이히에게는 사활적인 존재이자 지극히 엄중한 과제였다.[05] 오전 내내 내린 비에도 불구하고 사단은 예정된 방향으로 나아가다 뷔노그라도브카 근처의 목초지대가 거의 늪으로 변해버림에 따라 정오경에는 정상기동이 완전히 중단되고 말았다. 242.7고지 부근에는 소련군의 막강한 대전차포 진지가 확인됨에 따라 평지에서의 진격이 더 이상 불가능한 것으로 보아 야간 기습을 기대해 보는 수밖에 없었다.

한편, 폰 라이쩬슈타인의 장갑연대는 프라보로트 공략을 위해 무거운 중화기들을 전방으로 옮기느라 분주한 시간을 보내고 있었다. 그러나 가는 길목에 위치한 말야블로노브카 북쪽으로부터 형성되어 있는 장해물지대는 도저히 견인식 야포들도 통과할 수 없는 늪지대 같은 곳이어서 정오경 이도 저도 안된다고 판단한 독일군은 진격을 멈춰버렸다. 그러나 프라보로트 남단은 독일군이 도착하기 전에 소련군이 이미 비운 상태였으며 강변을 따라 만들어졌던 프라보로트 서쪽의 예상하던 포위망도 의미가 없다는 것을 발견했다. 소련군이 모두 자리를 떴기 때문이었다. 더 이상한 것은 사단의 우익에 위치한 '데어 휘러' 연대가 레스키에 도착하자 거기는 이미 독일군 제167보병사단이 점령을 끝낸 상태라는 것이었다. 제167보병사단은 소련 전차를 3대가량 파괴하면서 큰 저항 없이 레스키를 따냈다. 즉 정오 직전에 마을 동쪽에서 조금 떨어진 곳에서 제7장갑사단의 선도부대와 조우하였으며 육군의 장갑부대는 지난 밤 린딘카-플로타 교두보를 빠져나와 프라보로트 방면으로 북진하던 중 다스 라이히와 연결되었던 것이었다. 오후 2시 20분 다스 라이히가 제3장갑군단 7장갑사단과 연결된 것은 이날의 작전이 계획대로 먹히고 있다는 사실이었다. 두 사단의 연결은 고스티쉬췌보-샤호보-레스키 구간에 놓인 소련군 병력들이 모두 제거될 수 있다는 것을 증명했다. 그러나 대부분의 소련군 주력들이 빠져나감에 따라 겨우 고스티쉬췌보-레스키 구역의 조그만 병력 1개 집단을 포위하여 없앤 것 이외에는 적군의 섬멸이라는 측면에서는 별다른 소득이 없었다. 성채작전의 당초 시간표상으로는 이미 3~4일이 지연된 상태에서의 전과였다. 너무 늦게 연결되었다는 결론이었다. 만약 이 연결이 7월 12일에 가능했다면 다스 라이히는 프라보로트를 따 낼 수 있는 보다 확실한 기회를 잡아내면서 프로호로프카를 향하는 라이프슈탄다르테와 눈부신 투톱의 역할을 발휘할 수도 있었다. 다스 라이히는 이날 12대의 소련 전차를 격파하고 제2근위전차군단 및 제10, 11근위기계화여단에 대해 일정 부분 피해를 입히면서 제3장갑군단과 연결되는 결과를 냈지만 이 정도의 부분적인 전술적 승리가 성채작전의 전략적 실패를 도저히 복구할 수는 없었다.

이에 앞서 사단 정찰대는 그보다 훨씬 이전인 오전 6시 30분 프라보로트 남쪽의 247.2고지에 강력한 소련군 진지가 버티고 있으며 프라보로트로 향하는 길목에 지뢰와 전차호가 도사리고 있다는 보고를 제출한 바 있었다. 또한, 다스 라이히는 오전 11시가 지나 프라보로트 남쪽 고지대에도 소련군이 강력한 진지를 구축하여 기다리고 있다고 보고하고, 바로 이어 하우서 군단장은 '도이췰란트' 연대의 좌익이 뷔그노그라도브카 구역에서 엉망진창으로 변한 도로사정으로 인해 통과가

05 Schranck(2013) p.423.

불가능하다는 판단을 내리게 되었다. 결국 뵐터 크뤼거 사단장은 다시 한 번 슈투카의 지원을 요청했으나 이번에는 별로 효과가 없었다. 247.2고지를 향한 진격을 용이하게 하기 위해 슈투카들이 제때에 뜨기는 떴으나 소련전투기들의 방해로 대전차포나 '닥인' 전차들을 처치할 수 없었으며, 결국 크뤼거 사단장은 다음 날 오전 2시나 되어서야 공격을 재개할 수 있을 것이라는 부정적인 보고를 올리게 된다. 그러던 중 15일 자정 즈음에 제4장갑군으로부터 최종 명령이 떨어져 현 위치 사수를 지시받게 되었으며 결국 이것이 성채작전의 마지막 명령이 되고 말았다.[06]

다스 라이히는 제167보병사단에게 전구를 이양하고 퇴각의 길로 접어들었다. 소련군 화포사격이 계속 이어지는 가운데 '데어 휘러' 연대와 '도이췰란트' 연대는 큰 피해없이 자리를 물러났고 다만 후방을 막고 있던 '도이췰란트' 1개 중대가 추격하던 소련군과 접전을 치러 수류탄 투척거리까지 좁혀지는 긴박한 상황을 연출하기도 했다. 그러나 중대는 소련군의 추격을 따돌리고 무사히 우군 진지로 돌아갔으며 오후 3시경 사단의 거의 모든 병력들이 안전한 재집결 장소로 모일 수 있었다.

이후 사단은 이줌 지역에서 제1장갑군을 공격 중인 소련군에 대해 반격을 가하기 위해 벨고로드 남서쪽에서 집결하도록 되어 있었다. 7월 19일부로 사단은 제4장갑군으로부터 이탈되어 바르붼코보에서 기차로 이동하여 이줌 북쪽에서 재편성 과정을 거치는 수순을 밟도록 예정되었다. 그러나 진창과 폭우 등으로 바르붼코보에 도착하는 것이 지연되자 히틀러는 7월 23일, 소련군이 7월 17일부터 홀리트 분견군에 대해 본격적으로 공격을 개시한 미우스강 방면의 위기를 타개하기 위해 사단을 스탈리노에서 미우스강 변으로 이동시키라고 명했다. 사단은 전선에 도착 후 정찰이나 지형에 대한 사전 답사도 없이 제3장갑사단과 함께 전투에 투입되었다.[07]

### 토텐코프

7월 15일 밤새 소련군은 수백 개의 지뢰와 철조망으로 진격로를 폐쇄하고 대전차포와 전차들을 엄폐, 위장하여 사단의 동쪽 측면에 방어망을 형성했다. 독일군의 공세는 그레스노예에서 네벨붸르훠대대가 미하일로브카와 안드레예브카 마을이 있는 프숄강 계곡을 폭격하는 정도에 머무르고 있었으며 지상군의 동향은 예상외로 뜸한 편이었다. 소련공군도 강행정찰 정도의 출격만 시행하고 있어 운 없는 전투기 한 대가 고사포에 의해 격추당하는 것 외에는 별다른 공습이 없었다. 소련 제5근위군은 미하일로브카를 수비하고 있던 '아익케' SS연대 진지에 대해 여러 번에 걸친 연쇄적인 공격을 취했으나 방어라인을 뚫지는 못했다. 한편, 소련군은 오전 11시경 겨우 3대의 전차와 중대급 규모 보병들을 동원해 226.6고지 남쪽의 사단 진지를 향해 몰려들었다. 독일군은 3개 포병대대로 간단히 격퇴하였으며 그날의 교전은 그것으로 종료되고 말았다.

7월 16일 사단은 그간 힘들게 지키고 있던 프숄강 북부 교두보를 버리고 퇴각하라는 명령을 받았다. 허탈하기 짝이 없는 명령이었으나 사단 장병들은 익일 17일 천둥 벼락을 동반한 폭풍우가 치는 야간을 이용해 조심스럽게 후퇴기동을 실시하고 각 대대는 1개 중대를 뒤에 배치시켜 혹여 있을지도 모를 소련군의 추격에 대응하도록 조치하고 있었다. 소련군은 화포사격으로 독일군 종대가

06 NA : T-354 ; roll 605, frame 93-94
07 Nipe(2011) p.420

이동하는 도로변을 교란했으며 대포소리가 천둥벼락과 맞물려 주변 구역은 그야말로 폭죽의 밤으로 변하고 있었다. 독일군은 사단의 포병대와 네벨붸르훠로 응사하면서 소련군의 집중포화를 중화시키려 했으며 행군 중에도 엄폐물을 찾아 일시 피신하는 등 고생이 이만저만이 아니었다. 그 와중에 오후 9시 소련군 2개 중대가 '토텐코프' 연대 전초기지를 공격해 들어왔다. 사단 전체는 혹여 소련군 대규모 병력의 공격이 시작될 수도 있다는 판단에 퇴각을 멈추고 이를 격퇴하였으며, 붸셀뤼 동쪽에 위치한 '아익케' SS연대 3대대에 대해서도 소련군 2개 중대가 시비를 걸어왔으나 이 역시 후퇴기동을 일시적으로 교란시키는 행위에 불과했다. 소련공군은 이상하리만큼 실력발휘를 못하고 있었다. 토텐코프가 프숄강 남쪽 2개의 교량으로 전 병력을 이동시키고 있는 와중에도 제대로 된 기습을 가하지 못했으며 교량 그 자체를 파괴하지도 못했다. 토텐코프는 오후 10시 10분 전차를 먼저 보내고 그 뒤를 트럭과 하프트랙이 따르게 한 뒤 보병들을 가장 마지막에 이동시키는 순서에 따라 2개 교량을 무사히 통과하는데 성공했다. 공병들은 모든 병력이 강을 건넌 다음 두 교량을 무사히 폭파시켜 소련군의 추격을 따돌렸다. 토텐코프는 여러 개의 소총병사단과 2개 전차여단의 파도타기 공격 및 소련공군의 수십 번에 걸친 공습을 견뎌내며 무려 7일 동안 이 교두보를 지켜냈다.[08]

사단은 프숄강 남쪽에 수비진을 새로이 구축하고 15대 정도의 전차들로 시비를 걸어온 소련군의 강행정찰을 모두 격퇴했다. 사단은 7월 25일까지 다스 라이히 및 제3장갑사단과 함께 미우스강으로 이동했고 토텐코프는 소련군 1개 군단의 대전차포와 포병들의 측면공격을 극복하면서 언덕을 따라 진격했다. 인명과 장비의 피해는 막심했으나 토텐코프는 다스 라이히와 함께 3일 동안 미우스강 변에서의 전투를 통해 소련군의 집요한 침투를 좌절시켰다. 18,000명의 포로를 포획하고 585대의 소련 전차들을 격파했다. 이 두 사단은 나중에 있을 루미얀체프 공세 때도 환상적인 콤비플레이를 통해 12:1의 병력열세에도 불구하고 무려 800대에 달하는 소련군 전차들을 격파하면서 제4차 하르코프 공방전의 초인적인 역사를 새롭게 쓰게 된다.

## 제48장갑군단

제48장갑군단은 수일 동안 똑같은 목표였던 오보얀을 향해 나아가면서 제5근위전차군과 격리된 제1전차군을 타격하는 것을 꿈꾸고 있었다. 전술한 것처럼 이날 롤란트 작전 개시로 인해 사단간 배치가 다소 복잡하게 형성되었다. 라이프슈탄다르테는 회랑 지대에서 빠져 제48장갑군단의 뒤로 돌아가 예비로 유지되었고, 다스 라이히가 군단의 우익을 포기하고 제11장갑사단 구역으로 옮겨 서쪽으로 이동하였으며, 대신 제11장갑사단은 라이프슈탄다르테가 지키던 구역으로 들어갔다. 즉 제48장갑군단은 좌측에, 다스 라이히와 제11장갑사단은 우측을 맡아 북쪽으로 진격해 들어가는 형식이었다.

제3장갑사단은 오전 5시 30분 제394척탄병연대와 함께 톨스토예 숲 지대의 동쪽 주변을 때리면서 공세를 시작했고 정찰대대는 남쪽에서부터 숲 지대를 공략해 들어갔다. 폭우가 쏟아져 시계를 불투명하게 만들면서 조짐이 좋지 않았으나 비가 오는 그 와중에도 제394척탄병연대는 소련군의 집요한 저항을 뚫고 적군을 숲에서 몰아내고 있었으며 선도 대대가 서쪽 모서리를 강타하며 들

08 Schranck(2013) pp.421, 432

어가자 소련군 진지들은 초토화되기 시작했다. 그로스도이췰란트의 정찰대대는 사단본부가 위치한 숲의 북쪽 구역은 소탕되었으며 제332보병사단의 선봉대도 남서쪽 입구로부터 숲 지대를 밀고 들어가 독일군의 통제 하에 두었음을 보고했다. 그로스도이췰란트의 장갑부대가 톨스토예의 북쪽 어귀를 봉쇄하지 못한 결과, 소련군들은 14일 밤을 이용해 포위망을 탈출하여 북서쪽으로 이동, 노벤코예(Nowenkoje)에 집결한 것으로 판단되었다.[09]

그로스도이췰란트 장갑연대 2중대장 봘터 폰 뷔터스하임 대위. 쿠르스크전에서 크게 주목받은 폰 뷔터스하임은 1944년 5월 2일 루마니아 지구에서 홀로 14대의 전차와 6문의 대전차포, 2문의 야포를 격파한 공로로 5월 15일에 기사철십자장을 수여받았다.

제11장갑사단은 자정 직전 전날에 이어 소련군의 마지막 공격을 격퇴했다. 그러나 새벽 4시 30분에 소련군은 사단의 최우익 측면을 다시 공격해 들어왔다. 소련군 돌격조들은 코트췌브카에서 사요틴카강 바로 건너편에 있는 227.0고지의 서쪽 강둑에 포진한 사단 수비진을 향해 공격해 들어오면서 기민하게 치고 빠지는 동작을 통해 강행정찰의 정수를 보여주고 있었다. 오후 2시 30분 독일군 포병대가 사단의 정중앙을 치려고 모여드는 소련군 병력을 향해 정확한 타격을 가하자 소련군의 성가신 기동은 종식되었으며 그날 늦게까지 별다른 특이동향은 발견되지 않았다.[10]

한편, 그로스도이췰란트 구역에서는 소련군 소총병과 몇 대의 전차가 톨스토예 구역 북쪽 입구에 위치한 베레소브카-크루글리크 도로에 대해 공격해 들어왔다. 독일군은 사단의 정찰대대가 5대의 소련 전차들을 파괴시키면서 물러나게 했고, 노벤코예 남동쪽 분지에서 집결 중이던 또 다른 소련 전차들은 봘터 폰 뷔터스하임 대위의 1장갑대대가 급습, 겨우 4호 전차 한 대를 잃는 대신 T-34 16대를 모조리 격파하는 명품기량을 발휘했다.[11]

자정이 지나 제3장갑사단은 톨스토예 서쪽과 북쪽 경계면을 따라 포진했던 그로스도이췰란트 전구를 인수하고, 제11장갑사단은 현 위치를 사수하라는 명령을 받았다. 포병대대와 중박격포 1개 중대는 군단의 북쪽과 서쪽의 화포사격 지원을 위해 재배치되었으며 공병대들은 톨스토예 구역 북서쪽의 베레소브카-크루글리크 도로를 따라 지뢰를 매설하도록 지시받았다.

### 켐프 분견군

15일 오전 6시 다스 라이히의 선봉대는 샤호보에서 제19장갑사단과 연결되었다. 두 사단의 합

09 Nipe(2011) p.421
10 NA : T-314; roll 1171, frame 624-626
11 Nipe(2011) p.422, Schranck(2013) p.423

성채작전 마지막 날까지 분전한 503중전차대대의 티거(전차장은 알프레드 루벨)

동전력은 곧바로 플로타의 제26근위전차여단을 공격하여 동쪽의 노보셀로프카 방면으로 밀어냈다. 봐투틴은 켐프 분견군이 소련군 제48소총병군단을 포위섬멸하는 것을 막으려면 샤호보를 재탈환해야 할 것으로 생각하고 있었다. 즉 샤호보 서쪽 또는 북서쪽의 레스키, 프라보로트와 얌키도 확실하게 소련군의 수중에 넣어야만 늦어서야 탄력이 붙은 제3장갑군단과 보병사단들을 저지할 수 있을 것으로 판단했다. 따라서 제5근위전차군과 제69군이 제2항공군과 함께 전면공세를 취해 줄 것을 기대하고 있었으나 지난 3일 동안의 격전으로 인해 엄청난 병력과 장비의 손실을 경험하고 있어 의욕적인 공세의 추진은 물리적으로 불가능한 상황이었다. 봐투틴이 요구한 것은 샤호보 일대를 포함, 뷔노그라도브카와 말예 야블로노보(Malye Jablonovo), 그리드노, 235고지 및 린딘카의 확보까지를 희구하고 있었다. 그러나 이 임무를 담당할 제5근위전차군과 제69군은 봐투틴의 희망사항을 다 충족시킬 수 있는 충분한 전력이 아니었다. 2개 지상군을 지원해야 할 제2항공군도 지쳐 있었다. 제2근위전차군단을 지원하기 위해 나선 제10근위기계화여단은 힘겨운 전투 끝에 지몰로스트노예를 따냈으나 13대의 전차를 격파당하는 피해를 입었다.

제3장갑군단은 6대의 티거를 포함하여 75대의 기동가능한 전차로 작전을 개시했다.[12] 군단의 우익에 위치한 제6장갑사단은 노보 취멜레보이에서 알렉산드로브카 방면으로 들어오는 소련군 병력을 예의주시하면서 북쪽 내지 북동쪽으로 진격해 올라갔다. 중앙에 포진한 제7장갑사단은 제6장갑사단을 지원함과 동시에, 한편으로는 제6장갑사단으로부터 우익을 엄호 받으면서 프로호로프카를 향해 독자적인 행보를 시작하고 있었다. 제19장갑사단은 전날의 격전에 의해 거의 탈진상

12 Zamulin(2012) pp.502, Kurowski(2004) Panzer Aces, p.56

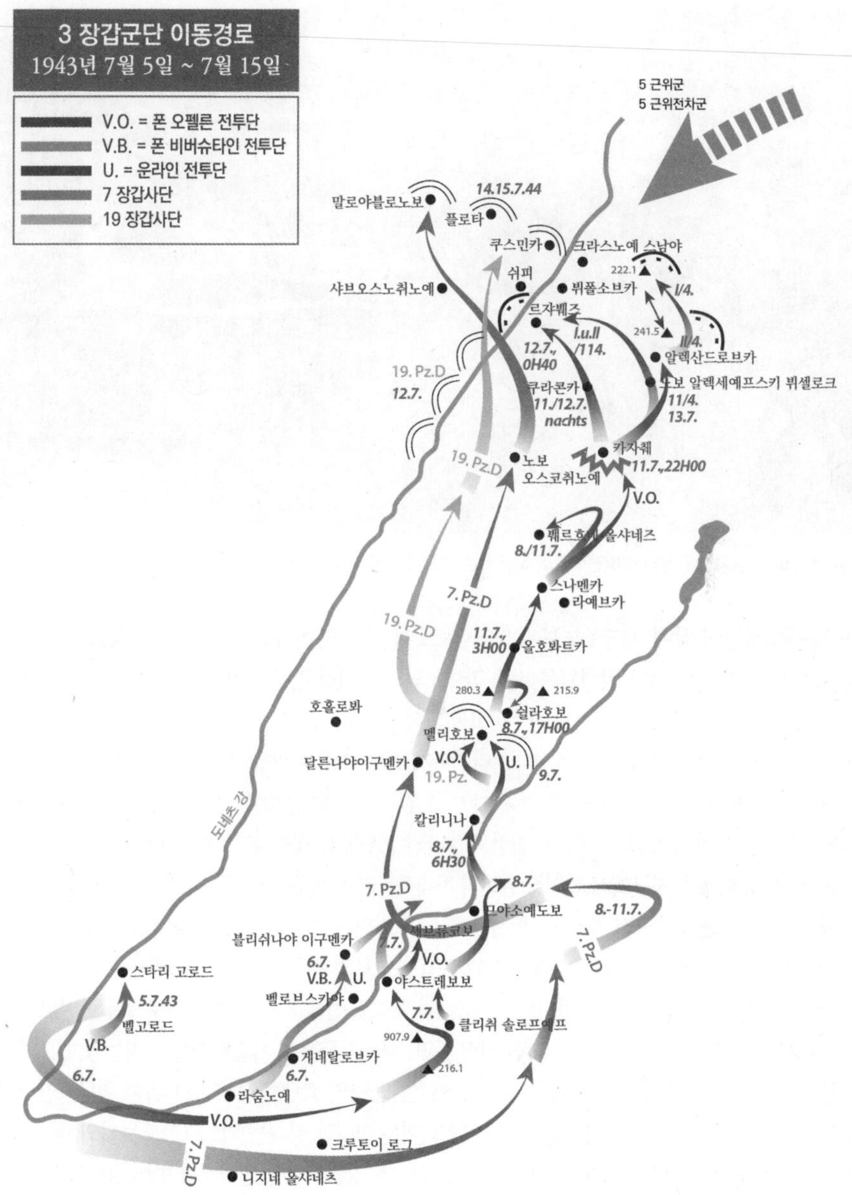


태인 관계로 추가적인 공세는 취하지 못한 채 교두보를 고수하는 것으로 마음먹고 있었다. 다만 소련군이 북쪽으로 퇴각하는 경우에는 이내 추격을 할 수 있도록 일부 병력들을 준비하는 배려는 잊지 않았다.

제3장갑군단은 7월 14일 SS장갑군단과 가장 근접한 지점까지 도달한 뒤 7월 15일 아침 6시에는 제7장갑사단의 일부 제대가 다스 라이히와 무선으로 연결되는데 성공했다.[13] 오후 2시 40분에

13 Dunn(2008) p.68

Post-Kursk전. 엄청난 규모의 예비전력으로 하르코프-벨고로드 공세를 전개하는 소련군.

는 제7장갑사단이 말예 야블로노보에 도달함으로써 다스 라이히와 물리적으로 연결되는데 성공했다. 이후 15일 내내 제7장갑사단은 다스 라이히와의 유기적 연결을 지속적으로 시도하면서 착실히 전진을 계속하려는 제반 노력을 경주하고 있었다. 그러나 두 사단이 만든 포위망에는 버려진 장비 외에 남아 있는 것이 없었다. 예상대로라면 5개 사단이 포위망에 갇혀 있어야 했다. 소련 제69군 제대들은 봐투틴의 공식 결정에 의해 이미 그 전날 밤부터 후퇴를 시작해 15일 새벽에는 모두 후방진지로 복귀한 상태였다. 이것이 진정 독일군의 포위망을 벗어나기 위한 기동이었는지, 아니면 오룔, 도네츠, 미우스 지구에서 벌어질 일련의 반격작전의 사전준비인지는 명확치가 않았다.

제3장갑군단은 성채작전 개시 이래 전방에 놓인 소련군 기동의 진정한 성격을 파악하는 데는 한계를 노정하고 있었으며 그로 인해 북쪽과 북동쪽으로의 진군 자체도 정확한 관측에 의한 것이 아니라 그때그때 국지적인 상황판단에 따라 개략적으로 전체를 조망한다는 문제점을 안고 있었다. 그로 인해 제3장갑군단 전체는 작전 시기 동안 독일군 특유의 기습효과를 내지는 못했으며 후반부에 반짝하는 순간을 포착하기는 했으나 SS장갑군단의 측면을 엄호하기 위한 평균적인 진격속도는 전혀 인상적이지 못했다. 7월 15일 군단이 이룬 마지막 성과는 뷔노그라도브카와 레스키를 탈취하고 샤호보의 안전판을 마련했다는 정도였다. 제6장갑사단은 전면에서 방어 중이던 소련 제92소총병사단을 그로기 상태로 몰고 갔다. 배케의 장갑부대는 10~15대 정도의 전차들로 공세를 취하여 7월 7일 계 10,506명의 병력으로 출발한 제92소총병사단을 2,200명 수준으로 격감시켰다.[14] 15~16일 밤 소련 제5근위전차군의 일부 병력과 제96전차여단이 제3장갑군단을 향해 야습을 감행했으나 엄청난 피해를 보고 물러났다. 티거 중대가 맹활약하는 가운데 소련군 여단의 전차 병력 거의 전부를 완파, 반파시키면서 그날의 마지막 전과를 추가했다.

14 Zamulin(2012) p.421

## 평주(評註)

소련군은 7월 17일 하르코프-벨고로드 전구의 남동쪽에 대해 정밀하게 설계된 두 개의 공세를 개시했다. 소련군 남서방면군은 이줌 근처의 독일군 제1장갑군에 대해 공격을 전개하고 미우스강변 홀리트의 제6군의 방어선에 강을 따라 구멍을 내면서 전선을 혼란에 빠트렸다. 만슈타인이 프숄과 페나강에 위치한 소련군 병력을 친다는 구상은 이줌과 미우스에 대한 소련군의 반격작전으로 상쇄될 운명에 처했으며, 독일군의 희망이 국지적인, 전선안정화를 위한 제한적 의미의 작전이었던데 반해 소련군은 뚜렷한 전략적 목표를 설정한 위에 북부전선과의 조율에 의한 대규모 공세를 나타내고 있었다. 만슈타인은 바로 그때 하르코프에 도착한 뷔킹 제5SS사단과 제23장갑사단으로 구성된 제24장갑군단을 롤란트 작전에 투입하려 했으나 히틀러는 이 예비군단을 동부전선의 다른 구역에 쓸 작정이었기에 만슈타인의 요구를 최종적으로 거절하면서 제4장갑군 전구에 있어서의 전력보강은 무의미한 것으로 결론지었다.[15] 제23장갑사단은 히틀러의 명에 의해 토텐코프, 제3장갑사단과 다스 라이히와 합쳐 미우스강 변에 배치되었다. 제5SS뷔킹은 제17장갑사단과 함께 이줌으로 전속되었다. 만슈타인의 롤란트 작전은 이것으로 취소되었으며 이것이 옳은 결정인지 여부는 나중에 논급하도록 하겠다.

7월 18일 제2SS장갑군단은 제4장갑군으로부터 해제되어 동쪽의 미우스강 지구로 이동하게 되었다. 헤르만 호트 군사령관은 하르코프로부터 시작해 쿠르스크전까지 국방군과 나란히 가장 힘들고 영광스러운 전투를 마다하지 않은 SS사단들을 각별히 치하했다. 파울 하우서 군단장과 여러 번 불화를 겪기는 했으나 호트 자신으로서도 2차 대전 기간 동부전선의 가장 중요한 순간들을 함께 한 SS들과의 이별을 못내 아쉬워했다.[16] SS사단들은 하르코프와 쿠르스크를 거치면서 적군들이 가장 두려워하는 최고의 화이터들로 거듭나는데 성공했다. 그러나 이후 그들이 수행해야 할 전투는 베를린까지의 후퇴길을 정리하는 여전히 고달프고 가혹한 환경에서 치러질 예정이었다.

15 제24장갑군단을 투입한다고 해서 전략적 내지 작전술적 차원의 사정이 호전될 여지는 희박했지만 만약 군단의 3개 예비사단 전체가 만슈타인의 휘하에 배치되었다면 전술적 국면의 현상타개는 어느 정도 가능했을 것으로 보는 시각도 존재한다. Klug(2003) p.72

16 Agte(2007) p.74

# 14 결론 1 : 사상 최대의 전차전이 갖는 진실과 오류

쿠르스크는 모든 군사마니아들의 상상력을 부추기는 꿈의 무대였다. 사실이 어떠하건 간에 독일과 소련이라는 20세기 양대 전체주의 국가가 총력을 다해 전차와 기동전력들을 한 곳에 몰아넣고 크게 한판 붙었다는 이야기는 거대한 기계덩어리에 대해 경외심을 품기 마련인 청소년들과 마니아들의 상상력을 충분히 자극하고도 남음이 있기 때문이다. 통상 600대의 독일 전차와 900대의 소련전차, 계 1,500대가 붙어 프로호로프카 일대를 잿더미로 만들었다는 이 이야기는 2차 세계대전 중 가장 흥분되는 장면이었기에, 그리고 지극히 객관적으로도 2차 세계대전 이후에 치러진 제3차 중동전에서의 전차전과도 비교할 수 없는 인류 미증유의 대사건이었기에 오랫동안 하나의 신화처럼 구전되어 왔다. 그간의 사정이 어떠하건 간에 독일은 패전국이자 전범국인 관계로 오류 덩어리의 역사가 기술되어도 뭐라고 할 말이 없어 입을 다물고 있었으며 독일군의 자료들을 수집하여 본국으로 가져간 미국도 이 전투에 대해서만큼은 별다른 신경을 쓰지 않았다.

겨우 냉전 종식 이후 90년대에 미국의 글랜츠가 소련측 자료가 일부 공개됨에 따라 홀로 흥분하여 그간의 역사서술은 '지나치게' 독일의 입장에서만 바라보았다는 비판을 제기하면서 관련 자료들을 소련의 통계에 '지나치게' 의존하여 해독해 내기 시작했다. 그러나 글랜츠는 소련측 자료들을 별로 검증도 하지 않은 채 기록된 그대로를 하나의 규명된 사료로 받아들이는 행보를 보임에 따라 국내외의 일부 식자는 글랜츠를 맹목적인 '소빠'로 분류하기도 하였다. 일부 서구 학자들은 글랜츠의 업적을 인정하면서도 기존 서구학계에서 논의되고 거듭 확인된 사실에 대해서는 굳이 입을 다물고 있는 글랜츠의 태도를 못마땅해 하면서 그의 출판물에는 반드시 'Russian Perspective'란 부제를 달 것을 요구하기도 한다.[01]

하지만 소련 공산당은 비단 쿠르스크전뿐만 아니라 모든 현대사의 기록들을 날조하는 습관이 있어 1차 문서에 기록된 것들조차 당시의 프로파간다라는 양념이 쳐진 관계로 도무지 믿을 수가 없다는 근원적인 문제가 있다. 심지어 역사적 사진까지 조작하여 기록물에 싣고 있는 행태를 보면, 극우국가 독일이 유태인 학살의 기록까지 철저하고도 정확하게 남긴데 반해 소련 공산당은 있는 역사를 없애거나 왜곡하는데 한 술 더 떠, 없는 역사도 억지로 만들어내는 기묘한 술책들을 지향해 온 집단으로 보인다. 물론 전사에서 양쪽 모두 자기가 잘났다는 식으로 사실을 과장하거나 축소시키는 경향이 상존하는 것은 당연하다. 그러나 지금처럼 거의 모든 정보와 사료가 공개되는 추세에 비추어 볼 때, 그리고 지금까지 두 전체주의 국가의 실제적 사고나 경험적인 행위양식으로 볼 때 독일 쪽의 자료가 월등히 사실에 근접해 있다는 것은 재론을 요하지 않는다.

나치 독일의 전사들이 이룩한 도저히 믿기지 않는 전투기록이나 전과는 전후에 연합국들에 의해 아마도 분명히 과장이나 거짓, 과도한 오류가 있을 것으로 전제하고 철저한 검증작업을 거친 바

01 Newton(2002) pp. 10-11 글랜츠는 큰 줄기를 다루는 군 출신의 역사학자이지 디테일에 강한 군사 마니아는 아니다. 따라서 세부사항에 대한 오류가 있을 수는 있지만 2009년에 저술한 'After Stalingrad'에서조차 그로스도이췰란트 사단을 SS사단으로 분류하는 이해 못할 해프닝도 발견된다. Glantz(2011) p.52

있었다. 그러나 독일 측이 남긴 자료에서는 지극히 국부적인 오류 이외에 역사적 사실의 전후관계와 질적으로 다른 왜곡과 날조는 발견되지 않았다. 예컨대 인류 역사상 최고의 격추왕 에리히 하르트만은 무려 352대의 적기를 격추한 것으로 기록되어 있어 누가 봐도 나치가 조작했을 것이라는 짐작을 가능케 하나, 전후 그의 기록에 대해 이의를 제기한 공식문헌은 단 하나도 제대로 입증되지 않았다. 하르트만 그 밑으로 106명에 달하는 전투기 격추왕들이 모두 2차 세계대전 독일공군의 조종사였다는데 대해서도 심층적인 검증작업이 진행되었지만 그 어떤 것도 독일측 자료를 뒤집지 못했다.[02] 너무나 유명한 미하엘 뷔트만의 빌레 보카쥬 전투도 마찬가지이며 도대체가 창피하기 짝이 없는 연합군의 전과를 새삼 검증해 보아도 결론은 항상 독일 측이 기록한 자료가 결코 틀리지 않다는 사실을 재확인해준데 다름 아니었다. 오히려 독일군은 경우에 따라 실제보다 더 보수적인 통계를 잡은 것으로도 유추되고 있다. 1940년 5월 21일 서방전격전의 와중 프랑스 아라스(Arras) 지역에서 롬멜의 제7장갑사단은 88mm 고사포의 수평사격에 의해 영군 기갑부대를 격파한 바 있었다. 롬멜의 부하들이 43대를 파괴한 것으로 간주한 반면 영군은 총 88대의 전차 중 60대가 격파된 것으로 기록하고 있다.[03] 아군의 전과는 늘리고 적군의 전과는 줄이려고 하기 마련인데도 불구하고 독일군은 차기 전투의 준비를 위한 정확한 통계의 집계에만 집착했지 대내외적인 프로파간다에 날조된 내용을 들이밀려고 하지는 않았던 것으로 보인다.

쿠르스크, 그중에서도 사상 최대의 기갑전으로 알려진 프로호로프카의 대전차전은 소련 제5근위전차군 사령관이었던 로트미스트로프가 남긴 저술에 근거하여 전차 1,500대라는 황당한 이야기가 나왔던 것으로 판단된다. 말이 안 되는 병력차에도 불구하고 소련군 전차들은 7월 12일 상호 전차격파 비율 10:1이라는 얼굴을 못들 정도의 재앙적인 피해를 입었다. 그러나 여하간 기력이 쇠진한 독일은 이 전투에서 사실상 이기고도 그날 이후 퇴각의 길로 들어서게 되자 소련군은 아예 이날을 대규모의 승리를 거둔 것으로 치장하게 된다. 그러나 실제로 소련군이 독일군을 패주시키면서 서진하게 되는 것은 '쿠투조프'와 '루미얀체프'를 통한 쿠르스크전의 제2회전에서나 비로소 가능한 것일 뿐, 성채작전이라는 한정된 시기의 기술적인 측면만 놓고 본다면 소련군이 통계적으로 이겼다는 그 어떤 증거도 존재하지 않는다. 물론 독일군도 중앙집단군이나 남방집단군이나 그 어떠한 전략적 가치도 확보하지도 못했으며, 그저 압도적으로 열세인 양적 병력과 전차 비율 속에서 8:1, 10:1의 경이적인 상호 전차격파 비율을 실현했다고 하는 극히 기술적인 부분에 있어서의 전과만을 이루어 냈을 뿐이었다. 따라서 혹자는 독일군의 전술적 승리로 끝난 프로호로프카 전차전의 성격에 전략적, 작전술적, 기술적 가중치를 적용해 보면 결국 상호 무승부의 경기였다는 평가를 내리기도 한다. 이에 대해 러시아의 신진 학자들은 프로호로프카에서의 독일군의 전술적 승리는 바로 뒷날 작전의 종료가 결정되었기에 아무런 의미가 없으며, 이후에 이어지는 소련군의 전략적 승리를 가져다준 프로호로프카에서 흘린 피가 일층 더 값진 평가를 받아야 하는 것으로 반박

02 McNAB(2009) p.27
독소 양 공군 조종사들의 기술수준도 양군 전차병간의 수준만큼이나 차이가 나는 것은 어쩔 도리가 없었다. 소련 전투기 조종사들의 경우 겨우 18시간 교육 이수 후에 출격하게 되나 독일공군의 경우는 70시간의 강도 높은 훈련을 마쳐야 하늘에 오를 수 있었다. 소련군이 압도적인 물량공세로 이 기술적, 전술적 차이를 극복하기 전까지는 무수한 땀과 피로서 메워내어야 했다. 100~200대의 적기를 파리 잡듯이 격추시킨 독일공군의 에이스들은 대부분 동부전선의 기량이 한참 떨어지는 소련 화이터들과의 전적에서 성취한 것이라고 보면 된다. 그 때문에 수준높은 영군기들을 상대한 붸르너 묄더스나 아돌프 갈란트, 한스-요아힘 마르세이유를 에리히 하르트만이나 귄터 랄보다 더 높이 평가하는 사가들도 있다. Showalter(2013) p.70

03 ヨーロッパ地上戦大全(2003) pp.44-5

이미 한물 간 정도가 아니라 동부전선에서는 절대적인 한계를 드러냈던 제2장갑사단의 3호 전차. 독일군들은 쿠르스크에서도 여전히 이런 구형의 3호 전차로 T-34들을 상대하였다.

했다.[04]

소련군은 너무나 창피한 전차격파 비율로 인해 프로호로프카에 당연히 3개 SS장갑척탄병사단들이 모두 모여 있었을 것이라고 잘못 이해했을 수는 있을 것이다. 어떻게 폰 립벤트로프 1대의 4호 전차가 14대의 소련군 전차들을 부수면서 100대 이상의 전차 숲을 헤쳐 나갔는지도 의문이며 단 4대의 티거 중전차가 100대 이상의 전차들을 상대하여 격퇴시켰다는 동화같은 이야기, 요아힘 파이퍼 1개 대대가 2개 전차여단과 1개 공수사단과 붙어 252.2고지를 지켜냈다는 등의 에피소드는 소련군으로서는 전쟁을 이기고 난 이후에도 차마 입에 담기 힘들 정도의 치욕스러운 역사였을 것이다. 그러자면 프로호로프카에서 설마 라이프슈탄다르테의 일부 병력만이 제5근위전차군과 제5근위군을 상대할 수는 없었을 것으로 짐작하고 3개 SS사단이 어깨를 나란히 하여 소련 2개 군

04 죠지 나이프(2011)와 봐실리 자물린(2012)은 모두 잘못된 인식을 교정한다는 뜻에서 '신화'(myth)라는 단어를 자신들 저서의 표제로 달고 있다. 전자는 프로호로프카에서 1,500대의 전차끼리 맞붙었다는 엉터리 프로파간다를 1차 자료에 의한 통계 비교로서 사실이 아님을 반박하였으며, 동시에 이 전투만큼은 10:1의 열세에 있던 라이프슈탄다르테 1개 SS사단이 초인적인 전투력으로 8:1 이상의 상호 전차격파 비율을 갱신하면서 전술적인 승리를 가져갔다고 해석한다. 반대로 자물린은 자신이 프로호로프카에서 태어나 지금도 그곳에서 살고 있는 신예 학자로서 프로호로프카에서 독일군이 궁극적으로 승리한 것은 아니며, 결국 전술적 승리를 거두면서도 13일 성채작전을 종료시키게 된 사실은 소련군의 작전술적, 전략적 승리를 반증하는 것에 다름 아니라는 주장을 전개하고, 쿠르스크에서의 승리는 소련 지도부의 인내와 끈기와 더불어 결사적으로 전장을 지킨 소련군 장병들의 헌신에 기초한다는 점을 부각시키고 있다. 즉 나이프는 소련측의 프로파간다가 지닌 잘못된 '신화'를 바로잡는다는 작업이었으며, 자물린은 프로호로프카에서의 독일군의 전술적 승리가 결코 궁극의 승리를 가져다주지 못했다는 점을 재강조하면서 서구의 군사마니아적 '신화'를 재해석하는 데 차이가 있다. 자물린은 이미 최근 서구에서 밝혀진 자료들을 전면 반박하는 것은 결코 아니며, 다만 누가 몇 대의 전차를 더 많이 부수었다는 단순 통계보다는 종국적으로 독일군의 진격을 '격퇴'시킴으로써 전장에서의 승기를 소련군 쪽으로 옮겨왔다는 사실에 주목할 것을 요구하고 있다. 또한, 자물린은 현재 러시아에서도 프로호로프카에서 소련군이 400대의 SS장갑군단 전차들을 물리쳤다고 믿는 사람은 없으며, 벨고로드 지방박물관조차 150대 정도를 격파한 것으로 기록하고 있음을 제대로 알리고 있다. 그가 강조하고 싶은 내용은 아래와 같다(전문 그대로 번역)

"---- 따라서 요약하자면 보로네즈방면군은 프로호로프카에서의 교전(engagement)에서 승리하였으며, 수비작전을 성공적으로 완수함으로써 결정적인 반격작전을 만들기 위한 제조건을 형성하였다 ----"

다만 우리가 우려하는 것은 자물린이 무려 6만 쪽에 달하는 1차 전사기록들을 철저히 참조했다 하더라도 소련군은 이미 전장 그 자체에서 조작된 정보를 기록하는데 이력이 난 집단이라는 사실을 전제로 한다면, 도대체 어느 정도까지 신뢰할 수 있는가 하는 문제에 봉착하게 된다는 점이다. 필자는 자물린의 주장이 '양적 사실과 통계'보다 '질적 결과'에 더 주목해 달라는 점에 더 많은 무게를 두고 그의 저작을 읽었다. 그리고 싫든 좋든 쿠르스크에서 죽은 소련군 장병들은 그들의 조국을 위해 죽었고, 독일군에게 그토록 당하고도 조국을 건져내어 궁극적인 승리를 거두었다는 점을 공유해 주기를 바란다는 자물린의 염원을 이상하게 생각하는 사람은 없을 것이다. 따라서 그의 저작은 뛰어난 장교와 장군들에 대한 역사적 평가(operational narrative)가 아니라 이름 없이 죽어간 장병들에 대한 처절한 헌사(homage)로 받아들여져야 한다.

의 전차병력들과 맞장승부를 띄웠다는 편이 더 그럴듯할 것으로 판단한 것으로 보인다. 사실이야 어쨌건 간에 만약 그러한 전차전이 실제로 있었다면 더 흥미로웠을 수는 있을 것이다.

하지만 정말로 3개 SS사단이 그 좁은 프숄강 회랑지대로 몰려 함께 전차전을 벌였다면 소련군 전차의 피해는 역사적 사실보다 더 컸을 것이라는 것이 전사가들의 지배적인 판단이다. 아시다시피 7월 12일 프로호로프카 전투에 개입한 것은 라이프슈탄다르테가 유일하며 다스 라이히는 그보다 남쪽의 제5근위전차군 제대를 상대하고 있었고 토텐코프는 훨씬 북쪽에서 프숄강을 도하하고 있었다. 즉 로트미스트로프의 제5근위전차군을 상대한 것은 라이프슈탄다르테 단 1개 사단, 그것도 거기에 속한 일부 병력에 지나지 않았다. 바로 그 점이 쿠르스크전의 최대 신화일 것이다. 이하 좀 더 자세히 구체 내용을 들여다보기로 하자.

## 동원 전차 대수의 진실

소련이 쿠르스크전에 동원한 전차의 수나 프로호로프카로 이동시킨 800~900대에 달하는 전차의 양에 대해서는 별다른 이견이 없다. 그러나 프로호로프카에 진입한 독일군 전차의 수에 대해서는 엄청난 편차가 존재해 왔다. 죠지 나이프는 쿠르스크전에 대한 근거없는 신화는 독일의 파울 카렐(Paul Carell ; 본명은 Paul Karl Schmidt)이 로트미스트로프의 프로파간다적 진술을 그대로 인용하여 1963년에 저술한 'Scorched Earth'에 원죄가 있다고 규정하고 있다.[05] 나아가 나이프는 전후 거의 모든 자료가 미군에 의해 미국으로 이송되어 워싱턴 DC의 국립문서보관소(National Archives)에 보관됨에 따라 독일인이나 여타 유럽인들이 접근할 수 없었기에 카렐은 독일인임에도 불구하고 부득이 왜곡과 날조로 가득 찬 소련측 자료에 의존하게 되었을 것으로 추측하고 있다. 게다가 미국의 자료마저도 70년대가 되어서야 일반에 공개되었기 때문에 그 이전에 쿠르스크에 대한 객관적인 사료를 접하기는 어려웠을 것으로 짐작된다. 여하간 카렐은 프로호로프카에 600대의 독일 전차가 몰려들었다고 기술했다. 그 이후에 쓰여진 것들은 더 황당한데 나이프의 기존 언급내용에 일부 추가하여 새로이 작성한 조사표에 따르면 다음과 같다.

| 저자 | 도서명(발간연도) | 동원된 독일 전차 대수(주장) |
|---|---|---|
| Paul Carell | Scorched Earth(1963) | 600 |
| Geoffrey Jukes | Kursk: The Clash of Armor(1968) | 700 |
| John Erickson | The Road To Berlin(1983) | 600 |
| Janusz Peikalkiewicz | Operation Citadel(1984) | 700이상 |
| Roger Edwards | Panzer(1989) | 900 |
| Mark Healy | Kursk 1943(1992) | 600 |
| David M. Glantz & Jonathan M. House | How the Red Army Stopped Hitler(1995) | 400 |
| David M. Glantz & Jonathan M. House | The Battle of Kursk(1999) | 420 |
| Richard Orley | Russia's War(1997) | 600 |
| M.K.Barbier | Kursk(2000) | 300 |

비교적 나중에 저술한 데이비드 글랜츠도 400대라고 쓰게 되면 성채작전이 개시되기 전날인 7월 4일 SS장갑군단 전체가 보유한 전차가 352대, 11일 밤 전투 직전에 확인한 것이 232대인데 비

05 Nipe(2011) p.440, Showalter(2013) p.426-7

추어 실제로 프로호로프카 서쪽에서 소련 제5근위전차군과 싸운 것은 라이프슈탄다르테 1개 사단의 일부 병력에 지나지 않는다는 일련의 사실과 전혀 맞지를 않는다. 글랜츠는 나아가 소련군은 총 800대의 전차 중 400대를 상실했으며 독일군은 320대를 잃었다고 기술하고 있지만 실제 소련군의 전차는 500대 이상이 격파 당했으며 독일 전차의 손실은 많아야 60~70대 미만이라는 것이 현재의 지배적인 시각이다.[06]

더더욱 황당한 것은 위에 제시한 거의 모든 문헌들이 프로호로프카에 100대 가량의 티거 전차들이 동원되었다고 기술한 점이다. 전투 전날 독일군들이 군단과 군사령부에 전차 대수를 정확히 보고하지 않았더라면 아마 영원히 미궁에 빠질 가능성도 있었으나 다행히 기록문화가 정착된 독일인들은 이를 빠짐없이 보고하고 있었다. 이에 기초하면 당시 프로호로프카 부근에서 소련 전차를 향해 발포한 것은 미하엘 뷔트만 등이 몰고 있던 불과 4대의 티거였다. 성채작전에서 SS장갑군단보다 더 많은 티거를 보유한 것은 켐프 분견군으로 503중전차대대가 45대의 티거들을 가지고 있었다. 여하간 7월 12일 프로호로프카와 프솔강 전구 전체에는 다 합쳐 15대의 티거만이 존재했다. 소련은 100대 중 70대의 티거를 파괴했다고 하지만 도대체 어디에서 그런 수치가 나올 수 있는지 경악할 따름이다. 만약 당시 파울 하우서의 수중에 티거가 100대 있었다면 아마도 바로 거기서 전투를 끝장냈을 것이다. 7월 11일 밤, 12일 아침까지 SS사단들이 보유한 전차대수는 아래와 같다.

**프로호로프카 전차전 직전의 SS장갑사단 전차 보유 현황**

| | 3호 전차 | 4호 전차 | 티거 I형 | 지휘전차 | 노획 T-34 | 합계 |
|---|---|---|---|---|---|---|
| LSSAH | 5 | 47 | 4 | 7 | 0 | 63 |
| 다스 라이히 | 34 | 18 | 1 | 7 | 8 | 68 |
| 토텐코프 | 54 | 30 | 10 | 7 | 0 | 101 |
| 계 | 93 | 95 | 15 | 21 | 8 | 232 |

설사 3개 사단 모두가 프로호로프카에 동원되었다고 하자. 그래도 212대에 불과하다. 하지만 실제 전투에 참가한 것은 불과 12대 남짓한 수효에 불과했다. 그 불과 12대 정도의 독일 전차들이 130대의 소련 전차들을 격파했다.

자신들이 주장하는 소련군의 공식통계에 따르면 7월 12일 제5근위전차군은 대략 850대의 전차를 보유했던 것으로 보인다. 그 안에 제2근위전차군단의 100대, 제2전차군단의 140대가 포함되어 있으나 이 두 군단은 라이프슈탄다르테가 아니라 프로호로프카 남쪽의 다스 라이히 전구에서 싸우고 있었다. 실제로 프솔강 회랑지대로 진입한 병력은 제18전차군단 190대의 전차, 제29전차군단 170대, 계 360대의 전차들이며, 제55근위전차연대(50대)와 제169전차여단(45대) 및 제18전차군단 25전차여단이 스토로쉐보예 숲 지대의 전투에 참가했고, 제110전차여단(65대)이 군단의 수비를 형성하고 있었기에 이들 모두를 합하면 520대가 된다. 아무리 많이 잡아도 소련군의 전차가 600대를 넘지 않았던 것으로 보이는데 독일군 전차의 피해 규모를 억지로 늘리려면 한편으로 소련군의 전차대수도 조정해 가면서 발표해야 했다는데 공산당의 고민이 서려 있었다.

소련군이 쿠르스크전 승리를 한껏 미화하기 위해서는 프로호로프카 전투기록의 날조가 불가피

06 독소 상호 전차의 파괴에 관한 가장 최근의 통계비교는 Porter(2011) pp.70, 173-4를 참조하라. 이 조사는 Nipe(2011)의 연구와는 별도로 진행되었으나 놀라울 정도로 흡사하다.

했다. 불과 한줌의 독일 전차가 제5근위전차군의 중핵을 휩쓸어버린 이 전투만을 두고 본다면 로트미스트로프는 총살형을 당해야 되나 이 전투에서 소련군이 이겼다고 선전하기 위해서는 로트미스트로프를 전장의 패배자가 아닌 승리의 영웅으로 만들어야 한다는 것도 공산당의 잔꾀였다. 상상하기 힘든 양의 전차가 파괴된 것을 보고받은 스탈린은 로트미스트로프와 봐투틴을 경질할 생각까지 품었다가 봐실레프스키의 간청으로 두 사람은 겨우 숙청을 모면했다. 전후, 그것도 소련이 무너진 한참 후인 1996년 소련의 군인이자 사학자인 그레고리 콜투노프(Greoryi Kolunov)는 소련 정부에 의해 독일군의 피해를 과장되게 묘사하고 소련군의 피해를 의도적으로 감추는 조직적인 역사 왜곡작업에 깊이 관여했음을 실토한 바 있었다. 이 진술을 토대로 소련과 소련공산당이 어떠한 수준의 날조를 하는 집단인지는 더 이상 논의할 필요가 없을 것으로 보인다. 공산주의 소련이 아닌 현 러시아 연방도 70여 년 전의 군사자료를 아직 다 공개하지는 않고 있다.

죠지 나이프는 미국 국립문서보관서만 해도 귀중한 1차 자료들이 마이크로필름으로 보관되어 있어 손쉽게 열람할 수 있음에도 불구하고 지금까지 왜 잘못된 내용들을 되풀이해 기술했는지에 대해 심각한 의문을 제시하고 있다. 또한, 독일 프라이부르크(Freiburg), 코블렌쯔(Koblenz)의 연방문서보관소나 영국 런던의 국립문서보관소 역시 상당수준의 1차 자료들을 소장하고 있어 소련측 주장을 역으로 검증할 수 있는 문서들은 여전히 산적해 있다. 프로호로프카 전차전에 대한 잘못된 통계의 기술(記述)은 20세기 내내 이어졌으며 21세기 초반에 나온 문헌들에도 '1,500대 전차들의 격돌'을 예사로 인용하고 있는 경우가 많았다. 다행히 극히 최근에 나온 저술들은 그간의 연구성과와 1차 자료의 재분석 작업에 의해 상당부분 교정되기에 이르렀다. 2011년에 출간된 로이드 클라크(Lloyd Clark)의 'Kursk : The Greatest Battle(Eastern Front 1943)'나 2013년에 출간된 데니스 쇼왈터(Dennis Showalter)의 'Armor and Blood : The Battle of Kursk(The Turning Point of World War II)'는 죠지 나이프가 파헤친 자료해석의 핵심적 내용과 거의 차이가 없다. 이로써 다소 아쉽지만 1,500대 격돌의 신화는 사실이 아니라는 것이 서구 학계에서는 정착되어 가고 있는 실정이다.

## 7월 12일 프로호로프카전 당시 SS사단들의 위치

SS장갑군단의 3개 사단들이 프로호로프카를 향해 나란히 진격하여 소련 제5근위전차군과 '하이 눈' 대결을 펼친 것이 아니라는 점을 보강하기 위해 당시 3개 SS사단들이 물리적으로 서로 이격되어 있었다는 점을 재확인할 필요가 있을 것이다. 지금까지 잘못 알려진 바로는 프로호로프카 서쪽에서 정중앙에 위치한 라이프슈탄다르테가 로트미스트로프 장군의 제5근위전차군 소속 18, 29 전차군단과 대응하고, 그 좌편에서 토텐코프가 제5근위군 31근위전차군단 및 33근위소총군단을, 라이프슈탄다르테 우측의 다스 라이히는 제5근위전차군 2근위전차군단과 격돌한 것으로 되어 있다. 그것도 같은 날 같은 시각에. 하지만 당시의 실제 사정은 현저히 달랐다.

### 라이프슈탄다르테

라이프슈탄다르테의 일정은 전술한 바와 같이 이날 토텐코프가 소련군의 측면을 우회하여 배후로 침투하는 것을 기다려 스토로쉐보예와 인근 숲지대, 스브취스탈린스크(스탈린국영농장), 얌키 순으로 공격해 들어가도록 잡혀 있었다. 다음 2개 SS장갑척탄병연대는 프로호로프카 남부로부터 수 km가량 떨어진 곳에 포진한 뒤 토텐코프의 장갑연대가 프로호로프카 마을을 공격해 들어갈 때 본격적인 진공을 돕기 위한 조공을 담당하는 것으로 예정되어 있었다.[07] 아돌프 히틀러의 이름값이 있기는 하지만 이 당시는 토텐코프가 가장 많은 전차를 보유하고 있어 라이프슈탄다르테는 기본적으로 당분간 공세정면을 담당하지 않는 것으로 예정되었다. 게다가 판쩌카일을 유지한 상태에서 공세에 나설 경우 맨 앞 열에 티거를 배치해야 하지만 그나마 10대나 보유하고 있는 토텐코프가 라이프슈탄다르테보다는 더 적격이라는 판단에서 내린 결정이었을 것으로 보인다.

따라서 12일 폰 립벤트로프의 중대가 자다 깨어보니 소련 전차의 물결이 쇄도하는 것을 보고 경악을 금치 못했다는 사실은 사단이 먼저 공세를 개시하여 프로호로프카를 향해 진격한 것이 아니라는 의미가 성립한다. 독일군 SS사단들이 긴밀한 공조 하에 이날 한꺼번에 프로호로프카 서쪽으로 진격했다면 이런 에피소드는 발생할 수도, 발생할 필요도 없었을 것이다.

## 다스 라이히

라이프슈탄다르테가 토텐코프 공세의 효과를 기다려 움직여야 했던 것처럼 다스 라이히도 라이프슈탄다르테가 스토로쉐보예와 인근 숲 지대를 장악하는 것에 맞춰 이동을 개시하도록 되어 있었다. 군단의 지시는 프로호로프카와는 전혀 거리가 먼 지역을 제시하고 있었으며, 사단은 당시 우익의 위치를 유지하는 상태에서 스토로쉐보예와 접한 좌익을 강화 내지 확장하고, 그로부터 모든 전력을 동원해 뷔노그라도브카 북동쪽 언덕을 친 다음 이봐노브카로 진격해 들어가는 것이 첫 번째 임무였다. 이봐노브카 다음은 프라보로트 남서쪽 고지를 향해 나가 방어선을 구축하고 제167보병사단과의 연결을 기한다는 내용으로 요약된다.[08] 이 시점에서 다스 라이히의 목표는 프숄강 회랑지대도 아니고 프로호로프카도 아니다. 즉 다스 라이히에게는 나중에 토텐코프와 라이프슈탄다르테가 프로호로프카로 진공해 들어가기 위한 남익의 전제조건들을 만들기 위해 동쪽 구역을 장악, 관리하는 것이 주된 목표로 설정되어 있었다.

더욱이 12일 아침부터 다스 라이히는 오히려 소련군의 맹공을 받고 있었다. 스토로쉐보에 남쪽의 사단 전구 전체에 대해 소련군 제2전차군단 169전차여단, 제55근위전차여단, 제25전차군단 및 제2근위전차군단 전체가 쏟아져 들어왔던 상황이었다. 한편, 스토로쉐보에 남단을 따라 진격중이던 소련 제26근위전차여단은 이봐노브스키 뷔셀로크(Iwanowskij Wysselok)로 들어오다 '도이췰란트' 연대 2대대와 격돌했고, 더 남쪽 야스나야 폴야나에서는 소련 제4근위전차여단이 '데어 휘러' 연대 1대대를 공격하고 있었다. 즉 소련군은 다스 라이히의 공세에 앞서 먼저 독일군 진지를 치고 들어왔고 따라서 뷔노그라도브카에서 이봐노브카로 진입하려 했던 다스 라이히의 의도를 좌절시키게 된다. 간단히 말해 소련군 2개 전차군단과 보병이 새벽부터 밀어닥친 상태에서 이날 수비하기도 바쁜데 프로호로프카에서 다른 SS사단과 어깨를 나란히 할 여유가 없었다는 점이다.

이날 오후 소련 제4근위전차여단이 칼리닌을 지나갈 때 수리와 정비를 위해 오세로브스키에 주둔하고 있던 폰 라이쩬슈타인의 장갑연대는 소련군을 급습, 21대의 전차를 파괴하고 랜드리스 상품인 미국제 마르틴 B-26 폭격기를 격추시켰다. 격추된 기종이 B-26인지는 불확실하지만 여하튼

07 NA : T-354 ; roll 605, frame 659
08 NA : T-354 ; roll 605, frame 660

이 전투에서 제2SS장갑연대 6중대 소대장 한스 메넬 SS소위는 6대의 소련 전차들을 격파함으로써 소련군 전차여단의 진격을 돈좌시키는데 크게 기여했다. 문제는 그의 전과가 아니라 만약 다스라이히의 장갑부대가 프숄강 회랑에서 전투를 하고 있었다면 이 전투를 행할 수가 없었다는 점이었다. 두 구간은 2km나 떨어져 있었다.

## 토텐코프

토텐코프는 당일 프숄강을 도하하면 장갑연대와 하프트랙대대가 '아익케' 연대가 지키고 있던 226.6고지 뒤에서 집결하고 게오르크 보흐만의 장갑부대는 226.6고지 북쪽으로 6km 떨어진 카르테쉐브카-프로호로프카 국도에 도달하는 것이 주목표였다. 국도에 당도하면 사단의 장갑부대는 페트로브카 부근의 프숄강을 다시 건너 프로호로프카 북서쪽 2km 지점의 252.4고지로 나아갈 예정이었다. 이곳에서는 당연히 고지에서 모든 방향을 감제하고 있는 소련군 진지를 격파해야 했으나 그보다 더 중요한 것은 프로호로프카 서쪽의 소련군 배후를 찔러 들어가는 기습효과를 배가시키는 일이었다.[09] 토텐코프가 252.4고지를 점령하는 것은 곧바로 라이프슈탄다르테가 서쪽에서부터 프로호로프카로 진격하게 되는 신호탄이 되도록 짜여 있었다. 이 대담한 계획은 독일군 전격전의 초기 발상에 기초한 것으로서 3년차 대소련전 경험의 결과, 소련군들은 예상치 않은 방향에서 공격당하면 이내 혼란에 빠져 진지를 버리고 도주하는 경우가 많아 병력의 집중이나 적절한 지형의 선점보다 '기습'(surprise)의 가치가 가장 우선된다는 것을 독일군은 잘 알고 있었다. 심지어 소련군들은 공격하는 독일군보다 수효나 병력이 더 많은데도 전투를 포기하는 경우가 있었다.

토텐코프는 12일 오전 10시 전이었던 9시 30분경에 226.6고지를 떠났으며 오후 3시에 폴레샤예프(Poleshajew) 북서쪽에 도달한 것으로 사령부에 보고하고 있다. 폴레샤예프는 카르테쉐브카-프로호로프카 도로 남쪽으로부터 2km 떨어진 지점에 있었다. 또한, 사단이 오후 10시 45분에 카르테쉐브카-프로호로프카 도로에 도착한 것은 문서상으로도 확인되고 있다. 따라서 토텐코프의 장갑부대는 이날 하루 종일 프숄강 북쪽에서 전투를 계속한 것이지 그날 아침 프숄강 회랑지대에는 존재할 수가 없었다.[10]

결과적으로 7월 12일 프로호로프카 서쪽 프숄강 회랑지대에서 독소 양군의 전차 1,500대가 대결했다는 것은 소련측 주장을 그대로 받아들인 허구이자 환상에 불과하다는 결론에 도달하게 된다. 그날 오직 라이프슈탄다르테의 전차들만이 252.2고지와 스브쥐옥샤브리스키 구역에 산재해 있었으며 아침에 전차병들이 아침밥을 먹다 소련군 전차 엔진 소리를 듣고 뛰어나가다 더더욱 황당하게 다윗과 골리앗의 전투를 한 것에 다름 아니었다. 따라서 이날 최선봉에서 들어오던 소련군 제29전차군단 31, 32전차여단과 한판 붙은 것은 6중대 폰 립벤트로프의 4호 전차 7대뿐이라는 이야기가 된다. 그중 4대가 파괴되고 3대는 사단 본대와 합류했다. 죤 스타줘스 감독, 율 부린너 주연의 '황야의 7인'에서도 7명 중 3명(율 부린너, 스티브 맥퀸, 호르스크 부크홀츠)이 살아남는다. 무슨 영화같은 이야기지만 폰 립벤트로프는 올해 97세로 아직도 독일에 살아 있으니 그의 신화는 여전히 재검증이 가능하다.

09 NA : T-354 ; roll 605, frame 661
10 NA : T-354 ; roll 605, frame 80-81

### 티거와 판터를 위요한 해묵은 논쟁

소련군은 대외적 선전도 날조했지만 자신들의 내부문서와 연락에 있어서도 의도적, 우발적으로 허위보고가 행해졌다. 7월 7일 소련 제1전차군은 40대의 티거를 포함한 300대의 독일 전차로부터 공격을 받았다고 보고하는데, 이 구역에서 티거를 보유하고 있던 병력은 그로스도이췰란트가 유일한 사단으로서 당시 불과 2대의 기동가능한 티거를 가지고 있었다. 전날 지뢰를 밟아 대부분 수리에 들어갔기 때문이었다. 이런 측면에서 보자면 쿠르스크전 당시 소련측에서 가장 잘 싸운 부대는 전차여단이나 소총병사단이 아니라 '지뢰' 그 자체였다. 로트미스트로프는 전후에 수십 대의 티거들이 불에 타고 있었다고 증언했으나 12일 프로호로프카에서는 단 한 대도 격파된 것이 없었다. 그의 진술과는 반대로 프로호로프카는 T-34들의 공동묘지였다.[11]

죠지 나이프는 소련군이 때때로 실루엣이 유사한 4호 전차와 티거를 혼돈하여 잘못 계산했거나 3, 4호 전차보다는 월등히 몸집이 큰 판터를 티거로 오인하여 전체적인 통계치가 뒤틀렸을 수도 있었을 거라는 추정을 반복하고 있다. 하지만 당시 독일군보다는 월등히 정보전에 우월했다고 하는 소련군이 전차의 기본 식별조차 안 되었다고 하는 부분은 도무지 이해하기가 힘들다. 독일 전차라 해 봐야 3호, 4호, 5호(판터), 6호(티거), 고작 4종이 전부이며 이걸 헷갈려서 본부보고가 이뤄진다고 하면 소련군 대부분이 근시 아니면 원시라는 이야기가 된다. 아무튼 쿠르스크전의 SS장갑군단에는 단 한 대의 판터도 없었으며 12일 군단 전체를 통틀어 15대의 티거만이 있었다는 점을 감안하면 소련측의 주장은 전혀 근거가 없는 가공의 소설이 되고 만다. 다른 저자들보다 훨씬 최근에 저술한 글랜츠조차도 프로호로프카에 판터가 등장해 제9근위공수사단과 제95근위소총병사단을 공격했다고 적고 있으나 그게 라이프슈탄다르테가 되었건 다스 라이히건 토텐코프건 간에 SS사단들은 쿠르스크전 전 기간을 통해 단 한 대의 판터조차 보유하지 못했다.

판터에 대한 악평과는 달리 티거는 쿠르스크전을 통해서도 사상 최강의 전차로 자리를 굳히게 되었다. 소련측의 프로파간다와는 다르게 총 146대가 성채작전에 동원되어 완파된 것은 겨우 40대에 불과했다. 특히 7월 12일 프로호로프카에 등장한 15대의 티거는 그보다 8배 이상이나 되는 양의 T-34들을 날려버렸다.[12] 과도한 무게와 연비의 문제가 고질적인 결함으로 거론되기는 하지만 방어력과 파괴력에 있어서만큼은 연합국의 그 어떤 전차도 능가하는 공포의 상징으로 대두되었으며 쿠르스크에서 그 능력을 여실히 입증했다.

### 독소 양군의 전차격파 통계

성채작전 기간 중 SS장갑군단은 총 1,149대의 전차, 459문의 대전차포, 47문의 야포, 85대의 소련공군기를 격추하고 6,441명의 포로를 확보했다. 켐프 분견군은 412대의 전차, 530문의 대전차포, 132문의 야포를 파괴하였으며 11,862명의 포로를 잡았다. 제48장갑군단은 900대의 전차 파괴, 7,000명의 포로를 성채작전 중 주요 전과로 기록했다.

소련측은 대충 300대의 독일 전차들이 프로호로프카 전투에서 파괴당했다고 주장하고 있으

11 Showalter(2013) p.269
12 Showalter(2009) p.272

불타는 T-34를 뒤로 하고 전진하는 티거

나 12일 아침 SS장갑군단이 보유하고 있던 모든 전차를 모아봐야 352대에 불과했다. 소련측은 12일 독일 전차 300대를 부순 이후에 13일 독일군 SS사단들은 여전히 350대의 전차를 보유하고 있었다고 기록하고 있다. 352대 중 300대가 격파되었다면 12일로 SS장갑군단은 해체되어야 했을 것이다. 만약 소련 주장대로 13일에도 350대의 전차가 수중에 있었다면 하우서는 그 정도 병력으로 일대를 쑥대밭으로 만들고 모스크바로 진공하자고 히틀러를 졸라댔을지도 모른다. 로트미스트로프는 전후에 출간한 자신의 저서에서 13일 수중에 남은 전차가 150여대에 불과했다고 밝혔다. 전투 개시 당시 650~850대의 전차로 시작했으니 150대만 남았다면 하루에 500대 이상이 격파된 것이며 그가 전장에서 보았다고 하는 불에 타는 전차는 모두 소련제 전차였음이 분명하다는 사실을 그 스스로 입증한 셈이었다. 소련은 독일 제3장갑군단도 300대의 전차를 보유했지만 격전 끝에 30대로 줄었다고 기술하고 있으나 이 군단은 7월 4일 겨우 74대의 전차를 지니고 있었으며 13일에는 40대로 줄어들어 있었다.

여하간 소련은 자신들의 전차 수백 대가 파괴된 것을 상쇄시키기 위해서는 있지도 않은 독일 전차의 대수를 늘려야 했고 SS사단들뿐만 아니라 다른 사단들의 전차 보유수도 왜곡, 날조해야만 프로파간다의 구체 내용상 앞뒤가 맞게 되어 있었다. 서구 저술가들도 이 통계를 거의 그대로 받아들인 경우가 많았으며 실제 프로호로프카에서 싸운 독일 전차가 극소수에 불과하고 오직 17대만이 파괴되었다는 사실을 입증하면 지난 60년 이상의 기간 동안 당연한 것으로 받아들여졌던 300대 격파설은 설 자리가 없게 된다.[13] 한편으로 12일 전투가 끝난 시점에 독일군은 여전이 252.2고지를 장악하고 있었다. 300대의 전차를 상실한 독일군이 어떻게 가장 핵심적인 이 고지를 지키고 있었는지 납득이 되지 않으며 이 고지를 사수한 것은 1개 사단도 연대도 아닌 요아힘 파이퍼의 1개 대대였다.

그럼 소련측은 자신들의 전차 피해를 어떻게 설명했는가? 소련군 참모진들의 보고서에는 독소

13 Nipe(2012) p.81
로트미스트로프는 12일 제5근위전차군이 독일군 전차 350대를 격파했다는 막연한 통계를 자신의 저서에 기록했다. 그리고는 제5근위전차군이 총 400대의 전차를 상실했다는 점도 실토하고 있다. Rotmistrov(1984) p.203

영화나 실전에서나 소련 전차들은 해치를 닫은 채 돌진하는 것이 다반사였다. 무전송수신기가 빈약한 이들 전차들은 이러한 행태를 보일 경우 독일 전차들의 쉬운 먹잇감이 되는 것이 별로 이상하지 않았다.

양군 800대의 전차가 파괴되거나 불에 타고 있었다고 기록하고 있다. 설사 당시 SS사단들이 모두 프로호로프카에 모여 있다 하더라도 합계 232대의 전차에 불과했다. 800대가 파괴된 것이 맞다면 소련군 전차는 정확히 568대가 격파된 것으로 보아야 한다. 그러나 그 날 프로호로프카와 제2SS 장갑군단을 포함한 제4장갑군 전구에서 격파된 소련군 전차의 총수는 아무리 많아야 400을 조금 넘는 규모여서 소련군은 독일군 전차들의 수를 터무니없이 늘이다 보니 자신들의 전차 파괴 기록도 실제보다 부풀리게 되는 모순에 빠지게 된다. 죠지 나이프의 계산 방식은 이러하다. 7월 12일의 기록은 없지만 11일과 13일 라이프슈탄다르테가 보유한 전차수가 문서상에 남아 있기 때문에 11일의 수량에서 13일의 수량을 뺀다면 12일 날 정확히 몇 대의 전차를 상실했는지 알 수 있다는 것이었다. 물론 13일에도 전투가 있어 그날 격파된 전차가 있을 수는 있지만 13일은 독일군이나 소련군이나 전날의 대격전으로 인해 모두 탈진상태여서 큰 전투가 없었던 것으로 기록되어 있기 때문에 무시해도 될 것 같다는 전제를 달고 있다.

**라이프슈탄다르테 전차 피해 조견표** (7.11~7.13)

| | 3호 전차 | 4호 전차 | 티거 | 지휘전차 | 계 |
|---|---|---|---|---|---|
| a. 7.11 | 5 | 47 | 4 | 7 | 63 |
| b. 7.13 | 5 | 31 | 3 | 7 | 46 |
| a-b. 7.12 | 0 | 16 | 1 | 0 | 17 |

즉 12일 프로호로프카에서 라이프슈탄다르테가 잃은 전차는 17대에 불과하다. 사단의 독일 전차 63대가 다 전투에 개입한 것도 아니었다. 어차피 프로호로프카 서쪽의 전투에 휘말린 것은 1개 사단이지만 일단 나머지 사단의 사정을 살펴보면 다음과 같다. 다스 라이히는 12일보다 13일에 더 많은 전차를 보유하게 된 것으로 집계된다. 12일 300대의 전차가 파괴되는 대전투 가운데에 있었다면 수효가 더 늘어난다는 것은 말이 안 된다. 즉 다스 라이히는 오세로브스키에서의 일시적인 전차전 외에 대부분의 시간은 재정비에 할애하고 있었으며 수리 중이던 전차들이 사단에 복귀함에 따라 지휘전차 한 대만을 상실한 채 도합 9대의 전차를 추가로 확보할 수 있었다. 토텐코프는

가장 많은 피해를 입었다. 12일 아침에 54대의 3호 전차, 30대의 4호 전차 및 10대의 티거 계 94대로 출발한 토텐코프는 티거 10대가 모두 피해를 입은 상태에서 총 45대가 완파 또는 반파되었다.[14] 프로호로프카와 같은 평원과 개활지가 아니라 카르테쉐브카 남쪽에서 대전차포로 강고하게 축성된 소련군 진지를 향해 진격하면서 입은 불가피한 손실이었다. 죠지 나이프는 만약 토텐코프가 이날 개활지에서 전형적인 독일식 전차운용을 했더라면 피해를 덜 입었을 것으로 보고 있다. 즉 독일전차는 개활지에서 소련 전차와 1 대 1로 붙는다면 질 이유가 없으나 엄폐, 위장된 대전차포를 찾아 격파시킨다는 것은 전차와의 맞대결보다 훨씬 더 어렵다는 것이 전차병들의 경험담이기 때문에 실제적으로 그러한 추측이 가능하다는 것이다. 토텐코프는 10대의 티거 전차들이 모두 지뢰에 걸리거나 측면으로부터 피격 당해 구동장치가 망가져 10대 모두 수리센터로 들어간 것으로 기록되어 있다. 상호 전차 격파비율면에서는 구름같이 밀려드는 적을 향해 필사적으로 항전한 라이프슈탄다르테가 더 고생한 것으로 보이지만 토텐코프는 잘 보이지도 않는 적을 향해 하루 종일 싸웠으므로 병력과 장비면에서 더 많은 피해를 입는 것이 당연했다.[15]

**SS장갑사단 전차 증감 비교표** (7.11~7.13)

| | 사단명 | 3호 전차 | 4호 전차 | 티거 I형 | 지휘전차 | 노획 T-34 | 합계 |
|---|---|---|---|---|---|---|---|
| 7.11 밤 | LSSAH | 5 | 47 | 4 | 7 | 0 | 63 |
| | Das Reich | 34 | 18 | 1 | 7 | 8 | 68 |
| | Totenkopf | 54 | 30 | 10 | 7 | 0 | 101 |
| 7.12 밤 (7.13 아침) | LSSAH | 5 | 31 | 3 | 7 | 0 | 46 |
| | Das Reich | 42 | 18 | 2 | 6 | 8 | 76 |
| | Tortenkopf | 32(54) | 17(30) | 0(10) | 7(7) | 0 | 56 |
| 증감 비교 | LSSAH | 0 | -16 | -1 | 0 | 0 | -17 |
| | Das Reich | +8 | 0 | +1 | -1 | 0 | +8 |
| | Totenkopf | -22 | -13 | -10 | 0 | 0 | -45 |

로트미스트로프가 목격했다는 불타는 수십 대의 티거는 존재하지 않으나 만약 헛것을 봤다 하더라도 그것은 라이프슈탄다르테가 아니라 12일 날 10대의 티거를 가지고 있던 토텐코프의 전구에서 발견했어야 했다. 이처럼 프로호로프카의 전투는 우리가 전에 들은 것처럼 수백 대의 전차끼리 부딪히고 심지어 중세 기사들처럼 전차의 주포가 서로 맞닿을 정도로 근접했다는 야사도 있지만 실제 문헌연구를 하고 나면 허탈할 정도로 스케일이 작다는 느낌을 받기 마련이다. 수백 대의 전차가 붙었다면 그것도 황당한 일이지만 다음에서 살펴볼 상호 전차격파 비율은 더욱 황당한 기분을 자아낼 것으로 믿는다.

## 독소 상호 전차 격파비율의 함의

7월 12일 라이프슈탄다르테의 보유 전차가 63대인데 반해 프로호로프카전에 실제로 참가한 소련군 병력은 제5근위전차군 소속의 제18, 29전차군단이 가진 360대의 전차였다. 약 6:1의 소련군

14 NA : T-314 ; roll 368, frame 654.360
15 NA : T-314 ; roll 368, frame 654.361

우세다. 이를 감안하면 첫 번째 회전인 폰 립벤트로프의 6중대와 소련군 2개 전차여단과의 대결은 더욱 신기하기만 하다. 폰 립벤트로프의 6중대 단 7대, 소련군 제31, 32전차여단은 130대, 무려 18:1의 소련군 양적 우세였으나, 결과는 전술한 바와 같이 거의 일방적인 독일군의 우세가 입증되었다. 라이프슈탄다르테가 총 17대의 손실당했으며, 소련군 2개 군단은 당초 총 360대로 시작했지만 12일 전투가 끝난 직후 겨우 200대만이 남아 있었다고 한다. 따라서 독일군이 17대를 잃고 적 전차 160대를 격파한 것이므로 격파비율은 무려 9:1이 된다. 물론 여기에는 공습에 의한 피해나 독일 대전차포에 의한 피격, 장갑척탄병들의 육박공격에 의한 것들도 있으므로 순수하게 전차전을 통해 입은 상호 비율이 9:1은 아닐 것이다. 일부 예외적인 경우를 제외하면 성채작전 전체를 통해 독소 상호 전차 격파비율은 대략 평균적으로 8: 1로서 여하튼 독일 전차들의 압도적인 우세로 집계되었다. 또한, 다스 라이히의 경우 7월 5일부터 7월 16일까지 총 46대의 전차를 잃으면서 적 전차 448대를 격파했으므로 이 역시 9:1 정도의 비율을 기록하고 있다.[16]

쿠르스크전의 2기라 할 수 있는 소련군의 반격공세 때는 북부 쿠투조프작전에서 2,308대로 출발한 소련군 전차들이 모두 2,349대가 격파되어 100% 이상의 격파율이 달성되었다. 독일군은 돌격포까지 합해 625대였다. 출발 때보다 파괴된 소련 전차의 수가 더 많은 것은 전투 시기 중에 추가적으로 계속 투입이 되었기 때문에 나타난 현상이다. 남부 루미얀체프작전에서는 2,439대로 출발, 그중에서 총 1,864대가 파괴되었다. 독일군은 돌격포를 다 포함해도 237~250대 규모로 시작했다. 쿠투조프와 루미얀체프작전 당시 독소 상호 격파비율은 대략 6:1 내지 5:1로 집계되어 있다. 이처럼 쿠르스크에서 거둔 소련군의 승리는 거저 얻은 것이 아니었다. 이토록 파괴당하고도 소련군은 8월 3일 총 2,750대의 전차들을 보유하고 있었다. 스탈린의 말 대로 '양은 항상 질의 한 부분'이었다.

하지만 전차병이든 장갑척탄병이건 압도적인 물량적 열세 속에서 이와 같은 기적에 가까운 승률을 나타낸다는 것은 병력들의 질적 우수성, 전차운용의 기술적, 전술적 수준 차, 그리고 무선장치와 전차포탑 구조의 문제 등을 복합적으로 고려한 위에서 규정되어야 할 것으로 본다. 하르코프 공방전 결론에서도 언급한 바와 같이 독일 전차들은 개개의 차량에 모두 무선장비가 있어 부대장급의 전차에만 장비를 갖춘 소련 전차와는 월등히 차이가 나는 조건을 구비하고 있었다. 그로 인해 소련 전차들 간의 연락과 기동은 대단히 제한적이었으며 수신호로 알리기 위해 서둘러 해치를 열었다가 저격 당하는 소련 전차병들도 적지 않았다.

T-34/85가 등장하기 전까지 T-34를 포함한 모든 소련 전차들은 포탑에 2명밖에 들어가지 못하는 좁은 공간배치로 인해 전차장은 포수를 도와주는 장전수의 역할을 담당해야 했다. 그러나 사실은 포수보다 더 시야가 좁았으며 첫 번째 사격이 실패로 끝나 두 번째를 겨냥할 경우에도 전차장보다는 포수가 더 많은 시야를 확보하게 되므로 좁은 구간에서 전차끼리 격돌하는 대혼전의 순간이라면 전차장은 사실상 장님에 가깝게 된다. 또한, 전차장이 설혹 해치를 열고 바깥을 내다보며 환경의 변화를 읽어낸다 하더라도 옆의 동료전차와 교신할 수 있는 장치가 없어 그저 혼자서 돌아다닐 수밖에 없는 조건에 놓이게 되는데 따라서 일단 대오를 이탈하거나 종대의 균형과 간격에 균열이 생긴 상태에서의 소련 전차들은 매우 손쉽게 각개격파 당하기 마련이었다. 어떻게 보면 소련

16 Glantz & House(1999) p.35, Fey(2003) p.346

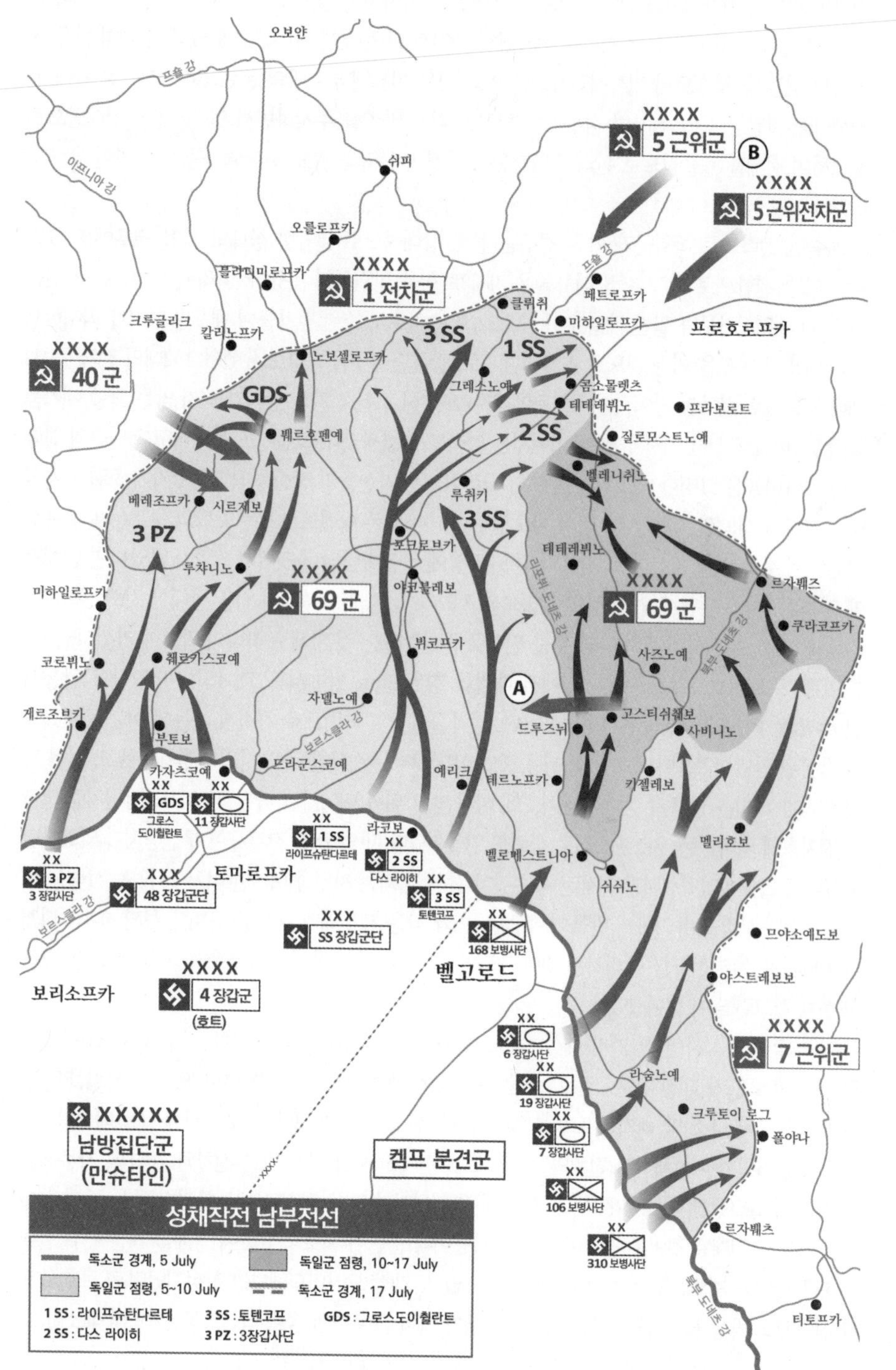
오보얀
프숄 강
이프니아 강
쉬피
오를로프카
플라띠미로프카
크루글리크
칼리노프카
XXXX
1 전차군
XXXX
40 군
XXXX
5 근위군
B
XXXX
5 근위전차군
프숄 강
페트로프카
클류취
미하일로프카
프로호로프카
노보셀로프카
3 SS
1 SS
그레스노예
콤소몰렛츠
테테레뷔노
프라보로트
GDS
뻬르호팬예
2 SS
질로모스트노예
벨레니취노
루취키
베레조프카
시르제보
3 SS
3 PZ
포크로브카
루챠니노
XXXX
69 군
야코블레보
테테레뷔노
리포뷔 도네츠 강
XXXX
69 군
르쟈뷔츠
미하일로프카
쿠라코프카
코로뷔노
췌르카스코예
뷔코프카
사즈노예
북부 도네츠 강
A
자델노예
고스티쉬췌보
드루즈뉘
사비니노
게르조브카
부토보
보르스클라 강
프라군스코예
카자츠코예
예리크
테르노프카
키셸레보
XX
GDS
그로스 도이췰란트
XX
11 장갑사단
XX
1 SS
라이프슈탄다르테
라코보
XX
2 SS
다스 라이히
벨로베스트니아
멜리호보
XX
3 PZ
3 장갑사단
XXX
48 장갑군단
토마로프카
XX
3 SS
토텐코프
쉬쉬노
보르스클라 강
XXX
SS 장갑군단
XX
168 보병사단
므야소예도보
벨고로드
야스트레보보
보리소프카
XXXX
4 장갑군
(호트)
XX
6 장갑사단
XXXX
7 근위군
XX
19 장갑사단
라슘노예
크루토이 로그
XXXXX
남방집단군
(만슈타인)
XX
7 장갑사단
폴야나
켐프 분견군
XX
106 보병사단
XXXX
성채작전 남부전선
독소군 경계, 5 July
독일군 점령, 10~17 July
독일군 점령, 5~10 July
독소군 경계, 17 July
1 SS : 라이프슈탄다르테
3 SS : 토텐코프
GDS : 그로스도이췰란트
2 SS : 다스 라이히
3 PZ : 3장갑사단
르쟈뷔츠
XX
310 보병사단
북부 도네츠 강
티토프카

전차의 경우는 전차장보다 뛰어난 포수가 훈장을 받아야 마땅할 것으로 보이기도 한다. 그러나 독일의 경우, 적 전차 격파는 철저하게 전차장의 개인 판단 능력에 좌우되고 있었다. 무수히 많은 독일 전차병들 중 포수로서 기사철십자장을 받은 것은 미하엘 뷔트만의 동료였던 발타자르 볼이 유일했다.[17] 그만큼 독일 전차의 경우에는 해치를 열고 바깥을 주시하면서 임기응변을 최대한으로 제고하여 전세를 효율적으로 관리해 나가는 전차장의 능력과 기술, 판단력을 높이 평가한다는 뜻이었다.

비슷한 전력으로 독일군과 싸울 경우는 물론 상대적으로 열악한 상대와 붙을 경우에도 그와 같은 제반 결함으로 인해 소련 전차들은 제대로 힘을 발휘하지 못했다. 따라서 독일군은 소련군의 T-34 주력전차보다 훨씬 뒤떨어지는 3호, 4호 전차로도 소련 전차들이 내포한 약점을 최대한으로 역이용해 대승을 거둔 것으로 평가된다. SS장갑군단이 7월 11일 보유했던 232대의 전차 중 98대나 되는 3호 전차는 방어력이나 화력에 있어 도저히 소련 전차의 상대가 되지 않는 단종 대기품목이었으며 4호 전차 역시 T-34에 비해서는 여러모로 열세였다. 그럼에도 불구하고 독일군의 신화적인 격파비율은 그러한 제조건을 충분히 극복하면서 자신들의 장점을 극대화했기에 소련 전차의 양적 우세를 상쇄할 수 있었다. 다시 나오는 이야기지만 폰 립벤트로프는 포탑의 구조문제와 무선송신의 유무로 인해 자신이 그 지옥과 같은 전장에서 살아남았던 것이며 그렇지 않았다면 순식간에 7대의 전차 모두를 잃었을 것으로 술회하고 있다.[18] 7대가 130대의 적을 상대한 것도 신화지만 그중에 3대가 온전하게 빠져 나와 우군 진지로 돌아갔다는 것 자체도 하나의 만화에 가깝다.

한편, 로트미스트로프는 원거리에서 대결할 경우 2km 밖에서도 T-34의 전면장갑을 관통시킬 수 있는 티거와 경쟁할 수 없다고 판단, 전차들을 최고속력으로 진격케 했는데 이는 결과적으로 잘못된 판단이었음이 드러났다. 이동 중인 상태에서는 정확한 주포 사격이 불가능했고, 앞서 가던 전차가 해치를 닫고 주행하다 전차호에 빠지면 그 뒤를 이어가던 다른 전차들도 장님처럼 연달아 전차호에 처박히는 우스꽝스러운 장면도 연출되었다. 만약 소련 전차들이 무선장치가 있었다면 이러한 해프닝이 없었겠지만 전차간 송수신이 전혀 안 되는 사정상 이러한 어처구니없는 사태는 독일군의 대응사격을 유리하게 만들어 주었다. 이와 같은 세부적인 내용을 음미해 보면 4대의 티거가 100대의 소련 전차를 물리치는 것이 그리 믿지 못할 일은 아니라는 추측을 가능케 한다. 그리고 실제로 그런 일이 벌어졌었다.

이와 같이 분석하면 한 가지 애석하게도 그동안 사상 최대 규모의 전차전으로 알려진 쿠르스크, 프로호로프카 대전차전이 결코 '사상 초유의, 사상 최대의 전차전'이 아니었다는 사실을 확인하게 됨으로써 다소 맥 빠지는 느낌을 갖지 않을 수 없다. 물론 프로호로프카를 포함해 7월 5일부터 7월 13일까지 성채작전 전체의 조건으로 보건대 역사상 가장 많은 전차와 돌격포, 자주포들이 한곳에 집결했던 대사건이었다는 점은 부정할 여지가 없다. 하지만 대부분의 전투는 중대나 대대급 규모로 전개된 것이 태반이며 한방에 사단이나 군단이 서로 격돌하여 승패를 거룬 단위 전투는 7월 12일을 제외하고는 거의 찾아볼 수가 없다. 가장 드라마틱했다고 상상되었던 프로호로프카 전차전도 막상 들여다보면 독일 전차 몇 대가 마치 투우사의 솔로 액션으로 수백 대의 소련 소

17 다까니 요시유끼(高荷義之)(1994) p.27
18 Kurowski(2004) Panzer Aces, p.81

떼들을 물리친 것으로 밖에 해석되지 않는다. 따라서 1,500대 전차의 대격돌 신화는 지나친 과장이라는 점이 발굴되어 더 이상의 신화가 아니지만, 그 안에서 벌어진 일부 독일군의 기적적인 전투기량만은 가히 신화적이라는 점은 인정하고 넘어가야 할 대목이다. 이 문제의 전투, 성채작전 중 단일 단위의 독소 양군 최대의 격돌에서 독일군이 전술적 승리를 쟁취하는 것으로 귀결되었다는 것은 더 이상 의문의 여지가 없다. 다만 이기고도 거기서 작전이 중단되고야 마는, 만슈타인이 말한 '잃어버린 승리'가 되었던 것은 앞으로도 영원히 하나의 신화로 남게 될 것이다.[19]

그러므로 죠지 나이프가 말하는 것처럼 무려 60년 넘게 잘못 알려진 이 전투를 올바르게 교정하는 작업은 후대들의 몫이며, 어느 쪽이 전쟁의 승자인지 역사의 승자인지를 따지는 것을 떠나, 있었던 사실은 똑바로 확인하는 것이 우리의 책무라는 점을 새삼 환기할 수 있게 되었다. 이러한 점에서 죠지 나이프의 철저한 1차 자료의 수집과 연구는 이 분야에 있어 실로 괄목할 만한 성과를 도출하였으며 그 어떤 저술가보다 객관적인 자료분석과 전후 인과관계를 정확하게 재조명한 부분은 극단의 찬사를 받아 마땅하다.

19 연합군의 시칠리아 상륙이 7월의 쿠르스크 전투에 실질적으로 미친 영향은 없다. 그러나 9월에 전개된 이탈리아 본토에서의 전투가 러시아 전선에서의 주요 변화를 이끌어낸 것만은 분명하다. 7월 13일 히틀러가 성채작전을 종료시키면서 호들갑스럽게 SS사단들을 서쪽으로 이동시키려 했지만 일단은 뷔킹을 포함한 3개 사단 모두 이룸과 미우스강 전구로 옮겨져 전투를 계속하였으며, 라이프슈탄다르테만이 이탈리아로 이동하였고 다스 라이히와 토텐코프는 동부전선에 남아 소련군의 루미얀체프 공세(4차 하르코프 공방전)에 대응했다. 한데 서쪽으로 이동한 라이프슈탄다르테는 연합군과 직접 대규모 교전에 들어간 것은 아니며 기본적으로는 연합군에 붙은 이탈리아군의 무장해제와 산악지대에서의 파르티잔 소탕작전에 투입되었다. 성채작전 중 최고의 MVP가 시골 구석으로 배치된 것은 이해하기 힘들 뿐더러여러 차례에 걸쳐 전술적인 낭비로도 지적되어 왔다. 여기서 한 가지 추측은 극도의 소모전을 강요하는 러시아 전선에서 아돌프 히틀러의 이름이 붙은 SS의 대표 사단을 아끼기 위한 조치가 아닌가 하는 점이다.

# 15 결론 2 : 성채작전의 비판과 반비판

전투계속을 희망했던 만슈타인의 주장에도 불구하고 성채작전은 7월 13일 공식적으로 중단되었으며 뒤이은 롤란트 작전도 불임으로 종료되었다. 전후 각종 자료들의 집적에 근거해 종합한 바에 따르면 독일은 이미 도저히 승리를 쟁취할 수 없는 대규모의 소모전을 시작함에 따라 사실상 7월 5일 전투 개시 이전에 승패는 이미 결정 나 있었던 것으로 보는 시각들이 다수를 차지하고 있다. 가장 거시적으로 보아 쿠르스크 기갑전은 소련군의 무제한 물량공세와 끝도 없는 전략적 예비병력의 존재로 인해 결국 질이 양을 이기지 못한다는 속성을 경험적으로 증명한 데 지나지 않았다. 가장 중요한 그 점을 염두에 두고 사고와 해설의 편의상 몇 가지 쟁점을 분절하여 서술키로 하자.

## 독일군 작전 실패의 원인

독일과 같은 제한된 자원과 인구를 가진 중범위국가가 소련과 같은 초대형 국가를 이기기 위해서는 스피드에 의존한 단기절전이 불가피했다. 그러나 이미 바르바로싸 개시 때부터 프랑스처럼 간선도로가 잘 정비된 선진국을 치는 것과 비포장도로가 주된 통로가 되는 광활한 영토를 가진 소련을 점령하는 것과는 엄청난 갭이 존재한다는 것을 알게 된다. 1941년 6월말~7월초에 독일군은 능란한 기동력과 막강한 파괴력을 바탕으로 소련군 진영을 유린하였으나 사실은 전형적인 전격전의 교리들이 먹혀 들어 가지 않음을 깨닫고 있었다. 더욱이 1941년 12월 모스크바 정면에서 후퇴한 이후 국방군총사령과 육군사령관을 겸직한 히틀러가 극도의 '마이크로매니지'와 같은 간섭을 자행함에 따라 독일군 특유의 유연성과 창의성, 기동전의 속성은 대부분 상실되고, 1차 세계대전 당시 하사관으로 복무했던 총통의 경험에 의거한 전쟁놀이로 퇴화되기 시작하자 독일군은 전략은커녕 작전술 차원에서의 행동의 자유도 누리지 못하게 되었다. 히틀러의 이 아마추어 적인 군사 마니아 수준의 간섭은 1942년에도 이어져 그 비참한 독일 제6군의 운명이 스탈린그라드에서의 패배로 귀결된 바 있었다. 제3차 하르코프 공방전에서 일시적으로 행동의 자유를 얻은 만슈타인이 희대의 반격작전으로 일정 기간 전선의 안정을 도모하는 데는 성공했으나, 수개월 이후에 개시된 성채작전은 처음부터 전격전, 기동전의 교리가 통하지 않는 악조건 하에서 시작되었다. 소련군이 압도적으로 많은 수적 우위를 확보한 상태에서 독일군이 어느 방향으로 올 줄 미리 알고 8중진을 치고 기다리고 있는 형세라면 이 전투는 하지 말았어야 할 재앙의 전주곡이었다. 구데리안이 1943년은 장갑사단 재건의 시기로 삼되 대규모 공세는 1944년에 하자는 구상이 어느 정도 현실성이 있었는지는 불확실하지만 그가 가장 열렬히 이 작전에 반대했다는 것은 최소한 그 부분에 있어서만큼은 구데리안이 만슈타인보다 높은 안목을 가지고 있었다고 판단할 수 있다.[01]

하지만 일단 전투가 시작된 시점에서 소련군이 철저한 정보분석과 사전대비에 의해 요새화된 진지를 축성하고 독일군의 동태를 예의주시했던데 반해 독일군은 동쪽에서 수백 대의 전차들이 기

01 Guderian(1996) p.307, ケネス マクセイ(1977) p.337

차가 아닌 자력행군으로 프로호로프카 서쪽에 집결중임을 눈치 채지 못하고 있었다. 소련군이 전략적 예비를 그토록 빨리 푼 것을 미처 예상 못했을 수는 있지만 아마도 독일군은 적군의 전략적 예비의 폭과 깊이조차 제대로 파악이 안 된 상태에서 전투를 진행시키고 있었던 것으로 판단된다.

7월 8일 어차피 북부전선 모델의 제9군이 소련 방어선 돌파와 교두보 확보에 실패한 상태에서 남부전선에서의 승리는 큰 의미가 없을 것으로 판단되었다. 그러나 가장 많은 기동전력을 보유한 제48장갑군단을 지원하기 위해 잘 나가던 SS장갑군단을 서쪽으로 돌린 호트의 결정은 대단히 민감한 부분을 건드리고 있었다. 7월 8일 서쪽으로 선회하지 않고 프로호로프카를 향해 진격을 계속했더라면 동쪽의 전략적 예비가 도착하기 전에 주요 거점들을 장악하여 소련군 전차군과의 전투를 좀 더 유리하게 운영할 수도 있었기 때문이다. 다만 이 역시 양군의 병력을 비교하면 일시적으로 독일이 작전술 차원의 유리한 고지를 잡을 수 있다는 정도이지 남부 우크라이나 전선에서 독일이 최종 승리를 거둘 수 있다는 상상으로 연결될 수는 없었다.

죠지 나이프는 독일군이 작전술 수준에서 가장 실패한 것은 7월 8일 호트가 2개 SS사단을 서쪽으로 돌려 지지부진한 성적을 내고 있는 제48장갑군단을 지원하러 보내면서 프로호로프카로의 진격을 늦추었다는데 방점을 두고 있다. SS사단들은 이미 소련군 2차 저지선을 뚫고 세 번째 라인에 다다르고 있었으며 조금만 더 진격하면 프로호로프카의 외곽에 도달할 수 있는 지점까지 육박할 수 있었다. 더욱이 소련군의 화력은 SS장갑군단의 측면을 치기 위해 우회하고 있는 상태여서 공세정면의 제51, 52소총병사단과 새로 편입된 제183소총병사단은 기동전력과 화포가 빈약한 상태였다. 따라서 프로호로프카 서쪽을 선점할 수 있는 결정적인 시기에 제4장갑군은 불필요한 좌회전을 감행함으로써 소련군의 기동예비전력이 포진할 수 있는 48시간의 시간적 여유까지 헌납했다는 분석이다.[02] 게다가 프로호로프카에 가장 근접해 있었던 제5근위전차군단은 당시 막대한 손실을 입고 훨씬 동쪽으로 빠져 있던 상태여서 SS장갑군단의 위협요인이 되지는 못했던 것으로 판단되고 있었다. 그 틈에 봐투틴은 소총병사단보다는 월등히 훈련이 잘 된 제9근위공수사단이 252.2 고지를 노리도록 배치하고 제2전차군단의 3개 전차여단을 라이프슈탄다르테의 진격로 앞에 세워둘 수 있었다. 이어 로트미스트로프의 제5근위전차군은 역사적인 행군을 통해 프로호로프카에 접근하였으며 자도프의 제5근위군은 제33근위소총병군단을 프숄강 변에 포진시킬 수 있는 충분한 시간을 확보했다. 또한, 봐투틴은 제10전차군단을 제48장갑군단 구역으로 이동 배치시킴으로써 한번 좌회전했던 SS 2개 사단이 동쪽으로 방향을 고쳐 잡을 때 다시 역으로 서쪽을 강화하여

02 7월 8일 호트의 중점변환, 즉 SS사단들의 서진(좌회전)의 심각성에 대해 데이빗 글랜츠는 죠지 나이프와 약간 다른 감각으로 대하는 것으로 보인다. 실제 제48장갑군단과 SS장갑군단 앞에 놓인 소련군의 객관적인 전력을 비교하더라도 SS장갑군단이 더 많은 적과 상대해야 했고 그로스도이췰란트 사단의 경우는 충분히 홀로 해결할 수 있는 조건에 있었다는 점에서는 일치한다. 그러나 개전 후 이틀 동안의 전투가 지난 시점에서 제48장갑군단은 오보얀-쿠르스크 축으로 북진하는 것(기본목표)과 SS장갑군단의 좌익을 엄호(주요목표)하는 것 외에, 군단이 왼쪽으로 길게 늘어난 측면의 방어를 군단 자체만으로는 감당하기 힘들 정도가 되었다는 부분을 지적하고 있다. 따라서 호트가 제48장갑군단의 고민을 해결하기 위해 SS사단들이 좌회전을 시도하고, 제48장갑군단의 우익을 지켜나가면서 군단의 부담을 덜어주려 했던 기도는 그리 잘못된 결정이 아니라는 사실을 시사하고 있다. 대개 소련군은 독일군 제대간 중간지점에 병력을 집중시켜 연결고리를 흔들려는 습관이 있어 제48장갑군단과 SS장갑군단 사이에 상당한 밀도의 병력들을 집어넣었으며, 사실 그 때문에 호트는 정 북으로 향할 것이 아니라 포크로프카(Pokrovka ; 서쪽)에서 프로호로프카(Prokhorovka ; 동쪽)로 이어지는 구역에 소련군의 대규모 병력이 거의 없다는 점을 간파하여 쿠르스크가 아닌 프로호로프카로 행군했다는 점을 언급하고 있다. 즉 글랜츠는 호트의 독일군이 오히려 이 구간을 소련군의 약점으로 파악했다는 점을 명확히 집고 넘어가고 있다. 따라서 독일군의 이 민감한 기동은 오히려 봐투틴을 더더욱 초조하게 만들었으며 그 스스로 하위 단위부대들에게 동쪽으로부터 기동예비전력인 제5근위전차군이 도착할 때까지 제발 이틀만 참고 기다려 달라는 주문을 전달했다. 독일군의 입장에서 서술한 죠지 나이프는 따라서 7월 8일 호트의 좌회전이 독일군에게 궁극의 위기를 초래한 것으로 이해하지만, 소련군의 입장에서 논리를 펼친 데이빗 글랜츠는 7월 7일~7월 8일 양일간 있었던 독일군의 움직임이 소련군에게는 하나의 또 다른 위기로 다가오고 있었다는 해석을 가하게 되었던 것이다.
참고로 소련의 공식 전사 기록에는 독일군이 오보얀으로의 침투가 좌절된 상태에서 더 이상의 예비병력이 없는 사정으로 인해 주공을 프로호로프카로 전이한 것으로 해석하고 있다.

오보얀 국도 방면의 평지에 전개중인 독일 장갑부대 차량

제48장갑군단의 진격도 둔화시킬 수 있는 조치를 취하고 있었다.

이 상태처럼 소련군이 완전히 방어태세를 갖춘 조건에서는 7월 10일 SS장갑군단이 프로호로프카로 진격한 것은 이미 타이밍적으로 늦은 결정이 될 수밖에 없었다. 죠지 나이프는 따라서 남부전선에 있어 성채작전의 전환점은 프로호로프카 자체가 아니라 프숄강 회랑지대 서쪽 수 km 지점에서 이루어졌던 독일군 기동전력의 방향전환에 있었다고 규정한다.[03] 즉 가장 결정적인 시점에 독일 제4장갑군은 전혀 소득이 없는 병력이동을 하느라 소련군에게 득이 되는 조건만 마련해 주었다는 것이며, 성채작전 전체의 승패 여부에 관계없이 독일군은 바로 이 지점에서 중요한 작전술적, 전술적 실수를 자행했다는 비판이다. 결국 이와 더불어 7월 12일 프로호로프카 서쪽에서는 지금까지 알려진 바와는 다르게 독일군 SS장갑군단이 소련군을 친 것이 아니라 제5근위전차군이 라이프슈탄다르테 일부 병력을 공격했다가 어이없게 당하고 말았다는 이야기가 된다. 그리고 그 백미는 독소 양군의 전차전이 아니라 요아힘 파이퍼 대대가 252.2고지를 땀과 피로 지켜내면서 벌인 광신적인 지옥의 사투였다.

죠지 나이프의 분석은 7월 8일~7월 12일 기간 동안 가장 숨 가쁘게 돌아가던 독일군과 소련군의 병력이동과 배치에 있어 가장 핵심적인 문제점을 추출한 것으로 믿어 의심치 않는다. 그러나 SS사단들이 프로호로프카를 선점했다 하더라도 그 이후 끝없이 밀려드는 소련군의 전략적 예비를 막아낼 수 있었을 것이라는 생각은 별로 설득력이 없다. 소련군 제5근위전차군이 한 줌에 지나지 않는 독일 전차와 1개 대대의 영웅적인 사투에 의해 격퇴되었던 것은 사실이지만 스텝방면군은 제5근위전차군 전체가 전멸하더라도 여전히 900대가 넘는 전차들을 예비로 가지고 있었으며 설혹 그마저 괴멸 당한다 하더라도 차기 공세를 준비 중인 중앙방면군과 브리얀스크방면군이 보유한 전차는 무려 1,770 여대에 달했다. 거기에 아직 전투에 개입하지도 않은 서부방면군의 기동전력까

03 Nipe(2011) p.448

지 합친다면 1주일 이상의 격전에 격전을 치른 독일군 남방집단군이 종국의 승리를 쟁취할 가능성은 지극히 희박하다는 결론이 나온다. 앞장에서 언급한 것처럼 진정 국지적인 측면에서 독일군이 프로호로프카를 장악하고 쿠르스크로 나아갔다 하더라도 중앙집단군이 북쪽에서 내려와 연결되지 않는다면 남쪽만의 공세는 전혀 무의미한 것이었기 때문이다.[04]

하지만 그보다 더 근원적인 문제는 소련군이 전대미문의 물량전을 통해 독일군에게 아무리 다대한 전술적, 작전술적 피해를 입는다 하더라도 바닥이 보이지 않는 예비와 예비병력의 집중에 의해 전략적 패권을 빼앗아 올 수 있었다는 거시적 낙관이었다. 1943년을 넘기면서 독일은 인력과 장비가 이전처럼 충원되지 않는다는 고통거리와 함께 산업생산력 자체가 소련에게 추월당하고 있었다. 독일군은 1943년 말까지도 여전히 몇 배가 넘는 소련군에 대해 기술적, 전술적 우위를 점하고 있었으나 겨우 작전술적 차원의 국지적인 승리에만 의존하고 있었던 데 반해, 소련군은 전술적 패배를 내주더라도 종국의 전략적 승리를 따낼 수 있다는 자신감을 갖기 시작했다.

## 소련군 승리의 공식

성채작전만을 놓고 본다면 소련군은 프로호로프카에서 전술적 승리를 거둔 것이 아니었다. 독일군 전차의 피해는 미미한 수준이었으며 남부의 남방집단군이나 북부의 중앙집단군이나 진격이 돈좌된 것이지 소련군의 주도적인 공세에 의해 격퇴된 것은 아니었다. 제3장갑군단의 켐프 분견군은 성채작전이 취소된 다음에도 동쪽으로 한참 진격해 들어갔고 그 진격 또한 소련군의 공세전환이나 방어능력 때문이 아니라 자체적인 기술적, 행정적 문제로 중단되었을 뿐이었다. 소련군은 엄청난 피해를 감수하면서 독일군의 전력이 고갈되는 시점까지 끈질기게 기다리는 놀라운 지구력을 발휘했다. 소련군의 방어전은 대단히 질긴 힘줄을 함유한 삼겹살같은 측면이 있었다. 살을 내주는 대신 뼈는 끝까지 감추겠다는 집요한 인내력으로 세계에서 가장 효율적인 군대의 공세를 견뎌냈다. 그것으로 소련군은 근대화된 기동전을 감당할 수 있는 최소한도의 자격증을 획득했다.[05]

소련군은 1941, 1942년에 비해 확실히 다른 면모를 나타내고 있었던 것은 분명하다. 물론 전술적, 기술적 측면으로 보건데 단위부대간 전투에서 독일군을 능가할 여력은 아직 없었으나 쿠르스크 기갑전과 같은 선수비 후공격의 순서상에서 공고한 진지를 축성한 뒤 독일군을 소모전으로 끌고 간 것은 소련군이 입은 실제 피해 규모에 관계없이 전략적인 승리의 조건이었다고 평가할 수 있다. 소련군은 무려 8중의 방어진을 쳤으며 남방집단군은 제3저지선에 도달하여 돌파직전에 돈좌되었고, 중앙집단군은 1차 저지선을 통과하는데도 엄청난 대가를 치르면서 겨우 3차 저지선에 도달한 순간 김이 빠진 것이 전부였다. 기동전의 총아인 전차가 지뢰에 밟혀 파괴되는 장면은 골은 나지 않은 채 파울만 난무하는 축구 경기와 같아 썩 내키지는 않으나 소련군은 일단 그러한 사전 준비 덕택에 자신들의 조국을 구할 수 있었다.

소련군은 지난 2년간 병력배치 및 이동과 관련된 고질적인 병참의 문제점을 상당부분 해소했다. 스텝방면군이 프로호로프카를 향해 조기에 제5근위전차군과 제5근위군을 발진시켜 적기에 SS장

04 Mitcham(1990) p.318
8월 3일 독일군 남방집단군은 20만 병력에 300대 정도의 전차들을 보유하고 있었는데 반해, 소련군은 보로네즈와 스텝, 2개 방면군만 해도 75만 병력에 2,750대의 전차를 동원할 수 있었다.
05 Glantz & House(1999) pp.280-1

갑군단의 진격을 저지시킨 것은 소련군 병참관리와 병력동원능력의 질적인 진화를 상징하는 일대 사건이었다. 제5근위전차군의 전차들은 7월 8일부터 출발하여 3일 동안 거의 700km에 가까운 장거리를 자력으로 주파하여 7월 10일 현지에 도착했다. 비록 제5근위전차군은 말도 안 되는 독일군 병력에 의해 수모를 당했으나 행군 그 자체가 쿠르스크 기갑전의 전략적 승패를 결정짓는 가장 중요한 요인으로 기억될 것이다. 또한, 독일군이 개별 저지선을 뚫고 들어올 때마다 소련군은 후방 저지선에서 불과 하루가 못되어 병력을 위험지구에 재편성하는 기민함을 보여주었다. 따라서 최초에 헐겁게 느껴졌던 약한 연결고리들을 찾아내어 돌파를 완성하더라도 다음 국면에 포진된 소련군은 이전보다 월등한 방어력으로 무장함에 따라 독일군이 1940년 서부전선에서 과시했던 기동력은 더 이상 발휘될 수 없도록 만들어가고 있었다.

소련군은 성채작전 개시 첫날부터 민첩하게 대응함으로써 나중에 잡을 승기를 포착해 가고 있었다. 7월 5일 소련군 제96전차여단은 벨고로드 북쪽에 급파되었는데 남쪽의 벨고로드로 이어지는 도로에 접한 225.9고지를 재빨리 석권함으로써 소련 제375소총병사단의 북익을 분쇄하려고 했던 토텐코프(당시는 가장 아래쪽에 포진)의 의도를 좌절시켰다. 그로 인해 SS장갑군단의 우익을 엄호하기 위해 속도를 맞춰야 했던 켐프 분견군과의 거리를 벌여 놓음으로써 히틀러가 처음부터 걱정했던 SS장갑군단의 측면 호위가 전투 마지막 날까지도 불안하게 유지되었던 단초를 만들었다. 결국 켐프 분견군은 7월 5일 이래 단 한번도 SS장갑군단과 이상적인 간격을 유지하지 못했다.[06]

7월 6일, 소련군 제1전차군 제3기계화군단은 1, 3, 10기계화여단을 동원, 루챠니노-시르제보-247.2고지를 잇는 페나강 구역을 공고하게 지켜냄으로써 제48장갑군단의 공세를 저지시킬 수 있었다. 또한, 7월 6~7일 양일간 소련군 제3기계화군단 2근위전차여단과 제49전차여단은 포크로브카 부근에서 라이프슈탄다르테의 서쪽 공세에 광신적으로 저항, 사단의 모든 장갑척탄병연대 병력을 좌익으로 치우치게 함에 따라 공세의 균형을 무너뜨리면서 진격속도를 더디게 만들었다. 또한, 7월 6일 봐투틴은 제2근위전차군단과 제96전차여단으로 SS장갑군단 우익에 대해 처절한 반격을 가함으로써 프숄강을 향한 북진을 노리는 토텐코프의 발목을 잡았다. 같은 날 제31전차군단은 제100, 237, 242전차여단을 총동원해 서쪽과 북서쪽에서 라이프슈탄다르테 선봉대를 공격했으며 역시 같은 날 제10전차군단과 제2전차군단이 SS사단에 대한 공세에 합류했다. 소련군의 이 공세는 독일군을 물리치지는 못했으나 보병들이 절대적으로 부족한 장갑사단들의 측면을 지속적으로 노출시키게 함으로써 독일군 진격의 불안을 가중시켰다. 독일군이 작전 기간 내내 걱정했던 바는 바로 보병 부족으로 인한 공세 측면의 위기를 어떻게 유지관리 할 것인가라는 문제의식이었다.

마찬가지로 소련군은 독일 장갑군단들의 측면에 대해 끊임없이 위협을 가함으로써 독일군 주공이 제대로 힘을 쓰지 못한 채 매일같이 측면에만 매달리게 하는 전술적 효과를 극대화해내는 데 성공했다. 7월 8일 제2, 10전차군단이 제2, 5근위전차군단과 합쳐 SS사단들의 우익을 집중 타격하는 동안 동쪽으로부터 전략적 예비가 도착하고 있었다. 다만 이 공세는 제대간 조율이 전혀 되질 않아 다스 라이히와 독일공군에게 100여대의 전차를 파괴당하면서 큰 의미를 가지지는 못했으나 여하간 라이프슈탄다르테가 프로호로프카에 도달하는 시간을 계속 지연시키는 효과는 있었다. 또한, 12일 제10전차군단과 제5근위전차군단은 제48장갑군단의 좌측면을 때리면서 거의 빈사

06 Nipe(2012) p.55

상태에 놓였던 제1전차군을 위기로부터 구해 냄에 따라 독일군 좌익의 북진을 저지시키는 효과를 발생시키기도 했다. 이는 소련군이 작전술 수준에서 어느 정도까지 기동예비전력을 무난하게 운용하고 있는가를 단적으로 나타내는 사례이기도 했다.[07]

7월 12일 SS장갑군단은 이미 지칠 대로 지쳐 13일 이후로는 탄력을 상실했다. 오랜 기간 갖은 공세에 시달리면서 선봉 노릇을 해 온 라이프슈탄다르테는 더 이상 신선한 공격을 속개할 수가 없었다. 토텐코프는 소련군 제5근위전차군 소속 제5근위기계화군단의 두 여단이 페트로브카 도하지점 서쪽의 카르테쉐브카 도로를 봉쇄함으로써 후방이 차단될 위험에 노출되었으며 그로 인해 하우서는 교량이 파괴되어 퇴로가 막히지 않게 하기 위해 마음먹고 프숄강 방면에서 철수시켜 버렸다. 토텐코프가 도달한 카르테쉐브카 도로는 독일군이 성채작전 기간 중 진격한 가장 북쪽에 위치한 지점이었다.

소련군은 스탈린그라드에서 얻은 승리로 기고만장하다 3차 하르코프 공방전을 통해 독일군의 칼끝이 여전히 살아있음을 확인하고 쿠르스크전 준비단계에서는 극도의 신중을 기했다. 여전히 상부 명령에 대한 기계적 맹종으로 창의력이 결여된 야전지휘와 전술운용에 한계를 드러내기는 했지만 확실히 1~2년 전에 비해 숙달된 기량을 쌓아가고 있었다. 특히 충분한 시간을 가지고 팍크프론트를 축성해 '공격적인 수비'를 펼친 경우에는 독일군에 대해 심각한 수준의 상처를 입힐 줄 알았고 병력집중의 원칙과 전술적 후퇴의 개념도 상당부분 적용할 줄 알았다. 소련군이 쿠르스크에서 유일하게 저지른 전략적 실책이 있다면 남방이 아니라 북방에 더 많은 화포와 지뢰, 기동전력을 투입하여 독일군 공세의 밀도와 강도를 잘못 판단한 것 정도에 지나지 않았다. 그럼에도 불구하고 소련군은 긴급하게 스텝방면군을 불러 남부전선의 위기를 조기에 타개했다. 이 소련군은 1년 뒤 바그라티온 작전을 시행하면서 드디어 근대적인 군대로서의 고급학위과정을 마치게 된다. 윈스턴 처칠의 말 대로 스탈린그라드가 시작의 끝이었다면 쿠르스크는 끝의 시작이었다.[08]

## 독일 국방군과 무장친위대의 비교

무장친위대의 명성은 제3차 하르코프전을 통해 확고한 위상을 획득했다. 이전에는 육군 집단군의 예하부대로 존재하다 1943년 2월에 처음으로 3개 SS장갑척탄병사단이 하나의 전투집단으로 유기적인 움직임을 보이면서 흔히 축구에서 말하는 '쓰리 톱'의 역할을 훌륭히 감당해 냈다. 쿠르스크전에서는 제2SS장갑군단의 이름으로 남부전선의 중추적인 역할을 담당해냈으며 가장 피비린내 나고 가장 감당하기 어려운 단위작전들을 감수하면서 이름값을 톡톡히 해냈다. 7월 5일 소련군 1, 2차 저지선을 통과하거나 거의 근접한 사단은 모두 SS들이었다. 300대나 되는 가장 많은 전차를 보유했고 194대의 판터를 모두 지니고 있던 그로스도이췰란트 장갑척탄병사단은 독일 국방군 정예 중 정예로 알려진 사단임에도 불구하고 가장 창피한 실적을 기록했다. 1차 저지선에 도달도 하지 못했을 뿐만 아니라 첫날 보유전차의 75%, 판터의 80%를 상실했다. 그나마 같은 국방군 육군의 제11장갑사단은 75대 중 겨우 3대만 잃었으며 가장 취약했던 제3장갑사단은 12대를 파괴당했다. 그로스도이췰란트의 이와 같은 기이한 실수는 슈트라흐뷔츠 장갑연대장과 제10독립장갑

07 Zamulin(2012) pp.431-2
08 Clark(2011) p.410

여단장(2개 판터대대 보유) 데커 대령과의 불화와 전술운용의 차이에서부터 시작해 극단적인 사기저하의 문제까지 야기시킨 바 있었다. 게다가 사단은 작전 기간 내내 허위보고와 보고누락 등으로 전선과 본부 간에 엄청난 혼선을 초래했으며 사실상 명령불복종과 유사한 일들도 적지 않게 일어났다.

SS장갑군단의 사단들은 7월 4일 선제공격을 통해 소련군의 전초기지들을 제압하고 5일 작전 개시일의 발진지점을 깔끔하게 정리하고 출발했다. 여타 육군 장갑사단은 이러한 조치 없이 진행시켰기에 소련군 전초기지를 제압하는 데만 상당시간을 할애했다. 혹자는 하루가 빠른 선제공격으로 인해 소련군이 대비하는 시간을 더 일찍 부여했다고 분석하기도 하지만 당시 소련군은 이미 완전한 수비태세를 갖춘 뒤 독일의 공격만 기다리고 있는 형편이었으므로 4일에 먼저 잽을 날렸다고 상황이 크게 달라질 것은 없었다.[09] 특히 제3장갑군단은 전초기지를 건드리지 않고 주 공세를 진행시키는 과정에서 소련군 전초기지로부터의 직접적인 화포사격에 집중타격을 받아 상당한 피해를 경험했다.

한편, SS사단들은 야간에 공격을 전개함으로써 우군의 피해를 최소화시킴은 물론 기습효과를 극대화하면서 소련군의 의표를 찔렀다. 중대 규모로 구성된 전방 돌격부대가 주요 거점을 선점함으로써 5일 개시될 주공격에 대비하고 소련군의 대응이 지체되도록 발빠른 사전준비들을 갖추어 나갔다. 그러나 제48장갑군단은 5일 낮에 보병과 공병을 앞세워 공세를 개시함으로 인해 막대한 손해를 입었다. 동시에 제한적인 의미의 기습효과도 반감하여 특히 그로스도이췰란트 구역은 최악의 피해와 최저의 성적을 내고 있었다. 그토록 많은 전차가 있었는데도 하루 만에 돈좌되고 만 것은 필경 지휘부에 근원적안 문제가 있는 것으로 추측되고도 남음이 있었다.

그로스도이췰란트의 슈트라흐뷔츠는 수중의 3, 4호 전차를 보병들의 엄호용으로 사용하면서 보병, 공병과 전차들 간의 간격을 너무 좁히고 말았다. 그로 인해 소련군의 화포사격에 타격되기 좋은 공간을 허용하였으며 쿠르스크전처럼 광정면을 가진 개활지와 초원지대에서는 포사격에 당하지 않도록 전차와 보병들을 서로 산개하여 넓은 간격을 유지하면서 진공해야 했으나 그로스도이췰란트는 보병엄호용으로는 적합치 않은 3, 4호 전차들을 낭비하고 말았다.[10] 장갑이 얇은 이 전차들은 두터운 방어력을 가진 티거나 차체가 낮아 피탄범위가 적은 돌격포보다 전혀 나을 것이 없었다. 반면 SS사단들은 먼저 티거와 돌격포들을 전선돌파용으로 포진시킨 뒤 최전방에 공병들을 보내어 지뢰원을 제거하고, 후속하는 전차의 기동이 용이한 통로를 확보하는데 주력했다. 다음 공병부대와 함께 전진하는 장갑척탄병이나 보병들이 적진지 종심 깊숙이 파고들어 우군의 3, 4호 주력전차들이 적진배후로 침투해 들어갈 수 있는 충분한 갭을 만드는데 주력했다. 이러한 전술은 초동단계에서 지뢰 등으로 인한 기동전력 진격의 지체와 우군의 피해를 최소화시키면서 적에게는 최대의 피해를 입힐 수 있는 장점을 극대화할 수 있었다. 즉 보병과 공병들이 충분한 사전 정지작업을 완료한 다음 장갑부대를 전진시킴으로써 전차의 피해를 줄여 나갔는데 반해, 그로스도이췰란트는 공병들의 사전 조치없이 전차들을 무리하게 들이밀고 쳐들어감에 따라 장비와 병력 양 측면에 있어 가장 많은 피해를 입게 되었다.

SS장갑척탄병사단들이 적진 가장 깊숙이 침투할 수 있었던 데는 가장 전형적인 독일육군의 군

09 Nipe(2012) p.89
10 Restayn(2007) p.44

사이론과 교전수칙에 철저했다는 역설이 발견된다. 좌익의 제48장갑군단과 우익의 제3장갑군단은 거의 모든 장갑사단들이 나란히 진격하면서 소련군의 방어는 일층 손쉽게 전개되고 있었다. 즉 같은 밀도와 전력으로 들어오는 독일군 중 가장 위협적인 곳만 커버링을 강화하면 되었으며 수비진 한곳에 구멍이 생긴다 하더라도 여타 전구를 치고 있던 독일군의 강세를 이미 예측가능한 상태에서는 소련군의 병력 재배치가 그리 어려운 과제가 아니었다. SS들은 조금 달랐다. 하우서의 전술은 라이프슈탄다르테 1개 사단이 소련군 진지 최종심을 돌파하는 전위부대로 설정하고, 다스 라이히와 토텐코프는 라이프슈탄다르테의 측면을 보호함과 동시에 전방공세의 유리한 고지를 선점하여 독일군 최선봉의 진격을 지원하는, 사실상 보조적인 기능분담에 근거하고 있었다.[11] 여타 국방군 장갑사단들도 군단 내에 그러한 주공과 조공의 역할분할이 전혀 없었던 것은 아니나 전투가 전개되면서 뒤처지는 사단의 공백을 임시방편으로 막는 데만 급급하여 최우선 과제를 관철시킬 주공의 핵심과제는 점점 수행하기 어렵게 되고 있었다. 즉 '중점'(Schwerpunkt)이 없는 작전에 의존하고 있었다. 이와 같은 문제발생의 근원은 제4장갑군이 아무런 전술적 예비병력을 남겨두지 않았던 오류에도 근거한다. 즉 공세의 1선이 돈좌되었을 경우 막힌 전선을 타개할 단 한 개의 사단도 존재하지 않았다는 결함이 작전 기간 내내 발목을 잡았다. 그나마 SS사단들은 자체적으로 사단간 위치를 자율적으로 조정함으로써 적진의 의중을 혼란스럽게 하는 효과를 발휘하기도 했다. 예컨대 개전 초기 최우익에 있던 토텐코프가 라이프슈탄다르테의 좌익 최북단으로 올라가 프숄강 교두보를 확보함으로써 주공의 좌익과 북익을 동시에 엄호케 했던 전술적 변화가 그 대표적인 사례이다.

정통 군사교리를 받아들인 국방군, 육군이 강한가, SS들이 강한가에 대해서는 마니아 수준에서도 자주 논의되는 화두이나 최소한 성채작전의 경우를 두고 보면 SS들의 전과가 월등히 뛰어남을 새삼 확인할 수 있었다. SS사단들은 하르코프에 이어 쿠르스크에서도 기존 육군과 맞먹는, 아니 어떤 면에서는 질적으로 우월하다는 느낌을 줄 정도의 초인적인 결과들을 만들어냈다. 게다가 광신적인 전투의욕과 인종 이데올로기로 무장한 SS부대의 지휘관들은 상식 이하의 중과부적인 상태에서도 후퇴하지 않고 자살에 가까운 돌격과 저항정신을 보여주었으며, 그러한 정신적 무장상태가 출중한 전투 테크닉으로 뒷받침되었던 만큼, 기존의 육군들이 올린 무공과는 차원을 달리하는 전과들이 창출되었다.

흔히 SS사단들이 국방군에 비해 보다 많은 장비와 질 높은 보급을 제공받았다고 하는 것은 별로 신빙성이 없어 보인다.[12] 하우서가 호트에게 그리 달라고 요구했던 판터 신형전차는 단 한 대도 지급되지 못했고 오히려 그로스도이췰란트가 독식함으로써 300대나 되는 전차들을 보유, 사단 간 균형을 깨트리는 원인까지 제공하였으며, 다스 라이히나 토텐코프는 사단의 주력전차, 즉 가장 많은 수의 전차가 가장 낙후되고 약했던 3호 전차들로 구성되었다는 점에서 보면 SS가 더 나은 보급을 받았다는 주장은 근거가 희박하다. 다만 티거 중전차를 3개 SS사단이 12대씩 골고루 나누어 판쩌카일 공격법을 교범대로 활용할 수 있었다는 이점은 누리고 있었다.

SS사단들은 하르코프전에서 처음으로 하나의 군단으로 출범해 만슈타인의 '백 핸드'를 실현하는 중추를 형성했으며, 쿠르스크전에서도 국방군 제대들을 월등히 능가하는 기량을 과시했다. 이

11 Newton(2002) p.404
12 ケネス マクセイ(1977) p.274

후 이 1, 2, 3SS장갑척탄병(또는 장갑)사단들은 다시는 하나의 단일 군단을 만들지 못했다. 그러나 쿠르스크에서 이들이 보여준 믿지 못할 전과는 2차 세계대전 전체를 통 털어서도 가장 경악할 만한 인상들을 창출해 냈다. 늘 SS와 대립각을 세워 왔던 국방군 장성들도 하르코프와 쿠르스크를 통해 무장친위대들의 능력과 기술을 인정치 않을 수 없게 되었으며, 경우에 따라서는 국방군보다 더 프로적인 잠재력을 무한대로 발휘한 것이 1943년 봄과 여름의 러시아 전역이었다. 특히 성채작전이 종료된 7월 중순부터 미우스 전선, 제4차 하르코프 전투, 드니에프르 유역 전투에서 SS사단(다스 라이히, 토텐코프, 뷔킹)들은 12:1의 병력 열세를 딛고도 8:1, 10:1의 압도적인 상호격파비율을 유지하면서 소련군 기동전력에 무자비한 소나기 펀치를 날렸다. 오히려 지뢰가 별로 없던 이 구역에서 무장친위대의 기동전력은 상상을 초월하는 무공을 발휘했다. 그럼에도 불구하고 그와 같은 전술적, 작전술적 우위는 더 이상 전략적 어드밴티지를 가져올 수는 없었다. SS장갑군단을 지휘한 하우서는 나중에 서부전선에서 제7군 사령관으로 부임하게 된다.[13] 국방군에서 무장친위대로 차출된 장교들은 꽤 있었다. 하우서는 그 반대의 경우로 무장친위대는 국방군과 하등의 차이가 없는, 어떤 측면에서는 정규 육군보다 더 강력한 전투력을 발휘하는 군사집단으로서의 확고한 지위를 각인시키게 된다.

## 만슈타인에 대한 단상

에리히 폰 만슈타인. 독일군과 연합군, 아니 2차 세계대전 또는 20세기 전체를 통틀어 가장 뛰어난 장군이라는 평가가 있다. 서방전격전 프랑스를 붕괴시킨 '낫질작전'(Sichelschnitt)의 기안, 바르바로싸 당시 제56장갑군단에 의한 쾌속진격, 세바스토폴 요새 함락, 제3차 하르코프 공방전에서의 '후수로부터의 타격' 등 천재적인 전술과 작전술의 대가이자 얼마 안 되는 절세의 군사전략가로 알려진 그의 두뇌와 능력을 의심하는 사람은 없을 것이다. 하지만 쿠르스크 기갑전 만큼은 도무지 이해가 되지 않을 만큼 모순과 의혹, 의문에 가득 차 있는 것이 만슈타인이 보여준 행보였다.

구데리안의 진술에 따르면 5월 34일 뮌헨에서의 회의시 만슈타인은 성채작전 개시에 대한 히틀러의 질의에 그저 2개 보병사단이 필요하다는 극히 기술적인 요구사항만 제시했던 것으로 되어 있다.[14] 그 이전 회의 시 만슈타인은 더 이상 작전을 연기하기보다 소련군이 독일군의 공세에 대비하기 전에 먼저 선수를 쳐야 된다는 의견을 개진한 바는 있으나 막상 5월 4일에 와서는 전략이나 작전술에 관한 검토가 아니라 보병사단의 부족 정도만 언급했다는 것은 다소 이례적이라 할 수 있다. 이미 이때 만슈타인은 성채작전을 돌이킬 수 없는 임박한 전투로 예상하고 전투의 개시 여부를 다시 거론하는 것은 실익이 없다고 판단하여 그와 같은 세부적인 내용만 건드린 것으로 이해할 수도 있다. 그러나 구데리안이 여전히 하계공세의 기본인식에 대해 문제점을 지적하고 나치주의자인 모델까지 소련군 진지의 견고한 수비와 기동전력의 집중에 대해 우려를 표하면서 전략과 작전술의 문제에 대해 논의한 것과는 매우 대조적이다. 여하간 소련군이 2개 전략적 예비병력을 뽑아내 서진시키게 되는 상황에서 정말 보병사단 2개가 있으면 남방집단군이 보로네즈방면군을 몰아낼 수 있었던 것인지, 8중진이 대기하고 있는 소련군의 방어선을 보병사단 2개로 통과가 담보되기에 이런

13 Deutscher Verlagsgesellschaft(1996) p.36
14 Guderian(1996) p.307

헤르만 호트와 담소를 나누는 만슈타인 (Bild 101I-218-0543-10)

발언을 한 것인지는 매우 헷갈리는 부분이다. 독일군 앞에 진지를 축성하고 기다리던 소련군은 총 11개 야전군, 3개 전차군, 3개 항공군, 13개 전차군단 또는 기계화군단 등이었다. 이 안에 포함된 사단 수는 한참 헤아려야 대충의 규모가 떠오르게 된다.

한데 우습게도 히틀러는 그마저도 불가능하다고 잘라버렸다. 보병사단 2개의 동원이 어려운 시점에 소련군 3~4개 방면군을 괴멸시킨다는 기획 자체가 도무지 이해가 되지 않는 회의의 분위기인데 차라리 서부에 배치된 보병 및 장갑병력들을 러시아로 이동시킨다든지 북방집단군의 일부 병력을 차출한다든지 따위의 병력재배치에 관한 논의 마저도 제기되지 못했던 것으로 알려지고 있다. 현재까지의 연구에 따르면 1943년 하계의 독일군은 이미 병력 전반이 고갈상태에 진입해 있었기에 당시 그러한 예비 내지 보충병력을 동부전선에 투입할 여력은 전혀 없었다는 쪽으로 기울고 있다. 심지어 죠지 나이프도 자신의 첫 번째 저술인 'Decision in Ukraine'(1996)에서는 만슈타인이 만약 제24장갑군단만 지원받았다면 프숄강을 넘어 오보얀 방면으로 북진하여 소련군의 병참선과 연락선을 단절시킬 가능성이 있는 것으로 기술했다가, 그 이후 'Blood, Steel and Myth'(2011)에서는 소련군의 방대한 예비전력을 감안컨대 도저히 불가능한 시도였을 것으로 솔직히 수정하기도 했다.[15]

제4장갑군의 헤르만 호트가 고집 센 영감이라는 사실은 역사가 기억하고 있다. 그가 만슈타인의 선배가 되었건 어찌되었건 집단군 사령관으로서 만슈타인은 호트를 다루는데 실패한 것처럼 보였다. 7월 8일 프숄강이 아니라 페나강을 향한 SS장갑사단들의 좌회전과 바로 뒷날 다시 북동쪽으로 바뀐 공세 주공의 방향설정에 있어 만슈타인은 계속 호트에게 끌려 다니다시피 했다. 호트의 판단에 대해 만슈타인이 어떠한 입장과 논리로 인정 또는 거부했는지에 대한 1차 자료는 거의 없다. 다만 전후에 있었던 호트의 증언과 그의 참모였던 프리드리히 황고르(Friedrich Fanghor)에 따르면 이미 성채작전 개시 전에 호트는 오보얀으로 직행하는 대신 처음부터 프로호로프카를 둘러 간다

15 Nipe(2012) pp.73-6

는 생각을 굳혔으며, 거기에 만슈타인도 동조한 것으로 이해되고 있다. 호트는 프숄강을 지나 오보얀으로 향하는 것은 쿠르스크까지의 최단거리인 만큼 누구나 거기에 독소 양군이 병력을 집중시킬 것으로 예상하는 것은 당연하다고 인정했다. 그럼에도 불구하고 호트는 그보다 더 우려되었던 것은 소련군의 기동 예비가 프로호로프카 방면에서 제4장갑군의 우익을 치고 나옴으로써 프숄강 쪽으로 묶인 독일군 장갑전력들의 행동의 자유를 박탈하려는 기도였다고 술회하고 있다. 호트는 소련군의 예비병력이 벨고로드 북동쪽으로 50km 지점에 위치한 프로호로프카를 중심으로 놓인 도네츠강과 프숄강 사이의 좁은 회랑지대에서 독일군을 몰아세워 격멸 시키려 할 것이라는 점을 정확히 예측하고 있었다는 뜻이다.[16] 이는 만슈타인의 참모였던 테오도르 부세(Theodor Busse)의 증언으로도 뒷받침되고 있다. 즉 만슈타인은 프숄강을 넘어 쿠르스크로 진격하기 위해서는 프로호로프카, 즉 동쪽에서 진입하는 기동예비들을 섬멸하는 것이 절대적으로 필요한 전제조건으로 받아들이고 있었다는 것이었다. 그 때문에 7월 9일 SS사단들이 북동쪽으로 다시 선회할 무렵, 제48장갑군단은 페나강에 도달한 다음에는 SS장갑군단의 좌익을 엄호하기 위해 역시 북동쪽으로 경도된 진격로를 택하도록 조정되고 있었다는 것이었다.[17] 호트와 만슈타인은 정확히 소련군의 기동예비가 어느 정도인지는 파악이 안 되고 있었음에도 불구하고 프로호로프카 동쪽에서부터 예비 전력이 들어온다는 점에 대해서는 이미 예상하고 있던 바였다. 여기서 문제는 만약 만슈타인이 처음부터 프로호로프카에서 결전을 치를 생각이었다면 7월 8일 SS사단들이 서진하는 것을 막고 제4장갑군의 전체 전력을 북동쪽으로 집중시키는 지시를 내렸어야 했다. 그러나 만슈타인은 그저 호트의 뜻에만 따라 추인하는 형식으로만 일관했으며 고집불통의 호트 영감과 진지하게 의견을 나누었다는 장면은 어디에도 발견되지 않는다. 기록에 남아있는 것은 작전준비 기간이었던 5월 10~11일에 만슈타인이 호트와 나눈 의견교환 내용이 거의 유일했던 것으로 판단된다.

만슈타인이 7월 12일 전투의 클라이맥스가 있었던 시점에서도 공세의 계속을 주장한 것은 분명하다. '잃어버린 승리'에서도 그때 더 밀어붙였다면 소련군의 전략적 예비를 섬멸하고 국지적인 승리를 획득할 수 있었다고 술회하고 있으나 12일이면 이미 북부전선에서 쿠투조프 작전이 발동되어 모델의 제9군이 전구를 버리고 후퇴하는 시기였다.[18] 과연 그의 증언대로 독일군이 성채작전을 포기함으로써 결정적인 승리의 시기를 놓친 것일까? 물론 7월 12일, 소련군 제5근위전차군은 상상을 불허하는 피해를 입어 적절한 신규 병력만 있다면 거의 끝장을 볼 수 있는 지경까지 갈 여지는 있었다. 만슈타인은 지난 1주일 동안 휘하의 장병들이 소련군 전차를 무려 1,800대나 격파했다는 사실을 상기시키면서 제24장갑군단만 붙여 준다면 프숄강 북부로 진출해 오보얀을 따 낼 수 있다는 복안을 제기하기도 했다.[19] SS장갑군단은 성채작전 기간 중 3개 SS사단들이 상실한 전차의 11배에 달하는 피해를 소련군에게 입혔다. 게다가 제1전차군은 사실상 중추가 마비되어 빈사상태에 있었고 7월 4일 200대를 넘는 규모로 시작한 제6전차군단은 7월 11일에 이미 50대 정도의 전차만 보유하고 있는 형편이었다. 제31전차군단 역시 장비와 병력을 거의 다 고갈시킨 11일 시점부터 이미 뇌사상태에 놓여 있었다. 이처럼 소련군은 당장 전장으로 끌어올 전술적, 작전술적 예비가 주

16 Newton(2002) p.78
17 Newton(2002) pp.362-3
18 Manstein(1994) p.449
19 Manstein(1994) p.448

변에 없었다. 로트미스트로프는 13일에 절대 SS장갑사단들을 공격하지 말고 남은 기간 동안은 방비태세로만 전환하라고 일러 둔 상태였다. 하루에만 수백 대의 전차를 잃은 상황에서 더이상의 소모전은 무리라 판단하고 거의 대부분의 전차를 '닥인'형태로 들여앉혔다. 또한, 8중진이라 하더라도 세 번째 방어선 이후의 저지선은 돌출부 주변부분처럼 철저한 팍크프론트가 조성되어 있는 것은 아니었다. 즉 내부로 들어갈수록 소련군 대전차포 진지의 밀도는 상당부분 떨어지는 것으로 되어 있었으며 어떤 부분은 수비병력이 거의 존재하지 않는 구간도 있었다. 브라이트의 제3장갑군단은 모처럼 잘 차고 올라와 조금만 있으면 프로호로프카에 당도할 기세였다. 만약 그 순간에 전력을 유지중인 몇 개 예비사단이 있었다면 쿠르스크까지 진출하는 것이 아예 불가능한 것은 아니었을 것이라는 상상이 전혀 근거가 없지는 않았다. 소련군은 보유중인 기동전력의 75%를 쿠르스크 전역에 쓸어 넣고 있었다. 따라서 그 정도로 많은 병력이 한 지역에 몰려 있을 때 적군의 중추를 파괴할 수만 있다면 동부전선의 운명을 상당부분 바꾸어 놓을 수 있을 것이라는 만슈타인의 생각은 당시로서는 누구든 상상하고 싶은 군사적 욕망에 다름 아닐 것이다.

만슈타인은 독일군의 전술적 기량과 기술적 우월성이 여전히 소련군을 압도하고 있는 것으로 판단하고 있었다. 따라서 그는 그 순간 기동예비 병력을 손에 넣어 자신의 뜻대로 운용할 수만 있다면 죽어가는 성채작전을 회생시킬 수 있을 것으로 확신하고 있었다. 당시 그가 손에 넣을 수 있는 예비란 바로 앞에 밝힌 발터 네링 장군의 제24장갑군단이 전부였다. 그 병력이라 해 봐야 제5SS뷔킹과 제23장갑사단, 전차 97대와 12,000명 정도의 장병이었다. 미안하지만 이 정도의 병력은 작전술 차원의 상황타개도 어려웠을 것이며 우크라이나 남부전선의 전략적 지평을 전환시킬 수 있는 규모가 결코 아니라는 점은 이해하는데 별로 큰 어려움이 없다.

1943년 7월 17일을 기준으로 만슈타인의 남방집단군에는 29개의 보병사단과 13개의 장갑 또는 장갑척탄병사단이 있었다. 만슈타인은 소련군이 그토록 빨리 전략적 예비를 동원할 정도로 전력이 소진되어 있다면 당장 공세로 전환하기는 힘들 것으로 내다보고 있었다. 만슈타인의 이 판단미스는 그의 전 경력을 통해 가장 중대한 착오로 지목할 수 있을 정도로 소련군의 전력을 과소평가한 것이었다. 17일 같은 날 소련군은 12개 군, 109개의 소총병사단, 10개의 전차군단, 7개의 기계화군단, 7개의 기병군단, 20개의 독립전차여단, 8개의 대전차여단, 그리고 기타 셀 수도 없는 제대들을 전 전선에 깔고 있었다. 8월 초 소련군은 그토록 많은 전차를 잃고도 2,832대의 전차를 갖게 되었다. 이것만으로도 소련군은 독일군에 비해 5:1의 병력 우위를 누리고 있었다.[20] 그해 9월까지 소련군은 55개 소총병사단, 2개 전차군단, 12개 전차여단이 가세하여 무려 21개 군이 만슈타인 집단군 정면에 포진하고 있었다. 설사 7월에 국지적인 승리를 거두는 것이 가능했다 하더라도 그로 인해 독일 장갑부대의 전력도 비례해 고갈되어 가는 것이 분명한데 과연 성채작전의 연장전을 계속할 수 있었는지에 대해서는 군사 전문가가 아니라도 판단하는데 크게 어렵지는 않다. 소련은 1943년 한 해 쿠르스크전이 완전히 끝날 무렵까지 총 19~20,000대의 전차를 상실한 것으로 집계되어 있다. 그럼에도 불구하고 소련은 이를 무난히 극복할 수 있는 힘이 있었고 독일은 100대만 상실해도 비틀거리는 수준에 머물고 있었다. 쿠르스크전 또는 독소전의 승패는 전장이 아니라 이미 전차를 만드는 공장에서 결정이 났다는 사실은 결코 레토릭이 아니다.

20 Porter(2011) p.76

여기서 만슈타인의 저작 '잃어버린 승리'에 대한 비판을 자제하기가 어렵다는 느낌을 갖게 된다. 제3차 하르코프 공방전에 대해서는 상당히 정성을 들여 작전의 전후관계와 진전상황을 치밀하게 묘사하고 있으나 바로 뒷장인 쿠르스크 성채작전에는 불과 7쪽만을 할애하고 있다.[21] 동부전선의 전환점이 된 이 전투에 대한 기술을 단 7쪽으로 끝낸 것은 실패한 전투에 대한 복잡한 회상을 떠올리기 싫은 노장군의 개인적인 사유가 배경에 있는 것이 아닌가라는 생각마저 들게 한다. 만슈타인이나 구데리안 등의 저술은 1차 자료만큼이나 값어치가 있을 수 있겠으나 그가 쿠르스크의 전말에 입을 다문 탓에 7월 8일 SS장갑군단의 좌회전에 대한 의혹, 그 후 하루 반 만에 다시 오보얀 방면을 떠나 프로호로프카로 귀환하기까지의 의사결정, 동쪽으로 진입하던 소련군의 기동 예비전력에 대한 인지시점, 소련군의 쿠투조프와 루미얀체프 반격에 대한 예측 등 결정적인 순간에 있어 독일 야전사령부의 상황판단이 어떠했는가에 대한 아무런 단서도 남겨져 있지 않다.

## 무엇을 했어야 하나

프로호로프카 전투의 계속 여부를 결정짓는 변수는 누가 전략적 예비를 가지고 있는가였다. 독일은 전혀 없었고 소련은 차고 넘치는 전략적 예비가 있었다. 아니 남방집단군의 경우에는 단 한 개 사단의 전술적 예비조차 없었다. 그런 점에서 성채작전은 해서는 안 될 무모한 소모전이었고 그와 같은 물량전을 감당할 자신이 있었던 소련군은 개별 단위전투에서 막대한 피해를 입고도 쿠르스크 전역을 통해 동부전선의 전략적 이니시어티브를 되찾는데 성공했다. 독일군은 처음부터 모순을 안고 출발했다. 만슈타인의 말 대로 소련군이 병력을 포진하기 전인 5월 초에 공세를 시작했어야 한다는 주장이 설혹 합당하다 하더라도 과연 그 당시에 남방집단군에 그러한 병력이 있었는지 의문이며, 이미 시작된 성채작전을 만슈타인의 의도대로 더 지속시켰을 경우 독일군의 전력만 더 고갈되는 쪽으로 기울었을 것이라는 추측이 지배적인 시각이기 때문이다. 그 때문에 차라리 쿠르스크 돌출부가 아니라 중앙집단군이 오룔을 지나 소련 브리얀스크방면군 쪽을 치고 나감과 동시에 남방집단군이 보고두코프에서 도네츠강을 넘어 발루키를 향해 소련 남서방면군을 공격했다면 돌출부의 과도한 방어진지를 우회할 수 있었다는 방안도 제기될 수 있다. 만약 북과 남에서 각각 동진 내지 북동쪽으로 진격하는 것이 먹힐 경우, 쿠르스크 돌출부는 과도하게 동서로 길어지면서 중앙부에 밀집해 있는 중앙방면군과 보로네즈방면군의 전력이 일시적으로 무의미해지거나 재배치하는데 엄청난 시간을 허비했을 것으로 유추된다. 그러한 혼란 속에서 독일군 양 집단군이 그 가운데 적절한 공간을 만들어 내는 것은 가능할 수도 있었다. 그러나 이 역시 독일군의 한정된 병참사정상 진격의 속도와 폭은 제한될 수밖에 없었을 것이며, 그러는 동안 스텝방면군이 남북으로 나뉘어 독일군의 공세를 저지하는 전략적 예비로 동원되었을 것으로 추정된다. 어떤 경우든 독일군은 보병사단의 병력이 열악한 조건하에서 일단 그와 같이 다시 한 번 길어지기 시작하는 보급선을 감당할 여력이 없었을 것이다.

따라서 그러한 제한적 요소들을 충분히 감안한다면 다음과 같은 결론에 도달하는 것이 자연스러울 것이다. 기본적으로 두 집단군이 너무 떨어져 있었다. 지도상으로는 가까워 보이지만 소련군들이 8중진을 치면서 초고도의 방어진을 깐 상태에서 두 집단군이 남북에서 진공해 쿠르스크에서

21 Manstein(1994) pp.443-9

만나는 것은 결코 쉬운 과제가 아니었다. 두 집단군이 좀 더 가까이 포진하여 진격 루트를 서로 근접하게 잡았다면 한쪽에서 획득한 전술적 이익을 근거로 다른 구역에도 이를 전이시킬 수 있는 효과는 어느 정도 담보할 수 있었을 것이다. 그러나 남부전선에서 그나마 따낸 제4장갑군의 전과는 북부전선의 제9군에게 전혀 도움이 되지 못했다. 같은 맥락에서 두 집단군의 거리가 비교적 가까웠다면 제대로 풀리지 않는 전구가 발생했을 경우 빠른 시간 내 문제를 보정하는 재조정작업이 용이했을 것이나, 역사상 가장 많은 대전차포대와 지뢰, 기갑전력이 밀집대형으로 들어섰던 쿠르스크를 남북으로 연결하는 일은 엄청난 양의 피와 강철의 소모를 요구하고 있었다. 이러한 조건 하에서는 독일군 특유의 유연한 테크닉이나 임무형 전술도 작동할 수가 없었다.[22]

장갑병총감 하인츠 구데리안 상급대장. 1943년에는 대규모 공세를 포기하고 방어전에 집중하자는 주장 하에 다른 누구보다도 성채작전을 반대했다.

다음으로는 제2SS장갑군단을 주공으로 하는 제4장갑군의 진격방향에 관한 문제이다. 호트는 제48장갑군단의 그로스도이췰란트에게 판터의 전량을 밀어주었으나 이 사단이 맡은 구역은 남부전선에서도 가장 지형이 험하고 지뢰가 다량으로 매설된 지역이었다. 더욱이 제48장갑군단이 제3장갑사단의 측면을 보호하기 위해 군단 전체의 진격방향을 좌로 쏠리게 함에 따라 오보얀-쿠르스크로 나가야 할 당초 목표는 끊임없이 동요하고 있었다. 따라서 차제에 주공과 조공 모두 북동쪽으로 향하게 하고, 서편의 페나강을 신경 쓸 것 없이 군단 전체가 프숄강과 도네츠강의 지류인 리포뷔 도네츠(Lpovyi Donets) 강 사이로만 병력을 이동시키는 방안을 상정할 수도 있었다. 그럴 경우 SS장갑군단의 우익을 엄호할 켐프 분견군(제3장갑군단)도 코로챠로 동진할 것이 아니라 다스 라이히와 보다 근접한 지점에서 북진이 가능하여 두 군단간의 간격을 효과적으로 유지시킬 수 있는 가능성이 있었다. 이러한 포진이 가능했다면 남방집단군은 1~2개 장갑사단을 여유롭게 전술적 예비로 돌려 훨씬 유연한 작전술을 추진할 수 있었을 것이다. 브라이트 제3장갑군단장은 나중에서야 진격방향을 정 북으로 수정하여 다스 라이히와 연결되기는 했으나 그때는 이미 너무 늦어버렸음은 전술한 바와 같다.

쿠르스크 돌출부에 그토록 많은 양군의 병력이 집중되어 있는 상태에서 어차피 도박을 벌인 것이라면 좀 더 좁은 전구에 일시적으로 더 많은 제대들을 몰아넣음으로써 지뢰와 팍크프론트를 피해 공격시간을 단축할 수 있는 가능성을 높이는 방안도 나쁘지 않았다. 좁은 구간으로 이동할 경우 지뢰로 인한 피해는 최소화시킬 수 있으며 독일군의 장기인 전격전의 스피드와 화력집중의 원칙

22 Newton(2002) p.93

에 보다 충실할 수 있었을 것이라는 개연성도 존재한다. 즉 페나강 쪽을 포기한다면 3개 군단의 진격방향을 처음부터 프로호로프카로 설정해 소련군 기동 예비전력이 도착하기 전에 소련 수비진을 제압한 다음, 그 다음에 쿠르스크로 향하는 수순이야말로 시간과의 싸움에서 승기를 잡을 수 있었을 것으로 판단된다. 소련군은 오보얀-쿠르스크 축이 중앙집단군과 만날 수 있는 최단거리이기 때문에 제4장갑군이 오보얀 구역 정면에 방점을 둘 것으로 예상하고 거기에 최대한의 병력을 집중시킨 반면, 프숄강과 프로호로프카 사이에는 상대적으로 방어 밀도가 낮은 상태에 있었다. 따라서 7월 10일 전에 모든 기동전력을 북동쪽으로 몰아갔다면 스텝방면군 예비의 2개 군이 도착하기 전에 종심 깊은 침투를 가능케 하여 소련군 수비진을 두 조각으로 내면서 실제 우리가 아는 '역사적 사실'보다는 좀 더 나은 결과를 나타낼 수도 있었을 것이다.

하지만 그럴 경우 소련군이 여하히 기민하게 움직이느냐에 따라 주공의 전력이 한곳에서 일거에 파괴되거나 돈좌될 여지는 불가피했을 것이다. 하지만 전격전의 요체라는 것이 그러한 위험을 무릅쓰고 기습과 의외의 반전을 획책하는 것이기 때문에 그것이 우려된다면 애초에 작전을 추진하지 않는 것이 옳으며, 아예 구데리안처럼 1943년의 하반기는 일종의 장갑부대의 수련기간으로 정하는 것이 옳았는지도 모른다.[23] 바꿔 말하면 소련군은 연합군이 이탈리아에 상륙한 시점에 맞

---

23 ドイツ装甲部隊全史 1(2000) p.10, Piekalkiewicz(19??) p.766
구데리안이 구상한 1944년도 장갑군의 예상 현황과 향후 재건준비 사항은 다음과 같다. 동 내용은 모두 10개 항목으로 이루어져 있다. 대부분의 건의는 다수 장성들에 의해 기본적인 동의가 구해졌으나 돌격포 부대들을 장갑군총감의 일괄 지휘 하에 두는 방안은 기각되었다. Guderian(1996) pp.295-8

❶ 구데리안은 우선 대대당 100대의 전차를 보유한 4대 대대가 1개 사단을 이루어야 한다고 주장했다. 즉 사단의 전차 정수는 400대라는 뜻이었다. 그러나 당시 어느 사단도 400대를 보유한 적은 없었으며 이후에도 불가능한 희망사항이었다. 또한, 장갑대대든 사단이든 단위부대가 강한 저력을 발휘하기 위해서는 여타 무기체계와 차량 등 제반 장비들이 상호 균형을 맞춰야 한다고 설파했으며, 장갑부대 내부의 효율적 균형뿐만 아니라 해군과 공군의 전력과도 비례해야 전쟁의 승기를 잡을 수 있을 것으로 내다보았다. 따라서 완벽한 효율성을 구비한 장갑사단을 재건하되 신규 장갑사단은 부분적으로 짜맞춘 제대가 아니라 상기와 같은 정수(authorized number)의 확대측면을 감안한, 적어도 규모나 장비에 있어 1943년 초보다 월등히 강한 전력을 지닌 것이어야 했다.

❷ 1943년 초 당시 독일장갑부대의 주력 전차는 4호 전차였다. 그러나 당시의 생산속도로는 겨우 매월 1개 정도의 장갑대대를 만들 수 있는 수준에 그치고 있었다. 이 외에 판터와 티거의 운용을 위한 별도의 대대를 만들고는 있었지만 역시 당시의 기준으로는 7~8월 이전에 판터대대를 적기에 보급하는 일은 불가능한 것으로 판정되고 있었다. 해서 구데리안은 어차피 생산속도에 변화가 없다면 단위당 제조비용이나 시간이 덜 먹히는 경돌격포를 더 많이 생산할 것을 제안했다. 즉 기존의 생산설비보다 더 많은 전차들을 생산할 수 있을 때까지 부족한 전차는 돌격포로 대체하여 장갑사단의 기동전력 정수를 채워 나가자는 계산이었다. 또한, 1944~45년에는 월등히 더 많은 4호 전차가 양산되어야 하며, 물론 이때 판터나 티거의 생산에 차질을 초래해서는 안 된다는 전제조건이 충족되어야 했다.

❸ 이 부분은 다소 논란의 여지가 있는데 구데리안은 장갑연대를 다시 4개의 대대로 구성되는 여단 규모로 늘리자는 제안을 내놓았다. 즉 한 사단 당 400대의 전차를 보유하려면 연대가 아닌 여단 규모로 재확장되어야 한다는 생각이었다. 폴란드전 이후 독일군이 보다 효율적인 전술 및 작전술의 운용을 위해 여단을 폐지했던 것과는 반대되는 현상이었다.

❹ 또한, 판터와 티거가 양산체제로 들어가기 전까지 경돌격포는 4호 전차의 차대를 사용할 것과 75mm 주포를 장착하여 전차와 동일한 화력을 견지할 것이 요구되었다. 세부사항은 아래와 같다.
a. 새 모델에 대한 철저한 검증과 완성(판터)
b. 전차병들의 훈련 강화(최종 조립에 대한 참여 및 개인, 단위부대 훈련)
c. 훈련 단위에 대한 충분한 시범장비 제공
d. 훈련의 지속과 적기 훈련의 필요성

❺ 전장에서의 주요한 성공은 적절한 지형에 가장 결정적인 순간에 화력을 집중시키는 실질적인 정도에 의해 결정된다. 병력의 규모와 장비의 질적 우수성에 의한 기습효과도 불가결하다. 세부사항은 아래와 같다.
a. 부수적인 전장에서는 새로운 모델의 전차를 사용해서는 안 되며 필요하다면 적으로부터 노획된 전차들에 국한시켜야만 한다.
b. 장갑부대 운용 전문인력에 의해 관리되는 모든 전차(티거, 판터, 4호 전차 및 일부 돌격포 포함)를 사단과 군단에 집중하는 과제
c. 공격 개시 전 지형에 대한 사전 답사가 철저히 선행되어야 한다.
d. 결정적 기습효과를 담보하기 위해 충분한 양의 신무기들이 가용할 때까지 신규 모델(티거, 판터 및 중돌격포)들은 아껴야 한다.
신무기들을 미숙하게 도입할 경우 적에게 이듬해까지 효과적인 방어를 구축할 수 있는 여지를 남기게 되며, 이 경우 우리들은단기간내 변화하는 상황에 대처할 수 없게 된다.
e. 새로운 대형의 회피 : 장갑사단과 차량화사단의 오랜 경험을 축적한 장병들은 그 자체가 귀중한 자산인 만큼, 지금까지와는 다른 조직체계의 형성은 동일한 효과를 갖기 힘들 것으로 파악된다.
장갑사단을 오랜 기간 동안 오로지 방어전에만 투입하는 현 체제는 낭비적이다. 이는 현 사단들을 회생시키는 작업에 지체를 초래할 것

춰 어떤 형태로든 공세를 재개할 여지가 높았으므로 독일군은 이에 대응해 전략적으로는 수세적 공세(defensive offensives)로 가닥을 잡고 전술적으로는 기동방어(mobile defence)로 적의 예봉을 교란시키는 일에 집중했어야 했다. 어차피 부족한 전력으로 작전술적 승리를 기대하기는 어려웠으며 선제 주도로만 일관한 히틀러의 생각은 그나마 아껴 두었던 기동전력의 태반을 고갈시키는 참사를 초래했다. 독소전 개전 아래 독일군의 가장 큰 딜레마는 '영토가 확장되면 병참상황이 악화된다'는 불편한 진실이었다. 늘어진 보급과 병참의 문제는 장기적인 전장의 관리문제에 끊임없는 고민과 통증을 야기하고 있었다. 따라서 언제부터 인가 독일군은 '작전술의 승리'를 통해 미봉적으로 나마 '전략적 위험'을 극복하려는 태도를 은근히 드러내고 있었다.[24] 이론에 있어서나 실제에 있어서나 전략에 실패한 공세작전을 부분적이고 국지적인 작전술과 전술적 기동만으로 상쇄시킬 수는 없었다.

쿠르스크전은 동부전선에서 독일군이 마지막으로 취한 전략적 공세였다. 성채작전의 중단과 그 이후에 이어지는 소련군의 드니에프르 진격 및 우크라이나 해방은 독일군에게 있어 더 이상 돌아오지 못할 다리를 건넌 것과 같았다. 소련군은 이 시기를 기점으로 더 이상 자신의 영토를 빼앗기는 일은 없었다. 독일군은 전략적 수세로 돌아섰다. 소련군은 처음으로 하계 공세에서도 독일군을 누를 수 있다는 자신감을 가지게 되었고, 독일군은 소련군들이 더 이상 군복을 걸친 농군이 아니라는 사실을 깨달으면서 서쪽으로 퇴각의 길에 올랐다. 독일군은 전쟁의 끝이 모스크바 정면에서 결정되기를 희망했다. 하지만 이제 쿠르스크에서의 좌절은 전투와 전쟁의 끝이 베를린에서 결정될 것으로 보이기 시작했다. 그럼에도 불구하고 베를린까지는 그 후로도 2년 가까이 되는 기간을 필요로 했다.

이며 공격으로 선회하는 준비를 갖추는데도 많은 기간을 필요로 할 것이다. 따라서 다수 장갑사단들의 핵심들을 전선으로부터 빼내어 재활할 수 있도록 조기에 철수시키는 것이 긴요하다.

❻ 대전차방어는 점차 돌격포에게 이양될 것인 바, 기존의 대전차무기는 적의 새로운 기종에 대해 점점 효과가 감소될 것으로 예상되며 피해를 감수하는 측면에서도 기존 방식으로는 너무 많은 비용이 초래될 것으로 예상된다. 주요 전장의 모든 사단들은 돌격포들로 무장할 필요가 있으며, 부차적인 전장은 기존 돌격포의 예비자산들을 활용하되, 당분간은 대전차자주포로 지탱하면 된다. 인력과 장비를 효율적으로 관리하기 위해서는 돌격포대대와 대전차(장갑엽병)대대의 혼성부대를 조직할 필요가 있다.
새로운 중돌격포는 오로지 주요 전장에서 특수한 임무에만 동원될 것이다. 이들은 기본적으로 적 전차격파 화기로 중용된다.
새로운 75mm L70 돌격포의 효과는 아직 시험되지 않았다.

❼ 장갑정찰대대는 장갑사단의 자식이다. 아프리카 전선에서 이 대대의 효과는 가시적이었으나 아직까지 동부전선에서는 그렇지 못한 형편이다. 그러나 이 사실에 현혹될 필요가 없는 것이, 1944년 대규모 공세를 취할 기회가 온다면 강력한 지상정찰 단위부대의 필요성을 이내 절감하게 될 것이기 때문이다. 이에 다음과 같은 사항들이 요망된다.
a. 1톤급 장갑병력 수송차량의 충분한 확보(현재 생산 중에 있으며 조만간 사용 가능)
b. 상당한 속도를 낼 수 있으며 적절한 장갑과 무기를 갖춘 장갑정찰차량
현재까지 그러한 차량은 가용하지 않다. 나는 슈페어 군수상과 동 건에 대해 협의하면서 관련 제안을 제출할 수 있기를 요망한다.

❽ 장갑척탄병들에게 있어 가장 중요한 문제는 디자인의 변형없이 3톤 짜리 장갑병력 수송차량을 충분하게 대량생산할 수 있는 지속적인 과제이다. 장갑공병들과 장갑통신병들도 동 차량을 확보해야 한다.

❾ 장갑 및 차량화사단의 포병대는 지난 10년 동안 희구되어 온 자주포 수송차량을 제공받게 될 것이다.

❿ 요구사항은 아래와 같다.
a. 장갑병총감 단위조직을 최고사령부에 두고 감독관들을 베를린에 상주하는 방안의 허가
b. 전투체제조직의 인가
c. 모든 돌격포 부대들을 장갑병총감의 지휘감독 하에 두는 방안
d. 국방군과 무장친위대 조직 공히, 장갑 또는 차량화사단들을 새로운 방식에 따라 조직하는 방안의 철회 (즉 기존 방식 고수 필요)
e. 1944~45 기간 중 4호 전차의 지속적인 생산계획에 대한 허가
f. 새로운 장갑정찰차량을 제작하되 기존 생산방식에 부합되는 정도를 감안할 것
g. 75mm L70포를 탑재할 수 있는 경돌격포 생산 필요성에 대한 검토 및 75mm L48포 탑재형 돌격포와 장갑수송차량 제작의 선택에 따른 신규 모델의 중단과 관련된 문제의 해결

24 메가기(2009) p.295

# 후기

1942~43년 동부전선 동계전역의 결과와 쿠르스크 기갑전까지의 순간은 독소 양군이 가장 팽팽하게 승부를 겨룬 대회전의 클라이맥스에 해당했다. 이 기간은 2차 세계대전의 향배를 결정짓는 가장 중요한 순간들이 집중되어 있음은 물론, 동부전선 전략적 지평의 전환과 아울러 전쟁 전체의 승부가 걸린 결정적인 시기였던 만큼, 군사 마니아들에게는 가장 주목을 요하는 상상력의 원천이기도 하다. 아마도 1941년 겨울 모스크바 공방전으로 종료되는 바르바로싸와 42~43년의 스탈린그라드 전투 다음으로 많이 거론되고 집필되어 온 전역이 하르코프와 쿠르스크라는 점에는 이견이 없을 것이다. 동시에 가장 논란이 많고 연구가치가 높은 분야도 바로 이 1942~43년 동계, 하계의 독소 공방전일 것이다. 초등학교때부터 축구경기나 마카로니 웨스턴만큼 많이 보고 읽은 관심분야가 바로 이 부분이기에 외부에 글을 발표한다는 생각보다는 그간 너무나 복잡한 전투와 전투서열과 무용담을 시계열적으로 계통을 세워 정리해 보겠다는 원망(願望) 하나를 실천에 옮긴 것에 지나지 않는다. 이 작업은 꽤 오랫동안 품고 온 개인적 숙제와도 같은 것이었다.

수십 년간 타인의 저작만 읽어오다 처음으로 1차 자료들을 접하면서 전투일지에 담긴 그때 그 당시의 절박한 상황을 느끼게 된 것은 귀중한 체험이었다. 그러나 역사적 사료들과 각종 서지류를 비교해 보는 동안 1차 자료에 기록된 것이 반드시 모두 옳거나 정확한 것은 아니라는 사실을 깨닫게 된 것도 소중한 경험이었다. 예컨대 사단이 군단에 보고한 내용이 며칠 후 또는 몇 시간 내로 변경되는 경우도 허다했으며, 보고 자체의 내용이 사실과 다른 경우도 다수 발견되고 있었다. 또한, 상급기관에 대한 단위부대들의 보고는 자신들의 전투에만 직접적으로 해당하는 내용들만 적은 것이기에 여타 제대와의 비교를 통한 개별 전투결과와 진행과정의 비중을 검증하고 전술적 사안 간의 우선순위를 설정하는 문제는 결코 쉽지가 않았다. 따라서 어떤 경우에는 제대로 된 2차 자료가 전투의 전체 맥락을 균형 있게 분석하고 종합하는 데는 더 많은 도움이 되는 경우도 있었다. 본고에서는 중앙집단군의 전역은 오로지 2차 자료에만 의존하였다. 북부전선은 남방집단군 쪽에 비해 별다른 논란이 없었던 전구였다. 더욱이 비교적 전투의 양상이 단순했던 탓에 1차 자료를 재검토할 필요성이 별로 없었으며, 무엇보다 모델 제9군의 자료들은 제4장갑군에 반해 상당량이 분실, 소각 또는 은폐되었던 것으로 추성되었다.

사실 이 기간의 전사에 대해서는 영어와 독어로 된 셀 수도 없는 종류의 많은 문헌들이 나와 있기는 하지만 우리말로 된 것이 거의 없어 오랫동안 망설이다 출판에 임하게 되었다. 한편으로 기존 서적과 인터넷상에서 나도는 온갖 정보들이 다소 혼란을 초래하고 있다는 해묵은 논쟁이 있어 왔기에 그에 대한 교정작업이 필요하다는 생각은 늘 가지고 있었다. 그러나 그러한 혼란과 혼돈을 정리하고자 했던 이 작업이 오히려 정리정돈의 혼란을 초래하지는 않았는지 적잖이 걱정이 되기는 한다. 여기서 발생하는 문제나 또 다른 오류의 책임은 전적으로 필자에게 있다.

졸고를 받아 준 길찾기 출판사에 감사드린다. 어릴 적부터 자식이 무엇을 하건 이해와 격려로 지지해 온 부모님께도 감사를 드린다. 글 쓴다고 늘 책상에 앉아 주말을 보냈기에 출판 시까지 용케 참아 준 아내에게도 미안한 마음을 전하고자 한다. 복잡한 지도를 깔끔하게 정리해 준 이 석연 씨에게 각별히 인사를 전한다. 전사에 있어 지도 하나는 쓸데없는 무수한 수사보다 설득력이 있을 수 있다. 많은 해가 지났지만 주독일 대사관에 같이 근무했던 토마스 오테그라벤(Thomas Othegraven)에게도 사의를 표하고자 한다. 스탈린그라드에서 마지막으로 탈출했던 부친을 둔 진짜 독일인과의 대화는 필자에게 대단히 유익한 영감을 주기에 충분했다.

# 참고문헌

## 1차 자료


- National Archives : T-312 ; roll 48, 1a KTB, Anlagen und Morgenmedungen-Zwischensmeldungen-Tagesmeldungen der Armeeabteilung Kempf
- National Archives : T-312 ; roll 54, 1a KTB, Armeeabteilung Kempf, Darstellung der Ereignisse
- National Archives : T-312 ; roll 322, 1a KTB, 9.Armee, Chefnotizen für Kriegstagesbuch
- National Archives : T-313 ; roll 42, 1a KTB, Panzerarmeeoberkommando 1, Darstellung der Ereignisse
- National Archives : T-313 ; roll 46, 1a KTB, Panzerarmeeoberkommando 1, Darstellung der Ereignisse
- National Archives : T-313 ; roll 365, 1a KTB, Panzerarmeeoberkommando 4, Darstellung der Ereignisse
- National Archives : T-313 ; roll 367, 1a KTB, Anlagen und Morgenmedungen-Zwischensmeldungen-Tagesmeldungen der Panzerarmeeoberkommando 4
- National Archives : T-313 ; roll 368, 1a KTB, Anlagen und Morgenmedungen-Zwischensmeldungen-Tagesmeldungen der Panzerarmeeoberkommando 4
- National Archives : T-313 ; roll 369, 1a KTB, 4.Panzerarmee, Chefnotizen
- National Archives : T-313 ; roll 382, 1a KTB, Anlagen und Morgenmedungen-Zwischensmeldungen-Tagesmeldungen der Panzerarmeeoberkommando 4
- National Archives : T-314 ; roll 118, 1a KTB, Anlagen und Morgenmedungen-Zwischensmeldungen-Tagesmeldungen der II.SS-Panzer-Korps
- National Archives : T-314 ; roll 120, 1a KTB, Anlagen und Morgenmedungen-Zwischensmeldungen-Tagesmeldungen der II.SS-Panzer-Korps
- National Archives : T-314 ; roll 194, 1a KTB, III.-Panzer-Korps, Darstellung der Ereignisse,
- National Archives : T-314 ; roll 197, 1a KTB, Anlagen und Morgenmedungen-Zwischensmeldungen-Tagesmeldungen der III.-Panzer-Korps
- National Archives : T-314 ; roll 396, 1a KTB, Panzerarmeeoberkommando 4, Darstellung der Ereignisse
- National Archives : T-314 ; roll 489-90, Generalkommando z.b.V. Cramer(Raus)
- National Archives : T-314 ; roll 1170, 1a KTB, 4.Panzerarmee, Chefnotizen
- National Archives : T-314 ; roll 1170, 1a KTB, Darstellungen der Ereignisse / XLVIII Panzer-Korps Tagesmeldungen an Pz.AOK
- National Archives : T-314 ; roll 1171, 1a KTB, Anlagen und Morgenmedungen-Zwischensmeldungen-Tagesmeldungen der XLVIII.Panzer-Korps
- National Archives : T-354 ; roll 118, 1a KTB, Anlagen und Morgenmedungen-Zwischensmeldungen-Tagesmeldungen der II.SS-Panzer-Korps
- National Archives : T-354 ; roll 120, 1a KTB, II.SS-Panzer-Korps, Darstellungen der Ereignisse
- National Archives : T-354 ; roll 120, 1a KTB, Anlagen und Morgenmedungen-Zwischensmeldungen-Tagesmeldungen der II.SS-Panzer-Korps
- National Archives : T-354 ; roll 605, 1a KTB, Anlagen und Morgenmedungen-Zwischensmeldungen-Tagesmeldungen der II.SS-Panzer-Korps
- Stadler, Sylvester(1980), Die Offensive gegen Kursk 1943 : II. SS-Panzerkorps als Stosskeil im Grosskampf, Munin-Verlag GmbH, Osnarbrück, Germany


## 2차 자료


- Addell, Steve Robert(1985), Drive to the Dnieper : the Soviet 1943 Summer Campaign, A Master's Thesis of Arts, Department of History, Kansas State University, USA
- Agte, Patrick(2007), Michael Wittmann : erfolgreichster Panzerkommandant im Zweiten Weltkrieg und die

Tiger der Leibstandarte SS Adolf Hitler, Deutscher Verlagsgesellschaft, Preußisch Oldendorf, Germany
- Agte, Patrick(2008), Joachim Peiper : Kommandeur Panzerregiment Leibstandarte, Druffel & Vowinckel-Verlag, Inning am Ammersee, Germany
- Air Ministry, The(2008), The Rise and Fall of the German Air Force 1933-45, The National Archives, Kew, Richmond Surrey, UK
- Barbier, M.K.(2013), Kursk : The Greatest Tank Battle, Amber Books, London, UK
- Barr, Niall & Hart, Russel(2007), Panzer : Die Geschichte der deutschen Panzerwaffe im Zweiten Weltkrieg(translated in German by Claudia Fantur), Neuer Kaiser Verlag, Klagenfurt, Germany
- Berger, Florian(2007), The Face of Courage : The 98 Men Who Received the Knight's Cross and the Close-Combat Clasp in Gold, Stackpole Books, Mechanicsburg, PA, USA
- Bishop, Chris(2007), Waffen-SS Divisions 1939-1945, Amber Books, London, UK
- Bishop, Chris(2008), Order of Battle : German Infantry in WWII, Amber Books, London, UK
- Bishop, Chris(2008), Order of Battle : German Panzers in WWII, Amber Books, London, UK
- Bishop, Chris & Warner, Adam(2001), German Weapons of World War II, Amber Books, London, UK
- Buchner, Alex(1991), The German Infantry Handbook 1939-1945(translated by Dr. Edward Force), Schiffer Military History, West Chester, PA, USA
- Clark, Alan(1985), Barbarossa : The Russian-German Conflict 1941-45, Quill, New York, USA
- Clark, Lloyd(2011), Kursk : The Greatest Battle, Eastern Front 1943, Headline Review, London, UK
- Cooper, Mattew(1992), The German Army 1933-1945, Scarborough House, Lanham, MD, USA
- Deutscher Verlagsgesellschaft(1996), Vorbildlich und Bewährte Mä nner der Waffen-SS, Leistungen und Taten, Deutscher Verlagsgesellschaft, Preußisch Oldendorf, Germany
- Dunn, Walter S. Jr.(2008), Kursk : Hitler's Gamble, 1943, Stackpole Books, Mechanicsburg, PA, USA
- Dupont, C(2012), Reportages de Guerre : Objectif Stalingrad, Regi'Arm, Paris, France
- Edwards, Roger(1989), Panzer : A Revolution in Warfare, 1939-1945, Arms and Armour, London, UK
- Fey, Will(2003), Armor Battles of the Waffen-SS 1943-45(translated by Henry Henschler), Stackpole Books, Mechanicsburg, PA, USA
- Fowler, Will(2003), Russia 1941-1942, Ian Allan Publishing, Surrey, UK
- Forczyk, Robert(2014), Kursk 1943 : The Northern Front, Osprey Publishing Ltd, Oxford, UK
- Forczyk Robert(2015), The Caucasus 1942-43, Osprey Publishing Ltd, Oxford, UK
- Glantz, David M.(1991), From the Don to the Dnepr : Soviet Offensive Operations December 1942 - August 1943, Frank Cass, London & Portland(Oregon), UK & USA
- Glantz, David M.(2010), Barbarossa Derailed Vol. I : The Battle for Smolensk 10 July - 10 September 1941, Helion & Company, Solihull, West Midlands, UK
- Glantz, David M.(2011), After Stalingrad : The Red Army's Winter Offensive 1942-1943, Helion & Company, Solihull, West Midlands, UK
- Glantz, David M. & House, Jonathan M.(1999), The Battle of Kursk, University Press of Kansas, Laurence, KS, USA
- Guderian, Heinz(1996), Panzer Leader(translated by Constantine Fitzgibbon), Da Capo Press, New York, USA
- Healy, Mark(1992), Kursk 1943 : The Tide Turns in the East, Osprey Publishing Ltd, Oxford, UK
- Healy, Mark(2011), Zitadelle : The German Offensive Against The Kursk Salient 4-17 July 1943, The History Press, Gloucestershire, UK
- Kirchubel, Robert(2013), Operation Barbarossa : The German Invasion of Soviet Russia, Osprey Publishing Ltd, Oxford, UK
- Kirchubel, Robert(2016), Atlas of the Eastern Front 1941-45, Osprey Publishing Ltd, Oxford, UK
- Kleitemann, Kurt G.(1981), Auszeichnungen des Deutschen Reiches 1936-1945, Motorbuch Verlang, Stuttgart, Germany
- Klink, Ernst(1966), Das Gesetz des Handelns die Operation "Zitadelle", 1943, Deutsch Verlags-Anstalt, Stuttgart, Germany
- Klug, Jonathan P.(2003), Revisiting A "Lost Victory" At Kursk, A Thesis of Master Degree for Arts in Liberal

Arts, Louisiana State University, USA
- Kurowski, Franz(2004), Panzer Aces : German Tank Commanders of WWII(translated by David Johnston), Stackpole Books, Mechanicsburg, PA, USA
- Kurowski, Franz(2004), Panzer Aces II : Battle Stories of German Tank Commanders of WWII(translated by David Johnston), Stackpole Books, Mechanicsburg, PA, USA
- Lehmann, Rudolf(1993), The Leibstandarte III(translated by Nick Olcott), J.J.Fedorowicz Publishing, Winnipeg, Manitoba, Canada
- Lodieu, Didier(2007), III. Pz.Korps at Kursk(translated by Alan McKay), Historie & Collections, Paris, France
- Lüdeke, Alexander(2008), Panzer der Wehrmacht, Motorbuch Verlag, Stuttgart, Germany
- Lüdeke, Alexander(2008), Weapons of World War II, Parragon Books Ltd, Bath, UK
- Manstein, Erich von(1994), Lost Victories, Presidio, Novato, CA, USA
- McGuirl, Thmas & Remy Spezzano(2007), God, Honor, Fatherland : A Photo History of Panzergrenadier Division "Grossdeutschland" on the Easter Front 1942-1944, RZM Publishing, Stamford, CT, USA
- McNAB, Chris(2009), Order of Battle : German Luftwaffe in WWII, Amber Books, London, UK
- Mehner, Kurt(1988), Die Geheimentages Berichte der Deutschen Wehrmachfführung im Zweiten Weltkrieg, 1939-1945, Vol.7. Biblio Verlag, Osnarbrück, Germany
- Meyer, Kurt(2005), Grenadier : The Story of Waffen SS General Kurt "Panzer" Meyer(translated by Michael Mende & Robert J. Edwards), Stackpole Books, Mechanicsburg, PA, USA
- Mitcham, Samuel W. Jr(1990), Hitler's Field Marshals and Their Battles, Scarborough House, Lanham, MD, USA
- Naud, Philippe(2012), Kharkov 1943, Historie & Collections, Paris, France
- Newton, Steven H.(2002), Kursk : The German View, Da Capo Press, Cambridge, MA, USA
- Nipe, George M.(2000), Last Victory in Russia : The SS-Panzerkorps and Manstein's Kharkov Counteroffensive February-March 1943, Schiffer Military History, Atglen, PA, USA
- Nipe, George M.(2011), Blood, Steel and Myth : The II. SS-Panzer-Korps and the Road to Prochorowka, July 1943, RZM Publishing, Havertown, PA, USA
- Nipe, George M.(2012), Decision in the Ukraine : German Panzer Operations on the Eastern Front, Summer 1943, Stackpole Books, Mechanicsburg, PA, USA
- Piekalkiewicz, Janusz(19??), Der Zweite Weltkrieg, Komet, Cologne, Germany
- Piekalkiewicz, Janusz(1987), Operation Citadel : Kursk and Orel ; The Greatest Tank Battle of the Second World War, Presidio Press, Novato, CA, USA
- Porter, David(2009), Order of Battle; The Red Army in WWII, Amber Books, London, UK
- Porter, David(2011), Das Reich at Kursk 12 July 1943, Amber Books, London, UK
- Restayn, Jean(2000), The Battle of Kharkov : Winter 1942-1943(translated by Robert J. Edwards, Jr.), J.J.Fedorowicz Publishing, Winnipeg, Manitoba, Canada
- Restayn, Jean(2007), WWII Tank Encyclopedia in Color 1939-1945 (translated by Sally & Lawrence Brown), Histoire & Collections, Paris, France
- Ripley, Tim(2015), Waffen-SS Panzers : Eastern Front, Windmill Military, London, UK
- Rosado, Jorge & Bishop, Chris(2005), Panzerdivisionen der Deutschen Wehrmacht 1939-1945(translated in German by J.P.K. Lauer), VDM Heinz Nickel, Zweibrücken, Germany
- Rotmistrov, P.A.(1984), Stal'naia gvardiia[The Steel Guard], Voenizdat, Moscaw, USSR
- Sadarananda, Dana V.(2009), Beyond Stalingrad : Manstein and the Operations of Army Group Don, Stackpole Books, Mechanicsburg, PA, USA
- Schaulen, Fritjof(2001), Die deutsche Militärelite 1939-1945, Pour le Merite, Selent, Germany
- Scheibert, Horst(1990), Panzer : A Pictorial Documentation(translated by Dr. Edward Force), Schiffer Military, West Chester, PA, USA
- Schneider, Wolfgang(2005), Panzer Tactics : German Small-Unit Armor Tactics in World War II(translated by Fred Steinhardt), Stackpole Books, Mechanicsburg, PA, USA
- Schranck, David(2013), Thunder at Prokhorovka : A Combat History of Operation Citadel - Kursk, July 1943 -, Helion & Company, Solihull, West Midlands, UK

- Showalter, Dennis E.(2009), Hitler's Panzers : The Lightning Attacks that Revolutionized Warfare, Berkely Caliber, New York, USA
- Showalter, Dennis E.(2013), Armor and Blood : The Battle of Kursk ; The Turning Point of World War II, Random House, New York, USA
- Smith, Peter C.(1989), Stuka : Die Geschichte der Ju 87(translated in German by Hans Jürgen Baron von Koskull), Motorbuch Verlag, Stuttgart, Germany
- Stahel, David(2013), Kiev 1941 : Hitler's Battle for Supremacy in the East, Cambridge University Press, Cambridge, UK
- Weidinger, Otto(2002), Das Reich III 1941-1943(translated by Fred Steinhardt), J.J.Fedorowicz Publishing, Inc., Winnipeg, Manitoba, Canada
- Weidinger, Otto(2008), Das Reich IV 1943(translated by Fred Steinhardt & Robert J. Edwards), J.J.Fedorowicz Publishing, Inc., Winnipeg, Manitoba, Canada
- Zaloga, Steven J. & James Grandsen(1993), The Eastern Front : Armour Camouflage and Markings 1941 to 1945, Arms and Armour, London, UK
- Zamulin, Valeriy(2012), Demolishing the Myth : The Tank Battle at Prokhorovka, Kursk, July 1943 ; An Operational Narrative(translated by Stuart Britton), Helion & Company, Solihull, West Midlands, UK


## 일본


- クルスク機甲戦(1999), 歴史群像 欧洲戦史シリーズ, 学習研究社
- ドイツ装甲部隊全史 1(2000), 歴史群像 欧洲戦史シリーズ, 学習研究社
- ドイツ装甲部隊全史 2(2000), 歴史群像 欧洲戦史シリーズ, 学習研究社
- 武装SS 全史 1(2001) : 萌芽・台頭編(1933-42), 歴史群像 欧洲戦史シリーズ, 学習研究社
- 武装SS 全史 2(2001) : 膨脹・壊滅編(1942-45), 歴史群像 欧洲戦史シリーズ, 学習研究社
- ［図説］ヨーロッパ地上戦大全(2003), 歴史群像 欧洲戦史シリーズ, 学習研究社
- 決定版［図説］ヨーロッパ航空戦大全(2004), 歴史群像 欧洲戦史シリーズ, 学習研究社
- 図説・スターリングラード攻防戦(2005), 歴史群像 欧洲戦史シリーズ, 学習研究社
- ［図説］ドイツ戦車パーフェクトバイブル II(2005), 歴史群像シリーズ, 学習研究社
- ケネス マクセイ(1977), ドイツ装甲師團と グデーリアン(加登川幸太郎 訳), 圭文社, 東京
- バルバロッサ作戦の 情景 : 第 2 次大戦 グラフィック アクション(1977) シリーズ 28, 大林堂, 東京
- Ｂ．Ｈ．リデルハート(1982), ヒットラーと国防軍(岡本鐳輔 訳), 原書房, 東京
- 高橋慶史(2010), ドイツ武装SS師団写真史〈1〉髑髏の系譜, 大日本絵画, 東京
- 石井元章(2013), 第5SS装甲師団「ヴィーキング」写真集 大平原の海賊たち I, 新紀元社, 東京
- 広田厚司(2015), ティーガーI&II 戦車 戦場写真集, 潮書房光人社, 東京


## 국내 문헌


- 글랜츠, 데이비드 M. & 조너선 M. 하우스(2010), 독소전쟁사 1941-1945(권도승, 남창우, 윤시원 공역), 열린책들
- 다까니 요시유끼(高荷義之)(1994), 전격 독일전차군단, 호비스트
- 메가기, 제프리(2009), 히틀러 최고사령부 1933-1945년 : 사상 최강의 군대 히틀러군의 신화와 진실(김홍래 역), 플래닛미디어
- 모토후미, 고바야시(小林源文)(2014), 강철의 사신(이준규 역), 길찾기
- 브루네거, 헤르베르트(2012), 폭풍 속의 씨앗 : 어느 무장친위대 병사의 참전기(이수영 역), 길찾기
- 비숍, 크리스 & 데이비드 조든(2005), 제3제국(박수민 역), 플래닛미디어
- 아츠시, 오나미(大波篤司)(2012), 도해(図解) 전차(문우성 역), 에이케이 커뮤니케이션즈

# 부록

## 독일 국방군 및 무장친위대 계급 조견표

| 독일 국방군 | 무장친위대 | 번역 | 소련군 | 미군 | 한국군 |
|---|---|---|---|---|---|
| Generalfeldmarschall | | 원수 | 원수 | Field Marshall | 원수 |
| Generaloberst | SS-Oberstgruppenführer & Generaloberst der Waffen-SS | 상급대장 | 상급대장(상장) | General | 대장 |
| General | SS-Obergruppenführer & General der Waffen-SS | 대장 | 대장 | Lieutenant General | 중장 |
| Generalleutenant | SS-Gruppenführer & Generalleutenant der Waffen-SS | 중장 | 중장 | Major General | 소장 |
| Generalmajor | SS-Brigadenführer & Generalmajor der Waffen-SS | 소장 | 소장 | Brigadier General | 준장 |
| | SS-Oberführer | 상급대령 | | | |
| Oberst | SS-Standarteführer | 대령 | 대령 | Colonel | 대령 |
| Oberstleutenant | SS-Obersturmbannführer | 중령 | 중령 | Lieutenant colonel | 중령 |
| Major | SS-Sturmbannführer | 소령 | 소령 | Major | 소령 |
| Hauptmann | SS-Hauptsturmführer | 대위 | 대위 | Captain | 대위 |
| Oberleutenant | SS-Obersturmführer | 중위 | 중위 | First Lieutenant | 중위 |
| Leutenant | SS-Untersturmführer | 소위 | 소위 | Second Lieutenant | 소위 |
| | | | 하급소위 | Chief Warrant Officer | 준위 |
| Stabsfeldwebel | SS-Sturmscharführer | 본부원사 | | Sergeant Major | |
| Oberfeldwebel | SS-Hauptscharführer | 원사 | | Sergeant Major | 원사 |
| Feldwebel | SS-Oberscharführer | 상사 | 상사 | Master Sergeant/ First Sergeant | 상사 |
| Unterfeldwebel | SS-Scharführer | 중사 | 중사 | Sergeant First Class | 중사 |
| Unteroffizier | SS-Unterscharführer | 하사 | 하사 | Staff Sergeant | 하사 |
| Stabsgefreiter | | 선임병장 | | | |
| Obergefeiter | SS-Rottenführer | 병장 | 병장 | Sergeant | 병장 |
| Gefreiter | SS-Sturmmann | 상병 | 상병 | Corporal | 상병 |
| Oberschütze | SS-Oberschütze | 일병 | 병사 | Private First Class | 일병 |
| Schütze | SS-Schütze | 이병 | 병사 | Private | 이병 |

## **제2SS장갑척탄병연대 3대대**(대대장 : 요아힘 파이퍼 SS소령)/1943.7.5

| 소속 | 계급 및 직위 | 성명(+전사 및 *부상 연월일) |
|---|---|---|
| 대대 본부 | SS소위(부관) | 붸르너 볼프 |
| | SS소위(전령장교) | 균터 휠젠(+1943.7.10) |
| | SS소위(통신장교) | 한스 마아넥케 |
| | SS대위(군의관) | 로베르트 브뤼스틀레(*1943.7.11) |
| | SS중위(차석 군의관 ) | 프리드리히 브레메 |
| 11중대 | SS대위 | 파울 구울 |
| | SS소위 | 루디 뵛쩰(+1943.7.12) |
| | SS소위 | 봘터 케른(*1943.7.7) |
| | SS원사 | 막스 라이케 |
| 12 중대 | SS중위 | 게오르크 프로이스(*1943.7.11) |
| | SS소위 | 디이터 코올러 |
| | SS소위 | 게르하르트 바빅크 |
| | SS중사 | 브루노 붹셀스 |
| | SS중사 | 루디 뷔이텐 |
| | SS중위(TFK) | 빌헬름 라츄코(*1943.7.13) |
| | SS중위(TFW) | 알프레드 블로흐(*1943.7.13) |
| | SS대위(행정장교) | 헤르베르트 몰트(+1943.7.11) |
| | SS소위 | 헤르베르트 니마이어 |
| 13중대 | SS대위 | 지그프리드 봔트(*1943.7.12) |
| | SS소위 | 쿠르트 투마이어(1943.7.7) |
| | SS소위 | 하인츠 톰하르트 |
| | SS소위 | 봘터 타훼르너 |
| | SS원사 | 알프레드 마르틴 |
| 14중대 | SS소위 | 에르하르트 귀어스 |
| | SS소위 | 오토 뵐크(+1943.7.15) |
| | SS상사 | B.v.베르크만 |
| | SS원사(공병소대) | 빌헬름 하훼스트로 |
| | SS원사(대전차소대 및 전차훈련조) | 요헨 티일러 |

## 독일 전차 비교 조견표

| | 1호 | 2호 | 3호 | 4호 | 판터 | 티거 I형 | 티거 II형 |
|---|---|---|---|---|---|---|---|
| **제작 연도** | 1932 | 1934 | 1935 | 1936 | 1942 | 1942 | 1943 |
| **배치 연도** | 1934 | 1936 | 1939 | 1939 | 1943 | 1942 | 1944 |
| **생산 기간** | 1934~1943 | 1935~1943 | 1939~1943 | 1936~1945 | 1942~1945 | 1942~1944 | 1943~1945 |
| **제작사** | 크루프 | 다양 | 다양 | 크루프 | MAN AG | 헨쉘 | 헨쉘 |
| **중량(톤)** | 5.4 | 7.2 | 22 | 25 | 44.8 | 56.9 | 69.8 |
| **전장** | 4.02~4.42m | 4.8m | 5.52m | 7.02m | 6.87m | 8.45m | 7.61 |
| **장갑두께** | 7~13mm | 5~14.5mm | 50~70mm | 10~80mm | 15~120mm | 25~110mm | 25~180mm |
| **속도(시속)** | 37~40km | 40km | 40km | 42km | 55km | 38km | 41.5km |
| **항속거리** | 200km | 200km | 155km | 200km | 250km | 110~195km | 170km |
| **주포** | 7.92mm 라인메탈 기관총 | 20mm 소구경포 (기관포) | 37mm, 50mm, 75mm | 75mm | 75mm | 88mm | 88mm |
| **승무원** | 2 | 3 | 5 | 5 | 5 | 5 | 5 |
| **총 생산량** | 833 | 1,856 | 5,774 | 8,800 | 6,000 | 1,345 | 487 |

* 판터 II의 장갑은 티거보다 두꺼워 120 mm에 달했다. 단 여타 판터들은 최대 110mm였다.

## 소련군 병력변화 비교 (1943년 1~7월)

| 병력단위 | 1943.1 | 1943.7 |
|---|---|---|
| **본부** | | |
| 방면군 | 15 | 18 |
| 군 | 67 | 81 |
| 소총병군단 | 34 | |
| 기병군단 | 10 | 9 |
| 전차군단 | 20 | 24 |
| 기계화군단 | 8 | 13 |
| **보병** | | |
| 소총병사단(산악 및 기계화 포함) | 407 | 462 |
| 소총병여단 | 177 | 98 |
| 스키여단 | 48 | 3 |
| 구축전차여단 | 11 | 6 |
| 독립소총병연대 | 7 | 6 |
| 요새방어 | 45 | 45 |
| 스키대대 | - | - |
| **기병** | | |
| 기병사단 | 31 | 27 |
| 기병여단 | - | - |
| 독립기병연대 | 5 | - |
| **기갑** | | |
| 전차사단 | 2 | 2 |
| 기계화사단 | - | - |
| 기갑차량여단 | 1 | - |
| 전차여단 | 176 | 182 |
| 돌격포여단 | - | - |
| 기계화여단 | 26 | 42 |
| 차량화소총병여단 | 27 | 21 |
| 모터싸이클여단 | - | - |
| 독립전차연대 | 83 | 118 |
| 독립돌격포연대 | - | 57 |
| 모터싸이클연대 | 5 | 8 |
| 독립전차대대 | 71 | 45 |
| 독립Aerosan대대 | 54 | 57 |
| 특무차량화대대 | - | - |
| 장갑기관차대대 | 62 | 66 |
| 독립기갑차량 및 모터싸이클대대 | 40 | 44 |
| **공수** | | |
| 공수사단 | 10 | 10 |
| 공수여단 | - | 21 |
| **포병** | | |
| 포병사단 | 25 | 25 |
| 로케트사단 | 4 | 7 |
| 대공포사단 | 27 | 63 |
| 독립포병여단 | - | 17 |
| 독립대공포여단 | 1 | 3 |
| 독립박격포여단 | 7 | 11 |
| 독립로케트여단 | 11 | 10 |
| 대전차여단 | - | 27 |
| 독립포병연대 | 273 | 235 |
| 독립박격포연대 | 102 | 171 |
| 독립대전차연대 | 176 | 199 |
| 독립로케트연대 | 91 | 113 |
| 독립대공포연대 | 123 | 212 |
| 독립포병대대 | 25 | 41 |
| 독립대공포대대 | 109 | 112 |
| 도립로케트대대 | 59 | 37 |
| 독립대전차대대 | 2 | 44 |
| 독립박격포대대 | 12 | 5 |
| **PVO STRANYI** | | |
| PVO Stranyi 군단본부 | 2 | 5 |
| PVO Stranyi 사단본부 | 15 | 13 |
| PVO Stranyi 여단본부 | 11 | 11 |
| 대공포연대 | 76 | 106 |
| 대공기관총연대 | 8 | 14 |
| 서치라이트연대 | 9 | 4 |
| 대공포대대 | 158 | 168 |
| 대공기관총대대 | 7 | 21 |
| 서치라이트대대 | 1 | 13 |

# 무장친위대 전사록 (하르코프와 쿠르스크)

2021년 1월 15일 초판 3쇄 발행

**저　　자** 허 진
**지도제작** 이석연

**편　　집** 정경찬, 정성학
**마 케 팅** 이수빈
**디 지 털** 김효준
**주　　간** 조성길

**발 행 인** 원종우
**발　　행** 이미지프레임
**주소** [13814] 경기도 과천시 뒷골 1로 6, 3층
**전화** 02-3667-2653(편집부)　02-3667-2653(영업부)　**팩스** 02-3667-2655
**메일** edit01@imageframe.kr　**웹** imageframe.kr

**I S B N** 979-11-6085-394-0 03390